I0886663

Geschichte

der

Wissenschaften in Deutschland.

Neuere Zeit.

Vierter Band.

Geschichte der Erdkunde.

AUF VERANLASSUNG
UND MIT
UNTERSTÜTZUNG
SEINER MAJESTÄT
DES KÖNIGS VON BAYERN
MAXIMILIAN II

HERAUSGEGEBEN
DURCH DIE
HISTORISCHE COMMISSION
BEI DER
KÖNIGL. ACADEMIE DER
WISSENSCHAFTEN

München, 1877.

Druck und Verlag von R. Oldenbourg.

O. Peschel's

Geschichte der Erdkunde

bis auf

Alexander von Humboldt und Carl Ritter.

Zweite vermehrte und verbesserte Auflage

herausgegeben von

Prof. Dr. Sophus Ruge.

AUF VERANLASSUNG
UND MIT
UNTERSTÜTZUNG
SEINER MAJESTÄT
DES KÖNIGS VON BAYERN
MAXIMILIAN II

HERAUSGEGEBEN
DURCH DIE
HISTORISCHE COMMISSION
BEI DER
KÖNIGL. ACADEMIE DER
WISSENSCHAFTEN

München, 1877.
Druck und Verlag von R. Oldenbourg.

Vorwort des Herausgebers.

Die Bearbeitung und Vollendung der zweiten Auflage des vorliegenden Werkes habe ich auf besonderen Wunsch des verewigten Verfassers übernommen. Während Peschel im Frühjahr 1875 mit den Vorarbeiten beschäftigt war, richtete er auch an mich die Anfrage bezüglich etwaiger Berichtigungen und Bemerkungen. Da mich der historische Zweig der Erdkunde seit 15 Jahren lebhaft beschäftigt, hatte ich Gelegenheit, manche Capitel eingehender zu prüfen und hie und da auf Versehen und Irrthümer zu stoßen oder mir eine abweichende Meinung zu bilden. Ich habe damals, auf jene Aufforderung hin, das Wichtigste meiner Notizen zusammengestellt und dem Verfasser zur Verfügung gestellt, worauf Peschel unter dem 6. April 1875 antwortete: „Das Füllhorn von Notizen, welches Sie heute morgen über mich ausschütteten, ist nun bereits in dem durchschossenen Exemplar meines Buches eingetragen." Mit inniger Trauer las ich die folgenden Zeilen des Briefes: „Da ich jetzt sehr kränklich bin und nicht weiß, ob meine Kräfte für Vollendung der zweiten Auflage hinreichen werden, wäre es mir ein großer Trost, wenn Sie sich in einem solchen Falle entschließen würden, die Ausgabe zu besorgen." Die Schwierigkeit einer solchen Aufgabe keineswegs verkennend, habe ich mich doch verpflichtet gefühlt, mich zur Verfügung zu stellen, ohne zu ahnen, wie bald die schaffende Hand des genialen Meisters und unermüdlichen Förderers geographischer Untersuchungen erlahmen sollte, und wie bald ich in die Lage versetzt werden würde, mein Wort einzulösen.

Als ich im Herbst desselben Jahres die Arbeit in Angriff nahm, fand ich ein Drittheil des Werkes in seiner neuen Gestalt nahezu vollendet, obwohl keineswegs druckfertig, für die nächstfolgenden Bogen einige Anmerkungen und Quellenangaben. Den planvollen, umfassenden Grundriß des Buches habe ich natürlich unangetastet gelassen; ich habe es für meine Aufgabe gehalten, das Gegebene einer sorgfältigen Durchsicht zu unterziehen und die Irrthümer zu beseitigen. Wo es sich nicht um Thatsachen, sondern nur um Meinungen handelte, habe ich mir erlaubt, in einzelnen Fällen eine abweichende Ansicht in den Anmerkungen mit dem Zeichen R. zum Ausdruck zu bringen. Gern hätte ich in dem letzten Theil das Capitel der wissenschaftlichen Reisen erweitert und bis zur Gegenwart geführt; allein dazu war der erforderliche Raum versagt. Ich halte diesen Theil für den am wenigsten befriedigenden, da er, mag er auch der ursprünglichen Intention, nur die Geschichte der deutschen Wissenschaft zu geben, am meisten entsprechen, vom Standpunkt der internationalen Wissenschaft aus betrachtet, nur Lückenhaftes bietet. Es mag schwer sein, die geographischen und topographischen Forschungen und Reisen zu trennen, da den zur Bereicherung der allgemeinen Erdkunde unternommenen Reisen doch stets ein choro- oder topographisches Moment beigegeben ist. Und eben weil jene Reisen nach ihrer verschiedenen Tendenz nicht gut aus einander zu halten sind, meine ich, würde grade dieser Abschnitt unparteiisch die Leistungen aller auf diesem Felde thätigen Völker zu verzeichnen haben, um, vorwiegend landschaftsweise die Resultate der Reisen gruppirend, zu zeigen, auf welche Weise die einzelnen Räume der Erdoberfläche für die wissenschaftliche Erkenntniß gewonnen sind. Danach hätte das Werk aber eine sehr bedeutende Erweiterung erfahren müssen, wie sie mir nicht zur Verfügung stand. Dagegen habe ich es trotz des Titels, welcher auf die Schlußsteine Humboldt und Ritter hinweist, gewagt, die Entwicklung der mathematischen und physischen Geographie in gedrängter Darstellung bis auf unsere Tage fortzuführen, um damit manchem beim Erscheinen der ersten Auflage ausgesprochenen Wunsche nachzukommen.

Zum Schluß gedenke ich mit dem Gefühle herzlichen Dankes der Unterstützung, welche mir mein hochverehrter, nun auch schon aus dem Leben abgerufener Freund Prof. Carl Meinicke in Bezug auf die Erforschung des großen Oceans, seiner wissenschaftlichen Domäne, gewährt hat. Einige seiner schriftlichen Bemerkungen, welche sich durch sein bekanntes Werk über „die Inseln des stillen Oceans" nicht belegen ließen, habe ich in den Anmerkungen mit M. bezeichnet. Ferner bin ich Herrn Prof. H. Kiepert in Berlin für manche Aufklärung im Gebiet der schwierigen Untersuchungen der alten Geographie des Orients zu lebhaftem Dank verpflichtet. Auch Herr Conservator P. A. Tiele in Leyden und Herr Prof. H. Wagner in Königsberg haben mich auf Einzelheiten aufmerksam gemacht. Ihnen allen spreche ich hier noch einmal öffentlich meinen Dank aus und füge die Bitte hinzu, mich auch ferner zu unterstützen und auf übersehene oder begangene Irrthümer hinzuweisen; denn nur mit vielseitiger Hilfe kann ein solches Werk, zu dessen Aufbau eine so überaus weitschichtige und verschiedenartige Literatur herangezogen werden muß, allmählich reifen.

Dresden im Januar 1878.

Dr. S. Ruge.

Historischer Ueberblick.

Da die Erdkunde aus einer Summe von Erkenntnissen besteht, zu denen alle europäischen Völker einen Theil beigetragen haben, so gewährt ihre Geschichte Gelegenheit zu spannenden Vergleichen, denn in der Art ihrer Leistungen spiegeln sich sowohl der Genius als auch die politischen Schicksale der einzelnen Völker wieder. So gehört das scholastische Mittelalter, obgleich seine drei größten Physiker, Albert v. Bolstädt ein Deutscher, Vincentius v. Beauvais ein Franzose, Roger Baco ein Brite waren, ganz entschieden den Italienern an, welche seitdem mehr und mehr verschwinden. In der Zeit von Regiomontan bis auf Kepler sind die Deutschen weit allen andern Nationen überlegen; doch entwickelt sich die holländische Schule unter Anregung von Kremer (Mercator) und Oertel (Ortelius) schon um die Mitte des 16. Jahrhunderts. Seit dem Jahre 1669 vereinigt sich aller Glanz auf Paris und verweilt dort bis etwa um das Jahr 1760. Die Briten nämlich, die schon am Schluß des siebzehnten und am Beginn des achtzehnten Jahrhunderts durch ihren Edmund Halley, in gewissem Sinne auch durch Newton so glücklich vertreten wurden, erfüllen in der zweiten Hälfte mehr und mehr den Vordergrund des achtzehnten Jahrhunderts. Das nächste Säculum gehört wieder uns oder gehörte uns bis zum Tode A. v. Humboldt's, Carl

Ritter's und Leop. v. Buch's. Wenn in dem Zeitraum des siebzehnten Jahrhunderts, der zwischen Kepler und Leibniz liegt, deutsche Namen bis auf einen einzigen in unserer Geschichte nicht mehr gehört werden, so liegt es sehr nahe, diese Erschöpfung dem dreißigjährigen Kriege zuzuschreiben; doch ist es höchst bedeutsam, daß gerade jene Zeit auch für die Schweiz ein todter Raum gewesen ist, denn wie Studer beobachtet hat, herrschte dort seit Geßner's Tode eine geistige Erstarrung und trat das Erwachen erst mit J. J. Scheuchzer an der Schwelle des achtzehnten Jahrhunderts ein.

Beginnt die Erdkunde mit der Abscheidung des Trockenen und Flüssigen, durch die Entdeckungen der Seefahrer, wo die Küsten zugänglich sind, durch Landreisen, wo dies nicht der Fall ist, so wird sich aus unsern Untersuchungen ergeben, daß die räumliche Erweiterung des Wissens in der älteren Zeit bis 1650 gewissen Gesetzen gehorchte. So war das Feld der spanischen Entdeckungen durch das Vorkommen der edlen Metalle begrenzt, die portugiesischen Fahrten wurden fast ausschließlich nach den Gewürzländern gerichtet, das Vordringen der Russen erschien abhängig von der Verbreitung der Pelzthiere, und nur von den Briten darf man sagen, daß sie bei ihren Entdeckungen ein höheres Ziel, die Verkürzung der Seewege, im Auge behielten. Die Deutschen, welche früher zu allen Zeiten Schiffe, zu keiner eine Flotte, besaßen, konnten sonst höchstens als Zuschauer an fremden Thaten Theil nehmen, wie Tyrker, welcher die Normannen nach Virginien; Martin Behaim, der Diogo Cam nach Angola; Steller, der Bering auf der Fahrt zur Entdeckung Amerikas; die beiden Forster, die Cook nach dem Südpol; Adalbert v. Chamisso, der Kotzebue nach der Beringsstraße begleitete. Wir müssen uns trösten mit den Franzosen, die zwar eine Seemacht, aber keine Entdecker ersten Ranges besaßen, wie einen Cristobal Colon, Vasco da Gama, Magalhaës, Abel Tasman und James Cook.

Die beneidenswerthen Verdienste um unsere Wissenschaft,

welche die Franzosen seit 1669 sich gesichert haben, gründen sich ohne Ausnahme auf Unternehmungen, die durch öffentliche Mittel bestritten wurden. Auf den Titeln der Reisewerke französischer Gelehrter kehren stets die Worte wieder: Voyage fait par ordre du Roi. Nur Nationen, die ein Gefühl für Rang und Größe besitzen, werden den nöthigen Aufwand bewilligen, um ihr Bedürfniß nach geistigem Glanz zu befriedigen. Was deutsche Staaten geleistet haben, läßt sich mit beschämender Kürze aufzählen. Die erste wissenschaftliche Reise, die ein deutscher Monarch ausführen ließ, war die Sendung von Spix und Martius nach Brasilien. Preußen bestritt einen Theil der Reisekosten für Hemprich und Ehrenberg, es bewilligte dem Schiffsarzt Meyen etliche Ausflüge in die chilenischen und bolivianischen Anden und versah den jüngern Schomburgk mit Geldern, um seinem Bruder als Trabant folgen zu können. Außerdem bleibt nur noch die Erschaffung eines Lehrstuhles für Carl Ritter in Berlin übrig, denn nicht einmal so viel geschah bis vor wenig Jahren bei uns, daß die Erdkunde zum Lehrgegenstand an unsern Hochschulen erhoben worden wäre, weshalb auch bis auf den heutigen Tag noch der geographische Unterricht an den niedern Schulen mit wenigen Ausnahmen und trotz der vortrefflichen Handbücher auf derselben traurigen Stufe steht wie im Jahre 1723, als Hübner durch seine „Geographischen Fragen" die schon von Plinius verabscheuten locorum nuda nomina als freudelose Gedächtnißbelastung der Jugend den Lehrern überlieferte.

Fehlt es uns, woran Franzosen und Briten so reich sind, an nationalen Thaten zur Beförderung des Wissens, an solchen beneidenswerthen Unternehmungen, wie die Sendung Halley's in das atlantische Meer, Bouguer's und Lacondamine's nach Peru gewesen sind, so war dafür bei uns die Opferlust der Einzelnen um so regsamer, eines Alex. v. Humboldt, Leop. v. Buch, Erman, Pöppig, v. Tschudi, Rüppel u. a., welche im Dienst der Wissenschaft theils entbehrten, theils beträchtliche

Vermögen willig aufwendeten. Noch größer ist die Zahl der Deutschen im Solde fremder Regierungen.[1]

Das Gebiet der mathematischen Geographie wurde von deutscher Geisteskraft beherrscht, in der Zeit, wo Namen klangen wie Regiomontan, Werner, die beiden Bienewitz, Copernicus und Kepler. In der zweiten Hälfte des vorigen Jahrhunderts zeichneten sich nur unser Lambert und Tobias Mayer, der Reformator der Mondtafeln, aus, welcher letztere selbst klagt, daß zu seiner Zeit in fremden Welttheilen mehr gesicherte Ortsbestimmungen vorhanden waren als in Deutschland! Seit Kepler haben sich um die Ausbildung der mathematischen Geographie fast ausschließlich nur Franzosen Verdienste erworben. Nicht nur verdanken wir ihnen die Einführung und erste An-

[1] In dem Abschnitte, welcher die Ueberschrift trägt „Wissenschaftliche Reisen und wissenschaftliche Entdecker" haben wir nicht eine strenge Absonderung der Stoffe, welche der Geschichte der Erdkunde, von denen, welche der Geschichte der Länderbeschreibung angehören, beobachtet. Als der Plan zur „Geschichte der Wissenschaften" entworfen wurde, hatte ihr erhabener Stifter den Zweck im Auge, deutsche Verdienste, welche gewöhnlich nicht sowohl aus Neid oder Uebelwollen, sondern aus Unbekanntschaft mit unserer schwierigen Sprache von den Fremden mißkannt werden, der Vergessenheit zu entreißen. So geschah es denn, daß in jenem Abschnitt auch solche Arbeiten von Deutschen und Deutschrussen berücksichtigt wurden, die nur der Geschichte der Chorographie angehören. Der ungewarnte Leser könnte vielleicht daraus den irrigen Schluß ziehen, als ob namentlich in unserem Jahrhundert die Gewinne der Wissenschaft vorzugsweise, wenn nicht ausschließlich, deutschen Kräften verdankt würden. Die neuern deutschen Reisenden füllen allerdings durch ihre vielseitige Bildung einen sehr bedeutenden Raum in der Geschichte des neunzehnten Jahrhunderts aus, einen Vergleich ihrer Leistungssumme mit der Leistungssumme anderer Völker verstattet jedoch unsere Aufzählung nicht. Der Fachkundige wird ohnedies bemerken, daß in unserem Verzeichnisse die großartigen Arbeiten der katholischen Missionäre, namentlich der Jesuiten in Asien, die zahlreichen neueren französischen und russischen Erdumsegelungen fast gänzlich fehlen, der spanischen Unternehmungen nur flüchtig gedacht, die Verdienste solcher Reisenden, wie Caillié und Cailliaud, Salt, Bruce, Burckhardt, Sadlier, Basil Hall, Conolly, Stoddard u. s. f., ja selbst die ehrwürdigen Namen eines Mungo Park und Alexander Burnes gar nicht oder nur vorübergehend erwähnt werden.

wendung der Längenbestimmungen nach den Verfinsterungen oder Beleuchtungen der Jupitersmonde, sondern sie hatten bereits die Größe und die Gestalt der Erde schon bestimmt, als die übrigen Nationen sich dieser Aufgabe zuwendeten und nichts anderes zu leisten übrig fanden als die Verschärfung des Ausdrucks für die Größe der Abplattung.

Absolute Höhen von Berggipfeln konnten durch Dreiecke zuerst nur in Frankreich gemessen werden, aber auch die barometrische Höhenberechnung ist eine französische Schöpfung. Es genügt hier, die Namen Pascal, Mariotte, Bouguer, de Luc, Ramond und Laplace zu nennen, denn ebenso wie wir die deutschen Schweizer zu den Unsrigen rechnen, müssen wir auch de Luc zu den Franzosen zählen. Dagegen war es ein Deutscher, nämlich Alexander v. Humboldt, welcher zuerst aus den allmählich sich häufenden Höhenbestimmungen die vergleichende Hypsometrie schuf.

Weit größer sind die Verdienste der Deutschen um die Erkenntniß vom innern Bau der Erdrinde. Wenn man des Dänen Steno und Leibnizens frühreife Ansichten abrechnet, so verdanken wir Werner allein durch Aufstellung des Formationsbegriffes die Grundlage und alle Fortschritte der Geologie bis zu der Zeit, wo nach den Lagerungsverhältnissen auch die eingeschlossenen Versteinerungen gleichzeitig in England und in Frankreich zur chronometrischen Bestimmung der Felsarten herbeigezogen wurden. Das Wichtigste, was man bis jetzt über den Bau und die geordnete Lage der Vulkane weiß, verdankt man fast ausschließlich den Entdeckungen A. v. Humboldt's, L. v. Buch's und Franz Junghuhn's.

Es verstand sich von selbst, daß eine seefahrende Nation wie die Briten am frühesten den Antrieb fühlen mußte, die Räthselsprache der Magnetnadeln zu entziffern. Wenn man abrechnet, daß in Schweden zuerst der Zusammenhang der sogenannten magnetischen Gewitter mit dem Leuchten der magnetischen Erde, den Nordlichtern unserer Halbkugel, entdeckt und dort die ersten gleichzeitigen Beobachtungen verabredet wurden, so sind fast alle wichtigeren Gesetze der magnetischen Erdkräfte, die Senkungserscheinungen der Magnetnadel, die seculären Veränderungen und die täglichen Schwankungen der Mißweisung in England gefunden und ebenfalls dort die ersten magnetischen Karten entworfen worden. Doch hat sich Humboldt unvergängliche Verdienste gesichert, daß er die Errichtung magnetischer Hütten bis nach Peking veranlaßte und daß er am frühesten die ungleiche Vertheilung der Intensität bekannt machte, für welche erst Gauß das absolute Maß finden lehrte.

Die ältesten Seetiefenmessungen und die ältesten Seetiefenkarten sind holländische Arbeiten. Die Kenntniß der beträchtlichsten Meeresströmungen verdankt man dagegen spanischen und portugiesischen, einige auch englischen Lootsen, doch wurde das erste physikalische Gemälde dieser Erscheinungen lange vor Halley's Windkarte in Deutschland entworfen. Die Abhängigkeit der rhythmischen Schwankungen des Seespiegels von der Zugkraft des Mondes hat Kepler vor Newton ausgesprochen, aber die tiefere Begründung der Lehre und die Darstellung von Fluterscheinungen auf Weltkarten sind britische Verdienste, ebenso wie die Erkenntniß der oceanischen Tiefentemperaturen.

Wie die Franzosen und die französischen Schweizer zuerst den Druck des Luftkreises bestimmten, so haben sie auch das Beste gefunden, was wir von den darin schwebenden Wasserdämpfen wissen. Zu dem, was Leroy lehrte, was Saussure zuerst gemessen und Pictet beobachtet hat, ist sehr wenig hinzugefügt worden; in Deutschland wurde nur die beste psychrometrische Formel gefunden. Erst Halley vermochte die Erscheinung der Monsune zu erklären, wie er auch zuerst theoretisch das Dasein eines rücklaufenden Passates gefordert hat, der aber unsichtbar blieb, bis ihn Leop. v. Buch's scharfes Auge in den Witterungserscheinungen am Pic von Teyde erkannte.

Ueberall, wo es etwas zu messen gab, haben wir die Franzosen zuverlässig in erster Reihe gefunden; überall, wo es galt, durch Vergleiche der angehäuften Messungen zu höheren Wahrheiten und Gesetzen sich zu erheben, begegnen wir meistens den Deutschen. Das Drebbel'sche Luftthermometer, von der Academia del Cimento in ein Weingeistthermometer verwandelt, erhielt eine Scala, deren Werthe sich vergleichen ließen, erst durch Reaumur. Wenn man auch die verständige Benutzung dieses Instrumentes um die Mitte des vorigen Jahrhunderts in Upsala schon eingesehen hatte, so darf man doch das Geburtsjahr der Meteorologie nicht vor 1780 setzen, wo ein bayerischer Fürst die berühmte mannheimer Gesellschaft stiftete. Selbst dann noch blieben die thermometrischen Beobachtungen, die seitdem sich anhäuften, todte Werthe, bis sie A. v. Humboldt 1817 plötzlich durch Begründung der mathematischen Klimatologie belebte und diese zu einem der wichtigsten Fächer der physikalischen Erdkunde erhob, denn gewiß ist nach der mathematischen und hypsometrischen Lage eines Ortes seine isotherme Bestimmung das Entscheidungsvollste.

Die Ortskunde der Gewächse ist vorzugsweise eine Schöpfung des deutschen Geistes. Wir verehren Wildenow als den Begründer der Artenstatistik, Humboldt, Leopold v. Buch und den Schweden Wahlenberg als die Schöpfer der Pflanzenklimatologie, Carl Ritter als den Verfasser der ersten botanischen Karte. Nachdem Treviranus und Robert Brown das Gesetz für die verschiedenartige Verbreitung der niedern, höhern und vollkommensten Gewächse festgestellt und de Candolle das physiologische Verständniß dieser Gesetze erschlossen hatte, fand Humboldt die ersten Thatsachen über die Verbreitung der Familien und die Wanderungen der Gewächse, so daß der Däne Schouw über hinreichende Vorarbeiten verfügte, als er die Grundzüge dieser jungen Wissenschaft entwarf.

Weit ausschließlicher als die Pflanzengeographie ist die Ortskunde der Thiere ein deutsches Fach gewesen. Nur durch seinen großen Vorgänger Buffon unterstützt entwarf Zimmermann die erste Weltkarte für die Säugethiere. Treviranus erweiterte die von ihm betretene Bahn, Illiger begründete die erste Artenstatistik, Berghaus sammelte Stoffe für bessere Karten. Wenn wir das Wenige abrechnen, was Swainson beigetragen, und das Tüchtige, was der Holländer Schlegel in dem engern Gebiete der Herpetologie durchgeführt hat, so finden wir nur deutsche Arbeiten, bis Andreas Wagner die Ortskunde wenigstens der Säugethiere auf diejenige Stufe erhob, welche die Pflanzengeographie zu Schouw's Zeit bereits erreicht hatte.

Ein niederländischer Anatom erfand das erste Verfahren, Unterschiede im Bau der Menschenschädel zu messen, aber den Racenbegriff und eine erste Raceneintheilung war vor unserm großen Blumenbach nicht vorhanden. Mit ihm beginnt die Anthropologie als Wissenschaft, die auch seitdem, wenn auch nicht ausschließlich, ein Feld des deutschen Fleißes geblieben ist. Die früheste Classificirung der Völker nach den Verschiedenheiten ihrer Sprache verdankt man den Anregungen Leibnizens und dem Sammlerfleiße Katharinens der Großen; aber das richtige Verfahren beim Vergleich führte der älteste Meister polyglotter Linguistik, Don Lorenzo Hervás ein. Die Sprachenverwandtschaft der Griechen und Römer mit der Sanskrit redenden Bevölkerung des alten Indiens war schon gegen Ende des vorigen Jahrhunderts den Mitgliedern der londoner asiatischen Gesellschaft kein Geheimniß mehr, allein die Kenntniß einer indogermanischen Sprachenfamilie verdanken wir erst Friedrich Schlegel und ihre strenge grammatische Begründung unserem Franz Bopp.

Die Statistik in der Länderbeschreibung ist eine deutsche Schöpfung Achenwall's; niemand vor Süßmilch hatte ein Mittel gefunden, Volkszahlen zu berechnen, und Büsching's großes Verdienst ist es, zuerst die Bestimmung der Bevölkerungsdichtigkeit als eine geographische Aufgabe erfaßt und gelöst zu haben.

Die letzten und höchsten Wahrheiten der geographischen Wissenschaften werden ausgesprochen mit der Erkenntniß, daß der Bau der Erdoberfläche und die von ihm abhängigen Verschiedenheiten der Klimate sichtlich den Entwicklungsgang unseres Geschlechtes beherrscht und den Ortsveränderungen der Cultursitze ihren Pfad abgesteckt haben, so daß der Anblick der Erdgemälde uns dahin führt, in der Vertheilung von Land und Wasser, von Ebenen und Höhen eine von Anfang gegebene oder wenn man will beabsichtigte Wendung menschlicher Geschicke zu durchschauen. Seit Strabo bis auf unser Jahrhundert war niemand diesen tiefen Geheimnissen näher getreten. Außer diesen vielen sinnigen Gedanken, die A. v. Humboldt ausgesprochen oder mittelbar angeregt hat, kamen die größten Offenbarungen aus dem Munde Carl Ritter's, von dem man wohl sagen kann, er habe die naturwissenschaftliche Erdkunde beseelt, er habe zuerst in dem Antlitz der einzelnen Welttheile, welche er die großen Individuen der Erde genannt hat, geheimnißvoll wirkende Persönlichkeiten gewittert oder wenigstens doch ihre Verrichtungen in der Geschichte unseres Geschlechtes nachgewiesen. Carl Ritter war jedoch nicht ohne Vorgänger, sondern wir werden vielmehr zeigen, daß schon in der Schule, welche Gatterer begründete und zu der auch Immannel Kant zählte, der wissenschaftliche Vergleich zu den Lieblingsübungen deutscher Geographen gehörte.

Wer die Geschichte der Erdkunde zur Hand nimmt, um darin die Ehren des deutschen Volks verzeichnet zu finden, der wird gemischten Eindrücken entgegengehen. Er wird gewahren, daß er einer Nation angehöre, die überreich an Zierden und arm an Thaten ist. Wo hohe Aufgaben nur durch die Kräfte eines Staates gelöst werden können, zeigt unsere Geschichte nichts als eine Reihe versäumter Gelegenheiten; wo es aber dem Einzelnen möglich war, ohne öffentlichen Beistand der Wissenschaft große Dienste zu leisten oder wo fremde Nationen thatenlustig nach Werkzeugen suchten, da haben sich stets Deutsche herbeigedrängt, und die Zahl der Unsrigen, die in die Gefahr gingen und in ihr unterlagen, ist bis auf die Gegenwart ruhmwürdig groß gewesen. Was hätten andere

Nationen geleistet, wenn sie über eine ähnliche Fülle geistiger Kräfte zu verfügen gehabt hätten! Wenn wir dennoch bei der Vertheilung der wissenschaftlichen Verdienste nicht hinter andern Völkern zurückstehen, so müssen wir unsere Vertreter um so höher feiern, weil sie so viel erringen konnten, obgleich sie Deutsche waren!

Inhalt.

Die Zeit der Scholastiker.

Der Zeitraum der großen Entdeckungen vom Infanten Heinrich bis zur Mitte des 17. Jahrhunderts.

Das Zeitalter der Messungen.

Das geographische Wissen im classischen Alterthum.

Räumliche Begrenzung der römischen und griechischen Erdkunde.

Unsere heutigen geographischen Kenntnisse sind nur ein bereichertes Erbe aus dem classischen Alterthum, und wenn wir die Verdienste der neueren Zeiten feststellen wollen, müssen wir vorher abziehen, was an älteren Leistungen ihnen zugefallen war.

Römische Eroberungen hatten Hispanien, Gallien und die britischen Inseln geöffnet. Heerstraßen führten durch England bis zu einer Linie von Schanzen und Werken zwischen Glasgow und Edinburgh, die noch nördlicher lagen als der hadrianische Pictenwall[1]. Der äußerste Grenzstein des bekannten Erdkreises gegen Norden, die Insel Thule, war zuerst von Pytheas, einem Astronomen aus Marseille (um 320 v. Chr.), besucht worden. Wie alle Reisenden, die eine fremdartige, für ihre Zeitgenossen wunderliche Welt erschlossen, litt er unter den Schmähungen eines kritischen Argwohns. Da uns nur seine Gegner Bruchstücke seiner Schriften erhalten haben, ist es äußerst schwierig, dem alten Entdecker zu einem gerechten Verständniß zu verhelfen. Angezogen von der Dunkelheit der vorhandenen Nachrichten,

[1] Itinerar. Antonini, im Recueil des Itinéraires anciens par M. le Marquis de Fortia d'Urban, Paris. 1845. p. 140 und Forbiger Handbuch der alten Geographie. Leipzig. 1848. Bd. 3. S. 276.

welche der Phantasie einen günstigen Spielraum gewähren, hat es ihm nie an Erklärern gefehlt[1]. Bald hielt man seine Insel Thule, aber gewiß irrig, für Island[2], bald für Norwegens Telemarken, ja selbst für das Küsteninselchen Tylö vor Halmsted. Wenn aber Tacitus die Römer auf ihrer Rundfahrt um Schottland im Jahre 84 n. Chr., nach Entdeckung der Orcaden auch die Insel des Pytheas in der Ferne erblicken läßt, so werden wir unzweideutig nach der Shetlandsgruppe verwiesen[3], und auf ihr blieb auch die nächsten Jahrhunderte der Name haften[4], wenn auch auf diesem Archipel manches in den Bruchstücken des Massilioten nicht passen will[5].

Ein römisches Geschwader war es auch, welches zur Zeit, wo Germanicus bis an die Weser vordrang (16 n. Chr.) oder früher noch unter Drusus oder Tiber, an den friesischen Gestaden bis über die Nordspitze Jütlands hinaussegelte[6]. Unter den ostfriesischen Inseln, wo die Eroberer die älteren Fundstätten des Bernsteins erreichten, lassen sich nur Borkum (Burchana)

[1] Uckert, Geogr. der Griechen und Römer. I. Theil. 2. Bd. S. 298 nennt uns 17 ältere Schriftsteller, die sich mit Pytheas beschäftigt haben, und eine Uebersicht der neueren Arbeiten kann man bei Alex. Ziegler, Die Reise des Pytheas nach Thule. Dresden 1861. S. 22 finden. Die neueste Darstellung gibt Müllenhoff, Deutsche Alterthumskunde. Bd. 1. S. 229 bis 497. Man vergleiche auch noch J. B. Cuno, Forschungen im Gebiete der alten Völkerkunde. Berlin 1871. Bd. 1. S. 99—111., sowie Ch. E. de Ujfalvy, Le pays de Thulé. Paris 1874.

[2] Irrthümlich wird A. v. Humboldt unter diejenigen gerechnet, die sich für Island erklärten. Er hat nur Dicuils Thule für Island gehalten, die Insel des Pytheas aber erkannte er in der Shetlandsgruppe, s. Kritische Untersuchungen. Berlin 1852. Bd. 1. S. 367.

[3] Tac. Agricola cap. 10. Dispecta est et Thule quadamtenus.

[4] Die Scholien zum Solinus, die nach Mommsen etwa dem 6. Jahrhundert und irischen Mönchen, vielleicht den Jüngern Columbans angehören, verlegen Thule ebenfalls nördlich von den Orcaden. Mommsen, Solinus p. LXVI. p. 234—235.

[5] J. C. Cuno, Völkerkunde der Alten. Bd. 1. S. 104.

[6] Plinius, Hist. nat. lib. II, cap. 67.

und Norderney (Austrania) an ihren römischen Namen erkennen[1].

Plinius, der bei seinem Aufenthalte im Chaucenlande zwischen Weser und Ems, über den Norden der Erde sich am besten unterrichtet hatte, konnte nach Pomponius Mela die erste Kunde von einem Lande Skandinavien verbreiten, welches er eindrucksvoll als einen neuen, vom Norden herabragenden Welttheil schildert, wenn er es auch, wie der Name bezeugte, nur für eine Insel hielt[2]. Stark zu bezweifeln ist es, daß er schon den Namen Norwegens gehört und Küstenpunkte aufgezählt haben sollte, die bis Bergen und bis zur Insel Dynesö oder beinahe bis zum Polarkreis reichen[3]. Ebenso dunkel sind bisher die Namen Basileia, Basilia, Abalus, Baltia oder Balcia geblieben, die einem Fundorte des Bernsteins gegeben wurden.

Befremden muß es auch, daß Ptolemäus, dessen Wissen im Vergleich zu seinen Vorgängern so unendlich bereichert erscheint, die schwedische Halbinsel zu einem dürftigen Eiland vor der Weichselmündung, bewohnt von Gutti oder Gothen

[1] Plinius IV. cap. 27. Norderney hieß ehemals, das heißt vor 1398 n. Chr., Osterende oder mundartlich Osterenne. Sundermann, im Ausland 1874. S. 999. Ueber den ostfriesischen Bernstein vgl. Guthe, Braunschweig und Hannover. S. 44.

[2] Die clarissima insula Scandinavia und das Scandia bei Plinius lib. IV, cap. 27 und 30 sind das Skaanenland, Avi ist die altgermanische und gothische Form für das altnordische ey ursprünglich (aui). Scandinavia bedeutet also die Insel Scandia. S. P. A. Munch, Det norske Folks historie. Christiania 1852. Forste Deel S. 16. Auch Pomponius Mela lib. III, cap. 3 und cap 6, der unter dem Namen Gothengolf (sinus codanus) mit Lebendigkeit die inselerfüllten, dänischen Sunde beschreibt, sieht in Scandinavia nur eine große Insel.

[3] Plinius lib. IV, 30. Sunt qui et alias [insulas] prodant Scandiam, Dumnam, Bergos, maxinamque omnium Nerigon ex qua in Thulen navigetur. Müllenhof (Deutsche Alterthumskunde Bd. 1. S. 387), welcher statt Nerigon die Lesart Berricen bevorzugte, verlegt die Namen in die Shetland-Gruppe. Zu bemerken ist noch, daß die heutige Stadt Bergen eine vergleichsweise sehr junge Schöpfung ist.

und Firäsen (Friesen) verkümmern läßt[1] und den Nordrand des sarmatischen Europa völlig vor dem Eismeer entblößt. Dem Bernsteinhandel verdankten die Alten ihre erste Kenntniß der baltischen Gestade. Preußische Aestyer, die nach Tacitus die einzigen sein sollen, welche auf den Watten das Gles oder den Bernstein auflasen[2], bewohnten damals das heutige Samland, den reichsten Fundort des Bernsteins. Jenseit der Weichsel, welche bei seinen Vorgängern die östliche Wissensgrenze bildete, kennt Ptolomäus vier baltische Wasserläufe, deren Benennungen den Erklärern noch jetzt unverständlich geblieben sind. Doch ist es wohl verstattet, den Chron-Fluß[3] als den Njemen zu erkennen, denn Ptolemäus weiß, daß seine Quellen fast zusammentreffen mit denen des Dnjepr, welchen letzteren die alten Geographen nach seinem Nebengewässer, der Beresina, Borysthenes benannten. Außerdem ist es bekannt, daß bei den alten Preußen noch im Mittelalter das Meer, in welches sich der Njemen ergoß, das Chrono hieß[4], ein Name, den die Römer aus dem Munde der Germanen hörten, die der Wortklang zu dem Mißverständniß einer g e r o n n e n e n See (mare concretum) verleiten konnte. Der nächste Fluß, Rhubon oder richtiger Rhudon, müßte uns dann als die Düna gelten und die äußersten Küstenströme Turnutus und Chesynus würden uns in die

[1] Geographia, lib. II. cap. 11.

[2] Germania, cap. 45. Soli omnium succinum, quod ipsi glesum vocant, inter vada atque in ipso litore legunt. Redslob, Thule. Leipzig 1855. S. 37, hat dieser Stelle durch seine Erklärung inter vada „auf den Watten" neue Reize abgewonnen.

[3] *Χρόνος* sowohl bei Ptolemäus, wie in den besseren Handschriften des Marcianus (lib. II, cap. 39), Chronius bei Ammianus Marcellinus XXII, 8, 38. Ptolemäus (lib. II, ed. Wilberg, p. 101) kennt aber auch das baltische Meer unter gleichem Namen: *Ὠκεανὸς Ὑπερβόρειος ὃς καὶ Πεπηγὼς ἢ Κρόνιος ἢ Νεκρὸς Ὠκεανὸς καλεῖται.* Das Cronium mare erstreckte sich aber auch über den Norden Schottlands, und der Name ist weit älter als die Bekanntschaft der Römer mit der Ostsee.

[4] Voigt (Geschichte Preußens, Bd. I, S. 77, S. 169) der dieß nachweist, erklärt jedoch den Chronos für synonym mit dem Pregel.

Nähe des finnischen Golfes bringen. Alles was auf der baltisch-pontischen Verengerung Europas westlich von dem Njemen und dem Borysthenes lag, war zu Ptolemäus Zeiten schon erforscht worden. Hatten doch die Römer zum Schutze der dacischen Donauebene selbst in Podolien einen nach Trajan benannten Wall vom Dnjestr bis zum Zbrucz gezogen[1]. Früher schon unter Nero hatte ein römischer Ritter (um 56 n. Chr.) eine Handelsreise über die Karpaten, wahrscheinlich nach dem preußischen Samlande unternommen und bei der Heimkehr die Römer sowohl durch die Fülle wie durch die Größe seiner Bernsteinbeute in Erstaunen versetzt[2]. Erst nach dieser Zeit entstand ein dauernder Ueberlandverkehr mit Ostpreußen, denn die Münzen, die man auf dem Wege nach dem baltischen Samlande gefunden hat, tragen kein älteres Gepräge, als das neronische[3]. Aeltere griechische und römische Münzen hat man aber neuerlich auch bei Riga, auf der Insel Oesel und selbst bei Libau in Kurland ausgegraben[4].

Erst Schafařik hat es, zum Theil mit Glück, versucht, das Namengetümmel ptolemäischer Völker im europäischen Sarmatien in einige Ordnung zu bringen[5]. Wir begrüßen seitdem in den galizischen Saboken Slawen am San; in den benachbarten Biessi die Bewohner der alten Karpatenstadt Biecz. Wir suchen jetzt die Piengitä an der Piena, die bei Pinsk in den Pripjät mündet; die Igyllionen an dem Iga- oder Itschaflüßchen bei Witebsk. Selbst der Name Slawen, wenn auch

[1] Schafařik, slaw. Alterthümer, Bd. I, S. 520.

[2] Plin. Hist. Nat. lib. XXXVII, 11.

[3] S. Uckert, über das Elektrum in Zimmermanns Zeitschr. für Alterthumswissenschaft. 1838. 5. Jahrg. S. 1838. Der wichtigste Fund von 1123 römischen Münzen bei der Stadt Osterode (Ostpreußen) wurde beschrieben von Bayer, Opuscula, ed A. Klotzius. Halae 1770. p. 410 bis 473.

[4] Dr. B. Koehns Zeitschrift für Münz-, Siegel- und Wappenkunde. 1. Jahrg. Berlin 1841. S. 173.

[5] Slawische Alterthümer, Bd. I, S. 206 ff.

versteckt hinter der Form Stlawani, kommt in dem Ptolemäischen Rußland vor, sonst werden diese Völker vielfach mit ihrer deutschen Bezeichnung Wenden (Veneti, Venedae), seltener mit ihrem einheimischen Namen Serben aufgeführt[1]. Von den Stämmen an der baltischen Küste haben die Welten ihren Namen noch in Wilkomir, dem Weltenland und in Wilda (Wilna) hinterlassen. Die Karwonen, das äußerste Volk im Nordosten, können mit einiger Wahrscheinlichkeit als Krewer oder Krewitscher erkannt werden, die bei Pskow saßen. So führen uns die Völkernamen des Ptolemäus ebenfalls bis zum finnischen Golfe, der als die äußerste Wissensgrenze vom nordöstlichen Europa gelten darf.

Die Kunde der Griechen von der pontisch-kaspischen Landenge hatte seit Herodots Reisen keine Bereicherung erfahren und erst bei Ptolomäus fällt ein helles Licht auf diese Grenzgebiete Europas. Ein Gegenstand wiederholter Bewunderung ist es von jeher gewesen, mit welcher Schärfe und Naturtreue er selbst oder Agathodämon den Lauf der untern wie der obern Wolga, sowie des Don und die Landenge angiebt, welche durch die Annäherung beider Ströme bei Zaritzin entsteht. Unter dem alten Namen Rha, der Strom, wie sie noch heutigen Tages bei den Mordwinen (Rhau) heißt[2], kennt Ptolemäus die Wolga von allen Geographen wahrscheinlich zuerst[3], und als Uferbewohner nennt er die noch heutigen Tages dort anzutreffenden heidnischen Tscheremissen (Szimnitae). Noch auf-

[1] Gregor Krek, Einleitung in die slawische Literaturgeschichte. Graz 1874. S. 62—64. Serben bei Plinius und Ptolemäus V, 8. Wilb. p. 349.

[2] Schafařik, slawische Alterthümer, Bd. I, S. 499.

[3] Daß der *Ὄαρος* des Herodot (lib. IV, cap. 11, 123, 124), der sich in die Mäotis (Azow'sche See) ergießt, die Rha sei, ist aus der Reihenfolge, wie Herodot ihn nennt, nicht wohl anzunehmen. Bei Agathemerus (lib. II, cap. 10) heißt die Wolga *Ῥῶς*. Daß das „zweite" Buch der Geographiae informatio nur fälschlich dem Agathemerus zugeschrieben wird, darüber vgl. Karl Müller, Geogr. Graeci minores. Tom. II, p. 471.

fallender ist es, daß er auch Kenntnisse besaß von Flüssen, die östlich von der Wolga in das kaspische Meer fallen, da sein Rhymmus in dem Naryn, sein Daich als Jaik oder Ural wieder gefunden worden sind[1]. Schon Herodot hatte bei seinem Besuche milesischer Colonien vernommen, daß die kaspische See ein getrenntes Becken sei[2], und Aristoteles, der seine Meteorologie vor Alexanders Zügen verfaßte, hielt an dieser richtigen Vorstellung noch fest[3]. Aber nach ihm entstellten die Geschichtschreiber der macedonischen Eroberung das richtige Bild wieder, insofern sie, um die Herrlichkeit des asiatischen Erschütterers zu vergrößern, Alexander am kaspischen Gestade einen Golf des allumfließenden Meeres, das nördliche Ufer der Erdinsel und das Ende des Bewohnbaren erreichen ließen. Dieser Irrthum, von Zeit zu Zeit widerlegt, hat sich durch achtzehn Jahrhunderte fortzuschleichen vermocht[4]. Mit Ausnahme einer Stelle bei Diodor, deren Sinn noch manche Zweifel übrig läßt[5], haben sämmtliche Geographen und Geschichtschreiber zwischen Aristoteles und Ptolomäus dem kaspischen Meer einen Ausgang in das Eismeer gegönnt, und selbst der umsichtige Strabo war diesem Trugbilde erlegen, verführt von einer Küstenbeschreibung des Patrocles, der im Dienste des Seleucus Nicator und Antiochus eine Flotte im kaspischen Meere befehligte, und zu versichern wagte, daß von Indien aus um den Ostrand Asiens herum, der freilich nach den damaligen Vorstellungen schon bei den Gangesmündungen begann, Schiffe aus dem Eismeer in das

[1] Goebels Reisen nach Südrußland. Bd. II, S. 342.

[2] Lib. I, cap. 202. *ἡ δὲ Κασπίη θάλασσά ἐστι ἐπ' ἑωυτῆς, οὐ συμμίσγουσα τῇ ἑτέρῃ θαλάσσῃ.*

[3] Meteorol. lib. II, cap. I. Der falsche Aristoteles im Buche De mundo, cap. 3, verunstaltet dagegen das kaspische Meer wieder zu einem Golfe des Eismeeres.

[4] Siehe in A. v. Humboldt's Centralasien, Berlin 1844, Bd. I. S. 451 bis 487, eine Sammlung aller wichtigen Stellen von Hecatäus bis auf Bienewitz (Apianus).

[5] Diodorus Siculus, lib. XVIII, cap. 5. ed. Carl Müller, Paris 1844, tom. II, p. 418.

kaspische Meer einlaufen könnten[1]. Selbst mit Ptolemäus war die Streitfrage noch nicht geschlichtet, denn es folgte ihm nur sein getreuer Marcianus, während Agathemerus das kaspische Meer wieder öffnete, obgleich auch er die Wolga und den Narym kennt[2].

So hoch das kaspische Wissen des Ptolomäus zu stellen ist, so trifft ihn doch die Schuld, daß er der großen Achse dieses Beckens eine Richtung nicht von Norden nach Süden, sondern von Osten nach Westen gegeben hat, ein Fehler, der endgültig erst 1726—1727 von den Karten verschwand[3], obwohl schon die catalanische Karte von 1375 eine andere Achse als die O.-W.-Achse des Ptolemäus zeigte. Weder er noch irgend ein anderer Geograph des Alterthums hat den Aral-See als ein gesondertes Becken gekannt, dagegen lehrte man übereinstimmend, daß sowohl der Syr Darja (Jaxartes), wie der Amu (Oxus) in das kaspische Meer und nicht in den Aral-See sich ergossen hätten. Wohl entsendete der Oxus vor nicht langer Zeit über Kunja Urgentsch einen Arm gegen S.-S.-W., der bis zu dem Becken des Betendal-Göl verfolgt worden ist. Andererseits sind die Russen vom Balchanbusen an einem trockenen Strombett bis zum Brunnen Igdy aufwärts gezogen (1873), noch aber blieb zwischen beiden Punkten eine Strecke von mehr als 30 deutschen geographischen Meilen unerforscht und es ist noch immer eine neue Untersuchung nöthig, um zu entscheiden, ob der Usboj oder das alte Strombett des Balchangolfes, welches unterhalb Igby ½—1 Werst breit und 20 bis 25 Meter tief ist, dem Amu Darja oder den Flüssen Tedschend

[1] Strabo lib. II, lib. XI. (tom. I, p. 118, tom. II, p. 442 Tauchnitz.)

[2] Agathemerus, der von Uckert (I, 236) in den Anfang des 3. Jahrh. n. Chr. gesetzt wird, spricht wieder (Geogr. Gr. min. ed. C. Müller. tom. II. p. 474. III, 13.) von einer Ausmündung (στόμα) des kaspischen Sees.

[3] Soimonow umfuhr 1726 das ganze kaspische Meer. K. E. v. Baer, Peters des Großen Verdienste um die Erweiterung der geogr. Kenntnisse. St. Petersburg 1872. S. 241. (Beiträge zur Kenntniß des Russ. Reiches, Bd. XVI.)

und Murghab angehört habe, die sich jetzt im Sande verlieren. Wir haben aus dem Munde eines gelehrten Kenners der alten Erdkunde, der sich zuletzt mit dieser alten Streitsache beschäftigt hat, als Ergebniß seiner Untersuchung, daß niemals in der geschichtlichen Zeit der ungetheilte Oxus in das kaspische Meer geflossen sei[1], und fast die nämlichen Worte gebraucht ein wohl unterrichteter Beobachter[2], welcher die Russen 1873 auf ihrem Feldzuge gegen Chiwa begleitete. Auch Bogdanow[3], welcher während seines Aufenthaltes in Chiwa diese Frage eingehend untersucht hat, vermuthet, daß der Ausfluß des Amu Darja in das kaspische Meer durch Hebung des Bodens gehemmt sei, wie solche sich über die südliche Zone der kaspisch-aralischen Niederung an der nördlichen Verschiebung der Flüsse erkennen lasse. Obgleich beide Seen mit ihren angrenzenden Gebieten eine gemeinsame und zwar die größte bekannte Bodensenkung (Depression) der Erde bilden, und ihre Spiegel durch Abdampfungsverluste nach und nach gesunken sind, so waren doch jedenfalls in der historischen Zeit beide Seen getrennte Becken[4], auch liegt die turkmanische Landenge, welche sie scheidet, nach den neuen Messungen bis 158 Meter höher als das Aral-Ufer[5]. Alexander v. Humboldt hat sich indessen sorgsam bemüht, die Ueberlieferung der alten Geographen von einer kaspischen Mündung des Oxus durch den Nachweis zu retten, daß der heutige Amu oder Dschihun, in eine Gabel getheilt, den Aral-See sowohl als den kaspischen Balchangolf erreicht habe, bis der aralische Arm des Stromes, begünstigt durch eine Bodenschwankung, dem kaspischen Abfluß alles Wasser entzog[6].

Der Jaxartes oder Syr war der Grenzfluß für das

[1] Rob. Roesler, die Aralseefrage. Wien 1873. S. 91.

[2] Lieutn. Stumm. Verhandlungen der Gesellschaft für Erdkunde zu Berlin. Berlin 1875. Bd. I, S. 67.

[3] Zur Oxus-Frage. Russische Revue 1875. S. 212.

[4] v. Baer, Kaspische Studien. Petersburg 1855. S. 25 ff.

[5] Russische Revue 1875. S. 246.

[6] A. v. Humboldts Centralasien, Bd. I, S. 529.

Strabonische Wissen vom turanischen Asien, denn von den jenseitigen Räumen wußte man nur, daß sie von Steppenvölkern (Scythen) bewohnt würden[1]. Auch bei Ptolemäus finden wir keine Erweiterung der Kenntnisse in jener Richtung. Nördlich und nordöstlich vom Syr (Jaxartes) kennt er weder Flüsse noch Seen, sondern nur Gebirge und die schwankenden Sitze von Steppenvölkern, ein Beweis, daß ihm keine Beschreibung einer Straße durch die Gebiete der Kirgisenhorden vorlag, denn Flüsse, die überschritten, und Seen, die umgangen werden müssen, zeichnen die Wegweiser am sorgfältigsten auf. Hochasien mit seinen Terrassen und Gebirgsketten, den Europäern bis vor kurzem noch fast so unzugänglich wie die innersten Polarräume, hat von jeher dem Verkehr, also auch der Erdkunde die größten Hemmnisse in den Weg gelegt. Doch gelangten als untrügliche Beglaubigung einer alten Verbindung mit China in das griechisch-bactrische Reich Seidenzeuge unter ihren einheimischen Namen[2]. Die Kaufleute, welche die kostbaren Gewebe zuführten, hießen die Serer, und während die Seidenkarawanen den Boden der bekannten Welt im oberen Jaxartesthal betraten, durch welches über den Thianschan die serische Handelsstraße führte, lag für Strabo und Plinius das Sererland bereits östlich von den Oxusquellen oder noch an denselben in Tocharistan[3]. Wenn Plinius auch von einem serischen Weltmeer spricht, so dürfen wir deshalb bei ihm noch

[1] Strabo lib. XI. 11 (tom. II, p. 442, Tauchn.).

[2] Σηρικόν, sericum. Der chinesische Name ist Sée oder szü, im Koreanischen Sir, im Mandschu Sirghe, im Mangolischen sirkek. Klaproth, Tableaux histor. de l'Asie. Paris 1826. p. 58. Nach Fr. Spiegel (Ausland 1867. S. 1023) erwähnt bereits der Prophet Hezeqiel 16. 13. der Seidenzeuge.

[3] Strabo lib. XI, 11, tom. II, p. 439. Tauchn. *Καὶ δὴ καὶ μέχρι Σηρῶν καὶ Φρυνῶν ἐξέτειναν τὴν ἀρχήν.* Ein örtliches Verständniß erhält diese Stelle durch Plinius lib. VI, 20. Ab Attacoris gentes Phruri et Tochari: et jam Indorum Casiri, introrsus ad Scythas versi, humanis corporibus vescuntur. Unter Euthydemus erstreckte sich das griechisch-bactrische Reich bis Kaschgar. Lassen, Indische Alterthümer, Bd. II, S. 302.

nicht die Kenntniß voraussetzen, daß das Ursprungsland der Seide im Osten wirklich von einem Weltmeere begrenzt war. Er gehörte vielmehr, wie Strabo, zu der homerischen Schule, die sich die Erdveste als Insel vom Ocean umflossen dachte. Je genauer man aber mit dem Seidenhandel bekannt wurde, desto weiter gegen Osten verlegte man das Sererland[1], und in unvermuthete Fernen schien Asien hinauszurücken, als eine Straßenbeschreibung nach China durch Maes Titianus, einem macedonischen Kaufmann aus Balch, in die Hände des Geographen Marinus aus Tyrus gerieth. Diese Beschreibung eines Karawanenpfades nach China, welche im Jahre 1492 zur Aufsuchung eines westlichen Seewegs nach Indien die größte Ermuthigung gegeben hat, ist uns nur bekannt geworden durch einige kritische Bemerkungen des Claudius Ptolemäus, der übrigens schon die Trockenheit dieses Berichtes zu beklagen hatte[2]. Die Karawanen der Seidenhändler konnten überhaupt nur zwei Pfade benutzen, wovon der eine durch Badachschan führte, der andere über Ferghana und Usch dagegen von den älteren Gewährmännern[3] übereinstimmend als die alte Handelsstraße nach China erklärt wurde. Von Balch aus überstiegen die Karawanen zuerst die Gebirge der Komeder, dann durchzogen sie ein Thal, welches nach Süden abbog, bis nach Lithinos Pyrgos oder nach dem steinernen Thurm, worunter sich Manche ein befestigtes Karawanserai gedacht haben, anstatt darin die griechische Uebersetzung eines asiatiatischen Orts-

Die Sitze der Tocharen, die Ammianus Marcellinus (lib. XXIII, 6) zu den unterworfenen Völkern des bactrischen Reiches zählt, verlegt Karl Ritter, Asien, Theil VII, S. 694 in die Quellenländer des Oxus.

[1] Pardessus, Mémoire sur le commerce de la Soie chez les Anciens, in Mém. de l'Inst. de France, Acad. des Inscr. Tom. XV. P. 1. Paris 1842, p. 28.

[2] Geogr. lib. I. cap. 11 und 12 ed. Wilberg p. 39.

[3] Ritter, Asien, VIII, S. 693; v. Humboldt, Centralasien, Bd. I, S. 102; Lassen, Ind. Alterthumskunde, Bd. II, S. 534.

namens zu suchen[1]. Wahrscheinlich zogen sie von dort den kasischen Bergen entlang, nach dem serischen Issedon, worunter man sich Yarkend oder Kaschgar denken mag, am Oichardesflusse gelegen, in dessen Nähe auch noch einige andere Plätze diesseits des Thian-Schan (Auxacii montes) ihnen bekannt wurden. Das äußerste Ziel war die „serische Hauptstadt," vielleicht das damalige Hianjang oder das heutige Tschhang-ngan-han im Schensi[2].

Die Umrisse und die Küsten der arabischen Halbinsel waren den Kauffahrern wie den Geographen sehr genau bekannt, das Hochland von Iran seit Alexander und seinen Nachfolgern griechischer Auswanderung erschlossen, und über Indien wußte man zu Ptolemäus Zeit unendlich mehr, als Gerhard Mercator am Schlusse des 16. Jahrhunderts. Der Seehandel zwischen dem Abendlande und Südasien erstreckte sich über Ceylon hinaus bis zu den Prasiern am untern Ganges[3].

[1] Ritter, Erdkunde, Theil VIII, S. 483 hält die Trümmer alter Bauwerke, die unter dem oft zu hörenden Namen Salomonsthron dem Reisenden Nazarow 1814 an der Ausmündung des Kaschgarpasses gezeigt wurden, für die Reste des steinernen Thurmes. Allein die Stelle bei Ammianus Marcellinus (lib. XXIII, cap. 6) vicum quem Lithinon pyrgon vocant, beweist, daß wir eine Ortschaft und einen Ortsnamen vor uns haben. Reinaud hat uns aufmerksam gemacht, daß bei dem großen arabischen Geographen Biruni der türkische Name Taschkend das steinerne Schloß bedeute. (Géographie d'Aboulféda. Paris 1848. Introd. p. CCCLXIX.) Neuerdings hat Hayward 1869 zuerst Taschkurgan, die Hauptstadt von Sarikol besucht, durch welche ein belebter Karawanenpfad nach Kaschgar führt. Der Name des Orts bedeutet steinerne Burg und seine Lage entspricht besser als irgend eine andere dem Lithinos pyrgos des Maes. In der Nähe befinden sich die Trümer einer alten Festung, als deren Erbauer Afrasiab gepriesen wird. Ausland 1871. S. 352. Proceedings of the R. Geogr. Soc. 1871. p. 188—189.

[2] Klaproth, Tableaux historiques de l'Asie. Paris 1826. p. 34. Ueber die serische Handelsstraße erwarten wir demnächst eine Abhandlung von H. Kiepert. Aus mündlichen Mittheilungen unseres gelehrten Freundes, den wir auf dem Felde der alten Geographie des Orients als erste Autorität schätzen, entnehmen wir, daß der Ἴμαος mit dem Thianschan, Σῆρα mit Tschan-ngan-fu (jetzt Singan-fu) zu identificiren ist.

[3] Plinius lib. VI, 24.

Griechische Niederlassungen treffen wir nicht blos auf der Insel Socotora, sondern vielleicht bis nach der indischen Malabarküste, wo Ptolemäus zwei Städte, Theophila und Byzantium, mit griechischen Namen angibt[1], von denen das letztere indeß wohl nur die griechische Umschreibung des Sanskritwortes v̌iganta ist.

Noch vor kurzer Zeit bot aber das indische Ländergemälde des alexandrinischen Geographen nur ein Wirrsal unkenntlicher Namen, bis die neueren Alterthumsforschungen, vor allen die Arbeiten Christian Lassens, an den beiden Küsten wie im Innern der Halbinsel manche altindische Benennungen von Gebirgen, Flüssen, Städten und Völkern durch Geschichts- und Sprachforschung befestigten[2]. Es wurde auf diese Art nicht blos die Ptolemäische Länderkunde genießbar gemacht, sondern seine Karte zum Range einer geschichtlichen Urkunde erhoben, aus der sich sogar nachweisen läßt, daß manche der heutigen Stämme und Kasten Indiens ihre Wohnsitze geändert haben müssen[3]. Im Allgemeinen waren jedoch den Griechen die Küstenstriche Indiens besser bekannt als das Innere, und die Westküste wiederum genauer als die Ostküste. Durch griechische Indienfahrer erfuhr man auch in Alexandrien, daß es außer dem bactrischen noch einen zweiten Landweg nach China gebe, der von der Hauptstadt der Prasier am Ganges, Pataliputra, seinen Ausgang nehme[4]. Diese Handelsstraße führte, wie aus

[1] Letzteres erwähnt auch der Peripl. Maris Erythr. cap. 53. Nach Lassen Ind. Alterth., Bd. III, S. 6, ist Theophila das heutige Surdhaur auf der Halbinsel Gudjerat (nach Thorntons Gazetteer of India 22° 8′ n. Br. 71° 1′ O. Greenw.). — Diogenes bei Ptolemäus lib. I, cap. IX ex his unus qui Indiam migraverant, war ein solcher griechischer Colonist.

[2] Indische Alterthumskunde, Bd. III, S. 87—301.

[3] Ueber die Sitze der Radschputen s. Lassen a. a. O. S. 141, sowie über die ehemalige Verbreitung dekanischer Stämme in Gedrosien (Beludschistan) S. 174.

[4] Ptolem. Geogr. lib. I, cap. 17. Wilb. p. 57 *καὶ ὅτι ὄν μόνον ἐπὶ τὴν Βακτριανὴν ἐντεῦθέν ἐστιν ὁδὸς διὰ Λιθίνου Πύργου, ἀλλὰ καὶ ἐπὶ τὴν Ἰνδικὴν διὰ Παλιμβόθρων.*

anderen Quellen geschlossen werden darf[1], an der heutigen Kosi, im östlichen Nipal, über das Gebiet eines Bhota-Stammes, der Besadä, und über den Himalaya selbst nach Tübet, wo sie den heutigen Tamdjukampa kreuzte, der allgemein für den obern Lauf des Brahmaputra gehalten wird, und den Ptolemäus unter dem Namen Bautisos[2] durch Uttara-Kura (Ottorokorrhas), das heilige Nordland der Inder oder das östliche Tübet, fließen läßt.

Oestlich von der Gangesmündung wird das Verständniß der Ptolemäischen Erdkunde wieder schwankender. Wenn Christian Lassen die Argyre oder das Silberland für Arracan, die Chryse oder das Goldland für Barma ansieht, so werden die Namen dieser Gebiete durch nachweisbare Metallschätze nicht gerechtfertigt. In dem ptolemäischen Barma oder Awa ist jedoch

[1] Periplus Maris Erythraei §. 65, wo jetzt allgemein gelesen wird *Βησάτας* statt *Σησάτας*; Ptolemäus hat die richtigere Schreibart, die Lassen auf seiner Karte in Passada umgewandelt hat, weil er den Namen von Vaishadâ ableitet. Ind. Alterth. Bd. III, S. 155.

[2] Schon der scharfsinnige Mannert verband die Nachrichten des Periplus mit den Angaben der ptolemäischen Geographie, um diesen tübetanischen Handelsweg nachzuweisen. Wenn er den Bautisos für den Hoangho hält, so war dieß bei dem unsichern geographischen Wissen seiner Zeit höchst verzeihlich. (Geogr. der Griechen und Römer. Bd. IV, Nürnberg 1795, S. 516–518.) Erst Lassen (Ind. Alterthümer Bd. III, S. 132) hat den Bautisos als den obern Brahmaputra und die Bautae des Ptolemäus (lib. VI, cap. 16, ed. Wilberg p. 431) als die Bhota erkannt, wie die Tübeter von den Indern geheißen wurden. H. Kiepert erklärt sich dagegen mit aller Bestimmtheit für Mannerts Ansicht und hält den Bautes für den Hwang-ho. Da Kieperts Abhandlung noch nicht erschienen ist, können wir die Gründe nur kurz andeuten: daß ein Land wie Tübet, welches die Chinesen erst im 9. Jahrh. entdeckt haben, unmöglich schon zu Ptolemäus Zeit ein Durchgangsland zwischen Indien und China gewesen sein könne. Uttara-Kuru erkläre sich leichter und natürlicher für den Kuen-lun, den chinesische Olymp an den Hwang-ho-quellen, aber in indischer Uebersetzung, weil der ganze Bericht von indischen Reisenden herrühre wie auch aus den Namen *Ἴμαος*, *Ἰμωδός* hervorgehe, welche wie Himalaya „Schneegebirge“ bedeuten. Wir haben also buddhastische Pilger vor uns, welche sich den Handelskarawanen anschlossen, etwa zur Zeit der Einführung des Buddhismus aus Indien nach China.

wenigstens ein Ortsname gut befestigt worden, nämlich Mareura, das heutige Mueyen[1]. Auch dürfen wir jetzt mit Vertrauen die goldene Chersones der Alten für die Halbinsel Malaka erklären, nicht blos weil sie wirklich eine Fundstätte edler Metalle ist[2], und der goldene Beiname für malayisch-javanische Inseln in Indien sich noch bis ins 11. Jahrhundert erhielt[3], sondern auch weil Heinrich Kiepert den Namen Sabana an der goldenen Halbinsel des Ptolemäus in der heutigen Insel Sabong mit dem Hafenplatze Singapur wieder gefunden hat[4]. Der große Busen (μέγας κόλπος) des Ptolemäus östlich von der goldenen Halbinsel ist für das offene südchinesische Meer zu erklären, wie das auch Yule annimmt[5].

Dieser Gewinn an befestigten Punkten hat dem Ptolemäischen Länderbilde den Reiz eines historischen Gemäldes gegeben, auf dem wir staunend gewahren, daß die Hindu, welche Kastengebote gegenwärtig an die geheiligte Erde ihrer Heimath fesseln, im Alterthum zahlreiche auswärtige Ansiedelungen gegründet haben[6]. Wohl wußte man schon seit längerer Zeit,

[1] Lassen sieht in Mareura Prome, welches bis zum J. 97 n. Chr. Sitz der zweiten alten barmanischen Dynastie blieb, bis um 107 Pagan mit seinen hochbewunderten Bauresten die Hauptstadt wurde. Bei Mueyen lag indessen das alte Mauroya, zwei Meilen von der Einmündung des Schweli (23° 56′ n. Br.) in den Irawadi entfernt. (Henry Yule, Narrative of the mission to the Court of Ava in 1855. London 1858, p. 205 und ders. im Journal of the Asiatic Soc. of Bengal 1861. p. 379.)

[2] Ueber die dortige Golderzeugung vgl. Newbold, British Settlements in the Straits of Malaca, London 1839, vol. I, p. 432.

[3] Biruni, unter den Arabern der größte Kenner Indiens, bemerkt, daß die Inseln der Sabedsch, d. h. der Javanen und Malayen von den Hindu Suwarna Dwipa, die goldenen Inseln genannt würden, s. Reinaud im Journal Asiatique, Sept.—Oct. 1844 p. 265.

[4] Lassen, Indische Alterthumskunde, Bd. III, S. 232.

[5] Man vergleiche seine Bearbeitung der Karte von Alt-Indien als letztes Blatt in Smith Atlas of classical geography.

[6] Daß sie auch gegen Westen nach der Insel Socotora (Dioscorides oder Diba (dvipa) sukhatara) und nach Arabien auswanderten, darüber s. Albr. Weber, Indische Skizzen, Berlin 1857. S. 87.

daß der Brahmanismus und der Buddhismus gegen Osten über die Sundainseln bis nach China gewandert waren, die ptolemäischen Karten gewähren uns aber den Anblick, daß schon im zweiten Jahrhundert unserer Zeitrechnung indische Töchterstädte in den Ländern jenseit der Halbinsel Malaka, vor allen Dingen in Siam, bestanden, denn es ist den dortigen Ortsnamen bei Ptolemäus nicht blos ihr Sanskritursprung nachgewiesen, sondern sie sind zum Theil auch als Wiederholungen heimathlicher Städtebenennungen erkannt worden, wie wir gerade so in der neuen Welt jetzt die Städtenamen Europas wieder treffen, und wie es im Alterthum bei den Colonialvölkern des Mittelmeeres Brauch war, die Töchterstädte nach ihren Müttern zu benennen[1].

Ermuthigt durch diese Enthüllungen hat Lassen sich berechtigt gehalten, die ptolemäische Stadt Kattigara am Flusse Kottiaris nach China selbst, und zwar nach dem heutigen Canton zu verlegen, während H. Kiepert es sogar bis zum Delta des Yang-tse-kjang hinaufrückt. Daß ein Schifffahrtsverkehr zwischen Indien und China etwa seit dem Ende des ersten Jahrhunderts bestanden haben müsse, beweist uns, daß der Grieche Alexander, dessen Bericht Marinus von Tyrus besaß, Kattigara selbst erreichte. Ptolemäus hatte ebenfalls Gelegenheit, von Leuten Erkundigungen einzuziehen, die den Weg nach Kattigara und von Kattigara nach der Hauptstadt China's kannten[2]. Auch nahm die römische Gesandtschaft, welche unter

[1] Solche Wiederholungen sind Perimula nach der Stadt auf der Insel Manaar, Indaprathai nach Indraprasthas an der Jamunâ, Anthina, die Blumenreiche nach einem Beinamen Pataliputras u. s. w. (vgl. Lassen Bd. III, S. 249 und S. 240). Der Name Aiuthia, der alten Hauptstadt Siams ist ohne Zweifel von dem alten Ajodhjâ (Audh) herzuleiten, und wenn auch die siamesischen Annalen die Gründung dieser Stadt in das Jahr 1350 n. Chr. verlegen (Pallegoix, Royaume Thai ou Siam. Paris 1854. Tom. II, p. 74), so darf dabei doch an Wiederaufbau eines ältern Ajodhjâ gedacht werden.

[2] Ptolem. lib. I, cap. 17.

Marc Aurel Antoninus, wahrscheinlich im Jahre 165 nach China ging, und im folgenden Jahre am Hofe der östlichen Han erschien, ihren Weg dorthin zur See und über Tonking.[1] Erst seit dieser Zeit wurden die Chinesen im Abendlande unter ihrem heutigen Namen bekannt, der, ihnen selbst gänzlich fremd, sich von der Dynastie der Tsin herschreibt,[2] und Ptolemäus zu dem Irrthum verleitete, daß die serischen Handelsleute in Innerasien und die Sinesen, denen man in den Sundameeren begegnete, zwei verschiedene Völker wären.

Von den südasiatischen Inseln kannten die Alten Java,[3] und das geographische Märchen von den Seemannsabenteuern des Jambulus führt uns nach den Inseln innerhalb des kleinen Verbreitungsgebietes der Sagopalme, wahrscheinlich nach dem durch seine alterthümlichen Sitten berühmten Bali.[4] Endlich wissen wir auch mit Sicherheit, daß der südasiatische Seehandel im Alterthum sogar bis zu der Molukkengruppe gereicht haben muß, weil die Gewürznelken in einem Zolltarif der römischen Kaiser genannt werden,[5] und die Nelkenmyrte bis zum Jahre 1605 ausschließlich nur auf den kleinen Inselvulkanen vor Halmahera oder Gilolo anzutreffen war.[6] Die Schifffahrts-

[1] Klaproth, Tableaux histor. de l'Asie. Paris 1826. p. 69.

[2] Man hatte ehemals geglaubt, daß schon Eratosthenes die Sinesen erwähnt habe. Allein jetzt weiß man, daß bei Strabo lib. II, cap. I (tom. I, p. 107 Tauchnitz) nicht ὁ διὰ Θινῶν, sondern wie es schon die mathematische Schicklichkeit verlangt, ὁ δι' Ἀθηνῶν κύκλος gelesen werden muß. (Reinaud, Relations de l'Empire Romain avec l'Asie Orientale, Journ. Asiatique, Mars-Avril 1863, p. 124.) Erst bei Ptolemäus und im Periplus des erythräischen Meeres finden wir die Σῖναι oder Θῖναι.

[3] Ptolem. VII 2. Ἰαβαδίου, entsprechend der alten Sanskritform java-dvîpa, d. h. Gersteninsel.

[4] Wie die Erzählung des Jambulus bei Diodorus Sicul. lib. II, cap. 55—60, verstanden werden muß, s. Lassen Bd. III, S. 253 ff.

[5] L. 16, § 17. Dig. lib. XXXI, tit. IV, ein Gesetz aus der Zeit von 176—180 n. Chr. Noch älter ist die Erwähnung des garyophyllon bei Plinius, lib. XII, cap. 15.

[6] John Crawfurd, Dictionary of the Indian Islands, London 1856, p. 104.

verbindungen zwischen Indien und China über Java dauerten am Schluß des dritten oder am Beginn des vierten Jahrhunderts noch fort, denn damals schiffte sich der buddhistische Pilger Fahien in Ceylon ein und fuhr von Java aus mit indischen Kauffahrern brahmanischer Religion nach China;[1] ja noch viel später, in der Mitte des 6. Jahrhunderts, war der alexandrinische Kaufmann Kosmas so genau über den Seeweg nach China unterrichtet, daß er einen richtigen Vergleich zwischen ihm und den Landverbindungen anzustellen vermochte.[2]

Die Umrisse des afrikanischen Ostrandes waren zu Strabo's Zeiten nur bis zu dem Vorgebirge der Gewürze, dem heutigen Dschard Hafun, bekannt. Die Hafenstädte des jemenischen Arabiens hatten jedoch sehr früh schon Handelsniederlassungen an der heutigen Suaheliküste gegründet, und später wurden diese Plätze auch von griechischen Seeleuten besucht, da wir eins ihrer Lootsenbücher noch besitzen.[3] Der Ostküste Afrikas gaben

[1] Foě-kouě-ki trad. par Rémusat ed. Klaproth et Landresse, Paris 1836. p. 359—362.

[2] Kosmas, Christ. Topographia in Montfaucon, Collectio nov. Patr. tom. II, p. 138.

[3] Es ist der berühmte pseudo-arrhianische Periplus Maris Erythraei, ein technisches Handbuch für Piloten und Supercargos, wie es deren zu allen Zeiten gegeben hat, z. B. den Compasso a navicare des Giovanni Uzzano von 1442, den Pagnini veröffentlicht hat, wie die historisch berühmten Navigatien der Portugaloysers von Lynschoten, welche die Holländer auf ihren ersten Fahrten nach Indien begleiteten, endlich wie die nicht minder berühmten Sailing Directions des Capitän Maury in unsern Tagen. Daß der Periplus ein echtes Lootsenbuch ist, kann man nicht blos aus der Angabe der schicklichen Abfahrtzeiten, der herrschenden Winde, der Beschaffenheit der Häfen, der Waarenumsätze an den Landungsplätzen, sondern am besten aus den Angaben sehen über die Oertlichkeiten, wo sich im bengalischen Golfe weiße Trübungen des Meerwassers, und wo sich Seeschlangen einzustellen pflegen, weil man aus diesen Wahrzeichen auf die Nähe der Küste schließen konnte. (Periplus cap. 38. 40) Zu Niebuhrs Zeiten (1763), als man an Bord englischer Schiffe noch nicht die Kunst ausübte, aus Mondabständen durch Spiegelmessungen die geographische Länge zu finden, dienten zwischen Aden und Bombay noch immer die Seeschlangen des bengalischen Golfes als Signale der Landnähe. Carsten Niebuhr, Reisebeschreibung nach Arabien. Kopenhagen 1774. Bd. I. S. 452.

sie den Namen Azania, der sich noch bis auf den heutigen Tag erhalten hat.[1] Nach einer Fahrt an der öden Felsenküste Adschans erreichten sie als ersten sicheren Hafenplatz Serapion (2° 30′ n. Br.) und von dort erstreckte sich ihre Handelsschifffahrt an der heutigen Insel Sansibar vorüber bis zu einem Vorgebirge, Rhaptum geheißen, welches in der Nähe des heutigen Kilwa gesucht wird.[2] Ueber dieses Ziel hinaus war noch ein griechischer Seefahrer Dioscurus bis zum prasischen Vorgebirge gelangt, und es hatte ihm mehrere Tage gekostet, ehe er Rhaptum wieder erreichen konnte. Adenitische Rheder, von denen Ptolemäus ostafrikanische Erkundigungen einzog, fügten hinzu, daß von Rhaptum nach Prasum die Küste des Festlandes gegen Südosten vortrete.[3] Es ist bei unserer Unsicherheit über die wahren Entfernungen, welche Dioscurus erreichte, zwar erlaubt, das prasische Vorgebirge bei Mozambique zu suchen, wer aber die strengeren Auslegungen vorzieht, wird lieber das Cap Delgado dafür halten.

[1] Nach den englischen Admiralitätskarten, die G. Bunsen (De Azania. Bonn 1852. p. 22) benutzte, heißt die felsige Küste von Dschard Hafun bis Ras-el-Chail noch jetzt Hazine; bei Guillain (L'Afrique orientale. Paris 1856. tom. I, p. 101) führt sie denselben Namen (el Kazaïn). Die Araber haben den Namen in Sansi-Bar festgehalten, denn bei ihren Geographen heißen die Suahelineger Sandsch, an welchen Namen sich wieder das Zingis Promontorium der alten Geographen anschließt.

[2] Die Erklärungen des Periplus, welche William Vincent (the Commerce and Navigation of the Ancients in the Indian Ocean. London 1807. tom. II, p. 141—191) versucht hat, haben sich als gänzlich unbrauchbar erwiesen. Der pyralaische Archipel wird jetzt für die Jubainseln mit dem Pattacanal und Menuthias für Sansibar erklärt von Bunsen (De Azania, p. 25 sq.), von Karl Müller (Geogr. Graeci minores, tom. I, p. 269 und 270) und von Capitän Guillain (a. a. O. S. 104 f.), welcher letztere in der Zeit von 1846—48 die Küste aufnahm und der auch die beste Erklärung (S. 96) gegeben hat, wie die Schifffahrtsentfernungen des Periplus berechnet werden müssen. Das Vorgebirge Rhaptum verlegt er nach Kilwa, und der Ufidschi oder Lufidschi, an welchem die Entdecker Burton und Speke nach den Seen Innerafrikas zogen, ist nach ihm der Rhaptumfluß des Ptolemäus.

[3] Ptol. Geogr. lib. I, cap. IX und XVII.

Der Verfasser des erythräischen Lootsenbuches schließt seine Beschreibung Ostafrikas mit dem wichtigen Satze: „Ueber Rhaptum hinaus erstreckt sich, noch unbetreten, das Weltmeer, welches nach Westen umgebogen, im Süden Aethiopiens, Libyens und Afrikas mit dem abendländischen Ocean sich vereinigt".[1] Im Alterthume dachte man sich die Umschiffung Afrikas viel leichter, als sie in der That war, und nach Herodot sollen phönizische Seeleute auf Befehl des Königs Necho vom rothen Meere aus um das Festland herum und durch die herakleischen Säulen wieder nach Aegypten gefahren sein, wobei sie zweimal im Herbst, also zur Zeit des australischen Frühlings, landeten und Getreide säeten. Auch hatten sie dabei, was Herodot besonders verdächtig vorkam, die Morgensonne nicht mehr wie auf der nördlichen Halbkugel zur Linken.[2] Wenn wir uns auch einigen Zwang auflegen müssen, an solche hohe nautische Thaten zu glauben, so wäre es doch jedenfalls Unrecht, die Nachricht blos deswegen zu verwerfen, weil sie nicht zu den hergebrachten Vorstellungen von den Leistungen der alten Seefahrer paßt, die, so weit wir uns ein Urtheil zu bilden vermögen, an Matrosengeschicklichkeit nicht hinter den europäischen Seefahrern des 15. und 16. Jahrhunderts zurückblieben.[3] Die Schwierigkeiten einer Umschiffung Afrikas vermindern sich, wenn sie von Osten unternommen wird, wegen

[1] Peripl. Mar. Erythr. cap. 18.

[2] Herod. lic. IV, cap. 42.

[3] Die schnellste Seefahrt im Alterthum ist die von Arrhian (Peripl. Pont. Eux. cap. 7. Geogr. Gr. minores ed. Müller, p. 372) erwähnte nämlich 500 Stadien in 6 bis 7 Stunden oder mindestens 8 Seemeilen (60 = 1°) in der Stunde. Außerordentlich schnelle Fahrten erwähnt Plinius XIX, cap. 1 und XV, cap. 20. „Es kommen hier, bemerkt ein gelehrter britischer Seemann, in einem Falle weniger als 140, dann zweimal 160, dann 175—185 Seemeilen auf 24 Stunden. Die geringste Schnelligkeit ist also zwischen 6—7 Seemeilen die Stunde, die größte etwas über 8, und das Mittel von 7 Seemeilen würde auch für Schiffer unserer Zeit eine ganz ansehnliche Schnelligkeit sein." James Smith über den Schiffbau der Griechen und Römer, übers. v. Thiersch. Marburg 1851.

der günstigen Strömungen sehr beträchtlich[1] und die schlimmste Strecke ist die letzte, vom grünen Vorgebirge nach der Meerenge von Gibraltar. Wer also die Leistung phönizischer Schiffer im Dienste des Necho für unmöglich erklärt, der muß auch verneinen, daß die Carthaginienser unter Hanno weit über das grüne Vorgebirge gedrungen sind, denn eine solche That würde ihre nautische Geschicklichkeit so hoch stellen, wie die beste der Portugiesen unter dem Infanten Heinrich.

Die Begebenheit selbst, wie alle Entdeckungen, zu welchen kein mächtiges Bedürfniß trieb, blieb für die Gesittung und die Erweiterung der Erkenntnisse so steril, wie die verfrühte Entdeckung Amerikas durch die Normannen. Die großen Geographen des Alterthums, die in Aegypten lebten, haben sich nicht die Mühe genommen, der Nachricht des Herodot auf die Spur zu kommen, sie haben sich nicht einmal abhalten lassen, geographische Lehren aufzustellen, welche in schneidendem Widerspruche mit jener Erzählung standen.

An der atlantischen Küste Afrikas reichte das geographische Wissen bis zu der fernsten Küstenstelle, die Hanno berührte, als er (wahrscheinlich um das Jahr 470 v. Chr.) ein Geschwader von 60 carthaginiensischen Galeeren (Pentekontoren)

S. 34—35. Die „Novara" legte auf ihrer Fahrt von Valparaiso nach dem atlantischen Aequator durchschnittlich 6½ Seemeilen zurück. (v. Scherzer, Reise der Fregatte Novara, 3. Bd., S. 291.) Wenn dagegen der treffliche Movers (Phöniz. Alterthümer, III. Theil, 1. Abtheil. S. 196 ff.) die oben angeführten Eilfahrten bei Plinius mit dem Gang von neun venetianischen Pilgerschiffen aus der Zeit von 1449—1565 vergleicht, und zu dem Ergebniß gelangt, daß die alten gaditanischen und alexandrinischen Kauffahrer in Bezug auf Schnelligkeit sich zu den venetianischen Galeeren verhielten, „wie heutigen Tages ein Dampfschiff zu einem Segelschiff," so übersieht er nur, daß Pilgerschiffe, die öfters anlegen müssen, nicht schicklich mit Fahrzeugen sich vergleichen lassen, welche dem Cato am dritten Tage die frische Feige aus Karthago brachten, die ihm zur dringlichen Wiederholung seines ceterum censeo dienen mußte. (Plin. XV, 20.)

[1] Noch andere Gründe für die Glaubwürdigkeit der phönizischen Entdeckung bei Quatremère, sur le pays d'Ophir. Mémoires de l'Acad. des Inscr. et Belles-Lettres, tom. XV. 2. partie. Paris 1845, p. 380 sq.

mit angeblich 30,000 Auswanderern über die Säulen des Herkules hinaus führte, um an den fruchtbaren atlantischen Gestaden neue Pflanzstädte zu gründen und die schon vorhandenen älteren und alternden Colonien durch frisches Blut zu verjüngen.[1] Als sich Hanno dieses Auftrages entledigt hatte, begann er von der letzten Stadt Melita (Malta) aus die Küste weiter zu erforschen. Er ging an der Mündung des Dra (Lixos) vorüber und bewegte sich nun an den Sandufern der Sahara, deren Einwohner die berberischen Dolmetscher, die man vom Lixos mitgenommen hatte, nicht mehr verstanden. Als er Cap Bojador hinter sich hatte, lief er in den heutigen Rio do Ouro hinein und ließ dort auf der kleinen Insel Cerne etliche Auswanderer zurück.[2] Vom Rio do Ouro aus unternahm Hanno

[1] Movers, Phöniz. Alterthüm. Thl. II, S. 534—552 hat an der Küste Mauritaniens aus Hannos Bericht, aus Polybius Küstenerforschung (Plin. lib. V, 1), die sich jedoch nicht über das grüne Vorgebirge erstreckt zu haben scheint, so wie aus Ptolemäus, welcher verschiedene Berichte untereinander mischte, eine Anzahl phönischer Namen an Orten, Flüssen und Vorgebirgen nachgewiesen. Die Stadt *Καρικὸν τεῖχος* (karische Veste) glaubte er im heutigen Agader wieder zu erkennen, weil Agader im Berberischen einen ummauerten Ort bedeutet und Gador wie Gadeira geläufige Namen phönizischer Städte sind. Die Lage von Agader stimmt aber nicht zu den Entfernungen im Periplus, wie Karl Müller (Geogr. Graeci minores p. 5) nachgewiesen hat. Auch ist die Stadt erst 1500 von einem portugiesischen Edelmann unter dem Namen Santa Cruz gegründet worden. Agadir als Gattungswort erfordert noch einen Zusatz und daher lautet auch der volle Name Agadir-n-Ir'ir oder der Mauerring des Ellenbogens oder Vorgebirges. (G. Rohlfs, Erster Aufenthalt in Marocco. Bremen 1873. S. 417.) In der Hauptsache aber, nämlich daß der südliche Lixus der heutige Dra oder Wadi Akasse sei, vereinigen sich beide. Movers findet in Lix, welches Wort er aus Lucos entstehen und dessen Anfangsbuchstaben er als Artikel ansehen läßt (l'ucos), den Namen Akasse wieder.

[2] Den Inselnamen Herne im Rio do Ouro fand Karl Müller auf einer französischen Admiralitätskarte vom Jahre 1852. Die Schwierigkeit der Begründung einer Handelsstelle — denn mehr wär es wohl nicht — im Rio do Ouro ist jedenfalls nicht größer, als dieselbe im 15. Jahrh für Arguim war. Zur Zeit der portugiesischen Entdeckungen erscheint das Gestade am Rio do Ouro ziemlich bevölkert und der damals schwunghafte Goldhandel gab der Bucht ihren Namen. (Azurara, Chronica de Guiné. Paris 1841, cap. XVI, p. 97. Barros, da Asia, Dec. I, livr. I, cap. 7.)

zuerst eine Fahrt bis zum Senegal,[1] von welcher er, nach Cerne zurückgekehrt, sogleich wieder zu weiteren Entdeckungen aufbrach. Dießmal gelangte er über das grüne Vorgebirge noch sechzehn Tagesfahrten hinaus. Zweimal erschreckte ihn am Gestade Guineas das nächtliche Glühen der Gras- und Waldbrände, welches bei den Mandingo zur Klärung des Ackerlandes üblich ist. Besonders eindrucksvoll wurde ihm diese Erscheinung bei Annäherung an die Sierra Leona-Küste, deren Sagresberg von ihm den Namen des Götterwagens empfing.[2] Ueber diesen Berg hinaus erstreckte sich die Entdeckung noch auf drei Tagesfahrten bis zu einem sogenannten Horn oder einem Golf mit einer merkwürdig geformten Insel,[3] auf welcher die Seefahrer drei weibliche Tschimpansiaffen lebendig erbeuteten aber tödten mußten.[4] Nach Hanno wurde die Westküste von

[1] So nimmt man gewöhnlich an, weil der Fluß Krokodile und Flußpferde enthielt. (Hannonis Periplus cap. 10.)

[2] Es ist wohl gerathener, mit Karl Müller unter πυρώδεις ῥύακες afrikanische Grasbände zu verstehen, wozu auch die vorausgehenden Worte τὴν γῆν φλογὸς μεστὴν schicklich passen, (Hannonis Peripl., cap. 16 und 17.) denn ein vulkanischer Ausbruch mit Lavabächen kann wohl nicht gemeint sein, da sich im Abstand von vier Tagesfahrten dasselbe Flammenschauspiel zweimal wiederholte. Neuerdings hat der große afrikanische Entdecker Richard Burton Hanno's Theon Ochema in dem vulkanischen Camarunpic wiederfinden wollen (Abeokuta and the Camaroons Mountains. London 1863, tom II, p. 209), hat sich aber selbst widerlegt, indem er uns jenen Feuerberg als erloschen schildert vor dem Auftreten des Menschengeschlechtes.

[3] Nämlich mit einem See in der Mitte, der wiederum eine Insel besaß. Diese ringförmigen Inselbildungen hatte Alex. v. Humboldt für die Ränder und Auswurfskegel vulkanischer Becher gehalten, allein der Westküste Afrikas sind solche seltsame Inselbildungen ohne vulkanischen Charakter eigenthümlich und der Beschreibung Hanno's entsprechen die Insel Harang, in der Bissagogruppe, welche der Periplus Cap. 14, und die Insel Scherboro, welche er Cap. 18 erwähnt. (C. Müller's Atlas zu den Geographi Minores, Pl. II.)

[4] Wenn Hanno diese Geschöpfe Gorilla's nannte, so findet sich in den Mandingosprachen nach S. W. Koelle (Polyglotta Africana. London 1854. fol. 138—139) kein Ausdruck, der nur eine entfernte Lautähnlichkeit mit diesem Worte hätte. Die Affenart, welche Hanno beschreibt, war auch nicht dieselbe, welche wir jetzt Gorilla (Troglodytes Gorilla) nennen, sondern wie Du Chaillu bemerkt (Adventures in Equatorial Afrika. London 1861,

Afrika von dem Massilioten Euthymenes, einem Zeitgenossen des Pytheas, angeblich bis zum Senegal[1] besucht; noch später am Ende des zweiten Jahrhunderts versuchte Eudoxus aus Kyzikus von Cadiz aus durch Umschiffung Afrikas nach Indien zu gelangen. Wenn er an der atlantischen Küste wirklich ein Land erreichte, wo die Negersprachen den ostafrikanischen glichen, so muß er mindestens den Golf von Benin erreicht haben.[2] Vorher hatte auch Polybius mit einem Geschwader die Westküste vielleicht bis zum grünen Vorgebirge neu untersucht.[3]

Von den atlantischen Inseln vor dem westlichen Gestade Nordafrikas hatten römische wie griechische Geographen nur undeutliche Nachrichten. Die Madeiragruppe kannten sie aus den Erzählungen andalusischer Schiffer, die ein Inselpaar in bedeutendem Abstand von Afrika entdeckt hatten,[4] während sie bei Juba den Namen der Purpurinseln führen, wegen der Farbstoffe, welche aus der reichlich vorhandenen Lackmusflechte (Roccella tinctoria) sich gewinnen ließen.[5] Die Canarien wurden von zwei Schriftstellern, von Statius Sebosus und von Juba, dem größten Kenner Afrikas im Alterthum,

p. 343) der Tschimpansi (Troglodytes niger). H. Tauxier (Le Périple d'Hannon et la découverte du Sénégal, s. Le Globe 1867 pp. 332—352) hat zwar die Ansicht zu vertheidigen gesucht, als sei der Periplus des Hanno nicht aus dem punischen Reisebericht ins Griechische übertragen, sondern unmittelbar eine griechische Compilation, allein die kurze Recension in Petermanns Mittheilungen (1868 S. 86) und R. Hartmanns Bemerkungen (Die Nigritier, Berlin 1876. Bd. I. S. 65) widerlegen diese Meinung.

[1] Vivien de St. Martin, Histoire de la Géographie. Paris 1873. p. 108.

[2] Strabo, lib. II, cap. 3. tom. I. p. 155, erklärt den Eudoxus zwar gelassen für einen Lügner, doch spielte seine Zweifelsucht ihm öfter böse Streiche, so besonders auch gegen Pytheas.

[3] Plinius V, 1.

[4] Plutarch. Vita Sertorii, cap. VIII. Der Abstand wird auf 10,000 Stadien oder mindestens 14° angegeben.

[5] Plin. VI, 36. Den Purpurariis des Juba entspricht die nördliche Herainsel bei Ptolemäus, wie Mannert, Bd. 10, S. 630, schon bemerkt hat.

beschrieben,[1] und man gab ihnen den Namen der Beglückten, weil die Dichter die Inseln der Seligen nach dem unerreichbaren Westen verlegt hatten. Merkwürdig ist es, daß man nach Juba auf den Inseln zwar Spuren von Gebäuden fand, aber nichts über ihre Bewohner bekannt wurde. Unter den sechs Inseln läßt sich Teneriffa an ihrem Namen Schneeinsel (Nivaria) erkennen, während der Name Canaria mit Unrecht aus einem zahlreichen Auftreten von Hunden abgeleitet wurde, die bei der Wiederentdeckung im Mittelalter völlig dem Archipel fehlten. Verständlich ist uns dagegen der Name Capraria, der übrigens auf alle Inseln paßt, da im 14. Jahrhundert eine jede von ihnen mit wilden Ziegen bevölkert gefunden wurde. Es ist endlich nicht ganz unglaubhaft, daß durch punische Guineafahrer auch die Inseln des grünen Vorgebirges gesehen worden sind. Plinius und Pomponius Mela[2] kennen nämlich eine Hesperidengruppe, die sie von den glückseligen sowohl als von den Purpurinseln unterschieden. Daß sehr früh schon Schiffe in beträchtliche atlantische Fernen eindrangen, bezeugt die Kenntniß alter Schriftsteller von den Sargassobänken oder den Krautwiesen des Oceans, die sich zwischen den Canarien und den Inseln des grünen Vorgebirges am meisten der Küste Afrikas nähern.[3]

Von dem Innern des geheimnißvollen Festlandes kannten die Alten genauer nur die fruchtbaren Länder der Nordküste bis an den Rand der Sahara. Noch vor nicht allzulanger Zeit, als unsere eigenen Kenntnisse dort ihre Grenze fanden,

[1] Plin. VI, 37.

[2] Plin. l. c. Pomp. Mela lib. III, cap. X, gibt ihnen jedoch mit den Worten exustis (d. h. der Sahara) insulae oppositae sunt, eine Lage, die schicklicher für die Canarien sich eignet.

[3] Den atlantischen Fucus natans erwähnt Scylax (Peripl. cap. 112) Theophrast (Hist. plant. IV, 7) und Aristoteles (Mirab. Auscult. cap. 148). A. v. Humboldt (Kritische Untersuchungen. Berlin 1852. S. 51) sucht das φῦκος des Scylax in der Nähe der capverdischen Inseln; man vergleiche auch Maury, Physical. Geogr. of the Sea 8. ed. London 1860. p. 30, § 88 und Pl. VI.

war man geneigt, ihnen eine Bekanntschaft mit dem großen Strom des Negerlandes zuzutrauen, den man deswegen bei seiner Entdeckung als den Niger der Alten willkommen hieß. Noch im Jahre 1825 konnte ein so scharfsinniger Geograph wie Mannert in Bezug auf das Innere Afrikas aussprechen: „Die Kenntniß der Alten ist ungleich reicher und größtentheils auch zuverlässiger, als sie es in unseren Tagen ist, die letztere dient blos zur Bestätigung der älteren, selten zu weiterer Aufklärung".[1] Der kühne Albrecht Roscher, der im Jahre 1860 als ein edles Opfer für die Wissenschaft fiel, wollte sogar den Tschadda oder Binue auf den ptolemäischen Karten entdecken.[2] Der Niger der Alten war aber nicht der große Ernährer des Belad-es-Sudan, sondern ein ärmlicher saharischer Wüstenfluß am Südabhang des Atlas, der Wed Gir im Osten der Oase von Tuat.[3] Einen zweiten, östlicher fließenden Nigir, der

[1] Geographie der Griechen und Römer. Bd. 10, 2. Abtheil. Leipzig 1825. S. 548. Als Mannert von Denham's und Clapperton's Entdeckungen (1822) Kenntniß erhielt, vergaß er die Vorsicht so weit, daß er behauptete, der Tsadsee könne sich erst in modernen Zeiten gebildet haben, weil er bei Ptolemäus fehle! (a. a. O. S. 599.)

[2] Albrecht Roscher, Ptolemäus und die Handelsstraßen in Centralafrika. Gotha 1857. S. 49. Gewiß würde der geistreiche Mann, wenn er von seinen Entdeckungen wohlbehalten zurückgekehrt wäre, manches, was er zu rasch ausgesprochen hat, verbessert haben.

[3] Bei Plinius (lib. V, 10) heißt er Ger, bei Ptolemäus und dem falschen Agathemerus (Geogr. lib. II, cap. X) Νίγιρ. Dieser Gir des Ptolemäus ist derselbe, den Ibn Chaldun (Histoire des Berbères ed. Slane. Alger, 1852—56. tom. I, p. 195) beschreibt. Weitere Bestätigungen dieser Ansicht giebt Vivien de Saint-Martin (Le Nord d'Afrique dans l'Antiquité. Paris 1863. p. 106.) Dagegen bemerkt H. Kiepert in einem Briefe an den Verfasser: „Ich finde die Confusion, hervorgegangen aus Unkenntniß der Sprachen, beim Ptolemäischen Libyen noch viel ärger als sie in Osteuropa und Asien ist. Daß Ptol. vom Dyuliba und vom Tsad gewußt, das Material aber mit andern, auf ganz andere Flüsse bezüglichen Nachrichten heillos durcheinander geworfen hat, hoffe ich beweisen zu können." Der libysche Wortstamm Ger mit dem Präfix i bedeutet einen Ort, der Wasser enthält; tritt das conjunktionale n hinzu, so entsteht das Wort n-i-ger, ferner zeigt die Silbe in einen Ort für etwas an, also in ger, einen Ort, wo man Wasser findet. Die Formen Niger und Inger können

mehrmals unter dem Boden verschwindet,[1] können wir seit den Reisen Henri Duveyriers, eines Zöglings der Leipziger Handelsschule, sehr genau als die Regenbetten (Wadi) Djedi und Ighergher oder Igharghar ansehen.[2] Bis dorthin erstreckte sich die Römerherrschaft erst im 4. Jahrhundert, als der kaiserliche Feldherr Salomon nach einem Marsch über den Aures das Ziban[3] sich unterwarf.[4] Weit früher, schon im Jahre 19 v. Chr., war Cornelius Balbus auf dem tripolitanischen Karawanenpfade über die schwarzen Berge[5] nach Phazania oder nach der Oase Fezan marschirt, die damals noch von den Ammonskindern[6] oder den Garamanten, unsern heutigen Tibbustämmen, bewohnt wurde.[7] Er eroberte nicht blos die Hauptstadt der Oase Garama (Alt Djerma), deren Ruinen Heinrich Barth besucht hat,[8] sondern auch Cydamus oder Ghadames.

demnach sehr oft zur Anwendung kommen. (R. Hartmann. Die Nigritier, Bd. I, 71. H. Duveyrier, Les Touareg du Nord. p. 470. 480. 481.

[1] Bei Plinius V, 10.

[2] S. Petermanns geogr. Mittheilungen 1863. Tafel XII. Hr. Vivien de Saint-Martin (l. c. p. 437) hält den Nigir des Juba für den Wadi Djedi und hat das ptolemäische Thykimat als Tadjmut, Göua als Laghuat, Gira Metropolis als Gerara entziffert. Bei Ptolemäus hat der östliche Nigir zwei Arme, wovon der eine der Wadi Djedi, der andere der Igharghar ist.

[3] Procop. De bello Vandal. lib. IV (lib. II), fol. 573. (Basel 1531.) Zeben regionem, quae supra montem Aurasiam est, Romanorum imperio tributariam fecit.

[4] Während Hr. Vivien de Saint-Martin (l. c. p. 442) das Ischere des Ptolemäus in Biskra wieder findet, zeigt uns Hr. Charles Martin, daß Biskra, ein römischer Posten am Brunnen Aïn-Salahin, ad Piscinam hieß. (Revue des deux Mondes. 1864. Juillet. p 311.)

[5] Daß der mons ater des Plinius dem Namen und der Beschreibung nach mit dem heutigen Djebel Soda übereinstimmt, bezeugt Gerhard Rohlfs. (Quer durch Afrika. Bd. I, S. 124.)

[6] Movers, Phöniz. Alterthümer, Th. II, S. 381.

[7] Eine Zeitlang wurde die Oase Fezan nicht Phazania, sondern Sella nach der Stadt Sella oder Suela genannt. Die alte Bezeichnung aber drang wieder durch. G. Rohlfs, Quer durch Afrika. Bd. I, S. 153. Al-Jaqubii Descriptio al-Magribi, ed. de Goeje. Leyden 1860. p. 45 und 49.

[8] Reisen in Centralafrika. Gotha 1857. Bd. I, S. 164.

Daß die Römer sehr lange Zeit die tripolitanische Wüstenstraße beherrschten, beweisen, mehr noch als das Erscheinen garamantischer Gesandten in Rom,[1] ihre Baudenkmäler, die man auf dem Wege nach und in Fezan selbst antrifft.[2] Fast denselben Pfad, wie unser Heinrich Barth, zogen zwei römische Entdecker, Septimius Flaccus und Julius Maternus, von Lebida oder Leptis Magna im Tripolitanischen nach Fezan, wo dem letzteren ein König von Garama oder in der heutigen Sprache ein Tibbuhäuptling das Geleit durch die Wüste gab, bis er nach drei Monaten ein Land Agisymba, bewohnt von Schwarzen, erreichte; der einzige Römer, von dem man vermuthen darf, daß er das Sudan betreten habe.[3]

Bis zum Jahre 1863 konnte man das große Flußräthsel Afrikas, den Ursprung des Nils, nur auf ptolemäischen Karten studiren. Schon Eratosthenes beschreibt uns vortrefflich den ägyptischen Strom mit seinen Krümmungen von Meroe[4] oder vom 17° n. Br. bis zur Mündung,[5] und auf den Karten des Agathodämon zu den Tafeln des Ptolemäus erhalten wir ein getreues Bild von der S-förmigen Windung des Stromes in

[1] Tacitus, Annal. lib. IV, cap. 26.

[2] Die Grabkammer mit korinthischen Pfeilern (26° 22′ n. Br.), bei Alt Djerma, welche Heinr. Barth besuchte, ist der südlichste römische Baurest in der Sahara, nördlicher lag die römische Veste (30° 28′ n. Br.) am Nordrande der Hammada, die von ihm in die Zeit von 232—235 n. Chr. gesetzt wird. a. a. O. Bd. I, S. 136 und 165.

[3] Hr. Vivien de Saint-Martin (Le Nord d'Afrique, p. 222 und Histoire de la Géographie p. 208) sucht Agisymba in der Oase Aïr oder Asben, also noch in der Sahara, allein da Maternus das Nashorn als Bewohner Agisymbas bezeichnet (Ptolem. Geogr. lib. I, cap. 8), so muß er transsaharische Räume betreten haben. Auch die Wanderung der fünf nasamonischen Jünglinge bei Herodot (II, 32) kann bis in das Sudan gereicht haben.

[4] Ueber diese angeblich schildförmige Nilinsel, vgl. G. A. v. Klöden, Stromsystem des obern Nil. Berlin 1856. S. 247 ff.; R. Hartmann, Skizze der Nilländer. S. 19; E. Marno, Reisen im Gebiet des blauen und weißen Nil. Wien 1874. S. 117.

[5] Strabo lib. XVII, tom. III, p. 414. Tauchn.

Nubien. Der erste rechte Nebenfluß des Nils, den die Alten Astaboras nannten, heißt in der Sprache der heutigen Geographie Atbara.[1] Von dem zweiten rechten Nebenfluß, dem Astapus, dem Bahr el Azrak oder blauen Nil der Araber, wußte Ptolemäus, daß er aus einem See, dem jetzigen Tzana- oder Tana-See, abfließe. Daß bis nach Abessinien hinauf der blaue Nil bekannt war, ergibt sich daraus, daß Plinius und Ptolemäus die Fälle des Bahr el Azrak, beim Austritt aus jenem Alpensee, kennen.[2] Als dritten Nebenfluß finden wir schon bei Strabo den Asta-Sobas, unsern heutigen Sobat, der unter 9° n. B. in den weißen Nil mündet.[3] Dem Aequator noch näher rückten die Kenntnisse der Alten durch die Nilexpedition, welche Kaiser Nero ausrüstete. Sie gelangte auf dem weißen Nil bis zu den Verengungen des Stromes durch Ambatschinseln und Papyrusschilfe[4] an der Einmündung des Gazellenflusses, wo der Hauptstrom, wie man erfuhr, von den Eingebornen Kir[5] genannt wird. Unter den nubischen Negerstämmen, welche durch die Neronische Nilexpedition bekannt

[1] Diesen Namen führte auch ein Jägerstamm. Deinde contra Meroen Megabari, quos aliqui Adiabaras nominavere. Plin. VI, 35.

[2] Plin. lib. V, 10 ad locum Aethiopum, qui Catadupi vocantur, novissimo catarracto etc. Nicht ein Stamm, sondern die Fälle selbst hießen Katadupen, ein Wort, welches G. von Klöden (Stromsystem des Nils, S. 273) von katadi, ein großes Geräusch machen, ableiten will, allein der Ausdruck δοῦπος für einen dumpfen Widerhall ist schon bei Homer anzutreffen.

[3] Strabo lib. XVII. tom. III, p. 414. Tauchn. Bei Plinius (lib. V, 10) lautet der Name unreiner Astu-sapes. Daß Asta Strom bedeute, kann man aus der Wiederholung in den Namen Asta-boras, Asta-pus, Asta-sobas schließen. Plinius bestätigt es aber ausdrücklich mit der Bemerkung ... cognominatus Astapus, quod illarum gentium lingua significat aquam e tenebris profluentem. Hapi, der ägyptische Name des Nils, bedeutet den Verborgenen. H. Brugsch, Geographie des alten Aegyptens. Leipzig 1857. S. 77.

[4] Seneca, Natur. quaest. lib. VI, 8. G. Schweinfurth, Im Herzen von Afrika. Leipzig 1874. Bd. I, S. 137.

[5] Plin. V, 10. Sic quoque etiamnum Siris nominatus per aliquot milia.

wurden, sind die Syrbotae oder die Anwohner des Syr (Kir), die heutigen Schir; die Medimni die Medin; die Olabi die Eliab;[1] die Symbari und Paluogges des Nilreisenden Aristocreon bei Plinius[2] die Bari-Neger und die Poludschi des Herrn Brun Rollet;[3] die Ptoemphanae, welche einem Hunde als König gehorchen sollen, ein Bertatstamm.[4]

Wenn die Neronischen Entdecker auch Sagen von mißgestalteten Menschen, Zwergen ohne Ohren, mit einem beinahe zugewachsenen Mund heimbrachten, so lag zwar zu allen Zeiten der Sitz der Fabelgeschöpfe immer jenseit der Grenze des Bekannten, aber der weiße Nil ist bis auf unsere Tage vorzugsweise die Freistätte der anthropoïden Gespenster gewesen, mit denen noch vor wenigen Jahren die Eingebornen einen kühnen Elfenbeinjäger abzuschrecken gedachten.[5]

Ptolemäus und wahrscheinlich sein Vorgänger Marinus wußten aber noch weiter, daß der weiße Nil auf der südlichen Erdenhälfte aus Seen entspringe. Marinus suchte sie in unmittelbarer Nähe von Sansibar, Ptolemäus war aber von arabischen Kauffahrern aus Aden, die nach Ostafrika Geschäfte trieben, belehrt worden, daß die Quellenseen des Nils tief im

[1] Plin. VI, 35. Ueber die Negerstämme am Kir, s. Jules Poncet, Le fleuve Blanc. Paris 1863. p. 54.

[2] Plinius VI, 35.

[3] Vivien de Saint-Martin, le Nord d'Afrique, p. 175.

[4] E. Marno, Reisen im Gebiete des blauen und weißen Nil. Wien 1874. S. 68. Nach R. Hartmann (Die Nigritier. I. S. 68) sind die Ptoemphanen den Fān oder Fūndj identisch. Vergl. auch S. 75.

[5] Petherik (Egypt, the Soudan and Central Africa. London 1861. p. 376) begegnete einem vielgereisten Neger, der ihm betheuerte, es gäbe weiter südlich Menschen, deren Augen in den Achselhöhlen lägen, die daher die Arme aufheben müßten, um zu sehen, ihre Nachbarn seien geschwänzte Geschöpfe und am Ende seiner Reise habe er Zwerge angetroffen, deren Ohren bis an die Erde reichten. Dieß klingt genau so, wie bei Plinius lib. VI, cap. 35. Selbst in den Bundehesh haben sich solche Fabelgeschöpfe verirrt. Fr. Spiegel, Eránische Alterthümer. Bd. I, S. 513. Hautmalereien, schwere Ohrgehänge, künstliche Entstellungen der weichen Theile des Gesichtes und auffallende Trachten haben solche Sagen veranlaßt.

Innern des Festlandes lägen.[1] Da die neueren Entdeckungen diese Angabe glänzend bestätigt haben,[2] so müssen schon damals, wie noch gegenwärtig, arabische Handelsleute von ihren Niederlassungen an der Küste aus mit ihren Karawanen tief ins Innere gedrungen sein bis zu dem von Samuel Backer entdeckten Mwutansee oder dem von Speke gefundenen Wasserbecken des Ukerewesees.[3] Daß man wirklich jene Binnenräume durchschritten hatte, beweist der Name der **Mondberge**, welche Ptolemäus in den Süden seiner Nilseen verlegt. Ein Gebirge dieses Namens ist zwar nicht vorhanden, wohl aber heißt die Hochebene zwischen den Küsten und dem Seegebiet Unyamwesi oder das Mondland, und seine Einwohner nennen sich selbst Wanyamwesi oder die Mondleute.[4] Ptolemäus versichert weiter, daß die Nilseen von dem abschmelzenden Schnee der Mondberge gespeist würden.[5] Wenn auch die Genauigkeit dieser Darstellung noch nicht gerechtfertigt wurde, so hat doch ein deutscher Entdecker, Baron v. d. Decken, das Aufragen des Kilimandscharo in Ostafrika über die Höhe des ewigen Schnees vor jedem Zweifel gerettet.[6]

Ueber die Quellengebiete der östlichen Zweige des Stromes oder über den blauen Nil besitzen wir als reichhaltige Urkunde

[1] Ptol. Geogr. lib. I, cap. 17. Wilb. p. 57. *Παρὰ τῶν ἀπὸ τῆς Ἀραβίας τῆς εὐδαίμονος διαπεραιουμένων ἐμπόρων ἐπὶ τὰ Ἀρώματα .... μανθάνομεν .... τὰς λίμνας, ἀφ' ὧν ὁ Νεῖλος ῥεῖ, μὴ παρ' αὐτὴν εἶναι τὴν θάλασσαν, ἀλλ' ἐνδοτέρω συχνῷ.*

[2] Speke, the Discovery of the source of the Nile 1863. p. 264.

[3] S. Backer, der Albert Nyanza. Jena 1867. Bd. 2 S. 86.

[4] Richard F. Burton. The Lake Regions of Central Africa. London 1860. tom. II, p. 3. sq. Das Verdienst, den Namen zuerst (1847) annähernd erklärt zu haben, gebührt Beke (s. Journal of the Royal Geogr. Soc. vol. XVII, p. 74—76.)

[5] Geogr. lib. IV, cap. 8. ... *τὸ τῆς Σελήνης ὄρος, ἀφ' οὗ ὑποδέχονται τὰς χίονας αἱ τοῦ Νείλου λίμναι.* Wilb. p. 307. Ueber das Wissen des Ptolemäus von den beiden Nilseen, über die Schneeberge Kenia und Kilimandscharo und das Mondland, vgl. Dr. H. Barth. Zeitschr. für Erdkunde., Berlin 1863. Bd. XIV, Heft 6, S. 433 ff.

[6] Otto Kersten, v. d. Deckens Reisen in Ostafrika. Bd. I, S. 267.

eine Inschrift, welche der Alexandriner Kosmas in dem Hafenplatze Adulis (jetzt Mersâ Dâla, 15° 11′ n. Br. am ägyptischen Ufer des rothen Meeres) abschrieb. Es erstreckte sich dort in den ersten christlichen Jahrhunderten das Reich der Axumiten, nach der Hauptstadt Axum genannt, über Abessinien und einen Theil der heutigen Gallaländer. Ein solcher axumitischer oder abessinischer Herrscher[1] zählt in der zweiten Hälfte der adulitischen Inschrift die Länder und Völker auf, die er sich unterworfen hatte. Die meisten jener Namen haben sich im heutigen Abessinien noch erhalten,[2] doch rühmt sich der König, auch das ferner liegende Reich der Sasu erobert zu haben. Dorthin schickten zu Kosmas' Zeiten die axumitischen Herrscher von Agau[3] im Südwesten Abessiniens bewaffnete Karawanen, um gegen Vieh, Eisen und Salz das Gold der Sasu einzutauschen. Sie überschritten auf ihrem Wege den Abaï oder blauen Nil, und zogen über das im ewigen Schnee starrende Hochland Saminé, gewiß das gebirgige Samien oder Semen, welches Kosmas[4] als Verbannungsdistrikt bezeichnete, nach dem Goldlande Sasu,[5] von wo sie sich beeilten, ihre Rückkehr vor Beginn der Regenzeit im Monat Epiphi (24. Juni bis 24. Juli) anzutreten, weil sich dann das Quellennetz der Nilzuflüsse Abaï und Sobat mit staunenswerthen Wassermassen anfüllte.[6] Nach dieser Schilderung darf man wohl das heutige schnee- und wasserreiche Hochland Susa, welches jedoch noch von keinem

[1] B. G. Niebuhr bemerkt sehr richtig, daß der Zoskales des erythräischen Periplus dasselbe Reich beherrschte, dessen Bestandtheile die adulitische Inschrift aufzählt. (Kleine histor. und philolog. Schriften. Bd. I, S. 136, Bonn 1828.)

[2] Vivien, Le Nord de l'Afrique p. 224—36.

[3] Jetzt Agau-medör (Medör heißt Land) nördlich vom blauen Nil oder Abaï.

[4] Montf. Coll. nov. Patr. I, 142.

[5] Vivien de St. M., Sur l'inscription d'Adulis im Journal Asiatique. VI. ser. tom. II, p. 158.

[6] Kosmas, Christ. Topogr. in Montfaucon, Nova Patrum et Script. Graec. Coll. tom. II, Paris 1706. fol. 139. 143. 144.

Europäer betreten worden ist, für das Sasu der adulitischen Inschrift erklären.[1]

So erstreckte sich also das Wissen der Alten zur Zeit seiner höchsten Ausdehnung über zwei Drittel unseres Festlandes, über das südwestliche Viertel Asiens und über das nördliche Drittel Afrikas, ein enger Planetenraum, aber der am meisten begünstigte und bedeutsamste auf der ganzen Erde.

Gestalt und Bewegung der Erde.

Mit der räumlichen Erweiterung des Wissens klärten sich nach und nach die Vorstellungen von der Gestalt der Erde auf. Die ältesten Weltbeschreiber der jonischen Schule blieben in größter Sinnestäuschung befangen, obgleich sie ihren Sitz in Milet hatten, dessen Pflanzstädte bis nach der Krim reichten, und obgleich eine Wanderung nach Aegypten zur reifen Ausbildung eines Gelehrten damals für unerläßlich gehalten wurde. Selbst Anaxagoras (geb. 499), der von den demagogischen Frömmlern Athens als Gottesläugner verklagt wurde, weil er die Sonne für einen glühenden Meteorstein erklärt hatte,[2] lehrte noch seinen Schülern, zu denen Perikles, Euripides und Thucydides gehörten, daß die Erde eine Fläche sei. Ueber diesen scheibenförmigen Körper wölbte sich nach der Ansicht des Anaximenes eine bewegliche krystallne Schale, an welcher die Fixsterne wie goldene Nägel befestigt waren. Anaxagoras dachte sich, daß der Drehungspol des Himmels auf der ganzen Erde so hoch stehe, wie über den Horizonten Joniens,

[1] Die Beschreibung des Kosmas stimmt trefflich mit der Schilderung Susas in Krapf's Reisen in Ostafrika. Kornthal 1858. Bd. I, S. 75.

[2] Sir G. C Lewis, Astronomy of the Ancients. London 1862. p. 104 sq.

denn noch war man nicht zu der Wahrnehmung gelangt, daß die Gestirne über die Gesichtsebene heraufrücken oder herabsinken, je nachdem man sich nördlich oder südlich bewegt. Anfangs, so lehrte er, habe der Weltpol scheitelrecht über der Erdfläche gestanden, allmählich aber habe sich ihr Süden geneigt und ihr Norden gehoben, damit die Welt die Vorzüge klimatischer Abwechselungen genießen sollte.[1] Selbst der vielgereiste Herodot dachte sich die Erde scheibenförmig und etwas ausgehöhlt nach dem Mittelmeer zu.[2] Auch die Sonne und der Mond wurden nicht als Kugeln erkannt, sondern die erstere für eine krystallene Linse oder beide, Sonne und Mond, von Heraclides und Hecatäus für skaphenförmige Gefäße oder hohle Halbkugeln angesehen und das Wachsen und Abnehmen des Mondes durch eine Axendrehung erklärt.[3] Die Sonne kann, nach Herodot II. 24, durch heftige Winterstürme aus ihrer Bahn vertrieben werden bis „ins hintere Libyen," ja sie kann sich von ihrem Sitz am Himmel ganz verlieren und verschwinden. (VII. 37.)

Die Pythagoräer oder Pythagoras selbst lehrten zuerst die Kugelgestalt der Erde, aber nicht aus mathematischer Ueberzeugung, sondern aus geometrischen Schicklichkeitsgründen,[4] weil

[1] Plutarch, De Placitis Philosophorum lib. II, cap. 8. Democritus (l. c. lib. III, p. 12) schrieb dem üppigen Wachsthum der Pflanzen im Süden der Erde eine Störung des Gleichgewichts und das allmähliche Sinken der australischen Kreishälfte zu.

[2] Daher spottet er über diejenigen, welche sich die Erdscheibe so ebenmäßig abgerundet denken, als sei sie auf der Drehbank gemacht. (IV, 36.) Da nun der Sonnengott unmittelbar über dem Ostrande der Erdfläche emporsteigt, so muß in Indien, welches im äußersten Osten liegt, die Morgensonne am glühendsten sein, während die fern im Westen weilende Abendsonne jenes Land nicht mehr zu erwärmen vermag. (III, 104.)

[3] Joanni Stobaei, Eclog. lib. I, cap. 24. Plut. de Plac Philos. lib. II, cap. 22.

[4] Diogen. Laertius, de clar. Philosoph. vita lib. VIII, cap. 1, § 19 ed. Firm. Didot. Paris 1850, p. 210. Nach Achilles Tatius (Isagog. in Arat. Phaen. cap. 6. Petav. Uranol. fol. 131) scheinen jedoch die Pythagoräer anfangs das Feuer in Pyramidenform, die Erde als Würfel, die

sie, in der Schöpfung immer nach dem Vollendeten suchend, der Erde die vollkommenste Körperform zutrauten. Der älteste Gelehrte, welcher aus besseren Gründen die Kugelgestalt annahm, und welchem wir auch die Eintheilung in fünf Gürtel oder Zonen verdanken, ist Parmenides aus Elea (um 460 v. Chr.).[1] Entschieden für die Gebildeten aller späteren Zeiten wurde die Streitfrage durch Aristoteles, welcher die Mondverfinsterungen als den ersten sinnlichen Beweis von der Kugelstalt unserer Erde zu Hilfe zog, und mit der Kugelstalt auch die allenthalben gleich vertheilte Anziehungskraft nach dem Mittelpunkte der Erde lehrte.[2] Archimedes fügte den mathematischen Beweis hinzu, daß auch die Meeresspiegel Theile einer Kugelfläche darbieten müßten,[3] und Ptolemäus erhärtete, wenn auch nicht zuerst, diese Lehre durch die bekannte sinnliche Wahrnehmung, daß auf hoher See zuerst die Spitzen von Küstengegenständen sichtbar werden.[4] Wenn aber auch alle Geographen seit Aristoteles an der Kugelgestalt der Erde nicht mehr zweifelten, so verbreitete sich diese Erkenntniß doch nie unter das Volk, sondern stieß auf Unglauben sogar bei Leuten von solcher Bildung wie Tacitus.[5]

Luft octaedrisch. das Wasser icosaedrisch, das Weltall als dodecaedrisch sich gedacht zu haben.

[1] Diogenes Laertius, lib. IX, cap. 3, ed. Firmin Didot. Paris 1850. p. 232. Strabo, lib. II, tom. I, p. 149 (Tauchn.) und E. F. Apelt, Parmenidis et Empedoclis Doctrina de Mundi Structura. Jenae 1857. p. 5.

[2] Meteor. lib. II, cap. 7, De caelo lib. II, cap. 14.

[3] Archimedes, De iis quae in humido feruntur, lib. I, prop. II, ed. Torelli, Oxon. 1792. fol. 334.

[4] Almagest, lib. I, cap. 3, ed. Halma p. 12, s. auch Plin. lib. II, cap. 65.

[5] Plin. lib. II, cap. 65. Ingens hic pugna literarum, contraque vulgi. Tacitus verräth in den Worten Occidentis insulis terrisque . . . *vicini solis radiis* expressa (Germ. cap. 45.) daß er noch an der Anschauung Herodots festhielt, welcher die Sonne bei ihrem Auf- und Untergang den östlichen und westlichen Erdrändern sich am meisten angenähert dachte.

Pythagoras war der Erste, welcher das Weltall mit dem Namen eines geordneten Ganzen (Kosmos) geschmückt hat.[1] Seine Schule läugnete daher, daß die Wandelsterne, trotz ihrer scheinbaren Regellosigkeiten, anders als kreisförmig sich bewegen könnten.[2] Er forderte also, bemerkt ein ausgezeichneter Kenner des Alterthums, daß man die wahrgenommenen Unregelmäßigkeiten in den himmlischen Erscheinungen an dauernde Gesetze binde.[3] Zu den Ordensgeheimnissen der pythagoräischen Logen gehörte auch eine Lehre vom Weltbau, die durch die Schriften des Philolaus (zwischen 500 u. 400 v. Chr.) zur allgemeinen Kunde gelangte. Als den reinsten aller Stoffe verehrten die Pythagoräer das Licht oder das Feuer, dem sie daher auch den würdigsten Platz in ihrem Kosmos anwiesen. Nach Philolaus befand sich also im Mittelpunkte des Alls das Urlicht oder Centralfeuer. Um dieses bewegte sich als erster Planet die Gegenerde[4] (Antichthon), als zweiter Planet die Erde selbst, dann der Mond und jenseit des Mondes die Sonne mit den übrigen Planeten. Da die bewohnte Erdhälfte immer von dem Centralfeuer und von der Gegenerde abgekehrt blieb,[5] so war dieses Urlicht wie die Gegenerde für die Menschen nicht sichtbar. Die Sonne indessen, ein krystallartiger Körper, und der Mond empfingen jenes Centrallicht, strahlten es auf die Erde zurück und warfen es in das menschliche Auge, so daß also in diesem nur das Abbild eines Abbildes vom Urlicht

[1] Stobaeus, Ecl. lib. I, cap. 21, fol 48. Antwerpen 1625. Plut. Plac. Phil. lib. II, cap. 1.

[2] Geminus, Elem. Astronom. cap. 1.

[3] Henri Martin, Études sur le Timée de Platon. Paris 1841, tom. II, p. 120.

[4] Andere Pythagoräer nahmen eine Mehrzahl von Gegenerden an. (Simplicius, Comment. in quat. lib. Aristot. de Coelo lib. II, comm. 50, fol. 82. vo.)

[5] Analog dem Monde, welcher der Erde stets nur die eine Seite zukehrt. G. A. Schiaparelli, Die Vorläufer des Copernicus im Alterthum, deutsch von Max. Curtze. Leipzig 1876. S. 10. Anm. 11.

sich spiegeln konnte.[1] Durch den Umlauf der Erde um das Centralfeuer wurde wenigstens die tägliche Drehung des Himmels als eine scheinbare erklärt, allein dieser scharfsinnig erdachte Weltbau, welchen vielleicht gleichzeitig mit Philolaus der Pythagoräer Hicetas[2] aus Syrakus gelehrt hat, war nicht geocentrisch, weil er die Erde aus dem Mittelpunkte drängte, und er war nicht heliocentrisch, weil er die Sonne nicht an die Stelle des Urlichtes setzte.[3] Ob sich, wie Plutarch berichtet, Plato in seinem Alter zu dieser Lehre bekannt,[4] und ob er seinen Meinungswechsel in einer berüchtigten Stelle des Timäus habe ausdrücken wollen, ist für die Geschichte der Wissenschaft ziemlich werthlos und nur eine Gemüthssache für seine leidenschaftlichen Bewunderer.[5] Ein Schüler des Plato, Heraclides vom Pontus, und Ecphantus, ein Pythagoräer ungewisser Zeit, rückten unseren Planeten wieder in die Mitte der Welt, erklärten aber

[1] Achilles Tatius, Isagog. in Arati Phaenomena, cap. 19, Petav. Uranolog. p. 138.; Stobaei Eclog. lib. I, cap. 21, fol. 48, cap. 24, fol. 56. Plut. Plac. Philos. lib. II, cap. 20 (ed. Firm. Didot. tom. IV, p. 1085, cap. 29 (p. 1087), lib III, cap. 11 (p. 1093). Simplicius in Arist. de Coelo lib. II, comm. 46, fol. 82. Aristoteles hat den Pythagoräern vorgeworfen, sie hätten ihre Antichthone nur aus dem mystischen Drange erdacht, die harmonische Zehnzahl mit der Gegenerde auszufüllen.

[2] Plut. Placit. Phil. lib. III, cap. 9 und Theophrast, bei Cicero Acad. lib. II, 39. Halle 1806. p. 240. Das Alter des Hicetas läßt sich näher nicht bestimmen. (Sir G. C. Lewis, Astron. of the Ancients, p. 170.)

[3] Schiaparelli (a. a. O. S. 16) bezeichnet das philolaische System, in richtiger Verknüpfung mit den Fundamentaldogmen der pythagoräischen Philosophie betrachtet, als eine höchst glückliche Erfindung für diese Epoche.

[4] Plut. Platonicae Quaestiones. Q. VIII, § 2 und Numa, cap. 11.

[5] Bei Plato finden sich zwei verschiedene Theorien. In den früheren Werken: vom Staate und Timäus entwickelt er ein geometrisches System. „Nachdem er aber von den Lehren der Pythagoräer Kenntniß erhalten, fühlte sich Plato von denselben angezogen, und in seinem Geiste fing die tägliche Bewegung der Erde zu herrschen an, sei es die Rotationsbewegung, wie Aristoteles behauptet, sei es eine Revolutionsbewegung, wie es nach Theophrast scheint.“ (Schiaparelli, a. a. O. S. 45.) Nie ist um einen Strohhalm mehr gestritten worden, als darum, ob Aristoteles die Worte des Timäus *εἰλλομένην (γῆν) δὲ περὶ τὸν διὰ παντὸς πόλον τεταμένον*

die täglichen Bewegungen der Gestirne durch eine Umdrehung der Erde um ihre Achse von West nach Ost.[1] Heraklides hat außerdem erkannt, daß die Venus und Merkur als Planeten um die Sonne kreisen,[2] und vielleicht ist er der erste, welcher den Unterschied zwischen den inneren und äußeren Planeten entdeckte; denn daß man Merkur und Venus als Trabanten der Sonne ansah, darüber liegen mehrere Stellen vor.[3] Diesen ersten Ahnungen des heliocentrischen oder copernicanischen Systems gab Aristarch aus Samos (260 v. Chr.) einen inneren Zusammenhang, indem er lehrte, man könne die scheinbaren Bewegungen der Himmelskörper dadurch sich erklären, daß man die Sonne ruhend denke und die Erde durch Axendrehung sie umkreisen

φύλακα καὶ δημιουργὸν νυκτός τε καὶ ἡμέρας ἐμηχανήσατο richtig verstanden habe. Die Literatur, welche im Alterthum selbst und bis auf die neueste Zeit darüber anwuchs, findet man bei Martin. (Études sur le Timée de Platon. Paris 1841, tom. II, p. 45—135.) Seitdem haben Böckh (Untersuchungen über das kosmische System des Plato Berlin 1852) und Groote (Plato's Doctrine respecting the Rotation of the Earth. London 1860) den Streit erneuert. Uebrigens war man schon im Alterthum getheilter Ansicht, ob Plato von einer Bewegung der Erde habe sprechen wollen.

[1] Plut. Plac. Phil. lib. III, cap. 13, p. 1093. Eusebius, Praep. Evang. XV, 58. Colon. 1688, fol. 850. Origines, Philosophumena, cap. XV. Opera ed. Delarue. Paris 1733, tom. I, p. 894.

[2] Böckh, Kosmisches System des Plato, S. 138.

[3] Chalcidius, In Timaeum Platonis, § CIX, vide Mullach, Philosophorum graecorum fragmenta, vol II. § 206. Diese Stelle des Chalcidius scheint nach Th. H. Martin (Theonis Smyrnaei Platonici liber de Astronomia. Paris 1849. p. 296. 297) aus Theon und weiterhin aus Adrastos entlehnt zu sein. Vitruv. de Architectura lib. IX, cap. I, ed. Schneider, tom. I, p. 243. Diese Stelle und die oben angeführte des Cicero waren es, die Copernicus zur Schöpfung seines Sonnensystems die erste Anregung gaben. Martianus Capella, de Nuptiis Mercurii lib. VIII, cap.: Quod tellus non sit centrum omnibus planetis. Martianus Capella entlehnte wiederum aus Terentius Varro. (Eyssenhardt, Martianus Capella. Leipzig. 1866. p. LVI.) Macrobius (in Somn. Scipionis lib. I, cap. 19. Venet. s. a. p. 87—88) schreibt diese Ansicht den Aegyptern zu. Nam Aegyptiorum solertiam ratio non fugit, quae talis est: Circulus, per quem sol discurrit, a Mercurii circulo, ut inferior, ambitur. Illum

lasse.[1] Aristarch scheint diese Weltanschauung nur als einen Versuch vorgetragen zu haben, wie man die scheinbaren Unregelmäßigkeiten der Planetenläufe aufzulösen vermöchte; nach ihm aber lehrte ein ebenso ausgezeichneter Mathematiker als Naturforscher, der Chaldäer Seleucus aus Seleucia, gewöhnlich der Babylonier oder Erythräer genannt, daß der heliocentrische Weltbau nicht blos möglich sei, sondern sich auch beweisen lasse.[2]

Man würde aber sehr fehl gehen, wenn man diese verfrühten Erkenntnisse astronomischer Wahrheiten für die herrschenden halten wollte. Es galt im Gegentheil der geocentrische Bau als der schulgerechte. Aristoteles, zu dessen Zeit nur das pyrocentrische System des Philolaus und die geocentrische Rotationslehre des Ecphantus sowie angeblich des Plato vorhanden waren, wollte die Möglichkeit, daß sich die Erde, sei es durch einen Umlauf um das Centrallicht, sei es durch eine Achsendrehung, bewege, damit widerlegen, daß wenn eine örtliche Veränderung stattfinde, die Fixsterne wahrnehmbare Störungen in ihren Kreisläufen zeigen müßten. Er fügte noch hinzu, daß kugelförmige Körper ihrer Natur nach am wenigsten für eine Axendrehung sich eigneten, einmal weil es der Kugel an einem Hebel zu einer solchen Bewegung fehle, und dann, weil der Mond, der uns stets dieselbe Hälfte zukehre, keine Axen-

quoque superior circulus Veneris includit. Atque ita fit, ut hae duae stellae, quum per superiores circulorum suorum vertices currunt, intelligantur supra solem locatae, cum vero per inferiora commeant circulum, sol eis superior existimetur. Im Papyrus II in Berlin findet sich sogar die Stelle: „Die Erde bewegt sich nach deinem Willen.“ Vgl. F. Chabas, Sur un texte égyptien relatif au mouvement de la terre, in H. Burgsch, Zeitschrift für Aegyptologie, II. 97. Vergl. auch die Gegenbemerkungen Schiaparellis. (a. a. O. S. 55. Anm. 89.)

[1] Plut. De Placit. Philos. lib. II, cap. 24, De facie in Orbe Lunae, cap. 6, § 3 (p. 1130). Archimedes, Arenarius, ed. Torelli fol. 319.

[2] Plutarch. Platonicae Quaest. Q. VIII, §. 2. Lewis, Astron. of the Ancients p. 192 setzt Seleucus um 150 v. Chr. Genauer bestimmt, wird die Zeit des Seleucus zwischen 170 und 125 v. Chr. fallen. (Sophus Ruge, der Chaldäer Seleukos. Dresden 1865. S. 10.)

drehung besitze.[1] Zu Aristoteles Zeiten dachte man sich den Fixsternhimmel noch sehr nahe im Vergleich zu der Größe der Erde. Doch sollen die Pythagoräer und vor ihnen die Orphiker schon gelehrt haben, daß jeder Fixstern wohl eine Welt für sich bilden könnte.[2] Später erweiterte sich der Himmelsraum immer mehr, und zu Archimedes Zeiten galt es schon als bewiesen, daß die Erde in Bezug auf das Weltganze nur einen Punkt bilde. Aber selbst dieser große Geometer glaubte noch die Möglichkeit des aristarchischen Sonnensystems damit widerlegen zu können, daß wenn auch die Erde, doch nicht eine Bahn der Erde um die Sonne so verschwindend klein sein könne, daß eine Ortsbewegung auf dieser Bahn nicht eine wahrnehmbare Verschiebung der Gestirne am Firmament hervorbringen sollte.[3] Ptolemäus, welcher die Lehren der Axendrehung recht wohl kannte, glaubte sie durch physikalische Gründe beseitigen zu können, denn entweder, sagt er, müssen dann alle Gegenstände, die in der Luft schwebten, stets in westlicher, nie in östlicher Richtung sich bewegen, oder wenn der Dunstkreis mit der Erde sich drehte, müßten sie alle, von gleicher Bewegung gegen Osten erfaßt, in der Luft ruhend erscheinen.[4] Der größte Astronom des Alterthums, Hipparch, der Entdecker des Vorrückens der Nachtgleichen, hat das Sonnensystem des Aristarch und die Axendrehung der Erde ebenfalls verworfen, und so

[1] De Coelo lib. II, cap 8. *Ἥκιστα δὲ κινητικὸν ἡ σφαῖρα διὰ τὸ μηδὲν ἔχειν ὄργανον πρὸς τὴν κίνησιν.* Daß man dem Mond auch eine Axendrehung zuschreiben könne, die sich genau mit jedem Umlauf um die Erde vollziehe, war dem Alterthum ein ganz fremder Gedanke.

[2] Stob. Eclog. lib. I, 23, fol. 54. Plut. Plac. Phil. lib. II, cap. 13. Plin. lib. II, cap. 1.

[3] Archimedes. Aren. ed. Torr. p. 320. *τὰν δὲ τῶν ἀπλανῶν ἄστρων σφαῖραν, περὶ τὸ αὐτὸ κέντρον τῷ ἁλίῳ κειμέναν, τῷ μεγέθει ταλικαύταν εἶμεν, ὥστε τὸν κύκλον καθ᾽ ὃν τὰν γᾶν ὑποτίθεται* (nämlich Aristarch) *περιφέρεσθαι τοιαύταν ἔχειν ἀναλογίαν ποτὶ τὰν τῶν ἀπλανῶν ἀποστασίαν οἵαν ἔχει τὸ κέντρον τᾶς σφαίρας ποτὶ τὰν ἐπιφανείαν. τοῦτο δὲ εὔδηλον ὡς ἀδύνατόν ἐστιν.*

[4] Almagest, lib. I, cap. 6, p 20.

darf man auch im Alterthum keine Erklärung derjenigen geographischen Erscheinungen erwarten, welche von der Bewegung unseres Planeten herrühren.

Der erste wissenschaftliche Astronom des Alterthums, nämlich Eudoxus aus Cnidus (um 364), jünger als Plato, älter als Aristoteles, welcher die Erde ruhend im Mittelpunkte der Welt sich dachte,[1] löste mit außerordentlichem Scharfsinn die hohe, von den Pythagoräern gestellte Aufgabe, die scheinbar regellosen Läufe der Planeten auf die Kreisform zurückzuführen, indem er jeden Wandelstern durch eine erforderliche Anzahl von Sphären oder durchsichtigen Kugelschalen, die alle concentrisch waren, aber sich in verschiedenem Sinne bewegten, fortrücken ließ. Er bedurfte für Sonne und Mond je drei, für jeden der fünf wahren Planeten vier, im Ganzen sechsundzwanzig bewegende Sphären. Callippus bildete dieses System weiter aus, indem er die Sonne, den Mond, den Merkur, die Venus und den Mars, weil man neue Ungleichheiten in ihrem Laufe wahrgenommen hatte, noch mit je zwei neuen Sphären versah, so daß die gesammte Zahl der himmlischen Bewegungsmittel auf dreiunddreißig stieg. Callippus dachte sich wie Eudoxus die Sphärensysteme der einzelnen Planeten unabhängig von einander, Aristoteles nahm dagegen an, daß sich die Schalen berührten uud ihre Bewegung mittheilten. Er bedurfte daher zur Aufhebung der mitgetheilten Bewegungen oder zur Isolirung jedes einzelnen Sphärensystems noch zweiundzwanzig andere, sogenannte zurückführende, also im Ganzen fünfundfünfzig Sphären.[2] Man erschrickt über die geometrische Phantasie der Alten, welche sich den Weltraum mit fünfundfünfzig durch-

[1] Die Lehre vom geometrischen Weltbau fand übrigens auch in der Erkenntniß der Gravitation ihre Begründung. Geminus, Elementa astronomiae Anthorphi 1590. p. 190. Cum enim omnia gravia versus centrum connuant, eo quod versus medium sit motus corporum.

[2] Aristoteles, Metaph. XI, 8. Simplic. in Arist. de Coelo lib. II, comm. 46. fol. 79 sq. Die beste graphische Erklärung des Sphärenmechanismus verdankt man Apelt (die Sphärentheorie des Eudoxus und Ari-

sichtigen Kugelschalen ausgefüllt dachten, die sich um verschiedene Axen, in verschiedenem Sinne und in verschiedenen Zeiten drehten, aber sie lösten damit doch die Aufgabe, das scheinbar Regellose an ein Gesetz und an die vollkommenste Körperform gebunden zu haben.[1]

Die enge und beängstigende Sphärenmechanik zerschlug endlich der geistreiche Apollonius aus Perga,[2] der die Planetenbahnen wieder zu einem einfachen Kreislauf im freien Raum umgestaltete. Eine ihrer Unregelmäßigkeiten glich er dadurch aus, daß er den Mittelpunkt ihrer Bahnen aus dem Weltmittelpunkt verlegte, also sie zu excentrischen Kreisen erhob. Das scheinbare Stillstehen und die Rückläufe der Planeten aber

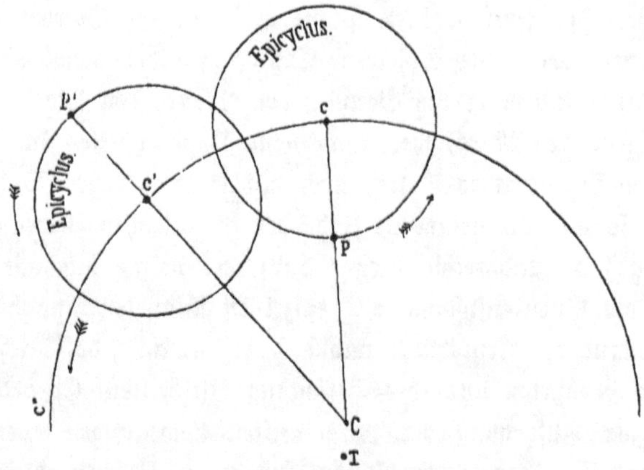

Epicyklische Planetenbahn nach Apollonius von Perga.

T Mittelpunkt der Erde und der Welt. C Centrum des excentrischen Planetenkreislaufes. c c' c'' Fortrückende Mittelpunkte der Epicyklen auf dem excentrischen Kreise. P P' Planet.

stoteles, i. d Abhandl. der Fries'schen Schule. Leipzig 1812. 2. Heft. S. 27 ff.)

[1] Die homocentrischen Sphären bildeten noch im Mittelalter die Grundlage der scholastischen Astronomie.

[2] Nach Sir G. C. Lewis (Astr. of the Ancients, p. 200) muß seine Lebenszeit zwischen die Jahre 250—180 v. Chr. fallen. Er beobachtete unter Ptolemäus Philopator (222—205 v. Chr.).

erklärte er sehr zierlich, daß er die Wandelsterne nicht auf der excentrischen Bahn selbst, sondern in schraubenförmigen Kreisläufen um diese Bahn (auf Epicyclen) fortrücken ließ.[1] Die Lehre von der Excentrität und den Epicyclen der Planeten war es, die von Hipparch ergriffen, von Ptolemäus weiter ausgebildet, noch lange nach Copernicus und Galilei bis ins 17. Jahrhundert ihre Geltung sich bewahrt hat.

Bestimmungen geographischer Breiten.

Die Zwölftheilung der Ekliptik, von der die Eintheilung des Kreisbogens in 360 Grade eine Folge war,[2] kam den Griechen aus Babylonien zu.[3] Zur Winkelmessung bedienten sich die Alten der Quadranten, Astrolabien und Armillarsphären. Die Messungen selbst geschahen natürlich ohne Bewaffnung des Auges, mit Hilfe beweglicher Hebel, die an ihren Endpunkten mit Oehren (dioptrae) versehen waren. Zur Bestimmung der örtlichen Polhöhen zog man jedoch diesen Werkzeugen den Gnomon oder Sonnenzeiger vor, dessen mittägige Schattenlänge zur Zeit der Nachtgleichen oder Sonnenwender gemessen wurde. Wenn man aber die Linie von der Spitze des Schattens nach der Spitze des Sonnenzeigers verlängert, so trifft sie nicht den Mittelpunkt, sondern den obern Rand der Sonne. Der Höhenwinkel, den man mit dem Gnomon findet, wird daher stets um den halben Durchmesser der Sonne oder etwa um 16 Bogenminuten zu groß sein. Die alten Astronomen wurden

[1] Ptolem. Almagest lib. XII, cap. 1, ed Halma, p. 312.

[2] Lange Zeit erhielt sich noch eine Eintheilung in 60 Scrupuli zu 6°, wie man aus dem Pseudo-Eratosthenes in Arati Phaenom. cap. 2 und aus Achilles Tatius (Isag. in Arati Phaen. cap. 29) ersieht.

[3] Böckh, metrologische Untersuchungen. Berlin 1838. S. 37. J Brandis, Münz- Maß- und Gewichtswesen in Vorderasien. Berlin 1866. S. 16—21.

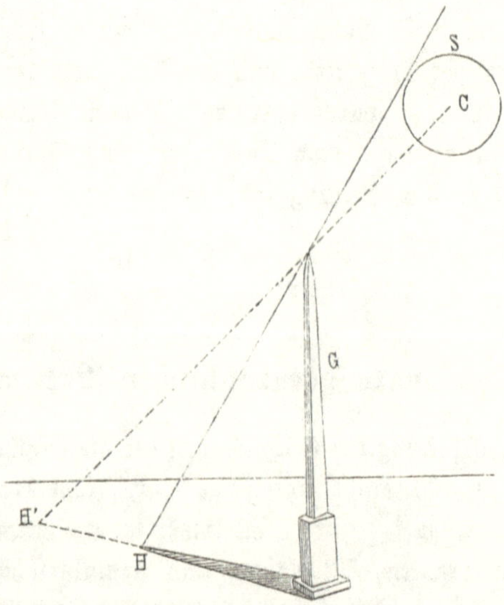

Ursprung des constanten Fehlers bei Breitenmessungen mit dem Gnomon.

G Gnomon. S Sonne. C Centrum der Sonne. H Gemessner Schatten vom obern Sonnenrande oder falsche Höhe der Sonne. H' Wahre Sonnenhöhe. (Der Unterschied des falschen und des wahren Höhenwinkels beträgt auf der Zeichnung das 60fache wie in der Natur.

diesen Fehler nicht gewahr und daher sind ihre besten Breitenbestimmungen um jenen Größenwerth zu niedrig angegeben, sonst aber bis auf ein oder zwei Bogenminuten genau. Eratosthenes und nach ihm Hipparch kannten die Polhöhen verschiedener Orte; die Zahl der beobachteten Breitenbestimmungen im Alterthum muß man sich aber als außerordentlich klein vorstellen. Der Gewinn solcher Ortsbefestigungen wurde selbst von dem begabtesten Erdbeschreiber des Alterthums, einem Strabo († 24 n. Chr.), für die Geographie als Ueberfeinerung verschmäht, und von ihm die eratosthenische Eintheilung der Erde in wenige Breitengürtel oder Klimate vorgezogen.[1] Wir werden daher das Aeußerste aussprechen, wenn wir selbst zu

[1] Strabo lib. II, cap. 5. tom. I, p. 211 Tauchn.

Ptolemäus Zeiten die Zahl beobachteter Polhöhen nicht höher ansetzen als ein halbes Dutzend und alle anderen Breitenangaben für berechnete halten.[1]

Größe der Erde.

Den Umfang der Erde hatte Aristoteles auf 400,000, Archimedes auf weniger als 300,000 Stadien geschätzt.[2] Der erste aber, der die Erde wirklich gemessen hat, ist der Athenienser Eratosthenes (276—196 v. Chr.), der von Ptolemäus Euergetes an die alexandrinische Bibliothek berufen wurde. Er hatte

[1] Die Orte, für welche Eratosthenes bei Strabo das Verhältniß vom Schatten zum Gnomen kannte, sind außer einer etwas ungenauen Angabe für Meroe Syene 23° 51′ n. Br. oder $^{11}/_{83}$ des ganzen Kreises für den Abstand der Wendekreise (statt 24° 4′ 30″ für Altsyene), Alexandrien 30° 58′ n. Br. (statt 31° 11′). Hipparch fügte noch die Schattenlänge von Rhodos ($60:43^5/_6 = 36^0\ 8'\ 7''$ n. Br. statt 36° 25′), sowie die merkwürdig genaue Bestimmung (nach Pytheas) von Marseille 42° 57′ statt 43° 17′ 47″ für die Sternwarte hinzu. Bringt man den nicht beachteten Halbmesser der Sonne mit 16′ in Abrechnung, sowie, daß die Sternwarte nördlich von der Stadt liegt, Pytheas aber sicher in der Altstadt beobachtet hat, so schwindet die Differenz zwischen der alten und neuen Beobachtung fast ganz. (K. Müllenhoff. Deutsche Alterthumskunde. Berlin 1870. I. 308). Vgl. auch die Breitentabelle Hipparchs in H. Berger, Die geographischen Fragmente des Hipparch. Leipzig 1869. S. 47 ff. Letronne (Mémoires de l'Acad. des Insc. Paris 1822. tom. VI. p. 285. sq.) glaubte auch die Lage von Canopus (31° 5′ statt 31° 19′ 14″) und Heroopolis 29° 50′ (statt 30° 4′ 30″) nach der Ptolemäischen Geographie zu den genau bestimmten Orten zählen zu dürfen. Die Lage von Heroopolis ist aber selbst jetzt noch nicht sicher bekannt. Höchst wahrscheinlich aber beruht die Angabe für Rom (Ptolem. Geogr. ed. Wilberg. p. 183. 41° 40′ statt 41° 53′) auf einer Messung der Schattenlänge des Gnomon.

[2] Aristoteles, De Coelo lib. II, cap. 14. Archimedes, Arenarius ed. Torelli, fol. 319—321. Gewöhnlich wird diese Stelle dafür angeführt, daß Archimedes den größten Kreis zu 300,000 Stadien angegeben habe. Allein im „Sandmann", welcher, wie von Woepke überraschend gezeigt wurde, eine Wiederholung indischer Zahlenspiele in buddhistischen Legenden zu sein

für einen ganzen Mittagskreis 252000 Stadien gefunden,[1] von denen er 40 einem Schönus gleich setzte.[2] Der Schönus enthielt 12000 altägyptische Ellen zu $0^m,525$, ein Grad an einem Erdbogen des Eratosthenes also 110250^m, während er in Wahrheit bei einer geographischen Breite von $27^0 30'$ 110808 Meter enthalten sollte. Die hohe Genauigkeit des Ergebnisses, welches die Dreiecksmessungen Riccioli's beschämt und die von Snellius nach verdunkelt, darf unsern Verdacht erwecken.[3] Allein es läßt sich nicht bezweifeln, daß Eratosthenes die Breitenunterschiede zwischen Alexandrien und Syene mit größter Schärfe kannte.[4] Die irdischen Entfernungen der beiden Breitenkreise waren aber vor Eratosthenes längst in den Steuerämtern der Pharaonen bekannt, denn die Grenzsäulen der Nomen oder Gaue liefern in ostwestlicher Richtung bis zum Strome und ihre Abstände waren gut vermessen.[5] Schon Herodots[6] Maße ägyptischer Ortsentfernungen sind sogenannte Luftlinien und überraschend richtig. Wenn Eratosthenes daher den Abstand

scheint (Woepcke, Propagations des chiffres indiens. Journal Asiat. Mars—Avril 1863. p. 266 sq.), setzt Archimedes überall absichtlich nur übertriebene Größen oder die höchsten Grenzen und nicht die Werthe, welche er für die wahren hielt.

[1] Strabo lib. II, cap. 5. tom. I. p. 180. Tauchn.

[2] Plinius, Hist. N. lib. XII, cap. 30.

[3] Die ältere Darstellung der eratosthenischen Messung, welche sich auf Cleomedes, Circ. insp. lib. I. p. 99. Basel 1533 stützte, war durch Letronne, Mémoires de l'Acad. des Inscriptions, tom. VI. Paris 1822. p. 283, beseitigt worden.

[4]

	Spannweite der beiden Parallelen	
	zu Eratosthenes Zeit.	nach den neuesten Angaben.
Alt-Alexandrien	$30^0 58'$ n. Br.	$31^0 11'$ n. Br.
Alt-Syene	$23^0 51'$ „ „	$24^0 4' 30''$ „ „
Unterschied	$7^0 7'$	$7^0 6^1/_2'$.

[5] Alois Sprenger, Erdmessungen. Ausland. 1867. S. 1017. Die Grenzsäulen dienten für die Nomarchen als Zeichen, wie weit sich ihr Wirkungskreis erstreckte. H. Brugsch, Die Geogr. des alten Aegyptens. S. 113.

[6] Zu Herodot II, 7—8 vgl. K. Müllenhoff, Deutsche Alterthumskunde. I. 264.

Syene's von der Deltaspitze zu 5300 Stadien angibt,[1] so sind die Nilkrümmungen in dieser Entfernung keineswegs enthalten. Nicht unberechtigt erscheint die Vermuthung, daß die Altägypter selbst um 700 v. Chr., als der nördliche Rand der Solstitialsonne noch senkrecht über Syene stand, den berühmten Brunnen abteuften,[2] der am Mittag der Sonnenwende voll erleuchtet wurde, und daß damit eine Erdmessung verknüpft war. Bevor wir aber dem Eratosthenes den besten Theil seines Ruhmes absprechen, müssen wir durch altägyptische Urkunden besser als bisher über die mathematischen Kenntnisse der alten Nilanwohner aufgeklärt werden.

Hipparch ließ die Messung des Eratosthenes unverändert,[3] wohl aber soll Posidonius (Ende des 2. bis Mitte des 1. Jahrhunderts v. Chr.) nach fehlerhaften Sternenhöhen und übertriebenen irdischen Entfernungen, freilich nur nach Angabe einer unzuverlässigen Quelle,[4] einen Erdumfang von 240,000, nach Strabo's Versicherung dagegen nur von 180,000 Stadien angenommen haben.[5] Marinus aus Tyrus und Ptolemäus bedienten sich bei ihren Messungen der nämlichen Größen und der letztere versichert uns, der Längenwerth von 500 Stadien für einen Erdgrad sei durch übereinstimmende Messungen zu seiner Zeit ermittelt worden.[6] Alle Fehler des Ptolemäus — und deswegen müssen wir sie so genau erörtern — sind zum Verhängniß im 15. Jahrhundert geworden, und ihre allmähliche Beseitigung hat das 16., 17. und 18. Jahrhundert beschäftigt.

[1] Strabo, Geogr. lib. XVII. cap. 1. tom. III. p. 414. Tauchn.

[2] Plin. lib. II, cap. 75. puteum ejus experimenti gratia factum.

[3] Die Behauptung des Plinius, (lib. II, cap. 112) Hipparch habe den Erdumfang zu 275,000 Stadien angegeben, wird mit Recht von Hugo Berger (Geogr. Fragmente des Hipparch. Leipzig 1869. S. 27—28) einer Verwirrung in den Excerpten des römischen Naturbeschreibers zugeschrieben.

[4] Cleomedes, Circ. insp. lib. I, p. 98. Basel. Dagegen Strabo, lib. II, cap. 3. p. 150. Tauchn.

[5] Die Angabe von 240,000 Stadien war nur eine hypothetische. Vgl. H. W. Schäfer, im Philologus. Bd. 31. Göttingen 1872. S. 206.

[6] Geogr. lib. I, cap. 11. p. 36. Wilb.

Wie groß die Stadien des Alexandriners gewesen sind, darüber fehlt uns jede Auskunft, gewiß ist nur, daß die Mehrzahl der Griechen und Römer seiner Zeit darunter ein Wegmaß von 600 attischen Fußen verstanden; dann aber hätte er nicht 500, sondern 601¾ Stadien für den Erdgrad setzen sollen[1]. Hatte aber Ptolemäus den Umfang unseres Weltkörpers um ⅙ zu niedrig geschätzt, so ist es ganz gleichgiltig, ob dieser verderbliche Irrthum aus der fahrlässigen Größenbestimmung eines Erdbogens oder aus dem Gebrauch einer verschiedenen Maßeinheit entsprungen ist.

Längenbestimmungen.

Die ostwestlichen Abstände oder die geographischen Längen lassen sich nur auf zweifache Weise bestimmen, entweder durch Berechnung (Gissung) der Entfernungen zweier Punkte, wenn die Größe und Gestalt der Erde genau bestimmt sind, oder durch den Unterschied der örtlichen Tageszeit. Wohl wußte man im Alterthum schon frühzeitig, daß sich der Unterschied der örtlichen Zeit aus dem Eintritt von Verfinsterungen der Sonne und des Mondes oder der Sternbedeckungen finden lasse. Es fehlten aber solche gleichzeitige Beobachtungen beinahe gänzlich. Plinius kannte deren nur zwei und Ptolemäus hat in seiner Geographie nur eine einzige, gleichzeitig, an zwei Orten beobachtete Verfinsterung des Mondes zur Längenbestimmung benutzt.[2]

[1] Wenn man nämlich dem attischen Fuß 136,66 pariser Lin. = 0,30828 m., der geographischen Meile 22843 par. Fuß und dem Stadium 569,42 pariser Fuß gibt. Hultsch, griech. u. röm. Metrologie. Berlin 1862. S. 53—54.

[2] Es ist die bei Arbela 331 v. Chr. um die fünfte, in Carthago um die zweite Stunde der Nacht beobachtete Mondfinsterniß. (Ptolem. Geogr. lib. 1, cap. 4. p. 15.) Daher setzt er Carthago 34° 50′ ö. L. (lib. IV,

Alte Karten.

Da also die Längen nur aus den Entfernungen durch Rechnung gefunden werden konnten, so war erst nach der Erdmessung des Eratosthenes die Möglichkeit mathematischer Ortsbestimmungen vorhanden. Doch finden wir, daß in Milet schon von Anaximander († 547 v. Chr.) die ersten Karten verfertigt wurden. Sein Landsmann Hecatäus (geb. um 544) bildete die neue Kunst mit solcher Fertigkeit aus, daß er seine Zeitgenossen in Erstaunen setzte,[1] und ein dritter Milesier, Aristagoras, erregte (um 500 v. Chr.) mit einer ehernen Tafel, auf welche der Erdkreis, vielleicht nach dem Entwurfe des Hecatäus, eingeschnitten zu sehen war, in Lacedämon einiges Aufsehen. Diese älteren Karten sind uns zwar verloren gegangen, aber nach den spöttischen Aeußerungen des Herodot und des Aristo-

cap. 3. p. 262) Arbela (Erbil) 80° 0′ ö. L. (lib. VI, cap. 1, p. 389 Wilb.). Carthago liegt 10° 2′ ö. L. Erbil 44° 4′ ö. L. Greenw. Der Unterschied in Zeit beträgt daher nicht 3^h, sondern nur 2^h 16^m 8^s. Zwei andere örtliche Zeitunterschiede, die er kannte, wagte er nicht für die Ortsbestimmung zu benützen. Im Almag. lib. IV, cap. 5, p. 245 ed. Halma. gibt er den östlichen Abstand Babylons von Alexandrien auf 0^h 50^m in Zeit oder 12° 30′ im Bogen an. In Wahrheit beträgt er 14° 18′ 25″. In der Geogr. lib. IV. 5, und lib. V, c. 19. p. 277, 384 Wilb. setzt er Babylon 79° 0′ ö. L. Alexandrien 60° 30′ ö. L. also einen Abstand zwischen beiden von 18° 30′. Mit Benützung der Mondbedeckung eines Scorpionsgestirnes, die von Menelaus in Rom beobachtet wurde (Almag. lib. VII, 3, tom. II, p. 27 Halma) gibt er Rom eine westliche Länge in Zeit von 1^h 20^m oder im Bogen 20°, in Wahrheit beträgt der Abstand 17° 24′ 7″. Dennoch hat Rom in der Geographie (Ptol. ed. Wilb. p. 183) ein Länge von 36° 40′ also 23° 50′ Abstand von Alexandrien. Ueber den Betrag der Fehler bei den Breiten- und Längenbestimmungen des Ptolemäus hat J. G. Cuno (Forschungen im Gebiete der alten Völkerkunde, I. S. 151 und 178) lehrreiche Tafeln ausgearbeitet.

[1] Agathemer. Geogr. lib. I, cap. 1. Aus den von Stephan von Byzanz aufbewahrten. Namen sieht man, daß die Kenntniß des Hecatäus von Kaspepyros, in dessen Nähe Herodot die goldgrabenden Ameisen versetzt, bis zum Ausgange des Mittelmeers reichte. (Vgl. K. Müllenhoff, deutsche Alterthumskunde I. 237, Müller, Frag. histor. graec. I. p. IX.

Orientirungsfehler des Strabo.

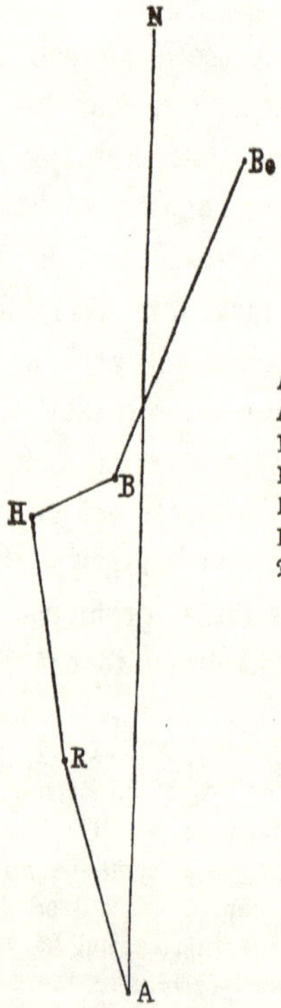

A—N wahrer Mittagskreis.
A Alexandrien.
R Rhodus.
H Hellespont.
B Byzanz.
Bo Mündung des Borysthenes.
Die Lage der Orte ist nach Mercators Projection angegeben.

teles [illegible]glichen diese ersten Versuche den Radkarten des frühen christlichen Mittelalters.[2] Da den Geographen des Alterthums ihre Aufgabe dadurch unendlich erschwert war, daß sie nicht wie wir in der Magnetnadel ein Werkzeug der Nordweisung besaßen, so müssen wir uns gewöhnen, auch die stärksten Orientirungsfehler bei ihnen milder zu beurtheilen. Dikäarch, ein Schüler des Aristoteles, zog die erste Orientirungslinie über die bewohnte Erde von den Säulen des Herkules durch die

[1] Meteorol. lib. II, cap. V, ed. Mueller; Γελοίως γράφουσι νῦν τὰς περιόδους τῆς γῆς. γράφουσι γὰρ κυκλοτερῆ τὴν οἰκουμένην, τοῦτο δ' ἐστὶν ἀδύνατον κατά τε τὰ φαινόμενα καὶ κατὰ τὸν λόγον.

[2] S. u. S. 101.

sicilische Meerenge, die Peloponnes, die Südküste Kleinasiens bis nach Indien; er bemühte sich bei diesem ersten Parallelkreise die genau östliche Richtung inne zu halten. Da diese Linie die Oikumene ziemlich halbirt, so daß Europa (nach der Vorstellung Herodots) den ganzen Norden, Libyen und Asien den Süden einnahmen, so erhielt diese Scheidelinie den Namen Diaphragma. Selbst Strabo dachte sich Syene, welches östlicher liegt, unter demselben Mittagskreise wie Alexandrien, den er dann verlängert über Rhodus, welches westlicher; durch den Hellespont, welcher noch westlicher; nach Byzanz, welches von diesem ostnördlich; und nach der Mündung des Borysthenes, welche nordnordöstlich liegt.[1] Den Pyrenäen gab er eine Axenstellung von Norden nach Süden, und den Apennin verwandelt er ebenfalls in ein Meridiangebirge.[2] Erdgloben werden erst in der Mitte des 2. Jahrhunderts genannt. Der Stoiker Krates von Mallos[3] scheint zuerst auf den Gedanken gekommen zu sein, die Erde plastisch darzustellen.

Der erste Geograph, welcher bei der Ortsbestimmung Längen und Breiten berücksichtigte, war Marinus aus Tyrus. Leider sind seine Werke verloren gegangen, obgleich noch Karten von ihm zur Zeit des Arabers Masudi[4] vorhanden gewesen sein sollen. Aus dem ersten Buche des Ptolemäus erfahren wir jedoch, daß Marinus in seiner Erdbeschreibung die Polhöhen nur dadurch angab, daß er alle Orte nach der Reihe aufzählte,

[1] Strabo lib. II, cap. 5. tom. I. p. 181. Tauchn.

[2] Strabo lib. III. cap. 1. tom. I. p. 219. lib. II. cap. 5. tom. I. p. 204. Tauchn.

[3] Strabo lib. II. cap. 5. tom. I. p. 184. Tauchn.

[4] Masudi im Kitab et-tenbih (geschrieben 955 n. Chr.), Notices et extraits des Manuscrits de la Bibl. du Roi, tome VIII, p. 147: J'ai vu, dit Massoudi, ces (sept) climats enluminés de diverses couleurs dans plusieurs livres, et ce que j'ai vu de mieux en ce genre, c'est dans le Traité de géographie de Marin etc. Von Masudi stammt auch die Angabe, daß Marinus unter dem Kaiser Nero gelebt hätte. (Masudi l. c. p. 169.) Vgl. auch Uckert, über Marinus Tyrius und Ptolemäus im Rhein. Museum für Phil. Bonn 1839. VI. Jahrg. S. 194.

die unter denselben Breiten lagen, und zwar wird er die Polhöhen nicht in Graden oder gar in Minuten ausgedrückt, sondern größere Breitenabstände von mehreren Graden oder sogenante Klimate zusammengefaßt haben, wie es noch von etlichen arabischen Geographen geschah, denen Marinus, wie man anzunehmen berechtigt ist, als Muster gedient hat.[1] Er hatte ferner das Bewohnbare oder den bekannten Erdkreis von West nach Ost, bei den Glücklichen Inseln beginnend, in Kugelstreifen von je einer astronomischen Stunde oder 15 Graden abgetheilt.[2] So fand man in einem anderen Theile seines Werkes wiederum die Orte verzeichnet, die innerhalb jedes einzelnen Stundenabschnittes fielen. Bei allen Orten, die am Meere lagen, hatte er beide Ortsbestimmungen einmal unter den Klimaten, dann unter den Stundenabschnitten, bei Binnenstädten dagegen nur den Breitengürtel und oft weder Stundenabschnitt noch Breitengürtel angegeben. Sein unmittelbarer Nachfolger Ptolemäus bestimmte dagegen in seinen Tafeln die Breite und Länge jeder Stadt, jeder Mündung und jeder Quelle eines Flusses, jedes Anfanges und Ausganges eines Gebirges in Graden und Zwölftheilen.[3] Auch verbesserte er viele Fehler des Marinus mit glücklicher Hand. Vor allem beschränkte er die Längenausdehnung der Erdveste, die Marinus von den glückseligen Inseln bis nach der Hauptstadt Chinas auf fünfzehn astronomische Stunden (225^0) geschätzt hatte, auf zwölf

[1] Die Beschreibung, welche Ptolemäus von Marinus' Arbeiten entwirft, paßt genau auf die Geographie des Edrisi.

[2] Schon der treffliche Wilberg (Ptolem. p. 55) hat bemerkt: Est autem τὸ ὡριαῖον διάστημα unius horae intervallum, aut in terrae superficie duorum locorum intervallum, quorum meridiani quindenis gradibus geographicis inter se distant . . . . Terram habitatam Marinus in quindecim ὡριαῖα dividens locorum ad longitudinem positiones distinctius non videtur indicasse.

[3] Er berechnet nämlich nur Abstände von 5 Bogenminuten, kleinere Bruchtheile des Grades werden für voll gerechnet. Im Almagest dagegen, wo es auf höhere Genauigkeit ankam, hat Alexandrien eine Breite von 30^0 58′ in der Geographie 31^0 0′.

(180°); er berichtigte seine falsche Vorstellung von dem venetianischen Golfe, seinen Irrthum, daß die Küste Afrikas von dem Osthorn oder dem Vorgebirge der Gewürze nicht südlich, sondern südwestlich streiche. Mit Hilfe seiner Tafeln konnte jedermann seine Karten sich selbst entwerfen, und während seine Vorgänger sich begnügten,[1] bei der Uebertragung der Kugelflächen die Erde als walzenförmig sich zu denken (cylindrische Projection) oder bei eingetretener Verfeinerung sie als Kegel darstellten (conische Projection), wobei sie sorgten, daß der Breitengürtel von Rhodus, auf welchen sich die wichtigsten Vermessungen bezogen, seine wahre Länge erhielt, empfahl Ptolemäus eine Uebertragung von Kugelflächen, wie sie dem Auge aus der Ferne eines Durchmessers und über dem Centrum in einem hemisphärischen Becken erscheinen würden (stereographische Projection).[2] Das Verdienst des unverständig geschmähten Mannes war also nicht unbeträchtlich, und man darf unangefochten von ihm behaupten, daß er die Erdkunde völlig im Geiste des großen Hipparch fortgebildet habe. Da uns Deutsche nun der Ruhm und die Verantwortung trifft, der ptolemäischen Geographie zur Auferstehung verholfen und jenes Edelreis des Alterthums auf die Wildlinge des Mittelalters übertragen zu haben, so müssen wir auch die schädlichen Folgen der alexandrinischen Erdkunde näher betrachten.

Zu allen Zeiten, wo man keine Werkzeuge besaß oder anwendete, um die zu Wasser oder zu Lande zurückgelegten Entfernungen zu messen, sind diese letzteren stets überschätzt worden. Wohl pflegten die alten Geographen wegen der Krümmungen und Hindernisse des Weges die überlieferten

[1] Marinus entwarf eine Karte, wo sich alle Breiten- und Längenkreise als gerade Linien rechtwinkelig schnitten, und nur auf dem Parallel von Rhodus in den richtigen Verhältnissen standen. Delambre, Astron. ancienne, tome II, p. 530.

[2] Hipparch war der Erfinder dieser und der orthographischen Projectionsart. Vgl. d'Avezac, Coup d'oeil historique sur la projection des cartes. Bulletin de la Soc. de Géogr. 1863. Avril. p. 274 sq.

Abstände zweier Orte zu verkürzen, aber sie verfuhren dabei nicht beherzt genug. Eratosthenes schätzte die Ausdehnung des Bewohnbaren von dem heiligen Vorgebirge bis nach dem Ostrande Asiens, welcher nach seinen Vorstellungen sich um 3000 Stadien über den Ganges hinaus erstreckte, auf 78,000 Stadien, die nach seinem Maße von der Erdgröße 130 Längengraden entsprochen haben würden.[1] Er dachte sich also die damalige bekannte Welt nur um ein Viertel weiter nach Osten vorgeschoben, als sie es wirklich war.[2] Strabo, der die Ausdehnung vom Westrande Europas bis an das andere Ufer des Ganges auf 70,000 Stadien kürzte, überschätzt das wahre Verhältniß nnr um den sechsten Theil.[3] Marinus dagegen, der zuerst erfuhr, daß sich im Osten von Indien noch das Reich der Chinesen in große Fernen erstrecke, der keine Kürzungen bei den überlieferten Ortsabständen anwendete und für den Erdumfang sich der fehlerhaft kleinen Schätzung von 180,000 Stadien bediente, gelangte dadurch zu einem Längenunterschied zwischen den glückseligen Inseln und dem äußersten asiatischen Hafenplatze Kattigara von fünfzehn astronomischen Stunden oder 225 Graden, er rückte also den Ostrand der alten Welt hinaus bis zu dem Mittagskreise der Sandwichinseln, ein Irrthum, der am meisten die Spanier zur Aufsuchung des westlichen Seeweges nach China oder, wie man damals sagte, nach Indien ermuthigt hat. Ptolemäus wagte an den Längenangaben des Marinus bis zum Vorgebirge Kory (Comari) in Indien, dessen östliche Lage auf 125° 10′ bestimmt worden war, nichts zu ändern. Erst von dort aus entschloß er sich,

[1] L. Am. Sédillot (Mémoire sur les Systèmes géogr. des Grecs et des Arabes, Paris 1842. p. 16) hat die 75,000 Stadien ähnlich in geographische Längen verwandelt, wenn er bemerkt: Ératosthène avait porté à 126° 7′ 34″ l'intervalle compris entre le cap Sacré et l'embouchure du Gange, ce qui ne donne qu'une erreur de 26° 43′ 49″.

[2] Eratosth. bei Strabo, lib. I, cap. 4. tom. I. p. 101. Tauchn.

[3] Strabo lib. II, cap. 4. tom. I. p. 167. Tauchn.

die übrigen 100 Längengrade des Marinus bis auf 54° 40′ zu kürzen,[1] so daß er also Kattigara und Sera, die Hauptstadt der Chinesen, auf einen Mittagskreis hereinrückte, der zwischen Australien und Neuseeland die Mitte hält und den Ostrand Kamtschatkas streift.

Ptolemäus hatte ursprünglich im Sinn, alle seine Längen auf den Mittagskreis seiner Sternwarte zu beziehen und nach östlichen und westlichen Abständen von Alexandrien zu rechnen.[2] Später aber gab er diesen besseren Gedanken wieder auf und kehrte zu dem willkürlichen ersten Meridian des Marinus durch die glücklichen Inseln zurück, wahrscheinlich wegen der Bequemlichkeit, da die Ortsbestimmungen dann nur in östlichen Längen ausgedrückt zu werden brauchten.

Der Fehler der kurzen ptolemäischen Bogenmessung entstellte am traurigsten gerade denjenigen Erdraum, wo man größere Genauigkeit von den Alten erwarten und fordern durfte. Die große Axe des Mittelmeers von den Säulen des Herkules (Gibraltar) bis nach Alexandrette (Iskenderun) am issischen Busen, war auf dem wichtigen Breitengrade von Rhodus (36° n. Br.), welcher die bekannte Welt in eine Nord- und eine Südhälfte zertheilte, von vielen Geographen wiederholt vermessen und bestimmt worden. Strabo kam der Wahrheit näher als Gerhard Mercator am Schlusse des 16. Jahrhunderts[3]

[1] L. Am. Sédillot, Notice sur l'ouvrage de M. Joachim Lelewel. Paris s. a. (1857) p. 2.

[2] Almagest, lib. II, cap. 12, p. 148. ed. Halma. Die Stelle ist ein Beweis, daß er seine geographischen Tafeln später als die Magna Syntaxis verfaßte, die jüngste astronomische Beobachtung darin ist vom 2. Febr. 141 n. Chr. Nach Uckert (Rhein. Museum, 1839. VI. Jahrg. S. 177) war er wahrscheinlich 87 n. Chr. geboren und im Jahr 165 gestorben. Zwischen 141 bis 165 verfaßte er daher die geographischen Tafeln.

[3] Strabo lib. II, cap. 4. tom. I, p. 167. Tauchn.) berechnete den Abstand vom issischen Meerbusen also dem weitesten Eindringen des Mittelmeeres in die syrische Küste bis zu den Säulen auf 25,500 Stadien. Da er den größten Kreis auf 252,000 Stadien annimmt, so muß man, da seine Messungen dem Parallel von Rhodus sehr nahe liegen, den mittleren

und Eratosthenes hatte vor ihm noch glücklicher die Verhältnisse getroffen.[1] Marinus und Ptolemäus benützten ähnliche Vermessungen, verwandelten aber die allzu groß überlieferten Entfernungen in geographische Längen nach ihrem allzu kleinen Maße des Erdbogens. So gelangten beide durch doppelte Steigerung des Fehlers zu einer Ausdehnung des Mittelmeeres über 62 Längengrade,[2] die in Wahrheit nur 41° 41′ beträgt.

Abstand eines Längengrades auf 566 Stadien annehmen. Die große Axe des Mittelmeeres besaß bei ihm daher einen Längenabstand von 44° 50′; in Wahrheit beträgt er 41° 41′. Der Irrthum vertheilt sich bei ihm über folgende Strecken:

	Stadien.	Grade à 566 St.	In Wahrheit.
Vom issischen Meerbusen bis Rhodus	5000	9°	7° 57′
bis zur Ostspitze Kretas	1000	1° 40′	1° 58′
bis zur Westspitze Kretas	2000	3° 30′	2° 46′
bis zur Südspitze Siciliens	4500	8° 0′	8° 22′
bis zur Meerenge zwischen Sicilien und Afrika	1000	1° 40′	3° 15′
bis zu den Säulen	12000	21° 0′	17° 24′
	25500	44° 50′	41° 41′

Für das letzte Maß „bis zu den Säulen" nehmen wir mit Gosselin und Groskurd nicht 13000 Stadien, sondern 12000 Stadien an, wie Strabo selbst (lib. II. cap. 5. tom. I, p. 195) angibt.

[1] Eratosthenes a. a. O. rechnet von der pelusischen Nilmündung bis Carthago (zu groß) 15,000, bis zu den Säulen (zu klein) 8000, zusammen 23,000 St. oder in Längen verwandelt 40²/₃ Grade, in Wahrheit beträgt die Entfernung 37°. Die strabonische Axenberechnung ist jedoch viel harmonischer und strenger. Andre Berechnungen nach griechischen nnd römischen Angaben findet man bei Lelewel (Géogr. du moyen-âge, Paris 1852. Tome I. p. XXI), wo jedoch die Stadienangaben nach Methoden verwandelt werden, welche als unstatthaft erscheinen.

[2] Calpe mons (Gibraltar) 7° 30′ ö. L. Alexandria ad Issum (Iskenderun, syrische Küste) 69° 30′ ö. L. Ptol. Geogr. ed. Wilb. p. 111, p. 363. Da Ptolemäus den Grad des größten Kreises auf 500 Stadien setzte, so hatte bei ihm ein Längengrad auf dem Parallel von Rhodus 405 Stadien, folglich das Mittelmeer eine große Axe von 25,110 Stadien, die nach der eratosthenischen Erdgröße (700 Stadien = 1° des größten Kreises und 566 St. = 1° auf dem Breitenkreis von Rhodus) verwandelt, ihm 44° 22′ für die große Axe gewährt haben würden, ein Ergebniß, welches genauer gewesen wäre, als das beste, welches man um die Mitte des 17. Jahrhunderts besaß.

Unter dem fehlerhaften Größenverhältniß des Mittelmeeres litt natürlich die Gestalt ganz Europas, weil das Antlitz dieses Erdtheiles häßlich verzerrt, die Axenstellung seiner Halbinseln und Golfe, namentlich Italiens und des adriatischen Meeres, von ihrer wahren Himmelsrichtung nach Osten verbogen werden mußten. Unerträglich beinahe wird der Irrthum an der syrischen Küste, die in Wirklichkeit von Süden nach Norden fortschreitend, nur einen halben Grad an östlicher Breite gewinnt, bei Ptolemäus zwischen Tripolis und Iskenderun aber volle zwei Grad nach Osten zurückweicht.

Ein anderer auffallender Irrthum der ptolemäischen Tafeln[1] ist die Schmalheit des Raumes zwischen dem schwarzen und dem baltischen Meer, so wie das damit verbundene tiefe Eindringen des mäotischen Sumpfes (Asow'sches Meer) in das Innere Südrußlands, so daß die Stadt Tanais an der Donmündung sich der Lage des heutigen Moskau bis auf 21¼ Meilen nähert.[2] Ptolemäus stand noch unter dem Drucke eines alten und gealterten Irrthums, den er indessen beträchtlich gemildert hat. Selbst Posidonius stellte sich den Raum zwischen der Mäotis und dem arctischen Ocean nur so groß vor, wie die Landenge, welche die pontischen und kaspischen Becken trennt.[3] Also dachten sich die alten Geographen Europa gerade dort, wo es seine halbinselartige Gestalt ablegt und seine Binnenräume zu asiatischen Flächengrößen sich erweitern, als Landenge gegliedert, ein Irrthum, der bis zu den Zeiten Herber-

[1] Ptolemäus selbst hinterließ keine Karten zu seinen Ortsbestimmungen. Der Mathematiker Agathodämon, der gewöhnlich ins 5. Jahrhundert gesetzt wird, dessen Alter jedoch Ukert (a. a. O. S. 345) für unbestimmbar erklärt hat, ist der Verfertiger der Karten, die man in den ältesten Ausgaben des Ptolemäus antrifft.

[2] Tanais (bei Ptolemäus) 54° 20′ n. Br. Moskau 55° 45′ 21″. Abstand 1° 25′.

[3] Vivien de Saint-Martin, Études de Géographie ancienne. Paris 1850, tom. I, p. 233.

steins oder bis zur Mitte des 16. Jahrhunderts sich ungeschwächt erhielt.

Ein anderer Mangel der ptolemäischen Ortsbestimmungen war die beinahe völlige Unterdrückung der Halbinselgestalt Indiens, denn an der Küste zwischen Indus und Ganges ist bei ihm das Heraustreten nach Süden nur kraftlos angedeutet. Es kann dieser Umstand die Ansicht bestätigen, daß Ptolemäus das Lootsenbuch für das erythräische Meer nicht gekannt habe, denn in diesem wird deutlich beschrieben, daß die Westküsten Indiens nach Süden streichen, ja irrigerweise, daß sie diese Richtung über das Vorgebirge Comorin hinaus bis zu den Perlenbänken der Manaarstraße noch beibehalten.[1] Ptolemäus[2] der die Eintracht mit älteren alexandrinischen Anschauungen liebte, hat sein indisches Länderbild von Eratosthenes entlehnt, der sich wiederum an die übereilten Berichte der Begleiter Alexanders hielt, und die genaueren Angaben der seleucidischen Botschafter Megasthenes und Daïmachus am Hofe des Tschandragupta († 291) und Amitraghatas († 263) in Pataliputra, welche die Halbinselnatur Indiens gekannt haben, verschmähte.[3] Bei Eratosthenes besaß es eine rautenförmige Gestalt und seine

[1] Lange Zeit glaubte man das Alter des erythräischen Periplus durch die Dauer der Regierung eines axumitischen Königs Zoskales 77—89 n. Chr. sicher zu kennen. In neuerer Zeit hat Hr. Reinaud das Vertrauen in diese Chronologie durch den Nachweis eines zweiten Zoskales (246—247 n. Chr.) mächtig erschüttert (Mémoire sur le Périple de la mer Erythrée. Paris 1864, p. 13), zumal das Lootsenbuch von einem Hafen der Perser an der Südküste Arabiens spricht, den es vor dem Jahre 225 nach Chr. nicht geben konnte. (Reinaud l. c. und Mémoire sur le Royaume de la Mésène et de la Kharacène p. 70.)

[2] Periplus Maris Erythraei, cap. 51, 58, 59, 60, 61, 63.

[3] Megasthen. Fragm. in Fragm. Histor. Graec. ed. Müller tome II, p. 407. Lassen, Ind. Alterthum. Bd. 3. S. 111. Strabo (lib. II, cap. 1. tome I, p. 109. lib. XV, cap. 1. tome III, p. 256. Tauchn.) bemerkt, daß die beiden Gesandten der Diadochen die Ausdehnung Indiens vom Himalaya bis zum südlichen Ocean an einigen Stellen auf 20,000, an andern auf 30,000 Stadien berechneten. Dieß zeigt deutlich die Kenntniß einer peninsularen Entwicklung von 10,000 Stadien.

große Axe war nicht von Norden nach Süden, sondern von Osten nach Westen gerichtet.[1] Indien behielt diese ungegliederte Form, die ihm Ptolemäus gelassen hatte, bis auf den großen arabischen Astronomen Biruni, der unter den Ghasneviden nach Indien gelangte und einige verbesserte Ortsbestimmungen hinterlassen hat.

Ein anderer störender Fehler der ptolemäischen Erdkunde ist die abenteuerliche Vergrößerung der Insel Ceylon oder Taprobane's.[2] Der erste Hellene, der dieser Insel gedachte, Onesicritus, der Admiralspilot auf der macedonischen Flotte in Indien, gab ihr nur eine Ausdehnung von 5000 Stadien, Hipparch aber glaubte in jener Insel den Rand eines großen australischen Festlandes aufragen zu sehen,[3] nachdem vor ihm Eratosthenes die Längenausdehnung der Insel[4] auf 8000 Stadien vergrößert hatte. Marinus und Ptolemäus haben sich der höchsten angegebenen Werthe bemächtigt. Auch sie liehen der Insel eine große Axe von nahezu 8000 Stadien, in der Richtung von Norden nach Süden, und eine kleine Axe von 5000 Stadien.[5] Wenn der Venetianer Marco Polo aus den Angaben der alten Seekarten schloß, daß Ceylon durch Abschwemmungen des Meeres zwei Drittel von seinem Umfange verloren haben müsse, so ist die neuere Wissenschaft völlig in der Lage, jede Vermuthung dieser Art zu widerlegen.[6]

[1] Eratosthenes bei Strabo lib. XV, cap. 1, tome III, p. 254 Tauchn.

[2] Ueber den Ursprung dieses verstümmelten Sanskritnamens s. Eugène Burnouf (Géogr. ancienne de Ceylan, Journ. Asiat. Jan. 1857. p. 5—117). Tamraparna bedeutet Kupferblatt. (Pauthier, Marco Polo. L LXVI.

[3] Pompon. Mela, lib. III, cap. 8. Taprobane aut grandis admodum insula, aut prima pars orbis alterius Hipparcho dicitur.

[4] Strabo lib. XV, cap. 1. tom. III, p. 257.

[5] Bei Ptolemäus hat Taprobane eine Ausdehnung von beinahe 15 Breiten- und von 10 Längengraden, er rechnete aber 500 Stadien auf einen Grad der größten Kreise.

[6] Marco Polo. lib. III, cap. 19. Allerdings mag in vorhistorischer Zeit Ceylon mit den Andamaninseln die Nordküste eines getrennten Welttheils mit einer vom südasiatischen Festland verschiedenen organischen Welt gebildet haben. (Owen, in den Proceedings of the R. Geogr. Society.

Das Seltsamste in dem ptolemäischen Gemälde des Bewohnbaren ist jedoch die Verwandlung des indischen Oceans in ein geschlossenes Binnenmeer. Den Ursprung dieses Irrthums wollte einer der größten Kenner des Alterthums[1] auf Aristoteles zurückbeziehen, der den Anschauungen Homers von einer Erdinsel und einem alles umgürtenden Ocean so abhold war, daß er durch eine Verlängerung des äquatorialen Afrika bis nach Ostasien selbst das atlantische Meer in ein Becken verwandelte. Eratosthenes, Hipparch und selbst Strabo wußten noch nicht, daß Afrika beim Vorgebirge der Gewürze (Dschard Hafun) plötzlich seine Richtung gegen Osten verlasse und nach Südwesten zurückweiche, sondern sie dachten sich die Küste des Myrrhen- und Weihrauchtragenden Afrikas, das heutige Somalihochland, bis nach den indischen Mittagskreisen verlängert, genau wie es auch die Araber gethan haben.[2] An diesen älteren Anschauungen hielt Ptolemäus selbst dann noch fest, als er durch die adenitischen Kauffahrer über die wahre Richtung der afrikanischen Ostküsten bis zur Höhe von Sansibar nicht mehr in Zweifel sein konnte. Von dort aus ließ er nämlich, weil sich die Küste wirklich ein wenig nach Osten biegt, das alte australische Aethiopien als unbekanntes Land parallel mit den Südküsten Asiens über die goldene Chersones oder die Halbinsel Malaka hinaus sich bis zu der Küste der Chinesen verlängern und dadurch den großen Golf völlig verschließen. Was ihn auch irregeleitet haben mag, der lückenhafte Bericht des Alexander bei Marinus, des einzigen Seefahrers, der von Indien zu Schiff nach Kattigara, dem chinesischen Seehafen, gekommen

1862. Nr. 2. p. 45.) Allein seit der historischen Zeit gehört die Insel zu den langsam aufsteigenden Planetenstellen. (Sir James Emerson Tennent, Ceylon. London 1859. Vol. I, p. 12, 59.)

[1] Letronne, Discussion de l'opinion Hipparque sur le pronlongement de l'Afrique, Journal des Savans. 1831. Août. Septbr. p. 476—480. p. 545—555.

[2] Strabo. lib. XVI, cap. 4. tom. III. p. 387. Tauchn.

war,[1] oder die Aussagen morgenländischer Reisenden, daß im Allgemeinen die Fahrt von Indien nach China gegen Osten, die Rückfahrt gegen Westen gehe, die Hauptstadt der Chinesen aber im Nordosten vom Hafenplatze Kattigara liege — er schuf mit seinem australischen Aethiopien das Gespenst eines Südpolarlandes, das sich seit der Wiedererweckung seiner Geographie im 15. Jahrhundert bis auf James Cooks zweite Reise (1772—1775) mit Zähigkeit auf den Karten und in den Vorstellungen vom Bau der Erdvesten erhalten hat.[2]

Zwei Lehren waren im Alterthum herrschend über die Vertheilung des Trockenen und Flüssigen auf der Erdoberfläche. Die sogenannte homerische Schule, zu der Eratosthenes und Strabo zählten, betrachtete die drei Festlande der alten Welt als eine zusammenhängende Insel, die vom Weltmeer umflossen werde.[3] Da man noch bis zum Beginn unserer Zeitrechnung vermuthete, daß ein wenig östlich vom Ganges das Meer den Osten Asiens begrenze, und die Weltinsel im nördlichen Kugelviertel der Erde von Osten nach Westen nur neun astronomische Stunden (135°) sich entwickele, so vermuthete Strabo, es möchte sich wohl noch eine andere oder auch mehrere Weltinseln auf andern Räumen unseres Planeten, vielleicht sogar auf der nördlichen Halbkugel finden.[4] Wenn es sich so verhielte, äußerte er an einer späteren Stelle, dann würde man vermuthlich auf jener unbekannten Weltinsel andere Geschöpfe antreffen, als auf der Weltinsel der Menschen.[5] Rasch hinzufügen müssen

[1] Ptol. Geogr. lib. I, cap. 14. ed. Wilb. p. 47.

[2] Die Generalkarte von Afrika in der ältesten Handschrift (Ende des 12. bis Anfang des 13. Jahrh.) des Ptolemäus aus dem Athoskloster Vatopedi (Géographie de Ptolémée par Victor Langlois. Paris 1867. pl. LXXXVIII und LXXXIX.) läßt deutlich eine Uferbegrenzung nach Süden sowohl des indischen wie des atlantischen Oceans wahrnehmen.

[3] Strabo, lib. I, cap. 1. Tauchn. p. 7.

[4] Lib. I, cap. 6, p. 103. Tauchn.

[5] Strabo lib. II, cap. 5. tom. I. p. 188. Tauchn.

wir aber, daß der Entdecker Amerikas diese Ahnung des Geographen von Amasia nicht gekannt hat, und wenn er sie gekannt hätte, sie ihm nicht behagt haben würde; denn er bekannte sich zu den Ansichten, welche die Gegner der homerischen Schule, zu denen, vielleicht mit Unrecht, Aristoteles und Hipparch gezählt werden, jedenfalls Marinus und Ptolemäus vertraten. Sie wollten kein allumgrenzendes Weltmeer anerkennen, sondern dachten sich die indischen und atlantischen Oceane, gleich unserem Mittelmeer, von Land eingeschlossen und die Wasserbedeckung der Erde zwischen dem äußersten Westen und äußersten Osten des Bewohnbaren so eng, daß eine westliche Ueberfahrt nach dem Morgenlande ungewöhnlich erleichtert schien. So haben selbst die Irrthümer großer Männer zur beschleunigten Enthüllung der Wahrheit führen müssen.

Stand des Naturwissens.

Die Kenntniß der Alten von der Unebenheit der Erdoberfläche beschränkte sich fast nur auf die Axenrichtung der Gebirge, denn an zahlreiche Bestimmungen von Berghöhen war nicht zu denken. Daß der flüchtige Plinius einzelne Spitzen der Alpen bis auf 50,000 römische Schritte oder fünfzehnmal höher als den Montblanc aufragen läßt,[1] setzt uns weniger in Verwunderung, als daß ein Aristoteles die höchsten Gipfel des Kaukasus im Sonnenlichte noch vier Stunden glänzen ließ, nachdem für die Ebene die Sonne untergegangen war.[2] Genauere Beobachtungen haben gelehrt, daß wenn für das genfer Seeufer

[1] Plin. lib. II, cap. 65.

[2] Aristot. Meteorol. lib. I, cap. 13. Nach dieser Angabe berechnete noch der Jesuit Riccioli im 17. Jahrhundert mit Berücksichtigung der Refraction die relative Gipfelhöhe des Kaukasus auf 230,880 bolog. Fuß. (Geogr. reformata lib. VI, cap. 14. §. 9. Venet. 1672. fol. 198.) Der höchste Gipfel des Kaukasus (Elbrus) mißt 18,493 F. (feet) über dem Meere.

die Sonne untergegangen ist, nur 29 Minuten verstreichen, bis der letzte Rosenschimmer am höchsten Gipfel des Montblanc erlischt.[1] Die einzigen genaueren Höhenmessungen verdankte das Alterthum dem Messenier Dikäarch (350—290 v. Chr.), einem Schüler des Aristoteles. Er fand die Höhe des Kyllene in der Peloponnes weniger als 15, des Atabyrius auf Rhodus weniger als 14 Stadien und den Pelion 6250 röm. F. hoch.[2] Wir erfahren zwar nicht ausdrücklich, ob Dikäarch seine Bestimmungen auf die Meeresfläche stützte, da er aber solche Berge wählte, die der Küste nahe lagen, so dürfen wir vermuthen, daß er seine Messungen am Ufer begann. Von Eratosthenes erfahren wir, daß er mit dioptrischen Meßwerkzeugen Höhenwinkel von Berggipfeln aufgenommen und durch Berechnung der Dreiecke gefunden hatte, daß die größten Erhebungen zehn Stadien nicht überschritten.[3] Gegenüber den übertriebenen Vorstellungen des Plinius und des Aristoteles erscheint es fast als ein Fortschritt, wenn man später annahm, daß es keinen Berg gebe, der mehr als 15 Stadien (8541 Par. F.) Erhebung besäße.[4] Die Vorstellungen des Alterthums vom senkrechten Bau des asiatischen Festlandes waren darin merkwürdig, daß sie sich unter dem Breitengrade von Rhodus, welcher die bekannten Erdräume in eine nördliche und südliche Hälfte schied, eine ununterbrochene Anschwellung der Erdoberfläche, und die großen Ketten und Hochländer Innerasiens als eine Fortsetzung des

[1] Ausland, 1860. S. 700.

[2] Dicaearchi Fragmenta ed. Müller, Frag. Hist. Graec. tom. II, p. 253. Geminns, Elem. Astron. cap. 14. fol. 55. ed. Petav. Plinius II, 65. Der Kyllene im Ziriagebirge ist 7188 Par. F. hoch, 15 Stadien sind 8541 Par. Fuß, 14 Stadien 7972 Fuß.

[3] Eratosthenica ed. Bernhardy frag. 39. *ὁ γὰρ Ἐρατοσθένης τὴν ἀπὸ τῶν ὑψηλοτάτων ὀρῶν πρὸς τὰ ὑφειμένα πίπτουσαν κάθετον δείκνυσι διὰ τῆς διόπτρας ἀναμετρήσας ἐκ τῶν ἀποστημάτων ὑπάρχουσαν σταδίων δέκα.*

[4] Cleomedes, Circular. insp. Basel 1533. p. 102.

Taurus dachten.[1] Ein falsches Bild vom Norden der Erde, welches erst nach Sigismund v. Herbersteins Rückkehr aus Rußland beseitigt wurde, entstand durch den Gebirgszug der Rhipäen, ein Name, der auf den Ural bezogen worden ist,[2] und den sich die Alten durch das nördliche Rußland bis nach dem fernsten Osten Sibiriens im Sinne der Breitengrade verlängert dachten. Sie ahnten also nicht, daß gerade der Norden der alten Welt, eine der wichtigsten Thatsachen in der Gestaltung des Trockenen, in Niederungen sich ausbreitet.[3] Zur Bestimmung der senkrechten Gliederung im Inneren der Festlande fehlte ihnen jedes Werkzeug, doch unterscheidet schon der vielseitige Strabo in Binnengebieten Hochebenen von Tiefländern.[4]

Die Thätigkeit umbildender Kräfte, die beständig die Vertheilung des Nassen und Trockenen und die Höhenverhältnisse der Erdoberfläche verändern, und sie als vergängliche oder wechselvolle Bilder erscheinen lassen, war der Naturbeobachtung des Alterthums nicht entgangen. So wurde das ehemalige Centralfeuer der Pythagoräer, welches ursprünglich ein astronomischer Körper gewesen war, von Empedocles zuletzt in einen feuerflüssigen Erdkern verwandelt,[5] von dessen höherer Tem-

[1] Strabo, lib. II, cap. 5. tom. I. p. 205., lib. XI. init. tom. II p. 396. Tauchn.

[2] Schafařík, Slav. Alterth. Bd. 1. S. 493 bemerkt, daß rep und ref in der Sprache finnischer Völkerstämme Berg und Gebirge bedeute.

[3] Dieser Irrthum der Alten, bemerkt zwar der scharfsinnige Carl Neumann (die Hellenen im Skythenlande, Bd. 1. S. 207) entspringe aus der Gewohnheit, daß sie die Quellen aller Flüsse, also auch die der pontischen und kaspischen in hohen Gebirgen suchten, allein die Vorstellung von einer allgemeinen Erhebung der Landmassen gegen Norden und von einer Gebirgsumgürtung der hyperboreischen Regionen wurzelt bereits in uralten, von Asien eingewanderten Mythen, und taucht selbst noch im Mittelalter wieder auf.

[4] Strabo, lib. I, p. 116. Tauchn.

[5] Plutarch, De primo frigido cap. 19. ed. F. Didot. tom. IV. p. 1167. Die Antichthon wurde dann als die andere Hemisphäre der Erde betrachtet.

peratur die heißen Quellen Zeugniß ablegten,[1] welche letztere Erscheinung Andere jedoch durch chemische Erwärmung erklären wollten.[2] Die Vulkane betrachtete man schon damals als die Ausgänge, durch welche das heißflüssige Erdinnere mit der Oberfläche verkehre,[3] wie man auch die kegelförmigen Berggestalten der Anhäufung um einen Krater zuschrieb.[4] Dem Blicke des naturkundigen Strabo entging es nicht, daß die Schlacken und Aschenhaufen die vulkanische Natur des damals tief eingeschlummerten Vesuv verriethen und daß sein Gipfel einst ein Feuerkessel müsse gewesen sein.[5] Eine glockenförmige Auftreibung der Halbinsel Methone hat Ovid durch das Bild eines aufgeblähten Schlauches, genau in der Sprache einer erst unlängst ausgestorbenen Geologenschule,[6] geschildert.

Im Alterthum schrieb man die Erschütterungen und plötzlichen Erhebungen der Erdrinde Luftströmen zu, die sich durch Höhlen oder Spalten unter die Oberfläche der Länder verirrt hatten und, von nachdrängenden Meeresfluten beengt, einen Ausweg nach oben suchten.[7] Aristoteles, der die Verbreitung der Erdbeben auf höhlenreiche Gegenden in Meeresnähe beschränkte, sah in der Erschütterung selbst nichts weiter, als eine Kraftäußerung unterirdischer Wetter.[8] Da die Erdbebenherde

[1] Empedocles ed. Sturz, Lipsiae 1805, p. 311.

[2] Vitruv. De Archit. lib. VIII, cap. 3, tom. I, p. 213. ed. Schneider.

[3] Wenn man bei Philo Judäus, einem Alexandriner, der unter Caligula und Claudius lebte, in der Schrift quod mundus sit incorruptibilis. fol. 961. Paris 1640. die Worte findet quoties ei (nämlich igni in terra incluso) datur spirare, secum rapit etc., so glaubt man Alexander v. Humboldt's Ausdrücke zu vernehmen, welcher die vulkanischen Schläuche als Sicherheitsventile betrachtet wissen wollte.

[4] Philo Judaeus l. c. in summum apicata (terrena substantia) fastigium acutum ad formam ignis attolit verticem.

[5] Geogr. lib. V, cap. 4, tom. I, p. 400. Tauchn.

[6] Metamorph. lib. XV. v. 296—306 „Mit methodischer Deutlichkeit" sagt A. v. Humboldt im Kosmos. Bd. IV, S. 273.

[7] Aristoteles, Meteorol. lib. II, cap. 7 und 8.

[8] Bei Argostoli auf der Insel Kephalonia ergießt sich ein jetzt mühlen-

der alten Welt vorzugsweise, wenn nicht ausschließlich, in der Nähe der See liegen, so schlossen die Hellenen, daß das Meer der Anstifter der Erdbeben sein müsse, und daher gaben sie dem Poseidon den Beinamen des Erderschütterers.[1]

Daß sich Theile von Festländern oder auch ganze Ländermassen heben oder senken könnten, war den Alten nicht unbekannt.[2] Daher wurde auch Plato's Erzählung im Timäus vom Untergang eines atlantischen Festlandes außerhalb der Säulen des Herkules als eine mögliche Thatsache nie bezweifelt.[3] Daß die Landenge von Sues und der Nordrand Libyens bis zur Ammonsoase ehemals mit Meer bedeckt gewesen sei,[4] schloß Eratosthenes mit voller Berechtigung aus dem Auftreten von Salzwässern (jetzt Sebcha geheißen) sowie aus dem Vorkommen versteinerter oceanischer Schnecken und Muscheln.[5] Er erklärte aber diese Erscheinung durch einen Durchbruch des ehemals höher gelegenen Mittelmeeres bei Gibraltar in den Ocean.

treibender Meeresstrom landeinwärts und verschwinden täglich 5 Mill. Kubikfuß Seewasser in einem Höhlenschlunde. (F. Wibel. Erster Jahresbericht der hamburger geogr. Gesellschaft. Hamburg 1874. S. 42.) Solche Thatsachen mögen die aristotelische Vermuthung angeregt haben.

[1] Herodot. lib. VII, 129.

[2] Ovid. Metamorph. XV, v. 293—295. über die untergesunkenen achäischen Städte Helice und Buris. Philo, der Jude (l. c. fol. 963.), bemerkt, Sicilien sei von Italien bei Rhegium abgerissen worden, wie schon der Name bezeuge.

[3] Strabo, lib. II, cap. 3, tom. I, p. 161. Tauchn.

[4] Daß sich vom Syrtenmeer südlich bis nach Siwah östlich wirklich ein alter Meeresgolf als Depression ausbreitet, ist nach G. Rohlfs' Beobachtungen (Von Tripolis nach Alexandrien. Bremen 1871. Bd. 2, S. 113) nicht mehr zu bezweifeln.

[5] Strabo, lib. I. tom. I. p. 77—81, p. 85, p. 88. Tauchn. Von Muscheln in den ägyptischen Gebirgen spricht bereits Herodot II, 12. L. Apulejus (De Magia Liber cap. XLI. Opera ed. Hildebrand. Leipzig 1842, tom. II, p. 533) schrieb die Versteinerungen von Fischen im Atlas (in Getuliae mediterraneis montibus) der deukalionischen Flut zu. Xenophanes aus Colophon wußte, daß in den syracusanischen Steinbrüchen Abdrücke von Fischen und Seehunden (τύπον ἰχθύων καὶ φώκων) auf Paros Lorbeerblätter (τύπων δάφνης) und auf Malta tief in den Felsen Meeres-

Hipparch, Posidonius und Strabo ahnten richtiger, daß die Erdvesten wiederholten Hebungen und Senkungen unterworfen seien.[1]

Von den Leistungen der Meteorwässer im Ausfüllen trockner oder unterseeischer Thäler hatten die Alten die höchsten Begriffe. Megasthenes erklärte die Ebenen des Sindh und Bengalens als Schuttländer, welche der Indus und Ganges sammt ihren Gehilfen langsam abgesetzt hätten,[2] und daß Aegypten ein Geschenk des Nils sei, hat zuerst der Milesier Hecatäus ausgesprochen.[3] Herodot, welcher diesen glücklichen Ausdruck wiederholte, hegte die großartige Ansicht, daß Aegypten ehemals ein enger Golf wie das rothe Meer gewesen sei, bis der Nil dieses negative Delta ausgefüllt habe, und als Beweis führt er scharfsinnig an, daß das Marschland Aegyptens sich geognostisch unterscheide von dem rothen Sande Libyens wie von dem Thonboden und den Felsarten Arabiens und Syriens.[4] Ihm war es noch glaubhaft, daß für den Nil 20,000, ja 10,000 Jahre hinreichen würden, um, ins rothe Meer abgelenkt, diesen Golf auszufüllen und in ein andres Aegypten zu verwandeln. So besorgte auch Aristoteles eine baldige Verschüttung des asow'schen Meeres; denn er versicherte, daß 60 Jahre vor seiner Zeit die Schiffe, welche in den mäotischen Sumpf einzulaufen vermochten, einen viel beträchtlicheren Tiefgang besessen

ablagerungen (*πλάκας συμπάντων θαλασσίων*) gefunden worden seien. (Origines, Philosophumena cap. XIV. Opera ed. Delarue, Paris 1733, tom. I, p. 893.) Er schloß daraus, daß das Wasser Theile der Erdveste beständig auflöse und umbilde.

[1] Strabo, lib. I, cap. 3, p. 79. lib. II, cap. 3, p. 161. Tauchn. Daß auch Hipparch Hebungen und Senkungen des Meeresbodens annahm, erhellt, wie H. Berger (Geogr. Fragm. des Hipparch. Leipzig 1869. S. 89) dargelegt hat, deutlich aus Strabo's Worten (lib. I, 3, tom. I, p. 89—90. Tauchn.) *συγχωρήσας δὲ τῷ μετεωρισμῷ τοῦ ἐδάφους. . . .*

[2] Megasthen. Fragm. ed. Müller. Hist. Graec. Fragm. tom. II, p. 402.

[3] Hecataeus, Fragm. ed. Müller, tom. I, p. 19, Fragm. 279.

[4] Herodot. lib. II, cap. 11 und 12.

hätten.[1] Der Hafen Taganrogs, eine Schöpfung Peters des Großen, ist allerdings bereits versandet, doch haben genaue neuere Untersuchungen gelehrt, daß die Mündungen des Don im Laufe von 2000 Jahren nur um eine deutsche Meile vorgerückt sind[2]. Polybius, der uns den Bau des Donaudeltas vortrefflich beschrieben hat, schätzte die Alluvionskräfte der Ströme so hoch, daß er eine Ausfüllung selbst des schwarzen Meeres voraussah.[3] Einem Durchbruch oder einer Erosionsfurche des letzteren schrieb Strabo die Oeffnung des Bosporus und Hellespont zu.[4]

Verantwortlich sind die Alten für die Verbreitung ärgerlicher hydrographischer Irrlehren, die lange Zeit das Reifen besserer Erkenntnisse verzögert haben. Die auf der griechischen Halbinsel vorkommenden Erscheinungen, daß Flüsse auf kurze Strecken ihren Lauf unter der Erde fortsetzen, wurden zu den wunderlichsten Vermuthungen mißbraucht. Ein Strabo freilich war unzugänglich für das Märchen Pindars, daß der Alpheus in der Peloponnes als die Quelle Arethusa auf der Insel Ortygia bei Syrakus hervorbreche;[5] aber Plinius suchte die Vermuthung des Juba, daß der Nil im westlichen Afrika als Nigirstrom entspringe und nach einem unterirdischen Laufe als ägyptischer Strom ans Licht trete, etymologisch zu begründen.[6] Noch ver-

[1] Arist. Meteorol. lib. I, cap. 14.

[2] Die langgesuchten Ruinen der griechischen Handelstadt Tanais, ehemals an der Mündung des Don gelegen, sind bei Nedwigowka 1 Meile vom Meere entdeckt worden. Bericht an die Akad. der Wissenschaften über das Seichterwerden des asow'schen Meeres. (Bulletin de l'Acad. Imp. de St. Petersb. 1862. Tome V, p. 75.)

[3] Polybius IV, 40, 41. ed. Ernesti. Leipz. 1764, p. 491. Er verlangt indessen zu der Leistung eine unbegrenzte Zeit (ὅταν γὰρ ὁ μὲν χρόνος ἄπειρος ᾖ) völlig in der Sprache von Sir Charles Lyell.

[4] Strabo, lib. I, 3, tom. I, p. 78. Tauchn.

[5] Strabo, lib. VI, cap. 2, tom. II, p. 31. Tauchn.

[6] Hist. Nat. V, 10. Astapus, quod illarum gentium lingua significat aquam e tenebris profluentem. Vergl. auch Vitruv. de Archit. lib. VIII, cap. 2, tom. I, p. 211. ed. Schneider.

derblicher war die Vorstellung, daß große Ströme im mittleren Laufe sich in Gabeln theilen sollten. Wir kennen mit Sicherheit bis jetzt eine einzige größere Erscheinung dieser Art, nämlich die durch A. v. Humboldt zuerst beglaubigte Verbindung des Amazonas mit dem Orinoco durch den Cassiquiare, und wir wissen auch, daß solche ungewöhnliche Verzweigungen des strömenden Wassers nur unter absonderlichen Verhältnissen eintreten und dauernd sich nicht erhalten können. Wie hastig die alten Geographen die größten Ströme spalteten, sehen wir aus der leichtfertigen Vermuthung, daß Istrien seinen Namen von einem Gabelarm der Donau erhalten habe, der in den adriatischen Golf sich ergieße. Selbst Hipparch, setzen wir betrübt hinzu, konnte sich noch nicht von diesem Irrthum befreien.[1]

Ob größere Seetiefen wirklich gemessen worden sind, läßt sich weder behaupten noch bestreiten, denn die Schätzungen von 10—15 Stadien (6—9000 Fuß) werden im Mittelmeer wirklich erreicht. Die Erscheinungen von Ebbe und Flut hatten zunächst die Phönizier an den atlantischen Küsten Spaniens untersucht. Sie unterschieden einen doppelten täglichen Rythmus des Meeres, der von dem Zenith- oder Nadirstande des Mondes abhängig war, und den doppelten monatlichen Superlativ der Springfluten nach Eintritt des Voll- und Neumondes oder in den Syzygien. Irrig dagegen war die Beobachtung einer jährlich wiederkehrenden Steigerung zur Zeit der Sommersonnenwenden, da vielmehr die halbjährigen höchsten Wirkungen in die Tag- und Nachtgleichen fallen.[2] Fluthöhen und zwar in der Severn sind zuerst von dem Massalioten

[1] Strabo, lib. I, 3, tom. I, p. 90. Tauchn.

[2] Posidonius und Seleucus bei Strabo (lib. III, cap. 5, tom. I, p. 278—281. Tauchn. Daß Seleucus vielleicht die höchsten Springfluten in die Zeit der Nachtgleichen gesetzt und die theilweise Abhängigkeit der Flutwelle von der nördlichen oder südlichen Declination der Sonne gekannt habe, behauptet nach den freilich sehr dunklen Worten Strabo's, jedoch nicht ohne Berechtigung, S. Ruge, der Chaldäer Seleukos. Dresden 1865. S. 17.

Pytheas gemessen, wenn auch die Angabe von 80 Ellen oder 118 Fuß auf die Hälfte vermindert werden muß.[1] Dankenswerth ist auch die Bemerkung Strabo's, daß das Wasser des Pontus wegen der vielen einmündenden Wasserläufe einen viel geringeren Salzgehalt besitze als das Mittelmeer oder der Ocean.[2]

Ueber die Bewegungen des Luftkreises hat vorzüglich Aristoteles einige der höchsten Wahrheiten ausgesprochen.[3] Doch sollen schon die Jonier Anaximenes und Anaxagoras gelehrt haben, daß Luftströmungen von der Sonne erzeugt werden, wenn sie die dichteren Dünste ausdehne.[4] Ein Inselvolk wie das hellenische mußte frühzeitig auf das regelmäßige Eintreten der Landbrisen aufmerksam werden.[5] Ja selbst eine der neueren Entdeckungen der Witterungskunde, nämlich das Drehungsgesetz der Winde, wurde von den Alten schon geahnt, denn sie wollten gefunden haben, daß die Luftströmungen auf einander folgten „von links nach rechts oder wie die Sonne geht", von Morgen nach Mittag, Abend und Mitternacht,[6] wie es auch wirklich auf der nördlichen Erdenhälfte meistens sich zuträgt. Aristoteles lehrte, daß die Sonne durch Verdampfung dem Meere seine süßen Wassertheile entziehe,[7] er wußte, daß die warme Luft mehr Feuchtigkeit aufgelöst zu erhalten vermöge, als die kalte, und daß daher ein warmer mit Feuchtigkeit gesättigter Luftstrom, wenn er über hohe Gebirge streiche, die stärksten Niederschläge fallen lasse,[8] weßhalb die Alten auch überall bei großen

[1] Müllenhoff, Deutsche Alterthumskunde. I, 366.

[2] Strabo, Geogr. lib. I, cap. 3, tom. I, p. 78. Tauchn.

[3] Ueber seine Verdienste s. E. E. Schmid. Meteorologie. Leipzig 1860. S. 464.

[4] Uckert, Geogr. der Griechen und Römer. Bd. II, 1. Abthl., S. 119.

[5] Aristoteles, Probl. Sectio XXVI, § 4, § 15, tom. III, p. 241—245. ed. Firm. Didot. Theophrastus, De Ventis ed. Heinsius, Lugd. Bat. 1713. fol. 405.

[6] Plin. lib. II, 48. Cum proximi (venti) cadentibus surgunt, a laevo latere in dextrum, ut Sol, ambiunt.

[7] Meteor. lib. II, cap. 5.

[8] Meteorologica, lib. I, cap. 13. *Οἱ γὰρ ὀρεινοὶ καὶ ὑψηλοὶ τόποι,*

Strömen große Gebirge als Quellensammler voraussetzten. Griechische Beobachter waren auch die ersten, welche einen Wetterkalender zu entwerfen suchten. Wir besitzen noch jetzt die Aufzeichnungen des Callippus im Hellespont, des Meton zu Athen, des Eudoxus in Kleinasien und Süditalien, des Hipparch für Bithynien.[1] Da sie keine Werkzeuge zum Beobachten der Lufterscheinungen anwandten, so mußten sie sich auf die Schärfe ihrer Sinne verlassen. Sie zeichneten die Häufigkeit von Regen und Wind, so wie das Eintreffen von Zugvögeln nach astronomischen Jahreseintheilungen auf und entwarfen also etwas, was ihnen meteorologische Tafeln ersetzte. Der Mangel an thermometrischen Instrumenten verhinderte indessen jede genauere Erkenntniß über die Vertheilung der Wärme in Raum und Jahreszeit. Nur aus sinnlichen Empfindungen erfuhren sie, daß für mittelländische Breiten erst nach der Sonnenwende die heißesten Tage einzutreten pflegen, weil die Nachwirkung der winterlichen Abkühlung erst nach jener Zeit völlig beseitigt werde.[2] Als man an der Kugelgestalt der Erde nicht mehr zweifelte, schloß man aus theoretischen Gründen, daß die Temperaturen vom Aequator nach den Polen stetig abnehmen müßten. Doch steigerte sich bei den Alten diese richtige Erkenntniß zu dem Irrthum, daß der Erdenraum zwischen den Wendekreisen nicht ein heißer, sondern ein versengter und gänzlich lebloser Gürtel sei. Die Wüstenzone, welche Nordafrika bedeckt, Arabien durchstreift und nach Iran und Turkistan sich fortsetzt, bestätigte scheinbar jene Lehre, welche die griechischen Naturforscher entweder aus dem Munde der Aegypter empfingen,[3]

οἷον σπόγγος πυκνὸς ἐπικρεμάμενος κατὰ μικρὰ μὲν πολλαχῇ δὲ διαπιδῶσι καὶ συλλείβουσι τὸ ὕδωρ. . . . . καὶ τὴν ἀνιοῦσαν ἀτμίδα ψύχουσι καὶ συγκρίνουσι πάλιν εἰς ὕδωρ. Διόπερ οἱ μέγιστοι τῶν ποταμῶν ἐκ τῶν μεγίστων φαίνονται ῥέοντες ὄρων.

[1] Geminus, Elem. Astron. cap. XIV, XVI und Ptolemaeus, de Apparentiis inerrantium, Petav. Uranol. fol. 71.

[2] Gem. Elem. Astron. cap. XIV.

[3] Diodorus Siculus, lib. I, cap. 40. ed. Carl Müller. Paris 1844. tom. II, p. 418.

oder von Parmenides entlehnten, der zuerst die Theilung der Erdkugel in fünf Zonen einführte.[1] Leider hatte auch Aristoteles diese Lehre durch die Gewalt seines Ansehens gestützt[2] und Plinius, zu dessen Zeit sie von Posidonius bereits gemildert worden war,[3] sie wiederholt. Dieß ist der Grund, warum das Mittelalter sich nicht von diesem schädlichen Irrthume lossagen konnte; denn was half es, daß Eratosthenes, Polybius, Strabo, Geminus und Ptolemäus ihn bestritten hatten? Es waren Griechen, die man nicht las.[4]

Daß die Abnahme der Wärme mit den wachsenden Breiten örtlich wieder durch die senkrechte Erhebung der Erdoberfläche beschleunigt werde, mußten die Hellenen, deren Blicke an dem Mittelmeergestade so vielen Schneebergen begegneten, früh inne werden. Selbst in der Nähe des Aequators ließ Ptolemäus seine Nilquellenseen von Schneewasser gefüllt werden.[5] Am klarsten aber dachte darüber Strabo, der uns zuerst belehrt, daß nördliche Länder, wenn sie tiefer liegen, wärmer sein können als südlichere Hochebenen, wobei ihm als Erwärmungsmesser der Anbau von Gewächsen, besonders des Oelbaumes, dienen mußte.[6] Er spricht auch bereits davon, daß die Schneegrenze an den nördlichen Abhängen der Gebirge viel tiefer herabreiche, als an den südlichen,[7] was auch innerhalb der räumlichen Gränzen des Strabonischen Wissens der Fall ist.

[1] Strabo, lib. II, cap. 2. p. 149. Tauchn.

[2] Meteorolog. lib. II, cap. 5.

[3] Strabo, lib. II, cap. 3. p. 154.

[4] Geminus, Elem. Astron. cap. XIII. In dem ältern Werke des Ptolemäus, nämlich seiner Astronomie, wird nur die Unbewohnbarkeit der heißen Zone bezweifelt, mit dem Zusatze jedoch, daß noch niemand bis zu ihr vorgedrungen sei. (Almag. lib. II, cap. 6, tom. I, p. 78. ed. Halma.) In der Geographie dagegen kennt Ptolemäus, wie wir sahen, die arabischen Handelsniederlassungen an der Ostküste Afrikas unter beträchtlichen südlichen Breiten.

[5] Ptol. Geogr. lib. IV, cap. 8, p. 307. Wilb.

[6] Strabo, lib. II, cap. 1, tom. I, p. 116. Tauchn.

[7] Strabo, lib. XVI, cap. 1, tom. III, p. 342. Tauchn.

Die Alten erlangten ferner die Einsicht, daß die Nähe des Meeres die Gegensätze der Jahreszeiten mildere, da die Seewinde im Sommer kühler, im Winter wärmer waren, als die Landwinde,[1] und mit Recht schrieb Hippocrates die harten Winter Südrußlands, von dessen Klima er jedoch falsche Begriffe in Umlauf setzte, den eisigen Steppenwinden zu.[2] Daß in diesen Gebieten, in auffälligem Gegensatz zu den Gestaden des ägäischen Meeres, nur Sommerregen fallen, hatte bereits Herodot[3] beobachtet.

Ueber die Verbreitung der Gewächse und der Thiere finden wir bei den Alten die Vorstellung, daß der Formenwechsel der belebten Natur eine Verrichtung der Polhöhen sei. Je mehr man sich den niedrigen Breiten nähere, desto riesenhafter würden die Pflanzen- und Thiergestalten. Der Elephant und das Nashorn erschienen ihnen als die Herolde der heißesten Gürtel, und sie glaubten sogar die Polhöhe eines Ortes aus solchen Thiererscheinungen folgern zu können.[4] Sie dehnten diese nicht unrichtige, sondern nur ungenaue Erkenntniß auch auf die Racenverschiedenheiten des Menschengeschlechtes aus. Obgleich schon Ctesias, der als Arzt darin besondere Beachtung verdiente, den Griechen mitgetheilt hatte, daß es in Indien auch hellfarbige Völkerstämme gäbe,[5] nahm man doch an, die Hautfarbe der Menschen werde mit der Annäherung an den Aequator immer dunkler,[6] und die Natur habe sich an das Gesetz gebunden, daß unter gleichen Breitengraden die Hautfarben der Menschen sich entsprechen müßten. Am schärfsten findet sich diese Lehre bei Vitruv ausgedrückt, der uns zugleich einen Beleg bietet, daß die Alten für entscheidende Racenmerkmale einen scharfen Blick besaßen. Die blonden, helläugigen,

[1] Theophrastus, De ventis, ed. Heinsius. Lugd. Bat. 1713. fol. 415.

[2] Hippocr. De aëre, aqua et locis, cap. 95—96.

[3] Herodot. IV, cap. 28.

[4] Ptolem. Geogr. lib. 1, cap. 9, Wilb. p. 30—31.

[5] Ctesias, Ind. cap. IX. Fragm. ed. Baehr.

[6] Plin. lib. VI, 22.

rosigen, stattlich gewachsenen Völker mit glatten Haaren sucht er im Norden, die Bewohner von untersetzter Größe, von dunkler Hautfarbe, krausem Haar, schwarzem Auge und schwächlichem Schenkelbau unter niedrigen Breiten.[1] Hippocrates wiederum hatte schon geltend gemacht, daß Gebirgsvölker, verglichen mit den Thalbewohnern, einen höheren Wuchs und eine hellere Haut zu zeigen pflegten.[2] Sonst findet man über die Verbreitung der Thiere und Gewächse bei den Alten nur wenige Thatsachen und nur die Keime einiger Gesetze.[3] Doch erfahren wir von Theophrast, daß zu seiner Zeit schon Gelehrte versucht hatten, die Gewächse nach ihrem Vorkommen in Schatten-, Licht-, Sumpf- und Gebirgspflanzen einzutheilen.[4] Strabo, wie wir sahen, wußte, daß der Oelbaum auch in den angemessenen südlichen Breiten bei beträchtlicher senkrechter Erhebung des Bodens verschwinde. Virgil beschränkte die Verbreitung des Ebenholzes auf Indien und des Weihrauches auf das sabäische Arabien.[5] Wenn Strabo aus dem Verschwinden der Rothtanne (Pinus abies) östlich vom Don und südlich vom kaspischen Meer, die Verbreitung dieses Gehölzes nach Ost- und

[1] Vitruv. lib. VI, cap. 1, tom I, p. 149.

[2] De aëre, aqua et locis, cap. 120. 121. ed. Coray.

[3] Auf zwei sehr beachtenswerthe Stellen des Livius (38,17), welche sich über den Einfluß von Boden und Klima auf Kulturpflanzen und Hausthiere aussprechen, hat Victor Hehn (Kulturpflanzen u. Hausthiere. 2. Aufl. Berlin 1874. S. X.) aufmerksam gemacht. „Bei Pflanzen und Thieren ist die den Artencharakter aufrecht erhaltende Vererbung ohnmächtig gegen die durch Boden und Klima bewirkten Veränderungen. — Alles entwickelt sich vollkommener an dem Orte seines Ursprungs, bei Versetzung auf einen fremden Boden verwandelt es seine Natur nach den Stoffen, die es aus diesem aufnimmt." In frugibus pecudibusque non tantum semina ad servandam indolem valent, quantum terrae proprietas coelique, sub quo aluntur, mutant. — Generosius in sua quicquid sede gignitur; insitum alienae terrae in id quo alitur natura vertente se degenerat.

[4] Theophrastus, De causis plantarum, lib. II, cap. 9 und Historia plantarum lib. IV, cap. 1—4. ed. Fried. Wimmer. Paris 1866. p. 58—66, wo wir bereits Ansätze zu einer Pflanzengeographie erkennen.

[5] Georgicon, lib. II, v. 116 sq.

Südasien bestritt,[1] so gereicht dem Geographen aus Amasia dieser Irrthum doch zur Zierde, weil er die erste Ahnung enthält, daß auch die Mittagskreise die Gebiete von Gewächsen begrenzen können. Sehr schädlich für das Verständniß der afrikanischen Stromsysteme sollte im Mittelalter ein anderer aus dem Alterthum ererbter Irrthum werden, daß nämlich der Nil von allen Strömen der Erde allein Krokodile und Flußpferde erzeuge.[2]

Unbefriedigend waren die Leistungen der Alten in der beschreibenden Völkerkunde. Noch heutigen Tages ist der Streit nicht geschlichtet, was sie unter der Benennung der Scythen verstanden haben. Obgleich scythische Stämme am Pontus von einem Arzt, und keinem geringeren als Hippocrates beschrieben wurden, wollten die einen echte Mongolen in ihnen erkennen,[3] was freilich die neuere Völkerkunde entschieden verneinen muß; andere wiederum hielten sie des Namens wegen für Tschuden oder Finnen,[4] die aber sicher schon zu Herodot's Zeiten in den Norden gedrängt waren. Endlich hat neuerlich die Ueberzeugung Wurzel geschlagen, daß wir sie als arische Völker betrachten dürfen, seien sie nun den Osseten, den persischen Eräniern[5] oder den alten Slaven[6] am nächsten sprachverwandt gewesen. Die Ermittelung gemeinsamer Abkunft entfernter Völker wurde jedoch bisweilen versucht. Schon Herodot

[1] Strabo, lib. XI, cap. 7, tom. II, p. 428. Tauchn. *τὴν γὰρ Ἀσίαν τὴν ἄνω, καὶ τὴν πρὸς ἕω μὴ φύειν ἐλάτην.*

[2] Plinius (lib. VIII, 37 sq.) hat seine Beschreibung des Krokodiles aus Herodot (II, 68). Beide aber sagen nicht, daß der Nil ausschließlich der Erzeuger der Krokodile und der Flußpferde sei, ja Vitruv (lib. VIII, cap. 2, tom. I, p. 211) weiß sogar, daß Krokodile in den Küstenflüssen Mauritaniens vorkommen.

[3] Karl Neumann, Hellenen im Skythenlande. Bd. 1, S. 140.

[4] v. Eichwald, Reise auf d. kasp. Meere und im Kaukasus. Berlin 1838. Bd. 2, S. 248 ff.

[5] Müllenhoff, die pontischen Skythen, in den Monatsberichten der Berliner Akademie vom Jahre 1866. Berlin 1867. S. 553, 575.

[6] J. G. Cuno. Alte Völkerkunde. Berlin 1871. Bd. 1, S. 223 ff.

wagte es, die Colchier im heutigen Mingrelien für ein erratisches Bruchstück ägyptischer Herkunft aus den Zeiten der großen Eroberungen unter Sesostris zu erklären. Erfreulich ist dabei, wie er seine gewagte Vermuthung außer der Aehnlichkeit von Haut und Haar durch den gemeinsamen Brauch der Beschneidung, der beiderseitigen Fertigkeit in der Leinweberei und endlich durch die Uebereinstimmung der Sprache zu begründen sucht.[1]

Mit großem Aufwand von Scharfsinn haben die Alten den Einfluß der Natur auf die Erziehung der menschlichen Gesellschaften untersucht. Das goldene Buch des Hippocrates, wie Blumenbach die kleine Schrift des großen Arztes über die Rückwirkung von Luft, Wasser und Ortslage auf die Bewohner nennt, enthält wunderbare Vergleiche zwischen den minder strebsamen Asiaten, denen die Natur alles reichlicher und bereitwilliger gewähre, und den kärglicher bedachten Europäern, welche in der höheren Entwicklung ihrer Kräfte einen Ersatz suchen müssen. Wurden die ungleichen Begünstigungen der Erdräume auch ungeschmälert anerkannt, so wußten die Hellenen doch recht gut, daß sich Völker durch höhere Gesittung den Eingriffen der Natur auf ihr Schicksal entziehen können.[2] Nicht der Erdenraum, bemerkt Strabo sehr wahr, hat den Atheniensern vor den Lacedämoniern oder ihren Nachbarn eine höhere geistige Begabung verliehen, nicht die Ortslage die Babylonier oder Aegypter mit Kenntnissen bereichert, sondern die eigene Uebung und Anstrengung.[3]

Bis zu welchem Betrage aber die horizontale oder senk-

[1] Herod. lib. II, cap. 102—105. Einen Rest dieser altägyptischen Colonie will Hyde Clarke in dem kleinen kaukasischen Ube-Volke, gestützt auf ernstgemeinte Sprachvergleiche, erkennen. Journal of the anthropological Institute. London 1874. Vol. III, p. 181. sq.

[2] Nachdem Hippocrates (de aëre etc. cap. 107) alle Vorzüge Europas aufgezählt hat, setzt er hinzu, daß die Unterschiede des Volkscharakters doch auch wieder historische sind, oder wie er sich ausdrückt *διὰ τοὺς νόμους, ὅτι οὐ βασιλεύονται ὥσπερ οἱ Ἀσιηνοί.*

[3] Strabo, lib. II, p. 162. Tauchn.

rechte Gliederung der Länder den Gang der Gesittung vorgezeichnet habe, konnte man zu einer Zeit nicht übersehen, als man noch glaubte, von den bewohnbaren Erdräumen fielen 11/24 auf Europa, 9/28 auf Asien und 13/60 auf Afrika,[1] und die älteren Geographen eine Zeit lang Afrika wegen seiner angeblich geringen Geräumigkeit als einen Zubehör Europas ansahen.[2] Der räumlichen Beschränktheit ihres Wissens muß man es nachsehen, daß sie durch ein so bedeutungsloses Gewässer wie den Dòn Europa von Asien ablösten. Selbst Strabo stritt noch für die veraltete Ansicht, daß der Nil die Grenze zwischen Asien und Afrika bilde und nicht das rothe Meer mit der Landenge von Sues.[3] Erst die spätere alexandrinische Schule erkannte die wahren Größenverhältnisse der drei Festlande, von denen sie Asien als das größte und Europa als das kleinste bezeichnete.[4] Trotzdem setzen uns einige wissenschaftliche Vergleiche und vor allem der anregende Strabo in staunende Bewunderung. Wenn wir unter den Küstenentwicklungen den oceanischen Uferlinien den höchsten Rang ertheilen, weil die Weltmeere von unseren Seefahrern überbrückt worden sind, so erschienen zu Strabo's Zeiten Länder mit atlantischen Gestaden verödet und der Gesittung schwer zugänglich.[5] Dem großen Geographen aus Amasia war der edle und bedeutsame Bau Europas nicht entgangen. Er findet schon das treffende Wort (*πολυσχήμων*) für die Mannigfaltigkeit seiner ebenen wie seiner senkrechten Gliederung.[6] Der hellste Glanz seines Wissens ruht aber auf dem Schluß des sechsten Buches, wo er uns belehrt, in welchem Sinne die geographischen Eigenthümlichkeiten Italiens die Ausbreitung der Römerherrschaft

[1] Plin. lib. VI, cap. 38.

[2] Agathemer. Geogr. lib. II, cap. 1.

[3] Strabo, lib. I, cap. 2 u. 5, tom. I, p. 50.

[4] Agathemer. Geogr. lib. II, cap. 7.

[5] Strabo, lib. III, init. tom. I, p. 218. Tauchn

[6] Strabo, lib. II, cap. 5, tom. I, p. 201 u. p. 193 sogar *Ἡ μὲν οὖν Εὐρώπη πολυσχημονεστάτη πασῶν ἐστιν.*

beschleunigt haben. Er zeigt uns, daß Italien als Halbinsel mit wenigen, aber vortrefflichen Häfen, dem friedlichen Verkehr geöffnet, gegen feindliche Landungen leicht geschützt, zum Abschluß einer nationalen Entwicklung leicht gelangen konnte; er rühmt die Milde des Klimas und seine Mannigfaltigkeit in Folge der Axenstellung des Apennin, welcher die Halbinsel in ihrer ganzen Länge durchstreiche, endlich ihre beherrschende Stellung in der Mitte des alten Kulturmeeres.[1]

Vereinigten wir soeben eine Anzahl leuchtender Gedanken, so könnten wir leicht zu falschen Begriffen von dem Wissen der Alten verleiten, wenn wir nicht hinzufügten, daß jede ihrer Wahrheiten unter einem Schutt der gröbsten Verkehrtheiten und Irrthümer verborgen lag, und was noch schlimmer war, daß meistens der Irrthum neben der Wahrheit ebensoviel Berechtigung zu besitzen schien. Soll der letzteren ihre Herrschaft auf immer gesichert bleiben, so darf ihrer Begründung der zwingende Beweis durch Maß und Zahl oder die sinnliche Ueberzeugung durch wohl ersonnene Versuche nicht fehlen. Für die Bereicherung der menschlichen Erkenntnisse ist aber schon viel gewonnen, daß eine Wahrheit einmal ausgesprochen werde. Eine Geschlecht wird sie, ohne daß ihre Keimfähigkeit leiden könnte, dem anderen aushändigen, bis für sie der wahre Lebenswecker kommt. Copernicus fand die geocentrischen Lehren durch eine reiche und erwählte Literatur aus dem Alterthum vertreten, die verschmähten Ahnungen der Pythagoräer von einer Bewegung unseres Planeten als Seltsamkeiten nur flüchtig erwähnt, aber dennoch reichten für ihn die wenigen Worte hin, um die Sonne zum Stillstand zu nöthigen und die Erde in Gang zu setzen.

[1] Strabo, lib. VI, cap. 4, tom. II, p. 55 sq. Tauchn.

Verfall der Wissenschaft im früheren Mittelalter.

Vernachlässigung der griechischen Schriftsteller.

Hätten wir nur die Aufgabe im Auge, die Entwickelung unseres heutigen Wissens geschichtlich zu verfolgen, so könnten wir den todten Raum, welcher sich von der höchsten Erkenntnißstufe im Alterthum bis zur neuen Belebung der Erdkunde durch die Anregung der Araber oder etwa bis auf Albert den Großen erstreckt, völlig vernachlässigen, denn selbst die örtlichen Erweiterungen der Kenntnisse innerhalb dieser Zeitgrenzen gewährten keinen dauernden Gewinn, sondern gingen größtentheils wieder verloren. Wenn wir dennoch an dem drückenden Schauspiele eines Verfalls der Wissenschaft und ihres Zurücksinkens in das Kindesalter der jonischen Schule nicht stillschweigend vorübergehen, so geschieht es, weil diese Erscheinungen uns um die ernste Erfahrung bereichern, daß die Erdkunde zu den Wissenschaften gehört, welche täglich neu erworben und immer von frischem aufgebaut werden wollen. Denn nicht blos, daß sie sich mit der Darstellung vergänglicher Gestalten beschäftigt, sondern frühere Erkenntnisse verlangen, wenn sie mit Freiheit benutzt werden sollen, erneuerte Beglaubigungen. Haben wir doch im vorigen Abschnitt gezeigt, daß wir erst seit wenigen Jahren, theils durch räumliche Entdeckungen, theils durch Sprach- und Alterthumsforschungen dahin gelangt sind, die

Darstellung der ptolemäischen Erdkunde beinahe vollständig zu verstehen und sie sogar richtiger zu benutzen, als es zur Zeit ihres Entwurfes möglich war.

Die lateinisch schreibenden Geographen des früheren christlichen Mittelalters schöpften ihr Wissen nicht aus griechischen Quellen. Herodot, Eratosthenes, Polybius, Strabo, Ptolemäus,[1] von den sogenannten kleineren Geographen ganz zu schweigen, werden fast nie genannt und bleiben völlig unbenützt. Die gelehrtesten Männer der damaligen Zeit hielten sich im günstigsten Falle an Plinius, von dem ein großer Kenner der alten Astronomie behaupten konnte, er habe Hipparch's Schriften nie gelesen, sondern nur aus dritter Hand gekannt.[2] Gewöhnlich wurde aber dem Plinius der kürzere Mela und noch lieber Solinus vorgezogen, der wesentlich auf Kosten des Plinius seine gedrängte Erdbeschreibung verfaßte, die werthvollsten Erkenntnisse verschwieg, dafür aber einer nach Wundern lüsternen Phantasie durch Aufsammlung aller geographischen Fabeln reiche Sättigung gewährte.[3] Die Wißbegierde war in jener Zeit so leicht zu befriedigen, daß man von der Naturbeschreibung der Länderräume gänzlich absah und sich mit einer Aufzählung kahler Ortsnamen,[4] etwa mit beigefügten Entfernungen begnügte, wie wir sie in dem sogenannten antoninischen Itinerarium, bei dem

[1] Eine Handschrift des Ptolemäus fand sich jedoch in Cassiodors Händen. M. A. Cassiodorus, Instit. divin. lect. lib. I, cap. 25. Antv. 1564. p. 70. Auch Alfred der Große rühmt sich einer Bekanntschaft mit Ptolemäus, aber ohne sichtbaren Gewinn. Der gelehrte Jordanis (De Getarum sive Gothorum origine cap. 2, p. 10, p. 14. ed. Closs) kennt und benützt dagegen noch Strabo und Ptolemäus und giebt (p. 15) eine richtige Erklärung der langen Tage und Nächte in Skandinavien.

[2] Delambre, Astron. ancienne, tom. I, p. 294, 325.

[3] Wie sehr Solinus dem Geschmacke jener Zeiten entsprach, bezeugt die über Frankreich und Deutschland ausgebreitete fast unbegrenzte Zahl (paene immensa copia) der Handschriften. Mommsen, Solini collectanea. Berlin 1864. p. XXXII.

[4] Locorum nuda nomina, wie Plinius im Anfang des dritten Buches sich so schön ausdrückt.

italischen Aethicus und bei Julius Honorius finden, dessen skelettartige Erdkunde[1] ein für die damalige Zeit höchst gebildeter Mann den Geistlichen als ein vollendetes und befriedigendes Werk empfehlen konnte.[2] Wenn sich der Kreis unseres Wissens verengert, verfallen wir schutzlos den traumartigen Vorstellungen einer unbemeisterten Einbildungskraft. Nichts ist beängstigender an dem Kindischwerden der damaligen Vorstellungen, als daß ein widerliches Truggewebe wie die Cosmographie des istrischen Aethicus Jahrhunderte lang mit Vorliebe benutzt werden konnte, freilich vielleicht nur deswegen, weil der heilige Hieronymus fälschlicher oder irrthümlicher Weise als der Uebersetzer angegeben wurde.[3]

Räumliche Erweiterungen der Erdkunde.

Während die Kenntniß vom Osten und Süden der Erde aus den sehr häufig mißverstandenen römischen Schriftstellern geschöpft wurde, erweiterte sich räumlich nach Norden und Nordwesten die Kunde der Erde weit über die Grenzen des Wissens im Alterthume. Fromme Einsiedler aus Scotia, wie

[1] Daß nicht blos eine Art Collegienheft aus Julius Honorius Vorträgen auf uns gekommen ist, darüber sind wir von C. A. F. Pertz (De Cosmographia Ethici, Berolini 1853, § 13, p. 14 sq.) beruhigt worden.

[2] Cassiodor, De institutione divinarum lectionum liber, cap. 25. Antwerp. 1563. Libellum Julii Oratoris, quem vobis reliqui, studiose legere festinetis: qui maria, insulas, montes famosos, provincias, civitates, flumina, gentes, ita quadrifaria distinctione complexus est, ut paene nihil libro ipsi desit, quod ad cosmographi notitiam cognoscitur pertinere.

[3] Daß sie nicht von dem heiligen Hieronymus herrührt, konnte Fr. Kunstmann (Münchner Gelehrte Anzeigen. 1854. Nr. 33. S. 269) dadurch nachweisen, daß der Uebersetzer des Aethicus Worte aus einem lateinischen Gedicht des Alchimus, richtiger des Alcimus Avitus, Bischofs von Vienne anführt, welcher mehr als hundert Jahre nach dem heiligen Hieronymus lebte.

damals bekanntlich Irland noch genannt wurde,[1] bewohnten die Inselgruppen im Norden von Schottland, unter welchen die nördlichste kurz nachher wegen ihrer reich bevölkerten Schafhuten ihren heutigen Namen Faröer[2] empfing. Von dieser Gruppe aus besuchten seit dem Jahre 795 irische Mönche das bis dahin völlig unbewohnte Island oder Eisland.[3] Noch jetzt können wir mit größter Genauigkeit die Stätten bezeichnen, wo die frommen Anachoreten verweilt haben; denn als die Normannen bei ihrer späteren Entdeckung des Eislandes jene Einsiedeleien antrafen, welche jene aber aus Menschenscheu mit Zurücklassung von irischen Büchern, Glocken und Krummstäben bald wieder räumten,[4] gaben sie einer Insel und einer Ortschaft die Namen Papey und Papyli,[5] denn Papa nannten sie die ersten stillen Bewohner des unwirthlichen Eislandes.

[1] Doch erwähnt bereits Adam v. Bremen (Hist. eccl. cp. 217. p. 65 ed. Lindenbrog.) Hiberniam, Scotorum patriam, quae nunc Irland dicitur.

[2] Far bedeutet Schaf und Oe Insel in den alten und modernen Sprachen des Nordens. Ueber alte Ortsnamen auf den Orkney- und Shetlandinseln, welche sich auf die frühere Besiedelung durch christliche Celten beziehen, s. Konrad Maurer (Die Bekehrung des norwegischen Stammes zum Christenthum. München 1855. Bd. 1. S. 45).

[3] Dicuil (De Mensura Orbis ed. Walkenaer cap. VII, p. 27) sagt, es sei vor ungefähr 30 Jahren geschehen, daß Geistliche einen Frühling und Sommer dort zubrachten. Walkenaer (p. XI) beweist, daß Dicuil 825 schrieb; vgl. auch Letronne (Recherches géograph. et crit. sur le livre De Mensura Orbis Terrae par Dicuil. Paris 1814. pp. 38, 131).

[4] Histor. Regis Olavis Tryg. fil. in Rafn, Antiquit. Americ. fol. 202. Der Zusatz, daß die irischen Mönche nach Eisland gekommen seien til vestam um haf, und den Rafn übersetzt hat: „Dertil fra Vesterland over havet", wird verständlich, sobald man festhält, daß bei den Normannen Irland und die Iren das Westland und die Westländer hießen, wie sie entsprechend auch die Deutschen ausschließlich als „Südländer" bezeichneten.

[5] Papey, die Pfaffeninsel, liegt vor der Ostküste Islands 64° 35' n. Br. nach Olsen's Karte von Island (abgedruckt bei Preyer und Zirkel, Reise nach Island im Jahre 1860. Leipzig 1862). Papyli, oder Pfaffenheim (von byli im Altnordischen, was soviel bedeutet wie vicus) lag dagegen westlich vom Hornafjord, also etwa 10 Meilen südwestlich von Papey. (Munch, Det norske Folks Historie I. Deel, 1. Bind. S. 539.)

Als zu Dicuil's Zeiten die Nordsee von Wikingersegeln zu schwärmen begann, zogen sich die friedlichen Mönche von jenen schutzlosen Inseln wieder zurück und gaben sie den Normannen preis. Einer dieser neueren faröischen Ansiedler, Nadd-Odd (Naddodr), der Wiking, wurte auf der Heimfahrt nach Norwegen von einem Sturm nach Nordwesten geworfen und entdeckte unvermuthet und unbeabsichtigt Eisland, wahrscheinlich im Jahre 867.[1] Er bestieg einen Berg, schaute sich aber vergeblich nach Rauch oder einem anderen Zeichen von Bewohnern um und kehrte heim mit der Kunde von der wieder entdeckten Insel. Schon sieben Jahre später begannen Normannen auf der Insel sich niederzulassen,[2] und noch vor Ablauf eines Jahrhunderts war die Bevölkerung schon so dicht geworden, daß die wenigen nutzbaren Weidestriche ohne Ausnahme Besitzer gefunden hatten. Man hat einigermaßen Recht, sich zu verwundern, daß die Normannen so rasch die Vorzüge und Reize ihrer begünstigten Heimath mit dem kahlen, baumlosen Eislande vertauschen konnten, über dessen Gletschern und spröden Lavafeldern ein ewig trüber Regenhimmel schwebt. Die meisten jener Ansiedler suchten auch nicht aus freier Wahl die ferne Insel auf, sondern als Flüchtlinge, weil sie wegen Blutthaten in ihrer Heimath vom Volksgerichte für friedlos erklärt worden waren. Aus dem nämlichen Grunde wurde Erik der Rothe gezwungen, das Eisland zu verlassen, und beschloß, von der Westküste der Insel aus ein neues Land aufzusuchen, welches

[1] Munch, a. a. O. S. 446, 519. Konrad Maurer (Island. München S. 2.) setzt die Begebenheit in die Jahre 860—870. Naddodr nannte die Insel Snaeland, Schneeland. Der ihm folgende Gardar Svavarson umsegelte zuerst die ganze Insel. Der dritte Besucher Flóki Vilgerdarson nannte sie Island, Eisland.

[2] Ingolfr Arnarson, von dem der mächtige Bergstock Ingolfsfjall seinen Namen herleitet, soll der erste gewesen sein, der auf Island seinen Wohnsitz nahm. Konrad Maurer, Isländische Volkssagen der Gegenwart. Leipzig 1860. S. 216.

schon vor langer Zeit von Gunnbjörn gesehen worden war.[1] So wurde durch Erik den Rothen zum andern Mal Grönland im Jahre 983 entdeckt. Zwei Jahre später nach Island heimgekehrt, suchte er Auswanderer nach den aufgefundenen Küsten dadurch zu locken, daß er sie Grünland hieß, obgleich damals, wie jetzt, nur Alpenmatten an wenigen sonnigen Abhängen bis zu geringen Höhen das Erdreich bekleiden. Dennoch liefen 25 Fahrzeuge mit Auswanderern im Jahre 985 oder 15 Jahre vor Ausbreitung des Christenthums auf Eisland mit ihm aus, von denen aber nur 14 das Grüne Land erreichten.[2]

Kurz nachher erfuhr ein Islandfahrer, Bjarne, als er sich in Norwegen aufhielt, daß sein Vater Herjulf ebenfalls nach Grünland hinübergewandert sei. Er beschloß, ihn sogleich aufzusuchen, obwohl weder er noch einer seiner Schiffsknechte in Grünland gewesen war. Bei der Ueberfahrt gerieth das Fahrzeug in einen nordatlantischen Nebel, so daß die Seeleute nicht mehr nach dem Stande der Sonne ihren Curs bestimmen konnten. Als sie endlich aus dem Nebel herauskamen, entdeckten sie vor sich eine niedere bewaldete Küste. Da sie wußten, daß in Grünland hohe schneebedeckte Berge sich finden sollten, so verließen sie ohne zu landen jene Küste und steuerten gegen Nordosten, bis sie Grünland erreichten.[3] Ob Bjarne die waldbewachsene

[1] Munch, Det norske Folks Hist. 2 Bind. S 358 setzte Gunnbjörns Entdeckungen um das Jahr 870. Carl Wilhelmi, Island, Hvitramannaland, Grönland und Vinland, Heidelberg 1842. S. 122 gibt die Jahre 876 oder 877 an. Konrad Maurer (Grönland im Mittelalter in „die zweite deutsche Nordpolfahrt unter Koldewey. Leipzig 1873. Bd. 1. S. 204) rückt die Begebenheit noch näher in die ersten Jahrzehnte des 10. Jahrhunderts. Den Punkt, wo Gunnbjörn eine Küste sah, nämlich die Gunnbjörnscheeren verlegen jetzt unsre Karten an die Ostküste Grönlands 65° 20′ n. Br., wo sie von den nordischen Alterthumskennern gesucht werden.

[2] Landamabok in Antiquit. Americ. fol. 187. Konrad Maurer, Bekehrung des norwegischen Stammes zum Christenthume. München 1855. Bd. 1. S. 444.

[3] Nach Antiq. Americ. fol. 21. Die Ueberfahrt von Neufundland nach Bjarnö an der grönländischen Küste soll nur 36 Stunden gedauert haben.

Küste Neuschottlands oder Neufundlands, oder ob er auf seiner Fahrt beide Länder gesehen habe, läßt sich nicht entscheiden. Erst im Jahre 1001 fand aber eine genauere Erforschung der neuen Entdeckungen statt. Leif, der Sohn Eriks des Rothen, fuhr mit 35 Mann in einem Schiffe von Grünland in der Richtung aus, wo Bjarne neue Länder gesehen hatte. Er fand zuerst eine kahle Felsenküste, die er Helluland, das Steinland hieß, worunter man gegenwärtig Labrador zu verstehen sich geeinigt hat. Die Küste zur Rechten behaltend, fand Leif hinter einem hellen Strande ein zweites, dichtbewachsenes Land, welches er Markland oder Waldland nannte.[1] In südwestlicher Richtung der Küste folgend, gelangte er hierauf an einen Fluß, in welchem er zu überwintern beschloß. Ein Deutscher Namens Tyrker oder Dietrich, der in unseren Weinlanden gelebt hatte, entdeckte dort am Ufer die eßbaren Trauben der wilden amerikanischen Rebe (Vitis prolifera), ein Naturgeschenk der Vereinigten Staaten, dessen nördliche Verbreitungsgrenze sehr beträchtliche Polhöhen erreicht. Den Winter über fiel, wie die Ansiedler behaupten, kein Schnee,[2] so daß das Vieh immer auf die Weide getrieben werden konnte, und es betrug die Dauer des kürzesten Tages nach den freilich unvollkommenen Zeitschätzungen noch volle neun Stunden.[3] Wir müssen also das gute Weinland, wie Leif jene Küste Nordamerikas nach den aufgefundenen wilden Reben benannte, zwischen dem 42. und 40. Breitegrade suchen, ohne daß sich

Die Angaben der Fahrzeiten sind in den alten Berichten übereinstimmend merkwürdig kurz. Auch Adam von Bremen (lib. V. cap. 34, 35) rechnet nur einen Tag von Throndhjem nach den Orkneyinseln und 5—7 Tage von dort nach Grönland.

[1] Entweder das heutige Neufundland oder Neuschottland.

[2] Dieß würde uns noch südlicher verweisen als 40° n. Br., allein man sieht aus Erik des Rothen Geschichte, daß die nordischen Entdecker die neuen Länder auf Kosten der Wahrheit zu verschönern pflegten.

[3] Ueber die Ausdrücke der grönländischen Saga (sól hafdi þar eykarstađ ok dagmálastađ um skamdegi), welche sich auf die heidnische Tageseintheilung der Normannen beziehen s. Rafn (Antiquit. Americ. fol 436).

der Ueberwinterungsplatz an eine bestimmte Oertlichkeit befestigen ließe.[1]

Auf Leif's Entdeckungen folgte ein Ansiedelungsversuch unter Thorfinn mit dem Beinamen Karlsevne (Manneskraft), dem sich 160 Theilnehmer, darunter auch etliche Frauen, anschlossen. Sie blieben drei Winter (1007—1009) im guten Weinland, an der nämlichen Uferstelle, wo der Entdecker Leif gerastet hatte, mußten aber zuletzt den feindlichen Anfällen der zahlreichen Eingeborenen weichen, die sie für Skrälinger oder Eskimo hielten.[2] Ein Jahr nach ihrer Heimkehr, also 1010, gingen die letzten Weinlandsfahrer aus Grünland ab, nämlich das isländische Brüderpaar Helge und Finnboge, mit Thorward, dem Manne der Freydis, der Tochter Erik des Rothen. Im Weinland selbst entspann sich ein Zwist, der mit der Ermordung der Eisländer endigte.

Dieß sind die ältesten Fahrten, welche in den nordischen Sagas erwähnt werden. Seitdem hören wir nur noch vereinzelte Nachrichten von der neuen Welt in den isländischen und grönländischen Chroniken, und zwar fällt die letzte Kunde in das

[1] Die nordischen Alterthumsforscher haben freilich den bekannten Writing Rock oder Dighton Rock östlich von der Mündung des Taunton River im Staate Massachusets 41° 45′ 30″ n. Br., den der Amerikaner Warden 1825 unter dem Titel Monument curieux qui a fait croire à quelques auteurs que les Phéniciens ont visité l'Amérique, im Recueil de Voyages et de Mémoires tom. II, p. 438 beschrieben und abgebildet hat, einen mit Runen bedeckten Stein und darauf den Namen Thorfinn (der bei Warden fehlt), so wie die Zahl 131 (bei Warden LXXX) erkennen wollen. Gegen die Runenentzifferung nordischer Gelehrter ist man aber so mißtrauisch geworden, daß sich wieder Zweifel regen, ob die Beritzungen des Felsblockes von den normännischen Ansiedlern herrühren. Bancroft erzählte Herrn F. Löhr, er habe den Writing Rock besucht und sei zu der Ansicht gekommen, daß er nicht als Zeuge für die Anwesenheit der Normannen dienen könne. (Allgem. Ztg. 1861. S. 2959.) Diese Ansicht bestätigt anch G. P. Marsh (Man and Nature. London 1864. p. 60).

[2] Der Name Skrälinger von skräl, klein, bedeutet Wichte, paßt also allein auf die Eskimo. (S. Carl Wilhelmi, Island, Hvitramannaland, Grönland und Vinland. Heidelberg 1842. S. 171.)

Jahr 1347.[1] Darf man dem Funde eines Runensteins auf der Insel Kingiktorsoak, 72° 55′ n. Br., und seiner Erklärung durch die nordischen Alterthumsforscher Glauben beimessen, so sind die Normannen auch an der Westküste Grönlands im Jahre 1135 eben so hoch gegen Norden vorgedrungen, wie John Davis auf seiner dritten denkwürdigen Polarreise im Jahre 1587.[2]

Die Entdeckungen der Normannen haben die mittelalterliche Erdkunde nur um die Kenntniß Islands und Grönlands bereichert, während die Kunde ihre Fahrten nach der neuen Welt das Gebiet der altnordischen Sprache nicht überschritt. Der einzige fremde Gelehrte, der jene frühe Entdeckung Amerikas erwähnt, einer der besten Geographen seiner Zeit, ist Adam von Bremen.[3] So sehen wir, daß wichtige Enthüllungen nutzlos der Vergessenheit verfallen, wenn die Zeit noch nicht reif ist für ihr Verständniß. Das Bedürfniß mußte sich bis zur heftigen Begierde steigern, ehe von neuem wieder die andere Welt aufgesucht wurde. So kann auch die phönizische Umschiffung Afrikas stattgefunden haben und wieder vergessen worden sein, weil sie außer allen Beziehungen zu dem Drange ihres Zeitalters stand.

Auch der Norden Europas wurde von normannischen

[1] So soll 1121 Erik, der erste Bischof von Grönland, eine Fahrt nach Weinland unternommen haben. 1285 uud 1288 wird die Entdeckung „neuer Lande" in einer isländischen Chronik angezeigt. 1347 endlich kam ein grönländisches Fahrzeug nach Island, welches in Markland gewesen war. (Rafn, Antiquit. Americ. fol. 261.)

[2] Rafn, Antiq. Americ. fol. 347 uud K. Maurer, Grönland im Mittelalter. S. 209. S. 247.

[3] Gesta Hammaburg. Eccl. lib. IV, cap. 36—38. Außerdem deutet auch Albertus Magnus auf diese Entdeckungen hin. Similiter autem et Hybernia et Scotia, et Roxolonia et Islandia et finitimae eis regiones quae nuper inhabitari coeperunt. (De nat. loci. Strassburg 1515. p. XXXVII, 6.) Adam berichtet ferner (hist. eccles. lib. IV, cap. 39) von der ersten Nordpolarfahrt kühner Friesen, welche von der Weser aus gerade gegen Norden steuernd über Island hinaus ein Land erreichten, wo Menschen in unterirdischen Wohnungen hausten. Wir dürfen vermuthen, daß sie die Ostseite Grönlands erreicht haben.

Seefahrern bis zu den höchsten Breiten besucht. Während Ptolemäus das Dasein der scandinavischen Halbinsel kaum geahnt hatte, finden wir im sechsten Jahrhundert schon Bewohner Lapplands aus der uralisch-finnischen Familie erwähnt.[1] Um das Jahr 870 fand aber eine höchst merkwürdige Entdeckungsfahrt statt, welche die Kenntniß des europäischen Nordens bis an die Dwinamündung vorrückte. Ottar[2], ein norwegischer

[1] So kennt Procop (Goth. lib. II, cap. 15, Anecdota, ed. Isambert, Paris 1856, p. 602) die Scrithiphinen. Die Scribafinnas König Alfreds und des Adam von Bremen bewohnten Lappmarken und Halsingland, d. h. die Küste Schwedens am bothnischen Golf. Den Namen Schreitfinnen sollen sie von ihren Schrittschuhen oder Schneeschuhen erhalten haben. So wenigstens wird der Name Scritobini schon von Warnefried erklärt (Pauli Warnefridi Diaconi, De gestis Longobardorum, lib. I, cap. 5, Lugd. 1595, p. 8), den Saxo Grammaticus (Histor. Daniae. lib. I, Praef. Francof. 1576, p. 4.) bei der Beschreibung seiner Skricfinni vor Augen gehabt zu haben scheint. Der namenlose Geograph von Ravenna und der jüngere Geograph Guido verlegen die Scirdifennorum et Rerefennorum patria in ein kaltes Gebirgsland am scythischen Ocean (Eismeer.) (Ravennatis anonymi Geographia et Guidonis Geographia ed. Pinder et Parthey. Berlin 1860. lib. IV. cap. 12. p. 201 und cap. 127. p. 553.) Unter den Rerefenni vermuthet man gewöhnlich Renthierlappen. Olaus Magnus, Bischof von Upsala, hat für seine Zeit (16. Jahrh.) Scricfinnia als das Land beschrieben, welches zwischen Finnmarken und Biarmia (d. h. dem nördlichen Rußland) lag. (Historia de gentibus septentr. lib. I. cap. 4. Romae 1555. p. 13.) Auf seiner 1567 erschienenen Karte Skandinaviens bildet Scricfinnia die nordwärts bis in unmittelbare Nähe Grönlands hinaufgerückte Halbinsel des Landes, und daneben fährt mit ellenlangen Schneeschuhen der Finne über die Fläche. Eine Copie dieser interessanten Karte war 1875 während des pariser geogr. Congresses in der schwedischen Abtheilung ausgestellt. Uebereinstimmend damit finden wir, daß Sebastian Cabot auf seiner Weltkarte in Jomard's Monuments de la Géographie die Scricfinnen östlich von Finnmarken verlegt. Dort an der Kola wurden sie von den Briten auf ihren ersten Eismeerfahrten angetroffen, s. Richard Johnson (Discoverie of Vaigatz 1556, bei Hakluyt, Voyages and Discoveries, London 1598, tom. I, p. 283). Dazu vergl. man in Gerhard Mercator's Atlas von 1595 die Karte von Rußland.

[2] Angelsächsisch Ohtere. Der Bericht dieser Reise findet sich in King Alfred's Anglo Saxon version of Orosius by the Rev. J. Bosworth. London 1855. p. 39, 59; vgl. auch J. R. Forster, Entdeckungen im Norden. S. 75. Lüdde, Zeitschrift für vergleich. Erdkunde. Bd. III, S. 1—33.

Edelmann, wohnte im Helgenland, an der Polargrenze normannischer Ansiedelungen. Da die Küste Skandinaviens nur noch drei Tagefahrten weiter gegen Norden bekannt war, so beschloß Ottar eine Entdeckungsfahrt, „um zu erkunden, wie weit sich wohl das Land in jener Richtung erstrecken möge". Er behielt auf seiner Reise die See immer an Backbord oder zur Linken, die Küste Norwegens immer an Steuerbord oder zur Rechten, fand die letztere aber nur von Fischern, Voglern und Jägern finnischer Wanderstämme bewohnt. Als er drei Tage lang über das äußerste Revier nordischer Walfischfänger hinausgefahren war, bog das Land nach Osten herum, und blieb dieser Richtung auf den vier nächsten Tagfahrten treu, dann aber strich die Küste fünf Tage lang wieder südlich bis zur Mündung eines großen Flusses, in welchen der Seefahrer einlief. Aus dieser Schilderung ergibt sich, daß Ottar das Nordkap Europas umsegelt hat und durch das weiße Meer an die Dwina gelangt ist. Das östliche Ufer dieses Stromes wagte er nicht zu betreten, weil er es dicht bevölkert fand mit finnischen Bjarmiern, von denen er Feindseligkeiten zu befürchten hatte. Aber auch diese in edlem Wissenstrieb unternommene Fahrt blieb wie fast alle nautischen Leistungen der Normannen unbeachtet, und der hohe Norden Skandinaviens zählte bei den meisten Erdkundigen unter die unbekannten Länder, bis im Jahre 1553 englische Seefahrer das Nordkap abermals entdeckten und ihm seinen heutigen Namen hinterließen.

Die Küsten der Ostsee wurden erst im 11. Jahrhundert besser bekannt, denn nicht nur nennt Jordanis, der beste Kenner Skandinaviens seiner Zeit (Mitte des 6. Jahrh.), dieses eine Insel, sondern selbst Einhard, der Geschichtschreiber Karl des Großen, wußte noch nicht, ob das baltische Meer ein geschlossener Golf sei.[1] Aber zu Adams von Bremen Zeiten (schrieb 1075) besuchten dänische Seefahrer bereits die Gestade des finnischen

[1] Jordanis, Getarum sive Gothorum origine. cap. 3, p. 13—14. ed. Closs. Einhardi, Vita Caroli Magni. ed. G. H. Pertz. Hannov. 1845.

Meerbusens, und Reisende waren übers Land aus Schweden nach Rußland gelangt, so daß über die Halbinselgestalt Skandinaviens Zweifel eigentlich nicht mehr verstattet waren.[1] Als Küstenbewohner im nördlichen Winkel des bothnischen Golfes werden die Kwenen genannt, durch Sprache mit den Suomi aufs engste verschwistert, wenn sie auch schon die mittelalterlichen Geographen von den Lappen oder Terfinnen unterschieden. Nach ihnen hieß der bothnische Golf die Kwensee, und ein Mißverständniß ihres Namens erzeugte die Sage von einem abgesondert lebenden Frauenstamme oder den finnischen Amazonen.[2]

Aus dem Innnern Rußlands, dessen Namen Ruzzia bei Adam v. Bremen öfter wiederkehrt, werden nur Völkernamen

cap. XII, p. 12—13. Sinus quidam ab occidentali oceano orientem versus porrigitur longitudinis incompertae.

[1] Annal. Hammab. Eccl. lib. IV, cap. 11, 15, p. 189. ed. Pertz. Asserunt etiam periti locorum a Sueonia (Südschweden) terrestri via permeasse quosdam usque in Graeciam. Graecia bedeutet bisweilen in der Sprache Adams von Bremen Rußland. Und doch bestätigt Adam (lib. IV, cap. 11) auch wieder die Angaben Einhards. Quod autem dicit eundem sinum longitudinis incompertae, hoc nuper aperuit. Kurland und Esthland (lib. IV, cap. 16 und 17) so wie Samland (cap. 18) gelten ihm noch als Inseln.

[2] So spricht Adam von Bremen von einer terra feminarum (cap. 15), bewohnt von baltischen Amazonen (cap. 19.). Diese Ansicht wurde noch von seinen Nachfolgern getheilt s. Schol. 119 zu Adam von Bremen. Die Männer dieser Amazonen heißen bei den damaligen Geographen Cynocephali oder die Hundsköpfigen, und gegen sie stellten bisweilen die Russen Sklavenjagden an. Dieß sind dieselben Cynocephali, welche bereits der Uebersetzer des istrischen Aethicus kennt. (Cosmographia Aethici Istrici ed. Wuttke. Leipz. 1854. S. 15.) J. R. Forster (Entdeckungen im Norden, S. 75) hat zuerst aufmerksam gemacht, daß Kwen in den nordischen Sprachen Weib heißt, ihm entspricht das isländische Kwinna, bei Ulfilas Kwino, angelsächsisch Kwen (queen), allemannisch Quena. Daher hielten die nordischen Geographen die finnischen Kwenen für Frauen und erneuerteu für den baltischen Norden die Amazonensage. Ein Theil der friedliebenden Kwenen ist jetzt nach Norwegen übersiedelt worden, wo sie Handwerk und Ackerbau betreiben. Vgl. Dr. Georg Berna's Nordfahrt, erzählt von C. Vogt, Frankfurt 1863. S. 218.

aufgezählt, und weiter nach Osten war man gänzlich auf die Kenntnisse des Alterthums beschränkt. Unbekannt aber mit dem Meisterwerke des Ptolemäus, verfiel man wieder in den alten Irrthum, die kaspische See als einen nach Norden geöffneten Golf des Eismeeres zu betrachten.[1] Da das Abendland mit der älteren griechischen Literatur nicht mehr umging, so konnte es auch nicht eine merkwürdige Botschafterreise benutzen, die nach den byzantinischen Geschichtschreibern in das Jahr 569 n. Chr. fällt.[2] Dissabulus oder Ti-theu-pu-li nach chinesischer Schreibart, der Chacan einer turkischen Horde, welche sich die Sogden unterworfen hatte, schickte nach Byzanz Botschafter, um auf einem Ueberlandweg nach dem römischen Reiche Absatz für chinesische Seidenwaaren zu suchen, nachdem ihm die Sassaniden in Persien die Durchfuhr dieser Handelswaaren zur Bewahrung ihres Alleinhandels verweigert hatten. In Folge dessen begab sich Zemarchus im Auftrage des Kaisers Justin zu dem Chan der Turken, der sein nomadisches Hoflager damals am Ectag (richtiger Aktag) aufgeschlagen hatte. Es ist schwer zu sagen, wo dieses Gebirge gesucht werden muß, denn nicht nur ist der Name Aktag, der dasselbe bedeutet wie Montblanc, außerordentlich häufig in Vorderasien, sondern Menander, der allein

[1] Zunächst Isidor von Sevilla (Orig. lib. XIII, cap. 17, I.), dann Paulus Orosius (Histor. lib. I, cap. 2. Colon. 1536. p. 15.); dann Jordanis, welcher, obwohl er den Ptolemäus kennt, doch die Gestalt des Sees mit einem Pilze vergleicht, dessen Fuß am Eismeer steht (ab Oceano euroboreo in modum fungi primum tenuis, post haec latissima et rotunda forma (ed. Closs, p. 24); ferner Ravennatis Anonym. Geogr. lib. II, cap. 8, ed. Pinder et Parthey. Berl. 1860. p. 62. Beda Venerab., De mundi coel. terrestrisque constit. Colon. Agripp. 1688. tom. I, fol. 326. Similiter (wie das Mittelmeer im Westen) in Oriente Caspium erumpit Erythraeum, qui et Rubrum dicitur. Er scheint nach diesem letzten Zusatze das kaspische Meer als einen Theil des indischen Oceans betrachtet zu haben. S. ferner Angelsächsische Karte des brit. Museums aus dem 10. Jahrh. und Orbis e Cod. Bruxell. de anno 1119 (in Lelewels Atlas Pl. VII und VIII.).

[2] Menandri excerpta de legat. Corpus script. Hist. Byzant. ed. Niebuhr, Bonnae 1839. P. I. p. 295—302, p. 380—384.

über jene Vorgänge berichtet, behauptet irrigerweise, daß Ectag so viel heiße wie goldene Berge. Die goldenen Berge Innerasiens sind aber, wie der Name es bezeugt, unser heutiger Altai,[1] in dessen Thälern auch die Weideplätze von Dissabulus' Horde wirklich lagen. Können wir also auch nicht aussprechen, welcher Aktag im Süden der Kirgisensteppe es war, wo Zemarchus den türkischen Chacan antraf, so versetzen uns doch in seiner Schilderung des Hoflagers der Reinigungssprung des Botschafters durchs Feuer, die auf Rädern ruhenden prächtigen Zelte, die seidenen Tapeten, jedenfalls von chinesischer Arbeit, die schaugetragene Verschwendung und Prunksucht, die Anwesenheit tscherkessischer Sclavinnen,[2] die Bewirthung mit einem berauschenden Getränk, welches kein Wein war, also gegohrene Stutenmilch gewesen sein wird, lebhaft unter die Steppenvölker Tiefasiens. Dissabulus befand sich gerade auf dem Marsche gegen die Perser, und in seinem Gefolge erreichte der byzantinische Botschafter die Stadt Talas.[3] Auf dem Heimwege von diesem Orte setzte Zemarchus über den Strom Oich und gelangte unmittelbar darauf an einen großen Binnensee, dessen Ufer er eine Zeit lang verfolgte.[4] Er mußte dann noch einen

[1] Auch bei den Chinesen heißt der Altai Kin-schan oder die goldenen Berge. Stanislas Julien im Journal Asiatique 1864. mars-avril p. 327.

[2] Der Chacan schenkte dem Botschafter eine Sklavin vom Stamme der *Χερχίς*. (Menander l. c. p. 383.) Näher würde es liegen, an eine Kirgisin zu denken, dann aber war das Geschenk nicht der Rede werth. Auch darf man zweifeln, ob der Name Kirgisen für die Kaisaken damals schon gebräuchlich war. Da Dissabulus' Horde bis über die Wolga streifte, konnten gewiß Tscherkessinnen an das Hoflager gelangen.

[3] Talas, auch Taras genannt (43° 40′ n. Br., 70° 30′ östl. von Paris) wurde als Durchgangspunkt nach China in den nächsten Jahrhunderten ein Ort von wachsender Bedeutung. Wenn Dissabulus ihn auf dem Marsch gegen die Perser erreichte, so kann der früher erwähnte Aktag nicht der Aktag oder die Asferah-Kette in Chokand gewesen sein. A. v. Humboldt (Central-Asien. Berlin 1844. Bd. 1. S. 160, 467) nimmt an, daß man unter den Ectag des Menander den Altai verstehen müsse.

[4] Niebuhr sieht in dem Oich den Syr Darja, in dem großen See den Aral, im Ich die Jemba. Ueber die Schwierigkeiten der Entzifferung dieser

zweiten Fluß Ich überschreiten, ehe er den Daich (Jaik oder Ural) und dann die Attila (Wolga) erreichte. Von dort gelangte er unter beständigen Gefahren über den Kuban, durch den Kaukasus, an das schwarze Meer und über Trapezunt nach Byzanz.[1]

Auch diese denkwürdige Reise, welche neue Erdräume erschloß, trug in jener trostlosen Zeit der Wissenschaft keine Früchte. In die von dem byzantinischen Unterhändler durchwanderten Steppen verlegten vielmehr die damaligen Geographen die apokalyptischen Völker Gog und Magog, die nach der Bibel beim Nahen des Gerichtes die Welt mit Verheerung überziehen sollten.[2] Obgleich der heilige Augustin schon gewarnt hatte, diesen Drohgestalten geographische Sitze anzuweisen, oder gar etwa Geten und Massageten in ihnen zu erblicken,[3] wurden sie doch von den eifrigen Landkartenzeichnern des frühen und des spätesten Mittelalters nie vergessen. Zum Sagenkreis des macedonischen Alexanders, von dem eine erste Sammlung bereits um das Jahr 400 n. Chr. unter einem falschen Namen (Callisthenes) sich verbreitete, gehörte auch als ein früher Zusatz[4] die Erzählung, daß der große Eroberer auf seinem Marsche

Namen s. A. v. Humboldt a. a. O. S. 467. Rob. Rösler (die Aralseefrage. Wien 1873. S. 53 ff.) hat zwar Recht, daß der von Zemarch berührte See nicht zuversichtlich als Aral erklärt werden dürfe, doch kann auch seine Erklärung der geographischen Räthsel nicht befriedigen. Auch Yule (Chatay, p. CLXVI) bezweifelt, daß der Aral gemeint sei.

[1] Menander, S. 302.

[2] Ezech. cap. XXXIX. Apocalyp. cap. XX. v. 7 sq.

[3] Augustin. De civitate Dei, lib. XX, cap. 11. Venet. 1764. p. 774.

[4] Die erste Verfassung des Alexanderromanes gehört dem Schluß des 4. Jahrhunderts an, die dritte als C bezeichnete, welche die Zumauerung des Judenwalls enthält, erschien um 700 n. Chr. Berger de Xivrey, Traditions tératol. Allein mehr als ein Jahrhundert früher kannte Procop (De bello Persico I, 10) bereits die Alexandersage und verlegte den kaspischen zugemauerten Paß an seine classische Stelle, nämlich in den Kaukasus und schildert ihn als eine durch Festungen geschlossene Thalenge.

nach dem Morgenlande die Lücke in einem nordischen Gebirgswall durch eherne Pforten habe verschließen lassen, um den Einbruch der unsauberen Völker Gog und Magog, in denen sehr viele die verlornen Judenstämme wieder erkennen wollten, auf alle Zeiten zu verhindern[1]. Auf diese Sage gründet sich in Schriften wie auf Karten jener Zeit die Angabe eines Judenwalles und der Alexanderpforten. Die Anregung zu diesem Mythus aber haben die noch heute sichtbaren Reste einer Völkermauer, das sogenannte eiserne Thor bei Derbend am kaspischen Meere gegeben.

Als eine andere freundlichere Zugabe aus dem Sagengebiet erscheint auf den meisten alten Karten des frühen und des späten Mittelalters im äußersten Morgenland, sei es als Halbinsel, sei es getrennt vom Festland, das Paradies mit oder ohne seine vier Flüsse, wie sie ihm nach der Genesis zukommen. Augustinus und Isidorus, obgleich sie nicht an dem früheren Dasein eines irdischen Paradieses zweifelten, suchten doch die biblische Schilderung symbolisch zu verklären und wagten nicht, sie auf dem darstellbaren Erdkreis örtlich zu befestigen.[2] Sehr früh jedoch wurde dem Paradies in dem äußersten Osten Asiens ein stiller Platz gesichert.[3] Der schwärmerische Kosmas, mit dem Beinamen der Indienfahrer, verlegte es noch über China hinaus in Räume, die ihm unbetretbar für alle Sterblichen erschienen.[4] Der Nähe des Paradieses am Ostrande der alten Welt schreibt es der namenlose Geograph von Ravenna zu, daß im äußersten Indien die köstlichen

[1] Aethici liber II, § 6, ed. d'Avezac. p. 258—260. Orbis Anglosax. Saec. X. in Lelewel's Atlas Pl. VII.

[2] Augustin. De Civit. Dei, lib. XIII, cap. 21, p. 447. S. Isidor. De differentiis lib. I, Diff. 10. fol. 138. Doch sehen wir auch wieder das Paradies als das erste Land in Asien genannt und geschildert. (Orig. lib. XIV, cap. 3, 2.)

[3] Schon von Lactantius, Divin. Instit. lib. II, cap. 13, tom. I, p. 167. ed. Paris. 1748. Beda Vener. De Mundi coel. et terr. constit. liber. fol. 326. Hrabanus Maurus, de Universo lib. XII, cap. 3, fol. 172.

[4] Vgl. die Diagramme des Kosmas in Montfaucon (Collect. Nova

Gewürze gediehen, denn wie mit Hilfe des Windes der Fruchtstaub der männlichen Palmen zu den Blüten der weiblichen Bäume getragen würde, so streiche auch ein gesegneter Hauch aus dem Paradiese über die Gewächse des aromatischen Indiens.[1]

Da die Kenntniß des frühen Mittelalters von Südasien aus römischen Quellen geschöpft war und die Erdkunde des Ptolemäus nicht benutzt wurde, so konnte man auch nicht in die irrige Ansicht verfallen, daß der indische Ocean ein geschlossenes Becken sei, denn man war vielmehr zu den Ansichten der sogenannteu homerischen Schule zurückgekehrt, nach welcher die Erdveste rings vom Meer umgürtet war. In Afrika konnte eben so wenig eine Erweiterung der Kenntnisse stattfinden. Doch haben fromme Pilger, die nach Jerusalem wallfahrteten, uns die wichtige Kunde aufbewahrt, daß eine Zeit lang einer der Nilarme als schiffbarer Kanal in das rothe Meer abgeleitet worden ist.[2]

Patrum. et Script. Gr. tom. II, fol. 188 sqq.) Wie diese Theorie überhaupt entstand, darüber gibt Hrabanus Maurus (Opera tom. II, fol. 15. In Genesin lib. I, cap. XII) folgenden Aufschluß: Pro eo autem quod nostra editio quae de Hebraica veritate translata est habet *a principio* in antiqua translatione positum est *ad orientem*. Ex quo nonnulli volunt intelligi quod in orientali parte orbis terrarum sit locus paradisii: quamvis longissimo interjacente spatio vel oceani vel terrarum a cunctis regionibus, quas nunc humanum genus incolit, secretum. Unde nec aquae diluvii, quae totam nostri orbis superficiem altissime cooperuerunt ad eum pervenire potuerunt. Ueber die verschiednen Ausbildungen dieser Lehre vgl. Letronne's Brief an A. v. Humboldt in dessen kritischen Untersuchungen. Berlin 1852, Bd. 2. S. 82 ff.

[1] Ravenn. Anonym. Geogr. lib. I, cap. VI, ed. Pinder et Parthey. Berlin 1860. p. 15.

[2] Julius Honorius (ed. Gronov. p. 700) beschreibt den Nilcanal als fossa Trajani. Bei Ptolemäus (lib. IV, cap. 5, ed. Wilb., p. 286) heißt er *Τραϊνὸς ποταμός*. Auch zu Gregors v. Tours (schrieb 590) Zeiten war er noch offen. Dann wurde er nicht mehr benutzt, bis ihn die Araber nach der Eroberung Aegyptens (640 n. Chr.) von neuem öffneten. Der Mönch Fidelis konnte den Nilcanal noch in der Zeit von 762—765 befahren. (Dicuil, ed. Letronne, p. 23.) Später, d. h. in der Zeit von 762—767 ist er von den Arabern absichtlich verschüttet worden. (Letronne, l'Isthme de Suez, in Revue des deux Mondes 1841. tom. III, p. 51—60.)

Vorstellungen vom Bau der Welt und von der Gestalt der Erde.

Alle Gelehrsamkeit des Mittelalters beschränkte sich auf den geistlichen Stand. Der Klerus, mächtig aufgeregt durch die kirchlichen Streitfragen, hatte noch wenig Zeit und wenig Sinn, sich mit der Erforschung räumlicher Verhältnisse zu befassen, ja es wurde wohl gar eine Unwissenheit in solchen Dingen als etwas verdienstliches und gottgefälliges betrachtet.[1] So geschah es, daß die Vorstellungen vom Bau der Welt wieder in die Gefangenschaft roher sinnlicher Wahrnehmung zurückkehrten. Zwar der gründlicher gebildete Augustinus scheint die Beweise von der Kugelgestalt der Erde anerkannt zu haben,[2] Lactantius aber erklärte diese Lehre, nach welcher es Gegenfüßler geben sollte, für einen schalen Scherz der Gelehrten, nur erfunden, um Witz und Geist in der Behauptung unwahrscheinlicher Dinge zu üben.[3] Auch der heilige Isidorus, obgleich er mit den Schriften des Hyginus bekannt war,[4] den Aristoteles und Homer mehrfach, den Eratosthenes und Galenus einmal citirt, meidet ängstlich alle Ausdrücke, welche von seinen Lesern

[1] Lactantius Divin. instit. lib. III. (De falsa sapientia philosophorum) cap. 3, tom. I, p. 193—194. Auch Basilius (Hom. IX in Hexaëm.) erklärt: nihil nostra interest, sphaerane sit terra, an cylindrus aut disco similis, et undique in orbicularem figuram ex aequo detornata, an vanno similis et in medio concava.

[2] S. August. De civ. Dei. lib. XVI, cap. 9, p. 556. Es ist der berühmte Abschnitt, wo der Heilige zu beweisen sucht, daß, selbst wenn die Erde sphärisch sei, nicht nothwendig folge, daß auf jener unbekannten Hemisphäre sich Landmassen aus dem Meere erhöben, und daß, selbst dieses zugestanden, das Land doch nicht bewohnt zu sein brauche, ja nach der Schrift nicht bewohnt sein könne, weil alle Menschen von einem diesseitigen Menschenpaare abstammten, von deren Nachkommen jene Welt in keiner Weise besiedelt sein könne. Nec attendunt, etiamsi figura conglobata et rotunda mundus esse credatur, *sive aliqua ratione monstretur*, non tamen esse consequens etc.

[3] Lact. Div. instit. lib. III, cap. 24, p. 254.

[4] Isidor repräsentirt bereits in bedauerlicher Weise den ganzen Aberwitz

auf die Kugelgestalt der Erde gedeutet werden könnten. Selbst wer unter den Kirchenvätern persönlich noch eine geläuterte Ansicht billigte, schwieg oder vermied den Kampf mit der herrschenden Meinung, um die frommen und ängstlichen Gemüther nicht zu verletzen. Aber die hervorragendsten Vertreter der Kirche gaben nicht einmal zu, daß man als Christ über diese Fragen, angesichts der Bibelworte, noch Zweifel hegen dürfe.[1] War es nach solchen Beispielen zu verwundern, daß man träumte, statt zu ergründen, und daß an die Stelle von gesetzmäßig wirkenden Kräften eine Geisterschaar dienender Helfer herbeigerufen werden mußte? So finden wir bei dem Alexandriner Kosmas einen Weltbau, welchen der Chaldäer Patricius und sein Schüler Thomas von Edessa ersonnen haben sollen. Engel, so nahmen sie an, trugen die Gestirne am Himmel durch ihre Kreisläufe und besorgten den Wechsel von Tag und Nacht, sowie den Eintritt von Sonnen- und Mondverfinsterungen.[2] Die Erde verlor durch ihre Lehre die Kugelform; aus einer vom Ocean rings umflossenen viereckigen Fläche schwoll sie glockenförmig auf. Die Sonne ging in dieser Welt nie unter, sondern beständig nur um die Wölbung der Erdveste herum. Ueber der Veste, dem Ocean und den Gestirnen, alles fest verschließend, ruhte das krystallne Firmament. So

des orthodoxen Gelehrtscheinens; alles unbefangene Denken ist verbannt. Die Erde gleicht einem Wagenrade (Scheibe), lib. XIV, cap. 2, 1; sie wird von der Sonne auf einmal von Osten bis Westen erleuchtet, lib. III, cap. 46, welche nachts auf unbekannten Wegen zum Aufgange zurückkehrt. lib. III, cap. 51. Antipoden kann und darf es nicht geben auf der andern Seite der Erde, lib. IX, cap. 2, 133, lib. XIV, cap. 5, 17; indeß erzählt er doch von Antipodenvölkern bereits in Libyen, welche (jedenfalls um sich besser anzuhalten; denn sie müßten ja, wie die Gegner schon im Alterthum spotteten, wie Fliegen an der Decke kriechen) 8 Zehen an den Füßen haben. Unter Klimata versteht Isidor die 4 Himmelsgegenden u. s. w.

[1] Letronne, Des opinions cosmographiques des pères de l'église. Revue des deux mondes. 1834. p. 601—33.

[2] Kosmas ed. Montf. fol. 155, fol. 186—188.

Der Weltbau des Kosmas. (Facsimile nach Montfaucon.)

Die Erde, eingeschlossen vom Firmament, als gewölbter Körper, umkreist von der aufgehenden und untergehenden Sonne. Links das atlantische und mittelländische Meer; rechts das rothe Meer und der persische Golf, tiefer im Hintergrund der kaspische See.

war denn die sichtbare Körperwelt, welche die Pythagoräer einen Kosmos zu nennen gewagt hatten, wieder in einen durchsichtigen Kerker verwandelt, wie vor der Zeit des Apollonius von Perga, welcher den aristotelischen Sphärenhimmel zersprengte. Bis nach Ravenna müssen sich die Vorstellungen der alexandrinischen Mystiker verirrt haben; denn wir finden, daß der namenlose Geograph, der im 7. Jahrhundert[1] dort lebte, ganz ähnlich die scheibenförmig gewölbte Erdveste in 24 astronomische Stundenabschnitte theilte, wovon die zwölf Tagesstunden den südlichen Ländern zufielen, während bei Frankreich die Nachtseite der Erdveste begann und über Deutschland und den

[1] Ins 7. Jahrhundert setzten den Ravennaten die neuesten Herausgeber. (Pinder et Parthey, Ravennatis Anonymi Cosmographia. Berlin 1860 praefat. p. V. Dazu erwähnt der Ravennat p. 185 die Donaubulgaren, welche erst 678 bis 680 n. Chr. in ihre Sitze einrückten. (R. Rösler Român. Studien. S. 76.)

Norden sich bis nach dem äußersten Asien fortsetzte.[1] Eben so roh war die Ansicht des istrischen Aethicus, die übrigens dem classischen Alterthum entlehnt wurde, daß nämlich die Sonne, wenn sie im spanischen Ocean versänke, ihren Weg nicht unter der Erde fortsetze, sondern auf dem Pfade, den sie in der Tageszeit gewandelt war, aber unsichtbar durch einen dichten Nebel, nach Osten zurückkehre.[2]

Jede Kirche wird aber durch das Bedürfniß genauer Zeiteintheilung und eines geordneten Kalenders früher oder später zur Beobachtung astronomischer Vorgänge und zur Ergründung mathematischer Wahrheiten genöthigt. So feierte denn auch unsere Wissenschaft im Schoße des geistlichen Standes sehr bald wieder ihre Auferstehung. Wenn der irische Mönch Dicuil, welcher eifrig im Plinius forschte, aber nicht einmal römische Zahlzeichen zu lesen verstand,[3] uns noch in Zweifel läßt, ob er sich wirklich habe für die Kugelgestalt der Erde erklären wollen, so finden sich doch in einem, Beda dem Ehrwürdigen zugeschriebenen Werke die üblichen Beweise für das sogenannte ptolemäische System, die Sprache des Hipparch, die Lehren von der Excentricität und den Epicyklen der Wandelgestirne wieder.[4] Unser Adam von Bremen drückt sich über die zunehmenden sommerlichen Tageslängen bei wachsenden Breiten mit der gleichen Schärfe aus, wie ein Schüler des classischen Alter-

[1] Ravenn. Anonym. Geogr. lib. I, cap. IX—XI, ed. Pinder et Parthey. p. 21 sq. Auch erwähnt er p. 24, 16 die hohen Berge des Nordens, hinter denen die Sonne die ganze Nacht hindurch wieder zum Aufgange zurückwandele.

[2] Aethici, liber I. 3. ed d'Avezac. p. 238

[3] Letronne (Dicuil S. 82) beweist, daß die Meilenangaben über die Ausdehnung des Bewohnbaren bei Dicuil aus Plinius entlehnt sind, wo sie $\overline{\text{LXXXV}}$ LXXVIII und später $\overline{\text{LIV}}$ LXII geschrieben waren, Dicuil verstand die Zahlzeichen, als hießen sie 85 × 78 und 54 × 62, daher gibt er 6630 und 3348 statt 8578 und 5462 Meilen.

[4] Beda Vener. De Mundi coel. et terrestr. constit. liber, Opera, tom. I, fol. 323—329. Wahrscheinlich ist dies Werk von einem Mönche erst im 9. Jahrh. verfaßt.

thums,[1] ja selbst ein Papst, Sylvester II. († 1003) beschreibt fachkundig ein Verfahren, wie Eratosthenes es zwar nicht befolgt hat, wie er es aber doch hätte befolgen können, als er 700 Stadien für die Größe eines Erdgrades ermittelte.[2]

Weltkarten.

Ebenso armselig, wie die Vorstellungen vom Bau der Welt gewesen waren, erscheinen auch anfänglich die bildlichen Darstellungen von der Erdveste. Die Verfertiger von Weltkarten zweifelten nur darüber, ob es orthodoxer sei, die trockene Ländermasse sich scheibenförmig oder viereckig zu denken. Die erste Ansicht, welche den meisten Anklang fand, stützte sich darauf, daß die heilige Schrift sich des Ausdruckes Erdkreis bediene,[3] und ihr verdanken wir die zahlreichen sogenannten Radkarten[4]

[1] Annal. Hammab. Eccl lib. IV, cap. 37. Propter rotunditatem orbis terrarum necesse est, ut solis circuitus accedens alibi diem exhibeat, recedens alibi noctem relinquat. Unter den Autoren, die er benutzte, befindet sich nicht blos Solinus, Orosius und Beda, sondern auch Macrobius und Martianus Capella. Wer die beiden letzten Lehrer verstehen konnte, mußte ganz sicherlich in die Wahrheiten des sogenannten ptolemäischen Systems eingeweiht sein.

[2] Gerberti Geometria. cap. XCIII. Bei Pez, Thesaurus Annecdotorum novissimus. Augsburg 1721. tom. III, pars 2, fol. 80—81.

[3] Hrabanus Maurus, De universo lib. XII, cap. 2. fol. 171, der Euclid citirt, befand sich in einiger Verlegenheit, wie er die Worte des Evangelisten Matth. cap. XXIV, v. 31 congregabunt electos ejus a quatuor angulis terrae (wofür aber in der Vulgata steht: a quatuor ventis) mit dem Ausdrucke Erdkreis vereinigen solle. Er nahm endlich an, die Erde sei zwar viereckig, wenn aber die Schrift vom Erdkreis rede, so meine sie nur das, was die Griechen mit Horizont bezeichneten.

[4] Der Ausdruck „Radkarten" ist den Vorstellungen jener Zeit entsprechend; Isidor, Orig. lib. XIV, cap. 2, 1 sagt: *Orbis* a rotunditate circuli dictus, quia *sicut rota* est.

in alten Handschriften. Leider sind sie nicht, wie man vermuthet hat, unschuldige Verzierungen von Pergamenten[1], sondern traurige Gemälde von dem Rückfall der Wissenschaft in ihr Kindesalter. Alle diese Karten zerlegten den runden Erdkreis in eine östliche asiatische Hälfte und in eine westliche, die unparteiisch zwischen Europa und Afrika getheilt wurde, so daß ein späteres geographisches Gedicht es aussprechen konnte, die

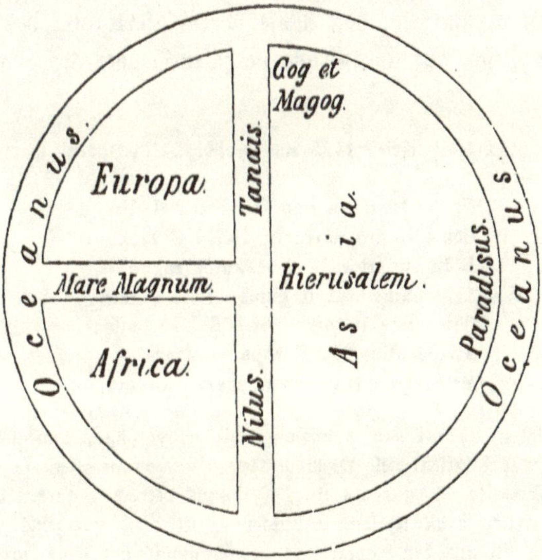

Typus der einfachsten Radkarten des frühen Mittelalters.

[1] Lelewel, Géogr. du moyen-âge tom. I, p. 90, 91. Non, ces compositions bizarres n'attestent ni l'ignorance ni le savoir du siècle, elles font voir seulement qu'on fabriquait des colifichets géographiques pour enjoliver les manuscrits. Hätte Lelewel sich nur ein wenig mit den Schriften des frühen Mittelalters beschäftigt, so wäre seine günstige Ansicht von den Kenntnissen jener Zeit unmöglich gewesen. Daß man indessen von Theilen der Erde bessere Vorstellungen, vielleicht bessere Landgemälde besaß, wagen wir aus Aeußerungen Adam's v. Bremen zu schließen. Hist. eccles. I. 1 sagt derselbe, daß die Gestalt Sachsens, wenn man richtig messe, dreieckig erscheine, wobei die Winkel an die Mündungen des Rheins, der Elbe und Saale zu setzen seien. Auch vergleicht er Jütland (IV, 1) treffend mit einer Zunge.

Erdveste sei als ein T in einem O leicht darzustellen.[1] Eine solche Vertheilung der Ländermassen unter die drei Festlande war um so schwieriger zu beseitigen, als sie sich auf einen Ausspruch des heiligen Augustinus gründete.[2] Ein anderes, nicht gleichgiltiges Merkmal der Radkarten ist die Lage Jerusalems im Mittelpunkt und im Schwerpunkt oder, wie man sagte, im Nabel[3] der Welt. Aber auch die Vorstellung von einer viereckigen Gestalt der Erde ließ sich als rechtgläubig nachweisen, denn man vermuthete, daß Moses bei Anfertigung des Tabernakels mystisch auf die Größenverhältnisse der Erde habe an-

[1] Leonardo Dati schrieb 1422 ein Gedicht Della Spera, worin es von der Erde heißt:

> Un T dentro a uno O mostra il disegno
> Come in tre parte fu diviso il mondo.
> E la superiore è il maggior regno
> Asia chiamata: il gambo ritto è segno
> Che parte il terzo nome dal secondo:
> Africa, dico, da Europa: il mare
> Mediterran tra esse in mezzo appare.
>
> Lib. III, st. 11.

Vgl. Santarem (Essai sur la cosmogr. du moyen-âge, tom. I, p. 157). Um 1422 war indessen diese Anschauungsweise schon veraltet, so daß das Dati'sche Weltbild ⊖ nur als ein Archäismus betrachtet werden darf, der aus dem frühern Mittelalter in lichtere Zeiten sich fortgeschleppt hatte. Das gleiche gilt von der Radkarte in der Synoptik des Nicephoros Blemmides, (Geogr. Graeci minores. ed. Karl Müller. tom. II, p. 459.).

[2] De Civit. Dei, lib. XVI, cap. 17, p. 567 . . . Unde videntur orbem dimidium duae tenere, Europa et Africa, alium vero dimidium sola Asia. . . . . Quapropter si in duas partes orbem dividas, Orientis et Occidentis, Asia erit in una, in altera vero Europa et Africa. Welches große Gewicht auf diese Stelle gelegt wurde, erkennt man daraus, daß sie sich fast wörtlich wiederfindet bei Isidorus (De Mundo cap. XLVII, fol. 157) und bei Hrabanus Maurus (De Universo lib. XII, cap. 2, fol. 171). Man bediente sich für dieses System des technischen Ausdruckes Divisio oder Distinctio trifaria.

[3] Isid. Hisp. Orig. lib. XIV, cap. 3, 21. Hierosolyma, quasi umbilicus regionis terrae, und nach ihm Hrabanus Maurus, De Univ. lib. XII, cap. 4, fol. 174. In media Judaea civitas Hierosolyma est quasi umbilicus regionis et totius terrae.

spielen wollen,[1] als er es zwei Ellen in die Länge und eine Elle in die Breite auszumessen befahl.

Da alle Karten des frühen Mittelalters ohne jede Projection sind, das heißt ohne Andeutung, daß man die Räume an einer Kugelfläche auf eine Ebene habe übertragen wollen, so stehen sie ihrem wissenschaftlichen Werthe nach so tief wie die ersten Versuche der jonischen Schule im Landkartenzeichnen, an welche sie lebhaft erinnern.[2] Nur in diesem Style konnte das in Silber getriebene Weltbild ausgeführt sein, welches Karl der Große in seinem Testamente theilweise zum Almosen für die Armen bestimmte, und darum ist auch sein Verlust nicht hoch anzuschlagen.[3]

Die Ergründung von Naturgesetzen auf den bekannten Räumen beschränkte sich, wenn sie nicht gänzlich vernachlässigt wurde, auf die Wiederholung der Anschauungen aus dem Alterthum, häufig oder häufiger mit Bevorzugung der unrichtigen. Daher kam es denn auch, daß die Behauptung von der Unbewohnbarkeit der heißen Erdgürtel gegen die bereits richtige Erkenntniß des Alterthums, mit verschärften Worten vorgetragen wurde, eine Irrlehre, welche bis zum 15. Jahrhundert die Fortschritte der Erdkunde immer wieder auf Abwege führen sollte.[4]

[1] Kosmas, ed. Montfaucon. fol. 186.

[2] S. oben S. 49.

[3] Einhardi vita Caroli Magni cap. XXXIII, p. 31, ed. Pertz, Hannov. 1845. Karl der Große hatte drei silberne und einen goldenen Tisch. Die ersten beiden silbernen Tische enthielten, der eine den Stadtplan von Constantinopel, der andere einen solchen von Rom. Tertiam (mensam) quae ceteris et operis pulchritudine et ponderis gravitate multum excellit, quae ex tribus orbibus connexa, totius mundi descriptionem subtili ac minuta figuratione complectitur, et auream illam, quae quarta esse dicta est, inter heredes suos atque in elemosinam dividendae partis augmentum esse constituit.

[4] S. Isidor. De mundo, cap. X, fol. 148 und Beda Vener. De mundi coel. terr. constit. lib. p. 323.

Die Araber und ihre Glaubensgenossen.

Räumliche Begrenzung ihres Wissens.

Kein Volk hat sich in einer günstigeren Lage zur Erforschung der alten Welt befunden als die Araber. Es erstreckte sich ihre Herrschaft von Spanien bis zum Indus und Syr Darja, vom Kaukasus bis zu den afrikanischen Negerländern. Kriege und Eroberungen haben stets die Erdkunde gefördert. Auch versäumten die Chalifen nicht von ihren Emiren statistische und geographische Berichte über die entfernten Statthaltereien einzufordern.[1] Wenn später auch die Weltherrschaft der Chalifen zerfiel, so bestiegen doch immer arabische oder wenigstens mohammedanische Herrscher die Throne der abgerissenen Reiche. Die Sprache des Qoran erleichterte, wie das Latein der Kirchensprache, jedem Araber alle Länder zu betreten, wo der Islam herrschte.[2] Die jährlichen Pilgerfahrten nach Mekka führten die Gläubigen von den äußersten Enden der Welt zusammen, und es galt als religiöse Pflicht, unbemittelte Pilger zu verpflegen und mit Zehrgeldern zu versehen. Der Bekenner des Islam wurde zu Wanderungen aufgemuntert, und einer der arabischen Geographen erklärt mit Berufung auf etliche Qoranstellen die

[1] Reinaud, Géographie d'Aboulféda, Introduction p. XL.

[2] Reinaud, Dictionnaires géogr. des Arabes, Journ. Asiatique, 1860. Septbr. p. 71.

Erdkunde als eine gottgefällige Wissenschaft.[1] Auch treffen wir bei den Arabern einen unermüdlichen Reisenden wie Ibn Batuta, der mehr Länder und Völker besucht hat als Marco Polo und Heinrich Barth zusammengenommen. Und nicht blos trieb die Wanderlust eine Mehrzahl Araber durch die Welt, sondern mohammedanische Fürsten rüsteten Unternehmungen sogar zur Lösung naturgeschichtlicher Aufgaben aus.[2]

Der Wissenstrieb der Araber hat auch die Grenzen der bekannten Welt um sehr beträchtliche Räume erweitert. In Europa kannten sie Spanien durch ihre Eroberungen, Frankreich und Großbritannien aber nicht blos aus den Schriften griechischer und römischer oder mittelalterlicher lateinischer Geographen, sondern durch Reisende, wie Edrisi, welcher England besuchte. Bei ihm finden wir als nördlichste Insel der Erde die Faröer angegeben[3] und sogar den Namen Großirland, womit in den altnordischen Sagas Theile von Nordamerika bezeichnet werden.[4]

Der Schleier, welcher im Alterthum die baltischen Länder noch halb bedeckte, war zum Theil gefallen. Sehr alte Handelsverbindungen reichten aus Turkistan und Persien die Wolga aufwärts bis zu der Ostsee. Den Pfad dieses Verkehres bezeichnen noch jetzt die Fundstätten arabischer Münzen, die sich

[1] Jaqout, Dictionnaire de la Perse ed. Barbier de Meynard, Paris 1861, p. VII.

[2] Der Chalif Harun ar Raschid schickte nach dem Jemen eine Expedition zur Erforschung des Ursprungs und der Natur des grauen Ambra. Géogr. d'Édrisi ed. Am. Jaubert tom. I (tome V des Recueil de Voyages et de Mémoires publ. par la Soc. de Géogr. Paris 1836), p. 64.

[3] Die Insel Reslanda (رسلاندة), nördlich von Schottland (tom. II, p. 426), ist nicht Island, wie Jaubert vermuthet, sondern eher das mittelalterliche Frieslanda oder die Farörgruppe.

[4] Edrisi l. c. Großirland und das Weißmännerland werden von der Thorfinnsaga als synonym bezeichnet. Hvitramannaland eđa Irland eđ mykla. Rafn, Antiquitates Americ. fol. 161. 210. Uebrigens ist alles unsicher, was uns über die Lage von Hvitramannaland mitgetheilt wird. (K. Maurer, Grönland im Mittelalter, in der zweiten deutschen Nordpolarfahrt unter Koldewey. Bd. I, S. 205—206.) Mehr als den Namen und verworrene Ortsangaben darf man bei Edrisi nicht suchen.

von dem Gouvernement Kasan bis nach Christiansand in Norwegen erstrecken.[1] Wenn nun auch das Vorkommen arabischer Münzen nicht bezeugt, daß Araber die Fundstätten jemals betreten haben, weil die Münzen durch Handel und Raubzüge, namentlich von den Normannen verschleppt wurden, so daß man kufisches Kupfergeld in Island, und marokkanisches in Rußland gefunden hat, so darf man doch annehmen, daß arabische Kaufleute von den Ländern, wohin ihr Geld zunächst auswanderte, an dritten Orten Nachrichten eingezogen haben. So erklärt sich, daß wir bei Jaqut die Städte Schleswig und das norwegische Bergen erwähnt finden.[2] Edrisi, dem die heutigen Namen Dänemärk, Norwegen, Schweden, Finnmarken geläufig sind, verdankte dagegen sein Wissen nordeuropäischen Quellen, die er am Hofe seines königlichen Beschützers, Roger's II. in Palermo fand. Daß er aus solchen Quellen schöpfte, verräth uns seine Weltkarte, auf welcher er das Land der Kwenen in Lappmarken als eine Insel der Amazonen angibt, ein sprachlicher Irrthum, in den nur nordische Geographen ursprünglich gefallen sein konnten.[3] Den baltischen Golf selbst, bei den Arabern das Meer Warank oder der Waräger genannt, dessen Küsten die Madschus (normannische Wikinge) zu plündern pflegten, hielten die Araber für einen Theil des Nordpolar-

[1] Frähn, im Bulletin scientifique de l'Académie imp. de St. Petersb. Tom. IX, Nr. 212 (1841), p. 301 sq. und Leopold v. Ledebur, Zeugnisse eines Handelsverkehrs zur Zeit der arabischen Weltherrschaft. Berlin 1840, mit einer Karte der nordeuropäischen Münzfunde.

[2] Jaqut bei de Guignes (Notices et extraits des mss. de la Bibl. du Roi, tom. II, p. 537, 541).

[3] S. auf Edrisi's Karte bei Lelewel (Géogr. du Moyen-âge) die Männerinsel und die Insel Amazonius جزيرة الرجال und جزيرة المزنوس. Letztere ist die Insula fœminarum oder das Amazonenland des Adam v. Bremen. (Gesta Hammab. Eccl. lib. IV, cap. 15, c. 19.) Die Entstehung der Sage von den baltischen Amazonen wurde bereits oben S. 90 erklärt.

meeres, weil sie Scandinavien noch immer für eine Insel ansahen. Daß ihre Kenntnisse aber selbst ins Innere von Finnmarken reichten, beweist uns ihre Bekanntschaft mit dem Namen Tavastland.[1] Im europäischen Rußland bezeichnen sie uns als das nördlichste Volk die Wisu, von denen im stummen Handel die Bulgaren der Wolga Biber, Eichhörnchen und Zobelfelle eintauschten, um sie wieder an die Kaufleute von Bochara abzusetzen.[2] Wisu ist der arabische Ausdruck für die finnischen Wessen, die am Bjel Osero, oder am Weißen, richtiger am Wessensee[3] saßen. Bei den Arabern umfaßte aber der Name Wisu wohl alle finnischen Stämme am Eismeer, und selbst die heutigen Samojeden dürfen wir noch hinzurechnen. Denn daß auch zu diesen ihr Handel reichte, beweisen die Funde arabischer Münzen an der Petschora, die dorthin über den alten Handelsplatz Tscherdyn an der Wischera und Kolwa gelangt sein mögen.[4] Hat man doch sogar einen Metallspiegel mit arabischer Inschrift aus dem 10. oder 11. Jahrhundert bei Samarowo am Zusammenfluß des Irtysch und Ob im Ostjakenlande ausgegraben.[5] Daß mohammedanische Kaufleute bis zu solchen Breiten vorgedrungen sind, läßt sich zwar nicht nachweisen, darf aber auch nicht verneint werden. Unterhalb der Einmündung

[1] Tebest طبست bei Edrisi (tom. II, p. 431 Jaubert). Ueber die Bedeutung Tavast (Niederung im Schwedischen) s. Dahlmann, Geschichtl. Forschungen. Altona 1822. S. 450.

[2] Frähn, Ibn Foßlan und anderer Araber Berichte über die Russen der ältern Zeit. Petersburg 1823. S. 218.

[3] Aus Wes, wie diese Finnen hießen, machte Adam v. Bremen (Gest. Ham. Eccl. lib. IV, cap. 19), Albani qui lingua eorum Wizzi dicuntur (Indes bleibt das Räthsel doch noch ungelöst; denn schon Nestor kennt den Namen bjel osero, d. h. weißer See. Derselbe kann also nicht wohl eine Uebersetzung aus dem Deutschen sein; auch kann Wessensee nicht aus Weißensee corrumpirt sein, weil die gleiche Bedeutung im russischen vorliegt. R.)

[4] v. Ledebur, Zeugnisse eines Handelsverkehrs. S. 35.

[5] Savelieff, Études archéol. et de numismatiques orientales pour la Russie, in Mémoires de la Soc. d'Archéol. et de Numismatiques de St. Petersb. Vol. I, 1847, p. 196.

der Kama in die Wolga lag Bolgar, die Hauptstadt der Bulgaren oder Wolgaren, eines Volkes der finnischen Sprachengruppe, welches lange Zeit den Handel von Bochara mit den baltischen Ländern vermittelte. Jbn Batuta schickte sich bereits an, auf Schlitten mit Hundegespann nach Kamtschadalenart von Bolgar in Begleitung von Pelzhändlern eine Reise nach dem „Lande der Dämmerung" oder nach den Eismeerküsten zu unternehmen, als seine Absichten durchkreuzt wurden.[1]

Dem kaspischen Meere näher lag das Reich der Chasaren, finnischer Sprachverwandten der Bulgaren,[2] deren Hauptstadt an der Wolga von den Arabern Jtil, wie der Strom selbst, genannt wurde.[3] Die Lage dieser Stadt ist noch nicht genau ermittelt worden, ebenso wenig als die Sara's, Sarais oder Serais an der Wolga, welche nach der Zerstörung des Chasarenreiches der Sitz der Usbeken des Kiptschak wurde, und die nach Jbn Batuta drei Tagereisen oberhalb Hadsch-Terchan (Astrachan) lag.[4]

Frühzeitig schon wurden die Araber mit dem Wolgagebiet und den kaspischen Ländern vertraut. Nachdem 868 der Jslam unter den Chasaren sich verbreitet, besuchten im folgenden Jahrhundert Jbn Foßlan, Masudi, Jßtachri und Jbn Hauqal das kaspische Meer und die Wolga. Masudi gebührt das Verdienst, den neu auftauchenden Jrrthum von einer Verbindung des kaspischen Sees mit dem asowschen Meere widerlegt zu haben. Als er auf dem kaspischen See reiste, erkundigte er sich bei Kaufleuten und Schiffern genau über die Beziehungen

[1] Voyages d'Jbn Batoûtah ed. Defrémery et Sanguinetti. Paris 1854. tom. II, p. 398 sq.

[2] Ueber die Jdentität der Katiaroi des Herodot, der Agathyrsen der alten Geographen mit den Acatzir und den Chasaren vgl. Vivien de Saint-Martin (Géogr. Ancienne tom. II, p. 40—61).

[3] Der Brief des Chasarenkönigs Joseph (Russ. Revue 1875. S. 88) enthält auffälliger Weise den Namen der Residenz nicht, obwohl dieselbe genau beschrieben wird.

[4] Voyages d'Jbn Batoûtah, tom II, p. 446.

beider Wasserbecken, und einstimmig widersprach man der Ansicht von einem Zusammenhange beider Meere.[1] Fügen wir hinzu, daß fast ohne Ausnahme bei den älteren arabischen Geographen der kaspische See als ein geschlossenes Becken betrachtet wurde.[2] Ueber das Innere des russischen Reiches waren sie jedoch so wenig unterrichtet, daß sie eine Verbindung des Waräger Meeres (Ostsee) mit dem Pontus durch Hilfe eines räthselhaften Flusses oder Canales quer durch Rußland annahmen.[3] Außerdem gab man dem Itil[4] oder der Wolga eine Gabeltheilung und ließ sie zugleich in das kaspische und in das asowsche Meer münden.[5] Dieser Irrthum, den Masudi verbreitet hat, läßt sich damit entschuldigen, daß um das Jahr 913 n. Chr.[6] 50,000 Russen auf 500 Fahrzeugen den Don aufwärts gegangen waren und von den Chasaren die Erlaubniß erhalten hatten, nach der Wolga überzusetzen, auf der sie dann abwärts fuhren, um die Ortschaften am westlichen

[1] Maçoudi, Prairies d'or ed. Barbier de Meynard et Pavet de Courteille. Paris 1861. tom. I, p. 273—274.

[2] Erst ein so später Schriftsteller wie Ibn Ajâs (schrieb nach 1516 n. Chr.) öffnet das kaspische Meer wieder gegen Norden. (Vgl. Notices et extraits des mss. tom. VIII, Paris 1810, p. 13.)

[3] Der Urheber dieses Trugbildes, Masudi (Prairies d'or tom. I, p. 365) berief sich auf die angebliche Thatsache, daß Trümmer eines Schiffes mit Nähten ohne Nägel, wie sie nur im persischen und indischen Meere gebaut werden, an der Küste von Kreta gefunden worden seien, wie Abu Said aus Siraf (Reinaud, Relation des Voyages faits par les Arabes et les Persans dans l'Inde et à la Chine. Paris 1845, p. 90 sq.) berichtet hatte. Eine Wasserverbindung der Ostsee mit dem Pontus finden wir bei Ibn Haukal (s. seine Weltkarte bei Reinaud, Aboulféda, Introd. zu p. LXXXII), bei Edrisi (s. seine Karte bei Lelewel, Géogr. du moyen-âge, tom. I) und bei Dimeschqi (s. Frähn, Ibn Foßlan S. 189). Offenbar wurden die Araber irre gemacht durch lateinische Radkarten, welche Asien von Europa durch den Don abschneiden lassen, s. oben S. 101.

[4] Unter diesem Namen (Ἀττίλα) kennt die Wolga schon Menander (Niebuhr, Corpus Script. Hist. Byzant. Pars I, p. 300). S. oben S. 93.

[5] Edrisi, tom. II, p. 332. Reinaud, Aboulféda, Introd. p. CCXCVI sq.

[6] Vgl. Defrémery, Mémoire sur la famille des Sadjides, Journal Asiat. Novembre—Decembre 1847, p. 404.

Ufer des kaspischen Sees zu plündern. Auf diesem Zuge überschritten sie wahrscheinlich bei Zaritzin die Landenge zwischen Don und Wolga, indem sie entweder ihre Fahrzeuge nach Art der Pelzhändler in den Hudsonsbaigebieten auf den Schultern über die Tragplätze schafften, oder an der Wolga frische Boote sich zimmerten. Die Araber aber vermutheten, daß sie ohne Unterbrechung auf nassen Pfaden aus dem schwarzen in das kaspische Meer gelangt seien.

Waren die arabischen Geographen solchen Irrthümern unterworfen, so würde auch ihr Zeugniß über den Lauf des Oxus oder Dschihun für uns nur geringen Werth besitzen, wenn nicht schon damals, wie noch gegenwärtig von Astrabad eine Straße durch die Wüste nach dem Aralsee geführt hätte, auf welcher ein trockenes Flußbett gekreuzt werden mußte.[1] Bei den Arabern begegnen wir endlich einer unzweideutigen Schilderung des Aralsees, in welchen sie den Oxus der alten Geographen münden lassen.[2] Masudi, der unter den arabischen Reisenden zuerst den Aral erwähnt als See von Charizm oder Dschordschan,[3] kennt sowohl eine aralische als auch eine kaspische

[1] Dies ist erst klar geworden durch Arminius Vámbéry (Travels in Central Asia. London 1864 p. 106.). Die Ruinen, welche dieser Reisende auf dem Wege nach Chiwa sah (p. 99) und für griechische Baureste hielt, sind wohl jünger. In der Nähe von Astrabad kennen die arabischen Geographen zwei Städte Abiskun und Dschordschan (Sprenger, Post- und Reiserouten, S. 52), und die Lage des letzteren ist noch jetzt auf unseren Karten durch den Fluß Gurgan kenntlich geblieben, der ins kaspische Meer mündet. Nur darf man dieses südliche Dschordschan nicht verwechseln mit dem zweiten nördlichen Dschordschan Charizms, welches in der Nähe des heutigen Chiwa gesucht werden muß. Dimeschqi (ed. Mehren, p. 194) nennt deutlich das kaspische Meer Dschorschan und p. 195 den Aralsee den See von Charizm. Auch bemerkte er zur Unterscheidung der beiden Dschorschan, daß das eine in Charizm seinen Namen trage, weil die dschorschanischen Karawanen dort einkehrten (p. 310), das andere sei die Hauptstadt von Mazenderan (p. 314).

[2] Kazwini, Kosmographie, übersetzt von H. Ethé. Leipzig 1868. S. 362.

[3] Prairies d'or, tom. I, p. 211.

Mündung des Dschihun.[1] Aehnlich vermuthet Ißtachri, auf den man sich in dieser Streitfrage gern beruft, obgleich auch er von einer aralischen Mündung des Oxus spricht, daß der Aralsee mit dem kaspischen Meere durch eine Ablenkung des Dschihun eine Verbindung noch aufrecht erhalte.[2]

Der Jaxartes oder Syr Darja, den wiederum Masudi zuerst kennt[3] und der bei den späteren nach einer Uferlandschaft der Fluß von Schah heißt, hatte im Alterthum die nördliche Grenze des asiatischen Wissens gebildet.[4] Erst spät, nämlich nach 725 (1324—25 n. Chr.), verbreitete sich der Islam von Westen her in das kaschgarische Turkistan.[5] Die Araber wurden indessen auch mit den Südrändern der Steppen am Balchasch bekannt, welche schon damals von wandernden, unter Filzzelten wohnenden Hirten durchzogen wurden.[6] Zur Zeit der Mongolenherrschaft wurden Pässe des Thianschan oder des Himmelsgebirges bei dem chinesischen Landverkehr überstiegen.[7] Der westliche Ausgangspunkt dieser Straße war Samarcand, von wo die Karawanen zunächst nördlich an den Syr Darja zogen, nach einer Stadt, die Farab und nach Sultan Baber auch

[1] Silv. de Sacy's Auszüge aus Masudi's Kitab et-tenbih in Notices et extr. de mss. tom. VIII, p. 154. Vgl. oben S. 9.

[2] Buch der Länder, S. 128, 129. Jaqut folgt blind dem Ißtachri. Barbier de Meynard, Dictionnaire de la Perse, p. 183.

[3] Kitab et-tenbih in Not. et extr. tom. VIII, p. 154.

[4] Shems ed-din de Damas (Dimeschqi) Cosmographie trad. par. M. F. A. Mehren, Kopenhagen 1874. p. 114—115 ist der einzige Araber, der den Syr mit dem Dschihun 20 Parasangen vor der Mündung in den Aralsee sich vereinigen läßt.

[5] Schehab ed din Dimeschqi in Notices et extraits. tom. III. p. 235.

[6] Edrisi, tom. II, p. 218.

[7] Eine Beschreibung dieser Straße findet sich in Schehab ed din's Mesalek el abasar, übersetzt von Quatremère (Not. et extr. tom. XII, p. 223 sq.). Wir müssen aufmerksam machen, daß es zwei arabische Geographen mit den Beinamen Dimeschqi gibt. Der obgenannte Schehab ed din Abu'l Abbas Ahmed starb 749, der andere Schems-eddin Abu Abdallah Mohammed, der auch den Beinahmen Ansari führt, starb 1327 n. Chr.

Otrar genannt wurde.[1] Der nächste Rastplatz Talas oder Taras am Flusse gleichen Namens lag ostsüdöstlich.[2] Von dort nach Osten sich wendend, berührte der Pfad die berühmte Stadt Almalik, die für das heutige Kuldscha am Ili erkannt worden ist.[3] Vom Ili aus bogen die Karawanen gegen Süden ab, um über einen Gletscherpaß des Thianschan Kutscha im östlichen Turkistan zu erreichen. Der Weg über das Himmelsgebirge führte am chinesischen Pe-schan vorüber, in dessen Nähe Salmiak erbeutet wird[4] und der auch sonst zu den größten Merkwürdigkeiten gehören würde, wenn er mitten im Festlande in der größten Entfernung vom Meere oder von Landseen wirklich noch unter die thätigen Vulkane gehören sollte.[5] Von Kutscha aus springt die arabische Straßenbeschreibung sogleich bis nach Kantscheu, der ersten Stadt Chinas oder (Chata's)[6]

[1] Das Oltrare der spätern lateinischen Karten des Mittelalters. Nach Kiepert's Atlas liegen die Ruinen genau unter 45° n. Br. am Syr Darja; s. auch Biruni's Angaben auf der Karte Nr. 2 in A. Sprenger's Post- und Reiserouten.

[2] 43° 45′ n. Br. 70° 30′ ö. L. (Kiepert). Ißtachri, Buch der Länder, S. 130 kennt bereits Taras. S. oben S. 92.

[3] Ritter, Erdkunde, 2. Theil. S. 402. Naßr ed din aus Tus und Ulug Beg geben Almalik sehr genau eine Breite von 44°, ihre Längen (102° 30′ oder 103° 0′) sind aber viel zu westlich, da bei ihnen Usch 120° 20′ ö. L. und Kaschgar 106° 30′ ö. L. liegt.

[4] Ritter, Erdkunde, 2. Theil, S. 335. A. v. Humboldt (Centralasien Bd. I, S. 375—6) scheint aber die dortigen Erscheinungen mit dem Pe-schan zu verwechseln.

[5] Masudi (Prairies d'or, p. 347—349) verlegt die Salmiakgruben und vulkanischen Erscheinungen des Thianschan in die Gebirge von Sogd, also streng genommen in die Kaschgarpässe. Vergeblich hatten bisher die Russen im Thian-schan nach Vulkanen gesucht, den Krater eines erloschenen Kegels aber hat Dr. Stoliczka, der geologische Begleiter Gordon's, bei einem Ausfluge von Kaschgar nach dem Thian-schan im Jan. 1874 entdeckt. (Proceedings of the r. geogr. soc. vol. XVIII. Nr. 4. 1874. p. 420).

[6] Die Chitanen, am Sungari ansässig, beherrschten mehrere Jahrhunderte Nordchina. Von ihnen rührt der Name Chitai, Chata oder Cathay her, unter dem China den innerasiatischen Völkern bekannt war. The pair of names, Khitai and Machin, or Cathay and China, is analogous to the other pair Seres and Sinae Seres was the name of the great nation

und fügt dann nur noch hinzu, daß man von dort in 40 Tagen Chan-balik, das heißt die mongolische Kaiserstadt Peking erreichte. Die Lücke in diesen Angaben läßt sich aber leicht ausfüllen; denn es gibt in jenem Trauerlande der Erde, wie Carl Ritter malerisch und treffend die von der Natur mit unheimlicher Oede heimgesuchten Flächen der hochasiatischen Gobi nennt, nur am Saume des Tarimgol bewohnbare Strecken, und nur in der Nähe seiner Gewässer konnte sich der Verkehr bewegen. Deßhalb mußten damals wie jetzt die Karawanen über Turfan die Oase Hami oder Chamil zu gewinnen suchen und von dort die Wüste in der Richtung nach Kantscheu kreuzen. Den nämlichen Weg zogen außerdem (vom 25. Februar bis 17. December 1420) die Botschafter Schah Roch's, des Timuriden, nach Peking.[1] Im Süden des Himmelsgebirges angekommen, besuchten sie die Orte Schuldus[2] und Turfan und durchschritten dann in 25 Märschen die Gobi, um zunächst Sok-tscheu (Su-tscheu), die erste chinesische Stadt am Südrande der Wüste, zu betreten. Von dort führte sie ihr Weg über Kantscheu zu dem Cara-moran oder schwarzen Fluß, wie die Mongolen den Hoangho nennen, über den sie wahrscheinlich bei Lan-tscheu[3] setzten, um seinen mächtigen Nebenfluß, den Wei, zu erreichen, von dessen Südufer bei der Völkerstadt Sadin-fur (Si-ngan-fu) die große Straße nach Peking verfolgt wurde.

in the far East as known by land, Sinae as known by sea. H. Yule, The boock of Ser Marco Polo. London 1875. vol. I. Introduction p 11.

[1] Abd-errazzak, Récit des ambassadeurs qui avaient fait le voyage du Khata (China) ed. Quatremère, Notices et extraits des mss. tom. XIV. p. 387–410. Auch sie gingen von Samarcand aus und berührten Taschkend und Seiram, letzteres südlich vom Himmelsgebirge, westlich von Kutscha gelegen. Eine andere Route erwähnt Masudi (I, 348), bemerkt aber nur, daß sie, wenn auch mit Lastthieren auszuführen, doch bis China vier Monate Zeit erfordere.

[2] Dschultus in Ritter's Atlas von Asien heißt ein Seitengewässer des Tarimflusses, welches die Straße von Kutscha nach Turfan kreuzt.

[3] Diese Route verfolgte Sossnowski 1875. Vgl. die Karte zu Przewalski's Reisen in der Mongolei. Petermann, Mittheilungen 1876. Tafel 1.

Dies war zu den Zeiten der Mongolenherrschaft die merkwürdige Verkehrslinie, welche die westliche und östliche Cultur in Berührung setzte, und auf ihr werden wir auch Marco Polo und die chinesischen Karawanen zu Zeiten des Florentiners Pegoletti antreffen. Wir dürfen aber nicht verschweigen, daß die Botschafter Schah Roch's auf ihrer Rückreise aus China, in Su-tscheu angelangt, die Straße nach dem Tarim durch Kriegsgetümmel beunruhigt fanden, so daß sie es vorzogen, am Südrande der Gobi über Chotan heimzukehren, ein Pfad, der nicht mehr gangbar ist.[1]

Sehr beschränkt waren die Kenntnisse der Araber von dem nördlichen Tiefasien. Am weitesten in diese Räume war Salam mit dem Beinamen der Dollmetsch eingedrungen. Ihn schickte der Chalif Wathek billah wahrscheinlich im Jahr 844 n. Chr. dorthin, weil ihn ein Traumgesicht beunruhigte, als ob die Alexandermauer oder der Judenwall[2] eingestürzt sei und die Völker der Apokalypse Jadschudsch und Madschudsch (Gog und Magog) die Welt mit den Schrecknissen des jüngsten Gerichtes zu erfüllen drohten. Nach seinem Reisebericht[3] zog Salam von West nach Ost, um den Nordrand des kaspischen Meeres herum, über die Kirgisensteppen bis zu dem Lagerplatze des Chakan der Adhkasch am Fuße des Judenwalles, dessen Pforten er zur Beruhigung des Chalifen noch fest verriegelt fand. Da Salam bei den Adhkasch persische Sprache und quorankundige Leute antraf und er seinen Rückweg über Samarcand nahm, so darf der Sitz der Adhkasch und der angebliche Judenwall nicht allzu östlich vom Syr Darja gesucht werden.[4] In Folge dessen

[1] Neuere Aufschlüsse über die Verbindungen Hochasiens gewährt Walichanow „Ostturkistan oder Nan-Lu" in Ermann's Archiv für Kunde von Rußland. 1862. 4. Heft. S. 608 ff.

[2] S. oben S. 94.

[3] Bei Edrisi (tom. II, p. 416 sq. Jaubert) am ausführlichsten.

[4] Ritter, Erdkunde, 2. Theil, S. 1128, sieht in den Adhkasch die Hakas und verlegt den Judenwall in die Pässe der Eiskette des Thianschan.

wurde von den Arabern der Schauplatz der abendländischen Sage von Gog und Magog mit der Erweiterung der Länderkunde von seiner classischen Stelle am Fuße des Kaukasus zunächst über den Jaxartes hinausgerückt, und später immer weiter gegen Osten verscheucht; denn im 14. Jahrhundert wollte Ibn Batuta in der chinesischen Mauer den Judenwall entdeckt haben.[1] Sonst kennen von Nordasien arabische Geographen, die nach Begründung der Mongolenherrschaft schrieben, den Irtysch als östlichen Grenzfluß des Reiches Kiptschak und das Land Sibir als Ursprungsgebiet der Veh- und Zobelpelze, nach ihren Vorstellungen eine grauenhafte Wildniß, die ohne Pflanzenwuchs, mit Schnee und Eis bedeckt, ewig verhüllt von finsterem Nebel und daher unerwärmt von der Sonne, sich bis zu einem schwärzlichen Meere erstrecken sollte.[2]

Ueber beide Indien und das südliche China finden sich bei den Arabern Berichte aus drei verschiedenen Jahrhunderten, nämlich aus den Zeiten der großen Abbasiden, aus der Zeit nach den Eroberungen Indiens durch Mahmud und aus der Zeit der Mongolendynastie in China. Ein Kleinod für die Geschichte der Erdkunde sind die Erzählungen des Soleiman und anderer arabischer Chinafahrer, die Abu Said aus Siraf um das Jahr 851 n. Chr. sammelte und die auch Masudi benutzen konnte, welche aber schon zu Edrisi's Zeiten nicht mehr verstanden wurden, und deren Erklärung asiatische Sprachkenner und Geographen so vielfach angestrengt hat.[3] Siraf im persischen Golfe an der Küste von Fars war der Ausgangspunkt der arabischen Chinafahrer, der persische Meerbusen das erste der

[1] Voyages ed. Defrémery, tom. IV, p. 274. Die Sage von den lauernden Völkern der Apokalypse hat sich noch frisch im Morgenlande erhalten. So führte noch vor fünfzehn Jahren Bellew (Journal of a Mission to Afghanistan, London 1862, p. 374 sq.) ein ergötzliches Gespräch mit einem afghanischen Großen in Kandahar, über den möglichen Einbruch der Jadschudsch und Madschudsch durch den Judenwall.

[2] Schehab ed din Dimeschqi, in Notices et extr. tom. XIII, p. 281—291.

[3] Die Sammlung des Abu Said aus Siraf hat Reinaud arabisch und

sieben Meere, in welche die Schiffer den Seeweg nach China eintheilten. Das zweite Meer, Larewi genannt,[1] bespülte die Westseite Indiens und endigte bei Kulam-Malai oder dem lange Zeit so blühenden Hafen Kollam in Malabar. Die Kette der Koralleninseln, die wir die Lakediven und Malediven nennen, namentlich letztere, wurden von den Arabern viel besucht.[2] Zu diesen Inseln zählten sie, aber nicht eben glücklich, auch Serendib[3] oder Ceylon, das wegen seiner Edelsteingruben, seiner Perlenfischereien und wegen des Fußabdruckes auf dem Adamspic von ihnen gefeiert wurde. Die arabischen Schiffe benutzten, wenn ihre Bestimmung die Ostküste Indiens war, die Palkstraße,[4] die Chinafahrer dagegen ließen Ceylon zur Linken und fuhren quer über den bengalischen Golf,[5] der bei ihnen den noch unerklärten

französisch herausgegeben. (Relation des Voyages faits par les Arabes et les Persans dans l'Inde et à la Chine. Paris 1845, 2 vol.) Näher erläutert hat er sie später in der Einleitung zum Abulfeda, p. CCCLXXVII—CDXX. Wichtige Beiträge zum Verständniß der schwierigen Berichte lieferten Dulaurier in seinen Études sur la Relation des Voyages (Journ. Asiat. 1846. Sept. p. 131—222.) Quatremère (Journal des Savants. 1846. Sept. Nov.) Chr. Lassen (Indische Alterthümer Bd. IV, S. 911 ff.) und A. Sprenger (Post- und Reiserouten des Morgenlandes, S. 79), letztere besonders schätzbar durch die Benutzung Ibn Chordadbeh's.

[1] Nach dem Larice des Ptolemäus. Masudi (I. 381) leitet den Namen von der Larisprache ab, welche an der dortigen Küste gesprochen werde.

[2] Die Araber verwandelten das indische Wort dwîpa (Insel) in Diwa und Diba; daher heißt die südliche Gruppe bei Ibn Batuta, der längere Zeit sich dort aufhielt, Diba-t-Almahal, Voyages d'Ibn Bat. tom. IV, p. 110, 126.

[3] Der Name ist aus Sinhala dwîpa (Löweninsel) entstanden. (Vgl. Eugène Burnouf, Géogr. ancienne de Ceylan, Journ. Asiat. Janv. 1857, p. 5—117.)

[4] Bei Biruni, l. c. p. 261—263, findet sich die genaueste Beschreibung der Küsten Manaars.

[5] Man hat früher vielfach gezweifelt, ob die Uferfahrt nicht längs der Küste erfolgt sei. Bisher übersah man, daß Soleiman ausdrücklich bemerkt: On s'approvisionne d'eau douce à Koulam-Malay: puis on met à la voile pour la mer de Herkend. (Relation des Voyages, p. 16.) Ein Seemann wird sogleich aus dieser Bemerkung auf eine längere Fahrt schließen. Man beachte, daß Soleiman bei der Beschreibung der Hafenplätze immer sorgfältig angibt, ob süßes Wasser zu finden sei.

Namen Herkend führte[1] und von Ceylon bis Sumatra reichte. Mit dem Südwestmonsun gewannen die Schiffe zuerst die von nackten, aber gutartigen Wilden bewohnten Cocosinseln Lendschbalus,[2] die wir um so zuversichtlicher als die Nikobarengruppe zu erkennen vermögen, als Soleiman von zwei anderen, durch die See Andaman getrennten Inseln spricht, die von nackten, ungastlichen und negerartigen Menschen bewohnt wurden.[3] Von den Nikobaren liefen die Schiffe in die Malakastraße, die bei ihnen das Meer von Kalah oder Schelahet hieß. Zwar ist auch dieser Name noch nicht befriedigend erklärt worden;[4] daß er aber auf die Malakastraße bezogen werden muß, dafür bürgt Soleiman's Angabe, daß die Insel Ramni zwischen dem Herkend- und Schelahet-Meere liegt. Ramni nämlich, eine

[1] Reinaud (Aboulf. Introd. p. CDXI) hält Herkend für einen arabischen Schreibfehler, statt Tamralipti; Lassen, Ind. Alterth Bd. IV, S. 916, will darin Harikanda, das Land des Hari oder Wischnu erkennen. A. Sprenger (Post- und Reiserouten des Orients, S. 84) vermuthet, daß Point de Galle auf Ceylon ehemals Herkend geheißen habe.

[2] Der Name لنج بالوس, wird von Masudi (Prairies, tom. I, p. 338) el Lendschmalus النجمالوس, von Edrisi (tom. I, p. 76) sowohl Landschalius لنجاليوس, als auch Lankialius لنكياليوس geschrieben, und die letztere Schreibart hat Lelewel (Géogr. du moyen-âge, tom. IV, p. 4) festgehalten, um die Insel Langkawi in der Malakastraße nördlich von Pulo Pinang als synonym zu bezeichnen. Diese Vermuthung hat nur das Eine für sich, daß Soleiman die Bewohner von Lendschbalus von heller Hautfarbe schildert, was allerdings besser auf malayische als nikobarische Bevölkerung passen würde.

[3] Der Bericht ist außerordentlich treu, wenn er die verschiedene Gemüthsart der Andamanen und der Nikobaren schildert. Auf den letzteren Inseln bekamen die Araber niemals Frauen zu Gesicht, ein Mißgeschick, welches tausend Jahre später auch der Novara widerfuhr. (v. Scherzer, Reise der Novara um die Erde. Wien 1861. 2. Bd. S. 19.)

[4] Dulaurier (Journ. Asiat. Sept. 1846, p. 188), welcher die Lesart Selahet vorzieht, erklärt wie Marsden den Namen aus Selat, was im Malayischen einen Sund bedeutet. Nach Kazwini (Kosmographie, übers. v. H. Ethé. S. 229) ein Meer gleiches Namens zwischen Ceylon und dem indischen Festlande.

Insel, bewohnt von anthropophagen Stämmen, wahrscheinlich den Batta der heutigen Erdkunde, reich an Goldschutt und vor allem der Ursprungsort des kostbaren Fansurkamphers, kann nur Sumatra sein.[1] Ein Haupthandelsplatz im Meere Schelahet hieß Kalah, daher die Araber den Küstenstrich Kalahbar und den Sund selbst die See von Kalah nannten. Sonst erfahren wir zur Bestimmung dieses Ortes weiter nichts, als daß er auf dem Festlande und nahe dem Aequator[2] lag, also auf der Halbinsel Malaka gesucht werden muß.[3] Durch die Straße von Singapur erreichten hierauf die Chinafahrer die fünfte See oder das Meer Kidrandsch, von dessen Küsten ebenfalls Kampher in den Handel gebracht wurde.[4] An den Natuna=

[1] Unser Handelskampher ist das Produkt eines Baumes (camphora officinarum Nees) in China und Japan, weit höher wird aber in Indien der Sumatrakampher (von Dryobolanops aromatica Gaert.) geschätzt. (Vgl. Nature. vol. 10. May 7, 1874. p. 8.) Der Fansurkampher gehört aber nach Marco Polo (III, 16) ausschließlich Sumatra an. Da sich alle arabischen Reisenden und die meisten arabischen Geographen durch die Genauigkeit ihrer Produktenkunde auszeichnen, so wird man selten fehl gehen, wenn man aus den Erzeugnissen auf die Länder zurückschließt. Der Name Sumatra wird zuerst im 14. Jahrhundert gebräuchlich, wo Ibn Batuta (Voyages, tom. IV, p. 230) eine Stadt Sumatra auf der Insel dieses Namens besuchte.

[2] Kazwini bei Gildemeister (Script. Arab. de rebus Indicis loci, Bonnae 1838, p. 200).

[3] Man hat Kalah für die jetzige Malayenstadt Quedda oder Kedda erklärt. (Quatremère, Journ. des Savants. 1846, Dec. p. 734.) An der Küste Malakas finden sich indessen eine Menge zusammengesetzter Namen, die mit Qualla oder Kalla beginnen, z. B. Qualla Ina, Qu. Linga, Qu. Lukut, Qu. Marabu, Qu. Tassek u. s. w. Qualla bedeutet Flußmündung (s. Newbold, Straits of Malaca, London 1839, tom. I, 188). Vielleicht kann man aber Kalah in Calang wieder finden, wie ein Fluß und eine Stadt an der Malakastraße heißt, eine Oertlichkeit, die deßwegen eine große Bedeutung hat, weil sich in der Nähe höchst ergiebige Zinngruben finden. Newbold l. c. tom. II. p. 27 sq. Von Kalah aber holten die Araber ein Metall, welches sie Kalah=Blei nannten. Ibn Chordadbeh bei Sprenger, Post= und Reiserouten, S. 87. Masudi (tom, I, 341) unterscheidet es als „weißes Blei" von dem gewöhnlichen und kann nur Zinn damit bezeichnen.

[4] Diese Angabe des Masudi (Prairies, tom. I, p. 340) ist entscheidend,

Inseln[1] vorüber gingen sie von Borneo nach Tschampa, von welcher Küste der südchinesische Golf, das sechste Meer, die See von Sanf genannt, seinen Namen erhielt.[2] Nach den Vorstellungen der arabischen Chinafahrer reichte das Sanfi-Meer bis zur Insel Hai-nan, wo das siebente Becken, die China-See oder das Sandsch-Meer begann, das sich zu unbekannten östlichen Fernen erweiterte. In Chanfu,[3] dem Hafenplatze für das binnenwärts in Tschekiang gelegene Hang-tscheu-fu, welches letztere bei Marco Polo Quinsay, bei Ibn Batuta

um Kibrandsch nach Borneo zu verlegen. Der Name Kiborong hat sich dort bei einem Vorgebirge erhalten, welches die nördliche Grenze von Sarawak bildet; der Berg, der nach Soleiman (Relation, tom. I, p. 18) bei Kibrandsch als Wegweiser diente, kann entweder der weithin sichtbare Molu oder die Kina Balu sein (vgl. Bayle St. John, Forest Life in the Far East. London 1862, tom. II, p. 271 und die Karte von Borneo im ersten Band).

[1] Soleiman, Relation p. 18, schreibt allerdings Betumah (بتُومه), weshalb Dulaurier Kalah für Galle auf Ceylon, Betumah mit Haus des Thomas oder Meliapur (wo der Apostel aufgetreten sein soll), Kibrandsch mit Kiranga an der Kistna erklärte. Da aber diese Punkte nach der Ostküste Indiens zurückführen würden, erscheint die Schreibart bei Edrisi (I, p. 82, Jaubert) Tenumah تنومه vorzüglicher, die aber auch ebenso gut Natumah نتومه gelesen werden kann, weil es sich ja nur um eine verschiedene Beziehung der diacritischen Punkte handelt. Quatremère (Journal des Savants 1846, Dec. p. 735) hat zuerst hinter Betumah die Natuna-Inseln erkannt, und ihm ist Lassen (Ind. Alterthümer, Bd. IV, S. 947) gefolgt.

[2] Die Bezeichnung dieses Meeres (جب الصنف) ist befriedigend aufgeklärt. Tschampa heißt noch jetzt die Küste zwischen Cochinchina und Cambodscha. Masudi (Prairies, tom. I, p. 330) und Soleiman (Relation, tom. I, p. 18) kennen dort als vorzügliches Produkt das Adlerholz, welches sie Sanfi nannten العود الصنفي. Auch Marco Polo (III, cap. 6) zählt das Aloe oder Adlerholz zu den wichtigsten Erzeugnissen Ziamba's.

[3] Nicht Canton ist darunter zu verstehen, sondern das Gampu des Marco Polo, an der Mündung des Tschekiang, zwei geogr. Lieues von Hang-scheu-fu entfernt. 30° 28′ n. Br. 117° 47′ ö. L. v. Paris, jetzt gänzlich versandet. Vgl. Klaproth (Tableaux. histor. p 227).

Chansa heißt, fanden die Umsätze der Chinafahrer statt. Dort besaßen die Araber bis zum Sturze der Thang-Dynastie gegen das Ende des neunten Jahrhunderts ein volkreiches Fremdenquartier, und Einzelne der Ihrigen, wie Ibn Wahab, gelangten bis zur damaligen Hauptstadt der Thang, nach Khomdan oder Tschang-ngan.[1] Canton wurde damals noch nicht berührt, aber im vierzehnten Jahrhundert soll Ibn Batuta, der übrigens in dem neu aufblühenden Hafen Zai-tun[2] gelandet war, von dort aus die berühmte Stadt am Perlenflusse besucht haben,[3] bevor er über Chansa (Hang-tscheu-fu) auf dem Kaisercanal nach Chanbalik (Peking) sich begab.

Waren auch die Kenntnisse der Araber vom himmlischen Reiche nur auf die großen Straßen beschränkt, die von der Gobi oder von den Küstenplätzen nach Si-ngan-fu oder Peking führten, so konnten sie uns doch ein reiches Bild von dem wohlgeordneten und verfeinerten Staate der Chinesen erhalten. Auch von Tübet[4] empfingen sie seit dem neunten Jahrhundert n. Chr. Kunde. Assam war ihnen wenigstens dem Namen nach als Ursprungsland einer geschätzten Aloesorte bekannt,[5] und das Land Mudscha, welches sie erwähnen, wird am schicklichsten für das heutige Barma gehalten.[6]

[1] Jetzt Si-ngan (fu) in Schen-si am Weifluß. Vgl. Klaproth (Tableaux histor. p. 229).

[2] So nennt es auch ein halbes Jahrhundert früher Marco Polo. Es ist das chinesische Thseu-thung, jetzt Thsiuan (tscheu-fu) an der Fukianstraße. Vgl. Klaproth (Mémoires relat. à l'Asie, tom. II, p. 208).

[3] Seine Herausgeber halten (tom. IV, p. 225) wenigstens die Stadt dafür, die er Sin-kalan im Lande Sin-assin nennt. Der alte chinesische Name für Canton war Thsinghaï.

[4] Maçoudi, Les prairies d'or. tom. I, p. 350—351.

[5] Sie nennen es Qamrun, wofür statt eines häufig vorkommenden Schreibfehlers Qamrub gelesen werden muß, Kamarupa war aber ein indischer Name für Assam, dessen Adlerholz eine gesuchte Handelswaare ist. Vgl. Reinaud, Aboulf. Introd. p. CCCLXXXVII.

[6] Reinaud, Relation des Voyages, tom. I, p. 30, tom. II, p. 21, not. 68. Edrisi, tom. I, p. 88.

Sehr ausführlich schildern uns die Araber die Sunda-inseln. Zu Soleiman's, also etwa zu Karls des Großen Zeiten blühte dort ein mächtiges Reich unter einem Maharadscha der Javanen oder Sabedsch. Es umfaßte die Insel Ramni (Sumatra), den großen Handelsplatz Kalah auf der Halbinsel Malaka, und Java selbst, dessen Vulkane nach den arabischen Berichten damals in rastloser Thätigkeit sich befanden.[1] Von den östlich gelegenen Inseln kennen sie noch eine Mehrzahl, deren Namen aber bisher noch nicht befriedigend ermittelt worden sind. Daß jedoch das Wissen der Araber bis zu den Molukken gereicht haben müsse, beweist ihre Kunde von den Inseln, welche die Muskatnüsse und die Nelken hervorbringen.[2] Auch erzählt uns Masudi von einem Thier, welches sieben Jahre im Leibe der Mutter lebe und oft nach der Aetzung dahin zurückkehre. Diese etwas entstellte Kunde kann nur auf die Beutelthiere und darf sogar auf das Känguruh bezogen werden, so daß hier vielleicht die früheste Nachricht von Australien uns vorliegen würde.[3] Endlich ist es nicht unwahrscheinlich, daß die Araber unter den Sila-Inseln, die, von hellfarbigen

[1] Auf Java lag auch die Landschaft Qomar, die von den bisherigen Erklärern bei Cap Kumari (Comorin) an der Südspitze Vorderindiens gesucht worden ist, obgleich die arabischen Berichte sie als Ursprungsland des qomarischen Adlerholzes bezeichnen, welches bei Comorin nicht angetroffen werden kann. Alle Schwierigkeiten schwinden, da Ibn Batuta (tom. IV, p. 240) ein Qomar und das qomarische Aloe auf Mul Dschawa (Java) kennt. Als Warnung möchten wir noch hinzufügen, daß das sundische Qomar nichts mit der Insel Qomr (Madagaskar) zu schaffen hat.

[2] Kazwini (Kosmographie übers. v. H. Ethé. S. 227) bezeichnet eine Insel Bertâjil bei Java als Ursprungsland beider Gewürze und beschreibt den dortigen stummen Handel mit den Eingebornen. Da er von Vulkanen auf Bertâjil spricht, so könnten wir an die Molukken denken, allein er fügt hinzu, daß auf der Insel das Nashorn vorkomme, was nicht auf jene vulkanische Inselkette paßt.

[3] Für die Marsupialia ist Celebes der äußerste westliche Punkt, wo jedoch nur eine Gattung kleinerer fruchtessender Phalangisten vorkommt, auf die allerdings auch die Beschreibung von Beutelthieren bei den Arabern bezogen werden kann. (Da Masudi, Les Prairies d'or, tom. I, p. 387, erzählt,

Menschen in glücklicher Abgeschlossenheit bewohnt und den Chinesen tributpflichtig,[1] im Stillen Ocean lagen, das heutige Japan gemeint und von diesem Reiche die früheste Kunde nach dem Westen gebracht haben.

Größere räumliche Erweiterungen noch als in Asien gewann das Wissen der Araber in Afrika. Ihre uralten Handelsbeziehungen mit der Ostküste, denen schon Ptolemäus seine Kunde von Azanien verdankte, wurden wohl nie unterbrochen; es war dort vielmehr nach und nach eine Kette arabischer Handelsstädte entstanden. Nach einer arabischen Chronik, die den portugiesischen Eroberern in die Hände fiel, wurde Kilwa um das Jahr 400 (1009—10 n. Chr.) und Makdaschu noch 70 Jahre früher (vor 942—43 n. Chr.) von ihnen gegründet.[2] Weiter gegen Südosten stoßen wir auf das heutige Meurka und Barawa,[3] deren Edrisi gedenkt, bei dem wir auch die Städte Melinde und Mombas genannt finden. Unsere heutige Insel Sansibar kannten sie nicht unter diesem Namen.[4] Sansibar, das alte Azania,[5] bedeutete vielmehr bei den Arabern soviel wie Neger- oder Sklavenküste; denn alle schwarzen Bewohner Ostafrikas bis nach Cap Delgado hießen bei ihnen Zendsch, und der Menschenhandel nach Arabien und Persien

El Djahiz habe diese Fabel über das Rhinozerosweibchen in Vorderindien in Umlauf gesetzt, so scheint mir die Beziehung auf die Marsupialia doch sehr gewagt. R.)

[1] Soleiman, in Relation des voyages, tom. I, 60. Maçoudi, Prairies, tom. I, p. 346, 365.

[2] Barros, Da Asia, Dec. I, livro VIII, cap. 6. Lisboa 1777, tom. II, p. 224.

[3] Meurka (1° 45′ n. Br.) ist das Markah مركه des Edrisi (tom. I, p. 44 und 45, Jaubert) und Barawah بروه, wie es im ms. Nr. 334 geschrieben wird (tom. I, p. 55).

[4] Nach Guillain's Vermuthung (L'Afrique Orientale, tom. I, p. 276) ist in den Namen Lendschuya der Name dieser Insel enthalten, welche die eingebornen Suaheli Anguya nennen.

[5] Siehe oben S. 19.

beschäftigte damals wie verstohlener Weise noch jetzt arabische Rheder. Südlich von den Zendsch erstreckte sich das Goldland Sofala bis zum Cap Corrientes. Von den Küstenpunkten, welche die Araber dort angeben, läßt sich die Hauptstadt der Goldküste, welche bei Edrisi Dschebesta heißt, in dem jetzigen Sofala erkennen. Der südlichste Ort, den die Araber Daghuta nennen, lag vermuthlich in der Nähe des jetzigen Inhambane, und dicht daneben müssen wir auch ihren Dschebel-en-Nedama oder das Vorgebirge der Reue suchen, so geheißen, weil starke Strömungen den unbesonnenen Schiffer dort gegen Felsen warfen, oder wenn er das Cap umschiffte, nie wieder in die Heimath zurückkehren ließen,[1] eine Schilderung von sehr lebhafter Farbe zwar, die aber deutlich uns das Cap Corrientes erkennen läßt, wo die ostafrikanischen Strömungen stürmisch nach dem Südhorne Afrikas drängen. Daß die Schifffahrt der Araber sich so südlich erstreckte, bezeugt uns der Zusatz, daß man das Sohaïlgestirn (Canopus) dort zu Häupten sehe, was zwar nicht buchstäblich zu nehmen ist, aber für die Erreichung ziemlich hoher australischer Breiten bürgt. Südlicher als Sofala erstreckte sich aber nicht das Wissen der Araber, denn die Länder oder die Inseln der Waq-waq, bei denen „die Affen goldene Halsbänder trugen und die Hunde an goldenen Ketten lagen," müssen nördlicher gesucht werden.[2]

Die Araber beschreiben uns auch Madagaskar, die Heimat des Vogels Roch, dessen Eier, wenn auch nicht von gleicher Größe, wie das Märchen sie verlangte,[3] noch immer dort ge-

[1] Ibn Said bei Guillain (L'Afrique orientale, tom. I, p. 250).

[2] Mohammed ibn Zakaria, bei Kazwini (Kosmographie, übersetzt von H. Ethé. S. 226). Masudi verlegt den Sitz der Waq-waq richtiger an die Grenze von Sansibar (Prairies, tom. I, p. 233) und nicht jenseit Sofala, wie Edrisi (I, 79) und seine Nachfolger; denn Guillain (L'Afrique orientale, tom. I, p. 232) belehrt uns, daß der Name der Neger zwischen Cap Delgado und der Moçambique-Insel, welche auf unsern Karten Makua heißen, ein Singular sei, dessen Plural Wakwa lautet.

[3] Shems ed-din de Damas, Cosmographie par M. A. F. Mehren. p. 217.

funden werden. Es hieß bei ihnen die Mondinsel,[1] doch schwankten sie selbst, ob der Name Qamar oder Qomr gelesen werden sollte.[2] Die Bezeichnung Qamara oder Mondinsel war aber nicht zufällig gewählt, da Madagaskar im Angesichte des Mondlandes und der Mondgebirge lag.[3] Doch wurde die Aussprache Qomr frühzeitig den Arabern geläufig,[4] und sie hat sich noch jetzt erhalten in den Namen der Comorengruppe, welche bei den Arabern Qomaïr oder die kleinen Qomr-Inseln hießen.[5] Der Name Qamara behauptete sich aber eben so zäh, bis zu der Zeit, wo die Portugiesen in den Gewässern Ostafrikas sich zeigten; denn auf einer der ältesten Karten findet sich für Madagaskar oder die St. Lorenzinsel die Benennung Camarocado.[6]

Um die Länderkunde alter Völker zu verstehen, müssen wir selbst sorgfältig unterrichtet sein über die Erdräume, welche frühere Geographen beschrieben. Wie wir im vorigen Abschnitte sahen, wurde das ptolemäische Indien uns erst von neuem aufgeschlossen durch die Verdienste Christian Lassen's. Ganz ähnlich wären die Nachrichten der Araber über die Negerlande

[1] So liest man noch auf der Karte von Afrika bei Mercator Hæc insula Madagascar ab incolis id est insula lunae vocatur.

[2] Abulfeda (ed. Reinaud, Prolégom. p. 81) nennt die Autoren, die den Namen القمر Qomr oder Qamara (Mond) lasen.

[3] Siehe oben S. 31.

[4] Schon Masudi (Prairies, tom. I, p. 205) schreibt جبل القمر.

[5] Biruni im Journ. Asiat. Septbr. 1844. p. 266. Nach Reinaud, Aboulféda, Introd., p. CDXXII, ist Qomair die Verkleinerungsform von Qomr. Quatremère (Journ. des Savants. 1846, Decbr. p. 748) hat in der Qomoreninsel Andschbeh انجبه des Edrisi sehr scharfsinnig einen Schreibfehler statt Andschene انجنه oder die heutige Anschoane-Insel erkannt.

[6] Charta Marina Portugalensium, angeblich 1503 entworfen, kennt die drei Namen Madagaskar, Comorbina (Comortina), S. Laurentii, s. Lelewel's Atlas. Johann Ruysch (Ptolem. Rom 1507, 1508) hat den Namen in Camarocado verunstaltet. Bernhard Sylvanus aus Eboli 1511 schreibt auf seiner Karte Comortina Insula.

Afrikas im Süden der Wüste uns jetzt noch unverständlich, wenn Heinrich Barth und seine ebenbürtigen Nachfolger Vogel, Rohlfs und Nachtigal uns nicht auf jene Schauplätze geführt und in ihre Geschichte eingeweiht hätten. Von ersterem erfahren wir, daß der Islam in Bornu in der Zeit von 1086—1097 n. Chr. die herrschende Religion wurde, daß er sich schon am Beginn des elften christlichen Jahrhunderts nach dem großen Reiche der Sonrhay am mittleren, und am Beginn des dreizehnten Jahrhunderts nach dem Reiche Melli am obern Nigerstrom verbreitete.[1] Man sollte vermuthen, daß die Pilger des mohammedanisch gewordenen Sudan quer durch das Festland nach den heiligen Städten in Arabien gewandert wären; allein es wird uns ausdrücklich bezeugt, daß wenigstens vom Niger aus die Wallfahrer nordwärts durch die Wüste nach Algier zogen.[2] Nördlich vom heutigen Darfur und Wadai erstreckte sich im zwölften und dreizehnten Jahrhundert die Herrschaft der Zoghaua, eines subäthiopischen Stammes, wie H. Duveyrier diese Uebergangsformen zwischen den Berber- und Negervölkern nennt. Dieser Stamm war zum Islam übergetreten und den arabischen Geographen wohl bekannt.[3] Gegen Südwesten begrenzte sie das Reich Kanem, welches wenig besucht wurde, obgleich, damals wie jetzt, eine Straße über Fezzan durch die Wüste führte.[4] Den mittleren Theil des Sudan kannten über-

[1] Heinrich Barth, Nord- und Centralafrika. Bd. II, S. 309. Bd. IV, S. 417, 603, 609.

[2] Ibu Khaldoun, Hist. des Berbères par le baron de Slane. Alger. 1852—56, tom. II, p. 116.

[3] Edrisi, Description de l'Afrique, ed. Dozy et de Goeje, Leyden 1866, p. 40. Ibn Chaldun (ed. Slane, tom. II, p. 109). Was H. Barth (Centralafrikanische Vocabularien S. LXVIII.) über die Zoghaua mittheilt, wird von Nachtigal zum Theil bestätigt. Unter den Völkertypen, welche von den Mittelmeerberbern durch verschiedenartige Tibbustämme allmählich zum Negertypus hinüberleiten, stehen die Zoghaua, von den Tibbu sprachlich bereits vollständig getrennt, den Bewohnern des Sudan wohl am nächsten.

[4] El Bekri, Afrique septentrionale, ed. Slane. Journ. Asiat. 1858. Octbr. p. 440.

haupt die Araber viel weniger als das Reich der Sonrhay am mittleren Laufe des Niger mit seinem ehemaligen Königssitze Gogo,[1] von dessen Herrlichkeiten Heinrich Barth nichts aufzufinden vermochte als einen verfallenen Thurm, den Rest der ehemaligen Hauptmoschee.[2] Unter den Wendekreisen eilt Alles rasch der Reife und dem Verfall entgegen. Damals, wie noch heutigen Tages in allen Negerländern, wuchsen unter begabten Herrschern große Reiche rasch empor, um ebenso bald unter unfähigen Nachkommen zu verfallen. Ebenso rasch wechselte auch die Blüte der Handelsplätze. So wird von den Arabern eine Stadt Tademekka gepriesen, die von Gogo neun Märsche in der Richtung nach Ghadames lag und die bis auf den Namen jetzt verschwunden ist.[3] Ein gleiches Schicksal betraf die Oasenstadt Tacadda oder Tagadda, bewohnt von Lithamträgern,[4] wo sich die Wüstenpfade aus dem Sudan nordöstlich nach Ghat und nördlich nach Tuat abzweigten.[5]

Viel bedeutsamer für das Verständniß der späteren Entwicklung unserer Wissenschaft sind die Nachrichten der Araber von den großen Negerstaaten in den Räumen zwischen dem Niger und dem Senegal. In älterer Zeit bestand dort das Reich Ghana oder Ghanata, dessen Herrscher eine Zeit lang

[1] Edrisi, Descript. de l'Afrique ed. Dozy et de Goeje. p. 13. El Bekri, ed. Slane. Journ. Asiat. Septbr. 1859, p. 121. Ibn Batoûtah, Voyages, tom. IV. p. 436.

[2] Reisen und Entdeckungen in Nord- und Centralafrika. Bd. V, S. 217.

[3] El Bekri l. c. p. 118—121. Die Stadt der Tademekket, eines Tuaregstammes, lag in der Wüste zwischen Gogo und der Oase Tuat, wo unsere Karten Essuk verzeichnen; s. Barth, Nord- und Centralafrika, Bd. 5, S. 184, 459 und Henri Duveyrier im Bulletin de la Soc. de Géographie. (Paris 1863, p. 107.)

[4] Das Litham ist die Binde, womit sich die Tuareg der Sahara das Gesicht bis auf die Augen verhüllen.

[5] Tagadda lag nach Ibn Chaldun (Histoire des Berbères, tom. II, 115—116) 70 Märsche im Südwesten der südalgierischen Oase Wargla. Ibn Batuta berührte den Ort auf seiner Rückreise von Gogo nach dem Norden.

ihren Sitz in Audaghost[1] aufgeschlagen hatten. Ihre ältere Hauptstadt Ghana glaubt Heinrich Barth in dem späteren Walata oder Biru wiedererkennen zu dürfen.[2] Die Araber, welche aus Marokko nach dem Sudan zogen, berührten zuerst Sidschilmessa[3] am Südabhang des Atlas, überschritten hierauf die öden Dünen des Areg, rasteten dann in den Oasen von Gurara[4] und Tuat, eilten von dort durch die Salzwüste Waran nach Audaghost oder Taghaza, einer noch rein berberischen Ortschaft, und betraten in Walata die erste Stadt der Neger, wo den gesitteten Ibn Batuta nichts mehr abstieß als der zuchtlose, alle ehelichen Bande verachtende Geschlechtsverkehr der Schwarzen.

[1] Nach Bekri (Journ. Asiat. 1859. Juin. p. 472) lag Audaghost 15, nach Edrisi (Descr. de l'Afrique, ed. Dozy et Goeje p. 38) nur 12 Tagereisen von der Stadt Ghana entfernt. Wahrscheinlich ist Audaghost synonym mit Taghaza, von wo Ibn Batuta in 17 Märschen Walatan erreichte. Voyages, tom. IV, p. 378—379. Nach den Erkundigungen des Portugiesen Johann Rodriguez (1493) lag Taghaza 15 Tagereisen von Timbuktu und ebenso viel von der Oase Wadan entfernt. (Fr. Kunstmann, Handelsverbindungen mit Timbuktu. S. 193—194.) Heinrich Barth sucht es in der Nähe von Tedjigbja (Nord- und Centralafrika, Bd. IV, S. 603), und General Faidherbe, der gelehrte französische Statthalter am Senegal, bestätigt diese Vermuthung, wenn er es nach Tagant oder Taganet verlegt. (Revue maritime et coloniale. 1863. tom. VIII, p. 225.)

[2] Noch jetzt heißt das Gebiet von Walatan Ba-ghena, und dort muß der Kern des Reiches Ghanata gesucht werden. Allein es bleiben noch immer Zweifel, ob die Stadt Ghana nicht verschieden war von Walatan und östlicher, dem Niger näher lag.

[3] Es wurde 757—58 n. Chr. gegründet und lag, schon zu Leo Africanus' Zeiten zerstört, wahrscheinlich, wo jetzt Tafilelt liegt. Yule, Cathai. p. 428.

[4] Ibn Batoûtah, Voyages, tom. IV, p. 444—447. Wir müssen zum Verständniß späterer Untersuchungen hinzufügen, daß Ibn Chaldun in der Oase Tuat die Hauptstadt Buda kennt. (Hist. des Berbères, tom. I, p. 196.) G. Rohlfs kam im Sept. 1864 auf seiner Wanderung nach Tuat dicht an der Oase Buda vorüber. (Reisen durch Marokko. 2. Aufl. Bremen 1869. S. 141 und Uebersichtskarte.) Ueber Gurara vgl. Colonieu et Burin, Voyage au Gourara in Nouvelles Annales des Voyages. 1861. Octbr. p. 1—21.

Lange vor seiner Zeit schon, im dreizehnten Jahrhundert, war die alte Herrschaft Ghanata's dem Reiche der Mellinke oder Mandingo erlegen,[1] deren größter Sultan Mansa Musa seine Herrschaft über Timbuktu[2] nigerabwärts bis nach Gogo und in das Land Jusi ausdehnte. Die Hauptstadt Melli, deren Ruhm das Mittelalter erfüllte, dürfen wir uns nach den Schilderungen der Araber nicht in morgenländische Pracht gekleidet denken, sondern sie bestand nur aus armseligen Thonhütten, wie die heutigen Hauptstädte des Sudan, die uns auf der Karte das trügerische Bild großbürgerlicher Behaglichkeit gewähren. Auf seine Märkte gelangte jedoch das Gold, welches die Wankara aus ihrer Heimath im Quellengebiet des Niger brachten.[3] Da die Mellier oder Mellinke unzweifelhaft Mandingo waren, so ist es bis jetzt noch nicht genügend erklärt, wie ihre Beherrscher zugleich von den Arabern Könige der Tekrur genannt werden konnten, wenn unter diesen Namen nicht alle mohammedanischen Neger ohne Unterschied der einzelnen Stämme verstanden wurden.[4]

[1] Die Hauptstadt Melli wurde 1352 von Ibn Batuta besucht, der von Walata oberhalb Sego (Zagah) den Niger erreichte, und nach dessen Angaben die Residenz 5 Wegstunden stromaufwärts von der Mündung des Samsarah in den Niger, welche unsere Karten 12° 40′ n. Br. 7° 35′ w. L. v. Greenw. angeben, gesucht werden muß. (Ibn Batoûtah, Voyages, tom. IV, p. 395—397.)

[2] Timbuktu wird von den älteren arabischen Geographen nicht erwähnt; es blieb nämlich lange ein unscheinbarer Ort und hob sich erst seit der Mitte des 14. Jahrhunderts. Barth, Nord- und Centralafrika. Bd. IV, S. 607, 611.

[3] Die Wandscharata des Ibn Batuta (Voyages, tom. IV, p. 394) und die Ungaros des João Rodriguez (bei Kunstmann, Handelsverbindungen mit Timbuktu, S. 191) sind die Wakore oder Wankara, zu den Mandingostämmen gehörig, die noch heute in den Nigerländern als Hausirer umherziehen. H. Barth, Nord- und Centralafrika, Bd. IV, S. 145.

[4] Nach Edrisi, Descr. de l'Afrique ed. Dozy et de Goeje. p. 3, lag die Stadt Tekrur südlich vom Niger, nach Ibn Chaldun (Histoires des Berbères, tom. II, p. 111) unterhalb von Timbuktu, und hätten ihre Bewohner eine eigne Sprache geredet. Maqrizi endlich nennt den Musa oder Mandingokönig von Melli, der nach Mekka pilgerte, einen Herrscher von

Der westliche Karawanenpfad, welcher vom Norden durch die Wüste nach dem Lande der Schwarzen führte, hielt sich von dem Orte Nun bei dem Vorgebirge gleichen Namens in der Nähe der atlantischen Küste[1] und durchschnitt das Gebiet der Sanhadscha.[2] Der Name dieses Berberstammes ist zwar aus der heutigen Sprache der Erdkunde verschwunden, aber die Sitten jener atlantischen Steppenkinder haben sich unverwischt erhalten, denn noch gegenwärtig trachten sie, wie zu der Zeit, wo die arabischen Geographen sie schilderten, ihre wunderbar schönen Töchter durch eine Mästung mit Milch und Butter zu verunstalten, um den Umfang fleischiger Körpertheile widernatürlich zu steigern.[3] Auf ihrem Gebiete, 20 Märsche von Audaghost entfernt, lag die Oase Ulil, wichtig durch den einträglichen Handel mit Steinsalz vom Berge Idschil, welches nach den salzarmen Negerländern ausgeführt wurde.[4]

Tekrur. (Notices et extraits des mss. de la Biblioth. du Roi, tom. XII, p. 637, note 3.) · Barros kennt sie unter dem Namen Tigurarin (Da Asia, Dec. I, livro III, cap. 8). Nach General Faidherbe sind die Tekrur derselbe Stamm, den die Franzosen Toucouleur nennen, also die Pul oder Ful (Plural: Fulbe). (Revue maritime et coloniale. 1863. tom. III, p. 230.) Nach einem Briefe von Samuel Baker aus Nubien vom 10. Septbr. 1862, in den Proceedings of the Royal Geographical Soc. 1863. Nr. 1, p. 21, hat sich aber am Atbara eine Niederlassung der Tekrur gebildet, von der es heißt: A curious colony of natives of Darfur, called Towkrowries, cultivate cotton extensively; they are pilgrims, who have settled by the way, on their return from Mecca. Auch der Missionär Lipperle, von dem L. Krapf ein Schreiben aus Matamma (im Ausland 1863, Nr. 50) mitgetheilt hat, kennt jene Tekrur in Abessinien und bezeichnet sie als Pilger aus Darfur, Wadai, Bornu und Baghirmi.

[1] El Bekri, l. c. p. 481, 501.

[2] Die Sanhadscha sind die Azanaghen der portugiesischen Entdecker, nach denen der Senegal (Zanaga) benannt worden ist.

[3] Die Schilderung Bekri's (Journ. Asiat. Juin 1859, p. 474—475) bestätigte fast wörtlich ein Franzose, welcher 1860 jenen Theil der Sahara bereiste (Vincent, Voyage dans le Sahara occidental, Bulletin de la Soc. de Géogr. Paris 1861, p. 11); auch fand G. Rohlfs die nämliche Geschmacksverwirrung in der Oase Tuat. Reise durch Marokko. 2. Aufl. Bremen 1869. S. 190.

[4] Nach João Rodriguez (bei Kunstmann, Handelsverbindungen mit

Die Schifffahrt der Araber erstreckte sich zu Ibn Hauqal's Zeit an den atlantischen Küsten nur bis Sala, später bis nach Safi, und als Edrisi schrieb (1150), noch vier Tagfahrten über Safi hinaus,[1] aber gewiß nicht weiter als bis zum Vorgebirge Nun. Gelegentlich wurde wohl ein unvorsichtiger Seefahrer südlich geworfen, wie es Ibn Fatima geschah, der nach einem Schiffbruch bis zum glänzenden Vorgebirge gelangte,[2] wo er Aufnahme bei den gastfreien Beni Dschoballa[3] fand. Allein eine dauernde Verbindung zur See mit den Negerländern hat nie stattgefunden. Wenn auch die Araber durch ihre Glaubensgenossen, die berberischen Sanhadscha, welche ihre Heerden, damals so gut wie heutigen Tages, bis zum Senegal zu treiben pflegten, Kunde von diesem Strome besessen haben können, so finden wir ihn doch bei ihren Geographen nirgends erkenntlich geschildert.

Mit den Canarien wurden die Araber erst bekannt, als bereits spanische und portugiesische Sklavenjäger Eingeborne jener Inseln auf die Märkte nach Marokko brachten.[4] Die älteren Geographen, wie Bekri, erwähnten die Inselgruppe unter dem Namen Fortunatech, also ersichtlich nach lateinischen

Timbuktu, S. 187) lag Ulil zwei Büchsenschüsse von Wadan. Die Genauigkeit der Angaben dieses Portugiesen haben sich neuerdings glänzend bewährt; s. Leopold Panet's Reise durch die Sahara, in Petermanns geogr. Mitth. 1859. S. 105. Rodriguez belehrt uns nämlich, daß das Steinsalz auf dem Berge Ygildo (Idjil auf Panet's und Vincent's Karten) brach, dann nach Ulili, Edrisi's Insel Ulil (Descr. de l'Afrique, ed. Dozy et de Goeje. p. 2—3) gelangte und über Tischid nach Walata gebracht wurde.

[1] Joaquim José da Costa de Macedo, Memoria em que se pertende provar, que os Arabes naõ conheçeraõ as Canarias antes dos Portuguezes in Histor. e Memor. da Acad. de Lisboa, tom. I, parte II. Lisboa 1844, p. 88.

[2] Ibn Fatima bei Abulfeda (ed. Reinaud, tom. II, p. 215). R. H. Major, Prince Henry of Portugal. London 1868, p. 98 glaubt das weiße Vorgebirge als Schauplatz des Schiffbruches erkennen zu dürfen.

[3] Die Beni Dschoballa waren ein Stamm der Sanhadscha-Berber.

[4] Etwa um 1350, nach Ibn Chaldun in Reinaud's Abulfeda (tom. II, p. 264).

Beschreibungen.[1] Edrisi aber, der sich an einem normannischen Hofe aufhielt und in England gereist war, hat seltsamerweise nach der Fortunatengruppe die Insel der Vögel, eine Insel der Schafe und die Insel der beiden magischen Brüder verlegt, wovon wenigstens die beiden ersten in den Irrfahrten des heiligen Brandan vorkommen, der in Irland um das Jahr 587 lebte, und dessen atlantische Entdeckungen gänzlich dem Gebiete der Sage angehören.[2] Dahin rechnen wir nämlich die Erzählung von den atlantischen Abenteuern der Vetterschaft Mogharrirun, obgleich es zur arabischen Zeit in Lissabon eine Straße gab, die nach ihnen benannt wurde. Die Inseln, welche sie gesehen haben, müssen allerdings zwischen Lissabon und Safi an der marokkanischen Küste[3] gesucht werden; allein aus den nebelhaften Umrissen der Sage lassen sich ohne Zwang keine geographischen Oertlichkeiten erkennen. Wenn dagegen Edrisi von einer Insel im Westen von Safi spricht, von der man bei klarem Wetter habe Rauch aufsteigen sehen und zu deren Aufsuchung der Admiral des Ali ibn Jusuf ibn Taschifin mit einem Geschwader auslaufen wollte,[4] so ist es völlig verstattet, daran zu denken, daß afrikanische Küstenfahrer eine Wolkensäule des Pic von Teneriffa wahrgenommen haben mögen.

So umfaßte also die Länderkunde der Araber ganz Europa mit Ausnahme des höchsten Nordens, die südliche Hälfte von Asien, Nordafrika bis zum zehnten Breitengrade und die Küstengebiete Ostafrikas bis zum Cap Corrientes.

[1] Bekri im Journal Asiat. Mai 1859, p. 321.

[2] Die Insel der Schafe جزيرة الغنم und die Insel der Vögel جزيرة الطيور (in Edrisi's Descr. de l'Afrique, ed. Dozy et Goeje. p. 63) finden sich wieder (bei Achille Jubinal, La Légende latine de S. Brandaines. Paris 1836) als insula, ubi multas oves invenerunt (p. 12) und Insula Paradisus avium (p. 13). Die neueste Ausgabe von „Sante Brandane" hat W. G. Brill 1871 in Groningen besorgt.

[3] Edrisi, l. c. p. 223—225.

[4] Edrisi, l. c. p. 63. Ali ibn Jusuf herrschte von 1106—1142.

Gestalt der Erde.

Im Jahre 813, kurz vor Karls des Großen Tode, hatte Mamun den Thron der Chalifen bestiegen. Ein eifriger Freund der Astronomie, ließ er die große Syntaxis des Ptolemäus unter dem arabischen Titel Almagest (ἡ μεγίστη) und vielleicht auch seine geographischen Tafeln übersetzen.[1] Damit hatten die Araber die Erbschaft des hellenischen Wissens angetreten. Bei ihnen herrschte weder Streit noch Zweifel, daß die Erde eine Kugelgestalt habe und im Mittelpunkt des Weltalls schwebe.[2] Wenn zwei Leute, lehrt Abulfeda,[3] der eine gegen Osten, der andere gegen Westen, um die Erde wandern und an ihrem Ausgangspunkt zusammentreffen, so wird der erste der Kalenderfolge um einen Tag voraus, der andere um einen Tag hinter ihr zurück sein. Als 1522 das erste Schiff, die Victoria, die Reise um die Welt in westlicher Richtung zurückgelegt hatte und ein Tag in der Schiffsrechnung fehlte, zweifelten damals die besten Köpfe an der Lösung des einfachen Hergangs.

[1] Das „Buch über die Gestalt der Erde" (كتاب صورة الارض), welches Bateni benutzte, scheint eine Uebersetzung der Geographie des Ptolemäus gewesen zu sein. Lelewel (Géogr. du Moyen Age, Épilogue, Bruxelles 1857, p. 64 sq.), der sich einen arabischen Text aus Madrid verschaffte, hat zuerst die Tafeln des Bateni veröffentlicht, die bis auf wenige Verbesserungen mit den Ptolemäischen übereinstimmen.

[2] Nur Ibn el Wardi (der nach einigen um 1233 n. Chr. gelebt, nach andern erst 1348 gestorben sein soll) erwähnt beiläufig, daß die einen die Erde tafelförmig, die andern sie für eine Halbkugel, noch andere für eine Kugel, noch andere für hohl, noch andere für einen mit Axenbewegung begabten Körper hielten. Notices et extr. tom. II, p. 54.

[3] Géogr. Prolég. p. 4. ed. Reinaud.

Größe der Erde.

In den älteren Zeiträumen waren mathematische Ortsbestimmungen erst nach Ermittelung der Erdgröße möglich. Nach Eratosthenes haben die Araber es versucht, Bogenstücke der Erde zu messen. Auf Befehl des Chalifen Mamun begaben sich nämlich in der Ebene von Tadmor je zwei Astronomen die einen nördlich, die andern südlich, bis sie an geographischer Breite einen Grad gewonnen oder verloren hatten. Beide Parteien gaben den zurückgelegten Weg auf 57 arabische Meilen an. Der Chalif befahl nun andern Astronomen, den Versuch auf der Ebene von Sindschar, nördlich vom Euphrat, zu wiederholen, und das Ergebniß lautete auf 56¼ Meilen für einen Grad an den Mittagskreisen.[1] Wahrscheinlich um eine runde Größe und das Mittel aus beiden Messungen zu erhalten, nahm man schließlich 56⅔ arabische Meilen für den Längenwerth eines Erdbogengrades an.[2] Jede Bodenanschwellung und jede Abirrung von dem Mittagskreise mußte das Ergebniß vergrößern; doch konnten die Fehler aus beiden Quellen sehr eingeschränkt werden, und wenn man die Entfernungen auch nur durch Schrittzählung bestimmte, so hinderte dies nichts an der Ermittlung befriedigender Längenwerthe. Die Unsicherheit der damaligen Messungen lag nur darin, daß die arabischen Astronomen die Polhöhen an den Endpunkten ihrer

[1] Ibn Junis (gestorben 31. Mai 1008) beschreibt am klarsten die arabischen Erdmessungen, s. Le livre de la grande table Hakémite in Notices et extr. tom. VII, p. 95. Die zweite Messung in der Ebene von Sindschar wurde von Raqqa (35° 56′ n. Br.) aus begonnen.

[2] So schreibt Ferghani (gest. 830 n. Chr.): Portio unius gradus circuli sit 56 milliarum et duarum terciarum unius milliarii . . quod est 4000 cubitorum. Compilatio Alfragani. Ferrariae 1493. Dist. VIII. Damit gleichlautend die Rudiment Alfragani ed. Regiomontanus. (Nürnberg 1537. Differ. VIII.) Die irdische Entfernung wurde zweimal vorwärts und rückwärts mit Ruthen gemessen und Stangen in den Boden gesenkt, um nicht von der Mittagslinie sich zu verirren.

kleinen Bogen mit der erforderlichen Schärfe nicht aus Sonnenhöhen am gleichen Tage, vielmehr mit Hilfe von Gnomonen ableiteten.[1] Wir müssen also im Voraus schon erwarten, daß die arabische Messung der Wahrheit sich nur bis zu einem mäßigen Abstande nähern konnte.

Der Chalif Mamun hatte ein neues Maß eingeführt, welches die schwarze Elle genannt wurde, weil der Arm eines Negereunuchen als Größeneinheit gewählt worden war. Diese Elle ist die Elle am Nilmesser und beträgt 540.7 Millimeter oder 239.69 Pariser Linien. Da die Meile der Astronomen des Mamun aus 4000 schwarzen Ellen bestand,[2] so hatten sie auf den Erdbogen in den Ebenen bei Naqqa und bei Tadmor für den Grad eines Mittagkreises 62881.72 Toisen, das heißt

[1] Die Entdeckung des Ibn Junis, daß der Gnomon die Sonnenwinkel um einen viertel Grad zu hoch angibt (s. oben S. 44), fällt zwar erst 200 Jahre nach Mamun. (Delambre, Hist. de l'Astronomie du moyen-âge. p. 102. Ibn Junis starb am 31. Mai 1008 n. Chr. Delambre, l. c. p. 76., über das Meßverfahren p. 97.) Selbstverständlich störte dieser Umstand zwar nicht im geringsten eine richtige Messung der angulären Spannweite des Erdbogens, aber bei der Kürze der letzteren waren auch kleine Beobachtungsfehler dem Ergebnisse schädlich. Ueber das Meßverfahren s. Shems ed-din Dimeschqi, Cosmogr. ed. Mehren. p. 6.

[2] Ibn Junis l. c. und Ferghani, Mohammedi filii ketiri (qui vulgo Alfraganus dicitur) Elem. Astronomiae ed. Golius. Amstel. 1669, p. 30, p. 71, während die älteren Uebersetzungen (Ferrara 1493) und die Ausgabe des Regiomontan (Nürnberg 1537) die Größe der Ellen nicht näher bestimmen. Masudi, der von der Messung spricht, als hätte ihm jede Sachkenntniß gefehlt, ist völlig unzuverlässig, wenn er die schwarzen Ellen, die 27 Zoll maßen, mit den gemeinen Ellen zu 24 Zoll verwechselt. (Prairies, tom. I, p. 183.) Man lese auch Prairies I, 191, um zu sehen, bis zu welchen Irrgängen Masudi sich verliert, um die Eintheilung der Sphäre in 360 Grade deutlich zu machen. Den Irrthum Masudi's hat der unkritische Abulfeda (Prolégom. p. 18) wiederholt, der $56^2/_3$ Meilen à 4000 Ellen à 24 Zoll für einen Grad des Mittagskreises annimmt. Ganz verwerflich ist es, wenn Schems eddin Dimeschqi (ed. Mehren, Nouv. Annales des Voyages. 1860 Juin, p. 282) $56^1/_3$ Meilen à 4000 Ellen à 32 Zoll, also alte königliche oder haschemäische Ellen angibt. Bei Ibn Junis allein finden wir die Sprache eines Fachmanns, und daher sind seine Angaben die entscheidenden.

um 5977 Toisen zu viel gefunden,[1] oder mit anderen Worten, sie hätten seine Größe nicht auf 56⅔, sondern um ein Zehntel weniger, auf 51⅓ arabische Meilen angeben sollen.[2]

Mathematische Ortsbestimmungen.

Die Bestimmung der astronomischen Lage eines Ortes war für die Araber nicht blos ein wissenschaftliches, sondern auch ein religiöses Bedürfniß; denn die Gebete der Gläubigen sollten genau in der Richtung nach Mekka gesprochen werden, und damit sie ihren Weg nicht verfehlten, mußte in den Moscheen durch eine Nische genau die Himmelsrichtung der Qibla angegeben werden.[3] Noch weit mehr beförderte der astrologische

[1] Wir folgen August Böckh, Metrologische Untersuchungen S. 251, der mit einer rührenden Genauigkeit durch A. v. Humboldt und Enke unter Berücksichtigung der Erdabplattung für die Breite von 35^0 den Werth eines Grades zu 56905.80, 56909.70 und 56912 53 Toisen bestimmen ließ. Betroffen über die Fehlergröße der arabischen Messung, glaubte er aber annehmen zu müssen, daß die Maßeinheit der mamunischen Meile die gemeine Elle zu 24 Zoll gewesen sei, in welchem Falle der arabische Bogengrad einen Werth von 55895.37 T. oder nur 1010 43 weniger als in Wirklichkeit besessen hätte. Uns dagegen würde eine solche Genauigkeit nur wie ein Geschenk des Zufalls erscheinen. S. das Nähere im fünften Abschnitt.

[2] Hr. v. Khanikof hat die arabische Meile in runder Größe auf zwei Kilometer angegeben, 56⅔ arabische Meilen würden also 113⅓ Kilometer betragen, und ein Grad des größten Kreises enthält bekanntlich 111⁵⁄₉ Kilometer. Sprenger, Post- und Reiserouten. p. XXV.

[3] Die Araber besaßen eigene Tabellen, um beim Moscheenbau die Lage der Qibla zu bestimmen. Carsten Niebuhr, Reisebeschreibung nach Arabien. Kopenhagen 1778. Bd. II, S. 206. Okba ließ sich bei der Erbauung der Moschee von Kairwan durch ein Traumgesicht leiten, da er unsicher über die Lage der Qibla war. A. F. v. Schack, Poesie und Kunst der Araber in Spanien und Sicilien. Band 2. S. 182. Berlin 1865. Eine Formel zur Auffindung der Qibla, wenn die Länge und Breite eines Ortes bekannt war, hat L. Am. Sédillot mitgetheilt in den Matériaux pour servir à

Wahn, dem gerade die geistvollsten morgenländischen Beherrscher unterlagen, die Wissenschaften durch Begründung der Sternwarten in Bagdad, Antiochien, Raqqa, Damaskus, Amid und Maragha, an die sich im fernen Westen die wichtige Sternwarte Toledo's anschloß.

In den günstigsten Fällen erreichen bei den späteren persischen und arabischen Astronomen die Breitenbestimmungen eine vollendete Schärfe;[1] zu den Zeiten Mamun's aber begnügte man sich, wenn der Fehler den dritten oder sechsten Theil eines Grades nicht überstieg. Wir sehen dies an der Breite für Mekka,[2] welche Ptolemäus allzu nördlich (22° n. Br.) angegeben hatte, und die daher die Araber sehr früh schon selbstständig bestimmt haben müssen.

Bei den 44 spanischen und nordafrikanischen Ortsbestimmungen des Abul Hasan aus Marokko (1230), bei dem wir die höchsten Leistungen in der mathematischen Geographie antreffen werden, übersteigen die Breitenfehler bisweilen einen vollen Grad; allein wenn wir annehmen, daß er nur an den sieben wichtigsten Orten wirklich beobachtete, so ergibt sich ein durchschnittlicher Irrthum von 21 Bogenminuten oder von einem Drittelgrad.[3]

l'histoire comparée des Sciences Mathématiques chez les Grecs et les Orientaux. Paris 1845, p. 323 sq. Sie wird sogar in Astronomia del rey D. Alfonso X. Alcora, cap. LXI. Madrid 1863. tom. I. fol. 202 wiederholt.

[1] Naßir ed-din aus Tus bestimmt die Breite seiner Sternwarte bei Maragha in Persien auf 37° 20′, die jetzt auf 37° 21′ angegeben wird. Siehe Tabula Choajae Nassir Ettusaei bei Hudson Geogr. Script. tom. III. Noch glänzender, nämlich bis auf die Minute genau ist Zarqala's Breite für Toledo: 39° 51′, die Breite für Bagdad 33° 20′, von der Lelewel (Epilogue p. 98) glaubt versichern zu können, daß sie vor Bateni bestimmt wurde; sie ist die nämliche, welche Niebuhr gefunden hat.

[2] Unter Mamun wurde die Breite auf 21° 0′ festgesetzt, der anonyme Perser vom Jahre 1250 hat 21° 40′, Naßir ed-din aus Tus 21° 31′. (Vgl. die Tafeln zu Lelewel's Atlas.) Jetzt nimmt man 21° 21′ an.

[3] Die sieben Plätze sind: Tandscher, Sebta (Ceuta), Tunis, Kirwan,

Weit schwieriger war es, die Längen des Ptolemäus zu verbessern. Daß das bewohnte Kugelviertel der Erde von West nach Ost über 180° sich erstrecke, daran wagten die Araber nicht zu rütteln. Während aber der Alexandriner über den 180. Längengrad hinaus das Festland in unbestimmte Fernen sich fortgesetzt dachte, ließen es die Araber dort durch den Ocean begrenzen. Wenn ferner Ptolemäus der großen Axe des Mittelmeeres einen Längenabstand von 62° zugetraut hatte, also um 20° zu viel, so wurde dieser Irrthum frühzeitig von den Arabern gemildert. Noch unter dem Chalifen Mamun erschienen geographische Tafeln unter dem Titel: System des bewohnten Erdviertels,[1] nach Abulfeda verfaßt von dem Geographen des Mamun Abu-Dschafar, besser nach seiner Heimat Charizm unter dem Namen Charizmi gekannt. Das Buch ist uns verloren gegangen, aber da Abulfeda uns daraus eine Anzahl der mathematischen Bestimmungen gerettet hat, so läßt sich aus ihnen erkennen, daß die Axe des Mittelmeeres bis auf 52 Grad gekürzt wurde.[2] Eine weit schärfere Bestimmung dieser wichtigen Längen verdankt man dem Astronomen Zar-

Tripolis, Alexandrien, Kairo. Siehe Aboul Hassan Ali, Traité des instruments astron. ed. J. J. Sédillot. Paris 1834, 1ère P., cap. 26, p. 199--204.

[1] Reinaud, p. XLV. Das رسم الربع المعمور scheint verschieden von dem „Buche über die Gestalt der Erde" كتاب صورة الارض, welches Bateni benutzte und das eine Uebersetzung des Ptolemäus enthielt. Der Ausdruck Rasm wird von Sédillot als die arabisirte Form des griechischen ὁρισμὸς [τῆς οἰκουμένης] erklärt. Siehe Am. Sédillot, Notice sur l'ouvrage de Mr. Joachim Lelewel. Paris s. a. (1853?) p. 6 sq.

[2] Dem Fleiße Lelewel's, der aus Abulfeda die mathematischen Bestimmungen der arabischen Geographen gesammelt und in Tafeln geordnet mit seinem Atlas alter Karten herausgegeben hat, verdanken wir folgende Angaben des Charizmi, die wir mit Ptolemäus und den modernen Ortsbestimmungen vergleichen wollen.

qala, der um 1075 in Toledo auftrat,[1] und von dem lateinischen Mittelalter unter dem entstellten Namen Arzachel hoch verehrt wurde. Wahrscheinlich durch Vergleichung von Mondverfinsterungen entdeckte er, daß die wahre Zeit von Toledo nur um 3 Stunden 26 Minuten von der wahren Zeit Bagdads verschieden sei, oder wie er sich ausdrückte, daß Toledo 4 Stunden 6 Minuten in Zeit westlicher liege als der Mittagskreis von Arin. Bei den Arabern herrschte nämlich die größte Willkür in der Wahl des ersten Meridians. Die einen zählten ihre östlichen Längen von den Fortunaten, die andern vom äußersten Westrande Afrikas. Zarqala bediente sich eines welttheilenden Mittagkreises, welcher genau 10° östlich von Bagdad gedacht wurde. Man nannte diesen Meridian den Mittagskreis von Arin oder richtiger Azin,[2] nach einem mathematischen Punkt, den man an den Aequätor unter 90° Länge in gleichen Abstand

Oestliche Längen.

Ptolemäus.		Charizmi.		Gegenwärtige östl. von Ferro.	
		(Tandscher	8° 0′		
Calpe mons	7° 30′	folglich Sebta)	8° 30′	Gibraltar	12° 19′
Rom	36° 40′		30° 30′		30° 8′
Alexandrien	60° 30′		51° 20′		47° 33′
		(Beirut	59° 30′		
Alexandria ab Issum	69° 30′	folgl. Iskenderun)	60° 0′	Iskenderun	53° 51′
Große Axe des Mittelmeeres	62° 0′		51° 30′		41° 32′

[1] Reinaud, Aboulféda, Introd. p. CII.

[2] Der Meridian Azin, wie er noch in sehr vielen alten lateinischen Texten genannt wird, ist derselbe, wie der durch die Kuppel der Erde, von welchen schon Masudi spricht. Sédillot, Mémoire sur les Systèmes Géogr. Paris 1842, p. 5. Die Erklärung jenes Namens ist deßwegen von Bedeutung, weil sich aus ihr eine Rückwirkung indischer Astronomie zu ergeben scheint. Reinaud (Aboulf. Introd. p. CCXL) bemerkt nämlich, daß das angebliche Arin aus dem Ptolemäischen Ὀζήνη entstanden sei; denn Ozene wird arabisch أُزَيْن, Azin aber أُزين und Arin أُرين geschrieben. Das ptolemäische Ozene war aber Udschein, der Hauptsitz der indischen Astronomen, welche über diese Stadt ihren welttheilenden Meridian zogen.

vom äußersten Osten und äußersten Westen verlegte. Da man sich Bagdad genau zehn Grad westlich vom Meridian durch Azin dachte, ebenso wie wir unsern Mittagskreis durch Ferro uns genau 20° westlich von Paris denken, so diente die mathematische Fiction der Araber nur dazu, alle Längenabstände auf die wahre Zeit von Bagdad beziehen zu können. Wenn daher Zarqala zwischen Azin und Toledo einen Unterschied im Bogen von 61° 30′ fand,[1] so kam Toledo 51° 30′ westlich von Bagdad und 28° 30′ östlich vom ersten Meridian zu liegen, oder mit andern Worten, es näherte sich Bagdad um 17° 30′.[2] Da ferner Toledo oder die „heitere Stadt", wie sie nach einem nicht sehr glücklichen Wortspiele bei Zarqala heißt,[3] nach der ptolemäischen Geographie 10 Grad östliche Länge vom ersten Meridian besaß, so mußte dieser Mittagskreis jetzt in das unbewohnte Meer hinausrücken und man unterschied ihn als „Meridian des absoluten Westens" (occidens verum) von dem „Westrande des Bewohnbaren" (occidens habitatum).[4] Hätte Zarqala nach dieser Entdeckung auf alle Längenangaben zwischen Toledo und

[1] Seine Angabe lautet nach einer handschriftlichen Uebersetzung des Gerard von Cremona, der selbst in Toledo war: Longitudo autem loci ad medium diem, cujus radices praedicte in hoc libro sunt posite qui Toletum dicitur est quatuor horarum spatium et decime unius hore a medio mundi, qui locus dicitur esse in India, in civitate scilicet quae vocatur Arim, cujus longitudo ab occidente in orientem est nonagesimum graduum; latitudo vero ejus nulla est, eo quod sub equinoxiali linea sita est. Reinaud, Aboulf. Intr. p. CCXLVII. Vgl. auch Astronomia del rey D. Alfonso X. ed. D. Manuel Rico y Sinobas. Madrid 1863. fol. LIX.

[2] Der wahre Abstand zwischen Toledo und Bagdad beträgt 48° 28′, war also nur um 3° 2′ von der Angabe des Zarqala verschieden.

[3] Lelewel, Atlas S. 16, erklärt den Namen Fagen für Toledo von فاكه fröhlich oder vergnügt, als ob nämlich Toledo entstanden sei aus tu laeta (urbs).

[4] So gelangen wir zu einem leichten Verständniß der Stelle in den Alfonsinischen Tafeln, wo es heißt: Alio modo accipiunt occidens in loco versus occidentem distantem a dicta civitate Arim 90 gradus et istud

Bagdad die Verkürzung von 17° 30′ gleichmäßig vertheilt, so würde er die große Axe des Mittelmeeres bis auf zwei Grad genau bestimmt haben.[1] Nicht minder glänzend erscheint uns das Verdienst Abul Hasan's aus Marokko, der auf seinen Wanderungen von Ofran in der Nähe der atlantischen Küste durch Nordafrika nach Alexandrien nicht blos die Breiten von 44 Orten, sondern auch etliche Längen nach Gissung, das heißt nach Berechnung der durchschrittenen Entfernungen bestimmte. Er gab in Uebereinstimmung mit der Zarqalischen Entdeckung Ceuta eine östliche Länge von 25° 40′ und dem syrischen Antakieh eine solche von 69° 34′, so daß er also die große Axe des Mittelmeeres auf 43° 54′ verkürzte und nur noch einen Fehler von 2° 22′ übrig ließ.[2] Erst hundert Jahre nach der Erfindung

vocant occidens verum per eo quod ab illo loco usque in orientem sunt gradus 180 qui sunt media pars celi et arim tunc est in medio distans aequaliter ab oriente et occidente scil. a quolibet ipsorum per 90 gradus et istud occidens verum est ultra occidens habitatum per 17 gradus et 30 minuta. Diese merkwürdige Stelle findet sich nur in einer einzigen Ausgabe der Tafeln, nämlich in Alfontii regis coelestium motuum tabulae impr. Erhardtus (oder Echardtus nach der spanischen Ausgabe) Ratdolt augustensis 1483, am Schluß der Breiten- und Längenreihen.

[1] Es ist nicht genau, wenn bisweilen angegeben wird, er habe die Axe des Mittelmeeres auf 41° 30′ bestimmt. In seinen alten uncorrigirten Tafeln findet man vielmehr noch immer Toledo 11° 0′, Damaskus 60° 0′, Sebta (Ceuta) 8° ö. L. Wendet man aber 17° 30′ als Correction auf alle Ortsbestimmungen in der Nähe Toledo's an, so lag

Ceuta	25° 30′
Damaskus	60° 0′
Gr. Axe des Mittelmeers ungefähr	44° 30′

[2] Aboul Hassan Ali, Traité des instrum. astron. cap. 46, p. 315 bis 317. Wir dürfen indessen nicht versäumen zu bemerken, daß der Zufall in der Gestalt von Fehlercompensationen dem wackern Araber sehr hold gewesen ist. Der Abstand zwischen Ceuta und Tunis (41° 45′ ö. L.) beträgt bei ihm 16° 5′, in Wahrheit 15° 27′, sein Fehler 0° 38′. Welche wunderbare Genauigkeit! Von Tunis nach Tripolis (48° 30′ ö. L.) nimmt er aber einen Abstand von 6° 45′ an, der in Wahrheit nur 3° 0′ beträgt. Von Tripolis nach Alexandrien (63° 0′ ö. L.) rechnet er nur 14° 30′ Abstand, während er in Wahrheit 16° 41′ beträgt. So glich sich, was er

des Fernrohrs, als ein Verfahren gefunden worden war, geographische Längen bis zur Genauigkeit etlicher Secunden in Zeit festzustellen, am Beginn des vorigen Jahrhunderts nämlich und auf den Delisle'schen Karten finden wir die große Axe des Mittelmeeres schärfer angegeben, als es der Marokkaner Abul Hasan um 1230 n. Chr. vermochte.

Ein viel älterer Geograph und Astronom Biruni († 1038 n. Chr.), der im Gefolge des Eroberers Mahmud nach Bengalen kam und dort die Breiten einiger Orte bestimmte, entwarf aus der Berechnung von Karawanenmärschen[1] ein Bild von Indien, welches zwar dadurch fehlerhaft war, daß es die Gliederung des südlichen Theiles zwischen der Westküste und den Gangesmündungen außerordentlich schwächlich darstellte, aber doch zuerst die Halbinselgestalt Hindustans, welche Ptolemäus völlig unterdrückt hatte, deutlich wahrnehmen ließ.[2]

Nicht blos am Mittelmeer reinigten die Araber die Orts-

vorher zu viel angenommen hatte, durch die spätere Unterschätzung wieder aus. Den Längenabstand zwischen Alexandrien und Antiochien entlehnte er fremden Tafeln.

[1] A. Sprenger, der Biruni's Karten vom nördlichen Indien und vom Pendschab (Post- und Reiserouten Nr. 13 und 14) construirt hat, gibt (S. 81) genau an, wo Biruni selbst beobachtete und wo man seine nur berechneten Breiten zu suchen hat.

[2] Die entscheidenden Ortsbestimmungen des birunischen Qanun (Canon) sind nach Lelewel und Sprenger folgende:

	Biruni. Länge	Biruni. Breite		Nach Thorntons Gazetteer of India. London 1857. Länge (Greenw.)	Breite
Multan	96° 25′	29° 40′		71° 30′	30° 12′
Kambaia	99° 20′	22° 20′		72° 39′	22° 18′
Tana	104° 20′	19° 20′		73° 3′	19° 10′
Mandari	120° 0′	15° 0′		80° 21′	13° 5′
Serendib (Ceylon)	120° 0′	10° 0′	Nordspitze von Ceylon	80° 0′	9° 51′

Da Mandari des Biruni, welches Herrn Lelewel, Géographie du moyen-âge, tom. I, p. 76, so viel zu schaffen machte, ist leicht als Mandaradschi (indischer Name für Madras) zu erkennen.

bestimmungen von den ptolemäischen Fehlern, sondern auch im Morgenlande versuchte ein Perser, der ungenannte Verfasser von Längen- und Breitentafeln, aus denen Abulfeda 447 Ortsbestimmungen uns erhalten hat,[1] die Ausdehnung der Erdveste zwischen Bagdad und dem Hafenplatze Chansu (Gampu) an der Ostküste Chinas auf 90° zu verkürzen,[2] so daß der äußerste Rand der alten Welt in Bezug auf Bagdad nur um 16° zu weit gegen Osten gerückt und die Ptolemäischen Längen um mindestens 20° verbessert wurden. Als er auch die Lage der Städte auf dem chinesischen Ueberlandweg durch Hochasien[3] zu bestimmen versuchte, gelangte er zu dem Ergebniß, daß Su-tscheu, die erste chinesische Grenzstadt jenseit der Gobi, von Bagdad nur 47 Grad östlicher liegen sollte, während nach unsern Karten der Abstand mindestens 54—55 Grad beträgt.[4] Hier begegnen wir in der Geschichte unserer Wissenschaft dem *ersten Beispiel von beträchtlicher Unterschätzung der Längenabstände*. Dieser neue Fehler erscheint uns fast wie ein Verdienst, weil er die Geographen, wenn sie das Mittel aus den höchsten und den niedrigsten Angaben zogen, der Wahrheit immer näher bringen mußte. Bis zum Uebel aber steigerte sich wieder dieser Irrthum bei Naßir ed-din aus Tus, dem Hof-

[1] Der „anonyme Perser" wird von Lelewel, Géogr. du moyen-âge, tom. I, p. 112, vor das Jahr 1260 gesetzt.

[2] Seine südasiatischen östlichen Längen sind folgende (nach den Tafeln bei Lelewel, Atlas S. 8):

Bagdad	70°			
Serendib (Ceylon)	120°	Abstand von Bagdad	50°	statt 35°
Kamrun (lies Kamrub, Assam)	125°	„ „ „	55°	„ 48°
Kala (in der Malakastraße)	130°	„ „ „	60°	(zieml. genau
Chanqu (lies Chansu, an der Mündung des Tschekiang)	160°	„ „ „	90°	statt 74°.

[3] Siehe oben S. 101.

[4] Bei dem Perser hat

	Länge			
Samarcand	89°	Abstand von Bagdad	19°	statt 23°
Kaschgar	96° 30′	„ „ „	26½°	„ 29° 30′
Sakdschu (Su-tscheu-fu)	117°	„ „ „	47°	„ 54½°.

astrologen des Mongolenchans Hulagu, der auf der Sternwarte in Maragha 12 geographische Meilen südlich von Täbris in Adhcrbaidschan (1295) beobachtete. Er verkürzte nämlich die östlichen Entfernungen der großen Handelsstädte auf dem Ueberlandwege nach China so stark, daß Peking nur 44° östlicher zu liegen kam als Bagdad.[1]

Ptolemäus hatte, wie wir sahen, die Ostküste Afrikas vom Vorgebirge Rhaptum statt nach Süden nach Osten gezogen und sie jenseit der Halbinsel Malaka mit dem chinesischen Südasien vereinigt, so daß der indische Ocean von Afrika und Asien als Binnenmeer eingeschlossen wurde. Ihr Seeverkehr mit China schützte die Araber nicht gänzlich vor diesem Irrthum. Auch sie dachten, daß die Küste Afrikas von dem Bab el Mandeb in einer gleichförmigen Linie gegen Osten fortlaufe. Das Osthorn Afrikas, welches sich am Vorgebirge Dschard Hafun zuspitzt, war daher für sie nicht vorhanden, sondern die Zendschküste (Sansibar) kam dem Indusgestade, die Sofalaküste Ceylon, und Madagaskar so nahe den Sundainseln gegenüber zu liegen, daß es auf Edrisi's Karte mit Sumatra oder Java zu Einer großen Insel zusamenwächst. Der indische Ocean zwischen Südasien und der Moçambiqueseite Afrikas zusammengedrängt, erscheint als ein enges Thal und gleichsam als eine Verlängerung des Golfes von Aden oder als eine Wiederholung des mittelländischen Meeres im Morgenlande. In Folge dessen ragte nach den Vorstellungen der Araber unser Südhorn Afrikas

[1] Die ilchanischen Tafeln des Naßir ed-din, die sein Nachfolger Ulug Beg beibehalten hat, bedürfen in der Form, wie sie von Hudson veröffentlicht worden sind, großer Verbesserungen. (Vgl. Lelewel, Géogr. tom. I, p. 118.) Zur Erläuterung des obigen Textes lassen wir hier einige Angaben folgen:

	Länge						
Bagdad	80° 0′	Abstand	von	Bagdad	0° 0′		
Samarcand	98° 20′	„	„	„	18° 20′	statt	23°
Chodschend	100° 35′	„	„	„	20° 35′	„	24°
Almalik (Kuldscha am Ili)	102° 30′	„	„	„	22° 30′	„	38°
Chan-Balik (Peking)	124° 0′	„	„	„	44° 0′	„	72°

nicht gegen den australischen Pol, sondern war östlich nach der malayischen Inselwelt gekrümmt. Da also die Richtung der ostafrikanischen Küste um mehr als den Werth eines rechten Winkels verändert wurde, so mußte auch bei der Beschreibung jener Küste die Sprache der arabischen Geographen ganz verkehrt lauten. Wenn sie Ost sagen, muß man Süd; wenn sie Süd sagen, West; wenn sie West sagen, Nord verstehen.

Diesen Irrthum dürfen wir ihnen viel weniger verzeihen, als dem Ptolemäus seine Vermuthung eines afrikanischen Australiens, weil sie Ostafrika mit seinen Pflanzstädten beständig besuchten. Auch hatte Masudi, welcher die Zendschküste bereiste, schon gewarnt, daß die arabischen Seeleute im Widerspruch mit den Gelehrten von keinen Südufern des indischen Oceans etwas wissen wollten,[1] und Bateni behauptet, daß der große Ocean sich noch wenigstens 1900 Meilen oder über 25° südlich vom Aequator ausbreite.[2] Ißtachri und Ibn Hauqal, die gemeinsam arbeiteten, haben dagegen die Lehre von der Mediterraneität des indischen Oceans zuerst verkündet.[3] Edrisi, bei dem sich dieser Irrthum aufs schädlichste entwickelt findet, hat nicht nur Ibn el Wardi, Abulfeda und Ibn Chaldun zu Nachfolgern gehabt, sondern auch mit diesem Trugbild das spätere christliche Mittelalter getäuscht.

[1] Prairies d'or, tom. I, p. 282.

[2] Bateni bei Reinaud (Aboulf. Introd. p. CCLXXIV). Er rechnet 75 Meilen = 1 geogr. Grad. Uebrigens hielt er sich streng an Ptolemäus, wie wir aus seinen von Lelewel zuerst veröffentlichten Tafeln sehen. (Epilogue p. 64 sq.)

[3] Ißtachri, das Buch der Länder, S. 2, 20 und die Weltkarte des Ißtachri und des Ibn Hauqal bei Reinaud (Aboulf. Introd. p. LXXXII).

[4] Ibn el Wardi, in Not. et extr. tom. II, p. 40. Aboulféda ed. Reinaud, Prolégom. p. 24. Ibn Chaldun, Hist. des Berbères, tom. II, p. 105

WELTBILD DE
Irland
England
Britania
Maghreb
Sus
Zoghawa
Ghana
Fezzan
Wangara
Kuku
Kanem
Nubien
Habesch
Qomr Gebirge

Zur Gesch

SI 1154 n. CHR.

auch ist der Süden oben,
ks.

Bilder der Erde.

Masudi behauptet, Karten zu der Geographie des Ptolemäus und des Marinus von Tyrus gesehen zu haben, die farbig gemalt waren, aber nach seinem Urtheil den Karten, welche Mamun von seinen Geographen hatte anfertigen lassen, bei weitem nachstanden.[1] Wir besitzen aber aus Masudi's Zeit die Karte des Istachri von Persien, welche der geographische Freund ihres Verfassers Ibn Hauqal so laut bewundert hat.[2] Seine Darstellung erscheint uns abschreckend roh und unbeholfen. Die Küsten sind mit geraden Strichen, die Binnenseen und Inseln kreisrund dargestellt, so daß jenes gepriesene Meisterwerk etwa einem Entwurfe gleicht, wie ihn ein völlig ungeübter Zeichner mit der Feder eilig auf das Papier trägt. Ungroßmüthig wäre es daher, wollte man nach diesem Muster die Kunst der darstellenden Erdkunde bei den Arabern beurtheilen.[3] Die beiden Gemälde des Edrisi, die uns erhalten worden sind, nämlich ein kreisförmiges Erdbild und eine viereckige Weltkarte in 70 Blättern sind nicht rein arabische Werke, sondern wie Edrisi's Gesammtwissen, eine hybride Mischung aus den Kenntnissen des Abendlandes und Morgenlandes. Auf beiden Darstellungen beleidigen die Verunstaltung der Festlande und die Mißgriffe in der Vertheilung der Ländermassen unser Auge weit stärker als auf den Karten zum Ptolemäus. Von

[1] Masudi im Kitab et-tenbih, Not. et extraits, tom. VIII, p. 147.

[2] Ibn Hauqal sagt (Liber Climatum autore el Isstachri ed. J. H. Moeller. Gotha 1839, p. 3): Occuri autem aliquando Abu Ishako al faresio (Istachri) qui tabulam geographicam regionis Sind, at corruptam, egregiam vero Persidis confecerat. Cum hic tabulam Adzerbeidjanae . . . aliamque Mesopotamiae pariter a me confectam summis laudibus extulisset, tabulam Aegypti vitiosam, aliamque Africae majoribus vitiis inquinatam protraxit etc.

[3] Wir warnen andrerseits vor den Karten, die Joachim Lelewel nach arabischen Ortsbestimmungen in seinem Atlas zusammengesetzt hat; denn es sind Erzeugnisse nicht der Araber, sondern des polnischen Geographen.

einer absichtsvollen Uebertragung der Kugelflächen in die Ebene ist auf den 70 Blättern nichts zu entdecken und nach der günstigsten Meinung wollte der Kartenzeichner höchstens eine walzenförmige Projection beobachten. Es ist überhaupt bis jetzt noch kein arabisches Länderbild mit Gradnetz gefunden worden, obgleich Vasco da Gama eine solche Karte in den Händen des arabischen Lootsen sah, der sein Geschwader von Afrika nach Indien hinüber führte. Da der portugiesische Admiral an der Karte ihre cylindrische Projection bewunderte, so muß ihm diese Art der Uebertragung von Kugelflächen neu gewesen sein.[1]

Nach den bewundernswerthen Leistungen ihrer Astronomen erwarten gewiß alle Freunde der Erdkunde bei den spätern arabischen Geographen ein treues Bild der Welt zu finden, man hofft die verkürzte Axe des Mittelmeeres und den näher gerückten Ostrand Chinas, die Entdeckungen Abul Hasan's mit den Arbeiten des ungenannten Persers zu einem Ländergemälde voll Wahrheit vereinigt zu sehen. Statt dessen gewahren wir in Wirklichkeit eine gänzliche Vernachlässigung oder auch eine hilflose Verlegenheit bei der Benutzung der astronomischen Ortsbestimmungen. Ibn Hauqal mißachtete alle mathematischen Eintheilungen, weil sie nur Verwirrung anrichteten.[2] Edrisi ging, nach dem Muster des Marinus von Tyrus zurück auf die einfache Zerlegung des bewohnbaren Kugelviertels in sieben Klimate oder Breitengürtel, die er von West nach Ost in je zehn Fächer oder Abschnitte theilte. Jaqut, der bei der ersten Ausgabe seines großen geographischen Wörterbuches Breiten

[1] Barros, Da Asia, Dec. I, livro IV, cap. 6, tom. I, p. 319 . . lhe mostrou (nämlich der Moallem oder Meister Cana, der arabische Pilot) huma carta de toda a costa da India arrumada ao modo dos Mouros, que era em meridianos e parallelos mui muidos sem outro rumo dos ventos; porque como o quadrado daquelles meridianos e parallelos era mui pequeno, ficava a costa per aquelles dous roumos de Norte Sul e Leste Oeste mui certa, sem ter aquella multiplicaçaõ de ventos e d'agulha comum da nossa carta, que serve de raiz das outras.

[2] Ibn Hauqal bei Reinaud (Aboulf Introd. p. LXXXV).

und Längen angegeben hatte, vernachlässigte bei der zweiten Ausgabe alle mathematischen Hülfsmittel, weil sie ihm zu unsicher schienen.[1] Abulfeda endlich hat deutlich seine Verlegenheit dadurch bekannt, daß er die mathematischen Ortsbestimmungen der verschiedenen Astronomen neben einander schrieb, ohne auch nur die grellen Schreibfehler zu beseitigen. Ihre mangelhafte Schrift war den Arabern überall beschwerlich, aber in der Erdkunde, die sich mit fremden Namen beschäftigt, wurde sie geradezu verderblich. Sie selbst wußten, da die Vocale meistens nicht angegeben, die Unterscheidungszeichen der Mitlauter vergessen, verschoben oder wohl gar verkehrt gestellt wurden, nicht genau, wie ein geschriebener Name auszusprechen war. Eine Schrift, bei der es möglich ist, daß durch einen Schreibfehler aus Tamralipti Herkend[2] entstehen konnte, eignete sich aber am allerwenigsten zum Ausdruck von Zahlenwerthen, und gerade bei ihren mathematischen Ortsbestimmungen bedienten sich die Araber der Buchstaben statt der Ziffern. Unfähig, die Arbeiten ihrer Astronomen zu benutzen, blieben daher die arabischen Geographen weit hinter dem glänzenden Vorbild zurück, welches ihnen Ptolemäus hinterlassen hatte.

1 Reinaud (Sur les Dictionnaires géographiques arabes, Journ. Asiat. Sept. 1860, p. 74) zeigt uns, daß die Araber zuerst Wörterbücher für die Erdkunde verfaßten; die älteste Sammlung dieser Art wurde von dem Spanier Bekri (gest. 1094 n. Chr.) verfaßt. Vgl. auch Aboulféda, Introd. p. CXXXIII.

2 Siehe oben S. 117. not. 1. A. Sprenger (Post- und Reiserouten S. VIII.) bemerkt, daß bei minder bekannten Ortsnamen die Schriftzüge in den arabischen Handschriften für uns Hieroglyphen sind, die man nur wieder erkennt, wenn man sie geschrieben sieht. Dies ist der Grund, weßhalb sich der Verfasser trotz seiner Unkenntniß morgenländischer Sprache bei diesen Untersuchungen der arabischen Schrift bedienen mußte, da es leider noch immer kein anerkanntes Transscriptionsverfahren gibt.

Physikalische Erdkunde.

Wenig Beachtung schenkten die meisten arabischen Gelehrten der senkrechten Gliederung der Erdoberfläche.[1] Bergeshöhen wurden nie gemessen, und nur gelegentlich äußert einer ihrer Geographen, daß auch der höchste Berg noch nicht 16,000 Ellen erreiche.[2] Auch bei Masudi finden wir ein Verständniß für die Bedeutung der Berge angedeutet.[3] Bei dem geistreichen Biruni finden wir jedoch die großartige Auffassung, daß die beträchtlichsten Anschwellungen der alten Welt, das chinesische und tübetanische Hochasien, die turkistanischen Ketten, die Nordränder des iranischen Tafellandes, wie die Alpen und Pyrenäen alle von Ost nach West streichen, und obgleich sich Lücken zwischen ihnen finden, gleichsam „die Wirbelsäule der Erde bilden".[4] Minder glücklich nimmt Schems ed-din Dimeschqi drei große Höhensysteme an, nämlich die Gebirgsmassen Südchinas und Tübets, die er nach dem indischen Dekan, und von Turkistan aus nach Süd- und Nordiran verzweigt denkt; zweitens eine nördlichere Kette an dem äußersten Rande von China, die sich nach dem Dunkel- oder Harzmeere, d. h. nach der Nordpolarsee verliere; endlich die Qomr- oder Mondgebirge in Afrika, als deren Zweige er nicht bloß die Mokattemketten in Aegypten, sondern auch die hohen Küstenränder Arabiens am rothen Meere, den Libanon, das Taurussystem, ja selbst den Kaukasus

[1] Eine Ausnahme bildet indessen die sorgfältige Beschreibung der Bodengestaltung im persischen Iraq des Ibn Hauqal. (Iracae Pers. Descriptio ed. Uylenbrok, p. 8 sq.)

[2] Kazwini, Kosmographie, übers. von H. Ethé. Leipzig 1868. S. 191.

[3] Maçoudi, prair. d'or. I. 193—5: Der Demavend ist aus einer Entfernung von 100 Parasangen (500 Kilometer) zu sehen, sein Gipfel verliert sich in den Wolken. Man muß 3 Tage und 3 Nächte steigen, um seinen höchsten Punkt zu erreichen. Wenn man auf dem kaspischen Meere heranfährt, hebt er sich mehr und mehr aus den Wellen empor. Das beweist, sagt man, die Kugelgestalt der Erde.

[4] Biruni im Journ. Asiat. Sept. 1844, p. 239.

auffaßt.[1] Ibn Chaldun endlich wollte bemerkt haben, daß sich die größten Gebirge in der Nähe des Meeres fänden, um diesem, so meinte er in seiner kindlichen Einfalt, nach einem höheren Rathschlusse Schranken zu setzen.[2]

Die Erdräume, über welche sich der Islam verbreitet hatte und mit denen die Araber besonders vertraut waren, sind arm an Feuerbergen; doch wird der Demavend von Masudi sehr gut als Vulkan geschildert und als einer der bedeutendsten Feuerberge bezeichnet.[3] Nur die Chinafahrer wurden mit den Vulkanreihen der Sundainseln bekannt, deren mehr oder minder laute Ausbrüche, wie Masudi aufrichtig glaubte, oft auch den Tod von Herrschern oder Häuptlingen ankündigen sollten.[4] Bei Edrisi, der in Sicilien lebte, finden wir den zu seiner Zeit thätigen Aetna als Feuerberg bezeichnet,[5] und er beschreibt uns auch den vulkanischen Heerd der liparischen Gruppe, in welcher schon damals der Stromboli durch seine unverdrossene Arbeit sich auszeichnete.[6]

Die vulkanischen Aeußerungen wurden von den Arabern nie als umgestaltende Kräfte der Erdoberfläche erkannt. Sie ahnten indessen deutlich, daß die Vertheilung von Land und

1 Shems ed-dîn de Damas, Cosmographie. trad. par M. A. F. Mehren. Kopenhagen 1874. p. 19—20.

2 Hist. des Berbères, ed. Slane tom. I, p. 194.

3 Prairies d'or. tom. I, p. 193. 194. 196.

4 Prairies d'or, tom. I, p. 342.

5 Edrisi, tom. II, p. 82 ed. Jaubert جبل النار Dschebel en Nar. Nach Reinaud beobachtete Herawi (gest. 1215), dessen Reisen schon vor 1173 n. Chr. begannen, auf Sicilien einen Ausbruch des Aetna. Aboulf. Introd. p. CXXVIII.

6 Edrisi (tom. II, p. 71) bemerkt vom Stromboli oder der „Vulkaninsel" جزيرة البركان, daß man sie selten im Zustand der Ruhe sehe. Noch jetzt ist der Stromboli, was die Häufigkeit der Ausbrüche betrifft, der erste Vulkan Europas. C. W. Fuchs, Vulkanische Erscheinungen der Erde S. 19.

Wasser Wechseln unterworfen sei. Ein Schwanken des Meeresbodens wurde auf der Inselkette der Laka- und Malediven wahrgenommen; denn wie uns Biruni berichtete, sinken manche dieser Korallenbauten bisweilen unter das Meer, während andere neben ihnen aufsteigen, so daß die Bewohner öfters ihre Wohnstätten wechseln mußten.[1] Noch großartigere Vorstellungen treffen wir bei dem naturkundigen Masudi an. Kein Erdraum, sagt er, bleibt auf die Dauer trocken oder mit Wasser bedeckt.[2] Doch schreibt er die Veränderungen der Küstenländer hauptsächlich der Thätigkeit der Meteorwasser zu, welche zu Strömen vereinigt das Meer durch Anhäufung von Schuttland zum Zurückweichen zwingen. Einen tiefen Eindruck nämlich hatten ihm die Anschwemmungen des Euphrat und Tigris und die Ausfüllung des persischen Meerbusens hinterlassen, wo im Laufe von 300 Jahren die ehemalige Freistadt Hira, vor welcher einst chinesische Dschunken und Indienfahrer ihre Ladungen gelöscht hatten, von der See hinweg tief in das trockene Binnenland hinein gerückt worden war.[3] Ganz ähnlich wiederholt Biruni die alte Ansicht des Megasthenes, daß Bengalen einst ein Meeresgolf gewesen sei, den der Ganges mit seinem Schutt ausgefüllt habe. Wenn man, fügt der geistreiche Beobachter hinzu, am oberen Laufe des Flusses nur wenig in die Erde gräbt, so stößt man auf große Steintrümmer, weiter unterhalb wird das Geschiebe viel kleiner und in der Nähe des Meeres findet man nur Sand.[4] Eben so richtig beschreibt Kazwini, wie Berge allmählich von den Gießbächen abgetragen, ihr Schutt ins Meer geführt, der Schlamm dann schichtenweise ausgebreitet

[1] Biruni im Journ. Asiat. 1844. Sept. p. 265.

[2] Maçoudi, Prairies d'or, tom. I, p. 202.

[3] Prairies d'or, tom. I, p. 216—219. Das Vorrücken der Alluvionen dauert noch immer fort; denn das alte Bassora, welches Jaqut besuchte, liegt jetzt zwei deutsche Meilen binnenwärts von Neu-Bassora, welches erst im 17. Jahrhundert erbaut wurde. Wüstenfeld über Jaqut's Reisen, Zeitschr. der D. Morgenl. Gesellschaft. Leipzig 1864, Bd. XVIII, S. 416.

[4] Biruni l. c. p. 240.

und fest verbacken werde.[1] An diese scharfsinnige Bemerkung wollen wir ein glückliches Wort des Masudi anschließen, daß die Strombetten eine Zeit der Jugend und des verfallenden Greisenalters wahrnehmen lassen.[2]

Die Kunde vom Bau der Ströme dagegen wurde von den Arabern sträflich vernachlässigt. Besonders erfinderisch waren sie in widernatürlichen Gabeltheilungen der Flüsse. Für die afrikanischen Wasserläufe gesellte sich dazu der Mißstand, daß sie allen Strömen dieses Welttheiles den Namen Nil gaben. So hieß bei ihnen der wahre Nil der Nil Aegyptens, der blaue Fluß der abessinische Nil, der Dschub oder Godscheb der Nil der Zendschküste, der geschwisterliche Webbi-gamana der Nil von Makdaschu, der Komadugu der Nil des Sudan und der Niger der Nil von Ghana. Eine fast unvermeidliche Folge dieser nachlässigen Benennung war der Irrthum, daß alle Ströme Afrikas ein einziges strahlenförmiges Entwässerungssystem bilden sollten. Die arabischen Geographen flochten nämlich die Quellen dieser Flüsse im Innern zu einem Knoten, den Kuar oder Kurasee zusammen, von welchem aus sie nach Nord, Ost und West die Nilwasser nach den Küsten hinabrinnen ließen. Daher entstand auf Edrisi's Karte das Mißverständniß, als ob der Niger oder der Nil von Ghana nach Westen ins atlantische Meer abgeflossen sei, ein Trugbild, welches von den Geographen des spätern christlichen Mittelalters begierig wiederholt, den Portugiesen beim Beginn ihrer afrikanischen Fahrten die Entdeckung eines atlantischen Flusses verhieß, der sie bis nach Nubien und Abessinien bringen sollte. Ob der Kuar- oder Kurasee der Araber, das Sammelbecken der verschiedenen Nilausstrahlungen, aus alten Karten zur Geographie des Ptolemäus stammte,[3] und ob er vielleicht auf den

[1] Kosmographie, deutsch v. H. Ethé. S. 305, 306.

[2] Prairies d'or, tom. I, p. 203, le lit des fleuves a ses périodes de jeunesse et de déclin.

[3] Masudi (Prairies d'or, tom I, p. 204) erzählt uns, er habe in

Tzana in Abessinien bezogen werden dürfe, wagen wir nicht entschieden auszusprechen, zumal da die älteren arabischen Geographen den Nil nur bis Dongola kannten, bis wohin sich noch im späten Mittelalter die Herrschaft der christlichen Könige Nubiens erstreckte.

Der Eintritt von Ebbe und Flut wurde von den Arabern nicht so klar verstanden, wie im griechischen Alterthum. Einige ihrer Geographen wollten sogar die Sonne als alleinige Urheberin dieser Erscheinungen angesehen wissen,[1] und die Springfluten sollten nicht bei Vollmond und Neumond, sondern nur zu Vollmondszeiten stattfinden.[2] Die hebende Kraft suchte man entweder in angeblichen Wärmewirkungen des Mondes, oder noch unklarer in plötzlichen Niederschlägen.[3] Wie nahe übrigens die Araber der Lösung des Räthsels waren, lehrt uns eine außerordentlich scharfsinnige, wenn auch unwahre Hypothese des Schems ed-dîn's aus Damaskus. Dieser geistreiche Geograph ahnte bereits, daß die australische Hälfte des Erdkörpers mit Wasser bedeckt sei, und er wollte diese Erscheinung damit rechtfertigen, daß die Sonne, zur Zeit ihres Verweilens in den südlichen Zeichen, der Erde viel näher stehe und daher die beweglichen Wassermassen durch ihre stärkere Anziehung auf dieser Hemisphäre angehäuft habe.[4]

einem ptolemäischen Atlas zwölf Quellen des Nil gesehen, die von den Mondbergen zunächst in zwei Seen sich sammelten, deren Ausflüsse später erst zu einem gemeinsamen Strom sich vereinigten. Auf Edrisi's Karte findet man eine Abbildung dieses Strombaues.

[1] Edrisi, tom. I, p. 95 und Jaqut in Notices et extr. tom. II, p. 106.

[2] Edrisi, l. c. Kazwini, Kosmographie. S. 41, S. 233. Selbst Masudi spricht nur von Springfluten zur Vollmondszeit und beruft sich dabei auf Abu Maschar aus Balch. Vgl. Albumasaris abalachi Indroduct. in astron. Augsb. 1489. fol. c. 4.

[3] Maçoudi, Prairies d'or, tom. I, p. 246.

[4] Shems ed-dîn de Damas, Cosmographie, trad. par M. A. F. Mehren, Kopenhagen 1874. p. 4. Dies ist die älteste Anregung der bekannten Adhémar'schen Hypothese, die übrigens vor Adhémar schon de Bergh, Leopold v. Buch's Freund und Gefährte, ausgesprochen hatte. Herodot hat ähnliches in naiver Weise schon vom Nil behauptet.

Kazwini erfreut uns mit der richtigen Beobachtung, daß der Nordwind (in Südasien) Trockenheit bringe, weil er über Wüsten, der Südwind dagegen Feuchtigkeit, weil er über das Meer streiche. Er weiß zugleich, daß wenn die Luft mit Wasserdämpfen gesättigt gegen hohe Berge sich bewegt, Regen niederfallen müsse.[1] Daß die Verdampfung der Meere als quellenbildender Regen auf dem festen Lande sich niederschlage und diese Einrichtung der Natur einem Schöpfrade gleiche, welches Wasser aus dem Flusse hebe, um es den Feldern zuzuführen, von denen es nach dem Strome wieder abrinne, lehrte der Naturbeobachter Masudi, der auch erklären konnte, warum aus dem salzigen Meere nur Süßwasserdämpfe aufsteigen. Wenn man, bemerkt er nämlich, in einem Destillirkolben Salzlösungen verdampfe, so tropfe nicht salziges, sondern süßes Wasser nieder — das erste Beispiel einer Ergründung von Vorgängen in der Natur durch chemische Versuche. Der unterrichtete Mann fügt noch hinzu, daß der Salzgehalt des Meeres von den Quellen und Flüssen herstamme, deren Wasser während ihres Laufes Salze und Erden auflöse und der See zuführe.[2]

Eine Kenntniß der Passate fehlte den Arabern, obgleich das Gebiet dieser Luftströmungen noch innerhalb der räumlichen Grenzen ihres Wissens lag. Die indischen Monsune dagegen und die Wechsel von trockener und nasser Zeit wurden nicht bloß frühzeitig beschrieben, sondern staunend finden wir sogar bei Biruni die Beobachtung, daß die Niederschläge in Bengalen, je mehr man sich dem Norden und dem Himalaya nähere, desto reichlicher zu fallen pflegten.[3] Die Gesetze des Luftkreises und die Entstehung der Winde haben die Araber nicht zu ergründen gewagt, obgleich sie bereits den wichtigen Satz kannten, daß die Wärme die Körper ausdehne und leichter mache.[4]

1 Kosmographie, übers. v. H. Ethé. S. 197, 192—93.
2 Prairies d'or, tom. I, p. 278—280.
3 Masudi, l. c. p. 243. Biruni, l. c. p. 267.
4 Masudi, l. c. p. 246, 247.

Nach den Ansichten der Araber stand die Erwärmung der Erdräume in Abhängigkeit von ihrer geographischen Breite. Da sie sich zu dem sogenannten ptolemäischen Weltbau bekannten, nach welchem sich die Sonne auf ihrer excentrischen Bahn zur Zeit des nördlichen Winters der Erde am meisten nähert, so vermutheten sie, daß auf der südlichen Halbkugel um jene Zeit die Temperaturen eine Höhe erreichten, die für alle belebten Wesen tödtlich werden müßte. Aus diesem Grunde hielten sie das Land am Aequator oder von etwa 4° südlicher Breite bis zum Wendekreis des Steinbockes für unbewohnbar und die dortigen Meere der Schifffahrt unzugänglich.[1] Diese falsche Vorstellung bestärkte die arabischen Geographen in dem Wahne, daß die Zendschküste und das Sofalaland Afrikas nicht nach höheren australischen Breiten sich erstrecke, sondern Südasien gegenüberliegen müsse. Daß die Erwärmung der Erde unter gleichen Breiten mit der senkrechten Erhebung der Oberfläche abnehme, wie die Griechen ausgesprochen haben, scheint den Arabern entgangen zu sein; Abulfeda zweifelt wenigstens, daß auf dem afrikanischen Mondgebirge Schnee liegen könne, weil es dieselbe Polhöhe wie Aden in Arabien besitze, wo Schneefälle unerhört seien.[2]

Es wurden die Araber auch von dem Irrthum beherrscht, daß sich die Artenmerkmale der belebten Wesen mit den Zonen änderten, sie behaupteten sogar, daß die kleinen Augen der Bewohner Nordasiens und die kurzen Füße ihrer Kameele dem Einfluß der Polhöhe beigemessen werden dürften.[3] So lange man solche Artenverwandlungen für möglich hielt, war an eine echte Erkenntniß von der räumlichen Vertheilung der belebten Wesen nicht zu denken. Doch begann man bereits Einzelnheiten

[1] Edrisi, tom. I, p. 2. Biruni bei Reinaud, Aboulf. Introd. p. CCXXIV.

[2] Aboulf. Prolégom. p. 83.

[3] Masudi (Prairies d'or, tom. I, p. 336—337) fügt noch hinzu, daß aus der Palmenart el-moql, wenn sie nach Indien verpflanzt werde, die Cocospalme entstehe.

aufzumerken. Schon Soleiman weiß, daß die Dattelpalme weder in Indien noch in China angetroffen wird,[1] wie denn überhaupt die Araber eifrig den Verbreitungsgrenzen dieser heimatlichen Palmenart nachspürten. Man kann vielleicht das Pflanzenklima eines Ortes nicht kürzer und schärfer ausdrücken, als wenn Ißtachri anmerkt, daß bei Balch Orangen und Zuckerschilf noch gedeihen, nicht aber Palmen, weil dort Schnee falle,[2] wie denn auch Abulfeda bereits wußte, daß England jenseit der Nordgrenze des Weinbaues liegt.[3] In keinem Fache des Wissens sind die Araber verlässiger als in der Produktenkunde, so daß die einzelnen seltenen Verstöße nur zufälligen Mißverständnissen zugeschrieben werden müssen.[4] Jaqut lehrte, daß die Datteln und die Orangenarten den heißen Klimaten angehören, die Cocosnüsse, der Pfeffer und der Ingwer in Vorderindien, die Gewürznelken auf den fernen malayischen Inseln ihre Heimat haben.[5] Spärlicher sind die Beobachtungen über die Verbreitung der Thierarten, doch wußte schon Soleiman, daß der Löwe weder in China noch in Indien[6] angetroffen werde, der Verbreitungskreis der Tiger dagegen über ganz China sich erstrecke.[7] Auch erkannten die Araber frühzeitig den Irrthum der Griechen, als ob der Nil allein Krokodile ernähre; denn sie hatten erfahren, daß auch die indischen Ströme solche gefährliche Echsen beherbergen.[8] Eine Eintheilung unseres

[1] Reinaud, Relation tom. I, p. 57.

[2] Buch der Länder, S. 120.

[3] Aboulf. Géogr. tom. II, p. 266.

[4] Edrisi (tom. II, p. 389 ed. Jaubert) läßt z. B. den Oelbaum in Polen wachsen. Schems ed-din Dimeschqi versetzte den Zimmtstrauch nach Ramni (Sumatra) und den Nelkenlorbeer nach Ceylon. (Cosmographie ed. Mehren, p. 205, 216.)

[5] Jaqut in Notices et extr. tom. II, p. 391,

[6] Dort war er nur sehr selten, doch noch im Jahre 1851 ist daselbst ein Exemplar erlegt worden. Schmarda, in Behm, geogr. Jahrbuch, Bd. 5. Gotha 1874. S. 515.

[7] Reinaud, Relation tom. I, p. 55.

[8] Ißtachri, Buch der Länder, Seite 85. Biruni, Journ. Asia-

Geschlechtes nach Racen war noch nicht vorhanden, doch zählt uns wenigstens Masudi nach Galenus die zehn Merkmale der Neger auf, welche letztere stets streng von den Berbern geschieden werden. In der schwarzen Farbe und dem krausen Haar der Tropenbewohner erblickten die Araber nur die Wirkung der hohen Erwärmung, wie umgekehrt die helle, oder, wie man meinte, unreife Haut und Blondheit der Russen und Scythen der schwachen Sonnenbestrahlung zugeschrieben wurden.[1] Als ehrwürdiges Muster zur Entwerfung von Völkerstammbäumen diente die Patriarchentafel der Genesis. Freilich verirrte sich dabei ein Schems ed-dîn so weit, daß er Slaven, Türken und Chinesen in enger Reihenfolge auf Japhet zurückführte. Ihm danken wir sonst eine spannende, wenn auch nicht immer gerechte und treffende Aufzählung der Laster und Vorzüge aller ihm bekannten Völker.[2] Auch erfahren wir von Masudi, daß ein arabischer Schriftsteller ein Werk: „über die Racenvorzüge der Neger und ihren Kampf mit dem hellfarbigen Menschenschlag" verfaßt hatte.[3]

Auch wurden bereits die Erdräume gegenseitig verglichen. So fand Masudi eine Uebereinstimmung in Bezug auf die Erwärmung und die Pflanzenwelt zwischen dem saidischen Aegypten und dem Hedschaz Arabiens, während Unterägypten sich in beiden Beziehungen ähnlich verhalte wie Syrien.[4] Man trachtete jedoch weniger die Eigenthümlichkeiten und Vorzüge der einzelnen Länder, als vielmehr die der Klimate oder der Erdgürtel festzustellen, deren man vom Aequator bis zum Polarkreis sieben zählte. Die Araber verirrten sich auch hier wieder, daß sie

tique. 1844. Sept. p 253. Kazwini, Kosmographie, übers. v. H. Ethé. S. 383.

[1] Edrisi, l'Afrique ed. Dozy et de Goeje, p. 2. Kazwini, Kosmographie, übers. von H. Ethé. S. 55.

[2] Cosmographie, ed. Mehren. p. 376—84, 393.

[3] Prairies d'or, tom. I, p. 163, 167.

[4] Masudi, im Kitab et-tenbih, Not. et extr., tom. VIII, p. 145.

den Erzeugnissen der Natur unwahre Grenzen zogen. Schems ed-dîn Dimeschqi lehrte, daß „sich das Gold, der Hyacinth, die Edelsteine häufig nur am Aequator und bis zur Grenze des zweiten Klimas (17° 12′ n. Br.), das Silber, die andern Erze, die Smaragden und die geringern Edelsteine aber bis zum fünften Klima verbreitet fänden". Er stand nämlich unter dem Drucke eines Wahnes, als ob am Aequator das Steinreich, in der angrenzenden Zone die Gesteine und das Menschengeschlecht ihre höchste Vollkommenheit erreichten, während das fünfte und sechste Klima (38° 23′ bis 50° n. Br.) den Gewächsen holder als den Menschen und Thieren, und der nördlichste Gürtel für die Pflanzen allein und nicht für die anderen Reiche geeignet sei. Solche seltsame Irrthümer, die von den Arabern das spätere christliche Mittelalter eingesogen hatte, haben den Entdecker Amerikas bestimmt, nur unter den Tropen die reichen Länder des Westens zu suchen. Während Masudi die höchsten menschlichen Vorzüge bei den Völkern des vierten Klimas antreffen wollte, zu welchem der Nordrand Afrikas und Spaniens gehörte,[1] behauptete Schems ed-dîn Dimeschqi, daß helle Hautfarbe und geistige Begabung nach Süd und nach Nord sich nur wenig über das dritte oder vierte Klima (20° bis 33° 49′ n. Br.), also nicht viel südlicher als Mekka und nicht viel nördlicher als Damaskus sich verbreiteten, denn unter diesem Erdgürtel sollten alle großen Religionsstifter, Weltweisen, Gelehrten und berühmten Monarchen das Licht dieser Welt erblickt haben.[2]

[1] Kitab et-tenbih in Not. et extr. tom. VIII, p. 147.

[2] Cosmographie, trad. par Mehren. Kopenhagen 1874. p. 28.

Vorzüge der arabischen Geographen.

Noch jetzt können die Schilderungen der Araber von der Gesittung anderer Völker und den Merkwürdigkeiten entfernter Länder als Muster dienen. Der Aufmerksamkeit ihrer Reisenden entging nicht leicht eine Eigenthümlichkeit fremder Welten. Selbst der trockene Jßtachri vergißt nicht zu bemerken, daß in Dschurusna am Syr Darja die Rosen bis in den Spätherbst blühen, und daß es in Ferghana Steine gebe, die wie Kohlen brennen.[1] Zu den Zeiten Karls des Großen betraten die ersten arabischen Chinafahrer staunend eine Welt überfeinerter Gesittung. Sie gedenken bei ihrer Schilderung des himmlischen Reiches der Einrichtung von Reisepässen, der Volkszählungen und Geburtsregister, der polizeilich besteuerten und patentirten Prostitution, des Theetrinkens und der eigenthümlichen auf Faden gereihten Blechmünzen, die wir Sapeken oder Casch nennen,[2] und welche in den Zeiten der Mongolendynastie durch Papiergeld verdrängt wurden.[3] Wir erfahren durch die Araber, daß die Hahnenkämpfe und das Nardspiel schon im 9. Jahrhundert auf Ceylon im Schwunge waren,[4] sowie daß fromme Hindu schon in jenen fernen Jahrhunderten das Wasser des heiligen Ganges in Krügen auf dem Kopfe oft bis an das äußerste Ende der Halbinsel zum weihevollen Bade ihrer Götzenbilder trugen.[5] Aus den arabischen Geographen hätten die

[1] Buch der Länder, S. 125, 130. Auch Jbn Batuta (Voyages tom. IV, p. 261) gedenkt der Steinkohlen in China. Steinkohlen waren im Alterthum nicht unbekannt. Um 830 werden sie in England erwähnt. Um 1240 wurden Steinkohlengruben in Newcastle, um 1291 in Wales erschlossen. Geinitz, Fleck u. Hartig, Die Steinkohlen Deutschlands. II, 3.

[2] Reinaud, Relation des Voyages, p. 40, 41, 46, 71, 72.

[3] Jbn Batuta (IV, p. 262). Der Reisende wurde bei seiner Ankunft in China von einheimischen Künstlern abgezeichnet und sein Porträt, wahrscheinlich ein Holzschnitt, als Signalement an alle städtischen Behörden versendet.

[4] Reinaud, Relation tom. I, p. 129.

[5] Shems ed-din de Damas, Cosmographie. trad. par Mehren. p. 123.

Völker des Westens mit einer Anzahl wichtiger Erfindungen frühzeitig bekannt werden können. Die älteste Erwähnung von Windmühlen in dem wasserlosen Sedschistan findet sich bei Masudi.[1] Edrisi macht uns bekannt mit den maurischen Wasserleitungen und Pumpwerken bei Toledo, mit den Zinnobergruben von Almaden, und er hat uns die merkwürdige Nachricht aufbewahrt, daß zu seiner Zeit schon die Quecksilberwäsche zur Ausscheidung des Metalles aus den Golderzen im nordwestlichen Afrika angewendet wurde.[2] Daß früher die Wein- und Dattelgärtner Bassoras um schweres Geld den Vogeldünger kauften, der aus dem persischen Meerbusen von den Guanoklippen bei den Bahreininseln gebracht wurde, hätte man ebenfalls aus Edrisi lernen können, sowie man auch von ihm erfährt, daß die Maccaroni Palermos schon um 1150 n. Chr. einen Ruf besaßen.[3] Die arabischen Reisenden versäumen nicht, Gewichte und Valuten verschiedener Länder zu vergleichen, und sie wußten so gut wie wir, daß Indien — die Klage schon zu Tiberius' Zeiten — wegen seines geringen Bedarfes an fremden Gütern die edlen Metalle des Westens zur Nimmerwiederkehr an sich zog.[4] Bei Schehab ed-dîn Dimeschqi und bei Ibn Batuta finden wir Schilderungen der Hofhaltungen in Delhi und der kleinen osmanischen Fürsten, letztere aus der Zeit, wo sich die Keime ihrer drohenden Herrschaft zu entwickeln begannen, so daß sie für die Geschichte des Morgenlandes einen ähnlichen Werth haben, wie für die europäische die berühmten Schilderungen venetianischer Botschafter.

[1] Nach Reinaud (Aboulf. Introd. p. CCCII). Auch Ißtachri erwähnt sie im Buch der Länder, S. 110 und Ibn Hauqal in Iracae Pers. Descriptio ed. Uylenbroek. Lugd. 1822, p. 36. Die frühesten Erwähnungen von Windmühlen in Europa fand Joh. Beckmann (Geschichte der Erfindungen. Leipzig 1786. Bd. 2. S. 35) in einer französischen Urkunde vom Jahr 1105 zu Mabillon's Benediktiner Annalen und in einer englischen vom Jahr 1143, beide um zwei Jahrhunderte jünger als Masudi.

[2] Tom. II, p. 31, 66; tom. I, p. 67. ed. Jaubert.

[3] Tom. I, p. 157; tom. II, p. 78. ed. Jaubert.

[4] Schehab ed-dîn Dimeschqi in Not. et extr. tom. XIII, p. 218.

In solchen Gaben müssen wir Entschädigung suchen für den Hang zum Wunderbaren und die ermüdenden Fabeln, welche bei Arabern so wenig fehlen wie bei den christlichen Autoren des Mittelalters. Ihre innige Frömmigkeit verleitet sie gar oft zu theologischen Mißgriffen, und wir müssen lächeln, wenn Kazwini[1] die Güte Gottes auch darin erkennt, daß er den Regen nicht in die unbewohnten Steppen, sondern in die von Geschöpfen belebten Erdräume sende.

Daß die Benutzung arabischer Quellen auf die Fortschritte unsrer Erkenntnisse entscheidend einwirken mußte, bedarf nach diesem Ueberblicke keiner weiteren Erörterung. Was das spätere christliche Mittelalter unter dem Einflusse des arabischen Wissens gewonnen und gelitten hat, wird der nächste Abschnitt zeigen. Der erste neuere Gelehrte aber, welcher aus einem arabischen Geographen und zwar aus Abulfeda schöpfte, war Wilhelm Postell,[2] während der Name Jaqut uns am frühsten in einer akademischen Rede begegnet ist, die Jacob Gronovius am 20. December 1702 zu Leyden hielt.[3]

[1] Kosmographie, übers. v. H. Ethe. S. 194.

[2] Siehe seine an König Ferdinand von Böhmen gerichtete Vorrede zu seinem Cosmographiae compendium, welches 1561 in Basel erschien.

[3] De Geographiae origine, progressu ac dulcedine. Lugd. 1703, p. 16.

Die Zeit der Scholastiker.

Räumliche Erweiterung des Wissens.

Vier Dinge haben in den letzten Jahrhunderten des Mittelalters das Wachsthum der Erdkunde beschleunigt: die Berührung mit der arabischen Gesittung im heiligen Lande und in Spanien; der Einbruch der Mongolen, dem das Abendland von der Mitte des 13. bis zur Mitte des 14. Jahrhunderts einen regen Verkehr mit dem äußersten Osten Asiens verdankte; ferner die Eröffnung eines atlantischen Seeweges von den italienischen Handelsstädten nach Flandern: endlich zum Schluß die erneuerte Bekanntschaft mit den Urtexten der griechischen Schriftsteller, vor allem die Rückkehr zu den ptolemäischen Ortsbestimmungen. Wie nun jede dieser Begebenheiten verschieden, alle aber befruchtend gewirkt haben, wollen wir an den schicklichen Orten darzustellen versuchen.

Im Norden der Erde konnten sich die Erkenntnisse nicht erweitern, es verfielen sogar die anziehenden Entdeckungen der Normannen in Amerika mehr und mehr der Vergessenheit. Ihre Niederlassungen auf der Westküste Grönlands waren in Folge von Feindseligkeiten mit den Skrälingen oder Eskimo und noch mehr durch den Verfall des Handels in Folge einer verkehrten Gesetzgebung der norwegischen Könige seit dem 14. Jahrhunderte nach und nach erloschen,[1] als der Name Grinland

[1] Konrad Maurer in der zweiten deutschen Nordpolfahrt unter Koldewey.

zuerst auf einer Karte des Jahres 1447 auftaucht,[2] wo er eine Halbinsel bezeichnet, die zwillingsartig mit Norwegen verwachsen ist, ein Mißverständniß, welches erst um die Mitte des 16. Jahrhunderts völlig beseitigt wurde. Eine merkwürdig treue Vorstellung vom äußersten Nordwesten brachten angeblich nach ihrer Heimat zwei edle Venetianer, Nicolo und Antonio Zeno, wovon der ältere 1380 nach dem Norden reiste, der jüngere Bruder ihm später folgte, und 14 Jahre bei einem kleinen Seeräuberhäuptling auf den Faröern (Friesland) verweilte.[3] Die Schriften, die Messer Antonio in Venedig hinterlassen haben soll, die aber erst 1558 veröffentlicht wurden,[4] enthalten über Seezüge faröischer Wikinge nach westlichen Küsten so viele unerklärbare Namen und fabelhafte Erzählungen, daß nordische Alterthumskenner ihre Berichte für Fälschungen erklärt haben.[5] Die Erzählungen waren glücklicherweise von einer Karte begleitet, deren Werth und Aechtheit jetzt als gerettet erscheint.[6] Der Verfasser dieser Karte hat uns ein so treues Bild von Island geliefert und Grönland in seiner wahren Gestalt gezeigt, daß er diese Inseln entweder selbst besucht oder aus nor-

Leipzig 1873. S. 231 ff. Die letzte Nachricht über Altgrönland ist eine Urkunde des Papstes Nikolaus V. vom 20. Sept. 1448.

[2] Santarem, Essai sur l'Histoire de la Cosmographie, Paris 1852. tom. III, p. 331. Der Vicomte setzt die Karte des Palastes Pitti aber irrthümlich in das Jahr 1417. Ein Zusammenhang Grönlands mit anderen Festländern wurde vorausgesetzt, weil man dort eine Thierwelt getroffen hatte, die auf Inseln nicht vorkommt. Von Grönland sollte sogar ein Mann mit einer Geiß, die ihn dabei ernährte, bis nach dem permischen Rußland gewandert sein. Konrad Maurer, a. a. O. S. 243.

[3] Ramusio, Navigat. e Viaggi, tom. II, fol. 230.

[4] Foscarini, Della Letteratura Veneziana. Venezia 1814. p. 431.

[5] C. C. Zahrtmann, Om Zeniernes Reiser, in Nordisk Tidsskrift for Oldkyndighed. Kjöbenhavn 1833. 2 Bd. p. 9 bestreitet den Zeni jede Kenntniß des Nordens. Det hele kaart baerer det umiskjendeligste Praeg af at vaere sammensat af en Mand, der ej havde vaeret paa Stederne, og ej kjendte Nordens Sprog eller dets Historie.

[6] Man vergleiche die gelungene Erklärung in Lelewel's Géographie du moyen-âge. tom. III, p. 87 sq.

dischen Vorbildern sie abgezeichnet haben muß; denn seine isländischen Ortsnamen lassen sich trotz aller Verstümmelungen durch die unkundigen Herausgeber meistens wieder finden.[1] Doch ist damit nicht der gerechte Verdacht beseitigt, daß der Bericht wie die Karte kurz vor ihrer Veröffentlichung, also um die Mitte des 16. Jahrhunderts in Italien verfertigt worden seien.[2]

Im Norden Europas wurde die Halbinselgestalt Skandinaviens nicht mehr verkannt, denn Saxo Grammaticus beschreibt uns (um das Jahr 1225) deutlich die Landenge, welche das weiße Meer von dem bothnischen Golfe trennt.[3] Von dem nördlichen Rußland wußte man dagegen nur, daß es von permischen Völkerschaften bewohnt werde,[4] doch hatten schon vor dem Einbruche der Mongolen Heidenbekehrer aus dem Predigerorden bis zu den Baschkurten oder Baschkiren im Ural ihren

[1] Martin Frobisher hatte auf seiner zweiten Reise 1577 eine Karte der Zeni an Bord, die von einem seiner Begleiter gerühmt wird. (George Best, bei Hakluyt, Voyages, Navigations and Discoveries, London 1600. tom. III, p. 62.) Welche genauen Details die Karte der Zeni enthält, kann man daraus sehen, daß sich an der Südwestecke Islands ein Name findet, den Zurla (Dissertazioni, Venezia, 1818, tom. II, Pl. 1.) Flogascer gelesen hat. Es sind dies die Fuglasker oder Geirfuglasker südlich von Cap Rejkjanes, schwer zugängliche Klippen, auf denen noch der einst in Nordeuropa verbreitete, längst aber gänzlich vertilgte große Pinguin (Alca impennis) nisten soll, vgl. G. G. Winkler, Island, Braunschweig 1861. S. 16. Die älteste, mir (R.) vorgekommene Benutzung der Karte ist in der 1562 zu Venedig von Moletius besorgten Ausgabe des Ptolemäus enthalten.

[2] Konrad Maurer, a. a. O. S. 240.

[3] Historia Danic. recens. Dr. P. E. Müller, Havniae 1839. vol. I. p. 18. Inter Grandvicum et meridianum pelagus breve continentis spatium. Das Grandvik ist das weiße Meer. Vgl. Munch, det Norske Folks Historie. I. Deel. 1. B. S. 64. 2. B. S. 713 und v. Spruner-Menke histor. Hand-Atlas, Nr. 63, wo der Name Gandvik lautet. Ueber diese Form bemerkt P. E. Müller (l. c. 18. n. 5.) Islandi semper scribunt Gandvik, quod quidem nomen vel sinum magicum (a *Gan*, magia) vel sinum luporum (a *gandr*, lupus) denotat. Die Halbinselgestalt Skandinaviens beschreibt auch Aeneas Sylvius ganz getreu in seiner Historia de Europa, cap. 33. Auf der Karte der Zeni finden sich norwegische Küstenpunkte die bis 70° n. Br. reichen; statt Frons muß nämlich Tromsoe gelesen werden.

[4] Permia als Stadt und Gebiet auf Fra Mauro's Karte.

Weg gefunden.[1] An der Wolga kannte man die Sitze der Bileren oder Bulgaren, an der Kama die Parossiten oder Berda, ja selbst der Name der Samojeden im äußersten Norden wurde genannt in Gemeinschaft mit den Hundsköpfen oder Cynocephalen, unter welcher Benennung immer Finnen oder Lappen zu verstehen sind.[2]

Die erste Kenntniß Mittelasiens verdanken wir den Sendungen von geistlichen Botschaftern an die Nachfolger Dschingischans. Die mongolischen Herrscher, gleichgiltig gegen Glaubensformen, ließen für sich von Nestorianern und Mohammedanern beten; in China wurden sie Buddhisten, in Persien traten sie zum Islam, im Kiptschak zum Christenthum über. Den Franken in Palästina, noch mehr aber den Fürsten von Westarmenien erschienen sie wie gottgesendete Helfer gegen die Uebermacht der ägyptischen Mamluken. So entspann sich ein lebhafter Botschafterverkehr zwischen dem Abendland und den Herrschersitzen der Großchane. Im Jahr 1246 erreichte die erste päpstliche Gesandtschaft, geführt von Piano di Carpine,[3] die Sira Ordu oder das goldene Zelt, etwa einen Tagemarsch von Caracorum, dem vielgenannten Sommerpalast der Mongolen, entfernt. Bis dorthin drang ein anderer geistlicher Botschafter, Andreas von Lonjumel, Ende 1248 oder Anfang 1249 vor, und ihm folgte 1253 im Auftrage Ludwig des Heiligen Ruysbroek oder Rubruquis. Sie alle fanden unter den Mongolen europäische Abenteurer zahlreich angesiedelt, und das Kommen und Gehen von Botschaftsträgern und Unterhändlern wiederholte sich seitdem

[1] Ruysbroek ed. d'Avezac, Recueil de Voyages et de Mémoires publié par la Soc. de Géogr. Paris 1839. tom. IV, p. 275. Hoc quod dixi de terra Pascatur scio per fratres predicatores, qui iverunt illuc ante adventum Tartarorum.

[2] Plan. Carpin, ed. d'Avezac, Recueil de Voyages tom. IV, p. 492. p. 677. p. 776 über die Cynocephalen s. oben S. 90.

[3] Näheres über diesen Reisenden findet sich bei G. Voigt, Jordanus von Giano. Abhandl. d. phil. histor. Classe der sächs. Ges. d. Wiss. Leipzig 1870. Bd. 5. S. 465.

so häufig, daß man daran dachte, an der pariser Sorbonne einen Lehrstuhl für die mongolische Sprache zu errichten.[1] Diesem politischen Verkehr verdanken wir die erste genauere Kunde der mittelasiatischen Steppen und Hochländer, auch wurden die Reisen jener Botschafter von den beiden großen Geographen des 13. Jahrhunderts, von Roger Bacon und von Vincenz von Beauvais, benutzt.[2] Da unter diesen Schilderungen der Bericht des Ruysbroek, fast unbefleckt durch störende Fabeln, durch seine Naturwahrheit als ein großes geographisches Meisterstück des Mittelalters bezeichnet werden darf, so müssen wir den von ihm betretenen Pfad kurz andeuten. Während Piano di Carpine und sein polnischer Begleiter über Breslau nach Kiew sich begeben[3] und nach einander den Nepere, den Don und die Wolga erreicht hatten, wobei wir aus ihrem Munde die slavischen Namen der Flüsse Borysthenes, Tanais, Ethilia zum ersten Male vernehmen, landete Ruysbroek bei Sudak auf der Krim und zog mit Ochsenkarren über die Landenge von Perekop. Als er den ersten mongolischen Aul in der Krim ansichtig wurde, da war es ihm, gesteht er, als setze er seinen Fuß „in ein anderes Jahrhundert". Längs dem asowschen Meer zog er über wasserarme Steppen, wo kein Berg, kein Fels, kein Wald zu erblicken war, sondern der Himmel sich unmittelbar über dem flachen Grasteppich ausspannte, dessen

[1] Abel Rémusat, Rapport des Princes chrétiens avec le grand Empire des Mongols, in Mémoires de l'Institut de France, Acad. des Inscr. tom. VI, Paris 1822. p. 398—469, p. 415. Ruysbroek ist der Name eines kleinen Dorfes, zwei Lieues von Brüssel, Rubruck dagegen heißt ein Ort bei Cassel (Département du Nord). J. de Saint-Génois, les voyageurs belges. Bruxelles. s. a. p. 94—95.

[2] Bacon verkehrte persönlich mit Ruysbroek, kannte aber auch Piano di Carpine's Schriften (Roger Bacon, Opus Majus Lond. 1733 fol. 191). Beauvais benutzte Piano di Carpine, den polnischen Mönch Benedictus, den Bruder Ascelin und seinen Begleiter Simon aus Saint=Quentin. (Vincentius Bellovacensis, Speculum Historiale lib. XXXI, cap. 2.)

[3] Recueil de Voyages, tom. IV, p. 774.

Einförmigkeit nur kumanische Grabhügel[1] unterbrachen bis zum Don, der herkömmlichen Grenze Europas, den aber der Mönch wider Erwarten nicht größer fand, als die Seine bei Paris. Am östlichen Arm der siebenfach zertheilten Wolga verweilte Rüysbroek in dem kürzlich erbauten Sarai, der späteren Hauptstadt der Mongolen des Kiptschak. Es war ein Verdienst um die Erdkunde, daß Ruysbroek das kaspische Meer von neuem wieder als ein geschlossenes Becken erklärte, nachdem er selbst die westlichen und nördlichen Ufer, die südlichen und östlichen aber kurz vor ihm, wie er wußte, Andreas von Lonjumel bereist hatte.[2] Von der Wolga flog er in Eilritten sechs Wochen lang gegen Osten, täglich eine Entfernung wie zwischen Paris und Orleans zurücklegend, durch das Gebiet der kleinen und mittleren Kirgisenhorde, wo damals die kumanischen Kanglen saßen.[3] Dann bog er südlich ab nach einem Gebirge,[4] berührte etliche Steppenflüsse, die sich in Sümpfen verloren, und darunter wahrscheinlich den Sari Su und Tschui; ließ den wichtigen Handelsplatz Talas,[5] nach welchem er sich gelegentlich erkundigte, zur Rechten, und betrat, nachdem er den Ili auf Fahrzeugen überschritten hatte, die prächtigen Weiden der großen Horde, zur Linken den Spiegel des Balchasch, zur Rechten oder im Süden die herrliche Alpenkette des dsungarischen Alatau.

[1] Ueber die Kurgane der neurussischen Steppen vgl. v. Haxthausen, Studien über Rußland, Hannover 1847. Bd. 2. S. 337.

[2] Ruysbroek ed. d'Avezac, p. 264. Piano die Carpine verwechselt dagegen das kaspische Meer mit dem Pontus, und sein Begleiter hält die Wolga für den Tanais der Alten.

[3] Kangitae bei Benedictus Polonus. Qang soll nach Klaproth einen Karren mit kreischenden Rädern bedeuten. Die Kangle oder Kangar der Byzantiner sind wie die Kumanen identisch mit den Petschenegen. (d'Avezac l. c. p. 499.)

[4] Ruysbroek l. c. p. 278, direximus iter *per* quosdam alpes. *Per* bedeutet im mittelalterlichen Latein nicht **durch**, sondern nach einer Richtung. Yule, Cathai I, p. CCXII, hält diese Alpen für den Kara-tau südöstl. von der Stadt Turkistan.

[5] S. oben S. 112.

Noch stieß der Mönch in der Ebene zwischen See und Gebirge auf künstliche Bewässerungen und gartenartige Fluren,[1] aber auch auf Ortschaften, welche die mongolischen Verheerer zertreten hatten. Vom Balchasch-See gelangte der Botschafter zu einem zweiten Becken, dem Ala-Kul, der im Winter wegen seiner Burane oder Schneestürme gefürchtet wurde.[2] Von diesem See aus wandte sich der Mönch nach Norden und überstieg die Schneekette Tarbagatai, jenseit welcher die Steppen der Naimanhorde lagen.[3] Dort erfuhr Ruysbroek den Untergang der sogenannten asiatischen Erzpriester Johannes,[4] von deren Glaubens- und Bundesgenossenschaft die Franken so viel gehofft hatten. Nach Ueberschreitung einer zweiten Bergkette betrat der

[1] Ueber die alten Wasserleitungen in der Kirgisensteppe, in denen noch jetzt theilweis fließendes Wasser angetroffen wird, sowie über die dortigen Grabhügel und Reste ehemaliger Städte vgl. Th. W. Atkinson, Upper and Lower Amoor. London 1860. p. 191 und Mrs. Atkinson, Tartar Steppes. London 1863. p. 103.

[2] Ruysbroek, p. 294. Piano di Carpine, p. 751. Ritter, Erdkunde 2. Thl. S. 389. Ruysbroek behauptet, daß der kleinere See mit dem größeren durch einen Abfluß verbunden werde. Eine solche Verbindung zwischen Alakul und Balchasch besteht nur noch theilweise im Frühjahr. Wenjukow, die russisch-asiatischen Grenzlande. Deutsch von Krahmer. Leipzig 1874. S. 250. Hr. d'Avezac hat daher auf der Karte zu Piano di Carpine's Reisen die Missionäre am Saisan-See nach dem Kizilbasch-See vorübergeführt. Aber auch der Kizilbasch steht nicht, wie einige Karten es irrthümlich zeigen, in Verbindung mit dem Saisan. Wenigstens läugnen Ritter, A. v. Humboldt, und neuerlich wieder Atkinson eine solche Verbindung. In der Nähe des Alakul am Flusse Emyl lag wahrscheinlich das von Ogodai dem Sohne Dschingischans erbaute Omyl, welches von Ruysbroek nicht, wohl aber von Piano di Carpine, a. a. O. p. 684, erwähnt wird.

[3] Noch jetzt führt eine Kirgisenhorde diesen Namen, nach der auch ein Bergzug in Hochasien der Naiman-Oola genannt wird. Die Naiman waren vor ihrer Unterwerfung unter die Mongolen unabhängig und ihre Herrschaft, die sich über die heutige Dsungarei bis zum schwarzen Irtysch und Altai erstreckte, grenzte im Süden an das Himmelsgebirge. (v. Erdmann, Temudschin der Unerschütterliche. Leipzig 1862. S. 238.)

[4] Das Räthsel, wer der asiatische Erzpriester Johannes gewesen sei, ist nach vielen mißlungenen Versuchen endlich von Gustav Oppert (der Presbyter Johannes, Berlin 1864) gelöst worden. Die Nachricht von einem mächtigen christlichen Fürsten des Morgenlandes brachte 1145 der Bischof von Gabala

Botschafter den Nordrand der „spiegelflachen" Gobi, auf der sich die Weideplätze der Mongolen sammt dem goldenen Kaiserzelt befanden und erreichte zuletzt Caracorum selbst,[1] einen ärmlichen Ort, geringer selbst als das damalige St. Denis, aber der Mittelpunkt einer Herrschaft, die vom Ostrande der alten Welt bis an die Donau reichte.

An diesem Hofe der Mongolenkaiser begegneten sich die Botschafter der entferntesten Völker: dort sahen fränkische Reisende zum erstenmale Chinesen oder Chitanen, deren Land unter dem Namen Chataia von da ab in der Erdkunde immer häufiger genannt wird; sie trafen Eingeborene aus Onam-Kerule,

nach Europa, und Otto von Freisingen ist der älteste Geschichtsschreiber, der jene Kunde verbreitet hat. Oppert hat nun ermittelt, daß der Corchan der Carachitanen, von welchen Ruysbroek (ed. d'Avezac p. 260) spricht, der berühmte Jeliutasche aus der Leao-Dynastie war, welche von 906—1125 den Norden Chinas beherrschte, bis die koreanischen Niutsche ihr Reich zerstörten und die Dynastie der Kin gründeten. Jeliutasche verließ mit einer Horde seines Volkes, der Carachitanen, den Stammsitz außerhalb der Mauer, unterwarf sich Kaschgarien sowie das Mawarennahar und gründete unter dem Titel Corchan ein Reich, welches sich in seiner höchsten Blüte vom Altai bis zum Aral-See erstreckte. Wie aus Corchan Johannes entstehen konnte, hat Oppert (a. a. O. S. 134) sehr gewandt erklärt, ungewiß bleibt jedoch noch immer, ob Jeliutasche Nestorianer und zu dem Titel presbyter et rex, Priesterkönig, berechtigt gewesen sei. Schon Ruysbroek verwechselt aber Juliutatsche mit Unc-Chan oder (chinesisch) Tuli, (persisch) Togrul, dem Wang-Chan (Wang chinesisch soviel wie König) der Keraiten, die im Lande Tenduch, nördlich vom Hwang-ho saßen. Marco Polo kennt nur Unc-Chan als Erzpriester (Marco Polo, ed. Pauthier tom. I, p. 173), und ebenso verlegt Odorico den Herrschersitz des angeblichen Christenkönigs nach Tozan, d. h. nach Tathung, welches noch in der heutigen Provinz Schen-si liegt, aber zu Tenduch gehörte. (Yule, Cathai, p. 147. 180—2.) Yule spricht in seinem neuern Werke über M. Polo die Vermuthung aus, daß der Priesterkönig ursprünglich doch der Fürst von Habesch gewesen und daß namentlich der Brief des Papstes Alexander III. vom Jahre 1177 (an den Magnificus Rex Indorum, Sacerdotum sanctissimus) an den König von Habesch gerichtet sei. (H. Yule, M. Polo. vol. I, p. 229, note 2.)

[1] Caracorum lag am nördlichen Ufer des Orchon unweit der Mündung der Selenga. Weiter wissen wir nichts, so daß die mathematische Ortsbestimmung nur vom guten Glück der Kartenzeichner abhängig ist.

d. h. aus den schneearmen, im Sommer mit einem Lilienflor bedeckten Salzsteppen des heutigen Dauriens[1] zwischen Onon und Kerulun, dem Stammsitze der Mongolen, der Heimat wenigstens Temudschins Dschingischans. Am Hofe erschienen auch aus dem äußersten Nordosten die auf Schneeschuhen geübten Uriangchai,[2] tungusische Solonen vom Amur,[3] ja selbst tributpflichtige Koreaner und Mandschuren, die zur Winterszeit, wenn die See gefroren war, von mongolischen Freibeutern heimgesucht wurden.[4]

Um dieselbe Zeit und auf der nämlichen Straße wie Ruysbroek begab sich der König Hethum von Westarmenien nach Caracorum, durchzog aber auf dem Rückwege nach seiner Heimat südlichere Gebiete.[5] Diesem fürstlichen Reisenden verdankte der mit ihm verwandte Mönch Hethum seine Kenntnisse

[1] Vgl. die classische Schilderung der daurischen Steppen bei G. Radde. Reisen in Ost-Sibirien. St. Petersb. 1860. S. 361.

[2] Orengaï bei Ruysbroek S. 327. Die Mongolen bezeichnen damit eine Menge verschiedner Stämme Ostsibiriens, vgl. Ritter, 2. Thl. S. 1139 bis 1141. Vielleicht auch die Urianks bei Murchison, Proceed. of the R. Geogr. Soc. 1865. p. 238.

[3] Solangi bei Piano di Carpine S. 607. Solangka ist der mongolische Name des nördlichen Korea am oberen Sungari, nach Klaproth. Yule, Cathai, p. 267—68.

[4] Ruysbroek S. 328. Caule (falsche Lesart Taule) et Manse (Mandschu) qui habitant in insulis quorum mare congelatur in hyeme ita quod tunc possunt Tartari currere ad eos. Caule für Kao-li, Korea. H. Marte (Zeitschr. für Erdkunde, Berlin 1871. Bd. 6. S. 477) bestreitet mit Unrecht, daß der Name Mandschu im 13. Jahrh. vorhanden gewesen sei. Er soll jedoch erst unter Kublai-Chan gebräuchlich geworden sein, der viele Mantziun, d. h. chinesische Soldaten als Ansiedler an die Grenzen Korea's schickte. Palladius im Journ. of the R. Geogr. Soc. London 1872. vol. XLII, p. 154.

[5] Eine Uebersetzung des armenischen Originaltextes verdanken wir Ed. Dulaurier im Journal Asiatique, 1858, Les Mongols d'après les Historiens Arméniens, Avril-Mai p. 467. Die Orte, welche Hethum heimwärts berührte, sind: Berbalik (Barkul), Bischbalik (jetzt Urumtsi am Nordabhang des Thianschan), Ilibalik (wahrscheinlich identisch mit Almalik oder Armalecco, jetzt Kuldscha am Ili), Talas (s. o. S. 166 u. S. 112), Otrar (s. o. S. 112),

von Ostasien, welche, da auf päpstlichen Befehl 1308 seine Schriften ins Lateinische übersetzt worden waren, von den Geographen des lateinischen Mittelalters fleißig benützt worden sind.[1]

Da die Mongolen den Handel begünstigten, so wurde im 14. Jahrhundert ein geordneter Ueberlandverkehr bis nach Chanbalik oder Peking in China eröffnet. Ueber den Weg, den die Karawanen einschlugen, hat uns sowohl Balducci Pegoletti, der Handelsreisende der Bardi, eines großen florentiner Hauses (1336), als auch die catalanische Weltkarte vom Jahre 1375 unterrichtet.[2] Nur die Strecke von dem Hafenplatze Tana am Don in der Nähe des heutigen Asow[3] bis zur Wolga wurde für einzelne Reisende durch Räuberbanden unsicher gemacht; aber wenn die Karawanen 60 Köpfe zählten, bemerkt Balducci, könne man sich so sicher fühlen „wie im eignen Hause". Hatten die Kaufleute Astrachan[4] auf dem südlichen, oder Sara (auch

Samarcand, Bochara, Serachs, Täbris. Die Reise Hethum's begann am 1. November 1254 und dauerte acht Monate.

[1] Zurla, Dissertazioni, tom. II, p. 309. Im Jahre 1305 traf Hethum (Aiton, Haython), der Geschichtschreiber, in Cypern mit Marino Sanuto dem Aelteren zusammen.

[2] Balducci Pegoletti, Pratica della Mercatura cap. 1—3, bei Pagnini, Decima della moneta de' Fiorentini. Lucca 1765, tom. III, vgl. auch La Primaudaie, Hist. du commerce de la mer Noire, Paris 1848, p. 150.

[3] Der älteste bis jetzt bekannte Handelsvertrag Venedigs, der sich auf Tana bezieht, wurde im November 1333 geschlossen. (Marin, Storia del Commercio dei Veneziani, lib. II, cap. 3, tom. IV, p. 128.) Den Namen Tana's fand W. Heyd nicht früher erwähnt als im Jahre 1316, und dieser große Kenner mittelalterlicher Handelsgeschichte führt eine Reihe überzeugender Beweise an, daß man an ein beträchtlich höheres Alterthum jener Handelscolonie nicht zu denken habe. (W. Heyd, die italienischen Handelscolonien im Schwarzen Meer. Zeitschrift für Staatswissenschaft. 1862. S. 688.)

[4] Der Herausgeber des Pegoletti hat den Namen Gintarchan gelesen, obgleich auf der catalanischen Karte der Ort Asitarcan lautet, und ihn Ibn Batuta (Voyages tom. II, p. 446), welcher um 1340 sich dort aufhielt, Hadschterchan schreibt. Ueber die Erklärung des Namens vgl. Ed. Eichwald, Alte Geographie des kaspischen Meeres u. s. w. Berlin 1838. S. 105.

Sarai genannt) auf dem nördlichen Wolgaufer erreicht, so zogen sie mit Kamelen über den Jaik um den Nordrand des kaspischen Meeres und über die Hochebene Usturt,[1] ohne den Aralsee zu berühren, von dem sich merkwürdigerweise keine Kunde verbreitete, über Urgendsch und Otrar[2] nach Almalik und durch die Thianschan-Pässe nach Kaschgarien und China.[3]

In der zweiten Hälfte des 13. Jahrhunderts wurde das kaspische Meer von genuesischen Schiffen befahren, welche Seidenstoffe aus dem Gilan holten, wie ganz ähnlich am Ende des 16. Jahrhunderts englische Schiffe von der Wolga nach den persischen Grenzländern fuhren. Selbst wenn wir nicht für jenen ältern kaspischen Verkehr die Bestätigung eines Augenzeugen besäßen,[4] so würde doch ein Blick auf die alten Seekarten des 14. Jahrhunderts jeden Kenner überzeugen, daß die

[1] Bei Balducci darf man die Angaben über die Strecke von der Wolga bis zum Dschihun nicht suchen, sie erklären sich jedoch aus der catalanischen Karte von 1375. Diese kennt nämlich die Mündung des Jaik (flum. laych) und den Mertwoï Kultuk oder todten Meerbusen (Golf de monumentis.) Auf der Karte der Brüder Pizigani treffen wir ihn unter dem Namen golfo de moramty, ferner die Halbinsel Manghischlak (Mehnemesclach) und die Station Tereskendi (Trestanga, letztere auch erwähnt auf der Karte des Palastes Pitti von 1447). Den Ausdruck Golf de monumentis glaubt Hommaire de Hell (Steppes de la mer Caspienne, Paris 1844, tom. III, p. 215) mit Golfe des Tombeaux übersetzen zu dürfen, was einen annähernden Sinn gewähren würde wie Mertwoï Kultuk.

[2] Oltrare, in den mittelalterlichen Urkunden, seine Lage ist bereits angegeben worden. S. 112.

[3] Es ist die nämliche Straße, die schon oben (S. 113) aus arabischen Quellen beschrieben wurde, nur lautet Almalik bei den Franken Armalecco, Kan-tscheu Camexu, der Hoangho Cara Muren, und Peking oder die Kaiserstadt (Chanbalik) Gambalecco. Zwischen dem Hoangho und Peking, dreißig Märsche von letzterem entfernt, kennt Balducci noch eine chinesische Stadt Cassai, welche Yule zuversichtlich für das berühmte Quinsay halten zu müssen glaubt (Cathai, p. 288.). l. c. in der Originalhandschrift des Balducci findet sich eine leere Stelle, wo die Herausgeber den Namen Caramuren eingeschaltet haben.

[4] Marco Polo, ed. Pauthier, p. 44. Vgl. Yule, M. Polo. I, 61. Dem Venetianer Jos. Barbaro, der von 1436—1452 den Orient bereiste, wurden in Derbend Anker von 800 Pfd. Gewicht gezeigt, während damals nur noch

westliche Uferbegrenzung des kaspischen Beckens von italienischen Seeleuten aufgenommen worden ist.[1] Eine dieser Karten belehrt uns auch, daß von Urgendsch in Chiwa Handelsverbindungen sowohl nach Indien bis Multan und Delhi, als auch über Bochara und Samarcand, nach Chocand und nach Chodschend sich erstreckten.[2]

Verwundert fragt sich vielleicht wohl mancher, warum man so mühsam die Richtung und die Halteplätze eines Verkehrs zu ergründen suche, der doch nur einem Güterumsatz gedient habe. Die räumliche Erweiterung unseres Wissens ist aber immer den Zeiten höherer geistiger Erregung vorausgegangen. Auf die Eröffnung des Mongolenreiches folgte das glänzende

kleinere von 150 bis 200 Pfd. in Gebrauch waren. (Barbaro, Viaggio alla Tana, bei Ramusio, Viaggi, Venezia 1553, tom. II, fol. 109.) Ohne Zweifel rührten jene schweren Schiffsgeräthe von genuesischen Kauffahrern her.

[1] Auf der catalanischen Karte von 1375 beginnt die Küstenaufnahme bei der Halbinsel Manghischlak (s. S. 171 Anm. 1) und erstreckt sich über die ganze West- und Südküste, die mit dem „Golf von Masenderan" schließt. Noch naturgetreuer erscheinen die kaspischen Küstenlinien auf der Karte der Brüder Pizigani (in Jomard's Monuments de la Géographie) und da beide Karten sich wesentlich unterscheiden, so muß eine doppelte Küstenaufnahme des kaspischen Meeres stattgefunden haben.

[2] S. die catalanische Karte von 1375. Ihr Cotam ist nicht Chotan in Kaschgarien, sondern wohl Chocand oder Kokan, wenn Congicanti Chodschend vertreten soll. In Saray, welches die Karte westlich von Bocar (Bochara) verlegt, muß man den wichtigen Handelsplatz Serachs in Chorassan erkennen, und im Süden von Chabol (Kabul) sollte man statt Camar Cantar (Kandahar) lesen. Der catalanische Geograph kannte auch den oben geschilderten Karawanenweg von der Wolga nach Chambalik (Peking), er hat aber ohne Verständniß alle seine Angaben der einzelnen Halteplätze aus Marco Polo entlehnt, denn seine Namen Camull, Jachion, Cigicalas, Singuy, Siacur entsprechen bei Marco Polo: Camul, Sacion, Cingitalas, Singui, Succuir. Ferner ist die Legende zur Wüste Lop auf der catalanischen Karte fast wörtlich aus Marco Polo (lib. I, cap. 35) entlehnt. Außerdem nennt er Cubilai Chan als Herrscher von China, und die Poli waren die einzigen Europäer, welche unter diesem Kaiser nach China gelangten. Endlich ist die Angabe von weißen Falken in Sibirien aus Marco Polo genommen, und die catalanische Karte konnte auch das Land Tenduch nur bei dem venetianischen Reisenden erwähnt finden. Der historische Werth dieser Ermittlungen wird sich später fühlbar machen.

Zeitalter des Dante, auf die Entdeckung Amerikas die deutsche Reformation, auf die Enthüllung der Südsee durch Cook die Erschütterung, welche ihren Herd in Frankreich hatte. Unsichtbar mit den Frachten und Waaren vollzieht sich auch ein Austausch der höchsten Besitzthümer entfernter Gesittungen, und in Begleitung des Kaufmanns finden wir stets den Heidenbekehrer. Eine Kette von Missionsposten der Franciskaner und Dominikaner erstreckte sich auf jener Welthandelsstraße von der Wolga nach dem Ili und vom Ili bis zur Oase Chamil in der Gobi.[1] Ja selbst an den abgelegenen See Issyk-kul müssen Verbreiter des Christenthums vorgedrungen sein, denn unsere mittelalterlichen Karten kennen an diesem Alpenbecken ein armenisches Kloster.[2]

Lange bevor solche dauernde Verbindungen entstanden, war Südasien bis zum fernsten Osten von zwei edlen venetianischen Kaufleuten, den Brüdern Nicolo und Maffio Polo betreten worden. Ihre erste Reise, die sie wahrscheinlich 1254 begannen und 1269 vollendeten, führte sie über Sudak in der Krim[3] nach Sara an der Wolga und durch Bochara nach Caracorum. Nach kurzem Verweilen in der Heimat verließen sie im Jahre

[1] In Sarai bestand schon 1260 eine Custodie der Franciskaner, und in Akmalik (Kuldscha am Ili) litten 1339 einige Missionäre den Märtyrertod, die aber schon im nächsten Jahre durch unerschrockene Nachfolger ersetzt wurden. Um die nämliche Zeit finden wir auch eine Missionsstation in Chamil. (Fr. Kunstmann, die Missionen in Indien und China, in den histor. polit. Blättern 1856, S. 707, 716 ff., 793.)

[2] S. die catalanische Karte, ferner die Karte von 1452, und den See Insical bei Fra Mauro 1459. Was Oberst Wenjukoff (Die russisch-asiat. Grenzlande, deutsch von Krahmer. Leipzig 1874. S. 298—301) mittheilt, so wie die schöne Karte des Thianschan zu N. A. Sewerzoff's Reisen 1864 bis 68 in Petermann's Ergänzungsheften Nr. 42 berechtigen uns zur Behauptung, daß nie eine große Handelsstraße diese schwer zugängliche Einsenkung zwischen den größten Ketten Centralasiens berührt habe, daß sie also nur von Missionären zur Verbreitung des Christenthums aufgesucht werden konnte.

[3] Ibn Batuta rechnet Sudak oder Soldaïa zu den 4 großen Welthäfen, 1365 kam es in die Gewalt der Genuesen und wurde von ihnen stark befestigt. (H. Yule, M. Polo vol. I, p. 4.)

1271, diesmal begleitet von Marco, Nicolo's Sohn, abermals Venedig, wohin sie erst 1295 zurückkehrten. Die drei Poli wanderten also 24 Jahre im Morgenlande, 17 Jahre davon stand Marco im Dienste Kublai Chan's[1] und drei Jahre dauerte seine Rückreise aus China nach Europa. Er kannte und beschrieb aus eigner Anschauung die Länder, welche die große armenische Handelsstraße von Lajazzo (Ajas) im issischen Golfe nach Tauris durchkreuzt, die Küstengestade des kaspischen Meeres, die fruchtbaren Gebiete Irans, den Wüstenpfad, der von Ormus über Kerman und die Oase Kobinam[2] nach den Alpenländern der Dschihunquellen führt. Er verweilte längere Zeit in Tocharistan, besuchte in Badachschan in Rubinengruben und erkundete dort die Handelspfade aus Baltistan im westlichen Tübet nach Kaschmir. Während die Botschafter der Päpste und Ludwigs des Heiligen uns über die Kirgisensteppen und durch die Dschungarei führten, überstiegen die Poli von Badachschan aus „die Terrasse der Welt", die Hochebene Pamir und die Bolorkette nach dem chinesischen Turkistan,[3] wo sie die drei

[1] Eigentlich unterschied man zwei Titel: Chan und Qaan (خان u. قاآن). Chan bedeutet einfach Herr, Qaan dagegen ist der Titel des höchsten mongol. Fürsten. Den höheren Titel nahmen erst der Sohn des Tschingis, Okkobai und die Nachfolger an. H. Yule, The book of Ser Marco Polo. London 1875. Vol I, Introduction p. 9.

[2] Pauthier (M. Polo I, p. 92) liest Cabanant und erklärt es für Chabis oder Chebis, welches nach Pottinger (I, 427) in 32° 20′ N. liege. H. Yule, (l. c. I, 128) schreibt Cobinan und hält es für Kuh-banan, den nördlichsten Distrikt von Kirman (Sprenger, Post- und Reiserouten des Orients S. 77). Wie unsicher unsere Kenntniß dieses centralen Wüstengebietes von Iran noch jetzt ist, zeigt uns auch ein Vergleich der Karten von Petermann und Kiepert. Nach Kiepert (Handatlas, Nr. 28) liegt Chabis fast östlich von Kirman in 30° 30′ n. Br., nach Petermann (Mittheilungen 1877 Tafel 4) treffen wir Chubbis in doppelter Entfernung beinahe nördlich von Kirman und Khabis wie bei Kiepert.

[3] Vgl. J. B. Paquier, Itinéraire de Marco Polo à travers la région du Pamir au XIIIe siècle, im Bulletin de la soc. de Geogr. Paris, Août 1876.

großen Durchfuhrplätze Kaschgar, Jarkand und Chotan (Eltschi) sowie die für den chinesischen Juwelenhandel so wichtigen Fundstätten von Jaspis[1] kennen lernten. Am Südabhange des Thianschan längs der bewohnbaren Ränder der Gobi lag das von den Mongolen unterworfene Reich der Uiguren, das sich gegen Osten bis zur Oase Chamil oder Hami erstreckte, über die jetzt der einzige gangbare westliche Karawanenpfad nach China führt. Die Poli konnten jedoch noch einen westlicheren Weg zur Durchkreuzung der Wüste Lop, wie sie die Gobi nennen, einschlagen, der sie nach Schatscheu (Saciu oder Sachiu) im Lande Tangut und dann nach Kantscheu (Campion), dem großen Durchgangspunkt von Mittelasien nach China, brachte. Immer noch außerhalb der großen Mauer durchzogen sie das Gebiet Tendek (Tenduch), wo die Keraïten von Verwandten der asiatischen Erzpriester Johannes, als Lehensträger der Mongolen beherrscht wurden.[2] An dem hochgelegenen Gebirgssee Tsahan Nor[3] vorüber, gelangten die Poli nach dem Sommerpalaste Schang-tu (Xandu) und von dort nach Peking selbst. In kaiserlichen Diensten, dem Hoflager oder den erobernden Heeren folgend, später zum Amte eines Präfekten aufgestiegen und selbst als Admiral verwendet, durchzog Marco Polo sämmtliche Provinzen Chinas innerhalb der Mauer mit den einzigen Ausnahmen von Kuang-si und Kuang-tung. Auch das östliche Tübet, die Provinz Yünnan, die Uebergänge aus Yünnan nach

[1] Vgl. Yule, M. Polo I. 199, note 2.

[2] Marco Polo, ed. Bürk, S. 235. Die Ruinen der Hauptstadt von Tenduk, Thian-te-kiang liegen am Hoangho 40° 38′ n. Br. und 7° westlich von Peking. Der Fürst Georg, von welchem Marco Polo spricht, war ein Abkömmling der Leao, also ein Verwandter des Jeliutasche (s. o. S. 167 Anm. 4), des echten Erzpriester Johannes, und herrschte über den Rest der Keraïten, die in dem Stammlande außerhalb der Mauer zurückgeblieben waren (siehe G. Oppert, der Presbyter Johannes, Berlin 1864, S. 164 und Pauthier, le livre de Marco Polo tom. I, p. 213).

[3] Das Cianganor, welches „weißer See“ (Tsahan Nor) bedeutet und 35 deutsche Meilen nordwestlich von Peking liegt, ist das Mar Biancho auf der Karte des Fra Mauro von 1459.

Barma (Mien), die uns noch so dürftig bekannt sind, und das nördliche Barma selbst betrat er in Begleitung mongolischer Kriegsgeschwader.

Durch seine Schilderungen der chinesischen Gesittung entzündete er den Gedanken der westlichen Ueberfahrt nach Asien, dem wir die Entdeckung Amerikas verdanken. Berauschend wirkte vorzüglich sein Bericht von Quinsay (jetzt Hangtscheufu), der prächtigen Hauptstadt Südchinas, der damals größten Stadt der Welt, mit ihren meilenlangen Straßen, ihren unabsehbaren Plätzen und ihren zwölftausendmal überbrückten Kanälen. Nicht minder erregte die Begierde der Abendländer seine Schilderung von dem reichen Gewürzmarkte Zaiton (Thsiuan tscheu) in der Fukianstraße und von einer Insel oder Inselgruppe weiter gegen Morgen gelegen, welche die Chinesen Zipangu oder das Ostland[1] nannten, und wo die edlen Metalle in solchem Ueberflusse sich vorfanden, daß nach Marco Polo's Erzählung der königliche Palast mit goldenen Tafeln gedeckt war. Die edle Stadt Quinsay, der Pfeffermarkt Zaiton und unterwegs dorthin das schimmernde Zipangu waren die Ziele, welche Cristobal Colon zu erreichen hoffte, als er 1492 über den atlantischen Ocean steuerte.[2]

Zu ihrer Heimkehr nach Europa benutzten die Poli den südlichen Seeweg, besuchten Tschiampa, wie man damals ganz

[1] Marco Polo's Zipangu entspricht, da das altvenetianische Z bekanntlich den Laut Dsch vertritt, dem chinesischen Dschi-pen-kuë oder „Land der aufgehenden Sonne", wie die Chinesen das östlich gelegene Japan nennen. Pauthier, le livre de Marco Polo. Paris 1865. tom. II, p. 537. Die Japaner haben den chinesischen Namen Dschi-pen für ihre Hauptinsel angenommen und ihn nur des Wohlklanges wegen in Nipon umgewandelt. (Sir Rutherford Alcock, the Capital of the Tycoon. London 1863. tom. II, p. 88.)

[2] Auffällig bleibt es stets, daß Polo weder die chinesische Mauer, noch den Thee erwähnt, obgleich er die Theedistrikte berührte, ja daß er nicht einmal des Bücherdrucks gedenkt. Auch bedient er sich gewöhnlich der mongolischen oder persischen Benennungen chinesischer Localitäten, wie Kathay, Cambaluc, Tangut, Tenduc, Zayton, Caramoran u. a., woraus man schließen dürfte, unser Reisender sei des Chinesischen nicht mächtig gewesen.

Cochinchina nannte, die Zinninsel Bitang und Sumatra, welches Marco Polo unter dem Namen Klein-Java beschreibt, während wir noch in Zweifel schweben, ob er unter seinem Groß-Java unser heutiges Java oder Borneo verstanden habe. Bei der Ueberfahrt über den bengalischen Golf wurden die Nikobaren und Andamaninseln berührt, dann Ceylon, die Staaten an der Malabarküste Indiens, das aufblühende Ormus am Eingange zum persischen Golfe besucht, und über Täbris und Trapezunt die Heimkehr angetreten.

Man hat zu behaupten gewagt, daß Marco Polo bei seinen Zeitgenossen keinen Glauben gefunden und erst im 15. Jahrhundert Einfluß auf das abendländische Wissen gewonnen habe. Wenn man etwas an seinem Berichte bezweifelte, so waren es die hohen Ziffern für die Bevölkerung, den Städteumfang und die Kroneinkünfte der mongolischen Kaiser. Wie begierig aber seine Kunde von dem fernen Morgenlande aufgenommen wurde, lehren uns die Zweifel, ob sein Bericht ursprünglich lateinisch, altfranzösisch oder in der italienischen Volkssprache geschrieben worden sei, so daß also jedenfalls zwei Uebersetzungen von gleichem Alter sich verbreiteten.[1] Andererseits hat man vielfach vermuthet, Marco Polo habe Ländergemälde von Ostasien nach Europa gebracht. Keine der bis jetzt veröffentlichten oder beschriebenen alten Karten trägt befriedigende Merkmale, daß der darstellende Geograph ein echtes Bild des

[1] Vor nicht langer Zeit ist wieder ein italienischer Auszug aus den Reisen des Marco Polo gefunden worden, der vielleicht noch bei seinen Lebzeiten abgefaßt wurde. G. M. Thomas in den Sitzungsberichten der Münchner Akademie, vom 4. März 1862, S. 261 ff. Nach den Beweisen, welche Yule (The book of Ser Marco Polo. London 1875. tom. I, Introduction p. 81) gibt, dürfen wir annehmen, daß der nach den mündlichen Berichten des Reisenden niedergeschriebene Text französisch, d. h. vulgär-gallisch mit italienischen Beigaben war. Daß der Verfasser der catalanischen Karte von 1375 die Schriften des Marco Polo benutzte, haben wir oben (S. 172) nachgewiesen. Dagegen ist es unbestritten, daß der Venetianer Marino Sanuto die Reisen seines Landsmannes und Zeitgenossen Marco Polo nicht gekannt oder nicht benutzt habe.

asiatischen Ostrandes vor sich gehabt habe.[1] Das Abendland befand sich übrigens in einer sehr glücklichen Lage, die Wahrheit von Marco Polo's Schilderungen zu prüfen, da etliche Jahre vor seiner Rückkehr über Indien und zur See ein dauernder Verkehr mit China sich anknüpfte.

Vom Papst gesendet ging Johannes von Montecorvino 1291 über Täbris nach Indien, besuchte die Thomaschristen in Meliapur bei Madras, und begab sich hierauf nach Peking, wo er eine christliche Gemeinde stiftete und die erste Kirche erbaute.[2] Nachdem 1306 Peking (Cambalu) zum Erzbisthum erhoben worden war, empfing zwei Jahre später Montecorvino in Chanbalik selbst die erzbischöflichen Weihen.[3] Unmittelbar nachher wurden Zaiton in China und 1328 an der Malabarküste Indiens die Stadt Kollam zu Bischofssitzen erklärt.[4]

[1] Santarem (Essai sur l'Hist. de la Cosmogr. tom. III, § LXXXII, p. 211) beschreibt uns eine Mappemonde renfermée dans un manuscrit de la relation des voyages de Marco Polo conservé á la Bibliothèque de Stockholm aus dem Jahre 1350, bemerkt aber schließlich von ihr: Du reste, pas un seul nom sur aucune des trois parties de la terre.

[2] L. Wadding, Annales Minorum ad annum 1305. § 12 — 14. Romae 1733. tom. VI, fol. 68—71.

[3] Kunstmann, Missionen in Indien und China a. a. O. S. 240.

[4] Kollam ist das mittelalterliche Columbo oder Palumbum, denn an das ceylonesische Kola-Ambu (Kolumbo) ist schon deßwegen nicht zu denken, weil das andere Columbo auf dem Festlande liegen sollte, auch sagt Odoricus ed. Venni, p. 56: Palumbum in qua nascitur zinziber melius quam alicubi habeatur. In der That führte die beste Sorte Ingwer im Mittelalter den Beinamen Colombino (s. Pegoletti, Pratica della Mercatura cap. XC. und den Florentiner Zolltarif von 1442 nach Giov. Uzzano, bei Pagnini, Decime tom. IV, p. 1. sq.) und der vorzüglichste Ingwer wächst in Malabar. (Lassen, Ind. Alterth. Bd. 1, S. 285.) Auch bemerkt Marignola (in G. Dobner's Histor. Boemiae. Prag 1748. tom. II, p. 88): pervenimus ad nobilissimam civitatem Indie nomine Columbum, ubi nascitur piper totius urbis. Das kann allein auf eine malabarische Stadt bezogen werden, denn Ceylon war kein pfeffererzeugendes Land, es besaß auch nie eine beträchtliche Ausfuhr von Ingwer, und endlich war nach Barros die ceylonesische Stadt Colombo nicht lange vor Ankunft der Portugiesen gegründet worden. Indessen kennt Ibn Batuta die Stadt Kalanbu auf Ceylon. Yule, Cathai p. 423. Der erste Bischof von Kollam war Jourdain

Seit dem Beginn des 14. Jahrhunderts wanderte eine beträchtliche Anzahl Missionäre nach Peking und unter diesen auch der Franciskanermönch Odorico von Pordenone, der wahrscheinlich 1316 seine Reise antrat und 14½ Jahre im Morgenlande verweilte.[1] Er nahm seinen Weg über Trapezunt und Täbris, schiffte sich in Ormus ein, besuchte Sumatra sowie Groß-Java (wahrscheinlich Borneo) und landete in Mandji (Südchina) zuerst bei Canton, dann bei Zaiton.[2] Er berichtet zuerst von der künstlichen Verkrüppelung der Füße bei Chinesinnen,[3] beschreibt uns den noch jetzt gebräuchlichen Fischfang der Chinesen mit Hilfe abgerichteter Cormorane in der Umgegend von Fu-tscheu, nennt den Yang-tse-kiang sowohl wie den Hoangho bei ihren mongolischen Namen Dalai und Cara Moran,[4] schildert die Größe von Quinsay, der „Himmelsstadt", nicht geringer als Marco Polo, gibt sogar nach einer chinesischen Statistik die Zahl ihrer Häuser auf 850—890,000 an, und benutzte von dort theilweise den Kaiserkanal auf seiner Reise nach Peking.[5] Bei der traurigen Beschaffenheit der abgedruckten

von Severac, der 1321 nach Indien gelangte und von dem wir eine Schilderung vom Sind, Malabar, dem Tamulenland und Ceylon besitzen. (Mirabilia descripta per Fratrem Jordanum, ed. Coquebert de Montbret. Recueil de Voyages, tom. IV, p. 37—64.)

[1] Kunstmann, Missionen in Indien a. a. O. S. 519.

[2] Wir besitzen aus der nämlichen Zeit einen Brief von Andreas de Perusio aus Cayton (Zaiton) Jan. 1326 bei J. L. Moshemii Hist. Tartar. Ecclesiastica. Helmst. 1741, p. 118. Andreas hatte sich 1308 in Peking aufgehalten.

[3] Cap. 46 bei Yule, Cathai p. 153.

[4] Dieser mongolische Name, welcher „schwarzer Fluß" bedeutet, erscheint schon bei M. Polo. Vgl. Pauthier, le livre de Marco Polo. tom. II, p. 359. 450. 463.

[5] Der mongolische Hof befand sich damals in der Sommerresidenz Schen-tu. Odorico ed. Venni p. 73. Dominus iste estate manet in civitate sanday. Sanday ist das Xandu des Marco Polo. Man hat schon vermuthet, Odorico sei gar nicht in China gewesen, sondern habe seinen Bericht aus Marco Polo geschöpft. Wir haben daher oben einiges angemerkt, was sich nicht bei Marco Polo findet.

Texte seines Berichtes läßt sich über seinen Heimweg nur sagen, daß er die Straßen durch die Gobi nach Kaschgar und Persien gewählt hatte. Von allen bisher genannten Reisenden der leichtgläubigste, kehrte Odorico beladen mit morgenländischen Sagen[1] nach Europa zurück. Aber gerade weil der Geschmack seiner Zeit nach dem Wunderbaren mit jugendlicher Begierde griff, wurden die Reisen des Odorico oder vielmehr das Plagiat, welches der Ritter Mandeville davon in Umlauf setzte, ein höchst beliebtes und von den Geographen benutztes Lesebuch des spätern Mittelalters.[2]

Im Jahre 1342 erschien in Peking, welches seit Montecorvin's Tode (1330) ohne Erzbischof geblieben war,[3] Johannes Marignola als päpstlicher Legat.[4] Bei seinem Einzug in Chanbalik hatte die Verbreitung des Christenthums in China ihren Höhenpunkt erreicht. Unmittelbar an die kaiserliche Hofburg stieß das Ordenshaus der Franciskaner. Der erzbischöfliche Palast zeichnete sich durch seine Pracht aus. Den christlichen

[1] Bei ihm findet man zuerst die Erzählung von den Melonen, in welchen man beim Reifwerden Lämmer finde. Die Sage vom Baromez-Schafe, welche Adolph Erman (Reise um die Erde. I. Abth. 1. Bd., S. 197) auf die Baumwollenstaude bezieht, verdankt nach H. v. Martius ihren Ursprung einem Farngewächs der Bucharei (Apsidium Barometz), welches seltsam verästelt und mit Schüppchen bekleidet das Ansehen eines Thierpelzes gewinnt. (Reise in Brasilien, Bd. 3, p. XXXVIII.)

[2] Der Ritter Mandeville scheint aus eigner Anschauung vom Orient nur Alexandrien und das heilige Land gekannt, alle seine übrigen Schilderungen aber aus dem Odorico geraubt zu haben. In einer mainzer Handschrift des Odorico hat jedoch Kunstmann (Missionen in Indien S. 518) die Ueberschrift gefunden: incipit itinerarius fidelis fratris Odorici socii militis Mendavil per Indiam, licet hic prius et alter posterius peregrinationem suam descripsit.

[3] Kunstmann, Missionen S. 243.

[4] Er hatte seine Reise dorthin 1339 von Neapel angetreten und den oben (S. 111) beschriebenen Landweg über Armalecco (Kuldscha am Ili) und die Oase Chamil (s. Marignola Chronic. in Dobner's Histor. Boem. tom. II, p. 86, 123) eingeschlagen. Daß er nicht im Jahr 1334 abreiste, hat bereits J. G. Meinert (Johannes v. Marignola's Reise in das Morgenland, Prag 1820, S. 21) nachgewiesen.

Kirchen war der Gebrauch von Glocken verstattet. Marignola durfte sich, als er zum Kaiser berufen wurde, als päpstlicher Legat ein Kreuz vortragen lassen und verließ nach einem vierjährigen Aufenthalt Peking 1346, reich beschenkt von dem Mongolenchan.[1]

Bei einem solchen lebhaften Verkehr mit China über die asiatischen Steppen oder auf dem indischen Seewege, hatte das Abendland wiederholte Gelegenheit, sich über die Treue von Marco Polo's Schilderungen zu unterrichten.[2] Nach Marignola's Rückkehr wurde zwar das erledigte Erzbisthum Peking (Cambalu) noch einmal besetzt, aber es fehlen alle Urkunden, daß das himmlische Reich seit 1346 von einem Prälaten betreten worden sei. Im Jahre 1368 wurde aber die duldsame, dem Christenthume nicht abgeneigte Fremdherrschaft der mongolischen Yuen von den eingebornen Ming gestürzt, die dem Fremdenverkehr feindselig, alle Verbindungen mit dem Abendlande, die also ein volles Jahrhundert von Piano di Carpine (1246) bis auf Marignola (1346) gedauert hatten, abbrachen, so daß bis zu den portugiesischen Entdeckungen, mit einer einzigen Ausnahme, keine Kunde aus Indien oder China Europa erreichte. In dieser Zwischenzeit gelangte allerdings der spanische Botschafter Ruy Gonçalez de Clavijo im Jahre 1404 nach dem lieblichen Samarcand, welches Timur zum ersten Handelsplatz

[1] Sein Rückweg führte ihn nach dem Hoangho (Cara Moran) mit seinen schwimmenden Ortschaften, nach dem volkreichen Quinsay und über Zaiton, wo er sich einschiffte, nach Kollam im malabarischen Indien. Yule (Cathai, p. 321) läßt ihn Columbum d. h. Quillon besuchen. Da er von dort Zaba (Schoa? Java? Sumatra?), dann Meliapur, die Hauptstadt der Thomaschristen bei Madras und Ceylon besuchte, bevor er über Ormus auf der Euphratstraße seinen Rückweg nach Palästina und Cypern antrat, so erreichte er erst 1353, also im achten Jahre seit der Verabschiedung aus Peking, Avignon.

[2] Marignola scheint Marco Polo oder Odorico zu kennen, wenn er von Quinsay bemerkt: ubi scribunt *scribentes* esse decem millia pontium nobilium de lapide. Marignola Chron. in Dobner's Monumenta Histor. Boemiae. tom. II, p. 95.

in Mittelasien erhoben hatte, und auf dessen Märkten persische, indische, chinesische, sibirische und fränkische Erzeugnisse sich begegneten.[1] Auch konnte ein venetianischer Staatsmann, Josafat Barbaro, (1436—1452) über Derbend nach Schiras, Jezd und sogar bis Ormus vordringen, wo er die erste Nachricht von dem Aufblühen eines neuen, bald hochberühmten Seeplatzes, nämlich Calicuts im malabarischen Indien einzog,[2] allein der einzige Reisende des 15. Jahrhunderts, der bis nach Indien selbst und über Indien hinaus gelangte, war der venetianische Kaufmann Nicolo Conti.[3] Des Arabischen sowie später auch des Persischen mächtig, und zum Islam übergetreten, glückte es ihm von allen Europäern zuerst, quer durch das indische Dekan zu wandern.[4] Er besuchte dann das Tamulenland, dessen Küste im Mittelalter noch nicht Coromandel, sondern Maabar genannt wurde, ging über Cael am Manaargolfe[5] nach Ceylon

[1] Relacion de la Embaxada que hizo Ruy Gonçalez de Clavijo. Sevilla 1572, p. 57—58.

[2] Barbaro, Viaggio alla Tana, bei Ramusio, tom. II, cap. 18—20, p. 106 sq.

[3] Die italienische Uebersetzung seiner Reisen, welche Ramusio veranstaltete, kann fast unbrauchbar genannt werden. Der Originaltext, nach den mündlichen Aussagen des Reisenden von Poggio, dem Secretär des Papstes Eugen IV. verfaßt, findet sich bei Poggio De Varietate fortunae (Paris 1723), ein höchst seltenes Druckwerk, aus dem wir jetzt einen Abdruck des Nicolo Conti in Fr. Kunstmann's „Kenntniß Indiens im 15. Jahrhundert, München 1863" besitzen.

[4] Er war über Damaskus, Bagdad, Ormus, Kilat im arabischen Oman, Cambai, Baccanor (wahrscheinlich Rambilly bei Mangalor) nach Bisnagar (dem ehemals berühmten, jetzt in Trümmern liegenden Wijchajanagara, 15° 19' n. Br., am Südufer der Tungabhadra) und von dort über Pinakonda und Tschandragiri nach Madras gezogen, welches er Pudifetania nennt, wie noch jetzt eine seiner Vorstädte (Pudupettah) heißt. Vgl Thornton, Gazetteer of India. London 1857. s. v. Madras. Kosmas (p. 338) kennt im Lande Malé als Pfefferhafen nur Pudopátana (tamulisch so viel als Neustadt bedeutend, pudu = neu). Yule (Cathai, p. 453) sucht Conti's Putifetania in Malabar.

[5] Das Cahila des Conti und das Cael des Marco Polo (lib. III, cap. 24) ist das Kolchi bei Ptolemäus, das Kolias des Periegeten Dionysios; vgl. Lassen, Ind. Alterth., Bd. I, S. 211.

und Sumatra,[1] kehrte von dort über Tenasserim nach Vorderindien zurück, fuhr den Ganges wahrscheinlich bis Radschmahal hinauf,[2] durchzog dann Rukeng. oder Arakan, und überschritt die Grenzgebirge dieses Küstenlandes, um in das Irawadithal nach der Stadt Awa hinabzusteigen.[3] Ob er von dort, wie sein Bericht vermuthen läßt, nach China und sogar bis Peking gewandert sei, ist mit Recht bestritten worden,[4] jedenfalls hat er weder die Himmelsstadt Quinsay,[5] noch den chinesischen Hafenplatz Zaiton berührt.[6] Nach der richtigen Auslegung seines Berichtes ging er vielmehr von Awa über Sitang nach

[1] Durch ihn kam dieser Inselname zuerst in die europäische Erdkunde, denn Ibn Batuta (s. o. S. 118) kannte nur eine Stadt, und Odorico (ed. Venni p. 55) nur eine Landschaft dieses Namens auf der Insel Sumatra, die er Lamori (Lambri bei Marco Polo) nennt.

[2] Er nennt es Maharazia.

[3] Für das Reich Barma bedient er sich der arabischen Benennung Macin, wie Jos. Barbaro (l. c. fol. 106), während Marco Polo sich an den chinesischen Namen Mien hält. Nach Radschid-ud-din ist Madschin aus Maha-dschin, Groß-China, entstanden. Vgl. v. Erdmann, Temudschin der Unerschütterliche. Leipzig 1862, S. 531. Yule (Cathai, p. CXVIII, § 92) versichert, in Indien aus dem Munde von Eingeborenen China als Mahachina bezeichnet gehört zu haben. Er gibt jedoch zu, daß es bei Conti Siam bedeute.

[4] Fr. Kunstmann (a. a. O. S. 24) hält die Stellen über China für eingeschoben und dieser Ansicht muß man deßwegen beitreten, weil im Texte des Conti Peking noch immer Chanbalik, die Kaiserstadt, genannt wird, während doch seit 1368 die Ming herrschten, welche ihren Sitz in Nanking hatten. Auch war Chanbalik ein mongolischer Name für Peking, was im Chinesischen die Nordstadt bedeutet.

[5] So hat Ramusio irrigerweise den Text verbessern wollen, statt Nemptai, wie in der ältern spanischen Uebersetzung und in dem Originalbericht des Poggio (ed. Kunstmann, S. 44) steht. Den sichersten Beweis für die Richtigkeit dieser Lesart liefert uns Papst Pius II., ein Zeitgenosse, der Conti's Bericht benutzt hat und bei dem der Name Neptai lautet. Aeneae Sylvii Piccolominei Opera Geogr. cap. XV. Francof. 1707, p. 26.

[6] Conti (ed. Kunstmann, S. 44) sagt nämlich: Ab Ava mare versus ad ostium fluvii haud magni portus, ubi est Xeythona nomine, diebus XVII delatus. Der unkritische Ramusio hat Xeythona, welches Schitang oder Schetang gesprochen werden muß, mit Zaiton übersetzt.

Bangkok, besuchte Großjava (Borneo) und Kleinjava (Java), sowie zwei Inseln der malayischen Archipele, von denen er Sandai als die Heimat der Muskatnüsse und Banda als das Ursprungsland der Gewürznelken bezeichnet, bei letzterem jedenfalls aber den Markt mit dem Erzeugungsgebiet verwechselt.[1]

Nicolo Conti ist der einzige Reisende des Mittelalters, welcher auf seiner Heimkehr die Insel Socotora, Aden und Dschidda am rothen Meere besuchte, denn alle Franken, die nach Indien oder China gingen, zogen entweder im Norden durch die asiatischen Steppen, oder begaben sich über Persien nach Ormus, um den Seeweg zu benutzen. Auf dem kürzeren Weg über Alexandrien und durch das rothe Meer ließen nämlich die Mamlukensultane in Aegypten keinen Christen nach Indien ziehen.[2]

Wenn wir dennoch auf den mittelalterlichen Karten überraschende Kenntnisse der Nilländer und Ostafrikas antreffen, so verdankte man dieses Wissen dem Umstande, daß ganz Nubien, Abessinien und die heutigen Gallaländer damals noch dem Christenthum angehörten und religiöse Sehnsucht aus diesen Gebieten Pilger nach dem heiligen Lande trieb.[3] Allmählich wich aber der christliche Glaube in den Nilländern vor dem Islam zurück. Während die arabischen Geographen Nubien als ein christliches Reich bezeichneten, und unter Johann XXII. noch ein Bischof von Dongola geweiht wurde, trat ein nubischer

[1] Welche von den Sunda- oder Banda-Inseln er meint, läßt sich nicht errathen, die Gewürznelken aber waren damals ausschließlich auf die kleinen vulkanischen Molukken-Inseln vor Gilolo (Halmahera) beschränkt.

[2] Marino Sanuto, Secreta fidelium crucis, lib. I, cap. I, bei Bongars Gesta Dei per Francos. fol. 23. Andere Zeugnisse bei W. Heyd, die italienischen Handelscolonien in Aegypten. Zeitschrift für Staatswissenschaft. 1864. S. 96.

[3] Die Wanderung nach Jerusalem war jedoch sehr gefahrvoll; so mußte nach Marco Polo's Bericht im Jahre 1288 ein abessinischer Fürst aus Furcht vor den Mohammedanern auf eine beabsichtigte Pilgerreise verzichten.

König in der Zeit von 1307—1324 zum Islam über.[1] Mit dem christlichen Abessinien unterhielt man von Rom aus einen schriftlichen Verkehr und seit 1243 hören wir auch von Missionen, die dorthin gesendet wurden.[2] Marino Sanuto machte deshalb am Beginn des 14. Jahrhunderts das christliche Europa aufmerksam, wie nützlich ein Bündniß mit den Christen in Nubien und Habesch bei einem Kreuzzuge gegen Aegypten sein müßte.[3] Seit der Mitte jenes Jahrhunderts wurde auf die abessinischen Könige der Titel Erzpriester Johannes übertragen und die Kunde von einem angeblich mächtigen Christenreich im Morgenlande vom chinesischen Himmelsgebirge plötzlich nach den Alpenländern des blauen Nils verlegt.[4] Botschafter dieser Erzpriester erreichten nicht bloß die römische Curie, sondern auch andere europäische Höfe,[5] und daß man von ihnen Kunde über die ostafrikanischen Räume eingezogen habe, namentlich über das Quellengebiet des blauen Nils und seiner Regenzeiten bestätigt uns ein Bruchstück, welches Poggio, der Secretär Papst Eugen's IV., uns aufbewahrt hat.[6]

Während wir in den geographischen Werken dieses Zeitraums über Afrika nur Wiederholungen aus den römischen Quellen finden, entdecken wir auf den gleichzeitigen Landkarten

[1] Fr. Kunstmann, die Missionen in Afrika im 14. Jahrh., histor. polit. Blätter. München 1857, Bd. 39, S. 504. Auch Marco Polo spricht bereits von drei mohammedanischen Fürsten in Habesch.

[2] Kunstmann, Missionen in Afrika. S. 497.

[3] Secreta fidel. crucis, lib. III, pars XIV, cap. XII, fol. 260 et passim.

[4] Johannes Marignola ist der älteste Reisende, welcher von einem afrikanischen Erzpriester Johannes spricht. Marignola in Dobner's Monumenta Hist. Boem. tom. II, p. 91, und Meinert, Marignola, Prag 1820, S. 18.

[5] Ein Beispiel, daß 1427 solche Gesandte zum König Alfons von Arragon kamen, findet sich bei Santarem (Recherches sur la priorité des découvertes. Paris 1842, p. 322 sq.).

[6] Der Bericht stammt aus der Zeit von 1439—42 und findet sich bei Kunstmann, die Kenntniß Indiens im 15. Jahrh. München 1863, S. 62 ff.

erweiterte Kenntnisse, aber auch deutlich den Einfluß der arabischen Vorstellungen. Der Nil wird herkömmlich dargestellt, als entstehe er durch den Zusammenfluß zweier Arme, wovon der eine aus dem Süden, der andere aus dem Westen einem See entströmt, der wiederum einen andern Strom, den ghanatischen Nil der Araber, in den atlantischen Ocean, etwas südlich vom Cap Bojador, entschlüpfen läßt.[1] Da diese trügerische Gabelspaltung des Nil die Portugiesen zum Beginn ihrer afrikanischen Entdeckungen ermuthigt hat, so müssen wir die Karte der Brüder Pizigani vom Jahre 1367, welche diese Täuschung verbreiten half, genauer untersuchen. Auf ihr entströmt der östliche Nil aus dem See von Habesch (lacus abaxie), also dem heutigen Tzanabecken, und seine wie des westlichen Geschwisterstromes Ufer sind belebt mit Ortsnamen, die wir aber bis auf zwei nicht in der Sprache der heutigen Erdkunde auszudrücken vermögen,[2] jedenfalls gehören sie aber sämmtlich an den nubischen Nil nach Abessinien.[3] An dem westlichen Nilarme der Karte sitzen die Ebini chilebi (Beni Kelb), Söhne des Hundes,[4] woraus aber die leicht entzündete Einbildungs-

[1] Siehe oben S. 151.

[2] Der eine Name Doncala ist Alt Dongola, und der andere Maria de naçeret, ist das abessinische Kloster dieses Namens in der Provinz Tigre, welches Livio Sanuto (Geografia, Vinegia 1588, fol. 128 verso) angibt. Nicht zu finden sind die Städte Darga, debaa, antibale, coalle, hurma. Sie erscheinen noch 1595 auf Mercator's Karte von Afrika, die aber zum Theil nur wiederholt, was die Pizigani gegeben hatten.

[3] Diese Ueberzeugung gewinnt man aus einem Vergleich mit der älteren catalanischen Karte, die viel leichter zu verstehen ist. Oberhalb Babylonia (Kairo) treffen wir dort Cossa (Kus), dem entsprechend am rothen Meer gegenüber Chos (Kusseir) liegt, denn von Kusseir über Kus gingen alle indischen Waaren nach Alexandrien (vgl. Marino Sanuto Secr. lib. III, pars XIV, cap. 12, fol. 260 und Peschel, Handelsgeschichte des rothen Meeres, Deutsche Vierteljahrsschrift 1855 Nr. 71, S. 190 ff.). Oberhalb Cossa folgt Ansee (Esneh), Sohan (Asuan), Dobaha (Debod, südlich von Asuan), Sobaha (Sebuo, oberhalb Korosko), endlich das unerklärte Hurma und dann Alt Dongola.

[4] Vgl. oben S. 30, u. Marno, Reisen im Gebiete des blauen und weißen Nils. S. 68.

kraft der mittelalterlichen Geographen, eine hundsköpfige Menschenrace gestaltete. Endlich bezeichnen die Brüder Pizigani auf dem linken Ufer ihres östlichen Nils, der damit als blauer Nil sich zu erkennen gibt, den Sitz der Gallaneger. Was sich auf den Karten des 14. Jahrhunderts über den Nillauf findet, wurde, wie schon die meisten Namen und ihre Schreibart errathen läßt, aus arabischen Karten oder Nachrichten entlehnt. Ein Gemälde Abessiniens von wunderbarer Treue, wie es nur in dem Lande selbst entworfen sein konnte, bietet uns dagegen das Weltbild des Fra Mauro.[1] Nicht bloß kennt der Venetianer den rechten Nebenfluß des Nils Takazze unter seinem wahren Namen, sondern er zeigt uns auch den spiralförmig gekrümmten Lauf des blauen Nils, den er mit seinem abessinischen Namen Abai bezeichnet. Er läßt ihn aus einem See oder Sumpf Geneth[2] entspringen und führt ihn dann durch den Tzanasee, an der Provinz Godscham[3] vorüber, nach dem weißen Nil. Als Landschaften Abessiniens nennt uns Fra Mauro Bagamidre (Biegemedör), Hamara (besser Amhara) Fatagar[4] und Schoa unter der entstellten Form Saba. Auch die Küstenstriche des Osthornes von Afrika waren ihm wohlbekannt. In die Nähe der Bab el Mandeb verlegt er die Sitze der Dankali,[5] die Stadt Zeila und den Landstrich Adal. Er zeichnet uns dann den Lauf des Awasi (Hawaschi), in dessen Nähe er auch

[1] Das Original, im Dogenpalast ausgestellt, ist ungleich reicher an Einzelheiten, als der verkleinerte Abdruck, den Zurla veröffentlicht hat.

[2] Auf Krapf's Karte zu seinen Reisen in Afrika führt dieser Quellsee den Namen Geesch.

[3] Gozan und R. Gogian bei Fra Mauro. Auf den modernen Karten liegt jedoch diese Landschaft auf dem rechten Ufer oder auf der concaven Seite der Abaikrümmung.

[4] Fatigar hieß nach Livio Sanuto (Geografia, fol. 135) das Gebiet nördlich von Schoa und westlich von Adâl.

[5] Der Cardinal Zurla hat Deuchali gelesen, es muß Denchali heißen. Dankali ist der Plural von Danakil.

die Stadt Harrar verlegt.[1] Als Grenznachbarn der Abessinier gegen Westnordwest kennt Fra Mauro wieder die Beni Kelb, gegen Westen aber Darfur, welches jedoch nach seinen Vorstellungen schon in der Nähe des atlantischen Oceans liegen mußte.[2]

Da nach Fra Mauro's Zeugniß ein König von Habesch um 1430 seine Eroberungen bis Sansibar ausgedehnt haben soll, so konnten sich auch seine Kenntnisse von den ostafrikanischen Küsten sehr weit nach Süden erstrecken. Er zeichnet uns den Lauf des Godscheb oder Dschub,[3] die Stadt Makdaschu, die Insel Sansibar und gibt dem dortigen Gestade seinen classischen Namen Abschan.[4] Obgleich er aber schon so südliche Punkte wie Kilwa (Chelve) und Sofala kennt, so vermissen wir doch bei ihm die Insel Madagaskar,[5] die als Mondinsel schon auf der Karte des Marino Sanuto erscheint.[6] So konnte auch Covilham in einem Briefe an König Johann II. von Portugal, vor Absendung Vasco da Gama's nach Indien, den lusitanischen Entdeckern rathen, sie sollten, sobald sie über die Südspitze Afrikas gelangt seien, ihren Lauf

[1] Barara bei Fra Mauro; G. A. Klöden, Stromsystem des Nils S. 39, erklärt Barara für einen Flußnamen Boraro.

[2] Zwischen Darfur (Dafur) und den Beni Kelb zeichnet der Venetianer ein Gebirg Cetoschamar. Wahrscheinlich muß aber Cebalschamar, d. h. Dschebel Qamar oder Mondgebirge gelesen werden, denn auf der Karte der Pizigani lautet am entsprechenden Orte der Name montes lune, giba camal.

[3] Flumen Xebe nennt er ihn im nördlichen Lauf, Diebe (Dschub) weiter unterhalb.

[4] Provincia Lagiana. Weil er ein paar Seen dazu gedichtet hatte, vermuthete man, Fra Mauro habe ein „Seenland" bezeichnen wollen und der Name müsse Laghiana ausgesprochen werden. Lagiana ist jedoch entstanden aus el Abjan, Azania. (S. oben S. 19. 122). Uebrigens kennt schon Marino Sanuto Azanien als die Sendschküste der Araber. Zinc, regio Zinziber dicitur lautet die Legende auf seiner Karte.

[5] Man müßte denn die Insel Migido, die er angibt, dafür erklären.

[6] Sie liegt bei ihm in dem Golfe zwischen Afrika und Indien und führt die Inschrift Insula suedi (sic) camar. Wahrscheinlich falsch gelesen oder falsch geschrieben statt Dschesireh Qamar. S. oben S. 124.

nach Sofala und der Mondinsel richten.[1] Der nürnberger Martin Behaim, der sich in Portugal noch zur Zeit des Bartholomeu Dias aufhielt, hat auf seiner Erdkugel von 1492 Madagaskar recht kenntlich dargestellt, und zwar folgte er dabei nur den Angaben Marco Polo's, welcher die früheste Kunde von dieser Insel unter ihrem heutigen Namen nach dem Abendlande brachte.[2]

Die Räume, welche zwischen den Nilländern und dem Nigerstrome liegen, waren den Arabern nur dürftig, den Lateinern fast gänzlich unbekannt. Der Name Darfur bei Fra Mauro rückt die Grenzen des Wissens noch am weitesten ins Innere hinein.[3] Dagegen erstreckten sich die Kenntnisse schon der Brüder Pizigani bis zu den Reichen am Nigerstrom,[4] und überraschend durch ihre Genauigkeit ist die catalanische Karte vom Jahre 1375. Das Atlasgebirge erscheint dort als die nördliche Grenze der Sahara,[5] bewohnt von Nomaden, die auf Dromedaren reiten, unter Zelten wohnen und sich das Gesicht bis auf die Augen verhüllen, was uns eine genaue Bekanntschaft mit den berberischen Lithamträgern (Tuareg) bezeugt. Auch gewahrt man, daß der catalanische Geograph drei Karawanenpfade durch die westliche Sahara gekannt hat, nämlich die Straße, die aus Algerien von Biskra und Tôzer, im Belad el Dscherid, über

[1] A. v. Humboldt, Krit. Untersuchungen, Bd. I, S. 203.

[2] Marco Polo, lib. III, cap. 36.

[3] Im Süden der Sahara kennen die mittelalterlichen Karten einen König oder ein Königreich Orgonum. Vielleicht ist damit Kanem gemeint.

[4] Mit Hilfe der arabischen Geographen lassen sich leicht folgende Namen ihrer Karte erklären: Segelmesa (Sidschilmessa, s. oben S. 127), Regno de tarberberet (Tebelbet), civitas Degost (Tagaza oder Audaghost, s. oben S. 127), Regno Tohcoro (Tekrur, s. oben S. 128), Mella (Melli).

[5] Desertum de asahara. Lelewel (tom. II, p. 62) bestreitet, daß der Verfasser der catalanischen Karte arabisch lesen konnte, weil er den Namen Granada sehr ungenau geschrieben hat. Die Lautumwandlungen arabischer Namen sind indessen auf der catalanischen Karte weit richtiger, als auf irgend einem andern mittelalterlichen Ländergemälde.

Tuggurt[1] nach der Oase Tuat führte, wo sie sich vereinigte mit dem zweiten Pfade, der von Fes über den Atlas nach Sidschilmessa, Tebelbelt und nach Buda, der damaligen Hauptstadt der Oase Tuat, gerichtet war,[2] um von dort den Niger über Gogden und Mimah zu erreichen.[3] Eine dritte Straße, die aus Marokko über Fes führte, ließ die Oase Tuat zur Linken und kreuzte die Wüste auf dem geraden Wege von Sidschilmessa nach Taghaza[4] und Walata.[5] Von dieser letzteren Stadt der Schwarzen zogen die Karawanen nach Timbuktu und nach dem Goldmarkte Melli,[6] beide an dem ghanatischen Nil gelegen, wie die Araber den Nigerstrom zu nennen pflegten.

So finden wir also den Verfasser des catalanischen Weltgemäldes im Besitze der arabischen Kenntnisse von Inner-Afrika. Ob er arabische Karten oder arabische Erdbeschreibungen benutzt habe, vermögen wir nicht zu unterscheiden. Wir sind weit eher zu der Vermuthung berechtigt, daß Italiener oder Catalanen, welche die Hafenstädte Nordafrikas besuchten, Straßenbeschreibungen von der Küste bis nach den Negerländern sich verschafften. Solche Belehrungsmittel fand man entweder bei

[1] Auf der catalanischen Karte ist bescara (bei den Pizigani bescola) als Biskra, tauser als Tözer und tacort als Tuggurt zu erklären.

[2] Vgl. auf der catalanischen Karte Fes, Sigilmessa, Itebelbelt, Buda. (Ueber Buda s. oben S. 127, n. 4.)

[3] Das Geugen der catalanischen Karte ist das saharische Gebiet Cogden oder Gogdem, südwestlich von Tuat und Mayma (welches auch die Pizigani kennen), wahrscheinlich das Mimah unterhalb Timbuktu, welches Ibn Batuta (Voyages, tom. IV, p. 430), der Zeitgenosse des catalanischen Kartenzeichners, besuchte.

[4] Ueber die Lage dieser jetzt verschwundenen Stadt, s. oben S. 127, not. 1.

[5] Die Pizigani und die catalanische Karte nennen Walata mißverständlich Sudan. Eine Stadt Sudan kann es nicht gegeben haben, wohl aber war Walata für den arabischen Wandrer, der aus dem Norden kam, die erste Stadt des Belad es Sudan, des Landes der Schwarzen; s. oben S. 127.

[6] Vgl. auf der catalanischen Karte Tenbuch und Ciutat de Melli.

Arabern oder bei lateinischen Christen, welche mit arabischen Karawanen die Wüste gekreuzt hatten. Wir besitzen nämlich Sammlungen von Handelsverträgen, welche die Mittelmeerstaaten im 13. und 14. Jahrhundert mit Marokko, Tlemsen, Bugia und vor allem mit Tunis eingingen,[1] und einer davon, den die Catalanen 1339 mit Abul Hasan Ali von Tlemsen schlossen, verbürgte den reisenden Kaufleuten beider Theile, zu Lande wie zu Wasser, Sicherheit der Person und des Eigenthums.[2] Daß aber von solchen Freiheiten wirklich Gebrauch gemacht wurde, und Franken mit arabischen Karawanen bis zu den Negerländern zogen, dafür ist bis jetzt wenigstens ein völlig glaubwürdiges Zeugniß von einem florentiner Kaufmaun aufgefunden worden.[3]

Eine überraschende Erweiterung gewann die Erdkunde im äußersten Westen der alten Welt, als ein geregelter Frachten-

[1] In Bezug auf die Verbindung der Catalanen mit den Barbareskenstädten vgl. D. Antonio de Capmany (Memorias historicas sobre la Marina, Comercio y Artes de Barcelona, tom. I, p. 80 sq.) und die Urkunden tom. II, Nr. 7, 10, 40, 53, 152, 174.

[2] Champollion Figeac et Reinaud, Chartes inédites en dialecte catalane, Doc. IV, p. 55. Les voyageurs pourront aller et venir des états de chacune des deux parties dans les états de l'autre, chargés de toute sorte d'objets ... garantis en leur personne ... et cela par terre et par mer, dans les ports et ailleurs. In dem Vertrag, welchen die Venetianer im Jahre 1320 mit Tunis abschlossen, gewährt der Art. 16 den fränkischen Karawanen freien Durchzug durch das Sultanat.

[3] Fr. Kunstmann (Afrika vor den Entdeckungen der Portugiesen, München 1853, S. 40) hat in einer italienischen Handschrift von Benedetto Dei's Chronik, der in der zweiten Hälfte des 15. Jahrhunderts schrieb, die Notiz gefunden: Sono stato a Tambettu luogho sottoposto al Reame de Barberia fra terra e fannisi assai et vendesi panni grossi e Rami e ghurnelli con quella Costola che si fanno in Lombardia. Außerdem findet sich bei Boutier und Leverrier (Première Descouverte et Conqueste des Canaries. Paris 1620) der Auszug aus dem Tagebuch eines spanischen Mönches, welcher am Ende des 14. oder am Beginn des 15. Jahrhunderts vom Westen her nach Melli vorgedrungen und dann das ganze Negerland bis nach Dongola in Nubien durchwandert sein will; doch enthält dieses Bruchstück soviel Ungereimtes, daß man sich vor einer Mystification nicht ganz gesichert fühlt.

verkehr zur See den Norden Europas mit dem Mittelmeer verband. Zwar hatten schon bisweilen die Normannen ihre Wikingerfahrten bis an die atlantische Küste Afrikas ausgedehnt,[1] und ebenso zur Zeit der Kreuzzüge gelegentlich Flotten aus der Nordsee ihren Weg durch die Meerenge von Gibraltar gefunden,[2] aber bevor nicht Sevilla im 23. November 1248 den spanischen Mohren von den Castilianern entrissen worden war,[3] und Lissabon unter König Diniz (1279—1325) zu einem wichtigen Vermittelungsplatz für Nord und Südeuropa erwachte, konnte der Handel zwischen dem gewerbreichen Flandern und den Seestädten des Mittelmeeres nur durch einen Meßverkehr über Land betrieben werden. In dem denkwürdigen Jahre 1318 erschienen jedoch die ersten Handelsschiffe der Venetianer mit Spezereien in Antwerpen,[4] und um die nämliche Zeit, oder etwas früher, haben auch die Genuesen den atlantischen Seeweg nach Flandern eingeschlagen.[5] Ihren kundigen Seeleuten verdanken wir die Entdeckung der Canarien, entweder noch am Ende des 13., oder am Anfang des 14. Jahrhunderts.[6] Die älteste Schilderung dieser Inselgruppe ist in dem Bericht einer Unternehmung italienischer, in Lissabon ansässiger Kaufleute enthalten, die 1341 nach den **wieder gefundenen**

[1] El Bekri ed. Slane, Journ. Asiat. 1859 Fevr.—Mars, p. 169, Avril—Mai, p. 326.

[2] L. Heeren, Folgen der Kreuzzüge. Vermischte Schriften. 2. Theil. Göttingen 1821, S. 57.

[3] D. Diego Ortiz de Zuñiga, Anales ecles. y secul. de Sevilla. Madrid 1796, tom. I, p. 30.

[4] Lodovico Guicciardini, Descrittione di tutti i Paesi Bassi. Anversa 1567, p. 119.

[5] Wappäus, Untersuchungen über die geogr. Entdeckungen der Portugiesen unter Heinrich dem Seefahrer. Göttingen 1842, Bd. 1, S. 331.

[6] Petrarca (De vita solitaria, lib. I, cap. 3), der kurz nach 1346 schrieb, bemerkt, daß die Entdeckung durch eine genuesische Kriegsflotte geschehen sei, nach einer damals mündlichen Ueberlieferung (patrum memoria). Petrarca wurde 1304 geboren.

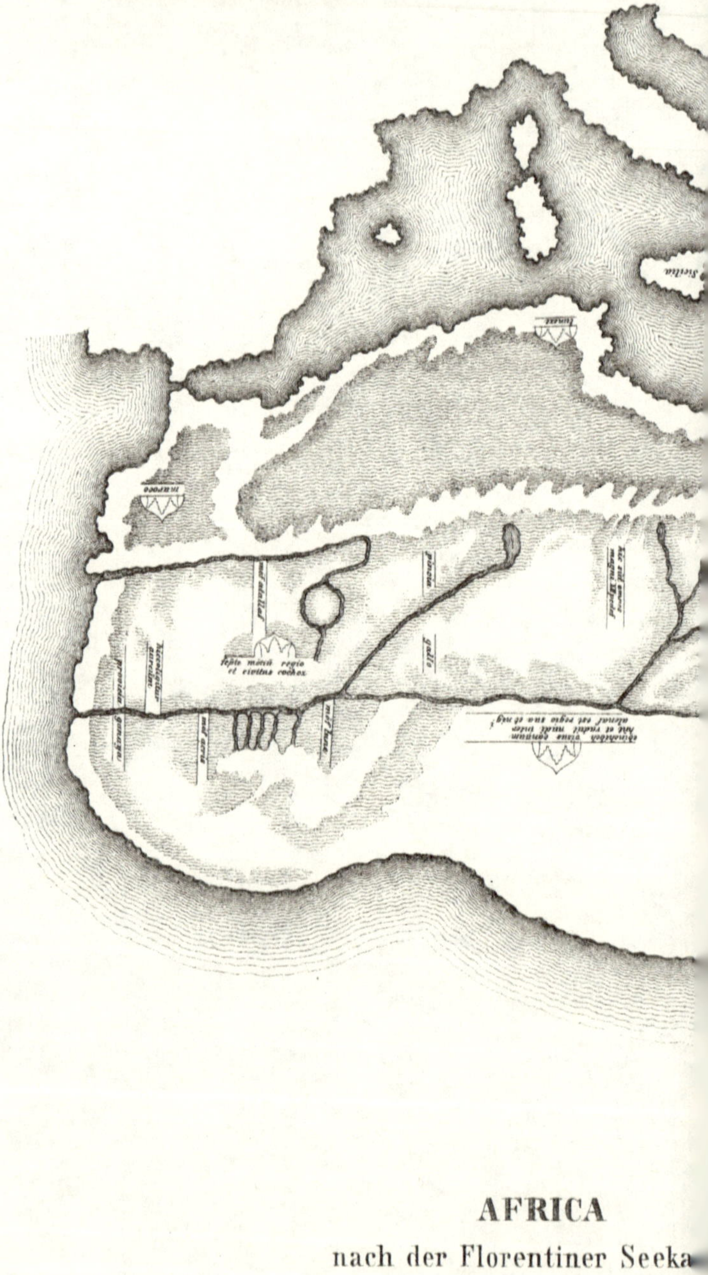

AFRICA

nach der Florentiner Seeka

vom Jahre 1351.

(aus Graf Baldelli Boni's Marco

Zur Geschichte der Erdkunde p. 193.

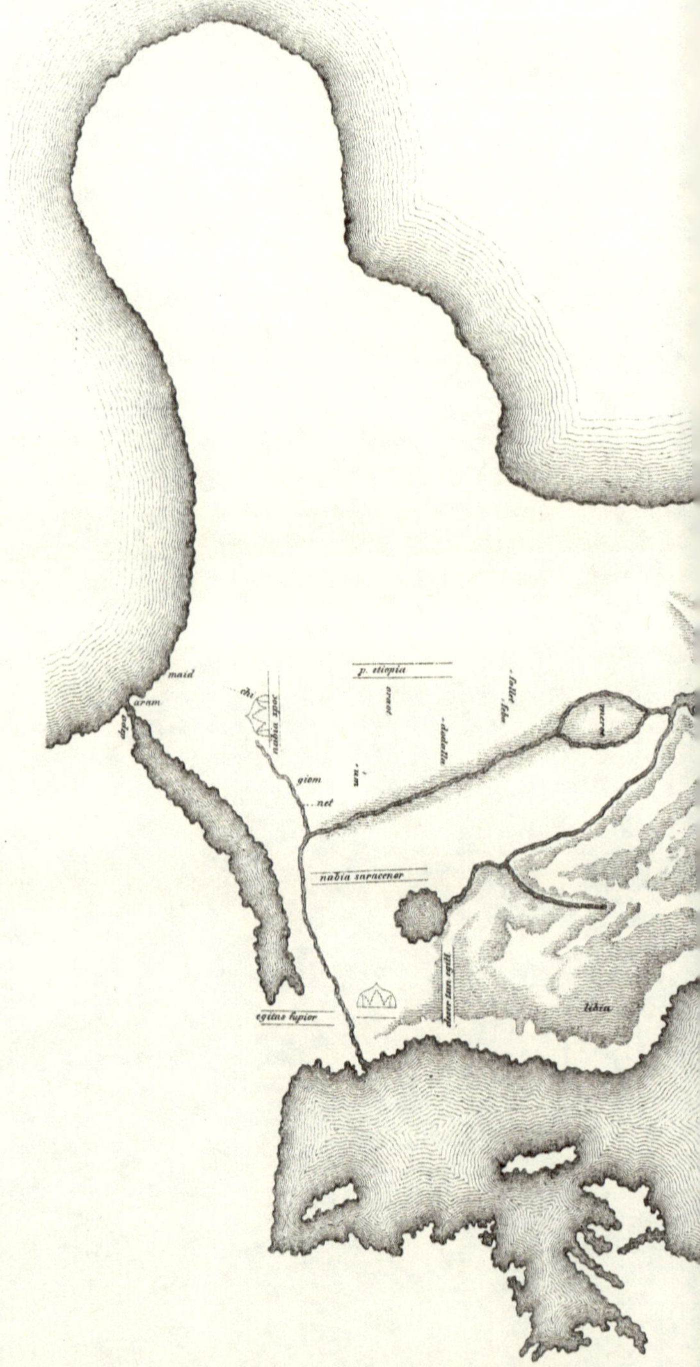
maid
aram
chi
p. etiopia
giom
net
nabia saracenor
egitus supior
libia

Inseln, wie sie damals hießen, zwei Schiffe unter portugiesischer Flagge absendeten.[1] Zehn Jahre später (1351) erscheinen sie bereits auf einer italienischen Seekarte; in die Zeit von 1348—1391 fällt der erste Versuch, die Guanschen oder die Urbevölkerung der Canarien zum Christenthum zu bekehren, und im Juli 1402 setzten sich europäische Ansiedler auf diesen Inseln dauernd fest.[2]

Aber nicht bloß die Canarien, sondern auch die Madeiragruppe, welche ebenfalls, wie ihr älterer Name bezeugt, von Italienern entdeckt worden sein muß,[3] und selbst die Azoren erscheinen schon auf einer florentiner Seekarte von 1351. Die genaue Zeit der Entdeckung und der Name ihrer Finder, die wahrscheinlich Genuesen waren, sind uns noch ein Geheimniß.[4]

[1] De Canaria et de Insulis reliquis ultra Hispaniam, in Oceano noviter repertis, bei Sebastiano Ciampi, Monumenti d'un manuscritto autografo di Messer Giv. Boccaccio da Certaldo, p. 53—59.

[2] Bontier et Leverrier, Canaries. cap. 4, 40, 43. Ueber den älteren wieder erloschenen Ansiedlungsversuch des Genuesen Lancelot, nach welchem wir die Insel Lanzarote nennen, vgl. Peschel, Zeitalter der Entdeckungen. S. 49. 2. Aufl. 1877. S. 38.

[3] Wir begegnen ihr zuerst auf der Karte vom Jahre 1351, die der Graf Baldelli Boni herausgegeben hat, unter dem Namen Do legname, die Holzinsel, so daß also das portugiesische Madeira (Holz) nur die Uebersetzung des italienischen Inselnamens ist. Ueber den Engländer Machim, der nach Madeira wahrscheinlich wohl in der zweiten Hälfte des 14. Jahrhunderts verschlagen wurde und nach dem noch heute eine Bucht der Insel Machico heißen soll, vgl. Kunstmann, die Entdeckung Amerikas. München 1859. S. 4, 82. In der Kirche von Machico wird noch jetzt zum Andenken ein Stück des Kreuzes aufbewahrt, welches von den spätern Wiederentdeckern Madeiras angeblich auf dem Grabe des britischen Liebespaares gefunden worden sein soll. (Reinhold Werner, die preußische Expedition nach China, Japan und Siam. Leipzig 1863. Bd. I, S. 3.)

[4] Die älteste Karte, welche die Azoren kennt, findet sich in dem Portulan vom Jahre 1351, von dem Graf Baldelli Boni 1827 zu seiner Ausgabe des Marco Polo Bruchstücke veröffentlicht hat. Sie benennt die südliche Gruppe der Azoren die Ziegeninseln (cabreras), die mittlere Gruppe De ventura sive de columbis, Wind- oder Taubeninsel, die westlichste davon De Brazi, Brasilieninsel, ein Name, der wahrscheinlich aus verzino entstanden ist, wie man damals rothe Farbstoffe, also auch die Orseille zu

Wenn man erwägt, daß die nächste Azoreninsel vom Westrande Portugals 188 deutsche geographische Meilen, Cap Race auf Neufundland von der Azoreninsel Corvo aber 262 deutsche geographische Meilen entfernt liegt, so fehlte nur noch eine geringe Steigerung der nautischen Leistungen, daß gelegentlich der Ostrand Amerikas gesehen werden konnte.

Auch versuchten schon damals europäische Seefahrer an der atlantischen Küste Afrikas gegen Süden nach den goldreichen Negerländern, jenseit der Sahara, vorzudringen, die auf den damaligen Karten Ganuya, oder Guinea genannt werden.[1] Die alten Ländergemälde verstanden darunter das Mandingoreich der Musa, oder Sultane von Melli,[2] und der befremdende Name ist wahrscheinlich durch Verunstaltung aus Ghana oder aus Gnaui entstanden.[3] Irrige Vorstellungen

benennen pflegte. Auf der catalanischen Karte von 1375 finden sich auch noch die beiden äußersten Azoren Corvo unter den Namen Corvi marini und Flores unter den Namen li conigi hinzugefügt. Da die Insel, welche San Jorge von den Portugiesen genannt wurde, schon auf der catalanischen Karte San Zorze genannt wird, so vermuthet man, daß Genuesen die Entdecker waren. Das Alter der catalanischen Karte (1375) erscheint hinreichend gesichert, weil sie bereits in einem Catalog der Bibliothek des Louvre vom Jahre 1378 aufgeführt wird. (Bouchon et Tastu, Atlas en langue catalane. Notices et extraits des mss. Tom. XIV. Paris 1843. p. 3.) Auch sind die Azoren noch auf der unvollendet gebliebenen Karte des Genuesen Battista Jrchario vom Jahre 1426 in Regensburg (Kunstmann, die Karte des Jrcharius. Münchner gelehrte Anzeigen. 1853. Nr. 72, S. 580 ff.) angetroffen worden, welche ebenfalls älter ist, als die Wiederauffindung jener Inseln durch die Portugiesen.

[1] Ganuya findet sich zuerst auf der Karte von 1351, dann dreimal auf der Karte der Pizigani. Die catalanische Karte dagegen enthält eine Uebergangsform, aus welcher später Guinea entstanden ist. Es heißt dort unter einem Königsbild: Aquest senyor es appellat musse melly senyor dels negres de gineua, aquest rey es lo pus rich el pus noble senyor de tota esta ptida p labondançia de lor lo qual e recull en la sua terra.

[2] Siehe oben S. 128.

[3] Ueber Ghana (s. oben S. 126.). Die Berber nennen die Neger Gnaui und deren Sprache des Gnauya. G. Rohlfs, Erster Aufenthalt in Marokko. Bremen 1873. S. 57. Azurara says the negroes were called Guineus. R. H. Major, Prince Henry of Portugal. London 1868, p. 193.

über die Wasserläufe des heißen Afrika versprachen den glücklichen Seefahrern schiffbare Straßen bis tief in das Innere zu dem Erzpriester Johannes in Nubien. Der ägyptische Nil und der Nil der Negerreiche entschlüpfen nach dem Bilde der alten Karten, und in Uebereinstimmung mit der afrikanischen Stromkunde der Araber,[1] einem gemeinsamen See; während der eine aber gegen Osten nach Nubien strömte, ergoß sich der andere in das atlantische Meer, gerade so wie auf der Karte des Edrisi der Nil von Ghana, unser heutiger Niger, an der Westküste Afrikas mündete. Auf den alten Karten wird dieser atlantische Nilarm für einen Goldfluß ausgegeben,[2] was sich zwar auch für den Senegal schickt,[3] dennoch aber auf den Niger bezogen werden muß, weil eine nähere Prüfung mittelalterlicher Seekarten jeden Kenner deutlich gewahren läßt, daß die Küstenaufnahmen der Genuesen und Catalanen nicht südlicher als das

[1] Siehe oben S. 151.

[2] Die Pizigani nennen ihn Flumen palolus mit dem Beisatz hic colligitur auro (sic). Flumen palolus soll nach Zurla soviel bedeuten, wie Goldfluß, denn pajola sei ein altitalienisches Wort für Gold, auch wird aurum de pajola erwähnt von Usodimare bei Gråberg (Annali, tom. II. p. 290).

[3] Bei Usodimare a. a. O. heißt es vom Goldfluß: Istud flumen de longitudine (?) vocatur Vedamel et similiter vocatur Ruiauri quia in eo recolligitur aureum de pajola. Et scire debeatis quod major pars gentium in partibus istis habitantium sunt allecti ad colligendum aurum in ipso flumine qui habet latitudinem unius legue et fondum pro majore nave mundi. Istud est caput finis terrarum Affricae orientalis. Mit Vedamel bezeichnet Usodimare nicht, wie Gråberg behauptet, den Niger oder Strom von Melli, Wed al-Melli, denn unter einem Wed verstehen die Maghrebiner ein trockenes Regenbett oder periodische Flüsse, auch heißt der Strom von Melli bei den Arabern Nil (Bahr) von Ghana. Der Vedamel des Usodimare ist auch nicht, wie der Vicomte de Santarem (Recherches sur la priorité des découvertes. Paris 1842. p. 253) uns gern überreden möchte, der Vetenil der catalanischen Karte, der sich sogar doppelt auf der Karte der Pizigani findet, bei denen der nördliche Vetenil der Wed des Cap Nun (Wed Nun), der südliche unser Dra und der Wed Nul bei dem arabischen Geographen Bekri ist. Beide periodische Bäche sind weder schiffbar, noch führen sie Gold, noch münden sie an einem westlichen

Vorgebirge Bojador sich erstreckt hatten. Nach jenem atlantischen Nil oder Goldfluß waren, um den Seeweg nach Indien zu suchen, aus Genua im Mai 1291[1] zwei Galeeren, geführt von Tedisio Doria und den Brüdern Vadino und Giudo Vivaldi, durch die Meerenge von Gibraltar gelaufen und an der gätulischen Küste[2] zum letztenmale gesehen worden. Dasselbe

Vorsprung Afrikas. Der Vedamel des Usodimare ist vielmehr der Senegal oder der Fluß von Budomel s. Mappemonde peinte par Ordre de Henri II. in Jomard's Monuments de la Géogr. Paris s. a. Nr. 25—26 und Karte von Afrika in Mercator's Atlas von 1595. Selbst auf modernen Karten noch führt das Land am Südufer der Senegalmündung den Namen Damel, jedoch mit Unrecht. Damel war zu Mungo Park's Zeiten (Reisen im Innern von Afrika. Berlin 1799. S. 306) und ist noch jetzt in Cayor ein Häuptlingstitel (vgl. Th. Aube, Trois ans au Sénegal. Revue des deux mondes. 1863. tom. XLIII, p. 515) und Bour-damel oder Budamel bedeutet so viel als König der Häuptlinge. So ist auch Hieronymus Münzer (De inventione Africae maritimae ed. Kunstmann, Abhandlungen der bayerischen Akademie. 1854. S. 352) zu verstehen, wenn er sagt: Rex de Budomel continuo habet bellum cum rege de Galoff. Wie so häufig wurde also auch hier der Herrschertitel einem Lande beigelegt. Wenn aber auch Usodimare den Goldfluß der alten Karten für den Senegal erklärt, nachdem dieser Strom bereits entdeckt worden war, so folgt daraus doch keineswegs, daß die mittelalterlichen Kosmographen den Senegal gekannt haben. R. H. Major, Prince Henry of Portugal p. 113 will statt Vedamel Vedanill lesen und deutet Wadi Nil, worunter der Senegal nach arabischer Vorstellung zu verstehen ist Auch Azurara spricht vom Ryo do Nillo d. h. Çanega. (Major l. c. p. 114.)

[1] Usodimare bei Gråberg (Annali, tom. II, p. 290, Doc. Nr. 6) giebt das Jahr 1281 an in Uebereinstimmung mit einem Zeitgenossen, Petrus de Abano (gestorben 1316 oder 1317), welcher sagt, daß man schon seit 30 Jahren nichts über den Ausgang der Unternehmung gehört habe. (Conciliator controversiarum, diff. LXVII, fol. 102.) Also sollte die Fahrt vor 1285 stattgefunden haben. Giustiniani, welcher im 16. Jahrhundert schrieb (Annali di Genova lib. III, fol. 111) und Foglieta, sein Zeitgenosse, setzen sie jedoch in das Jahr 1291 und G. H. Pertz. der eine neue Angabe über diese merkwürdige Unternehmung bei Jacobus Doria entdeckt hat, bestätigt diese Jahreszahl. Der älteste Versuch zur Entdeckung des Seewegs nach Ostindien. Berlin 1859. S. 10. W. Koner, Zeitschrift für Erdkunde. Berlin 1859. S. 218.

[2] Gozora (auf der Karte der Pizigani Gozola) ist das alte Gätulien.

Schicksal traf im Jahre 1346 Jakob Ferrer, einen Catalanen von der Insel Majorka, wo sich damals die trefflichsten Seeleute bildeten. Auf einer Uscher (usciére) war er am 10. August nach dem Goldflusse ausgelaufen, um niemals wiederzukehren.[1]

Einfluß der Araber auf die Entwicklung der Wissenschaft im scholastischen Mittelalter.

Hatte das Wissen der Araber zur räumlichen Erweiterung der Erdkunde, wie wir eben sahen, sehr günstig mitgewirkt, und war es vorzüglich bei der Erschließung Afrikas fühlbar geworden, so verdankte das spätere Mittelalter jenem begabten Volke auch eine erneuerte Bekanntschaft mit den gelehrten Schriften des griechischen Alterthums. Aus arabischen Uebersetzungen wurde man zuerst wieder mit Aristoteles und mit dem Almagest, oder der Astronomie des Ptolemäus bekannt. Die Arbeiten des Astronomen Mohammed el Charizmi veröffentlichte Adelard von Bath († 1487), der in Toledo studirte; die Tafeln des Zarqala übertrug gleichzeitig Gerhard von Cremona ins Lateinische,[2] und zu einer noch größeren Verbreitung gelangte Ferghani, oder Alfraganus. In unserem Vaterlande bestanden eigene Uebersetzungsanstalten, zu denen man Araber und Juden aus Spanien kommen ließ.[3] Doch müssen wir uns

[1] Die einzige Quelle über diese Fahrt ist die catalanische Karte von 1375. Man sieht auf ihr jenseit des Cap Bojador im atlantischen Ocean ein Schiff mit der Legende: partich luxer dni jac ferer per anar al riu de lor al gorn de sen lorens quj es a x dagost: fo en läy: MCCCXLVI.

[2] Reinaud, Aboulféda, Indrod. p. CCXLI und p. CCXLVI.

[3] Fr. Rog. Bacon, Opera hactenus inedita, ed. J. S. Brewer. London 1859. vol. I, p. LIX. Ueber Gerhard von Cremona und die anderen damaligen Uebersetzer hat V. Rose einen spannenden Aufsatz „Ptolemäus und die Schule von Toledo" im Hermes, Berlin 1874. Bd. VIII, S. 327 ff. veröffentlicht.

anfänglich diese Kenntnisse spärlich vertheilt denken. Roger Bacon klagt dem Papste im Jahre 1267, daß es nicht vier Gelehrte in der lateinischen Christenheit gäbe, welche die griechische, hebräische und arabische Grammatik studirt hätten. Zwanzig Jahre mußte er suchen, ehe er sich die Schriften des Philosophen Seneca verschaffen konnte, und über 2000 Pfd. Strl., also ein stattliches Vermögen kosteten ihn die Bücher, die er zu seinen naturwissenschaftlichen Arbeiten für unentbehrlich hielt.[1] Auch litt die Wissenschaft von theologischen Anfeindungen. Noch im Jahre 1220 wurden die Schriften des Aristoteles als ketzerisch in der Pariser Sorbonne verbrannt, und erst als sie der heil. Thomas von Aquino zu erklären begann, wendete sich ihnen der geistliche Stand mit Vorliebe zu. So ergießt sich im 13. Jahrhundert aus jenen neu erschlossenen Belehrungsquellen ein helles Licht über die Schriften der sogenannten Scholastiker. Unter ihnen haben vorzüglich drei Geistliche unsere Wissenschaft kräftig gefördert: Albert der Große ein Deutscher, Roger Bacon ein Brite und Vincenz von Beauvais ein Franzose. Nur leichtfertige Beurtheiler konnten die Verdienste der Scholastiker herabsetzen; wer dagegen in der bangen Zeit vor ihnen die beinahe gänzliche Verfinsterung des hellenischen Wissens inne geworden ist, der begrüßt mit einem Gefühle der Erlösung in ihren Schriften die wieder gefundene Sprache des Hipparch. Hätten jene mittelalterlichen Gelehrten nichts anderes geleistet, als das alte hellenische und das neue arabische Wissen zu verbreiten, sie müßten uns schon ehrwürdig erscheinen als die Urheber aller späteren Fortschritte; doch werden wir zeigen, daß auch ihre selbständigen Leistungen uns das beglückende Schauspiel einer beschleunigten Entwicklung gewähren.

[1] Bacon, Inedita, Opus tertium, cap. 10, p. 33, cap. XV, p. 56.

Mathematische Erdkunde.

Die Hipparchische Anschauung vom Weltbau war auf die Araber übergegangen und beherrschte auch das scholastische Mittelalter. Ruhend im Mittelpunkt des Alls schwebte die Erde und um sie kreisten auf excentrischen Bahnen schraubenförmig, oder epicyklisch fortrückend, der Mond, die Sonne und die fünf Planeten. Den Gebildeten galt die Kugelgestalt der Erde als erwiesen, sonst hätten Dante's Gedichte seinen Zeitgenossen völlig unverständlich bleiben müssen.[1] Die Größe dieser Kugel von neuem zu messen, wurde jedoch nicht versucht, sondern man hielt sich an die Eratosthenische Bestimmung von 700, und mit noch größerer Vorliebe an die Ptolemäische von 500 Stadien für einen Grad der größten Kreise.[2] Da die Stadien stets als der achte Theil einer altrömischen Meile betrachtet wurden, deren Längenwerth man nicht verschieden hielt von den italienischen Miglien, so gelangte man zu einem Erdumfang von 22,500 Meilen, oder zu 62½ Meilen für einen Gradabstand an den größten Kreisen.[3] Weil man aber unter Miglien ein Wegmaß von 1000 altrömischen Schritten zu je 5 Fuß verstand, so stellte man sich die Erde fast genau um ⅙ zu klein vor. Aus Ferghani's Schriften erfuhr aber das spätere Mittelalter auch das Ergebniß der arabischen Erdbogenmessung unter dem Chalifen Mamun,[4] welches den Längen-

[1] Namentlich Inferno, canto 34, v. 100—139.

[2] Vincentius Bellovacensis, Speculum naturale. Inc. s. l. s. a. lib. VII, cap. 13 enthält beide Angaben. Sacrobosco dagegen hielt sich an die Eratosthenische Bestimmung von 700 Stadien. (Joannis de sacro busto, sphericum opusculum. Venet. 1482 im Capitel De quantitate absoluta terrae.)

[3] Fra Mauro schwankt, ob die Größe des Erdumfangs 22,500 oder 24,000 Miglien betrage; die erste Angabe beruht auf einer Umwandlung der 500 Ptolemäischen Stadien in Miglien zu je 8 Stadien.

[4] Siehe oben S. 133.

werth der Grade an den größten Kreisen auf $56^2/_3$ arabische Meilen festgestellt hatte. Mit dieser Messung waren Albert der Große, Brunetto Latini[1] und der Verfasser der catalanischen Karte[2] bekannt; welchen Längenwerth sie aber der arabischen Meile zutrauten, darüber lassen uns beide im Unklaren. Um so bestimmter hat sich Roger Bacon ausgedrückt. Auch er hielt sich an das arabische Ergebniß von $56^2/_3$ Meilen, die Meile aber war nach seiner Ansicht ein Längenwerth von 4000 geometrischen Ellen, die Elle zu $1^1/_2$ Fuß nach englischem Maß gerechnet, so daß sein Erdumfang nur um 7 Procent zu kurz ausfiel.[3] Diese Angabe Roger Bacon's ist es gewesen, welche Cristobal Colon zur Aufsuchung des westlichen Seeweges nach Indien wesentlich ermuthigen half.

Durch die Araber wurde das lateinische Mittelalter auch in die Kunst der astronomischen Ortsbestimmung eingeweiht. Um die Mitte des 13. Jahrhunderts ließ Alphons der Weise von Castilien durch gelehrte Juden und Araber an der toledaner Sternwarte die astronomischen Tafeln ausarbeiten, die seinen Namen führen. Als Anhang begleitet diese Tafeln ein Verzeichniß wichtiger Orte, mit Angabe der mathematischen

[1] Alberti Magni, De Caelo et Mundo, lib. II, tract. IV, cap. 11. Lugdun. 1651, tom. II, fol. 146. Dort heißt es einmal, der irdische Grad parum exedit sexaginta milliaria (römische Miglien) und dann wieder daß er $56^2/_3$ (arabische) Meilen zu 4000 Ellen enthalte. Brunetto Latini rechnet 20,427 lombardische Meilen zu 5000 Fuß, also $56^3/_4$ Meilen auf den Grad. Li Tresors, livr. I. part. III. chap. CX. Paris 1863. p. 126.

[2] Es heißt zwar dort: Empero la redonea de la terra es mesurada per CLXXX milliers de stadis, los quals son XX millia LII milles (Buchon et Tastu, Atlas catalane, in Notices et extr. tom. XIV, 2de partie, p. 7.); allein ein Schreibfehler ist deutlich zu erkennen, da es statt 20,052 20,520 Meilen heißen soll. Die letzte Zahl ist aus 57 × 360 entstanden, denn die Araber nahmen auch bisweilen 57 Meilen, als runde Größe, statt $56^2/_3$ an.

[3] Roger Bacon, Opus Majus. Londin. 1733. fol. 141. Seine $56^2/_3$ Meilen à 4000 geometr. Ellen à $1^1/_2$ Fuß geben 340,000 Fuß (feet). Nach Sir John Herschel (Outlines of Astronomy §. 221) beträgt die Größe eines Meridiangrades in England durchschnittlich in runden Ziffern 365,000 Fuß (feet).

Längen und Breiten nach arabischen Ermittelungen.[1] Die Astronomen Alfons' des Weisen gaben die Lage des Toledo zu 39° 54', also um beinahe eine Meile ungenauer an als Zarqala.[2] Daß man auch in Italien, zur Zeit des Dante, ohne arabische Hilfe Orte astronomisch zu bestimmen versuchte, zeigt uns Ristoro, welcher die Polhöhe seiner Vaterstadt Arezzo auf 42° 15', also um 1° 13' zu südlich angibt.[3] Der Versuch war damals noch so neu und so viel verheißend, daß wir den Fehler der Messung bereitwillig verzeihen müssen. Daß man die geographischen Längenabstände zweier Orte aus den Unterschieden der örtlichen Tageszeiten beim Eintritt von Verfinsterungen der Sonne und des Mondes berechnen könne, wußte man recht wohl, bis jetzt aber fehlen noch Nachrichten, daß man es wirklich versuchte. Die verschärften Bestimmungen der Araber finden wir jedoch in den alfonsinischen Tafeln, wo die große Axe des Mittelmeeres auf 52° angegeben wird, zwar um 10° zu lang, aber doch wiederum um 10° richtiger als bei Ptolemäus.[4] Das lateinische Mittelalter kannte sowohl den welttheilenden Mittagskreis von Arin oder Azin,[5] den arabische Astronomen

[1] Die Reihe geographischer Ortsangaben der alfonsinischen Tafeln, wie sie sich in den viel jüngeren gedruckten Ausgaben finden, gehören einer späten Zeit an und werden uns erst im folgenden Abschnitt beschäftigen.

[2] Astronomia del rey D. Alfonso X. ed D. Manuel Rico y Sinobas. p. LIX. Ueber Zarqala vgl. oben S. 136 not. 1.

[3] Ristoro d'Arezzo, La composizione del Mondo, testo ital. de 1282 pubbl. da Enrico Narducci. Roma 1859. p. 1.

[4] Alfontij Tabulae l. c.

Cepta ö. L. . . .	8° 0'
Damascus ö. L.	60° 0'
Mittelmeer	52° 0'

Das störende Zurückweichen der syrischen Küste (s. oben S. 56) steigert den Fehler sehr beträchtlich, der bis Alexandrien nur 8° 8' beträgt, denn

Cepta ö. L. . .	8° 0'
Alexandria ö. L. .	51° 20'
Abstand	43° 20'
statt:	35° 12'

[5] Siehe oben S. 138. Am ausführlichsten ist die Methode der arinischen

einzuführen vorschlugen, als auch die große Entdeckung Zarqala's, daß alle früher ermittelten Längenabstände westlich von jenem Theilungskreise um 17° 30′ gekürzt werden sollten.[1]

Benutzt wurden diese Fortschritte und Entdeckungen nur in astronomischen Schriften; den Kartenzeichnern und fast allen Geographen blieben sie ein Geheimniß. Einige hielten sich an die bequeme Angabe im Almagest des Ptolemäus, daß sich die nördliche Erdveste von West nach Ost genau über 180° erstrecke, daher es bei Dante am Ganges, oder am Ostrande des bewohnbaren Erdviertels Mittag ist, wenn für Jerusalem, welches er im Mittelpunkte der alten Welt sich dachte, die Sonne aufgeht und auf dem Ebro noch die Schatten tiefer Nacht ruhen.[2] Andere dachten sich den äußersten Osten Asiens den spanischen Küsten bis auf einen sehr geringen Abstand genähert. Diese Anschauung, welche in der Folge zur Entdeckung Amerikas führte, und zuerst von einem Deutschen, Albert von Bollstädt, ausgesprochen wurde,[3] theilte auch Roger Bacon. Er berief sich auf einen Ausspruch des Seneca, daß man in wenig Tagen von Spanien nach Indien segeln könne, auf Esdra, der nur den siebenten Theil der Erde mit Wasser bedeckt sein lasse,[4]

Längenbestimmungen entwickelt in Petri Alphunsi ex Judaeo Christiani dialogi. Coloniae. 1536 p. 16—20. Uebrigens kannte man im christlichen Europa keine nach dem Meridian von Arin berechneten Tafeln. So sagt Regiomontan (Müller aus Königsberg) in seiner Disputatio contra Gerardi Cremonens. delyramenta. Venetiis 1482. C. (Cracoviensis) Vidistin', obsecro, aliquas ad Arin compositas tabulas? V. (Viennensis) Nullas umquam vidi. Sintne autem an non incertus sum.

[1] Siehe oben S. 139. und Roger Bacon über die östliche Länge von Toledo im Opus Majus fol. 187.

[2] Purgator. canto XXVII, v. 1—5.

[3] Albertus Magnus, De caelo et mundo, lib. II. tract. IV, cap. 11. Lugd. 1651, tom. II, fol. 146. Inter horizontem habitantium juxta Gades Herculis, et Orientem habitantium in India non est in medio, ut dicunt, nisi quoddam mare parvum, mit Berufung auf die Aristotelische Hypothese, daß, weil sich im fernsten Morgenlande und im westlichen Afrika Elephanten vorfänden, der Abstand nicht sehr groß sein könne.

[4] Opus Majus fol. 183.

auf Plinius, der Indien für den dritten Theil des Bewohnbaren erklärt hatte, und auf die dreijährige Dauer der biblischen hiram-salomonischen Seefahrten aus dem rothen Meere nach dem morgenländischen Ophir,[1] um seinen Zeitgenossen die Annäherung des Morgenlandes an den Westen der Erde in einem verführerischen Bild zeigen zu können.[2] Ueber diese Vermuthungen des englischen Franciskaners brütete zwei Jahrhunderte später der Entdecker von Amerika; denn die eben angeführten Zeugnisse waren es, die ihm den Muth gaben, auf dem westlichen Seewege den Osten zu suchen.

[1] Opus Majus fol. 194.
[2] Opus majus fol. 184 u. Tab. I, Fig. 27.

Fig. I.

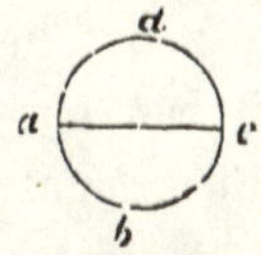

(Aequator.)

Fig. II.
Princip. Indiae (Ostrand Indiens).

Polus meridionalis (Südpol).

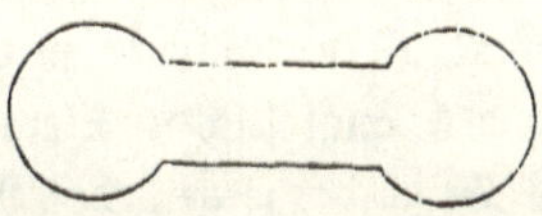

Polus borealis (Nordpol).

Princip. Hispaniae (Grenze des Westens der Erde).

Nam sit medietas terrae superior a b c d (Fig. I) in cujus una quarta scil. a b c est habitatio nobis nota. Iam patet quod multum de quarta illa sub nostra erit habitatione, propter hoc quod principium orientis et occidentis sunt prope, quia mare parvum ea separat ex altera parte terrae (Fig. II). Et ideo habitatio inter orientem et occidentem non erit medietas aequinoctialis circuli, nec medietas rotunditatis terrae, nec XII horae, ut aestimant, sed longa plus medietate rotunditatis terrae... Quantum autem hoc sit non est temporibus nostris mensuratum.

Die geographischen Gemälde.

Noch immer versuchten es gelehrte Mönche aus den Schriften der Alten und Neuern Gemälde von der bekannten Welt zu verfertigen. Die Karten, welche sie hinterlassen haben, und welche dem Alterthumsforscher Befriedigung und Genuß in reichem Maße gewähren, zeigen nur sehr geringe Fortschritte gegen die Leistungen aus der Zeit vor den Kreuzzügen. Ein Musterbild dieser Art liefert uns die geräumige Karte im Dome von Hereford.[1] Dort erscheinen die Ländermassen der bekannten Welt in Scheibenform, aber ihre Gliederungen sind schwer erkenntlich. England und Irland haben fast eine Fischgestalt, Italien tritt uns nicht als vollendete Halbinsel entgegen, sondern wird nur wenig durch das adriatische Meer vom Körper des Festlandes gelöst. Sicilien konnte man zwar seine Dreieckgestalt nicht rauben, aber die Spitze des Triangels ist nach Norden, statt nach Süden gekehrt. Das schwarze Meer zu einem Schlauch verdünnt, ist nur schwer zu erkennen, das halbinselartige Vortreten des anatolischen Kleinasiens kaum angedeutet. Wenn dieses Gemälde wegen der Rohheit seiner Umrisse nur einen schwachen Aufschwung aus der zweiten Kindheit der Erdkunde wahrnehmen läßt, so stoßen wir fast unvorbereitet seit dem Beginn des 14. Jahrhunderts auf Karten, deren Vorzüge noch alle Kenner unserer Wissenschaft in das höchste Staunen versetzt haben. Zum Verständniß ihres Wesens müssen wir aber hier die Geschichte eines wichtigen Werkzeuges der Ortsbestimmung einschalten.

[1] Zuerst herausgegeben von Jomard in seinen Monuments de la Géographie, neuerdings in Originalgröße, 6 Bl. Folio, veröffentlicht und von W. L. Bevan u. H. W. Phillips mit einem Commentar versehen. London 1869. Thomas Wright (Essays on archaeological subjects. London 1861. vol. II, p. 14) setzt sie in die erste Hälfte des 13. Jahrhunderts.

Die magnetische Nordweisung.

Die Chinesen haben sich der Magnetnadel zur Bestimmung der Schiffsrichtung schon in den ersten Jahrhunderten unserer Zeitrechnung bedient.[1] Die Kunde von der Nordweisung treffen wir bei Alexander Neckam, der von 1180—1187 an der Pariser Universität lehrte, noch etwas früher als bei dem Troubadour Guiot von Provins.[2] Daß die Magnetnadel aus China unmittelbar, oder durch die Hände der Araber nach Europa gelangt sei, hat sich niemals begründen lassen.[3] Albert der Große hatte zwar die beiden Punkte der Magnetweisung Zoron und Aphron genannt,[4] und man wollte darin arabische Ausdrücke für Nord und Süd erkennen, aber genauere Forschungen weisen diesen Worten einen hebräischen Ursprung an.[5] Anfangs war das Werkzeug höchst unvollkommen. Eine Stahlnadel wurde durch einen Strohhalm, oder durch einen Kork geschoben, und nachdem man sie an einem Magnet gerieben hatte, ins

[1] Nach Klaproth (Lettre sur l'invention de la boussole. Paris 1834, p. 66) schon seit 121 n. Chr.

[2] Alexandri Neckam, De Naturis rerum libri duo, ed. Thomas Wright. London 1863. lib. II, cap. XCVIII, p. 183, p. XXIII, XXXVIII. Thomas Wright (Essays on archaeological subjects. London 1861. vol. II, p. 23) hält es für wahrscheinlich, daß Neckam die Schrift de Utensilibus, wo er die „acum jaculo superpositum" beschreibt, schon 1187 verfaßt habe. Guiot von Provins dagegen, dessen Bibel v. 623 ff. die bekannte Stelle über die Magnetnadel enthält, dichtete in den Jahren 1203 bis 1208. Siehe J. Fr. Wolfart und San-Marte, Dichtungen des Guiot von Provins. Halle 1861. S. 4, 50.

[3] Libri, Hist. des sciences mathém en Italie, tom. II, p. 62, will nachweisen, daß die Magnetnadel vielleicht schon im 2. Kreuzzuge nach dem Mittelmeer gekommen sei. Vgl. Vivien de St. M., Histoire de la Géogr. p. 247. not. 5.

[4] Albertus Magnus, De Mineralibus lib. II, tract. III, cap. 6. Lugd. 1651. tom. II, fol. 243.

[5] Reinaud, Aboulféda p. CCII. Santarem, Hist. de la Cosmogr. tom. I, p. 295.

Wasser geworfen.[1] Neckam kennt jedoch schon die Magnetnadel, die frei auf einer Stahlspitze schwebt; frühzeitig wurde sie auch in eine Büchse (Bussole) eingeschlossen, zu der auch eine Windrose gehörte, welche Raymund Lullius mit dem Namen Stern des Meeres (stella maris) schon 1286 und 1295 erwähnt.[2] Die Windrose an die Nadel selbst befestigt zu haben, ist vielleicht das Verdienst Flavio Gioja's, dessen Vaterstadt Amalfi zum Andenken an jene Verbesserung des Werkzeugs, eine Compaßrose in ihrem Wappen führt.[3]

Man überschätzt jedoch beträchtlich die Dienste des Compasses, wenn man behauptet, daß vor seiner Erfindung die Seeleute von der Küste hinweg in die freie See sich nicht gewagt hätten. Wir sahen bereits, daß die Normannen aus ihrer nordischen Heimat nach den Faröer, von den Faröer nach Island, von Island nach Grönland, ja von Norwegen unmittelbar nach Neufundland gelangten, ohne jede Kenntniß von der magnetischen Nordweisung. Sie bedienten sich statt ihrer eines uralten Mittels, um die Richtung zu erforschen, wo ein gesuchtes Land liegen möchte. Floke Vilgerdsson, der dritte Seefahrer, welcher Island aufsuchte, hatte mehrere Raben an Bord, die er aufsteigen ließ. Wenn sie nicht mehr zum Schiff zurückkehrten, folgte er der Richtung ihres Fluges, im Vertrauen, daß ihr Instinkt sie nach der nächsten Küste führen würde.[4] Schon Plinius berichtet, daß im indischen Meere die

[1] So beschreibt sie Guiot; Neckam dagegen kennt die Nadel schon auf einer Metallspitze schwebend.

[2] d'Avezac, Aperçus historiques sur la boussole im Bulletin de la soc. de géogr. 4ième série. tom. XIX. Paris 1860. p. 356.

[3] Breusing, Flavio Gioja. Zeitschr. d. Ges. f. Erdkunde. Berlin 1868. Bd. 4. S. 45. Flavio Gioja wurde am Ende des 13. Jahrhunderts, nicht sowohl in Amalfi selbst, wohl aber in dem benachbarten Dorfe Pasitano geboren, seine Erfindung jedoch in die Jahre 1302 bis 1320 gesetzt. Die Erwähnung der Bussole bei Marco Polo (lib. III, cap. I) ist eine eingeschobene Stelle, die in den älteren Handschriften fehlt.

[4] P. A. Munch, Det norske Folks Historie. Christiania 1852, 1. Deel, S. 446.

Beobachtung des Vogelflugs ein gewöhnlicher Behelf der Seefahrer sei,[1] und Noah, der seine Tauben steigen ließ, benutzte noch früher dieses nautische Hilfsmittel.[2] Wenn aber auch der Compaß für die Fahrt auf hoher See nicht unentbehrlich war, so kürzte und sicherte er doch den Lauf der Schiffe, denn seinem Gebrauche verdanken wir die alten Seekarten.

Die Compaßkarten des Mittelalters.

Wer je ein solches Bild gesehen hat, wird es unter zahllosen andern mit Sicherheit heraus erkennen. Jene Karten sind nämlich bedeckt mit Wind- oder Compaßrosen, aus denen strahlenförmig bunte Striche nach den Hauptthimmelsrichtungen auslaufen, um sich auf andern Punkten der Karte zu andern Windrosen zu vereinigen. Der Gesichtskreis wurde nämlich eingetheilt in acht volle Winde: Nord, Nordost, Ost, Südost, Süd, Südwest, West und Nordwest, zwischen welche die halben Winde, wie Nordnordost, Ostnordost, Ostsüdost u. s. w. fielen.[3] Auch diese wurden wieder in Viertel und die Viertel in Octaven oder Achtel getheilt. Später wurde es Sitte, die Windstriche auf den Karten durch bunte Linien auszudrücken. Die ganzen Winde unterschied man durch schwarze, die halben Winde durch grüne, die Viertelwinde durch rothe Farbe.[4] So zeichnete also der Seemann seine Küstenumrisse, nicht wie wir auf ein Netz, welches eine annähernde

[1] Plin. Hist. natur. lib. VI, c. 24.

[2] Movers, Phöniz. Alterth. 3. Thl., I. Abschn. S. 188. Auch der Held der babylonischen Sinflutsage ließ nach einander eine Taube, eine Schwalbe, einen Raben fliegen. F. Lenormant, Die Anfänge der Cultur. Jena 1875. Bd. II. S. 29. George Smith's, Chaldäische Genesis, übersetzt von H. Delitzsch. Leipzig 1876. S. 227.

[3] Pedro de Medina, Carte del navegar. Venet. 1554. lib. III, cap. 5. p. 30 sq.

[4] Navarrete, Coleccion de los viages y descubrimientos. tom. IV, p. 345. Madrid 1837.

Uebertragung von Kugelflächen auf die Ebene erlaubt, sondern in eine Art von Spinngewebe, dessen Fäden in Compaßsterne zusammenliefen. Auf einen dieser Sterne setzte dann der Pilot oder Steuermann seine Boussole, um zu ermitteln, welche Richtung er innehalten müsse, um von einem Hafen nach dem andern zu gelangen.[1] Lief er dann auf das hohe Meer, so schätzte er den zurückgelegten Weg aus der Segelkraft des Windes mit einer Schärfe und Sicherheit, die uns wie ein halbes Wunder erscheint.[2] Freilich blieb dem Temperament des Beobachters viel überlassen, und Cristobal Colon konnte daher, wie wir aus seinem Schiffsbuche wissen, bei der ersten Ueberfahrt nach der neuen Welt eine geheime richtige und eine gefälschte Wegrechnung führen, denn dem Schiffsvolke gab er immer nur drei Viertel der zurückgelegten Entfernungen an, um es nicht allzu sehr zu beunruhigen. Wurden die Schiffe durch ungünstige Winde aus ihrem Kurs getrieben, so berechnete der Pilot den Wegverlust und den Ort des Schiffes auf der Karte nach den Formeln für ebene Dreiecke mit Hilfe von Tafeln.[3]

Jene alten Küstengemälde, oder wie man sie vielleicht noch schärfer bezeichnet, jene Compaßkarten hatten ursprünglich nur Italiener oder Catalanen von den Balearen zu Verfassern. Von ihnen empfingen erst später die Portugiesen und die Castilianer ihren Unterricht. Mit Hilfe der magnetischen Nordweisung waren die Küsten des Mittelmeeres, die Ufer des

[1] Espositioni di Girolamo Ruscelli sopra tutta la Geografia di Tolomeo. Venetia 1561. cap. VIII.

[2] Pedro de Medina, lib. III, cap. 12, p. 47b, bestätigt ausdrücklich, daß die durchsegelten Entfernungen gemessen wurden per il bon arbitrio e judicio del pedoto.

[3] Schon Raymundus Lullus (Ars magna cap. CXI. Opera, Argentor. 1651. p. 550) gibt eine solche Formel. Man nannte diese Kunst, den zurückgelegten Weg zu berechnen, Marteloio, ein noch nicht befriedigend erklärter Ausdruck. Andrea Bianco (1436) hat uns ein Diagramm des Marteloio hinterlassen, daß schon von Toaldo (Saggj di studi veneti. Venezia 1784. p. 43) erklärt worden ist.

Pontus und die westlichen Gestade des kaspischen Sees vollständig aufgenommen worden.[1] Außerhalb der Meerenge von Gibraltar erstreckten sich an den afrikanischen Küsten die Vermessungen bis zum Vorgebirge Bojador[2] und am atlantischen Rande Europas, durchschnittlich bis Flandern, sowie über Großbritannien mit Irland. Auf diesen Karten sehen wir zum erstenmale unsern Welttheil, sowie seine asiatischen und afrikanischen Vorlande wie von einem Spiegel wieder gegeben. Selbst bis auf geringfügige Gliederungen sind alle Theile dieses Festlandes so scharf und wahr, und vor allen Dingen in so richtigen gegenseitigen Verhältnissen ausgedrückt, daß unter andern Corsica auf den alten Compaßkarten genauer verzeichnet ist als in den spätern Atlanten bis zum Jahre 1749. Den meisten Compaßkarten fehlt es an Wegmaßstäben; aber wenn man sie durch Größenvergleiche ersetzt, so gewahrt man staunend, daß die alten Seefahrer die wahre Länge der großen Axe des Mittelmeeres sehr genau gekannt haben,[3] genauer als der große Mercator und seine Schule, genauer als alle spätern Geographen bis auf Delisle.

Eines der ältesten Muster von Compaßkarten, die wir kennen, verfertigte Marino Sanuto (oder Sanudo) der Aeltere, ein edler Venetianer und ein gründlicher Kenner des Morgenlandes, zu seinen „Geheimnissen der Kreuzesgläubigen",[4] die er als Denkschriften an die gekrönten Häupter der Christenheit

[1] Siehe oben S. 172. n. 1.

[2] Siehe oben S. 196.

[3] Mit dem Cirkel gemessen, ist auf der Karte der Pizigani die Entfernung von der Meerenge bei Gibraltar bis zum nächsten Punkte der syrischen Küste viermal so groß, wie der Abstand von Trapani in Sicilien bis zum Lido Venedigs, nach unsern besten Karten beträgt aber jene erste Entfernung das 4½fache der zweiten. Der Abstand zwischen Bona und Genua dagegen ist bei den Pizigani 4⅓mal auf jener Axe des Mittelmeers enthalten, genau wie nach unsern modernen Karten.

[4] Nach Fr. Kunstmann (Studien über Marino Sanudo dem Aelteren. Abhandlungen der bayer. Akademie. München 1855, S. 705—725) schrieb Sanuto zwischen 1306—1321.

verschickte, um sie zu einer Handelssperre gegen Aegypten und zu einer Blokade der afrikanischen und syrischen Küsten zu bewegen, damit der indische Handel aus dem rothen Meer in den persischen Golf über Täbris und Trapezunt abgeleitet und dadurch dem Mamlukenreich in Aegypten seine besten Säfte entzogen würden. Zum bildlichen Verständniß dieses Anschlages fügte er seinen Geheimnissen ein Gemälde der Welt und einige Karten bei.[1] Man hat mit Recht vermuthet, daß Sanuto seinen Umriß des Abendlandes aus viel älteren Karten entlehnt haben müsse,[2] so daß die ersten Anfänge der neuen Kunst im 13. Jahrhundert gesucht werden müssen. Indessen dürfen wir uns doch chronologisch nicht allzu weit rückwärts bewegen. Die Handelsfahrten aus dem Mittelmeer nach Flandern, die Entdeckung der Canarien, die Verbesserungen der Magnetnadel, welche doch wohl von Amalfi ausgingen, und das Erscheinen der neuen Compaßkarten sind Begebenheiten, die in einem inneren Zusammenhang standen und dem Beginn des 14. Jahrhunderts angehören.

Aus arabischen Karten hat Sanuto sein Bild von Afrika entlehnt, dessen Spitze nicht nach Süden gerichtet ist, sondern gegen Osten gekrümmt, den indischen Ocean in ein Mittelmeer verwandelt.[3] Diese ursprünglich arabische Verunstaltung der afrikanischen Pyramide wiederholt sich noch auf der späteren

[1] Seine scheibenförmige Weltkarte ist veröffentlicht worden von Santarem im Atlas zu seinen Recherches sur la priorité des découvertes, von Jomard in den Monuments de la Géographie, und von Lelewel in seinem Atlas zur Geschichte der Geographie im Mittelalter.

[2] Die Weltkarte des Sanuto trägt die Jahreszahl 1320 und ist demnach ein wenig jünger als die von Petrus Vesconte aus dem Jahre 1318 (Markovitsch, Alte Schifferkarten in der wiener Bibliothek. Agram 1860. p. 7.) Beide aber müssen wieder ältere Aufnahmen abgezeichnet haben. Viel älter als die Karten des Sanuto scheint das merkwürdige, in der Ausführung noch rohere Bruchstück, welches Jomard in seinen Monuments unter dem Titel Carte marine du XIV e siècle provenant d'une ancienne famille Pisane veröffentlicht hat.

[3] Siehe oben S. 143—144.

MARINO

nach

Zur G

NUTO

el.

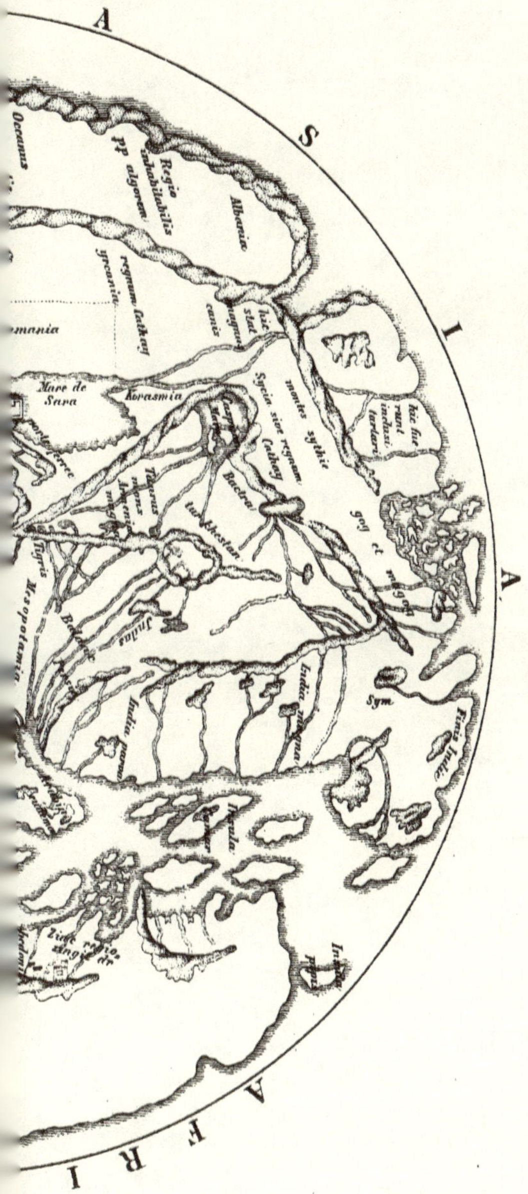

ande p. 210.

Karte des Andrea Bianco (1436), und ist selbst auf der Erdkugel des Martin Behaim noch störend, während bei Fra Mauro (1453) das Südhorn schon ziemlich in seine natürliche Lage zurückgewichen, und auf der genuesischen Karte im Palast Pitti zu Florenz (1447) die falsche Krümmung fast gänzlich verschwunden ist.[1] Doch darf nicht unerwähnt bleiben, daß auf Sanuto's Karte, als eine Concession an die rechtgläubige Weltanschauung des christlichen Mittelalters, Jerusalem noch den Mittelpunkt der Erdscheibe bildet.

Auf Marino Sanuto's Karte begegnen wir zum erstenmale dem Namen Chinas, oder in der mittelalterlichen Sprache Chatais.[2] Doch verdankte er seine Kunde vom Osten Asiens weder seinem Landsmann Marco Polo, noch den Franciskanerbotschaftern, sondern dem Armenier Hethum, dessen königlicher Vetter, wie wir angaben, bis zu dem mongolischen Hoflager in Caracorum gereist war.[3]

Das merkwürdigste Denkmal aller mittelalterlichen Compaß-

[1] Auffallend ist, daß sich auch bei Fra Mauro dieser Irrthum findet, da er doch aus Marco Polo (lib. III, cap. 36), den er sonst eifrig benutzt, wissen konnte, daß sich die Ostküste Afrikas von Socotora nach Madagaskar 1000 Miglien gegen Südwesten erstrecke.

[2] Doch sehen wir Cathay schon erwähnt in einem frühen Gedichte des Francesco de Barberino (1264—1348). Vgl. H. Yule, The book of Ser Marco Polo. II. edit. Vol. I. p. 114, 115. London 1875.

[3] Siehe oben S. 169. Daß Marino Sanuto um diese Reise wußte, erwähnt er selbst (Secret. fidel. crucis, ed. Bongars, lib. III, cap. II. fol. 233). Schon der genaue Zurla (Dissertazioni, tom. II, p. 309) hatte erkannt, daß Sanuto seine asiatischen Kenntnisse Hethum verdanke; als strenger Beweis kann aber folgendes dienen: Sanuto nennt in den Secret. fid. l. c. fol. 285, das Uigurenland regnum Tarsae, ein Ausdruck, den weder Marco Polo noch einer der Missionäre gebraucht, wohl aber Hethum. (Haitonis Hist. cap. II.) Ferner findet sich auf Sanuto's Karte bei Bongars die moganische Steppe am kaspischen Meer, südlich vom Kur, mit den Worten angegeben Planities Mogan, in qua Tartari hyemant (Santarem, Hist. de la cosmogr. tom. III, p. 191), eine Angabe, die wörtlich aus Haitonis Hist. cap. X entlehnt ist. Aber Jerusalem bildet noch den Mittelpunkt der Erdscheibe.

karten ist unstreitig das sogenannte catalanische Weltgemälde vom Jahre 1375, verfertigt von einem unbekannten, majorkanischen Steuermann, der mit der Literatur seiner Zeit wohlvertraut war, einiges Wissen in der nautischen Astronomie besaß,[1] und die neuentdeckten Inselgruppen im atlantischen Meere, die Negerländer südlich von der Sahara, die kaspischen Gestade, sowie die Handelsstraßen nach Turkistan und nach China, letztere ausschließlich aus Marco Polo kannte.[2] Die Lage der Rastplätze auf der chinesischen Handelsstraße gibt aber der catalanische Geograph so willkürlich an, daß er sie nicht in einer Karte des Venetianers gefunden haben kann, sondern auf eigene Gefahr aus der Beschreibung in sein Weltbild übertragen hat. Außer Marco Polo benutzte er noch andere Quellen für Südasien;[3] denn seine Karte ist eine der frühesten, auf welcher Vorderindien als Halbinsel erscheint. Ueber diese wahre Gestalt, die von Ptolemäus und von den Arabern vor Biruni mißkannt worden war, konnte das lateinische Mittelalter durch die zahlreichen Missionäre des 13. und 14. Jahrhunderts unterrichtet worden sein. In einem Briefe Montecorvin's von der Coromandelküste aus dem Jahre 1292 oder 1293, den uns der Mönch Menentillus erhalten hat, wird deutlich die Halbinselnatur Indiens beschrieben, und der alte Irrthum widerlegt, daß nicht das afrikanische Festland ihm südlich gegenüber liege, sondern dort ein großer Ocean sich ausbreite.[4] Der catalanische Geograph

[1] Nach einem Gesetz vom Jahre 1359 mußten alle catalanischen Galeeren zwei Seekarten an Bord führen. (Lelewel, Géogr. du moyen-âge, tom. II, p. 37.)

[2] Siehe oben S. 172 n. 3.

[3] H. Yule, Cathai I. p. CCXXIV, sagt, die catalanische Karte habe für China außer M. Polo auch noch Odorico benutzt, denn Cincolam und Mingio fehlen bei Polo, sind aber bei Odorico anzutreffen. p. 105 Censcalam des Odorico = Canton, p. 124 Menzu (Odorico) = Mingso (Catal. Karte) = Ming-chu, alter Name von Ningpo.

[4] Es heißt in dem Briefe, den Fr. Kunstmann (Gelehrte Anzeigen der bayer. Akademie, 1855, Nr. 21, S. 175) herausgegeben hat: Da parte di meriggio non si trova terra se non isole... Navigavisi da isse infino

muß indessen über Vorderindien nicht eine solche Beschreibung, sondern eine Karte vor Augen gehabt haben; denn an der Westküste gibt er unverkennbar den Meerbusen von Cambaia an. Er nennt auch einige wichtige Plätze im Innern der Halbinsel, nämlich außer Delhi und Multan auch zwei Hauptstädte des Dekan.[1] An den Küsten des bengalischen Golfes reichte dagegen sein Wissen nicht weiter als bis nach Madras.[2]

Im 15. Jahrhundert sind es die Karten des Venetianers Fra Mauro, welche uns neue Fortschritte enthüllen. Wie seine Vorgänger benutzte er italienische Compaßkarten für Europa und die Mittelmeerküsten, für den Westen Afrikas bereits Karten der portugiesischen Entdecker, für Ostafrika Karten aus Abessinien.[3] Sein Ostasien oder China entwarf er aber mit außerordentlichem Fleiße aus Marco Polo's Beschreibung, so gut sich aus der wörtlichen Schilderung ein Gemälde zusammentragen ließ.[4] Für das vordere Indien benutzte er die Reisen Nicolo Conti's[5]

ad Ormesse (Ormus) et a quelle parti le quali si dice che siano due mila migliaia di miglia intra Scirocco e Levante; da Minabar a Maabar contra a Tramontana CCC migliaia intra Levante e Greco; da Menabar a Giugimencote altre CCC migliaia: navigavisi intra Greco et Tramontana, lo residuo non è veduto, però non ne dico.

[1] Diogil oder Deogiri oder Daulatabad mit der berühmten Festung Divaigir, ferner Bijder oder Bidr. H. Yule, Cathai p. CCXXX. 413—414.

[2] Die Herausgeber haben Butiflis gelesen, statt Butifet, wie es heißen sollte. Die Beziehung dieses Namens auf Madras s. oben S. 182 n. 4.

[3] Siehe oben S. 187.

[4] Alle seine chinesischen Ortsnamen sind sämmtlich aus Marco Polo entlehnt; aber er wählt nur solche Städte, die nach dieser Quelle in der Nähe der Küste lagen, so daß sie sich ohne große Irrthümer auf das Bild eintragen ließen; denn daß er nicht, wie man schon zu vermuthen gewagt hat, eine Karte des Reisenden vor Augen gehabt habe, darf man daraus schließen, daß er im Lande Tangut ein Seebecken halb so groß wie das kaspische Meer angibt, welches er Mar Biancho nennt. Der weiße See des Marco Polo ist aber der kleine Weiher Tsahan nor (s. oben S. 175), dem der venetianische Reisende, wenn er eine Karte mit in seine Heimat gebracht hätte, niemals eine solche Ausdehnung gegeben hätte.

[5] Dies läßt sich daraus beweisen, daß er die Route des Conti durch

und außer ihm noch andere Berichte über Südasien, die uns bisher noch nicht erschlossen worden sind.[1]

Ein halbes Jahrhundert vor Fra Mauro gab ein anderes Ereigniß der Wissenschaft plötzlich eine neue Richtung. Am Beginn des 15. Jahrhunderts erhielt nämlich der griechische Text der Ptolemäischen Geographie mit den Karten des Agathodämon zuerst wieder im Abendlande Verbreitung, denn bisher kannte man nur die Astronomie des großen Alexandriners aus arabischen Uebersetzungen. Durch die Tafeln des Ptolemäus wurde das späte Mittelalter wieder mit den Ortsbestimmungen nach Längen und Breiten bekannt, mit denen nur die Astronomen umzugehen gewagt hatten. Ein einziger Mann, der große Roger Bacon versuchte es schon vor der Bekanntschaft mit der Ptolemäischen Geographie nach dem Almagest, den Beschreibungen des Alfraganus und nach den Alfonsinischen Tafeln eine Karte nach mathematischen Ortsbestimmungen zu entwerfen.[2] Leider wird sie in den Handschriften vermißt, und wir wissen nur, daß sie scheibenförmig gestaltet und die Klimate oder Breitengürtel durch Parallelen bezeichnet, auf den Aequator aber die fortrückenden Längen in Ziffern angegeben waren.[3] Dieser Versuch, nämlich eine selbständige Wiederbelebung der darstellenden Geographie nach mathematischen Grundsätzen, ist die höchste Leistung der Scholastiker; denn mit ihr

das Dekan: Bisenegal, Peligondi, Ordigiri, dann die Stadt Awa und endlich Sumatra als große Insel kennt. (Siehe oben S. 183.)

[1] Darauf lassen auf Fra Mauro's Karte die indischen Ländernamen Paigu (Pegu), Oriza (Orissa), Telenge, Guzirat, sowie der Stadtname Soltanpur im Dekan schließen, die in den bis jetzt bekannten Quellen gar nicht oder in anderer verstümmelter Form vorkommen. Auch hat Fra Mauro uns auf seiner Karte zuerst die Inselkette der Malediven nicht ganz correkt, aber doch erkenntlich unter dem Namen Divia moal gezeichnet. H. Yule, Cathai p. CXXXVIII, ist zu dem nämlichen Resultat gelangt, glaubt indes, daß Fra Mauro die weiteren topographischen Details mündlich von Conti erhalten habe.

[2] Roger Bacon, Opus Majus fol. 186—189.

[3] Vielleicht hat der Cardinal d'Ailly uns eine Copie davon erhalten.

kehrte man zu dem Verfahren zurück, welches Hipparch ersonnen und Ptolemäus in seiner Geographie durchgeführt hatte.

So sorgsam und fleißig auch die alten Compaßkarten gearbeitet waren, dennoch fehlte ihnen der wissenschaftliche Werth. Auch Völker auf sehr niedern Stufen der Gesittung besitzen die Gabe, treue Gemälde von einzelnen Planetenstellen zu entwerfen.[1] Cortes erhielt von den alten Mexikanern Karten, die den spanischen Seefahrern an den Golfküsten gute Dienste leisteten. Einer Karte, welche eine merkwürdige Eskimofrau zeichnete, verdankte Sir Edward William Parry die Entdeckung der Fury- und Heclastraße, dem ältern Roß malten andere Eskimo ein treues Bild von dem Boothiagolf, und wieder andere Eskimo entwarfen 1858 dem Capt. M'Clintock Karten, die zur Auffindung von Franklin's Schiffen gedient haben.[2] Solche Ländergemälde mögen als Wegweiser genügen; aber einen höheren Rang erhalten Karten erst, wenn sie auf den Entwurf einer

s. Alliacus, Imago Mundi s. l. 1480. D'Ailly's Schriften sind nur Auszüge aus Roger Bacon, und da seine Karte übereinstimmt mit der Beschreibung, die Bacon von seinem Weltbilde gibt, so hat der Cardinal vermuthlich auch als Kartenzeichner den Franciskaner ausgebeutet.

[1] Die Maori Neuseelands nennen ihre Nordinsel den Fisch des Maui, Te Ika a Maui, weil sie wirklich Fischgestalt besitzt. Sie zeigen den Kopf, den Schweif, die Augen, die Floßen dieses Fisches, sie mußten also ein Landkartenbild der Insel vor Augen gehabt haben. (v. Hochstetter, Neuseeland. Stuttgart 1863, S. 50. Vgl. auch S. 204 seine Bemerkung über die Karte, die ein Maori zeichnete.)

[2] Prescott, Conq. of Mexico. New-York 1846, tom. II, p. 194. Capt. Lyon, Private Journal of Captain Parry's second voyage. London 1824, p. 160. M'Clintock, Discovery of the Fate of Sir John Franklin. London 1859, p. 162—164. Abbildungen solcher Eskimokarten finden sich bei Hall, Life with the Esquimaux. Man vergleiche auch, was Henry Youle Hind (The Labrador Peninsula. London 1863, tom. I, p. 10, 74, 88) über die Genauigkeit der Karten bemerkt, welche die Montagnais- und Nasquapi-Indianer auf Baumrinde zeichnen, ebenso, was Waitz über Karten eines Comanche-Indianers (Anthropologie der Naturvölker Bd. 4, S. 216) bringt, sowie die Flußkarten eines Yuman und eines Pai-ut-Indianers, die Möllhausen (Reisen in die Felsengebirge Nordamerikas. Bd. 1, S. 434) abbildet. Noch weitere Belege gibt R. Andree (die Anfänge der Kartographie) im Globus. XXXI. S. 24. 37.

Kugelfläche in der Ebene übertragen werden. Nicht bloß äußerlich fehlt den alten Seekarten jede Projection, sondern sie verstatten auch keine Versuche, sie nachträglich mit einem Gradnetz zu versehen, es sei denn ein walzenförmiges. Stellen die Compaßlinien Curven (Loxodromen) vor, wie sie den Pfaden eines Schiffes entsprechen, das von einem Küstenpunkte zu irgend einem anderen in gleicher Steuerrichtung fährt, so müssen wir in den alten Seekarten Bilder wiederfinden, wie sie unter Anwendung von Mercatorprojection entstehen; und sicherlich wären auch die alten Seefahrer zu solchen Bildern mit Nothwendigkeit gelangt, wenn ihre Segelrichtungen streng der Wirklichkeit entsprochen hätten. In diesem Falle aber mußten alle Entfernungen von Nord nach Süd größer erscheinen, als die gleichen in der Richtung von West nach Ost; die Karten zeigen aber das entgegengesetzte Verhältniß, folglich waren auch die Loxodromen ohne Genauigkeit. Außerdem waren auf ihnen, da sie mit der einzigen Hilfe des Compasses zusammengetragen und die Mißweisungen der Magnetnadel nicht beachtet wurden, die Richtungen aller Küsten und Meeresaxen bisweilen um einen Viertelwind fehlerhaft angegeben, da bei der damaligen östlichen Abweichung in Europa Nordnordost für Norden, Südsüdwest für Süden gehalten wurde. Je weiter die Karten von der Gibraltarstraße gegen Osten fortschritten, desto mehr rückten alle Süd- und Nordküsten gegen Norden hinauf,[1] oder drehten sich, umgekehrt wie die Zeiger einer Uhr, von rechts nach links um 10, 15, ja 25 Striche oder Grade der Compaßrose. Für die Zwecke der

[1] So berührt auf der Karte der Pizigani die Westspitze von Sicilien den Mittagskreis von Ancona, welcher 1° 6′ Abstand besitzen sollte. Samsun, am schwarzen Meere, welches westlicher liegt als die Meerenge von Kertsch, rückt bei den Pizigani um einen Viertels-Wind oder um 1¼ Compaßstriche gegen Osten. An der Westküste des kaspischen Meeres beträgt der Fehler des westlichen Zurückweichens volle 25, auf der catalanischen Karte sogar 30 Compaßstriche, so daß also auf der ersteren Karte das europäische Ufer des kaspischen Sees statt nach Nord bei West, nach Nordwest bei Nord streicht.

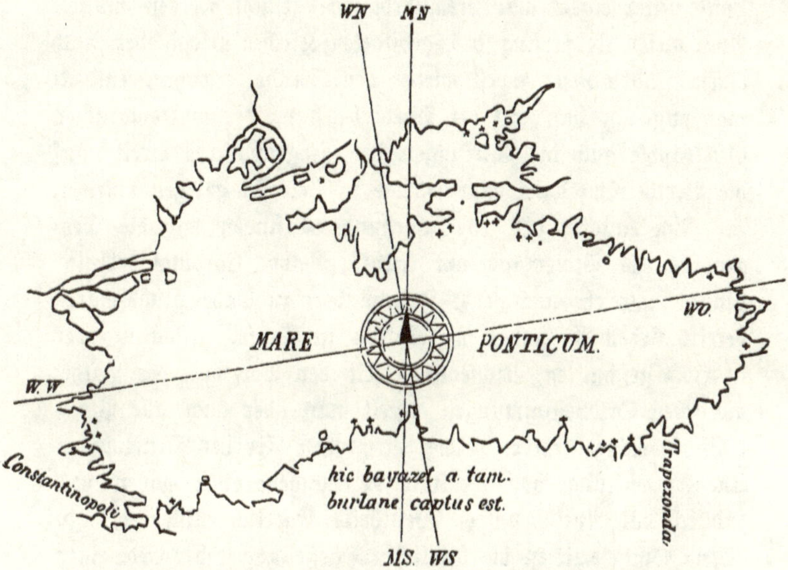

Das schwarze Meer nach einer handschriftlichen Karte der münchner Staatsbibliothek aus dem Beginn des 15. Jahrhunderts nach G. M. Thomas.

Der Fehler der falschen Orientirung wird hier ausgedrückt durch den Winkel, den die Linie M N (magnet. Norden) M S (magnetischer Süden) mit der Linie W N (wahrer Norden) W S (wahrer Süden) bildet und der in diesem sehr günstigen Fall nur 10° beträgt.

Schifffahrt war es natürlich bequemer, wenn man den örtlich wechselnden magnetischen statt den astronomischen Himmelsrichtungen folgte, und die Karten mit dem Gange der Bussole übereinstimmten; da aber die Mißweisung der Nadel örtlich stärker oder schwächer ist, und da sie mit der Zeit wechselt und sogar ihre Zeichen sich verändern, also aus einer westlichen eine östliche werden kann, so ließ sich mit Hilfe des Compasses nur ein verzerrtes und vor Allem kein dauernd giltiges Bild unserer Erde entwerfen. Schon um die Mitte des 15. Jahrhunderts fühlte die Mängel der alten Karten der scharffinnige Aeneas Sylvius, später Papst Pius II., denn er erkannte, daß die Lage Chatais (Chinas) auf den damaligen Weltbildern viel zu nördlich angegeben sei, insofern nach den Schilderungen der Reisenden jenes

Land unter einem wärmeren Erdgürtel gesucht werden müsse.[1] Aus dieser Aeußerung des gebildeten Kirchenfürsten, der nach einem Jahrtausend zuerst wieder den Strabo erwähnt, entdeckt man zugleich, daß mit der Wiederbelebung der mathematischen Geographie auch die Wirkungen der geographischen Breite auf die Vertheilung der Sonnenwärme in Betracht gezogen wurden.

Am Anfang des 15. Jahrhunderts finden wir die Geographie des Ptolemäus am frühesten vom Cardinal d'Ailly[2] benutzt, und ehe noch jenes Jahrhundert zu Ende ging, waren bereits sieben Ausgaben mit Karten in Kupfer gestochen, oder in Holz geschnitten, erschienen. Mit den Vorzügen der mathematischen Ortsbestimmungen erhielt man aber auch alle Ptolemäischen Längenfehler, welche der großen Axe des Mittelmeeres eine Entwicklung von 62 statt 42 Längengraden gaben und dadurch das Antlitz unsres Welttheils ärgerlich entstellten. In diesem Sinne erlitten die bildlichen Darstellungen der Erde einen Rückschritt, im Vergleich zu den genauen Größenverhältnissen der alten Seekarten, und dies hat einen Geschichtschreiber der mittelalterlichen Erdkunde (J. Lelewel) zu der seltsamen Anklage verleitet, daß unsere deutschen Gelehrten, weil sie die mathematische Geographie der alexandrinischen Schule im 16. Jahrhundert zur Geltung brachten, der Wissenschaft ein Jahrtausend stiller Fortentwicklung entzogen hätten. Wir haben daher Uebersichten gegeben über den Zustand der Erdkunde im Alterthum, bei den Arabern und im Mittelalter vor und nach den Kreuzzügen, um jedermann frei urtheilen zu lassen, ob die Deutschen dem Gange der geographischen Erkenntniß geschadet haben, als sie die Ptolemäische Wissenschaft wieder erweckten. Der nächste

[1] Aeneae Sylvii Opera Geogr, cap 14. Francf. 1707, p. 27.

[2] In der Imago Mundi, seiner älteren Schrift, stützt er sich nur auf arabische Gelehrte, auf seine scholastischen Vorgänger und auf den Almagest des Ptolemäus; erst in dem spätern Compendium Cosmographiae (Aliaci Opuscula, ed. 1480, p. 62 b sq.) gibt er Auszüge aus den Längen- und Breitentafeln des Ptolemäus.

Abschnitt kann uns erst die Belege bringen, daß die Deutschen auch wirklich die Fähigkeit besaßen, ihr gewagtes Unternehmen durchzusetzen, aber schon jetzt läßt sich aussprechen, daß es ein Fortschritt war, wenn man an die Stelle der fehlerhaften Küstenaufnahmen mit dem Compaß ein Verfahren der Ortsbestimmung einführte, welches die höchste Schärfe verhieß, wenn auch im Anfang die Bestimmungen selbst zu minder richtigen Ergebnissen geführt hätten.

Den Kartenzeichnern des 15. Jahrhunderts boten die Ptolemäischen Bilder außerdem eine willkommene Ergänzung für die Küstenlinien Süd- und Ostasiens. Fra Mauro zeichnete bereits Vorderindien nach den Ptolemäischen Karten und einen neuen, seitdem herkömmlich gewordenen Typus für den Ostrand Asiens entdecken wir auf der genuesischen Karte des Palastes Pitti vom Jahre 1447.[1] Sie enthält nicht bloß die Gestalt des Ptolemäischen Vorderindiens, sondern auch seine goldene Chersones (Halbinsel Malaka), jenseit welcher das besser gekannte China, nicht wie es Ptolemäus darstellte, als Küste eines indischen Binnenmeeres, sondern als das Ufer eines östlichen Oceans sich ausbreitete. Copien einer solchen Karte, auf welcher die Reiseergebnisse des Nicolo Conti eingetragen waren,[2] müssen nach Portugal gelangt sein gerade zur Zeit, als dort die Möglichkeit der Aufsuchung des fernsten Morgenlandes auf dem Seewege nach Indien erwogen wurde,[3] und eine solche, oder eine ähnliche Karte, hatte der Entdecker Amerikas im Jahre 1492 an Bord.

[1] Lelewel, Géogr. du moyen-âge. Epilogue. Bruxelles 1857. Taf. VI.

[2] Die Karte von 1447 kennt nämlich die Inseln Sanday und Bandam als Ursprungsländer der Molukken- und Bandagewürze. Beide Namen finden sich nur bei Nicolo Conti (s. oben S. 184).

[3] Die Küstenlinien Südostasiens, wie sie die florentiner Karte enthielt, wurden nämlich von Martin Behaim auf seiner Erdkugel von 1492 und von Johann Schoner auf seiner Erdkugel von 1520 benutzt. Sie finden sich auch auf der Charta Marina Portugalensium vom Jahre 1504 in Lelewel's Atlas.

Das Naturwissen der Scholastiker.

Die scholastischen Geographen schenkten der senkrechten Gliederung der Länder etwas mehr Aufmerksamkeit, als die Araber. Auf Sanuto's Karte sehen wir den Bau der Alpen und ihren Zusammenhang mit den Apenninen kräftig ausgedrückt. Bei den Pizigani und auf der catalanischen Karte sind der Atlas, die Pyrenäen, die Alpen, wenigstens was ihre Axenstellungen betrifft, kenntlich angegeben; der Apennin fehlt dagegen gänzlich, und der Kaukasus ist zu einer Meridiankette verschoben worden. Zum Aufbau von Gebirgsphantomen bot Asien den alten Kartenzeichnern einen besonders günstigen Raum, und nur bei Fra Mauro finden wir den Himalaya oder Imaus in erträglicher Lage angegeben. Die großen Reisenden jener Zeit hatten übrigens bei Beschreibung fremder Länder die Bodenerhebungen nicht gänzlich vernachlässigt. Odorico bemerkte, als er das armenische Hochland bestieg, daß Erzerum die am höchsten und rauhesten gelegene Stadt der Erde sei,[1] und Ruysbroek brachte die früheste Nachricht von der großen Anschwellung der Erde im Innern Asiens nach Europa. Auf seinem Wege durch die Dsungarei war ihm nicht entgangen, daß alle Flüsse von Osten nach Westen, keine in entgegengesetzter Richtung strömten.[2] Auch betrachtete man den senkrechten Bau der Erdvesten als etwas Gewordenes und Veränderliches. Ristoro aus Arezzo (1282) hielt die Erde im Innern für feuerflüssig und erklärte daraus die Erscheinung der heißen Quellen.[3] Er beschreibt uns die Wirkung eines Erdbebens bei Volterra, nnd er schließt daraus, daß durch solche Hebungen oder Spaltungen Berge emporgerückt oder umgestürzt werden und die Erdrinde durch innere Kräfte sich aufblähen und hohle Anschwellungen bilden könne.[4]

[1] Odorico ed. Venni, p. 46.

[2] Ruysbroek ed. d'Avezac, p. 326.

[3] Composizione del Mondo ed. Narducci, cap. VII, p. 117.

[4] Ristoro d'Arezzo l. c. p. 86.

Wenn wir hier durch eine Sprache überrascht werden, als hörten wir Alexander v. Humboldt im Kosmos, so hielten sich dagegen Albert der Große, Alexander Neckam und Vincenz v. Beauvais an die Aristotelische Erklärung der Erdbeben in höhlenreichen Ländern durch Verirrung von Luftmassen, welche einen Ausweg nach oben suchen. Allgemein aber gestand man auch dem Wasser eine gestaltende Kraft beim Bau der Erdveste zu. Albert der Große war der Ansicht, daß abwechselnd Theile der Ländermassen unter Wasser versänken und andere wieder aufstiegen.[1] Vincenz von Beauvais dagegen äußert, daß die Berge seit der Sündflut beständig an senkrechter Erhebung verloren haben müßten, theils durch die Wirkung der Witterung und der süßen Meteorwasser, theils durch die nagende und unterwühlende Thätigkeit von Ebbe und Flut.[2] Wenn wir hier einen der viel geschmähten Scholastiker über Erosionserscheinungen sich genau so ausdrücken hören wie einen berühmten britischen Geologen unserer Zeit, so wächst unser Staunen, wenn derselbe Vincenz von Beauvais auch von einem Aufsteigen der Berge bei Toledo berichtet. Beruhte auch die letztere Beobachtung jedenfalls auf einer Täuschung, so ist doch schon die Vermuthung solcher Erscheinungen an sich verdienstvoll. Eingeschlossene Thierversteinerungen wurden aufmerksam betrachtet,[3] und als der geistreiche und scharfsinnige Ristoro aus Arezzo fossile Fische auf hohen Bergen antraf, so schloß er nicht ohne Berechtigung daraus, daß die Sündflut jene Höhen bedeckt haben müsse. Er berichtet uns weiter, daß man auf einem Berge seines Vaterlandes, unter einem eisenhaltigen Gestein, auf ein altes Flußbett gestoßen sei, kenntlich an den rund geschliffenen Kieseln und an den eingebetteten versteinerten Wirbeln und

[1] Meteorum lib. II, tract. III, cap. 2. Lugdun. 1651, tom. II, fol. 55.

[2] Vincent. Bellovac. Speculum naturale lib. VII, cap. 20.

[3] Albertus Magnus, De Mineralibus lib. I, tract. I, cap. 8. De quibusdam lapidibus habentibus intus et extra effigies animalium, und Vincent. Bellov. l. c.

Gräten von Fischen.[1] Solche Beobachtungen und Schlüsse blieben zwar wegen einer mangelnden gemeinsamen Verständigung für das Wachsthum besserer Erkenntnisse wirkungslos, aber sie zeigen uns doch die geistige Erregung im Zeitalter des Dante und die Uebereinstimmung der damaligen Schlußfolgerungen mit den heutigen.

Es war eine sehr verbreitete Ansicht im Mittelalter, daß die südliche Erdenhälfte mit Wasser bedeckt sei, aber die Gründe, welche man dafür angab, waren astrologische. Der Anblick von Himmelskugeln, wie sie von den Arabern nach dem Abendlande gebracht wurden, erzeugte bei Ristoro aus Arezzo die Täuschung, daß die antarctischen Räume des Firmaments ganz sternenleer sein müßten.[2] Er vermuthete daher, daß ursprünglich die Erde gleichmäßig mit Wasser bedeckt, durch eine providentielle Zusammenschaarung der Gestirne auf der nördlichen Hemisphäre des Himmels aber eine theilweise Vertreibung der Gewässer nach Süden und ein Auftauchen der Erdveste auf unserer Halbkugel bewirkt worden sei, und daß durch eine veränderte Anordnung der Sternbilder eine abermalige Wasserbedeckung der begünstigten Planetenhälfte eintreten könne.

In den Erscheinungen von Ebbe und Flut sahen englische Gelehrte gasartige Aufblähungen des Meeres, welche beim Zenithstande des Mondes wieder entwichen und dadurch die Ebbe herbeiführten.[3] Auch unterschied man nur die zwölfstündige Wiederholung von Ebbe zu Ebbe, nicht die monatlich zweimal

[1] Composizione del Mondo ed. Narducci, p. 86.

[2] Da man nämlich auf den mittelalterlichen Himmelskugeln nur die Sterne verzeichnete, die über dem Horizont von Alexandrien oder Kairo sichtbar waren, so blieb um den Südpol eine leere Fläche. Dante bekämpft in seiner Schrift de aqua et terra die Vorstellung einer geo-excentrischen Wassersphäre, welche hochaufschwellend die südliche Hemisphäre überdecken sollte. W. Schmidt, Ueber Dante's Stellung in der Geschichte der Kosmographie. Graz 1876.

[3] Diese Lehre, welche durch eine Verwechslung der Hafenzeit mit der Flutzeit entstand, findet sich in Robert Linconiensis, Opuscula. Venetiis 1514, p. 11^{b}. Andere falsche Erklärungen bei Roger Bacon (Opus Majus

wiederkehrenden Springfluten und Nippfluten, oder diese letzteren nur mit Berufung auf Lehrer des Alterthums.[1] Den Salzgehalt im Seewasser erklärte sich der unbekannte Verfasser eines Weltspiegels, der sich in einer Handschrift vom Jahre 1265 findet, durch die Annahme, daß das Meer beim Abnagen der Küsten salzige und bittere Erden auflöse.[2]

Da die damalige Erdkunde räumlich nicht weit genug in jenen Gürtel unseres Planeten hineinreichte, wo die Luftströmungen regelmäßig zu werden beginnen, so konnten auch die Gesetze dieser Erscheinungen nicht entschleiert werden. Beschreibungen von den Monsunen oder indischen Jahreswinden, sowie von dem Eintritt abgemessener Regenzeiten gelangten indessen durch Missionäre nach dem Abendlande.[3] Auch entdeckte der Franciskaner Piano di Carpine während seines Verweilens bei der mongolischen Horde die auffallende Armuth wässeriger Niederschläge auf den asiatischen Hochebenen. Die dortigen Winter, sagt er, seien schneelos und die Sommerregen äußerst spärlich.[4] Giraldus de Barri, nach seiner Heimat Cambrensis genannt, (geb. 1147), über dessen Wundergläubigkeit viel gespottet worden ist, hatte auf seiner Reise nach Irland doch ein scharfes Auge für die Witterungseinrichtungen dieser Insel, die im Sommer

fol. 85) und bei Honorius aus Autun (De Imagine Mundi, lib. I, cap. 40. Spirae 1583, p. 33).

[1] Vincentius Bellovac. mit Anführung des Macrobius in Specul. naturale, lib. VI, cap. 14.

[2] Notices et extraits des mss. tom. V, p. 265.

[3] So schreibt Menentillus (S. oben S. 212 n. 4) aus Oberindien: non vi si può navigare se non una volta l'anno perchè dall' intrata d'Aprile infino alla fine d'Ottobre li venti sono occidentali, sicchè niuno potrebbe navigare inversó Occidente, e poi lo contrario cioè dal mese d'Ottobre infino al Marzo. Jourdain de Severac bemerkt, daß in Klein-Indien, worunter man bei ihm das Sind und die Küsten diesseit des Indus zu verstehen hat, nur von Mitte Mai bis Mitte August Regen falle, in der übrigen Zeit aber außerordentlich starke Thaubildungen eintreten. (Mirabilia ed. de Montbret, Recueil de Memoires publ. par la soc. de géog. tom. IV, p. 41.)

[4] Plan Carpin, Hist. Mongol. cap. 1, §. 3, ed. d'Avezac, l. c. p. 609.

kaum dreier klarer Tage sich erfreue. Die beständigen Regen schreibt er den Westwinden zu, deren Vorherrschen man an dem östlich geneigten Wuchse der Bäume zu erkennen vermöge.[1] Die Ursache der Bildung feuchter Niederschläge wurde durch Vincenz von Beauvais ganz richtig geahnt. Die warme Luft der Niederungen, belehrt er uns, verdichte sich an den kälteren Anhöhen der Berge zu Nebel und falle als Regen herab.[2] Bei ihm finden wir auch die wahre Anschauung, daß die See durch Verdampfung beständig Wasser verliere, welches verdichtet, über die Festländer niedergehe, die Quellen bilde und durch ihre Abflüsse den Verlust der Meere wieder ausgleiche.[3] Neben dieser richtigen Lehre, welche man dem Aristoteles verdankte, wurde aber auch der Irrthum verbreitet, die See bringe durch unterirdische Verkehrsmittel in die Festlande, verliere auf dem Wege ihre salzigen und bitteren Bestandtheile und breche dann als süßes Quellwasser hervor.[4]

Daß die größere oder geringere Erwärmung der Erdräume von den größeren oder geringeren Einfallswinkeln der Sonnenstrahlen abhänge, oder mit den wachsenden geographischen Breiten abnehme, daß man also auf der nördlichen Erdkugel die wärmeren Länder im Süden zu vermuthen habe, wurde am klarsten von Albert dem Großen entwickelt.[5] Auch widerlegte er sehr glücklich den alten Irrthum, daß zwischen den Wendekreisen ein versengter Erdgürtel liegen solle, wenn er auch mit Berufung auf Ibn Sina (Avicenna) den größten Werth nur darauf legte,

[1] Giraldi Cambrensis Opera ed. J. S. Brewer, London 1861, tom. I, p. XL—XLIII.

[2] Vincent. Bellovac. Spec. naturale lib. VII, cap. 23.

[3] Vinc. Bell. Spec. nat. lib. VI, cap. 8.

[4] So der unbekannte Verfasser der Imago Mundi in der Handschrift von 1265 (Notices et extraits, tom. V, p. 264), und der Verfasser der catalanischen Karte (Buchon et Tastu Atlas en langue catalane, Not. et extr. tom. XIV, p. 10). Aehnlich Brunetto Latini, vgl. W. Schmidt, Ueber Dante's Stellung in der Geschichte der Kosmographie. Graz 1876. S. 8.

[5] Meteorum lib. III, tract. I, cap. 29. Opera, Lugd. 1651, tom. II, fol. 80.

daß in den Breiten der Tag- und Nachtgleichen die starke Erwärmung während des Tages beträchtlich durch die Abkühlung gleich langer Nächte gemildert werden müsse.[1] Südlich vom Aequator, sagen die Bearbeiter der alfonsinischen Astronomie, gibt er nur eine dünne Bevölkerung, Neger, die auf Inseln wohnen und den Thieren gleichen.[2] Weit schärfer als im Alterthum wurde von den so unbillig verkannten Scholastikern die Wahrheit ausgesprochen, daß die Erwärmung der Erdräume nicht bloß mit den wachsenden Breiten, sondern auch in senkrechter Richtung mit den wachsenden Anschwellungen des Bodens abnehme. Albert der Große wußte, daß auf den Bergen geringere Temperaturen herrschen als in den Tieflanden, und daß in den Niederungen südlicher Länder kein Schnee fallen, oder der gefallene nicht lange liegen bleiben könne.[3] Der scharfsinnige Beauvais fügt auch eine Erklärung hinzu, warum auf hohen Bergen der Schnee nicht schmelze und überhaupt bei senkrechtem Aufsteigen die Temperaturen abnehmen. Je dichter das Mittel sei, durch welches der Sonnenstrahl falle, desto höher steige die Erwärmung, und es rühre die Kälte auf den Bergen nur von der Verdünnung der Luftschichten her.[4] Unser Erstaunen über solche Anschauungen steigert sich aber noch, wenn Albert der Große uns über den Einfluß belehrt, welchen die Axenrichtung der Gebirge auf die örtlichen Klimate in Europa auszuüben vermag. Ein Land, bemerkt er, welches nach Süden offen und gegen Norden geschützt liegt, wird wärmer sein, als ein Land, welches gegen Norden entblößt ist; ein Land dagegen, welches

[1] Albertus Magnus, De natura locorum, lib. I, cap. 6. Argentor. 1515, p. 14. Robertus Linconiensis Opuscula, Venet. 1514, p. 11 und Petri Alphunsi ex Jud. Christ. Dialogi. Colon. 1536, p. 21—22.

[2] Astronomia del rey D. Alfonso X. por D. Manuel Rico y Sinobas. Madrid 1863. Alcora cap. 8. fol. 172.

[3] Meteorum lib. II, tract. I, cap. 17. Lugd. 1651, tom. II, fol. 36.

[4] Vinc. Bellov. Spec. natur. lib. VII, cap. 23. Das nämliche wiederholte Brunetto Latini. Li Tresors. liv. I, part. III, cap. 107. p. 118 bis 119. Paris 1863.

nach Osten sich öffnet, nach Westen gedeckt ist, wird trockener sein, als ein Land, welches gegen Westen sich verflacht.[1]

Ueber die Verbreitung der Gewächse und Thiere hatte man dem Alterthum nur die ungenaue Vorstellung entlehnt, daß unter denselben Polhöhen die Formen der belebten Geschöpfe sich gleichen müßten,[2] daß beispielsweise der Elephant einem scharf begrenzten Erdgürtel angehöre, und daß mit den abnehmenden Breiten die Hautfarbe der menschlichen Bewohner dunkler werden müsse. Albert der Große, bei dem wir schon den Ausdruck „ewiger Schnee" finden, wagte bereits die nördliche Verbreitungsgrenze des Weizens (triticum) am 50. Breitegrade zu suchen, denn nördlicher, so meinte er irrthümlich, gehe er in eine Abart (siligo) über.[4] Der Einfluß einer senkrechten Erhebung auf die Veränderung der belebten Wesen wurde ebenfalls geahnt. Die Erde, lehrte Ristoro d'Arezzo, müsse Thäler und Berge enthalten, damit größere Abwechslung und Zierlichkeit in der Schöpfung, namentlich in der Thier- und Pflanzenwelt, eintrete; denn manche Gewächse wollten nur auf Bergen gedeihen und verkümmerten in den Ebenen, bei andern wiederum finde das Gegentheil statt.[4] Nur eine vereinzelte Wahrnehmung vermögen wir aufzuzählen, daß das Verbreitungsgebiet eines Gewächses auch durch eine Mittagslinie begrenzt werden könne. So unterrichtete der Missionär Jourdain de Severac seine Zeitgenossen, daß die Dattelpalme sich nur im Sind, nicht in den entfernteren Theilen Indiens befände,[5] und in der That bildet

[1] Albertus Magnus, De natura locorum, cap. XIII.

[2] Albertus Magnus, De coelo et mundo, lib. II, tract. IV, cap. 9. Lugd. 1651, tom. II, fol. 146.

[3] De natura locorum, Dist. II, cap. 1. Der Ausdruck nives perpetuae findet sich dagegen l. c. Dist. I, cap. 2.

[4] Composizione del Mondo, lib. VI, cap. I, p. 77.

[5] Mirabilia, ed. de Montbret. l. c. p. 41. In introitu Minoris Indiae sunt palmae fructus facientes dulcissimos et in maxima quantitate. Infra autem Indiam minime inveniuntur.

auch der Indus die Grenze der östlichen Verbreitung des edlen Fruchtbaumes.[1]

Von dem nämlichen Reisenden erhalten wir auch eine eindrucksvolle Darstellung der indischen Natur, die ihm wie „eine andere Welt" (quasi alter mundus) entgegentrat. Er preist die prachtvolle Klarheit des gestirnten Himmels, er beschreibt uns deutlich die Kokospalme und die heilige indische Feige, die mit ihren Luftwurzeln Haine um sich bildet, die großen Fledermäuse, welche an den Aesten der Bäume angehängt seltsamen Früchten gleichen, und widerlegt einen allgemein im Mittelalter verbreiteten Irrthum, als ob der indische Pfeffer nicht der natürlichen Reife, sondern einer künstlichen Röstung seine schwarze Farbe verdanke. Die meiste Sorgfalt in den Wanderberichten des Mittelalters wurde überhaupt auf die Produktenkunde gewendet und vor allem die Ursprungsländer der Gewürze, der Wohlgerüche und der Edelsteine zu ermitteln gesucht. Von Marco Polo und seinen Nachfolgern wird Malabar als die Heimat des ächten Pfeffers bezeichnet,[2] und der genaue Jourdain hatte schon früher ausgesprochen, daß jene Gewürzrebe nur in Südindien, nicht mehr im Sind vorkomme.[3] Den besten Ingwer holte man damals und später, noch zur Zeit der Portugiesen, auf dem Markte des malabarischen Kollam oder Columbo;[4] Ceylon dagegen, dessen Perlenfischereien, Rubinen- und Diamantengruben die Begierde des Abendlandes mächtig erregten, erscheint als Zimmetinsel erst bei Nicolo Conti.[5] Diesem Venetianer verdanken wir die früheste Beschreibung von der Bereitung des Palmenweines und die erste, jedoch nicht ganz genaue Angabe

[1] A de Candolle, Géographie botanique raisonnée. Paris 1855, p. 346.

[2] Marco Polo a. a. O. S. 565. Nicolo Conti, bei Kunstmann, Kenntniß Indiens im 15. Jahrhundert, S. 46.

[3] Jordanus, Mirabilia p. 46.

[4] Odorico ed. Venni, p. 56.

[5] Nicolo Conti a. a. O., p. 39.

über die Ursprungsländer der Muskatnüsse und der Gewürznelken.[1]

Die Erschließung Ostasiens hatte Europäer mit einem neuen Menschenschlage in Verkehr gesetzt, und die auffallenden Verschiedenheiten der Gesichtsbildung waren den Botschaftern aus dem Franciskanerorden nicht entgangen. Während Ruysbroek als gemeinsames Merkmal für alle Ostasiaten nur die schmal geschlitzten Augen erwähnt,[2] hatte sein Vorgänger Piano di Carpine die mongolischen Stämme viel ausführlicher geschildert. Ihr Antlitz, bemerkte er, ist ungewöhnlich in die Breite gezogen, die Backenknochen treten merklich hervor, die Nase ist klein und platt gedrückt, die Lieder der schmalen Augen und ihre Wimpern reichen bis zu den Brauen hinauf, der Körperwuchs ist mit wenigen Ausnahmen schlank, der Bart, obgleich er nicht geschoren wird, sehr spärlich.[3] Dies gelte, fügt er hinzu, auch von den Chinesen, deren Aehnlichkeit mit der Mongolenfamilie nur dadurch geschwächt werde, daß ihr Antlitz minder stark in die Breite gezogen sei.[4] Auch verdanken wir diesem scharfen Beobachter die erste Kunde über die Schriftarten der verschiedenen Völker Hochasiens. Ruysbroek dagegen hatte bereits entdeckt, daß die Chinesen mit einzelnen Zeichen ganze Worte, richtiger ganze Wurzeln zu schreiben pflegen.[5]

Diese Ueberschau ihrer Leistungen wird wohl hinreichen, die Scholastiker von dem Vorwurf eines knechtischen Autoritätsglaubens zu retten. Es wurde damals mit gleichem Scharfsinn beobachtet und verglichen, wie jetzt, nur war die Summe der Erkenntnisse sehr gering, das Geringe in schwer erreichbaren Hand-

[1] S. oben S. 184.

[2] Parvam aperturam oculorum. Ruysbroek l. c., p. 292.

[3] Plan Carpin ed. d'Avezac, cap. II, § 1, p. 611. Ebenso haben die Tartaren bei Ricoldi (Laurent, Peregrinatores medii aevi IV, p. 114) magnas et latas facies et oculos parvos, quasi fissuras quasdam per transversum in media facie et parvam barbam.

[4] Plan Carpin l. c., p. 653.

[5] H. Yule, Cathai p. CXXVII.

schriften zerstreut und endlich die Mittel, den Irrthum von der Wahrheit durch sinnliche Beweise zu trennen, nicht in der Uebung, oder noch öfter gar nicht ausführbar. Jedenfalls waren es Jahrhunderte, die auf Hohes vorbereiteten. Der Zeit nach aber steht an der Spitze dieser geistigen Bewegung Albert v. Bollstädt, Bischof von Regensburg, dem seine dankbaren Nachkommen den Beinamen des Großen gegeben haben.[1]

[1] Albert Graf v. Böllstädt wurde geboren 1193 in Lauingen an der Donau und starb am 15. November 1280. Joachim Sighart, Leben und Wissenschaft des Albertus Magnus. Regensburg 1857. S. 2, S. 255. Ueber seine großen Leistungen in der Botanik s. K. F. W. Jessen, Botanik der Gegenwart und Vorzeit. Leipzig 1864. S. 143 ff.; über seine Leistungen in der Zoologie s. J. Victor Carus, Geschichte der Zoologie. München 1872. S. 272. 273.

Der Zeitraum der großen Entdeckungen vom Infanten Heinrich bis zur Mitte des 17. Jahrhunderts.

Räumliche Erweiterungen des Wissens.

Portugiesische Entdeckungen bis zum Vorgebirge der guten Hoffnung.

Die Geschichte der Erdkunde kann sich nicht mit den Erlebnissen und Schicksalen der Seefahrer beschäftigen, denen wir die Enthüllung unbekannter Küsten verdanken, sondern allein mit der Untersuchung der geographischen Vorstellungen, welche auf den Gang der Entdeckungen eingewirkt haben, und mit der Umgestaltung dieser Vorstellungen nach dem Erfolg der Entdeckungen. Die Italiener, denen die Erdkunde ihre höchsten räumlichen Gewinne im 13. und 14. Jahrhundert verdankte, treten im 15. und 16. noch als Lehrmeister und Anführer der Entdecker auf, um dann fast gänzlich aus der Geschichte unserer Wissenschaft zu verschwinden. Bisher hatten sich die Kenntnisse der Erdräume meistens zu Land und fast stets in der Richtung von West nach Ost erweitert. Sollten sie nach dem atlantischen Süden und Westen ausgedehnt werden, so war kein Volk durch seinen Wohnsitz zur Lösung dieser Aufgabe mehr begünstigt, als die Portugiesen. Dies erkannte schon in seiner Jugend einer ihrer begabtesten Fürstensöhne, der Infant Heinrich, mit dem Beinamen der Schiffer, dem freilich zu seinen hohen Entwürfen nur die bescheidenen Einkünfte eines Großmeisters des Christusordens zur Verfügung standen. Daß er am Beginn seines Unternehmens an eine Auffindung des Seewegs nach Ostasien oder, wie man damals sagte, nach Indien gedacht habe, darf man von dem besonnenen Manne nicht voraussetzen. Noch waren die Portugiesen so ungeübte und verzagte Seeleute, daß sie nicht sechs Meilen weit von der Küste sich zu entfernen wagten, obgleich sie sich der Nordweisung der Magnetnadel so gut bedienten als andere Völker. Es bedurfte sogar eines Seesturmes, damit unbeabsichtigt und unter großer Beängstigung portugiesische Seefahrer die Holzinsel der italienischen Karten[1] wieder auffanden, deren Namen die Erdkunde seitdem in portugiesischer Uebersetzung (Madeira) kennt. Seit 1415 schickte der Infant alljährlich Fahrzeuge aus, die über das Cap Bojador sich hinauswagen sollten, und fast zwanzig Jahre kehrten sie alle vor dem Vorgebirge wieder um, weil sie dort auf ein Riff stießen, dessen Brandung, nach ihren übertriebenen Angaben, sich sechs Meilen in die See erstreckte, bis es im Jahre 1434 dem Gil Eannes gelang, dieses drohende Hinderniß zu bewältigen. Das äußerste Ziel, welches der Infant anfänglich ins Auge faßte, war das Land des afrikanischen Erzpriesters Johannes, also das christliche Abessinien,[2] welches die Geographen seiner Zeit das dritte Indien nannten. Zog der Infant damalige Seekarten wie die catalanische[3] oder das Weltbild der Pizigani zu Rathe, so fand er, daß der Nil in Nubien nach dem atlantischen Meere einen Wasserzweig sendete, dessen unterer Lauf als ein Goldfluß bezeichnet wurde.[4] Erreichten die Seefahrer

[1] S. oben S. 193. n. 3.

[2] S. oben S. 187.

[3] Daß er von Mallorca Seeleute kommen ließ, um die Portugiesen im Entwerfen von Seekarten zu unterrichten, bemerkt Baros (Da Asia, Dec. I, livro I, cap. 16).

[4] S. oben S. 195. So legt Azurara (schrieb 1453) dem Gomez Pirez

seine Mündung, so verhießen die Karten ihnen einen Wasserweg bis zu dem Reich eines mächtigen christlichen Fürsten in Nubien. Diesen Theil von „Indien“ und diesen Wasserweg nach Indien hat der Infant ursprünglich entdecken lassen wollen. Vom atlantischen Meere aus gelangte man aber nach Angabe der alten Karten durch den goldenen Nil nicht unmittelbar nach Nubien, sondern zunächst in ein großes Negerreich, für welches die Weltbilder des Mittelalters den Namen Ganuya geschaffen hatten,[1] der sich im Munde der Portugiesen in Guiné, später in Guinea verwandelt hat, und der sich ursprünglich nicht auf die atlantischen Küstengebiete, sondern auf die goldreichen Negerreiche im Sudan bezog. Guiné war also das Ziel, welches der Infant sich ursprünglich gesteckt hatte.[2]

Wenn die ersten Entdecker südlich vom Cap Bojador nichts fanden, als den Rand der beinahe leblosen Sahara, so hatte der Infant nach der Einnahme Ceutas von Arabern doch schon Erkundigungen über die Wüstenpfade von Marokko und Fes nach dem Sudan eingezogen.[3] Er wußte bereits, daß von Tunis aus Karawanen das „Sandmeer“ in 37 Tagemärschen durchschritten und von einem großen Meßplatz Tombucatu (Timbuctu) jenseit der Wüste das Gold der Negerländer zurückbrachten, sowie daß auf diesen Wüstenreisen oft nur der zehnte

(1445) die Rede in den Mund, der Infant begehre nichts eifriger, als Kunde vom Negerlande und vom Nil, especialmente do ryo do Nillo. Chronica do Descobrimento e Conquista de Guiné, cap. LIX ed. Santarem. Paris 1841, p. 271. Als daher 1442 die Portugiesen in der kleinen Bucht zwischen den Vorgebirgen Bojador und Blanco von den Eingebornen Gold erhandelten, gaben sie dem Ufereinschnitt, in der Meinung den Goldfluß gefunden zu haben, den Namen Rio do Ouro, den er noch heutigen Tages führt. S. oben S. 195. Anm. 2. Das Contor in Arguin gaben die Portugiesen erst 1744 auf. Revue maritime. Juin. 1872. p. 473.

[1] S. oben S. 194.

[2] So sagt Azurara (cap. LXXXIII, p. 386) von den Wiederentdeckern Madeiras, sie seien ausgefahren em busca de terra de Guinee, aqual elle (der Infant) ja tinha em vontade de mandar buscar.

[3] Barros, Da Asia, Dec. I, liv. I, cap. 2.

Theil der Thiere und Menschen wieder heimkehre.[1] Der Infant war auch über die neuesten Begebenheiten im Sudan genau unterrichtet. Als ihm einer der spätern Entdecker, Diogo Gomez, nach Aussagen von Mandingonegern am Gambia die Nachricht von einer Niederlage des Königs von Melli gegen eine östliche Kriegsmacht überbrachte, bemerkte ihm Dom Henrique, daß er schon zwei Monate früher von einem Kaufmann in Oran Briefe über diese Vorgänge erhalten habe.[2]

So oft wieder portugiesische Seefahrer über das Cap Bojador hinaus liefen, befahl ihnen der Infant, einige der Sanhadscha[3] oder der Einwohner am atlantischen Rande der Sahara aufzugreifen, was ihnen jedoch erst 1441 glückte.[4] Man unterrichtete diese Leute im Portugiesischen, theils um von ihnen Erkundigungen über das Land einzuziehen, theils um sie als Dolmetscher zu benutzen. Auch ließ sich ein arabisch sprechender Portugiese João Fernandez am Ufer der Sahara aussetzen und zog bis zum nächsten Jahre mit einem berberischen Hirtenstamm umher, um für den Infanten Berichte über das westliche Afrika zu sammeln. Solche vorausgehende Erforschungen erklären es, daß Prinz Heinrich den Entdeckern, die 1445 ausliefen, voraussagen konnte, sie würden an der Küste zwanzig Meilen südlich von der Stelle, wo die ersten Palmen sich wieder zeigen,[5] die Mündung des Senegals finden, den man erst seit dieser Zeit

[1] Diogo Gomez, De prima inventione Guineae, ed. Schmeller, in den Abhandlungen der bayr. Akademie der Wissenschaften 1845. S. 19.

[2] Diogo Gomez a. a. O. S. 27—28. Der besiegte Monarch wird Sambezeny genannt, wahrscheinlich ein Titel, wie Herr von Dschenné (Geny, Guiné). Damals gerade sank das Reich der Mellier und hob sich die Herrschaft der Sonrhay (s. H. Barth, Centralafrika. Bd. IV, S. 616).

[3] Ueber die berberischen Sanhadscha oder die Azanaghen in den portugiesischen Quellen, die dem Senegal (Sanhadscha, Çanaga) seinen Namen gegeben haben, s. oben S. 129.

[4] Azurara, Chronica, cap. XIII, p. 38.

[5] Der Punkt, wo am Südrande der Sahara die ersten Palmen gesehen werden, ist auf den alten Seekarten angegeben.

als den Goldfluß der alten Karten oder den atlantischen Nil zu betrachten anfing.[1] Uebrigens war schon kurz vorher Nuno Tristaõ, ohne jedoch den Senegal zu sehen, bis zum grünen Vorgebirge gesegelt, also weit über die Sahara hinaus an Küsten mit Baumwuchs und dichter Bevölkerung gekommen, wodurch die Irrlehre von der Unbewohnbarkeit der heißen Zone ihre beste Widerlegung erfuhr.

Hatten die Portugiesen 19 Jahre (1416—1434) gebraucht, um das Cap Bojador zu bewältigen, so finden wir sie zwölf Jahre später schon in der Nähe des zehnten nördlichen Breitengrades, und in dem Jahre 1446 trug es sich sogar zu, daß vier Schiffsjungen und ein Schiffsschreiber, nachdem die übrige Mannschaft den vergifteten Pfeilen der Neger erlegen war, mit ihrer Caravele den Heimweg vom Rio Nuñez nach Portugal fanden, ohne unterwegs etwas anderes zu sehen, als Himmel und Wasser.[2] Nach dieser raschen Steigerung der Seetüchtigkeit des portugiesischen Volkes erschien es nicht mehr gewagt, wenn man das Aethiopien des Erzpriesters Johannes vollständig zur See zu erreichen hoffte. Schon nach der Entdeckung des weißen Vorgebirges ließ sich daher die Krone Portugal vom Papste Martin V. durch eine Bulle alle Entdeckungen von „Cap Bojador bis nach Indien" verleihen.[3] Bis zum grünen Vorgebirge tritt die Küste Afrikas tiefer ins atlantische Meer hinein, entfernt sich also von dem Morgenlande, vom grünen Vorgebirge aber fällt sie rasch nach Osten zurück. Diese verheißungsvolle Gestalt des Festlandes muß den Infanten in große Spannung versetzt haben. So nahe glaubte man sich schon dem Ziele, als die Küste erst bis Sierra Leona offen lag, daß der Infant den Entdeckern „indische Dolmetscher," worunter man abessinische Christen sich zu denken hat, für alle Fälle auf die Reise mitgab.[4] Aus

[1] Azurara, cap. LX, p. 278.

[2] S. Peschel, Zeitalter der Entdeckungen S. 78. 2. Aufl. S. 61.

[3] Barros, Dec. I, livro I, cap. 7.

[4] So sagt Diogo Gomez a. a. O. S. 29: mittens Jacobum quendam

Venedig hatte schon im Jahre 1438 der Infant Dom Pedro eine Weltkarte mitgebracht und 1459 ließ der venetianische Gesandte Trivigiano für Affonso V. eine Copie von Fra Mauro's Erdgemälde anfertigen.[1] Wenn wir also dieser Karte, welche jetzt im Palaste der Dogen gezeigt wird, näher treten, so können wir uns in die Spannung und Erwartung jener Zeit versetzen. Nach dem Tode des Infanten (1460) wurden die Entdeckungen, die sich mittlerweile über die Inseln des grünen Vorgebirges erstreckt und zu einer Wiederaufsuchung der Azoren geführt hatten, in Folge der vielen Kriegshändel vernachlässigt. Joaõ II. aber, der als Infant seit 1473 die Einkünfte aus dem afrikanischen Handel als Leibgeding bezog, leitete die Entdeckungen als Liebhaber und Sachverständiger mit eben so viel Eifer wie der Infant. Man legte Wörterverzeichnisse aus den Negersprachen an in der Absicht, sie über Jerusalem nach Abessinien zu schicken, „damit man aus der Verwandtschaft der Wurzeln ersehen möge, ob die Völker, von denen diese Sprachproben herrührten, in der Nähe jenes Reiches wohnen möchten."[2] Es hielten sich nämlich in Lissabon Neger von den Westküsten Afrikas auf, die als Dolmetscher benutzt werden sollten und aus deren Munde man jene Wortmuster sammelte.[3]

Mochten aber auch die Entdeckungen von Anfang an mit noch soviel Vorbedacht geleitet werden, so ließ sich doch der Weg um den schwerfälligen Länderumfang Afrikas durch alle geographische Forschungen nicht verkürzen, sondern es war nur

Indium, quem dominus Infans nobiscum misit, ut si intrassemus Indiam, quod habuissemus linguam.

[1] Marco Foscarini. Della Letteratura Veneziana. Venezia 1854. p. 445. R. H. Major, Prince Henry of Portugal. London 1868. p. 310.

[2] Barros. Da Asia, Dec. I, livro III, cap. 5.

[3] Hieronymus Münzer, De inventione Africae maritimae ed. Kunstmann. München 1854. S. 69. Habet item rex (Johann II.) nigros varii coloris; rufos, nigros, et subnigros, de vario idiomate, qui linguam portugalensem sciunt, quia varias linguas habent, et his interpretibus usus quasi totam Aethiopiam superambulat.

ein Werk der Zeit, der Ausdauer und der Seetüchtigkeit. Zur wissenschaftlichen Förderung der Unternehmungen setzte Dom Joaõ II. einen Ausschuß von Astronomen nieder, zu welchem er den Bischof Diogo Ortiz, den spätern Bischof von Viseu Calçadilha, seine hebräischen Leibärzte Moyses, José und Rodrigo,[1] sowie einen jungen nürnberger Patricier Martin Behaim berief, welcher letztere in Handelsgeschäften über Flandern nach Portugal gewandert war und dort als ein Schüler des großen Astronomen Müller, nach seiner fränkischen Vaterstadt Königsberg Regiomontan genannt, auftrat.[2] Vielleicht brachte er aus seiner Vaterstadt den Jakobstab nach Portugal und empfahl ihn zu Höhenmessungen auf Schiffen.[3] Wenn wir seine sonstigen Kenntnisse aus der von ihm hinterlassenen Erdkugel abschätzen wollen, auf der sich bei Breitenbestimmungen an Küstenpunkten, die er selbst besucht haben will, Fehler bis zu 16 Grad finden,[4] während bei den portugiesischen und spanischen Lootsen der damaligen Zeit, wenn sie auf dem festen Lande beobachteten, die Fehler selten einen Grad übersteigen und bei den Breitenmessungen anderer deutscher Schüler Regiomontans die Fehlergrenze nur etliche Bogenminuten beträgt, so hätten die Portugiesen von der Belehrung unseres Landsmannes wenig Nutzen ziehen können.

Die portugiesischen Seefahrer bestimmten schon zur Zeit des Infanten Heinrich auf dem Lande oder bei ruhiger See die Polhöhe mit Quadranten,[5] und zwar nach dem Abstand des

[1] Ribeiro dos Santos, sobre alguns Mathematicos Portuguezes in den Memorias publ. pela Acad. de Lisboa. Lisboa 1812. tomo VIII, parte I, p. 164.

[2] Barros, Da Asia, Dec. I, livro IV, cap. 2. Nach Ghillany, Geschichte des Seefahrers Martin Behaim, Nürnberg 1853, fol. 21—22, war Martin Behaim 1459 geboren, Regiomontan aber hielt sich vom Frühjahr 1471 bis zum Juli 1475 in Nürnberg auf. Martin Behaim war also höchstens 16 Jahre alt, als Regiomontan von Nürnberg wegzog.

[3] Breusing in der Zeitschr. für Erdkunde. Berlin 1868.

[4] S. Peschel, Zeitalter der Entdeckungen, S. 90. 2. Aufl. S. 70.

[5] Diogo Gomez, einer der Entdecker (a. a. O. S. 33) sagt deutlich

Polarsterns vom Horizonte. Sie wußten recht gut, daß dieses Gestirn nicht genau in den wahren Nordpol fiel, sondern einen kleinen Kreis um diesen beschrieb. Sie beseitigten aber den Beobachtungsfehler durch eine besondere Rechnung, je nach dem Stande des kleinen Bären, der ihnen wie der Zeiger einer Uhr dazu behilflich sein mußte.[1] Da aber dieses Verfahren nur bei nördlichen Polhöhen sich anwenden ließ, und zu Dom João's II. Zeiten die Entdecker schon den Aequator überschritten hatten, so konnten die Breiten nur aus der Sonnenhöhe gefunden werden. Dazu bediente man sich kleiner Astrolabien aus Messing, wahrscheinlich nach arabischen Mustern und größerer von drei Palmen Durchmesser aus Holz. Mit diesen Instrumenten begab man sich ans Land, um am ersten Tage das Meßwerkzeug in die Meridianebene zu stellen und am zweiten die Mittagshöhe der Sonne zu messen, von oder zu welcher aber die eigene Höhe der Sonne über oder unter dem Aequator abzuziehen oder hin-

Et ego habebam quadrantem quando ivi ad partes istas, et scripsi in tabula quadrantis altitudinem poli arctici, et ipsum meliorem inveni quam cartam.

[1] Pedro de Mexia (Silva de varia lecion. Sevilla 1542, Parte III, cap. XVIII, fol. 118b) beschreibt dieses Verfahren und spricht von den equaciones que se han de dar de la estrella polar al polo verdadero. Noch genauer ist Enciso, Suma de geographia. Sevilla 1530, in einem Capitel mit der Ueberschrift Regimento de la estrella fol. XXII, verso. Dort werden wir durch eine bildliche Darstellung über die Mitternachtsstände des kleinen Bären in den verschiedenen Jahreszeiten unterrichtet und erhalten zugleich eine Tafel für die Werthe in Graden und Minuten, die man je nach der Stellung des Sternbildes von oder zu dem Höhenwinkel des Polarsternes abzuziehen oder hinzuzufügen hatte, um die wahre nördliche Breite zu erhalten. Auch der große Entdecker Amerikas hat die Polhöhen nach diesem Verfahren gemessen, daher er in seinen Schiffsbüchern stets bemerkt, ob der kleine Bär (las guardias) „auf dem Kopf", „auf den Füßen", „linker" oder „rechter Hand" gestanden sei. Las guardias sind nicht der kleine Bär, sondern die beiden Sterne des kleinen Bären, welche der Verlängerung vom Polarstern über den Pol am nächsten kommen, grade vor der bocca dela cometa. Pedro de Medina, Arte del navegar, lib. V. cap. 4. p. 97 verso. Zu Pigafetta's Zeiten β und γ of Ursa minor. (Lord Stanley of Alderney, Voyage round the world by Magellan. p. 165.)

zuzufügen war. Wahrscheinlich hatte also die astronomische Junta den Auftrag erhalten, Tafeln über die Declination der Sonne für eine Reihe von Jahren auszuarbeiten.[1] In den Handbüchern der Steuermannskunst, die ein Jahrhundert später erschienen, nimmt die Berechnung der geographischen Breite aus den Mittagshöhen der Sonne noch einen sehr beträchtlichen Raum in Anspruch.[2]

Unter Affonso V. hatten die Entdeckungen mit Auffindung der Inselkette von Fernan do Po bis Annobom am Cap Sa. Catarina unter 2° s. Br. geendigt, unter seinem Nachfolger Joaõ II. lief Diogo Caõ 1484 aus und kehrte nach einer Fahrt von 19 Monaten im Jahre 1486 zurück. Er war der erste Seefahrer, der steinerne Pfeiler mit dem portugiesischen Wappen an den neugewonnenen Küstenpunkten aufpflanzte. Da die Portugiesen neuerdings diese alten Denkmäler wieder aufgesucht und etliche gefunden haben, ist über die alten Berichte und frühesten Seekarten große Klarheit verbreitet worden. Den ersten Stein setzte Diogo Caõ an der Mündung des Congo (6° 6′ s. Br.), den zweiten an dem damaligen Cap Santo Agostinho, jetzt Sa. Maria (13° 27′ 15″ s. Br.), den dritten am Cap Negro, früher auch Cabo do padraõ, Vorgebirge des Wappenpfeilers (15° 40′ 30″ s. Br.) geheißen.[3] Von diesem äußersten Punkte seines Vorgängers folgte Bartholomeu Dias noch im Jahre 1486 dem Festlande bis zum St. Helenengolf (32½° s. Br.), wurde aber dann vom Sturm aufs hohe Meer und drei Tage gegen Süden geworfen. Als er mit günstigem Wetter gegen Osten steuernd keine Küste erreichte, wurde er inne, daß er bereits über die Südspitze des Festlandes hinausgelaufen sei. Er hielt

[1] Barros (Dec. I, livro V, cap. 2), der einzige Autor, der von der Junta spricht, läßt uns völlig im Dunkeln über ihre Aufgabe.

[2] Pedro de Medina, Arte del navegar. Venet. 1554. lib. IV. cap. 4—10. p. 56 verso bis 84 verso.

[3] Alexandre Magno de Castilho. Études historico-géographiques. Lisbonne 1869. p. 12. p. 22. p. 24.

also nördlich und fand den verlorenen Continent in der heutigen Algoabai wieder. Seit seiner Rückkehr im December 1487 geschah von Joaõ II. nichts mehr zur Fortsetzung der Entdeckungen.[1] Doch waren schon vor Dias' Wiederkunft[2] Affonso de Paiva und Pero de Covilham als Botschafter des Königs über Cairo nach Habesch geschickt worden, um bei dem schwarzen Erzpriester um günstigen Empfang für künftige Entdecker zu bitten. Später sendete man ihnen zwei Juden nach, die auch mit Covilham eine Zeit lang gemeinschaftlich reisten. Affonso de Paiva war unterwegs in Cairo gestorben, Covilham wurde in Habesch auf Befehl des Erzpriesters zurückgehalten. So verstrichen nach Dias' Rückkehr sieben thatenlose Jahre und fast scheint es, als hätte man damals auf den Gedanken verzichtet, das nubische Indien auf dem Seewege zu erreichen, seit man durch Bartholomeu Dias' Fahrt über die südliche Erstreckung Afrikas bis zum 35. Breitegrad unterrichtet, alle Beschwerden des Unternehmens klar vor sich sah. Es bedurfte also einer andern viel kühnern That, um den ermatteten Eifer der Portugiesen neu anzufachen. Da schon auf ihrer zweiten Fahrt nach Indien, unbeabsichtigt zwar, aber als eine nothwendige

[1] Bartolomeu Dias hatte auf seiner Entdeckungsfahrt 350 Leguas Küstenlinie neuentdeckt, ebensoviel waren von Diogo Caõ auf seiner Reise enthüllt. R. H. Major. Prince Henry. p. 346. Die Wappensteine (padraõ), welche Dias setzte, sind an der Serra Parda (26° 37′ s. Br.) 1486, in der Nähe des Cap der guten Hoffnung 1487 und an der Algoabai (33° 45′ s. Br., 26° 35′ ö. v. Gr.) errichtet. Auch Vasco da Gama befolgte noch diese Sitte: Die Steine standen an der Bai von S. Braz, östlich vom Cap (34° 10′ s. Br.), bei Quilimane (18° 1′ s. Br.), auf der Insel S. Jorge (14° 57′′ s. Br.), nahe bei Melinde (3° 16′ s. Br.), (vgl. Alexandro Magno de Castilho, Études historico-géographiques, seconde étude, Lisbonne 1870. p. 31. J. Codine (Bulletin de la soc. de géogr. Paris, janv. 1876. p. 80—81) schreibt die Errichtung des Steines an der S. Brazbai (Mosselbai) dem Dias zu.

[2] Barros (Dec. I, livro III, cap. 5) sagt, sie seien am 7. Mai 1487 verabschiedet worden, Garcia Resende (Vida del Rey Dom Joaõ II, cap. LX) und Damian a Goes (De Aethiopum Moribus, Colon. 1602) setzen die Abreise in das Jahr 1486.

Folge ihrer Benützung der Passatwinde die Küste Brasiliens von ihnen entdeckt worden ist, so hat man mit Recht daraus geschlossen, daß Amerika auf den Fahrten nach Indien früher oder später hätte gefunden werden müssen. Da aber die Portugiesen doch erst durch die Entdeckung Amerikas zur Vollendung ihrer indischen Unternehmungen ermuntert worden sind, so läßt sich bei der engen Verkettung beider Begebenheiten nicht ausrechnen, wie lange die eine ohne den Vorausgang der andern verzögert worden wäre.

Entdeckungen der Spanier in Mittelamerika.

Schon frühzeitig dachte man in Portugal daran, den Weg nach Japan (Zipangu) und nach China durch eine Fahrt quer über den atlantischen Ocean zu verkürzen. Unter Affonso V. erbat im Namen des Königs ein Domherr Fernando Martinez von dem großen florentiner Astronomen Paolo dal Pozzo Toscanelli (geb. 1397, gest. 1482) ein schriftliches Gutachten über die Länge eines westlichen Seeweges nach Indien. Toscanelli bezeichnete in einem Briefe aus Florenz vom 25. Juni 1474,[1] zu einer Zeit, als der Genuese Cristobal Colon erst 15 Jahr alt war,[2] den atlantischen Pfad um vieles kürzer als die Küstenfahrt um das afrikanische Festland. Er fügte eine Seekarte hinzu, auf welcher die Breiten durch wagrechte, die Mittags-

[1] Eine Abschrift dieses Briefes, wie sie in der Urkundensammlung bei Navarrete (Coleccion de Documentos, tom. II, Nr. 1) enthalten ist, wurde aus einer italienischen Uebersetzung, der spanisch verfaßten Vida del Amirante des Don Fernando Colon, ins Spanische wieder zurückübersetzt. Dadurch haben eine Menge Fehler den Text fast unverständlich gemacht. Beinahe völlig rein von solchen hat Las Casas, der auch die Karte des Toscanelli besaß, uns das Schreiben in Hist. de las Indias lib. I, cap. 12 erhalten. Dies hat sich neuerdings bestätigt, seit Harrisse in der colombinischen Bibliothek eine Abschrift des lateinisch verfaßten Briefes auffand und veröffentlichte. (Bibliotheca americ. vetustissima. Additions. Paris 1872. p. XVI—XVIII.)

[2] S. Peschel, Geburtsjahr des Entdeckers von Amerika. Ausland. Bd. XXXIX. 1866. S. 1177. — d'Avezac (Année veritable de la naissance de Chr. Colomb, im Bulletin de la société de géogr. de Paris. Juillet 1872) hält dagegen das Jahr 1446 für das Geburtsjahr.

kreise durch senkrechte Linien[1] in Abständen von je fünf Graden gezogen waren. Jeden dieser westlichen Abstände unter der Breite von Lissabon schätzte er auf 250 Miglien. Zwischen Quinsay oder Hangtscheufu und Lissabon lagen auf der Karte 26 solcher Abstände oder 130 Längengrade.[2] Wie groß er die Entfernung Japans (Zipangus) von der chinesischen Küste auf der Karte angegeben hatte, sagt uns Toscanelli nicht in seinem Briefe. Marco Polo indessen, der einzige Reisende, der vor dem 16. Jahrhundert Japan erwähnt hat,[3] schätzte den Abstand dieses Inselreichs vom Festland auf 1500 Meilen, das heißt chinesische Li, von denen 250 auf einen Grad des größten Kreises gerechnet werden. Da aber seine Zeitgenossen darunter italienische

[1] lineae transversae lineae rectae heißt es im Urtext.

[2] Die Karte des Toscanelli, welche Cristobal Colon 1492 an Bord führte, ist zwar verloren gegangen, sie glich aber der Beschreibung nach andern gleichzeitigen Weltbildern. Auf dem Globus des Martin Behaim ist zwischen dem Ostrand Asiens und Afrika ein Abstand von 130°, auf einem Globus mit der Jahreszahl 1493, der aber die Entdeckung Amerikas noch nicht berücksichtigt, reicht Asien bis 250° östlicher Länge (d'Avezac, Sur un globe terrestre trouvé à Laon. Bulletin, de la soc. de géogr. 1860. Dec. tom. XX. p. 416). Auf dem Globus von Schoner (1520), von dem Ghillany zu seiner Geschichte Martin Behaim's ein Facsimile gegeben hat, liegt Quinsay 228° östlicher Länge, auf der Weltkarte des Ruysch zum Ptolemäus, Rom 1580, hat Quinsay 224°, Zaiton sogar 239° östlicher Länge von Porto Santo. Auf der Charta Marina Portugalensium, angeblich von 1503, und bei Bernhardus Sylvanus (im Atlas zu Lelewel's Histoire de la géogr. au moyen-âge) reicht der Ostrand Asiens und die Stadt Quinsay nur an den 220.° östlicher Länge. Vgl. die Karte in Ausland 1867. S. 5.

[3] Alle Geographen, die von Zipangu (unrichtig Zipango oder Zipangri geschrieben) sprechen, können diesen Namen nur bei Marco Polo gefunden haben. Es genügt also, daß Toscanelli Zipangu nennt, um seine Bekanntschaft mit Marco Polo zu beweisen. Auch wird die Vermuthung A. v. Humboldt's, daß Toscanelli aus Nicolo Conti geschöpft habe, dadurch beseitigt, daß dieser Venetianer weder Quinsay noch Zaiton erwähnt, wie man früher irrig angenommen hat (s. oben S. 183). Der Botschafter aus dem Morgenlande, der zu Eugens IV. Zeit nach Rom kam, und auf dessen mündliche Ueberlieferung Toscanelli sich beruft, war ein Gesandter des Kaisers Constantin von Abessinien; s. J. Ludolfi, Hist. Aethiopica. lib. II. cap. 6. Francof. 1681. fol. N. 1.

Miglien verstanden, so wurde auf den Karten Zipangu 20 bis 30° östlich vom asiatischen Festland ins Meer verlegt.[1] Toscanelli wird also auf seinem Weltbild Japan die nämliche Lage angewiesen und es also bis auf 100—110° westlichen Abstand Lissabon genähert haben, so daß es in den Mittagskreis des heutigen San Francisco Californiens fiel.[2] Die Ueberfahrt nach Zipangu begünstigte aber außerdem noch eine Insel Antiglia, die nach Toscanelli auf der Mitte des Weges, nämlich 50 Grad östlicher als Japan oder 60 Grad westlich von Lissabon, wo wir gegenwärtig die Insel Haiti finden, angetroffen werden sollte. Da aber Toscanelli's Antiglia nicht vorhanden war, so ist der Name später auf die westindischen Inselketten übertragen worden.[3] Wie das Räthselwort Antiglia gedeutet werden müsse, hat noch niemand befriedigend zu erklären vermocht. Man weiß nur, daß eine Insel jenes Namens seit dem Jahre 1424 auf den alten Karten aus dem atlantischen Meer steigt.[4] Wie viele andere Geschöpfe geographischer Dichtung, mußte auch sie nach

[1] Auf Behaim's und Schoner's Weltkugeln hat Zipangu bei der größten Annäherung an das Festland immer noch 15 Längengrade Abstand, auf dem Globus von 1493, den Hr. d'Avezac uns beschreibt, ist das Gleiche der Fall.

[2] Martin Alonso Pinzon, der Begleiter Colon's auf der ersten Entdeckungsfahrt, soll nach Aussage seines Sohnes 1491 in Rom gewesen sein, wo ihm ein Bibliothekar des Papstes auf einer Weltkarte nachwies, daß man schon auf 95° westlichen Abstand von der spanischen Küste Zipangu (Campanso) finden werde (Navarrete, Coleccion. tom. III. p. 559—560).

[3] Es geschah auf einen Vorschlag des Peter Martyr ab Angleria unmittelbar nach der Entdeckung der Antillen (De Orbe Novo. Dec. I. lib. I. p. 1 und A. v. Humboldt, Krit. Untersuchungen. Bd. 1. S. 217).

[4] Zuerst auf der Karte, die sich im Besitz der Militärbibliothek in Weimar befindet. Nach der Beschreibung, die A. v. Humboldt (Krit. Untersuchungen Bd. I, S. 415) von ihr gibt, reicht der linke Rand der Karte nur 5° westlich über Cap Bojador hinaus, folglich dachte man sich damals die räthselhafte Insel der alten Welt noch ziemlich nahe. Auf der Weltkugel des Martin Behaim, wo die Antilia so geräumig erscheint, wie Sardinien, liegt sie unter dem Meridian der westlichen Azoren (also etwa 20 Längengrade westlich von Lissabon), während Behaim den Abstand noch auf 45—50 Längengrade annimmt.

der Entschleierung der atlantischen Räume auf den Karten immer weiter nach Westen und über die Grenze des Bekannten flüchten.

Von jenem Briefwechsel erhielt der Genuese Cristobal Colon — wie er selbst seinen Namen unterzeichnete, wie er auch auf dem ältesten Druckwerke über die Entdeckung Amerikas[1] geschrieben wird; Columbus, wie er in den lateinischen Chroniken heißt — bei seinem Aufenthalt in Lissabon nähere Kunde und verschaffte sich von Toscanelli eine Abschrift des Briefes an Martinez und eine Copie der Seekarte, welche den atlantischen Weg nach Japan und China zeigte. Die Karte selbst begleitete ihn dann auf seiner großen Entdeckungsfahrt, die fast genau nach dem Entwurfe des Florentiners ausgeführt wurde. Die Anträge des Genuesen wurden in Portugal zurückgewiesen, weil man den nautischen Leistungen des Genuesen wenig traute und den wahrscheinlich hier wie später in Spanien vorgetragenen Plänen, mit den in Aussicht stehenden Schätzen Indiens das heil. Grab zu erobern, keinen Beifall schenken mochte. Darauf deutet auch Da Barros[2] hin. Wahrscheinlich kam noch dazu, daß der Seefahrer einen ungewöhnlichen Finderlohn begehrte. Bisher waren die Entdecker von Inseln, wenn sie auf eigene Gefahr rüsteten, mit dem belehnt worden, was sie gefunden hatten, und das Entdeckergeschäft wurde daher wie ein Glücksgewerbe betrieben. Colon dagegen

[1] Epistola Cristoferi Colom cui aetas nostra multum debet 1493. Eine neue Ausgabe mit Varianten erschien in Wien 1869 unter dem Titel Carta de Cristobal Colon por el Seudónimo de Valencia (A. v. Varnhagen).

[2] El Rey porque via ser este Christovão Colom homem fallador e glorioso em mostrar suas habilidades e maes fantastico e de imaginações cõ sua ilha Cypãgo que certo no que dizia : dava-lhe pouco credito. Cõ tudo á força de suas importunações, mandou que estivesse com dom Diogo Ortiz, Bispo de Cepta e com mestre Rodrigo e mestre Josepe, aquem elle cõmetia estas cousas de cosmographia e seus descobrimentos, e todos ouuerão por vaidade as palavras de Christovão Colom por tudo ser fundado em imaginaçõ es e cousas da Ilha Cypãgo de Marco Polo e naõ em o que Hyeronimo Cardano diz. Dec. I. lib. III. cap XI. Die ähnlichen Urtheile der anderen Zeitgenossen s. Luciano Cordeiro, De la découverte de l'Amérique. Lisbonne, Paris 1876. p. 11.

begehrte die nämlichen Vortheile für sich, ohne Einsatz eines Vermögens. In Portugal war es aber nicht Brauch, wenn die Krone die Schiffe ausrüstete, den Entdeckern hohe Belohnungen zu gewähren; weder Diogo Caõ, noch Bartholomeu Dias, noch Vasco da Gama haben für ihre Leistungen Colonien zum Geschenk erhalten. Wirklich bildete sich auch nach Colon's Abreise im Jahre 1486 eine Gesellschaft, welche die Insel der sieben Städte (Antiglia) oder ein Festland im Westen aufzusuchen beschloß. Das Haupt dieses Unternehmens war Fernaõ Dulmo,[1] seiner Abstammung nach ein Franzose oder Flamänder, der sich auf der Azoreninsel Terceira angesiedelt hatte. Da es ihm an Geld gebrach, so schloß er am 12. Juli mit einem Pflanzer Madeiras Namens Joaõ Affonso einen Vertrag, zwei Schiffe für die Entdeckung auszurüsten und mit diesen gegen Westen zu fahren. Vierzig Tage lang sollte Fernaõ Dulmo den Oberbefehl führen, dann aber, wofern sich in der Zwischenzeit kein Land zeige, Joaõ Affonso die Leitung übernehmen. Als dritter Theilnehmer wird ein deutscher Ritter[2] genannt, dem es frei gestellt wurde, ob er sich bei Dulmo oder bei Affonso an Bord gegeben wolle. Im März 1487 sollte die Fahrt angetreten werden; ob sie je stattgefunden habe, ist bis jetzt noch nicht genau ermittelt worden.[3]

[1] Gewiß derselbe, den Don Fernando Colon (Vida del Almirante cap. III) erwähnt. Durch einen Druckfehler ist sein wahrer Name in Hernando Dolinos verunstaltet worden.

[2] Vielleicht Martin Behaim, der damals von seiner Fahrt mit Diogo Caõ aus Afrika zurückgekehrt sein konnte, vielleicht auch sein Schwiegervater Jobst Hurter, Erbstatthalter auf den Azoreninseln Fayal und Pico. Die Zahl der Deutschen in Portugal war aber damals so ungewöhnlich groß, daß es schwer ist, eine bestimmte Person zu bezeichnen.

[3] Wir besitzen nur die Urkunden über den Gesellschaftsvertrag vom Jahre 1486, die im Torre do Tombo von Bernardino José de Senna Freitas gefunden und in der kleinen Schrift Memoria histor. sobre o intendado descobrimento de uma supposta Ilha ao norte da Terceira. Lisboa 1845 herausgegeben worden sind. Vgl. Peschel, Zeitalter der Entdeckungen. S. 617. 2. Aufl. 485. Don Fernando Colon (Vida del Almirante cap. VIII) bestätigt ausdrücklich in der Lebensbeschreibung seines Vaters,

Längst vor Colon wurde also schon der Gedanke erwogen, das Morgenland im atlantischen Westen aufzusuchen. Auch waren die Ziele, welche der Entdecker Amerikas zu erreichen hoffte, dieselben, welche Toscanelli bezeichnet hatte, nämlich das goldreiche Zipangu oder Japan, den Gewürzmarkt Zaiton und Quinsay, die Stadt mit den 12,000 Brücken in Südchina, wie er sie aus den Schilderungen Marco Polo's kannte.[1] Die geistreiche Ahnung des Strabo, daß auf dem nördlichen Kugelviertel außer der bekannten noch andere Weltinseln liegen möchten,[2] hat der große Genuese nicht gekannt. Ebensowenig haben die Entdeckungen der Normannen an den Küsten der Vereinigten Staaten zu seiner späteren That ihn ermuthigt, obgleich er sich 1477 in Island aufhielt, wo zu allen Zeiten die Sagas von den Fahrten nach dem guten Weinland eifrig gelesen wurden, und von dort aus genau ein Jahr zuvor ein polnischer Seefahrer dänische Auswandrer nach Labrador hinüber führen sollte.[3] Nicht das jungfräuliche Weinland, sondern das volkreiche

daß dieser das Unternehmen eines gewissen Fernan Dolinos (Fernaõ Dulmo) gekannt und ein galicischer Seefahrer, Pedro Velasco, auf einer Fahrt nach Irland in Sicht jenes Landes gekommen sei und es für einen Theil der Tatarei erklärt habe.

[1] S. oben S. 176. A. v. Humboldt hatte früher den Zweifel ausgesprochen, ob Colon die Schriften des Marco Polo gekannt habe, weil in allen bisher veröffentlichen Briefen des Genuesen der Name des venetianischen Reisenden nicht genannt wird. Wir erinnern daher nochmals, daß in der handschriftlichen Historia general de las Indias. lib. I. cap. 149 des Bischofs Las Casas, der uns die meisten und wichtigsten Schriften Colon's gerettet hat, aus einem Briefe des Entdeckers, den er in Haiti 1498 schrieb, die Worte enthalten sind: perlas bermejas, de que dize Marco Paulo que valen mas que las blancas, eine Stelle, die sich bei Marco Polo (lib. III. cap. 2) wieder findet.

[2] S. oben S. 61.

[3] Lelewel (Géogr. au moyen-âge. tom. IV. p. 106) legt einen großen Werth auf die angebliche Entdeckungsfahrt, die König Christian II. von Dänemark 1476 einem polnischen Steuermann, Johann Szkolny oder Scolnus, das heißt aus Kolno, anvertraute, der Labrador und die Hudsonsstraße besucht haben soll. Mit Recht hat A. v. Humboldt (Kritische Untersuchungen. Berlin 1852. Bd. I. S. 395) dieser ungenügend verbürgten Unterne[illegible]

China gedachte Colon aufzusuchen, und den Weg dorthin dachte er auch nicht von Island aus wie ein tastender Küstenfahrer, sondern unter dem Breitenkreise der Canarien quer über das Weltmeer einzuschlagen.

Ausführbar konnte ein solches Unternehmen nur denen erscheinen, die nicht mehr an der Kugelgestalt der Erde zweifelten. Da aber längst vor Colon's Zeiten diese mathematische Erkenntniß nicht mehr bestritten wurde,[1] so müssen wir es um so mehr bedauern, daß später der Entdecker selbst unsern Planeten für einen birnenförmigen Körper erklärte, weil er in der Gegend des heutigen Guayana eine Anschwellung zu bemerken glaubte, die der Warze auf einer Frauenbrust gleichen sollte.[2] Kein Astronom, kein Weltbeschreiber, kein gebildeter Seemann konnte damals noch läugnen, daß die Erde kugelförmig sei, wohl aber waren Zweifel verstattet, ob der Ostrand Asiens in erreichbarer Nähe lag, namentlich da man sich möglicher Weise auf eine lange Fahrt und Rückfahrt mit Wasser versehen mußte. Die Entfernung Japans und Chinas dachte sich Colon genau so groß, wie sie Toscanelli angegeben hatte, nämlich in Abständen von 100° und 130° westlich von Lissabon. Daß der atlantische Zwischenraum von geringer Ausdehnung sei, bekräftigten ihm Aeußerungen des Aristoteles, des Esdra und des Seneca, wie

wenig Aufmerksamkeit geschenkt. Sie wird erwähnt von Gomara (La Historia general de las Indias. Anvers. 1554. p. 50 b) mit den Worten: Tambien han ydo alla (Labrador) hombres de Noruega con el Piloto Juan Scolvo. Fast dasselbe, nämlich daß Szkolny (Johannes Sclovus Polonus) 1476 Estotilandia (S. oben S. 162) und Labrador entdeckt habe, bemerkt Cornel. Wytfliet in Ptolemaici Augmentum. Lovan. 1597. p. 188. Erwiesen ist jedoch, daß Colon um die nämliche Zeit, im Februar 1477, über Island 100 spanische Seemeilen hinausfuhr. El año 1477 por Febrero (sagt er selbst) navegué mas alla de Tile (Island) 100 leguas.

[1] S. oben S. 199.

[2] Colon's Bericht über die dritte Reise bei Navarrete (Coleccion. tom. I. p. 225). Daß er das Gestade des Orinoco für ein Stufenland des irdischen Paradieses (über seine Lage auf den alten Karten s. oben S. 94) hielt, siehe das Nähere bei Peschel, Zeitalter der Entdeckungen. S. 290. 2. Aufl. 228.

er sie in den geographischen Schriften des Cardinal d'Ailly fand,[1] die dieser unselbständige Gelehrte aber fast wörtlich aus Roger Bacon abgeschrieben hatte.[2] Bacon wiederum empfing die Anregung dieses Gedankens zuerst von Albert dem Großen, so daß also der glückliche Irrthum von der Nähe Indiens zuerst in Deutschland ausgesprochen worden ist.[3] Zu diesen ermuthigenden Ansichten fügte Colon noch hinzu, daß die Ausdehnung der alten Welt von den Fortunaten oder Canarien gegen Osten, welche Marinus aus Tyrus sehr richtig auf 225 Längengrade angegeben habe, mit großem Unrecht von Ptolemäus auf 180 Grade gekürzt worden sei.[4] Jedenfalls hatten die Alten von der Größe des chinesischen Reiches, wie es von Marco Polo geschildert worden war, keine Kunde erhalten; das östliche Asien mußte sich also, schloß der Genuese, noch weit über den 180. Grad des Ptolemäus hinaus erstrecken.

Um den Zwischenraum noch mehr zu verkürzen, hielt sich Colon an die arabische Erdmessung, welche einen Längenwerth von 56⅔ Meilen für den Grad an einem großen Kreise ergeben hatte.[5] Colon zweifelte keinen Augenblick daran, daß die Meilen der arabischen Astronomen mit den italienischen Miglien übereinstimmten, und da er vier von diesen auf die altspanische Seemeile rechnete, von welchen 17½ auf einen Grad gehen, so

[1] Alliacus, Imago Mundi. cap. VIII. Alliacus wird von Azurara, Chron. de Guiné. cap. LXI. p. 289 citirt, folglich war er handschriftlich in Portugal um die Mitte des 15. Jahrhunderts verbreitet. Der älteste Druck ist erst vom Jahre 1490. (Harrisse, Bibliotheca americ. vetustissima. Additions p. XLV.

[2] Die drei Beweisstellen aus Bacon s. oben S. 202.

[3] Albertus Magnus, De coelo et mundo. lib. II. tract. IV. cap. 11. Lugd. 1651. tom. II. fol. 146. Inter horizontem habitantium in climate illo juxta Gades Herculis et Orientem habitantium in India non est in medio, ut dicunt, nisi quoddam mare parvum.

[4] Ueber diesen Streit zwischen Ptolemäus und Marinus s. oben S. 54. Colon kannte die Ptolemäische Geographie wahrscheinlich nur aus den Bruchstücken, die er bei Alliacus fand.

[5] S. oben S. 133. Er beruft sich dabei auf Alfraganus (Ferghani), den er aus Alliacus, den Alliacus wiederum aus Roger Bacon kannte.

dachte er sich den Erdumfang um ein Fünftel (genauer um 19 Proc.) kleiner, als er wirklich war. Mit Hilfe dieser Voraussetzungen suchte Colon die Spanier von der erreichbaren Nähe Japans zu überzeugen. Zipangu lag nach den Karten 100 oder 110 Grad westlich von Lissabon. Wählte er, wie es wirklich geschah, die Canarien als Ausgangspunkt, so minderte sich die Entfernung auf höchstens 90 Grad, denn die alten Karten schoben die Canarien zu tief in das atlantische Meer hinein und gaben Ferro einen westlichen Abstand von Lissabon, der 20 Grade sogar überstieg. Unter dem 30. Breitenkreise hatte ein Gradabstand nach der arabischen Erdmessung 49 1/9 Meilen; Zipangu also lag 4420 Meilen westlich von Ferro, und jene 4420 Meilen entsprachen nach Colon's Rechnungsweise 1105 spanischen Leguas. Nach seinem Schiffsbuche[1] glaubte er vom 8. September bis 11. October 1492 fast 1100 spanische Seemeilen in 34 Tagen gesegelt zu sein. Fünf Wochen waren also hinreichend zu einer Fahrt von den Canarien nach Zipangu, und daß solche lange Fahrten nichts Ungewöhnliches mehr waren, haben wir kurz zuvor gesehen.[2]

Die große That des Genuesen wird nicht erniedrigt, wenn wir gewahren, daß er auf lauter Trugbilder seine Anschläge begründete. Die Gewährsmänner, die er anrief, hatten mehr verheißen, als sie rechtfertigen konnten. Ob ein Dichter des alten Testamentes, wie Esdra, als wissenschaftlicher Zeuge auftreten dürfe, darüber dachten Colons Zeitgenossen zwar anders wie wir, aber gerade in ihren Augen mußte es die Beweiskraft jenes Bibelwortes schmälern, daß es einem apokryph erklärten Buche angehörte. Allen Weltgemälden des Mittelalters stand das Ansehen des Ptolemäus entgegen, welcher trotz seiner Fehler in jener Streitfrage den Aristoteles, Esdra, Seneca, Marinus von Tyrus, Roger Bacon, Alliacus, Toscanelli und alle Kartenmaler aufwog. Es wären also nur die Irrthümer und rohen

[1] S. Ausland. 1867. S. 1 u. ff.

[2] S. oben S. 234.

Begriffe einer unreifen Wissenschaft gewesen, die Colon zu seiner That begeisterten, wenn er nicht auch andre richtige Schlüsse über die Nähe von Land im atlantischen Westen mit ihnen verknüpft hätte. Der Golfstrom hatte an die Azoren Fichtenstämme von unbekannten Arten, Schilfe von nie gesehener Stärke, geschnitzte Holzstücke, ja angeblich sogar ein Fahrzeug mit Leichen eines fremdartigen Menschenstammes angespült,[1] die Colon für Wahrzeichen einer geringen Entfernung Ostasiens hielt. Es war daher von hoher Bedeutung, daß diese Ansichten auch von Martin Behaim getheilt wurden,[2] der während seines längeren Verweilens auf den Azoren die atlantischen Treibprodukte genauer kennen gelernt haben mußte. Eine große Zahl von Seeleuten wollte auf der Fahrt nach Irland westlich von den Azoren Land gesehen haben, und wie empfänglich überhaupt die Gemüther für den Gedanken waren, daß es im Westen Land geben müsse, merken wir an dem Eifer einer reichen Rhederfamilie in Palos, der Pinzonen, welche sich dem Unternehmen voll Zuversicht anschlossen.

Colon begann seine Fahrt nach Japan bei der canarischen Gomera, weil sie von allen bewohnten Inseln unter spanischer Herrschaft am westlichsten lag. Die Ueberfahrt wurde also zufällig an der breitesten Stelle des nordatlantischen Thales versucht, denn die Bahamainseln liegen von den Canarien mehr als dreimal so weit entfernt als Neufundland von den Azoren, welche letztere Strecke er in 12 bis 15 Tagen hätte zurücklegen können, während die andre 34 erfordern sollte. Dafür hatte er auf dem Breitenkreise der Canarien beständig den Nordostpassat als günstigen Wind.[3] Beharrlich steuerte er auf diesem Parallel

[1] S. Peschel, Zeitalter der Entdeckungen. S. 134—135. 2. Aufl. 104—105.

[2] Herrera, Indias Occident. Dec. I. lib. I. cap 2. Madrid 1730. tom. I. fol. 3.

[3] Ein einziges Mal gerieth er in westliche Luftströmmungen, worüber er sehr zufrieden war, weil dadurch die Besorgniß der Mannschaft widerlegt wurde, als würde man zur Rückfahrt keinen günstigen Wind antreffen.

gegen Westen, ohne seine geographische Breite wesentlich zu vermindern, aus den richtigen Gefühle, daß jedes unruhige Umherschweifen bei der Mannschaft Zweifel über die Festigkeit seiner innern Ueberzeugungen erwecken könnte.[1] Erst wenige Tage vor der Ladung entschloß er sich auf das beharrliche Andringen Martin Alonso Pinzon's vom 7.—11. October westsüdwestlich zu halten. Wäre er auch in dieser Zeit seinem alten Curs treu geblieben, so hätte ihn dieser nicht in die Bahamagruppe,[2] sondern an die Südspitze von Florida geführt. Wenn aber deswegen A. v. Humboldt vermuthet hat, daß im andern Falle die Spanier und nicht die Angelsachsen Nordamerika bevölkert haben würden, so läßt sich doch geschichtlich erhärten, daß das Verhängniß der neuen Welt nicht abhing von der Wendung eines Steuers am 7. October 1492. Die Spanier haben in der ersten Hälfte des 16. Jahrhunderts nur Inseln und Länder besiedelt, wo sie Gold oder Silber fanden.[3] Kaum

[1] Humboldt, krit. Untersuchungen. I. 212 und Peschel (Ausland. 1867. S. 6) sind der Ansicht gewesen, in den zahlreichen Briefen und Schriften, worin Colon unablässig seine erlittenen Mühsale schildert, finde sich auch nicht eine einzige Stelle, worin er einer Lebensbedrohung von Seiten der Mannschaft bei der ersten Ueberfahrt gedenke; allein dem stehen die Worte, welche Las Casas aus dem eigenen Berichte des Genuesen gezogen hat, entgegen: „los todos à un voz estaban determinados *de se volver y alzarse* contra el haciendo protestaciones." (Navarr. I. 229.) R.

[2] Auf die verdienstvolle Arbeit Cap. A. B. Becher's (The Landfall of Columbus, Journ. of the R. Geogr. Soc. vol. XXVI. London 1856. p. 189—203), welcher die Watlingsinsel (24° n. Br. 74° 30′ west. Greenw.) als das Guanahani des Entdeckers erkennen wollte, ist die Denkschrift Don Francisco Ad. de Varnhagen's (La verdadera Guanahani de Colon. Santiago de Chile. 1864) gefolgt, welcher Mayaguana aus der Beschreibung Guanahanis im Schiffsbuch des Colon zu erkennen glaubt. Allein diese Hypothese wird von H. Major (The Landfall of Columbus, Journal of the R. Geogr. Soc. vol. XLI. London 1871. p. 193—210) widerlegt, welcher sich wie Becher entschieden für die Watlingsinsel erklärt.

[3] Die alten spanischen Seekarten geben an den Küsten von Nordamerika zur Warnung für Auswanderer an, daß sich kein Gold dort finde, no han hallado cosa de provecho; siehe die Karte des Diego Ribeiro bei J. G. Kohl, Generalkarten von Amerika. Weimar 1860.

hatte Colon auf der ersten Bahamainsel den goldnen Nasenschmuck der Eingebornen entdeckt, so fragt er von Insel zu Insel nach dem Fundorte des Metalls, bis er nach Cuba und von Cuba endlich nach dem damals so goldreichen Haiti gelangte und dieses für das erträumte Zipangu zu erkennen glaubte. Wie er, so handelten alle seine Nachfolger, und so darf man aussprechen, daß die örtliche Verbreitung der edlen Metalle die Besiedelung des spanischen Amerika und den Gang der Entdeckungen beherrscht habe.

Das Aufsuchen neuer Länder war im 15. Jahrhundert ein Glücksgewerbe gewesen, und blieb es auch im 16. Jahrhundert. Colon war in dieser Zunft nur der kühnste und glücklichste Spieler. Kaum hat er Haiti und seine Goldbäche entdeckt, so ist plötzlich all sein Entdeckerdrang abgekühlt, und er hat für nichts mehr Sinn, als für die Hebung jener Schätze.

Nachdem er auf der ersten Fahrt die ganze Nordküste Españolas oder Haitis gesehen hatte, suchte der Entdecker zur Rückreise sogleich höhere Breiten zu gewinnen. Er war im Herbste unter dem Parallelkreise der Canarien übergefahren, und er trachtete im Januar zur Rückreise die Höhe der Azoren zu gewinnen; er benutzte also zum westlichen Wege die Passate, zur Heimkehr die vorherrschenden Westwinde in dem Gebiete der veränderlichen Luftströmungen. Es könnte daher scheinen, als ob Colon bereits die wichtigen Witterungsgesetze im atlantischen Luftkreise gekannt und nach ihnen seinen Curs bestimmt habe. Allein auch hierin ist ihm nur ein glücklicher Zufall dienstbar gewesen; denn bei seiner zweiten Heimkehr versucht er durch die kleinen Antillen gegen die Passatwinde vorzudringen und gefährdet dadurch sich und seine Fahrzeuge, was er nie gethan haben würde, wenn er bereits mit der räumlichen Begrenzung der vorherrschenden Winde bekannt gewesen wäre.

Seine zweite Reise ist äußerst dürftig an neuen Ergebnissen. Er kreuzte bei der Ueberfahrt den Ocean unter verminderten

Breiten und berührte daher die Antillenkette bei Dominica. Auf dem Wege nach Española wurden alle wichtigen Inseln jener geselligen Gruppe gesehen, später auf einer besondern Fahrt Jamaica entdeckt und die Südküste von Cuba bis zum Mittagskreis der Isla de Pinos erforscht. Wäre Colon noch ein oder zwei Tage weiter gefahren, so mußte er an das Cap Antonio gelangen, Cuba als eine Insel erkennen und im Jahre 1494 in den mexikanischen Golf eindringen.[1] Statt dessen ließ er eine Urkunde aufnehmen und, unter Androhung von Peitschenstrafen für jeden spätern Widerspruch, von seiner Mannschaft beschwören, daß sie Cuba für einen Theil des asiatischen Festlandes und zwar Cathais oder Chinas halte.[2] Damit glaubte er die Auffindung des Seeweges nach Indien erledigt zu haben, und kehrte wieder zu seinen Goldwäschen auf Haiti zurück.

Wie gleichgiltig ihm die Vollendung seines Entdeckerwerkes geworden war, erkennen wir aus seinem Betragen auf der dritten Reise. Im Jahre 1498 hatte er den atlantischen Ocean noch südlicher als das zweite Mal durchschnitten, nämlich unter der Polhöhe der capverdischen Inseln. Aus dem Flug von Vögeln hatte er geschlossen, daß östlich von den kleinen Antillen noch Land liegen müsse. Auch hatte ihm Moses Jacob Ferrer, der Juwelier der Königin, gerathen, Länder in größerer Nähe des Aequators zu suchen, wo die Hautfarbe der Bewohner schwarz sein und Gold wie Edelsteine in größerer Fülle sich finden müßten.[3] So stieß er am 31. Juli 1498 auf die Insel Trinidad und bald nachher auf das Festland Südamerikas. Zwischen der Dreifaltigkeitsinsel und dem Orinocodelta hindurch gelangte der Admiral in den Golf von Paria und durch den Drachenschlund am 13. August in die caribische See. Obgleich er aus

[1] Las Casas, Hist. de las Indias. lib. I. cap. 96.

[2] Daß nicht alle seine Meinung theilten, ergibt sich aus Juan de la Cosa's Weltkarte vom Jahre 1500, welche Cuba als Insel ziemlich getreu darstellt. Der berühmte Steuermann war aber einer der Unterzeichner des Protokolls vom 10. Juni 1494 (Navarrete, Coleccion. tom. II. Docum. 76.)

[3] Navarrete, Coleccion. tom. II. Docum. 68.

der Mächtigkeit der Orinocowasser mit Recht schloß, daß er ein geräumiges Festland entdeckt habe, berührte er doch nur flüchtig die Gruppe der Testigos und die Insel Margarita, um schon am 15. August nach Española zu eilen. Wenn er dort alles, gelobte er sich, in blühendem Zustande treffe, wolle er seinen Bruder Bartolomé zur weiteren Entschleierung des neuen Landes absenden.[1] So vergaß er, daß er Zaiton, daß er die chinesische Wunderstadt Quinsay hatte aufsuchen wollen, und vom Genuß und Besitz angezogen, verzichtete er auf weiteren Entdeckerruhm.

Er versuchte sogar die Unternehmungen Anderer zu hemmen. Im Jahre 1497 hatte er ein Verbot aller freiwilligen Entdeckungen ausgewirkt,[2] damit ihm und seiner Familie kein Vorrecht und kein Finderlohn entginge. Glücklicherweise wurde dieses Gesetz nicht ausgeführt, und schon im Jahre 1499 verstattete man einer Anzahl Unternehmer, auf eigene Kosten die überseeischen Fahrten fortzusetzen. Es war nämlich eine Karte des Admirals mit den Entdeckungen der dritten Fahrt nach Europa gelangt, und die Kunde aufgefundner Perlen an der Küste Parias hatte die Begierde von Abenteurern mächtig erregt. Seit 1499 schwärmten daher die Küsten des neuen Festlandes von kleinen Entdeckern. So befuhr Hojeda in Begleitung des großen Juan de la Cosa und des Florentiners Vespucci mit zwei Segeln vom 18. Mai bis 16. September 1499 die Ufer Südamerikas von dem holländischen Guayana[3] bis zum Cabo de la Vela an der venezuelanischen Küste. Wenige Monate zuvor hatten jedoch schon Peralonso Niño und Guerra die Gestade Cumanas bis Cap Codera entdeckt. Vicente Yañez Pinzon, der in dem nämlichen Jahre, aber später, abgefahren war, und

[1] S. Peschel, Zeitalter der Entdeckungen. S. 293. 2. Aufl. S. 230.

[2] Herrera, Indias Occident. Dec. I. lib. III. cap. 9. Madrid 1730. tom. I, fol. 77.

[3] Der Landungspunkt muß in der Nähe von 57° 18′ westl. Länge (Paris) gesucht werden. (Vgl. d'Avezac, Les Voyages d'Améric Vespuce. Paris 1858. p. 69.)

Südamerika erst am 26. Januar 1500 erblickte, verfolgte die Küste gegen Ostsüdosten bis Cap St. Augustin und kehrte durch den Golf von Paria heim. Unmittelbar hinter ihm war im December 1499 Diego de Lepe ausgelaufen und noch ein Stück über das Cap St. Augustin hinausgesegelt. Ende des Jahres 1500 ging auch Rodrigo Bastidas von Sevilla ab, begleitet von dem großen Entdecker la Cosa und dem tüchtigen Piloten Andres Morales. Sie enthüllten die noch übrige Strecke von Venezuela, Santa Marta mit seinen vom Meere aus sichtbaren Schneegipfeln, das Delta des Magdalenenstromes, den Golf von Uraba und die Ufer von Darien bis zum Puerto de Retrete in der Nähe des jetzigen Aspinwall am atlantischen Endpunkte der Panamabahn.[1]

Während sich das Antlitz einer neuen Welt aus dem Wasser hob, hatte Colon sich damit beschäftigt, durch indianische Zwangsarbeit die Goldausbeute Haitis zu steigern. Es gehört nicht zu unsern Aufgaben, die Härte und Rohheit fühlbar zu machen, mit welcher er seiner Statthalterschaft entsetzt und in Ketten nach Europa gesendet wurde. Ohne jene gewaltsame Entfernung aus Haiti wäre er aber wahrscheinlich nie auf weitere Entdeckungen ausgelaufen. So verließ er mit vier Fahrzeugen zum letzten Male Spanien am 9. Mai 1502 in solcher Zuversicht, westlich von Haiti das asiatische Festland anzutreffen, daß er sich mit einem arabischen Dollmetscher versorgte. Nach seinen Vorstellungen war Española noch immer das Japan des Marco Polo, Cuba ein Theil der chinesischen Küste, das unvermuthet aufgetauchte südamerikanische Festland eine unbekannte neue Welt. Daß sie mit Cuba oder dem vermeintlichen Asien zusammenhängen könnte, wurde nicht befürchtet, wohl aber durfte man erwarten, südwestlich von dem antillischen Zipangu auf eine Halbinsel, auf die goldne Chersones des Ptolemäus zu stoßen, und nach ihr richtete daher Colon von der Südküste

[1] S. Peschel, Zeitalter der Entdeckungen. S. 305—329, 416—417. 2. Aufl. S. 240—259. 327—28.

Cubas zunächst seinen Curs. So gerieth er in dem Golfe von Honduras am 30. Juli auf die östlichste der Baiinseln Guanaja und dann auf das Festland selbst bei Cap Honduras. Befand er sich, wie er vermuthete, an der goldnen Halbinsel des Ptolemäus, so mußte er das Land zur Rechten behalten, wenn er dessen Südspitze erreichen wollte. Er wendete sich also nach Osten zurück, zumal ihm yucatekische Kauffahrer, denen er auf der Fahrt begegnete, neue Goldländer im Südosten verheißen hatten. Diese Leute waren die ersten Eingebornen der neuen Welt, welche bekleidet erschienen. Als Fracht führten sie in ihrer Pirogue buntgewirkte Baumwollenzeuge, Metallwaaren, merkwürdige Waffen, nämlich Schwerter mit eingelegten Obsidianklingen und Cacaobohnen, die, wie man freilich erst später erfuhr, die Dienste des Geldes bei ihnen vertraten. Wäre der Admiral diesen Kauffahrern nach Norden in ihre Heimat gefolgt, so hätte er damals, wie schon Las Casas[1] bemerkt hat, Yucatan[2] und vielleicht auch Mexiko erreicht. Statt dessen ging Colon mit seinem Geschwader um das Cap Gracias a Dios und lief an der Küste von Mosquitia gegen Süden, bis er am heutigen costaricanischen Gestade wirklich erreichte, was er so eifrig suchte, nämlich neue Goldgebiete, theils in der Nähe der Chiriqui-Inseln, theils weiter östlich bei Veragua und am Flüßchen Belen. Im October 1502 in der Nähe des Chiriqui-Archipels geschah es, daß Colon von einem Eingebornen erfuhr, neun Tagereisen gegen Westen läge ein andrer Ocean.[3] Dies war die erste Kunde vom stillen Meer, welche die Europäer erreichte. Colon

[1] Historia de las Indias. lib. II. p. 21.

[2] Der Name Yucatan hat den Erklärern viele Sorgen bereitet; bisher schrieb man ihn mit Unrecht einem Mißverständniß der Spanier zu. Nach einer neu ans Licht gezogenen Urkunde erzählte Bartolomé Colon 1505 in Rom, daß die obige Kauffahrerbarke aus einem Lande komme chiamata Maiam vel Juncatam. Harrisse. Bibl. amer. vet. New York 1866. p. 473.

[3] Brief aus Jamaica vom 7. Juli 1503, bei Navarrete (Colecc. tom. I. p. 299).

war jetzt fest überzeugt, die goldene Chersones des Ptolemäus oder die Halbinsel Malaka gefunden zu haben. Von den Mündungen des Ganges auf dem jenseitigen Ufer der Landenge, so erklärte er bei seiner Rückkehr nach Spanien, sei er damals nur zehn Märsche entfernt und die Küste, welche er entdeckt habe, sei der Ostrand Asiens gewesen, der sich bis in das Eismeer erstrecke.[1] Wie der große Mann so zäh an seinem geographischen Wahne festhalten konnte, obgleich das paradiesische Elend der halbnackten Eingebornen des tropischen Amerika nicht im geringsten der verfeinerten Gesittung glich, die Marco Polo in China angetroffen hatte, müßte uns unverständlich sein, wenn Colon nicht durch fehlerhafte Beobachtungen von Sonnen- und Mondverfinsterungen in dem Irrthum bestärkt worden wäre, daß er 1494 an der Südküste von Cuba bis zu einem Abstand von neun astronomischen Stunden oder von 135° westlicher Länge von den Canarien vorgedrungen sei.[2]

Da Colon von Veragua aus am Isthmusgestade über den Puerto de Retrete hinaus bis nach Cap San Blas die Küste verfolgte, wo vor ihm schon Bastidas gewesen war, so kannte man jetzt alle Begrenzungen des caribischen Golfes von der Halbinsel Paria bis zum Cap Honduras. Im Jahre 1508 führte Sebastian Ocampo auf Befehl des Statthalters Ovando eine Rundfahrt um Cuba aus, über dessen Inselnatur bis dahin noch immer Zweifel geherrscht hatten,[3] und in dem nämlichen Jahre erforschten drei vortreffliche Seeleute Vicente Yañez Pinzon, Juan Diaz de Solis und Pedro de Ledesma im königlichen Auftrage nochmals die Südküste Cubas bis zu ihrer westlichen Landspitze, aber ein eigensinniger Zufall hielt auch sie zurück, in den mexikanischen Golf einzudringen. Später steuerten sie nach den Inseln der Hondurasbai und enthüllten die Ufer des

[1] Petrus Matyr, De Orbe Novo. Dec. III. cap. 4.

[2] Brief aus Jamaica vom 7. Juli 1503, bei Navarrete I. p. 300.

[3] Herrera, Historia de las Indias Occidentales. Dec. I. lib. VII. cap. 1. Madrid 1730. tom. I. fol. 178.

heutigen Gebietes von Belize.[1] Wären sie der Küste bis zur Höhe der Insel Cozumel gefolgt, so hätten sie vom Meer aus die gemauerten Städte und Tempel der Mayavölker sehen müssen, so aber blieb den Spaniern die Nähe großer Culturreiche in Mittelamerika noch immer ein Geheimniß.

Die Küsten Südamerikas waren von den kleinen spanischen Entdeckern bis zum Cap St. Augustin entschleiert, da man aber weder Gold noch Perlen angetroffen hatte, seit 1501 oder 1502 nie wieder besucht worden. Brasilien würde sich daher noch lange jeder Kunde entzogen haben, wenn es nicht von den Portugiesen hätte gefunden werden müssen. Schon Vasco da Gama hatte sich auf der ersten Fahrt nach Indien südlich von den Inseln des grünen Vorgebirges, um den Windstillen in den Gewässern Guineas auszuweichen, 800 portugiesische Seemeilen von der Küste Afrikas entfernt[2] und den atlantischen Calmengürtel an seiner dünnsten Stelle, nämlich hart an der brasilianischen Küste durchschnitten. In den Vorschriften, die er für eine zweite Fahrt nach Indien zu entwerfen hatte, empfiehlt er seinem Nachfolger, von den Inseln des grünen Vorgebirges so lange südlich zu steuern, bis er die Breite des Vorgebirges der guten Hoffnung erreicht haben würde.[3] Dies ist noch heutigen Tages der kürzeste Weg durch die beiden Passatgürtel, und wir sehen also, daß Vasco da Gama schon die atlantischen Witterungsgesetze klar erkannt hatte. Wurden seine Befehle genau befolgt, so mußte die indische Flotte nach Ueberschreitung der Linie in den Aequatorialstrom gerathen und unmerklich nach der neuen Welt getragen werden. So widerfuhr es wirklich dem portugiesischen Admiral Pedralvarez Cabral, der

[1] Herrera, Dec. I, lib. VI, cap. 17. Madrid 1730. tom. I, fol. 170. Daß er diese Fahrt irrthümlich ins Jahr 1506 setzt, s. Peschel, Zeitalter der Entdeckungen. S. 426. 2. Aufl. S. 335.

[2] Roteiro da viagem que fez Dom Vasco da Gama, ed. Kopke e Dacosta Paiva. Porto 1838. p. 3.

[3] Siehe die Aktenstücke bei Fr. A. de Varnhagen (Historia geral do Brazil. Rio de Janeiro 1854. tom. I, p. 422).

mit 12 Segeln am 9. März 1500 von Lissabon ausgelaufen war und am 21. April völlig unvermuthet ein Land zur Rechten auftauchen sah. Cabral durfte nur bis zum 2. Mai an der neuen Küste verweilen. Bevor er aber seine Fahrt nach Indien fortsetzte, schickte er einen Bericht über die neue Entdeckung mit einem kleinen Schiff nach Lissabon ab. Zwei brasilianische Küstenpunkte unsrer Karten sind von Cabral benannt worden, nämlich der Berg Paschoal, den er zuerst erblickt hatte, und Porto Seguro, wo er landete.[1] König Emanuel von Portugal begriff sogleich den Werth eines Landes, welches seine Indienfahrer auf dem Wege nach der Südspitze Afrika's anlaufen konnten. Er fertigte daher schon am 13. Mai 1501 drei Segel aus Lissabon zur Küstenaufnahme der Insel des heiligen Kreuzes ab, wie man Brasilien damals noch nannte. Den Anführer dieses Geschwaders kennt man noch immer nicht, doch nahm, jedenfalls in untergeordneter Stellung,[2] der Florentiner Amerigo Vespucci Antheil an dieser Fahrt, und ihm verdanken wir die einzigen darüber vorhandenen Nachrichten.[3] Die Ueberfahrt von den capverdischen Inseln nach Südamerika erforderte unter dem Gürtel der Windstillen mehr als zwei Monate, so daß man erst am 17. August in Sicht des Landes kam, am Morgen nach dem Feste des heiligen Rochus, dem zu Ehren das

[1] Varnhagen, Historia do Brazil. tom. I, p. 423 und Pedro Vaz de Caminha's Brief an König Emanuel aus Porto Seguro vom 1. Mai 1500 in Colleção de noticias para a historia e geografia das nações ultramarinas pela Academia real das sciencias. Lisboa 1826. tom. IV, p. 180. Caminha nennt das neuentdeckte Land terra da vera cruz. In Brasilien selbst ist der Titel Imperio da Santa Cruz noch immer gebräuchlich. J. Platzmann, Aus der Bai von Paranagua. Leipzig 1872. S. 79.

[2] Bemerkenswerth ist, daß der Name des Florentiners in den Documenten jener Tage nicht genannt wird.

[3] Die Editio princeps ist die von Lambert s. a. (1503) in Paris gedruckte Flugschrift mit der Ueberschrift Albericus Vespuccius Laurentio petri francisci de Medicis s. p. d. Der italienische Text findet sich bei Bandini (Vita e lettere di Amerigo Vespucci, Firenze 1745. p. 100 sq.).

vorspringende Osthorn Südamerikas benannt wurde.[1] Vom Cap San Roque folgte man der Küste Brasiliens gegen Süden bis zur Bucht von Cananea (26° 3′ s. Br.),[2] wo man sie am 15. Februar wieder verließ, um in südöstlicher Richtung angeblich bis zum 52° s. Br. vorzudringen, wo am 7. April 1502 von weitem Land sich zeigte, das man aber unerforscht lassen mußte. Da in der angegebenen Richtung unter 52° s. Br. weder Insel noch Festland anzutreffen ist, so steht es uns völlig frei, zwischen den nächsten Küsten Neu-Georgien, der Falklandsgruppe oder Patagonien zu wählen. Von Vespucci, der als Geograph und Astronom an der Fahrt theilnahm, wurden ganz sicherlich die Karten der damaligen Entdeckungen entworfen.

[1] Fast alle Küsten- und Inselnamen wurden von Spaniern und Portugiesen nach Kalenderheiligen benannt. Doch hielt man sich nicht streng an den Tag der Entdeckung, sondern wählte bisweilen den Heiligen des vorausgehenden oder des nächstfolgenden Tages. (Barros, Da Asia. Dec. I, livro III, cap. 4.)

[2] Diese Angabe findet sich zwar nicht im Text, allein F. v. Varnhagen hat (Diario da Navegacaõ de Martim Affonso de Souza, p. 88) mit großem Scharfsinn nachgewiesen, das in dem alten portugiesischen Atlas von Vaz Dourado (abgedruckt in dem „Atlas zur Entdeckung Amerikas" von Kunstmann und Thomas, München 1859) die Küstennamen nach den Heiligentagen von Nord nach Süd in strenger Ordnung folgen: Cabo de San Roque 16. August, C. de Sto. Agostinho 28. August, Rio de S. Miguel 29. Sptbr., Rio de S. Jeronymo 30. Septbr., Rio de S. Francisco 4. Octbr., Rio das Virgens 21. Octbr., Rio de Sta. Luzia 13. Decbr., C. de San Thomé 21. Decbr., Bahia do Salvador 25. Decbr., Rio de Janeiro 1. Januar, Angra dos Reis (Dreikönigsbucht) 6. Januar. Wir können jedoch nach dem Verfahren des Herrn v. Varnhagen den Entdeckern noch weiter folgen. Auf einer sehr alten portugiesischen Seekarte in dem ebengenannten Atlas der münchner Akademie, welche uns ein Bild der frühesten portugiesischen Entdeckungen in Amerika bietet, und wo sich die meisten Namen des Vaz Dourado wiederfinden, folgt auf die Dreikönigsbucht ein Cabo da Paz, ein Rio de Sam Vicente (Vincentius v. Saragossa 22. Jan.), eine Ilha de Goanas und der Rio de Cananea. Daß sich portugiesische Schiffe 1502 wirklich bei Cananea aufhielten, wissen wir daraus, daß Martim Affonso de Souza (Diario ed. Varnhagen, S. 30) 1531 dort einen portugiesischen Verbrecher antraf, der vor 30 Jahren nach der damaligen Criminalpraxis zur Verbannung in Brasilien ausgesetzt worden war.

Copien dieser Ländergemälde gelangten nach verschiedenen Städten Europas mit den Reiseschilderungen des Florentiners und gingen unter dem Titel „Seekarte der Portugiesen" in etliche Ausgaben des Ptolemäus über.[1]

[1] Daß das Original der Charta marina portugalensium ohne Datum, im Ptolemäus Argent. 1513 (wieder abgedruckt in Lelewel's Atlas alter Karten), von Vespucci herrühre und dieselbe Karte sei, von der Peter Martyr aus Anghiera (De Orbe Novo. lib. II, cap. 10) bemerkt: charta navigatoria a Portugalensibus depicta in quam manum dicitur imposuisse Americus Vesputius Florentinus vir in hac arte peritus, wird fast eine Gewißheit, wenn man sieht, daß auf der Karte des straßburger Ptolemäus die Allerheiligenbucht Bahia de todos os santos, welche 1501 am 1. November entdeckt und dem Geschwader von 1502 als Sammelplatz angewiesen worden war, in eine Abbatia (Abtei) omnium Sanctorum verwandelt worden ist. Dasselbe Mißverständniß des Wortes bahia finden wir sowohl in der lateinischen Ausgabe von Vespucci's Reisen, wie in ihrer italienischen Uebersetzung (badia di tutti i Santi, bei Bandini p. 61). Daraus darf man schließen: 1) daß es ein und dieselbe Person gewesen sein muß, welche das portugiesische bahia (Bai) mit Abtei übersetzte; 2) daß ein gebildeter Geograph wie Vespucci, der an Bord portugiesischer Fahrzeuge zweimal nach der neuen Welt reiste, den Sinn des Ausdruckes bahia nicht mißverstehen konnte, daß er also nicht die Uebersetzungen seiner Reisen durch Bartolomeo del Giocondo (Jocundus interpres in der lateinischen Ausgabe) überwachte; daß 3) dieser Giocondo den Uebersetzungen von Vespucci's Reisen eine Karte beifügte, auf welcher dasselbe Mißverständniß wiederkehrt; 4) daß diese Karte es war, von der Waldseemüller in seiner Cosmographiae introductio spricht, die sich aber in keinem Exemplare seiner Schriften findet, sondern erst später im straßburger Ptolemäus von 1513 wieder auftaucht, aber schon früher von Johannes Ruysch zu seiner Ausgabe des Ptolemäus (Rom 1507 und 1508) benutzt worden ist, welcher ebenfalls eine Abbatia omnium sanctorum und einen rio Cananor statt Cananea angibt; 5) daß wenn diese Karten Copien des Originals von Vespucci's Hand gewesen sind, die neue Welt darin nicht den Namen Amerika, sondern Mundus novus führt und Colon ausdrücklich als ihr Entdecker bezeichnet wird. Da aber die Briefe des Columbus an den König von Spanien auf einen engen Leserkreis beschränkt blieben, die ausführlicheren Berichte Vespucci's dagegen, weil sie von großen unbekannten Länderräumen erzählten, sich rasch verbreiteten, indem besonders die italienischen Druckereien den Ruhm ihres Landsmannes laut verkündeten, so darf uns nicht wundern, schon 1507 in einer zu Vicenza gedruckten Sammlung der Briefe den Titel: Mondo Novo e paesi nuovamente retrovati da Alberico Vespuzio fiorentino zu finden. Im selben Jahre bezeichnet der deutsche Gelehrte Martin Waltze-

Dom Emanuel von Portugal schickte nach der Rückkehr des Geschwaders sogleich im nächsten Jahre 1503 unter Gonçalo Coelho sechs Segel abermals nach Brasilien ab,[1] die aber keine neue Küstenstrecke aufrollten, sondern nur bei der Ueberfahrt die atlantische Insel entdeckten, die wir jetzt Fernaõ Noronha nennen.[2] Amerigo Vespucci nahm auch an dieser Reise theil. Brasilien hatte den Entdeckern kein Gold geboten, sondern nur sein Farb- oder Brasilholz, von welchem das Land seinen Namen herleitet; die Erforschungen wurden daher nicht weiter fortgesetzt, und der Rio de Cananea blieb die äußerste Grenze der portugiesischen Entdeckungen; auch sollten noch Jahre verstreichen, ehe an die erste Besiedelung Brasiliens gedacht wurde.[3]

Wie entscheidend das Vorkommen von Gold für den Gang der Entdeckungen wurde, lassen uns auch die Schicksale der ersten spanischen Ansiedler auf der Küste Dariens erkennen, die aus den Trümmern zweier glänzenden Unternehmungen des Jahres 1509 bestanden, wovon die eine unter Hojeda ursprünglich nach

müller (Hylacomylus) von St. Dié in Lothringen die neue Welt mit dem Namen Terra America. Der Name fand rasch Anklang. Eine kürzlich in Wien aufgefundene Karte vom Jahre 1509 zeigt zuerst den Namen America. (d'Avezac, Allocution à la société de géogr. p. 16. Paris 1872. Ein anonymes englisches Theaterstück A new interlude vom Jahre 1511 enthält bereits die Verse:

> But this newe lands founde lately
> Ben callyd America, by cause only
> Americus dyd furst them fynde.

Harrisse, Bibl. amer. vetust. p. 50—51. Die erste gedruckte Karte der neuen Welt, worin der Name America sich findet, von Appianus 1520 entworfen, ist der wiener Ausgabe des Jul. Solinus beigegeben. (R. H. Major, Prince Henry of Portugal. p. 388.)

[1] Damiaõ de Goes, Rey Emanuel. 1a parte, cap. LXV, p. 50.

[2] Sie hieß ursprünglich Sam Joam, siehe die Schenkungsurkunde an den Ritter Fernaõ de Noronha, dd. Lissabon 16. Januar 1504 im Diario de Martim Affonso de Souza. ed. Varnhagen. p. 71.

[3] An die Küste Brasiliens wurde im Anfang des Jahres 1504 auch Gonneville von Honfleur mit seinem Schiffe verschlagen. (Vgl. d'Avezac, Voyage du Capitaine de Gonneville in Annales des Voyages. 1869. tom. II. p. 257 et suiv.)

Venezuela, die andre unter Nicuesa ursprünglich nach der Landenge von Panama bestimmt gewesen war, und die sich nordwestlich von der Atratomündung[1] unter dem Befehl Vasco Nuñez Balboa's vereinigt hatten. Auf seinen spätern Beutezügen hatte dieser Abenteurer aus dem Munde eines Indianerfürsten erfahren, daß jenseit der Cordillere ein andres Meer mit goldreichen Küsten liege; aber erst im Herbste 1513 konnte er seinen Marsch nach der Südsee antreten. Von der Caretobucht zog er in das Thal des Chucunaque, erfocht sich den Durchzug durch verschiedene Gebiete streitbarer Caziken, bis er am 25. September von einem Höhenkamm das jenseitige Meer in dem tief eingeschnittenen Golf San Miguel[2] zuerst erblickte.[3] Die Landenge, welche das südliche und das nördliche Amerika aneinander befestigt, streicht an ihrer schwächsten Stelle von West nach Ost. Die Spanier, welche von Norden kamen, nannten deswegen den caribischen Golf Mar del Norte, das neue Weltmeer jenseit der Gebirge Mar del Sur, und auf diese Art hat sich in die geographische Sprache der Name Südsee für den stillen Ocean eingeschlichen. So lange es an den jenseitigen Küsten noch Gold bei den Eingebornen und Kleinodien von den noch reichen Perlenbänken der Panama-See zu erbeuten gab, wurden die Entdeckungen nicht fortgesetzt. Seit 1515 erstreckten sich aber die Raubzüge auf der südlichen Seite der Landenge schon bis zum heutigen Natá und Parita an der Halbinsel gleichen Namens, und im Jahre 1517 gelangte Espinosa mit dem ersten Schiffe, das in der Südsee und zwar auf der Perleninsel in dem Panamagolfe gebaut worden war, bis zur Nicoya-

[1] Der erste Ansiedelungsplatz an der einst volkreichen, jetzt fast ganz verödeten Küste Dariens hieß Santa Maria del Antigua und lag an dem Darienflüßchen nordwestlich von der Atratomündung (siehe Peschel, Zeitalter der Entdeckungen. S. 443. 2. Aufl. S. 348).

[2] Der Name hängt wiederum zusammen mit dem Datum der Entdeckung.

[3] Oviedo, Historia general y natural de las Indias. lib. XXIX, cap. 3. Madrid 1853. tom. III, fol. 11.

bucht.[1] Erst 1522 wurde dieser Küstenpunkt von einem andern Abenteurer, Gil Gonzalez, abermals besucht, der mit vier Schiffen ausgelaufen war und von jenem Golfe mit den seinigen bis an den See von Nicaragua marschirte, während inzwischen sein Steuermann mit den Schiffen die Küstenfahrt über Cabo Blanco fortsetzte[2] und seiner letzten Entdeckung, dem schönsten Golfe Mittelamerikas, den Namen der Fonsecabucht hinterlassen hat.[3] Dies war die letzte Entdeckung, welche von den Niederlassungen bei Panama gegen Nordwesten ausgeführt wurde.

Seit Vincente Yañez Pinzon 1508 den Golf von Honduras und die Küste von Belize gesehen hatte,[4] erweiterte erst im Frühjahr 1513[5] eine Fahrt des Ritters Ponce de Leon zur Aufsuchung des Jugendbrunnens die Grenze des Bekannten in Westindien. Das Geschwader führte Antonio de Alaminos, ein Seemann ersten Ranges. Den Brunnen, der Greisen ihre Jugendkräfte zurückgeben und der nach einer Sage der Bahamaindianer nördlich von ihren Inseln im Lande Bimini liegen sollte, fand er freilich nicht, wohl aber eine Halbinsel, die er Florida nannte. Bis zum 8. April setzte er seine Fahrt an ihrer Ostküste zur Höhe von 30° n. Br. fort, umsegelte dann auf der Rückfahrt Cap Florida, entdeckte westlich davon die Korallenbauten, denen er ihre heutigen Namen Märtyrer- und Schildkröteninseln (Tortugas) hinterließ, und berührte bei der

[1] Sie hieß damals die Bai von San Vicente. Vgl. die weimarische Weltkarte von 1527 bei J. G. Kohl, Generalkarten von Amerika. Weimar 1860.

[2] Er nannte das Land Papagayo, wahrscheinlich in Folge eines Mißverständnisses, denn in Nicaragua heißt der dort herrschende Ost- oder Landwind Papagayo. Felix Belly in der Revue des deux Mondes 1860. tom. XXVIII, p. 892.

[3] Siehe das Nähere bei Peschel, Zeitalter der Entdeckungen. S. 502 bis 520. 2. Aufl. S. 395—409.

[4] Den Stand der Entdeckungen im caribischen Golfe um jene Zeit zeigt uns die Karte des Vesconte de Majolo (Bl. V) im Atlas der münchner Akademie.

[5] Daß Herrera fälschlich das Jahr 1512 angibt, siehe Peschel, Zeitalter der Entdeckungen. S. 521. 2. Aufl. S. 411.

Heimkehr durch die Bahamainseln auch die Biminibänke am andern Ufer der Floridastraße.[1]

Auch bei dieser Fahrt blieb den Spaniern der Golf von Mexiko, dessen Zugänge sie nun dreimal schon betreten hatten, wie durch einen Zauber verschlossen. Der Zufall, der große Helfer, lenkte es endlich so, daß Francisco Fernandez de Cordoba, ein cubanischer Pflanzer, der mit drei Schiffen von Habana 1517 ausgelaufen war, um auf den Hondurasbaiinseln Eingeborne zum Sklavendienst nach den cubanischen Goldwäschen wegzuschleppen, unvermuthet am 1. März zur Rechten Land und zwar das Cap Catoche auf Yucatan gewahrte. Die Spanier stießen dort auf die ersten Spuren höherer Gesittung, auf gemauerte Städte und auf züchtig bekleidete und gewerbfleißige Bewohner. Cordoba folgte der Küste gegen Westen eine Strecke über Champoton hinaus, aber er und seine Gefährten verdankten es nur dem kundigen Antonio de Alaminos, der als Steuermann das Geschwader führte, daß sie nach großen Drangsalen über Florida den Heimweg nach Cuba fanden.[2]

Auf Cordoba folgte im Auftrage von Diego Velasquez, des Statthalters auf Cuba, seines Oheims, Juan de Grijalva, der mit vier Schiffen von Matanzas auf Cuba am 20. April 1518 auslief, am 4. Mai Acusamil (Cozumel), die heilige Schwalbeninsel der Yukateken, am 7. Mai das Festland selbst entdeckte[3] und wiederum geleitet von dem trefflichen Alaminos,

[1] Herrera, Dec. I, lib. IX, cap. 10. Madrid 1730. tom. I, fol. 246. Lange Zeit noch wurde Florida selbst Bimini geheißen.

[2] Wir besitzen den einzigen Bericht eines Augenzeugen bei Bernal Diaz, Conquista de la Nueva España. cap. 1—6. Dagegen haben wir in Bl. IV des Atlas der münchner Akademie ein Bild von der Entwicklung der damaligen Entdeckungen. Jene Karte ist zwar nur eine Copie, das Original jedoch kann von niemand anderm herrühren, als von Antonio de Alaminos.

[3] Wenn es im Itinéraire du voyage à l'île de Yucatan par le chapelain en chef de la flotte de Grijalva (bei Ternaux Compans, Voyages, relations et mémoires pour servir à l'histoire de la découverte de l'Amérique. Paris 1838. p. 10) heißt: „Am Freitag den 7. März erreichten

über Champoton hinaus die Boca de Terminos erreichte. Da er sie für eine Durchfahrt hielt, welche das Festland zertheile,[1] so gab er Yucatan den Namen Insel Santa Maria de los Remedios.[2] Immer das Gestade zur Linken behaltend, ging er am Tabascofluß vorüber, empfing bei dem heutigen Rio Blanco die erste denkwürdige Begrüßung von Seiten der Botschafter des Tschitschimekenkaisers Montezuma und setzte seine Küstenfahrt bis zum Flusse Jatalpa (Rio de Canoas) fort, von wo er am 28. Juni heimkehrte.[3]

Die Kunde von den Metallreichthümern der neuen Länder verbreitete sich mit solcher Hast über die Antillen, daß, ehe noch Velasquez den Ferdinand Cortes mit seiner Flotte abfertigen konnte, Francisco de Garay, der Statthalter Jamaicas, noch im Jahre 1518 oder Anfang 1519 einige Schiffe unter Alfonso Alvarez Pineda aussenden konnte, die vom Panuco aus in der Richtung gegen Florida weitere 100 spanische Seemeilen Küste

wir die Insel Yucatan," so muß der 7. Mai gelesen werden; denn der 7. März fiel auf einen Montag, der 7. Mai auf einen Freitag.

[1] Auf der weimarischen Karte von 1527 und auf Diego Ribero's Karte von 1529 (bei J. G. Kohl, die ältesten Generalkarten von Amerika. Weimar 1860) ist Yucatan durch enge Canäle vom Festland geschieden, als Insel erscheint es sogar noch auf der Karte Bl. VI im Atlas der münchner Akademie, welche nach dem Jahre 1540 entworfen worden sein muß. Zur Erklärung dieses Mißverständnisses dienen folgende Worte im Itinéraire, p. 21—22: Les pilotes déclarèrent que dans cet endroit l'île de Yucatan se séparait de l'île Riecha (Isla Rica por Yucatan, die reiche Insel hinter Yucatan nannte Grijalva das mexikanische Gestade, welches er entdeckt hatte) nommée Valor (lies Ulloa) que nous découvrîmes.

[2] Ursprünglich hieß auch Cozumel Santa Cruz, und die mexikanische Küste Santa Maria de la Nieves, vgl. Velasquez' Instructionen an Ferdinand Cortes vom 23. Oct. 1518, in Coleccion de Documentos inéditos para la Historia de España. Madrid 1842. tom. I, p. 387.

[3] Bernal Diaz, Conquista cap. 10. Nach J. G. Kohl (Geschichte der Entdeckung des Golfs von Mexiko in der Zeitschrift für Erdkunde 1863. Bd. XV, S. 32) war nicht der Panuco- oder Tampicofluß die äußerste Grenze des Grijalva, sondern der Jatalpa, auf den alten Karten Rio de San Pablo y Pedro genannt. Diese Vermuthung wird um so glaubwürdiger, als der Peter- und Paulstag der 29. Juni ist.

aufnahmen. Mit diesen Entdeckungen ließ sich 1519 Garay in Spanien belehnen und noch in dem nämlichen Jahre durch ein zweites Geschwader von Grijalvas äußerstem Punkte bis zum Cap Florida die Lücken der Küstenlinien ausfüllen.[1] Peter Martyr sah eine Karte von dieser Entdeckungsfahrt, auf welcher die nördliche Curve des mexikanischen Golfes angegeben und Florida zum ersten Male als eine Halbinsel dargestellt war.[2]

In der Südsee wurden die Entdeckungen durch die am 13. August 1521 vollendete Eroberung Mexiko's beträchtlich beschleunigt. Gleich nach dem Fall der Stadt erschienen indianische Botschafter aus Mechoacan, durch die Cortes erfuhr, wie nahe er sich der Südsee befinde. Unverzüglich schickte er zwei spanische Abtheilungen nach der Küste, um dort unter den herkömmlichen Formen die Besitzergreifung zu vollziehen,[3] und am 6. December 1523 ließ er Pedro de Alvarado mit Reiterei und Geschütz über Tehuantepec zur Eroberung von Guatemala aufbrechen,[4] so daß dort fast gleichzeitig die Besieger Mexiko's mit den Seeleuten des Gil Gonzalez d'Avila, die bis zur Fonsecabucht (1523) vorgedrungen waren,[5] zusammentrafen.

[1] Las Casas, lib. III, cap. 117. Nach Navarrete (tom. III, Doc. 45, p. 147) liefen die vier Garayschen Schiffe 1519 aus, brachten 8—9 Monate auf der Fahrt zu, die bei Florida begann, die Auffindung einer mittelamerikanischen Meerenge zum Zweck hatte und bei Cortes' Gebiet endigte. Die Strecke vom Jatalpa bis zum Panuco (Tampico) hatten dagegen schon zuvor auf Cortes' Befehl Montejo und Alaminos in dem nämlichen Jahre entdeckt, siehe J. G. Kohl, die ältesten Generalkarten von Amerika. Weimar 1860. fol. 108.

[2] Petr. Martyris de Orbe Novo, Dec. V, cap. I. Garajus post Joannis Pontii (Don Juan Ponce de Leon) obitum, ea littora perlustrans, ait se reperisse Floridam esse non Insulam sed per vastos inflexus huic Temustitanae (Tenochtitlan, Mexiko) terrae conjungi.

[3] Prescott, Conquest of Mexico. New-York 1846. tom. III, p. 237. Oviedo, lib. XXXIII, cap. 31, tom. III, fol. 425.

[4] Herrera, Indias Occident. Dec. III, lib. V, cap. 8. Madrid 1730. tom. III, fol. 163.

[5] Siehe oben S. 263.

Cortes hatte schon im Jahr 1527 ein Geschwader nach den Molukken abgesendet und, die begünstigte Lage seiner Statthalterschaft zwischen zwei Weltmeeren erkennend, Zacatula am Rio de las Balsas in Mechoacan als den besten Hafen für Unternehmungen in der Südsee ausersehen, wo er Inseln „voll Gold, Perlen und Gewürze" zu entdecken sich versprach.[1] Ehe er aber etwas Ernstliches zur Erweiterung der Erdkunde beginnen konnte, war ihm ein Abenteurer Nuño de Guzman zuvorgekommen, der am Anfang des Jahres 1530 von Mexiko gegen Nordwesten aufbrach[2] und nach Ueberschreitung des Rio de la Purificaçion (Rio Pantla) das heutige Jalisco und selbst Cinaloa bis zum Flusse gleichen Namens sich unterwarf. Seiner Heimat gedenkend, nannte er die Eroberung Neu-Galicien und die wichtigste Niederlassung Compostela.[3]

Nachdem Cortes vergeblich an den Küsten des mexikanischen Golfes wie des stillen Meeres nach einer vermutheten Meerenge oder Durchfahrt hatte suchen lassen,[4] rüstete er eine Unternehmung nach der andern aus, um die Begrenzung der Westküste

[1] Terza Relatione del Sign. Fernando Cortese in Ramusio Navigationi et Viaggi. Venetia 1606. fol. 234.

[2] Sein zweiter Bericht an den Kaiser bei Ramusio (tom. III, fol. 183) ist aus Omitlan 8. Juli 1530 datirt. Oviedo, der den Bericht eines Augenzeugen, Francisco de Arzeo, vor sich hatte, verlegt den Abmarsch irrthümlich in das Jahr 1533. (Hist. de las Indias, lib. XXXIV, cap. 3. Madrid 1853. tom. III, fol. 563.)

[3] Dieser Ort liegt südlich von der Mündung des Santiago. Das heutige Cinaloa behielt seinen alten Namen Culiacan und die nördlichste Niederlassung der Spanier an der dortigen Küste blieb lange Zeit die Stadt San Miguel di Culiacan. Die geographische Erläuterung der Unternehmungen des Cortes bietet die größten Schwierigkeiten, die sich nur heben lassen durch Benutzung der Karte Bl. VI im Atlas der münchner Akademie, welche nach Ulloas Küstenaufnahme (1540) entworfen worden ist, sowie des Cornel. Wytfliet, Descriptionis Ptolemaici Augmentum. Lovan. 1597. p. 74 sq. Das S. Miguel der münchner Karte lag nach Wytfliet zwischen dem Rio Piastla und Rio Culiacan, also etwa 24° 30′ n. Br

[4] Quarta Relazione del Sign. Fern. Cortese bei Ramusio, tom. III, Venetia 1606. fol. 245 verso.

Nordamerikas zu ermitteln. Er selbst schwebte im Zweifel, wie wir aus seinen ersten Instructionen wahrnehmen, ob die neue Welt eine Insel sei, die im Norden von dem atlantischen Meere bespült werde, oder ob die Westküste nicht nach einem Festlande, vermuthlich nach China hinüber reiche, wo seine Entdecker auf eine überlegene Seemacht stoßen könnten. Die Aufgabe der ersten Fahrt beschränkte er darauf, 100 oder 150 Meilen jenseit der Guzman'schen Entdeckungen an der Küste sich fortzutasten und zunächst mit einer Karte und Beschreibung des Gefundenen heimzukehren.[1] Das Glück war aber dem Marques nicht sehr hold. Sein erster Kapitän Diego Hurtado de Mendoza kehrte nie wieder heim. Ihn und die seinigen hatten die Eingebornen 1531 an der Küste Cinaloas erschlagen.[2] Von den nächsten zwei Schiffen, die 1533 ausliefen, kam nur der San Lazaro unter Hernando de Grijalva zurück, der auf seinen Kreuzfahrten in der Südsee nichts entdeckt hatte, als die östlichste Insel unsrer Revillagigedogruppe.[3] Auf dem andern Schiffe hatte die meuterische Mannschaft ihren Anführer umgebracht und sich dann unter den Befehl des Steuermanns, Fortun Ximenez, eines Basken, gestellt, welcher so glücklich war, die Südspitze der Halbinsel Californien zu entdecken. Bei einer Landung war aber auch er mit 22 Gefährten von den Einge-

[1] Instruccion que dió el Marques del Valle año de 1532 á Diego Hurtado de Mendoza, in Documentos inéditos para la historia de España, tom. IV, p. 167 sq.

[2] Nach dem Memorial de Hernan Cortes á S. M. el Emp. Cárlos V. dd. Mexico. 1539, in Documentos inédit. para la hist. de España. tom. IV, p. 202 wäre Mendoza bis 27° n. Br. gedrungen. Der Rio Petatlan jedoch, wo er fiel (Herrera, Dec. V, lib 1, cap. 7, tom. V, fol. 15), lag südlicher als der Cinaloafluß und mündete wahrscheinlich unter 25° 10′ n. Br.

[3] Nach Gomara (La Conquista de Mexico. Antwerpen 1554. S. 182) fand Grijalva unter 20° n. Br. eine Insel, die er Santo Tomas nannte. Bei Vaz Dourado (Bl. XII des Atlas der münchner Akademie) erkennt man das ehemalige Santo Tomas als die heutige St. Benedictinsel (19° 30′ n. Br.) der Revillagigedos.

bornen erschlagen worden,[1] so daß nur drei oder vier Spanier mit dem Fahrzeug nach Jalisco entkamen. Obgleich sie dort von Nuño de Guzman zurückgehalten wurden, verbreitete sich doch die Kunde, daß sie eine reiche Perlenküste entdeckt hatten, rasch nach Mexiko. Cortes brach jetzt selbst mit einem Geschwader von drei Schiffen auf, erblickte am 1. Mai 1535 die Südspitze von Californien und lief am 3. Mai in den Hafen Santa Cruz ein, wo Ximenes Perlenbänke gefunden hatte. Der Versuch, dort eine Niederlassung zu gründen, schlug aber dem großen Eroberer gänzlich fehl, und nach unsäglichen Gefahren und Drangsalen mußte er sich wieder nach Mexiko einschiffen.[2]

Die größte Bereicherung gewann die Erdkunde durch das letzte Unternehmen, welches Cortes ausrüstete und dem Francisco de Ulloa anvertraute, der ihn auf seinen californischen Fahrten begleitet hatte. Mit drei Segeln verließ er am 8. Juli 1539 Acapulco und lief, die Festlandsküste immer zur Rechten behaltend, am 12. September in den californischen Meerbusen hinein. Als er etwa die Höhe der Insel Tiburon erreicht hatte, wurde Land an beiden Schiffsborden sichtbar; doch blieben die Entdecker im Zweifel, ob die Küste zur Linken aus Inseln bestände oder einen Zusammenhang mit dem Festlande besäße,[3]

[1] Der Hafen, wo Ximenes landete, ist derselbe, den Cortes später Santa Cruz nannte und liegt hinter der Insel Cerralbo. Der einheimische Name dieser Bucht, California, wurde später auf die Halbinsel übertragen (siehe Miguel Venegas, Noticia de la California. Parte II, §. 2. Madrid 1757, tom. I, p. 153, 156 und die Karte).

[2] Herrera, Dec. V, lib. VIII, cap. 9. Madrid 1730, tom. V, fol. 197. Gomara (Conquista de Mexico. Antwerpen 1554. S. 282[a]) setzt die Unternehmung in das Jahr 1536. Der Hafen Santa Cruz ist auf Bl. VI des Atlas der münchner Akademie durch einen Fehler des Abschreibers mit + b. de los. S. statt B (ahia) de la Santa + (Cruz) angegeben. Wytfliet kennt ein Cap de Cruz unter 23° 30′ n. Br., wie Herrera die Breite jenes Hafens bestimmt, in der Lage, wo unsere Karten jetzt S. José Salate angeben. Der Puerto de la Santa Cruz wurde 1596 von Sebastian Vizcaino in Puerto de la Paz umgetauft, wie er noch heute heißt.

[3] Den Bericht des Francisco Preciado bei Ramusio, Navigationi. Venetia 1606. tom. III, fol. 284[b].

als sie schon die äußerste Vertiefung des Meerbusens von Californien oder, wie er damals noch hieß, des rothen Meeres[1] erreicht hatten. Die abnehmende Tiefe des Wassers verstattete keine völlige Annäherung an die Küste. Doch wollten der Kapitän und die Piloten von der Höhe der Masten wahrgenommen haben, daß der Golf im Norden bis auf eine geringe Lücke, die der Mündung eines Binnensees glich, von einem niedrigen Ufer geschlossen wurde. Leider kehrte Ulloa, ohne durch seine Boote jene Lücke näher untersuchen zu lassen, nach Süden um, diesmal dem östlichen Ufer der californischen Halbinsel bis zum Puerto de Santa Cruz folgend, den er am 18. October erreichte. Stürme warfen ihn zwar von dort nach der Küste von Jalisco bis zu den drei Marien-Inseln zurück,[2] aber schon am 7. November finden wir sein Geschwader auf der pacifischen Seite der Halbinsel Californien, wo es mit beständigen Gegenwinden kämpfend, mühsam nach höheren Breiten strebte und am 9. Januar 1540 seinen äußersten Punkt gegen Norden nämlich das Cap Engaño gewann.[3]

Wenn auch nach dieser Reise die Vermuthung verstattet war, daß die Halbinsel Californien durch einen engen Sund vom Festlande getrennt werde, so mußten doch alle Zweifel darüber schwinden, nachdem im Auftrage des Vicekönigs von Mexiko, Don Antonio de Mendoza, im Jahre 1540 Hernando

[1] Mar bermejo auf den alten Karten.

[2] Preciado bei Ramusio a. a. O. fol. 287ᵃ bemerkt: queste pioggie ci colsero tra l'Isole di San Giacomo et San Filippo et l'Isola delle perle all' incontro della terra ferma. Daß die hier erwähnte Insel Santiago zu den Tres Marias gehört, ergibt sich aus Bl. VI des Atlas der münchner Akademie.

[3] Gomara l. c. p. 285. Bl. VI im Atlas der münchner Akademie ist nach einer Karte Francisco de Ulloa's oder eines seiner Piloten copirt worden. Der letzte benannte Küstenpunkt ist die Punta de Engaño (Vorgebirge der Täuschung), woraus durch Mißverständniß auf den heutigen Karten ein Cap S. Eugenio geworden ist. Bei Wytfliet erscheint dieses Vorgebirge sowie die Cederninsel zweimal als Cap de Engaño und als Cap de islas de los Cedros.

de Alarcon mit zwei Schiffen nicht blos in die nördliche Verengerung des californischen Golfes eingelaufen, sondern auch in einem Boote noch 85 spanische Meilen den Colorado (Rio de Buena Guia) hinaufgegangen und vier Grad nördlicher vorgedrungen war als Ulloa.[1] Dennoch konnte noch im Jahre 1695 der französischen Academie eine Karte vorgelegt werden, auf welcher Alt-Californien als Insel dargestellt worden war.[2]

Der Vicekönig Don Antonio de Mendoza, der an Eifer hinter Cortes nicht zurückbleiben wollte, ließ zwei Jahre nach Ulloa's Heimkehr ein neues Stück der Westküste von einem Portugiesen, Juan Rodriguez Cabrillo aufdecken. Im Jahre 1542 drang dieser Seemann über Cap Engaño hinaus, entdeckte am 10. October die Canoasbai[3] und erreichte bis Mitte November den Hafen Monterey.[4] Im nächsten Jahre setzte er seine Küstenentdeckungen noch weiter gegen Norden fort und

[1] Relacion del armada de Francisco Ulloa, Documentos inéditos para la historia de España. Madrid 1844. tom. IV, p. 219. Herrera, Dec. VI, lib. IX, cap. 15. Madrid 1730. tom. VI, fol. 212.

[2] Die alten spanischen Karten und die merkwürdige Urkunde Bl. VI im Atlas der münchner Akademie geben ein richtiges Bild der Küstengliederung. Als Insel erscheint Altcalifornien zuerst auf der Karte des Master Brigges, bei Purchas (Pilgrims, London 1625. tom. III, fol. 853) und ihr sind dann die besten holländischen Kartenzeichner des 17. Jahrhunderts gefolgt. Die Belgier wollten auf einem gekaperten Spanier Karten gefunden haben, auf welchen Californien als Insel dargestellt war. Varenius, geogr. gener. Amstel. 1671. p. 73. Heinrich Hondius zeichnete sie dann 1630 auch als Insel. S. Ruge, Fretum Anian. p. 29. Die holländischen, französischen und italienischen Karten zeigen fast ohne Ausnahme Alt-Californien als Insel.

[3] Bai Canoas unsrer Karten 29° 30′ nicht 35° n. Br., wie Herrera, Dec. VII, lib. V, cap. 3. Madrid 1730. tom. VII, fol. 89 es angibt. Nach Miguel Venegas (Noticia de la California, Part. II, § 3. Madrid 1757. tom. I, p. 182) doublirte und benannte Cabrillo das Cap Mendocino, erreichte im Januar 1543 das Cabo de Fortunas unter 41° n. Br. und befand sich am 10. März an seinem äußersten Ziele unter 44° n. Br., quarenta y quatro (?) grados.

[4] Er nannte ihn Puerto de Pinos, dem Herrera (Dec. VII, lib, V, cap. 3. Madrid 1730. tom. VII, fol. 91) und Wytfliet a. a. O. p. 80 fälschlich eine Breite von 40° statt 36° 50, gegeben haben.

gewann am 14. Februar 1543 als äußerstes Ziel das Vorgebirge Fortunas, wahrscheinlich das heutige Cap Mendocino (40° 29′ n. Br.).[1]

Eine lange Pause verstrich, ohne daß sich die Spanier von neuem regten. Die entdeckten Küsten hatten ihren Erwartungen nicht entsprochen, denn es war ihnen nicht beschieden den Schleier zu heben, welcher die Reichthümer Californiens[2] bedeckte. Spottend konnte daher auch Gomara von der schönen Entdeckung Ulloa's sagen: „der Lärm darüber sei größer gewesen, als die Nüsse." Flüchtig vorübereilend war ein neues Stück der californischen Küste 1578 von Franz Drake auf seiner Reise um die Welt gesehen worden.[3] Unter spanischer Flagge wurde aber die Küstenenthüllung erst 1602 von Sebastian Vizcaino mit zwei Schiffen fortgesetzt. Als Aufgabe hatte man ihm gestellt, ein weißes Vorgebirge zu erreichen, welches auf den holländischen Karten (von Wytfliet nämlich) angegeben war. Als Vizcaino eine Strecke jenseit Cap Mendocino schneebedeckte Küstenkämme gewahrte, welche dem Cap Blanco zu entsprechen schienen,[4] kehrte er am 22. Januar 1603 wieder um; aber

[1] Nach Wytfliet lag das Cap de Fortuna noch jenseit Cap Mendocino. Antonio Galvaõ (Tratado dos descobrimentos ed. Bethune. London 1862. p. 230) läßt Cabrillo 45° n. Br., Miguel Venegas (Noticia de la California, Part. II, § 3. Madrid 1757. tom. I, p. 182) ihn jenseit des Cap Fortunas (41° n. Br.) 44° n. Br., und Navarrete (Viajes y descubrimientos apócrifos p. 33) ihn eine gleiche Höhe erreichen. Cap Fortunas war der äußerste Punkt und darf nicht höher als 41° n. Br. gesucht werden.

[2] Der Hafen von San Francisco, das „goldene Thor", wurde 1595 gefunden und führte anfangs den Namen de los Reyes.

[3] Franz Drake sah auf der Ueberfahrt von Guatulco nach den Ladronen die Westküste Nordamerikas am 5. Juni unter 43° n. Br. und folgte ihr gegen Süden bis 38½ n. Br. So lauten die Angaben in Famous Voyage of Sir Francis Drake bei Hakluyt, tom. III, fol. 737, während er nach Fletchers World encompassed by Sir Francis Drake ed. W. S. W. Vaux. London 1854, p. 115, 119 bis 48° n. Br. gekommen wäre, was jedoch einem Druckfehler zuzuschreiben ist.

[4] Miguel Venegas (Noticia de la Californica, part II, § 4, Madrid 1757. tom. p. 191) dehnt die Fahrt des Vizcaino über Cap Mendocino

Martin de Aguilar, der mit seinem Schiffe durch einen Sturm von Vizcaino getrennt worden war, wagte sich noch weiter bis zu einem anderen weißen Vorgebirge unter dem 43. Breitengrade (19. Januar 1603).[1]

An dieser Stelle der Westküste Nordamerikas sind die Entdeckungen der Spanier ermattet. Erst 171 Jahre später erwachte von neuem ihre Thätigkeit; als aber Kapitän Cook 1774 zu seiner dritten großen Entdeckungsfahrt auslief, gab es keine Karte, welche eine Kenntniß des nordamerikanischen Festlandes über den 43. Breitengrad nordwärts gezeigt hätte, mit Ausnahme der kurzen Uferstrecken, die Bering und Tschirikow vorher gesehen hatten. Alle andern Entdeckungen unter spanischen Farben vor 1774 beruhten auf gefälschten Berichten. Es sind sogar gegründete Zweifel über die frühere Auffindung der De Fucastraße vorhanden. Im Jahre 1596 meldete sich nämlich in Venedig bei Michael Lok, dem dortigen Consul der türkischen Handelsgesellschaft in London, ein kephalonischer Grieche, Apostolos Valerianos, der unter dem Namen Juan de Fuca den Spaniern gedient haben wollte. Er erzählte, daß ihn der Vicekönig von Mexiko im Jahre 1592 mit drei Schiffen ausgeschickt habe, um an der pacifischen Mündung der Anianstraße[2] Befestigungen anzulegen, und er behauptete weiter, zwischen dem 47. und 48. Grad nördlicher

hinaus bis Cabo Blanco de San Sebastian en quarenta y un grados y medio. Nach dem königlichen Schreiben dd. 19. Aug. 1606. a. a. O. S. 196 wäre aber Vizcaino bis zum 42. Breitegrade gelangt. Dies bestätigt auch Torquemada (Monarquia Indiana, lib. V, cap. 55. Madrid 1723. p. 718).

[1] Torquemada, Monarquia Indiana, lib. V, cap. 55. Madrid 1723. p. 719. Kapitän Cook erklärte sein Cape Gregory (C. Arago, 43° 10′ n. Br.) für das von Aguilar gesehene weiße Vorgebirge. (Cook and King, Voyage to the Pacific Ocean 1776—1780. London 1784. tom. II, p. 261.)

[2] Man verstand darunter die nordwestliche Durchfahrt, der Name aber ist aus einer Stelle des Marco Polo (lib. III, cap. 5) zu erklären. Das Land Ania des Marco Polo ist zwar das heutige Annam, aber die holländischen Kartenzeichner suchten Anian am Nordostrande Asiens, und benannten

Breite eine Durchfahrt entdeckt zu haben, die, im Nordwesten von einer Insel verdeckt, sowohl gegen Nordwesten und Nordosten, als auch nach Osten und Südosten tief in das Festland eindringe und auf der er zwanzig Tage lang umherkreuzte. Noch im Jahre 1592 sei er nach Acapulco zurückgekehrt, aber vergeblich habe er vom Vicekönig und später in Spanien vom König selbst auf eine Belohnung gewartet, weshalb der bereits 60jährige Seemann seine Dienste der britischen Krone antragen wollte.[1] Die spanischen Quellen kennen diesen griechischen Seefahrer nicht, und seine Beschreibung von dem Sunde, den wir jetzt die De Fucastraße nennen, ist in so allgemeinen Ausdrücken gehalten, welche man fast auf jeden Sund beziehen könnte, und übertreiben die Verhältnisse in dem Grade, daß man den ganzen Bericht für apokryph halten muß.[2]

Vollendung des Periplus von Südamerika.

Hatten die Portugiesen ihre Entdeckungen an den brasilianischen Küsten nicht über den Rio de Cananea fortgesetzt, so sehen wir die Spanier dort erst thätig, als Amerigo Vespucci, ein talentvoller Geograph und Kartenzeichner, wieder in ihre

die Lücke, welche sie zwischen Asien und Amerika vermutheten, die Anianstraße. Die älteste Karte, welche die Anianstraße zeigt, ist die berühmte Seekarte von Gerhard Mercator, vom Jahre 1569. Vgl. S. Ruge, Fretum Anian. Dresden 1873. S. 23.

[1] Die Angaben des Michael Lok, sowie der Briefwechsel mit Juan de Fuca finden sich bei Purchas (Pilgrims, lib. IV, cap. 20. London 1625. tom. III, fol. 849 sq.).

[2] Auch Navarrete (Viajes apócrifos, in den Documentos inéditos para la historia de España tom. XV. Madrid 1849. p. 105 sq.) erklärt die Erzählung des De Fuca für erdichtet. Nach ihm war der einzige spanische Seefahrer, der die Westküste unter hohen Breiten bis 57° ½ n. Br. sah, Francisco Gali, wobei er sich auf holländische Quellen ohne nähere Angabe beruft. Linschoten (Reysgeschrift, cap. 52. Amsterdam 1595, p. 101 sq.) ist der Schriftsteller, welcher der Fahrten eines Francisco de Gualle zwischen Acapulco und Macao in der Zeit von 1582—1584 gedenkt. Doch läßt er ihn die Westküste unter 37° ½ n. Br. erreichen. Vgl. auch Vivien de St. Martin, Hist. de la géographie. Paris 1873. p. 394.

Dienste getreten war und zuerst den Gedanken anregte, den westlichen Seeweg nach den indischen Gewürzinseln im Süden von Amerika zu suchen.[1] Erst 1509 wurde von Vicente Yañez Pinzon und Juan Diaz de Solis die Küste Südamerikas von der Cananeabucht (26° 3′ s. Br.) dem äußersten Ziele der Portugiesen bis zu dem heutigen Rio de la Plata entschleiert.[2] Der Gedanke, um die Südspitze Amerikas nach den Gewürzinseln vorzudringen, wurde seitdem nicht mehr aus den Augen verloren.[3] Kaum hatte man die Nachricht von der Entdeckung der Südsee erhalten, so wurde Diaz de Solis im Herbste 1515 mit zwei Schiffen ausgesendet, um im Süden Brasiliens um die Spitze der neuen Welt einen Weg zu suchen bis zu der Küstenstelle in dem stillen Meere, die Balboa zu Lande erreicht hatte.[4] Als das traurige Ende dieses Seefahrers

[1] Vespucci (bei Bandini S. 57) behauptet, daß schon die Reise unter Coelho 1503 die Aufgabe habe lösen sollen, Malaka auf dem westlichen Seewege zu erreichen. Im Jahre 1506 wurde in Sevilla ein Geschwader zu der gleichen Bestimmung gerüstet, welches Vicente Yañez Pinzon und Amerigo Vespucci anvertraut werden sollte, später aber eine andere Verwendung fand. (Navarrete, Coleccion. tom. III, Doc. Nr. 5, p. 294.)

[2] Herrera (Indias Occid. Dec. I, lib. VII, cap. 1 und cap. 9. Madrid 1730. tom. I, fol. 177—178, 188) behauptet zwar, daß die Küste damals bis zum 40.° s. Br., also bis zur Mündung des argentinischen Rio Colorado entdeckt worden sei, aber alle alten Seekarten vor Magalhaës' Entdeckungen schließen mit dem Küstenpunkte Cabo de Sa. Maria; siehe die Karte Vesconte de Majolo's von 1519 im Atlas der münchner Akademie Bl. V und die portugiesische Seekarte Bl. IV, die zwar die Jahreszahl MDIX trägt, auf der aber auch Entdeckungen aus dem Jahre 1517 nachgetragen worden sind. Das Cap Santa Maria lag neben der heutigen Stadt Montevideo, 30 span. Seemeilen östlich von der Mündung des La Plata. (Vgl. Oviedo, Hist. general de las Indias. lib. XXIII, cap. 1. Madrid 1852. tom. II, fol. 167.)

[3] Schon im Jahre 1512 sollte Diaz de Solis dorthin abgehen, seine Fahrt unterblieb aber in Folge der Einsprache des portugiesischen Botschafters. (Navarrete, Coleccion de Documentos. tom. III, Nr. 33—34, p. 127—133.)

[4] In seinen Instruktionen heißt es: Item: Que vos el dicho Juan de Solis seais obligado de ir á las espaldas de la tierra, donde agora está Pedro Arias (nämlich in Darien), y de alli adelante ir descubriendo

im La Plata bekannt worden war, trat die spanische Krone in Unterhandlungen mit einem Portugiesen, Fernaõ de Magalhaës,[1] der sich anheischig machte, ein spanisches Geschwader nach den Molukken zu führen, ohne die portugiesische Demarcationslinie zu verletzen.[2] Magalhaës' geographische Anschauungen kennen wir aus seiner Unterredung mit Las Casas, dem spätern Bischof von Chiapas, der im Vorzimmer des Bischofs Fonseca, des damaligen Ministers der Colonien, ihm begegnet war. Magalhaës hatte eine Weltkugel mitgebracht, auf welcher die Küsten Südamerikas bis Cap Santa Maria oder bis zum nördlichen Ufer des La Plata-Stromes eingetragen, alle Räume südlich aber leer gelassen waren. Er zeigte Las Casas den Weg, den er einzuschlagen im Sinne hatte. Südlich vom Cap Santa Maria erwartete er nämlich eine Meerenge zu finden und erst, wenn er diese Hoffnung aufgeben müsse, setzte er hinzu, gedenke er den Seeweg der Portugiesen im Süden Afrikas nach den Gewürzinseln einzuschlagen.[3] Uebereinstimmend damit, erzählt der Italiener Pigafetta, ein Theilnehmer der ersten Erdumsegelung, daß Magalhaës, als er an der patagonischen Küste überwinterte, den Kapitänen der anderen Schiffe erklärt habe, er sei ent-

por las dichas espaldas de Castilla del Oro (die atlantische Grenze von Goldcastilien begann am Atrato und endigte bei den Chiriqui-Inseln) 1700 leguas (1500 deutsche Meilen) é mas si pudierdes. (Navarrete, Coleccion. tom. III, Nr. 35, p. 134.)

[1] Diego Barros Arana, Verfasser des Werkes vida i viajes de Hernando de Magallanes. Santiago de Chile 1864 sah als Handschrift in Madrid: Descripcion de los reinos etc. desde el cabo de Buena-Esperanza hasta la China, compuesto por Fernando Magallanes, piloto portugues que lo vió i anduvo todo . . . , auch behauptet Arana (l. c. p. 13), daß Magalhaës, bevor er sein Vaterland entließ, benaturalisirt sei, por actos publicos, i con toda solemnidad. Der Vorwurf, ein Ueberläufer zu sein, fällt damit hinweg.

[2] „Se me derdes nauios e gente, eu mostrarey nauegacão pera lá, sem toquar em nenhum mar nem terra d'El Rey de Portugal." E senão que lhe cortassem a cabeça. G. Correa, Lendas da India. II, 626. Lisboa 1861.

[3] Las Casas, Hist. de las Indias. lib. III, cap. 100 und Peschel, Zeitalter der Entdeckungen. S. 620. 2. Aufl. S. 488.

schlossen, dem Saume Südamerikas bis zum 75° südlicher Breite zu folgen, wenn er nicht vorher die Spitze des Festlandes oder eine Meerenge erreiche; erst wenn das eine oder andere bis dahin nicht glücke, werde er nach Madagascar steuern lassen.[1] Meerengen oder Durchfahrten sind zu allen Zeiten an unbekannten Küsten vermuthet und gesucht worden. Magalhaẽs fand die seinige wirklich, und sie war so eigenthümlich gestaltet, daß, nachdem sie gefunden worden war, der Verdacht sich regte, der große Seefahrer habe schon früher von ihrem Vorhandensein Kenntniß gehabt. Derselbe Pigafetta, welcher soeben uns bezeugen mußte, daß Magalhaẽs nichts anderes beabsichtigte, als an der Küste Südamerikas sich bis zu einer Meerenge oder nach einer Festlandsspitze fortzutasten, hat zuerst die Sage verbreitet, Magalhaẽs habe in der Schatzkammer des Königs von Portugal eine Karte des nürnberger Martin Behaim gesehen, auf welcher im Süden Amerikas eine Meerenge nach dem stillen Ocean angegeben gewesen sei. Zwar kannten, als Behaim (1506) starb, die Portugiesen Brasilien nur bis zur Cananeabucht oder 26° s. Br., es ist jedoch nicht unmöglich, daß eine Karte von Behaim, wie sie Pigafetta schildert, wirklich vorhanden war. Im Jahre 1520, also zwei Jahre früher, ehe das letzte und einzige Schiff von Magalhaẽs' Geschwader nach Europa zurückkehrte, entwarf in Nürnberg der Astronom Johannes Schoner,[2] der allerdings Karten von Behaim's Hand besessen haben kann, eine Erdkugel, auf welcher man überrascht eine Meerenge findet, welche Brasilien beim Cananeafluß von einem gespensterhaften

[1] Pigafetta, premier voyage autour du Monde. Paris, l'an IX. p. 46.

[2] Die fragliche Hemisphäre der Schoner'schen Weltkugel ist als Facsimile veröffentlicht worden von Ghillany, Leben des Ritters Martin Behaim, Nürnberg 1853. Schoner, der sein südamerikanisches Bild entweder aus dem Ptolemäus von Ruysch, Rom 1507 oder Rom 1508, oder aus der Seekarte im straßburger Ptolemäus von 1513 entlehnte, wie man aus den unverbesserten Schreibfehlern sehen kann, hatte schon im Jahre 1515 Erdkugeln mit jener irrthümlichen Meerenge entworfen. Siehe Joh. Schoner, Luculentissima quaedam terrae totius descriptio. Bamberg 1515. p. 61.

Südpolarland scheidet. Hätte die Karte von Behaim's Hand in der portugiesischen Schatzkammer diesem Schoner'schen Kugelgemälde auch geglichen, so würde man doch bei Magalhaẽs, dem größten Seemanne aller Zeiten und aller Völker, eine sehr niedrige Bildung voraussetzen müssen, wenn er nicht auf den ersten Blick die Unzuverlässigkeit eines Bildes, wie Schoner es gegeben hat, im Vergleich zu der bereits erreichten Schärfe der portugiesischen und spanischen Seekarten erkannt haben sollte.[1]

Magalhaẽs ging am 20. September 1519 von San Lucar de Barrameda mit fünf Schiffen unter Segel, erreichte erst am 10. Januar 1520 das Cap Santa Maria (Montevideo) und lief zunächst erwartungsvoll in den Rio de la Plata hinein, welchen er für die gehoffte Meerenge ansah, bis er ihn als Mündung eines großen Süßwasserstromes erkannte.[2] Am 24. Februar gewann er die von ihm benannte Bai San Matia und am 31. März den patagonischen Hafen S. Julian,[3] wo er

[1] Schoner's Rio de Cananor (lies Cananea) mündet unter 42° s. Br., 16° südlicher, als er sollte. Diesen groben Fehler dürfen wir Schoner um so weniger nachsehen, als Ruysch 1507 die Breite jener brasilianischen Bucht befriedigend angegeben hatte. Ueber die Genauigkeit der Breitenbestimmungen portugiesischer Lootsen s. Varnhagen, Historia do Brazil. tom. I, p. 432 und der spanischen siehe die folgende Note 3.

[2] Roteiro da viagem de Fernam de Magalhães (verfaßt von einem genuesischen Steuermann des Geschwaders, wahrscheinlich von dem mestre Bautista Genoës des Barros, Decad. 3, livr. 5 cap. 10) in Collecção de noticias para a historia e geografia das naçoēs ultramarinas publ. pela Academia real das sciencias. Lisboa 1826. tom. IV, p. 151—152.

[3] Im Schiffsbuch des Francesco Albo werden die Breiten der Bahia de San Matia mit 43° 20′ (innerste Vertiefung 41° 30′), des Puerto de San Julian mit 44° 90′ (innerste Vertiefung 49° 15′), später die Bucht oder Einfahrt beim Cap Virgines auf 52° 20′ (das Vorgebirge selbst 52° 16′ s. Br.) angegeben. Vgl. Navarrete, Coleccion. tom. IV, Nr. XXII, p. 214—215. Die Breiten sind nach Sonnenhöhen bestimmt und befriedigen durch ihre Schärfe. Die Karte Bl. IV im Atlas der münchner Akademie, obgleich nach dem Jahre 1540 verfertigt, stellt die Magalhaẽsstraße nach einer Originalkarte dar, die nur von einem Seemann unter Magalhaẽs gezeichnet werden konnte, weil sie in der Südsee die Inseln San Pablo und de los Tiburones angibt, die nur von Magalhaẽs gesehen und seitdem nicht

überwinterte.[1] Nach einer blutig unterdrückten Verschwörung seiner Schiffsofficiere setzte er beim Eintritt des australischen Frühjahrs seine Fahrt fort und entdeckte hinter dem Vorgebirge der elftausend Jungfrauen[2] den Weg zu der mürben, in unzählige Inseln, Straßen, Buchten und falsche Sunde zerklüfteten Endspitze Südamerikas. Obgleich er neun Tage in der später sogenannten Hungerbucht[3] vergeblich auf eins seiner Fahrzeuge gewartet hatte, welches den weitern Weg auskundschaften sollte, erreichte er doch mit drei Schiffen,[4] das Festland stets an Steuerbord behaltend, zwischen dem von ihm benannten Cap Deseado (jetzt C. Pillar) zur Linken und dem nachher so benannten Adelaide-Archipel[5] zur Rechten die Südsee am 27. November 1520, so daß mit Abzug seiner verlornen Zeit in der Hungerbucht die Durchfahrt nur zwölf Tage erfordert hatte.[6] Da sich

wieder erkannt worden sind; vgl. auch die weimarische Karte von 1527 und Diego Ribero's Weltkarte von 1529, die J. G. Kohl herausgegeben hat.

[1] Hier traf man zuerst mit den Eingebornen des Landes zusammen, welche von nun an durch mehrere Jahrhunderte für Riesen gehalten wurden, eine Annahme, die ihre Unterstützung in dem Namen Patagonen (span. patagón d. h. Grossfuß) erhielt, welchen Magalhaes ihnen ertheilte.

[2] Cap Virgines, so geheißen, weil er es am 21. October, dem Tage der heiligen Ursula, erreichte.

[3] Puerto del hambre oder Port Famine 53° 38′ s. Br. entspricht Magalhaes' Puerto del Norte und liegt noch diesseit der Festlandspitze; vergleiche die weimarische Karte von 1527, die Karte Diego Ribero's von 1529 und Oviedo, Historia general. lib. XX, cap. 14. Madrid 1852. tom. II, fol. 57.

[4] Das Schiff Santiago war bereits am 22. Mai 1520 unter 50° s. Br. an der Küste gescheitert.

[5] Auf den alten Karten Arcipelago del Cabo Deseado genannt Magalhaes benannte das Vorgebirge zur Linken Cabo Fermoso (Navarrete, Coleccion. tom. IV, p. 216).

[6] Loaysa, der zweite Seemann, der diese Straße befahren hat, brauchte dazu drei Monate. Sir Francis Drake ging am 21. Aug. 1578 in den Sund und kam am 6. Septbr. in die Südsee, er brauchte also 17 Tage (Purchas Pilgrims, Book II, cap. 3. London 1625. fol 50.). Von den Holländern und Engländern, die am Schluß des 16. Jahrhunderts die Durchfahrt versuchen wollten, kehrte die Hälfte wieder um. Commodore Byron bedurfte zu jener Leistung im Jahre 1765 51 Tage, sein Nachfolger

Magalhaës sogleich von der Küste entfernte, die nur am 1. December unter 48° s. Br. aus der Ferne noch einmal in Sicht kam, so wurde durch seine Fahrt kein weiteres Stück vom Festlande gewonnen.[1]

Sein Nachfolger Fray García Jofre de Loaysa erreichte mit sechs von sieben Schiffen am 24. Februar 1526 die erste Enge der Magalhaësstraße auf der atlantischen Seite. Zuvor hatte ein Sturm die Caravele S. Lesmes unter Francisco de Hoces verweht, so daß sie gegen ihren Willen an der atlantischen Küste des Feuerlandes bis zum 55.° s. Br. laufen mußte, „wo die Seeleute das Ende des festen Landes zu erblicken glaubten."[2] Offenbar hat man von diesem Schiffe aus entweder das Cap S. Diego des Feuerlandes oder die Staateninsel, das echte Horn Südamerikas wahrgenommen, da aber dieser Fund gänzlich vernachlässigt wurde, so dauerte es noch 90 Jahre, ehe man einen andern schiffbaren Zugang zur Südsee als die Magalhaësstraße auffand. Auch Loaysa wendete sich, als er am 26. Mai 1526 die Südsee erreicht hatte, von der Küste Südamerikas ab, und nur Guevara, welcher auf dem Santiago befehligte, beschloß, nachdem ein Sturm auf hoher See unter 47° 30′ s. Br. das Geschwader zerstreut

Wallis 1767 116 Tage (Hawkesworth, Voyages in the Southern Hemisphere. London 1773, tom. I, p. 75, p. 408), Bougainville 1768 60 Tage (Voyage par la frégate la Boudeuse et la flute l'Étoile. Neuchatel 1772. tom. I, p. 215). Alle diese Seefahrer besaßen Karten; Magalhaës mußte seinen Weg erst finden. Heutigen Tages sind die Schwierigkeiten überwunden. Die schwedische Fregatte Eugenie betrat am 7. Febr. 1851 die Magalhaësstraße und begrüßte die Südsee am 11. Februar. Erdumsegelung der Fregatte Eugenie, deutsch von A. v. Etzel. Berlin 1856. S. 132—139. Alle Fahrten zur Magalhaësstraße sind von J. G. Kohl zusammengestellt in seiner „Geschichte der Entdeckungsreisen und Schiffahrten zur Magellansstraße". Berlin 1877.

[1] Schiffsbuch des Franc. Albo bei Navarrete, tom. IV, p 216.

[2] Navarrete, Coleccion. tom. V, Nr. 26, p. 404 . . . la otra carabela de Francisco de Hoces corrió fuera del Estrecho la costa hácia el sur hasta 55 grados, é dijieron despues cuando tornaron, que les parescia que era alli acabamiento de tierra.

hatte, wegen unzureichender Wasservorräthe als nächstes Ziel einen Südseehafen Mexikos aufzusuchen. Am 11. Juli sah er Land unter 13° n. Br., mußte aber, da er sein Boot verloren hatte, bis zum 25. Juli der Küste entlang nach einem bequemen Landungsplatz suchen, den er endlich vor der indianischen Stadt Macatban fand, deren Bewohner die Spanier freundlich aufnahmen und sogleich dem Statthalter des Cortes in dem nur 15 Leguas entfernten Tehuantepec von ihrer Ankunft benachrichtigten.[1] Dies war das erste Schiff, welches aus dem atlantischen Meere einen Hafen der Westküste Amerikas erreichte.

Seit am 25. September 1513 das stille Meer von Balboa erblickt worden war, hatten alle Eroberer und Entdecker an der pacifischen Küste die Richtung nach Westen eingeschlagen. Erst im Jahre 1522 war Pascual de Andagoya von der Miguelsbucht gegen Osten bis zum Flüßchen Biru oder Piru gegangen, wo er aus dem Munde indianischer Kaufleute die erste Kunde von zwei großen südlichen Reichen, von Quito und von Cuzco[2] einzog. Andagoya selbst versuchte es nicht, dem fernen Schimmer jener goldenen Verheißungen zu folgen, in Panama aber bildeten unmittelbar darauf Francisco Pizarro, Diego Almagro und Hernando de Luque die berühmte biruanische Entdeckergesellschaft. Es gehört der Eroberungsgeschichte an, wie Pizarro im November 1524 von Panama bis zur Hungerbucht[3] vorausging, wie er nach sechsmonatlichen Qualen seine Küstenfahrt bis Punta Quemada fortsetzte, wie damals Diego Almagro mit einem zweiten Schiffe an ihm vorüberfuhr, und nur an den verab-

[1] Ovideo, Historia general. lib. XX, cap. 12, 13. Madrid 1852. tom. II, fol. 50 sq.

[2] Pascual de Andagoya, Relacion de los Sucesos de Pedrarias Dávila, bei Navarrete, tom. III, p. 421—422. Der Rio Biru oder Piru, nach welchem bald das ganze Kaiserreich der Inca benannt werden sollte, fehlt auf den heutigen Karten. Nach Diego Ribero mündete er ein wenig südlich vom Puerto de Piñas, etwa unter 7° 30′ nördl. Br. in die Südsee.

[3] Puerto del Hambre fehlt auf den alten Karten, er lag etwa 8° n. Br.

redeten Baumeinschnitten die frühere Gegenwart seines Gefährten erkannte, dann aber das Delta des San Juan (4° n. Br.) erreichte, wo er ackerbautreibende Stämme antraf, und, was ihm wichtiger war, goldene Geschmeide bei ihnen erspähete.[1] Einen rascheren Fortgang nahmen die Entdeckungen erst im Jahre 1526, als die biruanische Gesellschaft die Führung zweier neu gerüsteter Schiffe[2] einem äußerst geschickten Seemann Bartolomé Ruiz als Piloten anvertraute.[3] Nachdem er Pizarro und seine Waffengefährten beim San Juan ans Land gesetzt hatte, steuerte er gegen Südwesten, entdeckte die Insel Gallo[4] und fing in der Bucht San Mateo[5] peruanische Kauffahrer auf einem Segelfloße weg, die Zeuge aus Llamawolle und Juwelierarbeiten aus Tumbez nach dem Norden gebracht hatten und die ihm nun als Wegweiser dienten, als er seine Fahrt südlich über das Cap S. Francisco und den Aequator bis zum heutigen Cap Passado (0° 21′ s. Br.) erstreckte.[6] Nachdem San Juan zurückgekehrt, führte er noch im Herbst 1526 die biruanischen Eroberer bis zum heutigen Atacames westlich vom Rio Esmeraldas,

[1] Prescott, Conquest of Peru. Vol. I, p. 210—226. Herrera, Dec. III, lib. 6, cap. 13, tom. III, fol. 200—203. Dec. III, lib. 8, cap. 12, tom. III, fol. 248

[2] Herrera (Dec. III, lib. 8, cap. 13, tom. III, fol. 249) setzt die nachstehenden Ereignisse in das Jahr 1525, aber mit Unrecht, denn der neue Vertrag, den damals Pizarro, Almagro und Luque abschlossen (bei Prescott, Conquest of Peru. Appendix Nr. VI, tom. II, p. 489), wurde erst am 10. März 1526 unterzeichnet.

[3] Wir besitzen von ihm zwar keine Originalkarte, aber zu dem Weltbilde des Diego Ribero vom Jahre 1529, auf welcher die Entdeckungen des Ruiz bis zum Jahre 1522 eingetragen wurden, muß eine solche Originalkarte benutzt worden sein; die Umrisse der Küsten von Quito und Peru finden wir dort viel getreuer eingetragen, als in dem Atlas, den Wytfliet 70 Jahre später herausgab.

[4] Vgl. Ribero's Weltkarte.

[5] Nach Ribero und Wytfliet bezeichnet Ruiz damit die Küstenkurve zwischen Punta de Manglares und Cap San Francisco.

[6] Bei Ribero folgen die Küstennamen vom Rio S. Juan von Nord nach Süd in folgender Reihe: Madalena (22. Juli), Cap de S. Nicolas (6. December oder 13. November), Bahia de S. Lucas (18. October), Bahia

wo sich jedoch die Spanier im Gefühl ihrer Schwäche mit dem Anblick dieser ersten nach der Schnur gebauten Stadt des Reiches Quito begnügten. Bekanntlich kehrten hierauf beide Schiffe nach Panama zurück, und nur Pizarro ließ sich mit etlichen freiwilligen und unfreiwilligen[1] Gefährten auf der Insel Gallo aussetzen, die er später, als ihn ein Schiff abholen wollte, von allen bis auf 12 Getreue verlassen, mit der nördlicher (2° 58′ n. Br.) liegenden Insel Gorgona vertauschte.[2]

Spät im Jahre 1527 erlöste sie dort Bartolomé Ruiz, mit dessen Schiffe sie südwärts am Cap Passado vorüber um die Sanct Helenaspitze nach der Bucht von Guayaquil gingen, wo ihnen das Haupt des Chimborazo sichtbar wurde und an den Tempeln der Stadt Tumbez ihre gierigen Blicke an den Reichthümern Perus sich sättigen konnten. Auf derselben Fahrt entdeckten sie noch das Cap Pariña,[3] den trefflichen Hafen von Payta, umsegelten die Landspitze Aguja, gelangten bis zum spätern Hafenplatze Truxillo und noch darüber hinaus bis zum heutigen Santa (8° 58′ s. Br.).[4] Die Spanier bemerkten schon damals, als sie die St. Helenaspitze hinter sich hatten,

de S. Mates (21. September), Cap de S. Francisco (4. oder 10. October), S. Barbara (4. December), Cabo de la Buelta (Vorgebirge der Umkehr). Aus den beigefügten Jahrestagen der Kalenderheiligen ergibt sich, daß die Küstennamen auf verschiedenen Reisen ertheilt wurden, daß aber die erste Entdeckung des Ruiz Ende September und Anfang October stattfand. Das Cabo de la Buelta ist das Cabo Pasao der alten Karten, auf den modernen in Cabo Passado verunstaltet.

[1] Pedro Pizarro, Descubrimiento y conquista de los reinos del Perú, in Documentos inéditos. Madrid 1844. tom. V, p. 204.

[2] Prescott, Conquest of Peru. tom. I, p. 261—266. Die Namen der Zwölf hat uns Augustin Çarate (Historia del Peru. lib. I, cap. 2) erhalten.

[3] Bei Wytfliet C. Blanco, bei Ribero Cabo de Nieves (Schneecap).

[4] Bei Ribero ist der letzte Küstenname Po. (puerto) y provincia de la ciudad de Chinchax. Sie suchten nämlich nach der Stadt Chincha (9° 38′ s. Br.), ohne sie jedoch zu erreichen. Die gleichnamigen Tschintscha-Inseln, so berühmt geworden durch ihre Guanolager, liegen noch 4° südlicher (13° 39′ s. Br.) vor dem Hafen Pisco.

einen auffallenden Gegensatz der Witterung, denn so lange sie sich an den Küsten Neugranadas und Ecuadors bewegt hatten, litten sie unter dampfender Nässe und peinigenden Moskitenwolken, jenseit Tumbez aber fanden sie ein gänzlich regenloses und von Insectenqualen befreites Gestade.[1]

Die südlichen Räume von Peru wurden durch die nachfolgende Eroberung geöffnet. Nachdem Pizarro mit seiner verwegenen Schaar bei Tumbez gelandet und bei den heißen Bädern von Caxamalca zwischen den beiden Cordilleren am 16. November 1532 durch seinen eisernen Griff sich des göttlichen Sohnes der Sonne bemächtigt hatte, war jeder Widerstand im Reiche der Inca so völlig gelähmt, daß zwei einzelne Spanier in größter Sicherheit auf der großen Straße mit der kaiserlichen Post, das heißt getragen in Hängematten, bis Cuzco reisen konnten.[2] Ein kriegerischer Marsch brachte die Spanier auch nach Chile. Dorthin war Almagro von Cuzco am 3. Juli 1535 aufgebrochen.[3] Sein denkwürdiger Zug auf der Puna oder der Hochebene zwischen den Andenketten bis zum Thale von Copiapo, — eine Entfernung wie von London nach Neapel — im Kampfe mit einer starren, allem Lebendigen abholden Natur,[4] erniedrigt, wenn man nur die physischen Anstrengungen ins Auge faßt, selbst Hannibal's Alpenmarsch zu einem leichten Wagniß. Von Copiapo,

[1] Herrera (Dec. III, lib. 10, cap. 4—10, tom. III, p. 283—285) setzt die Fahrt irrig in das Jahr 1526 statt 1527, vgl. Prescott l. c. p. 270 bis 288. Nach Ribero's Karte lagen an dem Punkte der Umkehr die Inseln S. Roque. Der Tag des heiligen Rochus ist der 16. August, und demnach würde die Reise in die zweite Hälfte des Jahres 1527 fallen, was sich auch trefflich mit den andern chronologischen Angaben verträgt.

[2] Ihr Bericht, verfaßt von Miguel Estete, bei Xerez, Conquista del Peru, in Barcia, Historiadores. tom. III, p. 206 sq.

[3] Oviedo, Historia general. lib. XLVII, cap. II. Madrid 1855, tom. IV, fol. 261. Einen anziehenden Brief über Almagro's Zug, aus Sevilla vom 8. Februar 1538, worin das äußerste goldreiche Gebiet Liniguara genannt wird, hat Harrisse (Bibl. americ. vetustiss. Additions. Paris 1872. p. 121 sq.) veröffentlicht.

[4] Petermann's Mittheilungen 1856. S. 59 ff.

wohin gleichzeitig ein Theil seiner Mannschaft unter Rui Diaz zu Schiff gelangt war,[1] rückte der Eroberer bis Coquimbo (la Serena, 29° 54′ s. Br.) vor und scheint sogar noch Aconcagua berührt zu haben.[2] Enttäuscht durch die Armuth des Landes machte er dort Halt und ließ nur durch einen seiner Officiere, Gomez de Alvarado die Küste noch 150 spanische Meilen weiter gegen Süden bis zum Rio Maule (35° 18′ s. Br.) an der Grenze Araucaniens untersuchen.[3] Um den Schrecknissen der eisigen Hochebenen zu entgehen, wählte Almagro zum Rückmarsch den Pfad durch die heiße Wüste Atacama, wo die wenigen Brunnen nur brakisches Wasser in spärlichen Mengen liefern. In kleine Abtheilungen von fünf und sechs getrennt, gelang es wirklich den Truppen, durch jenen gefürchteten Küstensaum mit ganz geringfügigen Verlusten sich durchzuschlagen.

So blieb von dem südlichen Festlande Amerikas nur die Lücke zwischen der westlichen Mündung der Magalhaẽsstraße und dem Rio Maule (35° 18′ s. Br.) noch unbekannt. Schon im Jahre 1530 hatten die Fugger der spanischen Krone angeboten, auf ihre Kosten von der Magalhaẽsstraße bis nach Peru[4] das Festland entdecken zu lassen, waren aber, wie es scheint, nicht erhört worden. Erst im August 1539 wurde Alonso de Camargo mit drei Segeln aus Sevilla zur Enthüllung jener letzten Strecke abgesendet und erreichte wirklich, wenn auch nur mit einem einzigen Schiffe, dessen Mast später in Lima vor

[1] Oviedo l. c. cap. IV, fol. 273.

[2] Oviedo l. c. fol. 270 schreibt Cuncancagua, aber bei ihm sind fast alle Ortsnamen verstümmelt.

[3] Nach Oviedo l. c. cap. V. fol. 275 wollte Alvarado sogar den 47. Breitengrad erreicht haben, woran jedoch der spanische Geschichtschreiber selbst zweifelt. Nach Herrera (Dec. VI, lib. II, cap. 3, tom. VI, fol. 24. Madrid 1728) war der Rio Maule das äußerste Ziel der Almagristen; vgl. auch Prescott, Conquest of Peru. New York 1847. tom. II, p. 88.

[4] Bis zur tierra de Chincha (9° 38′ s. Br.) y de Chiquilus melares (?) wollten die Fugger, los Fucares, wie sie in den spanischen Quellen heißen, Niederlassungen anlegen. Navarette, Viajes apócrifos. tom. XV der Documentos inéditos. Madrid 1849. p. 104.

dem vicekoniglichen Palast zum Andenken aufgesteckt wurde, die Küste von Peru im Jahre 1540.[1] Dies war das erste Schiff, welches vom atlantischen Meere aus in einen Hafen Südamerikas einlief. Die letzte Aufgabe: aus der Südsee eine Durchfahrt durch die Magalhaësstraße nach dem atlantischen Meere aufzufinden, wurde ein Jahre nach der Gründung der Stadt Valdivia von Francisco de Ulloa 1552[2] und 1557 von dem Seefahrer Juan Ladrillero vergeblich zu lösen versucht. Erst in der australischen Sommerzeit von 1579 auf 1580 führte Pedro de Sarmiento, unter den spanischen Seeleuten des 16. Jahrhunderts der größte Gelehrte, das erste Schiff von West nach Ost durch die patagonischen Meerengen nach Europa.[3]

Aus diesem Ueberblick gewahren wir, daß die Umrisse der beiden amerikanischen Festländer, vom Cap Blanco (südl. vom Cap Arago) oder vom 43° n. Br. bis zur Magalhaësstraße im stillen Meer und von der Magalhaësstraße bis zum Staate Georgia oder bis zum 30° n. Br. im atlantischen Meere in dem Zeitraum von 1492 bis 1603 und mit Ausnahme der brasilianischen Strecke vom Cap St. Augustin oder vom Cap St. Roque bis zur Bai von Cananea oder vom 5° bis 26° s. Br., welche den Portugiesen zugefallen war, unter spanischer Flagge entschleiert wurde. Es wird sich später zeigen, daß alle übrigen Küsten der neuen Welt von Georgien bis wieder zur Südsee mit Ausnahme weniger kleiner Bruchstücke nach dem Entdeckerrecht ausschließlich der britischen Flagge angehören.

[1] Joseph de Acosta, Historia natural y moral de las Indias. lib. III. cap. 10. Sevilla 1590, p. 149. Herrera, Dec. VII, lib I, cap. 8. Madrid 1730. tom. VII, fol. 11. Galvaõ (Tratado dos Descobrimentos, ed. Bethune, p. 237) will die Reise erst in das Jahr 1544 setzen.

[2] Herrera, Dec. VIII, lib. VII, cap. 5. Madrid 1730. tom. VIII, fol. 151. Es ist ein andrer Francisco de Ulloa als der Entdecker Californiens.

[3] Er hat seine eigene That, von sich selbst wie im Cäsarischen Commentarienstyl in der dritten Person redend, beschrieben in Viage al Estrecho de Magellanes por el Capitan Pedro Sarmiento de Gambóa. Madrid 1768.

Zu gleicher Zeit mit der Enthüllung der Küsten nahmen auch die Erforschungen im Innern, verbunden mit Eroberungszügen, ihren Fortgang. Sebastian de Benalcazar durchzog von 1534 bis 1538 die Anden von Ecuador und Columbia bis zum Magdalenenstrom. Francisco de Orellana, einer der Begleiter des Goncalo Pizarro auf dem abenteuerlichen Zuge über das Hochgebirge in die östlichen Waldgehänge der Cordilleren von Ecuador, drang, während Goncalo Pizarro den überaus beschwerlichen Rückweg nach Quito einschlug, am Rio Napo hinab in die Hyläa des Marañon ein und trieb in 7 Monaten, vom Januar bis August 1540, auf einem Floß den Riesenstrom, welcher seit jener Fahrt der Strom der Amazonen genannt wurde, bis zur Mündung hinunter.[1]

Das atlantische Nordamerika und die nordwestliche Durchfahrt.

Etwa um dieselbe Zeit, wenn nicht noch vor Columbus, sehen wir von England aus planmäßige Unternehmungen in und über den westlichen Ocean sich ins Werk setzen und zwar gleichfalls unter Anregung und Leitung eines Genuesen, des Giovanni Gaboto.[2] Bereits um 1480 machte derselbe sich mit einem Schiffe auf, die westlich von Irland vermuthete Insel Brasil aufzusuchen, vergebens. Durch den ersten Mißerfolg keineswegs entmuthigt, setzte er von 1491 an diese Versuche Jahr für Jahr mit zwei, drei, vier Caravelen fort. Endlich im Jahre 1494 wurde am 24. Juni früh 5 Uhr eine Küste entdeckt und mit

[1] M. Clements Markham, Expeditions into the valley of the Amazons. London 1859.

[2] Giovanni Gaboto, oder John Cabot, wie die Engländer ihn nennen, ist von Geburt ein Genuese; ob in der Stadt Genua selbst geboren, bleibt zweifelhaft. Etwa ums Jahr 1460 siedelte er nach Venedig über und erlangte dort 1476 das Bürgerrecht (privilegium civilitatis de intus et extra); doch ist er schon im nächsten Jahre (?) mit seiner Familie, darunter sein in Venedig geborner Sohn Sebastian, nach Bristol übergesiedelt. (d'Avezac, Navigations terre-neuviennes etc. in Bulletin de la soc. d. géogr. V. série, tom. XVIII, p. 300—316. Paris 1869.

dem Namen terra prima vista belegt. Auf dieser Fahrt begleitete ihn sein kühner, jugendlicher Sohn-Sebastian.[1] Kaum von dieser erfolgreichen Expedition heimgekehrt, traf sie in England die Kunde, daß nach päpstlicher Sanction die Portugiesen und Spanier allein ermächtig sein sollten, transoceanische Entdeckungen zu machen. In Folge dessen ließ sich John Cabot am 5. März 1496 von Heinrich VII. von England den ausschließlichen Handel nach Ländern verbriefen, die er „im Westen, Osten oder Norden" zu entdecken hoffte.[2] John Cabot verließ auf dem britischen Schiffe „Mathias" den Hafen von Bristol im Mai 1497, wiederum begleitet von seinem gelehrten und kühnen Sohne Sebastian.[3]

Aus spätern Aeußerungen des letzteren[4] hat man erfahren, daß die beiden Venetianer damals das Land Cathai oder China und die Inseln der Gewürze auf dem kürzesten Wege, nämlich durch eine nordwestliche Ueberfahrt zu erreichen hofften.[5] Der „Mathias" hatte 700 Meilen von Bristol im atlantischen Meere zurückgelegt, als das Festland Amerikas wieder erreicht wurde und auf 300 Meilen (lieues) weit in Sicht blieb. Bewohner zeigten sich zwar nicht, wohl aber stieß man am Lande auf umgehauene Bäume, auf Thierfallen und auf Nadeln zum Netzestricken, die, wie die Seefahrer nicht zweifelten, „den Unterthanen

[1] Eine von Sebastian Cabot 1544 entworfene Weltkarte bewahrt die betreffende Inschrift. Daß durch einen Druckfehler in Hakluyt, Voyages and discoveries. vol. III, p. 6. London 1600 das Jahr 1497 statt 1494 angegeben ist, hat d'Avezac (l. c. p. 306) nachgewiesen.

[2] Rymer, Acta Publica. London 1727. tom. XII, p. 595.

[3] Früher durfte man nicht ohne Grund zweifeln, ob John Cabot, der Vater, an dieser Fahrt theilgenommen habe; durch eine neu aufgefundene Urkunde (Brief des venetianischen Botschafters Pasqualigo dd. London, 23. August 1497 an seine Brüder in Venedig, abgedruckt bei Asher, Hudson the Navigator. London 1860. Hakl. Soc. Introd. p. LXIV sq.) ist aber plötzlich ein helles Licht auf diese Unternehmung gefallen.

[4] Aufzeichnung des päpstlichen Legaten in Spanien Galeazzo Butrigario bei Hakluyt, Voyages and Discoveries. tom. III. London 1600. fol. 6.

[5] Rafn, Antiquitates Americanae. Kopenhagen 1845. fol. 451.

GEBIET DER BRITISCHEN NORDWESTFAHRTEN
nach drei Zeiträumen der Entdeckungen
abgeschieden.
Alle Ufer mit Waßerlinien auf der Karte wurden von 1576-1632 entdeckt. Alle Ufer, die nach einwärts schraffirt sind, wurden von 1818-1839 entdeckt. Alle Ufer ohne Schraffirung und Waßerlinien wurden von 1845-56 durch Franklin und die Franklinsucher entdeckt.
Elson 1826
Simpson 1837
Franklin 1826
James Cook 1778
Pt Barrow
Mackenzie 1789
Return Reef
Icy Cape
Bering 1728
C. Serdze
Banks Land
Richardson 1826
Mackenzie Fl.
Hearne 1771
Ft Confidence
Ft Franklin

Smith Sund
Bylot und Baffin 1616
Hakluyt I.
Jones Sund
Wellington Canal
William
Parry 1819 - 20
Lancaster Sund
Bylot und Baffin
1616
James Roß 1831
Prinz Regent Inlet
John Roß 1829 - 32
John Roß 1818
Davis 1587
Hope Sanderson
Magnet. Pol
Fury u. Hecla Str
Middleton 1742
Fox 1631
Wager Fl.
Baffin 1615
C. Dyer
C. Walsingham
Fox 1631
Ut. Ultra
Salisbury
Gilbert Sund
Falsche Frobischer Straße
Frobischer 1576-78
Resolution I.
Ingram 1612
C. Wolstenholme
C. Chidley
C. Farewell
Nelson Fl.
Hudson 1610
Gr. Fischfluß

des chinesischen Großchans" angehörten. Nach Aufrichtung eines Kreuzes zwischen der britischen Flagge und dem Löwen des heiligen Marcus schifften sich die Entdecker wieder ein und kamen im August nach dreimonatlicher Abwesenheit vor Bristol wieder an.[1] Im nächsten Jahre (1498) lief Sebastian Cabot allein, da sein Vater inzwischen gestorben war, zur Vervollständigung seiner Entdeckungen, um Colonien anzulegen und bis zu den Gewürzinseln zu gelangen, in fünf Schiffen aus,[2] berührte nach Gomara's Behauptung Island und erreichte die Labradorküste unter 58° n. Br.[3] Da die See dort im Juli noch mit Eisbergen schwärmte, lief er, die Küste Amerikas zur Rechten behaltend, nach Süden bis etwa zum 35.° n. Br. Dort berührten sich also fast die spanischen und englischen Entdeckungen seit dem Jahre 1513.[4] Nach Cabots Rückkehr von dieser Reise setzten britische Seeleute ihre Fahrten nach den Küsten der Vereinigten Staaten noch immer fort, wenigstens sind Unternehmungen im Jahr 1501 und 1504 nachgewiesen worden.[5]

Um die nämliche Zeit erschien auch die portugiesische Flagge im atlantischen Nordwesten. Schon im Jahre 1464 soll Joaõ

[1] Juan de la Cosa verzeichnet auf seiner Karte von 1500 ein Cabo de Ynglaterra und ein Mar descubierta por Yngleses.

[2] Zwei von diesen Schiffen rüstete Cabot auf eigene Kosten aus. Peter Martyr, De orbe novo. Dec. III, cap. 6. Cabot faßte zuerst den Gedanken einer nordwestlichen Durchfahrt.

[3] Nach d'Avezac (l. c. p. 311) traf er zuerst unter 45° n. Br. auf die Küste uud wandte sich zunächst nordwärts bis zum 56. oder 58.° n. Br.

[4] Siehe oben S. 263.

[5] Biddle, Memoir of Seb. Cabot. London 1832. p. 312, p. 230 bis 234. 1512 trat Cabot in spanische Dienste, kehrte aber 1516 nach England zurück. Ein in diesem Jahre gemeinschaftlich mit Sir Thomas Pert auf königliche Kosten unternommene Fahrt führte ihn über den Polarkreis hinaus (p. 263). Pert's Muthlosigkeit machte die Expedition resultatlos. Im Jahre 1518 ist Cabot wieder in Spanien als Pilot mayor mit einem Gehalt von 300 Ducaten angestellt und nimmt an den Verhandlungen in Badajoz wegen der Zugehörigkeit der Molukken theil. Ein von ihm geleitetes Geschwader drang 1527 weit in das Stromsystem des La Plata hinein. In hohem Alter kehrte er 1548 noch einmal nach England zurück, wo er gestorben ist. Sein Todesjahr und seine Grabstätte kennt man nicht.

Vaz Cortereal, Statthalter der Azoreninsel Terceira, eine Stockfischküste (terra do bacalhao) besucht haben.[1] Darunter dürfen wir in der damaligen Zeit nichts anderes verstehen als Island. Wenn wir daher hören, daß der Sohn dieses Seefahrers, Gaspar Cortereal von Terceira im Jahre 1500 gegen Nordwesten gegangen sei und eine Küste entdeckt habe, die er **Grünland** (Terra verde) hieß, so fand er nur wieder auf, was die Normannen längst entdeckt hatten. Im nächsten Jahre aber steuerte er mit zwei Schiffen westnordwestlich und gerieth an die Westküste von Neufundland, wo er ungewöhnlich reiche Fischereigründe entdeckte. Er folgte dann einer nordwestlich streichenden Küste, die von ihm den Namen Labrador erhalten hat, bis etwa zu 55° n. Br.[2] Von dort aus hätte er gern das im vorigen Jahre gesehene Grünland besucht, allein die Treibeismassen, die sich aus der Davisstraße im Sommer gegen Süden ergießen, widersetzten sich seinem Vorhaben.[3]

Das geographische Verständniß dieser Nachrichten, so dürftig sie auch sind, erfordert daher gebieterisch, daß wir Cortereal's **grünes Land** als Grönland erkennen.[4] Noch lange Zeit

[1] Cordeyro, Historia insulana, lib. VI, cap. 2. Lisboa 1717. p. 246.

[2] Die Küsten, die im Jahre 1501 gesehen wurden, lassen sich ziemlich befriedigend bestimmen nach der portugiesischen Seekarte (Bl. III im Atlas der münchner Akademie), welche die amerikanischen Entdeckungen der Portugiesen bis zum Jahre 1503 wiedergibt. Ramusio Navigat. et Viaggi, tom. III, Venedig 1606, fol. 347 läßt Cortereal einen Rio Nevado an der Labradorküste erreichen, dem er eine Breite von 60° gibt.

[3] Der venetianische Gesandte Pietro Pasqualigo schreibt aus Lissabon, 19. October 1501, nach Rückkehr des einen portugiesischen Schiffs; credono che sia terra ferma (nämlich das entdeckte Labradorland) la qual continua in una altra terra che l'anno passato (auf der ersten Fahrt im Jahre 1500) fu discoperta sotta la tramontana, le qual Caravelle non posseno arrivar fin la, per esser il Mare agliazato ed infinita copia di neve. Paesi novamente ritrovati. Vicenza 1507. cap. 126.

[4] Damiaõ de Goes, Chronica del Rei Dom Emanuel. 1ª Parte, cap. LXVI behauptet zwar, Cortereal hätte es so genannt: por ser muita fresca e de grandes arvoredes. Allein dies ist eben nur eine Vermuthung des Goes. Die Erdkunde kennt kein Land nördlich von Labrador, wo sich

wurden die Inseln des Lorenzogolfes auf den Weltbildern das Land der Cortereaes geheißen, aber gleichzeitig wurde auch der Name Bacalhaos oder der Stockfischinseln sehr beliebt,[1] weil der Fang des Kabeljau sehr bald Seefahrer verschiedener Flaggen nach Neufundland zog, darunter auch Franzosen aus der Normandie und der Bretagne, die seit 1504 dort gesehen wurden und denen das Cap Breton Neu-Schottlands seinen Namen verdankt.

Als nach Entdeckung der Südsee alle Zweifel darüber schwanden, daß Amerika als eine getrennte Welt zwischen Asien und Europa sich ausbreite, begann man eifrig nach einer Durchfahrt in die Südsee zu suchen. Der erste Versuch im Nordwesten, eine solche Straße zu entdecken, wurde im Jahre 1517 auf Befehl Heinrichs VIII. von England von Sebastian Cabot ausgeführt, der mit seinem Geschwader, leider nur viel zu früh für ein arctisches Unternehmen, nämlich vor dem 22. April auslief.[2] Er segelte an der Labradorküste gegen Nordwesten und erreichte zwischen 61° und 64° n. Br. eine Straße, die sich nach Westen noch um 10 Grade verlängerte, wo sie sich mehr nach Süden aufschloß.[3] Es herrscht jetzt kein Zweifel,

üppiger Baumwuchs fände. An der atlantischen Küste Labradors selbst gibt es Bäume nur an geschützten Stellen in den Fjorden wie Hamilton Inlet (Esquimauxbai), sonst zeigt das Ufer der Halbinsel dem atlantischen Meere nur eine kahle Felsenstirne (Henry Yule Hind, The Labrador Peninsula. tom. II, p. 139 sq.); daher die alte Benennung der normannischen Entdecker: Helluland, Steinland, so glücklich gewählt war. Uebrigens vergleiche man die Entdeckungen der Cortereaes auf Bl. III im Atlas der münchner Akademie, wo Gröhland mit unverkenntlicher Treue erscheint.

[1] Bacalhao (Bacaljau ausgesprochen) ist eine portugiesische Silbenverschiebung von Kabeljau, ein Wort, welches sich schon in einer flandrischen Urkunde aus der ersten Hälfte des 12. Jahrhunderts findet. Fr. Kunstmann, die Entdeckung Amerikas. München 1859. S. 43.

[2] Biddle, Sebastian Cabot. p. 118.

[3] Hakluyt (Voyages, Navigations and Discoveries. London 1600. tom. III, fol. 26) berichtet dies nach einer Legende auf Seb. Cabot's alter Weltkarte, die lange Zeit für verloren gehalten, aber vor etlichen Jahren wieder aufgefunden und von Jomard in den Monuments de la Géographie

daß Cabot der Entdecker der Hudsonsstraße ist, ja es soll sich sogar aus der von ihm gefertigten Karte ergeben, daß er in der Davisstraße bis 67° 30′ n. Br. vordrang, wo er die See noch offen vor sich sah, aber durch die Verzagtheit seiner Begleiter zur Umkehr gezwungen wurde.

Mit dieser Fahrt kühlte sich auf längere Zeit die Lust zur Aufsuchung des kürzesten Weges nach Cathai oder China ab. Kaum aber hatte 1523 die Victoria die Kunde von der Entdeckung der Magalhaësstraße nach Europa gebracht, so wurde die Vermuthung geäußert, daß wenn die Natur eine gewisse Symmetrie bei dem Aufbau der neuen Welt beobachtet habe, im Norden so gut wie im Süden sich eine Straße ins stille Meer finden müsse, besonders wenn bei dem Schöpferplan einige Rücksicht auf die Bequemlichkeit des europäischen Handels genommen worden war. Von solchen Erwartungen verlockt, schickte König Franz I. von Frankreich im Jahre 1523 vier Segel nach der neuen Welt unter dem Befehl des Florentiners Verrazzano, aber das erste Mal ohne Erfolg. Die im nächsten Jahre mit nur einem Schiffe ausgeführte Expedition ließ den Entdecker im Februar 1524 die atlantischen Küsten des andern Festlandes von 34° n. Br. in Süd-Carolina bis nach Neufundland untersuchen. Auf dieser Fahrt hat er wahrscheinlich zuerst den Hudsonfluß gefunden.[1]

in Bruchstücken herausgegeben worden ist. Leider erschienen bisher nur drei Blätter und unglücklicherweise fehlt gerade das vierte, welches das nordwestliche Erdkugelviertel enthält. Allein G. M. Asher (Henry Hudson, the Navigator. London 1860) hat Cabot's Karte oder vielmehr die Copie, die Clement Adams davon verfertigte, gesehen und ihre Beschreibungen bei Hakluyt bestätigt gefunden. Abraham Ortelius bemerkt zu der Liste der Kartographen, welche bis 1570 sich ausgezeichnet, daß Seb. Cabotus Venetus eine Weltkarte entworfen, quam *impressam* aeneis formis vidimus, sed sine nomine loci et impressoris. (Theatrum orbis 1570. fol. A vj verso.)

[1] Die Ausgabe von Verrazzano's Bericht bei Ramusio (tom. III, p. 222 bis 228) ist weder vollständig noch getreu. Der echte Text nach Joseph G. Cogswell findet sich abgedruckt bei Asher, Hudson the Navigator. London 1860. p. 199 sq. Der Versuch Henry C. Murphy's (The voyage of Verrazzano; a chapter in the early history of maritime discovery in

Den Laurentiusgolf, der ihm entgangen war, entdeckte zehn Jahre später ein anderer Seefahrer Franz des Ersten, Jacques Cartier von St. Malo, durch den schmalen Zugang der Belle-Isle-Straße, worauf er im nächsten Jahre 1535 im Lorenzostrome selbst bis nach Montreal hinauflief.[1] Auch die Spanier hatten 1525 von einem portugiesischen Ueberläufer, Estevan Gomez, der unter Magalhaës gedient hatte, nach einer nordwestlichen Durchfahrt an den Küsten Nordamerikas suchen lassen, erhielten aber als einziges Ergebniß dieser Unternehmung nur eine neue Karte der heutigen Neu-Englandküsten bis zur Fundybai.[2]

Dies sind die letzten Unternehmungen, welche andere europäische Nationen als die Briten zur Entdeckung der nordwestlichen Durchfahrt ausgerüstet haben.[3] Mit Ausnahme zweier

America. New York 1875), die ganze Reise als eine Fiction darzustellen, ist von H. Major widerlegt worden. (Vgl. den aus der Pall Mall Gazette vom 26. Mai 1876 wieder abgedruckten Aufsatz Major's in d. Geogr. Magazine, July 1876, p. 186—188).

[1] Prima Relatione di Jacques Carthier bei Ramusio, Navigationi et Viaggi. Venezia 1606. tom. III, fol. 370 sq. und Navigation par le Capitaine Jacques Cartier aux iles de Canada, ed. d'Avezac. Paris 1863. p. X. verso, p. XII.

[2] Petri Martyris, De orbe novo. Dec. VI, Dec. VIII in fine. Herrera (Dec. III, lib. IV, cap. 20, lib. VIII, cap. 8. Madrid 1726. tom. III, fol. 143, fol. 241) enthält keine Angabe über die Küsten, die der Seefahrer besuchte, wohl aber kennt Diego Ribero auf seiner Weltkarte von 1529 eine Tierra de Estevan Gomez. Wenn man annimmt, daß der Rio de la buelta auf dieser Karte die Stelle war, wo Gomez umkehrte, so gelangte er bis zur heutigen Fundybai. Galvaõ (Tratado dos Descobrimentos, ed. Bethune. London 1862. p. 167) läßt ihn bis zum Cabo Raso (Cap Race), also bis nach der Südspitze Neufundlands, seine Fahrt ausdehnen.

[3] G. M. Asher (Hudson, the Navigator. London 1860. p. XCVI) will in dem Atlas des Abraham Ortelius, der alte Seekarten benutzte, die Beweise finden, daß die Portugiesen seit 1558 bis zur Hudsonstraße gefahren seien und 1570 den Zugang zur Hudsonsbai erreicht hätten. Nie haben die Portugiesen selbst ein solches Verdienst für sich in Anspruch genommen. Ortelius hat seine Karte von Nordamerika, wenn man sie aufmerksam vergleichen will, aus dem Gemälde der Gebrüder Zeni und aus dem Atlas des Vaz Dourado so glücklich zusammengefügt, daß wir darauf die Davisstraße

mißrathener Versuche in den Jahren 1527 und 1536 regten sich aber auch die Engländer seit Cabot's arctischer Fahrt volle 60 Jahre nicht mehr. Von 1576—1632 sehen wir sie dagegen rastlos mit der Lösung jener nautischen Aufgabe beschäftigt, ehe sie sich von der Unerreichbarkeit des Zieles überzeugten. Für uns genügt jetzt ein Blick auf die Polarwelt, um den Werth einer Durchfahrt im Norden Amerikas für den Handel zu verneinen. Allein diese Erkenntniß ist erst die Frucht britischer Anstrengungen in älterer und in neuerer Zeit gewesen. Beim Beginn jener glänzenden Seefahrten argwöhnte noch niemand, daß die neue Welt im höchsten Norden so breite Schultern besitze, wie wir es jetzt wahrnehmen. So weit man Amerika damals kannte, hatte es eine schlanke und zierliche Gestaltung gezeigt, und weil es im Süden zu einem Kegel sich spitzte, vermuthete man im Norden eine ähnliche Gliederung.[1] Wenn nur einmal, so dachte man sich, die Nordspitze Labradors überwunden wäre, dann werde die jenseitige Küste des Festlandes steil nach Süden herabfallen. Noch war es das größte geographische Geheimniß, wie weit der Ostrand der alten Welt von Europa entfernt sei. Selbst heutigen Tages, wo jeder Schleier gefallen ist, müssen wir doch gestehen, daß der Seeweg von England nach China durch die nordwestliche Durchfahrt, auf der Erdkugel gemessen, halb so groß ist als die Fahrt dorthin um das Cap der guten Hoffnung. Dieser letzte Weg nach Indien oder China war aber der britischen Flagge verschlossen. Alle Hafenplätze auf dem Wege um das Cap, wohin sich ein Schiff hätte flüchten, Vorräthe erneuern, Beschädigungen ausbessern können,

noch vor ihrer Entdeckung zu erkennen vermögen. Die Darstellung des Vaz Dourado (Bl. XI des Atlas der münchner Akademie) scheint aber nur eine Copie der älteren Karte des Sebastian Cabot zu sein, welcher 1517 in der Hudson- und der Davisstraße war. S. oben S 292.

[1] So wird Nordamerika dargestellt von Michael Lok auf der Karte vom Jahre 1582 in Divers Voyages touching the discoverie of America. London 1582, wieder abgedruckt von der Hakluyt-Gesellschaft, mit einer Einleitung von Winter Jones, London 1850. p. 55.

befanden sich in den Händen, alle Fahrstraßen unter der wachsamen Hut der Portugiesen, die jede fremde Flagge wie einen Seeräuber behandelt haben würden. Man konnte auch noch nicht darauf gefaßt sein, daß man Straßen und Sunde finden würde, die selbst im höchsten Sommer bisweilen durch Treibeis versperrt werden. Im Alterthum hatten Griechen und Römer, im Mittelalter Araber und Lateiner den Erdgürtel zwischen den Tropen wegen seiner Hitze, die beiden Polarkreise wegen der Kälte für unbewohnbar gehalten. Nachdem aber seit den Entdeckungen der Portugiesen und Spanier die Irrlehre der versengten Zone widerlegt worden war, begann man auch zu zweifeln, daß die Polarkreise in ewiger Erstarrung lägen, zumal man seit den Fahrten nach Archangel (1553) ein eisfreies Meer im Osten vom Nordcap Europas kennen gelernt hatte und später sogar bei Spitzbergen eine offene See noch unter 80° n. Br. angetroffen worden war. Das Meer selbst, tröstete man sich, könne wegen seiner Flutbewegung sich nie mit Eis bedecken, ein Irrthum, der erst 1595 erkannt wurde, als Barentsz. bei Novaja Semlja einfror. Die schwimmenden Eismassen, mit denen man bald bekannt wurde, schienen nur von süßen Meteorwassern herzustammen, weil sie fast keinen Salzgeschmack zeigten. Auch sind wirklich die ächten Eisberge der Davisstraße nur die abgelösten Trümmer grönländischer Gletscher, also aus Landwassern gebildet. Wenn andere Eismassen doch einen brakischen Geschmack behalten hatten, so schrieb man ihn auf Rechnung des Seewassers, welches die süßen Eismassen benetzt habe und mit ihnen zusammengefroren sei, denn daß Seewasser, wenn es gefriert, seinen Salzgehalt großentheils verliere, wurde erst zu Johann Reinhold Forster's Zeiten durch Versuche nachgewiesen. Die alten Nordwestfahrer dagegen glaubten anfänglich fest, daß alle Eismassen arctischer Meere nur zu Lande auf Flüssen, auf Landseen oder als Gletscher[1] sich gebildet haben müßten, der Ocean selbst aber nie gefriere.

[1] Die meteorologische Seite des Problems findet man ausführlich erörtert von Kapitän George Best, einem Begleiter Frobisher's auf seinen drei

Der Schauplatz der nordwestlichen Durchfahrt ist bekanntlich die Inselwelt im Norden Amerikas mit ihren großen Golfen, Seebecken, Straßenengen und Fjorden, deren Zahl ins Außerordentliche gewachsen ist, je vollständiger unsere Karten wurden. Im Winter überbrücken feste Eisdecken alle engeren Gewässer von Ufer zu Ufer. Im Frühjahr entledigen sich dieser Last zuerst die Baffinssee und die Sunde, die sich nach der Davisstraße öffnen, während die inneren Straßen erst im Juli, manche Durchfahrten noch später ihr Eis brechen. Von Anfang August bis Mitte September ist die günstigste Zeit für die Nordwestfahrer. Die Gewässer sind dann nur mit lockeren Massen erfüllt, welche von dem Winde in einer einzigen Nacht auseinandergefegt werden können, dann aber sich gern in den engen Sunden anhäufen und sie wochenlang verschließen. Nur allzu oft trägt es sich dann zu, daß der Wind günstig, die Fahrstraßen aber durch Eis unzugänglich sind und daß, wenn sie frei werden, der Wind wieder mangelt. Ungepanzerte Schiffe in einer rauhen See, bedeckt mit schaukelnden und prallenden Eiskörpern, setzen sich dort den höchsten Gefahren aus, zumal die schwimmenden Gletscherstücke oder Eisberge, die oft mit ihrer Unterlage tausend Fuß tief unter den Spiegel des Meeres reichen, von unterseeischen kalten Strömungen gegen den Wind und gegen die Bewegung der lockern Eismassen nach Süden getragen werden und den Aufruhr und die Vernichtung mächtig vergrößern.

Der Aufwand für die ersten Fahrten unter Frobisher, sowie fast sämmtlicher seiner Nachfolger wurde durch freiwillige Beträge bestritten, und nur dann und wann rüsteten die britische Krone oder die großen englischen Handelsgesellschaften einige Schiffe. Die Aussicht auf einen Gewinn war bei allen diesen

Fahrten (Hakluyt. London 1600. tom. III, p. 62, p. 77) Best bedient sich nicht des Ausdrucks Gletscher, der damals noch nicht in die englische Sprache aufgenommen worden war, sondern er sagt: by melted snow on the mountains könnten die Eismassen in der Davisstraße gebildet worden sein.

Unternehmungen äußerst gering, und man darf daher wohl aussprechen, daß die gezeichneten Summen hauptsächlich aus Vaterlandsliebe und aus Eifer für die Wissenschaft der Lösung einer seemännischen, handelspolitischen und geographischen Aufgabe zum Opfer gebracht wurden. Zu den eifrigsten Förderern gehörten außer einigen begüterten Edelleuten reiche Mitglieder des englischen Gewerbs- und Handelsstandes, deren Namen von den dankbaren Entdeckern an Straßen und Vorgebirgen befestigt, zum ehrenden Angedenken auf unsern Karten erhalten worden sind.

Der erste Nordwestfahrer, Martin Frobisher, war mit zwei kleinen Barkschiffen und einer Pinasse am 8. Juni 1576 von Deptford ausgelaufen, hatte am 11. Juli die Westküste von Grönland angeblich unter 61° n. Br. gesehen und war dann gegen Westen gelaufen, um die Straße zu suchen, die Sebastian Cabot gefunden hatte.[1] Am 29. Juli sah er wiederum Land, angeblich unter 62° 2′ n. Br., wahrscheinlich die Westspitze von Meta incognita, die er für einen Theil des amerikanischen Festlandes hielt und welcher er den Namen Königin-Elisabeths-Vorland gab.[2] Erst am 11. August gelang es ihm, nach seiner Rechnung unter 63° 8′ n. Br., den Eingang zu der Bai zu finden, die jetzt mit Recht seinen Namen trägt. Die Halbinsel zu seiner Linken, die später Meta incognita, das unbekannte Ziel geheißen wurde,[3] hielt er für das Festland von Amerika, die nördliche Begrenzung der vermeintlichen Straße aber für einen Theil von Asien. Nachdem er 40—45 deutsche Meilen[4]

[1] Biddle (Memoir of Seb. Cabot, p. 291) beweist uns, daß Frobisher vor seiner Reise sich Cabot's Karten verschafft habe.

[2] Queen Elizabeths Foreland ist die Insel nordwestlich von Resolution Island. Frobisher's Hall-Insel dagegen unser jetziges Cap Enderby; s. Beecher, Voyages of Frobisher. Journal of the Royal Geogr. Soc. 1842. tome XII, p. 1 sq.

[3] Dieser Name wurde nach Frobisher's zweiter Reise 1577 von der Königin Elisabeth dem Lande gegeben. George Best bei Hakluyt, Navigations and Discoveries. London 1600. tom. III, p. 74.

[4] Die ältern britischen Seefahrer rechnen nach Leagues (20 = 1°), von denen vier den Werth dreier deutscher geographischer Meilen haben.

in diesem Fjorde vorgedrungen war, kehrte er befriedigt am 26. August um und traf wohlbehalten am 1. October in England wieder ein.[1]

Zu den Landeserzeugnissen, die Frobisher heimbrachte, gehörten auch schwarze Steine, die im Feuer geröstet und dann in Essig getaucht mit einem gelben Metallschimmer sich überzogen. Michael Lok, der zu dieser ersten Reise eine beträchtliche Summe gesteuert hatte, ließ die Mineralien zuerst von londoner Goldschmieden untersuchen und wandte sich, als sie von ihnen einstimmig für werthlos befunden worden waren, an einen italienischen Scheidekünstler Agnello, der ihm am 17. Januar 1577 eines der Muster mit einem Goldkorn zurückbrachte, welches er dem angeblichen Erze entzogen haben wollte und mit dem sich Lok sogleich zur Königin verfügte.[2] Von dem Kunststück des italienischen Alchymisten in die höchsten Erwartungen versetzt, sendete die nämliche Gesellschaft im nächsten Jahre Frobisher mit drei Schiffen nach Meta incognita, um eine Fracht „Nordwest-Erz" heimzubringen. Da er keinen Auftrag hatte, seine Entdeckungen zu verfolgen, lief Frobisher 1577 nur etwa 20 deutsche Meilen in die von ihm entdeckte Küstenlücke (vom 16. Juli bis 23. August) hinauf und lieferte am 23. September seine Ausbeute an Steinen ihren Eigenthümern ab. Ehe man noch den alchymistischen Betrug erkannt hatte, wurde Frobisher mit 15 Segeln 1578 ausgesendet, um abermals Nordwest-Erze zu

[1] Die Zeitangaben sind nach Frobisher's eigenem Bericht gegeben bei Hakluyt a. a. O. S. 30 ff.; George Best, sein Begleiter, läßt ihn die Straße schon am 21. Juli finden.

[2] Als der italienische Schwarzkünstler später befragt wurde, wie ihm gelungen sei, was so viele geschickte Leute vergeblich versucht hatten, gab er zur Antwort, man müsse es eben verstehen, der Natur zu schmeicheln, bisogna sapere adulare la natura. Rundall, Narratives of Voyages towards the North-West. London 1849. p. 14. Nach der zweiten Reise war es hauptsächlich ein deutscher Alchymist, Jonas Schütz, welchem man die Ausscheidung des Metalls aus Frobisher's sogenannten Nordwest-Erzen übertrug. (Calendar of State Papers. Colonial Series. 1513—1616. ed. Sainsbury. London 1862. No. 86, 87, 91.)

laden und zur Beherrschung der Straße Befestigungen anzulegen. Auf dieser dritten Fahrt war er südlicher gesteuert, als er beabsichtigte und hatte sich unvermerkt in die Hudsonsstraße und an den Südrand Meta incognita's verirrt, bis der Gabriel, eines seiner Schiffe, die Durchfahrt bei der Resolution-Insel in die ächte Frobisherbai auffand,[1] wobei man inne wurde, daß Königin-Elisabeths-Vorgebirg nicht mit dem Festlande zusammenhing, sondern eine abgelöste Insel sei,[2] wie überhaupt alles Land, welches den Süden der Frobisherbai begrenzte, bei größerer Annäherung sich in einen Archipel aufzulösen schien.[3]

Frobishers-Fjord ist erst in neuester Zeit auf unsern Karten an seine schickliche Stelle verlegt worden, nachdem es Jahrhunderte lang den Namen Lumleys-Inlet führte, der von John Davis ihm ertheilt worden war. Frobisher hatte nämlich auf seinen Fahrten die Karte der Brüder Zeni[4] zu Rathe gezogen, die ursprünglich ohne Projection von ihrem Herausgeber mit einem verfälschten Gradnetze überzogen worden war. Innerhalb dieses Netzes wich die Südspitze von Grönland bis zum 65. Breitegrad gegen Norden, während die Südspitze von Friesland (Faröergruppe) in die Nähe von 60° n. Br. zu liegen kam.

[1] Vgl. Christopher Hall's und Sellmann's Berichte im Calendar of State Papers. Colonial Series. 1513—1616. London 1862. No. 98 bis 99, p. 38—42, und Beecher, Voyages of Martin Frobisher l. c. p. 10.

[2] George Best bei Hakluyt (tom. III, p. 80—86).

[3] George Best a. a. O. S. 93. Kapt. Charles Francis Hall, der sich von 1860—62 in der Frobisherbai aufhielt und dem wir die Entdeckung verdanken, daß sie keine Straße, sondern ein geschlossenes Fjord sei, sammelte auf der Kodlunarn oder Weißen Männer-Insel (62° 48′ 30″ n. Br., 65° 12′ 30″ w. L. Green.) Eisenstücke, Schnüre, Scherben u. s. w., die er für eine Hinterlassenschaft Frobisher's ansah und die jetzt im Museum des greenwicher Spitals aufbewahrt werden (Hall, Life with the Esquimaux. London 1864. tom. II, p. 293). Auch glaubte er aus dem Munde eines Eskimoweibes noch Einzelheiten über Begebnisse vor fast 300 Jahren erfahren zu können (tom. I, p. 301). Wenn sich auch Kapt. Hall auf dem Schauplatze von Frobbisher's Unternehmungen bewegte, so fehlt doch jeder Beweis, daß jene Reliquien den Nordwestfahrern von 1577 oder 1578 angehört haben.

[4] S. oben S. 162.

Dadurch mußten die Seefahrer und Geographen im 16. und am Beginn des 17. Jahrhunderts in eine unheilbare Verwirrung gerathen, so daß sie zuletzt nicht weniger als vier Grönlande unterschieden. Das wahre Grönland hieß bei ihnen Friesland. Das Engroneland der Zeni, ein arctischer Doppelgänger, wurde über den Polarkreis verjagt und lag weit östlicher als das Grönland, welches Johann Szkolny 1476 aufsuchen sollte.[1] Als später Spitzbergen entdeckt worden war, glaubte man abermals das Grönland der Zeni wieder zu erkennen, und lange Zeit wurde auch diese Inselgruppe von den Engländern Greenland geheißen. Da nun Frobisher seine Entdeckungen in den Westen von Friesland verlegt hatte, so suchte man sie nicht in der Davisstraße, sondern auf der Ostküste des heutigen Grönland zwischen 62° und 63° n. Br.,[2] und als später dort keine Straße sich zeigen wollte, verschwand Frobisher's Name eine Zeitlang gänzlich von den Karten.

Sieben Jahre verstrichen, bevor neue Unternehmer einen trefflichen Seemann, John Davis, 1585 mit zwei kleinen Barken, „Sonnenschein" und „Mondschein", von Dartmouth ausschickten. Er sah am 20. Juli die Ostküste von Grönland, welches auch er, irre geführt durch das falsche Breitennetz auf der Karte der Zeni, nicht erkannte, sondern für eine neue Entdeckung hielt und Desolation-Land hieß, weil er dort nichts gewahrte als winterliche Erstarrung und trauernde Oeden.[3] Er verlor am

[1] S. oben S. 245 n. 3. Man findet die drei verschiedenen Grönlande auf der Karte Michael Lok's vom Jahre 1582 in Hakluyt, Divers Voyages, ed. John Winter Jones. London 1850. p. 55.

[2] Wytfliet ist es, der uns dieses Bild aufbewahrt hat (s. Descriptionis Ptolemaicae Augmentum. Lovanii 1597. p. 188). Auf seiner Karte findet sich noch das apokryphe Friesland östlich von der Grönlandsspitze, die durch Frobisseri angustiae vollständig vom festen Grönland abgeschnitten wird. Die einzige ältere Karte, welche Frobisherbai in der richtigen Lage zeigt, ist die von Michael Lok aus dem Jahre 1582 in Hakluyt, Divers Voyages, ed. J. W. Jones. London 1850. p. 55.

[3] Alle modernen Karten verlegen Cap Desolation unter 61° n. Br. auf die Westküste von Grönland, während es der Ostküste unter gleicher

25. Juli durch einen südwestlichen Curs die Küste wieder außer Sicht, wandte sich dann gegen Norden und lief die nach ihm benannte Davisstraße bis 64° 15′ n. Br. hinauf, wo er Grönland und zwar diesmal die Westküste wieder fand und in einem bequemen Fjord, von ihm Gilbert's Sund, von den Dänen später Godthaab geheißen, einen günstigen Rastplatz fand. Am 1. August steuerte er wieder gegen Nordwesten, kreuzte die Davisstraße und erblickte ihren westlichen Rand angeblich unter 66° 40′ n. Br. südlich von dem heutigen Dyer-Cap.[1] Obgleich die Davisstraße eisfrei war, wagte er sich doch nicht höher nach Norden, sondern folgte dem Lande nach Süden, bis er am 11. August das Vorgebirge der Erhörung (Cape of God's mercy, jetzt Cape Albert) erreichte, wo sich vor ihm der Northumberland-Golf verlockend als eine nordwestliche Straße zu öffnen schien, die sich auch in einer Tiefe von 24—30 deutschen Meilen noch immer nicht zu verengern drohte, so daß Davis zufrieden mit diesen Aussichten am 20. August zur Heimkehr sich entschloß.[2]

Im nächsten Jahre 1686 wollte Davis die Erforschung dieser verheißungsvollen Küstenlücke fortsetzen.[3] Er suchte zunächst wieder seinen vorjährigen grönländischen Rastplatz (Godt-

Breite angehören sollte. Wytfliet hat zuerst in seinem Atlas diesen Irrthum verbreitet.

[1] Davis' Karte ist noch in diesem Jahrhundert vorhanden gewesen, jetzt aber verloren gegangen. Indessen muß Wytfliet sie besessen und copirt haben. Die Breitenangaben sind bei Davis noch um 10—15′ ungenau, allein die Worte seines Begleiters John Janes bei Hakluyt, Navigations and Discoveries. tom. III, fol. 101 verstatten keine Zweifel. Davis sah gegen Westen Mount Raleigh, gegen Norden Dyer-Cap, im Süden den Exeter-Sund und Cap Walsingham, lauter Benennungen, die er auf seiner ersten Reise ertheilte.

[2] John Davis (bei Hakluyt, Voyages Navigations and Discoveries. tom. III, fol. 119) bezeichnet die Untersuchung der im vorigen Jahre gefundenen vermeintlichen Straße (to search the bottome of this straight) als den Zweck seiner Reise im Jahre 1586.

[3] John Davis, Hydrographical Description bei Hakluyt, Voyages, Navigations and Discoveries. tom. III, fol. 119.

haab) auf, von dem er am 17. Juli zu neuen Entdeckungen aufbrach. Die Davisstraße war diesmal noch mit Treibeismassen so angefüllt, daß der Seefahrer, ehe er die Ueberfahrt wagte, noch einmal am 1. August wieder zur Küste von Grönland unter 66° 33′ n. Br. zurückkehrte. Vierzehn Tage später, bei günstigerem Fahrwasser, erreichte er unter 66° 19′ n. Br. den Westrand der Davisstraße. Das Land wollte sich aber diesmal nicht von seinen Eisbänken entblößen und verstattete keine größere Annäherung, so daß der Entdecker Northumberland Inlet nicht näher untersuchen konnte, sondern die Aufgabe dieser Reise unerfüllt lassen und am 19. August unter 64° 20′ n. Br. die Heimkehr antreten mußte.[1]

Das Versäumte suchte er im nächsten Jahre 1587 auf seiner dritten Reise nachzuholen. Anfangs in Gesellschaft zweier Schiffe, später wieder vereinzelt, suchte er zunächst seine alte Zuflucht, den grönländischen Gilbert's Sund (Godthaab) auf. Beim Einlaufen in dieses Fjord am 16. Juni war sein Fahrzeug, der „Sonnenschein", durch den häufigen Anprall von Eismassen so stark beschädigt worden, daß die Mannschaft an der Seetüchtigkeit des Schiffes verzagte. Allein Davis zeigte ihnen, was seine Nation so groß gemacht hat, ein ächt britisches Herz und verkündigte seinen festen Entschluß, „lieber in Ehren umzukommen, als schimpflich heimzukehren."[2] Er verließ daher am 21. Juni Godthaab und steuerte die Davisstraße hinauf bis 67° 40′ n. Br., wo am 24. Juni rechts Grönland, links die amerikanischen Polarinseln gleichzeitig erblickt wurden.[3] Immer noch in Sicht von Grönland benannte er am 30. Juni unter 72° 12′ n. Br. nach seinem großmüthigen Unterstützer den äußersten Küstenpunkt Hope Sanderson, und das Gestade Grön-

[1] So ergibt sich aus seinem Bericht bei Hakluyt l. c. fol. 107.

[2] John Janes (bei Hakluyt, tom. III, fol. 112).

[3] Diese Erscheinung, welche man der starken Strahlenbrechung unter hohen Breiten verdankt, wurde lange Zeit für eine Sinnestäuschung gehalten, bis sie von spätern Seefahrern bestätigt wurde.

lands nördlich von Godthaab die Londonküste zu Ehren der Kaufleute, welche die Kosten seiner Reise bestreiten halfen. Er drang dann auf der Davisstraße, die von Eis gereinigt scheinbar unbegrenzt vor ihm lag, bis zur Höhe von 73° n. Br. hinauf, wo ihn aber widrige Winde zwangen, seine Breite zu vermindern. Am 19. Juli bekam er den Westrand der Straße an der alten Stelle bei Mount Raleigh in Sicht und um Mitternacht erreichte er den Eingang des geheimnißvollen Northumberland-Fjordes oder der „Straße", die ihn nach China führen sollte. Vom 20. bis 29. Juli untersuchte er beide Ufer dieses Küsteneinschnittes, doch hatte er schon am 23. die innerste Vertiefung, unsern Hogarths-Sund, erreicht, der durch Inseln verengt jede Hoffnung auf eine Durchfahrt ausschloß.[1] Er setzte jetzt seine Untersuchungen an der Küste gegen Süden fort, fand am 30. Juli den Eingang zur Frobisherbai, die ihm aber wenig zu versprechen schien, weßhalb er sie als Lord-Lumleys-Inlet bezeichnete, welchen Namen sie zwei Jahrhunderte behalten sollte.[2] Am 31. August lief Davis unter 62° n. Br. vor der spätern Resolution-Insel (die er Cap Warwick nannte) gegen Süden quer über den Eingang der Hudsonsstraße, deren südliches Vorgebirge er nach einem Seefahrer der damaligen Zeit Cap Chidley benannte. Während der Ueberfahrt wurde das Schiff von einer sogenannten Rennflut erreicht, deren Höhe der Seefahrer mit dem Wassersturze der Themse unter der alten Londonbrücke

[1] Die Inseln wurden Cumberlandsinseln, die Straße lange Zeit Cumberlandsstraße genannt. In dem Atlas Wytflie's, der die Karten von Davis benutzte, ist sie als Fjord dargestellt, ein Beweis, daß Davis sie nicht mehr für eine Durchfahrt hielt.

[2] Da er sie als Fjord (Inlet) bezeichnete, so hat er dort keine Straße vermuthet. Er konnte sie aber nicht als Frobishersbai wieder erkennen, weil er diese, wie alle seine Zeitgenossen an der Ostküste Grönlands (Desolationland nach Davis' Ausdrucksweise) suchte. Auch Henry Hudson glaubte auf seiner denkwürdigen vierten Reise am 9. Juni 1610, als er sich zwischen 63° und 62° n. Br. an der Ostküste von Grönland bewegte, die Frobisherstraße vor sich zu haben. Purchas, Pilgrims, tom. III, fol. 596.

vergleicht. Dort, zwischen seinem Cap Warwick und Cap Chidley, vermuthete der Seefahrer eine günstige Durchfahrt (die Hudsonstraße);[1] aber die Jahreszeit war schon zu weit vorgerückt, um etwas in jener Richtung zu unternehmen.

Mit dem Tode Walsingham's, des Sekretärs der Königin Elisabeth, wurde die Nordwestfahrt, wie Davis sich ausdrückt, eine Waise. Erst 1602 ließ die ostindische Gesellschaft wieder ein Fahrzeug auslaufen, um in der Davisstraße eine Durchfahrt „nach der Rückseite Amerikas" und nach China zu suchen.[2] Aus dem lückenhaften Berichte[3] des Anführers dieser Unternehmung, George Waymouth, folgt mit Sicherheit nur so viel, daß er gegen Norden die Kenntniß der Davisstraße nicht erweitert hat, dagegen Ende Juli und bereits auf der Heimkehr unter 61° 40′ n. Br. den Eingang zur Hudsonsstraße offen sah und sich eine Strecke weit hinein wagte,[4] so daß ihm nächst Sebastian Cabot und John Davis das Verdienst zukömmt, das Vorhandensein eines nordwestlichen Fahrwassers zwischen dem 60. und 62. Breitengrade wiederum erwiesen zu haben. Sein Logbuch gerieth nämlich in die Hände eines eifrigen holländischen Geographen, Petrus Plancius, der es im Jahre 1609 Heinrich Hudson mittheilte.[5] Dieser große Seefahrer, welcher damals

[1] Siehe Davis' Logbuch bei Hakluyt l. c. fol. 118. Die Rennfluten (race-tides), denen die arctischen Seefahrer begegneten, nannten sie Wasserstürze (overfalls). Bei Wytfliet a. a. O. findet sich daher die Hudsonsstraße angegeben mit der Inschrift: a furious overfall, ein Beweis, daß er Davis' Karte vor sich gehabt haben muß.

[2] Siehe Waymouth's Instructionen bei Thomas Rundall, Voyages towards the Nord-West. London 1849. p. 62.

[3] Bei Purchas Pilgrims. tom. III, fol. 809.

[4] George Waymouth wollte 75 deutsche Meilen (100 leagues) West bei Süd in der Hudsonsstraße zurückgelegt haben. Jede neuere Karte straft eine solche Behauptung Lügen, aber da wir Waymouth's Logbuch nicht besitzen, sondern nur den Bericht des ungenauen Purchas, so läßt sich noch nicht entscheiden, ob der Seefahrer, wofür man ihn gewöhnlich hält, ein Schelm gewesen sei.

[5] Siehe Hessel Gerritz' Various Accounts, bei G. M. Asher, Hudson

schon dreimal eine Durchfahrt nach China im Norden und Nordosten unter britischer wie unter holländischer Flagge (1609) gesucht hatte, wurde jetzt von einer englischen Gesellschaft angeworben, um in den beiden Küstenlücken, die Davis auf seiner dritten Fahrt gesehen, aber nicht befahren hatte — in der heutigen Sprache der Erdkunde die Frobisherbai und die Hudsonsstraße — nach einem nordwestlichen Seeweg zu suchen.[1] Hudson ging mit seinem Schiff am 17. April 1610 unter Segel, erreichte am 15. Juni die Südspitze Grönlands, kreuzte hierauf unter 62° n. Br. die Davisstraße, steuerte dann südwärts, stieß am 5. Juli auf die Labradorküste unter 59° 16′[2] und schlüpfte glücklich durch das enge Wasser zwischen der Festlandsspitze und den Inseln, die Davis Cap Chidley genannt hatte.[3] Die vielgesuchte Straße, die er jetzt glücklich erreicht hatte, gehört vor Beginn des Monats August zu den schwierigsten und gefährlichsten Durchgängen. Auch Hudson wurde am 11. Juli unter 62° 9′ n. Br. an der Südküste von Meta incognita von einem Sturm überfallen und mußte eine Zuflucht hinter den Inseln des göttlichen Erbarmens suchen.[4] Von dort ging er wieder nach dem Festlande hinüber und erreichte am 16. Juli in der Ungavabai eine Breite angeblich von 58° 50′. Sobald er inne geworden war, daß im Süden festes Land lag, von ihm Neu-Britannien geheißen, folgte er der Straße gegen

the Navigator. London 1860. p. 186; ferner Purchas, Pilgrimage. London 1626 (bisweilen als tom. V. der Pilgrims angeführt), fol. 819.

[1] Purchas, Pilgrimage. fol. 819.

[2] Er nannte die dortige Nordostecke des Festlandes Desire provoketh, einen Hoffnungsschimmer.

[3] Dies ergibt sich aus Abacuck Prickett's Aussage gegen Sir Thomas Button, den er begleitete, bei Rundall, Voyages towards the North-West. London 1849. p. 89.

[4] Eine gute Aufklärung zu den Bruchstücken dieser Fahrt (Purchas, Pilgrims, lib. III, cap. 17, tom. III, fol. 596 sq.) gewährt die Tabula nautica von 1612 zu Hudson's Entdeckungen, bei G. M. Asher, Hudson the Navigator. p. 1. Hudson's Isles of God's Mercies liegen 62° 0′ n. Br. und 68° w. L. von Greenw.

Nordwesten. Am 28. Juli befand er sich unter 63° 10′ n. Br., nördlich von der jetzigen Charles-Insel, die er für ein Cap des Festlandes hielt, während er im Norden gleichzeitig auf der gegenüber liegenden Küste einem Vorgebirge den Namen der Königin Anna hinterließ. Am 2. August wurde die Salisbury-Insel sichtbar, aber ebenfalls für eine Landspitze gehalten und am 3. August, am entscheidenden Tage dieser Fahrt, öffnete sich eine schmale Lücke zwischen den Sir Dudley Digges-Inseln und Cap Wolstenholme. Als Hudson diese Enge hinter sich hatte, wich die Festlandsküste rasch nach Süden zurück und das Fahrzeug befand sich wieder in einer offenen See. In den drei Jahrhunderten der britischen Nordwestfahrten konnte man sich dem Ziele nicht näher halten, als an jenem 3. August 1610, als die Hudsonsbai unbegrenzt gegen Süden vor dem Entdecker lag. Mit jenem Tage schließt leider sein Schiffsbuch und alles, was wir über den Ausgang des Unternehmens wissen, gründet sich auf die Aussage eines meutrischen Schiffsvolks. Hudson behielt auf seinem südlichen Curs den Ostrand der großen Bai zur Linken. Dort streichen in Entfernungen von 15—30 deutschen Meilen von dem Festlande Inselketten, die wir jetzt als die Sleepers- und die Belchergruppe bezeichnet finden und welche die Entdecker damals für eine westliche Begrenzung der Hudsonsbai hielten, so daß diese ihnen nicht in ihrer wahren Natur als ein großes inneres Becken, sondern als eine enge Straße erschien, deren südliches Ende, unsere jetzige Jamesbai, Hudson im September erreichte. Da er sie im Westen geschlossen fand, wählte er nach mehrtägigen Kreuzfahrten am 1. November einen Hafen zum Ueberwintern und wurde dort zehn Tage später vom Eise eingeschlossen.[1] Hudson war mit hinreichenden Vorräthen nicht versehen und er hatte seine Mannschaft etwas sorglos

[1] Aussagen des Abacuk Prickett, bei Purchas, Pilgrims. tom. III, fol. 600. Nach Dudley's Arcano del mare. Florenz 1661. tom. II. Europa. Taf. 54 überwinterte Hudson unter 53° n. Br. und so weit die Karte es errathen läßt, in der Nähe der heutigen Agoomska-Insel in der Jamesbai.

den Schrecknissen eines arctischen Winters ausgesetzt. In der dritten Juniwoche 1611 trat er seine Rückfahrt an, wurde aber schon in der ersten Nacht wieder vom Eise eingeschlossen und blieb darin fest vom Montag bis zum Sonntag.[1] An diesem Tage brach ein Aufstand unter dem Schiffsvolk aus und Hudson wurde mit 9 andern Gefährten gezwungen, in der Schaluppe das Schiff zu verlassen, ohne daß man je etwas über ihr furchtbares Loos erfahren hätte. Der Schauplatz dieses Verbrechens läßt sich nicht näher bestimmen, muß aber jedenfalls noch in der Jamesbai gedacht werden. Nach vollbrachter That tasteten die Meuterer, das Festland zur Rechten behaltend, mit dem Schiffe gegen Norden, bis sie am 27. Juli beim Cap Wolstenholme die Einfahrt in die Hudsonsstraße wieder erkannten. Als sie nach schweren Bedrängnissen die Küste von Irland erreichten, waren unterwegs die Anstifter des Verbrechens theils von ihren Gefährten erschlagen worden, theils vor Hunger umgekommen.

Sogleich wurden im nächsten Jahre 1612 zwei Schiffe, Resolution und Discovery, unter Sir Thomas Button und Capitän Ingram abgesendet, theils um Hudson und seine Begleiter aufzunehmen, theils um die Erforschung der neuen Durchfahrt fortzusetzen. Einer von Hudson's Leuten, Abacuk Prickett, hatte nämlich berichtet, daß die Meuterer zwischen der Digges-Insel und dem Festlande (Cap Wolstenholme) mit ihrem Schiffe auf Felsen gerathen, von der Flut aber wieder hinweggehoben worden seien. Die Ebbe, versicherte Prickett, sei gegen Osten, die Flut von Westen her geströmt.[2] Eine von Westen einströmende Flutwelle war die Sehnsucht aller Nordwestfahrer gewesen, denn eine westliche Flut konnte nur aus der Südsee kommen und mußte die Nähe dieses Weltmeeres unzweideutig

[1] Prickett's Aussagen (a. a. O. S. 603) widersprechen sich selbst. Der 18. Juni 1611 soll ein Montag, der 21. ein Sonnabend gewesen sein. Wahrscheinlich hatte man an Bord einen alten Kalender von 1610, wo der Montag auf den 18. Juni fiel.

[2] Purchas, Pilgrims. tom. III, fol. 606.

verkündigen. Sir Thomas Button erhielt daher den Befehl, durch die Hudsonsstraße bis zur Salisbury-Insel zu laufen und beim nächsten Vorgebirge die Richtung der einströmenden Flut zu beobachten: komme sie aus Südwesten, so liege dort; komme sie aus Nord oder Nordwesten, so liege in jenen Richtungen die gehoffte Durchfahrt.[1] Sir Thomas erreichte glücklich die Digges-Insel vor der Einfahrt zur Hudsonsbai, lief dann nach Nordwesten, wo er die Southampton-Insel fand und ihre Südküste mit Benennungen versah;[2] steuerte hierauf südwestlich und kreuzte die Hudsonsbai an ihrer breitesten Stelle. Wohl machte damals wieder eine frohe Spannung die Seefahrer beleben, als sie eine offene See gegen Westen vor sich hatten, wenigstens drückte Sir Thomas Button durch einen Küstennamen seine Betrübniß aus, als er unter 60 ° 40′ n. Br. im Westen wieder auf Land stieß.[3] Dem unwillkommenen Rand der Hudsonsbai folgten die Entdecker dann gegen Süden, bis sie angeblich unter 57 ° 10′ n. Br. einen Fluß gewahrten, den sie Nelson benannten. Dort bestanden sie einen ungewöhnlich milden Winter, denn der Strom wurde nur vom 16. Februar bis 5. April 1613 von Eis geschlossen. Gleichwohl konnte Sir Thomas Button erst im Juli seine Entdeckungen fortsetzen und zwar blieb ihm die Wahl, die Durchfahrt im Süden und Südosten auf den noch unbekannten Strecken zwischen dem Nelsonfluß und Hudsons-Winterhafen, oder im Norden und Nordwesten zu suchen. Auf den Rath seines Steuermanns, Josias Hubart, entschloß er sich

[1] Button's Instructionen vom 5. April 1612, bei Rundall, Voyages towards the North-West. p. 82.

[2] Von ihm rühren die Namen Cape Pembroke, Carey's Schwanennest, und Cape Southampton her, deren Lage aber auf den neuen Karten verschoben worden ist, denn nach Brigges' Karte (Purchas, tom. III, fol. 853), unsrer ältesten Urkunde über Button's Entdeckungen, gehört Carey's Swan's Nest an die Stelle des heutigen Cape Southampton, Button's Cape Southampton dagegen auf die Westküste der Southampton-Insel.

[3] Auf alten Karten heißt jene Uferstelle Hopes check'd, Vereitelung der Hoffnungen.

zu letzterem, behielt daher den Westrand der Hudsonsbai zur Linken[1] und erreichte am 29. Juli seine höchste Breite (angeblich 65°, wahrscheinlich nur 64°) am Eingange einer Straße,[2] die sein Nachfolger Roe's Welcome genannt hat. Auf der Rückfahrt trug sich nichts besonderes zu, außer daß die Mansel-Insel gesehen und benannt wurde.[3]

Die Hoffnung, in der Richtung der Hudsonsstraße eine Oeffnung nach der Südsee zu finden, hatte sich nach dieser Fahrt wider Erwarten neu belebt. Aus dem Umstande, daß die Flut im Nelsonhafen 15—18 Fuß anschwelle, schloß der Mathematiker Thomas Harriot, daß die Hudsonsbai gegen Westen mit der Südsee in Verbindung stehe, denn eine solche Höhe erreiche die Flut nur in Sunden, die nach zwei Meeren sich öffneten, ein Irrthum, den damals die besten Seeleute, selbst der große Baffin, mit ihm theilten. Auch war Sir Thomas Button in der Hudsonsbai unter 60° n. Br. einer Rennflut begegnet, die zwar genau von Osten kam, welche aber Harriot für eine von der Küste abgeprallte Flutwelle des stillen Oceans erklärte.[4]

Die Förderer der Nordwestfahrten in England schickten daher schon 1614 Kapitän Gibbons in der Discovery zu einem neuen Versuche ab, allein dieser Seefahrer kehrte schon vor dem

[1] Er benannte damals an der Küste Hubart's Hope (angeblich 60° n. Br.), und Hope advanced.

[2] Nach Rundall (Voyages toward the North-West. p. 89) hat er sie Ut Ultra (62° 42′ n. Br.) genannt, allein aus Brigges' Karte a. a. O. ergibt sich, daß der äußerste Punkt, von Sir Thomas Button auf 65° n. Br geschätzt, nicht Ut Ultra, sondern Ne Ultra geheißen wurde.

[3] Schon auf Brigges' und seitdem auf fast allen neuern Karten ist der Name in Mansfield-Insel verfälscht worden. Die Kartenzeichner sollten nicht zögern, diesen Mißgriff wieder zu beseitigen, denn die arctischen Namen sind geheiligte Denkmale für unerschrockene Seefahrer oder hochherzige Beförderer der Erdkunde. Uebrigens hat Hudson, wie sich aus der Tabula nautica von 1625 ergibt, die Mansel-Insel schon vor Sir Thomas Button gesehen.

[4] Mathematical Papers of Thomas Harriot, Handschrift des britischen Museums, bei Rundall, Voyages towards the Nord-West p. 90. Dieselben Angaben finden sich auch auf Brigges' Karte.

Eingang der Hudsonsstraße wieder um und größere Erfolge wurden erst im Jahre 1615 errungen durch die Fahrt der Resolution, geführt von Kapitän Bylot, dessen Name völlig verdunkelt worden ist durch William Baffin, seinen Steuermann, den gelehrtesten Seefahrer jener Zeit.[1] Ungewöhnlich früh, schon am 30. Mai, erreichte das Schiff bei der nach ihm benannten Resolution-Insel den Eingang zur Hudsonsstraße, entdeckte an der Südküste von Meta incognita am 8. Juni die Gruppe der Wilden- (Savage) Inseln und befand sich schon am 29. Juni unter 64° 20′ vor einer Insel, der man wegen der mühlradähnlichen Wirbel der See den Namen Mill-Insel gab. Von dort gewannen die Seefahrer die noch unbesuchte Ostseite der Southampton-Insel, an der entlang sie gegen Nordwesten bis zum 12. Juli vordrangen, wo sie dem unwirthlichen Cap Comfort seinen unverdienten Namen hinterließen, weil sie eine vom Norden strömende Flutwelle bemerkt haben wollten. Am nächsten Tage, als das Vorgebirge hinter ihnen lag, schwand jede Aussicht, denn sie sahen sich gegen Nord und Nordwest vom Lande völlig eingeschlossen und vor sich die See mit Eis bedeckt. Sie kehrten also wieder um, gingen an der Ostküste der Southampton-Insel bis zur Seahorse-Spitze zurück, und nachdem sie bis zum 29. Juli zwischen diesem Punkt und den Digges-Inseln an der Einfahrt zur Hudsonsbai sich wiederholt überzeugt hatten, daß die Flut stets aus Südosten komme, also atlantischen Ursprungs sei, kehrten sie nach England zurück, wo Baffin laut seine Ueberzeugung aussprach, daß wenn eine nordwestliche Durchfahrt vorhanden sei, sie nur noch in der Verlängerung der Davis- und nicht in der Richtung der Hudsonsstraße gesucht werden dürfe.

Auf Kosten der früheren Unternehmer sollten daher im

[1] Das Schiffsbuch Baffin's ist zum erstenmale vollständig nach dem Original von Rundall, Voyages towards the Nord-West. p. 100 sq., veröffentlicht worden. Der Abdruck bei Purchas hat sich seitdem nicht bloß als lückenhaft, sondern auch als ungenau erwiesen.

nächsten Jahre Bylot und Baffin durch die Davisstraße an der Küste von Grönland bis 80° n. Br. vordringen, dann südwestlich bis 60° n. Br. steuern und schließlich ihren Weg nach Japan einschlagen.[1] Baffin war mit der Davisstraße schon vertraut, denn seit 1605 hatten die Dänen, verlockt durch den Bericht, daß die schimmernden Felsenwände Grönlands edle Metalle einschließen sollten, die Westküste dieses kleinen Festlandes wiederholt besucht und an diesen Unternehmungen der britische Seefahrer theilgenommen.[2] Bylot und Baffin verließen noch früher als im vergangenen Jahre, am 26. März, Gravesend, befanden sich schon am 14. Mai 1616 in der Davisstraße unter 65° 20′ n Br. und erreichten eine Woche später die Londonküste[3] Grönlands unter 70° 20′ n. Br. Aber schon dort schwand den Seefahrern die Zuversicht auf einen glücklichen Ausgang, freilich nur aus dem irrigen Grunde, daß die Fluthöhe auf 8—9 Fuß abgenommen hatte. Am 30. Mai gelangten sie über Hope Sanderson, Davis' nördlichstem grönländischen Punkt, hinaus, entdeckten am 1. Juni die Fraueninseln[4] (72° 45′ n. Br.), und immer die Küste zur Rechten behaltend, am 30. Juni den Horn-Sund (73° 45′ n. Br.), am 2. Juli das Vorgebirge Sir Dudley Digges' (76° 35′ n. Br.) und weiter nördlich den Wolstenholme-Sund.[5] Am 4. Juli erreichten sie den Whale-Sund (77° 30′ n. Br.), benannten am nächsten Tage die Hackluyt-Insel und die Straße, die sich gegen Norden öffnete, Sir Thomas Smith-Sund. So wurde an jenem Tage

[1] Siehe ihre Instructionen bei Purchas, vol. III, fol. 842.

[2] Purchas, Pilgrims. tom. III, fol. 814—836.

[3] Siehe oben S. 303.

[4] Ihr Name knüpft sich an den zufälligen Umstand, daß man unter den dortigen Eingebornen nur Weiber und Kinder fand.

[5] Kapitän John Roß äußert sich sehr günstig über die Genauigkeit, mit der Baffin jene nördlichen Küsten beschrieben hat. Die oben angegebenen Breiten sind die von Baffin. Roß sah Cap Dudley Digges unter 75° 54′ n. Br. (doch liegt es nach neueren Beobachtungen unter 76° 5′ n. Br.) und den Wolstenholme-Sund unter 76° 12′ n. Br. (John Roß, Reise der Schiffe Alexander und Isabella. Jena 1819. S. 111—118.)

die höchste arctische Breite westlich von Grönland erreicht, die seitdem fünfmal überschritten worden ist.[1] Am 6. Juli, da Eismassen jedes weitere Vordringen hinderten, kehrte die Discovery um, diesmal den westlichen Begrenzungen der Baffinssee folgend. Am 8. Juli wurden die Carey's-Inseln entdeckt, am 10. Juli der mit Eis gefüllte Alderman Jones-Sund, endlich am 12. Juli unter 74° 20′ n. B. eine zweite Straße gefunden und nach Sir James Lancaster benannt.[2] Obgleich sich die beiden letzten Lücken nach Westen öffneten, so sank doch, wie Baffin gesteht, die Hoffnung der Seefahrer von Tag zu Tag, theils weil die Höhe der Fluten mehr und mehr abnahm, theils weil sie sich nicht mehr dem Ufer nähern konnten, da immer zwischen Schiff und Land eine Eisbank lag.[3] Nach der Rückkehr von dieser glänzenden Entdeckungsreise, welche den arctischen Seefahrern unseres Jahrhunderts das Thor zu der wirklichen Durchfahrt, nämlich den Lancaster-Sund, geöffnet hat, erklärte Baffin einem der unverdrossensten Förderer dieser Reisen, Sir John Wolstenholme, es gäbe keinen nordwestlichen Seeweg weder in der Hudsonsbai, noch in der Verlängerung der Davisstraße, die nichts anderes seien, als Golfe in großem Style. Dieses offene Geständniß war die Ursache, daß die Baffinssee zwei volle Jahrhunderte bis zum Jahre 1818 nicht wieder besucht wurde, der Entdecker selbst zog sich aber dadurch, daß er jede Hoffnung auf eine Durchfahrt abschnitt, den Haß aller leidenschaftlichen Liebhaber der Nordwestfahrten zu, so daß sein Ruhm und seine Verdienste erst in neuester Zeit vollständig wieder

[1] Inglefield kam 1852 bis 78° 28′ 21″, Kane 1854 bis 80° 50′, Hayes 1861 bis 81° 35′, Hall 1871 bis 82° 16′ n. Br. und Nares 1876 bis 83° 20′ 26″ n. Br.

[2] Vgl. die annähernde Skizze der Fahrt in Petermann, Mittheilungen 1867. Tafel 6. Daß der Smith-Sund und Jones-Sund weiterführende Meeresstraßen sind und nicht, wie der Wolstenholme- und Whale-Sund nur kurze Buchten bilden, hat zuerst Inglefield (A Summer Search for Sir John Franklin, London 1853) im Jahre 1852 nachgewiesen.

[3] Purchas, Pilgrims. tom. III, fol. 845—848.

erkannt worden sind.[1] Auf lange Zeit erkaltete übrigens die Lust an den arctischen Versuchen, denn abgesehen von einer Unternehmung der ostindischen Gesellschaft, die 1619 dem Kapitän Hawkridge anvertraut wurde, der aber in der Hudsonsstraße nicht weiter kam als bis zur Salisbury-Insel, erwachte erst 1631 auf lange Zeit zum letztenmale die alte arctische Entdeckerlust. In jenem Jahre liefen wieder zwei Schiffe auf Kosten der Kaufleute von London und von Bristol aus. Den Londnern hatte Karl I., ein eifriger Freund der Erdkunde, die Kriegspinasse Charles von 70 Tonnen überlassen, welche der treuherzige Luke Fox befehligte. Er erreichte am 21. Juni die Hudsonsstraße, am 10. Juli die Mill-Insel, am 19. Carey's Swan's Nest, und am 27. — die Westküste der Southampton-Insel immer zur Rechten behaltend — den äußersten Punkt Sir Thomas Button's, von diesem Ut Ultra oder Ne Ultra, von Fox aber Sir Thomas Roe's Welcome geheißen uud als Insel erkannt. Die Begrenzung der Hudsonsbai unter 63° n. Br. zu untersuchen, war dem Seefahrer besonders vorgeschrieben worden, allein weit über jene Insel vermochte auch er nicht vorzudringen, denn der dortige Sund, an einer vergleichsweise kältesten Stelle der Erde und ungünstig zur Entleerung der Eismassen gelegen, gehört zu den unzugänglichsten Straßen des arctischen Archipels. Fox wich also wieder zurück, um noch einmal den Westrand der Hudsonsbai nach einer günstigen Lücke zu betasten. Am 8. August auf der Höhe von Port Nelson begann er die noch wenig bekannte Küste gegen Südosten zu erforschen. Am 27. August beobachtete er unter 55° 50′ n. Br. und drei Tage später traf er westlich von Cap Henrietta Maria[2] mit Kapitän James zusammen, den die bristoler Kauf-

[1] Baffin fiel 1622 bei Erstürmung des portugiesischen Forts Kischem (Queixome) im persischen Golf. (Geogr. Magazine. London 1874, April. p. 15.)

[2] Fox, der es am 3. September erreichte, nannte es Wolstenholme's Ultima Vale, weil nach dieser Entdeckung Wolstenholme's Hoffnungen auf eine Durchfahrt in der Richtung der Hudsonsstraße völlig schwinden mußten.

leute im nämlichen Jahre ausgeschickt hatten. Fox hatte jetzt die Ueberzeugung gewonnen, „daß im Bogen von 65° 30′ bis 55° 10′ n. Br. am Westrande der Hudsonsbai keine Aussicht auf eine Straße vorhanden sei.“ Am 15. September zur Mill-Insel in der Hudsonsstraße zurückgekehrt, begann er seine Entdeckungen am Westrande des Luke Fox-Landes und in dem nach ihm benannten Fox Channel. Er gab den dortigen Vorgebirgen die Namen: King Charles (64° 46′ n. Br.), Cap Maria (65° 13′ n. Br.), Lord Weston's Portland (65° 35′ n. Br.) und dem äußersten Punkt, den er am 22. September 1631 (66° 35′ u. Br.) erreichte, Foxe his Farthest (jetzt Cap Peregrine). Da kein näherer Winterhafen ihm bekannt war, als der entfernte Port Nelson in der Hudsonsbai, beschloß er trotz der späten Jahreszeit heimzukehren und erreichte England glücklich am 31. October ohne Verlust eines einzigen Seemannes.[1] Das Schiff der bristoler Kaufleute unter Kapitän James, dem Luke Fox begegnet war, hatte die noch nicht näher bekannte Jamesbai aufgenommen. James, dem zu Ehren sie ihren Namen empfangen hat, brachte dort unter 52° 3′ n. Br. einen äußerst strengen Winter zu[2] und gelangte erst im nächsten Jahre, am 22. October 1632 nach unsäglichen Gefahren und ohne größeren Gewinn für die Erdkunde wieder nach Bristol.

Mit dieser Reise endigen die älteren Versuche zur Auffindung der nordwestlichen Durchfahrt, die mit Ausnahme einer wenig ersprießlichen Unternehmung des 18. Jahrhunderts erst nach 186 Jahren, nämlich 1818 wieder mit dem alten Feuer erneuert werden sollten. Baffin hatte eine Verbindung der

[1] Luke Fox' eigne Schilderung war dem Verfasser unerreichbar. Das Obige mußte daher aus den Auszügen bei Rundall, Voyages towards the North-West. p. 152 sq. und aus John Barrow, Chronological History of Voyages into the Arctic Regions. London 1818. p. 237 sq. entlehnt werden.

[2] John Harris, Navigantium Bibliotheca. London 1748. tom. II fol. 425 enthält James' Tagebuch, welches 1633 im Druck erschienen war, hundert Jahre später aber schon zu den größten Seltenheiten gehörte.

Davisstraße mit der Südsee, Luke Fox das Vorhandensein einer Durchfahrt im Westen der Hudsonsbai geläugnet, Kapitän James, der ihre Ansichten theilte, verneinte jeden Nutzen einer arctischen Straße, selbst wenn sie vorhanden sein sollte; für Handel und Schifffahrt. „Viel rascher und mit größerer Sicherheit, bemerkt er, lassen sich bei den beständig wehenden Winden tausend Meilen gegen Süden um das Cap der guten Hoffnung zurücklegen, als hundert in jenen Seen, wo Verlust von Schiff und Schiffern fast täglich droht.“ [1] Völlig unfruchtbar blieb indessen die Reihe jener unvergleichlichen Seemannsthaten nicht. Die Davisstraße und theilweise die Baffinssee wurden bald nach ihrer Entdeckung als Jagdreviere von den Walfischfängern benützt, und im Jahre 1668 schickte Prinz Rupert Seefahrer nach der Hudsonsbai aus, die am Rupertsflusse das Fort Charles, die erste Niederlassung der Hudsonsbai-Gesellschaft, erbauten. [2]

Die nördliche und die nordöstliche Durchfahrt.

Viel früher endigten die Versuche, im Norden oder im Nordosten an den Eismeerküsten eine Durchfahrt nach China zu finden. Ein deutscher Edelmann, Sigismund von Herberstein, war der geistige Urheber dieser Unternehmungen, welche von den Briten begonnen und von den Holländern fortgesetzt wurden. Am frühesten hatten die deutschen Kaiser das Bedürfniß gefühlt, mit dem wiedergeborenen moskowitischen Reiche Verbindungen anzuknüpfen. Von Friedrich III. wurde Niklas Popel 1486 und 1489, von Maximilian I. Georg v. Thurn 1490 und 1492 an den Hof der russischen Großfürsten gesendet. Erzherzog Sigismund ließ einen Tiroler, Michael Snups, 1492 nach Moskau reisen, um nicht bloß über das russische Reich, sondern auch über die Länder bis zum Ob Erkundigung einzuziehen, [3]

[1] James in John Harris, Navigantium Bibliotheca. tom. III, fol. 431.

[2] Geography of Hudsons-Bay by Capitain W. Coats, ed. John Barrow. London 1852. p. VIII.

[3] Hormayr's Archiv für Geographie, Historie, Staats- und Kriegs-

und nach ihm wurde Justus Kantinger von 1502—1504 zu Unterhandlungen mit dem russischen Hof verwendet. Die neuere Länderkunde vom moskowitischen Reiche beginnt aber erst mit dem Erscheinen eines berühmten Werkes, welches 1549 in Wien gedruckt wurde.[1] Sein Verfasser, Sigismund Freiherr v. Herberstein (geb. 23. August 1486 im Schlosse Wippach, Kreis Adelsberg in Kärnten), hatte sich schon als Knabe die windische Sprache seiner Heimat angeeignet, so daß er später zweimal als kaiserlicher Botschafter in den Jahren 1517, sowie 1526 bis 1527 am Hofe der moskowitischen Großfürsten verweilend, mit Leichtigkeit das Russische erlernen konnte. Um mathematische Breitenbestimmungen ausführen zu können, versah er sich auf der Reise mit einem Astrolab, und wenn auch seine Messungen sehr unglücklich ausfielen, so war doch schon ein solcher Versuch in jener Zeit anerkennenswerth. Als Frucht dieser seiner Nachforschungen entwarf er die erste neuere Karte von Rußland, welche die Erdkunde kennt. Auf ihr erscheint bereits das weiße Meer als ein Arm des Eismeeres, sowie der Lauf der Flüsse Mesen und Petschora. Herberstein beseitigte auch den Irrthum der griechischen Geographen,[3] daß das Innere Rußlands von einem Alpenwall, den Rhipäen, von West nach Ost durchzogen werde, indem er an ihre Stelle östlich von der Petschora mit einer Axenrichtung von Süd nach Nord den Ural setzte, der von den alten Russen nicht ohne Anmuth Semnoi pojas, der Gürtel der Welt geheißen wurde.[4] Die Russen selbst wußten

kunst. X. Jahrgang. Wien 1819. Nr. 47, S. 187—188, und Major's Ausgabe von Herberstein, London 1851. tom. I, p. LXXVI—LXXXIII.

[1] Rerum Moscovitarum Commentarii. Editio princeps s. l. s. a. (Wien 1549.)

[2] Er wollte in Moskau am 9. Juni alten Styles eine Sonnenhöhe von 58° gefunden haben, und ließ dann von Sachverständigen aus dieser Beobachtung eine Breite von 50° berechnen. Rerum Moscovitarum Commentarii. Chorographia, fol. II^b.

[3] Siehe oben S. 63 und 64.

[4] Herberstein l. c. p. XII^b.

damals noch wenig von dem Norden ihres heutigen Reiches, denn Cholmogory (oberhalb des späteren Archangelsk) an der Dwina war der nördlichste Markt für Rauchwaaren, auch gelangte zu den Samojeden an der Petschora das Christenthum nicht vor 1518 und die Ansiedlungen an der Kama durch Anikow Stroganow fallen erst in das Jahr 1558.[1] Doch erstreckten sich schon zu Herberstein's Zeiten die Handelsreisen der Russen bis zum Ob. Sie zogen nämlich die Petschora aufwärts an den Mündungen der Ussa und Podtscherja vorüber, bis zum Ilytsch der heutigen Karten,[2] dem sie bis zur Quelle folgten, um nach Ueberschreitung der uralischen Wasserscheide, im Thale der unteren Soswa, zum Ob herabzusteigen. Bei Herberstein hören wir zuerst die Namen transuralischer Bevölkerungen der Wogulen und der Ugrer, und durch ihn empfangen wir die früheste Kunde von der Slata Baba, oder goldenen Frau, einem hoch verehrten weiblichen Götzenbild der Ostjaken.[3] Auf seiner Karte begrüßen wir als Nebenfluß des Ob den Irtysch, sowie etliche Namen befestigter Ortschaften jenseit des Ural, darunter Tjumen, von denen nach seinem Zeugniß schon damals die moskowitischen Großfürsten gelegentlich Tribut erhoben. Zum Anstifter der Nordostfahrten wurde er aber hauptsächlich dadurch, daß er die Quelle des Ob in den See Kitaisk verlegte. Welcher See der heutigen Erdkunde damit bezeichnet werden sollte, läßt

[1] Joh. Eberhard Fischer, Sibirische Geschichte. Petersburg 1768. Bd. I, S. 184. Castrén (Ethnolog. Vorlesungen, Petersburg 1857 S. 139) führt einen alten Handelsweg an, welcher vom kaspischen Meere längs der Wolga, Kama und Dwina zur Petschora und zum Eismeere ging. Für diesen Handel gab es drei besondere Stapelplätze, nämlich Bolgari an der Wolga, Tscherdyn an der Kolwa, einem Nebenflusse der Kama und Cholmogor an der Dwina. Nach Bolgari kamen Kaufleute aus Persien, Bucharei, Armenien und Arabien.

[2] In dem russischen Itinerar (bei Herberstein l. c. fol. XI) wird er Sczuchogora», auf den alten Karten Schugor-Fluß genannt.

[3] Das Bild befand sich am Ob, etwas unterhalb der Irtysch-Mündung. Joh. Eberhard Fischer, Sibirische Geschichte. 1. Buch, 2. Hauptstück, §. 18, Bd. I, S. 231. Vergl. auch Karte 46 in Ortelius, Theatrum orbis. Antverpia 1571.

sich schwer aussprechen, der gelehrte Bürgermeister Witsen wollte darunter den Altin Nor oder goldenen See im Quellengebiete des Ob erkennen,[1] Herberstein dagegen vermuthete des Namens wegen einen See der Chita oder einen See in Cathai, also in China und setzte auf seiner Karte mit freudiger Zuversicht Cumbalich (Chanbalik) oder Peking in die Nähe seines Kitaisk-Sees.

Vier Jahre nach dem Erscheinen von Herberstein's Buch über Rußland begannen die Rüstungen zur Aufsuchung der nordöstlichen Durchfahrt. War es nämlich möglich, von Europa aus auch nur den Ob zu erreichen, so versprach Herberstein's Karte, stromaufwärts die Entdecker bis ins Innere Chinas und in die Nähe seiner Hauptstadt zu bringen. Ramusio erzählt uns, daß ein edler Venetianer, nach Richard Eden's Vermuthung Galeazzo Butrigario, in Deutschland mit Herberstein zusammen getroffen sei und vor der ausgebreiteten neuen Karte Rußlands den Gedanken angeregt habe, daß man den Weg nach China im Nordosten Europas suchen sollte. Ein anderer Venetianer war es auch, welcher die ersten Unternehmungen nach diesem Ziele leitete.

Britische Kaufleute nämlich, beunruhigt darüber, daß englische Erzeugnisse nur noch zu gedrückten Preisen auf europäischen Märkten Absatz fanden, wo doch in Folge der Einströmung edler Metalle aus Amerika der Geldwerth aller Güter gestiegen war, stifteten im Jahre 1553[2] die (später so genannte) russische Handelsgesellschaft zur Ermittlung neuer überseeischer Abzugswege für die einheimischen Ausfuhren. Der bejahrte Sebastian Cabot, den sie sich von der Krone als Vorstand erbeten hatten, rieth ihnen zur Aufsuchung eines nördlichen Seeweges nach China. Was Sebastian Cabot vom Norden der alten Welt

[1] Het meir Altin, van outs het meir Kitay genaemt. Witsen, Noord en Oost Tartarye. Amsterdam 1692. fol. 133.

[2] Die spätere Verbriefung ihrer Rechte erfolgte am 6. Februar 1555 und findet sich abgedruckt bei Hakluyt, Navigations and Discoveries. tom. I, fol. 267.

gewußt hat, bevor Herberstein's Schriften erschienen, das ist noch heute ersichtlich aus seinem Weltgemälde, auf welchem er für Nordeuropa die Karte benutzt hatte, die 1539 Olaus Magnus, Erzbischof von Upsala, zu seiner Beschreibung Skandinaviens herausgegeben hatte und wo diese Halbinsel in rohen, aber doch richtigen Umrissen dargestellt,[1] dem weißen Meer jedoch noch immer die falsche Natur eines Binnensees gegeben worden war, denn weiter über das Nordcap als bis nach Wardöhus, wo eine königliche Burg stand, erstreckten norwegische Fischer ihre Fahrten noch nicht.[2] Durch Herberstein's Karte aber waren die Gemälde des Nordens östlich bis zum Ob vorgerückt, und die besten Belehrungsmittel, die Cabot den Entdeckern mitgeben konnte, waren daher die Karten des Magnus von Skandinavien und die Herberstein'sche von Rußland.

So liefen denn am 10. Mai 1553 von London drei kleine Schiffe (von 160, 120 und 90 Tonnen) unter dem Befehl Sir Hugh Willoughby's gemeinsam aus, von denen jedoch eines jenseit der Insel Senjen (Seynam) durch einen Sturm verweht wurde und auch nicht vor Wardöhus, dem vorher bestimmten Sammelplatz, sich einfand. Willoughby war von Senjen Ost bei Nord 120 deutsche Meilen weit gesteuert, als er am 14. August auf eine eisbedeckte Küste unter 72° n. Br. stieß.[3] Ohne seine Entdeckung genauer zu erforschen, kehrte er wieder um, mehr=

[1] Noch am Ende des 15. Jahrhunderts war Skandinavien wiederum von einem italienischen Geographen zu einer Insel erklärt worden. Marii Nigri, veneti, Cosmographiae comment. Basil. 1507. lib. II, p. 10.

[2] Olaus Magnus, Historia de Gentibus Septentrionalibus. lib. XXI, cap. 1. Romae 1555. p. 730. Sebastian Cabot's Karte bei Jomard, Monuments de la Géographie, gibt im skandinavischen Norden von West nach Ost, wie die Karte des Magnus, die Namen Finnmarchia, Vardahuus, Scricfinni (s. oben S. 88) und den Lacus albus als Binnensee. Es ist möglich, daß Magnus unter dem Lacus albus den Bjel Osero oder weißen See versteht. Folglich haben er und Cabot das weiße Meer entweder gar nicht, oder sie haben es doch nicht als einen Golf des Eismeeres gekannt.

[3] Hält man sich an die angegebene geographische Breite und an die Richtung des Curses, so kann man mit Rundall (Voyages towards the

mals der Nordküste Rußlands sich nähernd, bis er den Hafen Arzina bei Kegor[1] erreichte, wo er mit seinen Schiffen vom nordischen Winter eingefangen, sammt allen Gefährten durch Hunger oder durch Krankheiten aufgerieben wurde.[2] Vielleicht hätte man nie etwas von ihrem Schicksal erfahren, wenn nicht das dritte von ihnen abgetrennte Schiff unter den Befehlen Richard Chancellor's als Kapitän und Stephen Burrough's als Master seine Reise glücklich fortgesetzt hätte. Diese Seefahrer gaben dem Nordcap Europas, für dessen Entdecker sie sich hielten, seinen Namen und liefen von Wardöhus durch das weiße Meer nach der Mündung der Dwina, wo sie von den erstaunten Russen, die noch nie größere Schiffe gesehen hatten, freundlich empfangen wurden. Chancellor begab sich über Land nach Moskau und erlangte vom Großfürsten die günstigsten Handelsgerechtsame für die britische Flagge. Nichts fügte sich glücklicher, als die Berührung beider Völker. Den Russen zumal, die sich eben erst in Besitz der Eismeerküsten gesetzt hatten, kam nichts gelegener, als ein überseeischer Absatz für ihre Erzeugnisse, die an der Mündung der Dwina bei Archangel, der Stadt des Erzengels Michael, von den Engländern abgeholt wurden.

North-West. London 1849. p. V) die entdeckte Küste nur für Novaja Semlja halten. Die 120 deutschen Meilen der Schiffsrechnung, selbst im günstigsten Sinne verstanden, bringen uns jedoch nicht weiter als bis zum Mittagskreis von Kanin Noß und dorthin unter 72° n. Br. verlegten alle älteren Karten eine Willoughby-Insel so lange, bis man sich überzeugte, daß kein solches Land vorhanden sei.

[1] Der Hafen Arzina liegt an der Mündung des seichten Warsinaflüßchens (68° 23′ n. Br., 38° 39′ ö. L von Greenw.), wie ihn Dudley (Arcano del Mare. Florenz 1661. Europa. Karte 47) ziemlich genau (68° n. Br.) angibt. Kegor ist das kekurische Vorgebirge in Lappland. Friedrich Lütke, viermalige Reise ins Eismeer, übersetzt von Ermann. Berlin 1835. S. 13.

[2] Sein Schiffsbuch bei Hakluyt, Principal Navigations. tom. I, p. 232. London 1598. Russische Fischer fanden später die Schiffe, und auf ihre Anzeige ließen die englischen Consuln in Archangel 1556 beide Fahrzeuge aus ihrem Todeshafen abholen. Auf der Ueberfahrt nach England gingen übrigens beide zu Grunde. Vgl. Henri Lane bei Hakluyt a. a. O. S. 464.

Ein Jahr nach Chancellor's Rückkehr wurde sein früherer Master, Stephen Burrough, in der Pinasse Searchthrift zur Aufsuchung des Flusses Ob ausgeschickt. Von russischen Fahrzeugen begleitet, die längst schon die Küsten bis nach dem Neuen Lande (Novaja Semlja) befuhren, lief Burrough am 9. Juni 1556 aus der Mesenbai, erreichte am 20. Juli die Mündung der Petschora und gelangte am 25. Juli in der karischen Straße an die Südspitze von Novaja Semlja. Am 31. Juli besuchte er die Insel Waigatsch, wo er die Erdkunde mit der ältesten Schilderung der Samojeden bereichern konnte und entdeckte hierauf die ugrische Straße zwischen Insel und Festland, die jedoch, mit Treibeis gefüllt, ihm keinen Zugang zur Karasee verstattete, obgleich er dort bis zum 20. August ausharrte.[1]

Rüstig schickten sich die Briten ans Werk, um aus ihrer Entdeckung des Seeweges nach Rußland den höchsten Nutzen zu ziehen. Erst im Jahre 1552 war Astrachan den Großfürsten in die Hände gefallen und damit die alten Ueberlandwege nach dem Morgenlande wieder geöffnet worden,[2] und schon im Jahr 1558 begab sich einer der britischen Handelsbeamten, Thomas Jenkinson, von Moskau nach der eroberten Stadt, setzte über das kaspische Meer nach der Halbinsel Manghischlak und wanderte mit einer Karavane von dort über Urgendsch im heutigen Chanat

[1] Der Name der Insel Waigatsch wird am richtigsten von ihrem früheren Entdecker, einem Russen, abgeleitet. (Lütke, viermalige Reise ins Eismeer. Berlin 1835. S. 31.) Daß Burrough die ugrische, so gut wie die Karastraße gefunden hat, ergibt sich nicht blos aus seinem Schiffsbuch (bei Hakluyt, Navigations and Discoveries, tom. I, fol. 274 sq.) und aus Jenkinson's Karte von 1562 im Theatrum Orbis des Ortelius, sondern auch aus den Instructionen für Bassendine, in denen ausdrücklich gesagt wird, Burrough habe Treibeis gefunden in the straights on both sides of the island Vaigats.

[2] Schon früher hatte ein genuesischer Patriot Paolo Centurione sich vom Papst Leo X. Empfehlungsbriefe an den russischen Großfürsten geben lassen, um die alten Handelsverbindungen Genua's mit Südrußland wieder anzuknüpfen, die über das kaspische Meer und den Oxus aufwärts Indien erreichen sollten. Pauli Jovii Moscovia. Basil. 1561. p. 4—7.

Chiwa nach Bochara (23. December 1558), wo ihn nur die Kriegsunruhen in Turkistan verhinderten, seine Reise bis nach China fortzusetzen.[1] Derselbe Jenkinson begab sich 1562 über Astrachan nach Kaswin in Persien, wo er am 2. November auch vom Sofi (d. h. vom Schah aus der Ssaffi-Dynastie) Handelsgerechtsame für seine Flagge erwarb. In Folge dieser neugeknüpften Verbindungen befuhren Schiffe der londoner Gesellschaft die Wolga und das kaspische Meer bis nach Persien. Für die Erdkunde waren diese Siebenmeilenschritte vom höchsten Gewinn. Britischen Seeleuten verdankte man bald die ersten Tiefenmessungen im kaspischen Meer, Jenkinson sammelte Straßenbeschreibungen nach China, bestimmte auf seinen Reisen mit dem Quadranten die mathematischen Breiten russischer und asiatischer Orte bis Bochara und bis Kaswin[2] und veröffentlichte eine neue Karte von Rußland, die von Archangel bis nach Turkistan reichte.[3] Da er aber die Länder jenseit des Ural nur wiedergab, wie er sie bei Herberstein gefunden hatte, so ließ auch er noch immer den Ob aus dem räthselhaften See Kitaisk abfließen.

Schon im Jahre 1568 hatte die russische Handelsgesellschaft an eine Erneuerung der Nordostfahrten gedacht,[4] aber erst 1580 fand der nächste Versuch statt. Wir alle wissen, daß kein schiffbarer Seeweg durch das Eismeer nach China führt. Es ist bis jetzt einem einzigen Seefahrer geglückt, mit kleinen Fahrzeugen aus der Kolyma durch die Beringstraße zu segeln; auch ist es wohl mehrfach gelungen, von der Kolyma aus zu Schiff

[1] Hakluyt, Principal Navigations etc. tom. I, fol. 324 sq.

[2] Siehe seine Tafel mit Breitenangaben bei Hakluyt a. a. O. S. 335. Selten übersteigen seine Fehler den Werth von 30′. Mercator hat sie auf seiner Karte von Rußland nur theilweise benützt und wo er sie vernachlässigte, nur schlimmere Fehler gemacht.

[3] Sie findet sich bei Ortelius, Theatrum Orbis. Antwerpen 1570 oder 1571. Karte 46.

[4] Man kennt nur die Instructionen, welche für James Bassendine 1568 zu einer Fahrt für das nächste Jahr ausgefertigt wurden (Hakluyt a. a. O. S. 382); das Unternehmen scheint aber nicht zur Ausführung gekommen zu sein.

die Lena zu gewinnen. Im Sommer weichen nämlich die Eisflächen nach Norden zurück und das Meer wird offen bis über die neu-sibirischen Inseln hinaus. Noch nie aber ist, so oft es auch versucht wurde, ein Fahrzeug aus der Lena bis zum Jenisseï oder aus dem Jenisseï bis zur Lena gelangt. In jener Zeit, wo man die Ausdehnung Asiens nach Osten nur sehr unvollkommen kannte, handelte es sich zunächst nur darum, die Mündung des Ob zu erreichen. Diese Aufgabe wurde zwar später durch Küstenfahrer gelöst, zu ihrem Gelingen ist aber ein ungewöhnlich günstiger Sommer erforderlich, damit man die Karasee eisfrei antreffe.[1] Von den beiden Zugängen zu dieser See ist die karische Pforte im Norden von Waigatsch bis 1869 unzugänglich gewesen[2] und die viel engere ugrische Straße im Süden von Waigatsch allein benutzt worden. Die Russen von Archangel und am Mesen besuchten im 16. Jahrhundert den Ob ziemlich häufig, allein sie benutzten, wie Herberstein es angibt, entweder die Nebenflüsse der Petschora, die in den Ural führten, oder sie gingen, wenn sie zur See den karischen Meerbusen erreicht hatten, einen kleinen Fluß der samojedischen Halbinsel, die Mutnaja Rjeka, aufwärts und trugen ihre Kähne dann in die Selenaja, welche in den obischen Meerbusen fällt.[3] Von solchen russischen Handelsleuten hatte Stephen Burrough bei Waigatsch Erkundigungen über die Wege nach dem Ob eingezogen und in London wußte man genau, daß östlich von Waigatsch ein Meer-

[1] Von der norwegischen See aus hat Prof. Nordenskiöld, der berühmte Leiter der seit Jahren von Schweden aus unternommenen arctischen Forschungen, zuerst im Sommer 1875 die Mündung des Jenisseï erreicht.

[2] Im Jahre 1869 öffneten die norwegischen Kapitäne Carlsen und Johannesen sowie der Engländer Palliser zuerst die karische Pforte und durchschnitten das karische Meer. Petermann, geogr. Mitthl. 1869. S. 352. 392. 1870. S. 194.

[3] G. F. Müller, Seereisen im Eismeer, im 3. Bande der Sammlung Russischer Geschichte. Petersburg 1758. S. 164. Auf Isaak Massa's Karte von 1612, abgedruckt in Beke's Gerrit de Veer. London 1853. p. XXXIII ist dieser Weg über Land aus der Murnaja (Mutnaja) in die Selenaja angegeben.

busen tief ins Land schneide, hinter welchem das Festland eine Halbinsel weit gegen Norden vorstrecke, bevor man an die Obmündung gelange.[1]

Mit gespannter Erwartung sah man daher im Jahre 1580 unter Arthur Pet und Charles Jackmann zwei Schiffe der russischen Handelsgesellschaft nach Cathai auslaufen. Rathschläge und Anweisungen wurden ihnen von den größten Kennern der Erdkunde ertheilt: von William Burrough, einem Theilnehmer an den Entdeckungen der Jahre 1553 und 1556, und dem Verfasser von Seekarten für das Eismeer; von Hakluyt, der eifrig rieth, die Straßen nach China zu befestigen, um wie der König von Dänemark einen Sundzoll erheben zu können; endlich von Gerhard Mercator, welcher dringend warnte, die Fahrt nicht über den Ob auszudehnen, weil östlich von seiner Mündung die Küste Asiens über den 75. Grad zum Vorgebirge Tabin sich zuspitze.[2]

Pet eilte mit seinem Schiffe voraus, berührte Novaja Semlja am 10. Juli bei der Gänseküste, ging dann nach der karischen Pforte, die er von Eis geschlossen fand, erreichte am 18. Juli die Südspitze von Waigatsch und die ugrische Straße, die lange Zeit nach ihm die Petstraße genannt worden ist, und drang am 25. Juli mit Jackman vereinigt 4—5 deutsche Meilen

[1] Instructionen für Bassendine und Gefährten vom Jahr 1568, bei Hakluyt a. a. O. Der eine Fluß Kara Reca ist derselbe, nach welchem die Karasee benannt wird, der andre, den die Instructionen Naramsy nennen, ist die Mutnaja.

[2] Hakluyt l. c. tom. I, p. 436—443. Das mythische Vorgebirge Tabin, welches als ein vorauseilender Schatten unsres Cap Tscheljuskin gelten darf, findet sich schon auf Mercator's berühmter Orbis descriptio ad navigantium usum accom. Duysb. 1569, und war zu Ehren einer Aeußerung des Plinius (lib. VI, 20, jugum incubans mari, quod vocant Tabin) von Mercator zum Schmuck der asiatischen Terra incognita, da wo ihn Herberstein's Karte verließ, erdichtet worden, wie er auch den obischen Meerbusen mit der Insel Tazata (nach Plinius VI, 19) bereichert hat. Ortelius im Theatrum Orbis terrarum (Antw. 1570) nannte dagegen das Vorgebirge hinter dem Ob Promontorium Scythicum und verlegte das Cap Tabin in den Norden Chinas unter 58° n. Br.

in die Karasee ein, die er aber schon am 28. Juli, weil das Eis keinen Durchgang zu verstatten schien, wieder verließ. Politische Rücksichten nöthigten bald nachher die Engländer, ihre Unternehmungen nach dem Nordosten einzustellen. Anthony Marsh, ein Vorstand der britischen Handelsgesellschaft in Rußland, hatte sich von Rhedern aus Cholmogory Nachrichten über drei Wege nach dem Ob verschafft, nämlich über die bereits erwähnten durch den Ural und durch die ugrische Straße, sowie über einen dritten durch die Mathiasscheere Novaja Semljas und durch die Karasee.[1] Marsh hatte hierauf 1584 einige Russen gemiethet, die auf dem Flusse Ussa durch den Ural an den Ob gelangten und mit werthvollen Pelzwerken zurückkehrten, unterwegs aber von den Russen gefangen, hart bestraft und ihrer Waaren beraubt wurden. Als sich Marsh beim Großfürsten beschwerte, erhielt er einen scharfen Verweis, daß er es überhaupt gewagt habe, auf eigene Rechnung nach Sibirien Handel zu treiben. Seit jener Zeit stellten die Engländer ihre Nordostfahrten gänzlich ein, wahrscheinlich um die Russen nicht zu erbittern und ihre Handelsbegünstigungen nicht aufs Spiel zu setzen.

Bald nachher faßten die Holländer, welche schon sehr frühzeitig über das Nordcap hinausgingen,[2] das nordöstliche Ziel ins Auge. Der Begründer des niederländischen Handels nach dem weißen Meere wurde Olivier Brunel aus Brüssel, welcher um Handelsbeziehungen anzuknüpfen und Russisch zu lernen nach Cholmogory gekommen, durch die Engländer als Spion an die Russen ausgeliefert und in Jaroslaw mehrere Jahre gefangen gehalten war. Durch die Vermittlung der Gebrüder

[1] Purchas, Pilgrims. lib. IV, cap. XII, tom. III, fol. 804.

[2] Stephen Burrough traf bei Kegor südlich von Wardöhus 1557 schon holländische Schiffe an. Hakluyt l. c. tom. I, p. 294. Schon 1566 wagten es zwei antwerpener Kaufleute, Simon van Salingen und Cornelius de Meijer, von Kola aus ins weiße Meer zu segeln. Sie landeten an der Mündung des Onegaflusses und reisten als Russen verkleidet nach Moskau. (S. Muller, Geschiedenis der nordsche Compagnie. Utrecht 1874. bl. 24.)

Anikiew befreit, hatte er den Ob in Begleitung von Russen sowohl zu Lande als zu Wasser durch den karischen Meerbusen besucht. Die Eingebornen am Ob hatten ihm erzählt, daß bisweilen große Schiffe mit kostbaren Frachten aus dem Flusse Ardoh, der durch den Kitai= oder wie ihn die Anwohner hießen, durch den Paraha=See ströme und in dessen Nähe die Caracalmak wohnten, thalabwärts zu ihnen gelangten. Diese Angaben theilte ein holländischer Kaufmann, Johann Balak, brieflich dem Geographen Gerhard Mercator mit[1] und fügte hinzu, die Caracalmak könnten nur das Volk aus Cathai, also die Chinesen sein.[2] Mit Handelswaaren der Anikiew machte Brunel von Kola aus jährliche Reisen nach den Niederlanden und trat dort 1577 zuerst in Verbindung mit Jan van de Walle. So erschienen 1578 die ersten holländischen Schiffe an der Mündung der Dwina.[3]

Das niederländische Handelshaus der Moucheron, frühzeitig in Archangelsk und London thätig, nahm den englischen Plan einer Nordfahrt nach Cathai bald wieder auf. Balthasar Moucheron wußte die Staaten Seeland und Holland in das Interesse zu ziehen. So wurden von der Admiralität von Seeland und Nordholland zwei Schiffe ausgerüstet, das dritte Schiff und eine Jacht fügte die Regierung von Amsterdam hinzu. Die zwei ersten Schiffe sollten durch die Waigatschstraße nach dem Vorgebirge Tabin fahren und weiter durch die Straße Anian (S. 273, Anm. 2) nach China steuern. Die Schiffe von Amster=

[1] Siehe diesen Brief bei Hakluyt, Principal Navigations. London 1594. tom. I, p. 509—510.

[2] Caracalmak, Schwarzmützen, ist ein Spottname, welchen die mohammedanischen Tataren den Oelötstämmen (Kalmücken) geben. — Olivier Brunel, welcher bereits früher auf seinen Eismeerfahrten die Kostinscheere, einen Sund beim südlichen Gänsecap Novaja Semljas, gefunden, unternahm 1584, wahrscheinlich auf Kosten Moucheron's, von Holland aus eine Entdeckungsfahrt zur Aufsuchung des Weges nach China, litt aber schon in der Petschora Schiffbruch. (Hessel Gerhard, Prolegomena bei Gerrit de Veer, ed. Beke. London 1853. p. XLV. S. Muller, l. c. bl. 31. 357, Anm. 2.)

[3] S. Muller, l. c. bl. 25 enz.

dam erhielten die Bestimmung um Novaja Semlja zu segeln, weil die durch Plancius vertretene Schule Mercator's den Lehrsatz aufstellte, daß in Folge des raschen Flutwechsels das hocharctische Meer nicht von Eis versperrt sein könne. Die Admiratitätsschiffe befehligte Cornelis Cornelisz. Naij von Enkhuizen, der im Dienste Moucheron's oft die Fahrt ins weiße Meer gemacht hatte, und unter ihm Brant Jsbrantsz. Tetgales, während Willem Barentsz. die amsterdamer Schiffe leitete.[1] In der Lapplandsee trennten sich die Amsterdamer von ihren Gefährten. Barentsz. erreichte am 10. Juli 1594 Novaja Semlja unter 73° 25' n. Br. und setzte seine Fahrt längs der West- und Nordküste bis zum 1. August fort, wo er in Sicht der Oranieninseln beim Eiscap (77° n. Br.) vom Eise an einer weiteren Fahrt verhindert wurde[2] und 14 Tage später bei der Dolgoi-Insel vor der ugrischen Straße mit den heimkehrenden Enkhuizern sich vereinigte. Naij nämlich war vom Wetter begünstigt im Süden von Waigatsch in den karischen Busen, von ihm die neue Nordsee geheißen, eingelaufen und hatte nach einem östlichen Kurs eine Küste gefunden, die unter 71° 10' n. Br. gegen Nordosten, wie er vermuthete, bis zum Cap Tabin streiche und schon jenseit des Ob liegen sollte. Da er offnes Wasser vor sich sah, hielt er die Fahrt nach China für gesichert. Nachdem er dort zwei Küstenflüßchen die Namen seiner Fahrzeuge Schwan und Merkur hinterlassen hatte, trat er am 12. August befriedigt seine Heimfahrt an.[3]

Diese Ueberschätzung der gewonnenen Ergebnisse verleitete die Generalstaaten, im nächsten Jahre 1595 nicht weniger als sieben Segel unter Cornelis Naij als Admiral und Willem

[1] J. K. J. de Jonge, De opkomst van het Nederlandsche gezag in Oost Indie. s' Gravenhage 1862. I, p. 16 enz.

[2] Gerrit de Veer, ed. Beke, p. 27.

[3] Naij's Nassau-Straße ist die ugrische Meerenge, sein Staaten Eylant, die Fleischinsel, Mjasnoi ostrow der Russen, sein Landungsplatz an der Westküste der samojedischen Halbinsel die Mutnaja Guba oder trübe Bucht. Lütke, viermalige Reise ins Eismeer. Berlin 1835. S. 26.

Barentsz. als Flottenpilot nach jener angeblichen Durchfahrt auszuschicken.[1] War der vorige Sommer ungemein günstig gewesen, so fanden sie diesmal die ugrische Straße so unzugänglich, daß sie nur bis Staaten-Eiland oder etwa drei Meilen in die Karasee sich hineinwagen konnten. Nach diesem mißglückten Versuche beschlossen die Generalstaaten keine Schiffe mehr zu rüsten, sondern setzten für Auffindung des Weges nach China und Japan eine Prämie von 25,000 Gulden aus nebst Privilegien auf eine Reihe von Jahren.[2] Die amsterdamer Regierung dagegen, nicht entmuthigt durch die Erfahrungen des letzten Sommers, schickten 1596 abermals zwei Schiffe unter Jan Cornelisz. Rijp und Jacob Hendricksz. Heemskerck aus, welchem letzteren Barentsz. als Steuermann sich unterordnete, obgleich er thatsächlich den Befehl führte. Diesmal gedachte man den Rath des Peter Plancius streng zu befolgen. Rijp besonders wollte nichts mehr von nordöstlichen Durchfahrten hören, sondern ließ, bevor noch das Nordcap erreicht war, Nordost bei Nord halten. Dieser Kurs führte am 8. Juni unter 74° 30′ n. Br. zur Entdeckung der Bäreninsel[3] und am 17. Juni, weil man wieder nordwestlich gesteuert war,

[1] Die Generalstaaten beschlossen, daß man „wederom de vaart op China en Japan bij noorden-om zou bezoeken en voortzetten en dat de lasten derselver zouden worden gevonden uit de inkomsten van de gemeene middelen der convoijen en licenten.“ Resol. Staten-Generaal, 9 Mei 1595. (J. K. J. de Jonge, l. c. I. bl. 21.) Auch die Holländer dachten daran, eine Festung zur Sperrung der ugrischen Straße auf der Insel Waigatsch zu erbauen.

[2] Resol. Staten-Generaal, 13 April 1596. Geldbeiträge wurden nicht bewilligt. (J. K. J. de Jonge, l. c. I, bl. 21 enz.)

[3] Gerrit de Veer, ed. Beke, p. 74. Die Holländer benannten sie nach einem Eisbären, den sie tödteten. Die Insel wurde bald nachher und wird noch jetzt auf englischen Karten Cherry-Insel genannt, weil ein von Sir Francis Cherie, Mitglied der moskowitischen Handelsgesellschaft unter Stephen Bennet ausgerüstetes Schiff im Jahre 1603 die Bäreninsel wieder auffand und nach Cherie benannte; der Name wurde später in Cherry corrumpirt. Vgl. über Francis Cherie: Hamel, Tradescant der Aeltere. S. 295—96.

nach Spitzbergen, welches aber die Seefahrer für Theile von Grönland hielten.[1] Am 1. Juli nach der Bäreninsel zurückgekehrt, trennten sich beide Schiffe, denn Rijp wollte versuchen, ob er nicht östlich von dem neuentdeckten Spitzbergen eine Durchfahrt quer über den Pol finde, Barentsz. dagegen eilte nach dem ihm wohlbekannten Novaja Semlja, welches er am 17. Juli unter 73° 20′ n. Br. erreichte. Nach gefahrvollen Kämpfen mit den Schrecknissen des Eismeeres gewann er am 15. August das Ziel seiner früheren Reise, die Oranieninseln, und am 19. August das ersehnte Vorgebirge (Hoek van begeerte, Cape Desire). Aber statt hinter der äußersten Ostspitze Novaja Semljas eine klare See zu finden, trieben ihn die drohenden Eismassen bald nachher, am 26. August, nach der Insel zurück und zwangen ihn, eine Zuflucht in dem Eishafen der Südküste zu suchen, wo er mit seinen Gefährten alle Bedrängnisse eines arctischen Winters zu überstehen hatte. Da im nächsten Frühjahr 1597 ihr Fahrzeug aus seiner Gefangenschaft nicht erlöst wurde, mußten sie es eingefroren zurücklassen und in zwei offenen Booten am 14. Juni um das Cape Desire herum zunächst nach der Petschora (4. August) und dann nach der Kildin-Insel (25. August) bei Lappland flüchten, wo sie von einem holländischen Schiffe aufgenommen wurden. Von den 17

[1] Siehe oben S. 298. Der Text des Gerrit de Veer, ed. Beke, p. 78—84 ist sehr dunkel und erregt den irrigen Eindruck, als sei die Spitzbergen-Gruppe von Ost nach West umsegelt worden. Glücklicherweise findet sich der Lauf der beiden Schiffe unzweideutig angegeben auf einer Karte des Hondius zu Joh. Is. Pontanus, Rerum et urbis Amstelodamensis Desc. Amstelod. 1611. lib. II, cap. 20, p. 128. Nach dieser Urkunde sahen Rijp und Barentsz. den nördlichen Theil von West-Spitzbergen, die heutige Hakluyt-Insel und ein Stück der Nordküste. Uebrigens ist die erwähnte Karte des Hondius nur eine vermehrte Copie der größeren Karte von Willem Barentsz. (Delineatio cartae trium navigationum per Batavos ad Septention. plagam etc.) im zweiten Bande der Navigatio ac itinerarium Johannis Hugonis Linscotani in Orientem. Hagae Com. 1599. Auch hat Rijp erklärt, daß sie von der Westseite Spitzbergens nach der Bäreninsel zurückgekehrt seien. (J. K. J. de Jonge, l. c. I, bl. 34.)

unerschrockenen Seeleuten erreichten nur 12 die Heimat, unter denen sich der edle Willem Barentsz. nicht mehr befand. Am 20. Juni war er auf der Heimreise erlegen und an der Küste Novaja Semljas beerdigt worden. Erst in unsern Tagen ist das Nordende Novaja Semljas aufgehellt. Unter den norwegischen Polarfahrern, welche hier ergibige Fischgründe aufsuchen, ist es 1871 dem Kapitän Carlsen gelungen, selbst das Winterlager der Holländer unter 76° 7′ n. Br. und 68° 34′ ö. L. von Gr. wieder aufzufinden und zahlreiche Reliquien heimzubringen.[1]

Mit Barentsz.' dritter Reise schlossen die Entdeckungen[2] der Nordostfahrer. Die Auffindung Spitzbergens hatte indessen die Hoffnung wieder belebt, am Nordpol ein offenes und warmes Becken zur Durchfahrt nach der Südsee zu finden. Schon damals war man überrascht worden, daß auf Spitzbergen unter 80° n. Br. Thiere gesehen wurden, die sich von Pflanzen nährten, während man auf Novaja Semlja unter viel niedrigern Breiten nur fleischfressende Thiere angetroffen hatte. Auch wollte Barentsz. auf seinen Fahrten bemerkt haben, daß stets, wenn man sich von den Küsten des Festlandes höher gegen Norden bewege, das Wetter milder wurde.[3] Jene warme Polarsee suchte Henri Hudson 1607 unter englischer Flagge zwischen Grönland und dem Neuen Land, wie Spitzbergen damals hieß, zu gewinnen. Vom 13.—21. Juni gewahrte er stückweise die Ostküste Grönlands zwischen 67° 30′ und 73° 30′ n. Br.[4] und ging dann

[1] Vgl. die vorzügliche Karte in Petermann's Mittheilungen 1872, Tafel 20, auf welcher ersichtlich, wie zahlreich jene kühnen, nordischen Fischer in einem Jahre das Nordende des Neuen Landes umschwärmt haben.

[2] Die Reisen des Jan Corneliszoon van Horn (1612) und des Cornelis Bosman (1625) nach Novaja Semlja und nach der Karasee trugen der Erdkunde keinen Gewinn. Die Prämie von 25,000 fl. blieb daher noch ausgesetzt.

[3] Diese Beobachtungen Barentsz.' und seiner Begleiter finden sich bei De Veer, ed. Beke, p. 4, 82. Renthiere werden indessen auch auf Novaja Semlja angetroffen.

[4] Das höchste Ziel, von Hudson Hold with hope genannt und von

am Rande von Eisfeldern[1] nach Spitzbergen hinüber, wo er am 27. Juni eintraf, die Nordküste gewann, am 13. Juli unter 80° 23′ n. Br. beobachtete und drei Tage später ein fernes Land gewahrte, welches sich nach 82° n. Br. verlor. Da aber auch dort das Eis einen Durchgang wehrte, so hielt sich Hudson überzeugt, daß westlich von Spitzbergen zwischen 78½° und 82° n. Br. nichts zu hoffen sei. Auf seiner Heimfahrt durch die Grönlandsee wurde wahrscheinlich von ihm die vulkanische Insel Jan Maijen gesehen,[2] deren Entdeckung sonst gewöhnlich in das Jahr 1611 gesetzt und einem Holländer zugeschrieben wird, der ihr seinen Namen hinterließ.[3]

ihm unter 73° n. Br. verlegt (Playse's und Hudson's Schiffsbuch, bei Asher, Hudson the Navigator. London 1860. p 6), muß nach Scoresby (Voyage to the Northern Whale-Fishery. Edinburgh 1823. p. 105, 464) westlich von der Bontekoe-Insel unter 73° 30. n. Br. gesucht werden.

[1] Aus den Bruchstücken von Hudson's Tagebuche wird diese wichtige Thatsache nicht klar; wir besitzen aber dafür die Tabula Geographica von Hondius zu Joh. Isaac Pontanus, Rerum et urbis Amstelodamensis Descriptio. Amsterdam 1611. lib. II, cap. 20, p. 128, wo in der Grönlandsee eine Eisgrenze angegeben wird mit den Worten: Glacies ab Hudsono detecta anno 1608 (1607).

[2] So behauptet Asher (Hudson, the Navigator, p. CXC) mit Berufung auf Kapitän Edge's Entdeckungsgeschichte bei Purchas, Pilgrims. lib. III, cap. 1, § 1, tom. III, fol. 464, wo erzählt wird, Hudson habe auf seiner Heimkehr 1607 (nicht 1608) unter 71° n. Br. eine Insel gesehen und Hudson's Tutches benannt. Wahrscheinlich erhielt das nordöstliche Vorgebirge Jan Maijens seinen Namen Young's Foreland nach einem Matrosen auf Hudson's Schiffe, James Young. Nur darin irrt sich Asher, daß er einen Küstenpunkt auf Jan Maijen, den unsere Karten Rudsons point nennen, in Hudsons point verbessert wissen will. Die alten Karten benennen diesen Punkt einfach Rudsen, altholländisch für rotsen, d. h. Klippen. (S. Muller, l. c. 189, Anm. 4.)

[3] J. R. Forster, Entdeckungen im Norden, S. 484, und John Barrow, Voyages into the Arctic Regions. London 1818. p. 227. Das Tagebuch der Reise Jan Maij's befindet sich im niederländischen Reichsarchiv; doch ist die Insel Jan Maijen nicht erwähnt. (J. K. J. de Jange, l. c I, 30.) Nach S. Muller (Geschiedenis der noordsche Compagnie. bl. 188 enz, Anm. 1) ist die Insel zuerst 1608 durch William Hudson, welchen er von Henry Hudson unterschieden wissen will, entdeckt, 1611 oder 1612 von einem Schiffe wieder gesehen und Trinity Land genannt, 1614 nach Jan Jacobsz.

Nach diesen Erfahrungen blieb für Hudson nur noch übrig, den Polarweg nach China zwischen Spitzbergen und Novaja Semlja zu suchen. In jener Richtung aber stieß er im nächsten Jahre 1608 schon unter 75° n. Br. auf ein unwegsames Eismeer, wo er jede Hoffnung auf eine Durchfahrt am 1. Juli aufgab[1] und nur noch versuchte, ob nicht an der Küste Novaja Semljas Kostinschar eine bequemere Durchfahrt als die ugrische Straße in die karische See gewähre. Als aber jene Uferlücke sich nicht als eine Meerenge erwies, kehrte er nach London mit der Versicherung zurück, daß es für die Schifffahrt im Norden und Nordosten keinen Weg nach China gebe[2]

Die Eroberung Sibiriens durch die Kosaken.

Wir wären daher über den äußersten Norden und Osten Asiens noch länger in Ungewißheit geblieben, wenn nicht eine Horde donischer Kosaken unter ihrem Häuptling Jermak Timofejew vor einer angedrohten Züchtigung des Großfürsten 1577 zunächst an die Kama und von der Kama die Tschussowaja aufwärts über den Ural geflüchtet wäre, bis sie im Jahre 1580, auf 1636 streitbare Männer zusammengeschmolzen, das erste sibirische Gewässer, den Turafluß, erreichte. Nogaische Tataren beherrschten damals den unteren Irtysch mit seinen Nebenflüssen und hatten sich die woguIischen Eingebornen zinspflichtig gemacht. Der Hauptsitz dieses Chanats war von Tjumen, am Einfluß der Tjumenka in die Tura, nach Sibir oder Isker an den Irtysch

Maij Jan Maijen getauft, und noch in demselben Jahre, sowie 1615 mit den Namen Mauritius und Sir Thomas Smiths Island belegt. Erst später wurde der Name Jan Maijen allgemein.

[1] Schiffsbuch des Master Henri Hudson bei Asher, Hudson the Navig. p. 36.

[2] Von Holland aus wurden auch in den nächsten Jahren noch einige Versuche gemacht, über den Nordpol vorzudringen. Ueber die sonderbaren Vorstellungen, welche in jener Zeit über die höchsten arctischen Regionen ausgesprochen wurden, vgl. S. Muller, Geschiedenis der noordsche Compagnie. Utrecht 1874. bl. 60 en 61.

verlegt worden.[1] Beim Einbruche Jermak's und seiner Kosaken herrschte Kutschum, der seinen Stammbaum bis auf Temudschin Dschingischan hinaufführte, als Gebieter Sibiriens. Nach einer entscheidenden Schlacht am 23. Oktober 1581 räumte Kutschum vor den siegreichen Kosaken seine Veste Sibir, die er erst nach einem glücklichen Ueberfall der Russen am 6. August 1584, bei welchem Jermak seinen Tod fand, aufs neue wieder gewann. Führerlos mußten zwar die kümmerlichen Reste der ursprünglichen Eroberer und ebenso die schwachen Hilfsvölker, die aus Rußland ihnen zuzogen, über den Ural heimflüchten, allein da Jermak schon 1581 dem moskowitischen Czar zugleich mit einem Begnadigungsgesuche seine asiatischen Eroberungen übergeben hatte, so wurde nach der ersten Vertreibung der Freibeuter die Eroberung Sibiriens von den russischen Großfürsten mit hinreichendem Nachdruck aufs neue begonnen. Im Jahre 1586 überschritten die Kosaken wieder den Ural, befestigten das heutige Tjumen und gründeten ein Jahr später Tobolsk. Kutschum Chan setzte seinen Widerstand beharrlich fort, aber ohne daß sich ihm je das Glück wieder zugewendet hätte, und im Jahre 1598 verschwindet er nach einem letzten unglücklichen Feldzug als Flüchtling bei den Kalmüken am Dsaisang Nor. Jetzt stand den Russen im nördlichen Tiefasien bis zum ochotskischen Meer kein ebenbürtiger Feind mehr gegenüber, sondern nur schwache und zerstreut lebende Jägerstämme.

Eine Geschichte ihrer Ueberwältigung berührt uns nur durch die Erweiterung der räumlichen Erkenntnisse, die sie nach sich zog und mit wenigen Worten läßt sich das geographische Gesetz aussprechen, durch welches die Zeitfolge und der Gang jener Eroberung verständlich wird. Die Kosaken fanden jenseit

[1] G. F. Müller, Sibirische Geschichte. I, §. 66, 67 in Sammlung Russischer Geschichte, Bd. 6, S. 179—180. Die Ruinen von Sibir sollen 16 Werst, also etwas mehr als 2 deutsche Meilen, oberhalb Tobolsk zu sehen sein. Nach J. E. Fischer's Karte liegen sie ebenso viel unterhalb Tobolsk.

des Ural anfänglich einen ähnlichen Bau der Erdveste wie in ihrer Heimat, Ebenen nämlich, die flach und sanft nach dem Eismeere sich hinabsenken, durchzogen von drei großen Strömen: Ob, Jenissei und Lena, deren Nebenflüsse sich bis auf geringe Zwischenräume zu nähern trachten. So gelangt man vom Ob durch den Ket in die Nachbarschaft des Jenissei, vom Jenissei durch die obere Tunguska in den Ilim, der wieder als bequemer Pfad zur Lena führt. Die Lena selbst fließt lange Zeit nordostwärts und bald, nachdem sie sich gegen Norden gewendet, nimmt sie den Aldan auf, den man nur aufwärts zur Maja zu verfolgen braucht, um an die Quellen der Judoma hinaufzusteigen, die nur einen Tagemarsch entfernt sind von dem ersten Küstenflüßchen, welches in den ochotskischen Meerbusen fällt. So hatte die Natur zur Bequemlichkeit der Eroberer für einen Strombau gesorgt, der vom Ob bis zum großen Ocean reichte. In ihrer Heimat schon hatten die Russen solche Wasserwege benutzen gelernt. Die Landengen zwischen zwei Flußgebieten überschritten sie, wie es bei ähnlichen Naturverhältnissen die Pelzhändler der ehemaligen Hudsonsbaigesellschaft zu thun pflegten, mit ihren Fahrzeugen auf der Schulter. Auch waren von jeher die Russen geschickte Zimmerleute. Mit einem einzigen Werkzeuge, ihrer Axt, erbauen sie noch jetzt und verzieren sie sogar ihre Häuser. Wo ihnen daher die Tragplätze zu unbequem erschienen, verließen sie ihre Fahrzeuge, um sich an dem nächsten östlichen Gewässer frische Boote zu erbauen. Während in Nordamerika die Ansiedler nach dritthalb Jahrhunderten noch nicht völlig die Felsengebirge erreicht haben, bedurften die Kosaken nur ein halbes Jahrhundert für die Strecke vom Ob nach dem Ostrande Asiens. Um so vieles langsamer rückt der Ackerbau vor, als Völker, welche durch Jagd und Fischfang hinreichenden Lebensunterhalt gewinnen. Wie die spanischen Ansiedelungen von dem Vorkommen der edlen Metalle abhingen, so dehnten sich die russischen Eroberer über das Verbreitungsgebiet der Pelzthiere aus. Bevor sie eine Niederlassung befestigten, waren die östlichen Reviere von einzelnen Jägern oder von größeren Banden schon durchstreift und auskundschaftet worden. Und genau wie die spanischen Entdecker und Eroberer die goldenen Kleinodien im Besitze der Eingebornen und ihrer Kaziken als Beutelohn betrachteten, nahmen auch die Kosaken, was sie bei Ostjaken, Buriäten, Tungusen und Jakuten an Pelzwerk vorfanden, nach dem Rechte des Stärkeren hinweg und legten jenen wehrlosen Stämmen einen Jahreszins in edlen Rauchwaaren auf. So oft aber die Russen bei ihrem Vordringen einen wichtigen Knoten der sibirischen Stromnetze erreicht hatten, gründeten sie einen Ostrog oder ein kleines Fort, welches dann zum Kern für eine spätere Stadt wurde. Auf dem oben angegebenen Süßwasserpfade sehen wir der Zeit nach entstehen: 1578 Tobolsk, 1604 Tomsk, 1596 Narym und Ketskoi Ostrog am Ket. Erst im nächsten Jahrhundert schreitet die Besiedelung in das Gebiet des Jenissei hinüber; am Sym und Kaß zeigen sich Kosaken schon 1607, die Mündung des Jenissei erreichten sie 1610, Jenisseisk wird aber erst 1619 und Krasnojarsk erst 1627 gegründet. In dem nämlichen Jahre wurde der Jlim aufwärts befahren und 1628 (1630) die Lena erreicht. Zwei Jahre später fand die erste Berührung mit den Jakuten statt, nach denen 1632 das Fort und die jetzige Stadt Jakutsk benannt wurde. Ein Jahr später zeigten sich die Russen schon am Aldan, aber erst 1639 gelangte der Kosake Jwan Moskwitin mit 20 Mann den Aldan, die Maja und die Judoma aufwärts an die erste Wasserscheide zum stillen Meere und durch einen Marsch über die Berge an den Rand der ochotskischen See, deren Küsten er sogleich von dem heutigen Ochotsk an bis zur Uda erforschte.[1] Die Kosaken hatten von ihren Ostrog, die oft nur Blockhäuser waren, manchen Angriff der Eingebornen abzuwerfen, aber niemals wichen sie zurück, wo sie einmal Fuß gefaßt hatten.

[1] Joh. Eberhard Fischer, Sibirische Geschichte. Buch III, 4. Cap., §. 15, Bd. 1, S. 520 ff.

Gleichen Schritt mit diesem südlicheren Vorrücken hielt die theilweise Entschleierung des Eismeeres. Wenige Jahre nach Barentsz.' denkwürdiger letzter Reise, nämlich im Jahre 1600, entstand Alt-Mangaseja an dem zobelreichen Gestade des Tas, welcher vom Ob aus zu Schiffe und selbst vom karischen Meerbusen mit Benutzung eines Trageplatzes auf der samojedischen Halbinsel besucht wurde. Als diese Handelsstraße zur Verhinderung des Schmuggels geschlossen wurde, entstand um 1624 am Jenissei oder genauer an der Turucha ein neues Mangaseja oder Turuchansk. Schon im Jahre 1610 war eine Kosakenbande den Jenissei hinab bis ins Eismeer gefahren und hatte, begünstigt durch eine ungewöhnliche Jahreszeit, freies Fahrwasser bis zur Pjäsina gefunden.[1] Auch die Mündung der Lena war erreicht und von dort die Küstenfahrten gegen Westen bis zum Olenek (1637), gegen Osten bis zur Jana (1638) ausgedehnt worden. Ein Jahr nach dieser letzten Unternehmung, also 1639, drangen Kosaken bis an die Indigirka vor und erbauten dort ein Blockhaus. Zur Zeit der zweiten großen sibirischen Erforschungsreise fanden deutsche Gelehrte in den Archiven der Stadt Jakutsk Urkunden, daß schon im Jahre 1644 Staduchin ein Fort an der Kolyma erbaut und 1646 Kosaken die Kolyma abwärts ins Eismeer hinausgefahren und an der Küste gegen Osten auf tschuktschische Stämme gestoßen waren.[2] Zwei Jahre später liefen kosakische Fahrzeuge angeführt von Deschnew aus der Kolyma, um den Anadyr aufzusuchen. Deschnew umsegelte das tschuktschische Vorgebirge, drang in die Beringsstraße[3] und gelangte nach einem Schiffbruch an der tschukschischen Küste 1648

[1] Joh. Eberhard Fischer, Sibirische Geschichte. Buch II, 1. Cap., §. 34, Bd. 1, S. 345.

[2] Nach F. v. Wrangel, Reise längs der Nordküste Sibiriens, herausgegeben von Engelhardt. Berlin 1839. Bd. 1, S. 9, kamen die Kosaken damals bis zur Tschaunbai.

[3] Dort trennte sich ein Theil der Kosaken von ihm und erreichte, wie man später erfuhr, Kamtschatka; aber keiner von ihnen sah die Heimat wieder.

bis zum Anadyr, wo er im Jahre 1649 das Blockhaus Anadyrskoj Ostrog erbaute.[1] Diese wichtigste aller Entdeckungen seit 1492, wodurch die Trennung der alten von der neuen Welt erwiesen wurde, ging für die Erdkunde völlig verloren und Nachrichten darüber wurden erst aufgefunden, als Bering schon von seiner berühmten ersten Fahrt zurückgekehrt war. Zu den Geographen des westlichen Europa drangen die Nachrichten von jenen Eroberungen erst in der zweiten Hälfte des 17. Jahrhunderts. Am Schlusse des Zeitabschnittes, mit dem wir uns hier beschäftigen, reichte das Wissen des großen amsterdamer Geographen Willem Blaeu nicht einmal über den Ob, und Nicolaus Sanson entrollt auf seiner Karte der Tatarei von 1659 Sibirien nur bis zum Jenissei und seinem östlichen Begleiter, der Pjäsina (Peisida).

Aber nicht blos gegen Norden zum Eismeer, sondern auch gegen Süden nach Hochasien wurden durch die Kosaken der Wissenschaft große Erdräume gewonnen. Schon im Jahre 1616 gingen von Tomsk drei Botschafter zu dem Solotoi Czar oder „goldenen König" (Altin Chan), dem Oberhaupt einer Kirgisenhorde im Altaigebirge. Sie trafen ihn nicht am Kemtschik, einem Quellflusse des Jenissei, seinem gewohnten Lagerplatze, sondern südlicher an dem Ubsasee. Zu dem nämlichen Altin Chan wurden 1619 von Tobolsk aus zwei andere Kosaken, Iwaschko (Iwan) Petlin und Petunko (Peter) Kissillow, als Botschafter abgefertigt. Sie trafen den Kirgisenhäuptling diesmal weder am Kemtschik, noch am Ubsa Nor, sondern erst am Flusse Keß (richtiger Teß), 15 Tagemärsche oberhalb seiner Mündung.[2] Von dort sollen jene beiden Kosaken durch die

[1] G. F. Müller, Seereisen längs den Küsten des Eismeeres, in der Sammlung Russischer Geschichte, Bd. 3. Petersburg 1758. S. 6—12, und F. v. Wrangel, Reise an der Küste von Sibirien, herausgegeben von Engelhardt. Berlin 1839. Bd. 1, S. 15 ff.

[2] G. F. Müller, die ersten Reisen der Russen nach China, Sammlung Russischer Geschichte. Petersburg 1760. Bd. 4, S. 478. Ueber Petlin's Weg vergleiche Ritter, Erdkunde, 2. Theil, S. 1068.

Gobi bis zur großen Mauer und selbst nach Peking gewandert, wegen mangelnder Beglaubigungen aber von dem Kaiser des himmlischen Reiches nicht empfangen worden sein.[1] Wer diese erste Reise als nicht hinreichend beglaubigt verwirft und ebenso eine zweite vom Jahre 1620, über welche nähere Angaben fehlen, nicht gelten lassen will, für den beginnt der erste Botschafterverkehr zwischen Rußland und China mit der Sendung des Fedor Baikow, der im Jahre 1654 den Irtysch aufwärts, am Dsaisangsee vorüber durch die Gobi zog und über Kukuchoto (41° n. Br.) die große Mauer erreichte.[2]

Verhältnißmäßig sehr spät, nämlich 1643, gelangten die Kosaken an den Baikalsee und erst im Jahre 1661 gründeten sie Irkutsk. Auch wurde der Pfad an der Selenga aufwärts, über das Apfelgebirge nach der Ingoda und Schilka von Peter Beketow nicht vor 1653 gefunden, als Chabarow, der kühnste aller Kosakenführer, dessen Abenteuer an Reizen der spanischen Eroberung Mexikos nicht nachstehen,[3] bereits von der Lena die Olekma und ihren Nebenfluß, den Tungur, hinaufgegangen und von dort über die Jablonoiberge nach dem Amur herabgestiegen war. Selbst Chabarow war aber nicht der erste, der diesen Strom erreichte, denn schon im Jahre 1643 hatte Wasilej Pojarkow 130 Kosaken von Jakutsk aus den Aldán aufwärts bis zum Utschúr geführt, war dann die kataraktenreiche Gonoma (Könam)

[1] In den tomskischen Archiven befindet sich dieser Theil der Reise nicht; Müller hat daher den Bericht, wie er ihn bei Witsen und Bergeron fand, als unglaubwürdig verworfen. Allein die älteste Nachricht steht bei Purchas, Pilgrims. tom. III, lib. IV, cap. 11. London 1625. p. 707 sq. Petlin ging, scheint es, über Uliassutai nach Tangut (Talguth) und durch das Gebiet der Chalka (Shro kalga); er reiste dann längs der Mauer bis Tsahan Balgassu, der weißen Stadt (White Castle bei Purchas), einer kleinen Festung, s. Ritter, Erdkunde. 2. Theil, S. 124, von wo er nach zwei (?) Tagereisen Peking selbst erreichte.

[2] Müller, erste Reisen der Russen nach China, a. a. O. S. 482 ff.

[3] Eine anziehende Schilderung hat neuerdings T. W. Atkinson (Travels on the Upper and Lower Amoor. London 1860. p. 465) von ihnen gegeben.

mühsam hinaufgestiegen bis zu dem Quellgewässer Nujemka, von wo er die Wasserscheide überschritt und dem Laufe der Brända folgend die Seja und den Amur (1644) erreichte. Den nächsten Winter brachte er unter den Giljaken am untern Amur zu und befuhr nach Rückkehr des Frühlings das ochotskische Meer, von wo er die früheste Kunde über die Schantar-Inseln im Jahre 1646 nach Jakutsk brachte.[1] Drei Jahre zuvor war die Insel Sachalin von Holländern gesehen worden. So berührten sich um jene Zeit an den äußersten Grenzen der alten Welt europäische Seefahrer und sibirische Kosaken.

Das Erscheinen der Portugiesen in den indischen und chinesischen Gewässern.

Seit Bartholomeu Dias' Fahrt um das afrikanische Südhorn hatten die Portugiesen ihre Entdeckungen ruhen lassen und erst die Kunde von der Auffindung eines falschen Indiens im atlantischen Westen trieb sie zur Beendigung ihrer seemännischen Aufgabe an. Vasco da Gama's Fahrt, die am 8. Juli 1497 vom Tejo angetreten wurde, bietet auf der atlantischen Strecke den neuen Reiz, daß der portugiesische Admiral nach Berührung der capverdischen Insel Santiago sich beträchtlich von der afrikanischen Küste entfernte, bis er die Höhe der St. Helenabucht erreicht hatte. Er steuerte also in einer nach Westen gewölbten Scheitellinie durch das südatlantische Meer und benutzte fast regelrecht die beiden Passate, so daß schon die nächste Wiederholung dieses Kurses die Entdeckung Brasiliens nach sich zog.[2] Wie die zweite Ueberfahrt des Colon allen spanischen Nachfolgern zur Richtschnur für den Seeweg nach den Antillen bis zu Alex. v. Humboldt's Reisen und später noch diente, so wurden Gama's und seines Nachfolgers Cabral atlantische Segelrichtungen die nautische Straße nach Indien für die Portugiesen.

[1] Joh. Eberhard Fischer, Sibirische Geschichte. Buch V, Cap. 3, §. 2 bis 9, Bd. 2, S. 779—790.

[2] Siehe oben S. 258.

Von den Inseln des grünen Vorgebirges suchten sie die brasilische Küste unter 8½° s. Br. zu gewinnen und steuerten dann gegen Südosten nach der Martin Vaz-Gruppe und Tristan da Cunha.[1] Ihren atlantischen Rückweg bezeichnet aber am deutlichsten die frühe Entdeckung der Inseln St. Helena und Ascension.[2]

Vasco da Gama, vom Glück begünstigt, fand nach dreitägigem Kreuzen vor der Südspitze Afrikas einen gefälligen Wind, der ihn am Mittwoch den 22. November 1497 um das gefürchtete Cap der guten Hoffnung trug.[3] Er tastete hierauf an der Ostküste weiter bis zur Mündung des Zambesi und nach Mozambique (1. März 1498). Dort nahm er für die Fortsetzung seiner Fahrt einen arabischen Lootsen an Bord, der ihn zwar nur bis Mombas brachte, wo er hinterlistig entsprang, aber schon in dem nahe gelegenen Malinda von dem freundlich gesinnten Scheich durch einen verlässigen Steuermann ersetzt wurde, so daß die Ueberfahrt nach dem malabarischen Indien mit dem Südwestmonsum in 23 Tagen leicht ausgeführt wurde und am 20. Mai 1498 die Flotte vor Calicut, dem größten damaligen Gewürzmarkt des Morgenlandes, vor Anker ging. Seine Rückfahrt trat Gama nach dem Wechsel des Monsuns aber etwas spät an und da er zu früh gegen Westen hielt,

[1] Diese Insel wurde entdeckt von dem Geschwader des Tristaõ da Cunha, welches 1506 auslief. Barros, Da Asia. Dec. II, livroI, cap. 1. Lisboa 1777. tom. III, p. 4.

[2] Siehe die Segelvorschriften portugiesischer Lootsen, bei Jan Huygen van Linschoten, Reys-geschrift van de Navigatien der Portugaloysers in Orienten. Amsterdam 1595. cap. 1 und 2, p. 13—14.

[3] Nach Barros, Da Asia. Dec. I, livro 5, cap. 10 wurde Ascension ursprünglich Concepçaõ geheißen und von Joaõ de Nova 1501 auf der Fahrt nach Indien gefunden. St. Helena dagegen entdeckte der nämliche Seefahrer am 22. Mai 1502 auf der Heimkehr nach Europa. Damiaõ de Goes, Emanuel, lib. I, cap. 63.

[4] Roteiro da viagem que fez Dom Vasco da Gama, ed. Kopke e Dacosta Paiva. Porto 1838. p. 8.

schmachtete sein Schiffsvolk drei Monate im indischen Ocean, ehe am 2. Februar 1499 Afrika sich wieder zeigte. Der bequeme winterliche Heimweg nach dem Cap der guten Hoffnung, der an der Ostküste von Madagaskar vorüberführt, wurde jedoch bald nachher von Antaõ Gonçalves gefunden, der mit einem Gewürzschiffe im December 1505 Malabar verlassen hatte und von widrigen Winden aus seinem Kurs getrieben, jener großen Insel den Namen San Lourenço gab.[1]

Streng genommen hörten die Entdeckungen der Portugiesen auf, als in Malinda ein arabischer Pilot die Führung ihrer Flotte übernahm, denn sie durchzogen seitdem Gewässer, wo ein uralter geregelter Verkehr bis nach Japan bestand. Mit einer einzigen Ausnahme haben die Portugiesen seit jener Zeit nicht darnach getrachtet, neue Länder unbekannten Seen abzugewinnen, sondern nur den Handel mit den kostbaren und seltenen Erzeugnissen des Morgenlandes an sich zu reißen. Ihre Ueberlegenheit bestand vorzüglich in dem richtigen Bau ihrer Schiffe und deren Segeltüchtigkeit, dagegen hatten die arabischen Seefahrer, was die Ortsbestimmung auf hoher See betraf, nichts von den Portugiesen, wohl aber diese manches von den Arabern zu lernen. Die arabischen Seeleute, sagt ein ungenannter Begleiter Vasco da Gama's in seinem Schiffsbuch, führen Magnetnadeln, Quadranten und Seekarten an Bord.[2] Diese Karten waren nicht wie die damaligen europäischen in sternförmige Compaßlinien, sondern in ein mathematisches Gradnetz von walzenförmigem

[1] Barros, Da Asia. Dec. I, livro IX, cap. 5. Lisboa 1777. tom. II, p. 359. Dagegen berichtet Gaspar Correa (Lendas da India. I. p. 153. Lisboa 1858), ein Schiff der Flotte Cabral's unter Diogo Dias, dem Bruder des Bartolomeu Dias, habe zuerst die Ostküste von Madagaskar erreicht und besucht. Diogo Dias .... nom se chegou a terra tanto como deuera, e foy ter por fóra da ilha de sam Lourenço e porque a virão em seu dia lhe pozeraõ o nome .... Então se tornárão á ilha e sorgirão em hum bom porto.

[2] Roteiro da viagem. p. 28.

Entwurfe eingetragen und wurden von Vasco da Gama wegen ihrer Vortrefflichkeit bewundert.[1]

An den Küsten des indischen Meeres kamen die Portugiesen in Berührung mit den drei großen asiatischen Weltreligionen und volkreichen geordneten Staaten. Die Kräfte ihres Heimatlandes waren viel zu gering, als daß sie in jenen Entfernungen an eine Unterwerfung mächtiger Binnenreiche hätten denken können. Auf der See wird aber immer derjenige gebieten, dessen Schiffe sich am nächsten an den Wind legen können. Wenn sich die Portugiesen damit begnügten, etliche Küstenstellen zu befestigen, so konnten sie sich der Schlüssel des morgenländischen Seehandels leicht bemächtigen. Die ungelenken Fahrzeuge der Araber, Hindu und Chinesen waren an bestimmte Kurse gebunden und entfernten sich nicht gern vom Lande. Es genügte daher die Aufstellung weniger Fahrzeuge, um den alten Verkehr Malabars mit Alexandrien und Venedig völlig abzuschneiden und die Gewürzfrachten in die Hände der Portugiesen zu spielen. Als diese sich der indischen Gewässer bemeistert hatten, zwangen sie alle asiatischen Kauffahrer, portugiesische Schiffspässe zu lösen, wenn sie nicht ohne ein solches Sicherheitspapier wie eine Kriegsbeute aufgegriffen werden wollten. Am 6. September 1503 erbaute Francisco d'Albuquerque das erste europäische Fort bei Kotschin in Malabar und am 2. Februar 1509 schlug Francisco d'Almeida bei Diu die erste und letzte Flotte, welche die Mamluken aus Aegypten gegen die Portugiesen gesendet haben. Von mohammedanischen Seemächten haben später nur die Türken noch eine Anstrengung zur Vertreibung der Portugiesen unternommen, die aber mißglückte. Als am 25. November 1510 Goa von Affonso d'Albuquerque erobert und am 26. März 1515 das bereits seit 1507 tributpflichtige Ormus, der Schlüssel zum persischen Golfe, eingenommen und mit einer portugiesischen Besatzung versehen worden war, da führten die Könige von Portugal nicht mehr

[1] Siehe oben S. 146.

blos den Titel, sondern waren thatsächliche Herren des indischen Handels geworden.[1] Frühzeitig versuchten sie auch das rothe Meer zu schließen. Schon 1503 stellten sie am Osthorne Afrikas Schiffe auf, welche alle aus dem Bab el Mandeb auslaufenden arabischen Kauffahrer überfallen sollten und eine Zeitlang hielten sie auch die Insel Socotora besetzt. Im rothen Meere selbst wagten sie sich anfangs nur bis zur Höhe von Dschidda, welches als Hafenplatz und Pilgerthor für den Meß- und Wallfahrtsort Mekka einen hohen handelsgeschichtlichen Rang behauptete. Bis nach Suez hinauf drang 1541 Dom Estevan da Gama.[2] Auf einer jener Fahrten zur Beängstigung arabischer Küstenstädte, unter denen auch das wichtige Aden in ihre Hände gefallen war, gelangten die Portugiesen am 16. April 1520 nach Massaua, dem Ausfuhrhafen der christlichen Abessinier, von denen sie festlich empfangen wurden. Dort erreichten sie also das ursprüngliche Ziel des Infanten Heinrich des Schiffers, das Reich der afrikanischen Erzpriester Johannes. Statt einer mächtigen Herrschaft, wie sie erwartet hatten, fanden sie aber nur ein beschränktes, in ihren Augen ärmliches Gebiet, rohe Bewohner und ein verwahrlostes jacobitisches Christenthum. Auch reichte die Freude des Herrschers von Habesch über das Zusammentreffen mit einer christlichen Seemacht unter mohammedanischen Bedrängern nicht einmal so weit, daß er Pero de Covilham, den Kundschafter König Johanns II., der sich 1487 bis nach Abessinien hindurchgeschlichen hatte, den seinigen wieder auslieferte.[3]

[1] Den persischen Golf hinauf von Ormus nach Basra gelangten im Jahre 1529 oder 1530 portugiesische Schiffe unter Belchior de Sousa Tavares. (Antonio Galvaõ, Tratado dos Descobrimentos, ed. Bethune. p. 183.)

[2] Galvaõ, Tratado de todos os Descobrimentos, ed. Bethune. p. 225. Von dieser Reise stammt das Roteiro des D. Joaõ de Castro, welches Barros (Da Asia, Dec. II, livro VIII, cap. 1. Lisbao 1777. tom. IV, p. 259 bis 275) benutzt hat.

[3] Siehe oben S. 239. Barros, Da Asia. Dec. I, livro III, cap. 5. Lisboa 1777. tom. I, p. 196. Die Reise des portugiesischen Gesandten Rodrigo de Lima nach Habesch hat einer seiner Begleiter uns beschrieben

Als die arabischen Kauffahrer sich von den malabarischen Märkten ausgeschlossen sahen, versuchten sie auf einem neuen Wege, nämlich über die Malediven und Ceylon ihren Verkehr wenigstens mit Malaka fortzusetzen, wo sie Molukkengewürze und den sumatranischen Pfeffer und auf dem Rückwege ceylonesischen Zimmet laden konnten, denn Ceylon war erst 1506 von den Portugiesen besucht, aber noch keine Festung dort angelegt worden. Um sich auch dieses Verkehrs zu bemeistern, war Diogo Lopez de Sequeira, begleitet von Lootsen des Königs von Kotschin, am 11. September 1509 vor Malaka mit fünf Segeln erschienen, um einen Handelsvertrag abzuschließen und die Stärke des Platzes auszukundschaften.[1] Ihm folgte als Eroberer mit einer stattlichen Flotte der große Affonso d'Albuquerque, der am 10. August 1511 jene Großstadt der Malayen durch einen Sturm wegnahm.[2] In dem nämlichen Jahre begab sich Duarte Fernandez als portugiesischer Bevollmächtigter zu Schiff durch die Straße von Singapur[3] nach dem Menam an den Hof Ajudhia, der damaligen Hauptstadt Siams, und

Don Francesco Alvarez, Viaggio nella Etiopio bei Ramusio. tom. I, fol. 204 sq. Covilham durfte erst 1527 nach Europa zurückkehren. Alvarez l. c. cap. 143, fol. 272. In Abessinien herrschte seit 1503, anfangs unter der Vormundschaft seiner Großmutter Helene, Kaiser David Siehe Ludolfi, Historia Aethiopica. lib. II, cap. 6. Francf. 1681. fol. N. 3.

[1] Goes, Rey Emanuel. lib. III, cap. 1, p. 146. Barros, Dec. II, livro IV, cap. 3. Lisboa 1777. tom. III, p. 392 sq. G. Correa, Lendas da India. II, 32. Lisboa 1859. Sumatra wurde schon früher von Alvaro Tellez berührt, der zu dem Geschwader des Tristan da Cunha vom Jahre 1506 gehörte, aber sein Ziel, nämlich Malabar, verfehlt hatte. Antonio Galvaõ, Tratado, ed. Bethune. p. 106. Auf dem Wege über Alexandrien und durch das rothe Meer hatte der Genuese Hieronymus von St. Stephan (Geronimo de Santisteban) schon 1494 Sumatra (Zaumotra) und Malaka erreicht. (Navarrete, Coleccion de los viages y descubrimientos. tom. IV, p. 347 und 348. Madrid 1837.) So konnte auch Amerigo Vespucci (Lettera al Solderini, in Canovai, Viaggi di Amerigo Vespucci. vol. II, p. 26) bereits Lage und Bedeutung Malakas genau schildern.

[2] Commentarios do Grande Dalboquerque, livro III, cap. 17—18. Lisboa 1777. tom. III, p. 135.

[3] Bei G. Correa, Lendas da India. II, 529, estreito de Cymquapur.

kehrte zu Land über Tenasserim nach Malaka zurück, während sich gleichzeitig ein anderer Botschafter nach Martaban und Pegu verfügte.[1] Nur mit Aracan, dessen Hafenstadt Tschittagong einer Heimsuchung durch Joaõ da Silveira widerstanden hatte[2] und mit dem Königreich Atschin auf Sumatra, welches seine Unabhängigkeit sich treu bewahrt hat, blieben die Portugiesen auf feindseligem Fuße.

Um den Handel nach Osten zu erweitern, befolgten die Statthalter Malakas den Grundsatz, auf malayischen, javanischen und chinesischen Handelsschiffen portugiesische Seeleute zur Erforschung der entfernteren Hafenplätze auszusenden; ja nach einem Gesetz, welches der Statthalter Jorge de Brito 1515 gab, sollte jeder asiatische Kauffahrer, der nach Malaka kam, von einem Portugiesen befehligt werden.[3] Die Portugiesen waren daher die ersten Europäer, welche den Osten und Südosten der alten Welt mit dem Abendlande verbanden, aber strenger genommen nicht ihre Entdecker. Fernaõ Peres d'Andrade, der im August 1516 Malaka verließ, kam zuerst nach der kleinen, nur auf geräumigen Karten sichtbaren, nautisch aber höchst wichtigen Insel Pulo Condor vor Cambodscha und erreichte, nachdem er noch einmal nach Malaka zurückgekehrt war, im nächsten Jahre am 15. August die Insel Tamaõ im Perlenflusse unterhalb Cantons,[4] wo er einen Landsmann, Duarte Coelho, antraf, der einen Monat vor ihm dort angekommen war.[5] Der Handel mit jenem chinesischen Hafen trug außerordentliche Gewinne, aber die Portugiesen fanden anfangs große Schwierigkeiten, mit dem himmlischen Reiche in einen geregelten

[1] Barros, Da Asia. Dec. II, livro VI, cap. 5, cap. 7. Lisboa 1777. tom. IV, p. 70, p. 103. Einen Handelsvertrag mit Pegu schloß Antonio Correa 1519. Barros, l. c. Dec. III, livro III, cap. 4, tom. V, p. 273–282.

[2] Barros, l. c. Dec. III, livro II, cap. 3, tom. V, p. 136.

[3] Barros, Da Asia. Dec. III, livro I, tom. V, p. 89.

[4] Barros, Da Asia. Dec. III, livro II, cap. 6, tom. V, p. 174. Galvaõ, Tratado dos Descobrimentos. London 1862. p. 128

[5] Nach H. Yule (Cathai, p. CXLI) unternahmen portugiesische Kauffahrer schon 1514 Reisen nach China. Sie durften ihre Frachten absetzen,

Verkehr zu treten. Erst 1520 wurde ihrem Botschafter verstattet, nach Nanking und später nach Peking zu reisen.[1] Die Erlaubniß, in Macao sich niederzulassen,[2] erwarben sie erst 1577, ihre Handelsfahrten erstreckten sie aber nie weiter, als bis zum Yang-tse-kiang und diesen aufwärts bis Nanking, obgleich ihnen der Besuch nördlicher Häfen unverwehrt war.[3] Ein entscheidender Fortschritt für die Kunde von China knüpft sich an das Auftreten des Jesuiten Matteo Ricci, der im Jahre 1600 vom Kaiser die Erlaubniß zu einem dauernden Aufenthalt in Peking erwarb.[4] Wie man auch sonst über die politischen Ziele jenes geistlichen Ordens denken mag, die Geschichte der Wissenschaften kann nur mit Bewunderung von den Vätern Jesu sprechen. So verdanken wir unter anderem dem Jesuiten Martini, welcher 1651 aus Asien nach Europa zurückkehrte, den ersten Atlas von China, mit dem das neuere Wissen von jenem Reiche beginnt.[5] Die Jesuiten Grüber und Dorville erreichten von Peking aus nach einer gefährlichen Reise von 6 Monaten Lhasa und stiegen von da über den Himalaja 1661 nach Agra hinab.

Drei entlaufene portugiesische Matrosen, die sich an Bord eines chinesischen Kauffahrers geflüchtet hatten, wurden nach der Insel Tanegasima geworfen und erschienen 1542 oder 1543

aber das Land nicht betreten. Andrea Corsali's Brief an Lorenzo de Medici bei Ramusio I, 180—181. Quest' anno passato navigarono alla Cina nostri Portoghesi.

[1] Juan Gonzalez de Mendoza, Kingdom of China, ed. Major. London 1853. lib. II, cap. 22, p. 159, p. XXXIV.

[2] Burney, Discoveries in the South Sea. tom. III, p. 39.

[3] Jan Huygen van Linschoten, Reys-geschrift van de Navigatien der Portugaloysers in Orienten. cap. 30. Amsterd. 1595. p. 70.

[4] Major, in der Einleitung zu Mendoza's Kingdom of China, p. LXXVII. Im Jahre 1628 wurde der Jesuit Adam Schall im Rang über die Brüder des Kaisers gestellt und erhielt später den Vorsitz im „großen Rath der astronomischen Facultät".

[5] Novus Atlas Sinensis a Martino Martini Soc. Jesu erschien als elfter Theil des Novus Atlas absolutissimus des Jansonius, 1655.

in der Residenz des Fürsten von Bungo.[1] Wenige Jahre später, am 15. August 1549, setzte bereits der große Jesuitenapostel Xaverius seinen Fuß auf japanischen Boden.[2]

Unmittelbar nach der Eroberung Malakas waren von dort auf Befehl Affonso d'Albuquerque's mit dem Decembermonsun[3] im Jahre 1511 Antonio d'Abreu und Francisco Serraõ mit drei Segeln, begleitet von einem einheimischen Molukkenfahrer, nach den Ursprungsländern der Muskatbäume und der Gewürznelken abgegangen. Abreu gelangte an Java und Madura vorüber nur bis Ambon und zu den Bandainseln, auf denen allein damals Muskatnüsse erzeugt wurden; sein Gefährte Francisco Serraõ erreichte aber nach mancherlei Abenteuern auf einheimischen Fahrzeugen die Molukken selbst, mit denen durch seine Vermittelung seit 1513 die Portugiesen einen regelmäßigen Verkehr eröffnen konnten.[4] Als sie bald nachher auf den Gewürzinseln sich festsetzten, kamen sie auch mit dem nahe-

[1] Galvaõ, Tratado dos Descobrimentos. London 1862. p. 229 setzt die Begebenheit in das Jahr 1542 und nennt die drei Matrosen Antonio da Mota, Francisco Zeimoto und Antonio Peroto. Engelbert Kämpfer (Geschichte und Beschreibung von Japan. Buch IV, Cap. 5. Deutsche Ausgabe. Lemgo 1779. Bd. 2, S. 58), welcher die obige Zeitangabe nicht anzufechten scheint, bemerkt nur, daß das erste europäische Schiff von Awa aus an der gegenüberliegenden Insel Sikok gesehen worden sei. Mendez Pinto, der sich für einen der drei portugiesischen Seeleute ausgibt und seine beiden Gefährten Diogo Zeimoto und Christovaõ Borralho nennt, erzählt seine Abenteuer, als gehörten sie dem Jahre 1545 an; das erste portugiesische Schiff dagegen läßt er im Jahre 1546 nach Tanegasima und zur Insel Bungo gelangen. Peregrinaçaõ de Fernan Mendez Pinto. cap. 132—135, cap. 202. Lisboa 1829. tom. II, p. 195—224, tom. III, p. 193.

[2] Maffei, Select. epistol. ex India libri quatuor. Colon. 1593. fol. 340.

[3] Partirão de Malaca em nouembro d'este ano de 1511. (G. Correa, Lendas da India. II, 265. Lisboa 1860.)

[4] Peschel, Zeitalter der Entdeckungen. S. 612. 2. Aufl. S. 482. Antonio Galvaõ, Descobrimentos, ed. Bethune. p. 115—119. Der erste Europäer, welcher Banda und die Molukken (Monoch) besuchte und eine Beschreibung der Nelkenmyrte gab, war der Bolognese Bartema, welcher 1506 aus dem Orient heimkehrte. Ludovici, Patritii Romani, novum itinerarium. 1508. cap. 24 und 25, p. 46[b]—47[a].

liegenden Gilolo oder Halmahera in häufige, nicht immer friedliche Berührungen, dort aber endigten auch so ziemlich ihre Verdienste um die Erdkunde. Wie die spanischen Entdeckungen und Ansiedelungen an das Vorkommen der edlen Metalle, die Eroberungen der Kosaken an die Gebiete der kostbaren Pelzthiere geknüpft waren, so hielten sich die Portugiesen in den Verbreitungsgrenzen der Gewürze und Spezereien. Sie hatten sich die Märkte und die Ursprungsländer aller indischen Kostbarkeiten zugänglich gemacht, sie hatten sogar Fuß gefaßt in Cathai und in dem Zipangu des Marco Polo. Was sie jenseit der Südspitze Afrikas gesucht hatten, war gefunden und damit hörte ihr Suchen von selbst auf. Ueber die Molukken hinaus konnten die Kenntnisse nur gefördert werden, wenn Unwetter zur See portugiesische Schiffe gegen Osten trieb. So wollte im Jahre 1526 Dom Jorge de Menezes von Malaka am 22. August nach den Molukken auf einem neuen Wege, nämlich im Norden von Borneo sich begeben. Auf der Fahrt dorthin gerieth er über Celebes hinaus zu weit gegen Osten, wurde von dem herrschenden Monsun bis unter die Linie getrieben und genöthigt, auf einer Insel Namens Papua zu „überwintern", das heißt den Wechsel der Jahreswinde abzuwarten, nach dessen Eintritt er erst am 31. Mai 1527 die Molukken erreichen konnte. Wenn er vielleicht auf dieser Reise die Inseln vor der Geelvinkbai besucht hat, so könnte man ihn als den Entdecker von Neu-Guinea ansehen.[1] Um diese Zeit wurden auch die Sequeira-Inseln gefunden, die ihren Namen nach dem Steuermanne eines Schiffes unter Diogo da Rocha empfingen, welches ursprünglich

[1] Barros, Dec. IV, livro I, cap. 16. Lisboa 1777. tom. VII, p. 103 sq. Die beste Aufklärung zu dieser Reise gewährt eine Seekarte nach portugiesischen Mustern bei Huygen van Linschoten, Itinerario, Voyage ofte Schipvaert naer Oost-Indien. Amsterd. 1595. p. 22. Die Insel, wo Menezes überwinterte und die Versija geheißen haben soll, liegt auf der Karte $1\frac{1}{2}^0$ s. Br. und hat die Inschrift: Hic hibernavit Georgius de Menezes. Es sind dann gegen Westen noch die Inselgruppen Os Papuas, J. d'agoada, J. dos Graos (Kraniche) vor einer Küste angegeben, die allerdings dem Nordrande von Neu-Guinea entspricht.

zu Dom Jorge Menezes' Geschwader gehört hatte.[1] Mit den Inselketten der Sundasee waren die Portugiesen vollständig bekannt, denn ihre Karten aus der Zeit vor dem Auftreten der Holländer erreichen bereits die Arugruppe.[2] Auffallender Weise blieben sie aber, während eine Rundfahrt um Sumatra schon 1519 von Diogo Pacheco ausgeführt worden war,[3] längere Zeit in Unkenntniß über die Südküste von Java,[4] die nie von ihnen vollständig aufgenommen wurde. Frühzeitig durchsuchten sie dagegen die Sundaseen nach Goldinseln. Anfänglich wurden jene Schätze des Meeres im Süden von Sumatra vermuthet,[5] später hieß Neu-Guinea eine Zeitlang die Goldinsel, endlich wollten Fischerleute von Solor im Süden der Insel Timor einen Archipel gefunden haben, welcher jenen schimmernden Namen zu rechtfertigen versprach.[6] Dorthin sollte der Kosmograph Manoel Godinho de Eredia im Jahre 1601 zur Hebung jener Inselreichthümer abgefertigt werden, aber die Expedition Godinho's mußte unterbleiben, weil ein Angriff der Holländer auf Malaka alle Streitkräfte und Mittel in Anspruch nahm.[7] Wenn

[1] Antonio Galvaõ, Tratado de todos os Descobrimentos, ed. Bethune. p. 168. Barros, Dec. III, livro X, cap. 5. Lisboa 1777. tom. VI, p. 490 setzt die Entdeckung der Sequeiras, die unsere Karten 9° n. Br. 131 ½° ö. von Greenw. verlegen, in den Winter von 1525—1526.

[2] Siehe Linschoten's Karte a. a. O.

[3] Barros, Da Asia. Dec. III, livro III, cap. 3, tom. V, p. 265.

[4] Der gelehrte Barros sagt dies ausdrücklich von seiner Zeit (1563). Dec. IV, livro I, cap. 12, tom. VII, p. 73. Aus Linschoten's Karte ergibt sich deutlich, daß die Portugiesen am Ende des 16. Jahrhunderts die Südküste von Java nicht aufgenommen hatten, wenn sie auch im allgemeinen eine richtige Vorstellnng von ihrer Lage und Richtung besaßen.

[5] Wahrscheinlich verdankte dieses Phantom seine Entstehung der Chryse des Ptolemäus und den arabischen Ueberlieferungen des Biruni, siehe oben S. 14.

[6] Wahrscheinlich gelangten sie an die Südküste von Neu-Guinea.

[7] P. A. Tiele, De voorgewende ontdekking van Australie (Nieuw Holland) door de Portugeezen in 1601, overgedrukt uit de Nederlandsche Spectator 1875.

also auch die Portugiesen die Entdecker Neu-Hollands gewesen wären, so blieb doch die Thatsache selbst für den Gang der Wissenschaft ohne Segen.[1]

Die Spanier in der Südsee.

Vor Entdeckung des Cap Hoorn sind nur zwei spanische Geschwader von der Magalhaësstraße aus über die Südsee gelaufen. Das erste, von Magalhaës selbst geführt, erreichte am 27. November 1520 den stillen Ocean und entdeckte am 6. März 1521 die Insel Guahan der Ladronen (Marianen). Bei seiner Ueberfahrt über den großen Ocean muß Magalhaës damals zwischen der Marquesasgruppe und den Paumotu oder niedrigen Inseln, wie später zwischen den Carolinen- und den Marshall- und Gilbertinseln, hindurch gesegelt sein, denn ein eigener Zufall wollte es, daß er auf der mit Inselwolken bedeckten Südsee nur zweimal in Sicht von Land kam, nämlich eines unbewohnten Atolls unter 16° 15′ s. Br. (25. Januar 1521) und eines anderen Inselchens unter 11° 45′ s. Br. (4. Februar), denen er die Namen San Pablo und de los Tiburones (der Haifische) gab.[2] Von den Ladronen nahm das Geschwader seinen

[1] Begründeter sind die Ansprüche der Franzosen. Die Karte von Jean Rotz, 1542, zeigt an den Ost- und Westküsten des unbekannten Südlandes unverkennbare Zeichen wirklicher Entdeckung. So reicht die SW.-Seite von Australien bis 35° s. Br. Auch der Atlas Guillaume le Testu's, de la ville Francoyse de Grace (Havre de Grace, von Franz I. begründet), weist Aehnliches auf. Der franzöf. Pilot unterscheidet dazu durch eine auf der Karte angebrachte Legende die wirklich gesehenen von den nur vermutheten Strichen des großen unbekannten Südlandes. (Vgl. Geogr. Magazine 1876. July. p. 195.) Da französische Freibeuter schon im 2. Decennium des 16. Jahrhunderts bis Sumatra schwärmten (G. Correa, Lendas da India. tom. III, p. 239—41), so ist die Möglichkeit weiterer Streifzüge bis zu den Küsten des unbekannten Südlandes nicht ausgeschlossen; allein bis jetzt fehlen die schriftlichen Nachweise.

[2] Schiffsbuch des Francisco Albo. Navarrete, Coleccion de Docum. tom. IV, Nr. 22, p. 218. Auf alten Seekarten, z. B. Bl. VI des Atlas der münchner Akademie, erscheint die Südsee noch völlig entblößt von Inseln bis auf jene beiden oben genannten, San Pablo und de los Tiburones.

Lauf gegen Westen und entdeckte am 16. März die Surigaogruppe der Philippinen,[1] wo Magalhaës am 27. April 1521 in einem Gefecht auf der Insel Mactan vor Zebu seinen Tod fand. Nur zwei Schiffe von dem stattlichen Geschwader erreichten, nachdem sie zuvor Burnei (Borneo) entdeckt hatten, ihr großes Ziel, die Molukken, und nur eines von ihnen, die noch seetüchtige Victoria, geführt von Sebastian d'Elcano, trat am 21. December 1521 die Heimreise an und erreichte San Lucar in Spanien am 6. September 1522.[2] Das zweite spanische Geschwader, welches unter Loaysa durch die Magalhaësstraße am 26. Mai 1526 die Südsee und am 4. September die Ladronen erreichte, erblickte auf dem großen Wasserraume nur eine einzige Insel am 21. August unter 14° 1′ n. Br., die San Bartolomé genannt wurde.[3]

Seit jener Zeit gingen die spanischen Indienfahrer nur aus mexikanischen Häfen auf der nördlichen Hälfte über die Südsee, aber bis zum Jahre 1565 fand keins von ihnen den Heimweg nach Amerika, da die Passate stets die Seefahrer wieder nach den Gewürzinseln zurücktrieben. Dies

Auf einer noch handschriftlichen Karte der münchner Bibliothek, Cod. iconogr. Nr. 136, Bl. 10, sieht man den Schiffslauf des Magalhaës quer über die Südsee angegeben. Jene beiden Inseln scheinen: S. Pablo die Paumotuinsel Pakapaka, und de los Tiburones die Insel Flint gewesen zu sein.

[1] Diesen Namen empfingen sie jedoch erst im Jahre 1543 von Villalobos.

[2] Der Victoria auf ihrer Rückfahrt verdanken wir die Entdeckung der später sogenannten Insel Amsterdam im indischen Ocean, am 18. März 1522, die Elcano St. Paul nannte. Die südliche Insel dagegen, die wir jetzt St. Paul nennen, sah A. v. Diemen auf seiner Fahrt nach Indien am 17. Juli 1633. Die Victoria befand sich nämlich bei ihrer Entdeckung 37° 35′ s. Br., das heutige St. Paul liegt 38° 42′ 55″ s. Br., das heutige Amsterdam 37° 58′ 40″ s. Br. Folglich sind die Namen vertauscht worden. Schiffsbuch des Albo a. a. O. S. 230 und C. v. Scherzer, Reise der Fregatte Novara. Wien 1861. Bd. I, S. 228, S. 254, S. 271.

[3] Schiffsbuch des Hernando de la Torre, bei Navarrete, Coleccion de Docum. tom. V, Nr. 14, p. 274—275. Die Insel ist ohne Zweifel mit der später Gasparrico benannten identisch.

war bereits dem letzten Schiff von Magalhaës' Geschwader, der Trinidad widerfahren, welche 1521 bei den Molukken zurückgeblieben war und von den Ladronen nordwärts nur den 42. Breitegrad zu erreichen vermochte.[1] Dies begegnete auch dem Alvaro de Saavedra, der mit drei von Ferdinand Cortes gerüsteten Schiffen von Siguatanejo (Mexiko) nach den Molukken (31. October 1527 bis 30. März 1528) gefahren war. Als er im nächsten Juni wieder nach Amerika heimkehren wollte, segelte er der Nordküste von Neu-Guinea entlang und dann nordöstlich, wo er unter 7° n. Br. die Carolinen entdeckte, die er von einem bärtigen freundlichen Menschenstamme bewohnt fand.[2] Die Gegensätze zwischen den Papua Neu-Guineas und den Polynesiern wurden schon von diesen Seefahrern erkannt, denn staunend gewahrten sie, daß sich dort in größter Nähe ohne Uebergänge die schärfsten Racenverschiedenheiten begegneten. Höher als bis 14° n. Br. vermochte aber Saavedra seine Fahrt nicht zu erstrecken, sondern mußte nach den Molukken wieder zurückkehren. Am 3. Mai 1529 war er aber zu einem zweiten Versuche segelfertig, auf dem er seinem alten Kurse getreu unter mühseligen Kämpfen gegen die Passate am 14. September unter 6° n. Br. eine östliche Insel der Carolinen und am 22. September, immer nach Ostnordost steuernd, 9½° n. Br. und am 1. October die heutige Marshallgruppe, Chamisso's G ä r t e n d e r W o l l u s t, gewann, die er von sanften Mikronesiern bewohnt fand und wegen ihrer Lieblichkeit los Jardines benannte.[3]

[1] Herrera, Indias occident. Dec. III, lib. IV, cap. 2. Madrid 1726. tom. III, fol. 111.

[2] Islas de los Barbudos der alten Karten. Herrera, Dec. IV, lib. III, cap. 6, tom. IV, fol. 47.

[3] Schiffsbuch des Saavedra bei Navarrete, Coleccion de Docum. tom. V, Nr. 36, p. 473—475. Welche von den Papua-Inseln bei Neu-Guinea Paine und Urais la grande sei, wie sie Saavedra nennt, läßt sich nicht feststellen. E. E. Meinicke, Die Inseln des stillen Oceans, Band II, S. 435, Leipzig 1876, vermuthet, daß Saavedra zuerst Ponape, dann Ujilong und Bikini gesehen habe.

Saavedra starb zwar unterwegs, als er 26° n. Br. erreicht hatte, allein sein Schiffsvolk setzte die Fahrt noch bis zum 31. Grad n. Br. fort, von wo es aber nach den Diebsinseln umkehrte.[1]

Seit die Spanier 1529 auf die Molukken verzichtet hatten, stellten sie ihre Südseefahrten bis 1542 wieder ein, in welchem Jahre Rui Lopez de Villalobos Ansiedler nach den Philippinen führen sollte. Er verließ am 31. October 1542 die Küste von Mexiko, entdeckte die heutige Revillagigedo-Gruppe, nämlich die Inseln Santo Tomas,[2] la Annublada und Roca partida, durchschnitt am 6. Januar 1543 die Inselkette der Carolinen[3] und fand 280 span. Meilen weiter die Insel Lamoliork, der er den Namen der Matroseninsel gab, weil die freundlichen Eingeborenen die Seefahrer spanisch begrüßt (buenos dias, matelotes!) hatten,[4] und 30 span. Meilen weiter die große Inselgruppe Arrecifes (Palau). Nach Erreichung der Philippinen sollte das Schiff San Juan am 26. August 1543 abermals den Rückweg nach Mexiko suchen. Es entdeckte bei seinem nordöstlichen Vordringen zuerst die Klippen, welche wir noch jetzt Abreojos nennen, dann

[1] Herrera, Dec. IV, lib. V, cap. 6. Madrid 1730. tom. IV, p. 86, und die Aussage des Vicente de Napoles, bei Navarrete l. c. Doc. 37, p. 485.

[2] Diese war schon 1533 gesehen worden; s. oben S. 268.

[3] Herrera, Dec. VII, lib. V, cap. 5. Madrid 1730. tom. VII, fol. 91 sq. Antonio Galvaõ, Tratado de todos os Descobrimentos, ed. Bethune. London 1862. p. 231—232, Juan Gaetan, bei Ramusio, Navigationi. Venet. 1550. tom. I, p. 403[b]. Die Namen Los Reyes, Coralli, Jardines, welche auf dieser Reise den Carolinen gegeben wurden, findet man auf der Weltkarte im Theatrum Orbis des Ortelius. Antwerpen 1584. Die Jardines des Villalobos sind nicht die Jardines des Saavedra, wenn auch Villalobos sie für die Entdeckungen seines Vorgängers irrthümlich wieder zu erkennen gemeint haben mag. Der Name Carolinen wurde zu Ehren Carls II. von Spanien erst nach 1686 gebräuchlich. (Burney, Discoveries in the South Sea. London 1813. tom. III, p. 307.)

[4] Daß die Matelotes und Arizifes die Palauinseln sind, zeigt die Karte von Asien in Abraham Ortelius Theatrum Orbis terrarum. Antw. 1571 sowie die Karte von Asien in W. Blaeu's Novus Atlas. Amsterd. 1634

die Vulkan- oder Schwefelinsel.[1] Als der San Juan den 30. Grad n. Br. erreicht hatte, gab auch er die Aussicht auf, das stille Meer zu kreuzen und ging nach den Molukken zurück.[2] Von dort hoffte er im Mai 1544, was nun so oft mißlungen war, den östlichen Weg nach Mexiko unter äquatorialen Breiten zu erzwingen, aber sein einziger Erfolg bestand darin, daß er an der Nordküste Neu-Guineas, welcher Name damals zuerst ertheilt wurde, eine neue Strecke von 230 span. Meilen enthüllte.[3]

Die nächsten Indienfahrer, welche im Jahre 1564 von Mexiko unter Miguel Lopez de Legaspi über die Südsee gingen (21. November 1564 bis 13. Februar 1565) und dabei abermals die Gruppe der Carolinen berührten,[4] gründeten die erste dauernde Niederlassung auf den Philippinen. Von dort aus fand ein ehemaliger Molukkenfahrer, der 1552 in den Augustinerorden getreten war, Fray Andres de Urdaneta, damals den so lange gesuchten östlichen Seeweg über das stille Meer. Von der richtigen Vermuthung geleitet, daß auf der Nordhälfte der Südsee unter höheren Breiten, wie auf dem

[1] Juan Gaetan bei Ramusio l. c. fol. 404. Die Namen Abreojos (wörtlich: Oeffnet die Augen), Dos Hermanos, Volcanes und Farfana, die sich auf diese Entdeckungen beziehen, kann man auf der Weltkarte im Theatrum des Ortelius nachsehen.

[2] Herrera l. c. cap. 8, fol. 95.

[3] Galvaõ, Descobrimentos, ed. Bethune, p. 238. Herrera, Dec. VII, libro V, cap. 9. Madrid 1730. tom. VII, p. 97. Die beste geographische Belehrung zu diesen Entdeckungen bietet der Orbis terrarum a Hydrographo Hispano 1573 delineatus, bei Lelewel, Géogr. du moyen-âge, tom. I, Pl. VI. Diese Karte enthält die Namen, welche Iñigo Ortiz de Retes, der Kapitän des San Juan, ertheilte, und aus ihr ist ersichtlich, daß er über die westliche Vulkaninsel hinaus noch bis ungefähr 144° ö. L. von Greenw. gefahren ist, was genau mit der Angabe von 230 Seemeilen (leguas) übereinstimmt.

[4] Die von Legaspi gesehenen Inseln sind wahrscheinlich mit den von Villalobos entdeckten identisch. Einige der in dieser Zeit angeführten Namen, Barbudos, Pajaros, Jardines, finden sich angegeben bei Petrus Plancius, Orbis terrarum typus, 1594.

atlantischen Meere, Westwinde vorherrschen müßten, führte Urdaneta am 1. Juni 1565 das Schiff San Pedro von den Philippinen zunächst nach den Ladronen, dann bis in Sicht der japanischen Küste unter 36° n. Br., von wo er eine nördliche Breite bis zu 43° zu gewinnen suchte, ehe er wieder südöstlich fuhr, wodurch es ihm gelang, Ende September die mexikanische Küste und am 3. October, also in 125 Tagen, den Hafen von Acapulco zu erreichen.[1] Seit dieser Zeit, besonders seit der Gründung Manilas, 1571, gingen zwischen Mexiko (Acapulco) und den Philippinen jährlich Schiffe hin und wieder, und zwar galten die Segelvorschriften, daß man von Acapulco aus zunächst 16° n. Br., also den Gürtel der Ostpassate erreichen und die Ladronen unter 13½° n. Br. berühren müsse, während man auf der Rückfahrt von den Philippinen im Juni oder Juli abging und den 35. Breitengrad unter einem möglichst größten Abstand von Japan zu gewinnen trachtete. Dieser Polhöhe suchten die Lootsen bis in Sicht der californischen Küste treu zu bleiben, denn wurde das Schiff unter höhere Breiten gedrängt und Californien erst bei 40° oder bei Cap Mendocino gesehen, so gerieth es in eine rauhe See und verzögerte seine Ankunft am Reiseziel.[2] Bei der Regelmäßigkeit der Passate erklärt sich uns daher das Räthsel, daß die Spanier zwei Jahrhunderte lang über das nördliche Becken der Südsee fuhren und dem Kapitän Cook doch das Hauptverdienst an der Entdeckung der Sandwichsinseln überließen.[3]

[1] Burney, Discoveries in the South-Sea. London 1813. tom. I, p. 269 sq. Eines der Schiffe des Legaspi, welches von dem Geschwader sich heimlich getrennt hatte, der San Lucas unter D. Alfonso de Arellano, hatte nach Berührung von Cap Mendocino zwar schon drei Monate früher Mexiko erreicht, die Ehre der ersten Entdeckung des östlichen Seeweges ist aber doch dem wackern Urbaneta zuerkannt worden.

[2] Linschoten, Navigatien der Portugaloysers in Indien. Amsterd. 1595. cap. 50—52, fol. 99 sq.

[3] Spanische Seekarten haben vor Cook schon jene Inseln angezeigt und die spanischen Berichte haben die Vorstellung der Gold- und Silberinsel erzeugt. (S. 376.)

Die Nordwinde und feindlichen Strömungen, welche an den Küsten von Quito und Peru herrschen, hatten schon früh die Fahrzeuge, welche von Panama nach Chile gingen, zur Aufsuchung westlicher Längen genöthigt. Durch solche Fahrten ist die Galapagosgruppe schon vor 1570 bekannt geworden, und da Masafuera bereits 1563 gesehen worden ist, muß Juan Fernandez früher entdeckt worden sein; ihre Auffindung wird dem spanischen Seefahrer zugeschrieben, dessen Namen sie führt und der später eine größere Reise durch den südlichen Theil des stillen Oceans unternommen hat, von der sich nur die Kunde erhalten, daß er dabei die Küste eines großen, bewohnten Landes (wahrscheinlich Neuseeland) erreichte.[1] Außerdem unternahmen die Spanier drei Fahrten, um den großen Ocean in seiner südlichen Hälfte zu erforschen. Die erste derartige Unternehmung, von dem Vicekönig Perus gerüstet, verließ am 10. Januar 1567 den Hafen Callao unter Alvaro Mendana de Neyra. Er fuhr auf dem inselleeren Gürtel in der Nähe des Aequators über die Südsee und sah erst Land, als er die heutige Ellicegruppe[2] unter 6° 45′ s. Br. erreicht hatte. Unter der nämlichen Breite seinem westlichen Laufe treu bleibend, kam er an dem Bradleyriff (Baxos de la Candelaria) vorüber und entdeckte die von ihm benannte Salomonsgruppe, nämlich Isabel, Malaita, Guadalcanal und San Cristobal sammt ihren kleineren Inseltrabanten,[3] bewohnt von einem unbekleideten, anthropophagen, dunkelfarbigen Menschenschlag mit krausem Haar, also von Papuanen. Im Juni oder Juli des nämlichen Jahres

[1] R. H. Major, Early voyages to Terra Australis. p. 20—22. London MDCCCLIX.

[2] Dort — nicht unter 172° ö. L. von Greenw. — ist die Jesus-Insel des Mendana zu suchen. (Zeitschrift d. Gesellsch. f. Erdkunde zu Berlin. III, 125.)

[3] Die ausführlichste Karte zu Mendana's Entdeckungen findet sich bei Dudley, Arcano del Mare. Florenz 1661. tom II, Asia, Taf. XXIII; nur daß dort die Jesus-Insel zu den Baxos de la Candelaria gehört, verträgt sich nicht mit dem Texte des Reiseberichtes.

trat Mendana seine Rückfahrt an und erreichte, obwohl er gegen die Passatrichtung fuhr, unter 30° n. Br. die californische Küste im Herbste, nachdem er nur einmal, am 4. October in 19° 20′ n. Br. Land gesehen hatte.[1]

Um die Salomonsinseln wieder aufzufinden, sind fast alle späteren Südsee-Entdecker ausgelaufen; aber bis auf Bougainville im Jahre 1768 sah sie keiner wieder, selbst Mendana nicht, als er 10 Jahre nach seiner ersten Entdeckung vom Vicekönig Perus, Don Garcia Hurtado de Mendoza am 16. Juni 1595 von Paita mit vier Schiffen zu einer zweiten Fahrt dorthin abgesendet wurde. Er fand dafür schon am 21. Juli unter 10° 50′ s. Br. eine neue Inselgruppe, die er seinem Gönner zu Ehren Marquesas de Mendoza benannte und auf der die Europäer zuerst mit dem Brodfruchtbaum bekannt wurden.[2] Von den Marquesas setzte Mendana am 2. August zwischen 10° und 11° s. Br. seine westliche Fahrt fort, die ihn am 8. September in Sicht des thätigen Vulkans auf einer Insel an der Nordküste von Santa Cruz führte.[3] Auf dieser wollte Mendana eine Niederlassung gründen; als er aber dort am 18. October

[1] Wir besitzen über diese Reise nichts, als was sich bei Herrera, Descripcion de las Indias, cap. 27. Madrid 1730. tom. IX, fol. 59—60, bei Burney, Discoveries in the South-Sea. London 1813. tom. I, p. 277, und in dem Bericht des Portugiesen Lopez Vaz, bei Hakluyt, London 1600, tom. III, p. 801—802 findet. Die Insel, welche gesehen wurde, benannte Medana nach dem heil. Franciscus von Assisi, dessen Fest auf den 4. October fällt. Die oft aufgestellte Ansicht, es sei Hawaii gewesen, widerlegt sich leicht, da nach dem Entdecker das Land eine kleine, flache, von Riffen umgebene Insel bildete. Wahrscheinlich war es die Insel, welche jetzt Wake heißt. (Meinicke, die Inseln des stillen Oceans. II, 328.)

[2] Siehe das Bruchstück De las Islas de Salamon, bei Thevenot, Relations de divers voyages curieux. Paris 1696. tom. II, pars IV, App., fol. 5—6 und Quiros' Bericht bei Dalrymple, Voyages and Discoveries in the South Pacific Ocean. London 1770. vol. I, p. 57—94.

[3] Auf der zwischenliegenden Strecke sah er am 20. August die San Bernardo-Insel (Pukapuka, 165 $^{3}/_{4}$° w. L. von Greenw.) und am 29. August die Insel Solitaria (Olosenga, 171° ö. L. von Greenw.). Vgl. C. E. Meinicke, Die Inseln des stillen Oceans. II, 127. 128.

einer Krankheit erlegen und der Oberbefehl an Pedro Fernandez de Quiros übergegangen war, ließ dieser am 7. November die Santa Cruz-Inseln wieder räumen und eilte nach den Philippinen, wobei er die Salomonen verfehlte und überhaupt bis zu seiner Ankunft vor Manila nur ein einzigesmal Land unter 6° n. Br. (die Insel Ponape) sah.

Dem nämlichen Pedro Fernandez de Quiros wurde zehn Jahre später der Befehl über drei Fahrzeuge anvertraut, die von dem peruanischen Hafen Callao am 21. December zur Erforschung der Südsee abgingen. Luis Vaez de Torres, der beste Seemann, der damals unter spanischer Flagge diente und die Almiranta oder das zweite Schiff befehligte, wäre gern bis zum 30.° s. Br. vorgedrungen, Quiros aber ließ, nachdem er sich anfangs bis zum 26. Grad gewagt hatte, wieder nördlich halten[1] und gerieth vom 26. Januar bis zum 14. Februar 1606 zwischen 24½° und 16½° s. Br. in den Schwarm der Paumotu-Inseln.[2] Hierauf berührte er die Insel Tahiti (sein Sagittaria[3]), mit dessen Bewohnern er freundlichen Verkehr anknüpfte, und gleich darauf die Insel, die er Fugitiva nannte (Tetuaroa), dann näherte er sich dem 10. Parallelkreise, wo er am 21. Februar an Peregrino (Manahiki) vorüberkam,

[1] Bericht des Luis Vaez de Torres, bei Burney, Discoveries. tom. II, App., p. 468.

[2] In seiner Bittschrift d. d. Sevilla 1610 (bei Purchas, Pilgrims. lib. VII, cap. 10, tom. IV, fol. 1422 sq.) rühmt sich Quiros 23 Inseln entdeckt zu haben, von denen er 20 mit Namen aufzählt. Die siebente in der Liste nennt er la Dezena (die zehnte). Bis zu dieser letzteren gehören sie sämmtlich in die oben bezeichneten Gruppen.

[3] Torquemada, Monarquia Indiana, lib. V, cap. LXIV, cap. LXV, p. 740 und Torres, bei Burney a. a. O. Die Inseln, welche die Spanier vor der Entdeckung von Sagittaria erblickten, waren Ducie und Elisabeth, Tematangi, Anuanurunga und Hereheretua. Daß Sagittaria Tahiti gewesen sei, wird durch Fugitiva bewiesen. Wenn man Anaa, östl. v. Tahiti, für Sagittaria nimmt, bleibt für Fugitiva kein Platz. Torres beschreibt auch wohl nicht ganz Sagittaria als flach, sondern nur die Umgebung der nördlichen Bucht zwischen den beiden Inselgebirgen, wo er landete. (C. E. Meinicke, Die Inseln des stillen Oceans. II, 163. 169. 213.)

und am 2. März die bereits von Mendana erreichte, allein jetzt nicht wieder erkannte Insel S. Bernardo berührte.[1] Von Windstillen und durch zweimaliges Verweilen bei der Insel Taumako und der Insel Tucopia[2] wurde die Fahrt stark verzögert. Am 25. April kam jedoch eine neue Entdeckung, die vulkanischen Torresinseln, und am 30. April unter $15^{2}/_{3}{}^{0}$ s. Br. die Espiritu Santo-Insel der neuen Hebriden in Sicht, wo das Geschwader am 2. Mai in dem geräumigen Hafen San Felipe und Santiago vor Anker ging. Quiros, der über sechs Wochen unter beständigen Fehden mit den papuanischen Eingeborenen auf jener Insel verweilte, hielt sich dort für den Entdecker des viel gesuchten australischen Festlandes und verschwand am 11. Juni, nachdem das Geschwader ausgelaufen war, mit seinem Schiffe während eines Sturmes, um vereinzelt seinen Heimweg nach Amerika anzutreten. Seit er am 3. October 1606 die Küste von Mexiko[3] erreicht hatte, bestürmte er unablässig aber ohne Erfolg den spanischen Hof mit Bittschriften um Besiedelung des australischen Heiliggeistlandes, wie er seine Entdeckung nannte, der er einen übertriebenen Umfang und erdichtete Naturschätze beimaß.[4] –

Nachdem der bescheidene, aber viel tüchtigere Torres bei den neuen Hebriden 15 Tage vergeblich auf die Rückkehr seines Vorgesetzten gewartet hatte, unternahm er zuerst eine Fahrt

[1] Quiros nannte sie Isla de la Gente Hermosa. Torres gab ihr den Namen Matanzas. (C. E. Meinicke, Die Inseln des stillen Oceans. II, 127. 425.) Wilke's (United States explor. exped. Philadelphia 1845. tom. V, p. 10–18) ist hier nicht zuverlässig, man muß sich auf die seit 1856 erfolgten französ. Aufnahmen stützen. (Meinicke.)

[2] Taumako ist wahrscheinlich Wilson's „Duff“ in 10° s. Br. und 167° 15′ ö. L. von Greenw. (C. E. Meinike, l. c. II, 61). Tucopia, $12^{1}/_{2}$ s. Br., liegt im Osten des Archipels der Königin Charlotten-Inseln.

[3] Torquemada, Monarquia Indiana. lib. V, cap. 58, p. 754.

[4] Seine Bittschriften gingen in die damaligen geographischen Urkundensammlungen über und wurden in viele Sprachen, auch frühzeitig ins Deutsche übersetzt. Siehe die Relation Herrn Petri Fernandes de Quir. Augsburg 1611.

gegen Südwesten und suchte, als er dort kein Land gefunden hatte, die Philippinen zu gewinnen. In nordwestlicher Richtung segelnd, gerieth er in die lange Zeit so geheimnißvollen Räume zwischen Neu-Guinea und Australien und stieß unter $11^{1}/_{2}{}^{0}$ s. Br. zunächst auf die Inselreihe der Louisiaden und in ihrer Fortsetzung auf die südliche Küste des östlichen Neu-Guinea. Dieser unerschrocken gegen Westen folgend, wagte er sich in die seichte, inselgefüllte Meerenge, die Australien und Neu-Guinea trennt und die wir jetzt, seine Leistungen bewundernd, die Torresstraße nennen. Bei der Durchfahrt selbst hatte er sich dem 11. Breitegrade genähert, und die Inseln, die er gegen Süden zu sehen glaubte, waren die Berge des Cap York, der Nordspitze von Australien.[1] Zwei Monate bedurfte er, um sich durch Untiefen, Riffe, Bänke und Inseln hindurch zu stehlen, bis er wieder die Südküste Neu-Guineas und, nach einem längeren Aufenthalt auf den Molukken, im Mai 1607 Manila erreichte. Auf dieser denkwürdigen Fahrt wurde also abermals Australien gesehen und die Inselnatur Neu-Guineas festgestellt. Der magere Bericht, den Torres über seine Entdeckungen verfaßte, blieb aber in dem Dunkel der Archive Manilas verborgen und vergessen, bis er 1762 den englischen Eroberern dort in die Hände fiel.

Das unbekannte Südland.

Auf den meisten Weltgemälden des 16. und 17. Jahrhunderts lagert sich rings um den Südpol, wo unsere Karten bis zu sehr hohen Breiten nur Wasser kennen, ein gespensterhaftes australisches Festland. Die alten spanischen Seekarten vor und lange Zeit nach Entdeckung der Magalhaësstraße kennen solche antarctische Ländermassen nicht und sie werden auch auf dem Erdbilde des Benedetto Bordone in seinem Isolario (1521), auf Gemma Frisius' Karte zum Apianus (1540), bei Sebastian Cabot und bei Sebastian Münster (1544) noch

[1] Flinders, Voyage to Terra australis. London 1814. tom. I, p. X.

vermißt, welcher letztere sich nur mit einer Vergrößerung des Feuerlandes begnügt. Der Schöpfer jenes australischen Fantoms, welches unter anderer Maske die Vorstellung des Ptolemäus von einem südlichen Erdtheile[1] wiederholte, war ein deutscher Astronom, Johann Schoner,[2] der in einer kleinen Schrift vom Jahre 1515 verkündigte, die Portugiesen hätten Brasilien umsegelt und an seiner Südspitze eine Meerenge gefunden, welche Amerika von einem südlichen Festlande, wie die Gibraltarstraße Europa von Afrika, trenne.[3] Schoner hatte nach dieser Angabe schon damals auf den Erdkugeln, welche er anfertigte, jene angebliche Entdeckung darzustellen versucht und wir finden sie auch noch auf seinem Kugelbilde vom Jahre 1520, auf welchem zwischen der Südspitze Brasiliens und einem antarctischen Festland, dem Schoner die Umrisse von Afrika angedichtet hat, eine Meerenge den Raum zwischen 42° und 45° s. Br. einnimmt.[4] Dieses kühne Phantasiegemälde entsprach den damaligen Vermuthungen über die Vertheilung des Trockenen und des Flüssigen auf der Erde, denn daß das Wasser einen größeren Raum als das Land, das Unbewohnbare einen größeren als das Bewohnbare einnehmen sollte, erschien wie ein unzulässiger Zweifel an der Weisheit des Schöpferplanes. Selbst vor hundert Jahren, ehe James Cook aus der Südsee zurückkam, sprach man noch von einem räumlichen Gleichgewicht auf

[1] Siehe oben S. 61.

[2] Nach Doppelmayr (Nachricht von den Nürnbergischen Mathematicis, Thl. I, fol. 45) geb. zu Carlstadt in Franken, am 16. Januar 1477.

[3] Lucuientissima quaedam terrae totius descriptio. Bamberg 1515.

[4] Siehe das Facsimile von Schoner's Weltkugel bei Ghillany, Leben des Ritters Martin Behaim. Nürnberg 1853. Der deutsche Geograph beschenkt sogar das australische Polarland an der Nordküste mit afrikanischen Syrten. Daß keine Entdeckung der Portugiesen und noch weniger ein frühzeitiger Besuch der Magalhaësstraße stattgefunden hat, wurde bereits (S. 277) bemerkt. Wenn überhaupt irgend eine Thatsache der Angabe Schoner's zu Grunde liegt, so hat man an die Entdeckung des La Platastromes zu denken, dessen Trichtermündung für eine Meerenge leicht gehalten werden konnte.

Erden zwischen Land und Wasser.[1] Das 17. Jahrhundert legte außerdem auf astrologische Gründe Gewicht, denn man vermuthete, daß die Masse des Trockenen auf jeder Halbkugel zu der Vertheilung der Fixsterne in Abhängigkeit stehen müsse.[2] Die meisten Kartenzeichner waren indessen aufrichtig genug, jenen trügerischen Erdkreis als das unbekannte Südland (Terra australis incognita) zu bezeichnen, doch wagte schon sehr früh ein spanischer Gelehrter, die Entfernungen des neuen Welttheils vom Vorgebirge der guten Hoffnung und vom Cap St. Augustin in Brasilien auf 550 und 600 Meilen (Leguas) und die Polhöhe seines Nordrandes auf 43° s. Br. zu bestimmen.[3] Nach Magalhaẽs' Entdeckungen erschien das Feuerland[4] als eine willkommene Nordküste jenes arctischen Continentes, und als Neu-Guinea gefunden worden war, glaubte man abermals ein Stück des unbekannten Südlandes entschleiert zu haben; auch wurden die leeren Räume des erdichteten Festlandes benutzt, um einigen Ländernamen des Marco Polo und Bartema, die man in der bekannten ostasiatischen Welt nicht mehr unterbringen konnte, einen friedlichen Platz zu sichern.[5] Neue Nahrung be-

[1] John Harris (Navigantium Bibliotheca. London 1748. tom. I, fol. 270) bemerkt: there is wanting to the eye a Southern Continent to give one side of the globe a resemblance to the other.

[2] Dr. Juan Luis Arias in seinem Memorial (bei R. H. Major, Early Voyages to Terra Australis. London 1859. p. 14) bemerkt, daß 6 Thierkreiszeichen und die Hälfte der 48 größten Gestirne dem australischen Himmel angehörten, daher müsse es im Süden so viel festes Land geben als im Norden. Wie alt diese Ansicht sei, haben wir oben S. 222 gezeigt.

[3] Martin Fernandez de Enciso in der Suma de Geographia. Sevilla 1530. fol. IV^b. Enciso schrieb jedoch vor der Rückkehr der ersten Erdumsegler im Jahre 1523, denn er kennt die Küste von Südamerika nur bis zum La Platastrom. Auf Mercator's Weltkarte findet man eine Bemerkung über das Südpolarland, die sich auf obige Stelle bezieht.

[4] Auf der Karte Peruvia et Brasilia, im Speculum Orbis, des C. de Judaeis (Jode) heißt das Südland — quam naturam vulgus Tierra del Fuego vocant — Chaesdia. Dieser Name wurde erfunden von Wilhelm Postell (Cosmographiae disciplinae compendium. Basil. 1561. p. 30), der zugleich für Afrika die Benennung Chasmia einführen wollte.

[5] Mercator und seine Schule verlegen in jenes Südland die Land-

kam der Verdacht eines Südpolarlandes durch Mendana's Entdeckungen der Salomonsgruppe, denn größere Inseln, lautete die Ansicht des Jesuiten Acosta, könnten sich nur in der Nähe beträchtlicher Ländermassen befinden,[1] eine Ansicht, die nicht ganz ohne Berechtigung ist. Getreulich copirte ein Kartenzeichner von dem andern die Umrisse des unbekannten Südlandes, Ortelius von Mercator, Petrus Plancius von Ortelius, bis nach Abel Tasman's Fahrten (1643) jenes unermeßliche Festland wenigstens auf den holländischen Erdtafeln wieder weggelöscht wurde.[2]

Die Briten und Holländer in der Südsee.

Francis Drake, der zweite Erdumsegler, der am 6. September 1578 aus der Magalhaësstraße in die Südsee eingelaufen war, öffnete britischen und holländischen Raubgeschwadern einen Weg, um spanische Seefahrer und spanische Seestädte im stillen Meere überfallen, plündern, brandschatzen und zerstören zu können. Mit einer einzigen Ausnahme gingen aber alle britischen und holländischen Schiffe auf der nördlichen Hälfte, von der mexikanischen Küste nach den Ladronen über die Südsee. Mit diesen britischen Fahrten beginnt ein besseres Wissen von der Magalhaës'schen Welt. So fand der große arctische Entdecker Kapitän Davis,

schaftsnamen Beach, Lucach und Maletur. Die beiden ersten, Beach richtiger Boeach und Lucach (bei Ramusio Lochac) sind entstellte, den früheren Ausgaben Marco Polo's entlehnte Formen desselben Wortes, welches aber nach Pauthier (Marco Polo. p. 563. 564) Soucat zu lesen ist und das indische Reich Sukadana auf der Westseite von Borneo und danach diese Insel selbst bedeutet. Sukadana liegt südlich von Pontianak. Maletur, verderbt aus Malaiur, ist das Reich der Malaien auf Malaka. Das Meer südlich von Jawa nennt Mercator Mare Lantchidol, Laut kidol bedeutet im Malaiischen die Südsee. S. Mercator's, Ortelius' und Petrus Plancius' Weltkarten sowie Magini (Novae Geographicae Tabulae. Venetiis 1596. p. 32).

[1] Acosta, Historia natural y moral de las Indias. lib. I, cap. 6, Sevilla 1590. p. 29.

[2] Kritische Geographen gestanden übrigens schon früher, daß man von dem Südpolarlande im Grunde nichts kannte, als den Namen; s. Philippi Cluverii, Introductio in Univ. Geographiam. lib. VI, cap. 16. Amstel. apud Hondium s. a., p. 352.

ein Begleiter des Cavendish, am 14. August 1592 zunächst die Falklandsinseln.[1] Da man noch immer keinen andern Zugang in die Südsee kannte als die Magalhaësstraße, so war es sehr wichtig, daß schon die Piloten auf Francis Drake's Geschwader, bei der Durchfahrt durch die patagonischen Engen vom 17. August bis 6. September 1578, bemerkt hatten, wie das Feuerland in lauter Inseln zersprengt sei.[2] In die Südsee hinaus gelangt, trieb sie ein Sturm bis in die Nähe des Cap Hoorn, wo sie zwischen Inseln ankerten und eine freie See gegen Süden sahen.[3] Die Spanier in Peru und Mexiko wurden mit diesen Erfahrungen sogleich bekannt und als am 21. Januar 1580 das zweite Schiff von Pedro Sarmiento's Geschwader in der Südsee von einem Sturm unter 56° s. Br. gegen Osten

[1] John Jane, Last Voyage of M. Thomas Candish, bei Hakluyt, Voyages and Discoveries. tom. III, fol. 846. Anfangs nannte man die Gruppe nach dem Entdecker die Davisinseln; Hawkins, der sie am 2. Februar 1594 wieder sah, hieß sie der Königin Elisabeth zu Ehren Hawkins Maidenland oder Elizabethides. (Sir Richard Hawkins, Voyage into the South Sea, ed. Bethune. London 1847. p. 106—108.) Die Holländer gaben ihnen den Namen Sebaldinen, nach dem Capitän Sebald de Weert, der zu dem Raubgeschwader des Mahu und Cordes zählte, in der Magalhaësstraße aber umkehrte und auf der Heimfahrt am 24. Januar 1600 in Sicht der Inseln kam. (Vera et genuina consignatio navigationis Anno 1598 per Bernhardum Jansz., bei De Bry, Historiae Americae nonae partis additam. Francof. 1602. p. 52.) Als sie seit 1705 von Seefahrern aus St. Malo fleißig besucht wurden, führten die Franzosen die Benennung Malouinen (span. las Islas Malvinas) ein.

[2] Francis Fletcher, The World encompassed by Sir Francis Drake, ed. W. S. W. Vaux. London 1854. p. 82: in the end found it to be no straite at all, but all Ilands.

[3] Nach Famous Voyage, bei Purchas, tom. III, fol. 734, lag Drake's Ankerplatz 57° 20′ s. Br. und nach des portugiesischen Piloten Nuno da Silva's Messung, bei Hakluyt, tom. III, p. 744, 57° 0′ s. Br. Weit richtiger heißt es in Fletcher's World encompassed p. 84, daß sie zwischen den Insel des Feuerlandes unter 55° s. Br. ankerten, mit dem Zusatze (p. 87): The uttermost cape or hedland of all these Ilands, stands neere in 56 degr., without which there is no maine nor Iland to be seene to the Southwards, but that the Atlanticke Ocean and the South Sea meete in a most large and free scope.

getrieben worden war, ohne auf Land zu stoßen, befestigte sich auch in Peru die Ansicht, daß der atlantische Ocean und das stille Meer im Süden des Feuerlandes sich vereinigten.[1]

Eine holländische Gesellschaft schickte endlich im Jahre 1615 die Schiffe Eendracht und Horne unter Jacob le Maire und Willem Cornelisz. Schouten zur Aufsuchung eines kürzeren Seeweges nach Indien um die Spitze von Südamerika, da nur die Schiffe der ostindischen Handelscompagnie das Recht hatten, durch die Magalhaësstraße zu fahren. Sie fanden am 25. Januar 1616 vorläufig nur die kürzere Durchfahrt zwischen Cap San Diego (Mauritiusland) und dem Staatenland, nach dem Entdecker die Le Mairestraße geheißen, und benannten die südlichste der Feuerlandsinseln zur Ehre von Schouten's Vaterstadt Cap Horn (richtiger Hoorn). Selbst diesen Seefahrern erschien noch die kleine Insel Staatenland als eine Spitze des unbekannten australischen Continentes[2] und erst am 18. März 1643 fand Hendrick Brouwer unbeabsichtigt, da ihn seit dem 5. März Gegenwinde an der Fahrt durch die Le Mairestraße gehindert hatten, den Weg auf hoher See um das Staatenland und die Südspitze Amerikas.[3] Weit früher schon waren übrigens Theile der antarctischen Inseln von Dirk Gherritsz. gesehen worden, dessen Fahrzeug nach der Durchfahrt durch die Magalhaësstraße am

[1] Siehe die Aussagen des Piloten Hernando Lamero, bei Acosta, Historia nat. y moral. de las Indias. lib. III, cap. 11. Sevilla 1590. p. 151. Auch Hawkins äußert die Ansicht, daß der Weg um das Feuerland der kürzere sei. Sir Richard Hawkins, Voyage into the South Sea 1593, ed. Bethune, sect. XLI, p. 141.

[2] Journal ou Description du merveilleux voyage de Guill. Schouten. Amsterdam 1619. p. 18—20. Siehe die Karte mit Schiffskurs zu Wilhelm Schouten's wunderbarlicher Reise in der Historia Antipodum, ed. Math. Merian s. l. 1631. fol. 498. Man kennt von dieser Reise 38 Ausgaben in verschiedenen Sprachen. P. A. Tiele, Mémoire bibliographique sur les journaux des Navigateurs Neerlandais. Amsterdam 1867. p. 42—62.

[3] Burney, Discoveries in the South Sea. tom. III, p. 95 und Brouwer's Journal in der anonymen Collection of Voyages to the Southern Hemisphere. London 1788. vol. I, p. 382.

3. September 1599 durch einen Sturm von dem Raubgeschwader unter Mahu und Cordes abgetrennt und bis nach 64° s. Br. an das schneebedeckte Grahamsland der heutigen Karte getrieben worden war, welches die holländischen Entdecker an Norwegen erinnerte.[1]

Le Maire und Schouten, die Entdecker des Cap Hoorn, hatten ihre Fahrt 1616 über das südliche Weltmeer bis nach Indien fortgesetzt. Allein da sie, wie alle Seefahrer bis auf James Cook hohe südliche Breiten vermieden, vielmehr ängstlich sich in der Nähe von 15° s. Br. hielten, so durchstreiften sie nur (10—18. April) die bereits entdeckte Korallenkette der Paumotu-Inseln,[2] stießen zwischen Samoa und Tonga auf den 2000 Fuß hohen Inselberg Tafahi und die Insel Niuatobutabu (173° 58′ w. L. von Greenw.), von ihnen Cocos- und Verräther-Inseln geheißen,[3] ferner auf das nachbarliche Niua-fou (14. Mai),

[1] Olivier van Noort's Penible Voyage, bei Burney, tom. II, p. 198 und Debrosses, Histoire des Navigations aux Terres Australes. Paris 1756. tom. I, p. 290. Auch Jacob l'Hérmite war mit der „Nassauischen Flotte" bis 61° s. Br. in die Südsee geworfen worden. Am 7. März 1624 beobachtete er unter 60° 15′ s. Br., am 8. März unter 61°, am 14. März unter 58° s. Br. (Diurnal einer gewaltigen Schifffahrt mit eylff Schiffen umb die gantze Welt. Historia Antipodum, ed. Merian 1631. tom. III, p. 24—25.) Dies sind die höchsten antarctischen Breiten, welche vor James Cook erreicht wurden.

[2] Ihr Honden Eylant ist Pukapuka, ihr Sondergrondt, um dessen Südspitze sie segelten, die Inseln Taka, Waterlant, Oahe und Manihi, und Vliegen Eylant Rangiroa. (C. E. Meinicke, Die Inseln des stillen Oceans. II, 202—4.) Le Maire's Entdeckungen finden sich eingetragen auf der Karte in Jan Jansonius' See-Atlas zu fol. 85, Bd. IX des Atlas absolutissimus. (Amsterdam 1657.) Bei einer Landung auf der letzten Insel wurde das Boot und alle Matrosen von Fliegenschwärmen derartig bedeckt, que ne pouvions veoir ni visages, mains, voire la chaloupe et les rames (Merveilleux Voyage, p. 35). Ueber die Massenhaftigkeit der Fliegenschwärme auf jenen Korallen-Inseln s. G. Hartwig, Die Inseln des großen Oceans. Wiesbaden 1861. S. 141.

[3] Wieder gesehen und wieder erkannt wurden die beiden Inseln von Kapitän Wallis am 13. August 1767. Er nannte sie Boscawen und Keppel. Siehe Karte und Text bei Hawkesworth, Voyages and Discoveries in the

und da sie von dort nördlich steuerten, weil sie sich schon in der Nähe Neu-Guineas wähnten, auf die Zwillingsinseln Futuna und Alofi,[1] deren Eingeborene sie von allen Europäern zuerst in die Geheimnisse der Zubereitung des polynesischen Kawa einweihten, eines aromatischen Getränkes aus der gekauten Wurzel des Piper methysticum. Von den letzteren Inseln aus verminderten die Holländer ihre Breite auf 4° 50′ s. Br. und geriethen unter diesem Parallelkreise zwischen die infusorischen Korallen-Inseln im Norden der Salomonenkette (20. Juni). Am 25. Juni wurde Neu-Irland im Norden umsegelt, jedoch unbenannt gelassen, weil man es für einen Zubehör Neu-Guineas hielt, und die letztere Insel selbst am 8. Juli unter 4° 10′ s. Br. erreicht, wo bereits 1544 spanische Entdecker gewesen waren.[2]

Als die Holländer auf den Sunda-Inseln sich festsetzten, durften sie anfangs nicht auf dem Weg dorthin, wie die Portugiesen, bei afrikanischen Zwischenplätzen und in Vorderindien anlegen, sondern sie mußten außerhalb der Passate die Westwinde des indischen Oceans in höheren südlichen Breiten aufsuchen. Es konnte daher nicht ausbleiben, daß ihre Indienfahrer früher oder später die Küsten von Australien zu Gesicht bekamen. Aber sie fanden dort nur ein unwirthliches, verschmachtendes Gestade, wo sie nicht einmal ihre Wasservorräthe erneuern konnten, und Menschenstämme, scheu oder feindselig, ohne höhere Gesittung, kurz ein Land, entblößt von Handelsschätzen und ungepflegt von Menschenhand, ein Stiefkind der Schöpfung und stiefmütterlich auch von der Entdeckungsgeschichte vernachlässigt, denn, gleichgiltig gegen den Fund, hat sich auch

Southern Hemisphere. London 1773. tom. I, p. 492; ebenso von Lapérouse, 20. December 1787. Voyage de la Pérouse, par M. de Lesseps. Paris 1831. p. 345

[1] Die Bewohner beider Inseln waren früher dem wildesten Canibalismus ergeben, wodurch die Bevölkerung von Alofi vollständig ausgerottet ist. Dr. E. Gräffe in Ausland 1867. S. 1142.

[2] Siehe oben S. 354.

das 17. Jahrhundert wenig um die Finder gekümmert. Weit mehr als an solchen Entdeckungen lag der holländischen Handelsgesellschaft daran, auch die östlichen Zugänge zu den Gewürz-Inseln zu erforschen, und da die Kunde, Neu-Guinea sei überreich an Gold, in den Molukken verbreitet war, so wurde im November 1605 von Bantam Willem Jansz. mit dem Schiffe Duyfken zur Erforschung des Landes[1] abgeschickt, verfehlte aber, an der Südküste gegen Osten fahrend, die Torresstraße und gerieth in den Carpentaria-Golf, dessen Ostrande es bis zu einem Vorgebirge der Umkehr (Cap Keer weer, 13° 58′ s. Br., 6. Juni 1606) folgte und den Irrthum eines Zusammenhanges von Australien mit Neu-Guinea heimbrachte,[2] den Torres zwar durch seine für die Wissenschaft verlorene That in dem nämlichen Jahre widerlegte, der aber bis auf James Cook's erste Reise noch immer Geltung behielt. Die zweite Expedition führte Cornelius d'Edel 1617. Von dieser Reise haben sich keine sicheren Nachrichten erhalten, da das Schiffsjournal verloren gegangen ist.[3]

Bereits seit 1611 schlugen die holländischen Schiffe im indischen Ocean eine neue Fahrbahn an. Statt wie vorher vom Caplande aus gegen Nordosten, an den Ost- oder Westküsten Madagaskars vorüber, nach Java zu steuern, nahmen sie von der Südspitze Afrikas mit günstigen Westwinden östlichen, selbst südöstlichen Kurs unterm 36. oder 40. Grade s. Br., bis sie

[1] Schon bei Ortelius und Mercator heißt es: Nova Guinea, nuper inventa, quae an insula sit an pars continentis australis incertum est.

[2] Ueber die Entdeckung von 1606 siehe Kapitän Saris' Brief aus Banda, bei Purchas, Pilgrims. tom. I, fol. 385. Instructionen für Kapitän Abel Jansz. Tasman, d. d. Batavia, 29. Januar 1644, in Verhandel. en Berichten betrekkelijk het Zeewesen. 1844. No. 4, blz. 69 enz. Die Entdeckungen selbst vergegenwärtigt am besten Nicolaus Vischer's Karte: India orient. et insulae adjac. zu fol. 70 des See-Atlas von Jan Jansonius. Amsterdam 1657. Vergl. auch Meinicke, Das Festland von Australien. Prenzlau 1837. Bd. 1, S. 3.

[3] Tasman, Journaal, herausgegeben von J. Swart. Amsterdam 1860. bl. 23.

die Länge von Java erreichten und hielten von da an auf Batavia zu.[1] Diese Segelrichtung führte in den nächsten zwanzig Jahren eine ganze Reihe von Kauffahrern an die westlichen Gestade des Südlandes; so Dirk Hartochsz.[2] auf dem Schiffe Eendracht 1616 ans Eendrachtsland unter 26½° bis 23° s. Br., 1618 Haewick Claesz. auf dem Schiffe Zeewolf unter 21° 20′ s. Br., 1619 Houtman und Jacob d'Edel (Dedel) auf den Schiffen Dordrecht und Amsterdam ans Edelsland (32½° bis 27° s. Br.) und an die Houtmans-Riffe unter 28° 46′ s. Br. Und als auch das englische Schiff Trial unter 20° 10′ s. Br. auf die Klippen gerieth, beschloß der Rath von Indien, die Küsten des Südlandes zur Sicherung der Schifffahrt bis zum 50.° s. Br. untersuchen zu lassen.[3] So brach Jan Carstensz. mit den beiden Schiffen Pera und Arnhem 1623 von Batavia auf, fuhr an der Südküste von Neu-Guinea über eine tiefe Bai (die westliche Mündung der Torresstraße) an der Ostseite des Carpentariagolfes südwärts bis zum 17° 8′ s. Br., bis zu einem Fluße, dem er den Namen Staatenrivier (Gilbertsfluß unserer Karten) beilegte.[4] Die Lücke zwischen dem Eendracht- und Edels-Land wurde in Folge eines Schiffbruches des Kapitän

[1] P. A. Leupe, De Reizen der Nederlanders naar het Zuidland. Amsterdam 1868. bl. 11 enz.

[2] Der Küste wurde nach holländischem Brauche der Name des Schiffes gegeben. Wie der Entdecker geheißen habe, erfuhr man erst, als 1697 Kapitän de Vlaming an der Küste unter 24° 24′ s. Br. eine Zinnschüssel fand, auf welcher das Datum (25. October 1616) und einige Angaben über die Entdeckung eingegraben waren. François Valentyn, Oud en Nieuw Oost-Indien. Dordrecht 1726. 3. Deel, 2. stuck, fol. 70 und Flinders, Voyage to Terra australis. London 1814. tom. I, p. L, p. LXI. Nach der von Freycinet wieder aufgefundenen und nach Frankreich gebrachten Tafel, welche de Vlaming hatte aufrichten lassen, sollte der Entdecker gar Dirk Hatighs heißen.

[3] P. A Leupe, l. c. bl. 39.

[4] Auf der von P. A. Leupe (De Reizen der Nederlanders naar Nieuw Guinea. 's Gravenhage 1875) herausgegebenen Karte des Obersteuermanns dieser Expedition, Arent Martensz. de Leeuw, ist die Lücke der Torresstraße richtig angegeben. Die auf der Westküste der Halbinsel York eingetragenen

Francis Pelsart unter 28° s. Br. bei den Houtmans-Riffen (Abrolhos) am 4. Juni 1629;[1] die Südwestecke des australischen Festlandes 1622 von dem unbekannten Kapitän des Schiffes Leeuwin; die Südküste bis zu den Inseln St. Peter und St. Franciscus (133° ö. L. von Greenw.), dem fernsten Punkt, der am 26. Januar 1627 erreicht wurde, von Peter Nuyts in dem Schiffe Gulde Zeepard,[2] und das De Witts-Land der Nordküste im Jahre 1628 entdeckt. Endlich folgte im Jahre 1636 die vierte Expedition vor Tasman. Gerrit Thomasz. Pool segelte mit den Jachten Amsterdam und Wesel von Banda an der Südküste von Neu-Guinea hin und wurde an derselben Stelle, wo schon 1623 mehrere Holländer von der Expedition Jan Carstensz.' von den Eingebornen erschlagen worden, nebst 3 Begleitern ermordet. Der Kaufmann Pieter Pietersz., der nun die Leitung übernahm, entdeckte und erforschte Arnhems- und Vandiemensland unter 11° s. Br. und fand auf der Rückkehr nach Banda die bis dahin unbekannte Insel Timorlaut.[3]

Flußmündungen entsprechen in der Breitenlage nicht den von A. Petermann (Karte von Australien, Section 3) angegebenen Positionen, vielmehr Speultrivier den Bataviarivier Petermann's, südlich von C. Duyfhen (nicht Duithen), Rivier Coen dem Archerfluß, Vereenichde R. dem Mitchell, R. Nassou dem Staatenrivier Petermann's, so daß, da Carstens bis 17° 8′ s. Br. kam, der Gilbertfluß dem Staatenrivier entspräche. Der nach Hermann von Speult, damals Gouverneur von Amboina, benannte Speultrivier darf wohl nicht mit der Endeavourstraße identificirt werden, sondern liegt südlich davon. Die Karte von Arent Martensz. enthält unter 11° s. Br. die Inschrift het hooge Landt und unter 12° s. Br. den Speultrivier. Noch Tasman bekam den Auftrag, entweder bei dem hohen Lande oder beim Speult einen Durchgang in die Südsee zu suchen. Dem Kapitän Jan Carstensz. aber muß die Benennung des Speult zugeschrieben werden, wenn auch sein von van Dyk herausgegebenes Journal (Twee togten naar de Golf van Carpentaria, 1859) nichts davon enthält.

[1] Naufrage du Capit. Pelsart, bei Thevenot, Relations de divers voyages curieux. Paris 1696. tom. I, 2de partie, fol. 50 sq.

[2] Flinders (tom. I, p. LXIX) verlegt den Nuyts-Archipel zwischen 132° und 133° ö. L. von Greenw. und benannte daher das Vorgebirge 32° 2′ s. Br., 132° 18′ ö. L. von Greew. Cape Nuyts, l. c. tom. I, p. 100. Siehe auch Bowrey's handschriftliche Karte bei Major, Terra Australis, p. XCVII.

[3] Jacob Swart, l. c. p. 26.

Man kannte also vor 1642 von Australien: an der Nordküste Arnhems-Land und das östliche Ufer des Carpentariagolfes, die Westküste vollständig und die Südküste in ihrer westlichen Hälfte.[1] In jenem Jahre ging auf Befehl des indischen Generalstatthalters van Diemen, eines edlen Förderers der Erdkunde, der größte Entdecker des 17. Jahrhunderts, Abel Jansz. Tasman, mit zwei Segeln von Batavia nach Mauritius ab, um womöglich im Süden das unbekannte australische Festland zu umsegeln und über die Hoorne-Inseln des Schouten und Le Maire, in denen man Mendana's Salomonen wieder zu erkennen glaubte, nach Batavia zurückzukehren. Zugleich sollte nach Tasman's Instruction ein bequemer Handelsweg von Indien nach Chile aufgefunden werden,[2] nicht minder hoffte man, daß die im großen Ocean noch verhüllt liegenden Südlande gleiche Metallschätze in sich bärgen, wie Peru und Chile in Südamerika, Monomotapa und Sofala in Afrika, durch deren Besitz Holland sich ebenso bereichern würde, wie Spanien und Portugal in den genannten Goldländern. Er verließ Mauritius am 8. October 1642 und ging, was nach ihm erst Cook zu wiederholen und zu überbieten wagte, von dort zwischen 49° und 44° s. Br. gegen Osten, bis er am 19. November nach seiner Schiffsrechnung den Mittagskreis von Nuyts äußerstem Ziele um 3° überschritten hatte, und stieß darauf am 24. November unter 42° 25′ s. Br. und nach seiner Rechnung 84° 44′ östlich von Mauritius[3] am Nachmittage auf eine hohe Küste,

[1] Von dem damaligen Stand der Entdeckungen gibt ein getreues Bild die Karte Mar di India in Jan Jansonius' See-Atlas zu fol. 69.

[2] Jacob Swart, Journaal van de Reis naar het onbekende Zuidland in den Jare 1642, door Abel Jansz. Tasman. Amsterdam 1860. bl. 8 en 96.

[3] Sie befanden sich damals etwa 145° 30′ ö. L. von Greenw., so daß also ihre Gissung um $2^1/_2$° falsch war. Die Fehler der Längenbestimmung betragen beim Cap Maria van Diemen etwa 2°, beim Tonga-Archipel 3° 40′, bei Nomuka $4^1/_2$°, bei Ontong Java $2^1/_2$°. Da aber der Ausgangspunkt der Expedition, Batavia, nach Annahme des ersten Piloten 3° 36′ zu weit

die er Van Diemens-Land (jetzt Tasmanien) hieß. Er ging unverweilt um die Südspitze dieses Landes, erreichte am 1. December die Frederik Hendriksbai (43° 10′ s. Br., 147° 55′ ö. L. von Greenw.) an der Ostküste und setzte ihr entlang seine Fahrt bis zu einer Höhe von 42° s. Br. fort, worauf er am 5. December sich von seiner Entdeckung hinweg nach Osten wandte. Er hatte also nur die südliche Hälfte Tasmaniens gesehen und ließ es unentschieden, ob es eine Insel oder eine vorgestreckte Zunge des unbekannten Südlandes sei. Nach neuntägiger östlicher Fahrt unter 42° s. Br. wurde am 13. December 1642 abermals im Osten ein hohes Ufer sichtbar, unser heutiges Cap Foulwind der Südinsel Neu-Seelands. Tasman hieß diese neue Entdeckung Staatenland, weil er vermuthete, daß jene Küste dem apokryphen Südpolarland angehöre und in Zusammenhang stehe mit der kleinen Insel Staatenland an der Le Mairestraße, die man noch immer für ein Ufer jenes südlichen Erdtheiles hielt.[1] Tasman gelangte damals an den neuseeländischen Westküsten nicht bloß in die Mörderbucht,[2] sondern verweilte auch (25. December) in größter Nähe der Cookstraße, ohne jedoch diese Durchfahrt zu ahnen. Er eilte vielmehr an der Westküste hinauf, wo er am 4. Januar 1643 die Nordspitze Neu-Seelands erreichte und zwischen den Dreikönigsinseln und Cap Maria van Diemen hindurch fuhr. Sein Ziel, die Cocosinseln des Le Maire, suchte er jetzt im Nordosten und sein Kurs dorthin führte ihn am 19. Januar an der Insel der Tropikvögel (Pylstaart) vorüber und am 20. Januar unter 21° 50′ s. Br.

nach O. verlegt wurde, so erreichen die auf der Fahrt selbst gemachten Fehler, nach O. oder W. abweichend, höchstens 1½°.

[1] Tasman's Journaal, ed. J. Swart. p. 86. Die Insularität des Staatenlandes der Tierra del Fuego wurde erst 1643 erkannt. (S. oben S. 365.)

[2] Sie empfing ihren Namen, weil die Maori, ohne im mindesten gereizt worden zu sein, drei holländische Matrosen in einem Boote erschlagen hatten. Nicht immer war und damals ganz entschieden nicht auf Seiten der Europäer das Unrecht, wenn in der Südsee Blut floß.

nach den Freundschaftsinseln, von denen er die südlichsten Middelburg und Amsterdam benannte.[1] Bei ihnen und auf Nomuka (Rotterdam), wo er sich vollständig mit frischem Wasser versorgen konnte, verweilte er bis zum 1. Februar und schlug hierauf zur Heimfahrt einen nordwestlichen Kurs ein. Er durchstreifte dabei, ohne sich aufzuhalten, am 6. Februar den Schwarm der östlichen Viti-Inseln hart an der Ostspitze der Hauptinsel Vanua levu vorüber und wendete sich, als er 5° s. Br. erreicht hatte, streng gegen Westen. Unter jenem Parallelkreise gelangte er am 22. März zunächst an den Korallenriffen von Ontong Java vorüber, dann am 1. April nach Neu-Irland, von dessen Westspitze er nach Süden steuerte, so daß er am 14. April auf Neu-Britannien stieß. Beide Inseln hielt er jedoch für Stücke von Neu-Guinea, ohne ihre Abtrennung zu errathen. Am 15. Juni endlich warf er vor Batavia wieder Anker.

Diese kühne Rundfahrt um den australischen Continent beseitigte jeden Gedanken, daß sich Neu-Holland gegen Süden über 44° s. Br. erstrecke und in irgend einem Zusammenhang stehe mit den erdichteten Ländermassen um den Südpol, welche auch seitdem, wenigstens auf den holländischen Karten, von der erwachenden Kritik völlig hinweggelöscht wurden. In Batavia wünschte man zunächst Gewißheit über die Beziehungen Neu-Guineas zu Neu-Holland zu erhalten, denn noch immer hielt man an der richtigen Ahnung fest, daß beide Länder nördlich vom Speults Rivier ihren Zusammenhang verlieren müßten.[2] Man vermuthete sogar, daß sich auch Neu-Holland bei schärferer Untersuchung der Küsten in mehrere Inselkörper auflösen werde, namentlich dachte man sich, daß jenes Becken, welches wir jetzt den Carpentariagolf nennen, bis an die Südküste Australiens

[1] Amsterdam ist das heutige Tongatabu, Middelburg Eua; die Insel Nomuka (so lautet die Form nach Angabe der Missionäre) nannte der Entdecker Rotterdam. (C. E. Meinicke, Die Inseln des stillen Oceans. II. S. 65—67.)

[2] Siehe S. 369 Anm. 4.

oder zu Pieter Nuyts' Entdeckungen hinabreichen möchte. Endlich galt es noch zu ermitteln, ob das entdeckte Tasmanien (Van Diemensland) eine abgerissene Insel bilde oder in Zusammenhang stehe mit den neuholländischen Küsten. Die Erledigung dieser Zweifel, welche eine vollständige Umschiffung Australiens verlangte, sollte nach dem Willen des Statthalters

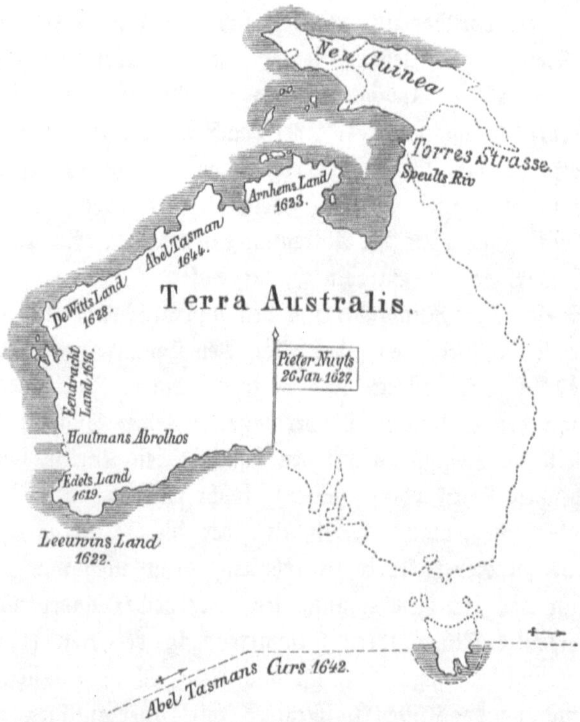

Stand der Entdeckungen in Australien seit Abel Tasman's Fahrten 1642 und 1644 bis auf Cook's Reise 1769. (Die schraffirten Küsten bezeichnen die Entdeckungen der Holländer.)

Antonio van Diemen Abel Tasman auf einer zweiten Fahrt versuchen, die mit drei Schiffen im Jahre 1644 ausgeführt wurde.[1] Die Torresstraße entging ihm auch auf dieser Reise,

[1] Vorschriften für Tasman's zweite Reise vom 29. Januar 1644, bei Major, Terra Australis, p. 43 sq., nach Verhandelingen en Berigten

er glaubte vielmehr von dem Zusammenhange Neu-Guineas mit Neu-Holland sich aufs neue überzeugt zu haben. Dagegen nahm er sowohl die Ostküste wie die noch unbekannte Westküste des Carpentariagolfes vollständig auf und rettete dadurch ihre trockenen Verbindungen mit Arnhems- und Eendrachts-Land vor jedem Zweifel.[1] Damit erledigte sich von selbst der Auftrag, in der Richtung des Carpentariagolfes nach der Südküste Australiens vorzudringen, und er unterließ es daher, die geographische Natur Tasmaniens näher zu ermitteln. Unter 23¾° s. Br. kehrte Tasman von der Westküste Australiens nach Batavia zurück. Wie Abel Tasman 1644 die Kunde von Australien halbvollendet hinterließ, so blieb sie bis auf James Cook's erste Reise im Jahre 1769.

Sehr früh schon, zur Zeit als sie noch mit Japan verkehrten, hatten die Engländer von ihren Handelsbeamten über Korea Erkundigungen einziehen lassen.[2] Erst in dem chinesischen Atlas des Jesuiten Martini erscheint das Bild dieser Halbinsel, zwar zu schwächlich und zu schlank gegliedert, doch aber deutlich erkennbar. Von der japanischen Inselwelt blieb die Kunde der Europäer anfangs nur auf Nippon selbst mit seinen südlichen Nebenkörpern beschränkt, doch bezeichnete schon der Jesuit Frejus

betrekkelijk het Zeewezen enz. Jaargang 1844. bl. 65. Mitgetheilt von J. Swart (l. c.).

[1] Dies schloß man bisher aus Notizen bei Witsen und aus Thevenot's Abdruck der Karte im amsterdamer Rathhause; s. Meinicke, Das Festland Australien. Prenzlau 1837. Bd. 1, S. 6—7. Die erste Urkunde über diese Reise ist eine handschriftliche Karte mit Abel Tasman's Schiffskurs vom Jahre 1644, herausgegeben von Jacob Swart im Journal der ersten Reise Tasman's.

[2] Siehe die Instructionen an Richard Cocks aus Firando (Japan) vom 5. December 1613 und Cocks' Schreiben von dort, d. d. 25. November 1614, wo er von blühenden Städten im Innern Korea's spricht und die Frachtwagen beschreibt, die mit Segeln versehen waren. Calendar of State Papers, East Indies, China and Japan. London 1862. p. 265, p. 342. Die erste Kunde eines Augenzeugen über Korea gibt Hendrik Hamel: Journaal van de ongeluckige voyagie van't jacht de Sperwer. Rotterdam 1668.

in Briefen aus Miako vom Jahre 1565 Jeso als ein großes Land im Norden, bewohnt von bärtigen Menschen, den Aino.[1] Die Japaner selbst hatten nach jener Insel schon Reisende geschickt, welche ihr nördliches Ende nicht zu erreichen vermochten und außerdem den Irrthum verbreiteten, daß Jeso nicht durch eine enge Straße von Nippon getrennt werde, sondern trocken an diese Insel befestigt sei.[2] Indes hatten vor der Mitte des 17. Jahrhunderts japanische Handelsbarken bereits überall in Jeso den Tauschhandel eröffnet und holten für gestickte bunte Röcke, Pfeifen, Tabak und silbergeschlagene Messer Pelzwerk, Walfischspeck und Thran. Diese Händler wußten auch, daß Jeso eine Insel sei.[3] Noch immer spukten aber die auch von Manoel Godinho gesuchten Gold- und Silberinseln[4] des Ptolemäus in den Köpfen der Seefahrer. Im Jahre 1635 hatte Willem Verstegen im Dienst der ostindischen Compagnie in Japan, dem holländischen Statthalter auf Batavia eine Abhandlung überreicht, in welcher er darzuthun suchte, daß jene Inseln östlich von Japan unter 37½° n. Br. mehrere hundert Meilen im Ocean lägen. Der General-Gouverneur Antonio van Diemen

[1] Witsen, Noord en Oost Tartarye. Amsterdam 1692. tom. II, p. 47.

[2] Eine japanische Karte mit diesem Trugbilde wurde der gefangenen Mannschaft des Breskens gezeigt. Arnoldus Montanus, Gedenkwaerdige gesantschappen aen de Kaisaren van Japan. Amsterdam 1669. fol. 309.

[3] Ein intelligenter Japaner zeichnete dem Piloten der Expedition von Vries 1643 die Gestalt von Jeso und Nord-Nippon auf. (M. G. Vries, Reize naar Japan, ed. Leupe. Amsterdam 1858. bl. 174.) Der Pilote scheint diese Angaben, besonders über Süd-Jeso, mit in seine Karte aufgenommen zu haben.

[4] Diese Inseln, aus dem Alterthum mit ganz besonderer Vorliebe übernommen, im Mittelalter in allen Compendien erwähnt, sogar besungen, wanderten von ihrem ursprünglichen Standorte an der Küste von Malaka zu den Sunda-Inseln, wurden von Portugiesen und Franzosen unter oder hinter den Nelkeninseln gesucht, von Mercator und Manoel Godinho an den Rand des unbekannten Südlandes, südlich von Neu-Guinea verlegt und erscheinen hier an Stelle der Hawaigruppe, welche von spanischen Schiffen bei ihrer Ueberfahrt von Mexiko nach den Philippinen gesehen waren.

schickte demzufolge 1639 ein Schiff unter Quast und Tasman ab, welche zwar die Goldinseln nicht fanden, dafür aber südlich von der Bai von Jedo eine Reihe vulkanischer Inseln entdeckten. Eine auf dem Schiffe ausbrechende Seuche raffte von 45 Mann 38 dahin. Durch den ersten Mißerfolg keineswegs entmuthigt, schickte der um die Förderung geographischer Erkenntnisse hochverdiente Statthalter van Diemen nach Vollendung der ersten Südseereise Tasman's eine zweite Expedition mit erweiterten Plänen aus. Jetzt galt es nicht allein dem Trugbilde der Goldinseln, sondern in erster Reihe der Erforschung des nördlich von Japan gelegenen Landes Jeso, ob Festland oder Insel, und darüber hinaus der Besegelung der Küsten der Tartarei und des reichen Handelslandes Kathaya (Cathai) mit seinen von Flotten wimmelnden Häfen „Brema, Jangyo und Cambaly" und dem großen Polysangastrom. Da man dort noch immer das Reich der Großchane des Marco Polo zu finden hoffte, so gab man ihnen, sorgsam für alle Fälle, einen „gebornen Tataren" sowie vier Soldaten mit, welche russisch und polnisch verstanden.[1]

Dieser seltsam klingende Auftrag wird uns verständlich, wenn wir die Karten Asiens bei Abraham Ortelius, Mercator und W. Blaeu, auf dessen mitgegebene Weltkarte die Leiter dieser Expedition besonders aufmerksam gemacht wurden, zu Rathe ziehen. Ohne Ahnung, daß das Chanbalik des Marco Polo und sein Fluß Polisanchin[2] unter geänderten Namen längst schon in China wiedergefunden waren, hatten Mercator und seine Schüler Marco Polo's Reich der Großchane nach dem Bilde, welches der Venetianer Fra Mauro[3] nicht ohne Geschick entworfen hatte, als Doppelgänger auf den neueren asiatischen Karten in den Nordosten Chinas gedrängt, und da ihnen noch

[1] M. G. Vries, Reize naar Japan. p. 19.

[2] Marco Polo, lib. II, cap. 27. Deutsche Ausgabe, S. 356. Pulisangan bedeutet: Brücke über den Sangkan, einen Nebenfluß des Peiho östlich von Peking.

[3] Siehe oben S. 213.

leere Räume auf diesen Karten blieben, so schoben sie mitten unter die Topographie des Marco Polo auch noch einen unbefestigten Ortsnamen des Claudius Ptolemäus, nämlich die Stadt Brema hinein.[1] So begegneten sich also auf den Karten der holländischen Schule im Norden des wahren Chinas mißverstandene Kenntnisse des Alterthums wie des 13. christlichen Jahrhunderts, und Schiffe wurden ausgesendet, um die Luftspiegelgebilde zu ereilen, welche große darstellende Geographen in die leeren Räume ihrer Karten hinausgeworfen hatten. Solchen verlockenden Truggestalten verdankt man seltsamerweise die Mehrzahl der größten Entdeckungen. Zu allen Zeiten und fast auf allen Erdräumen tauchten solche winkende Fantome auf und von ihren unwiderstehlichen Reizen angezogen, sind die Europäer, ohne das Spiel dieses Spukes zu merken, fast allgegenwärtig geworden auf dem Erdball.

An der Spitze der Unternehmung stand Maarten Gerritsz. Vries[2] oder de Vries auf dem Schiffe Castricum; das Begleitschiff, die Jacht Breskens, befehligte Hendrick Cornelisz. Schaep. Beide Schiffe brachen am 4. April 1643 von Ternate auf und steuerten in nordöstlicher Richtung auf die Bai von Jedo zu. Am 19. Mai von einem Unwetter überfallen, in welchem das Hauptschiff 3 Anker nach einander verlor und fast auf den

[1] Das Bramma des Ptolemäus ist nach Lassen's Karte zum dritten Bande der indischen Alterthümer im Meerbusen von Tonking zu suchen. Die Landschaft oder das Kaiserreich Kathaya, Kataio suchte man trotz der Protestationen von Seiten der gelehrten Jesuitenmissionäre, welche Kataio mit China bestimmt für identisch erklärten, doch immer noch weit nördlich vom Reiche der Mitte: „Obwohl der P. Mattheus (Riccius, geb. 1552) albereit nach India geschrieben gehabt, das Königreich Cataio seye nichts anders als China, hat man ihm's doch nicht geglaubt.“ Historia, Von Einführung der christlichen Religion in das große Königreich China. Augsburg 1617. S. 448.

[2] Das Journal dieser Reise, von Cornelis Jansz. Coen, Obersteuermann auf dem Castricum, geführt, ist erst 1858 von P. A. Leupe veröffentlicht: Reize van Maarten Gerritsz. Vries in 1643 naar het Noorden en Oosten van Japan. Amsterdam 1858.

Strand geschleudert wäre,[1] wurden beide Schiffe von einander getrennt und setzten ihre Fahrt gesondert fort. Die ganze Ostküste von Nippon von der Bai von Jedo ab, an deren südöstlichem Ausgange das von den Spaniern Cap Bosho, jetzt Sirosama (d. h. weißer Strand) genannte, Vorgebirge aufragt, ist mit Ausnahme von zwei Punkten, welche Quast und Tasman 1639 berührt hatten, von Vries entdeckt.[2] Die Nordostspitze von Nippon, Cap Sirijasaki, hat weder Vries, noch King (1779) erkannt, dasselbe ist erst 1797 von Broughton umsegelt.[3] Bei dunklem Nebelwetter gegen NO. steuernd, erreichte Vries am 7. Juni das südöstlichste Vorgebirge von Jeso, Cap Jerimo, von ihm Groene Kaap getauft, sah bei hellerem Wetter die schneebedeckten Berge der Insel und traf hier mit dem merkwürdigen Volk der Ainos zusammen, von denen Coen die erste ausführliche Schilderung gegeben hat. Da er der Ostküste von Jeso folgte und die Kurilen-Insel Jetorop, von ihm Staaten-Eiland genannt, auf seinem vorgeschriebenen Lauf links behielt, so öffnete sich ihm dort die Straße zwischen Jetorop und Urup, von ihm Vriesstraße genannt. Von der Insel Urup nahm er für die ostindische Handelscompagnie Besitz und gab ihr den Namen Compagnieland. Ein Sack voll vermeintlichen Silbererzes wurde mit an Bord genommen. Zwar sind die Uferlinien des Com-

[1] Zur Erinnerung an die Gefahr nannte Vries die Insel Ongeluckich eyland, jetzt Fatsi sjô, daneben Ronde holm = Ko sima d. h. kleine Insel, südlich davon Suijder eylant = Awo sima d. h. grüne Insel, nördlich folgen noch Prince eylant = Mikura, Barnevelt oder Brandend eylant = Mijaka und gebroken eilanden = Kosu- und Tosi sima. Die erste kleine zwischen Formosa und den Bonin-Inseln entdeckte, später Rosa oder Kendrik getaufte Insel nannte Vries Breskens eyland.

[2] Die von ihm benannten Küstenpunkte finden sich zum Theil auf der von Joan. Janssonius herausgegebenen Karte: Nova et accurata Japoniae, terrae Esonis ac insularum adjacentium ex novissima detectione descriptio, 1650, sowie auf der Tatariae Sinensis mappa geographica von Tob. Mayer, 1749.

[3] Nippon und Jeso sind auf der von Coen entworfenen Segelkarte durch eine etwa 15 Meilen breite Straße getrennt.

pagnielandes nicht inselartig abgegrenzt und haben daher später der Vorstellung der Kartographen Vorschub geleistet, als sei das entdeckte Land von bedeutender Ausdehnung; indessen bezeichnet Coen sie als Insel, oder als ein weitspringendes Vorgebirge der Küste.[1] Am 24. Juni setzte der Entdecker seine Fahrt in die tatarische See (Meerbusen von Ochotsk) bis zum 48.° n. Br. fort, wendete sich aber, vom Unwetter genöthigt, wieder südwärts, erreichte die Westspitze von Jetorop (Staatenland), erkannte die Straße, welche diese Insel von Kunasiri[2] trennt, fand Jeso abermals wieder unter 45° n. Br., gerieth aber, ohne die Laperousestraße zu gewahren, wenn man auch die Strömung des Meeres empfand, nach Sachalin hinüber, welches er immer noch für Jeso hielt, nahm die Küsten der Bai von Aniwa und Taraika auf bis zu einem Vorgebirge unter 49° n. Br., dem er seinen heutigen Namen Cap Patience (Patientie) hinterließ. Von hier kehrte er am 28. Juli durch die Vriesstraße nach der Ostküste von Jeso zurück, wo er in der schönen Hafenbucht von Atkis (Baai de goede Hoop), dem besten Ankerplatz der Insel nach der sicheren Bucht von Hakotade, seiner Mannschaft vom 16. August bis zum 1. September eine Zeit der Erfrischung gönnte. Dann wandte er sich zur Erfüllung seines dritten Auftrags, die Gold- und Silberinsel aufzusuchen und fuhr unter 37½° n. Br. am 10. September von der Küste Nippons ostwärts in den großen Ocean hinein, bis er, nach seiner Rechnung 460 Meilen von Japan entfernt (36° 56′ n. Br., 198° 37′ östlich von Teneriffa), ohne eine Spur von Land gesehen

[1] Dit lant daer wy onder geset laegen vertrou ick een eylant te wesen, dicht by de cust van America te liggen, ofte dat het een uijtsteeckende hoeck van d° cust is. (P. A. Leupe, Reize van Maarten Gerritsz. Vries. bl. 100.) 1739 ist sie von Spangberg umsegelt.

[2] Die langgestreckte Insel Kunasiri hielt Vries, wie später auch Broughton noch, für einen Theil von Jeso; fortwährende Nebel hemmten den Blick derart, daß er selbst die weit vorgeschobene Insel Sikotan noch für ein Stück von Jeso ansah.

zu haben, wieder nach dem asiatischen Gestade zurückkehrte.[1] Durch einen merkwürdigen Zufall traf er am 9. November in der Nähe der Küste von Kiusiu mit dem verloren geglaubten Schiffe Breskens wieder zusammen, welches ebenfalls 500 Meilen in den Ocean vergebens hinausgesteuert war nach den Metallinseln, dann durch Noth und Krankheit getrieben, an der Küste von Nippon Zuflucht gesucht hatte, wobei der Kapitän mit mehreren Matrosen von den Japanern gefangen genommen war. Beide Schiffe gingen nun vereint durch die Fukianstraße und in dem Hafen von Thaiwan auf Formosa vor Anker.[2] Mit dem Tode des edlen Antonio van Diemen endigen die Entdeckungen der Holländer, und es beginnt ein Zeitraum fast gänzlichen Stillstandes in der räumlichen Erweiterung der Erdkunde, der sich fast bis auf Cook's erste Reise 1769 erstreckt.

Mathematische Erdkunde.

Bewegung der Erde.

Konnten die Deutschen, da sie keine seebeherrschende Macht waren, in jener Zeit um die räumliche Erweiterung des Wissens keine Verdienste sich sichern, so wurden sie doch gerade damals die Begründer der heutigen mathematischen Geographie und das 16. Jahrhundert darf ohne Widerspruch als das deutsche Jahrhundert der Erdkunde bezeichnet werden. Georg Peurbach[3] und

[1] Noch im Jahre 1719 hat Peter der Große durch zwei Geodäten, Zöglinge der kürzlich errichteten See-Akademie, Jewreinow und Lushin, unter den Kurilen nach diesen Inseln suchen lassen. (K. E. v. Baer, Peter's des Großen Verdienste um die Erweiterung der geographischen Kenntnisse. St. Petersburg 1872. S. 35—38.)

[2] M. G. Vries starb 3 Jahre später, als Commandeur einer holländischen Flotte, bei einem Kriegszuge gegen die Spanier auf Manila.

[3] Nach seinem Geburtsorte Bayerbach in Oberösterreich geheißen, geboren 30. Mai 1423, gestorben 8. April 1461. Vgl. G. H. Schubert, Peurbach und Regiomontan. Erlangen 1828. S. 77.

sein großer Schüler Johann Müller, Regiomontan nach seiner Vaterstadt geheißen,[1] wurden in Wien mit dem griechischen Cardinal Bessarion bekannt, der ihnen die erste Ausgabe der Ptolemäischen Astronomie nach dem griechischen Texte anvertraute. In dem Geburtsjahre Albrecht Dürer's (1471) kam Regiomontan nach Nürnberg, dem Sitze kunstsinniger Gewerbe, wo Etzlaub und Hartmann, der Entdecker der magnetischen Inclination, die Verfertigung von Boussolen auf eine hohe Stufe hoben und Peter Hele am Anfang des 16. Jahrhunderts die ersten Taschenuhren mit stählernen Rädern zusammensetzte. In jener hochgebildeten Reichsstadt hinterließ Regiomontan eine Anzahl astronomischer Schüler, seinen edlen Freund Bernhard Walther (geb. 1430), dann Johannes Werner (geb. 1468) und Johann Schoner (geb. 1477). In Nürnberg sollte auch 1543 das Werk des Copernicus über die Bewegungen im Sonnensystem (De Revolutionibus) gedruckt werden, dessen erste Abzüge dem Verfasser nur wenige Tage vor seinem Tode (24. Mai) auf das Sterbebett gebracht wurden.

Nicolaus Köppernik, geb. wahrscheinlich am 19. Februar 1473, Sohn eines Bürgers von Thorn und der edlen Barbara Watzelrode, ein Abkömmling deutscher Eltern,[2] hatte seit 1507 an der Begründung seiner neuen Weltansicht gearbeitet, wollte aber anfänglich, wie er in einem Schreiben an Papst Paul III. bekennt, seine neue Lehre nach Art der pythagoräischen Legen nicht durch Schrift, sondern durch Geheimzeichen verbreiten. Nur

[1] Er wurde geboren am 6. Juni 1436 zu Königsberg in Franken und starb auf seiner zweiten italienischen Reise am 6. Juli 1476 in Rom, wo damals die Pest herrschte. J. G. Doppelmayer, historische Nachricht von den Nürnbergischen Mathematicis. 1. Theil, fol. 1—10.

[2] Thorn wurde von deutschen Einwanderern 1232 gegründet und fiel erst sieben Jahre vor Copernicus' Geburt an die polnische Krone Bis zum Jahre 1724 findet sich unter den städtischen Beamten Thorns kein einziger polnischer Name und bis zum Jahre 1787 ist das Deutsche oder Lateinische die öffentliche Sprache in Thorn geblieben. Vgl. L. Prowe, De Nicolai Copernici patria. Thoruni 1853. p. 11, 18, 20. Moriz Cantor, Ueber die Nationalität des Copernicus. Allg. Zeitg. 1876. No. 214.

auf das Drängen des Cardinals Schomberg und des Bischofs von Chulm, Tidemann Giese, bezwang er seine Abneigung gegen eine öffentliche Enthüllung der Wahrheit. Wie er selbst bekennt, empfing er die erste Anregung aus den Schriften des Alterthums. Er wußte, daß Martianus Capella den beiden inneren Planeten, Venus und Merkur, eine Bewegung um die Sonne zugeschrieben, daß die Pythagoräer Heraclides und Ecphantus, sowie der Syracusaner Hicetas eine Axendrehung der Erde gelehrt hatten.[1] Die heliocentrischen Lehren des Aristarch von Samos und Seleucus des Babyloniers erwähnt er dagegen ebensowenig, wie die Ansichten des Cardinals Nicolaus von Cues,[2] der zwar noch nicht die Sonne in den Mittelpunkt der Bewegungen rückte, wohl aber wie die Pythagoräer die Erde sich um ihre Axe drehen ließ.[3]

Jedes erregbare Gemüth wird wohl nicht ohne feierliche Stimmung das Buch der Copernicanischen Offenbarungen ge-

[1] Siehe oben S. 38 und Copernicus, de Revolutionibus. lib. I, cap. 5, cap. 10. Da der große Astronom selbst gesteht, was er dem Alterthum verdankt, ist es schwer zu begreifen, warum J. K. Schaubach (Geschichte der griechischen Astronomie. Göttingen 1802. S. 475 ff.) hat bestreiten wollen, daß Copernicus durch die Pythagoräer zur Entdeckung seiner Wahrheiten geführt worden sei.

[2] Nicolaus, nach dem Dorfe Cues bei der Mosel in Kurtrier, wo er 1440 geboren wurde, Cusanus genannt. J. J. Weidleri, Historia Astronomiae. Wittenberg 1741. S. 297.

[3] Nicolaus von Cues lehrte, daß alles Sein in Bewegung bestehe (A. Mayer, Das Studium der Mathematik im 15. Jahrhundert. Bayerische Annalen für Vaterlandskunde. 3. Jahrgang, 1. Hälfte, 1835, S. 200). Wie er sich aber die Bewegung der Erde dachte, ist nicht aus seinen gedruckten Schriften, selbst nicht aus der berühmten Stelle De docta ignorantia. lib. II, cap. 11. Paris 1514. fol. 21 ersichtlich, wo er jedoch schon ausspricht, daß die Erde nicht im Mittelpunkt der Welt schwebe, weil das Unendliche keinen Mittelpunkt haben könne. Erst F. J. Clemens hat 1843 in Cues eine handschriftliche Bemerkung des Cardinals aufgefunden, aus der sich klar ergibt, daß er die Erde in 24 Stunden einmal von Ost nach West sich um ihre Axe bewegen ließ, während in derselben Zeit der Fixsternhimmel und die Sonne sich zweimal in derselben Richtung drehten. J. F. Clemens, Giordano Bruno und Nicolaus von Cusa. Bonn 1847. S. 97 bis 98.

öffnet, nicht ohne Siegesgefühl es wieder geschlossen haben. Daß die Bewegungen der Sonne für scheinbare erklärt wurden, bewirkt durch die Axendrehung und den Kreislauf der Erde, gab dem Weltbau eine größere Einfachheit und verglichen mit der astronomischen Mechanik des Alterthums, auch eine höhere Würde. Das seltsame Stehenbleiben und die Rückläufe der Planeten verwandelten sich damit zu optischen Verschiebungen, und aus regellos umherschweifenden (Planeten) wurden kreisende Gestirne. Am besten rechtfertigte Copernicus seine Lehre wohl damit, daß man durch sie allein verstehen konnte, warum die rückläufigen Bewegungen am stärksten, aber auch am seltensten beim Mars, schwächer, aber häufiger beim Jupiter als beim Mars, schwächer und häufiger beim Saturn als beim Jupiter eintreten mußten. Als einzigen sinnlichen Beweis für seine Lehre konnte Copernicus sich nur darauf berufen, daß Mars zur Zeit seiner mitternächtigen Durchgänge (Opposition) sehr hell und glänzend, bei seinen Frühaufgängen oder abendlichen Untergängen (nach und vor den Conjunctionen) als ein mattes Gestirn kaum zweiten Ranges erscheine,[1] so daß offenbar seine Erdennähe und Erdenferne eine Bewegung um die Sonne vermuthen ließ. Doch konnten die Anhänger des Ptolemäischen Systems diese Wahrnehmung auch durch die Excentricität der Planetenbahn und durch die Bewegung auf einem Epicyclus[2] erklären. Auch war Copernicus genöthigt, indem er allen Planeten heliocentrische Bewegungen verlieh, bei dem Mond, dem er zuerst die Verrichtungen eines Trabanten (pedissequa) angewiesen hat, doch wieder geocentrische Umläufe anzunehmen.

Noch siebzig Jahre nach Copernicus waren Zweifel an der neuen Mechanik des Himmels völlig verstattet; sie wagten sogar noch am Ende des 17. Jahrhunderts sich hervor. Als aber im Jahre 1609 Galilei nach Beschreibungen, die ihm aus Holland zukamen, wo seit dem 2. October 1608 Instrumente ausgeboten

[1] De revolutionibus orbium coelestium. lib. I, cap. 10.

[2] Sie oben S. 42.

wurden, „mit denen man entfernte Gegenstände gleichsam in größerer Nähe betrachten könne," ein Fernrohr sich verfertigt und durch seine Hilfe am 7. Januar 1610 die Jupitersmonde, die Simon Marius (Mayer aus Gunzenhausen, geb. 1570) schon im November 1609 gesehen haben will, und am 11. December 1610 die Sichelgestalt der Venus entdeckt hatte,[1] da waren die sinnlichen Beweise des heliocentrischen Weltbaues jedermann erreichbar. Die Jupiterswelt war ein sichtbares Modell der Copernicanischen Mechanik und zugleich eine Wiederholung von abgesonderten Trabantensystemen, die Lichtphasen der Venus dagegen hatte schon Copernicus als eine Nothwendigkeit seiner Anschauungen vorherverkündet, wenn er auch wegen der Kleinheit des Gegenstandes nicht hoffen konnte, daß sie jemals sichtbar würden.[2] Copernicus, der sich nicht von den Kreisläufen der Planeten loszusagen vermochte, mußte noch einen Theil des alten Gerüstes der Ptolemäischen Himmel, die excentrischen Bahnen, sowie einige Epicyklen des Apollonius von Perga beibehalten. Von diesen befreite erst Kepler den Copernicanischen Kosmos, indem er richtig ahnte, daß die Marsbahn alle mathematischen Geheimnisse der Sonnenwelt am deutlichsten offenbaren werde. Es wurde ihm möglich, die Bahnen der Planeten in Ellipsen zu verwandeln und damit war der höchste mathematische Beweis für die Copernicanischen Wahrheiten gefunden.[3]

Gestalt der Erde.

Noch ahnte niemand, daß die Reinheit der sphärischen Gestalt unserer Erde wahrnehmbar gestört sei. Wie schwierig es aber noch lange Zeit blieb, die Erscheinungen auf einer Kugel zu erklären, sehen wir aus der tiefen Bestürzung der Mannschaft des Schiffes Victoria von Magalhaës' Geschwader, als nach vollendeter westlicher Umsegelung der Erde 1522 die

[1] Delambre, Histoire de l'Astronomie moderne. Paris 1821. tom. I, p. 620—622, p. 694. A. v. Humboldt, Kosmos. Bd. 2, S. 354, S. 357.

[2] Copernicus, De revolutionibus. lib. I, cap. 10.

[3] J. L. C. v. Breitschwert, Johann Keplers Leben und Wirken. Stuttgart 1831. S. 60.

Schiffsrechnung um einen Tag hinter dem Kalender zurückgeblieben war und die frommen Seeleute inne wurden, daß sie an den falschen Tagen gefastet hatten. Mit Ausnahme des venetianischen Botschafters Contarini behauptete damals jedermann am spanischen Hofe, daß sich ein Irrthum in die Schiffsrechnung eingeschlichen haben müsse.[1] Bald erkannte man jedoch die Nothwendigkeit einer solchen Erscheinung und fügte sich nach Brauch und Herkommen darein, den bürgerlichen Tag an den Ostgrenzen des asiatischen Festlandes beginnen zu lassen, so daß seit der Besiedelung der Philippinen den Spaniern als Sonnabend galt, was die Portugiesen in dem nahen Macao als Sonntag feierten.[2]

Breitenbestimmungen.

Um die Höhenwinkel von Sonne, Mond oder Gestirnen zu messen, besaß man noch immer die nämlichen Werkzeuge, wie Griechen und Araber. Auf einem Kreisbogen aus Holz oder Metall bewegte sich, an einem Zapfen befestigt, als Durchmesser des Kreisbogens ein Zeiger (Alidad), an dessen Enden Metallplättchen aufgerichtet und mit feinen Oeffnungen zum Zielen versehen waren. War von dem Kreisbogen nur ein Viertel in Grade und Minuten abgetheilt, so nannte man das Instrument einen Quadranten. Besaß ein solches Instrument einen ansehnlichen Radius, so ließ sich mit ihm, wenn es genau aufgestellt oder seine Fehler dem Beobachter bekannt waren, den Messungen eine große Schärfe

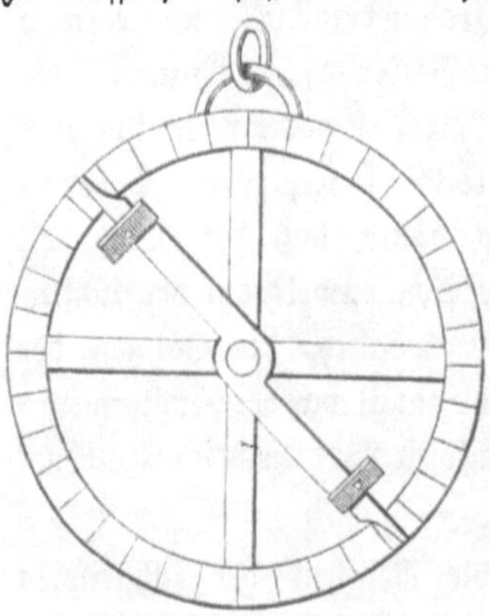

Einfachste Form eines Astrolabium.

[1] Petri Martyris, De Orbe novo. Dec. V, cap. 7. Daß die Araber den Eintritt solcher Thatsachen vorausgesagt hatten, s. oben S. 132.

[2] Acosta, Historia natural y moral de las Indias. Sevilla 1590. lib. III, cap. 25. En Macau es Domingo al mismo tiempo que en Manila es Sabado. Die Anomalie dauerte auf den Philippinen bis 1844. F. Jagor, Reisen in den Philippinen. Berlin 1863. S. 1.

geben. Tycho Brahe (1546 — 1601) rühmte sich sogar, an seinen Instrumenten noch Sechstel von Bogenminuten ablesen zu können. An eine Benützung des Fernrohres zur Verschärfung der Messungen dachte dagegen noch niemand. Doch hatte man längst gefunden, daß Strahlen bei ihrem Durchgang durch unser Luftmeer gebrochen werden, so daß die himmlischen Lichter nicht an ihrem wahren Orte, sondern höher über dem Gesichtskreis gesehen werden, als sie sollten. Am Horizont ist die Strahlenbrechung am stärksten, im Zenith oder zu Häupten ist sie Null. Tycho, der eine Tafel zur Beseitigung dieser Fehlerquelle für sein Jahrhundert entwarf, täuschte sich und seine Nachfolger darin, daß er alle Höhen über 45° von den wahrnehmbaren Wirkungen der Strahlenbrechung für befreit erklärte, daher wegen dieses Irrthums Fehler bis zu einer Bogenminute bei Höhenwinkeln eintreten konnten.[1]

Auf den schwankenden Schiffen ließen sich Quadranten und Astrolabien nicht befestigen, sondern mußten schwebend aufgehängt werden, wodurch aber jede Genauigkeit vereitelt wurde. Man bediente sich daher mit Vorliebe eines höchst einfachen, aber sinnreichen Werkzeuges zur Messung von Höhenwinkeln.[2] Auf einem Ellenstab (flèche) bewegte sich ein Querholz (marteau)[3]

[1] Delambre, Histoire de l'Astronomie moderne. Tome I, p. 151. Eine Tafel für die Strahlenbrechung in der Atmosphäre gibt Zech, Himmel und Erde. S. 231.

[2] Balestilha im Portugiesischen, baculo de Santiago, balestrilla, cruz geométrica im Spanischen, bâton astronomique, arbalestrille im Französischen, cross-staff im Englischen, graedboog im Holländischen, Jakobstab und Kreuzstab im Deutschen.

[3] Die Handgriffe beim Gebrauch des Kreuzstabes erläutert Juan Perez de Moya (Tratado de Geometria practica. Alcala 1573. lib. XII, art. 12). Wir fügen zum rascheren Verständniß eine Figur aus einer Titelzierde in dem Seeatlas von Jan Jansonius bei, nur

in Form eines Kreuzes. Der Beobachter näherte das Ende des Stabes dem Auge so viel wie möglich, während er mit der Rechten das Querholz so weit auf dem Stab hinausschob, bis sein unterer Rand den Horizont, der obere den Gegenstand, dessen Abstand vom Gesichtskreise gemessen werden sollte, zu berühren schien. Auf dem längeren Stabe waren Eintheilungen angebracht, an welchen man den Winkel ablas, den die Stellung des Querstabes angab. Mit diesem Werkzeuge sind fast alle Polhöhen auf hoher See seit dem 16. Jahrhundert bis 1750 gemessen worden.[1] Der Erfinder des Jakobstabes war Johannes Müller aus Königsberg in Franken, der auch die ersten Tangententafeln berechnete, welche freilich, ohne daß er es wußte, schon vor Jahrhunderten Ibn Junis bei den arabischen

legt der kleine geographische Genius seinen Kreuzstab zu niedrig an. Auch befanden sich nicht, wie die Abbildung vermuthen läßt, drei Querhölzer gleichzeitig an dem Kreuzstabe, sondern man bediente sich des größten zu Winkeln über 30°, des mittleren zu Winkeln zwischen 10°—30° und des kleinsten zu Winkeln unter 10°. Bei der Messung von Sonnenhöhen wurde das Auge durch farbige Gläser am Querstabe geschützt. G. Fournier, Hydrographie. Paris 1643. livr. X, chap. 14.

[1] Selbst nach Erfindung des Hadley'schen Octanten behielt man den Kreuzstab noch geraume Zeit im Gebrauch. (Bouguer, Traité de Navigation, liv. IV, chap. 2. Paris 1753. p. 234.) Adrian Metius wollte den Jakobstab dadurch verbessern, daß er das Querholz am Ende des Stabes rechtwinklig befestigte, dafür aber auf dem Querholz Visirbrettchen an Schnüren hin- und herbewegen ließ. Adrianus Metius, Univ. Astronomiae brevis instit. lib. III, cap. 2, §. 6. Franeck 1605. p. 167. Wer sich von dem Reichthum an Meßwerkzeugen der damaligen Zeit überzeugen will, findet die beste Belehrung in Robert Dudley's Arcano del Mare. Florenz 1661, lib. V, cap. 16, fol. 14, Fig. 60—65. Es gab auch Quadranten für zwei Beobachter, von denen der eine nach dem Horizont sah, der andere das Alidad nach dem Gestirn richtete. Bewundernswerth durch seinen Scharfsinn ist ein andres Werkzeug für sogenannte Rückenbeobachtungen. Der Seemann kehrte sich von der Sonne ab, und während er mit dem einen Schenkel des Quadranten nach dem Horizonte zielte, hob er den andern, an welchem ein Rohr angebracht war, so weit in die Höhe, bis ein Sonnenstrahl durch das Rohr in einen Spiegel an der Spitze beider Schenkel fiel. Die Oeffnung beider Schenkel gab die gesuchte Sonnenhöhe. Siehe die Abbildung in P. J. H. Baudet, Leven en Werken van W. J. Blaeu. Utrecht 1871. Pl. III.

Astronomen eingeführt hatte.[1] Die Portugiesen hatten sich zu Barros' Zeiten schon die nöthige Fertigkeit im Gebrauche dieses Instrumentes erworben, während die Spanier viel später nachfolgten.[2] Um 1514 gab auch der nürnberger Astronom Johann Werner (1468—1528) die ersten Tafeln heraus, nach welchen die Winkel auf den Stäben eingetheilt werden sollten.[3]

Die Genauigkeit der Messungen zu Lande und zu Wasser blieb immer sehr verschieden. Eine Reihe sehr alter astronomischer Ortsbestimmungen, der Mehrzahl nach vermuthlich von Peurbach oder Regiomontan in Deutschland und Italien ausgeführt, finden sich in dem ältesten Druck der Alfonsinischen

[1] Delambre, Histoire de l'Astronomie du moyen-âge. p 284. Nonius bezeichnet in seinem Werke de regulis et instrumentis. Conimbr. 1546. lib. II. cap. 6 Regiomontan ausdrücklich als den Erfinder und verweist auf dessen Schrift de cometae magnitudine, welche kurz nach 1472 verfaßt wurde und worin er, problem. XII, eine deutliche Beschreibung des Meßinstrumentes gibt. Es ist ein Verdienst Breusing's (Zeitschr. für Erdkunde. Berlin 1868. Bd. 4, S. 100—101), auf diese Stellen wiederum verwiesen zu haben.

[2] Die dreieckigen Instrumente aus Blech, welche den Piloten zur Bestimmung von Sonnenhöhen dienten und welche Vasco da Gama aus Indien mit heimbrachte, wurden auf Cabral's Reise 1500 angewendet, bewährten sich aber sehr wenig nach einem Brief des Schiffsarztes Johann auf Cabral's Geschwader an König Emanuel, den A. v. Varnhagen im Torre do Tombo aufgefunden hat (Historia geral do Brazil, Rio de Janeiro 1854. Append. tom. I. p. 423). Nachdem Meister Johann geklagt hat, daß die Messungen an Bord der schwankenden Schiffe mit den Astrolabien Irrthümer von 4—5 Graden erzeugten, fährt er fort: e otro tanto casy dygo de las tablas de la Indya que se non pueden tomar (nämlich las alturas) con ellas synon con mui mucho trabajo que sy vosa alteza supiese como desconcertavan todos en las pulgadas veyria dello mas que del estrolabio porque desde lisboa ate as canarias unos de otros desconcertavan en muchas pulgadas, que unos disyan mas que otros tres e quatro pulgadas etc.

[3] Joannis Verneri in primum librum Geographiae Ptolemaei argumenta. Nurenb. 1514. annot III.

Tafeln.[1] Noch zu Snellius' Zeiten (um 1617) waren Irrthümer selbst bis zu 10 Bogenminuten bei den Breitenbestimmungen der besten Astronomen zu befürchten,[2] doch treffen wir auch schon sehr genaue Messungen. Peter Bienewitz (1495 bis 1552) fand für seinen Geburtsort Leißnig eine Polhöhe von 51° 10′, was mit unsern besten heutigen Karten gut übereinstimmt, und für Prag 50° 4′, wo der Fehler[3] jedenfalls höchst

[1] Alfontii Regis Castellae Tabulae impr. Erhardus Ratdolt august. Anno 1480. Die besten Breitenbestimmungen sind

		in Wahrheit:
Cöln	51° 0′	50° 56′
Mainz	50° 0′	50° 0′
Heilbronn	49° 0′	49° 8′
Nürnberg	49° 0′	49° 27′
Erfurt	51° 0′	50° 58′
Ingolstadt	49° 0′	48° 47′
Regensburg	49° 0′	49° 1′
Leipzig	51° 0′	51° 20′
Venedig	45° 0′	45° 26′
Bologna	44° 30′	44° 30′
Florenz	43° 10′	43° 46′
Villach	46° 0′	46° 37′
Judenburg	47° 0′	47° 10′
Salzburg	48° 0′	47° 48′
Wien	48° 0′	48° 13′
Prag	50° 0′	50° 5′
Rom	42° 0′	41° 54′.

[2] Snellius, Eratosthenes Batavus, de Terrae ambitus vera quantitate. Lugd. 1617 gibt in der Vorrede eine Liste der angeblich besten Breitenbestimmungen, darunter Wien nach Peurbach und Regiomontan 48° 22′ n. Br., statt 48° 13′ n. Br.; Nürnberg, welches 49° 27′ n. Br. liegt, wurde zu 49° 24′ von Regiomontan, Walther und Werner, zu 49° 27′ von Andreas Schoner, zu 49° 26′ von Tycho bestimmt; die Breite Roms (41° 54′) fand Regiomontan 42° 2′, Werner l. c. coroll. 11, 41° 50′. Frauenburg in Preußen (jetzt 54° 21′) wurde von Copernicus auf 54° 19½′, von Tycho 54° 29½′ bestimmt. London von Wright und Bright 51° 32′ (Paulskirche 51° 30′ 49″) angegeben.

[3] Petri Apiani, Cosmographicus liber, s. l. 1524, p. 59. Die prager Sternwarte liegt 50° 5′ 18,5″, wir kennen aber nicht den Standort, wo Apianus beobachtete.

geringfügig ist. Die schärfsten Bestimmungen in dem vorliegenden Zeitraum verdankte man jedoch Tycho Brahe. Die Breite seiner Sternwarte bei Uranienburg bestimmte er bis auf eine halbe Minute richtig[1] und die Breite von Prag ist in den Rudolphinischen Tafeln auf 50° 6′ angegeben. Kepler beobachtete in Linz eine Polhöhe von 48° 18′, was von unsern jetzigen Bestimmungen nur um 19″ abweicht.[2]

Eine ähnliche Schärfe dürfen wir bei den Beobachtungen auf hoher See noch nicht beanspruchen. Bei den spanischen Seefahrern in der ersten Hälfte des 16. Jahrhunderts übersteigen die Messungen an Bord die Wahrheit bisweilen um zwei, ja um drei Grade. Bei den britischen Seefahrern werden aber gegen das Ende des 16. Jahrhunderts die Fehler bis zu einem Grad schon sehr selten. Bei Willem Barentsz. blieben die Irrthümer in den Grenzen von 15 bis 20 Bogenminuten[3] und von Henry Hudson kann man sagen, daß seine Angaben selten sich mehr als 7 bis 8 Minuten von der Wahrheit entfernen. Bei dem gründlich gebildeten Baffin und Kapitän James übersteigen die Irrthümer nur hin und wieder 2 bis 3 Minuten und Abel Tasman's Breiten sind so genau, daß seine Fehler auf Karten zum Handgebrauche völlig verschwinden würden.[4]

Erdmessungen.

Noch immer hielt ein Theil der gelehrten Geographen an der Ptolemäischen Schätzung des Erdgrades von 500 Stadien

[1] Tycho hatte 55° 54′ 45″ gemessen, Picard fand 1671 55° 55′ 20″; Picard, Voyage d'Uranibourg. fol. 17—19. Paris 1680.

[2] Tabulae Rudolphinae, ed. Keplerus. Ulmae 1627. Tabularum Pars I, p. 33—36.

[3] Beke, Gerrit de Veer. p. XCIII und XCV.

[4] Der Jesuit George Fournier, ein früherer Seemann, gesteht jedoch aufrichtig, daß selbst bei der größten Aufmerksamkeit an Bord die Breiten sich nur bis zu einer Fehlergrenze von 15—20 Bogenminuten bestimmen ließen. Hydrographie. Paris 1643. livr. XII, chap. 33. Auch schreibt C. J. Lastman (Beschrijvinghe van de Kunst der Stuerluijden 1648), daß, wenn 6 Steuerleute 10 Mittagshöhen nähmen, ihre Bestimmungen 20—50′ differirten.

fest, von denen 8 auf die römische Meile gerechnet wurden,[1] so daß man 62½ Miglien für den Grad erhielt. Um sich der unbequemen Bruchtheile zu entledigen und damit die Meile der astronomischen Minute entspreche, setzte man frühzeitig schon den irdischen Grad auf 480 Stadien oder 60 altrömische Meilen herab, von denen 4 auf die deutsche Meile gerechnet wurden.[2] Eine genaue Bestimmung der Längeneinheit wurde fast überall vernachlässigt, ja so sorglos behandelte man anfangs diese Aufgabe, daß spanische Gelehrte oft in demselben Buche 16½, 16⅔ und 17½ Meilen (leguas) als Größe des Erdgrades angaben.[3] Historisch wichtig wurde eine genauere Ermittelung erst, nachdem der Papst die Welt in eine östliche und westliche Hälfte zwischen Spanien und Portugal getheilt hatte. Als die Piloten der beiden Mächte auf dem Congreß zu Badajoz (1524) sich über

[1] So Heinrich Loriti aus Glarus. (Glareani de Geographia liber unus. Basil. 1527. cap. XII, p. 18ᵇ). Antonio Magini (Comment. in Ptolem. Venet. 1596. p. 15, p. 19). Pedro de Mexia (Silva de varia lecion. Sevilla 1542. Tercera parte, cap. XVIII, fol. 118ᵇ). Verrazzano (im Brief vom 8. Juli 1524 bei Asher, Hudson the Navigator. p. 223).

[2] So der posensche Bischof Joh. v. Stobnicza (Introd. in Ptolomei Cosmogr. Crac. 1512. fol. 6). Peter Maryr (de Orbe novo. Dec. V, cap. 7). Georg Reisch (Margarita Philosophica. Basil. 1508. lib. VII, cap. 44; 8⅓ Stadien des Ptolemäus = 1 Meile). Reisch hat zwei Angaben: 1) Eine röm. Meile = 8⅓ Stadien, 500 Stadien = 1⁰, 180,000 Stadien = 21,600 röm. (ital.) Meilen = 5400 deutsche Meilen. 2) Eine röm. Meile = 8 Stadien, 180,000 Stadien = 22,500 ital. = 5625 deutsche Meilen. Peter Bienewitz (Apiani Cosmographicus liber, s. l. 1524, p. 33); dann Sebastian Münster (Cosmographia. Basil. 1550. lib. I, p. 12 und lib. V, p. 1065); und selbst noch Phil. Cluverius (Introd. in Univ. Geographiam Amstelod. s. a. lib. I, cap. VII, p. 27).

[3] Enciso, Suma de Geographia. Sevilla 1530. fol. 4, fol. 7ᵇ, fol. 21ᵇ. Der Florentiner Vespucci rechnete 16⅔ Leguas auf den Grad (Vita e lettere di Amerigo Vespucci, ed. Bandini. Firenze 1745. p. 72). Auch Falero, der Begleiter des Magalhaës, nimmt dieses Maß der Erdgröße in seinem Tratado de la esphera, cap. VII an. (A. de Varnhagen, Examen de l'Histoire géographique du Brésil. Paris 1858. p. 32.) Ueber die damalige Verwirrung der Längenmaße s. d'Avezac, Voyages d'Améric. Vespuce. Paris 1858. p. 130 sq.

die mathematische Lage der Molukken verständigen sollten, ergab sich, daß die Portugiesen 70 Miglien oder 17½ Legoas auf den Grad rechneten,[1] um den östlichen Abstand der Molukken kurz erscheinen zu lassen, die Spanier dagegen eine Größe des Erdgrades von 62½ Miglien (also 16⅝ oder 16⅔ Leguas) behaupteten.[2] Später freilich, als die Welttheilung durch Vergleich geordnet war, rechneten auch die Spanier wieder 17½ Leguas für einen Grad der größten Kreise.[3]

Bei der Sorglosigkeit über den Längenwerth der Maßeinheit war es ein rühmlicher Versuch, wenn unter Ferdinand und Isabella der gelehrte Antonio de Lebrija mit Meßschnuren, denen er das Hundertfache der Größe seines nackten Fußes gab, auf der sogenannten silbernen Straße zwischen Merida und Salamanca die Entfernung der altrömischen Meilensteine und die Länge des Stadiums in dem römischen Theater bei Merida zu ermitteln suchte. Er glaubte dadurch aufs neue bestätigen zu können, daß die römische Meile 5000 mal, das Stadium aber 625 mal seine Maßeinheit enthalte.[4] Vertrauen auf die Richtigkeit des Ptolemäischen Gradmaßes, nämlich von 62½ Miglien

[1] Die Portugiesen selbst blieben sich nicht treu, denn Ant. Galvaõ (Tratado dos Descobrimentos. p. 241) bemerkt, daß man in älterer Zeit 17½ Legoas, in neuerer (also seit Mitte des 16. Jahrhunderts) 16⅔ Legoas auf den Grad rechne.

[2] Siehe das Gutachten der Piloten bei Navarrete, Coleccion de Documentos. tom. IV, p. 352.

[3] Nach Juan Perez de Moya (Tratado de Geometria practica y especulativa. lib. II, cap. 3. Alcala 1573. p. 97) enthielt die alte castilianische Meile 5000 Varas oder Ellen. Nach Ulloa (Voyage historique. Amsterd. 1572. tom. II, p. 229) sind 371 Varas = 144 Toisen und der Erdgrad sollte also 26,44 spanische Meilen enthalten. Die alte Seemeile der Spanier muß daher sehr verschieden von der castilianischen Wegmeile gewesen sein; auch finden wir, daß der venetianische Gesandte Navagero am Anfang des 16. Jahrhunderts 5 Miglien auf die catalanische und 4 Miglien auf die aragonische Meile rechnet. Andrea Navagero, Viaggio fatto in Spagna. Vinegia 1563. cap. 3, p. 5.

[4] Aelii Antonii Nebrissensis in Cosmogr. libros introduct., Parisiis 1533. cap. VI, p. 10.

oder 31 1/4 Lieues, wollte um 1550 der Franzose Orontius Finäus dadurch erwecken, daß er die Größe des Erdbogens zwischen Toulouse und Paris, welche beide Städte er unter dem gleichen Mittagskreise vermuthete, aus den rohen Angaben ihrer Entfernungen berechnete und die Summe durch den Breitenunterschied theilte.[1] Schon vor ihm rühmte sich der Astronom Johannes Fernelius, den Abstand zwischen Paris und Amiens auf der Fahrstraße aus der Zahl der Radumdrehungen eines Postwagens, die Breitenunterschiede beider Orte aber durch Sonnenhöhen gemessen zu haben, wodurch er einen Längenwerth von 68,096 geometrischen Schritten zu 5 Fuß (pieds du Roi) oder 56,747 Toisen für einen Grad der größten Kreise erhielt.[2] Da der Astronom Picard auf demselben Bogen später 57,060 Toisen fand, so würde sich Fernelius der Wahrheit bis auf 0,006 genähert haben; da er uns aber völlig im Dunkeln läßt, auf welche Art er die Wirkung der wagrechten wie senkrechten Krümmungen der Straße aus dem Ergebnisse beseitigte, so hat von jeher Mißtrauen gegen die Gewissenhaftigkeit dieses mathematischen Versuches geherrscht.[3]

[1] Orontii Finaei de Mundi sphaera sive Cosmographia. Lutet. 1555. lib. V, cap. 4, p. 52.

[2] Johannis Fernelii Ambiantis Cosmotheoria. Parisiis 1528. Schol. cap. I, fol. 3 sq. Durch Lalande's Nachrechnung ist die Länge des Meridiangrades auf 57070 Toisen bestimmt, kommt also den Berechnungen Bessel's für denselben Grad (57057 Toisen) überraschend nahe, was indes nur dem Zufall zugeschrieben werden darf. Gleichzeitig mag erwähnt werden, daß Galilei (Le opere di Galileo Galilei, ed. Eugenio Alberi. tom. III. Firenze 1843. p. 70) sagt: terrestris diameter secundum exactiores observationes milliaria Italica 7000 contineat. Der Monddurchmesser, fügt er hinzu, verhalte sich zum Erddurchmesser wie 2 : 7.

[3] Fernelius bestimmt die Breite von Paris auf 48° 38′, also um 12 Minuten zu südlich. Welches Vertrauen können uns also seine Sonnenhöhen einflößen? Das Urtheil des Snellius (Eratosthenes Batavus. Lugd. Batav. 1617. cap. XI, p. 210—211), daß Fernelius nur das Ergebniß der arabischen Gradmessung willkürlich in geometrische Schritte umgewandelt, seine Zeitgenossen aber durch ein Blendwerk getäuscht habe, ist daher nur allzu begründet. Auch Lacaille sieht in der annähernden Genauigkeit von Fernelius' Messung nichts als einen glücklichen Zufall. (Journal histor. du Voyage

Der Ruhm, die Größe der Erde durch ein tadelfreies Verfahren zuerst ermittelt zu haben, gebührt dem Holländer Willebrord Snellius. Er maß 1615 den Erdbogen zwischen Bergen op Zoom und Alkmaar durch eine Kette von Dreiecken. Sobald man nämlich die Länge der Seite eines Dreiecks und die Größe der beiden anschließenden Winkel kennt, lassen sich durch eine einfache Rechnung die unbekannten Längen der beiden andern Seiten ermitteln. Benützt man eine dieser berechneten Seiten

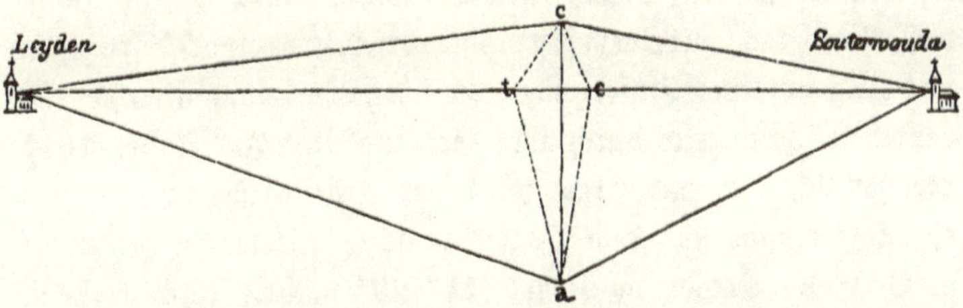

Snellius' Triangulation zwischen Leyden und Soeterwouda. (Facsimile.) t—e ist die erste gemessene Grundlinie, aus welcher die Dreieckseiten t c, c e sowie t a und e a berechnet wurden, durch die sich wieder die Größe von c a ergab, welches, wiederholt ausgemessen, als Grundlinie der beiden Dreiecke diente, deren Spitzen die Thürme der nächsten Orte berührten.

als Grundlage eines neuen Dreiecks, so ergeben sich, wenn die Winkel gemessen sind, abermals die unbekannten Längen der beiden andern Seiten des neuen Dreiecks auf arithmetischem Wege. Als Spitzen seiner Dreiecke erwählte der Erdmesser gewöhnlich die Thürme der nächsten Ortschaften oder andere be-

fait au Cap de Bonne-Espérance. Paris 1763. p. 189.) Ein ähnliches Verfahren wie Fernel, aber ungleich gewissenhafter, beobachtete Norwood im Jahre 1635. Er maß mit einer Kette die Entfernung zwischen London und York, und fand nach Abzug der wagerechten wie senkrechten Krümmungen des Weges einen Abstand zwischen beiden Städten von 9149 Chains. Da er nach Solstitialbeobachtungen einen Unterschied der Polhöhe zwischen beiden Städten von 2° 28′ (statt 2° 25′) gefunden haben wollte, so erhielt er für den Werth eines Erdgrades 367,196 Fuß (feet), d. h. 57,300 Toisen oder um 250 Toisen zu viel. Maupertuis, Figure de la terre. Amsterdam 1738. p. VIII.

festigte und günstig gelegene Gegenstände. Gleichgiltig ist es dabei, ob die Kette der Dreiecke sich genau durch einen Mittagskreis bewege oder nicht. Bisher war man allerdings bei der Messung eines Breitengrades immer von der Ansicht ausgegangen, daß man den Bogen nur im Meridiane des Ausgangspunktes messen könne. Die damit verbundenen Schwierigkeiten wurden durch die Triangulation beseitigt. Snellius hat die Standlinie te (87 rhein. Ruthen 5 Zoll) und als Controlbasis a c (326,4 rhein. Ruthen) gemessen,[1] doch war das Werkzeug zum Ablesen der Winkel (ein kupferner Quadrant von 2 1/5 Fuß Halbmesser) noch nicht mit einem Fernrohre versehen. Dennoch befriedigen uns die gefundenen Entfernungen zwischen den Endpunkten der trigonometrischen Kette durch ihre Genauigkeit. Im Jahre 1617 veröffentlichte er das Ergebniß seiner Arbeiten, nach welchem einem Erdgrade auf dem Bogen zwischen Alkmaar (52° 40½′ n. Br.) und Bergen op Zoom (51° 29′ n. Br.) 28,500 rhein. Ruthen zukommen sollten. Seine Maßeinheit verglich er gewissenhaft mit einer Mehrzahl damals üblicher Längenmaße, um ihren Werth scharf auszudrücken. Es hat sich später gezeigt, daß jene 28,500 Ruthen 55,100 Toisen entsprochen haben würden und Snellius' Messung um 2000 Toisen oder 2/57 zu kurz ausfiel.[2] Der Fehler entsprang größtentheils aus der ungenauen Bestimmung der Polhöhe von Alkmaar, die wir dem wackern Manne um so mehr nachsehen müssen, als auf dem Messingbogen seines Quadranten nur Winkel von 3 Bogenminuten abgetheilt waren, kleinere Größen daher zwischen den Thei-

[1] Eratosthenes Batavus, de Terrae ambitus vera quantitate. Lugd. Batav. 1617. p. 159.

[2] Muschenbroek (Dissertationes phys. et geometricae. Lugd. Batav. 1719) fand für den Erdgrad zwischen Alkmaar und Bergen op Zoom 29,514 Ruthen 2 Fuß 3 Zoll, die er gleichsetzte 57,033 Toisen 0 Fuß 8 Zoll. Die kgl. Bibliothek zu Brüssel besitzt noch das Exemplar des Eratosthenes Batavus mit Snellius' eigenhändigen Correcturen, nach welchen Muschenbroek den Werth des Grades noch einmal berechnet hat. (A. Petermann, Mittheilungen 1860. S. 454.)

lungsstrichen vom Auge geschätzt werden mußten,[1] dann auch daraus, daß er die Dreiecke nicht auf den Horizont und das ganze Netz auf den Meeresspiegel reducirte.[2] Wie verzeihlich sein Fehler uns erscheinen muß, beweist nichts besser, als die Erdbogenmessung der Jesuiten Riccioli und Grimaldi vom Jahre 1654 zwischen Bologna, Modena, Ferrara und Ravenna, welche zu einem sehr ungünstigen Ergebniß führte.[3] Vor der Mitte des 17. Jahrhunderts wurde auch ein holländischer Erdbogen von dem berühmten Geographen Blaeu mit großer Schärfe gemessen, das Ergebniß jener Arbeit ist aber nie veröffentlicht worden.[4]

[1] S. Delambre, Histoire de l'Astronomie moderne. tom. II, p. 108. Die Breiten betrugen für:

	nach Snellius	nach Muschenbroek	nach neuen Messungen
Alkmaar . . .	52° 40½'	52° 38' 34"	52° 38' 2"
Bergen o. Z. .	51° 29'	51° 28' 47"	51° 29' 44"
	1° 11' 30"	1° 9' 47"	1° 8' 18"
	1° 9' 47"		
Fehler	0° 1' 43".		

Snellius fand für einen Grad 107,370 Meter; van Muschenbroek 111,190 Meter statt 111,250 Meter.

[2] A. Nagel, Die Hauptmomente der Entwicklungsgeschichte der Gradmessungen. Dresden 1873. S. 7.

[3] Riccioli's Grundlinie war 5472½ bologn. Fuß lang. Dennoch fand er für den Erdgrad bei Bologna 373,321 Fuß (pieds), also 62,220 Toisen 1 Fuß, d. h. um 5000 Toisen zu viel. Riccioli, Geographia reformata. Venet. 1672. lib. IV, cap. 4, fol. 111; lib. V, cap. 27, fol. 162. Wenn auf dem Wege der Triangulation um 1654 solche Fehler noch möglich waren, dann konnte es nur ein Spiel des Zufalls sein, wenn sich arabische Astronomen des Chalifen Mamun der Wahrheit bis auf einen geringeren Abstand genähert hätten. Siehe S. 134.

[4] Picard auf seiner Reise nach Uranienburg sah und sprach den jüngeren Blaeu und fand zu seiner größten Freude, daß die Messung des Holländers mit der seinigen nahezu übereinstimmte. Voyage à Uranienbourg. Paris 1680. fol. 2. Das ist Alles, was wir über diese Arbeit wissen. Vgl. noch die Ermittlungen J. F. van Beeck's in Zach's allgem. geogr. Ephemeriden. Bd. 1. Stück 6. Junius 1798. S. 627–630. Vivien, Hist. d. l. Géogr. p. 417, n. 2, setzt Blaeu's Messung ins Jahr 1620. Blaeu, ein Schüler Tycho (richtiger Tyge) Brahe's, war Hydrograph der indischen Compagnie in Holland und starb 1638.

Bestimmung der geographischen Längen.

Kannte man also erst seit 1617 annähernd die Größe eines Erdgrades an den Mittagskreisen, so war es nicht möglich, die ostwestlichen Abstände zweier Orte aus den Entfernungen zu Lande oder zu Wasser (Gissung) mit einiger Genauigkeit zu berechnen. Die Lootsen schätzten ehemals die Geschwindigkeit eines Schiffs unter Segel nur nach dem Augenmaß und der Erfahrung, bis im 16. Jahrhundert die Logleine zur Anwendung gelangte,[1] aber auch das Log zeigt die Schnelligkeit segelnder Fahrzeuge nur sehr unsicher an, wo Meeresströmungen den Knotenlauf bald beschleunigen, bald verzögern. Als sich spanische und portugiesische Lootsen auf dem Congreß in Badajoz und Yelves 1524 versammelten, zeigte es sich, wie hilflos damals die Wissenschaft war, um die Theilungslinie der Welt zwischen den beiden Seemächten, welche nach der Bulle des Papstes Alexander VI. vom Jahr 1494 „370 spanische Meilen westlich von den Inseln des grünen Vorgebirges" beginnen sollte, auf die Erdkugel zu übertragen. Nicht einmal der westliche oder atlantische Scheidungsbogen ließ sich wegen des ungenauen Ausdrucks befestigen.[2] Auf der andern Erdenhälfte aber gelangten mittelst Berechnungen der durchsegelten Entfernungen

[1] A. v. Humboldt vermuthete, daß schon auf Magalhaës' Fahrt im Januar 1521 mit dem Log gemessen worden sei. Kosmos, Bd. 2, S. 472. Allein ein sachkundiger Gewährsmann hat vielmehr neuerdings gezeigt, daß mit der Schleppleine (catena a poppa) durchaus nicht die Geschwindigkeit des segelnden Schiffes, sondern der Betrag der „Abtrift" oder der seitlich erlittenen Verdrängung von der eingeschlagenen Segelrichtung ermittelt wurde, die älteste Beschreibung des Log oder der Logge dagegen erst von William Bourne (Borne) 1577 herrührt. (Breusing in der Zeitschrift für Erdkunde. Berlin 1869. IV, 111 folg.) Bourne schrieb Rules of navigation. In der Encyclop. Britann. heißt es: The log line was used in navigation so early as 1570 and alluded to by Bourne in 1577.

[2] Noch in der Gegenwart hat diese Streitfrage wegen der Grenzen zwischen Brasilien und französisch Guayana eine staatsrechtliche Bedeutung. Siehe die Karte der verschiedenen Demarcationslinien bei A. de Varnhagen, Examen de l'Histoire Géogr. du Brésil. Paris 1858. J. E. Wappäus, Handbuch der Geographie, Südamerika. I. 526 u. 527.

die portugiesischen Piloten zu dem Ergebniß, daß die Molukken von den capverdischen Inseln Sal und Boavista 137°, die spanischen dagegen, daß sie 183° östlich lagen; die Portugiesen rechneten 13° zu wenig, die Spanier 33° zu viel! Es währte auch ziemlich lange, bis die Schiffsrechnung (Gissung)[1] der mathematischen Wahrheit sich näherte. Davis, der große Entdecker, irrte sich in seinen Längen zwischen England und Grönland noch um 10°,[2] aber ein sorgfältiger Beobachter wie Baffin konnte in den Seen der nordwestlichen Durchfahrt seine Längen schon bis auf 1 und 2° richtig angeben[3] und Tasman's Fehler auf seiner großen Entdeckungsfahrt (1642—1643) zwischen der Mauritius-Insel und Neu-Seeland blieben in den nämlichen Grenzen.[4]

Was wir östliche oder westliche Längen nennen, ist nichts anderes als der Unterschied zwischen den früheren oder späteren Mittagszeiten zweier Orte. Da die Sonne in 24 Stunden alle Mittagskreise der Erde oder 360 Grade (scheinbar) von Ost nach West durchläuft, so tritt die Mittagszeit für alle Punkte der Erde, die 15° östlich, oder die 15° westlich von uns liegen, um eine Stunde früher oder später ein. Trägt man eine zuverlässig gehende Uhr nach Osten oder nach Westen, so kann man aus dem verfrühten oder verspäteten Eintritt der Mittagszeiten, verglichen mit dem Gang der Uhr, die östlichen oder westlichen Längen genau berechnen. Dies wußte man seit der Zeit, wo es tragbare Uhren gab,[5] allein da die besten Instrumente zur Zeittheilung noch um 1650 innerhalb 24 Stunden

[1] Die Unsicherheit der Gissung gibt drastisch ein von Tasman (Journal S. 120) angeführtes Sprichwort: Waer dat gissingh is wel missingh.

[2] Asher, Hudson the Navigator. p. CXLVIII.

[3] Thomas Rundall, Voyages towards the Northwest. London 1849. p. 114, p. 119.

[4] Siehe oben S. 371. Anm. 4.

[5] Gemma Frisius (geb. 1508) schlug schon um 1550 vor, die Längen aus dem Gang der Uhren zu ermitteln. Cosmographia Petri Apiani per Gemman Frisium. Antwerp. 1550. cap. VII.

Fehler bis zu 4 Zeitminuten befürchten ließen, so waren solche Werkzeuge unbrauchbar zur Ermittelung der geographischen Längen.[1] Der Sanduhren bediente man sich am Bord der Schiffe schon im Mittelalter, der ersten Benützung der Taschenuhren aber wird auf Barentsz. Reise 1596 gedacht. Zur strengen Bestimmung der wahren Zeit gebrauchte man bei Tage die Sonnenwinkel, bei Nacht die Sternenhöhen, wenn die geographische Breite am Orte der Beobachtung bekannt war.

Die Verfinsterung der Sonne war schon von den Alten zur Ermittlung der Längen empfohlen worden, da aber der Schatten des Mondes auf dem Erdkörper ziemlich langsam fortrückt oder mit andern Worten die Sonne nicht für alle Theile der Erde zu gleicher Zeit verfinstert erscheint, so fühlten sich der schwierigen Berechnung Astronomen wie Geographen nicht gewachsen bis auf Kepler, der zuerst die Längenunterschiede zweier Orte, von Graz und Oranienburg, auf jenem Wege, aber noch ziemlich ungenau ermittelte.[2]

Bequemer sind die Verfinsterungen des Mondes insofern, als sie für alle Zuschauer auf der Erde gleichzeitig sichtbar werden. Da aber dem wahren Erdschatten auf dem Körper des Mondes ein verwaschener Schattensaum (Penumbra) voraus- und nacheilt, so waren die Beobachter über den Beginn, den Schluß und die Dauer der Verfinsterung stets in großer Unsicherheit. Dennoch blieben bis zur zweiten Hälfte des 17. Jahrhunderts die Verfinsterungen des Mondes, von denen die Alten eine einzige zur Längenbestimmung benutzt hatten,[3] das beste Mittel zur Befestigung der ostwestlichen Abstände. Deutsche Astronomen

[1] Varenius, Geographia generalis. lib. III, cap. 31, prop. VII. Amstel. 1650. p. 649.

[2] Er fand einen Unterschied in Zeit von 18 Minuten oder 4° 30′ im Bogen, statt 2° 45′. Delambre, Hist. de l'Astronomie moderne. tom. I, p. 377.

[3] Siehe oben S. 48.

haben es zuerst versucht, durch vorausberechnete Kalender[1] und ganz besonders durch Vorausberechnung der Verfinsterungen des Mondes die Bestimmung geographischer Längen zu fördern.[2] Dem Entdecker Cristobal Colon gebührt der hohe Ruhm, die ersten Längen für zwei westindische Orte astronomisch ermittelt zu haben.[3] Waren auch seine Irrthümer noch von abenteuerlicher Größe, so sind sie einem Seemanne doch zu verzeihen, wenn einer der besten Schüler Regiomontan's, der Astronom Werner, für Rom, wo er die Mondverfinsterung am 18. Januar 1497 beobachtete, acht Grade östlichen Abstandes von seiner Vaterstadt Nürnberg fand.[4] Bald jedoch wurden die Beobachtungen schärfer. Um die Verfinsterungen des Mondes am 26. September 1577 und am 15. September 1578 für die mathematische Ortsbestimmung zu benutzen, sendete die spanische Krone zwei Astronomen nach Mexiko. Dies sind nicht nur die ersten wissenschaftlichen Reisenden, die wir kennen, sondern ihre

[1] Regiomontan's Ephemeriden, welche von 1474—1506 voraus berechnet waren, begleiteten Cristobal Colon und Vespucci in die neue Welt. Ein Exemplar dieses Kalenders wurde fast mit Gold aufgewogen, denn es kostete 12 Ducaten (Schubert, Peurbach und Regiomontan, S. 95). Auf Magalhaẽs' Geschwader wurde der Kalender des Ben Zacuth benutzt. Barentsz. bediente sich der Ephemeriden des Scali, Baffin der Kalender des Searle und des wittenberger Astronomen Origanus.

[2] Petri Apiani (Bienewitz) Cosmogr. liber s. l. 1524, p. 25 sq. enthält die Berechnung aller Verfinsterungen des Mondes in der Zeit von 1523—1570.

[3] Aus der Mondverfinsterung am 14. September 1494 berechnete er einen westlichen Abstand der Insel Saona an der Südostspitze Haiti's vom Cap San Vicente von $5^h\ 30^m$ oder $82^1/_2{}^0$, der nur $59^0\ 40'$ beträgt. Die Verfinsterung vom 29. Februar 1504, welche er den Eingebornen Jamaicas aus Regiomontan's Ephemeriden voraussagte, gab ihm einen westlichen Abstand von Cadiz für seinen Lagerplatz nahe an der Ostspitze Jamaicas von $7^h\ 15^m$ oder $108^3/_4{}^0$, während er nur 70^0 finden durfte. Navarrete, Coleccion. tom. II, p. 272.

[4] Joannis Verneri, in primi libri geogr. Ptolemaei paraphras. cap. IV, annot. 2. Sein unverschuldeter Irrthum lag darin, daß er nicht römische und nürnberger Beobachtungen, sondern nur die von Regiomontan berechneten Zeiten verglich. Rom liegt $1^0\ 24'$ östl. L. von Nürnberg.

Beobachtungen lieferten auch die ältesten astronomischen Längenbestimmungen, welche zur Verbesserung der Seekarten gedient haben.[1] Die Tychonischen Beobachtungen in Uranienburg beginnen jedoch schon im Jahre 1560, und seit dieser Zeit wurde keine Verfinsterung des Mondes in Deutschland, Holland, England, Italien, seit Gassendi's Zeiten auch in Frankreich zur Ermittlung der örtlichen Zeitunterschiede versäumt.[2] Bei geringen Längenabständen erhielt man jedoch auf astronomischem Wege bisweilen so handgreiflich falsche Ergebnisse, daß noch im 17. Jahrhundert Geographen alle astronomischen Längenbestimmungen verwarfen und sich nur an die Gissungen hielten.[3]

[1] Der eine Astronom war der Geograph Francisco Dominguez, von dem wir einen Brief aus Mexiko (30. December 1581) in den Documentos inéditos para la hist. de España, tom. I, p. 382 besitzen. Gleichzeitig beobachteten in Toledo Juanelo und Alcantara; in Madrid Juan Lopez de Velasco; in Valladolid Sobrino; in Sevilla Rodrigo Zamorano. Man fand den Beginn der Verfinsterung in

	1577	1578
Toledo	2h 12m Mgs.	1h 20m Mgs.
Puebla (de los Angeles)	7h 36m Abds.	6h 46m Abds.
Unterschied in Zeit . .	6h 36m	6h 34m
" im Bogen .	99°	98½°

Für San Juan d'Ulloa (Veracruz) hatte man 1577 eine westliche Länge von 6h 22m in Zeit, 95° 30′ im Bogen gefunden. (Garcia de Cespedes, Regimiento de Navegacion. Segunda Parte, cap. VII. Madrid 1606. tom. II, fol. 139.) Da die Stadt Mexiko westlicher liegt als Puebla de los Angeles, so nahm man zwischen Mexiko und Toledo einen Längenabstand von 100° an, der in Wahrheit nur 95° 5′ beträgt.

[2] Die Verfinsterung im Jahre 1635 wurde an 14 verschiedenen europäischen Orten beobachtet. Eine Sammlung aller Beobachtungen seit 1560 findet sich bei Riccioli, Geograph. reform. lib. VIII, cap. 17 Venet. 1672. fol. 325 sq.

[3] Bei den spanischen Beobachtungen vom Jahr 1577 hatte sich zwischen Madrid und Toledo ein Unterschied von 0h 4m in Zeit, also 1° im Bogen, ergeben (Cespedes, Regimiento de Navegacion. Secunda Parte, cap VII. Madrid 1606. fol. 140), während beide Städte nicht 7 Leguas entfernt liegen. Für Amsterdam und London erhielt man einmal 3° 30′, das anderemal 6° 30′. (In Wahrheit 4° 59′, also das Mittel jener beiden Beobachtungen.) Den Jesuiten Fournier bestärkten diese Beispiele in der Ansicht,

Selbst nach Erfindung des Fernrohres, als man bei den Verfinsterungen den Schattensaum (brunissement) von dem wahren Schatten (obscurité noire) zu unterscheiden begann, verstrich noch ein halbes Jahrhundert, bis das Geheimniß offenbar wurde, wie man die Verfinsterungen unseres Trabanten zur scharfen Ermittlung der geographischen Längen zu gebrauchen habe. Aus den ziemlich reichen Beobachtungen des 16. Jahrhunderts konnten nur Astronomen von höchster kritischer Befähigung die verfehlten Beobachtungen von den gesunden aussondern. Dies geschah mit Meisterschaft von Kepler. Beobachtungen der Mondverfinsterung des Jahres 1560 gewährten ihm einen Längenunterschied zwischen Löwen und Wien von 11° 45′, der bis auf 6 Bogenminuten richtig ist. Für Alkmaar und Wandsbeck bei Hamburg hatte die astronomische Beobachtung einen Unterschied in Zeit von 18 Minuten ergeben, Kepler verbesserte ihn auf 21 Minuten (5° 15′), so daß er sich in der Länge nur um 0° 3′ täuschte. London war mit Prag durch die Mondverfinsterung vom Jahr 1605 verknüpft worden, die einen Abstand von 54 Minuten in Zeit oder von 13° 30′ im Bogen gewährte, was um 0° 51′ zu wenig war. Endlich besaß Kepler eine danziger Beobachtung der Mondverfinsterung vom Jahr 1621, die er mit seiner eigenen in Linz vergleichen konnte und die ihm einen Unterschied in den Längen von 4° 30′ geliefert hatte oder 0° 9′ zu viel. Die Kepler'schen Ortsbestimmungen[1] waren daher die höchsten Kleinode der mathematischen Erdkunde bis zu den großen Verschärfungen in der zweiten Hälfte des 17. Jahrhunderts.

Aber nicht blos der verfinsterte, auch der schattenfreie Mond kann zum Vergleich der verschiedenen örtlichen Zeiten, also zu Längenbestimmungen dienen, so oft er sichtbar ist. Der Mond bewegt sich von West nach Ost am gestirnten Himmel und kehrt

daß man keiner aus Mondverfinsterungen berechneten Länge Vertrauen schenken dürfe. (Hydrographie, liv. XII, chap. 26. Paris 1643. fol. 593 sq.)

[1] Keplerus, Tabulae Rudolphirae. cap. XVI, fol. 37.

nach Ablauf von nicht ganz 27³/₄ Tagen, nachdem er 360° durchlaufen hat, zu demselben Stern zurück, von dem er ausgegangen war. Sein tägliches Vorrücken gegen Osten entspricht also etwa einem Winkel von mehr als 13°, seine stündliche Bewegung einem Winkel von mehr als 0° 32½'. Wenn man also nach der wahren Zeit einer Sternwarte auf etliche Jahre von drei Stunden zu drei Stunden vorausberechnet, über welche oder an welchen Gestirnen vorüber der Mond seinen Weg nehmen muß, so wird ein Beobachter an einem weit nach Westen oder Osten entlegenen Ort zu jeder Zeit aus den vorher berechneten Abständen des Mondes von bestimmten Sternen ermitteln können, wie viel Uhr es zur Zeit seiner Beobachtung an der entlegenen Sternwarte ist und wenn er selbst die Tageszeit seines Beobachtungsortes aus den Stern- oder Sonnenhöhen findet, so geben ihm die Zeitunterschiede die östliche oder westliche Länge seines Ortes von der entfernten Sternwarte. Die schärfsten Vergleiche der örtlichen wahren Zeiten würde man aber erhalten, so oft der Mond einen hellen Stern mit seinem Körper bedeckt (Occultation). Ein deutscher Astronom, Werner, schlug 1514 zuerst die jetzt am meisten gebräuchliche Art der Längenermittlung durch Mondabstände vor.[1] Bei diesem Verfahren kann auch die Sonne wie ein Fixstern dienen. Zwar besitzt auch sie eine scheinbare Bewegung, da sich aber der Ort am Himmel, den sie zu einer gegebenen Zeit inne hat, vorausberechnen läßt, so sind auch die Abstände des Mondes von der Sonne zur Ermittlung der geographischen Längen brauchbar, ja bisweilen den Sternenabständen vorzuziehen. Aber nicht blos die Sonne,

[1] Vernerus, Argumenta in primum libr. geogr. Cl. Ptolomaei. Nürnberg 1514. cap. IV, annot. VIII; nach ihm that dasselbe Magini, Commentar. et annot. in Claud. Ptol. Cosmogr. Venet. 1596. p. 23. Pigafetta erwähnt bereits drei Methoden der Längenbestimmung: 1) nach Mondabständen, von Sevilla aus berechnet, 2) nach Occultationen, 3) nach der magnetischen Declination. Vgl. Lord Stanley of Alderley, Voyage round the world by Magellan. London 1874. p. 167—69. Indes berücksichtigt Pigafetta bei den Occultationen noch nicht die Parallaxe.

sondern selbst die Planeten können in ihren Abständen vom Monde wie Fixsterne betrachtet werden, vorausgesetzt immer, daß man genau ihren Gang vorausberechnet hat. Die spanische, die niederländische, die französische Regierung hatten die größten Summen als Belohnung ausgeschrieben für denjenigen, welcher ein Verfahren entdecke, um die Längen auch nur bis zu zwei Grad annähernd zu ermitteln. Ein Arzt Johann Baptist Morin legte 1634 dem Cardinal Richelieu als eine neue Entdeckung die Benützung der Mondabstände vor,[1] aber die Sachverständigen verwarfen seine Vorschläge als unausführbar. Wir sahen, daß der Mond im Mittel sich 0° 32′ Bogenminuten in der Stunde bewegt, also 1 Bogenminute in 2 Zeitminuten, die einem halben irdischen Längengrad entsprechen. Die damaligen Instrumente, die man zu den Winkelmessungen hätte anwenden können, ließen Fehler von 5—10 Bogenminuten, also von 2½—5 Längengraden befürchten. Der Mond bewegt sich auch mit sehr ungleichen Geschwindigkeiten, nämlich zwischen 11 und 15 Grad in 24 Stunden, und die besten Mondtafeln, die man besaß, die Tychonischen, gaben den Ort des Mondes bisweilen um 8 Bogenminuten fehlerhaft an, was einen andern Irrthum von 4 geogr. Graden nach sich ziehen konnte.[2] Mehr noch als alles dies beunruhigte die Astronomen ihre Unkenntniß der Entfernung des Mondes von der Erde oder die Wirkung seiner Parallaxe.[3]

[1] Morin, Astronomia restituta, complectens IX Partes hactenus optatae Scientiae Longitudinum. Paris 1657.

[2] Lange vor Morin versuchte der berühmte Sarmiento, welcher den Seeweg aus der Südsee ins atlantische Meer fand (s. oben S. 286), mit dem Kreuzstab aus Mondabständen die Länge der Insel Ascension zu ermitteln und erhielt 3° westlichen Abstand von Cadiz, statt daß er mindestens 8° hätte finden sollen. (Pedro Sarmiento de Gambóa, Viage al Estrecho de Magallanes. Madrid 1768. p. 308.)

[3] Je nachdem der Mond der Erde näher oder ferner steht, ändert sich die horizontale Parallaxe zwischen den Grenzen von 53′ zu 62′. Die Tafeln der Mondparallaxen, welche Morin (l. c. p. 42) empfahl, setzten die Grenze zwischen 58′ 39″ (Halbmesser des Mondes 15′ 4″) und 63′ 41″ (Halbmesser 16′ 21″) fest, aber er gesteht aufrichtig, daß sehr abweichende Tafeln

Der Himmel ist nach einem schönen Gleichniß Sir John Herschel's ein Zifferblatt, die Gestirne die Stunden- und Minutenstriche, der Mond der Zeiger auf diesem Zifferblatt; aber der Zeiger ist uns viel näher als das Zifferblatt, und nur wenn wir uns durch Berechnung in den Mittelpunkt der Erde hineinversetzen, vermögen wir zu entscheiden, welche Ziffer der Zeiger jener himmlischen Uhr wirklich bedeckt.[1] Die Wirkung der Parallaxe ist am größten, wenn der Mond am Horizont erscheint, und sie hört gänzlich auf, wenn er zu Häupten oder im Zenith des Beobachters steht. Hätte man daher bei den Abständen des Mondes seine parallaktische Bewegung gänzlich vernachlässigt, so mußten sich die Fehler der Längenberechnung bis ins Abenteuerliche steigern.[2] Ehe man also durch dieses

damals in Umlauf waren. In einer Denkschrift von Lalande (Histoire de l'Académie des Sciences A° 1752. Paris 1756. p. 86) findet man eine Tafel der verschiedenen Parallaxen des Mondes von Ptolemäus und Alphons dem Weisen bis auf Euler zusammengestellt. Die äußersten Angaben sind die von

	Kepler	Longomontanus
Große Parallaxe . . .	60′ 58″	67′ 6″
Kleine „ „ . . .	54′ 41″	51′ 20″.

[1] Wenn der Kreis A C B uns einen Durchschnitt der Erde am Aequator vorstellt, so wird ein Beobachter in A das Centrum des Mondes den Stern γ, ein anderer Beobachter in B es den Stern α bedecken sehen, während

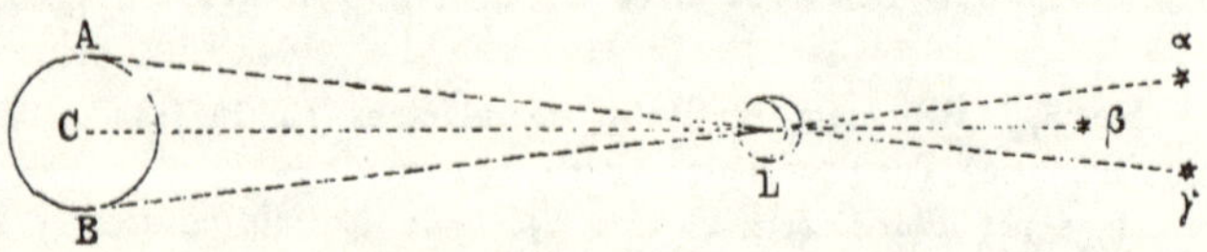

der Beobachter im Mittelpunkt der Erde C allein wahrnimmt, daß das Centrum des Mondes den Stern β wirklich bedeckt. Der Winkel C L A zeigt uns die Wirkung der Mondparallaxe am Orte A, der Winkel C L B die Wirkung der Parallaxe am Orte B.

[2] So widerfuhr es Vespucci an der Küste Venezuela's in der Nacht vom 23—24. August 1499. (Vita e Lettere di Amerigo Vespucci, ed. Bandini. Firenze 1745. p. 71.) Er fand in den Ephemeriden des Regiomontan, daß in Ulm zwischen 12 Uhr und 1 Uhr in jener Nacht eine Conjunction des Mondes und Mars stattfinden sollte. Als der Mond

Verfahren zu brauchbaren Ergebnissen gelangen konnte, mußte Newton ein Handinstrument erfinden, mit dem sich Winkel bis zur Genauigkeit einer Bogenminute messen ließen, Lacaille mußte die Entfernung des Mondes bestimmen und Tobias Mayer seine berühmten Mondtafeln berechnen, so daß vor 1760 die Mondabstände für irdische Ortsbestimmungen sich nicht benutzen ließen. Mittlerweile suchte man sich noch auf eine andere Art zu helfen, bei der wenigstens die gefürchteten Mondparallaxen und die Wirkung der Strahlenbrechung unschädlich wurden.

Es ist eine Folge seiner eigenen östlichen Bewegung, daß der Mond jeden Tag etwa 48 Minuten später als am vorherigen durch den Mittagskreis eines Ortes geht. Vertheilt man diese 48 Minuten über die 360 Längengrade der Erde,

7½ Uhr in Venezuela aufging, stand Mars schon etwas mehr als 1 Grad östlich. Hätte Vespucci die Wirkung der Mondparallaxe berücksichtigt, so würde er gefunden haben, daß er sich in Zeit 5–5½ Stunden westlich von Ulm befand, wie es in der That der Fall war. Statt dessen berechnete er 82½° westl. L. von Cadiz oder 16° zu viel. Dies ist die älteste bis jetzt gekannte geographische Länge, die durch Mondabstände ermittelt wurde. In peinigende Ungewißheit gerieth Andres de San Martin, der astronomische Begleiter des Magalhaês, als er vor Rio de Janeiro eine Conjunction des Jupiter mit dem Monde am 16. December 1519 7 Uhr 15 Minuten Abends eintreten sah, die nach dem Kalender des Ben Zacuth in Sevilla erst am 17. December 1 Uhr 10 Minuten Mittags stattfinden sollte, woraus sich ein Unterschied der wahren Zeit von 27 Stunden 55 Minuten oder eine westliche Länge von 269¾° ergeben hätte. (Herrera, Hist. de las Indias Occidentales Dec. II, libro IV, cap. 10. Madrid 1726. tom. II. p 104.) Der wackere Astronom überzeugte sich daher von der Unbrauchbarkeit seines Kalenders. Etwas glücklicher war Willem Barentsz., der am 24. Januar 1597 in dem Behouden Huys (Eishafen) auf Novaja Semlja eine Jupitersconjunction angeblich um 6 Uhr Morgens eintreten sah, die nach den Ephemeriden des Scali für Venedig um 1 Uhr nach Mitternacht stattfinden sollte, woraus er auf 75° östlichen Abstand seines Ortes von Venedig schloß, um 15½° zu viel. Hätte er die 1582 in Venedig erschienenen Ephemeriden des Antonio Magini benutzt, wo die Conjunction auf 12 Uhr 41 Minuten angegeben war, und die parallaktischen Wirkungen berücksichtigt, so würde das Ergebniß befriedigend ausgefallen sein. Dies sind die drei ältesten Längenermittlungen aus Mondabständen. Waren sie auch verfrüht, so machen sie doch den Beobachtern keine Unehre.

so ergibt sich für einen jeden eine Verzögerung von 8 Zeitsekunden. Kennt man aus dem Almanach genau die wahre Zeit eines Mondburchganges für einen bestimmten Ort, so kann man aus der Beschleunigung oder Verzögerung des Mondburchganges an einem zweiten Ort dessen östlichen oder westlichen Abstand von dem ersten Ort ermitteln. Orontius Finäus hatte deshalb um 1550 vorgeschlagen, die Mondburchgänge für den pariser Mittagskreis genau im voraus zu berechnen.[1] Baffin ist der einzige Seemann, der dieses Verfahren und einmal sogar mit großem Glück anwendete.[2] Die Uebelstände, welche der Schifffahrt aus den unsicheren Längenbestimmungen erwuchsen, bewogen Philipp III. von Spanien, ein Jahrgeld von 6000 Ducaten demjenigen auszusetzen, welcher eine sichere Methode der Längenbestimmungen aufstellte.[3] Unter anderen bot auch Galilei im Jahre 1612 dem König eine neue Methode an, nämlich aus der Beobachtung der Jupitertrabanten die

[1] De Mundi Sphaera. Paris 1555. lib. V, cap. 3, p. 49b.

[2] Das erstemal (1612) lag er längere Zeit in einem Fjord der grönländischen Westküste 65° 20′ (richtiger 65° 38′ n. Br.). Dort fand er am 9. Juli aus der wahren Zeit des Mondburchganges einen Längenabstand von London, der 60° 30′ betragen sollte, während er nur 53° hätte finden dürfen. Drei Jahre später wiederholte er die Uebung in der Hudsonsstraße bei Broken Point, wo sein Schiff fest zwischen Eis lag. Nachdem er am 21. Juni eine Mittagslinie gezogen und die Breite des Ortes 63° 40′ gefunden hatte, gelang es ihm am nächsten Tage, die Zeit des Mondburchganges durch eine Sonnenhöhe zu ermitteln. Der Mondburchgang, der in London 4 Uhr 54 Minuten 30 Sekunden stattgefunden hatte, trat in der Hudsonsstraße um 5 Uhr 4 Minuten 52 Sekunden ein. Der Mond hatte an jenem Tage eine östliche Bewegung von 12° 38′ oder in Zeit 0h 50′ 25″ 20‴. Baffin berechnete daraus 74° 5′ westlichen Abstand von London, ein Ergebniß, welches sich nach Sir Edward William Parry der Wahrheit bis auf einen Grad nähert. (S. Baffin bei Rundall, Voyages towards the North-West. p. 117 sq.) Doch war diese Schärfe nur ein Geschenk des Zufalls, denn weder besaßen die damaligen Mondtafeln die erforderliche Schärfe, noch konnte Baffin seine örtliche Zeit, wegen der Refractionen und der Ungenauigkeit der Instrumente, genau bestimmen.

[3] J. Lelewel, Géogr. du moyen-age. II, §. 218, p. 194. Galilei's Briefe in seinen Werken. Tom. III, p. 125. Firenze MDCCXVIII.

Länge zu ermitteln, wurde aber abgewiesen, weil, wie der Bescheid lautete, der König bereits viel Geld unnütz ausgegeben habe für solche Methoden, die sich doch nicht bewährt. Später, 1636, wandte sich der berühmte Astronom an die holländischen Generalstaaten;[1] allein man war auch dort der Ansicht, daß sich auf der See wegen des Schlingerns der Schiffe die Methode praktisch nicht gut verwerthen lasse.

Gemälde der Erde.

Die Meisterschaft in der bildlichen Darstellung der Erdoberfläche muß im 14. und 15. Jahrhundert den seefahrenden Völkern des Mittelmeeres, vorzüglich den Italienern, in der ersten Hälfte des 16. Jahrhunderts ihren Schülern, den portugiesischen und spanischen Lootsen, zuerkannt werden. Um die Mitte des 16. Jahrhunderts begann die Herrschaft der deutschen Kartenzeichner, die am Schluß jenes Jahrhunderts von den Niederländern verdrängt wurden, deren Blüte das 17. Jahrhundert ausfüllt. Die Verfertigung von Gemälden der Erde kann nur bei Völkern gedeihen, wo gewisse darstellende Künste eine höhere Ausbildung erreicht haben. Es ist also kein Zufall, daß die Meisterschaft in der Kartenzeichnung mit dem Auftreten und der Herrschaft italienischer, deutscher und niederländischer Malerschulen zusammenfällt. Die Vorzüglichkeit deutscher Erdgemälde verdanken wir daher der hohen Stufe, auf welche der Holzschnitt und Kupferstich durch Albrecht Dürer, einen Schüler Wohlgemuth's, gehoben worden war. Daher konnte auch in Deutschland allein die erste in Holz geschnittene Ausgabe Ptolemäischer Karten erscheinen.[2] Die Fertigkeit der bildlichen Darstellung sichert aber noch nicht einem Volke die Meisterschaft in

[1] Siehe dieses Schreiben in Opere di Galileo Galilei, tom. III, p. 155.

[2] Im 16. und noch im 17. Jahrhundert sind allein deutsche und niederländische, sehr selten italienische, so gut wie gar nicht französische und englische Drucke von Reisewerken mit Holzschnitten verziert. So sind auch die

den Kartenzeichnung, sondern es muß sich zu ihr auch die Ueberlegenheit in den mathematischen Wissenschaften gesellen. Das 16. Jahrhundert war die Zeit unsrer großen Astronomen, und mit Kepler am Beginn des 17. erreichte die deutsche Erdkunde ihren höchsten Glanz, um nach dem 30jährigen Kriege auf lange Zeit völlig zu erlöschen.

Deutsche Mathematiker wagten zuerst bei der Uebertragung von Kugelflächen in die Ebene (Projectionsarten) die Vorbilder des Alterthums zu verbessern. Voran Nicolaus Donis, ein Benedictiner von Reichenbach, welcher seit 1470 nicht blos den Ptolemäus ins Lateinische übertrug, sondern auch in Uebereinstimmung mit dem Texte die Karten, entgegen den überlieferten Darstellungen nach einer correcteren Projection zu entwerfen wagte. Darin lag der erste Fortschritt der mathematischen Geographie gegenüber den hohen Leistungen des Alterthums. Eine neue Methode, um Weltkarten zu zeichnen, lehrte Johann Staben, Professor in Wien († 1522); es war die erste äquivalente

Globuskarten zuerst in Holland gravirt. Der erste in neuerer Zeit verfertigte Globus, von der kundigen Hand M. Behaim's entworfen, hat sich bis heute erhalten (vgl. Dr. J. W. Ghillany, Geschichte des Seefahrers Ritter Martin Behaim. Nürnberg 1853). Die Fabrikation der Globen wandte sich bereits vor der Mitte des 16. Jahrhunderts von Nürnberg aus nach den Niederlanden. (Gemma Frisius, G. Mercator, J. Hondius, W. J. Blaeu.) Noch im 17. Jahrhundert wurden die Globen von Seeleuten auf den Schiffen verwendet. Der erste Globus Mercator's vom Jahre 1541 ist in getreuer Copie veröffentlicht: Sphère terrestre et sphère céleste de Gérard Mercator de Rupelmonde, editées à Louvain en 1541 et 1551, edit. nouvelle de 1875, d'après l'original appartenant à la bibliothèque royale de Belgique. Bruxelles 1875. Eine erstaunliche Verirrung des damals noch jugendlichen Kartographen bietet Südasien; hier folgt auf die beiden nach portugiesischen Aufnahmen gezeichneten Halbinseln von Indien noch eine dritte indische Halbinsel und zwar des Ptolemäus Hinterindien. Auf diese Weise reicht die Küste von China (Mangi) bis auf 20 Meridiane an den Mittagskreis der Hawaigruppe heran. Ganz Vorderasien ist durchaus nach Ptolemäus, Hochasien und Indien mit Ausnahme der Küsten gleichfalls, so auch das Innere von Nordafrika entworfen. Es mag hinzugefügt werden, daß bereits die berühmte Ptolemäusausgabe (Basel 1513) drei indische Halbinseln zeichnet.

Projection, welche Mercator für die Uebersichtskarten einzelner Erdtheile wählte.[1] Johann Stöffler aus Justingen (Oberamt Münsingen, geb. 1472 † 1530) und nach ihm der Nürnberger Johann Werner (geb. 1468 † 1528) führten nach Anleitungen des Hipparch das stereographische Gradnetz ein.[2] Beliebt blieb auch lange Zeit im 16. Jahrhundert eine anonyme Entwerfungsart des Peter Bienewitz zur Darstellung beider Halbkugeln in der Form eines Eirundes oder Ballons mit geraden, gleich abständigen Breite-, und elliptischen, gleich abständigen Mittagskreisen, die Sebastian Cabot zu seiner berühmten Weltkarte benutzt hat.[3] Weit höher an Werth stehen jedoch zwei Erfindungen des Gerhard Kremer (geb. in Rüpelmünde 5. März 1512, gest. in Duisburg 30. November 1594), der durch die Gunst des Herzogs von Jülich angezogen, nach Deutschland zurückkehrte und in Duisburg sich ansiedelte.[4] Er und nicht Delisle lehrte zuerst, wie wahrheitsgetreu Erdflächen der gemäßigten Zone auf die Ebene sich übertragen lassen, wenn man sie wie die Flächen eines Kegels behandelt, den man sich unter zwei Polhöhen durch

[1] Breusing, Gerhard Kremer, gen. Mercator. Duisburg 1869. S. 45 und 46.

[2] Vernerus, de quatuor aliis planis terrarum orbis descript. libellus Propos. IV, und d'Avezac, coup d'oeil histor. sur la projection des cartes. Bulletin de la soc. de géogr. Avril et Mai 1863. p. 307.

[3] D'Avezac l. c. p. 312.

[4] Gualterus Ghymmius, Vita Gerardi Mercatoris, in Mercator's Atlas. Duisburgi 1595. Daß Mercator ein Deutscher ist, hat Breusing (Gerhard Kremer, gen. Mercator, Duisburg 1869) schlagend nachgewiesen und den durch historische Documente nicht gestützten Versuch J. v. Raemdonck's (Gérard Mercator, sa vie et ses oeuvres. St. Nicolas 1869) Mercator als einen Belgier hinzustellen, gründlich widerlegt. (Vgl. noch A. Petermann, Mittheilungen 1869. S. 438 und 439.) Die Aussprüche Mercator's selbst: parentibus Juliacensibus conceptus, primisque annis educatus, in Flandria natus sum; ferner die Worte der Grabschrift: Juliacensium provincia oriundus, natus Rupelmundae Flandrorum, und endlich die Angabe seines Freundes Walter Ghymmius: G. M. editus est in lucem a parentibus Juliacensibus apud illius patruum Rupelmundae commorantibus beweisen unwiderleglich die deutsche Abstammung und die zufällige Geburt in Flandern.

die Kugel gestoßen denkt, die Mittagskreise sodann als gerade Linien, die Breitenkreise als Curven ausgedrückt werden.[1] Noch scharfsinniger ist seine nach ihm benannte Projection, welche die Kugel zur Walze umwandelt, so daß sich Meridiane wie Parallelen rechtwinkelig schneiden, derart jedoch, daß die Abstände der letzteren vom Aequator nach den Polen genau in dem Verhältniß wachsen, als die Abstände der Mittagskreise auf der Kugel sich vermindern. Durch dieses Verfahren entfernt sich zwar das Bild mit den zunehmenden Breiten immer mehr von den wahren Größenverhältnissen, aber doch wieder in einem so genauen Fortschritt, daß alle Küsten-, Fluß- oder Gebirgslinien ihre wahre Richtung behalten und innerhalb zweier Breitenkreise alle Entfernungen unter sich übereinstimmen. Die Mercatorsprojection wurde zuerst auf der berühmten Weltkarte von 1569[2] gebraucht und ist seit der Mitte des 17. Jahrhunderts für Seekarten ausschließlich angewendet worden; doch bedurfte es länger als ein Jahrhundert, ehe die Schifffahrer den Nutzen der neuen Erfindung einsahen.[3] Auf dieser Weltkarte findet sich auch bereits das von Postell (geb. 1510 zu Barenton, Normandie) 1581 für nördliche und südliche Halbkugelbilder

[1] D'Avezac (l. c. p. 318) setzt die erste Anwendung dieser verfeinerten conischen Projection in das Jahr 1554.

[2] Abgedruckt im kleinen Maßstabe bei Lelewel (Géogr. du moyen-âge. Bruxelles. tom. I.). Ihm folgte zunächst Bernardus Puteanus aus Brügge 1579: A briefe Description of Universal Mappes and cardes and of their use etc. Newly set foorth by Thomas Blundeville, of Newton Flotman in the Countie of Norfolke. Gent u. London 1589. Die Methode der Mercator'schen Projection der wachsenden Breiten hat erst Edw. Wright 1599 in seinem Werke: Certain errors in Navigation detected and corrected by Edw. Wright dargelegt; im 4. Cap.: Another way for graduating the meridian of a generall sea chart. Um 1600 waren diese Karten in Holland schon in Gebrauch (de Jonge, de Opkomst. etc. I. 73—75).

[3] Noch in Jan Janssonius' „See-Atlas" ist eine beträchtliche Anzahl der Karten ohne Gradnetz nach den Compaßrosen gezeichnet, andere mit Compaßrosen und Breitengraden, noch andere in walzenförmiger Auflösung, aber ohne wachsende Breitenabstände und nur ein Theil mit Mercatorprojection.

angewandte kreisförmige Netz, dessen Mittelpunkt der Pol einnimmt, von dem die Mittagslinien speichenartig in gleichen Abständen auslaufen, während die Breitengrade concentrische Kreise bilden, ein central-polarer Entwurf, der noch jetzt für die Darstellung von Circumpolarräumen sich empfiehlt.[1] Man war also in dieser Zeit mit den wichtigsten Projectionsweisen bereits bekannt, die zwar noch verfeinert, aber durch neue Erfindungen nicht vermehrt werden konnten. Ebenso wußte man so gut wie jetzt für jeden gegebenen Erdraum die schicklichste Projectionsart, das heißt diejenige, welche die Kugelform am wenigsten entstellte, auszuwählen.[2]

Die Kartensammlungen jener Zeit bestanden meistens aus Ausgaben des Ptolemäus, von denen im 15. Jahrhundert 5, sämmtlich in Italien, im 16. Jahrhundert dagegen 21 und zwar nicht weniger als 16 deutsche (9 in Basel, 4 in Cöln, 3 in Straßburg)[3] erschienen. Anfangs begnügte man sich, Karten nach den Ortsbestimmungen des Alexandriners zu entwerfen, seit 1513 aber fügten Jakob Aeßler und Georg Uebelin einen Atlas neuer Karten hinzu. Ein Blick auf die Leistungen unserer Nachbarn wird uns am besten belehren, worin die Ueberlegenheit der deutschen Meister bestand. Ptolemäus hatte, wie wir schon oft erinnerten, die große Axe des Mittelmeeres auf 62 Längengrade statt 41° 41′ bestimmt[4] und dadurch Europa eine bedauerliche Verzerrung erlitten, die auf die Axenstellung der apenninischen Halbinsel nothwendig zurückwirken mußte. Diesen Fehler ließen die Italiener unverbessert und er verunstaltete die

[1] Breusing, Gerhard Kremer, gen. Mercator. S. 50. Postell nennt sich auf dem Titel seines Werkes (De orbis terrae concordia libri IV) professor mathemat. in academia Lutetiana. (Harrisse, Bibl. Amer. vetust. Additions. p. 146.)

[2] George Fournier, Hydrographie. lib. XIV, cap. 32—34. Paris 1643. fol. 675 sq. Varenius, Geogr. generalis. lib. III, cap. 32, prop. VI. Amstel. 1650. p. 717.

[3] Siehe die Liste der Ptolemäischen Ausgaben bei Lelewel (Géogr. au moyen-âge. Bruxelles 1852, tom. II. p. 207).

[4] Siehe oben S. 56.

vorzüglichsten Karten ihrer Heimat, wie die des Piemontesen Jacopo Castaldo von 1543, bei dem man sonst die Darstellung der dalmatinischen Küste wegen ihrer Naturwahrheit bewundern muß.[1] Sein Nachfolger Girolamo Ruscelli (1561) sank noch tiefer in die Ptolemäischen Irrthümer zurück. Auf seinen Karten beträgt der Fehler bei den Breiten im Mittel 0° 47′,[2] bei den Längen der Halbinsel wächst er aber bis zu einer Summe von 6° 21′.[3] Gründliche Verbesserungen wurden erst von Magini eingeführt, bei dessen Breiten der mittlere Fehler auf 0° 19′ (mit einem Maximum von 0° 47′ für Palermo) und bei dessen Längen er ebenfalls auf 0° 19′ (mit einem Maximum von 0° 51′ für Rom) herabsinkt.[4] Zwischen Nizza und Otranto nahm aber auch er noch einen ostwestlichen Abstand von 14½° statt 11° 14′ an, und er selbst mußte bekennen, daß die Karten Italiens, die Mercator in Duisburg verfertigt hatte, den italienischen überlegen waren.[5]

[1] Siehe seine Karte bei Ortelius (Theatrum orbis terrar.). Zwischen Nizza 28° 30′ und Otranto 42° 20′ ö. L. nimmt er 13° 50′ statt 11° 14′ Abstand an. Venedig (34° 5′ ö. L.) weicht von Rom (35° 55′ ö. L.) um 1° 50′ gegen Osten zurück, während die Länge beider Städte nur wenige Minuten verschieden ist.

[2] Der Fehler ergibt sich aus den fünf wichtigen Ortsbestimmungen von Nizza, Otranto, Venedig, Rom, Florenz und Neapel Höchster Fehler: Otranto 1° 25′.

[3] Espositioni di Girolamo Ruscelli con XXXVI nuove Tavole. Venetia 1561. Nizza 28° 5′ ö. L.; Otranto 45° 40′ ö. L.; Abstand bei Ruscelli 17° 35′; in Wahrheit 11° 14′.

[4] Dieses Ergebniß gründet sich auf die Karten zu Magini's Ptolemaeus, Venetiis 1596, mit Benützung der neun Positionen: Mailand, Genua, Pisa, Bologna, Florenz, Venedig, Rom, Neapel, Palermo. Die Längenfehler beziehen sich auf den Meridian von Bologna.

[5] Antonius Maginus Patavinus, Novae Geographicae Tabulae. Venet. 1596. tom. II, p. 102^b. Nos vero per dimensionem in Mercatoris Italia circino factam, *quam ceteris praestare judicamus*, longitudinem invenimus mill. 720 fere. Mercator hatte Nizza 29° und Otranto 43° ö. L. (Abstand 14°) verlegt Magini blieb bei 27½° für Nizza und 42° für Otranto, also 14½° statt 11° 14′ Abstand.

Ebensoweit blieben die Franzosen zurück. Auf der Karte des Jean Jolivet von 1560, wie sie Ortelius veröffentlichte, finden wir einen mittleren Irrthum bei den Breiten von $0^\circ 45'$ (mit einem Maximum von $1^\circ 38'$, Marseille) und bei den Längen von $1^\circ 25'$ mit einem Maximum von $3^\circ 49'$.[1]

Die ersten neuern Karten von England lieferte Humfried Lhuyd aus Denbygh 1569. Dann folgten die Arbeiten von Saxton (1575), Cambden († 1623) und Speed.[2] Spanien wurde in verbesserter Gestalt von Pedro de Medina 1560, Südamerika von Diego Mendez, Mexiko und Westindien 1579 von einem Unbekannten,[3] Portugal 1560 von Hernando Alvaro Secco gezeichnet. Schweden behielt lange Zeit die Verunstaltung, die ihm Olaus Magnus 1539 gegeben hatte und noch auf seiner 1567 in Basel anonym erschienenen Karte durchschnitt der Polarkreis 30 schwedische Meilen nördlich von Upsala das Land. Viel schärfer wurden die Umrisse der Halbinsel von den englischen und holländischen Nordostfahrern bestimmt, aber die ersten genaueren Karten entwarf erst Adrian Veno für Gustav Adolph (1613), die 1626 „der Vater der schwedischen Geographie", Andreas Buraeus (geb. 1571) noch wesentlich verbesserte.[4] Die

[1] Zu Grunde liegen die zwölf Ortsbestimmungen: Amiens, Avignon, Bordeaux, Brest, Havre, Lyon, Marseille, Nancy, Orleans, Paris, Toulouse, Verdun. Die Längen sind auf den Meridian von Brest bezogen worden. Am höchsten steigt der Irrthum zwischen Brest und Verdun, der bei Jolivet $13^\circ 40'$, in Wahrheit $9^\circ 51'$ beträgt. Der mittlere Fehler bei Franzosen darf nicht mit dem mittleren Fehler der Italiener verglichen werden, weil die italienischen Längen auf einen mittleren, die französischen auf einen Grenzmeridian bezogen wurden.

[2] Die Karten von Lhuyd finden sich bei Ortelius und in dem Mercator-Atlas des Hondius. Hondius gab auch 1610 den Atlas von Speed heraus. Vaugondy, Essai sur l'histoire de la géographie. Paris 1755. p. 176.

[3] Im Theatrum Orbis von Ortelius.

[4] Vaugondy, Hist. de la géogr. p. 205. Bereits 1611 erschien von André Bure die erste Karte von Lappland, zugleich die erste in Schweden gedruckte Karte. Unter Bure's Leitung wurde das Land nach einzelnen Provinzen genauer vermessen und kartographirt. Zwischen 1650 und 1660 erschienen 9 Bl. bei Gebrüder Blaeu in Amsterdam. (Notices sur la Suède

älteste Karte von Rußland von Herberstein aus dem Jahr 1549 wurde nach Jenkinson[1] vielfach berichtigt, dessen Darstellungen selbst Mercator nicht gebührend zu würdigen wußte.

Vergleichen wir damit die Leistungen unserer Geographen, so finden wir noch geringe Vorzüge bei Sebastian Münster aus Basel, einem Schüler Stöffler's, obgleich seine Breiten schon sehr genau sind.[2] Vor ihm hatte aber Peter Bienewitz im Jahre 1524 seine Tafeln für Längen und Breiten veröffentlicht, die zur Entwerfung von deutschen Karten Ortsbestimmungen von staunenswerther Genauigkeit gewährten.[3] Nirgends gab es damals eine größere Anzahl von Kartenzeichnern als in Deutschland. Bis auf die Grafschaft Waldeck besaß jedes Reichsgebiet seinen Geographen, und einzelne Blätter zeigen uns schon eine

à l'occasion du congrès international des sciences géographiques de 1875 à Paris p. 24, 25.)

[1] Ueber Herberstein und Jenkinson s. oben S. 316, S. 322.

[2] Auf der Karte von Deutschland in Sebastian Münster's Cosmographiae universalis libri VI, Basiliae 1550, finden wir folgende Breiten: Cöln 51° 20′ (Fehler: 0° 24′); Basel 47° 35′ (Fehler: 0° 2′); Straßburg 48° 35′ (Fehler: 0° 0′); Mainz 50° 5′ (Fehler: 0° 5′); Wien 48° 0′ (Fehler: 0° 13′); Prag 50° 5′ (Fehler; 0° 0′). Die Fehler wachsen bei Städten, die von seiner Heimat weit entfernt lagen, z. B.: Bremen 54° 10′ (Fehler: 1° 5′); Hamburg 55° 20′ (Fehler: 1° 47′). Seine Karte ist ohne Mittagskreise, die ostwestlichen Abstände zwischen Basel und Wien übertreffen aber die correcten Maße um ein volles Drittel.

[3] Peter Apianus (Bienewitz), geb. 1495, gab als Professor in Ingolstadt 1529 zuerst seinen cosmographicus liber heraus und starb 1551 oder 1552. Da selbst die Breiten nur weniger Städte mathematisch bestimmt waren, so ist es schwer zu erklären, woher die Kartenzeichner ihre Ortskunde schöpften. Es entstand jedoch nach Einführung der Posten eine Literatur für Straßenbeschreibung. So gab Daniel Wintzenberger „Churf. Säxischer Postbereiter" in Dresden 1557 „ein naw Reyse Büchlein" heraus, in welchem man die Entfernungen aller Poststationen von Dresden bis Upsala, Bergen, Krakau, Hermannstadt, Mailand, Genua und Madrid angegeben findet. Eine ähnliche Hilfe gewährte Georg Mayr's Wegbüchlein der fürnembsten Wege (Augsburg 1625), welches sich von Litthauen über Europa bis Portugal erstreckt. Spätere Kartenzeichner konnten Martin Zeiller's Reißbuch und Beschreibung (Straßburg 1632) wenigstens für Deutschland benutzen. Leider fehlt bei diesen Hilfsmitteln die Angabe der Himmelsrichtung.

Correctheit, wie sie anderwärts kaum ein Jahrhundert später erreicht wurde. Die Karte der Markgrafschaft Brandenburg von Kammermeister (Camerarius), Professor an der Universität Frankfurt a. d. Oder, setzte durch ihre Treue Gerhard Mercator in solches Erstaunen, daß er nichts an ihr zu ändern wagte. Als höchstes Meisterwerk aber erscheint uns die Karte Unter- und Oberbayerns von Daniel Keller oder Kellermeister (Cellarius) aus Eisenberg im Altenburgischen, welche nach dem großen Atlas von Philipp Bienewitz entworfen wurde,[1] auf der namentlich die Bewässerung der süddeutschen Hochebene so gelungen dargestellt ist, daß dieses Bild unendlich höher steht, als das entsprechende Blatt in Mercator's Kartensammlung. Einen höheren Rang müssen auch wir der Karte von Preußen zuerkennen, die Caspar Henneberger, Pastor in Mühlhausen (bei Eylau) 1584 zeichnete, nicht blos wegen ihrer befriedigenden mathematischen Verhältnisse, sondern noch viel mehr wegen der Treue der Küstenlinien und des lebendigen Bildes der netzartigen Bewässerung, so daß sie ein unübertroffenes Meisterstück bis ins 18. Jahrhundert blieb.[2] Fleiß und Sauberkeit lassen sich auch an der Karte der Insel Rügen von E. Lubin rühmen.[3] Es war daher nicht schwer, aus so viel trefflichen Einzelnarbeiten

[1] Cellarius, Speculum totius Germaniae. Antw. 1575, bei Gerard de Jode. fol. XIX. Darauf liegt Füßen 47° 32' statt 47° 34', und Cham 49° 10' statt 49° 13' n. Br. Der Abstand von Süd nach Nord ist daher bis auf 0° 1' richtig, die Breiten aber um 2' bis 3' zu südlich. Zwischen Augsburg und Passau findet man auf der Karte einen Abstand von 2° 31', was der Wahrheit bis auf 0° 4' oder 1/38 entspricht. Der Atlas des Apianus von 24 Blättern 1566 (herausgegeben von Petrus Weinerus s. l. s. a.), deren Holztafeln jetzt noch im Conservatorium der königl. Armee in München aufbewahrt werden, beruhte zum Theil auf geometrischen Aufnahmen und darf als der erste Versuch topographischer Karten bezeichnet werden. v. Sydow in Peterm. Geogr. Mitth. 1857. S. 73.

[2] Ein Abdruck davon im Theatrum des Ortelius. Antwerpen 1584. Hauber, Historie der Land-Charten, Ulm 1724, S. 162, erklärt sie für noch besser als alle späteren.

[3] Im Mercator-Atlas, ed. Hondius 1628, fol. 501.

ein Bild des Ganzen anzufertigen, wie wir es bei Mercator finden. Wenn bei Peter Bienewitz 1524 noch ein mittlerer Fehler bei den Breiten deutscher Orte von 16', bei den Längen von 1^0 7' störend wirkte, so sinkt bei Mercator 1595 der Breitenfehler schon auf 8¾', der Längenfehler auf 14⅔' herab.[1]

Es war ein großes wissenschaftliches Wagniß, schon im 16. Jahrhundert die mathematische Ortsbestimmung bei der bildlichen Darstellung der Länder wieder einzuführen. Nur eine unreife Erforschung der geschichtlichen Wahrheit hat aber gegen die Deutschen den Vorwurf erheben können, daß sie durch Auffrischung der falschen alexandrinischen Weltgemälde die scheinbar getreueren Küstenkarten mittelländischer Lootsen verdrängt und der Erdkunde jene gewonnenen Schätze entzogen hätten. Als die Deutschen den Weg einschlugen, auf dem ihnen alle Völker gefolgt sind, besaßen sie bereits Meisterschaft genug, um die Irrthümer der Ptolemäischen Ortsbestimmung zu verbessern. Kein Erdraum war im 16. Jahrhundert und lange nachher besser

[1] Dieses Ergebniß ist durch den Vergleich folgender 19 Punkte, bezogen auf den Meridian von Aachen, gewonnen worden: Aachen, Basel. Cöln, Ulm, Coblenz, Frankfurt a. M., Prag, Ingolstadt, Regensburg, München, Wien, Leipzig, Dresden, Braunschweig, Lübeck, Bremen, Hamburg, Berlin, Stettin. Maximum des Breitenfehlers bei Apian 0^0 56' (Lübeck), bei Mercator 0^0 29' (Hamburg); der Längen bei Apian 2^0 26' (Wien) und bei Mercator 1^0 12' (ebenfalls Wien). Diese Fehler lassen sich vergleichen mit den französischen, weil sie auf einen Grenzmeridian bezogen worden sind. Zu günstigeren Ergebnissen mußte Lelewel gelangen, weil er die Längenabstände nach dem centralen Meridian von Nürnberg berechnete, der für Apian günstiger gewählt ist, als für Mercator. (Epilogue, p. 206.) Er findet nämlich

	bei Apian	bei Mercator	in Wahrheit
Straßburg westliche Länge . .	3^0 30'	3^0 28'	3^0 24'
Mainz " " . .	3^0 10' (?)	3^0 18' (?)	3^0 16' (?)
Ulm " " . .	0^0 50'	1^0 5'	1^0 5'
Ingolstadt östliche Länge . . .	0^0 46'	0^0 25'	0^0 19'
Wittenberg " " . . .	2^0 10'	1^0 57'	1^0 35'
Stettin " " . . .	5^0 0'	3^0 55'	3^0 31'
Wien " " . . .	6^0 48	6^0 10	5^0 18'

mittlerer Fehler des Bienewitz 0^0 38'; mittlerer Fehler des Mercator 0^0 17

gekannt und getreuer dargestellt worden, als Deutschland.[1] Am Beginn des 17. Jahrhunderts aber gelang es Kepler, nicht blos Breiten, sondern auch Längen nach astronomischen Beobachtungen festzustellen.[2] Er setzte den Abstand zwischen Cöln und Danzig auf 50 Minuten in Zeit fest oder um 0° 48′ im Bogen zu groß.[3] Bei dem Abstand zwischen Straßburg und Wien aber ließ er nur noch einen Fehler 0° 22′ 30″ im Bogen übrig.[4]

[1] Lelewel, der in den vier Bänden seiner Kartenkunde des Mittelalters nichts gethan hat, als Ptolemäus zu erniedrigen und die Deutschen wegen der Auferweckung der alexandrinischen Geographie zu schmähen, ist in einer späteren Arbeit, nachdem er sich besser unterrichtet hatte, selbst der Lobredner der Verfolgten geworden, denn er sagt von Deutschland: Aucun pays de l'ancien monde, à cette époque et longtemps après, n'était mieux constitué dans son ensemble sur la carte géographique: parce que les géographes d'Allemagne en recommandant leur maître Ptolémée et prêchant sa doctrine, se virent abandonné par leur maître et furent forcés de pratiquer la bonne théorie. Epilogue de la géogr. du moyen-âge. Bruxelles 1857. p. 206.

[2] Für den Abstand zwischen Paris und Uranienburg haben wir folgende Angaben:

	in Zeit	
Kepler	40 Min.	0 Sek.
Longomontan (geb. 1562) .	49 „	20 „
Bouillau (geb. 1605) . .	48 „	0 „
Riccioli (geb. 1598) . .	45 „	36 „
Picard (geb. 1620) . . .	42 „	10 „

Picard bestimmte die Länge bereits nach Immersionen und Emersionen der Jupiterstrabanten. In Wahrheit beträgt der Abstand $0^h\ 41^m\ 26^s$. So nahe kam Kepler der Wahrheit mit unvollkommenen Mitteln!

[3] Rudolphinische Tafeln, a. a. O. Zwischen Cöln und Bremen nimmt er 8 Minuten in Zeit an statt 7 Min. 24 Sek. oder 0° 8′ 58″ im Bogen zu groß; zwischen Bremen und Hamburg setzt er 4 Min. in Zeit statt 4 Min. 38 Sek. oder 0° 9′ 29″ im Bogen zu kurz; zwischen Hamburg und Danzig 38 Min. statt 34 Min. 47 Sek. oder 0° 48′ 7″ im Bogen zu groß.

[4]

	in Zeit	Fehler im Bogen
Von Straßburg bis Augsburg	13^m	zu groß 0° 5′
„ Augsburg „ Linz . .	14^m	„ „ 0° 7′
„ Linz „ Wien .	6^m	„ klein 0° 35′
Summe	33^m;	zu klein 0° 22′

Der wahre Abstand zwischen Straßburg und Wien beträgt in Zeit $34^m\ 30^s$.

So genau kannte man also damals schon im Norden wie im Süden die ostwestliche Ausdehnung unserer Heimat! Als die Kepler'sche Arbeiten erschienen, gab es aber in Deutschland kein Landkartengewerbe mehr. Wohl traten noch einzelne Meister auf, wie Johann Meyer aus Husum, der im Dienste des Königs von Dänemark 1652 seine gepriesenen 30 Karten von Schleswig herausgab, welche etwa 150 Jahre fast als die einzige Basis aller späteren Karten gedient haben;[1] aber längst schon hatte sich die darstellende Erdkunde von Deutschland hinweg nach Belgien und Holland gezogen, und es trat für die Geographie in unserem Vaterlande eine Todeserstarrung ein, die erst im 18. Jahrhundert mit dem Auftreten Homann's allmählich zu weichen begann.[2]

Nach den Niederlanden war die Kunst der darstellenden Erdkunde durch Mercator und seinen Freund Abraham Oertel (Ortelius) aus Antwerpen,[3] einen Abkömmling deutscher Auswanderer, verlegt worden, doch bestanden die Verdienste des letzteren hauptsächlich nur in fleißigem Sammeln von Karten und in ihrer glücklichen Auswahl. Auch Mercator's kritische Schärfe bewährte sich nur in den Erdräumen, die gut gekannt waren, jenseit dieser Grenze ließ er seiner Phantasie alle Zügel schießen. Geographische Märchen benutzte er zur Darstellung von Nordpolargebieten. Afrika füllte er aus mit Ptolemäischen Ortsnamen, unter die er, ohne sie zu verstehen, Stoffe aus der Karte der Pizigani[4] hineinmischte. In dem unbekannten Asien, jenseit der neuen Entdeckungen, warf er die Ptolemäische Ortskunde und die Bilder durcheinander, die Fra Mauro von Marco

[1] C. Gräf, Zur Geschichte der Vermessungen und Kartographie der Elbherzogthümer im VIII. und IX. Jahresbericht des Vereins für Erdkunde zu Dresden. 1872. S. 47.

[2] Hauber, Geschichte der Landkarten. S. 25.

[3] Abraham Ortelius, de la famille Oertel d'Augsbourg, sagt d'Avezac, Annales des voyages. Nov. 1866. p. 138.

[4] Siehe oben S. 186.

Polo's Fahrten entworfen hatte.[1] Er litt also heftig unter der Schwäche aller früheren Kartenzeichner, daß er ohne Kenntniß der geographischen Synonymik Gleichbedeutendes vervielfältigte, weil es doppelt benannt oder verschieden gezeichnet worden war. Für unsern Welttheil sind seine Gemälde fast bis zum Ende des 17. Jahrhunderts unübertroffen geblieben. Ein Laie, der zum erstenmal vor Mercator's Europa tritt, wird zwar erkennen, daß die Gliederungen dieses Festlandes nicht so getreu und zierlich wie auf den heutigen Kartenbildern ausgeführt sind, aber er wird im Bau des Ganzen den Grundfehler nicht oder doch erst sehr spät entdecken. Mercator hatte wie alle bessern Geographen des 16. Jahrhunderts das richtige Gefühl, daß Ptolemäus die große Axe des Mittelmeeres von Gibraltar bis Alexandrette viel zu weit gegen Osten hinausgerückt habe, er milderte daher auf seiner Weltkarte von 1569 den Fehler auf 52°, oder um die Hälfte, und ihm folgte darin getreulich Abraham Ortelius, ohne daß der eine wie der andre dafür einen bessern Gewährsmann als Abulfeda gehabt hätte, dessen Geographie Wilhelm Postell 1561 zuerst benutzt hatte.[2] Bis zum Schluß des 17. Jahrhunderts wagte man keine kräftigeren Verkürzungen an der großen Axe des Mittelmeeres,[3] obgleich Kepler mit Hilfe einer in Coimbra beobachteten Mondverfinsterung den Abstand Lissabons von Constantinopel bis auf 2° 52½′ im Bogen richtig anzugeben vermochte.[4]

[1] Siehe oben S. 213.

[2] Siehe oben S. 160.

[3] Nur Nicolaus Vischer (Piscator) wagt es, die Längenaxe des Mittelmeeres auf 48° zu kürzen. W. J. Blaeu hatte dasselbe empfunden. 1634 schreibt er an seinen Freund W. Schickard: Quae de longitudine inter Alexandriam et Romam observasti, ex nostralium in navigando observationibus ita esse semper judicavi, imo totam Europam ab omnibus Geographis vero longiorum describi. (P. J. H. Baudet l. c. bl. 173.) Den Längenunterschied von Toledo und Rom, den Ptolemäus auf 26° 40′, Mercator auf 20° angegeben, reducirte Blaeu auf 17° 20′. (P. J. H. Baudet. l. c. bl. 77.)

[4] Er bestimmt in den Rudolphinischen Tafeln den Abstand beider

Nach Mercator's Tode (1595) gingen seine Kupferplatten in den Besitz von Jodocus Hondius (geb. 1563, † 1611) über, der den Atlas des großen Meisters nicht sowohl verbesserte als erweiterte. Nach Jodocus' Tode erbte sein Sohn Heinrich die Platten und das Geschäft. Auch Petrus Plancius und Wagner (Aurigarius, 1586),[1] die früher auftraten, gehörten noch zur Schule Mercator's. Seit 1636 gab Jan Jansson[2] seinen großen Atlas heraus, der 1653 schon auf sechs große Foliobände und 451 Karten angewachsen war. Seine Gegner auf dem Markte waren Willem Jansson Blaeu[3] (geb. 1571, † 1638) und seine Söhne Jan und Cornelis, die es 1655 bis auf 372 Karten gebracht hatten.[4] Da die darstellende Geographie ein Gewerbe geworden war und die gestochenen Platten als großartige Vermögen in den Familien vererbten, so wurden die Namen der bezahlten Künstler nicht mehr genannt, mit Ausnahme vielleicht des späteren De Witt und des originellen Nicolaus Vischer, mit denen die niederländische Schule auf immer verfiel.[5] Seit die Holländer in Ostasien und in Amerika

Städte auf 2 St. 54 Min.; in Wahrheit beträgt er 2 St. 32 Min. 30 Sek. oder im Bogen 38° 7′ 35″. Zwischen Lissabon und Wien setzt Kepler (1^h 42^m) 25° 30′ statt 25° 31′ 21″. Der Fehler beträgt daher nur 0° 1′ 21″.

[1] Richtiger Lucas Jansz. Waghenaer. Sein „Spieghel der Zeevaerdt" (Leyden 1583), in England 1588 nachgestochen, war der erste „Waggoner". Der Name wurde appellativ gebraucht und ging auch ins französische als „Chartier" über. (Gentleman's Magazine. May 1858.)

[2] Jan. Jansz. oder Janssonius war der Schwiegersohn des Jod. Hondius und erbte nach dem Tode seines Schwagers Hendrik Hondius das Geschäft.

[3] W. J. Blaeu, 1633 zum Kartographen der Republik ernannt, erhielt den Auftrag, die Journale der Steuerleute zu prüfen und danach die Karten allmählich zu verbessern. (P. J. H. Baudet, Leven en Werken van W. J. Blaeu. Utrecht 1871. bl. 15 en 16.)

[4] Lelewel, Epilogue, p. 222. Der erste Atlas von 1631 trägt daher noch den Titel Appendix Theatri Ortelii et Atlantis Mercatoris.

[5] Die Vischer'sche Anstalt erbte zunächst 1621 ein Nicolaus Vischer, dessen Sohn Nicolaus seit 1664 eine große Eleganz in den Stichen einführte. (Joh. G. Liebknecht, Elementa Geographiae generalis. Francf. 1712. p. 49.)

sich festgesetzt hatten, auch die Südsee öfter besuchten, wurde die gegenseitige Lage der Welttheile, sowie die Ausdehnung des Flüssigen und Trockenen genauer angegeben wie früher. Nur bei Afrika blieben die Fehler unverbessert. Wie Cabot,[1] Ortelius und Mercator den ostwestlichen Leibesumfang dieses Festlandes zwischen dem grünen Vorgebirge und dem Osthorne Râs Asir auf 81—82° statt auf 69° festgesetzt hatten, so finden wir ihn selbst noch bei Vischer. Um so rascher verbesserten sich die asiatischen Längen. Ortelius hatte noch zwischen Alexandrette in Syrien und dem Ostrande von Nippon 210° angenommen, Mercator diesen Fehler auf 177° verringert; bei Vischer finden wir einen Abstand von 110°, der also nur um 5° noch zu groß war. Mißlicher stand es mit Nordamerika, denn vom Ostrande Neufundlands bis Cap Mendocino läßt Vischer das Festland auf 96° anwachsen statt auf 71—72°. Die größte ostwestliche Anschwellung Südamerikas setzten die Holländer zwischen Cap St. Augustin und die Helenaspitze bei Guayaquil, wo sie einen Längenunterschied von 45° 30′ annahmen, der nur um einen Grad zu klein ist. Den atlantischen Abstand Amerikas von der alten Welt kannten sie im günstigsten Falle nur bis auf 3 und 4°;[2] der Fehler aber steigerte sich in dem Raum zwischen dem Cap der guten Hoffnung und Cap Hoorn bis auf 14° (100° statt 86°).[3]

Wie heutigen Tages herrschte auch früher keine Eintracht in der Befestigung des ersten Mittagskreises. Mercator legte ihn über die azorische Insel Corvo, weil zu seiner Zeit dorthin eine Linie der reinen magnetischen Nordweisung fiel, Hondius

[1] Auf Sebastian Cabot's Karte in Jomard's Monuments de la géogr. No. 66 hat Cabo Verde 1°, Cap Guardafuna 84° ö. L.

[2] Nach Vischer, reducirt auf westliche Längen von Ferro, liegt

Cap Hoorn	= 58° w. L.	statt	50° 0′
Panama	= 66° „	„	61° 32′
Mexiko	= 88° „	„	81° 15′
Ostrand von Neufundland .	= 28° „	„	35°.

[3] Auf der antarctischen Circumpolarkarte in Jan Jansson's See-Atlas.

bezog seine Meridiane auf die capverdische Insel Santiago, weil von ihr aus der päpstliche Theilungskreis berechnet wurde. Die spätere holländische Schule zu Abel Tasman's und Nicolaus Vischer's Zeiten ließ den ersten Mittagskreis den Pik von Teneriffa schneiden.[1] Am 25. April 1634 trat aber im pariser Arsenal eine Versammlung von Mathematikern und Geographen zusammen und verständigte sich, in Zukunft die Längengrade vom Westrande der Insel Ferro zu zählen, welchen Beschluß ein königlicher Befehl Ludwigs XIII. für alle französischen Kartenverfertiger verbindlich erklärte. Zwar wollte man gefunden haben, daß jener Inselrand nur 19° 51′ westlich von Paris läge, aber da 9 Minuten bei den damaligen Längen als ein verächtlicher Bruchtheil erschienen, so nahm man an, daß Paris volle 20° westlich von Ferro entfernt sei,[2] so daß also jener Mittagskreis von Ferro nur ein verhüllter Meridian von Paris war, der sich aber unverwüstlich behauptet hat, weil er für die alte Welt lauter östliche, für die neue Welt lauter westliche Längen gewährt.

Das Naturwissen.

Höhenkunde und Geologie.

Die senkrechten Unebenheiten des festen Landes wurden, weil man ihre Wichtigkeit nicht erfaßte, noch wenig beachtet. Wohl finden wir auf Mercator's Karten alle Hauptgebirgszüge Europas in einer schicklichen Lage und ebensowenig vermissen

[1] Varenius, Geographia univers. lib. III, cap. 31, prop. II. Amstel. 1650 p. 623.

[2] Vaugondy, Histoire de la géographie. p. 131. Die Westküste von Ferro liegt 20° 23′ 9″ von Paris, der Irrthum betrug also doch nur 0° 32′ im Bogen. Daß die Araber nach einem ähnlichen künstlichen Meridian rechneten, s. oben S. 138.

wir auf Karten deutscher Gebiete die größeren Höhenketten. Mit besonderer Vorliebe wird namentlich Böhmen in eine rautenförmige Leiste von Bergkämmen eingeschlossen. Außerhalb Europa aber hört die Höhenkunde fast auf, und selbst auf Vischer's Karten werden die Anden nur lückenhaft und ohne Verständniß ihrer Gliederung behandelt, obgleich schon Antaõ Galvaõ gelehrt hatte, daß diese mächtigen Anschwellungen vom Rio Peru bis zu der Magalhaẽsstraße das Festland durchstreichen.[1] Einem regeren Verständniß für Höhenverhältnisse begegnen wir zuerst bei dem Jesuiten Joseph Acosta, der die dreifache Gliederung Perus in den regenlosen Küstenstrich, in die Hochebenen und in die dichtbewaldeten östlichen Abhänge der Cordilleren[2] sowie Mexiko deutlich als eine Hochebene beschreibt, deren Gebirgsränder nach den Golfküsten zu aufgerichtet stehen.[3]

Von der senkrechten Höhe der Gebirge ließ man noch immer die maßlosen Vorstellungen des Alterthums gelten. Dem wackern Sebastian Münster dürfen wir es nicht hoch anrechnen, daß er Gipfelhöhen von zwei bis drei deutschen Meilen für möglich hielt,[4] da mehr als hundert Jahre später der Jesuit Riccioli,

[1] Tratado dos Descobrimentos, ed. Bethune. p. 215. Dasselbe wiederholt Varenius, Geographia generalis. lib. I, cap. X, prop. 3. Amstel. 1650. p. 103.

[2] Acosta, Historia natural y moral de las Indias. lib. III, cap. 22. Sevilla 1590. p. 175. Grandidier, Voyage dans l'Amérique du Sud. Paris 1861. p. 7.

[3] Acosta l. c. lib. III, cap. 21, p. 173.

[4] Cosmographia univers. lib. I, cap. XVI. Basil. 1550. p. 12. Doch erklärt Münster in Novus orbis regionum ac insularum. Basil. MDXXXII. p. δ: etiam latissimos montes .... terrae rotunditate minime obstare, quum nullius fere sint momenti ad tantam terrae molem. Und G. Reisch (Margar. Phil. lib. VII, cap. 44) sagt noch entschiedener: Nullus mons ad perpendiculum altior est stadiis quindeci, et mare in nullo loco profundius est stadiis 30 (d. h. etwa 2675 und 5350 Meter). Der Wahrheit am nächsten steht Galileo Galilei's Ausspruch: in tellure nulli exstant montes qui vix ad unius milliaris altitudinem perpendicularem accedant. (Opere tom. III, p. 70. Firenze 1843.)

dessen Gelehrsamkeit man noch am Beginn des 18. Jahrhunderts feierte, dem Mont Cenis die vierfache Höhe des Montblanc zutraute und den Kaukasus sogar zehn deutsche Meilen sich hoch dachte.[1] Eine Zeit lang suchte man den höchsten Berg der Erde im Ural[2] und später auf Novaja Semlja.[3] Acosta, der viermal die Sierra von Pariacaca in den Anden gekreuzt und dort jedesmal von dem Soroché oder dem peruanischen Höhenschwindel überfallen worden war, versicherte, daß neben den amerikanischen Gebirgen die spanischen Nevados, die Pyrenäen und die Alpen „wie Häuser neben Thürmen" erscheinen würden.[4] Zu gerechteren Vergleichen konnte man nur gelangen, wenn man sich zu Höhenmessungen entschloß. Einzelne Versuche dieser Art fanden wohl statt,[5] aber es fehlte an einem bequemen Verfahren, und zu großen Täuschungen mußte es führen, wenn Snellius, aus den Entfernungen, innerhalb welcher der Vulkan von Teneriffa und der Aetna über den Seehorizont auftauchen, senkrechte Erhebungen von 27,000 für den einen und von 25,416 Fuß rhein. für den andern berechnen wollte.[6]

[1] Riccioli, Geogr. reformata. lib VI, cap. 14, 18, 20. Venet. 1672. fol. 198, 206, 210. Die Höhe des Kaukasus berechnete er nach den irrigen Angaben des Aristoteles (s. oben S. 62). Er hielt es nicht für unmöglich, daß Berge bis zu 64 Miglien (15 geogr. Meilen) aufsteigen könnten.

[2] Herberstein, Rerum Moscovitarum Comment. s. l. s. a. (Wien 1549.) Chorographia, fol. XI^b. Der höchste Gipfel im Ural hat nur 5397 Fuß (feet) Erhebung über dem Meeresspiegel. Sir John Herschel, Phys. geography. Edinburgh 1862. p. 403.

[3] Nachdem man nämlich erfahren hatte, daß die Berge dieser Insel höher seien als der Bolschaï Kamen. Stephan Bourrough (1556) bei Hakluyt, Navigations and Discoveries. tom. I, fol. 280.

[4] Acosta, Historia natural y moral de las Indias. lib. III, cap. 9. Sevilla 1590. p. 143.

[5] So gibt Acosta a. a. O. (lib. IV, cap. 6) die Höhe des zuckerhutförmigen Cerro von Potosi auf 1624 Varas oder 4872 span. Fuß über der angrenzenden Ebene an. Die beste Messung aus jener Zeit ist die des Jesuiten Blancanus, der von Parma aus mit dioptrischen Meßwerkzeugen eine Höhe von 804 Passus (à 5 bologn. Fuß) für den Monte Baldo am Gardasee ermittelte. Blancanus, Sphaera mundi. Bonon. 1620. pars III, p. 95.

[6] Snellius, Eratosthenes Batavus. Leyden 1617. p. 257—263. Für

Unter dem Wenigen, was in dieser Zeit über die Veränderungen an der Erdoberfläche geschrieben wurde, kam das Beste aus Leonardo da Vinci's Feder. Der große Künstler lehrt uns an den Versteinerungen von Seepflanzen und Schalthieren auf Bergeshöhen einen ehemaligen Meeresboden erkennen, der, ursprünglich flach und eben, sich gehoben habe, bis er von Flüssen gefurcht, die Furchen zu Thälern erweitert und durch die Zerstörung der Tagewasser freistehende Berge von Hochebenen losgelöst wurden. Er nöthigt uns, in den abgeschliffenen Geschieben und Geröllen die Kräfte ehemaliger Wildwasser zu verehren, die stufenartig an den Abhängen als Reste ehemaliger Flußbetten zurückgeblieben sind. Er führt uns an die Mündungen der Flüsse und zeigt uns, wie sie mit ihrem feinen Schlamm Ufergewächse und Seethiere umhüllen, um sie entweder zu versteinern oder Abdrücke von ihnen aufzubewahren, über welche sich dann Schichten auf Schichten absetzen, die später aus dem Meere steigen und deren Blätterrichtung sichtbar wird in den Querschnitten, welche Bäche und Flüsse durch ihr Gefälle in sie hineingerissen haben.[1] Leonardo da Vinci (1452 – 1519) steht mit solchen Anschauungen völlig vereinsamt in seiner Zeit und erst zwei Jahrhunderte nach ihm hören wir eine ähnliche Sprache bei Steno und Leibnitz wieder. Vulkane reizten schon vielfach die Wißbegierde. So bestieg der Statthalter der Molukken, Antaõ Galvaõ, den Gunong Api Ternates,[2] von dem die Portugiesen glaubten, er müsse aus der See gehoben worden sein, weil sie an den Kraterwänden beim Nachgraben Meeresgebilde erkannt haben wollen. In der neuen Welt holte Francisco Montaño, ein Begleiter des Cortes, 1519 aus dem

die Wirkung der Strahlenbrechung zog er einen vollen Grad ab, mit dem Zusatze: quod tamen nimium sit. Der Pic von Teyde liegt 11,430 F. (pieds), der Aetna 10,200 F. über der See.

[1] Venturi, Essai sur les ouvrages physico-mathématiques de Léonard de Vinci. §. 5 und 6. Paris 1797. p. 12—14.

[2] Tratado dos Descobrimentos ed. Bethune. p. 119.

dem Krater des Popocatépetl Schwefelstufen,[1] und in die Hölle des Massaya von Nicaragua ließ ein spanischer Mönch, Fray Blas de Castillo, 1538 sich an Ketten hinab und wagte sich bis an den Rand des Lavaschlauches im Krater, wo sein gieriges Auge in den brodelnden Massen geschmolzene Metalle zu erkennen glaubte.[2] Der aufmerksame Acosta unterschied zuerst zwischen thätigen und erloschenen Feuerbergen, welche letztere, wie er sich ausdrückt, nach Erschöpfung aller Auswurfsstoffe zur Ruhe zurückgekehrt waren.[3] Der Ausbruch des Aetna vom 1—12. Mai 1537 war in die Zeit gefallen, wo Sebastian Münster sich mit der Erdkunde zu beschäftigen begann, und bei der Beschreibung seines Kraters lenkte er zuerst die Aufmerksamkeit auf die Veränderungen, welche der Berg erlitten hatte, seit er von Strabo geschildert worden war. Münster bekannte sich zu der uralten Ansicht, daß die Erde eine feurige Kugel gewesen sei, deren noch schmelzflüssiges Innere einigen Verkehr mit der erhärteten Oberfläche, wie durch den Hekla auf Island und den Aetna auf Sicilien, sich erhalten habe.[4] Den ersten Versuch einer vulkanischen Ortskunde verdanken wir dagegen dem Deutschen Varenius. Er kennt nicht nur die beiden großen Feuerberge Italiens und den Hekla Islands, sondern auch die Vulkane Sumatras, Javas, des Banda-Archipels, der Molukken, der papuanischen Inseln (d. h. an der Nordküste Neu-Guineas), der Philippinen und Japans. In Amerika bezeichnet er Nicaragua

[1] Prescott, Conquest. of Mexico. lib. III, cap. 8. New York 1846. tom. II, p. 48.

[2] Der Bericht dieser Unternehmung findet sich bei Oviedo, der im Jahre 1529 selbst bis zum Kraterrand der Hölle gelangte und eine getreue Beschreibung von dem Vulkan gegeben hat. (Hist. general y natural de las Indias. lib. XLII, cap. 5—10. Madrid 1855 tom. IV, fol. 67—92, und die belehrenden Abhandlungen, Lam. I. und II.)

[3] Acosta, Historia natural y moral de las Indias. lib. III, cap. 27. Sevilla 1590. p. 187.

[4] Cosmographia universalis. (Basel 1550.) lib. II, fol. 257 und lib. I, cap. VII mit der merkwürdigen Ueberschrift: De igne in terrae visceribus flagrante.

und die peruanischen Cordilleren als vulkanreich. Außerdem nennt er Ascension und St. Helena als erloschene Vulkane, so daß wir ihm dafür gern den Irrthum verzeihen, wenn er auch an den Eismeerküsten am Ostufer des Jenissei und an der Pjäsina Vulkane nach Angabe russischer Reisender annimmt.[1]

Während die alten Aristotelischen Ansichten über die Häufigkeit der Erdbeben an den Meeresküsten noch immer andächtig wiederholt wurden,[2] wollten spanische Seefahrer, Mendana und Quiros, in den Erdbeben auf den Santa Cruz-Inseln der Südsee sichere Wahrzeichen erblicken, daß sie sich auf dem vielgesuchten australischen Festlande befänden, weil jene Erschütterungen des Erdbodens den Inseln fremd sein und nur größeren Ländermassen angehören sollten.[3] Die ersten Erfahrungen über die räumliche Verbreitung der Erdbeben sammelten die Spanier in Südamerika. Die Erschütterungen, welche 1586 Arequipa heimsuchten, erstreckten sich längs der Küste 170 und landeinwärts durch die Andenkette 50 spanische Meilen weit. Ein älteres Erdbeben hatte sich in Chile über 300 spanische Meilen verbreitet.[4] Aus der Häufigkeit dieser Erscheinung an den Westküsten Südamerikas wurde vermuthet, daß Seewasser durch Spalten und Gänge in das Innere der Erde dringe und dort Gase bilde, die sich gewaltsam einen Ausweg suchen, doch war man verlegen, wie man sich dann die Erdbeben in großen Meeresfernen erklären solle.[5]

[1] Varenius, Geographia generalis. lib. I, cap. 10, prop. V. Amstel. 1650. Elzev. p. 105—110. Sehr interessant ist die Schilderung seiner Besteigung der hohen Tatra (mense Junio Anni Christi 1615, tum adolescens), vgl. lib. I, cap. XIX, prop. XLI.

[2] Petri Bembi, de Aetna liber. Venet. 1495. Ueber die Lehren des Aristoteles siehe oben. S. 65.

[3] Torquemada, Monarquia Indiana. lib. V, cap. LXIX. Madrid 1723. tom. I, p. 752.

[4] Acosta, Historia natural y moral de las Indias. lib. III, cap. 28. Sevilla 1590. p. 188.

[5] Herrera, Indias Occidentales. Dec. V, libro X, cap. 6. Madrid 1728. tom. V, p. 233.

Die eigene Wärme des Erdinnern wurde zuerst entdeckt im Jahre 1616 von dem französischen Astronomen Jean Baptist Morin in ungarischen Bergwerken. Er fand bis zu 80 Klafter Tiefe eine Schicht, die im Sommer kälter, im Winter wärmer war als die Luft an der Oberfläche, in größeren Tiefen aber eine vom Jahreszeitenwechsel unabhängige höhere Erwärmung.[1]

Magnetische Erdkräfte.

Im Mittelalter hielt man gewöhnlich an der genauen Nordweisung der Magnetnadel fest, doch war auch die Declination bereits erkannt.[2] Am 13. September 1492, mitten im atlantischen Meer beobachtete auch Christobal Colon und vier Tage später seine Piloten eine westliche Mißweisung.[3] Noch spät im 16. Jahrhundert schrieben gebildete Seeleute die Erscheinung dem fehlerhaften Gange der Boussolen zu;[4] aber die hartnäckigsten Leugner, deren es übrigens nur wenige gab, mußten überzeugt werden, seit Baffin 1616 in der nach ihm benannten See unter

[1] Morin, Astronomia restituta. Paris 1657. In der Vorrede, die am 26. Juli 1634 geschrieben wurde (p. 1).

[2] Pierre de Maricourt, welcher 1268 über den Magneten schrieb (vgl. Mémoires de la soc. de géogr. de Paris, tom. VII), kennt bereits eine Abweichung, sie betrug zu seiner Zeit $1^1/_2$ point (1 point = 5^0). Das Nordende zeigte östlich, das Südende westlich. d'Avezac, Aperçus historiques sur la boussole. Bulletin de la soc. de géogr. tom. XIX. Paris 1860. p. 353.

[3] Schiffsbuch des Colon 13. September. Navarrete, Coleccion de Documentos. tom. I, p. 8.

[4] Pedro de Medina, l'Arte del navegor. Venet. 1554. lib. VI, cap. 3, p. 111. Ebenso suchte der berühmte Pedro Sarmiento, als er im Puerto Bermejo der Magalhaësstraße still lag (Januar 1580) seine Gefährten zu überzeugen, daß wenn die Magnetnadeln nur sorgfältig gereinigt und mit Oel gesalbt würden, die scheinbare Mißweisung verschwinde. Sarmiento, Viage al Estrecho de Magallanes. Madrid 1768. p. 162. Andere Beispiele bei Breusing, Gerhard Kremer gen. Mercator. S. 16. Pigafetta in seiner Nautik (Lord Stanley of Alderley, Voyage round the world by Magellan. London 1874. p. 170) lehrt dagegen die Länge aus der Declination berechnen und warnt vor Sonnenhöhen, die im magnetischen Mittag genommen wurden.

78° n. Br. eine westliche Ablenkung der Nadel um volle 56 Grad beobachtet hatte.[1] Zu allen Zeiten vermuthete man, daß die Naturkräfte an einfache mathematische Ausdrücke gebunden seien. So dachte man sich auch anfangs die Linien der magnetischen Rechtweisung wie Mittagskreise durch die Pole der Erde gezogen. Zwei große Kreise ohne Mißweisung, jeder von dem andern um 90 Längengrade entfernt, sollten sich rechtwinklig kreuzen. Zwischen ihnen, so vermuthete man, wachse die magnetische Abweichung bis auf 22½°, um mit gleicher Regelmäßigkeit wieder abzunehmen, so daß man nur den Werth der örtlichen Mißweisung zu verdoppeln brauchte, um die östliche oder westliche Länge von der nächsten Linie der magnetischen Rechtweisung zu ermitteln.[2] Dies war auch die Anschauung des großen Sebastian Cabot, welcher zuerst die Möglichkeit erwog, die geographischen Längen aus der magnetischen Mißweisung zu berechnen, nur daß er die magnetischen Pole (Convergenzpunkte) nicht an die Erdpole, sondern nach 66° n. Br. verlegte. Die erste Linie der reinen Nordweisung zog er durch die Azoreninseln Corvo und Flores, die zweite durch Sumatra.[3] Die Erfahrung hatte aber schon am Ende des 16. Jahrhunderts

[1] Baffin bei Purchas (Pilgrims, tom. III, fol. 846). Dies war die stärkste westliche Abweichung, mit der man in jenen Zeiten bekannt wurde.

[2] Figuereido bei Fournier, Hydrographie, liv. XII. chap. 24. Die Bemühungen der Holländer, mit Hilfe von Mißweisungskarten die Längen zur See zu bestimmen, siehe J. K. J. de Jonge, De Opkomst van het Nederlandsch gezag in Oost-Indie. Gravenhage en Amsterdam 1862. I. bl. 84 enz

[3] Geografia di M. Livio Sanuto. lib. I, fol. 2ᵇ, fol. 6. Auf seiner Weltkarte in Jomard's Monuments de la géographie verweist er bezüglich der magnetischen Linien ohne Abweichung auf einen erläuternden Text, den wir noch nicht besitzen. Aus London sendete er am 15. November 1554 eine Declinationskarte der Erde an den spanischen Hof, wie sich aus einem uns erhaltenen Brief ergibt. (Documentos inéditos para la Historia de España. Madrid 1843. tom. III, p. 513.) Sie würde noch jetzt von unschätzbarem Werthe sein, denn gerade damals waren die ersten britischen Seefahrer aus dem weißen Meere nach London zurückgekehrt und mußten auf dem Wege dorthin eine Linie der magnetischen Rechtweisung durchschnitten

gelehrt, daß wenn man unter dem gleichen Mittagskreise segle, die Rechtweisung in eine Mißweisung, ja eine östliche Mißweisung mit den veränderten Breiten in eine westliche übergehen könne, daß also die Linien der Rechtweisung in regellosen Curven sich bewegten, die unabhängig waren von den Mittagskreisen.[1] In den großen geographischen Werken des 17. Jahrhunderts und in einzelnen Atlanten finden wir zwar schon ausführliche Angaben über die örtliche Größe der Mißweisung; aber diese Angaben waren unbrauchbar, um für das Jahr 1600 eine Erdkarte der Magnetweisungen zu entwerfen,[2] weil die Geographen versäumt hatten, das Jahr der Beobachtung anzugeben. Daß nämlich die Linien der Rechtweisung und der gleichen Mißweisungen ihre Orte verändern, wurde in London von Gunter erst am 13. Juni 1622 entdeckt[3] und bald nachher in Paris bestätigt gefunden.

haben. Mercator verlegt auf seiner Weltkarte von 1569 (Lelewel Géogr. au moyen-âge. tom. II, p. 231) den Magnetpol unter 74 n. Br., die Linie der atlantischen Rechtweisung aber durch die azorische Insel Corvo und die capverdischen Inseln Sal und Boavista.

[1] Fournier, Hydrographie. livr. XI, chap. 12. Paris 1643. fol. 543. Die Declination wurde bestimmt durch den halben Unterschied der Winkel (amplitudo), den die Richtung der Nadel mit der aufgehenden und untergehenden Sonne bildete. Siehe die Beschreibung und Gestalt der damals gebräuchlichen Azimuthalcompasse bei Dudleio, Arcano del mare. lib. V, cap. XIV. Florenz 1661. tom. II, fol. 13.

[2] Eine Karte dieser Art konnte Christopher Hansteen in seinem Atlas zu den „Untersuchungen über den Erdmagnetismus" (Christiana 1819, Taf. 1) nur aus solchen Angaben von Seefahrern und Physikern entwerfen, bei denen sich die Zeit der Beobachtung feststellen ließ.

[3] Burrows hatte im Jahre 1580 in London eine östliche Ablenkung von 11° 17′ gefunden. Gunter, Professor am Gresham College, beobachtete an dem nämlichen Orte und mit dem nämlichen Instrumente am 13. Juni 1622 eine östliche Abweichung von 6° 13′. Fournier, Hydrographie. livr. XI, chap. 16. Paris 1643. fol. 546, gibt das Jahr 1612 an, aber irrthümlich, da Gunter erst 1619 am genannten College angestellt wurde. Schon Varenius setzt die Beobachtung Gunter's in das Jahr 1622. (Geogr. generalis. lib. III, cap. 38, prop. IV. Amstel. 1650 p. 759) und ebenso Hansteen, Untersuchungen über den Erdmagnetismus. S. 404. Fälschlich schreibt Whewell (Geschichte der inductiven Wissenschaften, übersetzt von Littrow. Stuttgart 1841. Bd. 3, S. 64)

Georg Hartmann in Nürnberg entdeckte 1543 die Inclination der Magnetnadel und vier Jahre später richtete der Cremoneser Affaytato an Papst Paul III. eine Abhandlung über die magnetische Senkungskraft.[1] Erst im Jahre 1576 versah der englische Seemann Robert Norman in London eine Magnetnadel an ihrem Schwerpunkt mit einer Axe, daß sie, schwebend aufgehängt, sich frei in einer senkrechten Ebene bewegen konnte, und bemerkte gleichfalls, daß ihre Nordspitze sich tief nach dem Horizont herabneigte.[2] Die Stärke dieser zweiten Aeußerung der magnetischen Erdkraft wurde bald an verschiedenen Orten der Erde gemessen, und Henry Hudson ist der erste Seefahrer, welcher eine Senkungsnadel an Bord mit sich führte.[3] Da Gilbert eine Neigung der Nadel von 71° 40′ schon unter der Breite von London und der Jesuit Athanasius Kircher

die Entdeckung dem Gellibrand zu. Dieser Mathematiker am Gresham College wiederholte am 12. Juni 1633 und 1634 nur Gunter's Beobachtung und fand damals, daß die Mißweisung auf 4° und auf 4° 10′ abgenommen hatte, nach Varenius (l. c.) 4° 6′. S. auch Hansteen's Karte von 1600, wonach in England östl. Mißweisung geherrscht hat. Vgl. ferner die Bemerkungen Halley's in der Vorrede zur zweiten Reise Dampier's. Danach war im Anfange des 17. Jahrh. die Variation bei den Scilly-Inseln östlich; aber seit 1657 wandte sie sich stark nach Westen, so daß sie um 1703 7½° betrug. Daher geriethen viele Schiffe vom Ocean her in den Bristolcanal statt in den Canal la Manche.

[1] d'Avezac, Bulletin de la soc. de géogr. 4ème série, tom. XIX. Paris 1860. p. 359.

[2] Guilielmi Gilberti, De magnete. lib. 1, cap. 1, lib. V, cap. 1. Londin. 1600. fol. 7, fol. 186. Gilbert nennt Declination Variation, und Inclination Declination. Bei ihm (l. c. lib. V, cap. 11, fol. 203) findet man auch ein altes Inclinatorium abgebildet, welches dazu dienen sollte, die vereinigten Kräfte der Neigung und der Nordweisung zu zeigen. In einem mit Wasser gefüllten Glasbecher wurde eine Magnetnadel versenkt, die man durch eine eingeschobene Korkkugel zur Schwere des Wassers in Gleichgewicht gesetzt hatte, so daß sie, frei schwebend, ohne die Ränder des Gefäßes zu berühren, durch ihre Neigung wie durch ihre Richtung die örtliche Inclination und Declination anzeigte.

[3] Daß Hudson 1607 die ersten Inclinationsbeobachtungen zur See anstellte, ist von Asher (Hudson, the Navigator. London 1860. p. CLXXX) nur aus kritischer Schüchternheit bezweifelt worden.

(1601—1680) auf Malta unter 35° n. Br. eine Neigung von 59° 15′ fand, so erkannte man schon damals, daß die Senkungskraft in der Richtung des Aequators, jedoch nicht symmetrisch mit den verminderten Polhöhen abnehme. Jesuiten, die nach Goa gingen, beobachteten zuerst im atlantischen Meere, daß die Neigungsnadel, als sie sich dem Aequator näherte, „unschlüssig wurde, nach welcher Richtung sie sich senken sollte," bis sich auf der Fahrt nach dem Cap der guten Hoffnung die Südspitze des Magneten mit den wachsenden Breiten immer tiefer neigte.[1] William Gilbert konnte schon vor diesen Erfahrungen die große Wahrheit aussprechen, daß unsere Erde selbst ein großer Magnet sei.[2]

Hydrographie.

Seit den ersten Weltumsegelungen hatte der räumlich erweiterte Blick über die Erde zu richtigeren Begriffen von der Vertheilung des Trockenen und Flüssigen geführt. Noch Cristobal Colon glaubte aufrichtig, daß das feste Land an Oberfläche die Seen übertreffen müsse, weil sich sonst der Schöpfer einer Zweckwidrigkeit schuldig gemacht hätte, insofern das Feste vorzugsweise der Wohnort belebter Wesen sei.[3] Mercator, genügsamer geworden, vermuthete nur noch ein räumliches Gleichgewicht zwischen dem Trockenen und Festen[4] und diesem Irrthum zu Liebe erhielt sich auf den Karten lange Zeit das Gespenst eines unbekannten Südlandes.[5] Als Abel Tasman das heutige Australien völlig von diesem Südlande abgeschnitten hatte, verschwanden auf den Erdgemälden der spätern niederländischen Schule die antarctischen Ländermassen sammt allen Südseeküsten, welche Mendana und Quiros entdeckt hatten, und die See ge-

[1] Kircher, Magnes sive de arte magnetica. Romae 1641. p. 401, p. 424. Kircher gibt auch bereits (l. c. p. 430) eine Declinationstafel für verschiedene Orte der Erde.

[2] Gilbert a. a. O. (lib. VI, cap. 1, fol. 210).

[3] Barros, Da Asia. Dec. I, livro 3, cap. XI. Lisboa 1778. tom. I, p. 248.

[4] Fabrica Mundi, cap. X, fol. 22, im Atlas. Duysburgi 1595.

[5] Siehe oben S. 361.

wann die Oberhand über das Feste. Doch erhielt sich selbst bis auf Cook's Zeiten noch die Vorstellung von einem „Gleichgewicht der Festlande", so daß man fest darauf zählte, außer Neu-Holland noch einen zweiten australischen Festlandkörper unter südlichen Breiten anzutreffen.

Die Unebenheiten des Meeresboden können wir nicht anders bestimmen als durch Betasten mit Loth und Leine. So weit sie diesem Werkzeuge erreichbar waren, wurden an wichtigen Ufern die Tiefen der Seen gemessen und sehr frühe schon in die Karten eingetragen.[1] Man achtete außerdem auch auf die Beschaffenheit und Farbe des Meeresbodens, weil aus ihnen die Seefahrer bei Nebelwetter sehr oft ihren größeren oder geringeren Abstand von einer Küste zu bestimmen vermögen. Auch sannen schon damals Mathematiker nach, wie man aus den Zeiten, welche fallende Körper brauchen, um den Boden der See zu erreichen, größere Tiefen berechnen könne.[2]

Allen Seefahrern jener Zeit wurde geschrieben, genau auf das örtliche Eintreffen der Flutwellen zu achten.[3] Die soge-

[1] Die ältesten Seetiefenkarten für die Nordsee, den Canal und die britischen Seen, jedoch nur bis auf mäßige Uferabstände ausgeführt, finden sich bei G. Mercator, Karte von Hollandt comitatus (vollendet 1585) und bei Lucas Jansz. Waghenaer aus Enkhuizen (1586), von dessen „Spiegel der Seefahrt" 1615 eine deutsche Ausgabe in Amsterdam erschien. Ihm folgten Wilh. Blaeu und Joan. Janssonius auch für die Ostküsten Schleswigs.

[2] Ein neapolitanischer Baumeister, Leo Battista Alberti, erfand das erste fallende Tiefenloth, ein Stück Blei in der Gestalt einer 7, welches in einem Häkchen an einer Korkkugel schwebte, beim Aufstoßen sich loslöste und die Kugel an die Oberfläche steigen ließ. Aus der Zeit des Fallens und Aufsteigens, die an bekannten Tiefen zuerst gemessen worden war, hoffte er unbekannte Tiefen berechnen zu können. (Jos. Blancanus, Sphaera Mundi seu Cosmographia. Pars III, tract. 4, cap. 4. Bonon. 1620. p. 108.)

[3] Siehe Sebastian Cabot's Vorschriften für die Nordostfahrer vom Jahre 1553, bei Hakluyt, Navigations and Discoveries. London 1598. tom. I, fol. 226, §. 7.

nannten Hafenzeiten werden daher in den Handbüchern jener Zeit sorgfältig angegeben.[1] Man unterschied zwei Anschwellungen der See innerhalb 24 Stunden 48 Minuten, zwei Steigerungen innerhalb jedes Monats und die Superlative, welche in der Zeit der Tag- und Nachtgleichen eintreten.[2] Man lehrte auch vollkommen richtig, daß die vereinigten Kräfte von Sonne und Mond in den Vollmond- und Neumondzeiten (Syzygien) die Springfluten, in den beiden Mondvierteln (Quadraturen) ihre getheilte Kraft die Todtwasser bewirke;[3] daß aber die körperliche Zugkraft des Mondes (vis tractoria) unter den Tropen die senkrechte Anschwellung der Meere hervorrufe, die sich als eine rollende Welle nach den wachsenden Polhöhen verbreite, wagte zuerst Kepler zu lehren. Wenn die eigene Anziehungskraft der Erde, fügte er hinzu, das Meer nicht zurückhielte, würde der Mond alle Wasser unsres Planeten an sich reißen.[4] So wenig aber waren die vor-newtonischen Geschlechter auf eine solche Offenbarung vorbereitet, daß selbst die geistige Klarheit eines Varenius zum Ergreifen der neuen Wahrheit nicht ausreichte,[5] und selbst Riccioli noch die Erklärung der Meeres-

[1] So für alle atlantischen Westküsten Europas westlich von Jütland, bei Waghenaer, Spiegel der Seefahrten. Amsterd. 1615. fol. 25. Das Eintreffen der Flutwelle wurde nach dem Stande des Mondes angegeben und die Formel lautete daher z. B.: „Ein Südsüdwestmond macht volles Wasser," d. h. die Flut tritt ein, wenn der Mond am südsüdwestlichen Himmel steht. Man vergleiche auch die Hafenzeiten der Nordsee bei Varenius, Geogr. generalis. lib. I, cap. 14, prop. XVIII. Amstel. 1650. p. 198 sq. M. G. Vries erhielt in seiner Instruction den Befehl, zu beobachten, off ebbe en vloed hun nae de maen off winden reguleeren. (Leupe, M. G. Vries Reize. Amsterdam 1858. bl. 17.)

[2] Fournier, Hydrographie. lib. IX. chap. 1. Paris 1643. fol. 440.

[3] Blancanus, Sphaera Mundi. Pars III, tract. IV, cap. 2. Bonon. 1620. p. 103.

[4] Astronomia nova, seu Physica coelestis. Ulm 1609. Introd. §. VIII.

[5] Varenius modificirte die Cartesianische Wirbeltheorie, um sie mit der Erfahrung in Einklang zu bringen. (Geogr. generalis. lib. I, cap. XIV, prop. IX—XII.)

fluten für menschliche Wißbegierde auf immer unter einem Grabdeckel verschlossen hielt.[1]

Mit den dauernden Meeresströmungen war man auf allen Seen bekannt, die überhaupt befahren wurden. Den Guineastrom fanden schon die Portugiesen im 15. Jahrhundert,[2] den Moçambiquestrom muß bereits Vasco da Gama bemerkt haben, denn er gab dem Cap Corrientes seinen Namen;[3] den Golfstrom nahe an seiner floridanischen Enge fand Antonio de Alaminos im Jahre 1513,[4] den Labradorstrom Sebastian Cabot vielleicht schon auf seiner Fahrt im Jahre 1497,[5] mit dem kalten peruanischen Küstenstrom mußten schon die ersten Entdecker kämpfen und da er in den alten Lootsenbüchern bereits erwähnt wird,[6] so hat Alexander v. Humboldt sich lebhaft verwahrt, daß jene Erscheinung nach ihm benannt werde.[7]

[1] Sepulcrum esse humanae curiositatis. Riccioli, Geographia reformata, lib. X, cap. 4. Venet. 1672. fol. 426. Der Jesuit Fournier bemerkt über die Kepler'sche Lehre: Comme cet homme dit cela gratuitement et sans apporter aucun argument, il me dispensera de réfuter son erreur. (Hydrographie, liv. IX, chap. 23. Paris 1643 fol. 471.) Er selbst trägt dann pour donuer quelque honneste entretien à ceux qui sur la mer ne sçavent à quoi tuer le temps seine Ansichten vor, welche darin bestehen, daß Ebbe und Flut etwas Aehnliches seien, wie das Fieber im menschlichen Körper. Fournier war gleichwohl in seiner Zeit eine geistige Größe.

[2] Hieronymus Münzer, ed. Kunstmann, Abhandlung der bayerischen Akademie. Bd. VII, 2. Abthl. München 1854. S. 66.

[3] Barros, Da Asia. Dec. I, livro IV, cap. 3. Lisboa 1778. tom. I, p. 289.

[4] J. G. Kohl, Geschichte der atlantischen Strömungen. Zeitschrift für Erdkunde. Berlin, Nov. 1861. S. 333. Varenius, Geogr. univers. lib. I, cap. 14. prop. VII. Amstel. 1650. p. 178, verlegt den Ursprung des Golfstroms schon in das caribische Becken. In sinum Mexicanum impetuose inter Cubam et Jucatan illabitur mare, effluitque inter Cubam et Floridam. Daß der Golfstrom auch in den nordatlantischen Theilen zwischen Neufundland und Spanien beobachtet wurde, sieht man aus Sir Richard Hawkins, Voyage into the South-Sea, ed. Bethune. London 1847. p. 54.

[5] J. G. Kohl a. a. O., S. 330.

[6] Huygen van Lynschoten, Beschryvinge van America. Amsterdam 1596.

[7] „Ebenso," schreibt er an H. Berghaus am 21. Februar 1840, „protestire ich (auch allenfalls öffentlich) gegen alle „Humboldtische Strömung",

Leonardo da Vinci, ein ebenso scharfsinniger Physiker als großer Künstler, erklärte die vom Aequator nach den Polen abfließenden Strömungen als eine Wirkung der höheren Erwärmung, welche das Wasser ausdehne, so daß eine Anschwellung entstehen müßte, wenn sich nicht durch jene Ergüsse das gestörte Gleichgewicht wieder herstelle.[1] Die Bewegung kalter Ströme von den Polen nach dem Aequator wurde schon im 17. Jahrhundert der größeren Verdampfung des Wassers unter den heißen Gürteln zugeschrieben, welche durch Zufluß aus höheren Breiten ausgeglichen werden müsse. Der höhere Salzgehalt des tropischen Seewassers diente gleichzeitig als Beweis der stärkeren Verdampfung.[2]

Die westlich gerichtete Strömung der atlantischen Wassermassen, die schon dem Cristobal Colon nicht entgangen war, wurde mit der Umdrehung der Erde in Zusammenhang gedacht, nur daß man sich nicht in der Sprache des Copernicanischen Weltbaues ausdrückte, sondern sich die flüssige Umhüllung des Planeten von der scheinbaren ostwestlichen Bewegung des Fixsternhimmels (primum mobile) mit fortgezogen dachte.[3]

Erwärmung der Erde.

Die Vertheilung der Sonnenwärme über die Erdoberfläche konnte in diesen Zeiten noch nicht gemessen werden, dennoch entging es einem Beobachter wie Colon nicht, daß man auf dem atlantischen Meere, wenn man von Spanien auf dem Wege nach Mittelamerika 5 oder 6 Grad westlich über die Azoren

„die 300 Jahre vor mir allen Fischerjungen von Chile bis Peru bekannt war." Briefwechsel mit Berghaus. Leipzig 1863. 2. Bd., S. 284.

[1] Venturi, Essai sur les ouvrages physico-mathématiques de Léonard de Vinci. §. 4. Paris 1797. p. 12.

[2] Fournier, Hydrographie. liv. IX, chap. 22. Paris 1643, fol. 469. Varenius, Geogr. generalis. lib. I, cap. 13, prop. VII. Amstelodami 1650. p. 156, 157, 163.

[3] Navarrete, Coleccion de Documentos. II. edic. tom. I, p. 162, 395, 402 und 403. Sir Humphry Gilbert, bei Hakluyt, Navigations and Discoveries. London 1600. tom. III, p. 11, und noch Riccioli, Geogr. reformata. Venet. 1672. lib. X, cap. 3.

hinaus gelangt war, in kühlere Luftschichten gelange.[1] Leider brachte der Genuese diese richtige Beobachtung mit seiner Theorie von der Birnengestalt der Erde in Verbindung. Aehnlich bemerkte 1578 George Best, daß es auf Meta incognita (Frohbisherbai) unter 62° n. Br. viel kälter sei, als bei Wardöhus in Norwegen, 8 Grad höher gegen Norden.[2] Kapitän James, der den Winter von 1631 auf 1632 in der Hudsonsbai unter 52° n. Br., also nur um einen halben Grad nördlicher als London zubrachte, sah dort die See vom 1. December bis zum 19. Juni mit Eis bedeckt und litt unter allen Härten eines arctischen Winters.[3] Die Begleiter auf Barentsz.' dritter großer Reise fanden es in Novaja Semlja unter 76° n. Br. viel kälter als in Spitzbergen unter 80° n. Br. Gerrit de Veer machte sogar die scharfsinnige Entdeckung, daß es auf Spitzbergen noch pflanzenfressende Thiere gebe, die auf Novaja Semlja vermißt wurden.[4] Daß große Wassermassen die gleichmäßige Vertheilung der Wärme stören könnten, ahnte bereits der portugiesische Geschichtsschreiber Barros. Da nämlich die Spanier unter Magalhaës an der patagonischen Küste einen ungleich härteren Winter angetroffen hatten, als unter den entsprechenden Polhöhen in Europa, so erklärte er diese Thatsache als die Folge eines offenen Meeres am Südpol, gegen dessen erkältende Luftströmungen die patagonische Küste völlig entblößt läge.[5]

Daß die Wärme von den Ebenen nach den Bergen aufwärts abnehme, wurde immer klarer ausgesprochen,[6] auch ahnte schon Peter Martyr, ein Altersgenosse des Entdeckers von Amerika,

[1] Colon bei Navarrete, Coleccion de Documentos. tom. I, p. 254.

[2] George Best, bei Hakluyt, Navigations. tom. III, fol. 93.

[3] James in Harris' Navigantium Bibliotheca. London 1748. tom. II, fol. 421.

[4] Gerrit de Veer, ed. Beke, p. 82. S. dagegen oben S. 330.

[5] Barros, Da Asia. Dec. III, livro V, cap. 9. Lisboa 1777. tom. V, p. 633.

[6] Acosta, Historia natural y moral de las Indias. lib. II, cap. 12. Sevilla 1590. p. 108.

daß die Schneelinie unter den Tropen höher liegen müsse, als in Spanien, denn von den Alpen Santa Martas am caribischen Golfe äußert er, daß sie zu außerordentlicher Höhe aufsteigen müßten, wenn sie unter 10° n. Br. noch mit Schnee bedeckt bleiben könnten.[1]

Luftströmungen.

Schon auf ihren ersten Fahrten nach Indien wurden die Portugiesen vertraut mit den für die Schiffahrt so günstigen Bewegungen des atlantischen Luftmeeres,[2] wo zwischen dem Wendekreis des Krebses und dem Aequator Nordostwinde, am Aequator selbst Windstillen und südlich von diesem bis zum Wendekreis des Steinbocks Südostwinde vorherrschen. Die Spanier nannten diese Luftströmungen Brisen, wie die Engländer, die noch nicht die heutige glückliche Bezeichnung Handelswinde (trades) gefunden hatten. Den Namen Passate brachten erst die Holländer in Gebrauch. Daß an den beiden polaren Rändern der Passatgürtel eine Zone vorwaltender Westwinde liege, wurde fast gleichzeitig erkannt, denn schon die frühesten spanischen Westindienfahrer pflegten auf der Heimkehr unter dem 28. Breitengrade jene Westwinde (vendavales) aufzusuchen.[3] Daß die nämlichen Kräfte den Luftkreis über dem stillen Meere bewegten, hatte, wie wir sahen,[4] der Augustiner Urdaneta richtig vorausgesetzt und den Spaniern dadurch den Rückweg von den Philippinen nach Mexiko gezeigt. Sowie die Portugiesen in Indien landeten, wurden sie durch einheimische Lootsen mit den Monsunen bekannt, die nicht wie die Passate beständig in Einer

[1] De Orbe Novo. Dec II, cap. 2. Vgl. auch A. v. Humboldt, Centralasien. Berlin 1844. Bd. 2, S. 153. Daß Schneeberge unter den Tropen ungewöhnlich hoch sein müssen, spricht auch der weit gereiste Andreas Thevet aus. Cosmographie universelle. liv. III, chap. 9. Paris 1575. fol. 110b—111a.

[2] Siehe oben S. 339, 340.

[3] Acosta, Historia general y natural. lib. III, cap. 4. Sevilla 1590. p. 126.

[4] Siehe oben S. 355.

Richtung, sondern abwechselnd sechs Monate in der einen und sechs Monate in der entgegengesetzten Richtung, meistens aus Südwest und Nordost wehen. Mit den Ausdrücken kleiner und großer Monsun, mit dem Eintreten der Jahreswinde an den afrikanischen Küsten, im arabischen Meere, im Golfe von Bengalen und im malayschen Indien waren alle portugiesischen Seefahrer des 16. Jahrhunderts genau vertraut.[1] Daß der Nordwest-Monsun weit über Neuguinea in die Südsee eindringe, hat zuerst Tasman beobachtet.[2] Auch die an manchen Küsten und Inseln am Tage eintretenden See- und in der Nacht wehenden Landwinde wurden beschrieben und ihre Ursache richtig angegeben.[3]

Die Anhänger des geometrischen oder Ptolemäischen Weltbaues erklärten die aus Osten wehenden Passate durch die scheinbare Bewegung des Firmamentes, die den Luftkreis, am Aequator wenigstens, um die ruhend gedachte Erde mit sich fortriß.[4] Näher rückte man der Wahrheit durch die Erkenntniß,

[1] Barros, Da Asia. Dec. II, livro IV. cap. 3 und Dec. III, liv. IV, cap. 7. Lisboa 1778. tom. III, p. 395; tom. V, p. 454. Huygen van Lynschoten, Navigatien der Portugaloysers Amsterdam 1595. cap. 11, cap. 15.

[2] Nach wochenlangem Sturme zwischen Viti und Neuguinea schreibt Tasman am 26. Febr. 1643: Ick can mij niet verwonderen dat dus vare in de Zuytzee, dat alhier zulcken westelycken wint is wayende, ofte het moste wesen, dat de weste mousson over Nova Guinea continueerlyck is wayende en wanneer die dan doorblaest, dat die dan wel een stuck in de Zuytzee zoude connen doorblazen en de passaetwint slap is wayende.

[3] Fournier, Hydrographie. livr. XV, chap. 32. Paris 1643. fol. 668. Varenius, Geogr. generalis. lib. I, cap. 21, prop. VIII, p. 423. Pierre Davity (1573—1635) bemerkt zuerst ganz richtig, daß die stärkere Erwärmung des festen Landes zur Tageszeit den Seewind erzeuge und als erklärendes Beispiel benutzt er die Luftströmungen, welche in einem geheizten Raume entstehen, wenn man ein Fenster öffne. Le Monde ou Description générale de ses 4 parties. Paris 1660. fol. 189, fol. 211.

[4] So Acosta (Historia natural y moral de las Indias. lib. III, cap. 7. Sevilla 1590. p. 137). Die Westwinde hoher Breiten läßt er durch Rückprall (repercusion) der Passate entstehen.

daß die atlantischen Passatgürtel mit den Jahreszeiten sich verschieben, daß namentlich zur nördlichen Sommerszeit der Südostpassat über den Aequator schreite und selbst unter niedrigen nördlichen Breiten wehe.[1] Bei Varenius, einem Copernikaner, finden wir zwar eine zum Theil zutreffende Erklärung der Passatwinde mitgetheilt,[2] allein er entscheidet sich noch für eine naivere Deutung, wonach die Sonne, in dem sie unter den Tropen die verdünnten Luftmassen vor sich herstößt, die Ursache der Passate sein soll.[3]

Feuchte Niederschläge.

Sowie sich Europäer in der neuen Welt und in Indien ansiedelten, mußten sie mit der Erscheinung trockener und nasser Jahreszeiten bekannt werden, die in Indien abhängen von der Richtung der Jahreswinde, im tropischen Amerika meistens, wenn auch nicht allenthalben, wie es schon der große Naturbeobachter Acosta deutlich aussprach, den senkrechten Stand der Sonne zu begleiten pflegten. Daß dieses Gesetz des Regenfalles nur für die Tropen gelte, bemerkt er ausdrücklich, denn während die Regenzeit des äquinoctialen Amerika nördlich vom Aequator

[1] Sir Richard Hawkins, Voyage to the South-Sea 1593, ed. Bethune, Section XX, p. 76.

[2] Quidam existimant, ventum hunc generalem ex eo provenire, quod dum tellus circumrotatur atque aër cum eo, hic minus sequatur motum telluris, sed aliquantum tardior sit ad motum, atque ideo dum nos cum tellure ferimur ab Occidente in Orientem, aër vero minori celeritate in eandem plagam movetur, videtur nobis occursare et ab Oriente in Occidentem moveri, cum tamen nos illi potius occurramus. (Geogr. generalis, lib. I, cap. XXI, prop. II.) Diese Deutung findet Varenius ungenügend, weil danach der Passat nicht auf die heiße Zone beschränkt sein dürfte. Es fehlte nur noch die Erkenntniß der von den Polen nach dem Aequator gerichteten Luftströmung, um bei obiger Erklärung eine volle Befriedigung zu finden.

[3] Quidam statuunt, solem hujus venti ab Oriente ad Occidentem spirantis causam esse, quoniam is ingenti sua facultate rarefaciat aërem in Zona torrida et *ita protrudat* ab Oriente in Occidentem, cum ipse incedat hac via. (Geogr. gen. l. c.)

in die Zeit vom April bis October falle, beobachtete man umgekehrt im südlichen Europa in den Wintermonaten reichlichere Niederschläge.[1] Eine der lehrreichsten Naturerscheinungen dieser Art, nämlich die gänzliche Regenlosigkeit der Küsten von Peru, wurde sogleich bei der ersten Entdeckung bemerkt,[2] ihre Erkläruug bot jedoch um so größere Schwierigkeiten, als ein beständiger Nordwestwind von der See her weht, der sonst Feuchtigkeit zu bringen pflegt.[3] Daß dichter Baumwuchs örtlich den Regenfall sehr begünstige, lehrte bereits Cristobal Colon nach den Erfahrungen der Portugiesen, welche nach der Ausrottung der Wälder auf den Azoren, den Canarien und der Madeiragruppe eine Abnahme der Niederschläge beobachtet hatten.[4]

So lange übrigens der Mensch nicht die Abhängigkeit seiner Wohlfahrt von großen Naturgesetzen argwöhnt, entschließt er sich nicht zu der mühsamen Verschärfung seiner Beobachtungen. Ein besseres Wissen von der Vertheilung der Niederschläge wurde erst vorbereitet, als Sebastian Münster, der erste und einzige Geograph dieses Zeitabschnittes, durch ein Dreieck, dessen Grundlage er durch Ausschreiten maß, wenigstens die Breite eines Stromes, des Rheines, zu bestimmen versuchte.[5] Dabei blieb es vorläufig, denn noch dachte niemand daran, zur Breite eines Flusses auch die mittlere Tiefe, zu dieser die Geschwindigkeit zu messen. Und doch gehören Regenmesser zu den ältesten meteorologischen Instrumenten, und doch hatte bereits Leonardo da Vinci ein solches erfunden.[6]

[1] Historia natural y moral de las Indias. lib. II, cap. 3. Sevilla 1590. p. 88.

[2] Siehe oben S. 283.

[3] Acosta l. c. lib. III, cap. 22, p. 176. Huygen van Lynschoten, Beschryvinge van America, ohne Seitenzahlen, im Kapitel: van die wind in Peru.

[4] Don Fernando Colon, Vida del Almirante. cap. 58. Die meteorologischen Streitfragen, die sich auf die Möglichkeit einer nordwestlichen Durchfahrt bezogen, sind schon oben (S. 295) erwähnt worden.

[5] Cosmographia, lib. I, cap. 22. Basil. 1550. fol. 21.

[6] Poggendorf, Annalen. Bd. 21. S. 327.

Vertheilung der Gewächse und der Thiere.

Cardinal Bembo schildert schon, auf der Höhe des Aetna stehend, wie in senkrechter Reihe auf den Schneemantel des Berges ein baumloser Mattengürtel folge, den zunächst Nadelhölzer, tiefer unten Buchen und Eichen begrenzen,[1] allein er war sich so wenig bewußt, daß er damit ein höheres Gesetz ausspreche, wie ein Maler, der, gewissenhaft der Natur folgend, in seiner Gebirgslandschaft arglos die Thaten geologischer Kräfte darstellt. Im tropischen Amerika, in Mexiko und Peru unterschied Acosta schon drei Höhenstufen der Gewächse: den heißen Küstensaum (tierra caliente), die milderen Hochebenen (tierra de mediana altura), auf denen Weizen, Gerste und Mais gebaut wurden, und die höchsten Gebirgssteppen, wo nur noch Viehzucht möglich war.[2] Andere Vertheilungsgesetze der Gewächse hatten noch nicht das Nachdenken angeregt, nur bei Acosta findet sich die Aeußerung, daß die Pflanzenwelt im tropischen Amerika „an Einzelgestalten wie an Arten auffallend reicher sei, als in der alten Welt",[3] — so weit er sie kannte. Das Innere der Festländer war noch so wenig durchforscht, daß man nicht daran denken durfte, der Verbreitung der Thiere Grenzen zu ziehen. Vereinzelt steht eine nicht ganz genaue Bemerkung Galvaõ's, daß es in Südamerika unter höheren Breiten als Lima und der La Platastrom keine Kaimane, keine gefährlichen Schlangen und kein giftiges Ungeziefer gebe.[4] Georg Marcgrav aus Liebstadt in Sachsen (1610—1644) erforschte die Thierwelt Brasiliens und Westafrikas und bewies zuerst, daß die Thierwelt Südamerikas von derjenigen der alten Welt durchaus verschieden sei.[5]

[1] Petri Bembi de Aetna liber. Venetiis 1495. in fine.

[2] Acosta, Historia general y natural. lib. III, cap. 21.

[3] En el nuevo orbe es mucho mayor la copia asi en numero como en diferencias que no en el orbe antiguo y tierras de Europa, Asia y Africa. Historia natural y moral. lib. IV, cap. 30, p. 268.

[4] Tratado dos Descobrimentos, p. 220. Dos Rios da Prata e Lima pera cima nam se criam lagartos, cobras, nem bichos peçonhentos.

[5] Guil. Piso, Hist. nat. Brasiliae, et G. Marcgravi, Hist. rerum natural. Brasil. libri VIII. Lugd. Bat. 1648.

Völkerkunde.

Eine Sonderung des Menschengeschlechts in Racen nach körperlichen Merkmalen ist diesem Zeitabschnitt noch fremd, obgleich den älteren Durchforschern des Erdballs die physischen Verschiedenheiten der Völker nicht entgangen waren. Die spanischen[1] und holländischen Seefahrer, welche die Südsee besuchten, beschrieben die Eingeborenen, die sie dort antrafen, mit hinreichender Treue, daß wir noch jetzt unterscheiden können, ob sie von polynesischen oder papuanischen Stämmen sprechen wollen. Auch die Engländer, als sie auf Frobisher's erster Fahrt 1576 mit Eskimos in Berührung kamen, überraschen uns durch die Entdeckung ihrer Aehnlichkeit mit den sogenannten mongolischen Völkern des nordöstlichen Asiens.[2] Da man in der neuen Welt unter den höchsten Breiten Menschen mit brauner Hautfarbe antraf, so widerlegte sich von selbst der Irrthum des Alterthums, wie des Mittelalters, daß die Färbung der Haut mit der abnehmenden Polhöhe dunkler werde. Strengere Vergleiche ließen sich jedoch nicht eher anstellen, als bis man treue Abbildungen fremder Völker heimgebracht hatte. Solche Abbildungen fehlen zwar nicht, aber es fehlt ihnen die Treue.[3] So lange

[1] Es mag hier erwähnt sein, daß der Ritter Pigafetta unter den neuern Seefahrern der erste gewesen ist, welcher Wörterverzeichnisse aus der Sprache der besuchten Völker in Patagonien, auf den Philippinen und Molukken anlegte.

[2] Hakluyt, Navigations, tom. III. London 1600. fol. 30. They be like to Tartars with long blacke haire, broad faces and flattie noses, and tawnie in colour. Eine treffliche, wenn auch für heutige Anforderungen nicht ausreichende Beschreibung von eingebornen Neufundländern, welche 1509 in Rouen sich sehen ließen, findet sich als Zusatz zu einer Chronik des Eusebius. Paris 1512. (Harrisse, Bibl. amer. vetust. Additions. Paris 1872. p. 58.)

[3] Das große Werk von De Bry ist angefüllt mit Abbildungen wilder Völker; ebenso die Sammlungen von Merian und die meisten der holländischen Reisewerke. Wo sie sich auf Trachten, menschliche Werkzeuge und menschliche Bauten beschränken, sind sie verlässig, aber schwerlich könnte man aus ihnen Physiognomie und Körperbau fremder Völker studiren.

die Sonderung des Menschengeschlechtes nach physischen Merkmalen in Racen noch nicht vollzogen war, konnte man auch nicht leicht die Familienverwandtschaften von Völkergruppen des nämlichen Menschenschlages herausfinden. Doch wurde bereits in der ersten Hälfte des 17. Jahrhunderts versucht, durch Sprachverwandtschaft die Völker Europas in die drei großen Gruppen Germanen, Romanen und Slaven zu sondern.[1] Sonst begnügten sich Reisende und Geographen damit, die Stufen des Ackerbaues, der Gewerbe, der Künste, die Einrichtung der Familien, die politischen Verfassungen, Sitten, Rechtsgewohnheiten und Religionen fremder Völker zu schildern.[2]

Wenn ein Geschichtsschreiber unserer Tage über die Dichtigkeit europäischer Bevölkerungen in früheren Jahrhunderten sich unterrichten wollte, so würde er vergeblich bei den Geographen des 16. und 17. Jahrhunderts Rath suchen.[3] Es ist keins

[1] Petrus Bertius, Breviarium totius orbis terrarum, als Appendix zu Cluverius Introductio. Amstelod. apud Hondium s. a. p. 10. Linguae per Europam praecipue sunt tres: Romanismus apud Italos, Gallos, Hispanos; Teutonismus apud Helvetios, Germanos, Bavaros, Suecos, Norvegos, Danos, Anglos et plerosque Belgos; Sclavonismus in Sclavonia, Polonia, Bohemia, Hungaria. Bertius hat auch (p. 6) eine Geographie der religiösen Bekenntnisse in Europa gegeben.

[2] Dies geschah ohne Ausnahme fast von allen Reisenden. Ueber Amerika besitzen wir aus der ältesten Zeit die Sammlung von Berichten, die Peter Martyr aus Anghiera von den Entdeckern einzog, sowie die reichhaltigen Beobachtungen Oviedo's, Acosta's und der Conquistadoren. Es konnte daher Prescott seine classischen Schilderungen des alten Mexiko und des alten Peru fast vollständig aus den Schriften der Eroberer schöpfen. Obgleich die Eingebornen der Antillen schon um die Mitte des 16. Jahrhunderts erloschen waren, besitzen wir doch hinreichende Angaben, um uns ein ausführliches Bild ihrer gesellschaftlichen Zustände (s. Peschel, Zeitalter der Entdeckungen, S. 175, 2. Aufl. S. 137) zu entwerfen. Es ist uns sogar von einem der ersten Heidenbekehrer, die mit Colon nach der neuen Welt gingen, von dem Hieronymiten Fr. Roman, eine Abhandlung über die Mythologie der Antillenos erhalten und von Don Fernando Colon in der Vida del Almirante abgedruckt worden.

[3] In einzelnen Fällen haben sie sich aus andern Hilfsmitteln mehr oder weniger genau ermitteln lassen. So kennen wir die Einwohnerzahl

der geringeren Verdienste der venetianischen Botschafter, daß sie uns wenigstens über die Kräfte europäischer Fürsten an Geld und Soldaten im 16. und 17. Jahrhundert fortlaufende Ziffern erhalten haben. Daß aber Regierungen damals sich nur durch ihre Gesandten solche Aufklärungen verschaffen konnten, mag uns als Beweis dienen, daß man aus Handbüchern Dichtigkeitsvergleiche nicht gewinnen konnte. Den italienischen Geographen gebührt unstreitig das Verdienst, zuerst die politischen Zustände und die bürgerlichen Verfassungen fremder Länder im Geiste der venetianischen Botschafter beschrieben zu haben.[1] Bei ihnen findet man auch die ersten Zahlenangaben von Stadt- und von Landbevölkerungen.[2] Während unsre deutschen Gelehrten noch lange Zeit diese Muster unbeachtet ließen,[3] entwarf ein französischer

von Florenz seit 1351. Pagnini, della Decima de Fiorentini. Lisbona e Lucca 1765. tom. I. Tavola della popolazione. Auch konnte Don Diego Clemencin ein starkes Steigen der Bevölkerung Castiliens unter Ferdinand und Isabella nachweisen. Memorias de la Academia della Historia. tom. VI. Ilustracion XI.

[1] Francesco Sansovino del Governo de Regni. Venetia 1586. Siehe den Abschnitt Germania moderna, p. 20—21[b], wo die Streitkräfte der deutschen Staaten angegeben werden. Bei diesem Verfasser begegnet man zuerst der Eintheilung in Hoch- und Nieder-Deutschland (l. c. p. 19) mit dem Main als Grenze.

[2] De principatibus Italiae. Lugd. Bat. 1623. (Elzevir.) Man trifft dort Angaben über Finanzen, Einwohnerzahl, stehendes Heer und Flotte für Venedig (p. 15—18), für Genua (p. 20), für Florenz (p. 190); endlich zum erstenmale eine Statistik der Stadt- und Landbevölkerung Neapels (p. 89). Die Stadtbevölkerungen der Niederlande, nach Feuerstellen geschätzt, finden sich bereits aufgezeichnet von dem Florentiner Guicciardini. (Descrittione di tutti i Paesi bassi. Anversa 1657.)

[3] Dem Verfasser gelang es bisher nur zwei vereinzelte Angaben aus jener Zeit über deutsche Städtebevölkerungen in geographischen Handbüchern aufzufinden. In Respublica et status Imperii Romano-Germani. Lugd. 1634. (Elzevir.) p. 100 wird die Einwohnerzahl Nürnbergs auf 52,000 geschätzt, und in dem Hof- und Staatshandbuch für Oestreich unter Ferdinand II. wird die Kopfzahl von Wien sammt den Vorstädten, jedoch ohne Anspruch auf Genauigkeit, mit 60,000 angegeben. Status Regiminis S. C. M. Ferdinandi II. s. l. 1637. (Elzevir.) p. 18. Selbst unter Hermann Conring's Dissertationen, die in die Zeit von 1666—1680 fallen, sucht man

Geograph, Davity, schon vor 1635 eine Uebersicht, die seiner Zeit das ersetzen mußte, was uns jetzt die statistischen Staatskalender leisten.[1] Da man sich noch nicht üm die Volkszahlen kümmerte, so unterschieden die älteren Kartenzeichner weder durch Schriftart noch durch Hieroglyphen auf ihren Gemälden die Städte des höchsten Ranges von den geringsten Ortschaften.[2]

Die damaligen Handbücher wurden nach dem Muster gearbeitet, welches Sebastian Münster (geb. zu Ingelheim 1489, starb 1552) 1550 aufzustellen wagte.[3] Bei ihm, wie bei seinen Nachfolgern fehlten Naturschilderungen, und Produktenverzeichnisse mußten die Beschreibung der drei Reiche ersetzen. Noch war damals Geographie und Geschichte ungetrennt, und daher finden wir bei ihnen Abrisse aus den Chroniken der Länder und der herrschenden Häuser, sonst aber nur eine trockene Ortskunde mit Angabe der Alterthümer, der Sehenswürdigkeiten, bei Münster sogar mit Beigabe von Stadtplänen und Abbildung der Stadtwappen, so daß jene älteren Arbeiten nicht den heutigen Länder-

vergeblich in dem Examen rerumpublicarum totius orbis (Opera, tom. IV, fol. 45—549) nach solchen Angaben, statt deren fast nur staatsrechtliche und politische Aufklärungen gegeben werden.

[1] Pierre Davity, Seigneur de Montmartin wurde 1573 in Tournon an dem Rhone geboren, starb 1635. In dem großen Werk Le Monde (Paris 1660), dessen Druck vor seinem Tode noch begonnen hatte, erhalten wir tom. I, fol. 477—485 eine vergleichende Statistik der Finanzen und der Streitkräfte aller Fürsten der Erde.

[2] Erst Mercator unterscheidet Hauptstädte von kleineren Ortschaften. Die Kartenzeichner wurden in dieser Hinsicht von den Länderbeschreibungen im Stich gelassen, denn selbst in dem großen und berühmten geographischen Wörterbuch von Mich. Antonie Baudrand (Geographia ordine literarum disposita. Paris 1682) findet man für französische, deutsche, englische Städte keine Bevölkerungszahlen, und für italienische nur bei Mailand (250,000 K.) und bei Florenz (70,000 K.) l. c. fol. 394, fol. 638.

[3] Cosmographia universalis. Basil. 1550. Der anderweitigen Verdienste Münster's ist bereits (S. 428, S. 443) gedacht worden; hier wollen wir noch hinzufügen, daß Münster zuerst die Gletscher der Alpen beschrieben hat (l. c. lib. III, fol. 341). Vgl. über S. Münster: W. Riehl, Freie Vorträge, S. 135—161.

kunden, sondern eher unsern Reisehandbüchern gleichen.[1] Auf Münster folgte unmittelbar André Thevet,[2] der vor unserem Landsmann voraus hatte, daß er bis nach Ostafrika und Westindien gewandert war, den schneebedeckten Pic du Midi der Pyrenäen bestiegen hatte,[3] und die Welt nach lebendigen Eindrücken beschreiben konnte, „nicht wie die Gelehrten, welche nur das Netzeweben der Spinnen in den Zimmerwinkeln" beobachtet haben. Eine Erdbeschreibung von hohem wissenschaftlichen Werth hätte gewiß, wie er es ankündigte, aber nicht ausführte, der große portugiesische Geschichtsschreiber Joaõ de Barros (1496 bis 1570) geliefert, wie man aus einigen Darstellungen außereuropäischer Erdräume in seinem Geschichtswerk schließen darf.[4] Auch die spanischen Historiker konnten es nicht vermeiden, die Schauplätze der Thaten ihres Volkes in der neuen Welt genauer zu beschreiben,[5] und sehr hohe Leistungen in der Naturschilderung treffen wir bei dem Jesuiten Joseph Acosta.[6] Wer aber einen Maßstab von der Stufe gewinnen will, auf welche die Erdkunde um die Mitte des 17. Jahrhunderts sich gehoben hatte, der findet die Summe der höchsten Erkenntnisse am reinsten von allen Irrthümern und vollendet in Bezug auf die mathematische Schärfe des Ausdrucks bei Bernhard Varen,[7] dessen „Allgemeine

[1] Solche Hilfsmittel fehlten übrigens schon damals nicht, s. Martin Zeiller, Reißbuch und Beschreibung. Straßburg 1632. Seine Beschreibung der Stadt „Mönchen" (fol. 275 ff.) ist ebenso ausführlich und leistete seiner Zeit dasselbe, wie unsere jetzigen „rothen" Touristenbücher.

[2] La cosmographie universelle d'André Thevet, cosmographe du Roy. Paris 1575. Die Vorrede ist vom 1. Januar 1575. Das Werk ist in 23 Bücher getheilt und enthält 2050 Folioseiten.

[3] Lib. XIII, cap. 13, fol. 505ª.

[4] Siehe seine Schilderung der Sahara und Senegambiens in Da Asia, Dec. I, livro III, cap. 8 . Lisboa 1778. tom. I, p. 213.

[5] Oviedo's Historia general de las Indias enthält fast ebensoviel Geographisches als Geschichtliches. Auch Herrera gibt oft treffende Schilderungen.

[6] Man sehe die Beschreibung Perus in der Historia natural y general, lib. III, cap. 22. Sevilla 1590. p. 175.

[7] Er wurde am Ende des 16. Jahrhunderts in Lüneburg geboren, erhielt seine Erziehung im hamburger Gymnasium und lebte später, wahr-

Erdkunde", von Isaak Newton später neu herausgegeben,[1] ein Spiegel des Wissens seiner Zeit gewesen ist, wie der tellurische Theil des Kosmos es war im Jahre 1846. Und so bezeichnet Humboldt[2] mit Recht die allgemeine Erdbeschreibung des Varenius (Pars absoluta cap. 1—22) in ihrem ganzen Umfange als eine vergleichende. Ein Spielwerk, welches der basler Buchdrucker Christian Wechel für Kaiser Karl V. anfertigte, nämlich die Darstellung Europas unter dem Bilde einer königlichen Jungfrau,[3] zeigt uns indessen, daß man wenigstens ein Auge hatte für die bedeutungsvolle Gliederung unseres Festlandes.

scheinlich bald nach Ausbruch des 30jährigen Krieges, in Holland. Siehe Alex. v. Humboldt, Kosmos. Bd. 1, S. 75.

[1] Vivien (Histoire de la Géogr. Paris 1873. p. 422) ist im Irrthum, wenn er meint, Newton habe die von ihm besorgte Ausgabe des Varenius (Cambridge 1681) mit Anmerkungen versehen; es ist vielmehr ein wörtlicher Abdruck, in der Längen- und Breitentafel leider durch Druckfehler entstellt.

[2] Kosmos, Bd. 1, 74.

[3] Guilelm. Postell, Cosmograph. discipl. compend. Basil. 1561. p. 5.

Das Zeitalter der Messungen.

Räumliche Erweiterung der Erdkunde.

Der Norden und Osten der alten Welt.

Um die Mitte des 17. Jahrhunderts war die Vertheilung von Land und Wasser auf unserer Erde bis auf ein Drittel der Oberfläche erforscht. Von den Archipelen der Südsee waren die Sandwichgruppe, die Gesellschaftsinseln, die größeren Körper der Schiffer- und der Viti-Inseln, Neu-Caledonien mit der vorliegenden Loyalitätskette noch gar nicht; die Marquesas, die Salomonen, die Santa-Cruz-Inseln und die neuen Hebriden nicht wieder gesehen worden, so daß auch sie wie dermaleinst die Canarien für verloren gelten konnten. Höhere südliche Breiten mit Ausnahme der Umgebung des Cap Hoorn waren so vorsichtig gemieden worden, daß noch immer das Gespenst eines südaustralischen Festlandes im stillen Meere selbst bis zu sehr niedrigen Breiten sich erheben und das von Tasman 1642 gesehene Neu-Seeland als ein Stück dieses theoretischen Welttheils betrachtet werden durfte. Von Australien fehlte noch die östliche Hälfte der Südküste und der Ostrand, sowie auch die Beziehungen jenes Festlandes zu Van-Diemensland und Neu-Guinea völlig in Dunkel gehüllt blieben.[1] Die Westküste

[1] Siehe oben S. 374 das Kärtchen, welches den Stand der Entdeckungen veranschaulicht.

Nordamerikas war nur bis 43° n. Br. berührt worden, und ob die neue Welt mit dem Osten Asiens zusammenhinge, blieb noch unentschieden, da die Entdeckungen der Kosaken zwischen der Kolyma und dem Anadyr[1] erst bekannt wurden, als G. F. Müller die Archive von Jakutsk betrat. Endlich war die Entdeckung der sogenannten nordwestlichen Durchfahrt oder die Kenntniß des polaren Nordamerika nur bis zur Hudsonsbai gegen Westen und bis zur äußersten Verengerung der Baffinsbai gegen Norden vorgeschritten. Mit Ausnahme der letzten Aufgabe hätten zur Lösung aller übrigen Zweifel die Leistungen eines einzigen großen Seemanns ausgereicht, und wirklich blieben sie auch ungelöst, bis James Cook den Schleier von den unbekannten Räumen auf beiden Hälften der Südsee hinwegzog. Mit Befremden gewahren wir nämlich, daß von 1648—1764 mit wenigen geringfügigen Ausnahmen ein völliger Stillstand in den überseeischen Entdeckungen eintritt. Jeder Antrieb zur räumlichen Erweiterung der Erdkunde fehlte den Seemächten der damaligen Zeit. Alle Ursprungsländer der gewinnbietenden Handelsgegenstände waren erreicht, ein dauernder Verkehr mit ihnen angeknüpft, Niederlassungen gegründet, metallreiche Gebiete erobert worden und auf die Befriedigung folgte die Ruhe des Genusses, denn noch war die Zeit nicht gekommen, wo gebildete Völker den Trieb fühlten, zur Stillung des Wissensdranges Schiffe nach unbekannten Seen auszurüsten. Nur Rußland war in jener Zeit des Stillstandes bemüht, die Begrenzung der alten Welt im Norden fester zu bestimmen. Da Sibirien derjenige Erdenraum ist, zu dessen Erkenntniß deutsche Kräfte das meiste beigetragen haben, so rechtfertigt sich damit ein näheres Eingehen auf die großen ostsibirischen Unternehmungen der Russen.

Die Fahrt des Kosaken Deschnew von der Kolyma um die Nordostspitze Asiens nach dem Anadyr, durch welche die Trennung der alten von der neuen Welt erwiesen worden war, blieb

[1] Siehe oben S. 337.

so vollständig das Geheimniß der jakutsker Archive, daß Peter der Große die östliche Begrenzung seines Reiches durch eine Küstenfahrt festzustellen befahl.[1] Zum Anführer des Unternehmens wählte er Vitus Bering, einen Dänen, der von 1704 bis 1724 in russischen Diensten gestanden hatte und den Peter wieder anzustellen befahl;[2] die Lieutenants Martin Spangberg und Alexej Tschirikow wurden ihm untergeordnet. Im Frühjahr 1725 begaben sie sich von Petersburg über Land nach Ochotsk, aber erst am 4. April 1728 konnten sie bei Nischnej Kamtschatskoj Ostrog das Boot Gabriel vom Stapel lassen, in welchem sie am 20. Juli ausliefen, um dem Ostrande Kamtschatkas entlang gegen Norden zu steuern. Am Laurentiustage (10. August) entdeckte Bering eine Küsteninsel, die er nach dem Kalenderheiligen benannte und am 16. August[3] die Landspitze Serdze Kamen unter 67° 18′ n. Br., die schon jenseit der Ostspitze der alten Welt lag, so daß er im Bewußtsein einer erfüllten Aufgabe nach Ochotsk zurückkehrte.[4] Da auf dieser Küstenfahrt das

[1] Selbst nach dem petersburger geographischen Almanach von 1729 blieb es noch unentschieden, ob Kamtschatka eine Halbinsel oder Insel, vielleicht das japanische Jeso der Holländer sei. Ph. J. v. Strahlenberg's Karte, Nova descriptio geographica Tattariae Magnae 1730, bestärkte die Verwirrung, indem sie die Darstellung von Jeso nach der Aufnahme des Castricum an das Südende der Halbinsel „Kamtszatka alias Jedso" heftete und den nordöstlichen Vorsprung Asiens mit dem Cap Patientie des Kapt. Vries identificirte.

[2] K. E. v. Baer, Peter's des Großen Verdienste um die Erweiterung der geogr. Kenntnisse. St. Petersburg 1872. S. 39. Die Instruction für Bering siehe ebenda S. 41—43.

[3] K. E. v. Baer, a. a. O. S. 44. Anm 1.

[4] G. F. Müller, Sammlung russischer Geschichte. Peterburg 1758. Bd. 3, S. 111—118. Bering's Ortsbestimmungen finden sich in Harris, Navigantium Bibliotheca. London 1748. tom. II, fol. 1021. Er setzt:

	n. Br.	ö. L. von Tobolsk
die Laurentiusinsel . .	64°	122° 55′
die Demetriusinsel . .	66°	125° 42′
den Punkt der Heimkehr	67° 18′	126° 7′

Nach diesen Angaben kann kein Zweifel bestehen, daß er um die Ostspitze der alten Welt gefahren sei.

Gestade Amerikas wegen des nebligen Wetters nicht erblickt, ja seine Nähe gar nicht geahnt wurde, so erfuhr auch Bering nie, daß er eine Straße entdeckt habe, die dermaleinst nach ihm benannt werden sollte. Der deutsche Geschichtschreiber G. F. Müller hielt sich später (1758) durch seine archivalischen Forschungen in Jakutsk berechtigt, Zweifel zu erregen, daß Bering den äußersten Osten Asiens, das tschuktschische Vorgebirge der alten kosakischen Seefahrer wirklich berührt habe, so daß auf Müller's Karte, welche fleißig nachgezeichnet wurde, nördlicher als Serdze Kamen das asiatische Festland eine zweite Halbinsel nach Osten schob, bis endlich Kapitän James Cook am 1. September 1778 die Lage des Vorgebirges Serdze bestimmte und der Küstenaufnahme Bering's das Lob einer überraschenden Genauigkeit ertheilte.[1]

Gleich nach Bering's Rückkehr und auf dessen Anregung wurde eine großartige und genaue Erforschung Sibiriens, die sogenannte zweite kamtschatkische Expedition in Rußland ausgerüstet. Noch zu Peter's des Großen Zeiten war, wie Gmelin sich ausdrückt, alles Land im Norden Asiens Tatarei und alle Völker jener Gebiete Tataren, bis ein gelehrter danziger Arzt, Daniel Gottlieb Messerschmidt, von seinen Reisen 1720—1727 die erste mathematische und physikalische Grundlage zur Kunde Sibiriens heimbrachte.[2] Zwar konnten wir schon zeigen, daß bereits im 17. Jahrhundert die Mündungen der großen nordasiatischen Ströme erreicht wurden, aber die zwischen ihnen liegenden Küstenstrecken des Eismeeres, von der Karasee zum

[1] Cook and King, Voyage to the Pacific Ocean. London 1784. tom. II, p. 470 sq. Bering überwinterte in Kamtschatka und unternahm im Sommer 1729 eine zweite Fahrt nach Osten, da nach mehrfachen Aussagen in jener Richtung ein großes, dichtbewaldetes Land liegen solle; allein heftiger Sturm zwang ihn zur Umkehr, ehe er sein Ziel erreichte. (K. E. v. Baer, a. a. O. S. 46.)

[2] J. G. Georgi, Geogr. physikal. Beschreibung des Russischen Reiches. Königsberg 1797. Bd. 1, S. 51. G. Radde, Berichte über Reisen im Süden von Ost-Sibirien. St. Petersburg 1861. S. 429. Messerschmidt machte die ersten sibirischen Breitenmessungen. (Middendorff, Reise. Bd. IV, Abth. 1, S. 55.)

Ob, vom Ob zum Jenissei, vom Jenissei zur Lena waren völlig unausgefüllt geblieben. Ueber die Annäherung Amerikas an den Osten Sibiriens herrschte gänzliches Dunkel, denn der nächste bekannte Küstenpunkt der neuen Welt war das californische Cap Blanco 43° n. Br. Bering übertrug man die Anordnung der einzelnen Unternehmungen zur Ausfüllung jener Lücken. Als wissenschaftlichen Begleiter, aber unabhängig von ihm, berief man den Historiker Gerhard Friedrich Müller, dem, ehe er noch zurückgekehrt war, Johann Eberhard Fischer 1740 nachfolgte. Ferner gewann man einen Lehrer „der Chemie und Kräuterwissenschaft" aus Tübingen, Johann Georg Gmelin (geb. 11. August 1700 zu Tübingen, gest. 1755), und für astronomische Ortsbestimmungen Louis Delisle de la Croyère,[1] einen Bruder des großen Geographen.

Wir erstaunen mit Recht über den Muth eines Mannes, wie Vitus Bering, der ein so ungeheures Unternehmen auf seine Schultern nahm; denn es galt nicht allein eine Reihe von Expeditionen vorzubereiten, welche die Küsten des sibirischen Eismeeres enthüllen sollten, sondern zugleich für die Weiterbeförderung der eigentlich centralsibirischen Forscherkarawane zu sorgen, sowie auch Mannschaften, Materialien, Vorräthe für zwei selbstständige Seeunternehmungen im großen Ocean nach Amerika und Japan bis an die unwirthlichen Gestade von Kamtschatka vorzuschieben und endlich selbst die abenteuerlichste jener Entdeckungsfahrten selbst zu leiten.[2] Die Untersuchungen am Eismeer eröffneten Murawiew und Pawlow, die 1734 von Archangel ausliefen, aber erst 1735 in die Karasee eindrangen und trotz aller Beharrlichkeit nicht bis zu ihrem Ziele, dem Ob, sondern am Ufer der samojedischen Halbinsel nur bis zu einer Breite von 72° 45′ n. Br. im Kampfe gegen Eismassen

[1] Sein Begleiter, Krasiljnikow machte die ersten noch gültigen Längenbestimmungen an den Küsten von Kamtschatka und dem ochotskischen Meere. (Middendorff, Reise. Bd. IV, Abth. I, S. 56.)

[2] K. E. v. Baer, a. a. O. S. 67 u. ff.

sich zu erheben vermochten.[1] Glücklicher waren zwei andere Officiere, Malygin und Skuratow, die von Archangel 1736 abgingen. Im ersten Jahre gelangten sie zwar nur durch die ugrische Scheere bis zur Mündung der Kara 69° 48′ n. Br., am 3. Juli 1737 aber setzten sie von dort ihre Reise fort, erzwangen sich durch drohende Eismassen eine Durchfahrt zwischen dem Festland und Ostrow Bjelgi, der weißen Insel (23. August) und liefen am 11. September glücklich in den Ob ein, die ersten und bis 1869 die einzigen Seeleute, welche diesen Strom von Westen her zu Wasser erreicht haben. Obgleich sie im Jahre 1738 auf der Rückkehr die karische See am 3. August wieder erreicht hatten, mußten sie doch wieder in Obdorsk überwintern, so daß es ihnen erst im vierten Jahre (1739) gelang, ihre Fahrzeuge nach Archangel zurückzubringen.[2]

Wenn der Ob das äußerste Ziel der Engländer und Holländer im 16. Jahrhundert gewesen war, so kann man in diesem historischen Sinne Malygin und Skuratow die Entdecker der nordöstlichen Durchfahrt nennen. Waren aber vier Jahre erforderlich gewesen, um zwei kleine Boote unter den äußersten Bedrängnissen nach dem obischen Golf und wieder heim zu führen, so mußten seitdem die Küstenwasser des Eismeeres für Handelsfahrten als gänzlich unbenutzbar betrachtet werden.

Um den Ob mit dem Jenissei zu verknüpfen, war dem Lieutenant Owzyn die Schaluppe „Tobol" angewiesen worden. Seine erste Fahrt, die er von Tobolsk im Mai 1734 antrat, endigte schon am 6. August im obischen Meerbusen unter der Breite von 70° 4′. Im nächsten Jahre nöthigte ihn der Ausbruch des Scharbocks unter seiner Mannschaft schon am 18. Juli zur Umkehr. Im dritten Sommer fand er den obischen Meerbusen unter 72° 34′ n. Br. mit Eis geschlossen und erst bei seinem vierten Versuche 1737, wo er den Strom schiffbar antraf, ge-

[1] G. F. Müller, Sammlung russischer Geschichte. Petersburg 1758. Bd. 3, S. 145. Friedr. Lütke, Viermalige Reise ins Eismeer S. 61.

[2] Müller a. a. O. S. 144. Friedr. Lütke a. a. O. S. 69 und Ferd. v. Wrangell, Reise, übersetzt von Engelhardt. Berlin 1839. Bd. 1, S. 38.

wann er am 16. August unter 73° 18′ n. Br. die von den Samojeden so genannte stumpfe Ecke, Mäte Sol, und konnte am 1. September in den Jenissei einlaufen. Vier Jahre bedurfte also ein heldenmüthiger und hartnäckiger Seemann, um den Weg aus dem Ob nach dem geschwisterlichen Jenissei über das Eismeer zu finden![1]

Die hohen Leistungen wurden noch verdunkelt durch die Thaten der Officiere, welche das Polargestade von der Lena gegen Westen bis zum Jenissei untersuchen sollten.[2] Lieutenant Prontschischtschew, dem man dieses Wagniß übertragen hatte, erreichte von Jakutsk im ersten Jahre 1735 nur den Olenek. Nach dem Eisbruch am 3. August. (a. St.) 1736 setzte er von dort seine Fahrt gegen Westen fort, ging am Chatangabusen vorüber und erreichte am 20. August das Vorgebirge des heiligen Thaddäus, sowie die Laurentiusinsel, wo er sich unter 77° 29′ n. Br. (Gissung) und irrthümlich an der Taimyra wähnte. Das Eis zwang ihn dort zur Rückkehr nach dem Olenek, den er am 29. August nur erreichte, um wenige Stunden nachher seinen Geist aufzugeben. Seine Gemahlin, die ihn heldenmüthig begleitet hatte, überlebte ihn nur wenige Tage.[3] Um die halbvollendete Aufgabe völlig zu lösen, lief Chariton Laptew am 20. Juli 1739 aus der Lena, gelangte aber in diesem Jahre nur zu dem Vorgebirge des heiligen Thaddäus, dessen Breite er auf 76° 47′ (Gissung) bestimmte. Als er im nächsten Jahre bei Wiederholung des Versuches sein von Eisschollen gepreßtes Schiff verlassen mußte, beschloß er, die Küstenaufnahme zu Lande fortzusetzen. Als Winterquartier erwählte er den Chatangafluß, von wo er in Schlitten am 24. April 1741 nach dem Taimyrsee aufbrach, dem gleichnamigen Flusse bis in die See folgte und an der Küste nordwärts

[1] G. F. Müller, a. a. O. S. 148. Ferd. v. Wrangell, a. a. O. Bd. 1, S. 38 ff.

[2] Vgl. für diese Fahrten Petermann's Mittheilungen 1873. Tafel 1.

[3] G. F. Müller, a. a. O. S. 149. Gmelin, Reise. Bd. 2, S. 427 bis 434. Ferd. v. Wrangell, a. a. O. Bd. 1, S. 48

wanderte, bis er am 24. Mai 76° 38′ n. Br. (astronomisch) erreichte, wo das Festland sich wieder gegen Süden senkte. Von dort, unserem heutigen Cap Taimyr,[1] ging er seinem Steuermann Tscheljuskin[2] entgegen, welcher inzwischen den Jenissei abwärts die Küste bis zur Pjäsina aufgenommen hatte. Am 29. August 1741 war die Expedition in Mangasejsk (Turuchansk) wieder vereinigt und ihre Aufgabe beendigt bis auf die Strecke zwischen der Taimyra und dem Vorgebirge des heiligen Thaddäus. Um diese Lücke auszufüllen, brachen Laptew und Tscheljuskin im December 1741 von Mangasejsk auf. Laptew kehrte unverrichteter Sache heim, aber Tscheljuskin drang am 1. Mai 1742 über das Vorgebirge des heiligen Thaddäus hinaus, überzeugte sich, daß es noch nicht die Nordspitze Asiens sei und umwanderte den noch nicht gesehenen Theil der Seeküste. Am 18. Mai bestimmte er nahe der Nordspitze Asiens ,die Polhöhe zu 77° 27′ n. Br. und erreichte am nächsten Tage das von ihm Nordostcap (Sjewero Wostotschnoyj) benannte Vorgebirge unter 77° 34′ n. Br.[3]

Gleichzeitig mit Prontschischtschew war der Lieutenant Lassinius 1735 aus der Lena ausgelaufen, um die Küsten des Eismeers gegen Osten zu untersuchen. Er erreichte nicht einmal die Jana und starb am Scharbock im Winterquartier. Auch Dmitrj Laptew, der an seiner Stelle jetzt befehligte, kam 1736 nur bis zum heiligen Vorgebirge, Swiätoj Noß; als er jedoch 1739 seinen Versuch wiederholte, gelangte er im ersten Jahre zur Indigirka, im nächsten nach der ersten Bäreninsel und bis zur Kolyma und im dritten Jahre 1741 von dort bis zu den Baranowklippen, die lange Zeit nach ihm das äußerste bekannte Ziel am Eismeer gegen Osten bleiben sollten.[4]

[1] Wahrscheinlich auf einer Insel gelegen. Vgl. Middendorff, a. a. O. S. 72.

[2] Tscheljuskin heißt dieser Steuermann, nicht Tschemokjin, wie der Uebersetzer von Wrangell irrthümlich geschrieben hat. Vgl. A. Th. v. Middendorff, Reise in den äußersten Norden und Osten Sibiriens. Petersburg 1848. Bd. 1, Th. 1, p. XIV.

[3] Nach dem Auszuge aus Tscheljuskin's Tagebuche in Petermann, Mitth., 1873. S. 16.

[4] Ferd. v. Wrangell, a. a. O. S. 62 ff.

Inzwischen hatten sich die deutschen Gelehrten, nachdem Spangberg am 21. Februar, Bering am 18. April aufgebrochen war, am 7. Juli 1733 von der Kaiserin verabschiedet, über Tobolsk und Ustkamenogorsk nach Tomsk und über Krasnojarsk im Frühjahr 1735 nach Irkutsk begeben, von wo sie einen Ausflug zur chinesischen Grenze nach Kiachta unternahmen, über Selenginsk und Nertschinsk bis zum Argun gingen und am 20. September 1735 Jakutsk, ihr äußerstes Ziel, erreichten, wo sie bis zum Mai 1737 sich aufhielten, mit Streifzügen die Zeit ausfüllend. Von dort hätten sie sich der kamtschatkischen Unternehmung anschließen sollen, aber die Behörden in Sibirien waren kaum im Stande, das zu liefern, was Bering zur Ausrüstung seiner Schiffe von ihnen begehrte. Halb unschlüssig waren unsere beiden Professoren nach Irkutsk und zuletzt schon nach Jenisseisk zurückgewichen, als ihnen ein günstiges Geschick im Januar 1739 dort einen eifrigen Stellvertreter, Georg Wilhelm Steller (geb. zu Weinsheim in Franken 10. März 1709) zuführte, den sich Gmelin als Gehilfen von der Akademie erbeten hatte. Dem „Herrn Adjunctus", wie ihn der tübinger Professor der Chemie und Kräuterkunde nannte, war „jeder Schuh und Stiefel gerecht". Er bedurfte weder eines Koches noch eines Haarkünstlers, denn einestheils verschmähte er Puder und Perrücke, anderntheils bereitete er sich seine Kost selber und zwar zur Verwunderung der beiden Akademiker, „indem er Suppe, Fleisch und Gemüse in einem Geschirr zugleich ansetzte". Immer sah man ihn guten Muthes und „je unordentlicher Alles bei ihm zuging, desto fröhlicher schien er zu werden".[1] Dies war der Mann, wie er sich für eine Fahrt zur Entdeckung Amerikas eignete und einer der wenigen, die von dieser gefahrvollen Unternehmung heimkehren sollten.

Nachdem sie Steller an Bering abgefertigt hatten, bereisten die beiden Professoren gemeinschaftlich den Jenissei bis zum 66. Breitegrad, worauf sich Gmelin von Müller trennte, um

[1] Worte Gmelin's, in der Reise nach Sibirien. Bd. 3, S. 175.

den Jaik und die Bergwerke des Ural zu besuchen und nach neunjährigem Aufenthalte in Sibirien Mitte Februar 1743 nach Petersburg zurückzukehren. Gmelin überschaute vollständig das Wissen seiner Zeit und seine Beobachtungen erstreckten sich über sämmtliche Fächer der Erdkunde.[1] Das Wichtigste davon enthält seine Beschreibung der sibirischen Pflanzenwelt, welche 1747 in Petersburg erschien. Gmelin bestimmte eine Reihe senkrechter Höhen mit Hilfe des Barometers, über deren Genauigkeit er selbst nur schüchtern sich äußert. Obgleich er zur Berechnung nur die Tafeln Cassini's benutzen konnte, erhielt er doch eine gute Vorstellung von der beträchtlichen Bodenanschwellung Transbaikaliens und er war der erste, der aus elfmonatigen Barometerbeobachtungen, die Dr. Lerche in Astrachan ihm überließ, die Thatsache ermittelte, daß der Spiegel der kaspischen See unter dem Spiegel des schwarzen Meeres eingesenkt liege.[2] An den Orten, wo er sich länger aufhielt, sammelte er Messungen der Luftwärme, und in das höchste Staunen versetzte er bei seiner Rückkehr die Gelehrten Europas, als er die niedrigen Thermometerstände veröffentlichte, welche er zu Jenisseisk im Januar 1735 abgelesen hatte. Auch verkündigte er zuerst, daß in Ostsibirien wenige Fuß unter der Oberfläche der Boden selbst im Sommer nie aufthaue.[3] Seine Vorrede zur sibirischen Pflanzenwelt enthält ein meisterhaftes Naturgemälde Tiefasiens, so daß wir Gmelin als den ersten Geographen verehren dürfen, welcher wissenschaftliche Vergleiche anstellte. Strahlenberg hatte

[1] Die vier Bände seiner Reisen, die er „nur zu seinem Vergnügen aufgesetzt hatte", enthalten hauptsächlich nur die Erzählung seiner Wanderschaft. Er durfte nämlich nicht mehr geben, weil er der russischen Regierung sich verpflichtet hatte, seine wissenschaftlichen Beobachtungen nicht ohne ihre Erlaubniß zu veröffentlichen und diese Erlaubniß nie ertheilt wurde.

[2] Gmelin, Flora Sibirica. Petrop. 1747. tom. I, p. LV. Doch ist Gmelin seiner Sache noch nicht gewiß; denn p. LVII sagt er: Differentia autem Caspii a mediterraneo, *ut vera assumatur*, tanta non est, etc.

[3] S. Reisen in Sibirien. Bd. 2, S. 521 ff. Auf die Erscheinung des sogenannten Eisbodens war man so wenig vorbereitet, daß Delisle nicht eher daran glauben wollte, bis er sich durch Bohrversuche selbst überzeugt hatte.

früher schon den Ural zur Grenze Europas erhoben und dies bezeugt uns das Reifen besserer Erkenntnisse, da vor ihm noch immer dem Don diese wichtige Scheiderolle zugemuthet worden war. Gmelin wollte jedoch bis zum Jenissei die wahre Naturgrenze Asiens und Europas hinausrücken. Bis zu diesem Strome hatte er nur Steppen mit salzigen Seen gefunden, wie in den Wolgaebenen und in dem Thier- und Pflanzenreich Westsibiriens nur die europäischen Züge wiedererkannt. Erst am Jenissei betrete man eine neue Welt, das eigentliche Asien: der Boden erhebe sich merklich, die Flüsse, unter denen er den Argun wegen seiner saftigen blumenreichen und aromatischen Gestade vor allen preist, waren wieder mit süßem schmackhaftem Wasser gefüllt, die alten bekannten Pflanzen wurden durch fremde Arten verdrängt[1] und ein neues Reich der belebten Natur erstreckte sich von dort gegen Osten. An eine solche Unterscheidung der Erdräume hatte vor Gmelin noch kein Geograph gedacht.

Acht Jahre waren mit der Reise nach Ochotzk, mit dem Bau von Fahrzeugen und mit den weiteren Ausrüstungen in Kamtschatka selbst verstrichen. Endlich gingen am 29. Mai 1741 von der Awatschabucht (Peterpaulshafen) zwei Fahrzeuge zur Entdeckung Amerikas ab, das eine von Bering befehligt mit Steller, das andere unter Tschirikow mit Delisle an Bord. Schon im Jahre 1730 hatte der Landvermesser Gwosdew eine Fahrt in dem Schiffe Gabriel längs der Küste des Tschuktschenlandes bis 66° n. Br. ausgeführt, wo er ein gegenüberliegendes Land wahrnahm und aufsuchte, mit dessen Eingebornen er sich in Ermanglung eines Dolmetschers nicht verständigen konnte.[2] Weder Bering noch Cook, sondern dieser Gwosdew ist daher der Entdecker des amerikanischen Nordwesten und der Meeresstraße, welche die alte von der neuen Welt scheidet. Steller, der um

[1] Flora Sibirica p. XLIII.

[2] G. W. Steller's Reise von Kamtschatka nach Amerika. Petersburg 1793. S. 6. G. F. Müller, Sammlung russischer Geschichte. Bd. 3, S. 131.

diese Entdeckung wußte, der auch aus den angeschwemmten Resten fremdartiger Gewächse an das kamtschatkische Ufer richtig schloß, daß unter hohen Breiten Amerika sich Asien beträchtlich nähern müsse,[1] rieth zwischen 51—56° n. Br. gegen Westen zu gehen, Delisle dagegen legte eine pariser Karte vor, auf der im Südosten von der Awatschabucht zwischen 46—47° n. Br. eine Küste mit der Legende terre vue par Dom Jean de Gama angegeben war[2] und setzte es durch, daß die Russen dorthin ihren Lauf richteten. Erst nachdem man am 11. Juni sich überzeugt hatte, daß ein Gamaland nicht vorhanden sei, ging man nach höheren Breiten. Am 12. Juni verloren sich in einem aleutischen Nebel die beiden Fahrzeuge. Tschirikow setzte seine Fahrt gegen Osten fort und entdeckte am 15. Juli die Küste Amerikas unter 56° n. Br. und nach seiner Schiffsrechnung 60° westlich von Petropawlowsk, so daß er also die Kusteninseln der Prince of Wales-Gruppe gesehen hat.[3] Keines der beiden Boote, die er nach der Küste schickte, kehrte, obgleich er bis zum 27. Juli in der Nähe kreuzte, zurück, und da er deshalb seine Wasservorräthe nicht ergänzen konnte, mußte er auf einen schleunigen Rückzug bedacht sein. Er erreichte erst am 9. October Kamtschatka und verlor von 70 Matrosen 21 am Scharbock, dem auch Delisle einen Tag nach der Landung erlag.[4]

Bering hatte einige kostbare Tage mit vergeblichem Suchen nach Tschirikow verloren und dann einen nordöstlichen Kurs eingeschlagen. Auch seine Wasservorräthe waren so erschöpft, daß die Rückkehr hätte erfolgen müssen, wenn sich nicht bis

[1] Steller, a. a. O. S. 20.

[2] Juan de Gama war jedenfalls ein spanischer Philippinenfahrer, über den jedoch etwas Näheres nicht bekannt ist. Das apokryphe Gamaland erschien zuerst auf der Karte des Kosmographen Texeira vom Jahre 1644. Burney, Discoveries in the South Sea. London 1803. tom. III, p. 177.

[3] Genaueres läßt sich nicht feststellen. A. J. v. Krusenstern (Hydrographie der größeren Oceane. Leipzig 1819. S. 230) spricht entschieden aus, daß Tschirikow keine Theile von Amerika gesehen haben könne, die südlicher liegen als 55° 17′ n. Br.

[4] G. F. Müller, a. a. O. S. 198. 239.

zum 20. Juli Land zeigte. Aber zwei Tage vorher und drei Tage nach Tschirikow's Entdeckung erschien eine Küste mit dicht bestandenen Waldrücken am Ufer und Schneegipfeln im Hintergrunde unter 59° n. Br. und nach der Schiffsrechnung 49° östlich von Petropawlowsk, wahrscheinlich die Montague-Insel in dem Prince of Wales-Sund, der man den Namen eines Vorgebirges des heiligen Elias gab.[1] Bering soll der großen Entdeckung gleichgiltig und mit Achselzucken den Rücken gedreht haben; unser Steller aber ließ sich von einer Landung nicht zurückhalten, obgleich man ihm drohte, daß er dadurch „eine Bewirthung mit Chocolade" versäumen werde. Nach Erneuerung seiner Wasservorräthe wollte Bering dem Lande gegen Nordwesten bis 65° n. Br. folgen, aber bald erkannte er, daß sich die Küste gegen Südwesten wendete. Auf der Heimkehr vereinigten sich alle Bedrängnisse des Meeres zum Verderben der Seefahrer. Die Winde, die einmal 17 Tage ohne Unterbrechung stürmten, wehten vorzugsweise aus Asien herüber und ließen das Schiff äußerst mühsam an westlicher Länge gewinnen. Am 2. August sah man aus der Ferne eine große Insel, wahrscheinlich Kodiak, und am 29. August wurde unter 55° 25′ n. Br. die Gruppe der Schumagin-Inseln entdeckt, die nach dem ersten Opfer des Scharbocks, einem Matrosen, benannt worden sind und wo die Entdecker von widrigen Winden eine Woche festgehalten wurden. Am 24. September kam eine aleutische Insel der Andreanowsgruppe (St. Johannisberg) unter 51° n. Br. und unter derselben Breite im Laufe des October die eine und

[1] Unsere Karten verlegen die Beringsbai um 9° zu östlich, und ebenso ist der Schneevulkan Elias ganz irrig für Bering's Vorgebirge gehalten worden; denn Steller sagt deutlich, daß nicht ein Berg, sondern ein Vorgebirge, und nicht einmal ein wahres Vorgebirge, sondern nur ein Inselvorsprung den Namen Elias empfangen habe. (Steller, Reisen S. 28.) Kapitän Cook ist verantwortlich für diesen Irrthum. Cook and King, Voyage to the Pacific Ocean. London 1784. vol. III, p. 347. 383. Auch A. J. v. Krusenstern (Hydrographie der größeren Oceane. Leipzig 1819. S. 226) verlegt Bering's Ankerplatz westlich von der Kaye-Insel.

die andre der Ratteninseln in Sicht.[1] Als man am 30. October unter 50° n. Br. abermals zwei Inseln gewahrte, vermuthete man sich in der Nähe der Kurilen und schlug einen nordwestlichen Kurs ein. Am 5. November strandete das Fahrzeug an einer Küste, die man anfangs für Kamtschatka hielt, bis die Schiffbrüchigen sie als eine Insel unter 55½° n. Br. erkannten. Nach einem harten Winter wurde aus den geborgenen Schiffstrümmern ein langes Boot gezimmert und in diesem verließ am 13. August 1742 unter Lieutenant Waxel der Rest der Seefahrer die Beringsinsel, ihre Winterzuflucht. Von 76 Mann erreichten nur 46 die Awatschabucht Kamtschatkas, alle übrigen waren, der wackere Bering schon am 8. December 1741, dem Scharbock erlegen. Georg Steller, dem wir den einzigen ausführlichen Bericht über diese Entdeckung verdanken, befand sich zwar unter den Geretteten, sollte aber doch seine Heimat nie wieder erreichen, denn er starb auf der Rückreise hart vor der Grenze Europas in Tjumen am 12. November 1746.[2] Seinen unvergänglichen Namen wird vorzüglich die Geschichte der Botanik zu feiern haben; wir dagegen können nur lebhaft beklagen, daß die geographischen Aufzeichnungen dieses scharfen Beobachters verloren gingen, für den eine Wanderung von wenigen Stunden genügte, um die klimatische Begünstigung des nordwestlichen Amerikas vor Kamtschatka aus der Entwicklung eines reicheren Pflanzenwuchses, der zeitigen Reife von Samen gewisser Gewächse und dem frühen Aufsteigen der Lachse in die süßen Landwasser zu erkennen.[3]

[1] Sie wurden nach den Heiligen Macarius, Theodor, Stephan und Abraham benannt und finden sich auf J. v. Stählin's Karte zum Account of the New Northern Archipelago. London 1774. Nach Coxe's Karte zum Account of the Russian Discoveries, London 1780, ist die Abrahamsinsel Agattu, St. Theodor Kiska und St. Macarius Amtschitka.

[2] G. F. Müller, a. a. O. S. 269. Ueber Steller's tragisches Ende vgl. auch K. E. v. Baer, a. a. O. S. 148 u ff.

[3] Steller, Reisen. S. 40.

Fleißig schwärmten seit dieser Zeit russische Pelzjäger um die aleutischen Inseln. Am 19. November 1745 fand Newodtsikow die Rattengruppe und 1750 entdeckte ein Schiff ochotskischer Kaufleute die östlichen Fuchsinseln, während die mittlere Andreanowsgruppe erst 1760 von Adrian Tolstych gesehen wurde, ein Jahr später aber ein unbekannter russischer Seefahrer bis zur Insel Kodiak gelangt sein soll.[1] Lieutenant Syndo, der im Auftrage der ochotsker Handelsgesellschaft, welche Katharina gestiftet hatte, von 1764—1766 das Beringsmeer befuhr, soll Stachten Niada, das große Festland, entdeckt haben; doch ist es nicht klar, ob er gegenüber der Tschuktschen-Küste oder an der Halbinsel Aljaska landete.[2] Die Fahrten der Pelzhändler dauerten ohne Unterbrechung fort und als Kapitän Cook am 19. Juni 1778 bei der Kodiakinsel verweilte, fand er dort bereits russische Ansiedler. Die Erdkunde gewann indessen durch diese russischen Entdeckungen kein richtiges Verständniß von der Annäherung beider Welten. Erst 1758, also nach 16 Jahren, erschien die Karte Sibiriens, welche die Ergebnisse der zweiten großen kamtschatkischen Unternehmung und Krasiljnikows wichtige Längenbestimmungen enthielt. Auch nachher blieb man so unsicher über die Lage Amerikas, daß William Coxe es noch 1780 für rathsam hielt, Beweise zu sammeln, daß Tschirikow und Bering Theile der neuen Welt wirklich gesehen hätten. Buache und Vaugondy, zwei angesehene französische Geographen, Engel, ein Schweizer, und unser Büsching entwarfen 1775 und 1777 sehr unähnliche Bilder von den gegenüberliegenden Küsten der beiden Welten und Buache allein näherte sich durch glückliche Vermuthungen einigermaßen der Wahrheit, doch blieb bis auf

[1] W. Coxe, Account of the Russian Discoveries between Asia and America. London 1780. p. 29. 64. 106—122, und Adolph Erman, Reise um die Erde. 1. Th., Bd. 3, S. 35.

[2] Nach Stählin's Karte im Account of the Russian Discoveries führt Syndo's Schiffskurs nach Aljaska, nach der von Coxe l. c. p. 300 aber an das Prince of Wales Cap in der Beringsstraße.

James Cook der Nordwesten Amerikas von 43° n. Br. angefangen ein uferloser Erdenraum.[1]

Kamtschatka, dessen Name um 1690 in Jakutsk zuerst gehört wurde, besuchten sechs Jahre später Kosaken, und 1697 entstand am Kamtschatkaflusse ihre älteste Niederlassung, das spätere Werchne Kamtschatskoj.[2] Von der Südspitze jener Halbinsel entdeckten russische Seefahrer zwei der nächsten Kurilen 1711, und in den beiden folgenden Jahren 1712—1713 untersuchte Iwan Kosirewskoi vollständig die übrigen Inseln der nämlichen Kette.[3] Da die Russen im Frieden von Nertschinsk (1689) das Jablonoigebirge als Grenze gegen China anerkannt hatten, blieb nicht nur das untere Amurgebiet der bessern Erkenntniß verschlossen, sondern auch die Insel Sachalin, von deren südlichen Erstreckung bis Jeso niemand eine Ahnung[4] hatte, setzte die Kartenzeichner auf eine schwere Probe, da sie die Umrisse, welche 1643 der Holländer de Vries von ihr entworfen hatte,[5] nicht zu verstehen vermochten. Selbst auf Cook und King's Karte vom Jahr 1784,[6] auf welcher die Kurilen mit Jeso einen Inselkranz bilden, der bis nach Nippon reicht, ist Sachalin zu einer Küsteninsel vor der Amurmündung zusammen-

[1] Buache's, Vaugondy's und Engel's Küstenlinien vereinigt die vergleichende Karte zu Buache's Mémoire sur les Pays de l'Asie et de l'Amérique. Paris 1775. Engel rückte die Westküste Amerikas unter 60 n. Br. um 30°, Vaugondy um 15° zu weit westlich, Engel Kamtschatka um 10, Vaugondy um 5° zu wenig östlich. Engel's und Büsching's Karten der Beringsstraße, wovon die erste ein rohes Phantasiestück ist, finden sich in Engel's Remarques sur l'Asie et l'Amérique. Genève 1781.

[2] G. F. Müller, l. c. S. 72 ff.

[3] Er gab die Lage von 14 größeren Inseln und ihrer kleineren Nebenkörper nach den einheimischen Benennungen an. Als die drei südwestlichsten bezeichnet er Urup, Iturup und Kunaschir, und als 15. Insel nennt er das von Japanern bewohnte Matsmai, worunter Jeso zu verstehen ist. G. F. Müller, a. a. O. S. 81—89.

[4] S. Jeso auf Coxe's Karte von 1780 und auf Stählin's Karte von 1774.

[5] S. oben S. 379.

[6] A Voyage to the Pacific Ocean. London 1784, im Atlas.

geschrumpft. Doch hatte schon 1775 der scharfsinnige Buache ein ziemlich richtiges Bild jener reichgegliederten Planetenstelle entworfen, indem er glücklich errieth, daß die Staateninsel und das Compagnieland in die Kurilenkette gehöre,[1] daß Jeso und

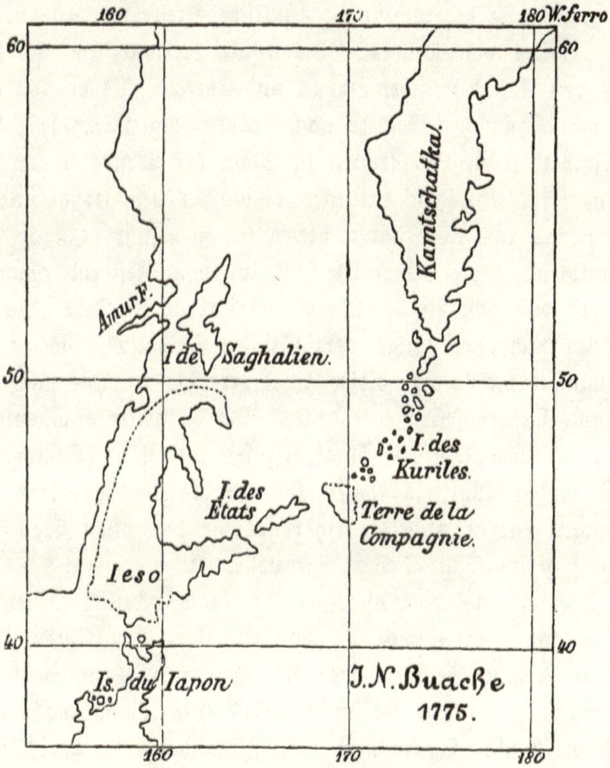

Sachalin aber durch eine enge Straße von Asien geschieden würden und nur darin die alte Karte des holländischen Entdeckers de Vries nicht richtig verstand, daß er Theile, die

[1] d'Anville besaß die holländ. Originalkarte des Kastrikum (vgl. S. 379) und hat bereits in seiner Karte von Asien angedeutet, daß die Terre de la Compagnie die Insel sei, welche die Russen Nadesda nannten à la suite des isles qui y suivent Kamczatka. (D'Anville, premier géographe du Roi, Memoire sur la Chine. Paris MDCCLXXVI. p. 6. 7.)

Sachalin angehörten, mit Jeso verband und die Straße, welche beide Inseln trennt, zu weit nach Norden verlegte.

Die Enthüllung des wahren Bildes blieb für den unglücklichen Lapérouse aufgespart. Als er auslief, hatte Cook von Festlandsküsten in der Südsee den Entdeckern nichts übrig gelassen, als jene geheimnißvolle asiatische Stelle von 40° n. Br. bis zur See von Ochotsk. Lapérouse erreichte am 25. Mai 1787 den Kanal zwischen Japan und Corea. Als er von dort dem mandschurischen Gestade nach Norden folgte, kam sehr bald eine andere Küste zur Rechten in Sicht, der Westrand von Sachalin. Am 28. Juli entdeckte er die De Castriesbai und da er dort bis zum 2. August verweilte, so erfuhr er auch, daß der tatarische Golf die Insel Sachalin vom Festland abscheide und mit dem ochotskischen Meere in Verbindung stehe. Seinen Rückweg nahm er längs dem Gestade Sachalins, bis er am 9. August die Südspitze dieser Insel erreichte und die nach ihm benannte Lapérousestraße entdeckte. Da er später auch, wie de Vries, zwischen Jeturup (Staaten-Insel) und Urup (Compagnieland) hindurchfuhr, so lösten sich die Räthsel der alten holländischen Karten und die Hydrographie der alten Welt war bis auf geringfügige Nebendinge vollendet.[1]

Ehe wir uns vom asiatischen Festlande gänzlich abwenden, müssen wir noch einmal an das Eismeer zurückkehren. Die Ostküste Novaja Semljas war seit Barentsz. Tode wohl nie wieder besucht worden, bis im Jahre 1760 der Seefahrer Loschkin durch die karische Pforte nach der Ostküste gelangte, zwei Winter auf der Insel zubrachte und im dritten Jahre ihre völlige Umschiffung vollendete.[2] Nach ihm unternahm Lieutenant Rosmuislow eine Fahrt nach der Westküste und überwinterte 1768 in der Matthäusscheere (Matotschkin Schar), die er im nächsten

[1] Voyage de Lapérouse par Mr. de Lesseps. Paris 1831. p. 243—300.

[2] Friedr. Lütke, Viermalige Reise ins Eismeer. S. 70. Friedr. Erman im Archiv zur Kunde von Rußland. Bd. XXIII (1864), Heft I, p. 160. Weitere Einzelheiten fehlen.

Sommer 1769 bis zu dem völlig eisfreien karischen Meer befuhr, in welches er sich aber mit seinem Fahrzeug nicht hineinwagte. Er bestätigte also, daß Novaja Semlja nicht ein ungetheilter Körper sei, sondern durch Querspalten zerrissen werde.[1] In den Jahren 1821—24 wurde die Insel das Ziel der viermaligen Reise des Admirals Lütke in das Eismeer. Im ersten Jahre verstattete ihm das Küsteneis keine Landung, beim zweiten Versuche 1822 fand er am 12. August 76° 34′ n. Br. an die Westküste von Novaja Semlja einen Eiswall angelehnt, der jedes Vordringen verbot und der auch im nächsten Jahre fast seine alte Stelle behauptete, bei der letzten Fahrt 1824 aber bis 75° n. Br. vorgerückt war und sich von dort gegen Westen bis etwa Mitte des Weges nach Spitzbergen und zu 76° n. Br. erstreckte.[2] Eine spätere Fahrt wurde 1832—33 von dem Steuermannslieutenant Pachtusow auf Kosten archangler Kaufleute unternommen. Der kühne Seemann überwinterte an der Südostspitze Novaja Semljas (70° 36′ 40″ n. Br., 59° 53′ 2″ ö. L. von Greenw.) und unternahm am 6. Juli 1833 eine Fahrt in einem Ruderboote bis zur Matthäusscheere, durch die er aus der Karasee in das Eismeer gelangte. Die Aufnahme der Ostküste bis zu 75° n. Br. ist dann 1834—35 von Pachtusow und Ziwolka und 1838—39 von Ziwolka und Moisejew vollendet worden.[3]

Seitdem die Russen die Mündung der Jana und Indigirka erreicht hatten, verbreitete sich seit 1644, zuerst durch den Kosaken Staduchin in Sibirien die Kunde, daß vor der Mündung der Jana bis weit nach Osten eine große Insel liege.[4] Bestärkt

[1] Friedr. Lütke, l. c. S. 71 ff.

[2] Friedr. Lütke, S. 240. 299 ff. 346 ff.

[3] Ad. Erman im Archiv zur Kunde für Rußland. Bd. XXIII, Heft 1, S. 170—179.

[4] Staduchin, der erste Russe, welcher sich an der Mündung der Kolyma niederließ, hatte Kunde von den Bäreninseln erhalten und vergrößerte die Nachrichten, infolge dessen noch auf Strahlenberg's Karte eine mächtige Insel, fast in gleicher Größe mit Nowaja Semlja der Küste des Eismeeres vorgelagert erscheint.

wurde die Annahme eines großen Landes durch die Aussage eines Kosaken, welcher 1710 auf der Fahrt von der Jana zur Kolyma zweimal Land gesehen hatte.[1] In Folge dessen ging 1711 eine Expedition unter Wagin dahin ab, fand die südlichste der Lächow'schen Inseln, und sah in weiterer Ferne eine zweite. Auf einer wiederholten Fahrt wurde er von seinen Begleitern erschlagen.[2] Sehr frühe schon müssen Kosaken den dortigen Archipel besucht haben, denn im Jahre 1811 wurde ein Kreuz mit russischer Grabschrift auf der Kesselinsel (Kotelnoj) entdeckt. Als sich der Kaufmann Lächow im März 1770 beim Swiätoj Noß aufhielt, sah er eine Renthierheerde von Norden her über das Eis nach dem Festlande ziehen und er beschloß deshalb, das nördliche Eismeer auf einer Schlittenreise zu erforschen. Vielleicht hatte er auch erfahren, daß elf Jahre früher 1759 bis 1760 eine Jakute Emerikam aus Ustjansk im Norden vom heiligen Vorgebirge Inseln besucht habe. Lächow fand im April 1770 die beiden ersten Inseln (Blischnij, d. h. die nahe und Maloi, d. h. die kleine), die Katharina II. nach ihm benennen ließ und die noch unberührte Schätze von Mammuthszähnen bargen. Im Sommer 1773 entdeckte er auf einer Fahrt in Ruderbooten die Kesselinsel oder Kotelnoj. Erst 1805 fand ein Beamter des Eigenthümers der drei Lächow'schen Inseln, Namens Sannikow, die östlicher liegende Fadejew, und ein anderer Russe Sirowatskoj 1806 die Insel Neu-Sibirien. Die gesammte Gruppe wurde von 1809—11 durch Hedenström, einen Beamten aus Irkutsk, aufgenommen,[3] trigonometrisch mit der Küste aber 1823 durch Lieutenant Anjou verknüpft, der zugleich damals, nämlich im Frühjahr, eine Schlittenreise über

[1] K. E. v. Baer, Beiträge. Bd. 16, S. 275.

[2] K. E. v. Baer, a. a. O. S. 276.

[3] Hedenström (Fragmente aus Sibirien in Erman's Archiv für Rußland. Berlin 1865. Bd. XXIV, S. 143) nennt sich selbst den Entdecker Neu-Sibiriens; s. dagegen F. v. Wrangell, Reise längs der Nordküste Sibiriens. Berlin 1839. Bd. 1, S. 79. 98.

die neusibirische Inselgruppe hinaus in das Eismeer bis 76° 35′ n. Br. ausführte, nach Prontschischtschew die höchste erreichte Polhöhe im asiatischen Eismeer. Ferdinand v. Wrangell, der gleichzeitig mit ihm die Eismeerküsten von der Kolyma bis zur Insel Kolintschin (184° 27′ 43″ ö. L. von Greenw.) durch Dreiecke bestimmte, versuchte in den Jahren 1821, 1822, 1823, jedesmal in der Zeit der letzten März- und ersten Aprilwochen mit Schlitten über das Eismeer nach einem Lande zu fahren, welches der Kosak Andrejew 1762 angeblich im Norden gesehen haben wollte, und welches, nach Aussage der Tschuktschen, vom Cap Jakan aus bei hellem Wetter gesehen werden konnte.[1] Das erstemal erreichte er im Mittagskreise des Baranowfelsens 71° 43′ n. Br. und übernachtete auf einer so dünnen Eisdecke, daß er die „beinahe wellenförmigen Bewegungen" des aufgeregten Meeres unter sich fühlte. Im zweiten Jahre kam er etwas östlicher unter 72° 2′ n. Br. bis hart an das offene Meer. Im dritten Jahre sah er am 23. März schon unter 70° 51′ n. Br. und 175° 27′ ö. L. von Greenw. das Meer „unermeßlich offen und weit ausgebreitet" vor sich und mußte unter den höchsten Gefahren über die hinter ihm bereits geborstenen Eisflächen die Rückkehr nach der Küste antreten.[2] Diesen Reisen

[1] Wrangell hat dieses Land nicht erreicht, aber er hat dessen Existenz auch nicht absolut geleugnet. Vielmehr schreibt er (Bd. II, 82. 83), daß die „bisherigen erfolglosen Versuche in der Auffindung des zweifelhaften Polarlandes ebensowenig die Nichtexistenz desselben beweisen, sondern nur zeigen, daß es uns trotz aller Anstrengungen unmöglich gewesen war, dasselbe zu erreichen." Die erste Aufhellung erfolgte 1849, als Kapitän Kellett, einer der Franklinsucher, mit dem Schiffe Herald die Insel Herald (71° 17′ 45″ n. Br. 175° 24′ w. L. von Greenw.) betrat und eine Gruppe von Bergen, welche sich in nordsüdlicher Richtung dahinter erhob (71° 5′ n. Br. 176° 15′ w. L. von Greenw.) als Ploverinsel bezeichnete. (Berthold Seemann, Narrative of the voyage of H. M. S. Herald. London 1853. vol. II, p. 114.) Die dem Cap Jakan zugekehrte Küste dieses Polarlandes entdeckte dann der amerikanische Walfischfahrer Kapitän Long 1867 und nannte das staffelförmig aufsteigende Gebirgsland Wrangellland. Vgl. Petermann, Mittheilungen 1869, Tafel 2, mit den Segelrouten von Kellett und Long.

[2] F. v. Wrangell, a. a. O. Bd. 1, S. 310. Bd. 2, S. 79. 188 ff.

verdanken wir die wichtige Entdeckung, daß selbst im Winter eine sogenannte Polynja oder ein offener Wasserstreifen, wenn nicht ein offenes Meer selbst nördlich von den neusibirischen Inseln gegen Ostsüdost nach der Beringsstraße sich erstreckt und einen Zusammenhang mit dem atlantischen Ocean besitzen muß, weil Lieutenant v. Anjou die Bewegung von Ebbe und Flut bei den neusibirischen Inseln wahrnahm.[1]

Entdekungen in der Südsee.

Was seit Abel Tasman's letzter Fahrt 1644 zur Erweiterung der Erdkunde in der Südsee bis 1764 geschah, läßt sich außerordentlich rasch aufzählen.

Im Jahre 1699 rüstete die britische Regierung das Kriegsschiff Rehbock von zwölf Kanonen zu einer Entdeckungsfahrt nach Australien, das erste Unternehmen dieser Art, welches nur zur Erweiterung der Wissenschaft dienen sollte. Zum Anführer wählte sie einen der glücklichsten Naturbeobachter seiner Zeit, Wilhelm Dampier, der früher als Buccanier schon dreimal die Südsee befahren (1679—1691), auch die nordwestliche Küste Australiens bis Cap Leveque besucht hatte. Dampier ging mit dem großen Vorsatze unter Segel, den noch nicht gesehenen Theil der Südküste und die völlig unbekannte Ostküste Australiens aufzusuchen und dieses Festland gänzlich aus dem Meere zu heben. Seine Entdeckungen, die in die Zeit vom 16. Februar bis 25. April 1700 fallen, beschränkten sich jedoch auf die Auffindung des Haiensundes und der Gruppe der Dampierinseln an der Westküste Australiens und besonders auf die Gewässer im Norden Neu-Guineas, wo er die Insel Mathias (25. Februar), später auch Neu-Irland und Neu-Britannien fand. Obgleich er in der Meerenge ankerte, die diese Inseln scheidet, hielt er sie doch nur für eine Bucht und erkannte daher nicht die Trennung der beiden Körper. Er war der Nordküste

[1] F. v. Wrangell, a. a. O. Th. 2. S. 252.

von Neu-Irland gegen Osten, der Südküste Neu-Britanniens gegen Westen in der Meinung gefolgt, Theile Neu-Guineas vor sich zu haben, bis er durch die nach ihm benannte Dampierstraße Neu-Guinea selbst erreichte und den von ihm entdeckten und umsegelten Inselbildungen den gemeinschaftlichen Namen Nova Britannia ertheilte.[1] Ein anderer Fortschritt in jenen Räumen war die Entdeckung einer tiefen Aushöhlung an der Nordküste Neu-Guineas, welche seitdem Geelvinksbucht genannt wird, nach dem holländischen Schiffe unter einem unbekannten Anführer, welcher sie 1705 auffand.[2]

Der letzte holländische Entdecker und der einzige Seemann, der von 1615—1764 den stillen Ocean unter südlichen Breiten durchschnitt, Jakob Roggeveen, verließ mit drei Kriegsschiffen am 1. August 1721 Texel. Nachdem er den wiederholt gesehenen Falklandinseln, obwohl er sie als solche erkannte, zu ihren vielen Namen noch einen neuen, Belgia Australis, hinzugefügt hatte, ging er auf dem Wege östlich vom Staatenlande um das Cap Hoorn, welches er zuerst, anstatt der Ostspitze des Staatenlandes, für den Grenzpunkt zwischen dem atlantischen Ocean und der Südsee erklärt,[3] nach Juan Fernandez,[4] um von dort das Davisland aufzusuchen. Auf den damaligen Karten wurde nämlich auf 30—40 Längengrade westlichen Abstandes von Südamerika eine ansehnliche Küste gezeigt, die Edward Davis, ein Buccanierkapitän, im Jahre 1687 unter 27° 20.' s. Br. und 700 deutsche Meilen westlich von Copiapo gesehen, aber nicht besucht hatte, als er von den Galapagos, dem Schlupf-

[1] Guillaume Dampier, Voyages aux Terres Australes. Paris 1723. tom. V, p. 94—123.

[2] Debrosses, Histoire des Navigations aux Terres Australes. Paris 1756. tom. I, p. 439.

[3] Dagverhaal, der Ontdekkingsreis. p. 67.

[4] Eines seiner Schiffe, Thienhoven, gerieth auf der Fahrt durch Unwetter bis 64° 58′ südl. Br., eine antarctische Polhöhe, die bis dahin noch nicht erreicht worden war. Roggeveen, Tweejaarige Reize rondom de Wereld. Dortrecht 1728. p. 37. In Roggeveen's Tagebuch ist nichts davon erwähnt.

winkel jener politischen Seeräuber, nach dem Cap Hoorn segelte.[1] Es war nur die Osterinsel gewesen, an welcher Davis vorüberkam, welcher aber die Geographen der damaligen Zeit voll Ungeduld, das große Südpolarland auftauchen zu sehen, eine ungebührliche Ausdehnung gegeben hatten. Roggeveen suchte vergeblich nach einer großen Küste, er fand statt ihrer eine kleine, wegen ihrer kolossalen Steinbilder so merkwürdige Insel, die er, weil es der Ostersonntag[2] war, Paaschen-Eyland nannte.[3] Dann wandte er sich nach Nordwest, um dem ihm gegebenen Auftrage gemäß zu erforschen, ob nicht, wie man vermuthete, hinter den von Le Maire und Schouten entdeckten Inseln ein Festland sich fände, das für das große Südland gehalten wurde, und berührte dabei die nördlichsten Paumotu, während er sich zugleich von der Falschheit der obigen Annahme überzeugte. Sein Führervorschlag, den Weg nach Tasman's Neuseeland zu nehmen, wurde von seinen Reisegefährten verworfen und er sah sich gezwungen, auf dem bekannten Wege, den le Maire und Schouten, wie Tasman eingeschlagen hatten, Neu-Guinea zu erreichen, bei welcher Gelegenheit er die wichtige Entdeckung des Samoaarchipels machte.[4]

[1] Burney, Discoveries in the South Sea. London 1803. tom. IV, p. 205.

[2] Am 5. April 1722. Der 6. April war ein Montag (vgl. Daagverhaal bl. 102 en 119).

[3] Es hat der Beurtheilung Roggeveen's sehr geschadet, daß sein erst 1838 herausgegebenes Schiffstagebuch (Daagverhaal der Ontdekkingsreis van Mr. Jacob Roggeveen, Middelburg 1838 in Nieuwe Werken van het zeeuwsch Genootschap der Wetenschappen, eerste Deel, derde Stuck. bis jetzt ganz unbeachtet geblieben ist. Vgl. C. Meinicke's verdienstliche Arbeit: Jacob Roggeveen's Erdumsegelung 1721 u. 1722 im XI. Jahresbericht des Vereines für Erdkunde zu Dresden Wissenschaftlicher Theil. Dresden 1874. S. 3—34.

[4] Roggeveen benannte in den Paumotuinseln Bedrieglijke Eyland (Tikei), Twen Gebroeders (Takaroa), Schadelijke und Dageraad (Takapoto) bei der ersten Insel scheiterte eines seiner Schiffe, die africaansche Galey), Avondstond (Apataki), Meerberzorg (Arutua), Goede Verwachting (Rangiroa) und Verkwikkings-Eyland (Maketea). Westlicher stieß er auf

Erst mit dem Regierungsantritt König Georgs III. von England sollte rasch der Schleier von dem südlichen Kugelviertel der westlichen Erdhälfte fallen. Mit zwei Kriegsschiffen, die am 21. Juni 1764 aus der Themse liefen, eröffnete Commodore Byron eine Reihe großartiger Unternehmungen in der Südsee. Nachdem er an der patagonischen Küste erfolglos Jagd auf die apokryphe Pepysinsel[1] gemacht und die Falklandsgruppe umkreist hatte, lief er durch die Magalhaësstraße, suchte vergebens die Osterinsel und steuerte dann auf dem so oft betretenen Pfade zwischen 15° und 10° s. Br. über den stillen Ocean nach den Diebsinseln. Er verfehlte dabei gänzlich sein ursprüngliches Ziel, nämlich die Salomonengruppe der Spanier und entdeckte überhaupt nichts Neues, mit Ausnahme der Insel Pukapuka (Danger) in der Tokelaugruppe und der Insel Nukunau (Byron) im Gilbertsarchipel (2. Juli 1765).[2]

Kaum war er am 9. Mai 1766 zurückgekehrt, so gingen drei andere Segel unter einem ausgezeichneten Seemann, Samuel Wallis, auf Entdeckungen nach der Südsee ab. Wallis, der Plymouth am 22. August 1766 verlassen hatte, erreichte am 11. April des nächsten Jahres durch die Magalhaësstraße den

zwei kleine Inseln, die seine Reisegefährten für die Kokos- und Verrätherinsel von le Maire und Schouten hielten, während es vielmehr die Societätsinseln Borabora und Tubai gewesen sind, dann in 14½° s. Br. auf das kleine Buyle-Eyland (Freycinet's Rose) und entdeckte nun die Samoainseln, von denen ihm nur die westliche entging und von denen er die östlichsten Boumaninseln (Manuagruppe), die beiden nächsten Thienhoven und Groeningen (Tutuila und Upolu) benannte. Vgl. Meinicke's Arbeit, S. 17—19. 23—26.

[1] Im Jahre 1699 erschien in London eine Reise Cowley's, die er 1683 in Begleitung Dampier's ausgeführt hatte. Von Virginien auf dem Wege nach der Magalhaësstraße wollte Cowley unter 47° s. Br. eine Insel vor der patagonischen Küste gesehen haben, die der Herausgeber seines Reiseberichtes Pepy's Insel nannte. Burney hat überzeugend bewiesen, daß es die Falklandsinseln waren. (Burney, Chronological History. IV, 137 sq.)

[2] Account of a Voyage round the World 1764—66 by the Commodore Byron, in Hawkesworth Discoveries in the Southern Hemisphere. London 1773. tom. I, p. 86—114.

großen Ocean, verlor aber bei der Ausfahrt eines seiner Schiffe außer Sicht, die Swallow unter Carteret, der seine Fahrt allein fortsetzen mußte. „Am 3. Mai, heißt es in Wallis' Bericht, beobachteten wir Sonne und Mond und fanden, daß unsere westliche Länge (von Greenwich) 96° 26′ betrug.“ Dies ist die erste Längenbestimmung nach Mondabständen, die am Bord eines Entdeckungsschiffes in der Südsee ausgeführt wurde.[1] Mit ihr beginnt eine neue Zeit für die geographischen Erkenntnisse im stillen Ocean. Es ist ein merkwürdiges Zusammentreffen, daß die völlige Enthüllung der großen Wasserflächen und Inselwelten auf der westlichen Halbkugel gleichzeitig eintrat mit der Anwendung eines neuen Verfahrens zur Ortsbestimmung, durch welches ein deutscher Mathematiker sich einen unvergänglichen Namen gesichert hat. Wie wir sahen, hatten schon die Spanier durch ihre Entdeckungen eine beträchtliche Anzahl von Inselgruppen den unbekannten Räumen der Südsee entrissen, allein da sie ihre geographischen Längen nicht einmal bis auf 20—30° annähernd zu bestimmen vermochten, so ließen sich ihre Entdeckungen nicht mehr auffinden und Byron wie Carteret[2] zweifelten bereits daran, daß es überhaupt eine Gruppe gebe wie die Salomoneninseln. Die einzelnen Körper und Körperchen des großen Inselgürtels in der Südsee hätten sich ohne eine strengere Ortsbestimmung niemals oder erst nach Jahrhunderten auf den Karten befestigen lassen. Die Berechnung der durchsegelten Entfernungen nach der Geschwindigkeit des Schiffes, soweit sie sich mit dem Log messen ließ, führte selbst bei Seefahrern wie Byron und Carteret, welche das neue astronomische Verfahren noch nicht anwendeten, zu Irrthümern, die sich bei dem einen zu 3 und 4°, bei dem andern zu 2½—3° in den Längenbogen steigerten. Daher war es dem Seefahrer

[1] Wallis' Reise (bei Hawkesworth, Discoveries, tom. I, p. 520) enthält zum erstenmal als Anhang eine Tafel mit astronomischen Ortsbestimmungen.

[2] Hawkesworth, Discoveries, tom. I, p. 86, p. 565.

unmöglich, wieder zu erkennen, was seine Vorgänger schon gesehen hatten, zumal erst seit Cook's Zeiten die einheimischen Benennungen der Inseln genau erfragt und nicht mehr durch werthlose Willkürnamen verdrängt werden sollten. Die nämlichen Gegenstände verschieden benannt verdoppelten und vervielfältigten sich im Bild, verschoben sich, schwankten und taumelten durcheinander, bis sie durch die astronomische Ortsbestimmung zur Ruhe gelangten. Bei Wallis sind die Längen nach Mondabständen meist bis auf einen halben Grad richtig[1] Auch diese noch geringe Schärfe befriedigt uns schon, denn an Bord von Bougainville's Geschwader, welches etliche Monate später Wallis' Spuren folgte, erhielt der Astronom Verron durch Mondabstände nur Längenbestimmungen, deren höchste und niedrigste Werthe um 7—8° im Bogen von einander abwichen, wie Bougainville selbst uns versichert,[2] der sonst sehr günstig das neue Verfahren beurtheilt und Vertrauen in seine mittleren Ergebnisse setzt. Die Schuld an der Unsicherheit der französischen Messungen trägt ohne Zweifel die Fehlerhaftigkeit der Spiegelwerkzeuge, die damals in Frankreich so ungenau verfertigt wurden, daß selbst Lacaille sehr gering von der Schärfe ihrer Angaben dachte. Mit dem Beginn der Längenbestimmungen nach Mondabständen hören auch die Schwierigkeiten einer geschichtlichen Darstellung der Entdeckungen auf. Während es die höchsten Anstrengungen erfordert, um selbst nach den besten Karten zu entscheiden, welches die Ziele und Grenzen älterer Entdecker gewesen waren, lassen sich seit der Anwendung der strengeren Ortsbestimmung die Pfade der Seefahrer von jedem Laien ohne Nachhilfe verfolgen.

Auch darin ist Wallis' Reise bemerkenswerth, daß er nach

[1] Das Mittel des Irthums aus 12 Längenbestimmungen von der Paumotugruppe bis zu den Ladronen beträgt 30′, der geringste Fehler 13′, der größte 42′.

[2] Voyage autour du Monde, par la frégate la Boudeuse, et la flûte l'Étoile 1766—69. Neuchatel 1772. tom. I, p. 151.

der Ausfahrt in die Südsee nicht wie seine nächsten Vorgänger nördlich, sondern wie Magalhaes sogleich nordwestlich hielt. Zwar stieß auch er auf die von keinem Erdumsegler noch verfehlte Paumotugruppe, jedoch nicht an ihrem Nordrande, sondern unter 19° 24′ s. Br. bei Wahitahi (Whitesunday). Da er beim Durchschneiden dieses Inselschwarms immer noch an Breite verlor, so erreichte er am 17. Juni Maitia,[1] und als sich zwei Tage später der Morgennebel hob, sah er sich umringt von einem Piroguenschwarm vor einer hohen Insel, der er vergeblich den Namen Georgs III. ertheilt hat, da er glücklicherweise schon acht Monate später durch den einheimischen Namen Tahiti verdrängt wurde.[2] Am 27. Juli verließ er diese mit allen Reizen und Verführungsmitteln ausgestattete Schöpfung des großen Oceans, verfolgte die Kette der geselligen Inseln bis Mopiha (Lord Howe's Island) gegen Westen, benannte die Boscawen- und Keppelinseln[3] im Süden von Samoa, kam, da er jetzt nordwestlich hielt, an Uea oder der Wallisinsel vorüber, kreuzte die Linie in der Nähe der Gilbertsgruppe, sah aus der Ferne unter 11° n. Br. die nördlichsten Gruppen der Kette Ratak und erreichte am 18. September 1767 die Ladronen.

Inzwischen hatte Carteret in der Swallow nach seiner Trennung vom Geschwader im Westen der Insel Masafuera unter 28° s. Br. auf Davis' und Roggeveen's Osterinsel vergeblich Jagd gemacht, statt ihrer aber das hohe Pitcairneiland

[1] Wallis bei Hawkesworth tom. I, p. 432 nennt sie Osnaburgh, (Osnabrück) welches nicht verwechselt werden darf mit Carteret's Osnaburgh in der Paumotugruppe, 21° 50′ s. Br.

[2] Wallis bei Hawkesworth, tom. I, p. 433. Bugainville ist der erste, der sie Tahiti nennt, die Engländer brauchten lange Zeit die Form O-Taheiti. Indeß berichtigt G. Forster (J. R. Forster's Reise um die Welt. Berlin 1778. Bd. I, S. 195) bereits die Form des Namens in Tahiti, weil „die Indianer es mit einer leichten Aspiration" aussprechen.

[3] Daß ihre Entdecker Schouten und le Maire waren, ist oben S. 366 Anm. 3, gezeigt worden.

am 2. Juli 1767 zu Gesicht bekommen, das, damals noch unbewohnt, dreißig Jahre später Verbrechern und ihren Nachkommen als stilles Versteck dienen sollte. Carteret streifte auf der weiteren Fahrt den noch unberührten südlichen Rand der Paumotuinseln, verfehlte dagegen die Gesellschaftsgruppe und hielt sich dann, um Mendana's Salomonen-Inseln zu suchen, auf einer südlichen Breite von 11°, so daß er am 12. August 1767 zwar nicht auf die Salomonen, doch auf die Santa Cruz-Inseln der Spanier stieß, die er sogleich wieder erkannte,[1] an denen er aber nordwestlich steuernd vorübereilte. Auf der weiteren Fahrt berührte er die zu den Salomo-Inseln gehörenden Eilande Carteret (Malaita) und Gower, sowie die Lagunengruppe, die er die neuen Inseln nannte und irrthümlich für Abel Tasman's Ontong Java hielt; am 29. August stieß er auf die Küste von Neu-Britannien und entdeckte wider seinen Willen, durch den trostlosen Zustand seines elenden Schiffes genöthigt, die nach ihm benannte Carteretstraße, nach deren Erforschung er den Namen Neu-Britannien auf die südliche Insel beschränkte, die nördliche aber Neu-Irland hieß.[2] Endlich stieß er auch noch bei seiner Fahrt nach den Philippinen, die er am 28. October 1767 erreichte, auf die früher nur von le Maire und Schouten erblickte Admiralitätsgruppe.

Drei Monate später als Wallis, im November 1766, waren zwei französische Kriegsschiffe unter Bougainville ausgelaufen. Auch sie gelangten durch die Magalhaësstraße (26. Januar 1768) in den stillen Ocean, suchten vergeblich nach der Osterinsel, durchschnitten wie ihre Vorgänger die niedrigen Atolle der Paumotukette und sahen sich am 2. April 1768, acht Monate nach Abgang von Wallis vor Tahiti oder der neuen Cytherea. Es ist ein besonderes Verdienst Bougainville's, daß er von dort aus nicht wie die holländischen und englischen Seefahrer seine Breite verminderte, sondern jenseit des 15. Parallels blieb.

[1] Carteret bei Hawkesworth, l. c. tom. I, p. 508.

[2] Carteret bei Hawkesworth, tom I, p. 595.

In Folge dessen kam er am 3. Mai im Süden der Samoagruppe vorüber, die schon Roggeveen vor ihm gesehen hatte, und die er, weil sich hier die Kurse früherer Seefahrer nahe berühren, Isles des navigateurs benannte.[1] Die Viti-Inseln blieben ihm südlich und ungesehen liegen, dafür aber fiel er auf die Mitte der neuen Hebriden, die er zwar als das spanische Heiliggeistland wieder erkannte, ihren Namen aber in Grandes Cyclades umänderte.[2] Von dort aus wollte der französische Entdecker unter 15° s. Br. auf die noch nie gesehene Ostküste Australiens lossteuern, da er jedoch auf die nördlichsten Korallenriffe des Korallenmeeres stieß, bewog ihn dies, sich gegen Norden zu wenden, bis er am 10. Juni eine Gebirgsküste zu Gesicht bekam, die ihm den Weg nach Norden versperrte. Seine Lage schien bedenklich: im Osten hatte er den Passatwind gegen sich, im Westen mußte er Australien und Neu-Guinea vermuthen, deren Trennung durch die Torresstraße noch immer ein Geheimniß der Archive Manilas geblieben war. Bougainville kehrte daher an der neu entdeckten Küste wieder um, bis er am 26. Juni ihre Ostspitze erreichte, die er das Vorgebirge der Erlösung (Cap de la Délivrance) benannte. Seine neue Entdeckung hieß er seinem Monarchen zu Ehren den Louisiadengolf, es ist nach späteren Untersuchungen der Osttheil der Südküste Neu-Guineas und die daran stoßende Inselgruppe, welche jetzt den Namen der Louisiade behalten hat, und sein Ostcap derselben die Insel Rossel gewesen, berüchtigt durch die Blutgier ihrer papuanischen Bewohner. Der Entdecker hielt,

[1] Bougainville, Voyage aut. du monde. II, 132. Vgl. auch E. Meinicke, Die Inseln des stillen Oceans. II, 424.

[2] Voyage de la frégate la Boudeuse et de la flûte l'Étoile. Neuchatel 1772. tom. II, p. 85—98. Bougainville's Pfingstinsel ist Cook's Whitesundayinsel (der weiße Sontag der Engländer ist der Pfingstsontag), die beiden andern, Aurora und Isle des lépreux, haben ihre Namen auf unsern Karten behalten. Seine Pfingstinsel ist Aragh, sein Aurora Maivo, seine Isle des lépreux Aoba. (Meinicke, Neue Hebriden in Zeitschr. für Erdkunde. Bd. IX. Berlin 1874. S. 284—287.

um nicht abermals auf Neu-Guinea zu stoßen, von dort gegen Nordosten, wo schon nach zwei Tagen, am 28. Juni, abermals Land sich zeigte, nämlich die vielgesuchte Salomonenkette. Dort fand er die nach ihm benannte Durchfahrt zwischen der Choiseul- und Bougainville-Insel,[1] und suchte dann nach längerem Verweilen im Praslinhafen an der Südspitze von Neu-Britannien bis zum 19. Juli um die Nordspitze von Neu-Irland herum seinen Rückweg nach Batavia. Die Nachricht von seinen Entdeckungen muß sich noch im Jahre 1768 nach Bengalen verbreitet haben, denn am 3. März 1769 lief aus dem Ganges ein französisches Handelsschiff St. Jean Baptiste unter der Anführung von Jean François de Surville aus, um die wiedergefundenen Salomonen aufzusuchen. Von den Philippinen wendete sich der französische Seefahrer nach Ostsüdost, kreuzte die Linie unter 147° ö. L. von Greenw., fand am 6. August 1769 die Choiseulinsel (Terre de la première vue) bei dem für eine Insel gehaltenen Cape de la première vue den Praslinhafen, auf Isabel und folgte bis zum 4. October der Salomonenkette bis zu ihrer äußersten südlichen und östlichen Erstreckung, nämlich bis zur Cristovalinsel, deren Ostspitze von ihm Cap Oriental benannt wurde.[2] Von dort nahm der Jean Baptiste seinen Weg über Neu-Seeland nach Peru, das erste Handelsschiff, welches südlich von der Linie den stillen Ocean durchkreuzt hat.

Kaum war Wallis am 20. Mai 1768 nach der Themse zurückgekehrt, so lief schon drei Monate später die Barke Endeavour nach der Südsee mit dem Auftrage, auf dem neuentdeckten Tahiti den Durchgang der Venus über die Sonnenscheibe am 3. Juni 1769 zu beobachten. Als Anführer wählte man den Lieutenant James Cook, der, seit 1755 in königlichen Diensten,

[1] Adam Joh. v. Krusenstern, Hydrographie der größeren Oceane. Leipzig 1819. S. 141.

[2] J. F. de Surville's Reise ins Südmeer, deutsch von Georg Forster, im Magazin für Reisebeschreibungen, IX. Bd. Berlin 1793. S. 214—254. Nach A. J. v. Krusenstern, Hydrographie der größeren Oceane, soll Surville's Isle inattendue Carteret's Gowerinsel entsprechen.

nach Beendigung des amerikanischen Krieges mit der Aufnahme des Laurentiusgolfes beschäftigt gewesen war. Als Astronom begleitete ihn Green und als Naturforscher ein reicher Grundbesitzer aus Lincolnshire, Joseph Banks, der auf seine Kosten ein paar Zeichner und als wissenschaftlichen Gehilfen den Dr. Solander, einen Schweden und Schüler Linné's, anwarb. Am 26. August ging das Schiff von Plymouth unter Segel und am 14. Januar 1769 fuhr es in die Le Mairestraße, wo Banks und Solander ein Wunder des Pflanzenreiches, nämlich den Riesenseetang (Fucus giganteus) von 14 Faden (84 F.) Länge maßen.[1] Sowie Cap Hoorn ihm zur Rechten lag, steuerte James Cook sogleich nordwestlich und durchschnitt den Paumotu-Inselschwarm unter 18° 47′ s. Br. Am 12. April 1769 erreichte er Tahiti, wo der Venusdurchgang bei günstigem Wetter beobachtet und dadurch die Elemente gewonnen wurden, welche bis vor wenigen Jahren noch zur Berechnung der Sonnenferne gedient haben. Nach Erledigung dieses Auftrages und genauerer Aufnahme der umliegenden Inseln, denen er wegen ihrer nachbarlichen Lage den Namen des Gesellschafts-Archipels gegeben hat,[2] trat Cook seine Entdeckungsreise an. Alle Seefahrer vor ihm hatten sich, sobald sie größere westliche Abstände von Süd-Amerika erreichten, nie über den 15. südlichen Breitengrad gewagt, um nicht den Gürtel der Passate zu verlassen, und dies war die Ursache, daß noch immer das Gespenst eines großen antarctischen Welttheiles nicht verscheucht worden war. Cook ging sofort gegen Süden, entdeckte am 13. August 1769 Rurutu (das er mit dem Namen Ohitiroa bezeichnete) 22° 27′ s. Br., das erste Inselchen der kleinen Tubuaigruppe, und hielt nicht eher, als bis er am 1. September 1769 40° 22′ s. Br. und 174° 29′ ö. L. von Greenw. erreicht hatte, ohne Land zu sehen, wieder westnordwestlich, wo Neu-Seeland liegen mußte. Seit

[1] Hawkesworth, Discoveries. tom. II, p. 41

[2] Hawkesworth, Discoveries. tom. II, p. 270.

Abel Tasman, der nur die Westküste dieser Gruppe gesehen hatte, galt sie als Rand des großen antarctischen Continents, und als am 6. October an Bord des Endeavour der Landruf gehört wurde, gerieth Alles in die höchste Spannung, weil man jetzt endlich das vielgesuchte „unbekannte Australland“ erfaßt zu haben glaubte. Als man aber am 8. October an der Ostküste der Nordinsel in der Hungerbucht 38° 42′ s. Br. landete, deren einheimischen Namen Taoneroa[1] Cook, wie er stets gewissenhaft pflegte, erfragt hatte, erkannte man die Eingebornen als Neuseeländer aus den Bildern zu Tasman's Reisen in Valentijn's Geschichtswerk Oud en Nieuw Oost Indië wieder. Cook untersuchte an der Ostküste Neu-Seelands von Cap Turnagain zunächst die Mercurybai, den Haurakigolf bis zu einer Tiefe von 37° s. Br. und die Bay of Islands, wo er bis zum 7. December verweilte. Zwei Tage später umsegelte er die Nordspitze der Gruppe, Cap Maria van Diemen und folgte nun der bereits von Tasman entdeckten Westküste der Nordinsel[2] bis zum Königin Charlotte-Sund. Am 22. Januar 1770 bestieg Cook einen nahen Berg der Südinsel und wurde durch den Anblick der See gegen Osten freudig überrascht. Nähere Erkundigungen bei den Eingebornen bestätigten, daß man vor einer Meerenge lag, und am 6. Februar durchsegelte Cook die nach ihm benannte Straße, um an der Ostküste wieder nach Cap Turnagain zurückzukehren, so daß er, ohne seinen Nachfolgern eine Lücke zu hinterlassen, die Nordinsel Ika a maui umkreist und gänzlich von dem südaustralischen Festlande, wenn es eins gab, abgeschnitten hatte. Hierauf folgte er der Ostküste von Tewahi Punamu, bis er am 9. März die Spitze der dritten kleinen Insel Rakiura 47° 14′ s. Br., 167° 48′ ö. L. von Greenw. hinter sich hatte und längs der Westküste der Südinsel am 27. März wieder

[1] Der richtige Name lautet jedoch Turanga. C. Meinicke, Die Inseln des stillen Oceans. I. 276.

[2] Unter Nordinsel verstehen wir Ika a maui, unter Südinsel Tewahi-Punamu, nicht die Stewartsinsel, wie es englische Geographen zu thun pflegen. F. v. Hochstetter, Neu-Seeland. Stuttgart 1863. S. 31.

den Charlottesund und die Cookstraße erreichte. So entschied er denn in der Zeit von nicht ganz sechs Monaten, daß Tasman's Neu-Seeland nicht einem Continente angehöre, sondern eine Gruppe von Inseln sei, deren zwei Hauptkörper durch eine Meerenge getrennt werden, so daß dort für spätere Entdecker nichts übrig blieb, als die Lösung untergeordneter Zweifel. In früheren Zeiten verstrichen oft Jahrhunderte nach den Entdeckungen, bevor scharf und sauber das Bild der neuen Länder auf den Karten erschien. Cook entwarf sogleich ein Gemälde Neu-Seelands, welches in seinen Hauptgliederungen so genau bestimmt war, daß es daran nur wenig noch zu feilen und geringe Küstenlücken auszufüllen gab. Unentschieden hinterließ er allein, ob die Südspitze auf einer Küsteninsel oder auf dem südlichen Hauptkörper läge, oder mit andern Worten die Entdeckung der kleinen Foveauxstraße. Cook benutzte wie sein Vorgänger die Mondabstände, gemessen mit beweglichen Spiegeln, zur Bestimmung der Längen. Wo ihm Zeit gegönnt war, lange Beobachtungsreihen auszuführen, gelangte er zur größten Schärfe.[1] Seine andern Längen sind bis auf wenige Minuten genau, und erst als er die Küste von Australien erreichte, steigern sich die Fehler von 0° 20½′ bei Cap Gloucester bis 0° 58½′ bei Cap York.[2] Die Quelle dieser Irrthümer lag in dem Seemannskalender, denn Cook war der erste Entdecker, welcher Ephemeriden mit berechneten Mondabständen an Bord führte. Er und Green versäumten keine Gelegenheit, so oft der Mond sich zeigte, selbst die Schiffsunterofficiere in der astronomischen Längenbestimmung zu üben, um durch die möglich größte Schülerzahl die neue Erfindung rasch zu verbreiten.[3]

[1] Die Länge der Venusspitze auf Tahiti bestimmte er und Green auf 149° 30′ (Hawkesworth, tom. II, p. 184), woran die neuesten Bestimmungen (149° 29′ 30″ w. L. von Greenw.) im Grunde nichts geändert haben.

[2] Matthew Flinders, Voyage to Terra Australis. London 1814. tom. I, p. VII.

[3] Cook bei Hawkesworth, tom. III, p. 621 versichert, many of the

Am 31. März 1770 verließ Cook Neu-Seeland bei Cap Farewell und steuerte, langsam seine Breite vermindernd, gegen Westen, so daß er am 19. April unter 37° 58′ s. Br. auf die Ostküste Australiens stieß. Cook hatte damals die Karte Neu-Hollands vor Augen, die Debrosses zu seiner Historie des Navigations aux Terres australes gezeichnet[1] und auf welcher er kühn und geistreich die Lücke der Südküste bis Van Diemensland und die Ostküste Australiens von Van Diemensland bis nach dem spätern Cap York durch hypothetische Uferlinien ausgefüllt und die künftigen Entdeckungen dadurch im voraus errathen hatte. Trotzdem würde ein anderer Seefahrer an Cook's Stelle wahrscheinlich zunächst unter 42° s. Br. Tasman's Van Diemensland aufgesucht und von dem Bekannten seinen Weg zum Unbekannten fortgesetzt haben. Cook ging aber unerschrocken auf das Unbekannte los, und wenn er einen niederen Breitengrad erwählte, so geschah es gewiß in der stillen Hoffnung, Tasmanien oder Van Diemensland zur Linken zu behalten und es als Insel von dem übrigen Australien abzutrennen. Als Cook die Ostküste dieses Festlandes gefunden hatte, verlor er keine Zeit damit, ihre Beziehungen zu Van Diemensland zu untersuchen, sondern ging sogleich nördlich, um dem unbekannten Erdtheile den mangelnden Ostrand zu ersetzen. Am 27. April bekam er auf der Höhe von 34° 22′ s. Br. an der öden Küste die ersten Eingebornen zu Gesicht und am nächsten Tage setzte er seinen Fuß in einer Bucht ans Land, welche wegen der großen Ausbeute an neuen Gewächsen, die Banks und Solander dort zufielen, den Namen Botanybai empfangen hat. Die weitere Küstenfahrt führte an Moreton- und Herveybai, an Thirsty

petty officers were enabled both to observe and calculate with great exactness . . . with the assistance of the nautical almanack and the astronomical ephemeris, the calculation for finding the longitude will take up little more time than the calculation of an azimuth for finding the variation of the compass.

[1] Sie gleicht fast vollständig unserem kleinen Bilde auf S. 374.

Sound, den Cumberlandinseln und bei Cap Grafton vorüber. Bis dahin war alles glücklich verlaufen, aber schon am nächsten Tage zeigt uns die Benennung des Cap Tribulation (16° 6′ s. Br.), daß der Seefahrer harten Proben entgegengehen sollte. Cook war unvermerkt in ein Fahrwasser hineingerathen, welches, gegen Norden sich verengend, zwischen der festen Küste und einer Korallenwand einen Schlauch bildet. Das Riff, äußerlich aus ungemessenen Tiefen bis zur Meeresfläche aufsteigend, begleitet die Küste als Gürtel, und während die See an den scharfen Kämmen dieser sogenannten großen Korallenbarriere heftig brandet, liegt innerhalb das Wasser beruhigt wie in einer Lagune, nur daß es zum Schrecken des ersten Seefahrers, den keine Karte warnte, von Süden nach Norden beständig an Tiefe abnahm, und er, mit dem Lothe in der Hand, zwischen Untiefen und Riffinseln, ein Spiel launischer Brisen und schadenfroher Strömungen, jeden nächsten Augenblick fürchten mußte, nicht mehr Meister seines Schiffes zu sein. Am 10. Juni abends 11 Uhr erhielt das Fahrzeug einen so gefährlichen Leck, daß es Cook in den nächsten Hafen, den er fand (Endeavour River unter 15° 29′ s. Br., 17. Juni), zum Ausbessern umlegen ließ. Durch diesen erzwungenen Aufenthalt erhielt die Wissenschaft Kunde von den großen Beutelthieren Australiens und ihrem einheimischen Namen Känguruh; denn obgleich Dampier schon eine andre kleinere Gattung geschildert hatte, so war ihre Erscheinung für Banks doch völlig neu. Durch die Erlegung eines Opossum wurde auch der Irrthum Buffon's beseitigt, daß die Beutelraubthiere nur auf die neue Welt beschränkt sein sollten.[1]

Vom 5. August, wo er seinen Ausbesserungshafen verließ, bis zum 12. August, wo er an der Lizardinsel ankerte, blieb Cook noch immer innerhalb des Riffes, sorgenvoll nach einer

[1] Hawkesworth, Discoveries. tom. III, p. 577. 586. Das erste Känguruh wurde am 14. Juli geschossen.

günstigen Lücke in dem Korallengürtel spähend. Endlich am 13. August gelang es ihm, unter 14° 38′ s. Br. in die offene See zu entschlüpfen, wo er freilich das Festland völlig außer Sicht verlor. Aber schon zwei Tage später unter 13° 2′ s. Br. steuerte er wieder auf die Küste los, fuhr am 16. August abermals durch das Riff und beschloß nun das Land nicht mehr aus den Augen zu lassen,[1] um — was er sich beim ersten Erblicken schon gelobt hatte — die Zweifel zu lösen, ob Australien mit Neu-Guinea trocken verbunden oder durch eine Straße getrennt sei. Cook bekennt offen, daß er bei Debrosses, dessen Vermuthungen sich bis dahin vollständig bestätigt hatten, eine Durchfahrt angegeben fand, doch konnte der französische Geograph zur Entwerfung seines Bildes nur alte holländische Karten aus dem Jahr 1644 benutzen, und aus ihnen nicht mehr entnehmen, als daß die früheren niederländischen Entdecker wohl bis an die Torres- und bis an die Endeavourstraße, nicht aber, daß sie hindurch gekommen waren. Cook ist gleichwohl bescheiden genug, für sich nur das Verdienst zu beanspruchen, die letzten Zweifel über die Trennung Neu-Guineas von Australien beseitigt zu haben. Am 21. August 1770 war er nämlich auf die Höhe von Cap York 10° 37′ s. Br. gelangt, und die erste Oeffnung, die er dort erspähte, benutzte er, um zur Linken die Nordspitze des Festlandes, zur Rechten die Prince of Wales-Gruppe zu lassen, bis er am 23. August die Endeavourstraße hinter sich hatte und am Wogengang erkannte, daß er sich im offenen Carpentaria-Golf befand. Zuvor hatte er auf den Inseln vor Cap York die Besitzergreifung der von ihm enthüllten Ostküste des Festlandes unter dem Namen New South Wales ausführen lassen. Ueber Batavia trat er dann seine Heimfahrt an.

Cook vergönnte seinen Nachfolgern zur Vollendung der Umrisse Australiens nur die östliche Hälfte der Südküste und

[1] Die von Cook gelassene Lücke zwischen 15° und 12½° s. Br. wurde 1816 von Ltnt. Jefferis ausgefüllt. C. F. Meinicke, Das Festland Australien. Prenzlau 1837. Bd. 1, S. 20.

die Ermittlung der Beziehungen Tasmaniens zum Festlande. Die letztere Insel war am 3. März 1772 von dem französischen Entdecker Marion besucht worden, der an der Westküste eine Strecke von 14 deutschen Meilen entdeckte und seinen Namen einer Bai der Ostküste hinterlassen hat. Fast genau ein Jahr später, am 5. März, kam Tobias Fourneaux, Kapitän der Adventure und Begleiter Cook's auf seiner zweiten Reise, damals aber getrennt von ihm, auf dem Wege nach Neu-Seeland begriffen, in Sicht der Ostküste Tasmaniens und beschloß zu entscheiden, ob das Land an Australien befestigt sei oder nicht. Wirklich lief er auch über die Nordspitze hinaus bis zu den Inseln, die noch jetzt seinen Namen führen; da er aber nicht in die Baßstraße eindrang, sondern am 19. März unter 39° s. Br. wieder gegen Osten sich entfernte,[1] so blieben die Zweifel über die Inselnatur Tasmaniens völlig ungelöst. Obgleich seine Küsten von Cook 1777, von Kapitän Bligh 1789, von Henri Cox 1789, von d'Entrecasteaux 1792 und 1793 besucht wurden, so rückte doch keiner von ihnen die Grenzsteine des Bekannten weiter. Nur Vancouver nahm einen Theil der Südküste von Cap Chatham bis zum Point Hood 1791 genauer auf und verweilte am King George Sound.[2] Erst nach der Gründung einer Verbrechercolonie an der Botanybai 1788 begann man die Küsten gegen Süden genauer aufzunehmen. Nicht früher jedoch als am 2. Januar 1798 wurde von George Baß, der in einem Walboote von dem Statthalter der Niederlassungen in New South Wales abgesandt worden war, die Südspitze des Festlandes (Wilsons Promontory) gesehen. Obgleich dieser Seefahrer am 4. Januar den Western Port erreichte, so konnte man doch nicht wissen, da er an der Küste wieder zurückkehrte, ob er wirklich eine Straße zwischen Tasmanien und Australien

[1] S. Fourneaux' Bericht in Cook's Voyage dans l'Hémisphère austral. Paris 1778. tom. I, p. 225 sq.

[2] Vancouver, Voyage of discovery round the world. tom. I, p. 29 sq.

gefunden habe.[1] Selbst als Kapitän Hamilton 1798 aus Western Port nach den Fourneaux-Inseln, also quer über die Meerenge gefahren war, durfte die Inselnatur Tasmaniens noch nicht als bestätigt angesehen werden, sondern erst als Baß und Flinders vom 7. October 1798 bis 8. Januar 1799 auf einer Rundfahrt von der Nordspitze längs der Westküste die ganze Insel umkreist hatten,[2] war das Dasein einer Meerenge, die seitdem den Namen Baßstraße führt, völlig erwiesen.

An der Südküste Australiens wurde der Raum von Cap Nelson bis 140° 10′ ö. L. von Greenw. von Kapitän James Grant in der Lady Nelson am 3. December 1800 und der wichtige Hafen Port Phillip von Lieutenant John Murray, dem Nachfolger Grant's im Oberbefehl der nämlichen Brig 1801 entdeckt.[3] Eine andere Strecke der Südküste zwischen 140° 10′ und 138° 58′ ö. L. von Greenw. enthüllte zuerst N. Baudin als Kapitän des „Géographe“ vom 1—8. April 1802.[4] In demselben Jahre vollendete Matthew Flinders in dem britischen Schiff Investigator von 12 Kanonen, an dessen Bord sich der Botaniker Robert Brown befand, die Untersuchung der Südküste. Am 6. December 1801 erreichte sein Fahrzeug das Leeuwin-Cap, und am 2. Februar 1802 an der Südküste bei 133° 27′ ö. L. von Greenw. den Nuyts-Archipel, bis wohin sich die alten holländischen Karten erstreckten. Als Flinders am 19. Februar den Spencer-Golf entdeckte, herrschte am Bord seines Fahrzeuges sowohl diesen wie den nächsten Tag große Spannung, denn man vermuthete, die Einfahrt in ein großes Meeresbecken gefunden zu haben, von welchem man hoffte, daß es sich bis in den Carpentaria-Golf erstrecken und das australische Festland in

[1] Matthew Flinders, Voyage to Terra Australis. London 1814. tom. I, p. CXII sq.

[2] Flinders, Voyage to Terra Australis. tom. I, p. CXXXVIII sq.

[3] Flinders, Voyage to Terra Australis. tom. I, p. 200. 212.

[4] Péron et Freycinet, Voyage de Découvertes aux Terres australes. Paris 1807. tom. I, p. 319—323. Nach Freycinet fand das Zusammentreffen mit Flinders an der Küste unter 137° 7′ 40″ ö. L. von Paris statt.

eine Doppelinsel zertheilen werde. Schon zu Abel Tasman's Zeiten wurde erwartet, daß Neu-Holland bei näherer Erforschung in der Richtung des Carpentaria-Golfes zu Inseltrümmern aus-einander fallen werde, ähnlich wie später Neu-Guinea und Tasmanien als Stücke vom Festlande wirklich abgelöst werden sollten.[1] Daß man Australien noch immer nicht als einen Welttheil, sondern als eine durch Fugen getrennte Doppelinsel ansehen zu müssen glaubte, schien der Mangel großer Ströme zu bestätigen, denn noch war man auf die Erfahrung nicht gefaßt, daß es einen großen Continent ohne einen Fluß ersten, ja ohne einen Fluß zweiten Ranges geben könne.

Am Bord des Investigator war jedoch schon am 9. März 1802 die Hoffnung auf eine Durchfahrt beträchtlich geschwunden und sie mußte gänzlich aufgegeben werden, als am 11. März auf einer Bootfahrt das nördliche Ende des Spencer-Golfes wahrgenommen wurde. Am 20. März ging Flinders wieder auf die hohe See und entdeckte die Känguruh-Insel sammt der Investigatorstraße, welche letztere ihn in den nachbarlichen Vincents-Golf leitete, dessen Untersuchung am 1. April vollendet war. Die Fahrt ging dann an der Küste gegen Südosten bis zum 8. April 1802, wo man unter 138° 58′ ö. L. von Greenwich bei der Kängaru-Insel dem „Géographe" unter Baudin begegnete, welcher von Osten kam und die letzten Lücken der südlichen Gestadelinien ausgefüllt hatte.[2] Da Flinders noch im nämlichen Jahre am 15. November das Südende des Carpentaria-

[1] Ueber die ältern Ansichten der Holländer s. oben S. 373. Dampier vermuthete ebenfalls eine Durchfahrt quer durch Australien, weil er 1699 an der Nordwestküste wider Erwarten einer starken Flutwelle begegnet war. (Voyages aux Terres australes. Paris 1723. tom. IV, p. 121.) Seine Ansichten theilte der Geograph Debrosses, (Histoires des Navigations aux Terres australes. Paris 1756. tom. I, p. 429) und am Bord des „Géographe", den Baudin befehligte, spähete man ebenfalls bei dem Nuyts-Archipel nach der vermeintlichen Festlandslücke aus. L. Freycinet, Voyage de Découvertes aux Terres australes. Paris 1807. tom. I, p. 329.

[2] Flinders, Voyage to Terra Australis. tom. I, p. 104—188.

Golfes unter 17° 42′ s. Br. aufnahm[1] und auch dort wieder die Richtigkeit der alten Karten Abel Tasman's sich bestätigte, so kann jener Tag als die Zeit der vollendeten Erkenntniß Australiens als eines ungetheilten Festlandes bezeichnet werden. Eine genauere Aufnahme der ganzen Nordwestküste vom Cap Wessel (11° s. Br., 136° 45′ ö. L. von Greenw.) bis zum Nordwest-Cap (21° 48′ s. Br., 114° 3′ ö. L. von Greenw.) vollendete Kapitän Philipp Parker King auf seinen vierjährigen Reisen von 1817—21. Zu gleicher Zeit untersuchte er die Nordostseite des Continents innerhalb des Barriereriffs auf das sorgfältigste und eröffnete damit den australischen Seefahrern die seit Cook's Entdeckerzuge so gefürchtete sogenannte Innerroute zur Torresstraße.[2] Vollendet wurden die Untersuchungen des australischen Küstensaumes erst in den Jahren 1837—1842 durch die exacten Aufnahmen der Kapitäne Wickham und Stokes auf dem „Beagle", wobei namentlich die Baßstraße im Süden und die von King nicht erforschten Busen südlich vom Cap Pearce (34° 28′ s. Br., 137° 21′ ö. L. von Greenw.), sowie der King Sound fest begrenzt wurden.[3]

Um noch einen Ueberblick über die Entdeckungen der Inselgruppen im stillen Meer südlich vom Aequator zu gewähren, wollen wir kurz erwähnen, daß James Cook auf seiner zweiten Reise bei einer Fahrt von den Gesellschafts-Inseln nach Neu-Seeland am 23. September 1773 die erste Insel (Hervey) der Cooks- oder Hervey-Gruppe entdeckte,[4] daß er acht Tage später am 1. October Abel Tasman's Amsterdam und Rotterdam, also den Freundschafts-Archipel, Roggeveen's vielgesuchte Osterinsel am 11. März und Mendana's Marquesas am 8. April 1774 wieder auffand. Im nämlichen Jahre entdeckte er außer den

[1] Flinders, l. c. tom. II, p. 133.

[2] P. P. King, Narrative of a survey of the intertropical and western coasts of Australia. II. vol.

[3] J. L. Stokes, Discoveries in Australia. II vol. London 1846.

[4] Cook, Voyage dans l'Hémisphère austral. tom. II, p. 1.

Inseln Palmerston und Savage Island (Niue) am 16. und 20. Juni[1] die neuen Hebriden, deren nördliche Körper jedoch vor ihm schon von Bougainville wieder aufgefunden worden waren. Eine genaue Untersuchung dieser Inselreihe zwischen 15. Juli und 31. August führte ihn bis zu ihren äußersten Bruchstücken, bis Erromanga und Tana[2] und eine nähere Durchforschung des westlich liegenden Meeres am 4. September nach dem noch völlig unbekannten Neu-Caledonien, dessen Nord- und Ostküste er bis zur Fichten-Insel an der Südspitze verfolgte.[3] Die Marianen und Carolinen waren nie verloren, sondern die ersten von Spaniern besiedelt worden, die östlicher liegenden Koralleninseln unserer Marshall- und Gilberts-Gruppe, den frühern spanischen Seefahrern nicht unbekannt und später von Byron und Wallis gesehen, wurden im Juni 1788 von zwei Kauffahrern Scarborough und Charlotte unter dem Befehl von Marshall und Gilbert auf dem Wege von Port Jackson in Neu-Süd-Wales nach Canton entdeckt und untersucht.[4] Der Viti-Archipel ist, obgleich schon von Abel Tasman 1643, dann von Kapitän Cook, später von Bligh 1789 und 1792, und von Kapitän Wilson 1796 gesehen[5] und seit 1800 von Sandelholzhändlern fleißig besucht, für die Erdkunde doch erst durch die Südseefahrt Dumont d'Urville's 1827 gewonnen.[6] Die Chatham-Insel endlich sah zuerst auf der Fahrt von Neu-Seeland nach

[1] Cook, l. c. tom. III, p. 4. 10.

[2] Cook, l. c. tom. III, p. 50—248.

[3] Cook, l. c. tom. III, p. 249 sq. Die Loyalitätsinseln wurden dagegen erst von Raven im Jahre 1795 gefunden. (C. Meinicke, Die Inseln des stillen Oceans. I. 235.)

[4] Adam Joh. v. Krusenstern, Hydrographie der größeren Oceane. Leipzig 1819. S. 99, und Meinicke, Die Gilbert- und Marshall-Inseln, Zeitschrift für Erdkunde, 1863, Bd. 15, S. 371.

[5] Adam Joh. v. Krusenstern, Hydrographie der größeren Oceane. Leipzig 1819. S. 161. Berthold Seemann, Viti. Cambridge 1862. p. 404.

[6] Er befand sich am 30. Mai 1827 vor Taviuni, nördlich von welchem Vanua Levu auf seiner Karte angegeben ist. Viti Levu wurde am 5. Juni an der Südost- und vom 8. bis 10. Juni an der Südwestspitze gesehen. Dumont d'Urville, Voyage de l'Astrolabe. tom. IV, p. 419. 433. Ein

Tahiti Lieutenant Broughton, Vancouver's Begleiter am 29. November 1791,[1] die Auckland-Gruppe fand Kapitän Bristow 1806.

Entdeckungen am Südpol.

Die Erfolge Cook's auf seiner ersten Fahrt waren zwar außerordentlich reich gewesen: Entdeckung der Inselnatur Neu-Seelands, Enthüllung der Ostküste Australiens und Ablösung dieses Festlandes von Neu-Guinea durch die Torresstraße, dennoch stehen die Leistungen seiner zweiten Reise fast noch höher. Am 12. Juni 1771 nach der Themse zurückgekehrt, übertrug man ihm sogleich den Befehl zweier Schiffe, der Resolution, welche er selbst, und der Adventure, welche Tobias Fourneaux führte. Als wissenschaftliche Beobachter begleiteten ihn diesmal zwei Deutsche, Johann Reinhold und Georg Forster. Georg Forster, der Sohn, gilt uns als der erste Schriftsteller, welcher Sinn und Gefühl für landschaftliche Schönheiten erweckt hat, auch war er es, der bei Alexander von Humboldt die Sehnsucht nach der tropischen Natur entzündete.[2] Seit jener Zeit schilderten deutsche Reisende mit Vorliebe die Gemüthsstimmungen, in welche wir durch landschaftliche Eindrücke versetzt werden. Solche Betrachtungen, welche verführerisch auf empfindsame Gemüther wirken, die jedoch nur die Dichtungen zieren sollten, haben uns an ein störendes, wenn nicht schädliches Pathos gewöhnt, welches uns von der reinen Erkenntniß der Körperwelt abzieht. Weit bedeutender als der Sohn erscheint Johann Reinhold Forster,

chronologisches Verzeichniß über die Entdeckung der einzelnen in der Südsee verstreuten Inseln findet sich bei A. J. v. Krusenstern, Hydrographie der größeren Oceane. Leipzig 1819. S. 207.

[1] Vancouver's Reisen, im Magazin merkwürdiger Reisebeschreibungen. Berlin 1799. Bd. 18, S. 62.

[2] Kosmos, Bd. II, S. 4. Vgl. auch die treffliche Arbeit Friedländer's über das Naturgefühl der Alten in seiner Sittengeschichte Roms. Leipzig 1864. Bd. 2, S. 104 ff. Goethe's erste Schweizerreise fällt in das Jahr 1775.

der zwar auch seine Empfindungen nicht unterdrückt, aber doch der erste Reisende ist, welcher einen physikalischen Ueberblick über die von ihm geschaute Welt gegeben und die höchste Verrichtung eines Geographen, nämlich den wissenschaftlichen Vergleich am frühesten geübt hat.[1]

Cook, immer bedacht, nie Versuchtes zu wagen, und die von Vorgängern betretenen Wege zu vermeiden, beschloß zum ersten Male von West nach Ost, also in der Drehungsrichtung unsres Planeten, und gegen die Passate um die Erde zu segeln. Es sollte dabei entschieden werden, ob sich auf der südlichen Halbkugel außer Australien noch ein andrer Welttheil befinde oder nicht. Seit Abel Tasman's Fahrt von Mauritius nach Neu-Seeland im Jahre 1642 waren hohe Breiten, weder im indischen Ocean noch im südatlantischen Meer, bis auf Cook nicht wieder berührt worden mit folgenden geringfügigen Ausnahmen. Kapitän Beauchesne, ein französischer Seefahrer, war auf der Heimreise von Peru unter 57° 17′ s. Br. um das Cap Hoorn gegangen und fand am 19. Januar 1701, weil er die Einfahrt in die Le Mairestraße verfehlt hatte, die kleine nach ihm benannte Beauchesne-Insel (52° 54′ s. Br., 59° 10′ w. L. von Greenw.), die er 60 Lieues vom Feuerland gegen Osten entfernt glaubte.[2] Diese Entdeckung konnte nichts zur Ernährung des Irrthums vom Dasein eines antarctischen Festlandes beitragen, aber in voller Frische erwachte er vier Jahrzehnte später. Die französische Indiengesellschaft hatte nämlich 1738 zwei Fahrzeuge l'Aigle und Marie unter Lozier Bouvet und Hay abgesandt, um ein Festland im Süden Afrikas auf-

[1] Johann Reinhold Forster's Bemerkungen auf seiner Reise um die Welt, deutsch von Georg Forster. Berlin 1783. Das englische Original bildet den dritten Band zu Cook's zweiter Reise, denn Forster, der Vater, wurde am 13. April 1776 zu einem schriftlichen Verzicht genöthigt, seine Reiseschilderung vollständig und selbstständig zu veröffentlichen. Voyage dans l'Hémisphère austral par J. Cook. Paris 1778. tom. I, p. XXXIX.

[2] Vgl. Villefort's Bericht bei Debrosses Histoire des Navigations aux Terres australes. Paris 1756. tom. II, p. 113 sq.

zusuchen, welches der Sieur Gonneville 1503 entdeckt haben sollte.[1] Von Santa Catalina in Brasilien hielten beide Schiffe einen südl. Kurs und entdeckten am 2. Januar 1739 Land zwischen Ost und Nordosten. Es erschien als steile Klippen mit Schnee bedeckt und von Eisfeldern umringt, denen man erst am 6. Januar bis auf eine Viertelseemeile sich zu nähern vermochte, ohne daß es aber, obgleich die Küste bis zum 10. Januar in Sicht blieb, gelungen wäre, eine Landung auszuführen. Bouvet, der das südaustralische Festland vor sich zu sehen glaubte, gab den unwirthlichen Klippen den Namen Vorgebirge der Beschneidung (Circoncision) nach dem Tage der Entdeckung.[2] Der Schiffsrechnung am Bord des Aigle zufolge lag das Vorgebirge zwischen 54° 10′ bis 54° 15′ s. Br. und 26° ö. L. von Teneriffa,[3] also um etwa 35 deutsche Meilen zu weit gegen Osten von unsrer jetzigen Bouvets-Insel. Ferner hatte das spanische Handelsschiff Leon auf der Heimfahrt von Chile am 29. Juni 1756 östlich von Cap Hoorn unter 54° 48′ s. Br. eine Insel gesehen und San Pedro genannt, die dem Süd-Georgia unsrer Karten entspricht. Da sich an Bord ein Franzose, Duclos Guyot aus St. Malo, befand, dessen Tagebuch Dalrymple in seine Sammlungen aufgenommen hatte, so muß Cook diese Entdeckung gekannt haben.[4]

[1] Siehe oben S. 261, Note 3. Daß Gonneville Brasilien gesehen, beweist d'Avezac in Nouvelles Annales des voyages. 1869. tom. III, p. 38.

[2] Nach Bouvet's Bericht (Relation d'un voyage aux Terres australes des vaisseaux l'Aigle et la Marie, in Mémoires (de Trévoux) pour l'Histoire de sciences. Paris 1740. p. 262) fällt die Entdeckung auf den 1. Januar 1739, nach Mr. de la Nux, dem Obersteuermann des Aigle, der das Land zuerst sah und die Finderprämie von 20 Piastern erhielt, aber auf den 2. Januar. S. sein Tagebuch bei Legentil, Voyage dans les Mers de l'Inde. tom. II, p. 483 sq.

[3] Die Breite der vulkanischen Bouvet-Gruppe wurde richtig angegeben, die wahre Länge dagegen beträgt 5° 30′ ö. L. von Greenw., während sie nach obiger Angabe unter 9° 24′ ö. L. von Greenw. hätte gesucht werden sollen. Bouvet's Bericht spricht von 27—28° östl. Länge (Teneriffa).

[4] Burney, Discoveries in the South-Sea. London 1803. tom. V, p. 136. Das spanische Schiff verlegte die Insel zwischen 51° 30′ bis 51° w. L. von Paris, mehr als zehn Grad zu westlich.

Ein Jahr früher als der letztere, nämlich 1771, liefen zwei französische Schiffe unter Marion (später Crozet und Duclesmeur aus, welche Bougainville's Cycladeninseln aufsuchen sollten. Auf ihrer Fahrt im Süden des Cap der guten Hoffnung entdeckten sie unter 46 ¾° s. Br. am 13. Januar 1772 die Marion-Gruppe und bald nachher fast unter dem nämlichen Parallel die Crozet-Inseln,[1] von denen sie sich nach Tasmanien begaben, wo Marion von den Eingebornen erschlagen wurde. Von ihren Entdeckungen erhielt Cook Nachrichten, als er vor der Capstadt verweilte, dagegen erfuhr er noch nicht, daß der französische Seefahrer Kerguelen, der 1771 ausgelaufen war, um das Gonnevilleland zu suchen, am 13. Februar 1772 die später nach ihm benannten Inseln sah, die er dann noch einmal, vom 14. December 1773 bis 6. Januar 1774 berührte und unter 49° s. Br. und 66° ö. L. von Paris (Gissung) verlegte.[2]

Alle diese Küstenpunkte wurden von den Entdeckern als Nordrand des unbekannten Südlandes betrachtet, bis Cook von seiner zweiten Reise heimkehrte. Er war nämlich von der Capstadt fast genau südlich gesteuert, begegnete am 10. December schon unter 51° 5′ s. Br. dem ersten schwimmenden Eis und machte nun Jagd auf Lozier Bouvet's Cap der Beschneidung. Als er im Januar 1773 unter 10° w. L. von Greenw. bis zum 60. Breitengrade auf ein Festland nicht gestoßen war, gab er das weitere Suchen auf in der Ueberzeugung, daß wenn es ein Vorgebirge jenes Namens gebe, es nur einer Insel angehören könne. Er setzte hierauf jenseit des 60. Breitegrades zwischen beweglichen Eisbänken seine Fahrt gegen Osten fort, überschritt am 17. Januar 1773 den südlichen Polarkreis bei etwa 40° östl. L. von Greenw. und kehrte, nachdem er 67° 15′ s. Br. berührt hatte, zunächst wieder über den 50. Parallel

[1] Alexis Rochon, Voyage à Madagascar, Maroc et aux Indes orientales. Paris l'an X. tom. III, p. 323 sq.

[2] A. Rochon, l. c. tom. III, p. 308–312.

zurück, um die Küste zu suchen, die Crozet's Namen trug.[1] Er fand sie zwar nicht auf, da er aber das Meer im Süden davon durchstreift hatte, so konnten auch jene Gestade, nicht wie die Franzosen sich schmeichelten, dem antarctischen Festlande angehören, sondern nur Inseln gewesen sein. Cook eilte sogleich wieder unter hohe Breiten und gelangte am 23. Februar unter 95° ö. L. von Greenw. bis 61° 52′ s. Br., wo ihn jedoch das Getümmel der Eismassen an einer zweiten Berührung des australischen Polarkreises hinderte. Doch hielt er sich dem 60. Breitegrade immer nahe, bis er am 16. März den Mittagskreis von Tasmanien erreicht hatte, worauf er zur Erholung der Schiffsmannschaft Neu-Seeland aufsuchte.

Von Neu-Seeland aus begann er am 26. November 1773 seine zweite Polarfahrt. Er ging wiederum sofort nach Süden und befand sich seit dem 12. December jenseit des 60. Breitegrades, wo er das Meer viel eisfreier antraf als ein Jahr zuvor im Süden Afrikas. Am 20. December überschritt er zum zweitenmal den australischen Polarkreis und bewegte sich, von Eisbergen umschwärmt, jenseit desselben um 15 Längengrade nach Osten. Vom 1—13. Januar 1774 war er nach milderen Breiten bis 51° 49′ s. Br. zurückgewichen, am 20. Januar aber hatte er wieder den 60. Breitegrad erreicht, sechs Tage später zum drittenmale den Südpolarkreis überschritten und am 30. Januar seine größte australische Polhöhe 71° 10′ unter 106° 54′ w. L. von Greenw. erreicht, wo ihn eine auf der See schwebende unabsehbare Eismauer zur Umkehr nöthigte. Cook vermuthete, daß diese Eismassen, bei deren Anblick Georg Forster sich an Horaz erinnert fühlte,

Stat glacies iners
Menses per omnes

an irgend ein nahes Land befestigt liegen müßten, eine Ver-

[1] Auf solchen Wegen vom Feuerlande gegen Osten das Südland aufzusuchen, hatte schon der Steuermann Francois Jacobsz. für Tasman's erste Reise vorgeschlagen. (J. Swart, Tasman's Journaal. bl. 28 en 29.)

muthung, die seitdem weder widerlegt noch bestätigt worden ist.[1] Von jenem Punkte eilte er sogleich wieder nordwärts nach der Osterinsel.

Seine Heimfahrt nach Europa, die er am 10. November 1774 von Neu-Seeland in östlicher Richtung antrat, benutzte er zu einer neuen Erforschung der südaustralischen Räume. Hohe Breiten suchte er diesmal nicht zu gewinnen, sondern er blieb zwischen den Mittagskreisen Neu-Seelands und des Feuerlandes in der Nähe von 55° s. Br. Am 3. Januar 1775 schlug er vom Staaten-Eiland einen östlichen Kurs ein, um die spanische Insel San Pedro[2] aufzusuchen, die er auch am 14. Januar fand und ohne Rücksicht auf die fremden Entdeckerrechte Süd-Georgien umtaufte. Von dort steuerte er südöstlich bis 59° 13′ s. Br., wo am 31. Januar 1775 abermals ein neues Land, die Sandwichgruppe aufstieg, welche er westlich behaltend von Süden nach Norden allmählich enthüllte. Doch blieb Cook im Zweifel, ob er eine zusammenhängende Küste mit beträchtlichen Lücken oder eine Inselkette gefunden hatte.[3] Georg Forster gesteht uns, daß er vor dem Anblick jener Klippeninseln die ganze Erde für bewohnbar gehalten habe, damals aber an Plinius' Worte erinnert worden sei: Pars mundi damnata a rerum natura, et densa mersa caligine. Noch eindrucksvoller schilderte Forster, der Vater, das Todesstarren auf jenem Archipel. Selbst ein magerer Krautteppich, schläfrige Seehunde und schwerfällig wankende Fettgänse vermöchten ein Gestade zu beleben. Dort aber laste nur ein unvergänglicher Schnee auf öden Scheeren, und das unbewegliche Bild, gleichsam mit dem

[1] Der Ort, wo Cook umkehrte, ist nie wieder besucht worden. Sir James Clark Roß (Voyage in the Southern and Antarctic Regions. London 1847. tom. 1, p. 276) hält es für wahrscheinlich, daß hinter Cook's Eiswall Land liegen möge. Ebenso Dumont d'Urville, Voyage au Pôle Sud. tom. II, p. 6.

[2] Siehe oben S. 495.

[3] Voyage dans l'Hémisphère austral. tom. IV, p. 109.

Fluche der Natur beladen, werde von immerwährenden Nebeln düster eingehüllt.[1] Schon seitdem Cook die Felsennadeln Süd-Georgiens mit Schnee bedeckt gesehen hatte, den selbst die Januarsonne nur an der warmen Nordseite zu schmelzen vermochte, war er so lebhaft an Bouvet's Beschreibung des Vorgebirges der Beschneidung erinnert worden, daß er von neuem nach diesem Gegenstande zu suchen begann. Er ging daher unter 58° s. Br. gegen Osten bis 0° L. von Greenw., als er aber auch dort nicht auf Land gestoßen war, kreuzte er unter 55° s. Br. seinen eigenen Schiffspfad vom Jahre 1772 und vollendete damit seine südliche Circumpolarreise.

Der Gewinn dieser Rundfahrt war die Erkenntniß der vorwiegenden Wasserbedeckung im Süden der Erde. Cook hatte auf seinem Wege nur jene Eiswand unter 71° s. Br., später Süd-Georgien und die Sandwichkette, sonst aber kein Land gesehen. Sein Kurs hatte ihn rings um den Südpol geführt; es war also erwiesen, daß mit Ausnahme zweier schmaler Lücken, nämlich im Süden von Neu-Seeland und zwischen 55—65° ö. L. von Greenw., kein Festland diesseit des 55. südlichen Breitegrades anzutreffen sei; daß es selbst den 60. Breitegrad nicht erreiche, war auf 150 Längegraden nachgewiesen, der australische Polarkreis aber an drei Stellen überschritten worden. So verschwand endlich das antarctische Festland, welches zwei Jahrtausende lang das Bild der Erde entstellt hatte. Wir sahen, wie zuerst Hipparch in Ceylon die aufragende Spitze eines großen Südlandes vermuthete, wie Ptolemäus dann mit seinem australischen Aethiopien den indischen Ocean zu einem innern Meer einschloß, wie mit der Wiederbelebung der Ptolemäischen Erdkunde die darstellenden Geographen des 16. Jahrhunderts die Uferränder jenes südlichen Welttheiles in Neu-Guinea wieder zu erkennen glaubten, wie Abel Tasman wenigstens Neu-Holland wieder völlig von jenen Ländermassen ablöste,

[1] J. R. Forster's Bemerkungen auf seiner Reise um die Welt. Berlin 1783. S. 29.

dafür aber bis auf Cook's erste Reise Neu-Seeland als eine Küstenstrecke des vielgesuchten Festlandes gelten mußte und wie die besten Geographen bis zum Jahre 1775 das Gleichgewicht des Erdkörpers nicht zu verbürgen wagten, wenn nicht in den Südmeeren ein Welttheil gefunden werde, der den Landanhäufungen auf der nördlichen Halbkugel als Gegendruck dienen könnte.[1] Cook's Fahrt war eine große seemännische That, denn seit Abel Tasman hatte sich kein Fahrzeug in größeren Küstenabständen dem 50. Breitegrad zu nähern gewagt und seit jener Zeit erst durchzogen europäische Segel die südaustralischen Seen. Aber der große Mann vergaß sich, wenn er zu dem Bann der Natur, welcher auf der starren Südpolarwelt ruhte, auch den seinigen hinzufügte. Nie, rief er aus, werde aus jenen Räumen unserem Geschlecht ein Gewinn erwachsen, nie ein Seefahrer weiter vorzudringen vermögen als er. Doch fährt er einlenkend fort: „Sollte er aber weiter gegen Süden vordringen, ich würde ihn nicht darum beneiden."[2]

Wirklich wagte 45 Jahre lang niemand über die Kreise zu schreiten, die Cook dem menschlichen Wissen gezogen zu haben glaubte, bis auf Befehl des Kaisers Alexander ein russischer Seefahrer, v. Bellingshausen, die möglichen Grenzen des Südpolarlandes noch enger zog als Cook. Bellingshausen lief im Winter von 1819 auf 1820 etwas östlich von Süd-Georgia am Südpolarkreis nach Port Jackson in Australien und im nächsten Winter 1820—1821 von Port Jackson um die andere Hälfte des australischen Polarkreises, bis er in der Nähe von Süd-Georgien seinen vorjährigen Kurs durchschnitt. Sein Schiffspfad bildete also eine Schlinge um den Südpol, welche auf 260 Längengraden jenseit 60° s. Br. liegt und sechsmal den Polarkreis kreuzt.[3] Obgleich sich Bellingshausen größtentheils jenseit

[1] Siehe oben S. 361 ff.

[2] Voyage dans l'Hémisphère austral, tom. IV, p. 123 sq.

[3] Siehe F. Lowe's Bericht über Bellingshausen's Reise nach der Südsee, in Erman's Archiv zur Kunde für Rußland. Jahrgang 1842, Bd. 2, S. 126 ff.

des Cookschen Kurses bewegte, überschritt er doch nirgends wie sein Vorgänger den 70. Breitengrad; aber da er die Lücken ausfüllte, wo dieser den möglichen südlichen Ländermassen noch Raum gelassen hatte, so bestand das Ergebniß dieser Fahrt in Verbindung mit dem Cook'schen Kurs darin, daß man Länder am Südpol diesseit des 60. Breitegrades nicht mehr erwarten dürfe, mit Ausnahme einer kurzen, noch offenen Stelle,[1] und daß sie selbst auf dem halben Umkreis des 65. Parallels nicht vorhanden seien, denn Bellingshausen hatte bei seiner Circumpolarfahrt nur die kleine Petersinsel (68—69° s. Br. und 92° w. L. von Greenw.), sowie unter gleicher Breite, aber 20° östlicher, das hohe Alexanderland, das erste Südpolarland, gefunden.[2]

Nachdem am 19. Februar 1819 von W. Smith die Süd-Shetlandinseln entdeckt worden waren, schwärmten dort, wie an den nachbarlichen Süd-Orkneys, den Ausspruch Cook's beschämend, daß dort nichts zu erbeuten sei, Walfischfänger und Robbenschläger. Einer dieser kühnen Jäger, James Weddell, drang sogar im Mittagskreis von Süd-Georgien bis 74° 15′ s. Br. vor wo er am 23. Februar 1823 bei mildem Wetter ringsum eine unbegrenzte, von Vögeln belebte See gewahrte, auf der nur drei oder vier verirrte Eisinseln an die ungewöhnliche Polhöhe erinnerten.[3] Ein anderer Waljäger, Biscoe, führte die dritte Fahrt am Südpolarkreis aus. Er begann sie bei den Falklandsinseln im Winter 1830, kreuzte im Januar 1831 dicht bei 0° L. von Greenw. den Polarkreis und zugleich Bellingshausen's Schiffspfad, innerhalb welchem er sich auf geringem Abstand

[1] Zwischen 150° und 160° ö. L. von Greenw.

[2] Die erste am 22. Januar 1821, das andere am 29. Januar. Erman's Archiv a. a. O. S. 167 ff. Außerdem verdanken wir Bellingshausen die Entdeckung einer ganzen Reihe von Koralleninseln der Paumotugruppe, welche er im Sommer 1819 besuchte, nämlich: Matahiwa, Niau, Fakarawa, Fa'aite, Tahanea, Katiu, Raroia, Takume u. a.

[3] James Weddell, Voyage towards the South Pole. London 1825. p. 37.

von 70° s. Br. fünfzig Längengrade gegen Osten bewegte bis zur Auffindung der Enderby-Insel[1] am Polarkreis unter 50° ö. L. von Greenw. Von dort aus wich er über Bellingshausen's Kurs zurück bis zu seiner Ankunft in Tasmanien. Auch auf der andern Hälfte seiner Circumpolarfahrt erhob er sich nicht zu höhern Breiten als sein Vorgänger, nur daß er zum Schluß am 12. Februar 1832 unter 65° s. Br., nördlich von Bellingshausen's Alexanderland, aber mit diesem im Zusammenhang stehend, auf eine Küste und eine vorliegende Inselschnur stieß, wovon die eine Grahamsland, die andere die Biscoegruppe benannt worden ist.[2]

Cook hatte die Möglichkeit eines großen australischen Welttheiles unter gemäßigten Breiten vernichtet, allein seit er auf den Eiswall unter 71° 10′ s. Br. und auf die Sandwichgruppe gestoßen war, glaubte er selbst wieder an das Dasein von Südpolarländern, an welche die Eisfelder befestigt wären,[3] denn während der ältere Forster stets behauptete, daß das Seewasser gefrieren könne,[4] betrachtete Cook alle schwimmenden Eisbänke als Erzeugnisse von Meteorwassern auf festem Lande. In der Zeit nach Bellingshausen's und Weddell's Fahrten bis zum Jahre 1840 aber war ein Südporland auf den Karten nicht mehr gesehen worden, abgerechnet die Küstenstrecken von Grahamsland und die Enderby-Insel. Plötzlich sollte, wenn auch sehr abgezehrt, das alte Hipparchische Geschöpf noch einmal das

[1] Die naheliegende Kemp-Insel wurde von Kemp entdeckt. Siehe A. Petermann's antarctische Entdeckungsgeschichte in den Geogr. Mittheil., 1863, S. 409, sowie seine wichtige Südpolarkarte. Gotha 1863. Stieler's Handatlas Nr. 42ª.

[2] Biscoe landete an der Küste, um die Besitzergreifung auszuführen. Recent Discoveries in the Antarctic Ocean from the Log-book of the Brig Tula, im Journal of the Royal Geogr. Society. London 1833, vol. III, p. 105—111.

[3] Voyage dans l'Hémisphère austral. tom. IV, p. 121.

[4] J. R. Forster, Bemerkungen. S. 76. Erst 1776 wurden diese uns so seltsam klingenden Zweifel durch Nairne, Mitglied der Roy. Soc., durch Versuche entschieden.

Haupt aus der Südsee heben. Schon im Jahre 1839 war Kapitän Balleny, wie die Entdecker Kemp und Biscoe ein Walfischjäger im Dienste der Firma Enderby in London, von Neu-Seeland aus über den Polarkreis bis 69° s. Br., 178° ö. L. von Greenw. vorgedrungen und hatte die durch einen damals thätigen 12,000 Fuß hohen Schneevulkan ausgezeichnete Gruppe der kleinen Balleny-Inseln gefunden, deren mittlere 66° 44′ s. Br., 163° 11′ ö. L. von Greenw. liegt.[1] Von dort setzte er am 65. Breitengrad seinen Kurs bis 120° ö. L. von Greenw. fort und glaubte an zwei Punkten gegen Süden abermals Land zu gewahren.[2] Balleny ist also der Entdecker jener Küste, wenn es eine zusammenhängende Küste ist, die unsere heutigen Karten als Wilkesland bezeichnen.[3] Ein Jahr später gelangte Dumont d'Urville (1790—1842) auf seiner zweiten Erdumsegelung von Tasmanien her am 19. Januar 1840 unter 66° s. Br., 141° ö. L. von Greenw. in Sicht einer angeblich 1000—1200 Meter hohen Küste, die er Adélieland hieß. Er folgte ihr 4 Längengrade gegen Westen, wandte sich dann, um den Eisfeldern auszuweichen, wieder nordwärts bis zum 64.° s. Br., begegnete am 29. Januar einem fremden Schiffe, an dem er, ohne seinen Anruf zu beantworten, vorüberging,[4] und entdeckte am 30. Januar die Clarieküste

[1] Eine Landung wurde am 12. Februar ausgeführt. Balleny hatte seinen südlichsten Punkt 69° s. Br., 172° 11′ ö. L. von Greenw., jenseit von Bellingshausen's Kurs am 1. Februar berührt. Discoveries in the Antarctic Ocean from the Journal of the Schooner Eliza Scott, im Journal of the Royal Geogr. Society. London 1839. tom. IX, p. 519, 521.

[2] Nämlich am 26. Februar, als er sich 64° 40′ s. Br., 131° 35′ ö. L. von Greenw. oder nördlich von dem Punkte befand, den d'Urville Côte Clarie und Wilkes Cap Carr genannt haben. Balleny war jedoch seiner Sache nicht gewiß. Das anderemal unter 65° 25′ s. Br., 118° 30′ ö. L. von Greenw. war die Küste so deutlich zu sehen, daß er sie Sabrinaland zu nennen wagte.

[3] So lautet der Ausspruch Dumont d'Urville's (Voyage au Pôle Sud, Histoire du Voyage. Paris 1845. tom. VIII, p. 219) und Sir James Clark Roß' (Voyage in the Southern and Antarctic Regions. vol. I, p. 270).

[4] Dumont d'Urville schreibt (Voyage au Pôle Sud, tom. VIII, p. 136 bis 175) es einem mißverstandenen Segelmanöver zu, daß kein Verkehr stattfand.

(64° 40′ s. Br., 132° 20′ ö. L. von Greenw.) Fast gleichzeitig war nämlich Lieutenant Wilkes (gest. 1877) mit drei Segeln des Geschwaders, welches die Vereinigten Staaten zu Erforschungen in die Südsee geschickt hatten, am 31. December 1839 von Sydney nach dem Südpolarkreis aufgebrochen. Schon am 13. Januar 1840, als er sich erst 64° 50′ s. Br., 165° ö. L. von Greenw. befand, glaubte er Land zu erblicken.[1] Von dort aus setzte er immer in der Nähe des Polarkreises seine westliche Fahrt am Rande eines Stromes von Eistrümmern fort, der ihm ein südlicheres Vordringen nicht verstattete. Vom Bord seines Schiffes wurde sowohl Dumont d'Urville's Adélieland, als auch später Balleny's Sabrinaküste wahrgenommen. Westlich von ihr beginnen Wilkes' Entdeckungen.[2] Vom 8. bis zum 17. Februar 1840 nahm er seinen Weg unter 65° s. Br. von 130° bis 98° ö. L. von Greenw. gegen Westen, bis ihn eine Anhäufung von Treibeis zur Heimkehr nach Norden zwang.[3] Auf dieser Strecke wurde viermal

[1] Auf der Karte, die er von seinen Entdeckungen Sir James Roß zusendete und die dieser abgedruckt hat (Voyage in the Southern and Antarctic Regions. tom. I, p. 352) hatte Wilkes ein Gebirge unter 65° 40′ s. Br., 165° ö. L. von Greenw. angegeben. Roß (l. c. p. 280) befand sich am 6. März 1841 mit seinen Schiffen über dieser „Gebirgsgegend" und war schalkhaft genug, mit einer 600 Faden langen Lothleine keinen Grund zu finden, so daß er jenes Stück vom „Wilkesland" buchstäblich in den Grund gefahren hat. Ebenso wird wohl auch das westliche Ende des s. g. Wilkeslandes, die Termination-Insel zu streichen sein, denn der „Challenger" lothete am 23. Februar 1873 20 Seemeilen westlich von dem angegebenen Lande unter 94° 47′ ö. L. von Greenw. eine Tiefe von 2377 m. und sah am 26. Februar in 15 Seemeilen Entfernung selbst bei klarstem Wetter kein Anzeichen von dem Lande, welches Wilkes in einer Entfernung von 60 Seemeilen glaubte bemerkt zu haben. Hydrograph. Mittheilungen 1874. S. 266. Wyv. Thomson in Nature. 1876. Nov. 30. p 105. The sky was clear to the southward and eastward, the direction of the supposed land, but there was nothing which could be taken even for an „appearance of land". Eine Sondirung von 1300 Faden gab keine Spur von Landresten. Aehnlich urtheilt auch W. J. J. Spry, The Cruise of H. M. S. Challenger. London 1877. p. 139.

[2] Dahin gehört indessen auch das Land in der Lücke zwischen d'Urville's Clarieland und Balleny's Sabrinaland unter 125° ö. L. von Greenw.

[3] Für die Rückfahrt entschied er sich erst am 21. Februar. Charles

Land gegen Süden, am letzten Tage gegen Westen sichtbar, doch verstattete der Eisgürtel keine größere Annäherung als bis auf drei deutsche Meilen. In dieser Entfernung gehört, bei den Truggemälden der starken Strahlenbrechung unter hohen Breiten, ein erfahrenes und vor den Polartäuschungen gewarntes Auge dazu, um wahres Land von den Eisflächen mit ihren Kämmen (Hummocks, Torossen) zu unterscheiden, zumal die Amerikaner mit einer einzigen Ausnahme nirgends entblößte Felsen, nur Schnee- und Eisgebilde zu Gesicht bekamen.[1] Dennoch hielt sich Wilkes berechtigt, jenen Wahrnehmungen den Namen des „antarctischen Erdtheiles" zu geben, und er ist daher verantwortlich dafür, nochmals den Schatten eines Südpolarlandes beschworen zu haben. Es ist möglich, daß alle jene lückenweise wahrgenommenen Küstentheile Zusammenhang besitzen, aber ebenso gut wie James Roß quer über eine Gebirgsgegend segelte, können sich jene Punkte in kleine Inseln auflösen, die den zusammengetriebenen und beweglichen Eistrümmern oder der sogenannten Eisbarriere als Stützpunkte dienen.[2]

Es war kein Zufall, daß jene antarctischen Gebiete von französischen und amerikanischen Seefahrern im Jahre 1840 so eifrig durchsucht wurden. Beschämt durch die großen Erfolge, welche damals durch deutsche Leistungen und russischen Beistand in der Erkenntniß der magnetischen Erdkräfte errungen worden waren, bewog die britische Naturforschergesellschaft auf ihrer

Wilkes, United States Exploring Expedition. Philad. 1845. tom. II, p 337.

[1] Nur am 30. Januar unter 140° ö. L. von Greenw., also bei d'Urville's Adélieland, konnte sich Wilkes bis auf eine halbe Meile dem Ufer nähern und anstehendes Gestein (dark, volcanic rocks) erkennen. Charles Wilkes United States Exploring Expedition. Philad. 1845. vol. II, p. 316.

[2] Sir James Roß (Voyage in the Southern and Antarctic Regions, tom. I, p. 275) hat diese Ansicht vertreten, ja er ging so weit, daß er auf seiner Südpolarkarte alle Wilkes'schen Angaben von Land westlich von der Sabrinaküste gar nicht berücksichtigte. Auch Sir John Herschel (Physic. Geogr. §. 97) betrachtet den Südpol als mit Wasser ausgefüllt: a sea open (at least so far as land is concerned) or nearly open.

Jahresversammlung zu Newcastle im August 1838, ihre Regierung zur Errichtung magnetischer Hütten in der südlichen Erdhälfte, sowie zur Absendung eines Geschwaders nach den antarctischen Seen. Auf diese Anregung ließ die britische Admiralität zwei Schiffe, Erebus und Terror, gegen den Anprall schwimmender Eisblöcke panzern und stellte sie unter den Befehl von James Clark Roß (1800—1862), dem erfahrensten Polarfahrer seiner Zeit und einem Physiker ersten Ranges. Als Botaniker begleitete ihn Dr. Hooker, der als Frucht jener Reisen eine Flora antarctica heimbringen sollte. Roß war am 16. September 1839 ausgelaufen, hatte seine magnetischen Beobachtungen durch das südatlantische Meer nach der Kergueleninsel ausgedehnt und sich dann nach Tasmanien begeben, wo er zu seinem großen Verdrusse erfuhr, daß Wilkes und d'Urville gerade denjenigen Raum der Südsee durchsucht hatten, wo Gauß nach theoretischen Berechnungen den südlichen Magnetpol vermuthete. Als der große göttinger Mathematiker dies versuchte, war die südliche Erdhälfte magnetisch blos in Bezug auf die Mißweisung und zwar nur sehr lückenhaft erforscht worden, Messungen der Neigungswinkel fehlten aber gänzlich unter höheren Breiten. Gauß verlegte den Pol nach 72° 35′ s. Br., 152° 30′ ö. L. von Greenw., nachdem aber in Hobarton (Tasmanien) eine Senkung der Magnetnadel beobachtet worden war, die sich um 3° 38′ stärker erwies, als die Berechnungen es voraussetzten, so hätte der südliche Magnetpol nach 66° s. Br., 146° ö. L. von Greenw. gerückt werden sollen,[1] also in die Nähe von Point Chase oder Adélieland, wohin d'Urville und Wilkes sogleich geeilt waren, um Roß zuvorzukommen. Unter diesen Umständen beschloß der britische Polarfahrer, seine Vorschriften nicht mehr auszuführen,[2] sondern

[1] Gauß und Weber. Atlas des Erdmagnetismus. S. 1.

[2] Daß Wilkes' Brief, den er vor der Abfahrt erhielt, keinen Einfluß auf seinen Kurs gehabt hat, ergibt sich daraus, daß dieser Seefahrer den magnetischen Pol 70° s. Br., 140° ö. L. zu verlegen glaubte. S. Wilkes' Brief bei Sir James Roß l. c. tom. I, p. 349.

unter 170° ö. L. von Greenw., wo Balleny ein eisfreies Meer gesehen hatte, gegen Süden einzudringen. Am 1. Januar 1841 kreuzte er den Südpolarkreis und am 11. Januar unter 71° 15′ s. Br., 171° ö. L. wurde Land entdeckt, welches zwar bis zu dem 10,000 Fuß hohen Mount Sabine[1] in Schnee und Eis gehüllt erschien, am Ufer aber dunkles Gestein deutlich wahrnehmen ließ. Bis dorthin hatte sich Roß seinen Weg durch einen breiten Strom von Treibeis brechen müssen, jetzt sah er sich auf freiem Wasser, welches ihm erlaubte, einer südlich streichenden Küste, von ihm Victorialand geheißen, bis 77° s. Br. zu folgen, wo zwei vulkanische Zwillinge in unbefleckten Schnee gehüllt, Mount Erebus bis 12,400 Fuß, Mount Terror bis 10,900 Fuß (feet) aufstiegen, von denen der erstere Rauch und Flammen ausstieß. An die dortige Küste lehnte sich, den Zugang zum mathematischen Südpol verschließend, 200 bis 300 Fuß hoch ein Eiswall über großen Seetiefen schwebend, dessen Rand die Seefahrer gegen Osten bis 170° w. L. von Greenw. verfolgten, ohne sein Ende zu erreichen. Auf dieser Fahrt wurde zweimal auf Possession- und Franklininsel, 71° 56′ und 76° 8′ s. Br. gelandet, sowie auch (19. Januar 1841) aus einer Tiefe von 270 Faden im Schleppnetz eine lebende Koralle heraufgezogen[2] Am 2. Februar 1841 erreichte Roß seine höchste Breite 78° 4′, von wo er seinen Rückzug antrat. Im nächsten Jahre begab er sich zum zweitenmale auf diesen Schauplatz, kreuzte am 2. Januar 1842 (156° 28′ w. L. von Greenw.) den Südpolarkreis, mußte sich durch einen 800 engl. Meilen breiten Gürtel beweglicher Eismassen, wie er sich ausdrückt, seinen Pfad bohren, bis er am 23. Februar sechs englische Meilen südlicher als im vorigen Jahre die größte australische Polhöhe vor oder nach ihm, nämlich 78° 9′ 30″ (161° 27′ w. L. von Greenw.) berührte. Er sah diesmal weder die Zwillingsvulkane, noch

[1] Nach Sir Edward Sabine, dem Förderer der Wissenschaft des Erdmagnetismus, benannt.

[2] J. Ross, l. c. tom. I, p. 202 und 334.

Victorialand wieder, wohl aber den Eiswall, der sich noch über 162° w. L. von Greenw. erstreckte, aber an Mächtigkeit über Wasser gegen das vorige Jahr merklich abgenommen hatte. An jenem äußersten Punkte glaubten Roß und seine Begleiter hinter dem Eiswall wieder Berge zu sehen, aber wohlbekannt mit den täuschenden Bildern der Polarluft wagte Roß eine Entdeckung nicht in seine Karten einzutragen.[1] Auf seiner dritten antarctischen Reise im Jahre 1843 beschloß Roß, unter demselben Mittagskreis wie Weddell gegen den Südpol vorzudringen, er fand aber damals den Treibeisgürtel so dicht, daß er um vieles östlicher zwischen 120 und 110 w. L. von Greenw. erst eine Lücke erspähte, die ihm erlaubte, am 5. März 1843 wenigstens bis 71° 30′ s. Br. (14° 51′ w. L.) einzudringen, wo ihn die vorgerückte Jahreszeit zur Umkehr zwang.

Auf diesen drei Fahrten vermochte er den südlichen Magnetpol nicht zu berühren, sondern sich ihm nur auf seiner ersten Fahrt (17. Februar 1841) bis auf 160 englische Meilen zu nähern, wo sich der Magnet auf 88° 40′ (unter 76° 12′ s. Br., 164° ö. L. von Greenw.) senkte. Aus seinen sonstigen Beobachtungen aber ergab sich, daß dieser südliche Magnetpol im Innern des Victorialandes 75° 5′ s. Br., 154° 8′ ö. L. von Greenw. um 2° 30′ südlicher zu liegen kam, als ihn Gauß mit einer an das Wunder grenzenden Genauigkeit ursprünglich ermittelt hatte.[2] Diese drei Reisen sind außer den magnetischen Bestimmungen durch ihre Seetiefenmessungen, ihre Ermittelung der Meerestemperaturen in verschiedenen Tiefen, der Angabe des Luftdruckes und einer Fülle merkwürdiger Beobachtungen so reichhaltig, daß mit ihnen unser Wissen von der antarctischen Natur beginnt und noch jetzt größtentheils auf ihnen beruht. Wenn Cook und die beiden Forster von den lachenden Inseln der Südsee aus Sonnenglanz und Pisang-

[1] J. Ross, l. c. tom. II, p. 202.

[2] J. Ross, tom. I, p. 246; tom. II, p. 447.

schatten in die düstern Nebel geriethen, welche die antarctische Sandwichgruppe umschwebten, so war es ihnen zu verzeihen, daß sie dort die Grenzen des Betretbaren suchten. Sir James Roß und seine Begleiter, von hellem Wetter begünstigt, genossen mit Entzücken den Anblick auf die Riesenschneekegel des Victorialandes, wo sich zwar kein Gewächs zeigte, wohl aber Thierleben in Fülle regte. Roß spricht daher mit Zuversicht davon, daß die Seen des Victorialandes sehr bald Reviere der Walfischjäger werden möchten, und seine von jedem Pathos reine Schilderung von der Hoheit der antarctischen Erdräume erweckt beinahe dieselbe Sehnsucht, als Forster's lockende Bilder aus der Südsee.

Erforschung des Nordwestens von Amerika.

Seit 1603 hatte kein Seefahrer mit Ausnahme von Bering und Tschirikow Theile der Westküste Nordamerikas über 43° n. Br. berührt; doch wurde der Mississippi vom oberen See aus zuerst entdeckt am 17. Juni 1673 durch P. Marquette und Jolliet, welche den Strom abwärts fuhren, den Missouri und Ohio entdeckten und erst unter 33° 40′ n. Br. auf Bewohner mit Schießgewehren trafen. Die Erforschung des amerikanischen Nordens wurde indes nicht gefördert. Erst am 7. December 1770 trat Samuel Hearne von dem Pelzmagazin Fort Churchill seine denkwürdige Wanderung nach einem Flusse an, von dessen Ufern die rothen Jäger Kupfererze zu bringen pflegten. Nach zwei mißglückten Versuchen erreichte er wirklich am 13. Juli 1771 den von ihm benannten Kupfergrubenfluß und folgte seinem Laufe in Begleitung gemietheter Eingeborenen, bis er ihn aus der Ferne in ein geschlossenes Eismeer münden sah, von wo er am 17. Juli umkehrte, ohne den Eintritt von Ebbe oder Flut abgewartet zu haben. Da seine beobachteten Breiten nachweisbare mathematische Fehler enthielten, so setzten die damaligen Geographen Zweifel in die Redlichkeit seines Berichtes, und Mißtrauen wurde der Lohn für eine heldenmüthige That voller Drangsale.[1] Die westliche Länge des Stromes, bezogen auf Fort Churchill, hatte Hearne um beinahe fünf Grad zu gering angegeben. Genaue Ortsbestimmungen auf den Hudsonsbaigebieten besaß man übrigens erst seit 1769, als Wales dort den Venusdurchgang beobachtete, und bald nachher durch Turnor, der zwischen 47° und 54° n. Br. die Lage etlicher Punkte, unter andern das Hudsonhaus (53° 0′ 32″ n. Br., 106° 21′ 30″ w. L. von Greenw.) am Saskatschewan, damals das westlichste Magazin der Pelzhandelsgesellschaft, astronomisch befestigte.[2]

So stand es um das damalige Wissen vom Norden Amerikas, als James Cook am 12. Juli 1776 zu seiner dritten Reise auslief, mit der Aufgabe, an der Westküste Nordamerikas zwischen 45° und 65° n. Br. oder noch höher eine Durchfahrt aus der Südsee nach der Hudsonsbai oder dem atlantischen Meere zu suchen, welche nach einem gefälschten Berichte ein spanischer Seemann Lorenzo Ferrer Maldonado 1588 schon gefunden haben sollte, indem er durch die „Labradorstraße" nordwestlich bis 64° n. Br., von dort nördlich bis 72° n. Br., dann West bei Süd bis 71° n. Br. gelaufen war und schließlich 440 Leguas westsüdwestlich unter 60° n. Br. die Mündung der Anianstraße erreicht hatte, wo er einem Schiffe aus Brema begegnete, welches auf dem Weg nach China begriffen war.[3] Das Seitenstück zu

[1] Hearne bestimmte die Breite seines Lagers bei Congecathawhachaga auf 68° 46′ n. Br. (statt 66° 14′) und den nördlichsten Punkt, den er am Kupfergrubenfluß erreichte, den Mordcataract (Bloody falls) nach Gissungen auf 72° statt 67° 42′ 35″ n. Br. (Samuel Hearne's Reise von der Hudsonsbai bis zum Eismeer. Berlin 1797. S. 129. 138. 153). Nach Sir John Franklin, welcher die letztgenannte Oertlichkeit wieder erkannte, näherte sich der Reisende der See bis auf 9 Meilen (miles). Daß er sie nur von weitem gesehen habe, ist auch die Ansicht Dr. Richardson's. S. seine Digression concerning Hearne's Route bei Back, Narrative of the Arctic Land Expedition London 1836. p. 150 sq.

[2] Kästner, Bruns und Zimmermann, Fortschritte der geograph. Wissenschaften bis zum Jahre 1790. Braunschweig 1795. S. 64.

[3] S. den Text bei Burney, Discoveries in the South Sea. tom. V, p. 167. Der Schalk, welcher diesen Roman ersann, wird gewöhnlich für

diesem Märchen war 1708 in einer englischen Wochenschrift, Monthly Miscellany, erschienen. Am 3. April 1640, so lautete die Erzählung, waren drei spanische Schiffe unter dem Befehl von Bartholomäus de Fonte oder Fuente von Callao ausgelaufen und hatten an der Westküste Nordamerikas, nach dem Text unter 53° n. Br., nach der Karte unter 63° n. Br., einen Archipel erreicht, den sie die Lazarusinseln nannten und wo ein Fluß mündete, den einer der Officiere aufwärts bis zu einem See und bis an den Polarkreis[1] befuhr. Daß Buache, der angesehenste Geograph jener Zeit, die Aechtheit solcher Machwerke vertheidigen konnte, bezeugt am besten die gänzliche Unbekanntschaft mit dem Nordwesten Amerikas, als Cook ihn zu begrenzen sich anschickte. Er hatte die Societätsinsel Borabora am 8. December 1777 verlassen und, da er sich in der Passatzone befand, zunächst nordnordwestlich gehalten, so daß ihn dieser Kurs am 24. December zur Weihnachtsinsel, und bald darauf völlig unvermuthet am 18. Januar 1778 zur Sandwichgruppe führen mußte, die zwar schon früher von spanischen Seefahrern besucht worden ist,[2] von der aber vor Cook kein Bericht der Erdkunde

einen Holländer gehalten. Die Aechtheit der Reise glaubte noch Amoretti 1812 retten zu können und Baron Lindenau ließ sich herab, ihn zu widerlegen. Die Fälschung ist schon daraus zu erkennen, daß der apokryphe Maldonado von Quiros' Entdeckungen spricht, die erst 1606 erfolgten. Einem Schiffe aus Brema, dem Ptolemäischen Bramma, konnte er nicht begegnen, weil dieser asiatische Hafenplatz nur in der Phantasie Gerhard Mercator's vorhanden war. Siehe oben S. 378.

[1] Alle archivalischen Nachforschungen nach einem solchen Unternehmen sind vergeblich gewesen, und Don Martin Fernandez de Navarrete bezeichnet mit Recht die Reise als eine spätere Erfindung, una novela forjada mas de medio siglo despues de la época en que se supone hecho el viaje. Viajes apócrifos. p. 143.

[2] S. oben S. 355. Cook (James Cook and James King, Voyage to the Pacific Ocean. London 1784. tom. II, p. 240) fand bei den Eingebornen Eisen, welches nach seiner Ansicht nur von spanischen Philippinenfahrern stammen konnte. Spanische Seekarten, die Anson erbeutete, und die Ortsbestimmungen des Piloten Cabrera Bueno, die 1734 in Manila erschienen, kennen einen Archipel von Inseln zwischen 19° 23' und 20° 15' n. Br., aber nur 34 bis 35° westlich von Acapulco, unter dem Namen

zugekommen war. Die neuentdeckten Inseln verließ der große Seefahrer am 2. Februar 1778 in nordöstlicher Richtung, so daß er unter 44° 30′ n. Br. die Westküste Amerikas zuerst gewahrte. Er folgte ihr auf hoher See gegen Norden bis zum Nutkasund der Vancouverinsel unter 50° n. Br., ließ dann für seine Nachfolger eine Lücke bis 55° 20′ n. Br.[1] offen und spähete von dort aus bis zum Prinz William Sund und zum Cookriver, welchen letzteren er bis 61° n. Br. befuhr, vergeblich nach einer Durchfahrt in die Hudsonsbai. Er erkannte vielmehr, daß Amerika sich viel weiter gegen Westen erstrecke, als die besten Karten ahnen ließen.[2] An Kodiak vorüber, wo er russische Ansiedler fand, ging er zwischen den beiden Fuchsinseln Unalaschka und Unimak, welches letztere er für eine Westspitze des Festlandes ansah, in die Beringsee, entdeckte die Bristolbai bis Cap Newenham, lief dann zur Mathias- und Laurentiusinsel hinüber und wieder zurück zur Küste Amerikas, die er am 4. August unter 64° 27′ n. Br. (bei der Nortonbai) von neuem berührte, bis er am 9. August das von ihm benannte Cap Prince of Wales den westlichen Vorsprung des Festlandes erreichte. Es nahte sich jetzt die denkwürdigste Entscheidung für die Hydrographie der Erde. Da die Längen der Ostküste von Kamtschatka genau bestimmt und Karten von Bering über die

la Mesa und los Monges, höchst wahrscheinlich die Sandwichgruppe. Burney, Discoveries in the South Sea. tom. V, p. 158—161. La Mesa, Los Majos (?), la Desgraciada werden auch erwähnt in J. J. Jarves, History of the Hawaiian Islands. Boston 1843. p. 98—99. Im April 1786 suchte der unglückliche Lapérouse nach jenen Inseln der spanischen Karten und gelangte zur Ueberzeugung, daß die Sandwichinseln darunter zu verstehen seien. Voyage de Lapérouse par M. de Lesseps. Paris 1831. p. 81.

[1] Das Wetter verstattete ihm nicht eine genauere Küstenaufnahme, auch lag ihm wenig daran, die angebliche Fuentestraße aufzusuchen. For my own part, bemerkt er, I give no credit to such vague and improbable stories. Voyage to the Pacific Ocean. tom. II, p. 343.

[2] G. W. Steller (Reise von Kamtschatka nach Amerika S. 41) hatte diese Vermuthung bereits 1741 ganz bestimmt ausgesprochen; allein sein Werk wurde erst 1793 veröffentlicht.

östliche Verlängerung des asiatischen Festlandes vorhanden waren, so wußte man am Bord von Cook's Schiffen, daß man sich in in der Nähe von Asien befand. Man zweifelte auch nicht länger, daß die Küsten, welche russische Seefahrer im Osten der Beringssee gesehen hatten, nicht Inseln gewesen waren, sondern dem Festlande Amerikas angehörten. Klar war es also, daß nur eine enge Straße die alte Welt von der neuen schied und daß die Erdveste nicht aus einer großen, sondern aus zwei großen Inseln bestehe. Am 9. August bei der Diomedesinsel hielt Cook gegen Westen und am folgenden Tage erblickte er das asiatische Festland. Bisher hatte er Stählin's Karte[1] der Beringssee benutzt, so daß er eine Zeit lang in den Irrthum versetzt wurde, als habe er die Halbinsel Aliaska vor sich, so unklar waren damals noch die Bilder! Aber rasch erkannte Cook die Tschuktschenküste, die er am 12. August verließ, um wieder östlich nach Amerika hinüberzufahren. Er erreichte am 14. August das Eismeergestade dieses Festlandes bei 165° 9′ w. L. von Greenw. und gedachte nun, wenn es eine nordwestliche Durchfahrt gäbe, sie gegen Osten zu entdecken. Beim Eiscap, 161° 46′ w. L. von Greenw., versperrte ihm jedoch am 18. August ein Eiswall das schmale Fahrwasser zwischen Land und Eisfeldern gänzlich und zwang ihn zur Umkehr. Auch als er von Cap Lisburne nordwestlich vordringen wollte, gelangte er nicht weiter als 69° 36′ n. Br., 176° w. L. von Greenw., wo ihn Eismassen einzuschließen drohten.[2] Er hielt nun gegen Südwesten und erblickte die asiatische Eismeerküste bei Cap North,[3] von wo er durch

[1] Siehe oben S. 464 Note 1. S. 465 Note 1.

[2] Tiefer in jene Seen sind seit Cook die Kapitäne Kellett, Rodgers (1855) und Long gegen NW. vorgedrungen. S. Seite 471 Anm. 1.

[3] Cook (Voyage to the Pacific Ocean. tom. II, p. 465) verlegt dieses Vorgebirge 68° 56′ n. Br., 179° 9′ ö. L. von Greenw. Wrangell (Reise längs der Nordküste von Sibirien und Eismeer. Berlin 1839. Bd. 2, S. 208) glaubt darin den Küstenpunkt 68° 55′ 16″ n. Br., 179° 59′ ö. L. von Greenw. erkennen zu müssen.

die Beringstraße nach der amerikanischen Küste zurückkehrte und vom 5. bis 17. September den Nortonsund genauer untersuchte.

Cook, der über dem kamtschatkischen Peterpaulshafen nach den Sandwichinseln zurückgewichen war, fand bekanntlich am 14. Februar 1779 nicht ohne eigene Verschuldung[1] dort den Tod von der Hand der Eingebornen. Ebenbürtig steht dieser Seefahrer neben Cristobal Colon, Magalhaẽs, Vasco da Gama und Abel Tasman. Ihm verdanken wir die Kenntniß von der Inselnatur Neu-Seelands und Neu-Guineas, die Entschleierung der Ostküste Australiens, die Entdeckung neuer Südseeinseln, darunter Neu-Caledonien und die Sandwichgruppe, die Erforschung der Westküste Nordamerikas zwischen 44° und 70° n. Br., die Verscheuchung des unbekannten Südlandes über den 60. Breitengrad und, wie sein Nachfolger im Befehl richtig sagt, die Vollendung der Hydrographie unsrer Erde.[2] Seine Fahrten entschieden die uralte Streitfrage zwischen der homerischen und der hipparchischen Schule, ob die trockne Erdoberfläche der nassen räumlich überlegen sei oder ihr wenigstens das Gleichgewicht halte, ob die Erdvesten Inseln in einem großen Weltmeere oder die Meere nur Becken zwischen größeren Landmassen seien. Nach Cook's Reisen wußte man zuversichtlich, daß das Wasser mehr als doppelt soviel Raum bedecke wie das Land, und daß die Erdveste aus zwei großen Inseln bestehe, denen nur eine enge Straße im hohen Norden ihren Zusammenhang raube.

Nördlich von der Beringstraße hatte er an der amerikanischen Küste noch eine größere Lücke gelassen, die erst im Sommer 1816 von Kotzebue entdeckt, als ein Sund erkannt und nach ihm benannt worden ist.[3] Die andern an der Westküste leer gebliebenen

[1] Daß die Verletzung der Heiligkeit tapuirter Oertlichkeiten die Schuld so vieler polynesischer Rachestreiche gewesen sei, hat Arthur Thompson (Story of New Zealand. London 1859. tom. I, p. 103) gezeigt.

[2] Cook and King, Voyage to the Pacific Ocean. tom. III, p. 47.

[3] Adalb. v. Chamisso, Reise um die Welt. Th. 1, S. 139.

Strecken wurden vorzüglich von den Spaniern ausgefüllt, welche, angesteckt von der Entdeckerlust des 18. Jahrhunderts und beschämt, daß sie anderthalb Jahrhundert die Grenzsteine des Wissens nicht weiter gerückt hatten, nach Cook's zweiter Reise sich zu regen begannen. So entdeckte D. Juan Perez, der am 6. Juni 1774 ausgelaufen war, vor Cook, Theile der Westküste Amerikas zwischen 55° und 49° 30′ n. Br. Von dort bis 44° 4′ n. Br. enthüllte die Küste D. Bruno Heceta im Sommer 1775. Sein Begleiter Juan de la Bodega y Cuadra, der sich mit der Goleta Felicidad von ihm getrennt hatte, entdeckte die Strecke von 55° 17′ bis 57° 58′ n. Br. (22. August 1775). Nach Cook's dritter Reise untersuchten Arteaga und Cuadra die Küste unter und über 59° n. Br. beim Prince William Sund. Die nämliche Küste bis zu den Fuchsinseln besuchten 1788 Martinez und De Haro, welcher erstere schon 1774 unter 48° 20′ n. Br. auch die Oeffnung der De Fuca-Straße gesehen hatte. In das Jahr 1791 fallen die Reisen des Don Alejandro Malaspina und in das folgende die Fahrten der Goeletten Sutil und Mejicana unter D. Dionisio Galiano,[1] welcher in die De Fuca-Straße eindrang, ohne die heutige Vancouver-Insel vom Festland abzutrennen. Diese Entdeckung verdanken wir der Expedition George Vancouver's, der mit den Schiffen Discovery und Chatham am 4. Februar 1791 ausgelaufen war, um vom 30. Breitengrade bis zum Cook River an der Westküste Amerikas längs dem Festlande fortsegelnd nach der De Fuca- und der De Fuente-Straße zu suchen. Am 22. Juni begegneten sich das spanische und englische Geschwader im Sunde westlich von der Vancouver-Insel und theilten sich in freundschaftlichem Verkehr ihre Erforschungen mit. Wir ersehen daraus, daß den Spaniern die enge Felsengasse des Johnstonecanals noch unbekannt war. Dieselbe wurde erst im Anfang Juli von Johnstone

[1] Don Martin Fernandez de Navarrete, Viajes y Descubrimientos apócrifos, in Documentos inéditos para la Historia de España. tom. XV. Madrid 1849. p. 52—126.

einem Officiere der Vancouver'schen Expedition entdeckt.[1] Darauf dienten ihm die Sandwich-Inseln als Winterquartier, worauf Vancouver im nächsten Jahre die Küsten bis über 56° n. Br. und im dritten Jahre den Cook River, Prince William Sund und den Thlinkithen-Archipel aufnahm. Seine Boote drangen in jede Straße und jedes der unzähligen Fjorde ein, so daß er von dieser zerrütteten Küste 1795 nach Europa ein Gemälde mitbringen konnte, wie es mit geringen Verbesserungen seitdem unsre Kartensammlungen wiederholen.

Die nordwestliche Durchfahrt.

Erstreckte sich in der Südsee der Stillstand der Entdeckungen mit wenigen Ausnahmen (Dampier, Roggeveen) über die Zeit von 1643 bis 1764, so sollte von 1632 bis zum Jahre 1818 nichts Nennenswerthes zur Auffindung eines nordwestlichen Seeweges aus dem atlantischen in das stille Meer geschehen. Wohl wurden in jener Zeit drei oder vier Unternehmungen ausgerüstet, sie endeten aber so ruhmlos, daß sie im Vergleich zu den Thaten eines Frobisher, Davis, Bylot, Baffin, Hudson, Foxe und James eine beträchtliche Abnahme an Kühnheit wie an Seetüchtigkeit auf den britischen Flotten vermuthen lassen. Nur Christopher Middleton, der mit den Schiffen Furnace und Discovery in der Hudsonsbai bei Fort Churchill 1741 überwintert hatte, drang im nächsten Jahre tiefer in Roe's Welcome hinein und entdeckte dort sowohl den Waager River (3. August) wie die Repulsebai (5—6. August), die ihm anfangs so günstige Erwartungen erregte, daß er eines ihrer Vorgebirge Cap Hope benannte, bis er am 7. August einen hohen Berg, Cap Frigid, bestieg, von welchem aus er auf einen Meeresarm herabschaute, der von Ufer zu Ufer mit Eis geschlossen war und den er Frozen Strait genannt hat. Als er sich überzeugt hatte, daß dort die

[1] Vancouver's Reisen, Magazin merkwürdiger Reisebeschreibungen. Berlin 1799. Bd. 18, S. 224—227.

Flutwelle von Osten, also aus dem atlantischen Meere nicht aus der Südsee, einströme, kehrte er mit den unwillkommenen Ergebnissen in die Heimat zurück, wo er für seine Drangsale mit der Verdächtigung belohnt wurde, daß er sich habe von der Pelzhandelgesellschaft bestechen lassen.[1]

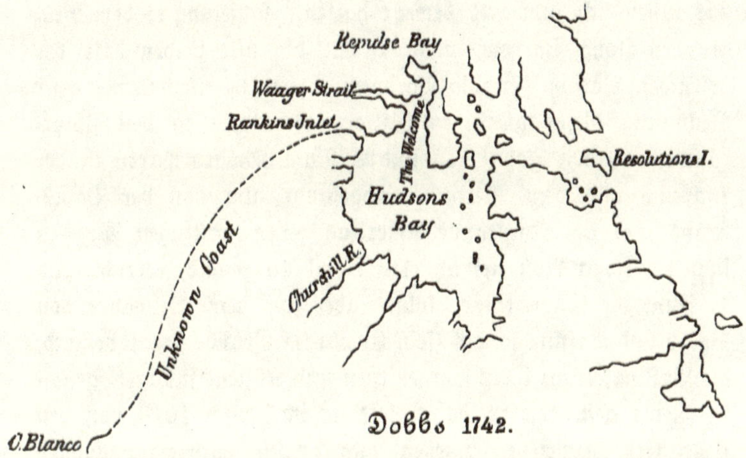

Dobbs 1742.

Wir besitzen aus jener Zeit eine Karte, die Arthur Dobbs, ein eifriger Freund der Nordwestfahrten, nach Middleton's Rückkehr anfertigte, und aus der wir gewahren, daß selbst damals noch die Geographen die Westküste Amerikas von Cap Blanco nach Nordosten bis zur Hudsonsbai abgelenkt dachten. Erst durch Cook's dritte Reise erfuhr man sicher, daß sich der Norden der neuen Welt bis zur Beringstraße, also noch 70 Längengrade westlicher, erstrecke, als die Hudsonsbai. Die Schwierigkeiten der nordwestlichen Durchfahrt erschienen nun verdoppelt und niemand hätte wohl mehr zur Lösung dieser Aufgabe ge-

[1] Abstract of Capt. Middleton's Journal, bei Arthur Dobbs, Account of Hudsons Bay. London 1744. p. 188—192. Achtzig Jahre lang wurde das Andenken dieses Mannes geschmäht, bis Parry 1821 in der Repulsebai seine Angaben als getreu bestätigen konnte. Sir John Barrow, Voyages of Discovery within the Arctic Regions. London 1846. p. 153.

rathen, wenn nicht in den Jahren 1816 und 1817 in Folge ungewöhnlich heißer Sommer die Ostküste Grönlands von den Eisfeldern entblößt worden wäre, die sie seit fünf Jahrhunderten eingehüllt hatten, so daß der berühmte Waljäger Scoresby zwischen 74° bis 80° n. Br. die Grönlandsee völlig frei von Eis fand. Da auch gleichzeitig aus der Davisstraße gewaltige Eismassen sich südwärts bewegt hatten,[1] so gelang es dem Geographen John Barrow, noch einmal die alte Leidenschaft der britischen Nation für die Nordwestfahrten zu entzünden. Zur Benützung dieses günstigen Witterungswechsels in den Polarräumen wurden John Roß und William Edward Parry in der Isabella und dem Alexander abgesandt, um von der Davisstraße aus am Nordrande Amerikas einen westlichen Weg zu suchen. John Roß lief am 18. April 1818 aus, erreichte am 1. Juni die Davisstraße, folgte aber nur dem Kielwasser von Bylot und Baffin, so daß sein Erfolg im Grunde darin bestand, die Baffinssee mit ihren Vorgebirgen und Küstenöffnungen genau so wieder gefunden zu haben wie sie im Jahre 1616 von den Entdeckern beschrieben worden war.[2] Die entscheidungsvollen Tage der Reise waren der 30. und 31. August, wo sich Roß schüchtern in den Lancastersund, aber nur bis 80° 37′ w. L. von Greenwich,[3] hineinwagte und sogleich wieder Befehl zur Umkehr gab, als über dem Nebel eine hohe Gebirgskette sichtbar wurde, welche der Straße das Ansehen eines geschlossenen Fjords gab. Auf dieser Reise wurde zuerst die Erscheinung der Schneeröthungen[4] an dem Gestade von Grönland (17. August 67°

[1] Sir John Barrow, Voyages of Discovery within the Arctic Regions. London 1846. p. 2 sq. C. E. Schmid, Lehrbuch der Meteorologie. Leipzig 1860. S. 457.

[2] J. Roß (Entdeckungsreise der Schiffe Alexander und Isabella. Jena 1819. S. 118) erreichte am 19. August Mitternacht seine höchste Breite 76° 54′ unter 74° 20′ w. L. von Greenw.; er blieb also noch diesseit von Bylot's und Baffin's Kurs.

[3] John Roß, Entdeckungsreise. S. 132.

[4] John Roß, a. a. O. S. 111. Ueber die animalische Natur des rothen Schnees s. Ausland 1867. S. 354.

15′ n. Br.) wahrgenommen und bei der Rückkehr die Gestalt der Küsten am Westrande der Baffinssee vom Lancastersund bis 62° 51′ n. Br., die man noch nicht näher kannte, bestimmt. Außerdem brachte man die ersten Bodenproben aus größeren Seetiefen herauf und machte Temperaturmessungen bis zu einer Tiefe von 680 Faden.[1]

Edward William Parry, der nach der Rückkehr ganz andre Ansichten als Roß über die Beschaffenheit des Lancastersundes ausgesprochen hatte, wurde im nächsten Jahre mit zwei Schiffen, Hecla und Griper, zur besseren Erforschung jener Küstenlücke abgesandt. Als er vom Wetter begünstigt schon am 3. August 1819 im Lancastersund die Stelle erreichte, wo Roß am 31. August des vorigen Jahres umzukehren befahl, waren die Masten seiner Schiffe mit eifrigen Spähern bedeckt; denn der Erfolg der Reise hing davon ab, ob sich das gefürchtete Fjord in eine Straße verwandeln werde. Am 5. August war man schon bis 89° 19′ w. L. von Greenw. vorgerückt; da aber dort der Sund vom Eise versperrt wurde, ließ Parry gegen Süden steuern, wo sich vor ihm als breite Straße das Prince Regent Inlet öffnete, bis auch dieses am 8. August unter 71° 54′ n. Br. mit Eis erfüllt gesehen wurde.[2] Den Seefahrern, die nach dem Lancastersund oder der Barrowstraße zurückgekehrt waren, schlossen erst am 21. August günstige Winde plötzlich eine westliche Durchfahrt auf. Am Wellingtoncanal, der völlig eisfrei eine Gasse nach dem Norden bildete, und an der Byam Martininsel vorübereilend, kreuzten sie am 4. September den 110. Grad westlicher Länge von Greenwich, die Hälfte des Weges zwischen der Davis- und der Beringsstraße, wofür die Bemannung beider Schiffe die vom Parlament ausgesetzte Belohnung von 5000 Pfd. Sterl. erwarb.[3] Seit dem 1. September schon bewegte man

[1] S. Wyville Thomson, Depths of the Sea. London 1873. p. 209. 300.

[2] William Edward Parry, Voyage for the Discovery of a North-West Passage. London 1821. p. 40.

[3] W. E. Parry, l. c. p. 51. 60. 72.

sich am Südufer eines neuen Landes, der Melvilleinsel, unter allen Schrecknissen der Polarmeere auf einem schmalen Fahrwasser zwischen dem Land und einer von bewegten Eismassen erfüllten See mühsam gegen Westen, bis man am 17. September ein wenig jenseit Cap Providence, eine Länge von 112° 51′, erreicht hatte.[1] Obgleich der Kampf mit dem Eismeer noch bis zum 20. September fortgesetzt wurde, mußte man doch ohne weitern Gewinn einen Winterhafen an der Südküste der Melville-Insel (110° 48′ w. L. von Greenw.) aufsuchen. Im nächsten Frühjahr wanderte Parry über Land gegen Norden bis zu einem gefrornen Meer, dessen Eisdecke er von seinen Begleitern durchbohren ließ, um das aufquellende Salzwasser zu kosten.[2] Als nach neunmonatiger Haft am 31. Juli 1820 die Schiffe wieder flott geworden waren, setzten sie ihre westliche Fahrt bis zum 16. August fort, ohne ihr vorjähriges Ziel weiter als bis 113° 46′ 43″ w. L. von Greenw. zu überschreiten, wo sie in einer vorliegenden Spitze, dem Cap Dundas, das westliche Ende der Melvilleinsel zu erblicken fürchteten, während in südwestlicher Ferne eine neue Küste auftauchte, die Banksland genannt wurde.[3] Gegen Westen und Südwesten starrte das Meer mit Eisfeldern, und da nach Parry's Erfahrungen nur die sogenannten Landwasser, schmale Gassen, die im Sommer längs den Küsten sich zu öffnen pflegen, die Möglichkeit eines weiteren Vordringens gewähren, solche Landwasser aber an der Westspitze der Melville-Insel endigen mußten, so verzweifelte er dort an der Möglichkeit einer Durchfahrt nach der Beringstraße.

Er hoffte dagegen, daß Middleton's Repulse Bay einen günstigeren Zugang zu der Barrowstraße gewähre und die Ab-

[1] W. E. Parry, l. c. p. 86

[2] Der Punkt, den er am 7. Juni erreichte, Point Nias benannt, liegt 75° 34′ 47″ n. Br., 110° 35′ 52″ w. L. von Greenw. W. E. Parry, l c. p. 181

[3] W. E. Parry, l. c. p. 238. 250—251.

miralität, welche auf diese Ansicht einging, übertrug ihm im nächsten Jahre den Befehl über die Fahrzeuge Fury und Hecla, mit welchen er von der Hudsonsbai aus, längs dem Norduser des Festlandes eine Durchfahrt in die Südsee aufsuchen sollte. Am 4. August bei der Southamptoninsel angelangt, fand er den Fox Channel so einladend offen, daß er gegen seine Vorschriften sogleich durch jene Meerenge nach Nordwesten zur Frozen Strait steuerte, die er am 17. August eisfrei fand und die ihm freien Zutritt zu Middleton's Repulse Bay verstattete. Nachdem er bis zum 6. October vergebens im Fox Channel nach einer Durchfahrt gesucht hatte, erwählte er ein Fjord (Lyons Inlet) auf der Melville-Halbinsel unweit Frozen Strait zum Winterhafen.[1] Dort erfuhr er von einer Eskimohorde, daß es im Nordosten eine Straße gäbe, die in nördliche Seen führe, und eine merkwürdige Eskimofrau, Jligliak, zeichnete ihm eine Karte,[2] die ihm als Führer diente, als am 2. Juli 1822 der Fox Channel schiffbar wurde.[3] Am 16. Juli erreichten die Seefahrer die verheißne Straße, in deren engen Hals die Schiffe erst am 26. August bis zu dem Nordostcap laufen konnten, von dessen Höhe Parry zuvor eine freie See im Norden gesehen hatte. Der Zugang zu ihr blieb aber vom Eis geschlossen bis zum 19. September, wo der Rückzug nach einem Winterhafen vor Iglulik (69° 21′ n. Br., 81° 40′ w. L. von Greenw.) angetreten werden mußte. Auf Fußwanderungen wurde das Süd- und Norduser der nach den Fahrzeugen Fury und Hecla benannten Straße während der Winterhaft untersucht; als aber im nächsten Jahre 1823 selbst am 6. August die Seefahrer noch

[1] Sir John Barrow, Voyages of Discovery within the Arctic Regions. London 1846. p. 150—159. Capt. Lyon, Private Journal. p. 84.

[2] Capt. Lyon, Private Journal. p. 160. 226. A view from the crow's nest in an instant showed us the very positions which had been laid down with such admirable accuracy by Jligliak.

[3] William Edward Parry, zweite Reise zur Entdeckung der nordwestlichen Durchfahrt. Jena 1824. S. 60. Capt. Lyon, Private Journal. p. 214.

eingeschlossen lagen und Parry ein Fahrwasser durch das Eis sägen lassen mußte, um die Schiffe frei zu machen, erschien ein zweiter Versuch durch die Fury- und Heclastraße zu dringen nicht mehr rathsam, sondern die Rückfahrt durch den Fox Channel wurde am 9. August angetreten.[1]

Nach diesen Erfahrungen blieb nur noch die Hoffnung, daß vielleicht Prince Regent Inlet, welches Parry 1819 bis 72° n. Br. untersucht hatte, weiter nach Süden oder Südwesten sich öffnen möchte. Nochmals ging Parry mit den Schiffen Hecla und Fury am 19. Mai 1824 unter Segel, fand aber die Polarwitterung so ungünstig, daß er erst am 10. September das Inlet und am 27. September den von ihm am 13. August 1819 entdeckten Port Bowen (73° 12′ 11″ n. Br., 89° 2′ w. L. von Greenw.) als Zufluchtshafen erreichte, wo er sogleich seine Schiffe für den Winter in Sicherheit brachte.[2] Noch ungünstiger war das nächste Jahr; Parry konnte nicht tiefer eindringen als 72° 48′ n. Br. und mußte sogar das Schiff Fury als Wrack dort zurücklassen. Dies war die letzte Nordwestfahrt Edward William Parry's, nachdem er von 1818—1825 nicht weniger als vier Winter jenseit des Polarkreises zugebracht hatte.

Vier Jahre später versuchte Kapitän John Roß, um seinen verdunkelten Ruf als Polarfahrer wieder herzustellen, durch dieselbe Prinz Regentenstraße vorzudringen. Ein reicher Branntweinbrenner, Felix Booth, hatte ihm dazu einen Raddampfer ausgerüstet, dessen Maschine jedoch so gut wie untauglich befunden wurde. Am 10. August 1829 erreichte er Prince Regent Inlet, an dessen Westküste er weit über Parry hinaus am 31. September seinen ersten Winterhafen 69° 59′ n. Br., 92° 1′ w. L. von Greenw. erreichte. Im nächsten Jahre aber, wo er erst am 17. September unter Segel gehen konnte, wurde er

[1] Lyon, p. 443. Parry, zweite Reise. S. 172—175.

[2] Sir John Barrow, Voyages of Discovery within the Arctic Regions. London 1846. p. 232—243.

durch ungünstiges Wetter genöthigt, fast an der nämlichen Stelle wie im vorigen Jahre zu überwintern. Auf Schlittenreisen, welche die Polarfahrer während des Winters ausführten, hatten sie sich überzeugt, daß der Prinz Regentensund ohne Durchfahrt nach einem geschlossenen Golfe führe. Es handelte sich also im dritten Sommer 1831 nur noch um den Rückzug; allein das Fahrzeug wurde am 28. August nur frei, um am nächsten Tage schon wieder fest vom Eise unter 70° 18′ n. Br. eingeschlossen zu werden. Die Seefahrer mußten sich daher entschließen, ihr Schiff am 1. Juni 1832 zu verlassen und längs der Ostküste von Boothia Felix nach der Küstenstelle zu wandern, wo die Trümmer des Schiffes Fury lagen, aus denen sie zwei offene Boote zimmerten. Sie vermochten gleichwohl nicht den Lancastersund zu gewinnen, weil bei 73° 51′ n. Br. die Ausfahrt aus dem Sunde durch Eisbänke versperrt war. Endlich, nachdem sie einen vierten Polarwinter bei den Trümmern der Fury zugebracht hatten, gelangten sie am 15. August 1833 in den Lancastersund und wurden 11 Tage später am Bord des Schiffes Isabella aufgenommen, welches ein glücklicher Zufall in die Baffinsee geführt hatte. Die Erdkunde gewann durch diese Reise die Kenntniß von der Boothischen Halbinsel sammt ihren Landengen. Schon im Mai 1830 hatte James Clark Roß, der Neffe des Entdeckers, auf einer Schlittenreise eine benachbarte Halbinsel, die wir jetzt King William Land nennen, über Cap Felix, seine Nordspitze, hinaus bis 69° 46′ n. Br., 98° 33′ w. L. von Greenw. aufgenommen.[1] Als man dann im nächsten Winter beim Ankerplatze eine Senkung der magnetischen Neigungsnadel von 89° beobachtete, schien es nicht unmöglich, den nördlichen Magnetpol selbst oder die Erdenstelle zu erreichen, wo die Nadel auf 90° oder völlig senkrecht stand. Aus den Beobachtungen der früheren Polarfahrer ergab sich, daß dieser bewegliche Ort in der Nähe

[1] James Clark Ross, in Sir John Ross, Second Voyage in search of a North-West Passage. London 1835. p. 401.

von 70° n. Br., 98° 30′ w. L. von Greenw. liegen müsse. Dorthin brach am 27. Mai 1831 der jüngere Roß von dem Winterhafen auf. Schon auf seinem nächsten Lagerplatze (69° 35′ n. Br., 94° 54′ w. L. von Greenw.) hatte sich die magnetische Neigung auf 89° 41′ gesteigert und die westliche Mißweisung auf 57° vermindert. Dies zeigte ihm deutlich seinen Weg, den er dem Westrande der Boothischen Halbinsel entlang einschlug. Wirklich sah er auch am 1. Juni, als er bei Cap Adelaide (70° 5′ 17″ n. Br., 96° 46′ 45″ w. L. von Greenw.) lagerte, die Neigungsnadel auf 89° 59′ oder bis auf eine Bogenminute von der Lothlinie sinken. Er setzte seine Beobachtungen am nächsten Tage fort und kehrte, nachdem er von dem damaligen[1] Magnetpole Besitz ergriffen, siegreich nach dem Schiffe zurück. Die Uferstelle der höchsten magnetischen Senkung war ein reizloser flacher Strand, den keine Bodenbewegung belebte. Gleichwohl wurde die unwissende Neugierde mächtig angezogen, als nach Rückkehr des Entdeckers in London ein betriebsamer Künstler in einem Panorama den nördlichen Magnetpol zeigte,[2] als ob er Gegenstand malerischer Darstellung sein könne. Dies war die letzte Seereise zur Aufsuchung des nordwestlichen Weges bis auf die Entdeckungen Franklin's und der Franklinsucher.

Mittlerweile hatten jedoch die Briten ihre nationale Aufgabe auch über Land zu lösen versucht. Nach Hearne's Wanderung bis zur Mündung des Coppermine-Flusses war im Jahre 1789 von Alexander Mackenzie ein zweiter großer Strom, der mit Recht seinen Namen trägt, entdeckt worden. Von Fort Chipewayan, dem damaligen äußersten Posten der Pelzhändler

[1] Wie rasch sich gerade dort die Richtung der Kräfte verändert, lehrt die Thatsache, daß Parry im Jahre 1824 bei Port Bowen eine Abnahme der Deklination um 9°, von 114° auf 123° seit seinem letzten Besuche 1820 gefunden hatte. John Barrow, Arctic voyages since 1818. p. 249.

[2] S. James Clark Roß, Wanderungen nach dem Magnetpol, in Sir John Ross, Second Voyage, cap. XLII. London 1835. p. 551. Briefwechsel A. v. Humboldt's mit Berghaus. Leipzig 1863. Bd. 2, S. 49.

am Südufer des Athabasca-Sees, am 3. Juni aufgebrochen, war er auf dem Sklavenfluß zum Sklavensee und am 29. Juni zu dessen Ausfluß, dem Mackenzie-Strom gelangt, den er abwärts bis zum 13. Juli verfolgte, wo er unter 69° 14′ n. Br. bei Whale Island im Mackenzie-Delta im offnen amerikanischen Eismeere Walfische spielen sah.[1] Da eine weitere Erforschung der Küste nicht in seiner Absicht lag, kehrte er nach Fort Chipewayan zurück, welches er am 12. September glücklich erreichte. Hatte durch seine und Cook's genauen Ortsbestimmungen die Erdkunde die ersten festen Punkte im Norden Amerikas gewonnen, so sollte in dem nämlichen Jahre, wo Edward Parry zu seiner ersten Fahrt auslief, vom Coppermine-Fluß die Nordküste weiter gegen Osten untersucht werden. Statt einen Beamten der Pelzhandelgesellschaften zum Anführer zu erwählen, übertrug man die Aufgabe dem Kapitän John Franklin, einem heldenmüthigen Seeofficier von erprobter Pflichttreue, dem aber jede Erfahrung in arctischen Land- und Bootreisen abging. Als seine Begleiter verließen mit ihm der Botaniker Dr. Richardson, sowie die Midshipmen George Back und Robert Hood England am 22. Mai 1819. Erst im nächsten März erreichte Franklin Fort Chipewayan und am 20. August am Kupfergrubenfluß die Stelle, wo er das Winterhaus Fort Enterprise erbauen ließ. Am 14. Juni 1821, also im dritten Jahre, wurde in Booten die Thalfahrt angetreten, welche die Entdecker am 18. Juli an die Mündung des Stromes 67° 47′ 50″ n. Br., 115° 36′ 49″ w. L. von Greenw. führte.[2] Von dort setzten sie zwei Tage später ihre Fahrt an der Küste fort, noch immer in der Hoffnung, einen Weg durch die Repulsebai bis in den Hudsonsgolf zu finden.[3] Nachdem sie in der inselreichen und mit

[1] Alexander Mackenzie, Voyages through the Continent of North America. London 1802. tom. I, p. 225 sq.

[2] John Franklin, Journey to the Polar Sea. London 1829. tom. III, p. 180.

[3] John Franklin, l. c. p. 234.

Eis gefüllten Coronation-Bucht umhergeirrt waren und eine kostbare Zeit in dem anfangs viel verheißenden Bathurst Inlet verloren hatten, mußten sie am 22. August bei Point Turnagain (68° 19′ n. Br., 109° 25′ w. L. von Greenw.) an unsrer jetzigen Dease-Straße auf Umkehr aus den nebligen und mit beweglichen Eismassen bedeckten Küstenwassern denken.[1] Am 25. August verließen sie ihre Boote bei dem Hood-Fluß im Bathurst Inlet und kehrten über Land ohne Mundvorräthe, auf das Jagdglück und auf eßbare Flechten angewiesen, nach Fort Enterprise zurück, welches aber nur die Hälfte von ihnen wieder sah, da die andern, darunter der liebenswürdige Hood, unterwegs dem Froste oder dem Hunger erlagen.

Nicht entmuthigt durch die Schrecken und die geringen Erfolge seines ersten Unternehmens, verließ Franklin, abermals von Richardson und Back begleitet, im Februar 1825 England, um die Erforschung der amerikanischen Eismeerküsten fortzusetzen. Diesmal erreichte er noch bei günstiger Zeit den Ausfluß des Bärensees in den Mackenzie, wo er das Winterhaus Fort Franklin (65° 11′ 56″ n. Br., 123° 12′ 44″ w. L. von Greenw.) erbaute, so daß er schon am 24. Juni 1826 seine Thalfahrt antreten konnte. Als die Boote am 3. Juli unter 67° 38′ n. Br. das Delta des Mackenzie erreicht hatten, trennte sich Richardson mit einer Abtheilung, um das unbekannte Ufer des Festlandes gegen Osten bis zum Kupfergrubenfluß aufzunehmen. Franklin und Back dagegen liefen durch den westlichen Arm des Stromes in die See, um gegen Westen die Küsten des Festlandes bis zum Eiscap, Kapitän Cook's äußerstem Punkte im Jahre 1778, zu verfolgen. Dort hofften sie Kapitän Beechey mit dem Schiffe Blossom anzutreffen, welches ihnen durch die Beringstraße entgegengeschickt worden war. Ausgenommen ein verdrießliches Handgemenge mit raublustigen Eskimos und die Beschwerden, welche Nebel und Eisbänke ihnen auferlegten, gelangten sie ohne

[1] John Franklin, l. c. p. 238. 249.

Fährlichkeiten bis zum Return Reef (70° 26′ n. Br., 148° 52′ w. L. von Greenw.) an der Nordküste, oder etwa bis zur Hälfte der unbekannten Strecke, wo Franklin wegen vorgerückter Jahreszeit am 18. August umzukehren beschloß.[1] Erst nach seiner Heimkehr erfuhr er zu seiner tiefen Betrübniß, daß Kapitän Beechey mit dem Blossom durch die Beringstraße über das Eiscap noch eine Strecke vorgedrungen war und von dort am nämlichen Tage, an welchem Franklin umkehrte, den Master Elson mit einem Boote nach Osten abgefertigt hatte. Am 22. August erreichte dieser Seemann die nördlichste Festlandspitze des westlichen Amerika, die Barrowspitze,[2] eine Sandzunge, an der sich die Eisbänke so angehäuft hatten, daß Elson zur Rückkehr nach dem Blossom sich genöthigt sah.[3] So blieb also zwischen den äußersten Küstenstellen Barrowspitze und Return Reef noch eine Lücke von 35 deutschen Meilen unausgefüllt, bis im Jahre 1837 zwei Beamte der Hudsonsbai-Gesellschaft, Dease und Simpson, die Untersuchung dieser Strecke am 9. Juli von der westlichen Mündung des Mackenzie begannen. Am 23. Juli erreichten sie Franklin's Return Reef und konnten ihre Fahrt gegen Westen noch bis Boat Extreme, 71° 3′ 24″ n. Br., 154° 26′ 30″ w. L. von Greenw.[4] erstrecken. Nur noch 10 deutsche Meilen von der Barrowspitze entfernt und angesichts einer blauen offenen See verstattete ihnen das Küsteneis keine weitere

[1] John Franklin, Second Expedition to the Polar Sea. Philadelphia 1828. p. 141. 145.

[2] The position of Point Barrow is latitude 71° 23′ 31″ N., longitude 156° 21′ 30″ W. (F. W. Beechey, Narrative of a voyage to the Pacific and Beering's Strait. London 1831. vol. I, p. 425.) Die Barrowspitze (Point Barrow), eine flache Sandzunge, ist vom Cap Barrow zu unterscheiden, welches östlich vom Kupferminenfluße in 68° n. Br. liegt.

[3] Elson's Bericht bei John Franklin, Second Expedition. p. 143 sq. Indessen verdanken wir dem Kapitän Beechey die beste Aufnahme der Nordwestküste Nordamerikas von der Beringstraße bis zur Barrowspitze. Siehe die Karte in Beechey, Narrative. vol. I.

[4] Thomas Simpson, Narrative of the discoveries on the northcoast of America. London 1843. p. 168.

Benutzung ihres Bootes und Thomas Simpson trat daher mit 5 Gefährten am 1. August eine Wanderung zu Fuß an. Am nächsten Tage aber vermiethete ihm eine Eskimohorde ein Umiak oder ein größeres Fahrzeug, und am 4. August bestätigte er durch astronomische Beobachtung die Länge und Breite der Barrowspitze, so wie sie von Master Elson früher gefunden worden waren.[1]

Glücklicher als Franklin hatten Richardson und Kendall mit ihren beiden Booten Union und Dolphin die unbekannte Küste zwischen dem Mackenzie und Copperminefluß vom 7. Juli bis 8. August vollständig befahren. Als sie unterwegs am 4. August den 116. westlichen Längengrad (Greenw.) durchschnitten, wurde unvermuthet Land auch zur Linken oder im Norden sichtbar, so daß sie in Besorgniß schwebten, durch eine vorgestreckte Halbinsel vielleicht von ihrem vorgeschriebenen Ziele, der Coppermine-Mündung abgeschnitten zu werden. Aber schon am nächsten Tage wurde es klar, daß eine Meeresenge, die Dolphin- und Union-Straße, die südliche Küste des neuentdeckten Wollaston-Landes vom Festland trenne, so daß die Fahrt ungehindert bis zum Kupfergrubenfluß fortgesetzt werden konnte.[2]

Nach Erledigung aller dieser Aufgaben fehlte zur Ergänzung des Nordrandes nur noch das Stück zwischen Franklin's Point Turnagain (109° 25′ w. L. von Greenw.) und James Clark Roß' äußerstem westlichen Punkt (98° 33′ w. L. von Greenw.) jenseit Cap Felix oder 60 deutsche Meilen in gerader Linie. Etwas östlich von dem letzteren Punkte war das Meer von George Back, Franklin's zweimaligen Begleiter, erreicht worden. Als nämlich über das lange Ausbleiben der beiden Roß Besorgnisse in England sich regten, beschloß er, in Begleitung von George King durch die Hudsonsbailänder bis zu den Trümmern

[1] An Account of the recent Arctic Discoveries by Messrs. Dease and Simpson. Journal of the Royal Geogr. Society, 1838. tom. VIII, p. 214–220.

[2] Dr. Richardson bei John Franklin, Second Expedition, p. 210–216.

von Parry's Schiff Fury im Prinzregentensunde zu wandern, weil die Vermißten vor ihrer Reise die Absicht geäußert hatten, das Wrack zu besuchen. Back erreichte am 29. Juli 1833 Fort Chipewayan und überwinterte in dem Polarhause Fort Reliance (62° 46′ 29″ n. Br., 109° 1′ 39″ w. L. von Greenw.) an der Nordostspitze des Sklavensees. Dort erhielt er zwar Nachrichten von der glücklichen Rettung und den Entdeckungen der beiden Roß; da er aber zuvor am 29. August das Quellenbecken des Fischflusses oder nach englischer Schreibart des Thlew-ce-choh der Eingebornen entdeckt hatte,[1] so beschloß er den Lauf dieses Stromes bis zu seiner Mündung zu untersuchen. Am 7. Juni 1834 trat er seine Thalfahrt an, die sein Boot über Stromschnellen, sowie kleinere und größere Wasserstürze, zusammen 83 an Zahl, glücklich überstand. Für die Geschichte der Erdkunde sind bei dieser Entdeckung zwei entscheidende Tage merkwürdig. Bei seinem Austritt aus dem Mac Dougall-See ändert der Fischfluß plötzlich seine Richtung nach Süden, und Back fürchtete an dieser Stelle nicht mit Unrecht, er möchte von dem Strome nicht in die arctische See, sondern nach dem Chesterfield Inlet der Hudsonsbai getragen werden. Weiter unterhalb beim 66.° n. Br. drängt der Fluß so beharrlich gegen Osten, daß sich abermals die Besorgniß regte, er möchte sich in die Waager-Straße ergießen, die ebenfalls dem Becken des Hudsonsgolfes angehört.[2] Am 29. Juli unter 67° 11′ n. Br. erreichte jedoch der Entdecker das Aestuarium des Stromes, das aber mit Eisstücken so bedeckt war, daß er nur bis 68° 13′ 57″ n. Br., 94° 58′ 1″ w. L. von Greenw. etwas östlich von der Oglespitze vorzubringen vermochte und am nächsten Tage, 16. August, umkehren mußte. Einige seiner Begleiter hatten zwar drei Meilen westlich von jener Spitze den Barrow-Berg auf der Halbinsel Adelaide bestiegen, aber die Aussicht gewährte ihnen keinen

[1] Capt. Back, Narrative of the Arctic Land Expedition. London 1839. p. 142.

[2] Back, l. c. p. 357. 369.

Aufschluß über die unbekannten Strecken der Nordküste gegen Westen, nur bezeugte der Fund eines Treibholzstammes bei Ogle Point, der nur durch eine westliche Strömung aus dem Mackenzie herbeigeschwemmt worden sein konnte, daß der Mündungsgolf des Fischflusses in eine Küste eingeschnitten sei, die bis zur Beringstraße ohne weit vortretende Halbinseln sich fortsetzen müsse.[1]

Diese Vermuthung bestätigten bald darauf die Unternehmungen Dease's und Simpson's in den Jahren 1838 und 1839.[2] Von dem Winterhause Fort Confidence hatten sie am 1. Juli die Mündung des Coppermine gewonnen, fanden aber die Küstengewässer so wenig schiffbar, daß sie ihre Boote nicht einmal bis zu Franklin's Turnagainspitze, sondern nur bis 68° 16′ 25″ n. Br., 109° 20′ 45″ w. L. von Greenw. bringen konnten. Von dort aber wanderte Simpson über das Franklinscap, wo er zuerst am 20. August, jenseit der 5 Meilen breiten Straße, hohes, mit Schnee bedecktes Land bemerkte,[3] längs der Küste bis 106° 3′ w. L. von Greenw. und bestieg am 23. August das Cap Alexander, wo er gegen Osten ein freies Meer, im Norden aber jenseit der Deasestraße die neue Küste, die er Victorialand nannte, sich unermeßlich weit erstrecken sah.[4] Befriedigt mit dieser Umschau kehrte er zu Dease zurück und beide erreichten am 14. September ihr Winterhaus Confidence an der Nordostspitze des Bärensees.[5]

Auf einen milden Winter folgte ein unvergleichlich günstiger Sommer, so daß alle Gewässer einen Monat früher zugänglich

[1] Back, l. c. p. 390—427.

[2] Simpson, welcher alle wissenschaftlichen Arbeiten ausführte, sagt von seinem Vorgesetzten ziemlich geringschätzend: Dease is a worthy, indolent, illiterate soul and moves just as I give the impulse. A. Simpson, Life of Thomas Simpson. London 1845. p. 276.

[3] Thomas Simpson, Narrative of the discoveries on the northcoast of America. London 1843. p. 293.

[4] Thomas Simpson, Narrative. p. 296. 301.

[5] Thomas Simpson, Narrative. p. 313.

wurden und die Entdecker schon am 20. Juli 1839 die Landspitze Turnagain, am 26. Juli das Alexandervorgebirge hinter sich lassen und ihre Küstenfahrt durch eine Meerenge, die Simpsonstraße, gegen Südosten bis zur Golfmündung des Fischflusses ausdehnen konnten (10. August), wo sie sogleich Back's Oglespitze und die Montrealinsel wieder erkannten. Als äußersten östlichen Punkt bestiegen sie am 17. August ein Felsencap, Cap Britannia (68° 3′ 52″ n. Br., 95° 41′ 30″ w. L. von Greenw.),[1] welches schon zur Roßstraße gerechnet werden kann, erreichten am 20. August die Mündung eines kleinen Flusses (68° 28′ 23″ n. Br. und 94° 14′ w. L. von Greenw.), den sie nach ihren vorzüglichen Seebooten Castor und Polluxriver nannten,[2] und landeten auf dem Rückwege auf King Williamland, nur 12½ deutsche Meilen von James Roß' Denkpfeiler (Cairn) bei Cap Felix entfernt.[3]

Diese Reise beschloß den zweiten Zeitraum der britischen Nordwestfahrten. Mit Franklin's verhängnißvoller Fahrt 1845 beginnt der dritte Abschnitt, der außerhalb unserer selbstgezogenen Zeitgrenzen liegt. Daß es eine nordwestliche Durchfahrt gebe, oder mit andern Worten, daß Grönland nicht mit dem amerikanischen Festland zusammenhänge, konnte damals schon als erwiesen betrachtet werden. Parry war am 74. Breitegrade bis 114° w. L. von Greenw., Dease und Simpson unter dem 69. Breitegrade bis 94° 14′ w. L. von Greenw. vorgedrungen, es deckten sich also beide Linien auf beinahe 20 Längegraden,

[1] Thomas Simpson, Narrative. p. 373.

[2] Thomas Simpson, Narrative. p. 377.

[3] Life of Thomas Simpson, p. 315. Wir dürfen hier eine Warnung vor der dreisten Parteilichkeit in Sir John Barrow's Geschichte neuer arctischer Entdeckungen nicht unterdrücken. Alle Unternehmungen, die nicht von der Admiralität ausgingen, wie die zweite denkwürdige der beiden Roß, werden von ihm gar nicht; Dease's und Simpson's Thaten aber, weil sie Franklin's, Richardson's und Back's Erfolge völlig verdunkeln, und weil die Entdecker Pelzhändler, keine Flottenofficiere waren, nur unter den „vermischten Nachrichten" erwähnt.

und innerhalb dieser Grenzen mußte irgendwo die Durchfahrt liegen. Seitdem hat man gefunden, daß sich an vier Stellen die großen Meere vereinigen; zuerst nämlich fand Franklin 1846 die nach ihm benannte Straße, dann M'Clure 1850 die Prince of Wales-Straße und den Weg nach der Banksstraße, zuletzt M'Clintock 1858 den nach ihm benannten Kanal.[1] Die Lösung dieser Aufgabe hat bis jetzt und wird vielleicht nie der menschlichen Gesellschaft einen Zuwachs an Wohlstand einbringen; die Erdkunde dagegen verdankt diesen Thaten der Briten, wenn auch nicht die Erkenntniß, daß die beiden Welten als Inseln in einem allgemeinen Meer begrenzt und abgeschlossen liegen, denn diese wichtige Thatsache hatten bereits die russischen Erforschungen an den Eisgestaden Sibiriens festgestellt, wohl aber die merkwürdige Erscheinung, daß der Continent der neuen Welt sich nordwärts in mächtige Inselmassen von noch unbekannter Ausdehnung auflöst.

Erweiterung der Kenntnisse im atlantischen Eismeere.

Die Ostküste Grönlands war mittlerweile geblieben, wie sie die Gebrüder Zeni gezeichnet hatten. Man fügte höchstens die Strecken hinzu, die Hudson 1607 gesehen hatte und als äußersten Punkt nannte man die Bucht, welche von Gale Hamke, einem holländischen Walfänger, 1654 im „Orangenbaum" besucht worden war.[2] Seitdem hatten dänische Seefahrer, Kapitän Löwenorn und Lieutenant Egede, 1786, und Egede allein 1787 der Ostküste unter 65° n. Br. sich bis auf Sicht genähert, ohne daß ihnen das Küsteneis eine Landung verstattet hätte.[3]

[1] Sherard Osborn, Discovery of the N. W. Passage. London 1856. p. 113, p. 217. M'Clintock, Discovery of the Fate of Sir John Franklin. London 1859. p. 255 sq.

[2] S. oben S. 299. 330. John Barrow, Arctic Voyages since 1818. p. 130. Die Gale Hamkes-Bai liegt unter 74° n. Br.

[3] W. Scoresby, Voyage to the Northern-Whale-Fishery. Edinburgh 1823. p. XLI.

Eine festere Gestalt gewannen die Umrisse erst durch die Entdeckungen William Scoresby's des Jüngeren, der als Walfänger im Jahre 1822 vom 8. Juni bis 26. August die hohe und steile Ostküste Grönlands befuhr, sie von 74° bis 69° n. Br., am genauesten zwischen 72½° und 70° n. Br. aufnahm und dabei zugleich ein tiefes Fjord, den Scoresbysund, entdeckte und, so weit die Eismassen es verstatteten, hineindrang. Durch diese Aufnahmen wurde der grönländische Küstensaum um 12 bis 14 Längengrade weiter nach Westen zurückgeschoben.[1] Noch nördlichere Theile wurden im nächsten Jahre 1823 von dem Schiffe Griper unter Kapitän Clavering besucht, der am 24. Juli Spitzbergen verlassen hatte und nördlich von Gale Hamke's Bucht, bei der Shannoninsel, eine Polhöhe von 75° 9′ n. Br. erreichte, von wo aus er die Hochküste Grönlands bis 76° n. Br. sich erstrecken sah,[2] während die zweite deutsche Polarfahrt unter Koldewey auf einer Schlittenexcursion im April 1870 den 77.° n. Br. zu überschreiten vermochte.

Durch Seefahrer, die in der Grönlandsee sich bis zu hohen Breiten erhoben hatten, war die Vorstellung verbreitet worden, daß das Nordpolarmeer von 80.° n. Br. an mit einer festen Eisdecke überwölbt sei. Zwar gab es auch Berichte, daß der Nordpol in jenen Seen erreicht worden sei, aber sie haben stets Zweifel erregt, und bis jetzt gilt die schwedische Expedition, welche 1868 in dem Dampfer Sophia bis 81° 42′ n. Br. nördl. von Spitzbergen vordrang, als diejenige arctische Unternehmung, welche östlich von Grönland an Bord eines Schiffes die größte

[1] W. Scoresby, Voyage to the Northern-Whale-Fishery. Edinburgh 1823. p. 82—315. 326 sq.

[2] Edward Sabine, Experiments to determine the Figure of the Earth. London 1825. p. 159 und Karte zu p. 416. Ueber Sabine's damalige Unternehmungen vergl. unten S. 588. D. Ch. Clavering, Journal of a voyage to Spitzbergen and the Eastcoast of Greenland in H. M. S. Griper in The Edinburgh New Philosophical Journal. April — July 1830. p. 1—30. Clavering berichtigte die Aufnahme Scoresby nördl. vom Cap Parry (72° 22′ n. Br.) bis zum 75.° n. Br.

Polhöhe erreicht hat. Noch weiter gelangte Edward William Parry schon vierzig Jahre früher auf einer Schlittenfahrt. Die britische Regierung hatte ihm nämlich nach seiner letzten fehlgeschlagenen Nordwestreise das Schiff Hecla zur Verfügung gestellt, mit dem er zunächst nach Hecla Cove an der Nordwestecke von Spitzbergen abging. Er verließ dort, begleitet von James Clark Roß dem Jüngeren, am 21. Juni 1827 das Fahrzeug in zwei offenen Booten, die sich in Schlitten verwandeln ließen. Am 23. Juni unter 81° 12′ 51″ n. Br. landeten die Entdecker an einem Eisfeld, über welches sie ihre Schlittenboote bis zum Nordpol zu schieben hofften. Statt einer unbeweglichen Schale von Eis, welche die Umgebung des Poles einhüllen sollte, fand man nur größere Bänke, zerstückt durch offene Wasserarme. Unter saurer Arbeit, aber ohne Gefahr, ihre Boote bald in Schlitten, bald in Fahrzeuge umwandelnd, rückten die Entdecker bis zum 17. Juli zu einer Polhöhe von 82° 32′ 15″ vor. Am 19. erhob sich jedoch ein Nordwind, welcher unvermerkt die Eisfelder gegen Süden drängte, so daß, was die Seeleute schiebend und rudernd an nördlicher Breite gewannen, durch den südlichen Gang des Eises ihnen wieder entzogen wurde. Am 22. Juli hatte man eine Polhöhe von 82° 43′ 32″ beobachtet und am 23. Juli glaubte Parry 82° 45′ n. Br. berührt zu haben,[1] am 26. Juli ergab dagegen die Beobachtung der Sonnenhöhe nur eine Breite von 82° 40′ 23″, so daß man also, immer gegen Norden sich bewegend, doch weiter nach Süden getragen worden war. Statt daß die Eisflächen größer und fester werden sollten, verloren die schwimmenden Bänke an Umfang und am 24. Juli übernachtete man auf der einzigen größeren Scholle, die in Sicht war. Daraus ergab sich, daß die Unternehmung in jenem Jahr zu spät für eine Schlitten-, zu früh für eine Wasserfahrt unternommen worden war und Parry befahl daher am 27. Juli nach Spitz-

[1] William Edward Parry, Narrative of an attempt to reach the North-Pole. London 1828. p. 93—102.

bergen zurückzukehren, welches man nach 15 Tagen und nach 48tägiger Abwesenheit am 12. August ohne Ungemach wieder erreichte. Noch weiter als Parry hat sich dem nördlichen Drehungspole unserer Erde Commander Markham von der englischen Polarexpedition unter Kapitän Nares 1875 genähert, indem er nördlich vom Robesonchannel zu Schlitten die Polhöhe von 83° 20′ erreichte, während Lieutenant Payer auf seiner mühevollen Schlittenfahrt durch das Franz-Josephsland am 10. April 1874 nur bis 82° 5′ n. Br. gelangte.[1]

Die wissenschaftlichen Reisen und die wissenschaftlichen Entdecker.

Obgleich im Jahre 1644 ein 120jähriger Stillstand der Entdeckungen eintrat, so bricht doch für unsre Wissenschaft gerade damals eine neue Zeit mit der Stiftung gelehrter Körperschaften in den europäischen Hauptstädten an.[2] Für die Erdkunde läßt sich sogar noch genauer ein neuer Abschnitt des Wachsthums an die Berufung Giovanni Domenico Cassini's (geb. 8. Juni 1625 zu Perinaldo bei Nizza, gest. 1712) nach Paris knüpfen, welche im Jahre 1669 erfolgte.[3] Seinen Anregungen verdanken wir eine Reihe der wichtigsten Unternehmungen und unter andern die frühesten Reisen nach größeren Fernen zur Lösung bestimmter wissenschaftlicher Aufgaben.[4]

[1] Jul. Payer, Die österr.-ungarische Nordpol-Expedition 1872—74. Wien 1876. S. 315.

[2] Das Stiftungsjahr der Royal Society in London ist 1645, der kaiserlichen (Leopoldinische-Carolinischen) Akademie 1652, der französischen Akademie 1666, der berliner 1700, der petersburger 1725, der münchner 1759.

[3] Delambre, Astronomie moderne. Paris 1821. tom. II, p. 686 sq.

[4] Streng genommen sind die ersten wissenschaftlichen Reisen 1580 auf Befehl der spanischen Krone ausgeführt worden. (Siehe oben S. 401.) Sie

Der erste Gelehrte, den die pariser Akademie mit ihren Vorschriften aussendete, war kein geringerer als Jean Richer, der am 8. Februar 1672 Europa verließ und seinen Bestimmungsort Cayenne am 22. April erreichte, wo er seine Aufgaben, meist astronomischer Art, bis Ende Mai vollendete. In jene Zeit fällt seine große Entdeckung, daß das pariser Sekundenpendel in Cayenne seine Schwingungen nicht in den erforderlichen Zeiträumen verrichtete, sondern merklich langsamer sich bewegte.[1] Er kehrte daher mit der überraschenden Erkenntniß heim, daß die Erde nicht eine reine Kugel, sondern ein an den Polen abgeplattetes Rotationssphäroid sein müsse. Außerdem gewährte ihm eine Verfinsterung des Mondes am 7. September 1672 die Gelegenheit, den westlichen Abstand Cayennes von Paris zu bestimmen; es war die erste geographische Länge in der neuen Welt, die mit befriedigender Schärfe gemessen wurde.[2]

Ein Jahr zuvor hatte sich Picard, dem wir die erste genauere Erdbogenmessung verdanken, nach der Insel Hveen begeben, um die Lage der Ruinen von Tycho's Sternwarte bei Uranienburg festzustellen. Er bediente sich dabei zum erstenmal der Ein- und Austauchungen des ersten Mondes in den Schatten des Jupiters.[3] Auf dieser Reise nach Dänemark verglich Picard

stehen aber völlig vereinzelt und waren nicht von entscheidendem Einfluß auf den Gang der Wissenschaft.

[1] Richer, Observations astronomiques et physiques faites en l'isle de Cayenne. cap X, §. 1. Paris 1679. fol. 66. Die Pendeluhr ging täglich 2 Minuten 28 Sek. nach; Richer mußte das Pendel nahe um $^{5}/_{4}$ Linien verkürzen, um den richtigen Gang wiederherzustellen. Nach Paris zurückgebracht, ging dieselbe Uhr wieder 148 Sekunden täglich vor. J. Müller, Lehrbuch der kosmischen Physik. Braunschweig 1875. S. 67. 68.

[2] Richer, l. c. fol. 18, fand für Cayenne im Bogen 54° 30′ westl. L. von Paris, das heutige Fort liegt 54° 38′ 45″ w. L. Nach Raper, The Practice of Navigation, 52° 20′ w. L. von Greenw., d. h. 54° 40′ 16″ w. L. von Paris.

[3] Picard Voyage d'Uranibourg ou observations astronomiques faites en Danemark. cap. IX. Paris 1680 fol. 26. Das Mittel aus drei Immersionen und zwei Emersionen des ersten Trabanten ergab einen östlichen Abstand Uranienburgs von Paris von $0^h\ 42^m\ 10^s$ in Zeit oder

die französische Toise mit dem Original der rheinischen Ruthe, welches in Leyden aufbewahrt wurde, so daß erst damals das wahre Verhältniß der beiden Maßeinheiten entdeckt wurde.[1] Unmittelbar nach seiner Heimkehr im Jahre 1672 begab er sich nach Montpellier und Lyon, dann 1679 in Begleitung des Astronomen de Lahire nach Brest, Bayonne, Bordeaux, und im Jahre 1681 nach St. Malo, Dünkirchen, Calais und Toulon.[2] An allen diesen Orten wurden die Längen astronomisch bestimmt, während Cassini in Paris beobachtete, und die Frucht dieser Reisen war die erste Karte von Frankreich, die sich auf mathematische befestigte Küstenpunkte stützte.

Nachdem Richer entdeckt hatte, daß das Sekundenpendel in der Nähe des Aequators um 1¼ Linie kürzer sei, als das pariser, waren im Haag, in London und in Kopenhagen Vergleiche angestellt worden, überall aber wollte man dieselbe Länge des Sekundenpendels gefunden haben. Da jedoch die Polhöhe jener Beobachtungsorte wenig von der pariser verschieden war, so begaben sich die Astronomen Deshayes und Varin nach der Goreainsel beim grünen Vorgebirge Afrikas, deren Lage sie am 25. März 1682 ziemlich genau bestimmten.[3] Nachdem sie hier die schöne Entdeckung gemacht, daß die Quecksilbersäule im

10° 32′ 30″ im Bogen; nach den neuesten Angaben beträgt die Länge nur 0h 41m′ 26s″ in Zeit oder 10° 21′ 32″ im Bogen. Kepler hatte 0h 40m oder 10° 0′ 0″ angenommen.

[1] Picard, l. c. fol. 2. Man hatte vorher das Verhältniß der pariser Einheit zum rheinischen Fußmaß zu 720:659 angenommen, statt 720:696, wie es in Wahrheit gefunden wurde.

[2] Picard, Observations astronomiques faites en divers endroits du royaume. Paris 1683. fol. 44. 45. 51. 60. 63. 69. 74. 76. 87.

[3] Cassini, Les Elemens de l'Astronomie verifiez. Paris 1684. fol. 66—67. Capverd verlegen sie 0° 3′ nördl. von Fort Gorée und letzteres bestimmen sie 14° 40′ n. Br. und 19° 25′ w. L. von Paris; nach Raper, The Practice of Navigation, beträgt der Breitenunterschied 0° 3′ 52″ und liegt Gorée 14° 39′ 9″ n. Br., 17° 24′ 5″ w. L. von Greenw., d. h. 19° 44′ 21″ w. L. von Paris.

Barometer täglich falle und steige,[1] gingen sie nach den französischen Antillen, wo sie im August und September Breite und Länge der Hauptstädte auf Guadalupe und Martinique astronomisch ermittelten. Ihre Pendelschwingungen bestätigten Richer's große Entdeckung vollständig, sie fanden sogar das Sekundenpendel Gorea's um zwei Linien kürzer als das pariser.[2]

Während durch diese Untersuchungen die Erkenntniß von der Abplattung der Erde vorbereitet wurde, hatte Edmund Halley (geb. 1656, gest. 1724) bereits seine physikalischen Entdeckungsreisen angetreten. Wir treffen ihn zuerst 1676 auf St. Helena, dann von November 1698 bis Juli 1699 auf einer Fahrt durch den atlantischen Aequatorialgürtel bis zu der Insel Fernaõ de Noronha,[3] endlich vom September 1699 bis 18. September 1700 noch einmal im atlantischen Ocean bis zu 52° südl. Breite.[4] Durch diese Reisen gewann die Erdkunde die erste Karte der Luftströmungen und die erste Karte mit Linien der gleichen magnetischen Mißweisungen. Mit Halley beginnt daher die neue physikalische Geographie.

Um die nämliche Zeit, im Jahre 1700, trat Joseph Pitton de Tournefort (geb. 1656 zu Aix, gest. 1708) im königlichen Auftrag eine botanische Entdeckungsreise nach Griechenland, Kleinasien und Aegypten an. Ueber Constantinopel begab er sich

[1] Näheres darüber weiter unten in dem Abschnitt über Luftdruck und Luftströmung.

[2] Cassini, l. c. fol. 68—72.

[3] Joh. Friedr. Weidler, Historia Astronomiae. Wittenberg 1741. cap. XV, §. 138. Arago, Oeuvres. Paris 1855. tom. III, p. 366.

[4] Der Kurs, den er steuerte, findet sich angegeben auf der Karte von James Cook zu der Voyage à l'hémisphère austral, tom. I init. Halley bestimmte die geographische Länge der Capstadt 7 bis 8° östlicher als es die damaligen Karten angaben. (Cassini, Recueil d'Observations pour perfectionner l'Astronomie et la Géographie. Paris 1693. fol. 73.) In seinen Astronomical Tables (London 1752. Aa. III und IV) finden wir sie auf 17° 0′ 0″ ö. L. festgesetzt, die Sternwarte der Capstadt liegt jedoch 18° 28′ 41″ ö. L. von Greenw. (Behm, Geogr. Jahrbuch 1876. S 698.) Immerhin wurden die älteren Fehler beträchtlich von ihm eingeschränkt.

nach Armenien und kehrte über Tocat und Angora nach Smyrna zurück, wo er 1702 durch den Ausbruch der Pest in Aegypten verhindert wurde, seine Wanderungen nach Afrika zu erstrecken. Er hatte sich einen Leibarzt des Kurprinzen von Brandenburg, den Naturforscher Gundelsheimer aus Ansbach, seinen Freund, beigesellt, von dem er mit Achtung und Liebe spricht. Am 9. August 1701 geschah es, daß sie Eriwan verließen, am Fuße des großen Ararat bei Hirten übernachteten und am nächsten Tage bis zu den Grenzen des dauernden Schnees den Gipfel bestiegen, am Abend aber nach einem Kloster am Fuße des Berges zurückkehrten.[1] Auf dieser Wanderung erkannte Tournefort zuerst, daß bei senkrechtem Aufsteigen die Gewächse höherer Breiten wieder sich zu zeigen begannen und daß die Erhebung ihres Standortes ähnlich wirke, wie ein Wachsen der Polhöhe in den Niederungen.

Reicher und mannigfaltiger waren die Ergebnisse der Reisen, die der Franciskaner Louis Feuillée auf königlichen Befehl ausführte. Astronom und Schüler Cassini's, wurde er im Jahre 1700 nach der Levante, in den Jahren 1703—5 nach den Antillen und der Landenge von Panama, und von 1707—12 nach Südamerika, endlich 1724 nach den Canarien gesendet.[2] Seine Hauptaufgabe waren Ortsbestimmungen, bei denen die geographischen Längen mit Hilfe der Verfinsterungen von Jupitersmonden ermittelt werden sollten. Ein genauer Vergleich dieser Arbeiten gewährt das erfreuliche Ergebniß, daß seine Polhöhen bis auf 2—3 Minuten sicher sind, seine Längen aber nicht völlig um einen halben Grad von unsern heutigen Angaben sich

[1] Tournefort, Relation d'un voyage du Levant fait par ordre du Roi. Paris 1724. tom. II, p. 340—367.

[2] Die Ergebnisse seiner ersten und letzten Reise finden sich in Histoire et Mémoires de l'Académie des Sciences. Année 1702. Paris 1741. p. 1 sq. und ebendaselbst Année 1746. Paris 1751. p. 129 sq. Seine südamerikanischen Beobachtungen führen den Titel: Journal des Observations physiques, mathématiques et botaniques faites par ordre du Roi 1707—1712. Paris 1714.

entfernen,[1] während kurz vor Feuillée's Reisen im Mittelmeer noch immer die Fehler sich bis auf 10 Grad oder etwa $\frac{1}{4}$ der großen Axe beliefen. Eine Frucht dieser Beobachtungen war eine verbesserte Karte der Westküste von Südamerika, deren Umrissen es zwar noch an Leben und Schärfe fehlt, die aber in ihren mathematischen Grundzügen völlig richtig erscheinen bis auf die Strecke zwischen Panama und Ylo, wohin Feuillée nicht gelangte. Erst seit diesen Ortsbestimmungen des gelehrten Franciskaners erhielt man eine richtige Vorstellung von der großen Ausdehnung der Südsee und den Abständen zwischen Südasien und Amerika. Auf einer Reise nach den Canarien (1724) bestimmte er zuerst astronomisch den westlichen Abstand Ferro's von Paris und zugleich trigonometrisch die Höhe des Pic von Teyde auf Teneriffa.[2]

Völlig verdunkelt durch diese glänzenden Beobachtungen wurden die Leistungen des Ingenieurs Frezier, der von 1712 bis 1714 auf königliche Kosten Chile und Peru bereiste, wo er bis nach Lima gelangte. Da er mit keinen Werkzeugen zur astronomischen Ortsbestimmung versehen war, konnte er seine Karten nur nach Abschätzungen des durchsegelten Weges (Gissungen) ausführen und sie an den Mittagskreis von Lima befestigen, den er aus spanischen Beobachtungen auf 79° 45′

[1] Er fand als westliche Abstände vom pariser Mittagskreise für Conception in Chile 75° 32′ 30″ (jetzt 75° 25′ 36″), von Valparaiso 73° 38′ 45″ (jetzt 74° 1′ 31″), von Coquimbo oder Serena 73° 35′ 45″ (jetzt 73° 39′ 9″), von Ylo 73° 33′ 0″ (jetzt 73° 44′ 1″), von Lima nach den Beobachtungen seines Schülers Durand 79° 9′ 30″ (statt 79° 26′ 9″), für Puerto Belo 82° 10′ (81° 56′ nach Johnston's Index geographicus, London 1864) und für Cartagena 77° 46′ 15″, wo die Vermesser des peruanischen Erdbogens 1735 nur 77° 31′ 24″ ermittelten (Ulloa, Voyage historique, livr. II, chap. 2) und wofür jetzt 77° 50′ gesetzt wird. Im Text von Feuillée's Journal kommen mehrfach Rechnungsirrthümer bei Umwandlung der westlichen Zeit in geographische Längen vor, die in obigen Angaben berichtigt wurden.

[2] Das Nähere über diese beiden trotz ihrer Ungenauigkeiten geschichtlich anerkwürdigen Arbeiten findet man in den nächsten Abschnitten über mathematische Ortsbestimmungen und Höhenkunde.

w. L. (statt 79° 26′ 9″ w. L. von Paris) annahm. Verdienstvoll sind auf seiner Karte nur die Angabe von Curven gleicher magnetischer Mißweisung nach dem Vorbilde Halley's.[1]

Seitdem sich Richer's Beobachtungen in Guayana bestätigt hatten, stritt man zwar nicht mehr darüber, daß die Anziehungskraft der Erde, gemessen an der Geschwindigkeit schwingender Pendel, von den Polen nach dem Aequator abnehme, wohl aber zweifelte man, ob man sich deshalb die Erde an den Polen abgeplattet oder in der Richtung der Drehungsaxe verlängert denken sollte, mit andern Worten, ob sie an Gestalt mehr einer Orange oder einem Ei gleiche. War sie an den Polen abgeplattet, so mußten die Bogengrade an den Mittagskreisen vom Aequator nach höheren Breiten wachsen, war die Kugel aber eiförmig in die Länge gezogen, so mußten die Bogengrade vom Aequator nach höheren Breiten an Größe abnehmen. Als im Jahre 1718 die Vermessung eines Erdbogens durch ganz Frankreich vollendet worden war, wollte man gefunden haben, daß auf dem südlichen Stück von Collioure bis Paris die Meridiangrade (57097 Toisen) merklich größer waren, als auf dem nördlichen Stück von Paris bis Dünkirchen (56960 Toisen), so daß also gegen Newton's Lehre von der Abplattung der Erde die Meridiangrade vom Aequator nach den Polen an Größe zu verlieren schienen.[2] Diese Widersprüche konnten nur erledigt werden, wenn man zwei gemessene Erdbogen verglich, bei denen die Wirkung der Abplattung oder der Axenverlängerung sehr fühlbar sein mußte, nämlich unter dem Aequator und am Polarkreis. Gleichzeitig wurden daher französische Gelehrte nach Peru und nach Lappland gesendet. Die nördlichen Erdmesser Maupertius, Clairaut, Camus, Lemonnier, denen sich auf Wunsch des Königs Celsius, der Astronom Upsalas, anschloß, begannen

[1] Relation du Voyage de la Mer du Sud, par M. Frezier. Paris 1716. p. II, Pl. I.

[2] Livre de la Grandeur de la Terre. (Suite des Mémoires de l'Académie des Sciences. Année 1720) p. 237.

ihre Arbeiten bei Torneå am 6. Juli 1736 und führten ihre Dreiecke 0° 57′ 28,5″ gegen Norden bis nach dem Kittis. Im nächsten Winter maßen sie eine Grundlinie von 7406 Toisen 5 Fuß auf der Eisdecke des gefrorenen Torneåflusses und beendigten ihre Arbeiten allzurasch bereits im Frühjahr 1737. Am 13. November des nämlichen Jahres konnte Maupertuis der pariser Akademie verkündigen, daß der Grad eines Mittagskreises in Lappland um 512 Toisen kleiner sei, als in Frankreich nach der von ihren Fehlern gereinigten Picard'schen Messung, daß also nach diesen Ergebnissen die Abplattung der Erde an den Polen als erwiesen gelten mußte.[1]

Die peruanischen Erdmesser waren Bouguer, Lacondamine und Godin, denen sich von spanischer Seite zwei Officiere, Don Antonio Ulloa und Don Jorge Juan anschlossen; außerdem begleitete die Unternehmung zur Beschreibung der Gewächse Joseph Jussieu, ein älteres Mitglied aus dieser Familie zahlreicher und berühmter Botaniker. Am 16. Mai 1735 verließen sie Europa, erreichten über Panama am 13. März 1736 Guayaquil und vereinigten sich am 13. Juni in Quito, ihrem Hauptquartiere. Kein ungünstigeres Feld für die Messung eines äquatorialen Erdbogens hätte man erwählen können, als das unebene Hochland zwischen dem Doppelkamm der Anden, wobei die stufenweise gemessene Basis zum ersten Male auf den Horizont projicirt wurde. In der Nähe von Quito wurde die erste Grundlinie (6272 Toisen) vom 3. October bis 3. November, drei Jahre später am Südpunkte der Dreieckskette, auf der Ebene von Tarqui, südlich von Cuenca (August 1739) die Prüfungslinie (Verificationsbasis von 5259 Toisen) gemessen, deren Größe Bouguer auf 3—4 Fuß, Lacondamine bis auf 1 Toise (6 Fuß) übereinstimmend mit der trigonometrischen Berechnung fand. Die Dreieckskette war auf der nördlichen Erdhälfte wenige Minuten diesseit des Aequators befestigt worden

[1] Maupertuis, Figure de la Terre. Amsterdam 1738. p. 64. 80. Ueber die Fehler dieser Messung vergleiche man den nächsten Abschnitt.

und erstreckte sich, links und rechts auf Höhenpunkte der Cordilleren gestützt, in einer Gesammtlänge von 3° 7′ 1″ gegen Süden. Als letztes Ergebniß erhielt Lacondamine für den Längenwerth eines Grades am Mittagskreise in Peru 56750 Toisen,[1] während Bouguer ihn zu 56753 Toisen bestimmte.[2] Verglichen mit der lappländischen Messung erschien daher der Durchmesser am Aequator ($^1/_{169}$) größer als die Drehungsaxe der Erde, wie es die Lehre von der Abplattung erfordert hatte. Von den spanischen Officieren erreichte Don Jorge Juan nach vielen Irrfahrten Europa am 31. October 1745 bei Brest, Ulloa dagegen wurde unterwegs von einem englischen Kriegsschiff als Gefangener nach Spithead (29. October 1745) entführt und gelangte nach Madrid erst am 25. Juli 1746 nach elfjähriger Abwesenheit. Von den französischen Gelehrten blieben Godin[3] und Jussieu in Peru zurück, Bouguer aber verließ Quito am 20. Februar 1734 und fuhr den Magdalenenstrom abwärts nach Cartagena. Lacondamine, der seine astronomische Beobachtungen bei Tarqui erst am 11. Mai 1744 beendigen konnte, ging von dort südwärts über Jaen, schiffte sich am 5. Juli auf dem Amazonenstrom ein, fuhr am 12. Juli durch den berühmten Pongo de Manseriche, eine tief in Felsen geschnittene Stromspalte, und erreichte am 19. September Para, das Ziel seiner Thalfahrt. Vor Lacondamine war der mächtigste aller Ströme der Erde von einem Gelehrten nicht besucht worden, ihm verdanken wir daher die erste Karte des Amazonas, die

[1] La Condamine in Mémoires de l'académie des sciences. Année 1751. p. 678 sq. Die Spanier hatten 56768 Toisen gefunden. Ulloa, Voyage historique. Amsterdam 1752. tom. II, p. 229.

[2] Delambre und von Zach nahmen später die Berechnung noch einmal vor und bestimmten unter Rücksicht auf die Veränderung der eisernen Toise durch die Wärme den Grad am Aequator zu 56737 und 56731 Toisen. (L. Posch, Geschichte und System der Breitengrad-Messungen. Freising 1860. S. 49.)

[3] Godin kehrte erst am 20. Juli 1751 nach Lissabon zurück, siehe la Condamine, Journal. tom. I, p. 216.

sich auf astronomische Bestimmungen gründete, barometrische Messungen der Spiegelhöhen, der Breite und Wasserfülle des Stromes an mehreren Stellen, sowie Beschreibungen der Pororocas oder Flutwellen, die hoch in den Strom hinauf sich ergießen, endlich die ersten Proben des Curare oder Pfeilgiftes, welche nach Europa gelangten. Von Para begab er sich noch nach Cayenne und erreichte Paris am 26. Februar 1745.[1]

Die Wissenschaft gewann durch diese glänzende Unternehmung außer der peruanischen Erdbogengröße eine Reihe von örtlichen Bestimmungen der Mißweisung und Senkung der Magnetnadel, sowie Beobachtungen über die örtlichen Längen des Sekundenpendels. Als Bouguer 1738 am Chimborazo verweilte, benutzte er die günstige Gelegenheit, um astronomisch zu ermitteln, ob die Zugkraft gewaltiger Bergmassen das Loth aus der senkrechten Linie wirklich ablenke (Lokalattraction), wie es Newton theoretisch vorausgesehen hatte. Bouguer begann bei Condorpalti am 29. November seine Untersuchungen und setzte sie 23 Tage lang fort. Die damaligen Ergebnisse waren der Forderung Newton's zwar nicht ungünstig, aber auch nicht völlig entscheidend.[2] Eine Erdbogenmessung auf einer Hochebene erforderte eine genaue Bestimmung der senkrechten Höhen auf dem trigonometrischen Felde. Bouguer berechnete daher aus den

[1] La Condamine, Voyage à l'Équateur. Paris 1751. p. 186—216. Seine Messungen, sowie die klassische Beschreibung des Pongo von Manseriche und die Karte des Amazonenstromes finden sich in seiner Relation d'un Voyage fait dans l'intérieur de l'Amérique méridionale. Mémoires de l'Académie des Sciences. Année 1745. Paris 1759. p. 391 sq. Bereits im Jahre 1707 hatte der Jesuit Samuel Fritz eine im allgemeinen richtige Karte des Stromes entworfen. Fritz nennt auch zuerst den aus dem Lauricocha abfließenden Quellarm den Amazonenstrom, obwohl der Ucayali der bedeutendere Zufluß ist. (Lettres édifiantes. nouv. édit. tom. VIII, p. 284. Paris 1781.)

[2] Die Theorie erforderte 1′ 43″, er fand nur einen Werth von 7½″. Bouguer, Figure de la Terre. Paris 1749. p. 369 sq. Nach Humboldt (Kosmos IV., 31) lieferten diese Versuche ein noch wenig befriedigendes Resultat.

Höhenwinkeln an der Mündung des Esmeraldas die Erhebung der Pyramiden des Iliniza und knüpfte an sie die ersten Höhenbestimmungen größerer Gipfel in Peru und überhaupt in Amerika.[1] In der Hütte neben dem Signal auf dem Pichincha wurden durch Beobachtung des Luftdrucks die barometrischen mit den trigonometrischen Höhen verglichen. In Quito, wo das Quecksilber sich durchschnittlich auf 20 Zoll 1 Linie erhob, gewahrte man, daß die Schwankungen des Barometers nie 1½ L. überstiegen, und Godin glaubte es als seine Entdeckung in Anspruch nehmen zu können, daß die Quecksilberhöhe regelmäßig im Laufe eines Tages bei gewissen Wendestunden steige und sinke.[2] Die Erdbogenmesser wurden ferner Zeugen der Ausbrüche des Cotopaxi 1738 und 1742, und zwar des letztern am 19. Juni, gerade als sie den Kraterrand des Pichincha erstiegen. Auch die Schneelinien und die senkrechten Stufen der Gewächse, die an den Anden wegen ihrer fast geometrischen Schärfe sich nicht übersehen lassen, blieben, wie sich erwarten ließ, von den Akademikern nicht unbeachtet.[3]

[1] Bouguer's Messungen waren ein großer hypsometrischer Schatz, denn man kannte damals in ganz Europa, wenn man Scheuchzer's unrichtige Barometermessungen abzieht, nur 13 Gipfelhöhen. Wir fügen als Beispiele nach Lacondamine in den Mémoires de l'Académie des Sciences. Année 1746. Paris 1751. p. 650 folgende absolute Höhen an:

	Toisen à 6 pieds.
Quito	1462
Antisana . . .	3020
Chimborazo . .	3220
Cotopaxi . . .	2950
Cayambe . . .	3030

[2] La Condamine, Journal. tom. I, p. 50. Die noch ins Ende des 17. Jahrh. fallende Entdeckung der täglich zweifachen Flut der Quecksilbersäule im Barometer scheint danach den französ. Reisenden unbekannt gewesen zu sein. Siehe darüber weiter unten den Abschnitt über Luftdruck und Luftströmungen.

[3] La Condamine, l. c. tom. I, p. 49 Bouguer, Voyage au Pérou (Figure de la Terre). Paris 1749. p. XIV.

Einem gekrönten Beschützer der Wissenschaft, dem König Friedrich V. von Dänemark, verdanken wir die nächste große Unternehmung, deren Hauptziel das jemenische Arabien sein sollte.[1] Die Leitung übertrug man dem dänischen Orientalisten Friedrich Christian v. Haven. Für das botanische Fach wurde ein Schwede, der verdienstvolle Peter Forskål, als Arzt Dr. Christian Carl Cramer, als Zeichner und Kupferstecher Georg Wilhelm Bauernfeind auserlesen; für die rein geographischen Arbeiten hatten dagegen die Professoren Mayer und Kästner dem Grafen Bernstorf schon 1758 den Sohn eines friesischen Bauern, Carsten Niebuhr (geb. 17. März 1733 in Lüdingworth, Land Hadeln, Provinz Hannover, gest. 26. April 1815 in Meldorf, Holstein) empfohlen, der damals in Göttingen Mathematik studirte. Ein Kriegsschiff führte die nordischen Gelehrten durch die Meerenge von Gibraltar über Smyrna nach Constantinopel und landete sie am 26. September 1761 in Alexandrien. Nach einem längern Aufenthalt in Kairo begaben sie sich über Sues nach der sinaitischen Halbinsel und zu Schiff am arabischen Gestade des rothen Meeres über Dschidda nach Jemen (Ende December 1762) und nach Mocha (April 1763), von wo aus Querzüge durch die Küstenstriche und das Bergland Jemens ausgeführt wurden. Am 23. August 1763 nahm in Mocha ein britisches Schiff die Reste der Expedition auf, um sie nach Bombay überzuführen. Herr v. Haven war bereits in Mocha am 25. Mai 1763 gestorben, am 11. Juli erlag Forskål in Jerim (in Jemen), Bauernfeind starb auf der Ueberfahrt nach Indien

[1] Die erste Anregung dazu gab der berühmte göttinger Orientalist Joh. Dav. Michaelis durch einen Brief an den dänischen Minister von Bernstorf. Auch schlug er für die Unternehmung als die geeigneten Kräfte einen Schüler von Haven, Niebuhr und Forskål, welche sämmtlich in Göttingen studirt hatten, vor. (Joh. Dav. Michaelis, Fragen an eine Gesellschaft Gelehrter Männer, die auf Befehl Ihro Majestät des Königs von Dännemark nach Arabien reisen. Frankfurt am Mayn 1762. Vorrede.) Die „Fragen" selbst sind vorwiegend in Rücksicht auf die Exegese des alten Testamentes gestellt.

am 29. August, als man bei der Insel Socotora vorüberfuhr, und Dr. Cramer am 10. Februar 1764 in Bombay.[1] Von allen Gefährten der einzige Ueberlebende, verließ Niebuhr am 8. December 1764 Bombay, berührte Maskat (3—19. Januar 1765), ging den persischen Golf zu Schiff hinauf nach Abuschehr und von dort mit einer Karawane nach Schiras, um die Trümmer von Persepolis zu zeichnen. Ueber Abuschehr nach der damals holländischen Insel Kerak zurückgekehrt, reiste er am Schat el Arab nach Basra und Bagdad (9. Januar 1766), von wo er über Mossul, Mardin und Haleb Iskenderun erreichte. König Friedrich V. war mittlerweile gestorben, aber sein Nachfolger Christian VII. bewilligte gern die bescheidenen Erfordernisse zur Fortsetzung der Reise.[2] So folgte nach einem Besuche Palästinas und Cyperns eine Reise durch Kleinasien, die am 20. November 1766 von Aleppo angetreten und über Konia, Karahissar, Kiutahia nach Brussa erstreckt wurde, welches damals gerade (30. Januar 1767) von einem der dort so häufigen Erdbeben heimgesucht worden war. Nach längerem Verweilen in Constantinopel (16. Februar bis 8. Juni) wählte Niebuhr zur Heimreise den Landweg über Adrianopel, Bucharest, Fokschan, Kamjeniec, Lublin, Breslau nach Kopenhagen, wo er am 20. November 1767 nach siebenjähriger Abwesenheit eintraf.

Der wissenschaftliche Ertrag einer Wanderung wird stets abhängen von der Bildung, die der Reisende nach den fremden Erdräumen mitbringt. Dem historischen Wissen und den Sprach-

[1] Carsten Niebuhr, Reisebeschreibung nach Arabien. Kopenhagen 1774. Bd. 1, S. 369, 404, und Beschreibung von Arabien. Kopenhagen 1772. p. IX. Die Schuld der raschen Todesfälle schreibt Niebuhr der sorglosen, europäischen Lebensweise zu, der sich alle Reisemitglieder hingaben. „Seitdem ich blos mit Morgenländern umgeben war und nun lernte, wie man sich in diesen Ländern in Acht nehmen müsse; so reiste ich in Persien und von Basra zu Lande bis Kopenhagen bei völliger Gesundheit." (Arabien, S. X.)

[2] Die Kosten der dänischen Expedition betrugen nur 20,000 Reichsthaler. Life of Niebuhr, p. 18.

kenntnissen muß zwar ein hoher Rang eingeräumt werden, aber die Geschichte der Erdkunde wird stets diejenigen Gelehrten am höchsten feiern, denen wir feste Ortsbestimmungen verdanken, weil mit ihrer Genauigkeit alle übrigen Beobachtungen im Werthe steigen oder sinken. Niebuhr, bei dem sich harmonisch historische mit den mathematischen Kenntnissen vereinigten, hatte das Glück, vor seiner Abreise in Göttingen von dem Astronomen Mayer im Gebrauch des Hadley'schen Octanten eingeübt zu werden und war mit einer londoner Sekundenuhr von Mudge, sowie mit einem Quadranten versehen, den Mayer eigenhändig eingetheilt hatte. Die berühmten Mondtafeln dieses göttinger Astronomen, die noch nicht gedruckt waren, begleiteten ihn in einer Abschrift. So erhielt damals das neue Verfahren, die geographischen Längen durch die Abstände des Mondes von der Sonne oder von Fixsternen zu messen,[1] seine Weihe, denn Carsten Niebuhr war der erste Landreisende, der es angewendet hat. Unter den wenigen Längen, die er auf seiner Reise bestimmen konnte, sind die berühmtesten die von Alexandrien und Kairo, welche seitdem sich nicht merklich verschärft haben.[2] Seine Breitenbestimmungen sich außerordentlich zahlreich. Er gab sie, obgleich er ihrer Schärfe bis auf etliche Bogensekunden sich sicher glaubte, nur in Graden und Minuten an, und sie haben sich seit seiner Zeit nicht sonderlich verbessert. Für das Innere von Vorderasien fehlten bis dahin solche Bestimmungen gänzlich,[3] und da

[1] In Loheia machte er auch einige Beobachtungen von Verfinsterungen der Jupitertrabanten, aus welchen Prof. Hell gefunden, daß diese Stadt 2^h 39′ 24″ ö. L. von Paris liegt. (Arabien, S. XXIV.)

[2] Niebuhr fand für seine Wohnung in Alexandrien 1^h 51′ 21″ ö. L. von Paris, der Leuchtthurm wird jetzt angegeben auf 1^h 50′ 10″, also im Bogen ein Unterschied von 0° 17′ 45″, der durch die Verschiedenheit der Beobachtungsorte sich vermindert. Für Kairo fand er 1^h 55′ 9″, jetzt nimmt man an 1^h 55′ 48″ (Sternwarte), Unterschied 0° 9′ 40″ im Bogen. v. Zach, Monatliche Correspondenz der Erd- und Himmelskunde. Bd. 4. Gotha 1801. S. 345, 539.

[3] Vivien de Saint Martin, Histoire des découvertes géogr. Paris 1846 tom. III, p. 92.

er außerdem bei seinen Wanderungen zu Land die zurückgelegten Entfernungen nach dem Compaß, der Uhr und dem Schritt der Kameele[1] berechnete, so brachte er einen Schatz von Karten für die Küsten des rothen Meeres,[2] das Innere von Jemen und für Kleinasien heim. Wo er sich länger aufhielt, beobachtete er täglich mehrmals das Thermometer, doch war er sich klar bewußt, daß solche Bruchstücke nicht endgiltige Werthe liefern könnten.[3] Die Abweichung der Magnetnadel wurde nur in Aegypten und im rothen Meere festgestellt, doch haben Niebuhr's Ermittlungen zum Aufbau von Deklinationskarten aus seiner Zeit das ihrige beigetragen. Wenn wir noch seiner Messungen von Ebbe und Flut gedenken, so haben wir aufgezählt, was die geographischen Naturwissenschaften ihm schuldig geworden sind.[4] Erst unterwegs begann Niebuhr die arabische Sprache sich anzueignen und er verdoppelte seinen Fleiß, als Haven's Tod eingetreten war. Seine Schilderungen, ausgezeichnet durch Kürze und Klarheit, enthalten gedrängte Bilder der Natur, ausführliche ihrer Bewohner, der bürgerlichen Zustände und der fremden Gesittungen.[5] In Aegypten nimmt er das Maß der Pyramiden, zeichnet Hieroglyphen ab, zu deren Entzifferung er die koptische Sprache empfiehlt; vom Sinai bringt er eine Reihe der räthselhaften Felsenschriften und aus Indien Alphabete und

[1] Niebuhr, Beschreibung von Arabien. p. XXIII.

[2] Von Sues bis Dschidda waren damals nur die rohesten Bilder vorhanden. Mangelhaft ist bei Niebuhr die sinaitische Halbinsel, namentlich erscheint der Golf von Akaba sehr schwächlich und verkümmert. Niebuhr hatte sich irre machen lassen durch die Angabe von Eingebornen, daß sich Leute dort von Ufer zu Ufer zurufen könnten. (Beschreibung von Arabien, S. 400.)

[3] Reisebeschreibung. Bd. 1, S. 495. Am Ende des 18. und noch im Anfang des 19. Jahrhunderts wurden seine ägyptischen und asiatischen Temperaturbeobachtungen von den Meteorologen eifrig benutzt.

[4] Niebuhr, Arabien. S. 421, 431.

[5] Von Bauernfeind stammt die seitdem oft wiederholte Tafel der Köpfe und Kopfbedeckungen ägyptischer, syrischer und arabischer Bewohner (bei Niebuhr, Reisebeschreibung. Bd. 1, S. 159).

die einheimischen Ziffern mit, deren Aehnlichkeit mit den unsrigen ihm nicht entging.[1] Seine Aufnahmen der Denkmäler von Persepolis waren genauer und zuverlässiger als die ältern von Chardin und Le Bruyn, und als Grotefend 1802 die ersten Keilschriftzüge entzifferte, bediente er sich dazu der persepolitanischen Abzeichnungen Niebuhr's, der selbst schon die dreifachen Alphabete auf den Denkmälern unterschieden hatte.[2] Niebuhr bezeichnete zuerst bei Hilleh den Birs Nimrud als Rest des alten Babylon und war der erste wissenschaftliche Reisende, der Babylon besuchte; auch fügte er eine Ansicht der Ruinen Ninivehs gegenüber von Mossul hinzu.[3] Keiner seiner Vorgänger hat uns den Orient um so vieles näher gerückt, keiner das Verständniß seiner Kulturen weiter aufgeschlossen als er, so daß er der Pförtner wurde für das tiefere Eindringen seiner Nachfolger in die Kunde des Morgenlandes.[4]

Auf die großen Arbeiten Messerschmidt's, Gmelin's und Steller's zur Kunde des russischen Reiches[5] folgten der Zeit nach unmittelbar auf Niebuhr's Rückkehr die Reisen des Zoologen Peter Simon Pallas (geb. 22. September 1741 in Berlin, gest. 1811), Sohn eines Arztes, der durch die Kaiserin Katharina aus dem Haag nach Petersburg berufen, seine Wanderungen im Juni 1768 zunächst nach Simbirsk und den Resten der alten Stadt Bolgar antrat.[6] Im nächsten Frühjahr zog er die Samara aufwärts nach Orenburg und Orsk und kehrte zur

[1] Reisebeschreibung. Bd. 2, S. 21—26.

[2] Reisebeschreibung. Bd. 2, S. 138 und Taf. XXIV. Friedr. Spiegel, die Keilschrift, im „Ausland" 1865. S 411.

[3] Reisebeschreibung. S. 287, 353.

[4] Ein ehrendes Denkmal hat ihm Palgrave errichtet, indem er sein Werk (Central and Eastern Arabia. London 1865. 2 vols.) widmete: To the memory of Carsten Niebuhr in honour of that intelligence and courage which first opened Arabia to Europe.

[5] Siehe oben S. 454.

[6] Mit Unrecht wird er bisweilen als ihr Entdecker bezeichnet, da man wohl nie ihre Lage aus dem Auge verloren hat. Uebrigens bemerkt Pallas

Ueberwinterung nach Ufa zurück. Das dritte Jahr (1770) wurde dem Ural gewidmet und namentlich alle wichtigen Grubenbaue bis nach Jekaterinburg und Werchoturje am Ostabhang des Gebirges besichtigt. Nach einer Berührung des wichtigen asiatischen Meßplatzes Troitzk am Nordrande der kirgisischen Steppe überwinterte Pallas in Tscheljabinsk. Da er mittlerweile von der Akademie ermächtigt worden war, seine Reise nach Sibirien und dem Baikalsee zu erstrecken, begab er sich 1771 an den Altaï, wo er die Semenow'schen Gruben, die Hüttenwerke von Barnaul und vor allem die seit 1745 eröffneten Gold- und Silberbauten des Schlangenbergs beschrieb. Den nächsten Winter verlebte er „im Schooße der Wohlfeilheit und des Ueberflusses" n Krasnojarsk, von wo er am 7. März 1772 zu einer Wanderung über Irkutsk nach dem Baikal aufbrach und nicht versäumte, Kiachta sammt der Zwillingsstadt Maimatschin, den äußersten vorgeschobenen Grenzposten der chinesischen Kultur, zu berühren. Von dort begab er sich über Udinsk nach Akschinsk in Daurien, um die Natur des Ononthales kennen zu lernen. Am 5. Juni trat er seine Rückreise an der Ingoda nach Selenginsk an und wählte nach einem Herbstausfluge in das sajanische Gebirge Krasnojarsk zum zweitenmale als Winterquartier. Am 22. Januar 1773 brach er von dort neuerdings auf und am 7. April befand er sich wieder diesseit des Ural bei Sarapul, worauf er den nächsten Sommer und Winter zur Erforschung der untern Wolga und der kaspischen Gebiete verwendete, um nach sechsjährigen Wanderungen am 30. Juli 1774 Petersburg wieder zu erreichen.

Pallas beschreibt am ausführlichsten die örtlichen Ernährungszweige, Viehzucht oder Ackerbau, das Bergwesen im Ural und Altaï, die Jagd in Sibirien, den Fischfang und die Salzerbeutung in den Steppen. Auch ist er der früheste Reisende,

selbst, daß die Trümmer schon von Peter dem Großen besucht wurden. Reisen durch verschiedene Provinzen des russischen Reiches. Frankfurt 1776. Bd. 1, S. 80. Ueber Bolgar siehe oben S. 108.

welcher unsere Aufmerksamkeit auf den Gürtel der berühmten schwarzen Erde im mittleren Rußland gelenkt hat. Mit Höhenmessungen hat er sich nicht beschäftigt, auch seine Aufzeichnungen von Temperaturen sind werthlos, doch beachtete er genau das Eintreten des Frühjahrs bei Gewächsen und bei wandernden Thieren, an den Zeichen und Boten der belebten Natur, er bestätigte von neuem, daß wenigstens bei Irkutsk der Boden im Sommer nur etliche Fuß aufthaut, in größeren Tiefen aber ewig starr bleibt (Bodeneis), endlich hat er uns eine klassische Beschreibung des Klimas an der untern Wolga geliefert.[1] Sein Hauptverdienst wird aber immer in der Fülle von kleinen Naturbeobachtungen, in dem Sammeln von Pflanzen und Thieren gesucht werden müssen, die er durch eine Menge neuer Arten und Gattungen bereicherte.[2] Bei Irkutsk war er so glücklich, das ausgestorbene wollhaarige Nashorn zu entdecken; wir verdanken ihm ferner eine erste meisterhafte Darstellung des Dschiggetai (Equus hemionus), einer Uebergangsform zwischen Roß und Esel, und eine für anatomische Vergleiche wichtige Beschreibung der Tarpanen, das heißt der wilden oder verwilderten Pferde an der Kama, die geologisch so belehrende Kenntniß, daß der süß gewordene Binnensee Baikal von Seehunden bewohnt werde, und die Entführung einer damals noch 42 Pud schweren Masse Meteoreisens von Krasnojarsk nach Petersburg.[3] Weit höher stehen seine Versuche, die Verschiedenheiten bestimmter Erdräume nach dem Gewebe ihres lebendigen Pflanzenkleides festzustellen. Die im Allgemeinen richtige Bemerkung Gmelin's, daß östlich vom Jenissei die Natur Sibiriens eine andere Tracht anlege, befriedigte den schärferen Pallas nicht mehr. Schon am Ostabhange des Ural sah er die ersten Veränderungen in den Charakterzügen der Gewächse eintreten. Während er westlich

[1] Pallas, Reisen. Bd. 3, S. 101. 467.

[2] Die Aufzählung der wichtigsten Gegenstände findet man bei Cuvier. Éloges historiques. Paris 1819. tom. II, p. 132.

[3] Reisen. Bd. 3, S. 98. 174. 347. 234. Die Aërolithen waren für die Mineralogen damals noch eine ganz neue Erscheinung. Cuvier, l. c. p. 138.

noch das pannonische Antlitz antraf, begann jenseit schon die sibirische Pflanzenwelt, die dem Irtysch entlang immer mehr sich entfremdend allmählich zur Entfaltung der schönen Flora des Jenissei fortschritt, wie auch östlich vom Ob asiatische Pflanzen allgemein werden, die am Altaï sich wiederfinden. Waldige Niederungen drängen sich zwischen die Alpengewächse am obern Jenissei und ihre wahre Heimat in Daurien und im Süden des Baikal, wo in einer zerklüfteten Gebirgsgegend, bei schroffem Wechsel der Standorte an sonnigen oder schattigen Lagen, die seltensten und sonderbarsten Gewächse sich begegnen. Diese Wahrnehmungen botanischer Provinzen suchte er durch Pflanzenverzeichnisse zu begründen, so daß wir bei ihm den frühesten Versuch ihrer Begrenzung durch eine Artenstatistik bemerken.[1] Schon am Beginn seiner Wanderungen entwirft er uns ein klassisches Bild der asiatischen Steppen, die nach ihm dort beginnen, wo die uralische Erhebung verschwindet und wo den fruchtbaren Boden Europas die immer unruhigen Dünen der glühenden kaspischen Ebene mit ihren Wärme und Salz liebenden Gewächsen scharf umsäumen. Mit Lebhaftigkeit vertrat er die von Tournefort schon geäußerte Ansicht, daß einst das schwarze Meer durch eine Enge, von welcher der Manytsch noch Zeugniß ablege, mit dem kaspischen See vereinigt gewesen sei, bis durch die Oeffnung des thracischen Bosporus der Pontus einen Abfluß in das Mittelmeer gewann und durch Sinken der Spiegel die großen inneren Becken sich gesondert hätten. Die alten Ufergrenzen des kaspischen Meeres aber suchte er durch Aufspürung zurückgebliebener Muscheln noch vorhandener Arten festzustellen.[2] Auch die Völkerkunde blieb nicht unbereichert; so entdeckte er unter andern in den sogenannten tschudischen Schürfen des Ural und Altaï die Spuren uralter Bergbauvölker.[3]

[1] Reisen. Bd. 3, S. 237—250.

[2] Pallas, Reisen. Bd. 1, S. 310. Bd. 3, S. 401.

[3] Seiner Verdienste um die Geologie wird man in dem nächsten Abschnitte gedacht finden.

Es war mittlerweile die Zeit herangereift, wo der Mond zu der schwierigen Bestimmung der geographischen Längen dienstbar gemacht werden konnte; dazu mußte man aber genau seine mittlere Entfernung von der Erde oder mit andern Worten die Größe seiner Parallaxe kennen.[1] Die pariser Akademie sendete zu gleichzeitigen Beobachtungen auf beiden Halbkugeln zwei Astronomen, Lalande nach Berlin, Nicolas Louis de Lacaille (geb. 15. Mai 1713 in Rumigny bei Rheims, gest. 21. März 1762) nach der Capstadt. Lacaille erreichte sein Ziel am 19. April 1751 und vollendete seine Arbeiten zur Bestimmung der Mondparallaxe vom 10. Mai 1751 bis zum October 1752.[2] Die Zeit von September bis October des vorhergehenden

[1] Siehe oben S. 405 und 406 die näheren Erläuterungen.

[2] Journal historique du Voyage fait au Cap de Bonne Espérance, par M. l'Abbé de la Caille. Paris 1763. p. 46—49, und Lalande. Mémoires de l'Académie des Sciences. Année 1752. Paris 1756. p. 105 und Année 1761. Paris 1763. p. 121. Das folgende Diagramm wird zum Verständniß des Verfahrens genügen. Denken wir uns Lalande in B (Berlin), Lacaille in C (Capstadt) und setzen wir voraus, beide Orte lägen in demselben Mittagskreis, da sich der geringe Unterschied ihrer geographischen Längen durch Berechnung wieder beseitigen läßt. Ist F und F′ derselbe Fixstern, L aber das Centrum oder ein Punkt am obern oder untern Rande des Mondes, so wird der Unterschied der beiden Winkel FBL und F′CL,

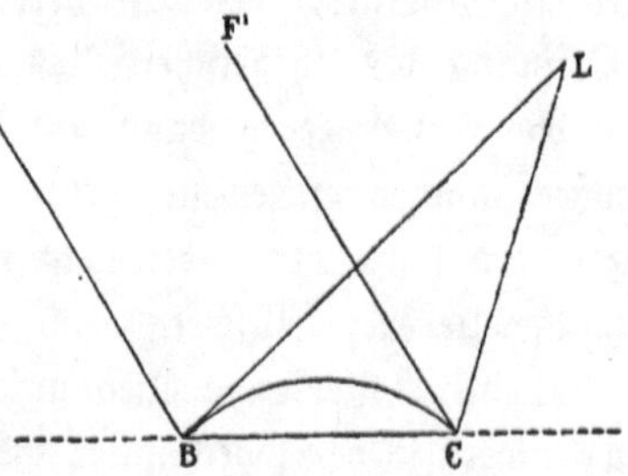

die Größe des Winkels BLC ergeben. Da man nun in dem Dreieck BLC alle Winkel kennt und die Größe der Seite BC (nämlich die gerade Linie zwischen Berlin und der Capstadt durch die Erde gezogen) genau berechnet werden kann, so gewährt eine einfache trigonometrische Lösung auch die Größe der Linien BL und CL, oder die Entfernung des Mondes von den Punkten B und C.

Jahres benutzte er, das erste Erdbogenstück unter höheren australischen Breiten vom Cap selbst bis Klipfontein (1° 13′ 17²/₃″) etwa 18 deutsche Meilen lang zu messen, wo er für die Größe eines Erdgrades 57037 Toisen fand.[1] Am 8. März 1753 schiffte er sich wieder ein und erreichte nach einem Besuche der Inseln Bourbon und Mauritius auf dem atlantischen Seewege Frankreich am 4. und Paris am 28. Juni 1754.

Im Jahre 1764 hatten in Paris Leroy und Ferdinand Berthoud Uhren von so außerordentlich genauem Gange verfertigt, daß mit ihrer Hilfe durch Zeitübertragung auch geographische Längen ermittelt werden konnten.[2] Auf Befehl des Königs wurde schon 1764 an Bord einer Corvette eine Berthoud'sche Uhr von zwei Akademikern, Duhamel du Monceau und Abbé Chappe geprüft und ihre Fehler in 17 Tagen auf 54 Zeitsekunden angegeben.[3] Die Versuche wurden im Jahre 1768 von Fleurieu und Pingré an Bord der Fregatte Isis mit zwei andern berühmten Berthoud'schen Uhren (Nr. 6 und Nr. 8) erneuert. Die Prüfung währte vom 10. November 1768 bis 21. November 1769 und erstreckte sich vom grünen Vorgebirge nach den Antillen und bis nach Neufundland oder zwischen einem Wechsel der Lufttemperaturen von 25° bis zu 0° R. Der Fehler in den geographischen Längen, welche die bessere Uhr (Nr. 8) anzeigte, betrug bei der Rückkehr nach Cadiz im Bogen 0° 40′ nach 114 Tagen; etwas weniger als 0° 40′ nach 214 und 0° 45′ nach 287 Tagen.[4]

[1] Siehe Lacaille's Denkschrift in Hist. et Mém. de l'Académie des Sciences. Année 1751. Paris 1755. p. 425 sq. In der kurzen Frist von 2 Monaten ausgeführt wurde das Resultat dieser Gradmessung die Veranlassung, die nördl. und südl. Halbkugel der Erde für ungleichförmig zu halten. Lorenz Posch, Geschichte und System der Breitengrad-Messungen. Freising 1860. S. 52.

[2] Die Erläuterung dieses Verfahrens findet sich oben S. 399.

[3] Fleurieu, Voyage fait par ordre du Roi pour éprouver en mer les horloges. Paris 1783. tom. I, p. IX.

[4] Fleurieu, Voyage pour éprouver les horloges. tom. I, p. XXV.

Mit dem nämlichen Instrument an Bord verließ am 29. October 1771 den brester Hafen die Fregatte Flore unter dem Befehl des Lieutenants de Verdun de Lacrenne, in Begleitung des Ritters de Borda und A. G. Pingré's. Die Aufgabe dieser drei Astronomen beschränkte sich nicht blos auf die Prüfung von Schiffsuhren, sondern sie sollten auch die Genauigkeit der Längenbestimmungen nach Mondabständen, gemessen mit Hadley'schen Drehspiegeln und berechnet nach den nautischen Almanachen, festzustellen.[1] Auf ihrer Fahrt berührten sie Cadiz, die Bai von Funchal (18. December 1771), Teneriffa, wo der Pic von Teyde trigonometrisch gemessen wurde, die Gorée-Insel beim grünen Vorgebirge Afrikas (15. Januar 1772), die capverdischen Inseln, die französischen Antillen Martinique (17. Februar) und Guadalupe, die Nordküste Haitis, dann die Fischerinsel St. Pierre an der Küste von Neufundland (28. Mai), endlich Island (Patriksfjord, 30. Juni), die Faröer, die Shetland-Inseln und Kopenhagen (13. August), von wo sie am 8. October 1772 nach Brest zurückkehrten. Eine Frucht dieser Reise bestand in einer wesentlichen Verschärfung atlantischer Seekarten. Trotz der großen Verschiedenheiten der Luftwärme, denen man sie ausgesetzt hatte, wurde die Berthoud'sche (Nr. 8) und die Leroy'sche (Nr. 5) Uhr in ihrem Gange so gleichmäßig befunden, daß sich nach sechs Wochen noch die geographische Länge durch Zeitvergleich bis zur Genauigkeit von einem halben Grad ermitteln ließ.[2] Die Zuverlässigkeit der Ortsbestimmung nach Mondabständen hatte schon der britische Astronom Maskelyne auf einer Reise nach St. Helena im Jahre 1761 bestätigt,[3] Niebuhr und Wallis hatten sich ihrer bereits be-

[1] Voyage fait par ordre du Roi en 1771 et 1772 par MM. de Verdun de Lacrenne, le Chev. de Borda et Pingré. Paris 1785. tom. I, p. 1—22.

[2] Verdun, Borda et Pingré, l. c. tom. II, p. 372—374.

[3] v. Zach, Monatliche Correspondenz. Gotha 1801. Bd. 4., S. 627.

dient,[1] jetzt erklärten auch die französischen Astronomen, daß die damaligen Hadley'schen Spiegeloctanten die Winkelabstände bis zur Schärfe einer Bogenminute, die Schiffskalender den Ort des Mondes jedenfalls bis auf eine Bogenminute richtig angaben, so daß bei fehlerfreien Beobachtungen auf hoher See im ungünstigsten Falle die Irrthümer den Werth eines Grades bei den geographischen Längen nicht mehr überschritten.[2]

Auch die Franzosen hatten die beiden Durchgänge der Venus über die Sonnenscheibe am 5. Juni 1761 und am 3. Juni 1769 unter südlichen Breiten beobachten lassen wollen. Die Aufgabe war dem Akademiker Legentil zugefallen, der sich am 26. März 1760 zunächst über Mauritius nach Indien begab. Der erste Venusdurchgang trat unglücklicherweise ein, als er sich noch zur See befand. Zur Beobachtung des nächsten begab er sich am 1. Mai 1766 nach Manila, welches er aber persönlicher Widerwärtigkeiten halber am 2. Februar 1768 wieder verließ, um nach Pondichéry zu gehen. Während in Manila an dem zweiten Durchgangstage das reinste Wetter herrschte, hatte Legentil in Pondichéry einen trüben Himmel und mußte unverrichteter Dinge am 1. März 1770 über Mauritius nach der Heimat zurückkehren.[3] Wir verdanken diesem Reisenden etliche genauere Ortsbestimmungen im indischen Meere und ausführliche Schilderungen der Natnr Madagaskars, der Inseln Bourbon und Mauritius, der Malabar- und Coromandelküste Indiens, sowie der Philippinen. Seine Thermometerbeobachtungen in Pondichéry und in der Bai von Antongil auf Madagaskar widerlegten zuerst den Irrthum, daß die südliche Erdhälfte um vieles kälter als die nördliche, daß wenigstens bis 12° s. Br. kein merklicher Unterschied in der Erwärmung

[1] Siehe oben S. 476 und S. 548.

[2] Verdun, Borda et Pingré, l. c. tom. I, p. 7. tom. II, p. 327, 358 sq.

[3] Legentil, Voyage fait par Ordre du Roi dans les mers de l'Inde. Paris 1779. p. 1—31.

bemerkbar sei.[1] Auch brachte er eine Karte über die senkrechten Neigungen des Magnetes im atlantischen Meer und im indischen Ocean unter nördlichen wie unter südlichen Breiten nach Europa.[2]

Die nämlichen Erdräume durchwanderte fast gleichzeitig ein anderer Franzose, Sonnerat, und zwar im Jahre 1769 als Gehilfe des Naturforschers Provost auf der Reise der Schiffe unter Coëtivi und Cordé, von welcher er außerordentlich lebendige Bilder der Thierwelt, namentlich der Vögel Neu-Guineas und einiger papuanischen Inseln zurückbrachte.[3] Ein Jahr nach seiner Heimkehr besuchte er von 1774—1781 im königlichen Auftrage beide Gestade Indiens, die Insel Ceylon, Malaka und China, von wo er über Madagaskar zurückkehrte. Der Hauptwerth seines Reisewerkes[4] besteht nur in seinen Thierbeobachtungen; unter anderen beschrieb er zuerst das madagassische Aye-aye.

Nachdem bereits 1624 der Jesuit Antonio Andrada als der erste Europäer in der neueren Zeit von Indien aus Tibet betreten hatte,[5] und sein Ordensbruder Joh. Grueber (geb. in Linz 1620, gest. 1665) am Ende des Jahres 1661 von Peking aus durch Tangut seinen Weg nach Lhasa gefunden,[6] drang Ippolito Desideri (geb. 1684 in Pistoja), von demselben Orden,

[1] A. v. Humboldt, Kleinere Schriften. Stuttgart 1853. Bd. 1, S. 285.

[2] Siehe die Karte in tom. I von Legentil's Voyage.

[3] Sonnerat, Voyage à la Nouvelle Guinée. Paris 1776. Außer seinen zoologischen Beschreibungen hat dieses Werk keinen Werth für die Erdkunde. Provost und Sonnerat beobachteten damals zuerst, daß eine Verbenacee (Vitex agnus castus) in einer Quelle auf Luzon von 68,8° R. vorkam. J. R. Forster fand dann später das nämliche Gewächs auf vulkanischem Boden in Tanna, der sogar bis auf 80° R. erwärmt war. Wilhelm Kabsch, Pflanzenleben der Erde. Hannover 1865. S. 19.

[4] Sonnerat, Voyage aux Indes Orientales et à la Chine fait par Ordre du Roi. 2 vols. Paris 1782.

[5] Ant. d'Andrade, Relation de la découverte du grand Catay ou royaume de Tibet. Paris 1628.

[6] J. Carlieri, Notizie varie dell Imperio della China. Firenze 1687. Athanas. Kircher, China illustrata. Amsterdam 1667. cap. II.

1714 von Lahore aus über Kaschmir nach Tibet vor und erreichte über den Mariam-la-paß am 18. März 1716 Lhasa und verweilte 13 Jahre in der Stadt des Dalai-Lama.[1] In jener Zeit zog auch Samuel van de Putte (geb. 1690 in Vlissingen, gest. 1745), einer der hervorragendsten Reisenden des 18. Jahrhunderts, mit einer Karawane von Haleb aus 1719 über Ispahan nach Indien, durchwanderte in der Tracht eines Eingebornen die Länder des Großmogul und Tibet und ging in Begleitung tibetanischer Lamas an den kaiserlichen Hof nach Peking.[2]

Wir gedenken hier auch der Reise eines Briten, George Forster, eines Beamten der ostindischen Handelsgesellschaft, welcher 1783 von Bengalen durch die Kaiberpässe nach Kabul und Kandahar zog und von dort über Herat (2. November 1783) im Winter Chorassan durchschritt, um sich durch Masenderan nach Meschedi Sar am kaspischen See auf russische Schiffe zu begeben, die ihn nach Astrachan (10. Mai) brachten.[3] Forster war kein wissenschaftlicher Naturbeobachter, aber er ist der erste britische Reisende, welcher die Länder zwischen dem Indus und dem kaspischen See unter der Maske eines Mohammedaners durchzog. Unersetzlich sind übrigens für die asiatische Geschichte seine Beobachtungen über das eben entstandene Reich der Sikh, sowie über die damaligen Zustände der Afghanen, welche erst seit Nadir Schah's Tode unabhängig geworden waren. War Forster der erste Brite, welcher aus Indien nach Nordwesten wanderte, so beginnen seit George Bogle's (geb. 1746 in Glasgow, gest. 1781) Botschafterreise 1774 nach dem Kloster Teschulumbo, dem Sitz des Teschu-Lama in Tibet, die frühesten für

[1] Lettres édifiantes. tom. XV, p. 184. Die christlichen Glaubensboten wurden 1760 aus Lhasa vertrieben. Erst 1811 gelang es Thomas Manning diese Stadt wieder zu betreten. (Clements Markham, Narratives of the mission of George Bogle to Tibet and of the journey of Thomas Manning to Lhasa. London 1876. p. 213—295.

[2] Markham, Narratives. p. LXII.

[3] George Forster, Journey from Bengal to England. London 1798.

die neuere Erdkunde brauchbaren Nachrichten von den Ländern jenseit des Himalaya zu fließen.[1] Ihm folgte 1783 Samuel Turner, dessen Begleiter, Dr. Robert Saunders, schätzenswerthe botanische und mineralogische Beobachtungen gab. Turner nahm dieselbe Route wie Bogle, doch machte er noch einen Abstecher nach dem Kloster Terpaling, wo der jugendliche Teschu-Lama residirte.[2]

Durch die Vereinigung bedeutsamer Männer fiel seit der Mitte bis zum Ende des vorigen Jahrhunderts ein heller Glanz auf Genf. Fast als Zeitgenossen treffen wir dort die beiden de Luc, den Physiker Marc Auguste Pictet (1752—1825), Pierre Prévost (1751—1839), Jean Trembley (1749—1811), endlich den Botaniker Jean Senebier (1742—1809), auf welchen später der ältere de Candolle (1778—1841) folgte. Zu diesem Kreise gehörte auch Horace Bénédict de Saussure (1740—1799), dessen Wanderungen in den Alpen fast alle Reize von Entdeckungsreisen besitzen. Schon mit 18 Jahren begann er die Gebirge in der Nähe von Genf zu durchstreifen, wie wir ihn überhaupt, da er sich sehr spät und nur mangelhaft[3] die deutsche Sprache aneignete, vorzugsweise in der Westschweiz, nie im Rheinthale antreffen. Im Jahre 1786 hatte der Führer Balmat einen Weg nach dem Gipfel des Montblanc entdeckt und im nächsten Jahre trug Saussure das erste Barometer und das erste Thermometer auf den Scheitel des Berges.[4] Seine andern

[1] Cl. Markham, Narratives of the mission of George Bogle to Tibet. London 1876.

[2] An Account of an Embassy to the Court of the Teshu-Lama. London 1800. Letter from Mr. Samuel Turner d. d. Patna 2 march, 1784, worin er seine Besuche bei dem Teschu-Lama schildert in Asiatic Researches. vol. I. London 1806. p. 199 sq.

[3] So übersetzt er Pfaffensprung und Weibermorgengab, Namen von Oertlichkeiten im Reußthal, saut du singe und déjeûné des dames. Voyages dans les Alpes. §. 1876, 1936. Neuchatel 1796. tom. VII, p. 89. 185.

[4] Voyages dans les Alpes. §. 1693 sq. Neuchatel 1796. tom. VII, p. 220 sq.

Höhenmessungen, namentlich die des Monte Rosa und des Matterhornes, seine Feststellung der senkrechten Höhe der Schneelinie in den Alpen, seine Ermittelungen der Tiefenwärme in den schweizer Seen, seine Beobachtung über die senkrechte Abnahme der Erderwärmung, seine Aufzeichnung von Höhenstandorten der Pflanzen sind von unvergänglichem Werthe für die Entwicklung der Wissenschaft geworden. Die meiste Aufmerksamkeit widmete er jedoch dem Bau der Alpen, dem Wechsel der Felsarten, vor allem der Blätterrichtung, dem Streichen und Fallen der Schichten. Als er seine ersten Beobachtungen herausgab, nannte er sich einen Schüler des Wallerius, später nach dem Erscheinen des vierten Bandes studirte er Werner, dessen wissenschaftliche Sprache, wie er freudig gesteht, nicht rasch genug verbreitet werden könne.[1] Am Beginn seiner Wanderungen hatte er seinen Zuhörern verheißen, das Geheimniß des Alpenbaues zu enthüllen, zuletzt gelangte er aber zu dem aussichtslosen Ergebniß, daß er in den Alpen nichts dauernd bestätigt gefunden habe, als ihre Mannigfaltigkeit.[2] Diese Leerheit an Erfolgen, trotz unermüdlicher Beobachtungen, erklärt sich einfach damit, daß man zu Saussure's Zeiten die örtlichen Ermittelungen noch nicht durch die Entwerfung von Querschnitten und Karten der geognostischen Gebiete sich und andern zur Anschauung brachte. Als er seine Reisen begann, beobachtete Saussure ohne klare Ziele und ohne strenges Verfahren, weshalb er auch über seine zehn ersten Wanderungen nie etwas veröffentlicht hat. Erst nach fortgesetztem Umgang mit der Natur konnte er für sich und seine Nachfolger die merkwürdigen Vorschriften zur Beobachtung[3] entwerfen, worin er fast lauter Fragen und Zweifel

[1] Voyages dans les Alpes, tom. V. Avertissement, geschr. 20. November 1795, p. II.

[2] Voyages dans les Alpes, §. 2301, tom. VIII, p. 241: il n'y a dans les Alpes rien de constant que leur variété.

[3] Agenda ou tableau général des Observations et des Recherches dont les résultats doivent servir de base à la théorie de la terre. Voyages dans les Alpes, §. 2304, tom. VII, p. 244 sq.

anregt, die gegenwärtig beantwortet sind oder uns noch jetzt beschäftigen. Getreu und streng in seinen Beobachtungen, sehr zurückhaltend und vorsichtig mit allgemeinen Schlüssen, kennen wir trotz dem großen Abstand der Erkenntnisse, welcher zwischen der enteilenden Wissenschaft und den Zeiten Saussure's liegt, doch kein Buch, welches der Laie wie der Unterrichtete noch mit Nutzen und weniger belästigt durch veraltete Irrthümer lesen könnte, als Horace Bénédict Saussure's Reisen in den Alpengebirgen.

Zu den Officieren, welche in Folge des Vertrages von Ildefonso (1778) die Grenzen der spanischen und portugiesischen Besitzungen in den La Plata-Gebieten fester bestimmen sollten, gehörte Don Felix de Azara (geb. 18. Mai 1746 in Barbunales bei Barbastro, gest. 1811), den wir von 1781—1801 in den südamerikanischen Pampas mit der Ausarbeitung einer verbesserten Karte vom atlantischen Gestade bis zu den Anden beschäftigt finden.[1] Durch ihn zuerst sind jene geräumigen Grasebenen, ihre auffallende Horizontalität, ihre Seen und Steppengewässer,[2] ihr Klima, ihre Bewohner geschildert worden. Azara beschreibt uns sehr vollständig die Pampa-Indianer, von denen die Mehrzahl seitdem bis auf den Namen erloschen ist, ihre Sitten, ihre Nahrungszweige, ihre Sprache, und er hat uns belehrt, durch welche sanften Mittel es den Jesuiten zur Zeit ihrer Herrschaft in Paraguay gelang, die wilden Kinder Südamerika's zu bezähmen und sie zu einem socialistischen Bienenstaate abzu-

[1] Zu den Breitenbestimmungen, die er nie unterließ, bediente er sich eines Hadley'schen Octanten mit künstlichem Horizont. Die Längen bestimmte er nur an vier Orten: Montevideo, Buenos Ayres, Corrientes und Asuncion durch Verfinsterungen der Sonne, der Jupitersmonde und Sternbedeckungen, also noch nicht durch Mondabstände. Die Längen aller übrigen Orte begründete er auf sorgfältige Gissungen. Azara, Voyages dans l'Amérique méridionale ed. Walckenaer. Paris 1809. tom. I, p. 7—14.

[2] Eine Messung der Wasserfülle der Paraguayströme bei Azara, Voyages tom. I, p. 67.

richten.[1] Seine Beschreibung der Thierwelt, die er, ohne Zoolog zu sein, nur zur eigenen Unterhaltung entwarf, wurde von Cuvier so hoch gestellt, daß er sich der Ueberwachung ihrer Herausgabe unterzog. In neuester Zeit erst wieder hat man seine Beobachtungen der verwilderten Pferde in der Steppe recht schätzen gelernt, da er bei ihnen lehrreiche Merkmale eines Zurückfallens von Hausthieren in den ursprünglichen Typus wahrnahm.[2] Gleichzeitig mit ihm durchzogen auch die spanischen Botaniker Ruiz, Pavon und Dombey 1781—88 Chile und das peruanische Waldland und hielten dort in einem wissenschaftlich noch unberührt gebliebenen Gebiete eine reiche Ernte von neuen Pflanzenarten.[3]

Am Schluß des vorigen Jahrhunderts fesselte Aegypten längere Zeit alle Blicke auf sich. Im Gefolge des Eroberers Bonaparte befand sich nicht nur eine Auswahl Akademiker, sondern das französische Heer selbst enthielt in seinem Stab und unter seinen Aerzten so viele wissenschaftliche Berühmtheiten, daß in Cairo eine gelehrte Gesellschaft zusammentreten und zwei Jahre lang thätig arbeiten konnte,[4] als ob das Nilthal ein Stück Frankreich gewesen wäre. Nouet bestimmte die Längen von Alexandrien und Cairo mit der damals erreichbaren Schärfe und knüpfte an diese Städte durch Zeitübertragung mehr als 30 andere Orte östlich bis nach Sues und Kosseir, südlich am Nil bis zur Insel Philä.[5] Ein Theil der Küste wurde trigono-

[1] Azara, Voyages, chap. XIII, tom. II, p. 223 und vorzüglich p. 249.

[2] Azara, Voyages, tom. I, p. 372—374.

[3] K. F. W. Jessen, Botanik der Gegenwart und Vorzeit. Leipzig 1864. S. 467.

[4] Die Ergebnisse ihrer Untersuchungen enthalten die Mémoires de l'Égypte, 4 vols., Paris, année VIII, und die berühmte Description de l'Égypte mit ihren großartigen Kupferwerken.

[5] Mémoires de l'Égypte, tom. I, p. 327, tom. II, p. 179, 236. Die östliche Länge von Alexandrien (Leuchtthurm) wurde chronometrisch (1^h 50′ 17″), durch Mondabstände (1^h 50′ 20″), durch Jupitersmonde (1^h 50′ 46″) gefunden, jetzt rechnet man 1^h 50′ 10″. Die Länge von Cairo wurde 28°

metrisch aufgenommen, die Erzeugnisse Aegyptens wissenschaftlich beschrieben, der Feldbau des Landes verglichen mit der physischen Verfassung des Nilthales. Berthollet zerlegte die Produkte der Natronseen, Regnault den Nilschlamm und das Nilwasser, Nouet bestimmte die drei Ausdrücke der magnetischen Erdkräfte und sammelte Witterungsbeobachtungen in den Hauptstädten, Marcel zog die alte arabische Beschreibung des Arabers Bakui aus der Vergessenheit, der Mineralog Rozière beschrieb die Felsarten auf dem Wüstenpfade von Keneh am Nil nach Kosseir am rothen Meere, der Maler Dénon erkannte in den heutigen Kopten die Ebenbilder des pyramidenbauenden Volkes wieder,[1] endlich besorgte und überwachte einer der größten Geographen des modernen Frankreich, der noch unvergessene Jomard, die Herausgabe des großen französischen Nationalwerkes über Aegypten, welches sämmtliche Arbeiten in sich vereinigte. Alle jene Beobachtungen bewegten sich jedoch auf einem sehr engen Raum, denn die Gelehrten mußten sich innerhalb der beständig beunruhigten Vorpostenkette halten. Ihr südlichster Punkt blieb die Insel Philä, wo sie an einem Nilfelsen 1798 eine Inschrift hinterließen,[2] und gegen Osten drangen die Generale Beliard und Doncelet von Keneh nur bis Kosseir vor.

Seit dem 13. September 1797 hielt sich theils in Alexandrien, theils in Cairo ein Deutscher, Friedrich Hornemann (geb. in Hildesheim 1766)[3] im Dienste einer englischen Gesellschaft auf, die sich im Jahre 1788 zur Unterstützung afrikanischer Reisender gebildet hatte. Im Jahre 1798 veröffentlichte sie

58′ 0″ im Bogen gefunden, statt 28° 55′ 12″ (Janitscharenthurm), wie man jetzt annimmt. Die Sternwarte in Cairo liegt 28° 56′ 58″ ö. v. Paris.

[1] Dénon, Voyage dans la basse et la haute Égypte, tom. I, fol. 59. Diese Ansicht hatte bereits C. F. Volney, Voyage en Syrie et en Égypte. Paris 1787, vol. I, p. 69 ausgesprochen.

[2] Dénon, Voyage dans la basse et la haute Égypte. Paris 1802. fol. 171. Auf dieser Tafel war die erreichte Polhöhe mit 24° 3′ 18″ angegeben; Prokesch v. Osten fand 1827 für diesen Punkt 24° 1′ 18″. A. v. Prokesch, Das Land zwischen den Katarakten des Nils. Wien 1831. S. 11.

[3] Siehe seine Biographie in „Ausland“ 1858. S. 269.

zugleich mit der Entdeckung Mungo Park's, daß der Niger von West nach Ost ströme, die Reisebriefe unseres Landsmannes, der sich in Cairo zu einem Mohammedaner verwandelt und mit der Karawane, die von den heiligen Stätten zurückkehrte, den Nil am 5. September 1798 verlassen hatte. Er kreuzte das Natronthal, besuchte in der Oase Siwah die Tempelbauten und Todtengrüfte, die er zuerst als die Reste der alten Orakelstätte des Ammon erklärte, und zog von dort westsüdwestlich durch die Wüste über Udschila durch den schwarzen und weißen Harudsch in 17 Märschen nach Zuila und Murzuk in der Oase Fezzan, ein Pfad, der vor ihm noch nicht, nach ihm nicht wieder betreten worden war und ist. Am 19. August 1799 war er wieder in Tripoli, wo er Vorkehrungen traf, um am 20. Jan. 1800 nach Murzuk zurückzukehren, welches er auch am 6. April mit einer Karawane, die nach Bornu ging, voll frischer Entdeckerlust verließ. Nie hat man seitdem etwas von ihm gehört. Hornemann, der erste deutsche Entdecker, hatte sich in Göttingen gebildet, war mit Werkzeugen zur Ortsbestimmung gerüstet[1] und der Bornusprache schon vor seiner Abreise ein wenig mächtig. Wäre ihm eine Heimkehr vergönnt gewesen, so hätte er ein Vierteljahrhundert vor Denham und Clapperton den Schleier von dem Inneren Afrika's gezogen. So besitzen wir von ihm nur eine genau ausgeführte Wüstenmarschkarte,[2] in seinen Briefen eine Naturbeschreibung Fezzans und eine Arbeit über die Stämme der Sahara, gestützt auf Sprachforschungen, aus denen schon damals ermittelt werden konnte, daß die Tibbu

[1] Er bestimmte damals die Breite von Murzuk auf 25° 54′ 15″ n. Br., die der gefeierte englische Geograph Rennel auf 27° 23′ verbessern wollte. Hornemann's Reise von Cairo nach Murzuk. Weimar 1802. S. 157—159. E. Vogel bestimmte die Lage zu 25° 55′ 16″. (Journ. R. Geogr. Soc. London 1855. p. 242.)

[2] Hornemann ist der erste Reisende, der eine Reisekarte mit Bemerkungen zur Beschreibung der Bodennatur und der Gewächserscheinungen versehen hat, ein Muster, das für Afrika Dr. Heinrich Barth befolgte und das jetzt immer allgemeiner wird.

die alten Garamanten, nicht zu den Neger-, sondern zu den Berberstämmen zu zählen sind.[1] Hornemann, aus dessen Munde man zuerst die Namen Tsad (d. h. Fluß Tschadda), Wadaï, Fittri hört, hat die Pforte zu Inner-Afrika erschlossen, denn mit ihm beginnt das neue Wissen vom mittlern Theile des Sudan.

Seit dem Jahre 1798 verweilte in Paris ein Mann, dessen Namen bald beide Welten mit Verehrung nennen sollten, Alexander v. Humboldt[2] (geb. 14. September 1769 zu Berlin). Die Erfüllung seiner heißen Wünsche, entweder der gelehrten Erforschung Aegyptens oder der Erdumsegelung sich anschließen zu dürfen, welche unter Baudin auslaufen sollte, schienen sich glücklicherweise ins Unerreichbare zu verzögern, denn weder eine Seereise mit flüchtigen Landungen, noch das einförmig gegliederte Nilthal hätten Gelegenheit zur Ergründung allgemeiner Naturgesetze geboten. Verbindungen, die Humboldt in Frankreich anknüpfte, führten ihn und den Gefährten seines Ruhmes, den Botaniker Aimé Bonpland, Ende 1798 durch Catalonien und Valencia nach Madrid, wo sie im März 1799 vom Hofe die ungewöhnliche Vergünstigung erwirkten, die spanischen Statthaltereien in der neuen Welt durchwandern, ja selbst von Acapulco nach den Philippinen sich begeben zu dürfen, von wo sie durch den persischen Meerbusen ihre Erdreise zu vollenden gedachten. Am 5. Juni 1799 gingen die beiden Freunde von Coruña am Bord des Pizarro ab und und nach einem Besuche des canarischen Teneriffa, wo der Pic von Teyde bestiegen wurde, kreuzten sie das atlantische Meer fast auf demselben Pfade, wie Cristobal Colon auf seiner zweiten und dritten Ueberfahrt. Bei Cumana (am 16. Juli) betrat Humboldt zuerst die neue Welt und eine Wanderung nach der Halbinsel Araya, sowie landeinwärts nach Caripé führte ihn zu der merkwürdigen Grotte von Guacharo, wo er einen hühnergroßen früchteessenden

[1] Hornemann's Reise von Cairo nach Murzuk. S. 237.

[2] Karl Bruhns, Alexander von Humboldt, eine wissenschaftliche Biographie. Leipzig 1872. 3 Bde.

Nachtvogel entdeckte. Nach Cumana zurückgekehrt, wurde Humboldt am 4. November zum erstenmale Zeuge eines Erdbebens. Vierzehn Tage später finden wir ihn auf der Fahrt nach La Guayra und am Ende des Monats auf der Hochebene von Caracas, von wo er im Anfang des Jahres 1800 die noch nie gewagte Besteigung der Silla ausführte. Am 7. Februar 1800 stieg er von dem Granitwalle des antillischen Meeres hinab zu dem inselreichen Tacariguasee mit seinen schattigen Cacaopflanzungen und seinen Fluren voll Zuckerschilf. In der Nähe der Binnenhauptstadt Valencia besuchte er die Brunnen der Trinchera, die einen fast siedenden (90°,3 C.) Bach bilden und in deren noch wenig abgekühlten Wassern (bei 70° C.) Arumgewächse gediehen. Am 28. Februar treffen wir Humboldt noch einmal an der Küste, um den nahen Puerto Cabello zu besichtigen, wo er den Kuhbaum und seine Pflanzenmilch kennen lernte, der zwar früher schon von einem Holländer[1] flüchtig beschrieben, wissenschaftlich aber noch eine Neuigkeit war, ebenso wie die elektrischen Zitteraale, deren Fang er so meisterhaft geschildert hat. Am 6. März trat er mit Bonpland die denkwürdige Wanderung durch die Llanos oder venezuelanischen Grassteppen über Cura, Calabozo nach San Fernando de Apure an. Von dort erreichten sie auf einer Pirogue am 4. April den Orinoco, den sie zu Berg befuhren und wobei sich an den schäumenden Fällen oder Raudalen von Atures und Maypures ihre Standhaftigkeit in dem Fegfeuer peinigender Moskitenwolken bewähren sollte. Den Orinoco verließen sie auf der Höhe von San Fernando am Atabapo, um südwärts auf dem Nebengewässer dieses Namens sich dem Stromgebiete des Amazonas zu nähern. Das Flüßchen Temi gestattete die Wasserfahrt noch bis San Antonio de Javita (1. Mai 1800) auszudehnen, dort aber mußten die indianischen Bootsleute das Fahrzeug über einen

[1] Joannes de Laet, Novus orbis lib. XVIII, cap. 4. Lugd. B. Elzev. 1633. fol. 672.

schmalen Tragplatz[1] nach dem Pimichin schaffen, auf dem sich die Reisenden am 6. Mai einschifften und der sie noch am nämlichen Tage zum Rio Negro, also einem Amazonengewässer, hinabtrug. Ihre Thalfahrt erstreckte sich nur bis zur Mündung des Cassiquiare (10. Mai), einem Arm des Orinoco, zwei- oder dreimal breiter als die Seine beim pariser botanischen Garten, der sie nach zehntägiger Bergfahrt wieder zum Orinoco brachte. Nur aus Courtoisie bezeichnet man Alex. v. Humboldt als den Entdecker der merkwürdigen, bis jetzt vereinzelt stehenden natürlichen Verkettung zweier Ströme, wie des Orinoco und des Amazonas durch den Cassiquiare.[2] Humboldt hat nie, man mag den Begriff noch so günstig erweitern, durch Entdeckungen die Erdkunde bereichert. Schon 1745 hatte Lacondamine der französischen Akademie berichtet, daß ein Jahr zuvor der Jesuit Manuel Ramon (1744) vom Rio Negro durch den Cassiquiare zu Schiff in den Orinoco gelangt sei.[3] Die Gabelung eines mächtigen Stromes erschien aber damals so widernatürlich, daß der scharfsinnige Buache die Verbindung der beiden Flüsse als eine mißverstandene Annäherung erklärte und auf seiner Karte Guayana's von 1798 zwischen den Cassiquiare und Rio Negro einen Tragplatz verlegte. So bedurfte also jenes lehrreiche Beispiel eines regelwidrigen Strombaues noch seiner Beglaubigung durch Humboldt und Bonpland.

Von der Mission Esmeralda, ihrem höchsten Punkte am Orinoco, traten die Reisenden am 23. Mai ihre Thalfahrt an,

[1] Der Transport über den 14 Kilometer breiten Tragplatz geschah auf Walzen und nahm über 4 Tage in Anspruch. Reise in die Aequinoctial-Gegenden. 5. Bd., S. 101. Stuttgart 1862.

[2] Die Verflechtungen des Brahmaputra mit dem Ganges, sowie der Ströme von Cambodscha werden mit Unrecht als Seitenstücke des Cassiquiare betrachtet. Da sie an dem Delta jener Ströme vorkommen, haben sie nichts Merkwürdiges.

[3] La Condamine in Histoire et Mémoires de l'Académie des Sciences, année 1745. Paris 1759. p. 449. A. de Humboldt, Voyage aux régions équinoxiales. Paris 1814. tom. II, p. 533.

die sie über Carichana, durch die Gebiete der erdeessenden Otomaken, am 15. Juni nach Angostura brachte, von wo sie durch die Grassteppen Cumana's über Cari, Pao, Cachipo nach Nueva Barcelona (23. Juli) am caribischen Golfe sich wandten. Am 24. November hatten sie das Festland verlassen und am 19. December Havana erreicht; aber schon am 6. März 1801 unterbrachen sie ihre Forschungen auf Cuba, weil die Zeitungen den Abgang Baudin's gemeldet hatten und Humboldt sein Wort einlösen wollte, daß er in einem Hafen der Südsee sich dem französischen Erdumsegler anschließen werde. Am 30. März landeten die beiden Gefährten bei Cartagena de las Indias, von wo sie sich gegen ihre Absicht entschließen mußten, den Magdalenenstrom nach Santa Fé de Bogota aufwärts und von dort im September über den 10,788 Fuß (pieds) hohen Gebirgskamm von Quindiú nach Popayan und weiter nach Quito zu wandern. Bei ihrer dortigen Ankunft am 6. Januar 1802 erfuhren sie enttäuscht, daß Baudin in östlicher Richtung nach der Südsee gesegelt sei. Durch diese Wendung sahen sich Humboldt und Bonpland verwundert auf einem Schauplatz, der schon durch Bouguer und Lacondamine's Vermessungen denkwürdig geworden war. Am 22. und 23. Juni bestiegen die Freunde den Abhang des Chimborazo, bis sie das Barometer auf 13 Zoll 11²/₁₀ L. sinken sahen, oder bis zu einer Höhe von 18,096 Fuß (pieds), 4000 Fuß höher, als Bouguer und Lacondamine gelangt waren. Humboldt galt lange Zeit, wie er scherzhaft sich ausdrückte, als der Sterbliche, der am höchsten gestiegen war, und seine spannende Erzählung von dem Abenteuer hat bei der urtheilslosen Menge mehr als alles andere ihm Bewunderung zugezogen. Von seinen Thaten war es nur eine geringe, denn nicht bloß ist Boussingault (1831) am Chimborazo noch 64 Toisen höher gestiegen und sind wir seitdem in Indien an die Erreichbarkeit ganz anderer Höhen gewöhnt worden, sondern der wissenschaftliche Ertrag jeder Bergfahrt hört auch, wie Humboldt es selbst ausdrücklich bemerkt, an der

Schneegrenze beinahe völlig auf.[1] Vom Chimborazo wanderten die Freunde über den Paß von Assuay nach Cuenca, stiegen hinab zu den Chinawäldern von Loja und zu den Rentemafällen des Amazonas in der Provinz Jaen, schwangen sich dann wieder über die Cordillere nach den heißen Quellen von Caxamalca und genossen auf dem Alto de Guangamalca zum erstenmale den feierlichen Anblick der Südsee.[2] Vom Hafen Trujillo begaben sie sich nach Lima und am 9. November 1802 beobachtete Humboldt in dem nahen Callao den Merkursdurchgang, der ihm für seine Ortsbestimmungen von höchster Wichtigkeit war. Am 5. December 1802 schiffte er sich dort wieder ein, landete am 9. Januar 1803 in Guayaquil, wo er fast 6 Wochen verweilte, begab sich in der Mitte Februar wieder zu Schiff und betrat Ende März bei Acapulco die Küste Mexiko's. Auf dem nächsten Wege durch den Staat Guerrero über Chilpantzingo, Tasco und Cuernavaca begab er sich im April nach der Hauptstadt, um jedoch sogleich wieder nordwestlich über Salamanca die berühmten Bergwerke von Guanajuato aufzusuchen und abermals an den pacifischen Abhängen hinabsteigend über Valladolid, der Hauptstadt des heißen Michoacan, nach dem südwestlich gelegenen Vulkan Jorullo zu wandern. Ueber das Hochland von Toluca kehrte er nach Mexiko zurück, wo er im Januar 1804 die Höhenmessungen des Popocatepetl und Iztaccihuatl beendigte und am Cofre de Perote vorüber nach dem paradiesischen Jalapa und tiefer in den heißen Küstenstrich von Veracruz hinabstieg. Auf der Heimreise verweilte er zwei Monate in Havana und begab sich über Philadelphia nach Europa, wo er im August 1804 in Bordeaux landete.

Vor Humboldt hatten sich die Reisenden entweder nur mit mathematischen Ortsbestimmungen oder mit dem geringeren Verdienst begnügt, den Herbarien die Leichen unbeschriebener

[1] Kleinere Schriften. Stuttgart 1853. Bd. 1, S. 133.

[2] A. v. Humboldt, Ansichten der Natur. Stuttgart 1849. Bd. 2, S. 322, 335, 364.

Pflanzen, den Museen getrocknete Thierhäute zuzuführen. Auch Humboldt und Bonpland brachten eine reiche Ernte dieser Art mit heim;[1] aber wie uns der große Naturbeobachter selbst gesteht, gewährte ihm die Entdeckung solcher Neuigkeiten nur einen geringen Genuß. Er hatte viel höhere Zwecke im Auge, nämlich die Sammlung von Größen und Thatsachen, die unter sich verglichen werden konnten. Höchst ungeziemend hat man ihn den wissenschaftlichen Entdecker Amerika's genannt;[2] er selbst sagt uns, daß er nichts anderes erstrebt habe, als die Begründung einer physikalischen Erdkunde. Seine Wanderungen fielen in die glückliche Zeit, wo die ersten Früchte der Meteorologie und der Höhenmeßkunde reif geworden waren. Sein früherer Lebensberuf, der Bergbau, hatte ihn im Frühjahr 1791 an den Lehrstuhl Werners nach Freiberg geführt und er konnte daher zuerst aussprechen, daß sich auch in der neuen Welt das Gesetz der Formationsfolge wiederhole. Da er deutlich die Hilflosigkeit eines reisenden Geographen fühlte, der seinen Ort astronomisch nicht zu bestimmen vermag, übte er sich, bevor er aufbrach, an der pariser Sternwarte.[3] Ausgerüstet mit den kostbarsten Instrumenten von Ramsden und Berthoud konnte er schon auf der Ueberfahrt bei der Annäherung an die neue Welt die Länge um 1° 12′ genauer bestimmen,

[1] Im Ganzen 6000 neue Gegenstände aus den beiden Reichen der belebten Schöpfung, darunter 4000 Gewächse, von denen in den Nova genera plantarum 1/9 von Humboldt, 8/9 von Bonpland beschrieben wurden. Humboldt war der erste Reisende, welcher systematische, d. h. nach ihren senkrechten Lagerungen geordnete Felsarten von seiner Wanderung heimbrachte.

[2] Welche Bezeichnung will man dann für Feuillée, Bouguer, Lacondamine, Godin, Ulloa, Juan und Azara anwenden?

[3] „Als ich mich zu meiner Reise entschloß, gestand Humboldt am 3. Januar 1853, hatte ich keine Kenntniß von dem, was man Sonnenhöhen in und außer dem Mittag oder was man Circummeridianhöhen u. s. w. nennt und von der Behandlung eines Sextanten mit dem künstlichen Horizont verstand ich gar nichts.“ Briefwechsel mit Berghaus. Leipzig 1863. Bd. 3, S. 210.

als der Kapitän des Pizarro, der sich nur auf Mittagsbeobachtungen verstand.[1] So brachte Humboldt mehr als 200 astronomische Ortsbestimmungen heim, unter denen wir nur die Befestigung der Länge von Callao, die Verbesserung der Länge von Quito um 35′ und der Länge von Mexiko um beinahe 2° hervorheben wollen.[2] Im Besitz solcher Hilfsmittel gelang ihm die Ausarbeitung vorzüglicher, seitdem nur wenig verbesserter Karten der durchzogenen Gebiete im tropischen Amerika. An die mathematische Bestimmung eines Ortes knüpfte Humboldt überall die barometrische Höhenberechnung, so daß er schon auf der Reise durch Spanien das erste Bild von der senkrechten Gliederung jener Halbinsel entwerfen konnte. Auch gewährten ihm seine mathematischen und hypsometrischen Bestimmungen die Möglichkeit, den Standort der gesammelten Gewächse nach Länge, Breite und senkrechter Höhe anzugeben, also die Grundlage zur Erkenntniß der Pflanzenklimate zu erlangen. „Humboldt's Bedeutung für die Meteorologie, sagt Dove,[3] beruht im Wesentlichen darauf, daß er zuerst tropische

[1] Voyage aux régions équinoxiales, tom. I, p. 211.

[2] A. v. Humboldt's Conspectus Longitudinum geographicarum, Paris 1808, enthält im Ganzen 291, darunter 222 eigene Bestimmungen, berechnet von Jabbo Oltmanns nach den verbesserten Mondtafeln von Bürg und vergleichbaren Beobachtungen in Greenwich. Für Mexiko fand man damals in der Connaissance des temps von 1804 eine pariser Länge von 102° 25′ 45″, auf der Karte des Deposito hidrografico in Madrid von 1799 103° 1′ 27″ und auf der Karte von Arrowsmith vom Jahr 1803 102° 8′ 00″. (A. de Humboldt, Essai politique sur la Nouvelle Espagne. Paris 1811. tom. I, p. 128 sq.) Humboldt's Bestimmung lautete 101° 25′ 30″. Die mexikanische Commission bestimmte die Länge von Mexiko 1857 zu 101° 27′ 32″ w. von Paris. Humboldt beobachtete im Augustinerkloster, die Commission in der Mineria 2′ 5″ westlicher, und bestimmte danach Humboldt's Beobachtungspunkt zu 101° 25′ 27″. (Vivién de St. Martin, l'Année géographique, 1865. p. 43.) Für Quito hatte er 81° 4′ 38″ (Kosmos IV, 427) erhalten, wo Bouguer und Lacondamine 80° ½ fanden. (La Condamine, Voyage à l'Équateur. Paris 1751. p. 15.)

[3] Karl Bruhns, Alexander von Humboldt, eine wissenschaftliche Biographie. Bd. 3, S. 91. Leipzig 1872.

Witterungsverhältnisse zum Gegenstande umfassender, messender Beobachtungen machte." Er schuf sich auch Verbindungen mit spätern Beobachtern, die ihm zur Begründung seiner klimatischen Gesetze wichtig wurden. Er zuerst veröffentlichte außereuropäische Messungen der örtlichen Gesammtkraft unserer magnetischen Erde.[1] Darin besteht daher das Geheimniß seiner Größe, daß er sich alle im 18. Jahrhundert gewonnenen Erkenntnisse angeeignet und zuerst sie als reisender Beobachter angewendet hatte. Die Richtung seines Geistes, welche zur geistigen Richtung seines Jahrhunderts geworden ist und die sich vielleicht am klarsten aus seiner Beschreibung Neu-Spaniens erkennen läßt, trachtete in allen Stücken nach dem Vergleiche, denn die Bedeutung des Einzelnen wird erst durch seine Stellung im Ganzen erkannt. Humboldt fühlte, daß den trockenen Ziffergerüsten, wie sie aus den Urkunden der Zollämter geschöpft werden konnten, nur dann ein lebendiger Sinn sich einhauchen ließe, wenn die Mengen mit andern Mengen verglichen werden und sich daraus der Rang und die Leistungen der einzelnen Erdräume im Gütertausch der ganzen Welt ausdrücken ließen. So prüfte er die Erzeugungswerthe Mexiko's im Gegensatz zu den andern spanischen Kolonien und den englischen Besitzungen in Indien. Er ermittelte die Gesammtleistung der Erde an bestimmten Gütern, um der örtlichen Erzeugung ihren tellurischen Rang anzuweisen.[2] Er zuerst zeigte den tiefen Unterschied zwischen dem Ackerbau der gemäßigten und der heißen Gürtel.[3] Aus den Akten der Bergbauämter und der Münzstätten der neuen Welt wagte er zuerst urkundlich die Mengen edler Metalle zu ermitteln, die seit der Entdeckung aus Amerika nach der alten Welt sich ergossen haben, und er zuerst beobachtete mit Sicherheit die merk-

[1] Lamanon's Messungen auf der Fahrt des Lapérouse sind für verloren gehalten worden und viel später erst ans Licht getreten. Kosmos Bd. 4 S. 61. K. Bruhns, Alexander von Humboldt. Leipzig 1872. Bd. 3, S. 62.

[2] Siehe z. B. seine Berechnung der Zuckererzeugung auf der Erde im Essai politique sur la Nouvelle Espagne. Paris 1811. tom. III, p. 184.

[3] A. v. Humboldt a. a. O. tom. III, p. 97, 169.

würdige Strömung der edlen Metalle von West nach Ost.[1] Es läßt sich daher behaupten, daß Humboldt es gewesen sei, der die Staatswirthschaft zur mathematischen Begründung der Verkehrsgesetze angehalten habe.

In seinen „Ansichten der Natur" endlich entwarf er mit einem für Nachahmer gefährlichen und nicht ganz tadellosen Stil, aber mit malerischer Kraft und zündenden Worten, erregt durch den Wechsel der Gemüthsstimmung, jene unvergleichlichen Schilderungen der Orinocofälle, der nächtlichen Stimmen im Urwalde und vor allem der Steppen und Wüsten. Diese künstlerischen und wissenschaftlichen Gemälde der starren und lebendigen Natur fremder Räume hat die meisten seiner Nachfolger zur Nachahmung gereizt, aber noch immer ist das Muster und der Meister unerreichbar geblieben.

Zu denen, die ihn als Vorbild wählten, gehörte auch Hinrich Lichtenstein (geb. zu Hamburg 1780, gest. 1857), der als Hauslehrer und später als holländischer Militärarzt im Jahr 1803 die Caplande betrat und die Westküste Südafrika's bis 30° 50′ s. Br. sah, später (1805) über Graaff Reynet nach dem Oranienflusse wanderte und beim Kuruman mit einer Horde der Bitschuanen verkehrte, deren Namen die Engländer erst kurz zuvor (1801) in die Erdkunde eingeführt hatten. Er war der erste, welcher auf zwei Wegen ins Kaffernland eindrang.[2] Aus dem Vergleich verschiedener südafrikanischer Vokabulare und dem Studium neuerer portugiesischer Werke gewann er die feste Ueberzeugung, daß „alle diese Völkerstämme südlich von Quiloa und östlich von der Cap-Kolonie als eine große Nation gedacht werden

[1] Siehe eine Gesammtübersicht darüber im Essai politique sur la Nouv. Espagne tom. IV, p. 239, 259. Auch in spätern Jahren hat er diese Erscheinung mit gespannter Aufmerksamkeit verfolgt; siehe seine Arbeit „Ueber die Schwankungen der Goldproduktion mit Rücksicht auf staatswirthschaftliche Probleme" in der Deutschen Viertelsjahrsschrift, 1838, 4. Heft S. 1—40.

[2] Allgem. Archiv f. Ethnogr. u. Linguistik von Bertuch und Vater. Bd. 1, S. 291. Weimar 1808.

müssen".[1] Er erkannte somit zuerst die Zusammengehörigkeit aller südafrikanischen Völker, welche wir gegenwärtig als „Bantu" bezeichnen, und belegte sie mit dem Namen „Kaffern" nach dem damals bekanntesten Stamme dieser Völkergruppe.[2] Lichtenstein, dem wir einige Ortsbestimmungen und eine verbesserte Gebirgskarte Südafrika's verdanken, wollte nach dem Muster A. v. Humboldt's „keine Reisebeschreibung, sondern eine Beschreibung der Länder" entwerfen, und wirklich gehört unter die Meisterstücke der Natugemälde in unserer Sprache seine Schilderung der großen Karroo, einer 3000 Fuß hohen Steppe Südafrika's. Ihr sandiger Thonboden, der nur fußtief über todtem Gestein lagert, wird im Sommer ziegelhart gebrannt. Alle Gewächse verschmachten oder schlummern unter schützenden Hüllen, bis in der kühleren Jahreszeit die ersten Regen ihre Wurzeln netzen und in dem aufquellenden Thon die Zwiebeln ihren Keim entwickeln. Der nächste Schauer fällt schon auf erweichtes Erdreich, die Pflanzenschäfte brechen durch, und in wenigen Tagen bedeckt sich die unabsehbare Fläche mit fröhlichem Grün. Keine Woche verstreicht, und es entfalten sich tausend über tausend Glöckchen. Der milden Mittagssonne öffnen die Mesembryanthemen und Gorterien ihre Strahlenkronen, und unter ihren glühenden Farben wird fast das junge Grün nicht mehr gesehen. Wenn nach einem stillen Tage die Sonne sich senkt, schwebt ein warmer Blüthenhauch ruhig auf der Fläche und erfüllt die Luft mit einem fast betäubenden Gewürzgeruche. Von den Höhen herab steigen in die umgewandelte Einöde Gesellschaften hochbeiniger Strauße und Geschwader flüchtiger Antilopen. Der Ansiedler verläßt die beschneiten Höhen, um seine Heerden auf die gesunde und nahrhafte Frühlingsweide zu treiben. Kein Schaf verliert sich auf diesen Flächen, kein Rind stürzt über jähe Abhänge,

[1] Hinrich Lichtenstein, Reisen im südlichen Afrika in den Jahren 1803 bis 1806. Berlin 1811. Thl. I, S. 393.

[2] Allgem. Archiv f. Ethnogr. u. Linguistik von Bertuch und Vater. Bd. 1, S. 259 u. f. Weimar 1808.

kein Löwe schweift raubgierig umher, denn weit und breit fehlt es ihm an einem Schlupfwinkel. Aber nur einen Monat strahlt die Karroo in ihrer Jugend, der Boden verhärtet, die Flüsse vertrocknen, die Quellen versiegen, der dichte Letten berstet, die Blätter der ausdauernden Pflanzen bedecken sich mit einem grauen Flor, und ein schwärzlicher Staub, die Asche der versengten Vegetation, verhüllt den röthlichen Boden, den er zu Gunsten der nächsten Gewächsfolge bedeckt und befruchtet.[1]

Mitten unter dem Kriegslärm am Beginn unseres Jahrhunderts hatte ein Schüler Werner's, Leopold v. Buch (geb. 1774 zu Stolpe in der Uckermark, gest. zu Berlin 1853) Neuchatel seit 1800 zu seinem Hauptquartier für geognostische Streifzüge in den Jura und in die Alpen erwählt,[2] wohin ihn, wie auch später, die krystallinischen Gesteinmassen immer geheimnißvoll anzogen. Saussure hatte den Schleier von dem Bau jener Gebirge nicht gehoben, weil er noch nicht seine Beobachtungen durch bildliche Darstellung sichtbar zu machen wußte. Leopold v. Buch dagegen pflegte stets auf einer Keller'schen Reisekarte alle beobachteten Grenzen der Felsarten einzutragen und so ist als späteres Ergebniß seine geognostische Karte von Deutschland 1826—29 entstanden, die auch die Erkenntniß des Alpenbaues bedeutsam vorwärts gebracht hat.[3] Ein Jahr, nachdem Leopold v. Buch, mit Alex. v. Humboldt und Gay Lussac vereinigt, von Neapel am 12. August 1805 den thätigen Vesuv bestiegen hatte, betrat er bei Helsingborg (24. Juli 1806) den Boden Skandinaviens. Den Herbst und Winter widmete er dem Studium der Gebirgsarten in der Umgebung von Christiania. Ungeduldig aber brach er schon am 21. April des Jahres 1807 auf, um

[1]) Hinrich Lichtenstein, Reisen im südlichen Africa in den Jahren 1803 bis 1806. Berlin 1811. Thl. 1, S. 195—200.

[2] Geognostische Beobachtungen auf Reisen durch Deutschland und Italien. Berlin 1802.

[3] B. Studer, Geschichte der Geographie der Schweiz bis 1815. Bern 1863. S. 623.

auf einem von Zerstreuung suchenden Reisenden jetzt häufig begangenen Wege am Mjösensee durch Gudbrandsdalen über das Dovrefjeld die norwegische Küste bei Throndhjem (3. Mai 1807) zu erreichen. Nach einer Wanderung bis Aagaard schiffte er sich in einem offenen Boote ein, um innerhalb wie außerhalb der Scheeren seine Küstenfahrt über den Polarkreis (13. Juni) bis nach Altengaard (14. Juli) zu erstrecken, von wo aus er nach der Insel Magerö hinüberfuhr, für uns so merkwürdig, weil an ihrer Spitze der Name des Nordcaps befestigt ist. Am 4. September sah Buch das Nordmeer zum letztenmale, als er im Altenfjord nach den Hochsteppen Skandinaviens hinaufstieg, um über Kautokeino durch die Gebiete der Renthierlappen nach Schweden sich zu wenden. Er berührte dabei Torneåfors, ging von Kengis die Torneä-Elf abwärts bis zur Mündung (25. September), von wo er dann an der Küste Schwedens über Umeå, Gefle, Upsala nach Stockholm (24. October) wanderte. In Christiania, wohin er Ende November zurückgekehrt war, blieb er den nächsten Winter und Sommer, so daß er nach einem Besuch in Christiansand erst im Spätjahr 1808 seine Heimat wieder erreichte.

Leop. v. Buch hatte sich zwei große Aufgaben gestellt, die er mit Meisterschaft löste. Als Geognost überzeugte er sich, daß auch im hohen Norden, worüber damals noch Ungewißheit herrschen konnte, die Lagerungsverhältnisse der Felsarten der Werner'schen Formationslehre entsprachen; nur sah er betroffen bei Christiania Granit über Versteinerungskalk lagern, oder wie man sich damals ausdrückte, ein Urgebirge als Glied zwischen Uebergangsbildungen eingeschaltet.[1] Auch bemerkte er am frühesten, daß die Wanderblöcke der germanischen Tiefebene Bruchstücke skandinavischer Felsarten seien. Alle seine Höhen barometrisch messend, erkannte er in dem Lessöthal südlich vom Dovrefjeld

[1] Reise durch Norwegen und Lappland. Berlin 1810. Bd. 1, S. 97. Neuere Geologen erklären das, was L. v. Buch sah, als horizontale Granitgänge. Vgl. Lyell, Elements of Geology. London 1865. p. 45, 717.

einen tiefen Spalt, welcher ein Stück Skandinaviens quer abbricht, so daß auf der Stromscheide dieses Thales aus einem Weiher die Wasser sowohl nach Süden, wie nach Norden abrinnen.[1] Eine andere merkwürdige Erscheinung der Stromkunde in Lappmarken, nämlich die Gabelung der Tarändaelf etwas oberhalb Torneåfors, wo der Fluß einen seiner Arme der Torneå-, den andern aber der Kalix-Elf zuführt, war zwar bereits auf der Karte des Baron Hermelin angegeben, erhielt aber erst durch den Geognosten Glaubwürdigkeit und höheres Gewicht.[2]

Ein österreichischer Priester, P. Hell, hatte schon 1749 eine Veränderung des atlantischen Seespiegels bei der Insel Maasö in der Nähe des Nordcaps angekündigt und Linné bei Tralleborg, Celsius um 1750 an mehreren andern Stellen Zeichen errichten lassen, um zu messen, ob sich, wie alle Anwohner behaupteten, auch der Spiegel des baltischen Meeres senke. Playfair[3] schrieb 1802 die Veränderung eher einer Bewegung des Landes als einer Abnahme des Wassers zu,[4] und Leopold v. Buch's Verdienst ist es, zuerst als Geognost die Erscheinungen als ein Aufsteigen der Küsten erkannt zu haben.[5]

A. v. Humboldt hatte es aus den gemäßigten Erdstrichen zu den Herrlichkeiten der tropischen Schöpfung gezogen, L. v. Buch wollte dagegen das allmähliche Abschiednehmen der Gewächse, das Erstarren des Belebten unter Schnee und Eis, die klimatische Begrenzung der Organismen im Norden ermitteln. Was das Verständniß der Witterung und die Ortskunde der Gewächse

[1] Reise durch Norwegen, Bd. 1, S. 195.

[2] Reise durch Norwegen, Bd. 1, S. 245.

[3] Illustrations of the Huttonian Theory, p. 393, 398.

[4] Lyell, Principles of geology. London 1872. vol. II, p. 183.

[5] Noch v. Hoff bezeichnete diese Erkenntniß des großen Geognosten als ein „wahrhaft desperates Mittel der Erklärung", indem er alle baltischen Niveauschwankungen dem Versanden des Meeres zuschrieb. (Veränderungen der Erdoberfläche. Gotha 1822. Bd 1, S. 447.) Jetzt sind alle Geologen einig, nicht Leop. v. Buch's, sondern des wackern v. Hoff's Behauptung als das „wahrhaft desperate Mittel der Erklärung" anzusehen.

durch ihn gewonnen haben, gehört einer spätern Darstellung an. In jener früheren Zeit bezog Leopold v. Buch noch alle seine Beobachtungen auf das Wohl und Wehe unseres Geschlechtes. Mit lebhafter Theilnahme betrachtete er daher im hohen Norden das Ringen der menschlichen Kraft gegen die Ungunst des Klima's und er zeigt uns beispielweise, wie das Nomadenthum der Lappen unabänderlich gebunden ist an das Verbreitungsgesetz des Renthiermooses.[1] Als Schriftsteller weiß uns Buch durch die Ausbrüche einer innigen Freude an allen Naturbeobachtungen für die Trockenheit des Gegenstandes zu entschädigen, und wir beneiden ihn fast, wenn er als Mineralog im Anblick der Zirkonsyenite von Laurvik schwelgt, „wo jeder Block untersucht, jeder Felsen angeschlagen sein will". Als Geolog bekannte er sich zu dem guten Vorsatze, jedes Spiel der Phantasie zu unterdrücken und nur von Thatsache zu Thatsache fortzuschreiten, „damit uns nicht", sagt er, „der schöne Faden entfalle, den uns der Fortgang der Erfahrung noch fester an die Erscheinungen der lebendigen Welt zu knüpfen versprach, denn das große Fortschreiten der Welt ist nur Eins, vom Gerinnen des Granits bis zum Streben des Menschen".

Unmittelbar nach Beendigung der Napoleonischen Kriege ließ der Reichskanzler Graf Rumanzow auf seine Kosten das russische Kriegsschiff Rurik rüsten, welches unter dem Befehl Otto v. Kotzebue's (geb. zu Reval 1787, gest. daselbst 1846) am 30. Juli 1815 von Kronstadt auslief und nördlich von der Beringsstraße eine Durchfahrt entdecken sollte. Der Rurik durchschnitt am 22. Januar 1816 unter 57° 33′ s. Br. den Mittagskreis von Cap Hoorn und begab sich nach Berührung der Osterinsel im Kielwasser von le Maire's und Schouten's Erdumsegelung

[1]) Carl Ritter, der sich durch diese Vergleiche mächtig zu dem geistesverwandten Manne hingezogen fühlte, konnte daher aus übereilter Begeisterung in einem vertraulichen Briefwechsel L. v. Buch's Leistungen in Norwegen über die Ergebnisse von Humboldt's Reisen stellen. G. Kramer, Carl Ritter, ein Lebensbild. Halle 1864. S. 216.

zunächst nach der Ratakkette der Marshall-Inseln und hinauf nach Kamtschatka (18. Juni). Am 17. Juli wurde von der Awatschabucht aus eine vorläufige Untersuchung der Beringsstraße ausgeführt und der noch unbekannte Kotzebue-Sund mit der Chamisso-Insel (1. bis 13. August) entdeckt. Nachdem die Russen auf Unalaschka Zurüstungen für die Unternehmungen des nächsten Jahres angeordnet hatten, begaben sie sich über Californien und die Sandwichinseln wieder nach dem Ratakarchipel. Zwar kehrte Kotzebue 1817 nach der Beringsstraße zurück, Kränklichkeit aber bestimmte ihn, ohne weitere Entdeckungen über die Philippinen und das Cap der guten Hoffnung sein Schiff am 31. Juli 1818 nach Kronstadt zurückzuführen.[1]

Am Bord des Rurik befand sich als wissenschaftlicher Begleiter Adalbert v. Chamisso (geb. im Januar 1781 auf Schloß Boncourt in der Champagne, gest. zu Berlin 1838), der als royalistischer Auswanderer nach Preußen gekommen war und etliche Jahre in der dortigen Armee gedient hatte. Wo sich zu reicheren Kenntnissen die künstlerische Gestaltung des Stoffes und eine ungewöhnliche Beherrschung der Sprache gesellt, da wird stets das Höchste für die Erdkunde geleistet werden. Nach den ersten Eindrücken, die man gewöhnlich flüchtig nennt, obgleich sie die tiefsten sind, schildert uns Chamisso den ungestümen Schaffungstrieb der brasilianischen Natur, wo alle Pflanzengestalten rüstig dem feuchten Schatten zu enteilen streben und nach dem Lichte aufwärts drängen, so daß erst unter den Wipfeln das Thierleben laut wird und der Kletterfuß der Vögel wie der Wickelschwanz der Säugethiere im Einklang stehen mit dem Bau der Riesengewächse. Senkt sich die Nacht auf jene grüne Welt, so entzünden die Insekten ihre Leuchtfeuer. Im

[1]) Als neue Entdeckungen dürfen wir verzeichnen aus der Gruppe Ratak die Koralleninseln Ailuk (= Krusenstern), Mejit (= Neujahrsinsel), sowie Utirik und Taka (= Kutusoff und Suworoff), dazu aus der Paumotugruppe Tikahau (= Krusenstern).

geraden Fluge trägt der Elater zwei Lichtpunkte, in unsichern Linien wiegt sich die leuchtende Lampyris. Der Wald, von dem Märchenschein der thierischen Lichter erhellt, überstrahlt noch das Meer und dazu erschallt der helle Ton der Heuschrecken, sowie das Gebell und Gepolter froschähnlicher Amphibien.[1] Auch das Leuchten der See beschäftigte den Reisenden fortwährend und zwar fand er es in einer stürmischen Nacht am 4. September 1816 bei den Aleuten so kräftig wie unter den Tropen. Seine Wanderung nach dem Vulkan Matutschkin auf der Insel Unalaschka und seine Beschreibung eines Eisflötzes am Kotzebue-Sund, als eingeschaltetes Formationsglied zwischen krystallinischen Gesteinen und Schwemmland, enthielten Belehrungen für die Geologen; seine Sammlung von 22 Werken der tagalistischen Literatur, die er in Manila erwarb, beförderten die Kunde vom Bau der polynesischen Sprachen. Auch behauptete er am frühesten, daß die malayischen Stämme von Südostasien ihre Wanderfahrten über das stille Meer bis zur Osterinsel gegen die Richtung der Passatwinde vollführt hätten.[2] Bestochen von dem Schliff der Südseeinsulaner, verbreitete er die schwärmerische Ansicht, daß sie uns einen glücklichen, noch nicht verunzierten Typus unseres Geschlechts bewahrt hätten, obgleich er die Gewohnheit der Mikronesier kannte, alle Kinder über die Zahl drei zu ermorden. Außer seinen botanischen Beschreibungen verdankt die Erdkunde Chamisso eine genauere Kenntniß vom Bau der Koralleninseln. Nach seiner Ansicht erheben sich von den Rändern steiler unterseeischer Tafelberge becherförmige Riffe, aus Trümmern von Madreporen zusammengesetzt, die auf der Seite unter dem Winde zuerst zu Anhäufung von Sand und Inselbildungen Anlaß geben.[3] Auch hat er kurz nach seiner Rückkehr, 1819, bereits den wunderbaren Wechsel der Formen in den

[1] Adalb. v. Chamisso's Werke. Leipzig 1852. Reise um die Welt. 1. Th. S. 58.

[2] Reise um die Welt 2. Th., S. 66 u. 67.

[3] Reise um die Welt 2. Th., S. 37 ff., 167 ff.

beiden regelmäßig alternirenden Generationen der Salpen beschrieben.[1] In den Jahren 1823—26 unternahm O. v. Kotzebue seine zweite Reise um die Welt[2] auf dem Schiffe Predpriatje. Ursprünglich zu rein wissenschaftlichen Untersuchungen ausgerüstet, erhielt das Schiff doch bald eine ganz andere Bestimmung. Es würde daher kaum nöthig sein, die geringen neuen Entdeckungen im Großen Ocean hier zu erwähnen,[3] wenn nicht neben dem Naturforscher Professor Eschscholtz Emil Lenz als Physiker an dieser Reise theilgenommen und durch seine wichtigen Beobachtungen der Tiefsee-Temperaturen zuerst einen großen senkrechten Wirbel der oceanischen Gewässer zwischen Pol und Aequator nachgewiesen hätte.[4]

Brasilien, bis zur Uebersiedelung des portugiesischen Hofes nach Rio Janeiro den Fremden unzugänglich, wurde am frühesten von Wilh. Lud. v. Eschwege (geb. 1777, gest. 1855), einem Deutschen in portugiesischen Diensten, der Wissenschaft erschlossen. In Minas Geraes führte er in der Ortsbestimmung beträchtliche Verbesserungen ein, denn die meisten Punkte lagen auf den Karten durchschnittlich noch 2° 30′ zu weit nach Osten.[5] Seine Wanderungen von Rio Janeiro nach Villa Rica (Ouro preto) 1810, sein Besuch von Botocudenstämmen 1811 und seine Streifzüge aus der Hauptstadt von Minas Geraes zu den Coroadostämmen am Xipoto, begleitet vom Maler Freireis im Jahre 1814,[6] veröffentlichte er zugleich mit den frühesten barometrischen Gipfelmessungen, den ersten Höhenquerschnitten und der ersten

[1] J. Victor Carus, Geschichte der Zoologie. München 1872. S. 627, 655.

[2] Neue Reise um die Welt, 2 Bde., Weimar 1830.

[3] In der Paumotugruppe wurden entdeckt Fakaheina (= Predpriatje) und Aratika (= Carlshof), in der Ralikgruppe Bikini (= Eschscholtz).

[4] E. Lenz, Bemerkungen über die Temperatur des Weltmeers in verschiedenen Tiefen, im Bulletin de la classe physico-mathém. de l'académie impér. des sciences tom. V, no. 5. St. Petersb. 1847. p. 71.

[5] v. Spix und v. Martius, Reise in Brasilien. München 1823. Bd. 3. S. VIII.

[6] v. Eschwege, Journal von Brasilien. Weimar 1818. S. 25—173.

geognostischen Farbenkarte aus dem Inneren Brasiliens, sowie er auch die Meteorologie mit fortlaufenden Thermometer- und anderthalbjährigen Barometerbeobachtungen in der Hauptstadt Brasiliens bereicherte.

Eschwege bewährte sich als treuer Rathgeber allen nachfolgenden Reisenden und zunächst dem Prinzen Maximilian zu Wied-Neuwied (geb. 1782, gest. 1867), der am 16. Juli 1815 in Rio Janeiro landete und mit Freireis die noch unbekannten Küstenstriche Brasiliens gegen Norden bis nach Bahia oder von 23° bis 13° s. Br. untersuchen wollte. Am 4. August 1815 trat er seine Wanderung von der Hauptstadt an, am 10. Mai 1817 schiffte er sich von Bahia wieder nach Lissabon ein. Er hielt sich fast immer in der Nähe des Meeres; nur an dem Küstenfluß Belmonte drang er eine Strecke aufwärts und den nachbarlichen Rio Pardo verfolgte er bis zur Grenze von Minas Geraes. Dort hatte er Gelegenheit, uns ein treffendes Gemälde der dürren, von amerikanischen Straußen durchzogenen Steppen (Campos geraes) Brasiliens zu entwerfen, wo sich der kräftige Baumwuchs nur in den Schluchten der Flüsse zusammendrängt.[1] Sein wissenschaftliches Instrument war die Jagdflinte, denn die Erforschung der Fauna hatte er sich als Hauptaufgabe gewählt und die Thiergeographie verdankt ihm die richtige Beobachtung, daß die Verbreitung der Zweihufer an das Vorkommen sonniger Grasebenen gebunden sei, weßhalb sie fast gänzlich die schattigen Wälder Brasiliens vermeiden.[2] Den Glanzpunkt seiner Reise bildet jedoch sein Aufenthalt unter den wilden Engeräckmung am Rio Belmonte, welche die Portugiesen wegen der Pfropfen, die sie in die Wangen und in die Unterlippe einfügten, Botocuden genannt hatten. Später sind diese wilden Stämme auch von J. J. v. Tschudi besucht; derselbe fand nur bei einem

[1] Maximilian Prinz zu Wied-Neuwied, Reise nach Brasilien. Frankfurt 1820. Bd. 2, S. 179 ff.

[2] Maximilian Prinz zu Wied-Neuwied, Beiträge zur Naturgeschichte von Brasilien. Weimar 1824—33. Bd. 2, S. 573.

geringeren Theile des Volks noch jenen barbarischen Zierat der Lippen und Ohren.[1]

Der Fürst zu Wied-Neuwied war noch nicht nach Europa zurückgekehrt, so verließen österreichische Naturforscher im Gefolge der Erzherzogin Karolina Josepha Leopoldina, welche dem Prinzen Dom Pedro vermählt worden war, ihre Heimat, um sich nach Brasilien zu begeben. Unter ihnen drang Joh. Em. Pohl 1818 bis nach Goyaz vor.[2] Auf Befehl des Königs Max Joseph I. von Bayern schlossen sich ihnen, mit Reisevorschriften von der münchener Akademie versehen, der Zoolog Joh. Bapt. v. Spix und der Botaniker Carl Fr. Phil. v. Martius (geb. zu Erlangen 1794, gest. zu München 1868) an. Sie begannen am 8. December 1817 ihre Wanderungen von Rio Janeiro nach Villa Rica (Ouro preto) in Minas Geraes (28. Februar 1818), wo sie den Itacolumi und den Itambe[3] (5590 Fuß, pieds), bestiegen, die dortigen Diamantenwäschen beschrieben, von Tejuco durch die Wüste (sertão) nach dem Rio de São Francisco zogen, in dessen Nähe an einem Weiher sie Sumpf- und Wasservögel in ungestörter Ruhe zu vielen Tausenden, „ein Gemälde der ersten Schöpfung", belauschten. Westwärts bis zur Grenze von Goyaz vorgedrungen, wendeten sie sich durch eine malerische Einöde nach dem São Francisco bei Malhada zurück, von wo sie über Caytete und am Paraguaçu abwärts die atlantische Küste und den Hafen Bahia (10. November 1818) erreichten. Ihr zweiter großer Marsch ging in nordnordwestlicher Richtung zunächst nach dem Dorfe Joazeiro am São Francisco und führte sie an den berühmten Meteoreisenmassen (17,300 pariser Pfund) beim Riacho de Bemdego vorüber. Am

[1] J. J. v. Tschudi, Reisen durch Südamerika. Leipzig 1866—69. Bd. 2, S. 271.

[2] J. E. Pohl, Reise im Innern von Brasilien in den Jahren 1817 bis 1821. 2 Thle. Wien 1832 u. 1837.

[3] Den Itatiaiossu, den höchsten Berg Brasiliens, 2712[m.] hoch, hat A. Glaziou 1871 gemessen. (Petermann, Geogr. Mittheilungen, 1872. S. 38.)

21. April 1819 setzten sie über den São Francisco, kreuzten die Provinz Pernambuco, durchzogen die Statthalterschaft Piauhy, indem sie sich über Oeiras den Caninde abwärts nach dem Paranahyba begaben, durchschritten diesen Strom und erreichten über Caxias bei San Luiz de Maranhaõ abermals einen atlantischen Seehafen und von dort durch eine Küstenfahrt Para oder Belem im Juli 1819. Am 3. September traten sie von dort ihre Fahrt auf dem Amazonas an, dessen mittleren und unteren Lauf seit Lacondamine kein Naturforscher mehr betreten hatte. Bei Ega trennten sich die Reisenden: Spix ging am 7. December 1819 den Amazonenfluß bis nach Tabatinga an der peruanischen Grenze hinauf, wo er einem Maskenzug der Tecuna-Indianer beiwohnte, Martius folgte gleichzeitig dem mächtigen Nebenfluß Yupurá aufwärts bis zu seinen Fällen von Arara-Coara (75° w. Paris, am 28. Januar 1820), die er von den anthropophagen Miranhas bewohnt fand und wo er drei neue Arten Chinarinde entdeckte. Am 11. März vereinigten sich beide Reisende wieder bei Barra am Rio Negro, welchen Strom Spix in der Zwischenzeit aufwärts bis Barcelhos befahren hatte. Nach der Küste zurückgekehrt, verweilten die Reisenden in Para vom April bis Juni 1820, um sich dann, beide mit bedrohter Gesundheit, nach Europa einzuschiffen.

Die Wanderungen dieser zwei Gelehrten erstreckten sich vom südlichen Wendekreis bis zum Aequator und unter dem Aequator fast über 35 Längengrade gegen Westen. Wer von der Raumesgröße Brasiliens eine lebhafte Vorstellung besitzt, der muß erstaunen, daß diese beiden Reisenden alle Gebiete seiner Hauptströme betreten und alle Mündungen der größeren Nebenflüsse besucht haben. Der Bau der Gebirge, die sie berührten, wurde nach dem Streichen und Fallen der Schichten und der mineralogischen Beschaffenheit der Felsarten beschrieben, auch einige Höhen auf dem ersten Reiseabschnitt und später auf dem Amazonas barometrisch gemessen. Martius verdanken wir die seitdem bestätigte Wahrnehmung, daß die Insel Marajo keine Deltaschöpfung des Amazonas, sondern ein gehobenes Stück Land sei.[1] Zweimal, am 6. August 1819 und am 27. Mai 1820, waren die Reisenden Zeugen einer Pororoca, „einer Mauerwoge von 15 Fuß Höhe", die als Ring der atlantischen Flutwelle den Amazonas sich aufwärts wälzte.[2] Von diesem Stromgebiete entwarf Martius, dem nach dem frühen Tode seines Gefährten (gest. 1826) die Bearbeitung des zweiten und dritten Bandes der Reiseberichte zufiel, nach dem Muster, welches A. v. Humboldt aufgestellt hatte, uns in großen Zügen ein wissenschaftliches Naturgemälde, welches noch heutigen Tages die laute Bewunderung der Kenner Brasiliens erregt.[3] Die Zahl der indianischen Horden, welche die beiden Gelehrten in ihren Lebensgewohnheiten belauschten und so getreulich abgebildet haben, ist sehr beträchtlich, aber noch höhere Gewinne zog aus diesen Wanderungen die Kunde der Gewächse. Martius, welchen die Botaniker bei der Vertheilung der Pflanzengebiete im wissenschaftlichen Königreiche der Palmen zum Territorialherrn ausgerufen haben, wußte nicht bloß die Gebiete der großen Ströme und ihrer mächtigen Nebengewässer durch das Auftreten eigenthümlicher Gewächse zu individualisiren, sondern er ordnete auch nach einem Humboldt'schen Vorbilde die Pflanzengestalten nach ihren landschaftlichen Wirkungen und versuchte es, die Ergebnisse dieser Arbeit auf Karten mit Höhenquerschnitten auszudrücken.[4]

[1] Reise in Brasilien, Bd. 3, S. 991.

[2] a. a. O. S. 957.

[3] Reise in Brasilien Bd. 3, S. 1340 ff. Ein neuerer Reisender, Henry Walter Bates, der sich vom Jahre 1848 bis 1859 am Amazonas aufhielt, sagt von Spix und Martius: The accounts these most accomplished travellers have given of the geography, ethnology, botany and history of the Amazons region are the most complete that have ever been given to the world. Und später: The place is classic ground to the Naturalist, from having been a favourite spot with the celebrated travellers Spix and Martius, during their stay at Barra in 1820. The Naturalist on the Amazons, 2[d] ed. London 1864. p. 134, 203.

[4] Siehe seine Physiognomik des brasilianischen Pflanzenreiches, Reise in Brasilien Bd. 3, S. XII ff., sowie seine Vegetationskarte im Atlas.

Noch einmal wurde Brasilien und der Amazonenstrom im Jahre 1842 vom Prinzen Adalbert von Preußen besucht, der von Rio landeinwärts bis zum südlichen Parahyba vordrang, später aber den Xingu, den ersten rechten Nebenfluß des Amazonas, bis zu seinen von nackten Jurunas bewohnten Katarakten aufwärts segelte. Der Prinz, gründlich unterrichtet in der Erdkunde und ein unersättlicher Bewunderer der Natur, schrieb zwar nur seine Eindrücke für das eigene Behagen nieder, doch gehören einzelne seiner Schilderungen zu den besten Darstellungen in unserer Sprache.[1]

Die senkrechten Schichten der Gewächse waren durch Humboldt und Bonpland zwischen den Wendekreisen, durch Wahlenberg im Norden und in den Gebirgen des mittleren Europas begrenzt worden, es fehlten aber noch Beobachtungen aus den subtropischen Erdgürteln. Um diese Lücke zu ergänzen, begab sich Leopold v. Buch in Begleitung des Botanikers Smith (geb. bei Drammen in Norwegen 1785, gest. 1816 am Congo als Mitglied der Expedition Cpt. Tuckey's) nach den Canarien, die er am 6. Mai 1815 bei Orotava betrat. Am längsten verweilte er auf Teneriffa, an dessen Pic er fünf Höhenstufen der Gewächse unterschied; später besuchte er Canaria, sowie die Insel Palma, in deren Caldera er das Muster eines Erhebungskraters vor sich zu sehen meinte; endlich nöthigte ihn eine glückliche Reiseverzögerung zu einem längeren Verweilen auf Lançarote, so daß er erst am 8. October den canarischen Boden verließ, um am 8. December die englische Küste wieder zu erreichen.[2] Seinen Begleiter Smith, der sich unmittelbar nach seiner Rückkehr an den Congo begab, raffte ein jäher Tod hinweg und Buch allein blieb es vorbehalten, die Ergebnisse ihrer gemein-

[1] Siehe die Schilderung der tropischen Pflanzenwelt am Macacu und der Fälle des Xingu, in der Reise des Prinzen Adalbert von Preußen nach Brasilien. Berlin 1857. S. 310, 655.

[2] Leopold v. Buch, Physikalische Beschreibung der canarischen Inseln. Berlin 1825. S. 1—36, 129, 284, 313.

schaftlichen Untersuchungen zu veröffentlichen, die in drei Fächern des Naturwissens, nämlich in der Witterungskunde, der Verbreitung der Gewächse und der Ortskunde der Vulkane, wie sich aus der spätern Darstellung dieser Lehren ergeben wird, geschichtlich bedeutsam wurden.

Sechs Jahre später fallen die Reisen, die ein Begleiter der Polarfahrer Roß und Parry, Edward Sabine, im atlantischen Meere ausführte, um durch Pendelschwingungen die Gestalt der Erde zu ermitteln. Die britische Regierung stellte ihm 1821 ein Kriegsschiff zur Verfügung und am 22. Februar 1822 begann er seine Beobachtungen bei Sierra Leona an der afrikanischen Küste, ging dann nach San Thomé (15. Mai) im Meerbusen von Guinea, von dort über den Aequator nach Ascension (26. Juni bis 9. Juli), hierauf nach Bahia (19. Juli bis 7. August), sowie nach Maranham (21. August bis 7. September) in Brasilien, von dort nach Port of Spain auf Trinidad (18. September) und nach Jamaica (17. October bis 6. November), zuletzt nach Neu-York, wo er vom 11. December bis 2. Januar 1823 beobachtete.[1] Kaum nach England zurückgekehrt, stellte ihm auf seinen Wunsch die britische Regierung das Schiff Griper unter Clavering zur Verfügung, um die Pendelbeobachtungen über den Polarkreis auszudehnen. Am 4. Juni 1823 landete Sabine bei Hammerfest, begab sich sodann nach Fair Haven in Nordspitzbergen (1. Juli bis 19. Juli) und schließlich nach Grönland, wo er auf den Pendelinseln an der Ostküste (74° 30′ n. Br., 18° 50′ w. L. von Greenw.) vom 31. August bis 17. September beobachtete und nach einer Rückkehr über Throndhjem (8. October bis 13. November) England am 19. December erreichte,[2] so daß er also auf 13 Punkten verschiedener Breite, vom Aequator bis zu 80° Polhöhe, die Länge des

[1] Edw. Sabine, Account of Experiments to determine the Figure of the Earth. London 1825. p. 10—113.

[2] Sabine l. c. p. 131—180.

Sekundenpendels[1] und durch sie die nach den Polen wachsende Massenzugkraft der Erde ermittelt hatte. Auf dieser Reise wurden auch wichtige Bestimmungen der magnetischen Erdkräfte gewonnen.

Unter Mehemed Ali's Statthalterschaft in Aegypten wurden die Nilländer der bequemen Erforschung europäischer Reisenden von neuem geöffnet. Schon im Jahre 1820 führte der General Menu v. Minutoli (geb. 1772 in Genf, gest. 1846) eine geographische Unternehmung nach Nordafrika, an welcher er außer französischen und italienischen Begleitern auch zwei der besten deutschen Naturforscher, W. F. Hemprich (geb. 1795, gest. in Aegypten 1825) und C. G. Ehrenberg (geb. 1795 in Delitzsch, Prov. Sachsen, gest. 1876 in Berlin) theilnehmen ließ. Minutoli, dem die Erforschung der Alterthümer zunächst am Herzen lag, zog im October von Abukir am mediterraneischen Küstensaum gegen Westen, überstieg den Katabathmus minor und major, von wo seine Karawane nach den Tempelresten des Ammonorakels in der Oase Siwah sich begab. Im nächsten Jahre gelangte die Unternehmung nilaufwärts nur bis Assuan, weil die Erlaubniß zur Weiterreise aus Besorgniß vor Ruhestörungen dem General verweigert wurde, so daß er im Februar wieder nach Europa zurückkehrte.[2] Hemprich und Ehrenberg, seitdem von der preußischen Regierung mit Reisegeldern versehen, konnten dagegen im Gefolge von Mehemed Ali's Truppen vom August 1821 bis Februar 1823 im Nilthale bis Ambukol (18° 3′ n. Br.) vordringen. Vom Mai 1823 bis März 1824 untersuchten sie die sinaitische Halbinsel sammt dem Golfe von Akaba und kehrten nach einem Ausflug in den Libanon im August nach

[1] Auf der Guinea-Insel St. Thomas, nahe dem Aequator, beträgt die Länge des Sekundenpendels 39,012 engl. Zoll, in Neuyork (40° 42′ 43″ n. Br.) 39,101 e. Z., in Drontheim (63° 25′ 54″ n. Br.) 39,174 e. Z. und in Spitzbergen (79° 49′ 56″ n. Br.) 39,215 e. Z. (J. Müller, kosm. Physik, 4. Aufl. Braunschweig 1875. S. 68.)

[2] Heinrich Freiherr Menu v. Minutoli, Reise zum Tempel des Jupiter Ammon und nach Oberägypten. Berlin 1824. S. 287.

Alexandrien zurück. Am 27. September brachen sie von dort zu einem zweiten Besuch des rothen Meeres auf und erreichten, diesmal über Dschidda und Loheia, (24. April 1825) den afrikanischen Hafen Massaua. Während Hemprich die Küstengebirge durchwanderte, wagte sich Ehrenberg südlich bis zu den heißen Quellen von Eilat. Nach Massaua zurückgekehrt, traf ihn der harte Verlust, am 30. Juni 1825 seinen Begleiter Hemprich als neuntes Opfer dieser Unternehmung erliegen zu sehen.[1] Ehrenberg, der selbst dreimal durch Krankheiten am Leben bedroht worden war, brachte als naturgeschichtliche Beute 300 Muster von Gebirgsarten, 2900 Gewächse, unter denen 600 unbeschrieben waren, und 34,000 Exemplare von Thieren in 3600 Arten nach der Heimat. Der Hauptgewinn der Wanderungen, zumal Ehrenberg ein glücklicher Zeichner der lebendigen Natur war, beruht in dieser Bereicherung der Wissenschaft an neuen Gegenständen und unter ihnen glänzen einige Entdeckungen in der Ordnung der Wiederkäuer, sowie der Oscillatorien, Wesen zwischen Thier und Pflanzen, welche Strecken des rothen Meeres ihre Farbe geben.[2] Sonst konnten, abgesehen von thermometrischen Bruchstücken und geologischen Karten, die Reisenden für die darstellende Erdkunde wenig Stoffe sammeln, denn wie Ehrenberg bemerkt, war ihr wichtigstes Beobachtungsinstrument ein Mikroskop von 200facher linearer Vergrößerung.[3]

Kurze Zeit nach Ehrenberg's Rückkehr im Jahre 1827 treffen wir einen ausgezeichneten Geographen, den österreichischen Major A. Prokesch Ritter von Osten (geb. zu Graz 1795), am Nil, um nach eigenen astronomischen Bestimmungen eine Karte des

[1] Es starben vorher der Franzose Liman, die Italiener Gruoc und Vicenzo, der französische Dolmetscher Basile, die deutschen Gehülfen Söllner, Kreysel und Heinr. Niemeyer und der dänische Philhellene Burchardt. Hemprich und Ehrenberg, Reisen durch Nordafrika und Westasien. Berlin 1828. Bd. 1, S. XIX.

[2] A. v. Humboldt, Bericht über die naturhistorischen Reisen der Herren Ehrenberg und Hemprich. Berlin 1826. S. 4, 13—21.

[3] Hemprich und Ehrenberg, Reisen Bd. 1, S. XIV.

Stromlaufes zwischen den beiden Katarakten zu entwerfen. Sie beginnt bei der Insel Philä, deren Zaubersitz damals eine nubische Familie ungestört inne hatte und ihre Ziegen an der Schwelle der majestätischen Thore zu den erhabenen Ruinen grasen ließ. Die Schauer des feierlichen Schweigens steigerte die drückende Oede des Thierlebens, denn selbst Vögel ließen sich selten sehen und Wipfel wie Luft erschienen ausgestorben.[1] Prokesch begab sich später aufwärts nach den großen Katarakten von Wadi Halfa, wo der Nil abwechselnd eine halbe bis eine ganze Wegstunde breit, seine trüben Wasser empört zwischen scharfen, wundersam gestalteten Klippen hindurchwälzt, weder links noch rechts die Wüste erquickend, als ob die Natur ohne Schonung ihre Häßlichkeit entblößen wollte. Das Gemälde, welches uns der deutsche Officier von jener Strecke des Nil hinterlassen hat, gehört wegen seiner ausdrucksvollen Kürze und seiner Lebendigkeit zu den höchsten Mustern unserer geographischen Literatur.

Vor Ehrenberg und Prokesch hatte ein frankfurter Gelehrter, Eduard Rüppell (geb. 1794), frühzeitig zum Genuß eines beträchtlichen Vermögens gelangt, Aegypten flüchtig besucht und war 1822 dahin zurückgekehrt, nachdem er sich 1818 in Genua durch Baron Zach im Gebrauche astronomischer Instrumente hatte unterrichten lassen. Kriegsunruhen hielten ihn 1823 und 1824 im nubischen Neu-Dongola fest, so daß er erst am Schluß des letzteren Jahres von Dabbeh am Nil den noch völlig unbekannten Wüstenpfad gegen Süden über Simrieh, Katschmar, Bara nach der damals von den Türken zerstörten Hauptstadt

[1] A. v. Prokesch, Das Land zwischen den Katarakten des Nils. Wien 1831. S. 43. Die Breite von Philä, von den Franzosen auf 24° 3′ 45″ bestimmt, verbesserte Prokesch auf 24° 1′ 18″ und die Länge fand er 16° 31′ 30″ ö. Wien (= 32° 54′ Greenw., wo neuere Bestimmungen 32° 47′ geben). Für die höchste Felsenspitze am linken Ufer der obern Katarakten fand er 21° 52′ 50″ n. Br., 15° 4′ 34″ (31° 28′ Greenw.); die Breiten haben sich nicht geändert, die Länge wird gegenwärtig ein wenig (31° 20′ Greenw.) gemindert.

Kordofans el Obeid zu bereisen vermochte, wo er Mitte Januar 1825 eintraf. Rüppell war der erste wissenschaftliche europäische Reisende, welcher Kordofan betrat, sowie der erste, welcher eine Schilderung der in den südlichen Grenzgebirgen von Kordofan seßhaften Nuba gab. Gesundheitsrücksichten nöthigten ihn, vor Anbruch der Regenzeit im März 1825 nach Neu-Dongola und von dort nach Unterägypten zurückzuweichen. Am Beginn des Jahres 1826 durchzog er die sinaitische Halbinsel, die ihm schon von einem früheren Besuche bekannt war, und es gelang ihm, die noch nie bestimmte Lage des Katharinenklosters auf dem heiligen Berge (28° 32′ 54″ n. Br., 31° 37′ 45″ ö. Paris) astronomisch zu ermitteln.[1] Im nächsten October befuhr er das rothe Meer bis zur Höhe von Dschidda auf der arabischen und von Massaua auf der abessinischen Seite, um endlich im März 1827 über Kosseir und Cairo nach der Heimat zurückzukehren. Rüppell entwarf neue Karten nach seinen Ortsbestimmungen, welche bei den Breiten meistens noch jetzt gelten, bei den Längen dagegen Verschärfungen noch bis zu einem Drittelgrade nicht ausschlossen. Auf der Karte vom rothen Meere des Lord Valentia vom Jahre 1810, der besten, die man damals besaß, fand er bei den Polhöhen Irrthümer, die bis auf 15′, ja bis auf 45′ stiegen; auch konnte er eine Mehrzahl fehlender Inseln eintragen und selbst den wichtigen Hafenplatz Wuschk (el Wedjh) als Neuigkeit hinzufügen. Rüppell schildert uns die durchwanderten Strecken als Geognost, Botaniker und Zoolog, auch gibt er uns ein Gemälde der Bewohner nach ihren körperlichen Merkmalen, ihren Sitten, Gebräuchen, Nahrungszweigen und Bildungsstufen mit Beifügung von Sprachproben.[2]

Kaum hatte der Reisende den gesammelten Stoff ausgearbeitet, so kehrte er nach Afrika zurück. Im Frühjahr 1831

[1] Eduard Rüppell, Reisen in Nubien, Kordofan und dem peträischen Arabien. Frankfurt 1829. S. 292.

[2] Er brachte sieben Wortschätze von Nubasprachen aus Kordofan und vom Weißen Nil zurück. Reisen in Nubien, Kordofan und Arabien S. 370.

finden wir ihn am rothen Meere und am 7. Mai bestimmt er die noch ungemessene Gipfelhöhe des Sinai (Dschebel Musa) barometrisch auf 7035 Fuß (pieds).[1] In dem nämlichen Jahre landete er am 17. September bei Massaua an der abessinischen Küste, wo er den Rest des Jahres und den nächsten Frühling zu einem Ausflug nach Arkiko und nach den Dahlak-Inseln benutzte. Am 29. April 1832 trat er seinen Marsch nach dem innern Hochlande an, welches vor ihm wissenschaftlich nur durch Bruce und Salt beschrieben worden war. Er zog zunächst südlich über Halai und Ategerat (Addi-Igrât), wandte sich dann südwestlich, kreuzte am 20. Juni das tiefe Thal des Takazze und stieg über den 11,900 Fuß hohen Selkipaß in das Hochland Simen mit seinen Alpenwiesen, auf denen in größter Nähe von ewigem Schnee die Gibarrapflanze (Rhynchopetalum montanum) täuschend die Gestalt der Palmen nachahmt. Am 12. October hielt er seinen Einzug in Gondar, wo er bis zum 18. Mai 1833 verweilte. Die Zwischenzeit benutzte er theils zu einem Ausflug nach der Kulla, einer Thalniederung etliche Tagereisen gegen Norden, theils zu einer Wanderung nach dem Tzanasee[2] und bis zur berühmten Brücke von Deldei, unter welcher der Abai oder Blaue Nil in Schluchtentiefe, ähnlich wie der Rhein an den klassischen Stellen der Via Mala nach Südosten durchbricht. Zur Rückkehr von Gondar nach der Küste wählte er einen westlicheren Pfad, um die Alterthümer von Axum (Anfang Juni) und Adowa (7. Juni) zu berühren, von wo er Arkiko (29. Juni) glücklich erreichte und sich nach der Heimat einschiffte. Wir verdanken Rüppell, dem ersten Ausländer, welchem 1839 die londoner geographische Gesellschaft ihre höchste Auszeichnung zuerkannte, außer etlichen mathematischen Ortsbestimmungen[3] die

[1] Eduard Rüppell, Reise in Abessinien. Frankfurt 1838. Bd. 1, S. 118.

[2] Er ist der erste, welcher die Meereshöhe seines Spiegels zu 5732 Fuß (pieds) bestimmte. Reisen in Abessinien Bd. 2, S. 232.

[3] Für Gondar gab er 12° 35′ 53″ n. Br., 37° 31′ 57″ ö. Greenw. Bruce hat vor ihm aus Immersionen von Jupiterstrabanten, berechnet von

frühesten Höhenmessungen,[1] sowie die erste geognostische Beschreibung Abessiniens, ferner siebenmonatige Thermometerbeobachtungen in Massaua und Gondar, sowie ethnographische und archäologische Forschungen über den schönen, aber sittlich gesunkenen Menschenstamm jenes Alpenlandes.

Ein Jahr nach Rüppell's Rückkehr erbat sich Mehemed Ali von der österreichischen Regierung gebildete Bergleute zur Erforschung der fossilen Schätze Aegyptens und Syriens. In Folge dessen verließ unter der Anführung eines vortrefflichen Geologen, Jos. Rußegger (geb. 1802 zu Salzburg, gest. 1863 zu Schemnitz in Ungarn), den der Naturforscher Theodor Kotschy (geb. 1813, gest. zu Wien 1866) begleitete, eine deutsche Gesellschaft Triest am 16. Januar 1836. Zunächst wurden die Bleigruben bei Gulek im Taurus (Paschalik Adana), dann die Steinkohlenflötze und Eisenlager im Libanon untersucht. Im Jahre 1837 verfügte sich Rußegger nilaufwärts nach dem aufblühenden Chartum (13. März) und von dort auf dem Bahr el Abiad bis zur Höhe des Ortes Eleis (El-Es), der damaligen Grenze der ägyptischen Herrschaft, unter 13° 3′ 54″ n. Br.,[2] und der Südgrenze arabischen Einflusses. Bis hieher reichten damals die Wohnsitze der Schilluk. Von hier kehrte nach kurzem Aufenthalte der Reisende auf dem weißen Nil zurück nach dem Dorfe Tura (6. April), von wo er den westlichen Weg nach dem Savannenlande Kordofan einschlug. Von der ehemaligen Hauptstadt Obeid rückte er unter Truppenbedeckung in das wenig bekannte Nubaland ein, wo er die Goldwäschen des Tiragebirges (11° n. Br.) untersuchte, aber schon nach drei Tagen (11. Mai) durch die beginnende Regenzeit zur Rückkehr genöthigt war[3]. Er

Maskelyne, 37° 28′ 15″ gefunden. Rüppell, Reise nach Abessinien Bd. 2, S. 233.

[1] Doch hatte Bruce bereits 1770 die Höhe der Nilquellen annähernd bestimmt.

[2] Rußegger, Reisen in Europa, Asien und Afrika 2. Bd., 2. Thl., S. 66.

[3] Rußegger, Reisen in Europa, Asien und Afrika 2. Bd., 2. Thl., S. 137—199.

gelangte fast auf dem nämlichen Wege, wie er gekommen war, nach dem weißen Flusse und nach Chartum zurück, wo er sich am 1. October 1837 einem Streifzug der Türken anschloß, die den blauen Nil über Senaar (27. November) und Roseres (8. December) bis zu dem Gebirgsland Fazogl hinaufgingen, und sich dann einem Seitengewässer des Bahr el Azrak, dem Tumat zuwendeten, der, wie alle seine Zuflüsse, reichen Goldschlamm enthält. Dort aber stießen die ägyptischen Truppen auf einen so beherzten Widerstand von Seiten der Kamamilneger, daß sie am 17. Januar 1838 von dem Lagerplatze am Bache Pulchidia (10° 16′ 17″ n. Br.), ihrem südlichsten Punkte, zum Rückzug genöthigt wurden.

Am 27. Juli des nämlichen Jahres war Rußegger nach Alexandrien zurückgekehrt und begab sich nach Erledigung seiner amtlichen Aufträge über die sinaitische Halbinsel nach dem Jordansthal. Unterwegs führte er die erste annähernd richtige Messung der Spiegelhöhe des todten Meeres aus, die er auf 1341 Fuß (pieds) unter dem mittelländischen Meer dem staunenden und anfangs ungläubigen Europa angab.[1] Im Sommer 1839 bereiste Rußegger Griechenland, sowohl Rumelien als die

[1] Vor Rußegger hatten andere Vermesser theils keine Depression, theils nur — 700 Fuß gefunden. Gotthilf Heinrich Schubert (geb. zu Hohenstein in Sachsen 1780, gest. zu Laufzorn bei München 1860) hatte auf seiner Reise ins Morgenland 1837 die Depression zuerst bemerkt, aber, weil die Barometerscala zu solchen Beobachtungen nicht ausreichte, allzuschüchtern die Tiefenlage nur zu 600 pariser Fuß in runder Zahl angegeben. (Reise in das Morgenland. Erlangen 1839. III. 80, 87.) Rußegger veröffentlichte seine Messung in Poggendorff's Annalen 1841 S. 186. Am 24. Januar 1842 wurden in der londoner geographischen Gesellschaft die Ergebnisse einer trigonometrischen Nivellirung Alderson's und Symond's verlesen, die — 1316′ und — 1337′ lauteten, also Rußegger's Beobachtung zu bestätigen schienen. (Reisen in Europa, Asien und Afrika 1. Bd., 2. Thl., S. 754; 3. Bd., S. 106.) Lynch fand 1848 401 m., de Luynes 1864 392 m., Sir Henry James durch genaues Nivellement von Jafa über Jerusalem zum todten Meere 1865 je nach dem schwankenden Wasserstand eine Depression von — 1289′,5 bis 1298′ (feet), also im Mittel 393 m. Athenaeum 1865, nr. 1970, p. 149.

Peloponnes und die Inseln, durchwanderte Italien im nächsten Jahre und kehrte nach einem Ausfluge über London am 21. Februar 1841 nach Wien zurück.

Rußegger hat alle Fächer der Erdkunde durch seine Beobachtungen bereichert. Wir verdanken ihm astronomische Ortsbestimmungen, Messungen der magnetischen Erdkräfte, Schilderung der beiden organischen Reiche, ausführliche ethnographische Beschreibungen und vor allen vollständig verarbeitete Ueberblicke über die durchzogenen Gebiete, nicht bloß Erzählungen von Reiseerlebnissen. Besonders werthvoll sind die barometrisch berechneten Höhen des Nilthales von der Mündung bis 11° n. Br., die Ermittlung täglicher nnd doppelter Höhen- und Tiefenstände des Barometers im tropischen Afrika, seine meteorologischen Tagebücher, die Erkenntniß des wichtigen Gesetzes, daß die regenbringenden Südwinde oder die tropische Regenzeit im Nilland sich nur bis 17° n. Br. erstreckt, nördlich von diesem Breitengrade aber bis zum Mittelmeer eine regenarme Zone mit vorherrschenden Nordwinden angetroffen wird,[1] endlich seine Darstellung des Gebirgsbaues in Syrien und Aegypten sowohl durch ebene Begrenzung der Felsarten, als durch geologische Höhenquerschnitte in einem umfangreichen Atlas.

In dem nämlichen Jahre, wo Rußegger vom blauen Fluß zurückkehrte, nämlich 1838, war Mehemed Ali selbst im Herbst nach Fazogl gezogen und hatte den Vorsatz gefaßt, auch den weißen Nil bis zu seinen Quellen verfolgen zu lassen. Die erste Unternehmung, die er am 16. November 1839 von Chartum abfertigen ließ, erreichte am 27. Januar 1840 auf dem Bahr el Abiad im Lande der Elliab angeblich eine Polhöhe von 6° 33′. Nicht befriedigt mit dieser Leistung, sendete Mehemed Ali ein zweites Geschwader von neun Nilbarken mit 120 Matrosen und 250 Soldaten nilaufwärts unter dem Befehl von Achmed und Selim Bascha. Die Franzosen Arnaud, Sabatier und

[1] Reisen in Europa, Asien und Afrika Bd. 1, 1. Thl., S. 208; Bd. 2, 1. Thl., S. 520.

Thibaut, sowie ein deutscher Reisender, Ferdinand Werne, der sich seit sieben Monaten in Chartum aufhielt, nahmen als Gelehrte Theil an dieser merkwürdigen Gondelfahrt in unbekannte Theile der Welt, deren Bewohner seit Nero's Nilexpedition[1] mit gesitteten Völkern nicht mehr in Berührung gekommen waren. Sie starrten die Nilbarken und die Wirkung der Feuerwaffen ebenso betroffen an, als die Entdecker die bedürfnißlose Nacktheit der Neger, die mit kindlicher Begier nach den venetianischen Glasperlen griffen. Am 29. December hatte das Geschwader bei einer Polhöhe von 6° 34′ n. Br.[2] das angebliche Ziel der früheren Nilfahrer jedenfalls überschritten, und am 25. Januar 1841 gewann es das seinige bei der Insel Tschanker, vor welcher Felsenriffe quer den Strom durchsetzen und wie sich die Anführer gern überredeten, jede weitere Ausdehnung der Bergfahrt vereitelt hätten. Sie hatten nach einander am Ufer die Elliab- und Bahr-, dann die Schierstämme kennen gelernt und befanden sich damals in den Gebieten der Barineger. Die französischen Gelehrten maßen und berechneten die dortige Polhöhe auf 4° 40′, Selim Kapitän auf 4° 50′ n. Br.,[3] aber bis zur Rückkehr des Kapitän Speke von seiner Reise nach den Nilquellen bestritt man die Genauigkeit dieser mathematischen Bestimmung. Werne entwarf eine Karte des weißen Stromes nach den Breitenangaben des türkischen Seeofficiers und aus ihr, verglichen mit unsern neuesten Karten, ergibt sich unwiderleglich, daß die Entdecker damals eine oder zwei deutsche Meilen über Gondokoro aufwärts gedrungen sind, dessen Lage jetzt genau bestimmt worden ist.[4]

[1] Siehe oben S. 29.

[2] Ferdinand Werne, Expedition zur Entdeckung der Quellen des weißen Nil. Berlin 1848. S. 201.

[3] Werne, Expedition auf dem weißen Nil S. 311.

[4] Kapitän Speke (Discovery of the Source of the Nile. Edinburgh 1863. p. 622) fand für Gondokoro 4° 54′ 2″ n. Br., 31° 46′ 9″ ö. Greenw.

Werne's Bildung war keine weitumfassende und in Bezug auf seine Zuverlässigkeit äußerte Carl Ritter einige wohlbegründete Bedenken, doch sind seine launigen Schilderungen so lebendig und anziehend, daß sein Buch über die merkwürdige Entdeckungsreise niemals seinen geschichtlichen Werth verlieren wird.

In den Zeiten ihrer Unabhängigkeitskriege waren die südamerikanischen Freistaaten von wissenschaftlichen Reisenden gemieden worden. Im Dienste einer englischen Gesellschaft (1825 bis 1831) zog ein französischer Bergmann, J. B. Boussingault (geb. 1802), vom caribischen Golfe aus, fast dem Pfade Humboldt's folgend, durch das Thal des Magdalenenstromes nach Quito und Peru, wo er unter andern am Abhang des Chimborazo sich noch höher erhob als Humboldt. Leider sind seine mathematischen und physikalischen Beobachtungen auf diesen Wanderungen nur in Zeitschriften verstreut worden.[1] Nach Humboldt verdanken wir ihm das Beste über die Orts- und Höhenkunde in Südamerika; auch werden wir später noch sehen, mit welchen neuen Untersuchungsmitteln er die Meteorologie und die Geographie der Gewächse bereichert hat.

Um die nämliche Zeit wie Boussingault gelangte ein deutscher Reisender, Eduard Pöppig (geb. 1798 zu Plauen i. V., gest. 1868 zu Leipzig) nach Südamerika. Seine eigenen Reisemittel und die Unterstützung warmer Freunde reichten nicht zur Anschaffung kostspieliger Instrumente aus und als seine Barometer zerbrachen, konnte er sie nicht mehr durch neue ersetzen. Er ging im November 1826 von Baltimore um das Cap Hoorn, landete am 15. März des nächsten Jahres in Valparaiso und versuchte zweimal, die dortigen Cordilleren in der Richtung nach Mendoza zu übersteigen, gelangte aber beidemale nicht weiter als zur Cumbre oder der Paßhöhe. Im Jahre 1828 durchwanderte er Südchile, um die Araucarienwälder zu besuchen und unter ernsten Gefahren den Krater des thätigen Vulkans

[1] Seine Ortsbestimmungen und Höhenmessungen finden sich bei Jabbo Oltmanns, Astronom. und hypsometr. Grundlagen. Stuttgart 1831.

Antuco zu besteigen. Von dort begab er sich zu Schiff nach Peru und ging durch Cerro de Pasco über die Cordilleren nach dem Waldlande (montaña) von Huanuco, wo er auf der Hacienda Pampayaco vom 5. Juli 1829 bis zum April 1830 verweilte. In Begleitung eingeborner Cholonen befuhr er auf Flößen den kataraktenreichen Huallaga, den kein Beobachter vor ihm berührt hatte und der ihn durch ein Pongo oder ein Felsenthor plötzlich in die Ebene des Amazonas hinabtrug, wo wie durch eine Bühnenverwandlung eine neue Welt den Reisenden empfing. Während hinter ihm, wallartig geschlossen, die Bergkette des Pongo zum Horizont allmählich herabsank, breitete sich vor ihm eine unbegrenzte Waldlandschaft aus, deren wagrechte Ruhe keine Bewegung des Bodens störte und auf der kein Stein, so weit das Auge zu dringen vermochte, sichtbar wurde, sondern klaftertiefer Pflanzenboden die Erde bedeckte.[1] Rasch schwamm er den Amazonenstrom hinab bis Ega, wo er sechs Monate verweilte, um am 12. Februar seine Heimreise nach Para anzutreten und sich von dort am 7. August 1832 nach Europa einzuschiffen.

Pöppig brachte einen Schatz von Naturbeobachtungen heim. Er verkündete am frühesten das nach jedem Erdbeben ruckweise, aber langsame Aufsteigen der Küste von Chile, das seit 1822 beobachtet worden war. Er bezeugte, daß die Ausbrüche des Vulkans Antuco mit Ergüssen von kalten Wassermassen zu endigen pflegen. Es entging ihm nicht, um wie vieles günstiger die bürgerliche Entwicklung im Freistaat Chile als in Peru fortschritt, weil die Ansiedler des einen Abkömmlinge genügsamer und rüstiger Gallegos und Catalanen, des andern hochmüthige und verwöhnte Basken waren.[2] Genauer als seine Vorgänger bestimmte er die südliche Verbreitungsgrenze der Palmen in Amerika und den Gürtel der Araucarien, welche zwischen dem

[1] Eduard Pöppig, Reise in Chile, Peru und auf dem Amazonenstrome während der Jahre 1827—32. Leipzig 1835 u. 1836. Bd. 2, S. 339, 340.

[2] Pöppig, Reise Bd. 1, S. 141, 423, 437.

36. und 46. Breitengrade Höhen von etwa 1500 Fuß bis zur Schneegrenze schmücken.[1] Nach Alexander v. Humboldt und Adalbert v. Chamisso zeigte Pöppig unstreitig die meiste Gabe zur künstlerischen Naturschilderung. Ergreifend hat er uns die Gebirgseinsamkeit auf den chilenischen Andenpässen dargestellt, wo die Natur, sich selbst genügend, „es verschmäht, dem Menschen zu lächeln oder zu drohen". Zwischen glühenden Steinen sprießen dort, die höchste Quellenarmuth verkündigend, bis zur Höhe von 15—20 Fuß Fackeldisteln, die sich zur Regenzeit mit einem anmuthvollen Blumenflor zieren, der seinen Duft in einer einzigen Nacht weghaucht und Morgens schon verwelkt ist.[2] Zu den Juwelen unserer Literatur gehören aber Pöppig's Gemälde vom Ostabhang der peruanischen Anden. Der Wanderer erkämpft sich dort zunächst einen Pfad durch die Braue des Waldlandes (la céja de la montaña), wo auf Höhen von 8000 Fuß alle Gewächse, selbst Schlingkräuter, nieder und wagerecht am Boden kriechen und sich zu einem filzigen Pflanzengewebe verdichten. Erst tiefer unten treten bei wenig schwankender Erwärmung und von beständigem Wasserdampf benetzt die königlichen Gestalten der Baumfarn auf und entfaltet sich die volle Lebenskraft des Aequatorialbodens. Dort schlüpft der Sammler mühsam zwischen drei Klafter hohen Stengeln von Orchideen hindurch und zählt auf 180 Schritten nicht weniger als 48 verschiedene Bäume oder Hochgesträuche. Dort schwebt der prachtvolle Atlas, leise und langsam seine stahlblauen Schmetterlingsschwingen hebend, auf der weichen Luft durch den Waldesschatten, dort läßt ein kleiner Sänger (Sylvia platensis), der Orgel- oder Flötenvogel der Spanier, fast überirdisch das Glockenspiel seiner Stimme hören, oder eine Krähe erschreckt den Wald mit einem Gebrüll, welches ihr den Namen des Stiervogels zugezogen hat.[3]

[1] Pöppig, Reise Bd. 1, S. 402.

[2] Ebend. Bd. 1, S. 229—234.

[3] Ebend. Bd. 2, S. 192—201. Wenn der begabte Verfasser nicht, wie

Als sich Pöppig in Valparaiso aufhielt, traf er mit einem Landsmann, Friedr. Heinr. v. Kittlitz (geb. 1799 zu Breslau, gest. 1874 zu Mainz), zusammen, der sich im September 1826 in Kronstadt an Bord des Senjawin unter Admiral Lütke eingeschifft hatte und, wie man scherzweise gesagt hat, als Vogelfänger um die Welt segelte; denn bei aller Vielseitigkeit seiner Bildung blieb die Ornithologie doch sein erklärtes Lieblingsfach. Einen großen Ruf hat er sich auch durch seine Zeichnungen nach der Natur und namentlich durch die Schöpfung treffender Vegetationsgemälde gesichert. Wo sich zu wissenschaftlicher Erkenntniß die Fertigkeit der bildlichen Darstellung gesellt, da entstehen Belehrungsmittel, welche nicht nur die trockene Aufzählung systematischer Namen, sondern selbst die höchsten Leistungen der Sprache an Wirksamkeit weit hinter sich zurück lassen. Heinr. v. Kittlitz besuchte im Sommer 1827 das russische Amerika und Kamtschatka, entfloh dem bevorstehenden Winter durch einen Besuch der Karolinen, hauptsächlich Ualans am Ostende der Gruppe, und trennte sich, als der Senjawin 1828 nach dem Peterpaulshafen zurückgekehrt war, von seinen Reisegefährten, um Kamtschatka und die Kurilen gründlicher zu erforschen. Er verließ sie erst Ende des Jahres, um nach einem längeren Aufenthalt in Manila allein nach Europa zurückzukehren. Es war die belebte Natur, die Gewächse und die Thierwelt, die ihn am stärksten anzogen und die er mit so inniger Freude zu schildern vermag, daß selbst ein ungünstig gestimmter Leser an seinem Genusse theilnehmen müßte. Sollen wir aus seinem spät ver-

er verdient hätte, ein Liebling seines Volkes geworden ist, so liegt die Schuld größtentheils daran, daß er, einer Unsitte seiner Zeit huldigend, sein Werk in ungenießbarer Gestalt verbreiten ließ. Die wunderliche Sucht der Riesenformate begann mit der Ausgabe der Description de l'Égypte. Ein Werk, welches auf höhere Gelehrsamkeit Anspruch erhob, mußte mindestens in Folio erscheinen. A. v. Humboldt unterwarf sich in früheren Jahren diesem Geschmack und ihm folgten Prinz zu Wied-Neuwied, Spix und Martius sowie Pöppig. Britische Gelehrte brachten den Oktavband am frühesten wieder zu Ehren.

öffentlichten Reisewerke klassische Stellen bezeichnen, so sind es vorzüglich seine Schilderungen der Insel Sitcha, die unübertroffen dastehen. Während auf den schattenlosen Aleuten nur nahrhaftes Kraut und Gras den Boden überwebt, werden die Inseln des russischen Amerikas in Folge eines milden Seeklimas und beschützt durch hohe Gebirge im Norden, unter einer Polhöhe von 58° von Wäldern eingehüllt, deren Baumgestalten zu staunenerweckender Größe sich erheben und bei denen man eine Mannigfaltigkeit der Formen und jene eigenthümliche Durchbrochenheit antrifft, welche sonst ausschließlich nur die tropischen Wälder ziert.[1] Dort ist es die Sättigung mit tropfbar werdenden Wasserdämpfen, welche die Lebenskraft des Gewächsreiches so mächtig erregt, und nicht wenig würde es zur Erhöhung dieser tropischen Aehnlichkeiten beitragen, daß Colibri jenen nordischen Regenhimmel nicht scheuen, wenn wir nicht wüßten, daß diese zierlichen Geschöpfe, die wir wegen ihres Fiederglanzes auf die Wendekreise beschränkt glauben, selbst unter Schneegestöbern an den Gletschern des Feuerlandes gesehen worden sind.

Noch einem andern Weltumsegler, F. J. F. Meyen (geb. 1804 zu Tilsit, gest. 1840 zu Berlin), begegnen wir fast um die nämliche Zeit in der Südsee. Er nahm als Schiffsarzt an der dritten Erdfahrt Theil, die von einem Fahrzeuge der preußischen Seehandlung ausgeführt wurde.[2] Von Hamburg am 7. September 1830 angetreten, führte sie um das Cap Hoorn längs der chilenischen und peruanischen Küste über die Nordhälfte des stillen Meeres mit Berührung der Sandwichinseln

[1] Siehe F. H. v. Kittlitz, Denkwürdigkeiten einer Reise nach dem russischen Amerika, nach Mikronesien und durch Kamtschatka. Gotha 1858. Bd. 1, S. 202 ff.

[2] Die erste dieser Fahrten führte das preußische Schiff Mentor 1828, die zweite und dritte das Schiff Prinzeß Louise (Kapitän Wendt) 1828 und 1831 über die Südsee. A. Mühry, Allgemeine geogr. Meteorologie, Leipzig 1860, S. 138 meint, Meyen habe wohl zuerst das Psychrometer auf das Meer gebracht.

nach Canton und nach einem Besuche der Philippinen um das Vorgebirge der guten Hoffnung am 19. April 1832 nach Cuxhaven zurück. Der Kreis der Beobachtungen, die sich an Bord eines Fahrzeuges anstellen lassen, ist sehr eng gezogen. Sie beschränkten sich bei Meyen auf gewissenhafte Wetterverzeichnisse,[1] auf fortgesetzte Messungen der Meereswärme an der Oberfläche und fortlaufende an Ort und Stelle ausgeführte Bestimmungen der specifischen Schwere des Seewassers in beiden Weltmeeren von 50° 41′ n. Br. bis 57° s. Br. Meyen fand, daß vom Norden die specifische Schwere nach dem Aequator von 1,027 bis auf 1,022 abnahm und nach den höheren Breiten des Südens wieder auf 1,028 stieg; wurden aber alle Beobachtungen durch Rechnung auf eine Wärme von 0° R. zurückgeführt, so ergab sich, daß die specifische Schwere des Seewassers umgekehrt vom Aequator nach den Polen um $^3/_{1000}$ abnahm und daß das Wasser der Südsee um $^1/_{1000}$ leichter erschien, als das atlantische.[2] Durch königliche Gnade wurde es indessen dem Erdumsegler verstattet, von Valparaiso aus Streifzüge in die chilenischen Cordilleren auszuführen und dabei nicht nur eine beträchtliche Anzahl neuer Gewächse und Thiere zu erbeuten, sondern auch unsere Kenntnisse der dortigen Vulkane zu erweitern. Merkwürdig ist unter anderem seine Beschreibung eines 300 Fuß hohen Bimssteinhügels bei dem Dorfe Tollo und seine Besteigung des lavalosen Vulkans von Maipu bis ziemlich zum Rande des Kraters.[3] Von Arica aus, wo am 26. März 1831 das Schiff vor Anker blieb, hatte er Gelegenheit, die vordere Andenkette zu übersteigen und vom 6. bis 8. April am Titicaca-See und in Puno zu verweilen, wo im vorigen Jahrhundert ein

[1] Sie waren so werthvoll, daß sie als Belege zum Drehungsgesetze der Winde dienen konnten. Siehe H. W. Dove, Meteorologische Untersuchungen. Berlin 1837. S. 162.

[2] F. J. F. Meyen, Reise um die Erde in den Jahren 1830—32. Berlin 1834 u. 1835. Bd. 2, S. 412.

[3] a. a. O. Bd. 1, S. 338, 359, 470.

deutscher Priester, Wolfgang Bayer, 14 Jahre lang bis 1768 als Heidenbekehrer gewirkt hatte.[1] Meyen fand den See, dessen Größe damals nur annähernd bekannt war und der 12,760 Fuß (feet) über dem Meere liegt,[2] hinter den binsenbesäumten Ufern mit muntern Vögelschaaren bedeckt und durch zahllose Klippeninseln verziert, auf denen sich die berühmten Baureste aus den Zeiten des Inca Manco Capac befinden. Der Weg nach Puno glich einem Blumengarten und die Reize des Alpensees, in dem sich die höchsten Schneegebirge Amerikas spiegeln, erklären uns die Anhänglichkeit der Eingebornen an dieses rauhe Paradies, wo außer den Kartoffeln nur die Punahirse (Chenopodium Quinoa) gedeiht, ein Gewächs, dessen kulturgeschichtliche Bedeutung die Trümmer der Incatempel auf den Inseln feiern, denn seine Mehlfrüchte allein gewährten den Söhnen der Sonne die Möglichkeit, nur 4000 Fuß unter der Schneelinie die Keime ihres spätern Kaiserreichs groß zu ziehen.[3]

Zu seinen Höhenangaben der dortigen Gegend benützte Meyen die Arbeiten von J. B. Pentland, einem Reisenden, den A. v. Humboldt in das Haus des Baron Cuvier eingeführt und seine Sendung nach den bolivianischen Hochebenen bei Canning erwirkt hatte.[4] Pentland reiste in den Jahren 1826 bis 1828 in Chile, Bolivia und Peru, ebenso sorgfältig für seine Aufgaben vorbereitet, wie Humboldt selbst oder Boussingault. Seine astronomischen Ortsbestimmungen, seine Karten, seine

[1] Wolfgang Bayer, geb. 1721 in Würzburg, ein deutscher Jesuit, verließ 1749 die Heimat und ging über Panama nach Peru. Am 28. August 1768 traf der Befehl zur Austreibung der Jesuiten ein und die Väter mußten binnen 24 Stunden das Land räumen. (P. Wolfgang Bayer's Reise nach Peru, herausgegeben von C. G. v. Murr. Nürnberg 1776. S. 200.) Um das Cap Hoorn (12. Mai 1769) kehrte er nach Europa und im Mai 1770 nach Würzburg zurück. Zu den wissenschaftlichen Reisenden zählt Bayer nicht.

[2] Nach Pentland's Messung 12,850 engl. Fuß (3918 m.) neuere Angaben lauten auf 3944 m. Zeitschr. d. Ges. f. Erdkunde zu Berlin. 1874. IX. 237.

[3] Meyen, Reise um die Erde Bd. 1, S. 477—484.

[4] A. v. Humboldt, Briefwechsel mit Berghaus. Leipzig 1863. Bd. 1, S. 211.

geologischen Beobachtungen, seine Bestimmung der Schneehöhe in den Anden gehören zu den klassischen Arbeiten jener Zeit. Ein kleiner Alpensee, dessen Höhe er barometrisch ermittelt hatte, diente ihm als Grundlinie zur Höhenmessung des Illimani, für den er 24,200 Fuß (feet) fand, später entdeckte er noch einen höheren bolivianischen Gipfel, den Nevado von Sorata, auch Illampu genannt, den er auf 25,250 Fuß (feet) berechnete.[1] Der Chimborazo, der lange Zeit als der höchste Erdgipfel und damals noch als der höchste Berg in der neuen Welt gegolten hatte, verlor dadurch seine Herrschergröße und reichte, um 3—4000 Fuß überwachsen, jenen Riesenkegeln nur bis zu den Schultern. Die hypsometrische Erniedrigung seines Lieblings ging A. v. Humboldt tief zu Herzen, aber in Flammen loderte sein Zorn auf, als Pentland später seine bolivianischen Messungen widerrief[2] und den Sorata auf 21,286 Fuß (= 19,974 pieds) und den Illimani auf 21,145 Fuß (= 19,843 pieds = 6445,7 m.) verkürzte.[3]

Peru wurde nach Pöppig von einem schweizerischen Zoologen J. J. v. Tschudi wiederum betreten, der sich in Havre am 27. Februar 1838 eingeschifft und nach einer Fahrt um Cap

[1] J. B. Pentland, Outline and Physical Configuration of the Bolivian Andes. Journal of the Royal Geogr. Society, vol. V, London 1835, p. 77—78.

[2] Siehe seine Schreiben im Briefwechsel mit Berghaus, Bd. 2, S. 140; Bd. 3, S. 102.

[3] A. v. Humboldt, Ansichten der Natur. Stuttgart 1849. Bd. 1, S. 341. Später sollten die Vermessungen von Ondarza und Mujia beweisen, daß Pentland's ursprüngliche Messungen nahezu richtig gewesen seien. Sie geben in den bolivianischen Anden eine Höhe

	piés		pieds		m.
des Illampu oder Sorata	26,969	oder	23,467	oder	7513
„ Illimani	26,254	„	22,845	„	7314

Siehe Petermann's geographische Mittheilungen 1860, S. 320. Der Chimborazo war nach Humboldt 20,100 pieds oder 21,422 feet hoch. Vergleiche jedoch J. E. Wappäus, Handbuch der Geographie von Mittel- und Südamerika. Leipzig 1863—1870. S. 680 u. 681 Anmerkung. Schon 1849 hatte A. Pissis (Sur les altitudes des montagnes de la Bolivie in

Hoorn vorher Chile und Valparaiso berührt hatte. Krankheitshalber mußte er seine Wanderungen unterbrechen und Amerika schon am 24. August 1842 wieder verlassen. Seine Hauptarbeit war eine Schilderung der peruanischen Thierwelt, die Erdkunde verdankt ihm außerdem ausführliche Nachrichten über die gesellschaftlichen Zustände des damaligen Peru und vorzüglich seiner Hauptstadt, eine nähere Bekanntschaft mit den Sitzen und Revieren der Indianerhorden im Waldlande jenseit der Cordilleren, höchst wichtige Aufschlüsse über die merkwürdigen Kulturvölker der peruanischen Vorzeit, unter denen er nach Schädelfunden in alten Gräbern drei völlig verschiedene Stämme, die Chinchas, Huancas und Aymaras unterschied,[1] Erforschungen der Quichuasprache, welche für die Indianer Südamerika's etwas Aehnliches geworden ist, wie das Latein in Europa, endlich Muster der merkwürdigen Knotenschrift (Quipus) der Incaperuaner. Fanden wir bei Pöppig eine unerreichte Schilderung des Waldlandes am Ostabhang der Cordilleren, so gewährt uns Tschudi ein Gemälde der starren Natur auf der Puna oder der Hochebene zwischen den beiden Andenketten, wo im Laufe von 24 Stunden Sommer und Winter sich ablösen, denn die Morgenglut der Aequatorialsonne zehrt rasch von den kahlen Gefilden die weiße Decke, die schon am Nachmittag durch Schneegewitter wieder ersetzt wird.[2] Noch wirksamer ist sein Bild von dem regenlosen Küstensaume Peru's, in welchen 59 größere und

den Comptes rendues des séances de l'Acad. des Sciences. tom. XXIX) die Höhe des Illimani (Südpik) zu nur 6509 m. trigonometrisch bestimmt, womit die spätere Messung von Hugo Reck 6503,5 m. für den Südpik übereinstimmt. (Petermann, Geogr. Mitthl. 1865, S. 284.) Charles Wiener, welcher den Berg 1877 bestieg, gibt die Höhe der südöstl., aber nicht höchsten Spitze des Illimani zu 6131 m. an. (Petermann, Geogr. Mitthl. 1877, S. 363 u. 440.)

[1] An den Aymaraschädeln bemerkte er die osteologische Merkwürdigkeit, daß bei Kindern bis zu einem Jahre und selbst bei einigen älteren Personen das Schuppentheil des Hinterhauptbeines durch eine Naht deutlich getrennt war. Tschudi, Peru. St. Gallen 1846. S. 362.

[2] J. v. Tschudi, a. a. O. S. 145—158.

kleinere Flüsse den größten Theil des Jahres nur trockene Furchen hinterlassen und wo zur Zeit des europäischen Winters sich nichts zu regen wagt, außer den wandernden Sandhügeln (Medanos), welche die Wüste immer neu umgestalten, „die einzige Lebensäußerung des Todes". Vom Mai bis October aber schweben auf dem Gestade und etliche Meilen landeinwärts beständige Nebel (Garuas), deren Benetzung den öden Küstensaum plötzlich in einen Garten umzaubert und deren Verbreitungsgrenzen so scharf sind, daß an einem Orte eine Mauer zwei Grundbesitze scheidet, wovon der eine nur von den Nebeln, der andere nur von tropischen Regengüssen befeuchtet wird.[1]

Der äußerste Süden Amerikas, vor allem das Feuerland mit seinen zahllosen Sunden, wurde in der Zeit von 1826 bis 1830 von zwei britischen Schiffen, Adventure und Beagle, unter Kapitän Philipp Parker King genau aufgenommen. Montevideo und Buenos Ayres dienten ihm wiederholt, Valparaiso und Chile 1829 als Aufenthalt während des australischen Winters. Sobald die gute Jahreszeit er verstattete, begaben sich die Fahrzeuge in die Magalhaësstraße und an die Außenränder des Feuerlandes, wo sie eine neue Zerklüftung, den Beaglekanal, entdeckten. Astronomische Ortsbestimmungen, Temperatur- und Barometermittel, Messungen der Höhen von Küstenbergen, der magnetischen Kräfte und der Fluthöhen wurden allenthalben gesammelt. Seit 1828 stand das zweite Schiff unter dem Befehl des Kapitän Robert Fitzroy (geb. 1805, gest. 1865), eines ebenso eifrigen Naturforschers, als tüchtigen Seemannes, dem die Schiffahrt später die Errichtung von Sturmsignalen zu verdanken hatte. Als er 1830 nach England zurückkehrte, befanden sich vier Feuerländer am Bord des Beagle und er hatte bereits zur Erfüllung eines Versprechens ein Schiff gemiethet, um diese Leute nach ihrer Heimat zurückzuführen, als ihn die britische Regierung Ende December 1831 nochmals

[1] Tschudi, Peru Bd. 1, S. 334—340.

nach dem alten Schauplatz seiner Thätigkeit mit den beiden genannten Fahrzeugen zurückschickte, um den patagonischen Julianshafen genau aufzunehmen, die Falklands-Inseln zu berühren, wiederum den Außenrand von Tierra del Fuego zu streifen und zum Schluß von Chile über die Galapagos-Inseln, Tahiti, sowie Port Jackson in Australien und durch die Torresstraße eine Fahrt um die Erde zu vollenden. Fitzroy kehrte am 2. October 1836 heim und vollzog diese Aufgaben sämmtlich, nur daß er seine Heimfahrt von Australien nicht durch die Torresstraße, sondern über die Kiling-Inseln ausführte. Seine Feuerländer brachte er pünktlich in die Heimat zurück, wo sie rasch wieder den Hauch der Civilisation abstreiften. An der chilenischen Küste besuchte er Talcahuano am 5. März 1835, unmittelbar nachdem es von einem furchtbaren Erdbeben zertrümmert worden war. Seine Officiere bestimmten trigonometrisch die Höhe des Aconcagua auf 23,200 Fuß (feet = 7071 m.), welcher seitdem als der höchste Gipfel Amerikas betrachtet wurde.[1] Außerdem verdanken wir ihm nicht weniger als 800 neue Ortsbestimmungen mit gleichzeitigen Messungen der magnetischen Kräfte und der Flutbewegungen, ein meteorogisches Tagebuch, eine Wortsammlung der feuerländischen Sprache[2] und wesentliche Verbesserungen der Whewell'schen Erdkarte für die gleichzeitigen Kammlinien der Flutwellen (Isorhachien).[3]

Solche Ergebnisse würden jener Unternehmung schon ein geschichtliches Andenken sichern, wenn sie nicht um vieles bedeutsamer dadurch geworden wäre, daß Fitzroy als Begleiter einen jungen Geologen, Charles Darwin, sich beigesellt hätte. Darwin lieferte nach seiner Rückkehr ein Werk, welches einen so reichen Schatz anregender und neuer Naturbeobachtungen auf

[1] Narrative of the Surveying Voyages of H. M. S. Adventure and Beagle. London 1839. tom. II, p. 13, 22, 208, 402, 481. A. Pissis (a. a. O.) bestimmt die Höhe zu 6,797 m., später zu 6834 m.

[2] l. c. Appendix zu tom. II (tom. III), p. 1—84, 135.

[3] l. c. Appendix nr. 47, p. 277 sq.

einem kleinen Raum enthält, daß es fast gewagt erscheint, besonders Werthvolles zu bezeichnen, doch erinnern wir an seine Beschreibung der patagonischen Terrassenbildungen, an die Entdeckung der erratischen Blöcke und der Reste des fossilen Pferdes in Südamerika, seine Bestätigung des Aufsteigens der chilenischen Küste,[1] seine Belehrungen über den Bau der beiden Andenketten auf einer Wanderung über die Cumbre zwischen Valparaiso und Mendoza, seine Schilderung der Thier- und Pflanzenwelt auf den Galapagos, die geschlossene Reiche für sich bilden, wenn auch ihre Charakterzüge amerikanisch sind.[2] Der höchste Glanz des Werkes ruht aber unstreitig auf den Untersuchungen über die Natur der Korallenbauten, die ihn auf den Cocos- oder Kiling-Inseln im Südwesten der Sundastraße beschäftigten. Darwin stellte die Lehren auf, daß die Gürtelriffe auf gleiche Weise entstehen, wie die ächten Atolle, daß die elliptische oder kreisförmige Gestalt der Korallenringe keineswegs, wie man bisher geglaubt hatte, auf versunkene vulkanische Krater deute, daß die Koralle nur aus mäßigen Tiefen bis an den Wasserspiegel baue und daß daher, wo Riffe oder Inselränder aus unergründeten Seen aufsteigen, das Land allmählich gesunken sein müsse, während der Korallenbau langsam wuchs. Demnach haben wir also in den Koralleninseln nicht das Auftauchen künftiger Küsten zu sehen, sondern vielmehr thierische Anstrengungen, bereits versunkene Höhen vor dem gänzlichen Verlöschtwerden zu retten. Zugleich erkannte er, daß auf dem Gebiet der Koralleninseln und des sinkenden Seebodens kein Vulkan vorkommt, während umgekehrt auf den vulkanischen Gebieten die Korallenbauten über Wasser gehoben sind.[3]

[1] Charles Darwin, Reise eines Naturforschers um die Welt. Stuttgart 1875. S. 197, 214, 93, 291, 356, 394.

[2] a. a. O. S. 358 u. folg., 427.

[3] a. a. O. S. 537—556. Schon R. Forster schloß bei der Betrachtung der völlig über Wasser befindlichen Korallenbänke auf der Turtle-

Noch ein letztesmal müssen wir uns Südamerika zuwenden, um den Namen eines deutschen Entdeckers, Robert Hermann Schomburgk (geb. zu Freiburg a. d. Unstrut 1804, gest. zu Schöneberg bei Berlin 1865), zu feiern. Vom 21. September 1835, wo er aus Georgetown auszog, blieb er mit Einschluß einer Reise nach und eines kurzen Aufenthalts in Europa, bis zum 4. Juni 1844 in Britisch-Guayana und den Grenzgebieten, dauernd mit geographischen Unternehmungen beschäftigt. Vor seinen Wanderungen kannte man von jener südamerikanischen Kolonie nur die Gestade und den untern Lauf der Flüsse bis zu ihren den Mündungen ziemlich nahen Wasserstürzen. Robert Schomburgk hat den Cuyuni, den Essequibo, den Demerara, den Berbice und den Corentyn bis zu ihren Ursprüngen verfolgt, er ist in der Nähe ihrer Quellen über die Wasserscheiden gegangen, um jedes Becken zu trennen, und er hat auch die Räume zwischen diesen Küstenflüssen und den Stromgebieten des Amazonas wie des Orinoco durchwandert, so daß er die Stromkunde aller zwischen ihnen liegenden Gewässer mit Ausnahme der geringeren Wasserläufe, die auf das holländische und französische Gebiet fallen, zuerst geschaffen hat. Alle seine Reisen, auf denen ihn seit 1840 sein Bruder Richard, unterstützt aus der Kabinetskasse des Königs Friedrich Wilhelm IV. von Preußen, begleitete, wurden zu Wasser auf Indianerbooten und mit Hilfe von Eingeborenen ausgeführt und nur die Strecken zwischen den einzelnen Wassergebieten zu Fuß durchwandert. Auf einer seiner frühesten Fahrten, am 1. Januar 1837, als er auf dem Berbice bis 4° n. Br. vorgedrungen war, entdeckte er eine der wunderbarsten Zierden der stillen Pflanzenwelt, die Victoria regia, und von den Samen, die er heimbrachte, stammt die Nachkommenschaft, die wir jetzt in

Insel in der Tongagruppe, daß dieselben entweder auf dem Meere gehoben, oder daß das Meer zurückgetreten sein müsse. J. R. Forster, Bemerkungen auf seiner Reise um die Welt. Berlin 1783. S. 125.

unsern warmen Häusern bewundern.[1] Ein Jahr zuvor, am 2. Januar 1836, gelangte er zum erstenmale nach dem Macusidorf Pirara, am Rande des kleinen Amucusees gelegen, bei dem sich die Gebiete des Amazonas und Essequibo durch ihre Seitengewässer, den Rio Branco (Mahu) und Rupununi, so nahe treten, daß wenn zur Regenzeit die flachen Savanen sich in Wasserflächen verwandeln, aus denen die trockenen Stellen wie Inseln aufragen, Fahrzeuge ohne Mühe von dem einen Stromgebiet in das andere gelangen können.[2] Diese merkwürdige Erdenstelle war bis dahin nur im Frühjahr 1739 von Nikolaus Hortsmann aus Hildesheim, einem deutschen Wundarzt, gesehen worden, von dessen portugiesisch verfaßtem Tagebuch d'Anville eine Abschrift anfertigte, die später von A. v. Humboldt benutzt werden konnte. Bis auf Humboldt entstellte der kleine Amucu, zu einem Binnensee fast von der Größe des Ontario in Nordamerika aufgeschwollen, unter dem Namen Parime die Karten Südamerikas. An seinem Ufer hauste der vielgesuchte Dorado, denn einer anmuthigen Sage zufolge hatte der vergoldete Herr (el hombre dorado) seinen Sitz dort aufgeschlagen und wusch sich in einem Alpensee den Goldstaub von seinen Gliedern.[3]

Die größte aller seiner Entdeckungswanderungen trat Robert Schomburgk im Jahre 1838 von jenem Pirara am 8. October an. Auf Wunsch der londoner geographischen Gesellschaft wollte er der gänzlich unbekannten Welt zwischen den Quellen des Essequibo und der seit A. v. Humboldt's Besuche völlig vergessenen Mission Esmeralda am Orinoco ihre Geheimnisse entreißen und sie durch mathematische Ortsbestimmungen mit der Küste verknüpfen. Am 5. December erreichte

[1] Robert Hermann Schomburgk, Reisen in Guiana. Leipzig 1841. S. 232.

[2] Rob. Herm. Schomburgk, Reisen in Guiana S. 98.

[3] Eine ähnliche Sage von einem Goldsee (lagoa dourada) im Innern der Waldregion Brasiliens erwähnt J. J. v. Tschudi, Reisen durch Südamerika. Leipzig, 1866. Bd. 2, S. 255.

Schomburgk den Rio Branco, der in seinem obern Laufe Parima heißt, folgte ihm aufwärts eine große Strecke bis zu 63° ½ w. L. (Greenw.), wanderte dann über Gebirgsland und über nördlich abfließende Seitengewässer des Orinoco, bis er den 65. westlichen Mittagskreis berührte, wo er sich kühn gegen Süden wandte, um den Orinoco bei seinen Quellen zu überraschen. Wirklich war er schon bis zu einem Dorfe der Maionkong (3° 18′ n. Br.) vorgedrungen, als der Streifzug einer streitbaren Indianerhorde weit umher Schrecken verbreitete und die Verzagtheit seiner Begleiter ihn nöthigte, nach Norden zurückzuweichen, so daß er auf einem Umwege am 10. Februar 1839 den Paramú (Padamo), am 21. Februar (2° 54′ n. Br.) dessen Mündung in den Orinoco und einen Tag später die Mission Esmeralda erreichte.[1]

In den Jahren 1840 und 1841, wo ihn sein Bruder Richard begleitete, dem wir die erste Flora und Fauna des britischen Guayana verdanken,[2] wurden die Küstengewässer zwischen Essequibo und Orinoco untersucht, später diente wiederum die Mission Pirara am Amucusee als Hauptquartier zu fortgesetzten Wanderungen nach den Quellengebieten der Flüsse British-Guayana's. Seit Lacondamine's Zeiten war das Geheimniß des indianischen Pfeilgiftes der Gegenstand eifriger Nachforschung geblieben. Auch Alexander v. Humboldt hat uns schon die schwarze Küche eines Giftmeisters am Orinoco mit großer Ausführlichkeit beschrieben und C. v. Martius über den Gifthandel der wilden Amazonasstämme anziehende Belehrungen mitgetheilt. Allein die Pflanze selbst (Strychnos toxifera), aus deren Rindensäften das ächte Urari bereitet wird, hat erst Robert Schomburgk entdeckt, doch konnte er nur ein schwach wirkendes Gift gewinnen. Sein Bruder Richard dagegen wohnte der Bereitung der gefürchteten Pfeilsalbe durch einen eingebornen

[1] Rob. Herm. Schomburgk, Reisen in Guiana S. 459—471.

[2] Richard Schomburgk, Reisen in Britisch-Guiana. Leipzig 1848. Bd. 3.

Giftmeister bei und es glückte ihm später, den Giftträger selbst zum erstenmal blühend anzutreffen und zwar am Küstenflüßchen Pomerun, nördlich vom Essequibo, wo karibische Stämme sitzen, denen der Gebrauch des Urari völlig fremd ist.[1] Auch sonst ergänzten sich beide Brüder sehr glücklich: Robert, der Entdecker, bestimmte astronomisch die Lage der Orte, barometrisch und trigonometrisch die Höhen, Richard beschrieb das Pflanzen- und Thierleben, sowie die merkwürdigen Stämme Guayana's, die streitbaren und stolzen Kariben, die freundlichen Macusi und die schönen Arawaken, bei welchen letzteren bekanntlich die Frauen eine andere Sprache reden, als die Männer.

Man wird aus dem Vorstehenden bemerkt haben, daß deutsche Reisende für die Nilländer und Südamerika eine erklärte Vorliebe gefaßt hatten, allein kein Raum der Erdveste hat unsere Landsleute zahlreicher angezogen, als das kaiserliche Nachbarreich gegen Osten. „Deutsche waren es, bemerkt Baron Cuvier, welche die gewaltige Oberfläche des russischen Kaiserthums[2] uns, ja man darf sagen der russischen Regierung selbst bekannt gemacht haben. Die schöne Reihe von Arbeiten, welche die Denkschriften der petersburger Akademie füllen, umfassen die Leistungen eines Bernoulli, Bayer, Euler, Müller, Amman, Lowitz, Duvernoy."[3]

Auf Messerschmidt, Gmelin, Pallas im vorigen Jahrhundert folgten mitten unter drohenden Kriegswettern die Reisen zweier trefflicher Naturforscher, Moritz v. Engelhardt's (geb. zu Wieso in Esthland 1779, gest. zu Dorpat 1842) und Friedrich Parrot's (geb. zu Karlsruhe 1792, gest. zu Dorpat 1840). Im Frühjahr 1811 untersuchten sie den bisher unbekannten geognostischen Bau der Krim, im Juli setzten sie nach der Halb-

[1] Richard Schomburgk, Britisch-Guiana Bd. 1, S. 439 ff.; Bd. 2, S. 439.

[2] Nach einem malerischen Vergleiche Alex. v. Humboldt's ist sie größer als die uns sichtbare Halbkugel des Mondes.

[3] Cuvier, Éloges historiques. Paris 1819. tom. II, p. 120.

insel Taman hinüber, folgten dem Laufe des Kuban bis Batal Paschinsk, schritten dann zum Terek hinüber, stiegen hinauf bis zu seiner Quelle bei der Verschanzung Kobi auf der Straße nach Tiflis, wo damals die russische Herrschaft im Kaukasus endigte, und versuchten unter Lebensgefahren, die ihnen von räuberischen Osseten drohten, den Kasbek zu besteigen, an dem sie jedoch nur bis zu 2168 Toisen Höhe, 200 Toisen oder 1200 Fuß unter dem höchsten Gipfel gelangten. Sie trafen dort die Schneegrenze erst bei 1647 Toisen oder um beinahe 2000 Fuß höher an, als in den westlichen Alpen.[1] Staunend entdeckten sie bei 1813 Toisen absoluter Erhebung, 1000 Fuß über jener Grenze, auf schneefreiem Porphyrgestein ein neues phanerogames Gewächs (Cerastium Kasbek) mit reifenden Samen.[2] Ein idealer Querschnitt des Kasbek mit einer Höhenscala der Gewächse war die Frucht ihrer Wanderungen, bei denen Parrot besondere Aufmerksamkeit den Veränderungen schenkte, welche die nämlichen Gewächse durch die Erhebung ihrer Standorte, namentlich in Bezug auf Verzögerung des Wachsthums, erlitten.[3] Sie schlossen ihre Arbeiten mit einer barometrischen Höhenmessung (Stationennivellirung) der Landenge zwischen dem schwarzen und kaspischen Meere. Indem der eine Beobachter stets um einen Marsch hinter den Gefährten zurückblieb, wurde auf 48 Halteplätzen, gleichzeitig der Luftdruck bestimmt und zwar doppelt, auf der Wanderung nach dem kaspischen und auf der Rückkehr zum schwarzen Meer. Zuletzt verfügte sich Parrot noch einmal nach dem kaspischen Ufer, während Engelhardt am Pontus zurückblieb, um gleichzeitige Barometermessungen in einem sechstägigen Zeitraume zu wieder-

[1] Engelhardt und Parrot, Reise in die Krym und den Kaukasus. Berlin 1815. Bd. 1, S. 192—208.

[2] Dieselbe Pflanze fand Parrot auch am Ararat, den er am 27. September 1829 zum erstenmal nach zwei vergeblichen Versuchen erstiegen, über der Schneegrenze wieder. (Fr. Parrot, Reise zum Ararat. Berlin 1834. Thl. 1, S. 183.

[3] Reise in die Krym u. s. w. Bd. 2, S. 87 und Atlas Taf. 5.

holen. Als mittleres Ergebniß erhielt man eine Einsenkung des kaspischen Spiegels von 50 Toisen unter die Fläche des schwarzen Meeres.[1] Obgleich diese Untersuchung mit aller Sorgfalt ausgeführt wurde, so hat sich später doch ergeben, daß das Barometer wegen der vielen unberechenbaren Störungen seines Ganges nur annähernd die Unterschiede weit abliegender Höhen anzugeben vermag.[2]

Nach einer längeren Pause treffen wir auf Adolf Erman (geb. 1806 in Berlin, gest. daselbst 1877), der erst 21 jährig sich zunächst dem nordischen Naturforscher Hansteen (geb. 1784 zu Christiania, gest. daselbst 1873) als wissenschaftlicher Gehilfe auf einer Wanderung nach Sibirien angeschlossen hatte. Vom Storthing waren nämlich 1827 dem Verfasser der „Untersuchungen über den Magnetismus der Erde" die Gelder zu einer Reise bewilligt worden, um den zweiten nördlichen Magnetpol zu entdecken, den Hansteen in Folge einer irrigen Theorie in Sibirien suchte.[3] Außer Erman nahm noch Due, ein norwegischer Officier, Antheil an der Reise, die von Petersburg am 11. Juli 1828 angetreten wurde. Am 31. August überschritten sie auf dem Wege nach Jekaterinburg die Grenze Europas und begaben sich über Tobolsk nach Obdorsk, dessen mathematische Lage Erman damals zuerst genau bestimmte, denn auf den russischen Karten war ihre Länge um 3° 37′ fehlerhaft angegeben.[4] Auf einem nordöstlichen Streifzuge entdeckte der junge Naturforscher, daß der Ural bis zum Eismeere

[1] a. a. O. Bd. 2, S. 62.

[2] Was Parrot die ungünstigste unter den gleichzeitigen Barometerbeobachtungen nennt, zeigte noch immer eine Depression von 20,7 Toisen, also 124 pieds oder fast doppelt zu viel an. Vergl. unten S. 624.

[3] Christoph Hansteen, Reiseerinnerungen aus Sibirien S. 6. Dieses eben angeführte Buch ist rein touristischen Inhalts und fast nur merkwürdig durch die Beschreibung der etwas anstößigen Taufe einer erwachsenen Jüdin in Tobolsk. Dagegen erschienen 1863 in Christiania seine „Resultate magnetischer, astronom. u. meteorol. Beobachtungen auf einer Reise nach Sibirien.

[4] A. v. Humboldt, Centralasien. Berlin 1844. Bd. 1, S. 292.

sich verlängere und in der Nähe der Küste noch zu stattlichen Gipfeln sich erhebe. Nach Tobolsk zurückgekehrt, brach er mit seinen Gefährten am 4. Januar 1829 nach Irkutsk auf, berührte von dort aus die Chinesenstadt bei Kiachta und verabschiedete sich auf dem Wege nach Jakutsk von Hansteen und Due. Einen magnetischen Pol, wo die Neigungsnadel senkrecht steht, hatten sie nicht gefunden, wohl aber unterwegs zweimal eine Linie der magnetischen Rechtweisung gekreuzt. Da vor dieser Reise wohl genügende Declinationsbestimmungen für sibirische Orte, Neigungsmessungen aber nur spärlich vorhanden waren und Intensitätsbeobachtungen gänzlich fehlten, so wurde durch Erman, der nur allein nach Osten wanderte, für die Beschreibung der magnetischen Erdkräfte zunächst ganz Nordasien gewonnen. Auf seiner Reise, die 916 Tage währte und auf welcher er 8100 deutsche Meilen zurücklegte, führte er nicht weniger als 129 astronomische Ortsbestimmungen aus und befestigte dadurch 620 Punkte der Erde zu Lande und zu Wasser, wo er die Zahlenausdrücke der magnetischen Kräfte gefunden hatte. Hier ist ein überzeugendes Beispiel von der Wichtigkeit der mathematischen Bildung eines Reisenden, denn ohne die begleitende Ortsbestimmung wären die magnetischen Beobachtungen der Mehrzahl nach werthlos gewesen, so aber konnte Erman eine Declinationskarte der Erde für die Zeit von 1827 bis 1831 entwerfen, welche den um zwei Jahre älteren Arbeiten des Kapitäns Duperrey völlig ebenbürtig ist.[1]

Von seinen Begleitern getrennt, treffen wir Erman seit dem 8. April 1829 in Jakutsk, wo er wie früher schon in Beresow durch Bohrversuche die Tiefe des Eisbodens untersuchte, an dessen Dasein seit Gmelin's Forschungen noch immer

[1] Einen Abdruck davon enthält Berghaus, Physikalischer Atlas, 4. Abth., Nr. 5. Seine magnetischen Bestimmungen finden sich in Adolph Erman, Reise um die Erde durch Nordasien und die beiden Oceane Thl. 2, Bd. 2, S. 529 ff., die astronomischen Bestimmungen Thl. 2, Bd. 1, S. 405 ff.

gezweifelt wurde. Jakutsk genoß bald darauf die unbeneidete Auszeichnung, als die kälteste Stelle der alten Welt angesehen zu werden,[1] seit Erman die dortigen niedrigen Jahresmittel aus den Temperaturbeobachtungen des russischen Kaufmanns Newerow berechnete und die Meteorologie mit diesen wichtigen Angaben bereicherte.[2] Als er dann, nur von einem Kosaken begleitet, nach Ochotsk wanderte, entdeckte er, was allen früheren Reisenden entgangen war, weil sie noch kein Barometer hinübergetragen hatten, daß die aldanischen Gebirge bis zu 3800 Fuß Paß- und 4000 Gipfelhöhen sich erheben.[3] Bei seiner Ueberfahrt über den ochotskischen Meerbusen kreuzte er zum viertenmale eine Linie magnetischer Rechtweisung und entdeckte dort die wunderbar doppelte Krümmung der Declinationscurven.[4] Am 9. August 1829 landete er an der Westküste Kamtschatkas und durchzog die Halbinsel, nur von Kamtschadalen begleitet, bis zum Peterpaulshafen. Seinen astronomischen Beobachtungen verdanken wir die Kenntniß von der zierlichen Gliederung jener Halbinsel, die auf den älteren Karten zwischen 58° und 56° n. Br. mehr als doppelt so breit angegeben war, als Erman sie darstellen konnte. Auf diesen Wanderungen bestieg er zweimal den 9898 Fuß (pieds) hohen Vulkan Schiwelutsch und eine gleiche Höhe, aber nicht den Gipfel selbst erreichte er am 11. September am Krater des eben thätigen kliutschewsker Vulkans, dessen Höhe, 1828 auf 15,040 Fuß bestimmt, von

[1] Später fand v. Wrangel für Ustjansk — 16,6 C., während Jakutsk nur — 11,0 als Jahresmittel zeigt.

[2] v. Middendorff, Reise in den äußersten Norden und Osten Thl. 1, S. 2.

[3] Adolph Erman, Reise um die Erde Thl. 1, Bd. 3, S. 5 ff.

[4] Erman hat (Reise um die Erde Thl. 1, Bd. 3, S. 115) im Ganzen fünfmal die Rechtweisung der Magnetnadel beobachtet, nämlich:

1828	3. August	56° 0'	n. Br.,	40° 32'	östl. L. v. Paris
1829	19. Februar	50° 41'	„	104° 8'	„
„	29. März	59° 44'	„	112° 48'	„
„	1. August	58° 26'	„	146° 48'	„
1830	26. Januar	23° 58'	s. Br.,	316° 43'	„

Erman 250 Fuß geringer befunden wurde, vermuthlich in Folge eines Einsturzes.[1] Im Peterpaulshafen endlich fand er die russischen Weltumsegler unter Admiral Lütke, mit denen er zu Schiff nach Europa zurückkehrte.

Erman ist nach Humboldt derjenige Reisende, dessen Beobachtungen sich über alle Zweige des Naturwissens erstreckten. Mit seinen mathematischen Ortsbestimmungen verband er Höhenmessungen, geognostische Beschreibungen der Felsarten, Beobachtungen für alle Fächer der Meteorologie, Beschreibungen von Gewächsen und Thieren, ethnographische Schilderungen und Vergleiche asiatischer Sprachen; auch gelang es ihm, durch aufmerksame Beobachtung eigenthümlicher Bräuche und Sitten bei nordamerikanischen Eingeborenen ihre Verwandtschaft mit einem asiatischen Stamm des äußersten Westens, den Ostjaken, nachzuweisen.[2] Doch bleiben seine Beobachtungen der magnetischen Kräfte das wichtigste Verdienst seiner Erdumwanderung. Leider fand er nicht die Muße, seine errungenen Schätze rasch zu verarbeiten. Sein Reisewerk war nach 18 Jahren erst bis zum dritten Bande fortgeschritten und ist nie vollendet worden. Er hat nur ein Tagebuch veröffentlicht, kein Naturgemälde, weil er voraussetzte, daß ein Ganzes entstehen werde „wie bei einer Musivarbeit, wenn nur die Färbung jedes einzelnen Steinstiftes die wahre sei".[3]

In dem nämlichen Jahre 1829, wo Hansteen noch nicht zurückgekehrt war und Erman noch in Sibirien wanderte, brach Alexander v. Humboldt in Begleitung Ehrenberg's und des Mineralogen Gustav Rose (geb. 1798 zu Berlin, gest. daselbst 1873) am 20. Mai von Petersburg nach dem Altai auf. Seit seiner Rückkehr aus Amerika hatte er das asiatische Festland

[1] Erman, Reise um die Erde Thl. 1, Bd. 3, S. 318—382.

[2] Erman, Reise um die Erde Thl. 1, Bd. 1, S. 675. Darauf hatte schon Steller hingewiesen. Siehe oben S. 464, u. Reise von Kamtschatka nach Amerika. Petersburg 1793. S. 30 u. ff.

[3] Reise um die Erde Thl. 1, Bd. 1, S. 3.

als Reiseziel nie aus dem Auge verloren,[1] aber erst eine Aufforderung des russischen Ministers, Grafen Cancrin,[2] mit der Zusicherung, daß die Reise nicht materiellen Zwecken, sondern nur der Wissenschaft dienen sollte, brachte seine alten Vorsätze in Erfüllung. Ueber Moskau und Kasan eilten die drei befreundeten Gelehrten nach Jekaterinburg, benützten die Zeit vom 15. Juni bis 11. Juli zu Streifzügen in den Ural, durchflogen hierauf von Tobolsk die barabinskische Steppe nach Barnaul, besichtigten die berühmten Grubenbauten des Schlangenbergs, begaben sich über Buchtarminsk nach der Dsungarei und überschritten die chinesische Grenze bei dem mongolischen Posten Baty oder Choni-mailachu, wo sie sich im Mittelpunkt des asiatischen Festlandes befanden.[3] Am 19. August, bereits auf der Rückreise, gingen sie den Irtysch bis Ust Kamenogorsk hinab, dann nach Semipolatinsk und über die Steppen nach Omsk, Miask (55° n. Br.) und Orenburg (21. September). Sie besuchten hierauf Astrachan, befuhren das kaspische Meer und trafen am 13. November in Petersburg wieder ein, so daß sie in neun Monaten nicht weniger als 2520 deutsche Meilen zurückgelegt hatten. Gustav Rose übernahm den Bericht der Reiseerlebnisse,[4] A. v. Humboldt dagegen lieferte sein zweites großartiges Werk, nämlich die physische Beschreibung Centralasiens. Mit großer Lebhaftigkeit hatte er damals die Ansichten Leop. v. Buch's und Elie de Beaumont's über das Aufsteigen der plutonischen Gebirge aus Spalten in den geschichteten Gesteinen sich angeeignet. Er sah

[1] In der Vorrede zur Voyage aux Régions équinoxiales, die 1814 erschien, kündigt er eine solche Reise als bevorstehend an.

[2] Im Ural u. Altai, Briefwechsel zwischen A. v. Humboldt u. Graf Georg v. Cancrin, aus den Jahren 1827—32. Leipzig 1869.

[3] Jetzt im russischen Gebiete gelegen. Für die Reiseroute vergl. die Uebersichtskarte zu Humboldt's Reisen in Petermann, Geogr. Mitth. 1869, Tafel 16.

[4] Reise nach dem Ural, dem Altai und dem kaspischen Meer. Berlin 1837—42.

in jenen Gebirgen nur die großartige Wiederholung dessen, was in den ausgefüllten Gängen die Bergleute längst beobachtet hatten. Die tiefsten Räthsel der Erdrinde schienen gelöst, wenn man nur die Richtung der mittleren Kammlinie feststellte, denn eine gleiche Richtung der Höhenketten sollte einen inneren Zusammenhang ihres Baues verkündigen und ein Parallelismus der Streichungslinien als Zeuge eines gleichen Alters der Entstehung dienen. Nach diesen Lehrsätzen entwarf Humboldt seine Karte von Centralasien,[1] auf welcher er, alle Einzelnheiten verschmähend, in großen Zügen ein Bild von dem senkrechten Bau des nördlichen Festlandes entwarf, welches, so hoffte er, zugleich die Erhebungsgeschichte der großen Ketten ausdrückte. Der Himalaya erschien wie ein anschaarender Gang zum Kwen-lun, der Hindukusch als eine Fortsetzung auf der Spalte des letzteren,[2] die Asferahkette in Turkistan als eine Verlängerung des Thianschan. Das parallele Streichen des Altai, Thianschan, Kwen-lun und Himalaya von Ost nach West; der indischen Ghats, des Solimangebirges, des Bolor, und des Ural von Süd nach Nord sollten ein gleichzeitiges Streben der hebenden Kräfte erkennen lassen. Humboldt hatte nur den Ural und Altai gesehen, sein Bild von Centralasien beruhte daher größtentheils auf einer kritischen Benutzung der vorhandenen geographischen Stoffe. So weit unsere Kenntnisse jetzt vorgeschritten sind, hat sich Humboldt's Vorstellung des asiatischen Gebirgsbaus in manchen Zügen als richtig bewährt.[3] Vor ihm

[1] Sie wurde gestochen von August Petermann, nicht C. Petermann, wie irrig auf den Platten steht. Es war zum erstenmal, daß der Name dieses Geographen genannt wurde. Siehe Berghaus, Briefwechsel mit Humboldt Bd. 2, S. 296.

[2] Centralasien, Berlin 1844, Bd. 1, S. 89. Humboldt legte auf diese Entdeckung einen ganz unbegreiflichen Werth.

[3] „Mit großen kühnen Linien entwarf er sein System einer geometrischen Anordnung der Gebirge, das durch lange Zeit die geogr. Anschauung Asiens beherrscht hat, und, wenn es auch jetzt in den meisten Theilen einer Aenderung bedarf, doch in manchem in auffallender Weise die

beherrschte die Karten von Asien der von Pallas verbreitete Irrthum, als bilde der Altai einen strahlenförmig verlaufenden Höhenknoten, außerdem aber waren die Namen unheilbar verwirrt worden und erst seit Jul. v. Klaproth's Rückkehr nach Europa hatte man den Thianschan vom Kwen-lun unterscheiden gelernt.[1] Sehr scharfsinnig widerlegte Humboldt durch das Vorkommen von Granatbäumen, von Orangen- und von Baumwollenkultur in den Oasen am Nordrande der Gobi, daß diese Wüste nicht, wie man übertrieben es ausgesprochen hatte, auf 7—8000 Fuß Höhe in allen ihren Theilen sich erhebe.[2] Daran schlossen sich kühne Berechnungen über die mittlere Erhebung der Festlande und die schöne Entdeckung, daß goldführende Gesteine sich in Gebirgen finden, die in der Richtung der Mittagskreise streichen, ein Gesetz, welches später zur Entdeckung der Metallreichthümer Australiens geführt hat.[3] Nach dem Vorgange Ritter's schöpfte Humboldt, unterstützt von dem großen Sprachkenner Stanislas Julien, reichlich aus der Länderkunde der Chinesen, und aus ihren Quellen schien sich zu ergeben, daß längs der Thianschankette, also mitten im Festlande, eine ächte vulkanische Thätigkeit in historischen Zeiten beobachtet worden sei,[4] während man sonst lebendige Vulkane nur auf mäßigen Abständen von der See oder großen Wasserbecken kennt.

Die mühselige Anhäufung von Messungsergebnissen führt uns doch nur zu einem Bild des senkrechten Baues unserer Erdvesten, welches so starr und leblos ist, wie das Antlitz der

Verhältnisse richtig darstellt und in seltenem Grade anregend geweckt hat." F. v. Richthofen, China. Bd. 1, S. 192. Berlin 1877. Siehe auch in demselben Werke auf Tafel 3 die Richtung der Gebirge Centralasiens.

[1] Centralasien Bd. 1, S. 372. Jul. Klaproth, Asia polyglotta. Paris 1823 p. 356.

[2] Centralasien Bd. 1, S. 29, 391.

[3] Ebend. Bd. 1, S. 149.

[4] Diese Ansicht ist durch die russischen Forschungen widerlegt. J. Mouchketof, Les Volcans de l'Asie centrale in Bulletin de l'Acad. imp. d. sc. d. St. Petersbourg tom. XXIII (1877), p. 70—79.

rauhen Mondoberfläche. Aber tiefe und sinnreiche Beziehungen für den Entwicklungsgang unseres Geschlechtes liegen in dem senkrechten und wagrechten Bau der Erde versteckt. Es ist die Abhängigkeit der örtlichen Klimate von der gegebenen Gliederung und Stellung der Festlande, welche A. v. Humboldt im zweiten Abschnitte seiner Arbeit zu ergründen versucht. Ein Leser, der sich über Centralasien zu unterrichten wünscht, sieht sich hier von dem Verfasser verrathen, der ihn fortzieht zur Betrachtung des ganzen Erdkörpers, welche allein zur Erkenntniß höherer Gesetze führen kann. Hier bricht die Sonne des Humboldt'schen Genius in aller Klarheit hervor. Selbst ein Erdenraum wie Centralasien wird ihm nur eine Oertlichkeit, die ihn nicht fesseln darf, sondern von der er sich losringt, um zur Anschauung des Ganzen zu gelangen.

Hatte Simon Pallas aus den Berichten der russischen Karawanenreisenden, welche die mongolischen Steppen von Kiachta nach Peking durchzogen, den falschen Schluß gewonnen, daß die Gobi ein Tafelland, höher als die Ebene von Quito darstelle,[1] und Alex. v. Humboldt diese Anschauung wenigstens für den westlichen Theil aus klimatischen Wahrzeichen bestritten, so wurde jener Erdraum von wissenschaftlich ausgerüsteten Beobachtern doch erst im Herbst 1830 betreten, als der Astronom Georg Fuß und der Botaniker v. Bunge eine Mission russischer Mönche von Kiachta nach Peking begleiteten und später in dieser Stadt die erste magnetische Hütte aufrichteten. Unterwegs bestimmten sie die mathematische Länge von 30 Orten der Mongolei und zwar bei 10 von ihnen die geographische Länge durch unabhängige Ermittlung der Zeitunterschiede. Aus ihren barometrischen Beobachtungen aber ergab sich, daß die Gobi nur eine durchschnittliche Erhebung von 4000 Fuß besitzt, daß sie sogar in ihrer Mitte von einer muldenförmigen

[1] Pallas, Betrachtungen über die Beschaffenheit der Gebirge. Frankfurt 1778. S. 33.

Senkung durchzogen wird, deren Sohle auf 2400 Fuß herabfällt und daß sie erst von dort gegen Süden sich noch einmal bis zu 5100 Fuß erhebt, wo die große Mauer an ihrem Rande hinläuft, deren Thore den Reisenden ein neues Reich der Natur öffneten. Alles war todt in der Steppe, als wenige Schritte durch die Mauer sie an den jähen Absturz Hochasiens brachten, wo ihnen das üppigste Leben entgegenlachte.[1]

Im Jahre 1834 finden wir einen andern deutschen Gelehrten, der einem Rufe nach Dorpat gefolgt war, F. Goebel (geb. 1794 zu Nieder-Roßla [S.-Weimar], gest. 1851 zu Dorpat), in den Salzsteppen zwischen dem Ural und der Wolga mit der chemischen Zerlegung von Pflanzenaschen und der stehenden Wasser beschäftigt, als Gast (23. April) eines gezähmten Kirgisenhäuptlings Dschanghir, der sich neben dem Eltonsee mit russischen Jahresgeldern ein Steppenschloß erbaut hatte, wo er seine Gäste mit gegohrener Stutenmilch und Château Margaux bewirthete.[2] Am 22. Mai erreichte Goebel Astrachan, begab sich über Sarepta nach dem Don und diesen abwärts an das asowsche Meer, wo er die Schlammvulkane und Naphthabrunnen der tamanischen Halbinsel besichtigte und dann längs der Südküste der Krim über Perekop nach Odessa (28. August) und von dort nach Dorpat (15. September) zurück eilte. Wir verdanken ihm Vergleiche der specifischen Schwere des pontischen, asowschen und kaspischen Wassers, sowie der Mengen ihrer festen Bestandtheile, die im schwarzen Meere dreimal so reichlich wie im kaspischen gefunden wurden, während das asowsche zwischen beiden die Mitte hielt.[3] Goebel ordnete auf seiner

[1] Siehe v. Bunge's und Fuß' Briefe, in Berghaus' Briefwechsel mit Humboldt. Leipzig 1863. Bd. 2, S. 25 ff. Die neuern Messungen von Fritsche, Prschewalsky und Elias (vergl. Petermann, geogr. Mitth. 1874, Tafel 12; 1876, Tafel 1) haben jene Angaben bestätigt.

[2] Goebel, Reisen in die Steppen des südlichen Rußlands in Begleitung von Dr. C. Claus und A. Bergmann. Dorpat 1838. Bd. 1, S. 62.

[3] Unter 1000 Gewichttheilen fand man als feste Rückstände 17,75 im pontischen, 12,06 im asowschen, 6,25 im kaspischen Seewasser. Goebel

Reise barometrische Beobachtungen an, welche ein Jahr lang, vom 1. September 1834 bis zum 1. September des nächsten Jahres in Simpheropol vom Staatsrath Steven, in Astrachan vom Apotheker Osse ausgeführt wurden, um die Höhenunterschiede der kaspischen und pontischen Seespiegel zu bestimmen. Die Berechnung übertrug man dem Physiker Friedrich Parrot, den zwar die barometrischen Vergleiche zu dem Ergebniß führten, als ob der kaspische Seespiegel 98 Fuß (pieds) tiefer liege, der aber, mißtrauisch geworden, jene Unterschiede im Luftdruck örtlichen Witterungsverschiedenheiten zuschrieb.[1] Die Zweifel über die Höhenunterschiede der beiden Spiegel wurde erst durch eine geometrische Vermessung auf kaiserlichen Befehl durch Georg Fuß, Sabler und Sawitsch im Jahre 1836 erledigt und eine Erniederung des kaspischen Niveaus unter das pontische von 75 Fuß (feet) gefunden.[2]

Im nächsten Jahre wurden von der petersburger Akademie zwei treffliche Pflanzenkenner nach dem europäischen Norden gesendet. Der eine, Karl v. Baer (geb. 1792 auf dem Landgut Piep in Esthland, gest. 1876 zu Dorpat), betrat am 2. Juli die botanisch unbekannten Gestade Lapplands bei Sosnowez, Tri Ostrowa und Ponoi, und fuhr dann vom 12.—17. Juli

a. a. O. Bd. 2, S. 107. Gustav Rose hatte bei Astrachan nur 0,1654 Proc. an festen Bestandtheilen gefunden. Reise nach dem Ural, Altai und dem kaspischen Meere Bd. 2, S. 315.

[1] Goebel, Reise Bd. 2, S. 193. Ueber Parrot's frühere Ansichten siehe S. 615. Er hatte das Ergebniß seines barometrischen Stationennivellements, welches er mit Moritz v. Engelhardt ausführte, schon früher verworfen. (Reise zum Ararat. Berlin 1834. Thl. II, S. 31 u. 33.)

[2] Genauer — 877,1″ (inches) und nach Beseitigung der Fehleranhäufungen — 902,5″, siehe Bulletin scientifique de l'Acad. de St. Pétersb., Nr. 16 und 17, Petersburg 1837, tom. II, p. 254, und Nr. 88, tom. IV, Petersburg 1838. Nach W. Struve's Berechnung (Messungen zur Bestimmung des Höhenunterschiedes zwischen dem kaspischen und schwarzen Meere, Bericht an die Akademie, S. 60) 85,45 engl. Fuß. Das Mittel aus verschiedenen Messungen während der kaukasischen Triangulationen 1849, 1850 und 1861 ergab 85,60 engl. Fuß (Petermann, Mittheilungen 1862, S. 362).

zunächst nach der Kostin Schar und durch Matutschkin Schar bis zur Karasee. Er verweilte im Ganzen sechs Wochen auf Novaja Semlja, von dessen Gewächsreich er die erste Sammlung mit heimbrachte. Auf dem Heimwege besuchte er abermals acht Tage lang die Küste Lapplands und erreichte auf der Rückkehr Archangel am 17. September 1837.[1] Aehnliche Aufgaben löste in demselben Jahre ein Botaniker der dorpater Universität, Alex. Gust. Schrenk, der über Mesen nach der Petschora (10. Juni) und durch das Großland der Samojeden oder die sogenannten Tundren nach der ugrischen Straße des Eismeeres (24. Juli) wanderte, wo ihn die bereits vorgerückte Jahreszeit nöthigte, die Erforschung der Insel Waigatsch nur auf einen flüchtigen Besuch des Götzencaps (25. Juli) zu beschränken, damit er noch den Ural erreichen konnte, der, wie man aus Erman's Beobachtungen schließen durfte, bis zum Eismeer sich erstreckte. Wirklich fand auch Schrenk, der am Gestade der See bis zur und über die Kara zog, daß das arctische Glied jenes Gürtelgebirges der Erde mit Gipfelhöhen von 4000 Fuß bis an die Küste herantrete.[2] Schrenk versteht es, uns für das traurige Loos der Samojeden menschlich zu erregen, welche, ehemals die Eigenthümer jener arctischen Steppe, der Verführung des Branntweins erliegend, in die Knechtschaft schlauer und hartherziger Sirjänen gefallen sind. Auch sind wir durch ihn mit der Natur der schattenlosen Torf- und Moorflächen vertraut geworden, die mit einem Filz von Flechten und Moosen überzogen, mit Lachen, Weihern und schmelzenden Schneemassen übersät, die Tundren heißen. Er zeigt uns, wie dort das stille Reich der Kräuter, bevor noch eisige Lüfte über die Steppe streichen, von einer Schneedecke geschützt wird, unter welcher die Gewächse in der langen Winter-

[1] Karl v. Baer im Bulletin de l'Acad. de St. Pétersbourg. Petersburg 1838. Nr. 5—7, tom. III, p. 95 sq.

[2] Schrenk, Reise nach dem Nordosten des europäischen Rußlands durch die Tundren der Samojeden. Dorpat 1848. Bd. 1, S. 455.

nacht schlummern, bis die freundliche Sonne, die um Mitternacht noch Tageshelle und Wärme verbreitet, sie zu einem kurzen Lebensaugenblick aufweckt, wo sich in jäher Folge der vorgeschriebene Kreislauf organischer Verrichtungen vollzieht.[1]

Noch höher nach dem Norden des russischen Reiches gelangte A. Th. v. Middendorff, nämlich in das Taimyrland, welches zwischen Jenissei und Chatanga gelegen, in zwei Landspitzen endigt, die uns als die höchsten nördlichen Vorsprünge der alten Welt so merkwürdig sind. Seit Laptew's und Tscheljuskin's gemeinschaftlichen Untersuchungen[2] war jener Theil der Eismeerküste nie mehr berührt worden. Auch damals waren die Küstenaufnahmen zum Theil astronomisch unbefestigt geblieben und keine der in Umlauf gesetzten Karten stimmte mit der andern überein, ja man argwöhnte bereits, daß Tscheljuskin gar nicht bis zu dem nach ihm benannten Nordcap gelangt sei, bis Middendorff wieder Vertrauen auf seine frühern Nachrichten erweckte. Von dem Klima jener asiatischen Räume besaß man die irrigsten Vorstellungen, denn man dachte sich den hohen asiatischen Norden unter ewigem Schnee begraben,[3] auch erwartete man noch Aufklärungen, ob unter den brennenden Bergen an der Chatanga, von denen die alten Handbücher sprachen,[4] ächte Vulkane oder Kohlenbrände zu verstehen seien.[5]

[1] Reise in die Tundren der Samojeden, Bd. 1, S. 259.

[2] Siehe oben S. 458.

[3] Baer und Helmersen, Beiträge zur Kenntniß des russischen Reichs. Bd. 9, S. 360, 361. Auch sollte Middendorff, im Anschluß an den Schergin-brunnen zu Jakutsk, Untersuchungen über die Ausdehnung des Eisbodens in Sibirien machen. (A. a. O. S. 376.)

[4] Siehe oben S. 429.

[5] Angeregt wurde diese erfolgreiche Polarforschung durch Karl E. v. Baer; denn mit Recht sah dieser berühmte Akademiker in dem nordischen Continentallande Asiens „ein ganz unentbehrliches Glied in der Kette der Vergleichungspunkte für die Verbreitung der einzelnen Arten, da es gleich weit von den West- und Ostküsten des alten Continents entfernt liege, und da man hier in Bezug auf die Seethiere das wahre Eismeer ohne Einmischung des Atlantischen vor sich habe". (Baer u. Helmersen, Beiträge zur K. d. russ. Reichs. Bd. 9, S. 348.)

Von einem dänischen Forstmann, Thor Branth, begleitet, begab sich Middendorff 1842 zunächst nach Turuchansk, von wo er im folgenden Frühjahr über Dudinsk am Jenissei nach der Pjäsina und von dort nach Filipowsk an der Baganida, einem Zuflusse der Chetá, 71° n. Br. sich begab. In Begleitung von Samojeden wanderte Middendorff am 14. Juni an den Taimyr, den er auf einem rasch gezimmerten Fahrzeug bis zu seiner Mündung 75° 3/4 n. Br. 12. August (alten Styls) befuhr, worauf er am nächsten Tage in das Meer selbst bis 76° n. Br. vordrang.[1] Von diesem verwegenen Zug nach Turuchansk zurückgekehrt, eilte der Reisende am 1. Januar 1844 über Jakutsk nach Udskoi Ostrog (20. Juni), besuchte von dort die Schantar-Inseln im ochotskischen Meere, entdeckte die Akademiebucht und wanderte dann über die Stanowoikette bis zur Vereinigung der Schilka und des Argun (26. Januar 1845). Dort wies Middendorff nach, daß sich das russische Reich zwischen der Gorbiza, einem Zufluß der Schilka, bis an den Tugur, welcher sich ins ochotskische Meer ergießt, und somit zum Theil viel weiter nach Süden reiche, als man bisher in Petersburg und selbst in Jakutsk wußte.[2] Von hier kehrte er über Irkutsk zurück und traf am 1. April 1845 in Petersburg wieder ein. Wie einst A. v. Humboldt bei seiner Rückkehr, so erboten sich Middendorff zur Bearbeitung seiner magnetischen Beobachtungen, seiner geognostischen, botanischen und zoologischen Sammlungen gefeierte Gelehrte wie v. Baer, Göppert, v. Helmersen, Graf Keyserling, Lenz, Müller, Chr. Peters, so daß ihm von der Bearbeitung des ersten Bandes nur die Erläuterung der Witterungsbeobachtungen übrig blieb.[3] Von unschätzbarem Werthe war

[1] Bulletin physico-mathém. de l'Acad. de St. Pétersbourg, Nr. 32 und Nr. 40. Petersburg 1844. tom. II, p. 240 sq.

[2] Baer u. Helmersen, Beiträge. Bd. 9, S. 400.

[3] Die Botanik (Bd. 2) bearbeiteten von Trautwetter, C. A. Meyer und Ruprecht, die Zoologie (Bd. 3) F. Brandt, v. Middendorff, den linguistischen Theil (Bd. 3) Otto Böthlingk, endlich den 4. Band, welcher

seine räumliche Begrenzung des Eisbodens im nördlichen Asien und seine Beschreibung der Wärme eines tiefen Schachtes bei Jakutsk.[1] Ein dortiger Bürger, Fedor Schergin, hatte nämlich einen Brunnen bohren lassen und glaubte, als F. v. Wrangel dort verweilte, bei einer Tiefe von 382 Fuß (feet) die gefrorene Erde bereits durchstoßen zu haben. Middendorff begann tägliche Wärmebeobachtungen in verschiedenen Tiefenschichten des Brunnens, die vom April 1844 bis Juni 1846 fortgesetzt wurden und unser Wissen von der Wärme des Erdinnern mit überraschenden Ergebnissen bereichert haben. Bei 20 Fuß Tiefe erreichte man die Jahresmittelwärme von Jakutsk (— 8° 13 R.), bei 382 Fuß aber fand man noch immer — 2° 40 R., so jedoch, daß in den tieferen Schichten die senkrechte Zunahme in der innern Planetenwärme um 1° R. erst bei 100—117 Fuß (feet) eintrat. Auch ließ sich ermitteln, daß die Temperaturveränderungen sechs Tage bedürfen, um sich von der Oberfläche einen Fuß in die Tiefe fortzupflanzen.

Seit der Vertreibung der Portugiesen und Spanier bis zur denkwürdigen Fahrt der Nordamerikaner unter Commodore Perry (1852) verdankten wir alle Kunde von den merkwürdigen Ostinseln oder Japan beinahe ausschließlich zwei deutschen Gelehrten im Dienste der Holländer. Der erste von ihnen ist der berühmte Engelbert Kämpfer (geb. 1651 in Lemgo, Fürstenthum Lippe, gest. 1716), der schon in den Jahren 1683 bis 1687 als schwedischer Legationsrath von Schweden bis an den persischen Meerbusen gereist war, ehe er als holländischer Schiffschirurg 1689 seine Reise nach Südasien antrat, von der er 1694 nach den Niederlanden und später in seine Vaterstadt zurückkehrte. In die Zeit von 1690 bis zum 31. October 1692

erst 1867 erschien, und in zusammenfassender Darstellung eine Uebersicht der Natur Nord- und Ost-Sibiriens bietet, verdanken wir dem kühnen Reisenden allein.

[1] A. Th. v. Middendorff, Reise in den äußersten Norden und Osten Sibiriens. Petersburg 1848. Bd. 1, S. 158, 110—130.

fällt sein zweijähriger Aufenthalt auf Japan, den er so trefflich benutzte,[1] daß seine Schilderung dieses Reiches nicht bloß einen geschichtlichen Werth behalten hat, sondern noch jetzt als lebendige Quelle fließt. Das Gebiet seiner wissenschaftlichen Thätigkeit war die Botanik, seine physikalische Beschreibung des Landes genügt dagegen nicht mehr den heutigen Anforderungen. Der andere Reisende, Ph. Fr. v. Siebold (geb. zu Würzburg 1796, gest. zu München 1866), weilte als Sanitätsoffizier in holländischen Diensten von 1823—1830 in Japan.[2] Seine Schilderung der Sitten und Gebräuche in Japan[3] ging wenige Jahre dem neuerlichen Aufschluß des Inselreiches voraus. Aber noch weit belehrender ist sein großes Bilderwerk mit Beschreibung,[4] welches in sieben Abtheilungen Tausende von Gegenständen darstellt. Eine Reise durch diesen Atlas, wenn man diesen Ausdruck uns nachsehen will, ersetzt uns beinahe eine Wanderung durch das Land selbst. Wir begegnen dort allen Verschiedenheiten der Physiognomien und Trachten, wir belauschen den Schiffsbauer und den Soldaten, wir mustern die Werkzeuge, die häuslichen Geräthe, die Ziergefäße, den Schmuck, die Münzen, die Musikinstrumente, wir können uns eine Anschauung bilden von den Tänzen, wir erhalten einen Begriff von dem Kalender und der Astronomie der Japanesen sammt einer reichlichen Anzahl von Stadtplänen und Landschaften, von einheimischen und europäischen Karten, so daß das Ganze einem großartigen Museum belebter und unbelebter Gegenstände gleicht.

In niederländische Dienste trat auch ein deutscher Arzt, Franz Wilhelm Junghuhn (geb. 29. October 1812 zu Mans-

[1] Siehe sein Leben, beschrieben von Christ. Wilh. Dohm, als Einleitung zu E. Kämpfer's Geschichte und Beschreibung von Japan. Lemgo 1777. Bd. 1, S. XV ff. Das Manuscript seiner persischen Reise befindet sich im britischen Museum.

[2] Eine zweite Reise nach Japan fällt in die Jahre 1859—62.

[3] Customs and Manners of the Japanese. London 1841.

[4] Ph. Fr. von Siebold, Archief voor de beschrijving van Japan.

feld, gest. in den preanger Regentschaften 20. April 1864),[1] als er nach düstern Abenteuern der Kerkerhaft entflohen war, die ihm die Tödtung eines Gegners im Zweikampf zugezogen hatte. Vom 13. October 1835, wo er auf Java landete, blieb er mit Ausnahme eines dreijährigen Urlaubs bis zu seinem Tode in Niederländisch-Indien. Sein Freund Dr. Fritze aus Nassau, gewährte ihm die erste Gelegenheit, Java, der niederländische Statthalter, P. Merkus, Mittel und Erlaubniß, Sumatra zu bereisen. Schon im Jahre 1845 beförderte die Leopoldinisch-Carolinische Akademie ein größeres Werk von Junghuhn zum Drucke,[2] welches ihm einen glänzenden Namen gesichert hätte, wenn es nicht vollständig verdunkelt worden wäre durch eine größere oder vielmehr großartige Arbeit, welche er 1849 in holländischer Sprache veröffentlichte.[3] Junghuhn hat alle hohen Berge auf Java mit Ausnahme von dreien bestiegen und konnte nicht weniger als 45 javanische und drei sumatranische Vulkane nach eigenen Untersuchungen, 18 andere sumatranische Feuerberge wenigstens nach Wahrnehmungen aus der Ferne beschreiben. Um die körperliche Gestalt Java's und des südlichen Theiles von Sumatra zu bestimmen, bediente er sich nur des Barometers und da es ihm an einem Gehilfen für die untern Standorte fehlte, wurden seine untern und obern Barometerhöhen nicht gleichzeitig gewonnen, was jedoch bei den geringen Schwankungen des Luftdruckes und dem bekannten täglichen Rythmus der Quecksilberhöhen auf den Sundainseln nur in den seltenen ungünstigen Fällen und selbst bei Gipfeln bis 11,000 Fuß Fehler von höchstens 25—30 Toisen nach sich

[1] A. W. Kroon, Levensschets van Franz Wilhelm Junghuhn, im Dageraad. Aug. 1864. p. 1—48.

[2] Topographische und naturwissenschaftliche Reisen durch Java, Magdeburg 1845, mit einem Atlas aus 38 Tafeln und 2 Höhenkarten.

[3] Von der zweiten Auflage besitzen wir die deutsche Uebersetzung: Java, seine Gestalt, Pflanzendecke und innere Bauart, Leipzig 1852—54, in drei Abtheilungen mit colorirtem Bilderatlas.

ziehen kann.[1] Nachdem er auf Sumatra 38, auf Java nicht weniger als 328 Höhen gemessen, zur Verbesserung der Karten auch überall Horizontalwinkel aufgenommen hatte, enthüllte er in zwei Längen- und in zehn Querschnitten die plastische Gestalt der beiden Inseln. Da er als behender und sicherer Zeichner die wichtigste Fertigkeit für geologische Forschungen besaß, lieferte er von jedem Vulkan die Umrisse aus verschiedenen Himmelsrichtungen, außerdem aber, was noch wichtiger war, einen ebenen Plan, der sich auf geometrische Aufnahmen stützte. Seine Absicht war nämlich, künftigen Beobachtern eine sichere Grundlage zu hinterlassen, aus der sie über die Art der später eingetretenen Veränderungen sich belehren könnten, wie er selbst für jeden der Feuerberge eine genaue Chronik und einen Auszug aus allen Beobachtungen früherer Besucher verfaßte. Die Früchte dieser Arbeiten wird erst eine spätere Wissenschaft brechen, denn wenn der Gang der vulkanischen Kräfte an Gesetze gebunden ist, so werden diese nirgends leichter als auf den Sundainseln und nur aus der Topographie ihrer Vulkane erkannt werden, die Junghuhn fast vollendet hinterlassen hat. Ehe er Java betrat, glaubte man in Europa, daß diese Insel nur aus vulkanischen Auswürfen erbaut sei; erst durch ihn erfuhren wir, daß drei Fünftel ihrer Oberfläche aus tertiärem Gebiet bestehe, reich an Kohlenflötzen wie an umgewandelten Gesteinen, darunter selbst Glimmerschiefer und dennoch durch die eingeschlossenen organischen Reste als eine Bildung der neuern Zeit kenntlich, deren Liegendes, obgleich die Schichten bis zu 6000 Fuß gehoben und an manchen Stellen bis zu 3000 Fuß aufgeschlossen sind, Junghuhn nirgends zu erspähen vermochte. Die Störungen dieser Lager suchte er auf zwölf Grundformen zurückzuführen, die er vielleicht besser noch auf eine geringere Zahl hätte beschränken können.

Junghuhn schuf die erste genaue Ortskunde der Gewächse

[1] Junghuhn, Java. Bd. 1, S. 50.

Java's. Er erkannte dort vier scharf begrenzte Höhenstufen, nämlich die heiße (bis zu 2000 Fuß), die gemäßigte (bis zu 4500 Fuß), die kühle (bis zu 7500 Fuß) und die kalte (bis zu 10,000 Fuß). Nachdem er den räumlichen Inhalt jedes Pflanzengürtels und sein Klima festgestellt hatte, vereinigte er nach den Standorten wieder die Charaktergewächse jeder Höhenschicht und zwar unterschied er nicht weniger als zwölf gesonderte Gruppen in der untersten oder heißen Zone. Er hatte bei dieser ausführlichen Beschreibung der Pflanzennatur wieder die Zukunft der Wissenschaft im Auge, insofern spätere Beobachter die Größe und das Wesen künftiger Veränderungen, deren er sehr ungünstige in Folge der rasch sich ausbreitenden und theilweise zerstörenden Kultur der Menschen voraussah, mit Sicherheit werden nachweisen können. Junghuhn gehört zu den größten Zierden unserer Wissenschaft und ihm gebührt, wenn nicht der Rang zwischen Humboldt und Leop. v. Buch, doch jedenfalls der Rang unmittelbar nach dem letzteren.[1]

Ein kleiner Raum auf den Karten trennt Java von dem australischen Festlande, von dem seit seiner Besiedelung nur der südöstliche Rand und das Stromgebiet des Murray genauer bekannt geworden war, bis im Jahre 1844 die ersten Entdecker ins Innere eindrangen, wovon der eine, Sturt, vom Murray bis zum Eyre Creek ziemlich in den Schwerpunkt des Festlandes gelangte, der andere, ein Deutscher, Ludwig Leichhardt (geb. 13. October 1813 in Trebitsch bei Friedland, Kreis Lübben), eine Karawane von der Moretonbay an der Ostküste fast genau

[1] Weniger glücklich war Junghuhn in der Auffassung ethnographischer Verhältnisse. Seine im Auftrage des Gouverneurs von Niederländisch-Indien unternommene Reise in die Battaländer auf Sumatra 1840 und 1841 (F. Junghuhn, Die Battaländer auf Sumatra, Berlin 1847, 2 Theile) führte ihn zu der Annahme, daß die Batta wesentlich von den übrigen Malaien verschieden seien. Diese Hypothese, von welcher bereits Waitz in seiner Anthropologie der Naturvölker bemerkt, daß Junghuhn dieselbe nicht begründet habe, ist neuerdings von A. Schreiber (Die Batta in ihrem Verhältnisse zu den Malaien von Sumatra, Barmen 1874) widerlegt.

in nordwestlicher Richtung vom 8. October 1844 bis im November 1845 nach Port Essington an der Coburg-Halbinsel führte. Leichhardt behielt die Ost- und später die Nordküste des Festlandes zur Rechten in einem durchschnittlichen Abstande von 30 deutschen Meilen, außer bei seinen Märschen quer über die York-Halbinsel und durch Arnhems-Land. An Flüssen entdeckte er der Zeitfolge nach: den Condamine, Dawson, Cometriver, Mackenzie, Isaacs, Sutter, Burdekin, Lynd, ferner alle kleinen Gewässer, die zwischen dem letztern und dem Roper in den Carpentariagolf sich ergießen, sowie endlich den Alligator, der ihn an die Nordküste brachte. Er fand die lachenden Gefilde des Hymettuslandes, welche der Wendekreis durchschneidet, und eine fruchtbare Hochebene von 2000—2800 Fuß Erhebung im Kern der York-Halbinsel. Wenn der Umfang Australiens einem Kreise gliche, so würde Leichhardt's Pfad den Raum eines vollen Quadranten erfüllen. Auf diesem Bogenstück gehören ihm als Entdecker alle Wasserläufe, welche den künftigen Entdeckern ins Innere einzudringen verstatteten. Leichhardt bestimmte die Lage seiner Rastplätze astronomisch, er gab auch die Höhe der größeren Bodenanschwellungen in runden Zahlen an, beschrieb die angetroffenen Gebirgsarten und die Pflanzenwelt mit Angabe der Grenzen von Charakterformen, so daß seine Tagebücher weit genußreicher erscheinen, als die seiner australischen Nachfolger, in denen sich die Lebensarmuth des dürstenden Festlandes wiederzuspiegeln pflegt.[1]

Nach New-South-Wales zurückgekehrt, brach er im December 1846 zu einem zweiten Marsch ins Innere auf. Vom Condamine bewegte er sich in nördlicher Richtung über seine früher entdeckten Gebiete bis zu dem Cometen- und Mackenzieflusse, wo ihn Krankheiten unter seiner Mannschaft am 7. April 1847

[1] Es erschien zuerst sein Bericht im Journal of the Royal Geogr. Soc., tom. XVI, 1846: Expedition from Moreton Bay to Port Essington, p. 212 sq., später eine englische Schilderung und dann eine deutsche Uebersetzung von Zuchold, Halle 1851.

zum Rückzug nöthigten.[1] Seinen kühnen Vorsatz, das Festland in der großen Axe von Ost nach West bis zum Swan River zu durchwandern, ließ er deßwegen nicht fallen, sondern brach zum zweitenmale am 28. Februar 1848 von der Moretonbay auf. Das letzte Lebenszeichen von ihm war ein Schreiben vom 3. April aus den Fitzroydünen[2] und sein nächstes Wanderziel lag am Maranoa. Später vermuthete man, daß er sich von dort nach Norden gewendet und noch einmal die Flußgebiete des Carpentariagolfes durchzogen habe.[3]

Am Schluß dieses Ueberblickes müssen wir noch einiger geologischen Reisen gedenken. Vorzugsweise war es Italien und dort der Vesuv und Aetna, welche von Humboldt, Gay Lussac, Leopold v. Buch, Elie de Beaumont bestiegen und zum Theil wiederholt besucht wurden. Von jenen Gegenständen wurde auch einer unserer trefflichsten Geognosten, Friedrich Hoffmann (geb. zu Wehlau in Ostpreußen 1797, gest. zu Berlin 1836), angezogen, der am 29. October 1829 von Berlin aufbrach und über Neapel nach Sicilien ging. Der Zufall war ihm so hold, daß während er in Palermo verweilte, am 12. Juli 1831 zwischen Sciacca und der vulkanischen Insel Pantellaria ein neuer Vulkan aus dem Mittelmeer sich erhob. Gemeinsam mit Escher von der Linth, Philippi und Dr. August Schultze aus Berlin schiffte sich Hoffmann am 23. Juli von Sciacca zu einer Fahrt nach der Insel Ferdinandea, wie die vulkanische Schöpfung genannt wurde, ein. Sie konnten sich ihr bis auf eine halbe Wegstunde nähern und erblickten dort

[1] Ueber diese Unternehmung besitzen wir nur das Tagebuch des Botanikers Bunce, abgedruckt in Dr. Ludwig Leichhardt, eine biographische Skizze, von Zuchold. Leipzig 1856. S. 36—109.

[2] Bei Zuchold a. a. O. S. 30.

[3] Mac Intyre hat 1864 am Flinders River 20° n. Br. an zwei Bäumen die Buchstaben L gefunden, die nicht von Landsborough herrühren. Siehe Petermann's geographische Mittheilungen 1865, S. 135. Leichhardt kreuzte 1846 den Flinders oder Yappar viel weiter nördlich, 17° 49' n. Br.

die Auswürfe bis zu 600 Fuß über der See aufgethürmt, während in der vulkanischen Wolke Blitze zuckten und der Donner rollte.[1] Etliche Tage später, auf der Rückfahrt von Pantellaria sah Hoffmann den Feuerberg noch immer thätig, aber im December 1831 versank die Insel wieder unter Wasser. Hoffmann's Wanderungen gingen durch das Innere Siciliens und endigten auf den liparischen Inseln. Seine Beute bestand in einer werthvollen Mineraliensammlung und in einer Erforschung der geognostischen Gebiete, der wir die erste geologische Karte Siciliens verdanken.

Die erneute Thätigkeit des Vesuvs, welche 1828 begonnen hatte, lockte einen andern Geologen, H. Abich (geb. zu Berlin 1806), nach Italien, zuerst 1834, dann 1836 und 1838. Die Früchte seiner Arbeiten bestanden theils in einer Reihe chemischer Zerlegungen der vulkanischen Gesteinsarten,[2] theils in einer Kartensammlung, in der man auch die gewöhnlich vernachlässigten Stätten vulkanischer Thätigkeit, wie die Roccamonfina und den Vultur beachtet findet und in welcher merkwürdige Urkunden über die Veränderungen des Vesuvs in der Zeit seiner damaligen Thätigkeit niedergelegt sind. Im Jahre 1844 wanderte Abich, seit 1842 Professor in Dorpat, im Auftrage des Kaisers von Rußland nach dem großen Ararat, der zwar von Friedrich Parrot 1829 schon bestiegen und dessen Höhe gleichzeitig von Fedorow auf 17,144 Fuß (russisch) bestimmt worden war, über dessen vulkanische Natur und eigenthümlichen Bau aber erst durch den dorpater Gelehrten genügende Aufschlüsse erlangt wurden.[3]

[1] Friedrich Hoffmann, Geognostische Beobachtungen auf einer Reise durch Italien und Sicilien. Berlin 1839. S. 102.

[2] Geologische Beobachtungen über die vulkanischen Erscheinungen in Unter- und Mittelitalien. Braunschweig 1841. — Der Atlas führt den Titel: Geologische Erscheinungen, beobachtet am Vesuv und Aetna. Berlin 1837.

[3] H. Abich, die Besteigung des großen Ararat am 29. Juli 1845, in Baer und Helmersen's Beiträgen zur Kenntniß des russischen Reiches. Petersburg 1849. Bd. 13, S. 41 ff.

Die Vulkane zerbrechen beständig ihre eigenen Gerüste, um neue zu erbauen. Nicht eher wird man ermitteln, ob sie dabei gewisse Gesetze beobachten, bis man gleichsam ihre Denkwürdigkeiten durch eine fortlaufende Reihe von Urkunden darstellen kann. Ein derartiges Archiv topographischer Messungen hatte, wie wir sahen, Junghuhn für die Sundavulkane begründet. Man leistet der künftigen Erkenntniß aber dieselben Dienste, wenn man ein großes lehrreiches Beispiel bis in seine Einzelnheiten verfolgt. Mit einem nicht unbeträchtlichen Kostenaufwand verdanken wir eine solche klassische Arbeit über den Aetna dem Baron Sartorius v. Waltershausen (geb. zu Göttingen 1809, gest. daselbst 1876), der in den Jahren 1834—1843 Sicilien bereiste und mit Unterstützung von Cavallari, Peters und C. Roos in einem großartigen Atlas mit Karten, Querprofilen und Ansichten die damalige Gestalt des Feuerbergs auf das genaueste festgestellt hat.[1] Vom November 1838 bis Februar 1840 wurden durch Dreiecksmessungen 29 Hauptpunkte bestimmt, die sich auf eine zwischen Portella und Gurna unweit Riposto im Jahre 1836 gemessene Grundlinie stützten.[2] Sie dienten zur Ausführung von topographischen Karten (1 : 50,000), die wiederum gesondert als geologische Farbenbilder wiederholt wurden und auf denen wir jeden Lavastrom mit der Jahreszahl seines Ausbruches wiederfinden. Vom Aetna dehnte der göttinger Gelehrte seine Forschungen über die Südküste Siciliens aus, entdeckte dort ein neues Mineral, nach seinem Fundort Palagonit genannt, und stieß in der Nähe auf Gangmassen, die in einer senkrechten Spalte aufgestiegen waren und sich dann seitwärts wie die Aeste aus einem Stamm zwischen die horizontalen Schichten von Felsarten keilförmig eingedrängt

[1] W. Sartorius von Waltershausen, Atlas des Aetna. Göttingen. Die erste Lieferung erschien 1848, die letzte 1859.

[2] Das Nähere über diese topographische Arbeiten siehe in Petermann's geographischen Mittheilungen 1864, S. 102.

und sie aufgeblättert hatten wie die Seiten eines Buches.[1] Ehe noch sein großer Atlas des Aetna zu erscheinen begonnen hatte, begab sich der vortreffliche Geolog 1846 nach Island, wo ihm kein Tag verstrich, ohne daß er eine Skizze entwarf, denn das Zeichnen nach der Natur, bemerkt er treffend, sei das wirksamste Belehrungsmittel für den innern Bau der Gebirge. Von der Entstehung Islands gab er nicht nur eine geologische Erzählung,[2] sondern er verstand es auch, die strenge, aber erhabene Natur des Eislandes ergreifend zu schildern. So zeigt er uns unter andern die Felsennadeln am Esjaberg, immer umflattert von trüben Nebelfetzen, bald hinter ihnen verschwindend, bald scharf hervortretend, zu ihren Füßen kein Strauch, kein Kraut, kein Halm, nur Trümmer geschüttet über Trümmer. Der Sturm braust durch ihre engen Spalten, dazwischen pfeift der Geier oder krächzt der Rabe. Gleichgilig gegen Lebensregungen ist auch die Natur auf der Nordostseite des Hecla. Laven sind über Laven erstarrt, Schollen über Schollen, Trümmer über Trümmer gestürzt, nur die ewigen Eisgebirge des Tindfjalla- und Torfajökull, deren silberne Hörner die späte Sonne blaß vergoldet, leuchten aus sapphirblauen Schatten und beschauen das steinerne Chaos, wo sich kein Athem regt.[3]

Der Ural, von dessen Felsarten Gustav Rose ein mineralogisches Meisterwerk geliefert hatte, wurde nicht weniger als viermal von Gregor v. Helmersen (geb. 1803 bei Dorpat), das erstemal 1826 als Zögling von Engelhardt, dann 1828 und 1829 in Begleitung E. Hofmann's, 1833 allein auf dem Wege nach der Kirgisensteppe und 1835 auf der Rückkehr vom Altai gekreuzt. Helmersen hat uns den Bau des Ural und die geognostisch verschiedenen Physiognomien seines östlichen uud west-

[1] Sartorius von Waltershausen, Submarine Ausbrüche im Val di Noto. Göttingen 1846. S. 34, 54 ff.

[2] Physisch geographische Skizze von Island. Göttingen 1847. S. 135.

[3] Geologischer Atlas von Island. Göttingen 1853 S. 8, 35.

lichen Abhanges sehr klar und faßlich geschildert,[1] auch eine Reihe von Höhenmessungen, sowie Psychrometer- und Barometerbeobachtungen veröffentlicht. Es ist natürlich der Bergbau und das Auftreten der Kupfer- und Eisenerze, der Gold- und Platinseifen, die ihn am meisten im Ural beschäftigten, doch weiß er uns auch über allgemeinere Gegenstände zu unterrichten, wie beispielsweise über den günstigen Einfluß des Bergbaues auf die Bildung des Volkes und über eine eigenthümliche Wirkung des Continentalklimas bei Orenburg, bis wohin in heißen Sommern Antilopen, in kalten Wintern Renthiere streifen, so daß sich dort die Verbreitungsgebiete von Geschöpfen berühren, die warmen und kalten Ländern angehören.[2] Zwischen seine dritte und vierte uralische Wanderung fällt 1834 eine Reise in den Altai, von dem bis dahin nur die westliche Umsäumung geognostisch beschrieben worden war. Wer den Bau eines Gebirges kennen lernen will, muß in seine Querthäler eindringen, wo er die Schichten aufgebrochen findet. Da der Altai von Ost nach West streicht, so verhieß einen solchen Einblick der malerische Alpensee Telezki, aus welchem die Bija abfließt, weil er mit seiner Axe rechtwinklig zur Kette des Altai steht. Mit Befremden entdeckte aber Helmersen, daß Fluß und See mit Ausnahme eines geringen Theils des Bijathales und der nordwestlichen Bucht des Telezki in Bezug auf die Lagerungsverhältnisse der Schichten ein Längenthal bilden.[3] Ferner erkannte er auf dieser Wanderung, daß der Alatau und der Salair, beides goldführende Gebirge, fast senkrecht, also wie der Ural von Süd nach Nord gegen den Altai heranstreichen und daß die Lagerstätte der salairschen Goldseifen ein Dioritschiefer

[1] Reise in den Ural und die Kirgisensteppe (Bd. 5 und 6 der Beiträge zur Kenntniß des russischen Reiches, herausg. von Baer und Helmersen), Thl. 2, S. 131.

[2] Reise in den Ural und die Kirgisensteppe, Thl. 1, S. 141, 163.

[3] v. Helmersen, Reise nach dem Altai (Bd. 14 von Baer und Helmersen's Beiträgen zur Kenntniß von Rußland), S. 42 u. 60.

ist, welcher auch im Ural zu denjenigen Gesteinen gehört, die eingesprengtes Gold enthalten.[1]

Endlich untersuchte v. Helmersen in dem für die geognostische Beschreibung von Rußland denkwürdigen Jahre 1840 die Waldaigebirge. Rußland nämlich hatte, seit Fossilien von dort durch Leop. v. Buch für silurisch erkannt worden waren, mächtig einen britischen Geologen, Roderick Impey Murchison,[2] angezogen, der die Erforschung der primären Gebirge zu seiner Lebensaufgabe gewählt hatte. Vereinigt mit de Verneuil und Graf Keyserling durchstreifte er 1840 die nördlichen und die mittleren Statthalterschaften. Im nächsten Jahre wurde der Ural an sieben Stellen zwischen 60° und 54° n. Br. gekreuzt und die Erforschung über die Kalmückensteppe bis zur Mündung des Don erstreckt. Im Jahre 1843 dehnte Graf Keyserling die Aufnahme bis an die Petschora[3] aus, und im Jahre 1844 besuchte Murchison noch einmal das baltische Rußland, sowie Schweden und Norwegen. Murchison übernahm die Bearbeitung der Lagerungsverhältnisse und die Darstellung der Querschnitte, de Verneuil die Beschreibung der eingeschlossenen Versteinerungen.[4] Die Kenntniß der letzteren bereicherte die Geologie um einen vollständig neuen Abschnitt der paläozoischen Zeitalter, nämlich um ihre jüngste Gliederreihe, für welche Murchison den Namen der permischen Felsarten geschaffen hat, weil ihre Entwicklung in der Statthalterschaft Perm am günstigsten angetroffen wurde.

[1] Reise nach dem Altai, S. 20, 24, 119.

[2] A. Geikie, Life of Sir Roderick J. Murchison. London 1875.

[3] Graf Keyserling, Das Petschoraland. Petersburg 1846. Außer der geologischen Beschreibung enthält dieses Werk auch 47 mathematische Ortsbestimmungen, ausgeführt von Paul v. Krusenstern zwischen 60°—67° n. Br.; die Längen wurden durch Zeitübertragung gewonnen.

[4] Roderick Impey Murchison, Edouard de Verneuil, Count Alex v. Keyerling, The Geology of Russia in Europe and the Ural Mountains. London 1845. Der zweite Band ist französisch geschrieben.

Mathematische Erdkunde.

Breitenbestimmungen.

Tycho, dem der vorige Zeitraum die genauesten Ortsbestimmungen verdankt, irrte sich bei Angabe der Polhöhe seiner Sternwarte noch um eine halbe Bogenminute.[1] Wenn auch für zusammengedrängte Länderbilder eine solche Schärfe ausreichen würde, so erfordert doch die Bestimmung von Erdbogengrößen eine viel höhere Genauigkeit. Sie war erst zu erreichen, als man sich entschloß, das Fernrohr zu Winkelmessungen anzuwenden. Der Danziger Hevelius[2] durfte um die Mitte des 17. Jahrhunderts noch mit Recht bezweifeln, ob sich das neue Werkzeug bis zu diesen Verrichtungen werde vervollkommnen lassen. Erst Picard begann am 2. October 1667 solche Versuche, hatte aber bereits am 28. November 1668 die Schwierigkeiten bemeistert.[3] Zu Delambre's Zeit, also am Beginn unseres Jahrhunderts, war es noch schwierig, Winkel bis zum Werthe einer Bogensecunde zu lesen, um 1840 etwa war die Meßbarkeit bis zu Secundenzehnteln fortgeschritten und gegenwärtig haben wir es bis auf Hunderttheile gebracht.

Die Breitenbestimmungen Picard's und Lahire's aus der Zeit von 1672—1681[4] näherten sich der Wahrheit bis auf

[1] Siehe oben S. 391.

[2] Hevelius (Hewelcke), geb. zu Danzig 1611, gest. daselbst 1687, war seiner Zeit der einzige Astronom, welcher Instrumente hatte, womit man Polhöhen bis auf $^1/_2$ Minute genau beobachten konnte. Im Jahre 1664 redete der berühmte französische Astronom Auzout in seiner Zueignungsschrift den König Ludwig XIV also an: „Mais, Sire, c'est un malheur qu'il n'y a pas un instrument à Paris, ni que je sache, dans tout votre Royaume, auquel je voulusse m'assurer, pour prendre précisément la hauteur du pole.“ (F. v. Zach in Allg. geogr. Ephemeriden, I, 21. Weimar 1798.)

[3] Delambre, Histoire de l'Astronomie moderne. tom. II, p. 622.

[4] Siehe oben S. 536. Picard bestimmte 1667 die Polhöhe der pariser Sternwarte und fand 48° 50′ 10″; Cassini de Thury 1744 48° 50′ 12″;

etliche Bogensecunden, doch war viel später noch die scharfe Messung einer Polhöhe selbst für Astronomen ersten Ranges eine schwierige Aufgabe. Als Bouguer und Lacondamine den Breitenabstand ihres peruanischen Erdbogens zu bestimmen versuchten, entdeckten sie nach zweijährigen Beobachtungen (1739 bis 1740) einen Fehler von 22—23″ und mußten bis zum Jahre 1743 ihre Arbeiten fortsetzen, ehe sie ihren Fehler auf eine Größe von 3″½ eingeschränkt hatten.[1] Die Jahre 1728 und 1747 darf man als die Zeitabschnitte bezeichnen, wo die Messungen von Polhöhen bis zum Werthe etlicher Bogensecunden verlässig wurden. In dem früheren Jahre entdeckte nämlich Bradley die Abirrung der Lichtstrahlen (Aberration), im andern eine kleine Bewegung der Erdaxe.[2] Polhöhen, die aus Durchgängen von Sternen abgeleitet werden, müssen daher je nach der Jahreszeit (wegen der Aberration) und je nach dem Jahre (wegen der Nutation) durch Rechnung von den Wirkungen jener beiden Fehlerquellen gereinigt werden.

Immerhin blieben zur genaueren Messung von Polhöhen geübte Astronomen und schwerfällige Instrumente erforderlich, die nur auf dem Lande und nicht ohne Vorbereitungen zu gebrauchen waren, bis am 13. Mai 1731 der Astronom John Hadley der königl. Gesellschaft in London „ein Instrument zum Winkelmessen bei schwankender Bewegung der Gegenstände" vorlegte, nämlich den nach ihm benannten Spiegeloctanten.[3]

Legentil 1764 48° 50′ 13″. Cassini de Thury, Description géometrique de la France. Paris 1783. p. 20. Gegenwärtig: 28° 50′ 11,2″. (A. Auwers, Geogr. Länge und Breite von 113 Sternwarten in Behm, Geogr. Jahrb. Bd. 6, S. 699. Gotha 1876.)

[1] La Condamine, Opérations trigonométriques in Histoire de l'Académie des Sciences, Année 1746. Paris 1751. p. 660 sq.

[2] Arago, Astronomie populaire. Paris 1857. tom. IV, p. 403, 98.

[3] Siehe Hadley in Philosophical Transactions, tom. XXVII, 1731—1732, Nr. 420, p. 417 mit Abbildung. Indeß ist Newton als der eigentliche Erfinder (im Jahre 1699) zu betrachten. Sir John. Herschel, Outlines of Astronomie, §. 193. London 1851. p. 115. Den ersten Keim

Ursprünglich nur zur Messung von Sonnenhöhen auf Schiffen bestimmt, bestand sein Vortheil darin, daß der Beobachter, ohne wie beim Kreuzstab gleichzeitig in zwei Richtungen sehen zu sollen, nur die Meeresgrenze ins Auge faßte und zugleich durch die Drehung eines Spiegels den Rand des reflectirten Sonnenbildes den Seehorizont berühren ließ.[1] Jeder Seemann konnte

der schönen Erfindung, mit Spiegeln zu messen, findet man schon bei Dudley. Siehe oben S. 388, not. 1.

[1] Aus den Tafeln zu Bouguer's Traité de Navigation geben wir hier genau die ursprüngliche Form des Hadley'schen Octanten wieder, doch bemerken wir, daß bei Bouguer der Punkt A ein wenig näher bei B liegen sollte, damit AH und IF parallel werden. Ein abgetheiltes Kreisbogenachtel (Octant) CD wird durch zwei Radien CB und BD begrenzt. Ein dritter Radius BE, in dessen Ebene sich der Spiegel F befindet, bewegt sich auf dem Bogenrand und läßt die Größe des Winkels ablesen, welchen der Zwischenraum der Schenkel BE und BD zur Zeit der Beobachtung angab. Auf dem Radius BD wird bei A ein kleines Fernrohr mit Fadenkreuz angeschraubt (es fehlt auf der Zeichnung), dessen optische Axe stets den Mittelpunkt von G berührt. G ist eine kleine viereckige Scheibe, deren obere

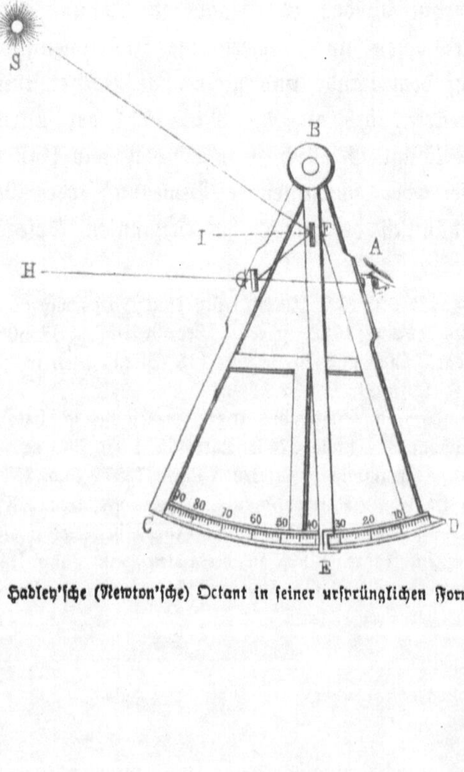

Der Hadley'sche (Newton'sche) Octant in seiner ursprünglichen Form.

nun auch an schwankendem Bord eine Sonnenhöhe messen und die gefundenen Winkel bedurften nur einer Befreiung von den Wirkungen der Strahlenbrechung, der Sonnenparallaxe und der Erniedrigung der Meereslinie unter den mathematischen Horizont je nach der senkrechten Höhe des Schiffsortes, wo sich der Beobachter befand. Doch vergingen noch 30 Jahre, ehe die Spiegeloctanten beliebt wurden.[1] Der Gebrauch dieses Werkzeugs setzt eine flüssige Begrenzung des Gesichtskreises voraus; auf dem Lande muß man sich daher einen künstlichen Horizont erzeugen. Jede ungestörte spiegelnde Flüssigkeit ist ein künstlicher Horizont, aber den vollkommensten gewährt ein Gefäß

Hälfte über der Linie FG ein Spiegel, deren untere Hälfte unter der Linie AG durchsichtiges Glas ist. Der Beobachter hält den Octanten in einer Richtung, daß von A nach G gesehen der Wasserhorizont genau die Glasscheibe bis zu G füllt, und er bewegt dann mit der Hand den Radius BE so lange, bis der Spiegel F das Bild der Sonne fängt und es in den halben Spiegel bei G so wirft, daß der Rand des Sonnenbildes den Seehorizont zu berühren scheint. Auf dem Kreisbogenachtel liest er dann bei E die Grade und Minuten der Sonnenhöhe ab. Das Kreisbogenachtel, welches in Wahrheit nur 45° enthält, ist gleichwohl in 90° abgetheilt, weil der gemessene Winkel SFG halb so groß ist, als die wahre Sonnenhöhe IFS. So erspart man durch die Theilung des Kreisachtels in 90° die außerdem erforderliche Halbirung der Reflexionswinkel.

[1] Godin, als er sich 1735 nach Peru zur Gradmessung einschiffte, hatte sich von Hadley selbst eines der neuen Instrumente verschafft. Ulloa, Voyage historique. Amsterdam 1752. tom. I, p. 126. Er war wohl der erste, der auf einer außereuropäischen Reise davon Gebrauch machte. In Frankreich, wo sie sehr nachlässig, namentlich in Bezug auf die Bogeneintheilungen verfertigt wurden, geriethen sie in übeln Ruf, seitdem Lacaille auf seiner Fahrt nach dem Cap (1750—54) sich überzeugt haben wollte, daß selbst bei höchster Sorgfalt Fehler bis zu 4 Bogenminuten nicht zu beseitigen waren. (Lacaille in Mémoires de l'Académie des Sciences. Année 1759. Paris 1765. p. 68.) Während Niebuhr in Aegypten schon 1761 (siehe oben S. 548) und Wallis 1767 in der Südsee Mondorte (siehe oben S. 476) mit den Octanten maßen, wurde in Frankreich die Genauigkeit der englischen Instrumente bis zu einer Bogenminute erst nach der Rückkehr Borda's und Pingré's von ihrer astronomischen Prüfungsfahrt 1771 bis 1772 anerkannt. Verdun, Borda et Pingré, Voyage fait par ordre du Roi. Paris 1785. tom. I, p. 3, 327 u. oben S. 548.

mit Quecksilber. Mit seinen verbesserten Mondtafeln hatte Tob. Mayer 1754 auch das Modell eines neuen Instrumentes, des Spiegelvollkreises mit nach England geschickt, aber von dort den Bescheid erhalten, der verbesserte Hadley'sche Octant sei brauchbar genug. Die erste Idee zu diesem wichtigen Instrument ist von Mayer bereits 1750 gegeben.[1] Von Zach bezeichnet den Vollkreis Mayer's als eine der wichtigsten und schönsten Erfindungen und Bereicherungen der astronomischen Mechanik, wodurch in der praktischen Sternkunde ein unglaublicher Grad von Genauigkeit erreicht werden könne.[2] In unserm Jahrhundert, etwa um 1833, wurde der Spiegelvollkreis von Steinheil in München durch einen Prismenkreis ersetzt.[3]

Ehemals konnten nur die Durchgänge von Gestirnen durch den Mittagskreis zu Breitenbestimmungen benutzt werden. Mit der Vervollkommnung der Chronometer wurde es möglich, auch Höhenwinkel sowohl um als außer dem Mittag zur Messung von Polhöhen anzuwenden. Als A. v. Humboldt über das atlantische Meer fuhr, war den spanischen Seeleuten dieses Verfahren noch völlig fremd, aber bei dem trüben Himmel am Orinoco und Cassiquiare hätte er ohne die Benutzung von Höhenwinkeln um und außer dem Mittag fast gar keine Ortsbestimmungen erlangt.[4]

Längenbestimmungen.

Die Verfinsterungen des Mondes, ehemals das brauchbarste Mittel, den Unterschied der örtlichen Tageszeiten oder die geo-

[1] C. Niebuhr's astronom. Beobachtungen, im dritten Bande seiner Reisebeschreibung. S. 2 Anm.

[2] Zach's monatl. Correspondenz IV, S. 241.

[3] Bessel, Ueber die Theorie des Steinheil'schen Prismenkreises, in den astron. Nachrichten Bd. 11, 1833.

[4] Bei Eduard Schmidt, Lehrbuch der mathematischen Geographie, §. 472 ff., Göttingen 1829, Bd. 1, S. 462 ff. findet man für diese Verfahrungsweisen den typus calculi und Humboldt'sche Beobachtungen als Beispiele.

graphischen Längen zu finden, hatten selbst einem Kepler zwischen Portugal und Constantinopel der Wahrheit sich nur auf drei Grade zu nähern erlaubt. Außerdem aber erwarben sich solche Ermittelungen niemals das Vertrauen der Kartenzeichner. Zwei Beobachter, die neben einander den Mond im Fernrohr überwachten, stimmten gewöhnlich über den Zeitpunkt des Beginnes wie des Endes der Verfinsterung nicht überein; der eine wollte sie stets etwas früher als der andere gewahren. Deshalb schlug Johann Hevelius 1647 vor, nicht bloß den Eintritt und Austritt des Mondrandes, sondern auch die der einzelnen Mondflecke während der Beschattung zu beobachten, welche schärfere Momente bieten als der Mondrand selbst.[1] Erst die Schule Dominique Cassini's benutzte danach zu Zeitvergleichen die Augenblicke, wo der dunkle Erdschatten die Ränder der Ebenen (der fälschlich so genannten Meere) des Mondes erreicht oder wieder verläßt und worüber sich geübte Beobachter nicht mehr täuschen konnten. So zerlegte man jede Verfinsterung des Trabanten in eine Anzahl Verfinsterungen seiner einzelnen Oberflächenräume und erhielt dadurch Mittel aus Beobachtungsreihen von großer Genauigkeit. Am frühesten bestimmte auf diese Art Richer die Länge von Cayenne am 7. September 1672 schon bis auf 9′ im Bogen genau.[2]

Verfinsterungen des Mondes treten nur in längeren Zeiträumen ein und ihre Beobachtung wird durch das Wetter oft vereitelt. Blieb man auf sie beschränkt, so hätten Jahrhunderte verstreichen und Tausende von astronomischen Reisen zur mathematischen Befestigung der vornehmsten Orte ausgeführt werden müssen. Wenn aber die Verfinsterungen sich im Laufe von

[1] Hevelius, Selenographia. Gedani 1647. Mädler, Geschichte der Himmelskunde. Bd. 1, S. 293. Braunschweig 1873.

[2] Richer, Observations en l'isle de Cayenne. Paris 1679. p. 17. Er fand durch das Aus- und Eintauchen in den Erdschatten des Mare Crisium und Grimaldi eine westliche Länge von 54° ½ (Paris). Das heutige Fort liegt 54° 40′ 16″.

1 Tag und 18 Stunden wiederholen könnten, so würden gute Längenbestimmungen sich viel rascher vervielfältigen lassen. Dies ist der Fall mit dem ersten Monde des Jupiters, dessen geschwisterliche Trabanten uns übrigens den nämlichen Dienst, jedoch nicht so oft leisten. Alle Beobachter auf der Erde, sobald nur die Erscheinungen für sie sichtbar sind, gewahren gleichzeitig bald das Eintauchen (Immersion) der Monde in den, bald ihr Heraustreten (Emersion) aus dem Jupitersschatten. Zwei Beobachter unter verschiedenen Mittagskreisen brauchen daher nur an ihren Uhren die örtliche wahre Zeit dieser Signale zu vergleichen, um aus dem Unterschiede der Zeiten den geographischen Längenabstand festzustellen. Gleich nach Entdeckung der Jupitersmonde hatte Galilei eingesehen, welche Dienste sie der mathematischen Ortsbestimmung leisten könnten,[1] aber erst Jean Dominique Cassini berechnete 1666 Tafeln für die Umläufe dieser Trabanten.[2] Durch dieses Mittel der Zeitvergleichung bestimmten Picard und de Lahire 1679 bis 1681 die Längen der wichtigsten Orte Frankreichs[3] bis zu einer Fehlergrenze, die selten eine Bogenminute übersteigt. Während sie an den Küstenplätzen beobachteten, wurde beständig auf der pariser Sternwarte die Jupiterswelt überwacht, so daß die wahrgenommenen Zeitunterschiede verglichen werden konnten. Ebenso sind die Längenbestimmungen des Franciskaners Feuillée in der Levante wie in Südamerika auf 2—3 Bogenminuten[4] genau, so oft der Ein- und Austritt eines Mondes in die oder aus der Beschattung des Jupiters in Paris wahrgenommen worden war. Wo man jedoch den Zeitpunkt dieser Signale für den pariser Mittagskreis nur aus den Tafeln berechnen konnte, steigerten sich die Fehler auf 10—12 Bogenminuten,

[1] Siehe oben S. 408.

[2] Delambre, Histoire de l'Astronomie moderne. Paris 1821. tom. I, p. L.

[3] Siehe oben S. 537.

[4] Siehe oben S. 539.

bisweilen noch höher. Im Vergleich zu den früheren Unsicherheiten war eine solche Schärfe nicht bloß ein hoher Gewinn, sondern das Vertrauen in die Zuverlässigkeit der astronomischen Bestimmungen nöthigte endlich die Landkartenzeichner, neue und strengere Bilder zu entwerfen und darum kann uns das Jahr 1669, wo Cassini in Paris auftrat, als das Geburtsjahr der mathematischen Erdkunde gelten, weil es die Lösung des langgesuchten Räthsels der geographischen Längenbestimmung herbeiführte.[1]

Dem Seemann war aber mit den Zeitsignalen in der Jupiterswelt nicht gedient.[2] Dagegen bot der Hadley'sche Octant, zu einem Sextanten vergrößert,[3] bei einer Sicherheit der Winkelmessung bis zu einer Bogenminute ein Mittel, um aus den Abständen des Mondes von der Sonne oder von Fixsternen den Unterschied der örtlichen Zeiten, das heißt die geographischen Längen zu bestimmen,[4] zumal die mittlere Entfernung des Mondes von der Erde (Parallaxe) nach Lacaille's Rückkehr vom Cap 1755 genau festgestellt worden war.[5] Seit Cassini's Zeiten besaß man auch die ersten brauchbaren, seitdem noch verbesserten Tafeln für die Wirkung der Lichtbrechung (Refraction), so daß aus den scheinbaren Orten der himmlischen Lichter ihre wahren Orte sich um die Mitte des vorigen Jahrhunderts so

[1] Und doch schreibt noch im Jahre 1797 der französische Astronom de la Lande: „Il n'y a pas quatre positions sur la terre, où l'on puisse répoudre de deux secondes pour la différence des méridiens.“ Connaissance des tems. Paris 1797 p. 445.

[2] Doch bestimmte Legentil 1761 (beim Venusdurchgange) die Länge des Schiffsortes auf der See durch Jupitermonde. Nature, vol. X (1874), p. 149.

[3] So lange man ihn nur zu Breitenbestimmungen verwendete, reichte der Octant aus, da er die größten Winkel, nämlich bis zu 90° angab. Der Sextant mißt dagegen Winkel bis zu 120°, wie sie bei Längenbestimmungen vorkommen können.

[4] Siehe oben S. 403 die Erklärung dieses Verfahrens.

[5] Siehe oben S. 555 und die Erklärung der parallaktischen Wirkungen S. 405.

genau berechnen ließen, daß die Fehler aus diesen Unterschieden verschwindend klein geworden waren. Der Mond, als Zeiger auf dem gestirnten Himmel, dem Zifferblatt der Weltuhr, rückt durchschnittlich in zwei Zeitminuten um eine Bogenminute nach Osten, aber seine tägliche mittlere Bewegung, die etwa 13 Grad beträgt, wird bisweilen bis zu 15 Grad beschleunigt, bisweilen bis zu 11 Grad verzögert. Von diesen sogenannten Ungleichheiten oder Störungen des Mondganges wurde die größte (Evection, Maximum: 1° 20′) von Hipparch; die zweite (Variation ungefähr 30′) von Ptolemäus; die dritte (jährliche Aequation, Maximum: 11′ 10″) von Abulwefa Ende des 10. Jahrhunderts, und da seine Arbeit unbekannt blieb, von Tycho de Brahe zum zweitenmale entdeckt.[1] Newton berechnete schon acht Störungen und jetzt kennt man deren mehr als zweihundert.[2] Das britische Parlament hatte 1714 einen Preis von 20,000 Pfd. Sterl., der Herzog von Orleans 1716 noch 100,000 Fcs. für denjenigen ausgesetzt, welcher der Schiffahrt ein Verfahren nachwies, die Länge innerhalb einer Fehlergrenze von ½ Grad zu bestimmen.[3] Halley bewarb sich um diesen Preis, aber seine Tafeln ließen noch immer, wie er selbst bekennt, bei den Mondorten einen Fehler von 2 Raumminuten zu, der in Wirklichkeit noch größer war. Leonhard Euler (geb. zu Basel 1707, gest. 1783 zu Petersburg) veröffentlichte 1746

[1] Sédillot, Histoire comparée des Sciences mathématiques. Paris 1845. p. 40.

[2] Hansen in Gotha hat 202 Störungsgleichungen der Länge berechnet. Seiner Mondtafeln (Tables de la lune, London 1857) bedient man sich noch jetzt behufs der Ausarbeitung des Nautical Almanac auf der Sternwarte zu Greenwich. Mädler, Geschichte der Himmelskunde. Bd. 2, 274. Braunschweig 1873. J. Nasmyth und J. Carpenter, Der Mond, deutsch von H. J Klein. Leipzig 1876. S. 154.

[3] Die Sternwarten zu Paris (1667) und Greenwich (1675) verdanken ihre Gründung dem Bedürfniß, durch genaue Mondtafeln das lang ersehnte Problem der Meereslänge zu lösen. (v. Zach, in Allg. geogr. Ephemeriden I, 30. Weimar 1798. J. Nasmyth und J. Carpenter, Der Mond. S. 154.)

verbesserte Mondtafeln, denen endlich Tobias Mayer (geb. 17. Februar 1723 in Marbach, Württemberg, gest. 1762 zu Göttingen), damals aus der Homann'schen Kartenwerkstatt als Lehrer nach Göttingen berufen, 1753 die gewünschte Schärfe bis auf einen höchsten Fehler von 75 Raumsecunden gab[1] und die er noch vor seinem Tode (1762) beträchtlich verbesserte. Sie erschienen, von Bradley vervollkommnet, 1770 in London,[2] und das britische Parlament bewilligte in diesem Jahre 3000 Pfd. Sterl. Belohnung dem Astronomen Euler und einen gleichen Betrag der Wittwe Mayer's.[3] Dieser Sieg deutscher Astronomen war um so glänzender, als sie zu Mitbewerbern den großen Clairaut hatten und seit Kepler's Tode kein Deutscher mehr um die mathematische Ortskunde sich irgend ein Verdienst erworben hatte. So können drei Nationen, die Briten Hadley, die Franzosen Lacaille, wir Euler und Mayer feiern, durch deren Leistungen endlich die Schwierigkeiten der Längenmessungen überwältigt wurden. 1767 kann man als das Mündigkeitsjahr der mathematischen Ortsbestimmungen bezeichnen, denn für dieses Jahr erschien der erste Schiffahrtskalender mit voraus berechneten Mondorten. Schon in der Zeit von 1757—59 hatte Kapitän Campbell, später 1761 der Astronom Maskelyne die Genauigkeit der Längenbestimmungen nach Mondabständen, gemessen mit Hadley'schen Drehspiegeln, im Auftrage der britischen Regierung geprüft, wie es 1771

[1] Sie wurden zuerst in den Comm. soc. scient. in Göttingen veröffentlicht 1753.

[2] Tabularum motuum solis et lunae et longitudinum methodus promota. 1770 London. G. El. Bode richtete 1777 diese Tafeln für Berlin ein.

[3] Whewell, Geschichte der inductiven Wissenschaft, deutsche Ausgabe. Stuttgart 1840. Bd. 2, S. 224 ff. „Man verdankt diesem großen Astronomen, bemerkt Laplace über Mayer, nicht nur die ersten zuverlässigen Mondtafeln, sondern Mason und Bürg haben auch aus seiner Theorie die Mittel geschöpft, um die ihrigen zu verschärfen." Mécanique céleste. 2de P. livre VII, Introd. Oeuvres, Paris 1844, tom. III, p. 198.

und 1772 durch Borda und Pingré in französischem Auftrage geschah.[1]

Seitdem haben sich die Tafeln noch merklich verschärft, so daß die Mondabstände das bevorzugte Mittel der Ortsbestimmung geworden sind, zumal sie sich, sobald nur der Mond sichtbar ist, stets ausführen und sich aus ihnen in kurzer Zeit durch Anhäufung von Beobachtungen mittlere Werthe von großer Genauigkeit gewinnen lassen.[2] Ein Vergleich solcher Messungen unter einander gewährt auch die Möglichkeit, die Größe der Fehler genau zu begrenzen.[3] Aber noch fortwährend wird, nunmehr seit 200 Jahren, auf der Sternwarte zu Greenwich der Mond beobachtet, denn man hofft die Genauigkeit der Mondtafeln noch immer verschärfen zu können.[4]

Seit Gemma Frisius 1530 die Hoffnung aussprach, mit Hilfe von Uhren die östlichen und westlichen Längen bestimmen zu können, verstrichen 127 Jahre, ehe am 16. Juni 1657 Huygens den niederländischen Generalstaaten eine Uhr vorlegte, deren Gang durch die Schwingungen eines Pendels ge-

[1] Siehe oben S. 556. Zach's monatliche Correspondenz Bd. 4, S. 623. Der Nautical Almanac für 1767 war uns nicht erreichbar, aber der für das Jahr 1770 (p. 164) enthält westliche wie östliche Abstände des Mondes von der Sonne und von Fundamentalsternen für je 3 Stunden in greenwicher Zeit berechnet.

[2] So wurde von Parry's Officieren der Winterhafen auf der Melville-Insel 1819—20 durch 6862 Mondabstände in 692 Beobachtungsreihen bestimmt. William Edward Parry, Voyage for the discovery of a North-West-Passage. London 1821. Appendix p. LIX.

[3] Schon 1825 sagte Edward Sabine, daß bei günstigem Wetter ein geschickter Beobachter durch eine Reihe von 10—12 Mondabständen die Länge seines Ortes bis auf 2 Seemeilen (60° = 1, also im Bogen bis auf 0° 2′) und wenn er die Beobachtungen vervielfältigt, sie bis auf 1 Meile (= 0° 1′) richtig bestimmen wird. Unter 25 Reihen wird es nur einmal vorkommen, daß der Fehler bis auf 4—5 Meilen steigt. Sabine, Figure of the Earth. London 1825. p. 387.

[4] J. Nasmyth u. J. Carpenter, Der Mond, deutsch, von H. J. Klein S. 154. Leipzig 1876.

regelt wurde.[1] Auch gelang es ihm, durch eine sinnreiche Vorrichtung gehende Pendeluhren schwebend in Schiffen zu erhalten, mit denen sein Freund Holmes 1664 auf einer Fahrt nach dem Golfe von Benin und ein Astronom, der den Herzog von Beaufort 1669 auf seiner Unternehmung nach Creta begleitete, die ersten geographischen Längen durch Zeitübertragung bestimmen konnten.[2] Man überzeugte sich jedoch rasch, daß Pendeluhren für diese Verrichtung sich nicht eigneten, dafür wurde aber, seitdem der Brite Hook 1660 die Unruhe der Taschenuhren mit einer gewöhnlichen, Huygens 1673 sie mit einer spiralförmigen Haarfeder versehen hatte, der Gang tragbarer Zeitmesser immer verlässiger. Obgleich schon im Jahre 1714 das britische Parlament 20,000 Pfd. Sterl. als Belohnung aussprach für eine Uhr, die nach Ablauf von sechs Wochen nicht mehr als zwei Zeitminuten gefehlt haben würde, so verfertigte ein solches Meisterwerk John Harrison (1693 bis 1776) doch erst im Jahre 1761. Seine Uhr (Nr. 4) wurde zur Prüfung am 18. November 1761 in Portsmouth eingeschifft, ließ am 19. Januar 1762 in Port Royal auf Jamaica nach 62 Tagen einen Zeitfehler von nur $5^1/_{10}$ Secunden (oder um $0^0\ 1'\ 16''$ im Bogen bei der Längenberechnung),

[1]) Die erste Idee, das Pendel zu einem Uhrwerk zu verwenden, faßte Galilei. Es geht dies unter andern deutlich aus seinem Schreiben an die Generalstaaten von Holland (1636) hervor. Opere di Galileo Galilei, Firenze MDCCXVIII, tom. III, p. 155. „Das Modell des ersten auf die Pendelschwingungen sich stützenden Zeitmessungs-Instrumentes, welches unter den Augen des Erfinders selbst (durch seinen Sohn) angefertigt wurde, befindet sich zur Zeit in dem Galilei-Museum in Florenz." Huyghens dagegen ist der Erfinder einer wirklichen Pendeluhr, indem er die menschliche Mitwirkung, um das Pendel in Bewegung zu erhalten, durch eine Hemmungsvorrichtung ersetzte. Vgl. Sigismund Günther, Vermischte Untersuchungen zur Geschichte der mathem. Wissenschaften. Leipzig 1876. S. 317 u. 327.

[2] Für Candia (Megalo Kastron) wurde ein Zeitunterschied mit Toulon von $1^h\ 22^m$ oder eine östliche Länge von $20^0\ 30'$ gefunden, der in Wahrheit $19^0\ 11'$ beträgt. Delambre, Histoire de l'Astronomie moderne. tom. II, p. 553. Ferdinand Berthoud, Histoire de la mesure du temps par les horloges. Paris 1802. tom. I, p. 273, 283.

und am 2. April 1762 nach Portsmouth zurückgekehrt, nach 147 Tagen einen Zeitfehler von 1 Minute 49 Secunden (= $0^0\ 27'\ 19''\frac{1}{2}$ im Bogen) wahrnehmen.[1] Das britische Parlament bewilligte deshalb 1765 nur die Hälfte der Belohnung, 10,000 Pfd. Sterl., dem Erfinder[2] und ertheilte die zweite Hälfte nicht, weil das Urtheil Maskelyne's, dem 1766 die Uhr zur Prüfung auf der Sternwarte von Greenwich übergeben war, ungünstig ausfiel.[3]

Am 20. November und am 18. December 1754 hatten zwei französische Künstler, Ferdinand Berthoud (geb. 1727 in Plancemont, Canton Neuenburg, gest. 1807 in Groslay bei Montmorency), und Pierre Leroy der pariser Akademie versiegelt eine Beschreibung ihrer Erfindungen übergehen. Berthoud beendigte seine erste Schiffsuhr 1761, die berühmten Chronometer Nr. 6 und Nr. 8 aber erst im Jahre 1766. Da er sich um den französischen Preis nicht gemeldet hatte, so erhielt ihn Leroy, dessen schöne Erfindung des freien Stoßwerkes (échappement libre) in das Jahr 1748 fällt. Die Uhren bewährten bei der Prüfung eine Genauigkeit, welche die geographischen Längen innerhalb des Fehlerraums von einem halben Grade zu ermitteln verstattete.[4] Seitdem wurden in England wie in Frankreich die Uhren zu Längenbestimmungen noch vielfach vervollkommnet. So lieferte Josias Emery, ein Schweizer, 1782 seinen ersten verbesserten Chronometer;[5] 1794 veröffentlichte Thomas Mudge eine andere Erfindung (échappement libre

[1] Nach anderen Angaben (Hoefer, Nouvelle biographie générale, Paris 1858, tom. 23) war der Fehler $1^m\ 55^s$ (= $0^0\ 28'\ 34''$ im Bogen).

[2] Berthoud, Mesure du temps. Paris 1802. tom I, p. 277, 310; tom. II, p. 278. Harrison's Zeitträger war eine gewöhnliche Uhr, deren Verdienst nur darin bestand, daß die Störungen, welche der Erwärmungswechsel im Gange hervorbringt, theilweise beseitigt worden waren.

[3] Hoefer, Nouvelle biographie générale, l. c.

[4] Siehe oben S. 557.

[5] Kästner, Geographische Fortschritte in dem letzten Drittel des gegenwärtigen Jahrhunderts bis 1790. Braunschweig 1795. S. 39.

remontoir), die von Bréguet 1800 noch weiter ausgebildet wurde, und in dem nämlichen Jahre bewilligte das britische Parlament eine Belohnung von je 3000 Pfd. Sterl. an Arnold und Earnshaw für wichtige Verbesserungen. Schon im ersten Jahrzehnt unseres Jahrhunderts war die Kunst der Uhrenverfertigung so weit fortgeschritten, daß einzelne Chronometer im Laufe von 24 Stunden nur um höchstens $^4/_{10}$ Zeitsecunden über ihre mittlere Bewegung auf- und abschwankten, so daß sich mit Hilfe eines solchen Kunstwerkes die mathematische Länge eines Ortes nach Ablauf von sechs Monaten noch mit einer Genauigkeit von 18 Bogenminuten bestimmen ließ.[1] Die Ortsbestimmung durch Zeitübertragung auf dem Lande wurde zuerst während des französischen Feldzugs in Aegypten und beinahe gleichzeitig von Humboldt im Innern Südamerikas mit dem höchsten Erfolge angewendet.[2] Eine weitere neue Verschärfung

[1] Siehe den Gang des Chronometers von Bréguet Nr. 1656 an Bord der Pallas, vom 15. September 1810 bis 12. December 1811 bei Arago. Mélanges (Oeuvres, Paris 1859, tom. XII) p. 70.

[2] Er selbst hat in der Vorrede zu Herm. Schomburgk, Reisen in Guiana, Leipzig 1841, p. XVIII, folgenden Vergleich seiner chronometrischen Längen geliefert:

	Humboldt 1800	Schomburgk 1840	
Mission Esmeralda . .	68° 23′ 19″	68° 24′	w. Paris
S. Carlos del Rio Negro	69° 58′ 39″	69° 57′	„ „

Von geschichtlicher Berühmtheit sind ferner die sechsmaligen Reisen von 35 Chronometern nach Helgoland, Altona, Bremen und zurück nach Greenwich im Jahre 1826. Der mittlere Fehler von 7 Uhren betrug bei dem Längenabstand zwischen Altona und Helgoland 0° 0′ 0″17, zwischen Helgoland und Greenwich 0° 0′ 0″39, zwischen Bremen und Helgoland 0° 0′ 0″47, zwischen Bremen und Greenwich 0° 0′ 0″85. (Gauß, Chronometerresultate, in Schumacher's astronomischen Nachrichten, Nr. 111. Altona 1827. Bd. 5, S. 245.) Erste große Chronometer-Expedition unter General v. Schubert, zur schärferen Bestimmung der wichtigsten Punkte des baltischen Meeres, mit 56 Chronometern, an Bord des Kriegsdampfers Hercules im Jahre 1833. Vgl. Schubert, Chronometrische Expedition im Jahre 1833. Petersburg 1836. 4° (russisch). Nach Gründung des Observatoriums in Pulkowa, 1839, wurden wieder 2 Chronometer-Reisen, zur

der Längenbestimmungen ist durch die Hilfe der Telegraphie ermöglicht und zwar zunächst durch Verknüpfung bedeutender Sternwarten in Mittel- und Westeuropa (Brüssel, Danzig, Edinburgh, Gotha, Greenwich, Königsberg, Leipzig) mit dem Observatorium in Paris. Eine eingreifende Revision hat sich seit 10 Jahren vollzogen in Folge der Arbeiten an der europäischen Gradmessung. Die vier Hauptcentren: Greenwich für die englische Gruppe, Berlin für die mitteleuropäisch-italienische, Pulkowa für die skandinavisch-russische, Cambridge für die nordamerikanische Gruppe, sind direkt mit einander verbunden.[1]

Die Ausdehnung der großen Axe des Mittelmeeres oder der Längenabstand der Mittagskreise von Iskenderun und Gibraltar, von Ptolemäus auf 62°, von den Arabern und den holländischen Kartenzeichnern auf 52°[2] geschätzt, in Wahrheit 41° 41′, wurde von einem Schüler Dominique Cassini's am Schluß des 17. Jahrhunderts befriedigend festgestellt. Ein Lehrer an der marseiller Marineschule, Herr v. Chazelles, begab sich nämlich Ende 1693 nach Malta, Iskenderun (22. bis 27. Januar 1694), Damiette, Cairo, Alexandrien und Constantinopel und befestigte durch Beobachtungen der Jupitersmonde eine Anzahl von Orten, welche zur östlichen Begrenzung

Bestimmung der Lage von Pulkowa, ausgeführt. Im Jahre 1843 reisten nämlich 68 Chronometer 15 mal von Pulkowa bei Petersburg über Altona nach Greenwich zu Längenbestimmungen hin und wieder. Arago, Astronomie, Paris 1856 tom. III, p. 292, und Revue des deux Mondes, tom. L, livr. 3, 1864 Avril, p. 637. Dann folgte in den Jahren] 1845 bis 1857 eine Reihe von Chronometer-Reisen im Innern von Rußland, zum Anschluß der Hauptplätze des Reichs an Pulkowa.

[1] Die erzielte Verschärfung ist aus Folgendem ersichtlich:

	Im Jahre 1866	Im Jahre 1876	
Paris . .	9ᵐ 20ˢ,63	9ᵐ 21ˢ,06	ö. v. Greenw.
Berlin . .	53ᵐ 35ˢ,15	9ᵐ 34ˢ,80	„ „ „
Pulkowa	2ʰ 1ᵐ 18ˢ,67	2ʰ 1ᵐ 18ˢ,40	„ „ „
Cambridge	4ʰ 44ᵐ 30ˢ,92	4ʰ 44ᵐ 31ˢ,04	w. v. Greenw.

(Vgl. Auwer's Berichte in Behm's Jahrbuch Bd. 1 – 6.)

[2] Siehe oben S. 421.

des Mittelmeeres dienten, mit einem Fehler, der nur in den ungünstigen Fällen einen Viertelgrad beträgt.[1] In den Jahren 1701—1702 bereiste der berühmte Franciskaner Feuillée die Levante und bestimmte die Längen von Smyrna, Saloniki, Milo, Canea und Megalo Kastron auf Creta, sowie von Tripoli in Afrika,[2] so daß, da die Längen im westlichen Theile des Mittelmeeres schon früher genau bekannt waren,[3] im Jahre 1702 die mathematische Begrenzung des mediterraneischen Beckens von West nach Ost bis auf unbedeutende Bruchtheile von Graden feststand. Auf der ganzen Erde gibt es vielleicht keine wichtigere Ortsbestimmung, als die von Petropawlowsk (Awatschabucht), insofern von ihr die mathematischen Längen in der Beringsstraße abhängen, welche die Erdveste in zwei große Inseln trennt. Mit lebhafter Freude gewahrt man, daß schon der Entdecker Bering auf seiner ersten Fahrt trotz der Unvollkommenheit seiner Instrumente die Längen von Ochotsk, der Südspitze Kamtschatkas und der Ostspitze Asiens, bis auf Bruch-

[1] Nach der Denkschrift von Lacaille in Histoire et Mémoires de l'Académie des Sciences, Année 1761, Paris 1763, p. 145 sq., fand Chazelles östliche pariser Längen für Malta 12° 6' 15" (statt 12° 11'), Iskenderun 33° 55' (statt 33° 49'), Cairo 29° 10' (statt 28° 57'), Alexandrien (Pompejussäule) 27° 50', (Leuchtthurm jetzt 27° 33'), Constantinopel (Pera) 26° 36' 15", (Sophienkirche jetzt 26° 38' 50"). Nur für die alexandrinischen Zeitbestimmungen gab es (greenwicher) gleichzeitige Beobachtungen, bei den übrigen mußte die pariser Zeit der Immersionen und Emersionen durch Interpolation gefunden werden.

[2] Siehe die Denkschrift von Cassini in Histoire de l'Académie des Sciences, Année 1702. Paris 1743. p. 7 sq. Die Ortsbestimmungen sind folgende:

	Feuillée 1701—1702		Gegenwärtig
Smyrna .	24° 59' 45"	durch Occultation	24° 48' 6" ö. v. Paris
Saloniki .	20° 48' 0"	durch Immersionen des ersten Jupiters-Trabanten	20° 36' " "
Milo . .	20° 16' 30"		20° 38' " "
Canea . .	21° 52' 30"		21° 42' " "
Candia . .	22° 58' 0"		22° 47' " "
Tripoli . .	10° 45' 15"		10° 51' 18" " "

[3] Die Lage von Paris wurde schon 1634 auf 20° ö. v. Ferro durch Uebereinkunft festgestellt. Siehe oben S. 424.

theile eines Grades richtig bestimmte.[1] Delisle de la Croyère hatte bei der zweiten kamtschatkischen Unternehmungsfahrt nur die Längen von Kasan, Tobolsk, Irkutsk und Jakutsk bestimmt, aber Krasilnikow ermittelte in der Zeit von 1741 bis 1742 durch Reihen von Verfinsterungen des ersten Jupiterstrabanten die mathematische Lage von Ochotsk, Bolscheretskoi und Petropawlowsk[2] schon so genau, daß seine geringen Fehler auf Handkarten gar nicht sichtbar werden können. Eine geschichtliche Bedeutung knüpft sich auch an die Lage der Insel Ferro. Nachdem 1634 ihre westliche Entfernung auf 19° 48′ geschätzt, durch Uebereinkunft der französischen Geographen auf 20° von dem pariser Mittagskreis festgestellt worden war, wurden erst 90 Jahre später, im Jahre 1724, von dem Franciskaner Feuillée die Orte Laguna und Teneriffa astronomisch befestigt und durch Winkelmessungen auf der Höhe des Pics von Teyde der Westrand von Ferro in 20° 1′ 45″ w. von Paris gefunden. Lacaille prüfte später Feuillée's Arbeiten und glaubte aus ihnen nur mit Sicherheit schließen zu können, daß der 20. Längengrad zwar durch Ferro gehe, aber daß man nicht entscheiden könne, welche Theile der Insel er berühre.[3] Verdun, Borda und Pingré versuchten 1771 auf der Höhe des

[1] Seine Längen finden sich nur angegeben in Harris, Navigantium Bibliotheca, London 1748, tom. II, fol. 1021, und oben S. 453. Er fand als östliche Abstände von Tobolsk für Ochotsk 76° 7′ (0° 16′ zu östlich), für die Südspitze Kamtschatkas 89° 51′ (0° 40′ zu östlich), Ostspitze der Tschuktschenhalbinsel 122° 55′ (0° 17′ zu westlich).

[2] Delisle, Mémoires pour servir à l'Histoire de l'Astronomie. Pétersbourg 1738. p. 10. Nach Buache, Mémoire sur les pays de l'Asie et de l'Amérique, Paris 1775, p. 4, fand Krasilnikow Ochotsk 140° 52′ 30″ ö. v. Paris (jetzt 140° 27′), Bolscheretskoi 154° 19′ 15″ (jetzt 154° 10′), und die alte Niederlassung an der Awatschabucht 156° 16′ 15″; das heutige Petropawlowsk, welches in der Nähe liegt, bestimmt Adolph Erman (Reise um die Erde Th. 1, Bd. 3, S. 529; Th. 2, Bd. 1, S. 221) auf 156° 19′ 48″.

[3] Lacaille in Histoire et Mémoires de l'Académie des Sciences Année 1746. Paris 1751. p. 135 sq.

Pic von Teyde die nämliche Aufgabe zu lösen und wollten gefunden haben, daß eine Linie durch die Mitte der Insel 19° 56′ 26″ westlichen Abstand von Paris besitze.[1] Gegenwärtig ist sie wieder in größere atlantische Fernen geschlüpft und schwebt mathematisch jenseit des nach ihr benannten Mittagskreises, so daß ihre Westspitze bis zu 20° 23′ 9″ westlichen Abstand von Paris hinausgerückt ist.

Größe und Gestalt der Erde.

In Folge von J. D. Cassini's Berufung nach Paris wurde die Größe unseres Planeten durch die Messung eines Erdbogens von 1° 21′ 57″[2] zwischen Malvoisine und Amiens in den Jahren 1669—1670 gefunden. Picard (geb. zu La Flèche (Anjou) 1620, gest. zu Paris 1682), der diese Arbeit ausführte, beobachtete das nämliche Verfahren wie Snellius,[3] nur daß er die Polhöhen an den Endpunkten des Bogens durch das Fernrohr[4] bestimmte und statt einer Grundlinie von 87 Ruthen eine solche von 5663 Toisen (1 Toise = 6 pieds), zum Schluß aber noch eine Bestätigungslinie (Verificationsbasis) ausmaß. Als Ergebniß erhielt er für die Größe eines Erdgrades 57,060 Toisen.[5] In der Zeit von 1638—1718

[1] Verdun, Borda et Pingré, Voyage en 1771 et 1772. tom. I, p. 138.

[2] Nach seiner eigenen astronomischen Bestimmung betrug der Bogen 1° 22′ 58″, nämlich vom 48° 31′ 48″ n. Br. bis 49° 54′ 46″ n. Br. J. Picard, Mésure de la terre. Paris 1671. vgl. Posch, Geschichte und System der Breitengradmessungen. Freising 1860. S. 10.

[3] Siehe oben S. 395.

[4] Picard's Quadranten waren bereits mit Fernrohr und dem 1640 von Gascoigne erfundenen Fadenkreuz sowie mit Mikrometern (in Verbindung mit Nonien) für die Ablesung der Winkel versehen. Außerdem wurde die Berechnung erleichtert durch die Anwendung der sphärischen Trigonometrie und Benutzung von Logarithmen, welche Snellius noch nicht kannte. C. M. Bauernfeind, Die Bedeutung moderner Gradmessungen. München 1866. S. 16.

[5] De la Hire, Traité du Nivellement par M. Picard. Paris 1684. p. 181, 196.

wurde die Kette der Dreiecke von Cassini und de Lahire bis nach Dünkirchen an das atlantische und bis Collioure bei den Pyrenäen an das Mittelmeer verlängert. Als Durchschnittswerth ergab sich auf dem französischen Bogen für einen Erdgrad die Größe von 57,060 Toisen. Von allen älteren Messungen hat sich die Picard'sche der Wahrheit mit wunderbarer Genauigkeit genähert, weil durch einen seltenen Zufall die astronomischen Irrthümer die geodätischen Ungenauigkeiten ausglichen.[1]

[1] Zu Picard's Zeiten kannte man weder die Aberration des Lichtes, noch die Nutation der Erdaxe, ferner wurde das Vorrücken der Nachtgleichen und bei den Sternen in der Nähe des Zeniths die Wirkung der Strahlenbrechung als zu geringfügig vernachlässigt. Im Jahre 1739 wurde die Picard'sche Grundlinie von Cassini de Thury und Lacaille abermals gemessen und ihre Länge statt 5663 Toisen nur 5657 Toisen 2 Fuß 8 Zoll gefunden (Picard hatte sich bei Messung der Basis einer zu kleinen Toise bedient, welche sich zu der Toise von Peru wie 999 : 1000 verhielt), so daß der Erdbogen zwischen Dünkirchen und Collioure um 820 Toisen gekürzt werden mußte. Gleichzeitig aber ergab sich, daß die Polhöhe von Dünkirchen um 19″ zu nördlich und die von Collioure um 33″ zu südlich angenommen worden war, so daß da die Summe der beiden astronomischen Fehler (52″) fast genau 820 Toisen auf dem ganzen Bogen entsprach, der mittlere Längenwerth eines Erdgrades in Frankreich unverändert blieb, wie ihn Picard gefunden hatte. Cassini de Thury, La Méridienne de l'Observatoire de Paris. Supplement zu Histoire et Mémoires de l'Académie des Sciences. Année 1740. Paris 1745. p. 37, 291. Im Jahre 1756 wurde die nämliche Grundlinie von zwei Abtheilungen Sachverständiger, von Godin, Clairaut, Lemonnier und Lacaille einerseits, und von Bouguer, Camus, Cassini de Thury und Pingré andrerseits doppelt gemessen und das Ergebniß von 1739 bestätigt. Bouguer, Opérations pour la vérification du Degré entre Paris et Amiens. Paris 1757. p. 25. Nach den neuesten Berechnungen von Bessel war die Picard'sche Bestimmung eines Breitengrades nur um 3 Toisen zu lang. Nagel, Die Hauptmomente der Entwicklungsgeschichte der Gradmessungen. Dresden 1873. S. 8. Nach dieser Gradmessung betrug der Halbmesser der kugelförmigen Erde 859 geogr. Meilen. Die Ermittlung dieser Größe war die Veranlassung, daß Newton seine 1666 angefangenen, aber wieder abgebrochenen Untersuchungen über die allgemeine Schwere 1676 wieder aufnahm und nun die große Entdeckung seines allgemeinen Gravitationsgesetzes glücklich vollendete, wodurch dann weiterhin die Lösung der Frage nach der Gestalt der Erde angebahnt wurde. C. M. Bauernfeind a. a. O. S. 16 u. 18. J. J. Baeyer, Ueber die Größe und Figur der Erde. Berlin 1861. S. 4.

Wie wir sahen, hatte Richer 1672 in Cayenne aus den verzögerten Schwingungszeiten des pariser Secundenpendels die Anschwellung des Erdkörpers an dem Aequator entdeckt. Newton hatte bald nachher eine Abplattung der Erde an den Polen gefordert, wie sie dem Gleichgewicht eines kugelförmigen Körpers, der sich dreht und der zum Theil mit Wasser bedeckt ist, zukommen müsse. Unter Voraussetzung gleicher Dichtigkeit fand er, daß die Drehungsaxe der Erde zu dem Durchmesser am Aequator wie 698 zu 692 sich verhalte oder eine Abplattung von $^1/_{231}$.[1] Eine solche Gestalt nöthigte zu der Annahme, daß die Grade an den Mittagskreisen vom Aequator nach den Polen an Größe und ebenfalls die Schwerkraft an der Erdoberfläche vom Aequator nach den Polen wachsen oder mit andern Worten, daß die Schwingungszeiten gleich langer Pendel vom Aequator nach den Polen kürzer werden müssen.

Die Meßkunde der damaligen Zeit war aber noch nicht so verfeinert, das zu bestätigen, was die Pendelschwingungen deutlich angekündigt hatten, man fand vielmehr 1718 als letztes Ergebniß, daß die Erdgrade von Paris nach dem Mittelmeer (57,097 Toisen) größer erschienen als die von Paris nach Dünkirchen (56,960 Toisen), so daß also die Erde nicht einem abgeplatteten, sondern einem eiförmigen Körper hätte gleichen sollen.[2]

Zur Entscheidung dieser Widersprüche wurde 1736 in Lappland und von 1735—1744 in Peru je ein Bogen gemessen und es ergab sich, wie wir bereits zeigten, daß der Erdgrad bei Quito (56,750 Toisen) kleiner war[3] als der mittlere

[1] Is. Newton, Philosophiae natur. Principia mathematica, lib. III, prop. XIX, prob. II, p. 423—424.

[2] Livre de la Grandeur de la Terre, (Suite des Mémoires de l'Académie des Sciences. Paris 1720), p. 237.

[3] Siehe oben S. 542—44. La Condamine, Opérations trigonométriques, p. 678—680 in Histoire et Mémoires de l'Académie des Sciences. Année 1746, Paris 1751. Bei der peruanischen Gradmessung

französische von 57,060 Toisen nach den Messungen von 1739, und dieser wiederum kleiner als der lappländische, dessen Größe Maupertuis auf 57,437[1] Toisen angegeben hatte. Erst um die Mitte des vorigen Jahrhunderts hatte also die Meßkunst eine Schärfe erreicht, wie sie zur Erkenntniß der Abplattung unserer Erde erforderlich war. Wurde aber der peruanische Erdbogen mit dem französischen verglichen, so erhielt man eine Abplattung von $^1/_{303,6}$, mit dem lappländischen von $^1/_{169}$. So weit entfernt war man also noch immer von übereinstimmenden Werthen für die Abplattung.

In den Jahren 1762—1766 ließ Maria Theresia zum erstenmale auf deutschem Boden durch den Jesuiten P. Liesganig von Sobieschitz bei Brünn über Wien und Graz bis Warasdin einen Bogen von 2° 56′ 45″ messen. Zwischen Brünn und Wien fand man damals als Werth eines Erdgrades 58,664, zwischen Wien und Warasdin 58,649, im Mittel 58,655 wiener Klafter (= 57,077 Toisen).[2] Diese zweifelhafte Messung hat ebenso gut wiederholt werden müssen, wie die von Lacaille am Cap 1752.[3] Kleinere Bogen wurden

wurde auch zuerst der Einfluß der Präcession der Nachtgleichen, der Aberration des Lichts und der Nutation der Erdaxe in Berechnung gezogen. La Condamine erhielt für den Grad am Aequator, auf die Meeresfläche reducirt 56,750 Toisen, Bouguer 56,753 Toisen. L. Posch, Geschichte und System der Breitengrad-Messungen. Freysing 1860. S. 48. Delambre und nach ihm Arago (sämmtliche Werke Band XIII, p. 12) bestimmten die Länge zu 56,737 Toisen. Die Spanier hatten 56,768 Toisen berechnet. Ueber die französischen Messungen von 1739 siehe oben S. 658 Note.

[1] Bei einer 1801—1803 von dem Schweden Svanberg wiederholten Messung traten namhafte Fehler der Operation Maupertuis' zu Tage. S. unter S. 662.

[2] Jos. Liesganig, Dimensio Graduum Meridiani Viennensis et Hungarici. Vindob. 1770. p. 207. Ueber den Verdacht, daß Liesganig die berechneten Größen gefälscht habe, vergl. Airy, Figure of the Earth (Encyclopaedia Metropolitana, vol. V, mixed Sciences tom. III). London 1845. p. 170.

[3] Siehe oben S. 555. Maclear fand 1848 am Cap den Werth eines

von Mason und Dixon 1764 in Pennsylvanien und Maryland von Maire und Boscovich zwischen Rom und Rimini 1750 gemessen.[1]

Im Jahre 1792 wurde die dritte Erdbogenmessung in Frankreich von Delambre und Méchain begonnen[2] zwischen Dünkirchen und Barcelona, in den Jahren 1806 und 1808 von Arago und Biot noch weiter gegen Süden zu den Balearen Iviza und Formentera über fast 12° ½ erstreckt. Die früheren Erdmesser, Picard, die beiden Cassini, Maupertuis, Lacondamine, Bouguer und Lacaille, hatten sich hölzerner Meßstangen bedient, die mit einer eisernen Toise[3] verglichen wurden, deren Ausdehnung durch die Wärme man kannte. In England wendete man Glasstäbe, später stählerne Ketten, beide mit Beachtung der Temperaturen, an. Die Franzosen (Borda) dagegen führten ein sinnreiches Werkzeug ein, nämlich zwei übereinanderliegende Lineale, wovon das eine aus Platin, das andere aus Kupfer bestand. Da beide Metalle von der Wärme in verschiedenen Verhältnissen ausgedehnt werden, so konnte man aus den Unterschieden des kupfernen Lineals jeden Augenblick die

Grades 364,060 Fuß (feet), wo Lacaille 364,713 feet gemessen hatte. Sir John Herschel, Outlines of Astronomy. §. 216, 4 ed., p. 131.

[1] Die erstere gab 56,888, die andere 56,979 Toisen als mittleren Werth. Airy, Figure of the Earth. p. 170—171.

[2] Der Nationalconvent wollte ein neues Maßsystem einführen; die Längeneinheit sollte in einem einfachen Verhältniß zur Länge des Erdmeridians stehen. Aus den Resultaten der Messung Delambre's und Méchain entnahm man die Elemente, um den 10 millionsten Theil des Erdmeridianquadranten als dieses neue Maß, Meter, festzusetzen. Nach neuern Messungen ist aber die Bestimmung nicht ganz correct ausgefallen. Die Länge des Meridianquadranten beträgt nicht, wie man annahm, genau 10 Millionen Meter, sondern 10,000,856 Meter.

[3] Es war die Copie der Toise de Châtelet, welche 1668 in einer Treppenstufe des Châtelet in Paris eingelassen worden war. Die Normallänge dieser Toise bei 13° R. wurde zu ewigem Andenken an die peruanische Gradmessung Toise de Perou genannt, und dient noch jetzt als normales Vergleichungsmaß, so daß die Resultate aller Gradmessungen in diesem Längenmaße ausgedrückt werden. Nagel, a. a. O. S. 13.

unbedingte Länge des Platinlineals unter dem Mikroskop bis zu einer Sicherheit von $^1/_{400000}$ Toisen bestimmen.[1] Die Briten begannen ihre Messungen in den Jahren 1784—1788, wo Dünkirchen von General Roy mit Greenwich durch Dreiecke verbunden wurde. In den Jahren 1800—1802 wurde der britische Bogen von General Mudge verlängert und später nach Saxavord auf den Shetland-Inseln bis zu einer Länge von 10° 21′ 32″ ausgedehnt. Die einzelnen Stücke unter sich verglichen, ergaben für die Abplattung der Erde im Mittel $^1/_{299,30}$, da aber die lappländische Gradmessung vom Jahre 1736 eine viel stärkere Verkürzung der Drehungsaxe hatte vermuthen lassen, so wurde in den Jahren 1801—1803 unter Anführung von Svanberg wiederum in der Nähe von Torneå zwischen Mallörn und Pahtawara ein Bogen von 1° 37′ 19″,6 Ausdehnung gemessen. Man entdeckte dabei, daß Maupertuis den Erdgrad am Polarkreis zu groß, nämlich 57,437 statt 57,196 Toisen gefunden hatte,[2] so daß ein Vergleich mit den französischen Bogenmessungen zu einer Abplattung von $^1/_{319,77}$ und mit der peruanischen von $^1/_{327,53}$ führte.[3] Während sich in der nördlichen gemäßigten Zone die Ergebnisse vervielfältigten, erhielt man in Indien ein Seitenstück zu den peruanischen Messungen. Schon im Jahre 1802 hatte Major William Lambton bei Madras die Größe eines Erdbogens von 1° 34′ 56″,4 bestimmt,[4] welche er jedoch selbst später als un-

[1] Arago, Astronomie. tom. III, p. 327. Als man am Schluß der englischen Dreieckvermessung die erste Grundlinie bei Lough Foyle durch eine 400 Meilen (miles) entfernte Bestätigungslinie in der Ebene von Salisbury prüfte, ergab sich ein Unterschied zwischen der berechneten und der gemessenen Dreieckseite von nur 4 ½ Zoll! Siehe Cadastral Survey of Great Britain. Edinburgh Review, nr. 242, Octbr. 1863, p. 387.

[2] Jöns Svanberg, Opérations faites en Lapponie pour la détermination d'un arc du méridien. Stockholm 1805. p. 191.

[3] Jöns Svanberg, om Jordens figur, in Kongl. Vetenskaps Academiens nya Handlingar för År 1804, tom. XXV. Stockholm 1804. p. 140.

[4] Asiatic Researches of the Bengal Society, tom. VIII. London 1808. p. 185—193.

genau verwarf. Im Jahre 1804 begann er jedoch eine neue Arbeit und führte eine Kette von Dreiecken von Punnoe 8° 9′ 38″ n. Br., bei Cap Comorin durch die Halbinsel bis Bomasundrun, 14° 6′ 19″ n. Br. und später bis 15° 6′ 0″,7. Er erhielt für den Erdgrad unter 11° 38′ n. Br. als erstes Ergebniß 60,480 Faden und eine Abplattung von $^1/_{300,96}$.[1] Der Bogen wurde dann von Lambton und Everest 1825 auf eine Gesammtlänge von 16° gebracht und endigt jetzt sogar bei Kaliana (29° 30′ 48″ n. Br.), so daß er eine Ausdehnung von 21° 21′ 16″,6 gewonnen hat.[2]

Nach Liesganig's Arbeiten wurde auf deutschem Gebiet zunächst der kleine Bogen von Göttingen bis Altona unter der Leitung des großen Gauß von 1821—1824 mit einem Ergebniß von 57,127 Toisen für den Werth eines Erdgrades unter 52° 32′ n. Br. bestimmt.[3] Gleichzeitig maß der Astronom Schumacher einen Bogen zwischen Lauenburg und Lysabbel, wo der Werth eines Erdgrades nur 57,092 Toisen beträgt. In die Jahre 1831—1836 fallen die berühmten Messungen Bessel's und Baeyer's zwischen Trunz, Königsberg und Memel mit einem Ergebniß von 57,142 Toisen für den dortigen Erdgrad.[4] Diese drei deutschen Gradmessungen sind wegen der

[1] Asiatic Researches, tom. XII, p. 4, 297 sq.

[2] Lt. Col. James, Account of the Principal Triangulation. London 1858. p. 757. Die Breite von Punnoe erscheint dort corrigirt auf 8° 9′ 31″.

[3] C. F. Gauß, Bestimmung des Breitenunterschieds zwischen den Sternwarten von Göttingen und Altona. Göttingen 1828. §. 19, S. 72. Gauß erfand dabei das Heliotrop, womit die allerfernsten Dreieckspunkte durch zurückgestrahltes Sonnenlicht deutlich sichtbar gemacht werden können. Die Genauigkeit der Winkelmessung wird dadurch bedeutend erhöht. (C. M. Bauernfeind, a. a. O. S. 28.)

[4] Bessel und Baeyer, Gradmessung in Ostpreußen. Berlin 1838. S. 438, 448. Das Resultat lautete: Trunz 54° 13′ 11″,5 n. Br., Memel 55° 43′ 40″,4 n. Br. Abstand der Parallelen: 86,177 Toisen. Die Axen des Erdsphäroides, welches Memel-Trunz berührt, verhielten sich wie 295 : 294.

hohen Vollendung aller wissenschaftlichen und technischen Operationen Muster für alle künftigen Unternehmungen dieser Art geworden.[1] Alle diese Arbeiten hat in neuerer Zeit die russische Gradmessung an Ausdehnung übertroffen; dieselbe wurde im Jahre 1817 von Tenner und 1821 von Struve[2] begonnen, aber erst 1855 geschlossen. Dieser größte aller Bogen reicht von der Donau in Bessarabien durch Rußland, Finnland, Schweden, Norwegen und endigt bei einer Ausdehnung von 25° 20′ 8″ auf dem Kval-Inselchen vor Hammerfest, 70° 40′ n. Br.[3] Der Meridian der Sternwarte von Dorpat bildet den Hauptmeridian des ganzen Bogens. Zahlreiche Höhenmessungen haben dabei zu gleicher Zeit ergeben, daß das schwarze Meer, die Ostsee und das Eismeer in gleichem Niveau stehen.

Die erste Längengradmessung von wissenschaftlichem Werthe wurde 1811—25 auf dem 45. Breitenkreise von der Mündung der Gironde ostwärts durch Frankreich und Italien ausgeführt unter Brousseaud, Nicollet Plana und Carlini.

In Deutschland hat zuerst General von Müffling 1816 versucht, aus den vorhandenen geodätischen und astronomischen Messungen die Größe eines Parallelkreises zu bestimmen durch Herstellung eines großen Dreiecks zwischen Seeberg bei Gotha, Mannheim und Dünkirchen.[4]

[1] C. M. Bauernfeind, a. a. O. S. 29.

[2] J. J. Baeyer (Ueber die Größe und Figur der Erde, Berlin 1861, S. 15) bezeichnet W. Struve als den feinsten und geschicktesten Beobachter, den es je gegeben. Im Verlauf dieser Messungen wurde die Central-Sternwarte zu Pulkowa erbaut und die Leitung derselben 1839 Struve übertragen.

[3] Eine Karte, welche eine Uebersicht aller Erdbogenmessungen gewährt, findet sich im Atlas zu Lt. Col. James, Principal Triangulation. London 1858. F. G. W. Struve, Arc du Méridien de 25° 20′ entre le Danube et la Mer Glaciale, mésuré depuis 1816 jusqu'en 1855 sous la direction de C. de Tenner, N. H. Selander, Chr. Hansteen, F. G. W. Struve. Publié par l'Académie des Sciences de St. Pétersbourg 1857. Vgl. Petermann, Mittheilungen 1857, S. 315 u. f.

[4] Bauernfeind, a. a. O. S. 32. Hertha, Bd. 7, Heft 1 (1826).

Die bedeutendste ist aber die russisch-mitteleuropäische auf dem 52° n. Br. seit 1857 begonnene Messung, welche sich von Orsk am Ural bis Valentia in West-Irland erstreckt über eine Ausdehnung von 69 Meridianen, von denen auf Rußland 39, auf Preußen 12°, auf Belgien 5° und auf England 13° entfallen.

Die großartigste und umfassendste von allen diesen Arbeiten, welche gegenwärtig noch in der Ausführung begriffen ist und auf Grundlage von erneuten Triangulationen eine Verbindung von Längen- und Breitenmessungen bildet, wurde 1861 durch den preußischen General Baeyer angeregt.[1] Der ursprüngliche Plan, den von den Meridianen von Bonn und Königsberg begrenzten europäischen Landgürtel zwischen Christiania und Palermo zum Operationsfelde zu nehmen, mußte, jemehr Staaten dem Unternehmen beitraten, zunächst erweitert werden, indem man die Meridiane von Warschau und Brüssel als Grenzen wählte; als dann im Jahre 1867 auch Rußland seinen Anschluß erklärte, ward die mitteleuropäische zu einer europäischen Gradmessung, an welcher sich alle europäischen Staaten außer der Türkei und Griechenland betheiligen. Und bei der erhöhten Bedeutung, die dadurch dem epoche-

[1] Durch die Schrift: Ueber die Figur und Größe der Erde, Berlin 1861. „Die bisherigen Gradmessungen hatten, sagt Baeyer S. 74, nur die Bestimmung der allgemeinen Figur der Erde im Auge, sie mußten also alles zu vermeiden suchen, was Abweichungen von derselben befürchten ließ. Seitdem diese Aufgabe aber befriedigend gelöst ist, hat die Sache sich umgekehrt, und eine künftige Gradmessung wird es hauptsächlich nur mit den Abweichungen zu thun haben und bei ihrer Anlage Gegenden und Terrainverhältnisse aufsuchen müssen, die man sonst gern vermied." Die günstigsten Verhältnisse bietet Mitteleuropa von Christiania bis Palermo, wo eine große Gradmessung noch fehlt. Aber grade hier entspricht sie allen Anforderungen und zwar einerseits wegen der großen Zahl gut fixirter Sternwarten (über 30), andererseits wegen der günstigen Localverhältnisse (Untersuchung der besonderen Abplattung Italiens, der Localanziehung der Alpen, der Krümmung des Mittelmeers, der Nord- und Ostsee). „Eine so günstige Gelegenheit zu einer Gradmessung im Sinne der heutigen Anforderungen findet sich auf der ganzen Erde nicht zum zweitenmale."

machenden Werke zukommt, sind bereits, unter rühmlichem Wetteifer der betheiligten Mächte, an Stelle der Längen- und Breitenmessungen neue Triangulationen und Nivellements ganzer Staaten getreten.[1]

Im Jahre 1802 sprach Laplace die Forderung aus, daß wenn unser Planet ein elliptischer Umdrehungskörper sei, ein so williger Trabant wie der Mond doppelte Störungen in seiner Bahn erleiden müsse, aus denen man die Größe der Erdabplattung berechnen könne, und wirklich leiteten die beobachteten Werthe der einen wie der andern zu einer Abplattung von $^1/_{305}$.[2]

Bestände unser Erdkörper von der Oberfläche bis zum Mittelpunkt aus Stoffen von gleicher oder gleich zunehmender Dichtigkeit, so müßte ein Pendel, vom Aequator nach den Polen getragen, durch die Beschleunigung seiner Schwingungen Zeitgrößen zur genauen Bestimmung der Abplattung liefern. Pendelbeobachtungen sind fast mit allen Erdbogenmessungen verknüpft worden. Die wichtigeren darunter sind die, welche Biot, Arago, Mathieu und Kater an astronomisch bestimmten Stationen der französischen und englischen Gradbogen zur Berechnung der Abplattung (1819—1821) ausführten, aber noch werthvoller waren die Ergebnisse von Edward Sabine's Pendelmessungen auf 13 Stationen (1822—23), vertheilt von Ascension bis Spitzbergen.[3] Je nachdem er seine eigenen Ermittlungen getrennt berechnete oder mit den französischen, sowie mit den

[1] Unter den einzelnen bisher ermittelten allgemeinen Resultaten mag erwähnt werden, daß nach vorläufiger Berechnung, durch Messungen in Süddeutschland, indem die astronomischen und geodätischen Positionen der Punkte Tübingen, Straßburg, Inselsberg, Seeberg und Göttingen hinzugezogen sind, das Erdsphäroid eine Abplattung von $^1/_{316,30}$ zeigt. (C. Bruhns, Bericht über die neusten Fortschritte der europäischen Gradmessung in Behm, Geogr. Jahrbuch 1874. S. 152.)

[2] Traité de Mécanique céleste, livr. VII, Introd. Oeuvres, Paris 1844, tom. III, p. 200.

[3] Siehe oben S. 588.

englischen verglich, erhielt er für die Abplattung Werthe zwischen $^1/_{288,4}$ bis $^1/_{289,5}$, im Mittel aber $^1/_{288,7}$.[1]

Hatten die Pythagoräer zuerst in dem guten Wahn, mathematischer Reinheit in der Körperwelt zu begegnen, eine Kugelgestalt der Erde vermuthet und Aristoteles die frühesten Beweise für diese Forderung geliefert, so war das Mittelalter wieder in grobe Sinnestäuschungen zurückgesunken, bis die Araber die alten Erkenntnisse von neuem retteten. Vom 13. Jahrhundert bis zum Jahre 1672 zweifelte kein Unterrichteter mehr an der Kugelform der Erde. Seitdem schwankten bis zur Rückkehr Bouguer's und Lacondamine's aus Peru die Ansichten, ob die Drehungsaxe der Erde kürzer oder länger sei als der Aequatorialdurchmesser. Am Beginn unseres Jahrhunderts convergirten allmählich alle Berechnungen zu einer Ellipticität von $^1/_{300}$. Doch hatte die dritte französische Gradmessung, verglichen mit der peruanischen, ein Ergebniß von $^1/_{331}$ geliefert, welches der Feststellung der metrischen Maßeinheit zu Grunde gelegt worden ist.[2] Mehrere Gelehrten bemühten sich, das wahrscheinlichste Erdellipsoid zu ermitteln. So fand Walbeck 1819 die Abplattung zu $^1/_{302,781}$, Schmidt in Göttingen, durch Gauß veranlaßt, $^1/_{297,479}$, Airy, der britische Reichsastronom, 1831 aus allen vertrauenswürdigen Messungen eine Abplattung der Erde von $^1/_{298,37}$, 10 Jahre später Bessel eine solche von $^1/_{299,15}$.[3] Die Geringfügigkeit der Unterschiede ist ein Triumph

[1] Sabine, Experiments to determine the Figure of the Earth. London 1825. p. 351 sq. Eine Uebersicht und Berechnung aller Pendelmessungen von 79° 50′ n. Br. bis 33° 55′ s. Br. gibt Airy, Figure of the Earth, p. 229.

[2] La Place, Mécanique céleste. livr. III, chap. 5, §. 41. Paris 1802. tom. II, p. 145.

[3] Airy, Figure of the Earth (Encyclop. Metropol. ed. 1845). p. 220. Bessel in Schumacher's astronomischen Nachrichten, Nr. 483. Altona 1842. S. 116. Mit Zuziehung der Verlängerungen am indischen Bogen und der russischen Messungen hat neuerdings Lieutenant Col. James eine Abplattung von $^1/_{294}$ gefunden. Account of the Principal Triangulation. London 1857. p. 776.

der Meßkunde. Sie hat aber auch zu der überraschenden Erkenntniß geführt, daß die Erde keine völlig reine mathematische Gestalt besitzt, also kein regelmäßiges Umdrehungsellipsoid ist, sondern von dieser Form in wellenförmigen Erhöhungen und Vertiefungen abweicht.[1]

Bildliche Darstellungen.

Da die neun denkbaren Arten der Ausbreitung von Kugelflächen in die Ebene nach perspectivischen Grundsätzen schon in dem früheren Zeitraum bekannt waren, so konnten nur die willkürlichen (conventionellen) Entwürfe vervielfältigt werden. Die Mängel der stereographischen Projectionen bestehen bekanntlich darin, daß das Bild von der Mitte nach den Rändern aufgelockert, der orthographischen, daß es von der Mitte nach den Rändern verdichtet wird. Diese Verzerrung der Gemälde heilte unser großer Mathematiker Lambert 1770 durch einen sinnreichen Entwurf, welcher allen Trapezen des Netzes verhältnißmäßig genau so viel Raum gewährt, als die Kugelflächen besitzen, die sie vertreten.[2] Der französische Geograph Nicolas Sanson verbesserte den alten Entwurf des

[1] Schon die einzelnen Bogenstücke der englischen und französischen Gradmessungen zeigten Anomalien, was bei den hannoverschen (Gauß, Breitenunterschied, §. 20, S. 72) und später bei den ostpreußischen Messungen deutlicher hervortrat; z. B.:

Terrain des Bogens	Mittlere Polhöhe	Größe eines Erdgrades
Hannover . . .	52° 32′ 16″	57,127 Toisen,
England . . .	52° 38′ 59″	57,066 "
Holstein . . .	54° 8′ 13″	57,093 "
Preußen . . .	54° 58′ 26″	57,144 "

Vgl. auch die „Neue Berechnung der Dimensionen des Erdsphäroid“ von A. Steinhauser in Petermann, Mitth. 1858. S. 465.

[2] J. H. Lambert, Beiträge zum Gebrauche der Mathematik. Berlin 1770. Th. 3, §. 100, S. 180. Ueber die Projection zur Erzielung äquivalenter Räume (unchanged areas) vgl. A. Steinhauser, Gründzüge der mathematischen Geographie. Wien 1857. S. 108.

Bienewitz, bei welchem die Breitenkreise geradlinig und gleichabständig, die Mittagskreise gleichabständig, jedoch als Curven aufgetragen werden, eine Erfindung, die irrthümlich bisher dem Flamsteed zugeschrieben und ins Jahr 1700 gesetzt wurde.[1] Um die Vorzüge der Sanson'schen Projection mit Lambert's „äquivalenten Räumen" zu vereinigen, hatte schon 1805 Carl Brandan Mollweide aus Halle einen ungenannten Entwurf ersonnen, der später unter dem Namen des homalographischen von einem französischen Akademiker dem ungerechten Dunkel entrissen worden ist und jetzt für Halbkugelbilder, also für die schwierigsten Gegenstände der Projection, als das Höchste gilt, was die Geometrie leisten kann.[2] Die Mittagskreise sind auf diesem Entwurf gleichabständige Curven, die Breitenkreise geradlinig, zur Erzielung entsprechend gleicher Flächenräume jedoch nicht gleichabständig, sondern von dem Aequator nach den Polen verengert.

Unter den Entwürfen, die nur die günstigste Behandlung kleiner Erdflächen im Auge haben, zeichnet sich eine Vervollkommnung der conischen Projection aus, welche Gauß in einer gekrönten Preisschrift gelehrt hatte[3] und die, nach ihm benannt, 1852 zuerst durch Herrn v. Khanikoff für russische Karten angewendet wurde.[4] Die erzielte Verbesserung besteht

[1] D'Avezac, Coup d'oeil historique sur la projection des Cartes, im Bulletin de la Société de Géogr. Paris 1863, Avril, p. 338.

[2] Man sehe Mollweide in Zach's monatlicher Correspondenz, Gotha 1805, Bd. 12, S. 152—163, und Herm. Berghaus, Entwurfsarten für Planigloben in Petermann's geographischen Mittheilungen, 1858, S. 63 und Tafel IV. Herrn d'Avezac, a. a. O. p. 451, gebührt das Verdienst, zuerst Mollweide's Prioritätsansprüche gegen Babinet geltend gemacht zu haben.

[3] Gauß, Allgemeine Aufgabe, die Theile einer gegebenen Fläche auf einer andern gegebenen Fläche so abzubilden, daß die Abbildung dem Abgebildeten in den kleinsten Theilen ähnlich wird. Schumacher's astronomische Abhandlungen. Altona 1825. 3. Heft, §. 10, S. 15. Der Erfinder der conischen Projection ist Mercator, nicht Delisle. Siehe oben S. 411.

[4] Briefwechsel zwischen Humboldt und Berghaus, Bd. 3, S. 233.

darin, daß der Abstand der Breitenkreise auf der Mantelfläche des Kegels sich ändert, damit die Größe der Trapeze den Kugelräumen entspreche. Gauß selbst hat nie das Verdienst dieser Erfindung sich beigemessen, die vor ihm schon ein englischer Geistlicher, Patrick Murdoch, empfohlen hatte.[1]

Das beneidenswerthe Verdienst, die Fortschritte der Astronomie im 17. Jahrhundert für die darstellende Erdkunde zuerst benutzt, vor allen Dingen unserem Welttheil seine richtige räumliche Ausdehnung verliehen zu haben, mußte nothwendig den Franzosen zufallen. Nach dem Schluß der Reisen Picard's und Lahire's zur Ortsbestimmung französischer Küstenplätze ließ um das Jahr 1680 Dominique Cassini auf dem Fußboden eines Thurmes der pariser Sternwarte ein Weltbild nach den neuen astronomischen Angaben entwerfen.[2] Glich diese denkwürdige Urkunde nur annähernd der Karte von Frankreich, die gleichzeitig entstand[3] und welche mit geringfügigen Unterschieden jenes Land uns zeigt, wie es auf unsern heutigen Gemälden erscheint, so muß der Verlust dieses wissenschaftlichen Denkmals tief beklagt werden. Noch lange Zeit wehrten sich die darstellenden Künstler gegen die astronomischen Hilfsmittel. Bis um die Mitte des 17. Jahrhunderts war von den Holländern fast ausschließlich der Bedarf an Karten befriedigt worden. Seit 1627 hatte Nicolas Sanson das Gewerbe nach Frankreich verlegt und bei seinem Tode (1667) seinen Söhnen Guillaume und Adrien 400 Platten hinterlassen. Noch fehlte es über dem Rhein an einheimischen Kupferstechern, so daß man aus den Niederlanden, wie aus Deutschland Meister herbeiziehen

[1] Murdoch, on the best form of geographical maps, in Philosophical Transactions for the year 1758, vol. L, part. II. London 1759. Nr. 73, p. 553—562. Vgl. d'Avezac, a. a. O. S. 353.

[2] Ueber Picard's und Lahire's Reisen siehe oben S 536. Cassini, de l'Origine et du progrès de l'Astronomie et de son usage dans la Géographie, fol. 42, im Recueil d'Observations pour perfectionner l'Astronomie et la Géographie. Paris 1693.

[3] Abgedruckt im Recueil d'Observations, fol. 92.

mußte.[1] Für die Wissenschaft wurde damit nichts erreicht, nur das Handwerk hatte seinen Boden verändert, denn die Karten der Sanson waren nichts als Wiederholungen alter Bilder und selbst ihr Frankreich im Atlas von 1693 trug alle Gebrechen der Mißgestalt in Oertel's Theater des Erdkreises.[2] Aber in dem nämlichen Jahre erschien der französische Neptun, von Jaillot, Nolin, de Fer und Pierre Mortier herausgegeben, in welchem für das westliche Europa zuerst die neuen astronomischen Längen zur Geltung gelangten.[3] Die wichtigen Ortsbestimmungen, welche Herr v. Chazelles 1694 in der Levante gewonnen hatte, konnte er nicht mehr zur Verbesserung seiner Karten des Mittelmeeres benutzen, denn er starb 1710, ohne seinen Atlas vollendet zu haben.[4] Der Ruhm dieser wichtigen Neuerung blieb für Guillaume Delisle aufgespart, dessen früheste Karten vom Jahre 1700 noch die entstellten Züge der Ptolemäischen Bilder trugen, die er aber bis zum Jahre 1725 so weit verbesserte, daß das Mittelmeer zwischen Gibraltar und Iskenderun eine so wahre Ausdehnung empfing,[5] daß der zurückbleibende Fehler wohl noch örtliche Verbesserungen nöthig machte, nicht aber mehr das Antlitz Europas verunzierte. Seitdem nach den Beobachtungen des Jesuiten Duhalde in China die Lage von Canton (111° 15′ ö. v. Paris, jetzt 110° 57′) befestigt worden war, trat auch der Ostrand der alten Welt mehr und mehr in die richtigen Kugelräume zurück. Wenn Delisle nur benutzte, was de Chazelles, Feuillée und Duhalde

[1] Vaugondy, Histoire de la Géographie. Paris 1755. p. 157.

[2] Zwischen Brest und Paris hatten die Sanson noch einen Längenabstand von 8° 3′ beibehalten, statt 6° 50′; vgl. oben S. 415, Not. 1.

[3] Lelewel, Géographie du moyen-âge, Epilogue. Bruxelles 1857. p. 238—241.

[4] Siehe oben S. 654 und Histoire et Mémoires de l'Académie des Sciences, Année 1759. Paris 1765. p. 490.

[5] Damaskus liegt bei ihm 34° 30′ ö. v. Paris, jetzt 33° 54′. Man findet die Delisle'schen Karten von Europa in Lelewel's Atlas, Pl. XLIX, Nr. 140; vgl. auch Lelewel, Epilogue. p. 250.

an Beobachtungen ihm überlieferten, so könnte manchem sein Verdienst sehr gering erscheinen. Es gehörte dazu aber nicht bloß eine in den damaligen Zeiten noch seltene mathematische Bildung, sondern auch ein ungewöhnlicher Muth, um die alten Darstellungen, die seit 150 Jahren in Umlauf sich befanden und scheinbar sich gegenseitig bestätigt hatten, durch neue und ungewohnte Gemälde zu verdrängen. Gleich nach Delisle (geb. 1675 und gest. 1726 zu Paris) trat in Frankreich ein darstellender Geograph von noch größerer Bedeutung auf, der gelehrte und kritische Jean Baptiste Bourguignon d'Anville (geb. 1697 und gest. 1782 zu Paris), dessen Hauptverdienst darin bestand, in einer Zeit, wo die astronomischen Ortsbestimmungen noch schwach waren und sparsam flossen, durch Sammlung und scharfsinnige Benutzung der Wegabstände in den Itinerarien seinen Bildern die noch jetzt bewunderte Vollkommenheit gegeben zu haben.[1] Die Verbesserungen des französischen Neptun wurden im 18. Jahrhundert von Herrn v. Mannevilette und von Bellin besorgt. Seit 1750 erwarb sich auch der geistreiche Buache einen Namen und als Altersgenossen Humboldt's finden wir Jomard, Malte Brun, Walckenaer. Wenn am Schluß des vorigen Jahrhunderts durch die Leistungen Joseph Desbarres', James Rennel's und Arrowsmith's (geb. 1750 zu Winston in Durham, gest. 1823 zu London)[2] der Sitz der darstellenden Kunst nach England hinüberzurücken schien, so belehrt uns die Geschichte der mathematischen Erdkunde einfach über die Nothwendigkeit dieses Vorganges. So lange als die Franzosen durch Sendungen von Astronomen nach allen Erdtheilen die Längen durch Verfinsterung der Jupitersmonde be-

[1] Siehe A. v. Humboldt's Urtheil über d'Anville in Central Asien. Berlin 1844. Bd. 1, S. 22. Vivien unterscheidet (Année géographique II, p. 4) die Thätigkeit beider treffend: Delisle avaît seulement touché aux traits d'ensemble et aux contours extérieurs; d'Anville allait embrasser tous les détails dans leur diversité infinie.

[2] A. G. Kästner, Fortschritte der geogr. Wissenschaften. S. 75, 84.

stimmen ließen, häufte sich in Paris ein Schatz der besten Ortsbestimmungen an, von denen natürlich die Darsteller, welche mit den Beobachtern verkehrten, am frühesten Nutzen zogen. Die ausschließende Herrschaft der französischen Kartenzeichner ging aber zu Ende, als die Längenbestimmungen durch Mondabstände in Gebrauch kamen. Cook brachte ganz vortreffliche Küstenkarten schon von seiner ersten Fahrt mit heim und seit seiner Zeit entstand gleichzeitig mit den Entdeckungen auch das mathematische Bild der neuen Länder. So sammelte sich seitdem in London der größte Urkundenschatz für die darstellenden Künstler an, die also leicht einen Vorsprung vor ihren Mitbewerbern gewinnen konnten. Sobald übrigens die Aufgabe der bequemen Längenbestimmung gelöst und die Lage der großen Erdtheile genauer bekannt war, konnten auch keine großen Neuerer mehr auftreten, und so ist Delisle der erste exacte und der letzte große darstellende Geograph,[1] da seit seiner Zeit das Feld der unsichern Ortsbestimmungen ins Innere der Festlande verlegt worden ist.

Mittlerweile hatte Deutschland seit dem dreißigjährigen Kriege das Bild geistiger Verödung geboten. Nur die Fertigkeit im Kupferstechen war noch nicht verloren gegangen. Einem Kupferstecher, Joh. Baptist Homann (geb. zu Kamlach bei Mindelheim 1664, gest. 1724 zu Nürnberg), den Cellarius zum Stich seiner Karten nach Leipzig gezogen hatte, der aber mathematisch ausgebildet, seit 1710 selbständig in Nürnberg arbeitete, verdanken wir die Wiederbelebung der darstellenden Kunst in unserer Heimat.[2] Homann, dessen Stiche die Franzosen über alle gleichzeitigen Leistungen erhoben,[3] war natürlich auf die

[1] Das Wort ist hier in dem strengsten Sinne und im Gegensatz zu den Chorographen gebraucht.

[2] Doppelmayr, Nürnbergische Mathematici. fol. 141.

[3] Nos graveurs français, sagt Lenglet du Fresnoy, n'ont point encore atteint la délicatesse où le sieur Homann a porté la gravure. Méthode pour étudier l'histoire, Paris 1735, tom. VI, p. 74.

Wiederholung fremder Originale angewiesen,[1] denn da von Deutschland keine Sendungen nach fremden Ländern ausgingen, so konnten auch keine neuen Stoffe dargestellt werden. Für Deutschland selbst gab es einige bessere Bilder, darunter die Generalkarte von Eisenschmidt aus Straßburg, Karten aus Oesterreich von Johann Christoph Müller, die Karte von Schwaben des Joh. Mathias Haas (1684—1742), die Karte der Schweiz von Scheuchzer vom Jahre 1712. So traurig aber wurde die Wissenschaft vernachlässigt, daß man um die Mitte des 18. Jahrhunderts mehr sichere Ortsbestimmungen aus dem Innern Rußlands und Sibiriens als aus dem deutschen Reiche besaß, denn nur der Lauf des Rheines und gegen Osten die Längen der Städte Danzig, Breslau und Wien waren astronomisch befestigt worden.[2] Bessere Karten wurden aus militärischen Gründen sogar geheim gehalten. Die politischen Verhältnisse nöthigten Friedrich den Großen, keine auf neuen Aufnahmen basirenden Karten zu veröffentlichen. So blieb die Arbeit des Obrist von Schmettau, welcher von 1767—87 alle Gebiete östlich von der Weser aufgenommen hatte, als Manuscript, auf 270 Sectionen entworfen, in der berliner Plankammer.[3] Die vom Feldmarschall

[1] Wir besitzen dafür das eigene Geständniß seiner Erben. Siehe Kurze Nachricht von dem Homannischen großen Landkarten-Atlas. Nürnberg 1741. S. 9.

[2] Vaugondy, Hist. de la Géogr. p. 336. Welche Einöde in Bezug auf mathematische Bestimmungen Deutschland damals darstellte, sieht man aus Tobias Mayer's Mappa critica 1750 (in dem Atlas Germaniae, Homann's Erben, Nürnberg 1753, Tab. VIII.), aus der sich ergibt, daß selbst die Polhöhen nur von 22 Orten damals bekannt waren. „Die Doppelmayr'sche Karte (Basis geographiae recentioris astronomica), welche die damalige Grundlage aller Karten war, gibt nur 139 Orte auf der ganzen Erde, deren Länge und Breite astronomisch bestimmt sein sollte. Für Deutschland allein sind darauf nicht mehr als 20 Orte angezeigt, davon ist die Hälfte noch bis auf diese Stunde nicht festgesetzt. Nur sieben darunter sind nach der Zeit ziemlich zuverlässig bestimmt worden." (F. v. Zach, Allg. geogr. Ephemeriden I, 22. Weimar 1798.)

[3] E. v. Sydow in Petermann, Geogr. Mitthl. 1857. S. 62.

von Schmettau ausgeführte Gradmessung und Triangulation von Hessen bis zur Niederlausitz gab die Grundlage für F. L. Güßfeld's Karte der Mark Brandenburg, welche als erstes nennenswerthes Kartenwerk jener Zeit 1773 von den Homann'schen Erben herausgegeben wurde. Homann hatte einen Schatz von 100 Kupfertafeln angehäuft, den seine Erben einer Verwaltung übergaben, welche den Titel einer kaiserlichen kosmographischen Gesellschaft in Nürnberg führte, zu der Mathias Haas, Gottlob Böhme, Franz und später der große Tobias Mayer zählten.[1] Was sich ohne öffentliche Unterstützung ausführen ließ, haben diese Männer geleistet, doch waren noch am Ende des vorigen Jahrhunderts unsere Karten meistens so ungenau, daß Napoleon es für nöthig hielt, bessere von französischen Ingenieuren ausarbeiten zu lassen, unter andern von Jomard für süddeutsche Gebiete.

Bereits war aber schon die Zeit verstrichen, wo die alten Länderbilder noch ausreichten. In Frankreich lassen sich zwei Epochen in der Geschichte der Kartographie unterscheiden: 1) die Cassini'sche Epoche von 1750—1818, 2) die Epoche des Etat-Major bis jetzt. Bereits 1733 beschloß die Akademie zu Paris, eine Karte entwerfen zu lassen, welche auf astronomische Beobachtung und geodätische Triangulation basirt sei. Das Gouvernement übernahm die Kosten, Ludwig XV. begünstigte das Unternehmen. Durch Cassini de Thury wurde seit 1744 ganz Frankreich mit einem Netze von Dreiecken erster Ordnung bedeckt. 1750 erschien das erste Blatt der neuen Karte, aber nach 5 Jahren, kurz vor dem Ausbruch des siebenjährigen Krieges, zog der Staat die Unterstützung zurück und überließ das Unternehmen einer Actiengesellschaft. So wurden denn

[1] Vaugondy, l. c. p. 171. Tobias Mayer, der Sohn eines Wagners, wurde am 17. Februar 1723 in Marbach (Württemberg) geboren und nach Nürnberg durch den Homann'schen Director Franz gezogen. Siehe Benzenberg, Erstlinge von Tobias Mayer. Düsseldorf 1812. p. XXXV, LXIII.

1756 in Frankreich Bestellungen gesammelt auf 173 neue Karten dieses Landes, dessen einzelne Räume geometrisch aufgenommen werden sollten. Im Jahre 1793 wurde dieses neue Werk, die erste geometrische oder topographische Karte vollendet, die 6000 durch Messung aus 600 Beobachtungsorten bestimmte Gegenstände enthielt.[1] Seitdem näherte sich, vorläufig für Europa, die darstellende Kunst der Chorographen ihrem Ende oder sie beschränkte sich mehr und mehr auf eine verständige Verdichtung der Meßtischbilder.

Die Cassini'sche Karte von Frankreich sollte auf Befehl Napoleon's schon im Jahre 1808 durch genauere Blätter ersetzt werden, aber erst 1818 begannen die neuen Arbeiten. Die neue Karte von Frankreich erschien 1838—75.[2] In England wurden seit 1784 und 1791 die Dreiecke erster und zweiter Ordnung gezogen; die neue Detailaufnahme wurde erst 1864 vollendet; in Schottland dauerten die Vermessungen von 1809 bis 1841, in Irland von 1825—46. Als charakteristisch für die isolirte Lage Großbritanniens sowie für die moderne Auffassung von der Wichtigkeit genauer Aufnahmen für alle Zweige der Staatsverwaltung ist hervorzuheben, daß die Landesaufnahme von Großbritannien und Irland im Jahre 1870 vom Kriegsministerium an das Departement der öffentlichen Arbeiten (office of works) übergegangen ist. Im ehemaligen Königreich Sardinien begannen die topographischen Arbeiten 1821, das übrige Oberitalien und der Kirchenstaat wurden von den Oesterreichern geometrisch aufgenommen. Holland hat seit 1850 Generalstabskarten veröffentlicht, Belgien dagegen wurde noch unter österreichischer Herrschaft seit 1777 mit den französischen

[1] Cassini de Thury, Carte géometrique de la France, 1 : 86,400. 1750—1793. 184 Blätter. Für die Fortschritte der Kartographie war diese Karte epochemachend und diente den Arbeiten anderer Länder zum Muster.

[2] Nouvelle Carte de France (Depôt de la guerre) 1 : 80,000. 274 Blätter.

Netzen verbunden und ein neues topographisches Kartenwerk rasch in der Zeit von 1849—54 vollendet. In der Schweiz fingen die Arbeiten 1834 mit der Vermessung einer Grundlinie bei Walperswyl an. Seit 1842 erschien die berühmte Dufour'sche Karte der Schweiz im Maßstabe von 1 : 100,000. Ein neuer topographischer Atlas wird nach dem Bundesbeschlusse von 1868 veröffentlicht, „ein klassisches Werk von innerer und äußerer Vorzüglichkeit".[1] Dänemark begann, veranlaßt durch die Akademie der Wissenschaften in Kopenhagen, seine Vermessungen schon 1766, vollendete sie aber erst 1825. Die neueren Arbeiten stützen sich auf die unter Schumacher 1817 begonnene Triangulation.

Die schwedische Kartographie nahm ihren Aufschwung seit der lappländischen Gradmessung unter Maupertuis 1736, an welcher auch Andreas Celsius theilnahm. Nun folgte 1739 die Gründung der Akademie der Wissenschaften und seit 1749 die Veröffentlichung einer neuen Generalkarte auf Grund neuer astronomischer Bestimmungen; 1756 schritt man zur Triangulation der Scheeren (Skärgård), aber erst am Ende des Jahrhunderts erschien der nautische Atlas von Schweden. Zugleich unternahm der Baron S. G. Hermelin als Privatmann eine Publication der Karten von allen Theilen des Landes von 1796—1818. Inzwischen begann eine neue Epoche der Entwicklung 1805 mit Begründung des Feldmessercorps (seit 1831 Topographisches Corps, und seit 1874 zu einem Generalstabens topografiska afdelning umgestaltet). Seit 1810 erfolgte die Detailaufnahme des Reichs; in den beiden letzten Decennien sind genaue hypsometrische Messungen damit verbunden. Allein die Specialkarten (1 : 100,000) wurden bis 1857 geheim gehalten. Seit 10 Jahren sind diese auf 102 Blatt berechneten Specialkarten veröffentlicht.[2]

In Norwegen wurde 1780 ein Bureau der Landesver-

[1] Registrande des preuß. Generalsstabs, Bd. 4, S. 194.

[2] Notice sur la Suède, p. 41. à l'occasion du congrès d. Sc. géogr. 1875.

messung errichtet; die topographischen Detailaufnahmen begannen 1783. 1779, 1782 und 1784 wurden die ersten Grundlinien auf den Eisflächen des Mjösen, Storsöen, Hämunds-Söen und Jonsvandet gemessen und 1800 die Triangulation bis Drontheim vollendet. Eine neue Triangulation begann 1828, und 1858 erfolgte der Anschluß an die schwedischen Vermessungen. 1862 erschien eine Uebersichtskarte aller von 1779—1862 ausgeführten Vermessungen. Die Originalaufnahmen geschehen im Maßstabe von 1 : 25,000 mit Höhenschichtenlinien von 25 Fuß und im Maßstabe von 1 : 50,000 mit Aequidistanten von 100 Fuß.

In **Rußland** entwickelte sich die Kartographie erst, als seit 1739 die geographische Abtheilung der 1725 gegründeten Akademie der Wissenschaften in Petersburg unter Delisle, Euler, Heinsius und Lomonossow die Arbeiten übernahm. Von der ersten astronomischen Bestimmung einer Position bis zum Stich einer Karte ruhte im 18. Jahrhundert alles in ihrer Hand.[1] So erschien 1745 der erste Atlas von 19 Karten (34 Werst = 1″). Ein neuer Aufschwung erfolgte, als unter Katharina II. eine allgemeine Landesvermessung vorgenommen wurde. 1799 wurde die konstantinowskische Vermessungsschule und später das Vermessungs-Departement gegründet, worauf Kaiser Paul ein kaiserliches Landkartendepot errichtete, welches unter Alexander I. dem Kriegsdepartement untergeordnet wurde und sich später zu der noch existirenden militär-topographischen Abtheilung des Generalstabes entwickelte. Mit dem Jahre 1816 begann eine neue Epoche. General v. Schubert führte die Triangulation ein, die Gradmessungsarbeiten führten Tenner und W. Struve weiter. So erschien auf Grundlage von 272 astronomisch bestimmten Punkten und der ausgedehnten Vermessung von 1826 bis 1840 die große Schubert'sche Specialkarte des westlichen Rußlands im Maßstabe von 1 : 420,000 in 59 Blatt. Bei

[1] E. v. Sydow in Petermann's geogr. Mitthl. 1859. S. 210.

der großen Ausdehnung des Reichs rückten die Arbeiten nur langsam vor, da für die Aufnahme eines einzelnen Departements 8—10 Jahre erforderlich waren. Seit 1844 wurde das System geändert und nach dem neuen Verfahren ein Gouvernement in 3 Jahren aufgenommen. Diese Gouvernementskarten (auf 440 Blatt berechnet) wurden seit 1846 im Maßstabe von 1 : 126,000 veröffentlicht. Seit 1857 wurden durch kaiserliche Verfügung die Karten auch dem Verkauf übergeben. Nachdem 1866 das Topographencorps neu organisirt worden, begann im nächsten Jahre die Herausgabe einer neuen Specialkarte des russischen Reichs (144 Blatt in 1 : 420,000), welche durchweg auf neuen Originalarbeiten fußend, zu den bedeutendsten kartographischen Werken unserer Zeit gehört.

In Spanien wurde erst am 30. December 1856 das Gesetz zur geometrischen Aufnahme des Landes verkündigt, 1860 begann die Triangulation, nach einem Decret von 1870 werden die Blätter der Generalstabskarte (1 : 50,000) edirt, nachdem 1869 ein geographisches Institut begründet und die Leitung desselben dem energischen und tüchtigen General Ibañez übertragen worden war. Die geodätischen Vorarbeiten für eine topographische Karte von Portugal begannen schon 1788 unter Cierra, Caula und Folque. 1794 und 1796 wurden 2 Grundlinien gemessen. Nach Cierra's Tode (1815) übernahm General Pedro Folque bis 1848 die Leitung. Ihm folgte sein Sohn General Philipp Folque, welcher ein neues Triangulationsnetz schuf. Das Dreiecksnetz erster Ordnung wurde 1863 vollendet und mit dem spanischen verbunden. Seit 1856 erschienen die einzelnen Blätter der Carta corografica dos Reinos de Portugal e Algarve im Maßstabe von 1 : 100,000, wodurch die bisherigen Anschauungen gradezu umgestaltet wurden.[1]

Aus älterer Zeit haben für die Entwicklung der Karto-

[1] Um den Fortschritt zu ermessen, vergleiche man das ältere und neuere Bild des Landes nach der Darstellung von C. Vogel in Petermann, Geogr. Mitthl. 1871. Tafel 17.

graphie in Oesterreich die Arbeiten von G. M. Vischer[1]) Interesse, welcher 1669 eine Karte von Oberösterreich in 12 Blättern, 1670 von Unterösterreich in 16 Blättern, und 1678 von Steiermark in 12 Blättern veröffentlichte. Eine regere Thätigkeit von Seiten des Staates zeigte sich erst nach dem 7jährigen Kriege, als auf Antrag des Feldmarschalls Daun, da sich während des Krieges der Mangel an guten Karten sehr fühlbar gemacht hatte, zunächst die Mappirung von Böhmen und Mähren, leider ohne voraufgehende Triangulation, unternommen und bis 1768 vollendet wurde[2]). Darauf folgten die übrigen Provinzen, so daß die Aufnahme der ganzen Monarchie 1787 zu Ende geführt wurde. Allein da man nicht von einer planmäßigen Grundlage ausgegangen war, so gelang es nicht, die einzelnen Aufnahmen zu einem Gesammtbilde zu vereinigen. Daher wurde auf Antrag des Erzherzogs Karl 1806 eine neue Vermessung auf trigonometrischer Grundlage vorgenommen, welche mit manchen durch Kriege und Unruhen veranlaßten Unterbrechungen über ein halbes Jahrhundert in Anspruch nahm und sich über die Grenzen des Staates hinaus nach Italien und der Walachei erstreckte. Die Originalaufnahmen geschahen in dem Maßstabe 1 : 28,800, die Specialkarten wurden in 1 : 144,000 veröffentlicht. In dieser Weise erschienen 1810 Salzburg, 1811—24 Galizien, 1813 Erzherzogthum Oesterreich, 1825—31 Tirol, 1834—43 Illyrien, 1842 Steiermark, 1844 Mähren, seit 1849 Böhmen, seit 1863 Dalmatien und zuletzt

[1] J. Feil, Ueber das Leben und Wirken des Geographen Georg Matthäus Vischer im 2. Bd. der Berichte und Mittheilungen des Alterthumsvereins in Wien, im Auszuge bearbeitet von F. Simony, in den Mittheilungen der geographischen Gesellschaft zu Wien. II. Jahrgang 1858. S. 13—48.

[2] Der damals angenommene Maßstab von 1 : 28,000 wurde bei allen Aufnahmen bis 1867 beibehalten. J. Roskievicz, Zur Geschichte der Kartographie in Oesterreich, in den Mittheilungen der geographischen Gesellschaft in Wien. Bd. 16, S. 250. Vgl. über die ältere Geschichte auch J. M. v. Liechtenstern, Vorschriften zu dem praktischen Verfahren bei der trigonometrischen Aufnahme eines großen Landes. Dresden 1821. S. 1—12.

Ungarn. Um die Ausbildung der Terraindarstellung erwarb sich besonders Feldmarschall von Hauslab große Verdienste. 1841 wurde das militär-geographische Institut, 1849 die geologische Reichsanstalt, 1851 ein eigenes Ingenieur-Geographencorps gebildet. Unter der Leitung des Obersten von Fligely, seit 1853 Director des militär-geographischen Instituts, und unter von Streffleur, Vorstand des Triangulirungs-Bureaus, entwickelte sich das Kartenwesen in mustergültiger Weise. Ein neuer Impuls wurde 1862 durch den Beitritt Oesterreichs zu den Arbeiten der mitteleuropäischen Gradmessung gegeben; seit 1869 hat eine neue Aufnahme des Reichs begonnen, wobei auf den Originalarbeiten Aequidistanten (auf Grund von 400 Höhenbestimmungen für 1 Quadratmeile) ausgezogen werden.

Bayern, welches im 16. Jahrhundert durch Philipp Bienewitz von allen Räumen der Erde am getreuesten dargestellt worden war, ließ auf Antrag der münchner Akademie eine Dreieckskette von Cassini de Thury durch Schwaben über Augsburg bis nach Passau ziehen, zwischen München und Dachau eine Bestätigungslinie messen und übertrug die Ausbreitung der Dreiecke einem von Carl Ritter mit Recht gepriesenen Geographen, dem Stabsobersten v. Riedl. Im Jahre 1800 vereinigten sich bayerische und französische Officiere zu einer neuen Vermessung, die auf eine Grundlinie zwischen München und Erding sich stützte, und von 1812—1868 erschienen die 112 Blätter der neuen Karte im Maßstab von 1 : 50,000. In Baden wurden die Arbeiten mit der Vermessung einer Grundlinie zwischen Speier und Oggersheim 1819 eröffnet. Auf die genaue Triangulation, welche bis 1827 vollendet wurde, folgte die Detailaufnahme 1 : 25,000. Eine zweite Triangulation erfolgte von 1825—46. Seit 1833 wurden geometrische Nivellements eingeführt. Die Ausgabe des topographischen Atlas (56 Blätter im Maßstab 1 : 50,000) erfolgte von 1838—1849 mit genauer Terrainzeichnung, aber ohne Höhencurven. Eine schöne Uebersichtskarte, veröffentlicht von der topographischen Abtheilung des

Generalstabs, erschien 1869 im Maßstabe 1 : 400,000. Württemberg folgte 1820 durch Vermessung einer Grundlinie bei Ludwigsburg. Die darauf folgende Triangulation wurde 1836 beendigt und nun die Herstellung eines trigonometrischen Höhennetzes angeordnet. Der topographische Atlas (1 : 50,000 nach Lehmann'scher Manier) war der erste, welcher die Flurgrenzen enthielt.[1] Im Großherzogthum Hessen unternahm Eckhardt 1804—1808 die erste astronomisch-trigonometrische Orientirung, aber leider mit unzulänglichen Mitteln. Später maß derselbe eine Basis und führte, darauf gestützt, eine vollständige Triangulation durch, welche sich an die französischen und bayerischen Arbeiten anschloß. Bereits 1828 erschien dann seine Karte vom Großherzogthum Hessen und dem Herzogthum Nassau (8 Blätter, Maßstab 1:200,000). Ihm folgte die Detailaufnahme des Generalstabs, welcher von 1832—1850 eine topographische Specialkarte (31 Blätter im Maßstabe von 1 : 50,000) veröffentlichte. In Bezug auf Kurhessen verdient es hervorgehoben zu werden, daß kurz nach dem Erscheinen der ältesten Karte des Landes von Joh. Eichmann, Professor in Marburg, im Jahre 1579, unter Landgraf Wilhelm IV. Arnold und Johann Mercator (Sohn und Enkel Gerhard Mercator's) in den Jahren 1580—1590 eine neue Karte entwarfen auf Grund einer vorgenommenen Landesaufnahme.[2] Selbst der Atlas von Oberst Schleenstein (1704—8 in 20 Blättern) fußt noch darauf. Nachdem in den Jahren 1817—20 von Preußen eine Dreieckskette durch Hessen geführt war, kam, im Anschluß an die Gauß'schen Messungen, von 1821—53 eine neue Triangulation und Detailaufnahme zu Stande. Die Ausgabe der Generalstabskarte (40 Blätter im Maßstab 1:50,000) erschien seit 1848.

[1] Nach E. v. Sydow's Urtheil (Petermann, Geogr. Mitthl. 1857, S. 77) gehört dieser Atlas von Württemberg zu den ausgezeichnetsten Werken seiner Art, in welchem eines der instructivesten Terrains in Deutschland zur klarsten Ansicht gebracht ist.

[2] J. Lelewell, Géographie du moyen-âge. Bruxelles 1852. tom. II, p. 188.

In Preußen begünstigte Friedrich Wilhelm II. die Kartographie. F. B. Engelhardt und v. Textor nahmen 1796 bis 1802 die Provinz Preußen auf. Von 1801—1813 wurde westlich vom Rhein durch den französischen Obersten Tranchot ein vorzügliches Triangulationsnetz entworfen, 1810—1812 von Textor und Olsfeld jun. in der Mark. Allein es fehlte der Zusammenhang. Eine neue Entwicklung begann mit dem Jahre 1816, als der Generalstab die Arbeiten übernahm und bis zum Ende der zwanziger Jahre vollendete. Von Müffling führte durch Hessen, Thüringen und Brandenburg bis nach Schlesien eine Dreieckskette, welche die französische, dänische, bayerische und österreichische Triangulation verband, General Krauseneck setzte die Kette bis ans frische Haff fort. Aber auch hier zeigte sich noch eine ungleiche Behandlung in der Aufnahme, die lithographische Ausführung der Karten war unzulänglich. Daher wurde eine neue Vermessung unter General Baeyer vorgenommen, von welchem 1861 die erste Anregung zu einer mitteleuropäischen Gradmessung ausging.[1] Drei neue Grundlinien wurden 1846 bei Berlin, 1847 bei Bonn, 1854 bei Strehlen in Schlesien gemessen. Bereits seit 1852 wurde das Terrain in aequidistanten Niveaucurven, welche trigonometrisch ermittelt wurden, dargestellt. Nach der Errichtung des Bureau der Landestriangulation, 1865, welches aus einer Abtheilung des Generalstabes hervorging, nahm man 1867 das System der geometrischen Nivellements an. Nach und nach wurde dann eine topographische Karte des ganzen Staates im Maßstab 1 : 100,000 veröffentlicht.

In Sachsen[2] erfolgte die erste topographische Landesvermessung von 1780 bis 1811 und von 1821—1825 und zwar veranlaßt durch die Bedeutung, welche die Pässe der sächsisch-böhmischen Grenzgebiete bei Ausbruch des bayerischen Erbfolge-

[1] Siehe oben S. 665.

[2] A. Nagel, Die Vermessungen im Königreich Sachsen. Dresden 1876.

krieges erhielten. Die militärische Aufnahme sollte indeß zugleich cameralistischen Zwecken dienen. Die Leitung übernahm der Generalmajor Aster als Chef des Ingenieurcorps, ihm folgte Major Oberreit. Die Terrainzeichnung wurde durch Schraffur ausgedrückt, aus der sich nach und nach das System der s. g. sächsischen Schule entwickelte, welches später unter einigen Modificationen durch Major Lehman (gest. 1811), der jedoch von den Arbeiten der Landesaufnahme nie Einsicht erlangt haben soll, seine theoretische Begründung erhielt[1]. In 10 Jahren war die Aufnahme des Gebirgsdistrikts vollendet und nun wurde beschlossen, die Vermessung über das ganze Land auszudehnen. Bis zum Beginn des zweiten Decenniums wurden die Specialaufnahmen aus Politik geheimgehalten. Noch im Jahre 1791 wurde jede Privataufnahme durch kurfürstliches Mandat untersagt. Daher sind die vorzüglichen topographischen Leistungen der sächsischen Ingenieurofficiere lange unbekannt geblieben.

Im Jahre 1819 begann Oberreit auf Befehl des Königs Friedrich August die Bearbeitung seines berühmten Atlas von Sachsen, welcher von 1836—1866 erschien[2]. Von 1863—1873 folgte die topographische Karte von Sachsen (im Maßstab von 1 : 100,000), welche sich in Hinsicht auf Größe und Orientirung der Blätter vollständig an die preußische Generalstabskarte anschließt, aber dieselbe in der Ausführung übertrifft[3].

[1] Nagel, a. a. O. S. 10.

[2] Der französische Nationalökonom Blanqui sagt in seinen Briefen über die Industrieausstellung in London 1852 darüber: Sachsen hat Karten von so bewundernswerther Vollendung eingesandt, daß sie hinsichtlich des Stiches alles weit hinter sich lassen, was Frankreich, England und der in Europa mit so vielem Recht berühmte österreichische Generalstab je ausgezeichnetes in dieser Art geliefert haben." E. v. Sydow nennt sie „wahre Kunstblätter". (Petermann, Geogr. Mitthl. 1857, S. 68.)

[3] E. v. Sydow (Petermann, Geogr. Mitthl. 1863, S. 476) zählt sie zu den besten topographischen Karten der Gegenwart. Die Lehmann'sche Manier erscheint hier modificirt. Während die Oberreit'sche Karte die volle Schwärze der Schraffen schon bei 45° Neigung eintreten läßt, treffen wir dieselbe hier bei 60°.

Im Jahre 1861 trat Sachsen der mitteleuropäischen Gradmessung bei; in Folge dessen wurde 1872 bei Großenhain eine neue Basis gemessen. Gegenwärtig besitzt Sachsen das ausgedehnteste Höhennetz in Deutschland.[1]

Hannover schloß sich unter der Leitung des unvergeßlichen Gauß mit dem Erdbogen zwischen Göttingen und Altona[2] an die holsteinischen Netze an. Die damit verbundene Landesaufnahme währte von 1829—44, worauf noch weitere Detailaufnahmen folgten. Auf Grundlage der Triangulation erschien von 1832—47 A. Papen's topographischer Atlas des Königreichs Hannover und Herzogthums Braunschweig (67 Blätter im Maßstab 1:100,000). Oldenburg bildete lange Zeit eine empfindliche Lücke in der Kartographie Norddeutschlands. Die erste allgemeine Landesvermessung wurde erst 1835—1850 ausgeführt. Auf Grund derselben erschien dann 1856 von Schrenk's Karte vom Großherzogthum Oldenburg im Maßstabe von 1:200,000.

Die ersten Aufnahmen in Mecklenburg besorgte von Schmettau im Anschluß an seine Vermessungen in Preußen.[3] Eine neue trigonometrische Triangulation ist von 1853—1859 durchgeführt.

Unter den kleinen deutschen Staaten verdient endlich Schwarzburg-Sondershausen ganz besonders hervorgehoben zu werden. Das trigonometrische Netz wurde von General Baeyer 1852—1858 auf das sorgfältigste ausgeführt. „Der wissenschaftlichen Basirung und inneren Einrichtung nach gehört diese Vermessung zu den vollkommensten unserer Zeit."[4]

Ein Rückblick auf den Gang der kartographischen Aufnahmen zeigt nun in allen größeren Staaten ziemlich dieselbe

[1] Nagel, a. a. O. S. 80.

[2] Siehe oben S. 663.

[3] Siehe oben S. 674. Die Karte erschien 1788 in Berlin in 16 Bl. und im Maßstab 1:50,000.

[4] E. v. Sydow in Petermann, Geogr. Mitthl. 1859, S. 239. A. Nagel, a a. O. S. 100.

Entwicklung. Aus der Hand einzelner Männer, welche sich aus besonderem Interesse der mühevollen Arbeit, aber meist mit ungenügenden Kräften und Mitteln unterziehen, geht am Ende des 17. und am Anfange des 18. Jahrhunderts die Leitung an die Akademien der Wissenschaften über, bis dann nach dem 7jährigen Kriege das rein militärische Interesse sich in den Vorgrund drängt. Wir treten ein in die Epoche der Generalstabskarten. Der Fortschritt ist ein sehr bedeutender, hat aber in den ersten Jahrzehnten aus militär-politischen Gründen mehrfach eine Hemmung oder Verzögerung erfahren in Folge der nothwendig erschienenen Geheimhaltung der Aufnahmen und des Verbots einer Veröffentlichung der Karten.[1] Die ungemeine Wichtigkeit aber, welche eine genaue Specialkarte für alle Zweige der Staatsverwaltung und Staatswirthschaft besitzt, führt nothwendigerweise zu der Erkenntniß, daß Landesaufnahmen, wie bereits gegenwärtig in England geschehen ist,[2] zu dem Ressort des Ministeriums der öffentlichen Arbeiten gehören.

Die geometrischen Höhenmessungen.

Wenn man eine Grundlinie mißt, die senkrecht gegen einen Gipfel gerichtet ist und an ihren beiden Endpunkten den Höhenwinkel des Berges bestimmt, so erhält man ein Dreieck von bekannten Winkeln und Seiten, aus dem sich die Höhe des Gipfels durch Rechnung ableiten läßt. Gewöhnlich mißt man aber die Grundlinie nicht senkrecht gegen den Berg, sondern mehr oder weniger quer, in welchem Falle man nicht bloß die Höhenwinkel, sondern auch die Horizontalwinkel des Dreiecks

[1] Wie weit die Verirrung nach dieser Richtung gehen konnte, lehrt ein Beispiel, welches E. v. Sydow (Petermann, Geogr. Mitthl. 1857, S. 22) anführt, wonach die 1769 und 1771 erschienene Karte des Königreichs Neapel von Rizzi Zannoni aus diplomatisch-strategischen Gründen in den Grenzgebirgen absichtlich falsch entworfen worden sein soll.

[2] Siehe oben S. 676.

bestimmen muß, dessen Spitze auf dem Gipfel ruht. Beide Messungen führen zu Höhenwerthen, die sich auf die Grundlinie beziehen und nur wenn die Erhebung der letzteren über dem Meeresspiegel bekannt ist, läßt sich auch die absolute Höhe des Berges berechnen. In Ländern, deren Eisenbahnnetz irgendwo die See erreicht, sind die Erhebungen aller Stücke der Bahnen über dem Meere bekannt, so daß sich von jeder Bahn aus leicht alle sichtbaren Höhen bestimmen lassen. Das Gleiche gilt von jedem gemessenen Erdbogen und von jedem topographischen Netze, wenn es irgendwo die See berührt. Betrachtet man die Höhenmessungen des Alterthums und des Jesuiten Blancanus im 17 Jahrhundert[1] als Uebungen, was sie auch waren, so finden wir ziemlich unerwartet, daß nicht früher als in der Zeit von 1700 bis 1701, nachdem unter Dominique Cassini die französische Erdbogenmessung das Mittelmeer erreicht hatte, die ersten Gipfelhöhen gemessen worden sind.[2] Doch blieb anfangs die Schärfe dieser Bestimmungen noch auffallend mangelhaft, weil die wahren Höhenwinkel, durch die Strahlenbrechung vergrößert, sich noch unvollkommen berechnen ließen. So wurde der Pic von Teyde auf Teneriffa, der als lehrreiches Beispiel dienen kann, vom Franciskaner Feuillée 1724 zum erstenmal gemessen, indem er eine kleine Grundlinie senkrecht gegen den Gipfel zog und aus ihr eine Höhe des Berges von 2213 Toisen ableitete.[3] Nach ihm versuchte ein englischer Arzt, Dr. Heberden, 1752 eine trigonometrische Bestimmung, die zu 2408 Toisen führte und Feuillée's Fehler noch steigerte. Als die französischen Astronomen Borda und Pingré 1771 auf

[1] Siehe oben S. 64, 426, not. 5.

[2] Livre de la Grandeur de la Terre (Suite de Mémoires de l'Académie des Sciences, Paris 1720), p. 113—124. Darunter der Puy de Dôme 817 Toisen (jetzt 752 Toisen), der Canigou 1441 Toisen (jetzt 1429 Toisen).

[3] Histoire et Mémoires de l'Académie des Sciences, Année 1746. Paris 1751. p. 140.

Teneriffa beobachteten, verknüpften sie zwei entfernt liegende Grundlinien zu einer großen Basis, von deren Endpunkten sie eine mittlere Höhe des Pics von 1904 Toisen (11,424 pieds) erhielten.[1] Besäßen wir kein anderes Verfahren für Höhenmessungen, so würde sich unser Wissen von den Unebenheiten der Erdoberfläche nur spät und langsam haben vermehren lassen. Glücklicherweise lernte man sich eines Werkzeuges bedienen, welches rasch und bequem die Dienste der Dreieckmessungen vertrat.

Barometrische Höhenmessungen.

Das Verdienst, erkannt zu haben, daß die Luft eine eigene Schwere besitze, gebührt Joh. Kepler,[2] aber Torricelli hat es zuerst bewiesen. Im Jahre 1643 füllte derselbe eine am Ende verschlossene Glasröhre mit Quecksilber, drückte die Oeffnung mit dem Daumen zu, kehrte die Röhre um und senkte sie in eine Schale mit Quecksilber. Als er den Finger zurückzog, entleerte sich das Quecksilber nicht vollständig, sondern blieb in der Röhre bis zu einer gewissen Höhe stehen. Wir wissen jetzt, daß der Druck der Luft es ist, welcher das Quecksilber schwebend erhält und daß das Gewicht des schwebenden Quecksilbers in der Barometerröhre dem Gewichte einer Luftsäule von

[1] Anfangs hatten sie 1742 $^1/_2$ Toisen gefunden, aber Borda verbesserte noch rechtzeitig den Fehler. Verdun, Borda et Pingré, Voyage fait par ordre du Roi. Paris 1785. tom. I, p. 117, 378. Nach A. v. Humboldt, Voyages aux régions équinox., Paris 1814, tom. I, p. 284, beschränkt sich der mögliche Fehler dieser Messung auf 6 Toisen oder $^1/_{317}$ der ganzen Höhe.

[2] Schon in seinem Werke Ad Vitellionem paralipomena vom Jahre 1604 spricht er sich dahin aus, daß wenn er auch alle Physiker gegen sich aufbrächte, er doch die Ansicht verfechten müsse, daß die Luft eine gewisse Schwere habe. Non ignoro, ne credas, me physicorum reprehensionem incursurum, qui aërem et hic et antea gravem seu ponderosum esse statuam. At me sic docuit totius naturae contemplatio. Joan. Kepleri opera omnia ed. Ch. Frisch, vol. II, pars I. Francof. et Erlangae 1858. p. 207.

gleichem Durchmesser entspricht.[1] Zu Torricelli's Zeiten erklärten aber die Anhänger des Alten das Schweben des Quecksilbers in dem Barometer mit dem Aristotelischen Abscheu der Natur vor dem Leeren. Um zu beweisen, daß es die Luft sei, welche den Gegendruck auf die Quecksilbersäule ausübe, forderte Blaise Pascal im Jahre 1647 seinen Schwager Perier auf, die Quecksilberhöhen in der Stadt Clermont und auf dem nahen Gipfel des Puy de Dôme[2] zu vergleichen, indem er richtig vermuthete, daß der Luftdruck und mit ihm der Barometerstand abnehmen müsse, wenn man sich senkrecht erhebe. Am 19. September 1648 bestieg Perier den Berg und sah, während gleichzeitig in der Stadt der Stand der Quecksilbersäule beobachtet wurde, diese um 3 Zoll 1 Linie $^1/_2$ (pouces, lignes) allmählich bei der Besteigung des Berges sinken.[3] Gleichzeitige Beobachtungen wurden in den Jahren 1649, 1650 und 1651 zu Clermont, Stockholm (durch Descartes) und Paris angestellt.[4] Bereits 1658 erschien Pascal's berühmte Abhandlung, welche über eine Menge Versuche berichtete und die noch jetzt gültigen Grundsätze über die Schwere der Luft und selbst über die jahreszeitlichen Schwankungen des Luftdrucks enthält. In gleicher Absicht wurde von dem Schotten George Sinclair 1661, 1665 und 1666 das Barometer auf hohe Berggipfel und in Kohlengruben getragen und das erwartete Fallen und Steigen der Quecksilbersäule wahrgenommen.[5] J. J. Scheuchzer

[1] Ueber Galilei's und Descartes' Verdienste um eine frühere Lehre vom Luftdruck siehe Whewell, Geschichte der inductiven Wissenschaften. Stuttgart 1840. Bd. 2, S. 73. Da oben nur eine populäre Verständigung beabsichtigt wird, so hat man, um unvorbereitete Leser nicht zu verwirren, angenommen, daß Druck und Gewicht des Luftkreises dasselbe sind.

[2] Am 22. August 1876 ist daselbst das neue meteorol. Observatorium eingeweiht. (Nature, vol. XIV, p. 509.)

[3] Pascal, Traité de l'Équilibre des Liqueurs. Paris 1698. p. 172 à 184.

[4] Nature, vol. XIV, p. 509.

[5] Georgii Sinclari, Ars nova et magna gravitatis. lib. II, Dial. I.

wagte es zuerst von 1705—1707, die Höhe von Orten aus dem Stande des Barometers abzuleiten. Er verglich bei seinen Alpenwanderungen die Quecksilberhöhe auf Gipfeln und Pässen, während gleichzeitig in Zürich der Gang des Barometers beobachtet wurde, und er nahm dabei an, daß ein Sinken des Barometers um 1 Linie einer Erhebung von 80 Fuß entspreche, oder mit andern Worten, er betrachtete die Höhe der Berge als das 11520fache des Höhenunterschiedes zwischen der unteren und oberen Quecksilbersäule.[1]

Diese Berechnung wäre richtig gewesen, wenn die Luft allenthalben gleiche Dichtigkeit besäße. Aber schon Pascal hatte gelehrt, daß wenn man einen halb aufgeblasenen Ballon auf hohe Berge trage, die eingeschlossene Luft ihn, je mehr man sich erhebe, desto straffer ausspannen werde.[2] Doch wurde erst von Mariotte das Gesetz ausgesprochen, daß die Luft mit der Zunahme ihres eigenen Druckes sich verdichte, mit der Abnahme sich auflockere, oder mit andern Worten, daß sich ihre Dichtigkeit verhalte wie der Druck. Gesetzt, wir müßten uns 1000 Fuß erheben, damit das Quecksilber von 28 Zoll auf 27 Zoll falle, so werden wir, wenn wir es von 14 auf 13 Zoll sinken sehen wollen, volle 2000 Fuß steigen müssen, denn die Luft, welche einen Druck erleidet, der einer Schicht von 28 Zoll Quecksilber entsprechen würde, wird auf die Hälfte des Raumes zusammengedrückt, wie die Luft, welche nur die halbe Last zu tragen hat.[3] Daraus folgt, daß wenn die Barometer-

Rotterdami 1769. p. 128—139. Er wollte gefunden haben, daß jeder Höhenunterschied von 1184 Fuß (feet) den Barometerstand um 1 Zoll (inch) verändere.

[1] J. J. Scheuchzer, Itinera Alpina. Londini 1708. Iter sec. p. 7.

[2] Pascal, Traité de l'Équilibre des Liqueurs. chap. I. Paris 1698. p. 55.

[3] Mariotte, Discours de la nature de l'air. Oeuvres. La Haye 1740. p. 174—176. Seine Formel ist sehr einfach. Von 28" bis 27" 11"' Quecksilberhöhe erhält man eine senkrechte Erhöhung von 63 pieds, von

stände arithmetisch abnehmen, die senkrechten Erhebungen geometrisch wachsen müssen, die senkrechten Höhen daher aus den logarithmischen Unterschieden der Barometerstände berechnet werden können. Nachdem Edmund Halley 1686 gefunden hatte, daß der Merkur 13½ mal schwerer sei als Wasser, das Wasser 800 mal schwerer als Luft, Merkur also 10800 mal dichter sei als die letztere, konnte er aussprechen, daß man sich vom Meere aus 10800 Zoll (900 Fuß) erheben müsse, um das Barometer um den ersten Zoll sinken zu sehen,[1] und wirklich erhält man bei gewissen Lufttemperaturen gute Angaben mit Hilfe der Formel, die Halley gefunden zu haben glaubte. In England hatte J. Caswell von Oxford um die nämliche Zeit den Snowdon geometrisch und barometrisch gemessen, in der Schweiz 1709 J. J. Scheuchzer und sein Bruder in der Taminaschlucht und am züricher Dom Höhen mit dem Senkblei bestimmt und zugleich die untern mit den obern Barometerständen verglichen, in Frankreich Cassini eine neue, aber falsche Formel vorgeschlagen.[2] Zur Zeit der peruanischen Erdmessung untersuchte

27'' 11''' bis 27'' 10''' eine Höhe von $63 + \frac{63}{168}$ pieds, von 27'' 10''' bis 27'' 9''' von $63 + \frac{2 \times 63}{168}$ pieds u. s. f.

[1] Halley in Philosophical Transactions, Nr. 181, London 1686 März, p. 104—116. Er berechnete darnach Barometertafeln nach Zollen Quecksilber von 30 bis 10 (inches) und Höhen in Fußen (feet). Halley's Formel, auf Toisen und Linien berechnet, ist folgendermaßen ausgedrückt worden: $9719 . \log \frac{h}{H}$. h ist der untere, H der obere Barometerstand. B. de Lindenau, Tables barométriques. Gotha 1809. p. XXI.

[2] Caswell hatte geometrisch den Snowdon 3488 pieds, den Unterschied der Quecksilbersäule am Fuß und auf dem Gipfel 4 pouces gefunden. Die Brüder Scheuchzer maßen 1709 beim Bade Pfäffers eine senkrechte Felsenwand von 714 Fuß (pieds) Höhe bei einem barometrischen Unterschied von 10 Linien. An der züricher Domkirche aber erhielten sie bei 241 Fuß 4 Zoll senkrechtem Höhenabstand 3½ Linien Unterschied in den Quecksilberabständen. J. J. Scheuchzer, The barometrical method of measuring the Height of mountains. Philosophical Transactions, Nr. 405—406,

Bouguer zu verschiedenen Malen die barometrischen und trigonometrischen Höhen und entdeckte eine neue, äußerst einfache Formel.[1] Leider mußte er aber selbst hinzusetzen, daß sie nur richtige Ergebnisse bei beträchtlichen Höhen wie in den Anden gewähre. Wenige Jahre vorher hatte Cassini de Thury die Schwankungen des Barometers in Folge von Wärme, Nebel, Regen und Wind für so unberechenbar erklärt, daß man nie aus dem Quecksilbermaße die Bergeshöhen werde ableiten können.[2] So aussichtslos stand es um die barometrischen Messungen, als der Schweizer Jean André de Luc 1757 seine Untersuchungen begann, um 1772 die erste allgemein giltige Barometerformel verfassen zu können.[3]

1728, vol. XXV, p. 537, 577. Scheuchzer soll sich nach Baron Lindenau (Tables barométriques, Gotha 1809, p. XXIII) der Formel bedient haben: $8430 \,.\, \log \frac{h}{H}$. h ist die untere, H die obere Höhe des Quecksilbers, ausgedrückt in pariser Linien; und das Resultat gibt Höhen in Toisen.

B. Studer, Geschichte der Geographie der Schweiz, S. 296, stellt folgende Vergleiche der Messungen an:

Höhe der Pässe	nach J. J. Scheuchzer	wahre Höhe
des Gotthard . . .	5255 Fuß	6443 Fuß
der Furca	5841 „	7499 „
„ Gemmi . . .	6012 „	7087 „

Cassini nahm an, daß vom Meere angefangen die senkrechten Höhen wachsen beim Sinken des Barometers um 1 Linie auf 60 Fuß, um 2 Linien auf 60' + 61', bei 3 Linien auf 60' + 61' + 62' u. s. f. Ulloa, Voyage historique. tom. II, p. 110. Seine Barometertafeln in Hist. et Mémoires de l'Académie des Sciences. Année 1705. p. 72—74.

[1] Nämlich $9667 \,.\, \log \frac{h}{H}$. Mit andern Worten, man zog den Logarithmus des Barometerstandes auf der Höhe, ausgedrückt in Linien, von dem Logarithmus des untern Barometerstandes ab, multiplicirte den Rest mit 10,000 und subtrahirte 1/30 des Produktes, so erhielt man die Höhe in Toisen. Bouguer, Voyage au Pérou (Figure de la Terre). Paris 1747. p. XXIX.

[2] Cassini de Thury, Réflexions sur les observations du baromètre. Histoire et Mémoire de l'Académie des Sciences, Année 1740. Paris 1742. p. 94.

[3] Auch hat de Luc zuerst 1770 auf seiner Reise nach dem Mont-Buet

Hängt man zwei Barometer in gleicher senkrechter Höhe, das eine in der Sonne, das andere im Schatten auf, so wird das besonnte etwas höher stehen, weil sein Quecksilber stärker erwärmt wird und sich daher ausdehnt. Will man also aus zwei Barometerständen absondern, was eine Wirkung des Luftdruckes und was eine Wirkung der Quecksilbererwärmung ist, so muß man durch Rechnung zuerst ermitteln, wie hoch die Barometer gestanden, wenn ihr Quecksilber eine gleiche Temperatur besessen hätte. Dies war die erste Verschärfung, die de Luc einführte.[1] Da aber die Ausdehnung der Quecksilbersäule für 1° R. nur etwa 1/4400 beträgt, so würde man selbst dann noch annähernd richtige Höhen durch das Barometer erhalten haben, wenn man die Verschiedenheiten der Quecksilberwärme vernachlässigt hätte.

Die Wärme dehnt aber auch die Luftschichten aus und zwar viel kräftiger als das Quecksilber. Wenn wir vom Meere aufsteigen, um das Quecksilber um einen Zoll fallen zu sehen, und wir dazu etwa 940 Fuß bedürfen, so oft das Thermometer auf der mittleren Höhe auf dem Gefrierpunkt steht, so werden wir, wenn wir den Versuch bei 12° R. wiederholen, mehr als 50 Fuß höher steigen müssen. Daraus ergibt sich die Nothwendigkeit, bei einer Bergmessung auch die Luftwärme an der untern und obern Staffel in Rechnung zu ziehen. J. A. de Luc verglich daher mit Hilfe seines Bruders 1759 am Salève bei Genf auf 15 Standorten, deren Höhe er geometrisch gemessen hatte, den Gang der Thermometer und Barometer, um die Wirkungen der Luftwärme auf die senkrechte Vertheilung des

nachgewiesen, daß mit der Erhebung im Gebirge der Siedepunkt niedriger werde. (E. E. Schmid, Meteorologie. S. 832.)

[1] J. A. de Luc nahm 10° R. als neutrale Quecksilbertemperatur an und zog für jeden Grad R. über diese Temperatur 3/40 Linie ab oder fügte für jeden Grad unter dieser Temperatur 3/40 Linie zu dem Barometerstande hinzu. Recherches sur les modifications de l'Atmosphère, §. 628. Genève 1772. tom. II, p. 109.

Luftdruckes zu ermitteln. Als er seine Beobachtungen vollendet hatte, war das Barometer ein brauchbares Meßwerkzeug, wenn auch die einzelnen Glieder seiner Formel noch einiger Verschärfung bedurften.[1]

Während Humboldt noch in der neuen Welt verweilte, wiederholte Ramond 1802 und 1803 an vier günstig gelegenen Bergen der Pyrenäen die Versuche de Luc's und bestimmte fast endgiltig die Ziffer (Constante), mit welcher der logarithmische Unterschied der Barometerstände in metrisches Maß übersetzt werden muß, eine Größe, die bald nachher durch Biot und Arago's Bestimmungen der Dichtigkeit des Quecksilbers bestätigt wurde.[2] Man würde durch sie zu völlig scharfen Ergebnissen geleitet werden, wenn nicht die Zugkraft der Erde, sowohl wenn man vom Meere aufwärts, als wenn man von den abgeplatteten Polen nach dem angeschwollenen Aequator sich begibt, ein wenig abnehmen würde. Die Wirkung dieser Unter-

[1] J. A. de Luc, Recherches sur les modifications de l'Atmosphère. §. 606—634. Genève 1772. tom. II, p. 99—137. de Luc's Formel ist höchst einfach. Nachdem man die Barometerhöhe von der Wirkung der Quecksilberwärme gereinigt hat (siehe oben S. 693 Not. 1), sucht man die Differenz der Logarithmen der Barometerstände, ausgedrückt in pariser Linien, die mit 10,000 multiplicirt die Höhe in Toisen angibt, so oft die halbe Summe der obern und untern Luftwärme 16° 3/4 R. beträgt. Für je 1° R. über diese Temperatur muß man 1/215 zu der gefundenen Höhe hinzufügen, für je 1° R. unter dieser Temperatur 1/215 abziehen.

[2] L. Ramond, Mémoires sur la Formule barométrique. Paris 1811. p. 23. Ramond fand zuerst 18 393 Mètres als Constante, die er dann für 45° n. Br. und, auf die Meeresfläche reducirt, auf 18,336 Mètres verminderte, wie sie noch im Annuaire du bureau des longitudes 1865 angewendet wird. E. E. Schmid, Meteorologie. S. 929. Biot und Arago hatten 1806 die Dichtigkeit des Quecksilbers bei 0° Wärme und 700 mm. Druck 10,463mal größer gefunden als die der Luft. Regnault dagegen bestimmte die Dichtigkeit völlig trockener Luft bei 765 mm. Barometerdruck und 0° Wärme unter 45° n. Br. auf $\frac{1}{10517,33}$ des Quecksilbers. Dies gibt eine Constante für trockene Luft von 18,405 Mètres. Bauernfeind, Genauigkeit barometrischer Höhenmessung. München 1862. S. 30.

schiede, welche selbst unter dem Aequator bei Höhen von 12,000 Fuß die barometrische Rechnung nur um 30 Fuß verändert, lehrte Laplace zu berechnen, und als er 1805 seine berühmte Formel, gegründet auf den Ramond'schen Coefficienten, erschuf,[1] da blieb nichts mehr übrig, als die weitläufige Berechnung durch Tafeln zu verkürzen, unter denen die von Jabbo Oltmanns (1783 — 1833) lange noch in Frankreich beliebt geblieben und geschichtlich merkwürdig sind, weil A. v. Humboldt von ihrem Verfasser seine Höhenbestimmungen berechnen ließ. Dagegen zeichnet sich durch mathematische Eleganz die Formel aus, die Gauß 1818 schuf und die, streng auf die Laplace'schen Werthe gegründet, uns durch logarithmischen Zauber auf die bequemste Art zu sehr genauen Ergebnissen führt.[2]

Wenn die Luft überall und jederzeit ganz trocken wäre, so würde die barometrische Höhenberechnung mit der Laplace'schen Formel abgeschlossen gewesen sein. In der Luft schwebt jedoch

[1] Mécanique céleste, 2de p., livre X., chap. 4, §. 14. Paris 1805. tom. IV, p. 290.

[2] Die mathematischen Tugenden einer Barometerformel lassen sich erst durch Vergleich vieler Beobachtungen geringerer und größerer Höhen entdecken, um jedoch eine annähernde Vorstellung von der Verrichtung der verschiedenen Formeln zu bieten, wollen wir hier ein historisch anziehendes Beispiel hinzufügen. Am 3. August 1787 Mittags 12 Uhr sah Herr v. Saussure auf der Spitze des Montblanc das Quecksilber im Barometer auf 16″ 0‴,22 (= 192,22 lignes), das Thermometer zeigte am Barometer 1°,2 R., beschattet im Freien aber — 2°,3. Gleichzeitig beobachtete der berühmte Botaniker Senebier auf der genfer Sternwarte, die 78 Fuß (pieds) über dem Spiegel des Genfersees liegt, eine Barometerhöhe von 27″ 3‴,12 (327,12 lignes), eine Quecksilberwärme von 19°,2 R. und eine Luftwärme von 22°,6 R. (Saussure, Voyages dans les Alpes. tom. VII, p. 304.) Der Spiegel des Genfersees, im Jahre 1757 durch ein barometrisches Nivellement von de Luc (Recherches sur les modifications de l'Atmosphère, tom. II, p. 154) auf 1126 Fuß (pieds) über dem Meere bestimmt, liegt nach den neueren Angaben etwas höher (1148 pieds). Das Mittel aller neuen trigonometrischen Messungen des Montblanc lautet 14,810 Fuß, also 13,662 Fuß über dem Spiegel des Genfersees, oder 13,584 Fuß über Senebier's Beobachtungsort. Wir finden aber:

beständig durchsichtiger Wasserdampf, der den Druck auf das Quecksilber steigern hilft. Die Wirkung ist meistens gering, denn sie schwankt bei uns je nach den Jahreszeiten von weniger als zwei bis auf mehr als fünf Linien im Mittel. Von Laplace bis auf Gauß wurde eine Absonderung dieses geringen Werthes vernachlässigt oder vielmehr durch eine Erhöhung der Temperaturcorrection zu beseitigen gesucht. Erst der große Astronom Bessel befreite die Barometerstände von der Wirkung der Feuchtigkeit der Luft.[1] Eine weitere Verschärfung, namentlich was die Abhängigkeit des Luftdruckes von der Tages- und Jahreszeit betrifft, hat Rühlmann gegeben, gestützt auf seine Beobachtungen

die Höhe des Montblanc über der genfer Sternwarte,

ohne Temperaturcorrection	pieds	Unterschied mit der wahren Höhe
nach Mariotte's Formel	8,524	5060 zu wenig
„ Halley's „	13,466	116 „ „
„ Scheuchzer's „	11,080	2504 „ „
„ Bouguer's „	13,395	189 „ „
mit Temperaturcorrection		
nach de Luc's Formel	13,333	251 „ „
bei Anwendung von Laplace's Formel mit der Ramond'schen Constante,		
	pied.	Unterschied mit der wahren Höhe
nach den Tafeln von Oltmanns	13,640	56 zu viel
„ der Formel von Gauß	13,622	38 „ „

Ein Zufall ist es nur, daß die Ergebnisse von Bouguer's Formel so günstig lauten, und ebenso, daß Halley's Formel näher zu der Wahrheit führt, als die Deluc'sche. Halley's Formel gewährt nämlich, wie schon Herr v. Lindenau bemerkt hat, stets gute Höhen, so oft die halbe Summe der obern und untern Luftwärme nicht allzuweit von 5° R. sich entfernt. Bei geringen Höhenunterschieden unter den Tropen würde Halley's Formel zu großen Fehlern verleitet haben, Bouguer's Formel war nach dem Geständniß ihres Urhebers dann gänzlich unbrauchbar, de Luc's Formel dagegen würde unter allen Verhältnissen annähernde Höhen geliefert haben. Ihr wahrer Werth bestand jedoch darin, daß sie sich verbessern ließ, während Halley's und Bouguer's Formeln bleiben mußten, wie sie waren.

[1] Eine Prüfung der von Bessel in Schumacher's astronomischen Nachrichten Nr. 357, Bd. 15, Altona 1838, S. 360 mitgetheilten Tafeln zur psychrometrischen Correction bei Bauernfeind, Genauigkeit barometrischer Höhenmessungen. München 1862. E. E. Schmid, Meteorologie. S. 916.

auf dem Valtenberge bei Bischofswerda und in Neukirchen am Fuß des Berges. Die gewonnenen Erfahrungsresultate faßt er in folgenden Sätzen zusammen. Die aus Barometer- und Thermometerbeobachtungen berechneten Höhen sind im Allgemeinen am Tage wesentlich größer als bei Nacht, sie zeigen eine bedeutende tägliche Periode. Die barometrisch bestimmten Höhen erreichen ihr Maximum kurz vor der Zeit der höchsten Tagestemperatur und ihren kleinsten Werth ungefähr eine bis zwei Stunden vor Sonnenaufgang. Die tägliche Periode zeigt sich nur deutlich bei nahezu wolkenlosem Himmel, bei regelmäßiger Einstrahlung und ungestörter Ausstrahlung. Die aus Tages- und Monatsmitteln der meteorologischen Beobachtungen gerechneten Höhen (aus den 6 Beobachtungsjahren 1860—1866 der Stationen Genf und St. Bernhard) zeigen eine jährliche Periode. Dieselben sind im Winter zu klein, im Sommer zu groß. Die Amplitude der jährlichen Periode ist jedoch geringer als die der täglichen. Die Jahresmittel der meteorologischen Beobachtungen geben Höhen, welche von den wahren Werthen sich immer nur sehr wenig entfernen. Das Monatsmittel des März gibt einen fast absolut richtigen Werth. Als Quelle der periodischen Unterschiede zwischen den barometrisch bestimmten und den wahren Höhen ist die Lufttemperatur anzusehen.[1]

Vergleichende Höhenkunde.

Das Anstaunen des Großen gewährt uns einen gewissen Genuß, daher fühlen wir ein Bedürfniß, die höchsten Gipfel der Erde zu kennen. Der Pic von Teyde auf Teneriffa, der dem 17. Jahrhundert als die höchste Erhebung galt, verlor seinen Rang, sobald ihn Feuillée 1724 zum erstenmale gemessen hatte.[2] Der Gotthard dagegen behauptete, weil auf ihm so

[1] R. Rühlmann, Die barometrischen Höhenmessungen, Leipzig 1870. S. 45, 47, 62, 63, 71.

[2] Siehe oben S. 687.

viele wichtige Flüsse entspringen, selbst nach Scheuchzer's barometrischer Bestimmung der Paßhöhe sein Ansehen unter den Alpengipfeln noch eine Zeit lang, bis er seit dem Beginn des 18. Jahrhunderts zunächst dem Titlis,[1] endlich aber dem Montblanc weichen mußte, obgleich de Luc 1760 für letzteren blos 14,346 pariser Fuß, Sir George Shuckburgh geometrisch sogar nur 14,432 englische Fuß gefunden hatte.[2] Der Montblanc konnte aber damals nicht mehr als die höchste Gipfelerhebung der Erde gelten, da seit der Rückkehr Bouguer's und Lacondamine's aus Peru im Jahre 1745 die Höhe des Chimborazo bekannt geworden war, der bis 1818 als der höchste Berg der Erde, später noch als der höchste Berg Amerikas angesehen wurde, bis Pentland 1828 noch höhere Gipfel in Bolivia gefunden hatte. Als er 20 Jahre später seine Messungen widerrief, hatten bereits Kapitän Fitzroy's Officiere 1835 dem Acongagua 21,767 pariser Fuß (= 23,200 feet) zuerkannt.

Durfte Saussure noch dem Montblanc unter den gemessenen Gipfeln der alten Welt die größte senkrechte Höhe zutrauen,[3] so verbreitete sich, als die Engländer von Bengalen aus dem Himalaya näher rückten, am Beginne dieses Jahrhunderts die Vermuthung, daß einzelne Hörner der indischen Alpen selbst die Glockenberge Quito's überragen möchten. Obristlieutenant Colebrooke hatte von Rohilkand aus einen der Gipfel auf 20 bis 23,000 Fuß (feet) zu schätzen gewagt, aber erst im Jahre 1802 fand Obrist Crawford, daß den Höhenwinkeln zufolge der Berg Dhaibun geometrisch auf 20,410 Fuß (feet) über dem Beobachtungsort Chatmandu in Nipal liegen müsse, dessen barometrische Höhe 4500 Fuß betrug. Durch Webb, Lloyd, Hodgson, Gerard wurden eine Reihe heroischer Alpengipfel bekannt, unter

[1] Studer, Geschichte der Geographie der Schweiz. S. 193.

[2] Sir George Shuckburgh, Observations made in Savoy, in Philosophical Transactions, vol. LXVII, for the year 1777, part II, p. 592, und oben S. 696 Note.

[3] Voyage dans les Alpes, tom. II, p. 104.

denen dem Dhawalagiri oder indischen Montblanc, trigonometrisch auf mindestens 26,862 Fuß (feet) bestimmt, seit 1818 der höchste hypsometrische Rang eingeräumt wurde.[1] Ueber 30 Jahre lang dauerte seine Herrschaft, bis Dalton Hooker 1848 die Erdkunde mit dem Kintschindschinga (28,156 feet = 8582 m.) bekannt machte,[2] der aber rasch von dem Gaurisankar in Nipal (29,002 feet = 8840 m.) verdrängt worden ist.

Name und Lage der größten Gipfelhöhen ist im Grunde nur ein Gegenstand volksthümlicher Neugier, denn weit wichtiger erscheinen uns, seit A. v. Humboldt die vergleichende Höhenkunde begründet hat, die Unterschiede der Paßhöhen, Gipfelhöhen und Kammlinien eines Gebirges, weil wir nun mauerartige Erhebungen wie die Pyrenäen mit andern Augen ansehen, als zerrüttete Ketten, wie die Alpen. Die bildliche Darstellung allein gewährt uns die Möglichkeit, um derartige Größenverhältnisse sinnlich zu vergleichen. Ein solches Belehrungsmittel, jedoch nur für Gipfelhöhen, schuf erst der Franzose Pasumot im Jahre 1783,[3] aber weit ernster und für die Wissenschaft ersprießlicher war es, daß Höhenquerschnitte ganzer Länder entworfen wurden.[4] Es ist zwar unbestritten

[1] Colebrooke in den Asiatic Researches, tom. XII. London 1818. p. 276.

[2] Briefwechsel A. v. Humboldt's mit Berghaus, Bd. 3, S. 109. B. A. Hodgson hatte noch 1847 im Journ. of the Asiat. Soc. of Bengal, vol. XVI, Calcutta Dec. 1847, p. 1238 dem Dhawalagiri 27,060 und dem Kintschindschinga (nach Waugh) nur 24,000 (feet) gegeben.

[3] Pasumot's Bild von den Anden-, Pyrenäen- und Alpengipfeln erschien bei Rozier, Observations sur la physique, tom. XXIII. Paris 1783 Septembre. p. 193 sq. Die Gipfel sind wie die Zähne einer Säge auf Höhenscalen entworfen, wie es noch jetzt häufig geschieht. Etwas ähnliches bot der Querschnitt von Alpenhöhen zwischen Zug und Amsied, den Escher entworfen hatte, bei J. G. Ebel, Anleitung. Zürich 1804. Bd. 2, Taf. 1.

[4] Humboldt glaubte der erste gewesen zu sein, der es unternommen, die Gestalt ganzer Länder in geognostischen Profilen darzustellen (Ansichten der Natur, Bd. 1., S. 59), allein das erste Länderprofil hat Dupain-Triel 1791 geliefert in seiner Karte: La France, considerée dans les differentes

das Verdienst Buache's, in die Länderbeschreibung eine strengere Beachtung der plastischen Bodenverhältnisse, namentlich den Begriff der Wasserscheiden und der Hochebenen (plateaux)[1] eingeführt zu haben, aber erst nachdem Humboldt im Querschnitt

hauteurs de ses plaines: ouvrage spécialement destiné à l'instruction de la Jeunesse par J. L. Dupain-Triel, Géographe du Roy. Dieses Profil Frankreichs zeigt uns den Durchschnitt des Landes von der unteren Garonne bis über den Rhone südlich von Lyon. Daselbe ist den Recherches géographiques sur les hauteurs des plaines du royaume beigegeben.

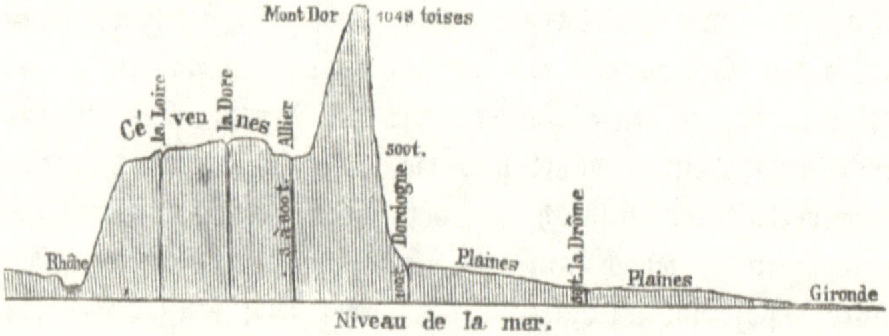

Indessen hat auch Dupain-Triel bereits einen Vorläufer in Phil. Buache, welcher seiner Niveaukarte des Canal la Manche (1752) ein Längenprofil des Seebodens von der Nordsee durch den Canal bis zum atlantischen Ocean beigefügt hat. (Histoire de l'Acad. R. d. Sc., Année 1752. Paris 1756. Pl. XIV.) Das erste Höhenprofil, welches Humboldt entwarf, war das Magdalenenthal, welches nach seiner Zeichnung, aber ohne seine Bewilligung 1801 in Madrid veröffentlicht wurde. Im Kleinen waren, wie Humboldt selbst bemerkt, solche Höhenquerschnitte schon bei Berg- und Canalbauten im Gebrauch gewesen. Essai politique sur la Nouvelle Espagne. Paris 1811. tom. I, p. 150. Das Profil Spaniens erschien erst 1823. Vgl. Briefwechsel Humboldt's mit Berghaus. Bd. 1, S. 20 u. 45.

[1] Buache, Mém. de l'Acad. des Sciences, Année 1752. Paris 1756. p. 408. Schon Gmelin weist auf die Bedeutung des ostasiatischen Plateau's hin. „Necesse est, ut concedatur, terram Transbaicalensium regionum valde esse supra reliquam terram elevatam, et campos ibi exstare vastos, quorum non minor supra centrum terrae elevatio est, quam montium non exiguae molis aliarumque regionum. Montem Ruscionensis agri Massanum (Massane) geometrae Galli (Com. Par. 1703) quadriu-

den senkrechten Bau der Bodenanschwellungen in Spanien und Mexiko enthüllt hatte, gelangte man zum vollen Bewußtsein ihrer Bedeutung.

Auf allen alten Karten erscheinen die Gebirge als Reihen kleiner Maulwurfshügel, als ob sie das Auge von der vorliegenden Ebene betrachte. Erst seit der Mitte des vorigen Jahrhunderts begann man die Rauhheiten der Erdoberfläche so zu behandeln, als ob der Beschauer über dem dargestellten Raum schwebe. So erhielten die Gebirge ihre Raupengestalt mit dachförmigen Abhängen,[1] für welche J. G. Lehmann eine Böschungsscala in ein System brachte, durch welche sich mit großer Strenge sanfte Abhänge und steile Senkungen unterscheiden ließen.[2] Einen belebteren, aber nicht ganz wahren Ausdruck erhielt die Bodengestaltung, als man eine schräge Beleuchtung, gleichsam als ob die Sonne zur Linken oder Rechten des Beschauers stehe, auf die Abhänge der Gebirge fallen ließ.[3] Zu einer Zeit, wo noch sehr wenig Höhenangaben

gentos et octo orgyias Parisienses altum determinarunt. Kiachtensium camporum *vastissimus tractus* ab hac altitudine parum recedit. (Flora Sibirica, p. LXIV.)

[1] Die ersten Anfänge gewahrt man schon auf Joh. Bapt. Homann's „Provincia Brisgoia“ vom Jahre 1718, aber noch im Atlas von Malte Brun, Paris 1804, findet man die Hügelform angewendet. Nach Pinkerton (Modern Geography, London 1807, Pref. p. XXXI) hat Arrowsmith die dachförmige Schraffirung zuerst allgemein durchgeführt.

[2] J. G. Lehmann war königl. sächsischer Major und starb 1811. Sein Werk „Darstellung einer neuen Theorie zur Bezeichnung der schiefen Flächen im Grundriß“ erschien 1799 in Leipzig. Siehe Steinhauser, Grundzüge der mathematischen Geographie. Wien 1857. S. 33. Doch ist schon in dem Werke: „Anleitung zur Aufnahme von einem Officier“, Göttingen 1783, der Vorschlag gemacht, die Unebenheiten durch Licht und Schatten in parallel gelegten Strichen zum Ausdruck zu bringen. J. Roskievicz in der Mitthl. der k. k. geogr. Ges. in Wien 1873. S. 251.

[3] Blerzy in einem belehrenden Aufsatze, Les cartes géographiques (Revue des deux Mondes, tom. L, 3 livr., 1864 Avril, p. 640), behauptet,

vorhanden waren,[1] erregte Friedrich Schultz großes Aufsehen, als er lehrte, daß Europa von zwei großen Wasserscheiden als fortlaufenden Bodenanschwellungen durchzogen werde, zwischen denen das Fließende die Thäler ausgewaschen habe. Schultz, erhitzt von den Lehren Werner's, wollte keine andere gestaltende Kraft als das Wasser gelten lassen und stellte den für leichtsinnige Kartenverfertiger verführerischen Satz auf, daß wenn man nur eine genaue Zeichnung der Gewässer vor sich sehe, die Höhen entbehrt oder hineingetragen werden können.[2] Doch enthielten seine Anschauungen so viel richtiges, daß er auf seiner Karte von Deutschland ein ziemlich naturgetreues Bild von den Thalbildungen der Gewässer entworfen hat.[3] Noch lebendiger vermag die Bildhauerarbeit die senkrechten Gliederungen des Erdbodens auszudrücken. Die ältesten erhabenen Karten entstanden da, wo die Natur dazu am meisten herausforderte, in der Schweiz, und das früheste Denkmal dieser Art ist die große Arbeit aus Wachs, welche Ludwig Pfyffer 1766 begann und 1785 vollendete.[4] In der Zeit von 1810—1814

daß diese Behandlungsweise schon im vorigen Jahrhundert gebräuchlich geworden sei. Sydow bezeichnet sie (Behm, Geogr. Jahrbuch. Bd. 1, S. 351. Gotha 1866) als die altfranzösische Manier der Terrainzeichnung.

[1] Im Jahre 1807 konnte A. v. Humboldt als Anhang zu seinen „Ideen einer Geographie der Pflanzen" auf der ganzen Erde nur 122 Gipfelmessungen aufzählen, nämlich 2 in Afrika, 2 in Asien, 30 in Amerika (darunter 24 von ihm selbst) und 28 in Europa, davon 6 in Deutschland (meist durch v. Gersdorf bestimmt), 8 in Frankreich, 2 in Spanien, 2 auf Island, 1 auf Schweden, 1 auf Spitzbergen, die übrigen in Italien, in den Pyrenäen und in den Alpen.

[2] Friedrich Schultz, Ueber den allgemeinen Zusammenhang der Höhen. Weimar 1803. S. 72.

[3] Sehr scharfsinnig und im Allgemeinen auch sehr wahr ist seine Bemerkung, daß wo ein Fluß sich krümmt, stets im einspringenden Winkel die starken Böschungen liegen werden. (a. a. O. S. 71.)

[4] Siehe das Nähere bei Studer, Geschichte der Geographie der Schweiz, S. 293. Die erste Reliefkarte, welche in Papiermaché vervielfältigt wurde, ist die kleinere, welche Meyer auf seine Kosten verfertigte und um deren Original zu sehen, Saussure 1791 nach Aarau reiste. Voyage dans les Alpes, §. 1941. Neuchatel 1803. tom. VII, p. 194.

verfertigte August Zeune die ersten Formen zu Erdkugeln, die in Gyps ausgedrückt, ursprünglich zum Unterricht für Blinde bestimmt waren, später aber auch farbig ausgeführt wurden.[1]

Die erhabene Arbeit, indem sie die Unebenheiten bis zur Carricatur steigert, führt zu irrigen Größenvorstellungen. Diesen Uebelstand vermeidet man, wenn gleiche Höhen durch Curven verbunden werden, so daß das trockene Land, nach Art von Küstenkarten mit Sondirungslinien, wie die Tiefen und Untiefen des Luftmeeres behandelt wird. Die Idee, Niveaucurven auf Karten einzuführen, stammt von dem französischen Geographen Phil. Buache (geb. 1700 zu Paris, gest. daselbst 1773). Von der Hypothese ausgehend, daß die ganze Oberfläche der Erde aus Höhlungen und Becken bestehe, welche nach dem Lauf der Flüsse übereinander geordnet seien, und daß ebenfalls am Meeresgrunde sich ein solches Rippenwerk von Wasserscheiden finde, welches er als charpente de globe[2] bezeichnet, und welches sich vielfach über dem Meeresspiegel durch Inselreihen und Klippen andeute: war er im Wesentlichen bemüht, indem er den flandrischen Landrücken sich jenseit des Canals in den Dünen von Dover fortsetzen ließ, zu zeigen, daß die Nordsee und der Canal zwei besondere submarine Mulden bildeten. In Abständen von 10 zu 10 Faden sind die Isohypsen in punktirten Linien auf seiner Karte des Canals dargestellt, welche zuerst 1737 der Akademie vorgelegt worden und 1752 in ihren Memoiren veröffentlicht wurde. Dagegen scheint er die Bedeutung seiner Niveaulinien für die Kartographie überhaupt kaum zu ahnen, wenn er auch die Absicht hat, jene Linien aufs feste Land zu übertragen.[3] Indeß betont er doch, daß er die

[1] Zeune, Erdansichten. Berlin 1820, S. 152. Zeune, Purist bis zur Geschmacklosigkeit, nannte sie Tasterdkugeln.

[2] Mém. d'Acad. d. Sc. Paris 1752. p. 399.

[3] Je me propose de tracer sur le relief des terres du globe physique des lignes parallèles à la surface de la mer. Doch soll diese Darstellung nur seine Beckentheorie unterstützen, denn on apercevra ces terres qui se

Resultate der Tiefenmessungen für die Darstellung der Abstufung des Bodens in dieser Weise zuerst verwende.[1]

Den Werth der Höhenschichtenlinien für die Auffassung der Bodengestalt hat zuerst Ducarla[2] erkannt und betont. Derselbe gab indeß, da er nicht ausübender Kartograph war, nur die Anregung[3] und überließ seinem Freunde Dupain-Triel (geb. zu Paris 1722, gest. daselbst 1805) die Ausführung. Eine Höhenschichtenkarte, wie sie Dupain entwarf, konnte natürlich nur auf der Grundlage zahlreicher Höhenmessungen entstehen. Da nun die große Cassini'sche Karte von Frankreich 1793 vollendet wurde, ist auch Dupain-Triel's erster Entwurf um einige Jahre verzögert und erschien zuerst 1791.[4] Die Stufen sind

couvriraient par l'augmentation successive du volume des eaux que j'ai fait remarquer dans mon plan physique. (Mém. de l'Acad. d. Sc. Paris 1757. p. 587.)

[1] L'usage que j'ai fait des sondes et que personne n'avait employé avant moi pour exprimer les fonds de la mer me paraît très-propre à faire connoître d'une manière sensible les pentes ou talus des côtes. Zwar läßt der folgende Satz: „La géographie et hydrographie étudiées selon toutes les vûes que j'ai proposées dans ce mémoire, peuvent prendre une nouvelle face" auf weitere Verfolgung der Idee schließen, allein B. wendet sich doch wieder zur Darstellung seiner Hypothese von den Meeresbecken zurück.

[2] Marcellin Ducarla-Bonifas ist in Vabres (Dep. Tarn) 1738 geboren und in seinem Heimatlande 1816 gestorben. A. Steinhauser, dessen vortreffliche „Beiträge zur Geschichte der Entstehung und Ausbildung der Niveaukarten" in den Mitthl. der k. k. geogr. Ges. Wien 1858, S. 58 u. ff. leider durch manche Druckfehler in den Jahreszahlen entstellt sind, und ihm folgend E. v. Sydow (Behm, Geogr. Jahrbuch. Bd. 1, S. 352. Gotha 1866) nennen ihn fälschlich einen Genfer Ingenieur. Ducarla war Privatgelehrter. V. v. Streffleur (77 gegenwärtig noch in Anwendung stehende Mittel zur Ausführung der Bergzeichnung, Wien 1868, S. 24) macht sogar zwei Personen daraus: Ducania, einen Physiker aus Genf, und Ducarla.

[3] Expression des nivellements ou méthode pour marquer rigoureusement sur les cartes terrestres et marines les hauteurs et les configuration du terrain, publié par Dupain-Triel. Paris 1782.

[4] Als Beigabe seiner Recherches géographiques sur les hauteurs des plaines du royaume sur les mers et leurs côtes presque pour tout le globe et sur les divers espèces de montagnes, Paris 1791. Dupain

in Schichten von 10 zu 10 Toisen punktirt eingetragen, wobei die Linien von 50 und 100 Toisen Höhe durch kräftigere Punkte hervorgehoben sind. Man wußte in Frankreich Dupain's Verdienste zu würdigen, auf Antrag Lavoisier's erhielt er 1792 einen Nationaldank von 10,000 Frcs. für seine Arbeiten;[1] aber erst nach den Napoleonischen Kriegen wurde die neue Methode der Terraindarstellung weiter ausgebildet. La Place beantragte 1816, eine neue Karte von Frankreich mit Niveaucurven herzustellen. Die erste officielle Anwendung erfolgte somit 1818; allein bei der ungeheuren Ausdehnung des Unternehmens wurden bis 1833 nur 4 Blätter der topographischen Karte mit Höhenschichtenlinien veröffentlicht. Aber das Beispiel wirkte anregend. Nachdem 1826 der französische Generalstab beschlossen hatte, alle Aufnahmen, welche einen größeren Maßstab als 1 : 10,000 zeigen, mit Horizontalschichten zu versehen,[2] folgte 1829 Hannover mit Schichtenaufnahmen von 50 zu 50 Fuß, 1833 Baden (20 zu 20 Fuß), 1840 Hessen (50 zu 50 Fuß), 1847 Preußen, 1848 Belgien, 1850 Dänemark und Schottland u. s. w.

Daneben, zum Theil sogar voraneilend, erschienen die Leistungen einzelner tüchtiger Kräfte. Bereits im Jahre 1830 veröffentlichten der dänische Hauptmann Olsen und Professor Bredstorff, durch ein Preisausschreiben der pariser geographischen Gesellschaft vom Jahre 1824 veranlaßt, ihre hypsometrische Karte von Europa, welche außer der Höhenschicht von 500′

beruft sich mit Recht auf Ph. Buache, hebt aber hervor, daß für die Darstellung der Bodenformen des festen Landes seine Karte von Frankreich der erste Versuch sei, welcher bei dem Mangel an den erforderlichen Unterlagen nur ein ganz allgemeines Bild von Frankreich à l'usage de l'instruction publique de la jeunesse gebe. Die Karte selbst trägt die Inschrift: La France considérée dans les différents hauteurs de ses plaines, und erschien wiederholt 1799 und 1804.

[1] Biographie universelle, supplement. tom. 63. Paris 1817. Art. Dupain.

[2] V. v. Streffleur, 77 gegenwärtig noch in Anwendung stehende Mittel zur Ausführung der Bergzeichnung. Wien 1868. S. 25.

nur Horizontalen von 1000 zu 1000′ zeigte.[1] In demselben Jahre gab der hannoversche Hauptmann Papen eine Schichtenkarte des Harzes heraus. Horsell wandte auf seiner Karte von Schweden und Norwegen (1 : 500,000) zuerst 1835 Farbentöne für die Schichten an und zwar grün bis 300′, roth bis 800′, gelb bis 2000′, darüber weiß.[2] Sehr rührig erwies sich seit 1840 die Schweiz; den Ruhm, ausgezeichnete Darstellungen zu bieten, erwarb vor allem J. M. Ziegler. Nachdem Papen 1844 noch eine Uebersichtskarte von Hannover mit Niveaucurven hatte erscheinen lassen, trat er 1857 mit seiner Höhenschichtenkarte Centraleuropas hervor, welche „dem größeren Publikum die Augen öffneten" und als epochemachend für eine ganz neue Richtung der Kartographie zu bezeichnen ist.[3] Die Anwendung einer Farbenscala für die Höhenschichten fand immer weitere Verbreitung. Anregend wirkte in dieser Beziehung schon seit 1830 von Hauslab in Oesterreich, wobei die Schichtenzonen mit Farbentönen ausgefüllt wurden nach einem dem Lehmann'schen analogen Princip.[4]

Streffleur bediente sich bei seiner Karte von Niederösterreich lichtbrauner Töne (in mehreren Stufen) für die Ackerbauregion bis 300 Klafter Höhe, lichtgrüner Töne für die Waldregion bis 700 Klafter und stellte die Alpenregion bis 1100 Klafter in blauen Farben dar.[5] Aber die Niveaucurven und Höhen=

[1] Theilweise verbessert von Berghaus in seinem physikalischen Atlas 1842.

[2] Hierbei wurde zuerst eine Berechnung des von den Schichten eingenommenen Areals in Bruchtheilen des Ganzen gegeben. A. Steinhauser, a. a. O. S. 71.

[3] E. v. Sydow in Behm, Jahrbuch 1866, S. 353 und in Petermann, Geogr. Mitthl. 1858. S. 145.

[4] „Ich wählte ‚je höher, desto dunkler', weil bei dem stärkeren Bewohntsein der Thalgründe und Tiefebenen die Schrift bei letzteren schwieriger zu lesen wäre." J. v. Hauslab, Ueber die graphischen Ausführungsmethoden von Höhenschichtenkarten, in den Mitthl. der k. k. geogr. Ges. Wien 1864. Jahrgang 8, S. 33.

[5] v. Streuffleur, a. a. O. S. 39.

schichten vermögen für sich allein nicht ein volles Bild der Gestaltung zu geben. Eine solche hypsographische Karte muß durch orographische Zeichnung (entweder in Schraffen, wie sie Lehmann angegeben, oder geschummert) verschärft werden. In der Verbindung beider Methoden mit Zuhilfenahme von Farbenschichten erkennen wir die höchsten kartographischen Leistungen unserer Zeit. Sehr treffend bemerkte v. Sydow:[1] „Du Carla lieferte das zwar schmucklose, aber scharf bestimmende Gerippe, Lehmann das Gewand zur Erleichterung des schnelleren Auffassens der Form."[2]

Auch für die Seekarten folgte die weitere Ausbildung der von Buache schon angegebenen Methode erst in unserem Jahrhundert. Zunächst gaben die Nordamerikaner auf Hafenplänen und Seekarten Niveaucurven an.[3] Seit 1834 folgten russische, seit 1838 englische Karten mit mehreren Schichtenlinien. Das erste Beispiel einer Darstellung mit stufenweisen Tönen für die Meeresschichten zeigte 1853 H. Kiepert's Karte des Bosporus.[4]

Die früheste Anregung zu einer genauen Darstellung der senkrechten Verhältnisse bei den Länderbeschreibungen gab Buache in seiner physikalischen Geographie, und sein Schüler in diesem Sinne war Gatterer, in dem wir den Stifter einer neuen Schule deutscher Geographen verehren müssen. Doch schuf erst Carl

[1] Behm, Jahrbuch 1866. S. 354.

[2] Daher sind die Versuche von Zeune, dem 1806 Carl Ritter auf seinen Karten von Europa folgte, vom Dunkeln zum Hellen aufsteigend, ein Bild der ganzen Erde zu geben, ohne feste Methode einer weitern Ausbildung nicht fähig gewesen. Zeune entwarf seine Karte, die Erde vom Monde gesehen (Tafel 1 der ersten Auflage seiner Gea, Berlin 1808) bereits 1804, wie er selbst in seinem Werke, Erdansichten oder Abriß einer Geschichte der Erdkunde, Berlin 1815, S. 89, angibt.

[3] Map of the territory of Florida connected with the delta of Mississippi 1829.

[4] A. Steinhauser, a. a. O. S. 61. Außerdem ist zu vergleichen Ernst Mayer, Die Entwicklung der Seekarten bis zur Gegenwart. Wien 1877.

Ritter eine hypsometrische Sprache und stellte zugleich in seinen Arbeiten Muster auf, wie die senkrechte Gestaltung des Erdbodens dargestellt und welche Wichtigkeit ihr beigelegt werden muß.[1]

Wie mit den trigonometrischen Aufnahmen der Länder die Arbeit der darstellenden Geographie beendigt ist, so wird auch die Höhenkunde ihre letzte Aufgabe gelöst haben, wenn sie Größenausdrücke für die durchschnittliche Erhebung aller Festlande anzugeben vermag. Nicht nur hat A. v. Humboldt zuerst auf dieses Ziel hingewiesen, sondern auch in einer seiner berühmtesten Arbeiten[2] einige Grenzzahlen festzustellen gesucht und die Vermuthung des Laplace widerlegt, als könnte die mittlere Höhe der Erdvesten 513 Toisen (1000 Mètres) betragen.

Physikalische Erdkunde.

Geologie.

Wie die meisten der frühen Malerschulen erkannten, daß ein Künstler die Formen des menschlichen Körpers nicht ohne ein anatomisches Verständniß des Knochengerüstes darstellen

[1] C. Ritter, Die Erdkunde im Verhältniß zur Natur und Geschichte des Menschen. Berlin 1817. Thl. 1, S. 64 ff. Die erste genaue plastische Beschreibung eines Landes ist die von Skandinavien, welche Bergmann, Physikal. Beschr. der Erdkugel 2. Abth., Cap. 4, §. 32, 3. Aufl., Greifswalde 1791, Bd. 1, S. 159 gegeben hat.

[2] Sie wurde 1843 zuerst veröffentlicht und erschien mit Verbesserungen 1853 unter dem Titel „Ueber die mittlere Höhe der Continente" in den Kleinen Schriften, Bd. 1, S. 398. Er fand bekanntlich als mittlere senkrechte Erhebung für Europa 105 Toisen, Südamerika 177 Toisen, Nordamerika 117 Toisen, Asien 180 Toisen und als Mittelgröße 157,8 Toisen oder 946,8 pieds. Neuerdings hat G. Leipoldt (Ueber die mittlere Höhe Europas, Plauen i. V. 1874) die mittlere Höhe unseres Erdtheils zu 296,8 m. berechnet, „ein Resultat, welches das Humboldt'sche (205 m.) um mehr als 90 m. übersteigt". S. 138.

könne, so wird auch der Bau der rauhen Erdoberfläche erst deutlich, wenn wir ihre Querschnitte betrachten. Weit an Einsicht seinen Zeiten vorauseilend, unterschied Gottfried Wilhelm Leibniz 1691 eine Thätigkeit innerer Glutherde von den Schichtenbildungen des Wassers. Er errieth, daß die Ueberlagerung verschiedener Schichten verschiedenen Zeiten des Niederschlages angehöre, ihm galten die Versteinerungen von Seethieren als Zeugen ehemaliger Meeresbedeckungen, Funde bei Brunnenteufen in der Nähe von Göttingen als Beweise von örtlichen Veränderungen des Pflanzenwuchses, und die Aufrichtung ehemals wagrechter Schichten als Urkunden von Hebungen und Störungeu der Erdrinde.[1] Die Erkenntniß ihres inneren Baues und seiner Umgestaltungen entsteht aber erst dann, wenn man versucht, die Schichtungserscheinungen im Bilde darzustellen. Die frühesten idealen Querschnitte hatte vor Leibniz schon der Däne Steno,[2] die ersten Querschnitte nach der Natur Joh. Jac. Scheuchzer entworfen.[3] Ein Beobachter, der nur einen kleinen Erdraum überschaute, durfte annehmen, daß die Schichtung der Felsarten eine örtliche Eigenthümlichkeit sei. Es ist das Verdienst John Woodward's, zuerst behauptet zu haben, daß auch in andern Ländern und Welttheilen, ja allerorten geschichtete Felsarten angetroffen werden, die aus dem Wasser

[1] Leibniz, Protogaea sive de prima facie telluris. Göttingen 1748. p. 7, 9, 86, 79, 15.

[2] Élie de Beaumont, Fragmens géologiques de Stenon. Paris 1832. p. 24 und Taf. 1. Steno (1631—1686) veröffentlichte seine Ansicht 1669 in dem Werke: De solido intra solidum naturaliter contento, dissertationis praedromus, in welchem er, besonders auf seine Untersuchung in Toscana gestützt, die Hebung der Gebirge und die Schichtenbildung lehrte (Sex distinctas Etruriae facies agnoscimus, dum bis fluida, bis plana et sicca, bis aspera fuerit) und schon den Grundsatz aussprach, daß die Winkel zwischen den Krystallflächen constant seien.

[3] Sie finden sich bei Vallisnieri, Origine delle fontane, Venedig 1725, p. 74, und sind Gebirgswänden des Urner Sees und der Via Mala entlehnt. Vallisnieri bemerkt ausdrücklich, daß Scheuchzer bei seinem Aufenthalt in Padua ihm die Zeichnungen hinterlassen habe.

niedergeschlagen worden seien, welches sie ehemals schwebend oder aufgelöst enthalten habe.[1] Strachey gab schon 1719 genau in dem Styl unserer jetzigen Handbücher Querschnitte von Kohlenflötzen in Somersetshire mit Gängen und Verwerfungen und wollte bereits eine gewisse Reihenfolge der Schichten beobachtet haben, die er sich bis zum Mittelpunkte der Erde spiralförmig aufgerollt dachte.[2]

Nach Steno wagte erst 1756 ein deutscher Bergmann, Johann Gottlob Lehmann, die senkrechte Reihenfolge der Schichten als eine Altersordnung zu erklären. Er unterschied als uranfängliche oder, wie man später sagte, als Urgebirge,[3] Schichten von außerordentlicher Mächtigkeit, oft senkrecht aufgerichtet oder wenigstens sehr steil in unbekannte Tiefen einschießend, die ihre Lagerung schon inne hatten zur mosaischen Schöpfungszeit. Auf ihnen ausgebreitet ruhten muldenartig und sanft geneigt die Flötzgebirge, welche aus den Trümmern der Urgebirge sich aufgeschichtet hatten. Als jüngste Bildung örtlichen Ursprungs erschien ihm das Schwemmland auf den Flötzgebieten. Lehmann bemerkte zugleich, daß man im Liegenden der Flötze Kohlen träfe, daß man dann auf Schiefer und im Hangenden der Flötzgebirge, wo sie ausgehen, auf Salz-

[1] Woodward, Natural History of the Earth, 2d edition, London 1702, Preface, und Naturalis Historia telluris, Londini 1724, 2. Aufl., p. 26.

[2] Strachey's Querschnitt der Kohlenflötze von Somersetshire in Philosophical Transactions, Nr. 360. London 1719, Mai. vol. XIX, p. 968—973. Er bemerkt auch, daß die Uebereinstimmung gewisser Flötze an den eingeschlossenen Muscheln und Abdrücken von Farnkräutern sich wieder erkennen lasse. Sein Querschnitt der Erde in Philosophical Transactions, Nr. 391. London 1725, Novbr. vol. XXX, p. 395. Er ist der erste, der eine unconforme Lagerung beschreibt. Philosophical Transactions, Nr. 360, cit. p. 973.

[3] Schon viel früher findet man zwar bei Antonio Lazzaro Moro die Classification von primarios und secundarios, aber in einem ganz andern Sinne.

quellen stieße.[1] Unmittelbar nach ihm beschrieb John Michell 1760 die senkrechte Schichtenordnung vom Kalk abwärts bis zur Kohlenführung in England und im Lorenzothale.[2]

Nachdem Abraham Gottlob Werner (geb. 1750 zu Wehrau (Oberlausitz), gest. 1817 zu Dresden) sich eine wissenschaftliche Sprache zur Beschreibung von Mineralien nach ihren äußerlichen Merkmalen geschaffen hatte,[3] ließ er eine mineralogische Kennzeichnung der Gebirgsarten folgen, unter denen er wie Lehmann uranfängliche Felsarten, Flötze und aufgeschwemmtes Land unterschied. Zu den ersten zählte er Granite, Syenite, Grünsteine, Glimmer- und Thonschiefer, die er jedoch als umgewandelte Flötze und älter als diese erklärte.[4] In seinen mündlichen Vorträgen lehrte er, wie wir durch seine Schüler,[5] vor allem durch A. v. Humboldt wissen, zuerst den Begriff einer Formation, worunter er Schichten oder eine Reihenfolge von Schichten (Formationsgliedern) verstand, die der Zeit nach einen begrenzten Bildungsabschnitt vertreten und sich an günstigen Orten durch ihre Lagerungsverhältnisse als zusammengehörig von den obern und untern Schichten trennen lassen. Darauf gründete er das große Gesetz, daß sich die Formationen von oben nach unten stets in strenger Ordnung folgen, wie etwa die Buchstaben im Alphabet, daß örtlich wohl eine oder

[1] J. G. Lehmann, Versuch einer Geschichte von Flötzgebirgen. Berlin 1756. S. 96—111, 137—138.

[2] Michell in Philosophical Transactions, London 1760, vol. LI, part. II, p. 566—634; vergl. auch dort seinen merkwürdigen idealen Querschnitt von Bodenfaltungen.

[3] Werner, Von den äußerlichen Kennzeichen der Fossilien. Wien 1785. S. 32, 36.

[4] Abr. Gottl. Werner, Kurze Classification der verschiedenen Gebirgsarten. Dresden 1787. S. 16.

[5] Was eigentlich Werner lehrte, wird sich schwer feststellen lassen, da er selbst vor den fehlerhaften Collegienheften gewarnt hat, die seine Schüler drucken ließen. Abr. Gottl. Werner, Neue Theorie von der Entstehung der Gänge. Freiberg 1791. p. XXV.

mehrere Formationen fehlen können, daß aber nie eine spätere oder obere Formation vor der älteren oder tieferen vorausgehe. Seit dem Verkünden dieses Gesetzes war der wissenschaftlichen Erforschung ihr Gegenstand, die Altersfolge der Felsarten, angewiesen worden.

Doch hielt es noch im Jahre 1823 Alex. v. Humboldt für nöthig, die Zweifel zu bekämpfen, ob auch die geologischen Formationen wirklich in der Natur vorhanden seien, wenn auch schon längst vor Werner deutsche und britische Bergleute den Grubenbau im Werner'schen Geiste betrieben hatten, denn von ihnen haben wir die sogenannten trivialen Formationsnamen, wie Zechstein, Keuper und Leias entlehnt und die Mansfeldischen wußten genau, daß wenn sie ihre Schachte bis auf das rothe Todte getrieben hatten, jede Hoffnung auf Beute vergebens sei. Die Kenntniß der Felsarten einer Formation reicht zur Unterscheidung nicht sehr weit, denn nicht nur kehren in senkrechter Folge dieselben Gesteine wieder, so daß man genöthigt war, von Kalkgebirgen erster, zweiter und dritter Ordnung, von altem und neuem rothen Sandstein zu sprechen, sondern bisweilen ging auch eine geschichtete Felsart, wenn man sie auf große Entfernung verfolgte, in eine andere über, so daß man eine gegenseitige Vertretung der Felsarten annahm und zu den Kreideformationen Gebirge zählte, die mancherlei Felsarten, nur nicht die Kreide umschlossen. Nie wäre es möglich gewesen, in weit abliegenden Gebieten die nämlichen geognostischen Horizonte zu erkennen, wenn man nicht andere Merkmale zu Hilfe gerufen hätte.

Ein Kenner von Alterthümern wird uns leicht sagen können, welchem Jahrhundert der Schnitt eines Kleides, die Gestaltes eines Hutes, das Muster einer Stickerei, die Zier eines Degengefäßes, ja die Formen von Sporn-, Zaum- und Sattelzeug angehören. Nicht so rasch, wie unsre Moden wechseln, wohl aber in großen Zeiträumen hat auch die Natur eine Tracht nach der andern abgelegt, nur daß sie ihr Kleid aus dem Leben selbst gewebt hat. Wir wissen jetzt, daß in den tiefsten Schichtenlagern versteinerte Abdrücke ganz fremdartiger Thiere und Gewächse angetroffen werden, die allmählich, je mehr wir uns zu den jüngern oder obern Schichten erheben, uns bekannter und den heutigen Trachten belebter Wesen ähnlicher werden, bis sich in den jüngsten Bildungen noch vorhandene Arten unter vergangene mischen.

Seit Fracastoro 1517 bei Gelegenheit von Ausgrabungen um Verona Versteinerungen sammelte und beschrieb, seit Namen entstanden, die wir noch jetzt gebrauchen, wie Orthoceratiten, Belemniten, Trilobiten, Ammonshörner, verflossen fast zwei Jahrhunderte über den Streit, ob diese Merkwürdigkeiten Reste von Thieren und Pflanzen oder Naturspiele (lusus naturae), oder gleichsam verstreute Körner vom Ursamen der Lebensformen, oder eigenthümliche Gesteinbildungen (lapides sui generis)[1] sein möchten. Noch Leibniz mußte für die Thierheit der fossilen Muscheln auftreten und die Träumereien über ihren Ursprung mit den gebührenden Namen züchtigen.[2] Um die Mitte des vorigen Jahrhunderts bestritt zwar niemand mehr, daß die Abdrücke und Versteinerungen von Pflanzen- oder Thierleichen herrührten, als man aber fossile Palmen im höchsten Norden, Elephanten- und Nashornreste in Sibirien gefunden

[1] Das letztere war die Ansicht, die Martin Lister in seinem berühmten Brief vom 25. August 1671 (Philosophical Transactions, Nr. 76, London 1671, p. 2282 sq.) aussprach. Er hatte allerdings entdeckt, daß die Petrefacten in den Eisenlagern verschieden von denen in den Sandsteinen und Kalkgebirgen seien; aber er schloß daraus, daß es eine Eigenschaft der Felsarten sei, solche verschiedene Einwüchse hervorzubringen. „Ich finde nichts, erklärt er, von einer Muschel in diesen Muschelähnlichkeiten, und Eisensteinmuscheln sind in meinen Augen Eisenstein, Kalkmuscheln Kalkstein, Spathmuscheln Spath. Niemals haben sie einem Thiere angehört." Es ist demnach völlig ungerechtfertigt, Martin Lister irgend ein Verdienst um die Paläontologie zuzuerkennen.

[2] Inania philosophorum vocabula, quae magnam superbientis intellectus hominum arrogantiam tegant. Protogaea. Göttingen 1748. p. 30.

hatte, glaubte man anfänglich, wie es noch Gmelin that, jene Thiere hätten sich nach ihren Grüften verirrt, oder wie es von Pallas geschah, sie seien von der Gewalt mosaischer Fluten verschwemmt worden. Und doch hatte schon 1688 Hooke gelehrt, daß die Versteinerungen von Schildkröten und Ammonshörnern, die man in Portland anträfe, eine Aenderung des Klimas ankündigten und daß es zwar sehr schwierig, aber nicht unmöglich sei, auf die Versteinerungen eine Zeitordnung der Felsarten zu begründen, wie man etwa aus Münzen eine unbekannte Regentenfamilie ermittle.[1]

Es ist ein unvergängliches Verdienst des Dänen Steno, schon 1667 die versteinerungsleeren Felsarten als die ältesten Bildungen erklärt zu haben.[2] Werner lehrte, was schon vor ihm Bergleute allerorten längst beobachtet hatten, daß die Reste der belebten Natur in einer eben so strengen Ordnung sich folgten, wie die Schichtenglieder.[3] Nach dem Zeugniß Alex. v. Humboldt's ermunterte er einen seiner Schüler, auf den er unbedingtes Vertrauen setzte, im Jahre 1792, die Beziehung der Versteinerungen zu den Formationen eifrig zu erforschen.[4] Allein das Verdienst, zuerst die geologischen Bildungsabschnitte durch die eingeschlossenen Versteinerungen begrenzt zu haben, gebührt dem englischen Ingenieur Smith, der schon 1799 eine Schichtentafel nach paläontologischen Merkmalen für England

[1] Charles Lyell, Principles of Geology. London 1872. 11 edit. vol. I, p. 40.

[2] Fragmens géologiques de Stenon ed. Élie de Beaumont. Paris 1832. p. 10.

[3] Cuvier, Recueil des Éloges historiques. Paris 1819. tom. II, p. 322.

[4] A. de Humboldt, Sur le Gisement des Roches. Paris 1823. p. 53. Hrn. v. Schlottheim aus Niederdorfstädt in Thüringen, der oben gemeint ist, nennt Werner (Neue Theorie der Gänge, Freiberg 1771, S. 76) „einen Mineralogen, auf dessen genaue Beobachtung ich mich sicher verlassen kann“.

entwarf.[1] Da er aber erst 1815 mit diesen Ansichten in seinem großen Werk, der ersten geologischen Karte von England, auftrat, so kamen ihm im Jahre 1810 Cuvier und Brongniart mit ihren berühmten Vorträgen über die mineralogische Beschreibung des pariser Tertiärbeckens zuvor.[2] Sie trennten, was Werner's Schüler, die sich nur an die Lagerungsverhältnisse hielten, nie vermocht hätten, eine Mehrzahl Schichten der nämlichen Kalkformation einzig durch die Kennzeichen ihrer Versteinerungen und fanden nicht nur auf große Entfernungen die nämlichen Schichten und Schichtenfolgen an den nämlichen Kennzeichen wieder,[3] sondern wagten bereits, gewisse Petrefacten, die Belemniten für die Kreide, die Ammoniten für den compacten Kalkstein als Grenzhüter der Formationen aufzustellen. Doch währte es noch lange, bis man dem neuen Merkmale volles Vertrauen schenkte.[4] Erst Sir Charles Lyell wagte es 1828, die Altersfolge geschichtlicher Felsarten streng nach ihren Versteinerungen festzustellen und das tertiäre Gebiet nach dem abnehmenden Procentgehalt von Thierresten noch unerloschener Arten in drei geologische Zeitalter zu trennen. Seitdem sah man in jeder Schichtenfolge die Grabstätten früherer Schöpfungen und wie Humboldt sich ausdrückt, steigen wir, wenn wir uns von oben nach unten bewegen, von Gruft zu Gruft, aus der Gegenwart durch die nahe Vergangenheit zu einer Vorzeit, für die uns jeder chronometrische Ausdruck fehlt. Während in Deutschland der Einfluß Werner's die mineralogischen Studien betonte, in Frankreich Cuvier und Lamarck

[1] Fitton, Progress of Geology in England. London 1838. p. 33.

[2] Sie erschienen etwas ausgeführter mit Karten in Paris 1811 unter dem Titel Essai sur la Géographie minéralogique des Environs de Paris par G. Cuvier et Alexandre Brongniart.

[3] Cuvier et Brongniart, l. c. p. 19.

[4] Siehe A. v. Humboldt's Zweifel, ob man mit Sicherheit stets Fluß- und Salzwassermuscheln werde unterscheiden können, in der Schrift Sur le Gisement des Roches, Paris 1823, p. 41.

die Bedeutung der Paläontologie hervorhoben, richtete man in England und Schottland den Blick besonders auf die Geologie, auf die Reihenfolge der Schichten der Erdrinde. So entstand 1807 in London die geologische Gesellschaft. R. Murchison (1792—1871), dessen Reisen bereits (S. 639) erwähnt sind, unterschied zuerst die cambrische, silurische und devonische Formation.[1]

Sobald man die Felsarten nach ihrer Altersfolge zu trennen vermochte, konnte man auch auf Karten die Grenzen der geologischen Gebiete bestimmen. Jedes Gebirge, sagt ein geistreicher Geognost der Gegenwart, reicht mit seinen Wurzeln tief in das Innere der Erde hinab und wenn der Harz oder die Alpen bis auf das Niveau der nächsten Umgebungen abgeschliffen würden, so vermöchte ein Geolog doch auf der Ebene noch die Stelle anzugeben, wo diese Gebirge gestanden, welche Richtung sie gehabt und bis zu welcher Höhe sie sich erhoben haben.[2] Geologische Karten für deutsche Räume, wo die Formationsgebiete durch die Farbe geschieden und die Grenzen durch tiefere Töne umrändert waren, verfertigten schon ältere Schüler Werner's.[3] Aber erst Leopold v. Buch vollendete eine Karte, die ganz Deutschland umfaßte. Das erste geologische Gemälde von England lieferte Smith 1815[4] und im Jahre 1829 wagte Ami Boué schon einen geologischen Ueberblick von Europa zu entwerfen. Mit dem Fortrücken der Wissenschaft

[1] K. A. Zittel, Aus der Urzeit. München 1875. S. 117.

[2] Bernhard v. Cotta, Deutschlands Boden. Leipzig 1854. Bd. 1, S. 32.

[3] Fitton, Progress of Geology. p. 64. Jirasek's Karte (5 Farben) zu Fr. Gerstner's Reisen nach dem Riesengebirge, Dresden 1791, gehört zu den ältesten Versuchen dieser Art. B. Studer (Geschichte der physischen Geographie der Schweiz, S. 604) erklärt als die älteste geologische Karte der Schweiz (4 Farben) die von Samuel Gruner 1805, einem der besten Schüler Werner's.

[4] Fitton, l. c. p. 29. Die zweite Ausgabe, London 1828, enthält 18 Farben.

veralteten diese Arbeiten, aber sie bildeten die Grundlage, auf der sich das Bessere entwickelte.

Noch vor der Verbreitung geologischer Karten waren schon die größten Wahrheiten über den innern Bau der Gebirge ausgesprochen worden. Wo die geschichteten und versteinerungsführenden Felsarten in ihrer Lagerung gestört erscheinen und ihre Decke vollständig durchbrochen ist, da drängen sich meist in der Erhebungsaxe der Gebirge ungeschichtete oder scheinbar ungeschichtete versteinerungsleere krystallinische Felsarten hindurch, weshalb wir sie als die Urheber oder wenigstens als die Werkzeuge der Störung betrachten müssen. Dies zeigte zuerst John Michell an einem idealen Querschnitt. Zu beiden Seiten eines Gebirgskammes, lehrte er, werden wir dieselben Felsarten parallel in schmalen Streifen und in gleicher Schichtenordnung auf einander folgen sehen. Die jüngern Schichten, fast horizontal gelagert, treffe man in größeren Abständen von der höchsten Kette an, während in ihrer Nähe die älteren Schichten zu Tage treten.[1] Der erste aber, der den Bau eines Gebirges geognostisch beschrieb, war Simon Pallas. Der Granit, sagt er, bilde den Kern aller Gebirgserhebungen: im Ural breche er als schmaler Rücken in mancherlei Windungen von Süd nach Nord hindurch. An das Granitgebirge lehne sich mit steil aufgerichteten Schichten ein Schieferstrich, dem das Kalkgebirge nachfolge, auf welches sich wieder Sand- und Mergelbänke abgesetzt hätten.[2]

Wenn sich irgendwo Felsarten ruhig ablagern können, so werden auf die älteren Bildungen die neueren in wagrechten

[1] John Michell, Conjectures concerning the earthquakes, in Philosophical Transactions, vol. LI, 1760, part. II, p, 585, 587.

[2] P. S. Pallas, Betrachtungen über die Beschaffenheit der Gebirge, ein Vortrag, gelesen in der Petersburger Akademie am 23. Juni 1777. Leipzig 1778. S. 10, 17, 44, 49. Die erste Länderbeschreibung, welche eine geognostische Bestimmung der einzelnen Räume enthält, ist J. G. Georgi's geographisch-physikalische Beschreibung des russischen Reiches. Königsberg 1798—1799.

Schichten folgen. Wurden aber, bevor ein späterer Niederschlag zu Boden fiel, bereits die älteren Schichten aus ihrer Lage gestört, so wird die jüngere Bildung die vorgefundenen Faltungen und Thäler ausfüllen. Wo dieser Fall eintritt, wird man genau das Alter der Störungen nach geologischer Zeitrechnung ausdrücken können, denn gehörte die oberste Schicht dem ältesten tertiären Bildungsabschnitt an, so wird ihre Unterlage (das Liegende) mindestens schon in der secundären Zeit gefaltet oder gehoben worden sein. Obgleich schon auf diese Art der Däne Nicolaus Steno 1667 in Toscana sechs aufeinanderfolgende Zeiträume erkannt, Strachey in englischen Kohlengruben 1719, Odoardi 1761 in den Apenninen solche Erscheinungen beschrieben hatten,[1] wagte doch erst 1829 Elie de Beaumont aus den beobachteten Schichtenstörungen das Alter der großen Gebirgserhebungen festzustellen, wobei sich zugleich ergab, daß die Aufrichtung der höchsten Gebirge Europas am Beginn der tertiären Zeit stattgefunden habe.[2] Da Elie de Beaumont[3] gleichzeitig entdeckt zu haben meinte, daß die Ketten aller gleichzeitig erhobenen Gebirge in der nämlichen Himmelsrichtung

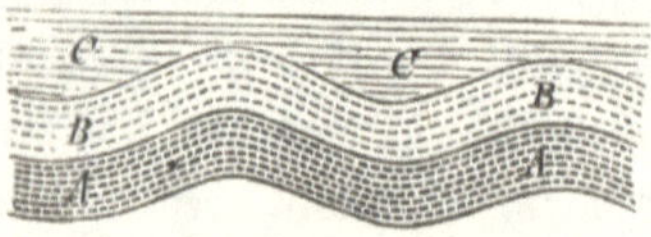

Unconforme Lagerungen.

Die Schichten A und B ursprünglich horizontal, wurden gefaltet ehe sich die Schichte C auf ihnen absetzte.

[1] Fragmens géologiques de Stenon ed. Élie de Beaumont, p. 24. Strachey in Philosophical Transactions, 1719, p. 973, und Odoardi bei Lyell, Principles of Geology, London 1835, tom. I, p. 73.

[2] Aus diesem Diagramm ergibt sich, daß die früher horizontalen Schichten A aufgesprengt und aufgerichtet wurden, als sich der Granit G hindurchdrängte. Die Hebung war aber vollendet, bevor die neueren Schichten N horizontal sich am Abhange von A niederschlagen konnten.

[3] Nach Cotta, Geologie der Gegenwart, S. XXIII sprach L. v. Buch diese Ansicht zuerst aus.

streichen, so erschien die Axenstellung der Gebirge den wichtigsten Aufschluß über den Bau der Festlande zu gewähren.[1] Dieser geistreichen Vermuthung, deren Anhänger sich jetzt außerordentlich vermindert haben, verdankt die Erdkunde doch ein lebendigeres Verständniß von dem Gezimmer[2] der Festlande, wie Carl Ritter sich auszudrücken pflegte, denn die Betrachtung der Erhebungsaxen erleichtert das geistige Durchschauen des innern Baues. Steigen zwei Gebirge in mäßigen Abständen parallel oder convergirend auf, so heben sie das zwischen ihnen liegende Gebiet zu einer Hochebene empor. Kreuzen sich zwei Ketten, so wird das später aufsteigende Gebirge das ältere auf seinen Schultern noch höher aufrichten und nach dem Ausdrucke Humboldt's ein Gebirgsknoten entstehen, wie nach seiner Anschauung der Kwenlun unter dem Bolor hindurch geht und jenseits verlängert als Hindukoh auftritt.[3] Lange vor ihm hatte Saussure gelehrt, daß die Alpenkette, ohne einen sichtbaren Knoten zu bilden, den südwestlichen Theil des Jura gehoben habe.[4] Auch ist er der erste, welcher uns in einem Gebirgsland Längen- und Querthäler unterscheiden lehrt, das heißt Thäler, die mit der Erhebungsaxe des Gebirges parallel laufen und Thäler, welche senkrecht auf dieser Axe stehen und an deren Wänden ein gleiches Streichen und Fallen der Schichten bemerkt wird.[5]

[1] Er sprach diesen Gedanken 1829 in einer Arbeit Révolutions de la surface du globe aus, dann aber ausführlicher in Les systèmes des montagnes, Paris 1852, tom. I, p. 14, 87 et passim.

[2] Eine Uebersetzung des von Buache (s. oben S. 703) schon gebrauchten Ausdruckes charpente.

[3] Siehe oben S. 620.

[4] Er bemerkt nämlich, daß bei Gebirgsketten die größten Höhen gewöhnlich in der Mitte liegen, während die höchste Anschwellung des Jura an den südwestlichen Ausgang gerückt und daher abhängig von der Erhebung der Alpen sei. Saussure, Voyages dans les Alpes. §. 330. Neuchatel 1803. tom. I, p. 391.

[5] Voyages dans les Alpes, §. 522, 948, 2116, tom. I, p. 228; tom. IV, p. 118; tom. VIII, p. 9. Bisweilen wird Jean de Luc als der

Die Kräfte zu benennen, die im Innern der Erde die Hebungen ausführen und die Schichten stören, gehört glücklicherweise nicht zu den Aufgaben der Erdkunde im engeren Sinne, denn ihr genügt schon, daß solche Veränderungen noch gegenwärtig beobachtet werden, seitdem Leop. v. Buch die lange mißverstandene Veränderung des baltischen Wasserspiegels als die Folge eines Aufsteigens von Skandinavien erkannte. Daß auch Senkungen stattfinden, hat der geistreiche Darwin behauptet, bevor sie wirklich in Westgrönland von dem Dänen Pingel nachgewiesen wurden.[1] Im Jahre 1822 krönte man in Göttingen eine Preisschrift, welche eine ziemlich erschöpfende Uebersicht aller in der historischen Zeit erfolgten Veränderungen der Erdoberfläche, der langsamen Abnagungen von Küsten durch das Meer, der Anhäufung jungen Landes an andern Gestaden, namentlich an den Mündungen der Flüsse enthielt. Ihr Verfasser, C. F. A. v. Hoff, hat zuerst die tiefe Naturansicht ausgesprochen, daß die Kräfte, welche noch heutigen Tages vor unsern Augen thätig sind, die Umbildungen auch in früheren Zeiten vollzogen haben und daß „kleine dauernde Wirkungen, über große Zeiträume erstreckt gedacht, vieles in der Geschichte der Erdrinde erklären“.[2]

Ehe man die langsamen Erhebungen und Senkungen an

Urheber dieser Lehre bezeichnet. In seinen Lettres physiques sur l'Histoire de la Terre, La Haye 1780, finden sich Lettre XXX, tom. II, p. 40 sq. vortreffliche neue Ansichten über Erosionsgesetze und Terrassenbildung, auch die erste Lehre über die Beziehungen der erratischen Blöcke zu den Gletschern (p. 97), aber nicht die technischen Ausdrücke Longitudinal- und Transversalthäler.

[1] Ueber L. v. Buch s. o. S. 578, über Darwin S. 608, über Dr. Pingel's Arbeit vom 19. Nov. 1835 s. Poggendorff's Annalen, 1836, Bd. 37, S. 446.

[2] v. Hoff, Geschichte der natürlichen Veränderungen der Erdoberfläche. Gotha 1822. Bd. 1, S. 6, 209. Aehnlich hatte sich der Schotte Hutton bereits 1788 in seiner Theory of the Earth, Edinburgh 1788, ausgesprochen. Vgl. Lyell, Principles of geology. vol. I, p. 73, edit. 11. London 1872.

den Küsten erkannt hatte, schrieb man jede Störung der Erdrinde und jede Verrückung der Schichten den Erdbeben zu, deren Leistung im Aufrichten von Festlandrändern an einzelnen Küstenstellen, wie in Chile, zwar deutlich erkannt worden ist,[1] deren Ursprung aber noch gänzliches Dunkel verhüllt. Ohne zu begreifen, staunen wir nur, bis zu welchen Entfernungen diese Erderschütterungen ihre Kräfte auszudehnen vermögen, wie schon das Ausbleiben des karlsbader Strudels nach dem Erdbeben von Lissabon 1755 auf den Knaben Goethe unverlöschliche Eindrücke hinterließ.[2] Wenn A. v. Humboldt die merkwürdige Thatsache aufbewahrt hat, daß nach dem Ausbruch des Erdbebens von Riobamba am 4. Februar 1797 48 Meilen nördlich die Rauchsäule aus dem Feuerberge von Pasto verschwand, so hat er nur eine neue Bestätigung hinzugefügt, daß die Erdbeben eng zusammenhängen mit den vulkanischen Erscheinungen, was Strabo schon gewußt hat.[3] Nur von dem alten Aristotelischen Irrthum, daß es verirrte Luftmassen in höhlenreichen Gegenden sind, welche die Erschütterungen bewirken, hat uns eine barometrische Statistik von Humboldt befreit,[4] sonst aber hat sich unser Wissen nur noch dadurch erweitert, daß in tropischen Ländern die Erschütterungen etwas zahlreicher in der Regenzeit einzutreten scheinen, als in der trockenen.[5]

[1] Siehe oben S. 599, 608.

[2] Goethe, Wahrheit und Dichtung. Stuttgart 1851. 8°. Bd. 17, S. 24.

[3] Kosmos, Bd. 1, S. 222.

[4] Voyages aux régions équinoxiales. Paris 1814. tom. I, p. 512 sq.

[5] Diese Ansicht hatte bereits J. Kant ausgesprochen in seiner Geschichte und Naturbeschreibung der merkwürdigsten Vorfälle des Erdbebens 1755. Kant's Werke, Bd. 9, S. 53. Leipzig 1839. Daß das Wasser als Urheber der Erderschütterungen schon im Alterthum angesehen wurde, siehe oben S. 65. Der französische Reisende Frezier brachte dieselbe Ansicht aus Südamerika mit heim (Relation du Voyage aux côtes du Chili et du Pérou. Paris 1716. p. 190). Dämpfe, die sich bilden, wenn sickerndes

Einer Vermuthung, die Leop. v. Buch aufstellte, verdanken wir durch den Widerspruch, den sie hervorrief, die Erkenntniß vom innern Bau der Vulkane. Der geistvolle Geognost glaubte die Erscheinung größerer Ringgebirge, welche meist noch thätige Kegel einschließen, sich nicht anders erklären zu können, als daß der Bildung eines Vulkanes eine glockenförmige Aufblähung der Erdoberfläche vorausgehe, die zuletzt in ihrem Höhenpunkt sich öffne und größtentheils in die „hohle Axe der Erhebung" zusammenstürze. Die circusartigen Reste der Aufblähung nannte er einen Erhebungskrater im Gegensatz zu den später entstandenen Auswurfskegeln.[1] Als der Geolog Dana 1840 mit den phlegmatischen Vulkanen der Sandwichinseln bekannt wurde, erregte er die ersten Zweifel gegen diese Anschauung,[2] bis endlich Junghuhn durch seine zahlreichen Untersuchungen zeigen konnte,[3] daß alle Vulkane Javas ihre Gerüste selbst aufgeschüttet haben und daß die sogenannten Erhebungsringe nur Ausbruchskrater sind, deren Circus sich allmählich erweiterte, indem sich seine Wände abblätterten und durch ihren Einsturz den Auswurfsschlauch allmählich ausfüllten.

Zu Alex. v. Humboldt's größten wissenschaftlichen Entdeckungen gehört es, daß er die Vulkane Mexikos vom Tuxtla

Wasser unterirdische Glutenherde erreiche, schrieb auch Sir Joseph Banks die Erderschütterung zu. Hawkesworth, Account of Voyages in the Southern Hemisphere. London 1773. tom. II, p. 173.

[1] Leop. v. Buch, Canarische Inseln. Berlin 1825. S. 284. Schon von Humboldt finden wir die Theorie der Erhebungskrater ausgesprochen in seinem Essai politique sur le royaume de la Nouvelle Espagne. Paris 1811. 8°. tom. II, p. 291 et suiv.

[2] James Dana, U. S. Explor. Exped. Geology. New York s. a. p. 369.

[3] Entscheidend waren die Untersuchungen am Gunong Tengger, wo die Wände des sogenannten Erhebungskraters von senkrechten Spaltungen in allen Richtungen durchschwärmt werden und schräg die fallenden Schichtenflächen schneiden, nicht rechtwinklig, wie es die Erhebungstheorie fordert. Junghuhn, Java, seine Gestalt, Pflanzendecke und innere Bauart. Bd. 2, S. 606—614.

bis zum Colima auf einer Bogenlinie geordnet fand, die vom atlantischen Meer mitten durch eines der größten Hochländer der Erde geht und in die Südsee verlängert selbst die vulkanische Revillagigedogruppe erreicht.[1] Diese Anordnung auf Reihen führte ihn zu der großartigen Erkenntniß, daß die Vulkane auf Spalten oder Narben der Erdrinde stehen, deren überraschende Länge uns ahnen läßt, bis zu welchen ungewöhnlichen Tiefen sie hinabreichen. Als Leop. v. Buch zu einem Verweilen auf Lancerote gezwungen wurde, entdeckte er, daß quer durch diese Insel ein Spalt geht, auf welchem ein Dutzend kleiner Kegel in Reih und Glied geordnet stehen.[2] Dadurch gelangte er zu dem Begriff der Reihenvulkane, von denen er uns ein Bild auf einer Karte der Sunda-Inseln entworfen hat, wo zwei vulkanische Spalten, die eine von den Philippinen gegen Süden, die andere von Java gegen Osten streicht, bis beide bei Timor in einem Knoten sich berühren.[3] Als Junghuhn diese zerrüttete Stelle der Erdrinde genauer untersuchte, entdeckte sein scharfes Auge nicht nur, daß Java wie Sumatra in ihren Längenaxen solche vulkanische Lippen besitzen, sondern daß auch die größern Spalten wiederum von Querspalten durchsetzt werden, die auf Java parallel mit der Längenaxe Sumatras, auf Sumatra parallel mit der Längenaxe von Java laufen.[4] Dadurch wurde die Anschauung tiefer begründet, daß die vulkanischen Erscheinungen auf großen räumlichen Entfernungen in Abhängigkeit von einander stehen, sowie daß der Sitz ihrer Kräfte in sehr großen Planetentiefen gesucht werden müsse. Heinrich Berghaus wagte 1838 in

[1] Essai politique sur le royaume de la Nouvelle Espagne, chap. VIII. Paris 1811. tom. II, p. 300.

[2] L. v. Buch, Canarische Inseln. Berlin 1825. S. 313 und Atlas.

[3] L. v. Buch, Canarische Inseln, S. 352 ff. und Atlas. der canarischen Inseln.

[4] Junghuhn, Java, Gestalt, Pflanzendecke und innere Bauart. Bd. I, S. 80.

seinem physikalischen Atlas die Reihenvulkane an den Rändern der Südsee zu einem großen Ring zu vereinigen,[1] so daß die Vulkane ausnahmslos an die Nähe des Meeres gebunden erscheinen, denn das Meer hauptsächlich liefert dem vulkanischen Herde die zur Dampfbildung erforderlichen Wassermengen.[2] Endlich ist auch, nachdem genauere Höhenmessungen sich vervielfältigt hatten, von selbst der alte Irrthum gewichen, als ob die Vulkane zu den höchsten Bergen der Erde gehörten.[3]

Der uralten Lehre von einem heißflüssigen Erdinnern hat es seit dem Alterthum an Anhängern nie gefehlt. Am Ende des 17. Jahrhunderts waren es der Jesuit Kirchner und Leibniz, welche die Ausbrüche der Vulkane als Zeugnisse für eine innere Glut unseres Planeten ansahen.[4] Als im Jahre 1707 bei Santorin eine neue Vulkaninsel sich erhob und in den aufgerichteten Schichten Seethiere gefunden wurden, glaubte Lazzaro Moro durch diesen Vorgang den Ursprung aller Gebirge, selbst der geschichteten Felsarten mit eingeschlossenen Thierresten, erklären zu können.[5] Doch wird als Begründer der plutonischen Schule erst der Brite Hutton[6] angesehen, der vorzüglich dadurch

[1] Physikalischer Atlas, 3. Abth., Bl. 9. Auf diesen Vulkanring hatte bereits Chamisso hingewiesen. O. v. Kotzebue, Entdeckungsreise in die Südsee 1815—18. Bd. 3, S. 30. Weimar 1821.

[2] K. Fuchs, Vulkane und Erdbeben. Leipzig 1875. S. 129.

[3] Es war die Ansicht Buffon's, welche noch Sir Joseph Banks wiederholte (Hawkesworth, Voyage in the Southern Hemisphere. London 1773. tom. III, p. 794), aber schon von Johann Reinhold Forster bei seinem Besuche des Vulkanes auf Tanna widerlegt wurde. Cook, Voyage dans l'Hémisphère austral. tom. III, p. 192.

[4] Protogaea, Göttingen 1748, p. 7, 32.

[5] Lazzaro Moro, Veränderungen des Erdbodens (deutsche Uebersetzung), Leipzig 1751, Thl. 2, §. 7, S. 256; vgl. auch seinen idealen Querschnitt des Erdballes mit örtlich vertheilten Feuerherden.

[6] Abgesehen davon, daß Pallas schon 1777 (Beschaffenheit der Gebirge, Frankfurt 1778, S. 11) geäußert hatte, der Granit müsse sich im geschmolzenen Zustande befunden haben, muß es auffallen, daß Hutton erst 1785 beim Glen Tilt den ersten Granitgang „entdecken" konnte. (Lyell, Principles of Geology. London 1872. 11th ed. p. 74. Elements, 5th ed.,

die vulkanistischen Ansichten förderte, daß er die krystallinischen Schiefer als geschichtete Gesteine erklärte, die durch Berührung mit einer heißflüssigen Granitmasse umgewandelt worden seien (Contact-Metamorphismus).

Günstig für die Vermuthung eines heißflüssigen Erdinnern ist die eigene Wärme der tieferen Planetenschichten. Sie blieb aber, seit sie Morin 1612 in ungarischen Bergwerken entdeckt hatte, bis zum Jahre 1821 unbeachtet oder bestritten. Als Lahire in den Kellern der pariser Sternwarte am Anfang des 18. Jahrhunderts eine unveränderliche Temperatur beobachtet hatte, glaubte man so sicher in größeren Tiefen überall dieser pariser Erscheinung zu begegnen, daß an den damaligen Thermometern jene Kellerwärme zum Nullpunkt gewählt wurde. Saussure, welcher den Grubentemperaturen große Aufmerksamkeit schenkte, gelangte schließlich zu dem Ergebniß, daß die Erde keine andere dauernde Wärmequelle besitze, als die Besonnung, und daß die hohen Thermometerstände in den Bergwerken von Gesteinslagern herrührten, die sich im „Gährungszustande" befänden.[1] Erst als François Arago 1821 auf die zunehmenden Temperaturen artesischer Wasser bei den wachsenden Tiefen der Brunnen aufmerksam wurde[2] und die Erbohrung des berühmten Brunnens von Grenelle 1840 eine Wärmezunahme von je 1° C. auf 32,8 m. ergeben hatte, wurde die Lehre von der Eigen-

p. 702), während Werner schon von jüngerem und älterem Granit spricht und die Lehre aufstellt, daß der durchsetzte Gang älter sein müsse als der durchsetzende (Entstehung der Gänge, Freiberg 1791, S. 35, 52, 80). Aber schon vor Werner gab es eine deutsche Literatur über die Gänge und v. Oppel hatte bereits den Parallelismus der Hauptgänge der Gebirge mit den Thälern erkannt.

[1] Voyages dans les Alpes, §. 1413. Neuchatel 1803. tom. V, p. 355.

[2] François Arago, Les Puits Forés. chap. IX, §. 4. Oeuvres complètes, Paris 1856, tom. VI, p. 378. Uebrigens wurde von einigen Physikern schon vor 1821 eine Innenwärme unsres Planeten gelehrt, aber diese Ansicht konnte sich nur auf die Grubentemperaturen stützen. Vgl. d'Aubuisson, Traité de Géognosie. Strasbourg 1819. tom. I, p. 448.

wärme der Erde begründet, für die, wie wir sahen, die Beobachtungen im Scherginschacht bei Jakutsk, welche Th. v. Middendorff anordnete, uns mit so wichtigen Zahlenwerthen bereichert haben.[1] Die thermometrischen Untersuchungen im Montcenis-Tunnel ergaben eine Zunahme der Temperatur von 1° C. auf 49 m. (90 engl. Fuß auf 1° F.).[2] Unter den Tropen liegt die Schicht der unveränderlichen Temperatur wenige Schuh tief unter dem Boden, so daß, wenn man dort ein Thermometer vergräbt, schon nach Ablauf weniger Stunden die mittlere Jahreswärme gefunden werden kann, ein Verfahren, das schon Torbern Bergmann empfahl, dessen früheste Anwendung wir aber dem Scharfsinne Boussingault's verdanken.[3]

Magnetische Erdkräfte.

Die stumme Sprache der Magnetnadeln, die uns über geheimnißvolle Kräfte unsres Planeten unterrichtet, wurde erst verständlich, nachdem Cristoforo Borro oder Borri (gest. 1632)[4] sie sichtbar darzustellen lehrte, indem er auf Erdgemälden alle Punkte der Rechtweisung und alle Punkte von gleicher Größe der östlichen und der westlichen Mißweisung durch Linien verband oder mit andern Worten die erste Declinationskarte entwarf. Ihm folgte Edmund Halley, den man irrthümlich für den Erfinder der isogonischen Linien gehalten.[5] Wo diese

[1] Siehe oben S. 628.

[2] Proceedings of the royal soc. of London, vol. XIX, p. 484. London 1871.

[3] Bergmann, Physikalische Geographie. Abth. V, Cap. 1, §. 142. 3. Aufl. Greifswalde 1791. Bd. 2, S. 119. Boussingault, Sur la profondeur de la couche de température invariable. Annales de Chimie et de Physique, tom. LIII, 1833, p. 225—247.

[4] In Mailand geboren, Jesuit, Missionar in Indien, zuletzt Professor in Coimbra, schrieb de arte navigandi. Lisb. 1641.

[5] Vgl. d'Avezac, Aperçus historiques sur la boussole in dem Bulletin de la soc. de géogr. 4ème serie, tom. XIX, p. 358. Paris 1860. Vielleicht hatte auch Borro schon einen Vorläufer in dem spanischen Kosmographen Alfons de Santa Cruz, einen Begleiter Cabot's. d'Avezac l. c.

Curven strahlenförmig zusammenliefen (Convergenzpunkte), da vermuthete er die magnetischen Pole, deren er zwei auf der nördlichen, zwei auf der südlichen Halbkugel zählte.[1] Nach ihm hat Hansteen einen Atlas der Declinationsgeschichte der Erde von 1600 bis 1800 ausgearbeitet, für die Zeit von 1830 haben wir geographische Bilder der magnetischen Mißweisung von Duperrey und Erman erhalten.[2] Im Jahre 1854 entwarf Joh. Lamonte, Professor in München, eine magnetische Karte von Deutschland und Bayern.[3] Die ersten Karten für die Neigung der senkrecht sich bewegenden Nadeln entwarf für die alte und neue Welt 1768 der Schwede Wilke, für den atlantischen und indischen Ocean der Astronom Legentil.[4] Wir verdanken ferner Alex. v. Humboldt die Bestimmungen von Inclinationsgrößen vom stillen Meer bis nach Mittelasien auf zwei Dritteln eines Breitenkreises der Erde. Nennt man die Linie, wo die Neigung der Nadel Null ist oder wo sie horizontal schwebt, den magnetischen Aequator, so erhielt man die genaueste Kenntniß seiner Lage durch Duperrey, der ihn sechsmal in der Zeit von 1821—25 auf seiner Erdfahrt in der Coquille durchschnitt.[5] Als magnetische Pole der Erde bezeichnet man die Stellen unseres Planeten, wo die Neigungsnadel senkrecht zum Horizont steht. Es gibt deren nicht vier, wie Hansteen irrig, sondern nur zwei, wie Euler richtig voraus-

[1] Halley, Philosophical Transactions, 1683, Nr. 148, tom. XIII. p. 216.

[2] Siehe Erman's Declinationskarte der Erde (1827—31) bei Berghaus, Physikalischer Atlas. IV. Abth., Taf. 5.

[3] In verkleinertem Maßstabe wiedergegeben in Müller, Lehrbuch der kosmischen Physik. Braunschweig 1875. 4. Aufl. S. 803.

[4] J. C. Wilke, Försök til en magnetisk Inclinations Charta, in Kongl. Vetenskaps Academiens Handlingar för År 1768, vol. XXIX. Stockholm 1768. p. 193. Legentil, Voyage dans les mers de l'Inde. Paris 1779. tom. I, pl. I; vgl. oben S. 558.

[5] Arago, Rapport sur le Voyage de la Coquille. Oeuvres, tom. IX, p. 189.

gesetzt hatte.[1] Der nördliche Magnetpol ist nur ein einzigesmal 1831 wirklich berührt worden und zwar vom jüngern Roß, der sich auch zehn Jahre später dem südlichen Magnetpol am meisten genähert hat.[2]

Die Stärke der magnetischen Kräfte selbst zu messen und die Gesetze dafür aufzufinden, bemühte sich zuerst der englische Astronom W. Whiston (1667—1752). Im folgte der berühmte Uhrmacher G. Graham.[3] Wenn man eine Neigungs- oder eine Compaßnadel aus ihrer Ruhe stört, so wird sie durch Schwingungen wieder nach ihrer früheren Stellung zurückkehren. Wie bei dem Pendel wächst die Zahl der Schwingungen in einer gegebenen Zeit mit der örtlichen Zunahme der magnetischen Erdkräfte.[4] Was Tobias Mayer 1760 und einige Jahre später Lambert behauptet hatte, begründete Coulomb 1784 zuerst durch Versuche,[5] daß nämlich die Quadrate der Schwingungszahlen magnetischer Nadeln den Ausdruck der örtlichen Stärke (Intensität) geben. Daß diese Stärke von den magnetischen Polen nach dem Aequator abnehme, konnte Alex. v. Humboldt zuerst in einem Brief an Lalande aus Caracas vom 14. December 1799 anzeigen,[6] und die Schwingungszahl, die er in den Anden auf dem magnetischen Aequator zwischen Micuipampa und Cara-

[1] Es kann überhaupt, wie Gauß bemerkt, auf einer Halbkugel nie zwei gleichzeitige, sondern entweder nur einen oder nur drei Magnetpole geben. Gauß und Weber, Atlas des Erdmagnetismus. Leipzig 1840. S. 2.

[2] Siehe oben S. 524 und S. 508.

[3] d'Avezac, l. c. p. 360.

[4] Hansteen, Magnetismus der Erde. S. 65 ff

[5] Whewell, Geschichte der inductiven Wissenschaften. Stuttgart 1843. Bd. 3, S. 69.

[6] Näheres über die Geschichte dieser Entdeckung im Kosmos, Bd. 1, S. 433, not. 29. Graham zählte schon 1723 die Schwingungen der Inclinationsnadeln, aber nur um zu sehen, ob sie sich periodenweise gleichblieben. Ebenso hatte auch Mallet 1769 die Schwingungszahlen einer Compaßnadel in Petersburg und in Ponoi (67° 4' n. Br.) verglichen, aber ohne örtliche Unterschiede zu entdecken. Hansteen, Magnetismus der Erde. Christiania 1819. S. 65 ff.

malca fand, wurde ein halbes Jahrhundert als Maßeinheit (= 1,000, Paris 1,348 und London 1,372 im Jahre 1827) festgehalten, selbst nachdem Edward Sabine, dessen Beobachtungen Hansteen zur ersten Erdkarte für die magnetische Kraftvertheilung benutzte, auf seinen atlantischen Reisen 1822—23 zuerst entdeckt hatte, daß keineswegs immer an dem magnetischen Aequator, wo die Neigungsnadel wagrecht schwebt, die höchste örtliche Schwächung der Erdkraft angetroffen werde.[1] Ebenso sind die Herde der größten Kraft nicht an die Nähe der magnetischen Pole gefesselt. Es gibt deren sogar je zwei auf jeder Halbkugel, wovon der eine nördliche in Sibirien durch Erman 1829, der andere von Lefroy in Canada 1845,[2] die Lage der beiden südlichen aber von Sir James Clark Roß entdeckt wurde. Durch die Schwingungszahlen der Nadeln erhalten wir jedoch nur relative Ausdrücke für die Kraftvertheilung auf der Erde und kein bestimmtes Maß der Stärke selbst. Was Poisson oft vergeblich versucht hatte, gelang Carl Friedrich Gauß 1833, nämlich einen unbedingten Größenausdruck für die örtliche Stärke der Erdkraft durch die Ablenkung der Nadeln sowie durch die Verzögerung oder Beschleunigung ihrer Schwingungen bei Annäherung eines zweiten Magnetstabes zu gewinnen.[3] Wenn, wie Gilbert vermuthete, die Erde selbst ein Magnet und ihr Magnetismus gleichförmig vertheilt wäre, so würde nach dem absoluten Maße von Gauß jeder Cubikmeter der Erde die Magnetisirung von acht einpfündigen Magnetstäben besitzen.[4] Im Jahre 1838 veröffentlichte Gauß seine Theorie des Erdmagnetismus, zwei Jahre später gab er mit Weber den zu-

[1] Pendulum experiments, London 1824, p. 460 sq. Hansteen's Isodynamische Karte erschien 1827 in Poggendorff's Annalen, Bd. 9, Taf. III und IV mit Text, S. 49, 229 ff.

[2] Kosmos, Bd. 4, S. 87—88.

[3] Intensitas vis magneticae terrestris ad mensuram absolutam revocata, Göttingen 1833, p. 6.

[4] Gauß und Weber, Atlas des Erdmagnetismus. Leipzig 1840. S. 3.

gehörigen Atlas nach zum Theil ganz neuen scharfsinnigen Darstellungen der Kräfte heraus, welcher die erste Urkunde bilden sollte für eine künftige Geschichte der magnetischen Erdkräfte und ihrer örtlichen Stärke, so daß man aus ihm die später eingetretenen Veränderungen wird bestimmen können[1].

Schon seit 1580 wußte man, daß die Linien der Rechtweisung von West nach Ost wandern. Im Jahre 1814 kündigte Arago an, daß bald ein Rücklauf dieser Linien bevorstehe, der 1817 in Paris, 1819 in London wirklich wahrgenommen wurde, so daß gegenwärtig aus dem russischen Reiche wieder eine östliche Mißweisung nach Europa eindringt.[2] Durch einen Zufall bemerkte Pater Guy Tachard 1682 in der Stadt Louvo (Siam), daß die Magnetnadel von einem Tag zum andern ihre Mißweisung verändere; daß aber dieser Gang an gewisse Tagesstunden gebunden sei, erkannte zuerst Graham in London 1722—23,[3] und daß nicht zwei, sondern vier Wendestunden der Mißweisung im Laufe eines Tages eintreten, entdeckte A. v. Humboldt 1805 in Rom.[4] In der Zeit von 1743 bis 1746 wollte Celsius und Hjörter in Upsala,[5] später auch

[1] Gauß und Weber, Atlas des Erdmagnetismus. Leipzig 1840. S. 32.

[2] Arago, Magnetisme terrestre. chap. IV. Oeuvres complètes. Paris 1854. tom. IV, p. 479 sq. Die Dauer dieser seculären Verschiebung der Declination kennt man bekanntlich noch nicht, weil vertrauenswerthe Angaben über Mißweisung erst um das Jahr 1600 vorhanden sind. Aber für das 14. und 15. Jahrhundert würden sich aus italienischen Karten des Mittelmeeres, des Pontus und des kaspischen Meeres nach dem von uns (S. 217) angegebenen Verfahren annähernd genaue Aufschlüsse über den damaligen magnetischen Zustand Europas in Bezug auf Declination gewinnen lassen.

[3] George Graham. on the Variation of the horizontal needle in Philosophical Transactions, Nr. 383. London 1724. vol. XXXIII, p. 96.

[4] Kosmos, Bd. 4, S. 117.

[5] Hansteen, Erdmagnetismus. S. 410. Hansteen, fragmentar. Beobachtungen über die Variation des Erdmagnetismus in Poggendorff's Annalen, Bd. 21, S. 361 ff.

Cassini durch pariser Beobachtungen von 1783—1789 einen Jahreszeitenwechsel der Declination wahrgenommen haben.[1]

Eine gleiche Veränderlichkeit bei den Senkungsnadeln und zwar eine seculäre Abnahme der Neigung beobachtete man seit 1671 in Paris, eine Bewegung der Knoten oder Kreuzungspunkte des magnetischen und mathematischen Aequators gegen Westen wurde nach Rückkehr Duperrey's von seiner Erdfahrt 1822—25 festgestellt.[2]

Außer diesen an bestimmte Zeiträume gebundenen Veränderungen hat man die Nadeln, vorzüglich die horizontalen, bisweilen in seltsamer Aufregung gesehen, für welche Erscheinung A. v. Humboldt den malerischen Ausdruck magnetischer Gewitter geschaffen hat. Olav Hjörter und Celsius, die in Upsala am frühesten Zeugen solcher Vorgänge waren, verabredeten mit Graham in London 1741 die ersten gleichzeitigen Beobachtungen und entdeckten dadurch die merkwürdige Thatsache, daß die Störungen in England und Schweden zu gleicher Zeit eintraten.[3] In dem nämlichen Jahre 1741 bemerkten Celsius und Hjörter, daß diese Störungen im Gange der Nadeln den Nordlichtern vorausgehen[4] und 1749 konnte Wargentin in Stockholm bereits den Eintritt eines Nordlichtes im voraus verkündigen. Seitdem wissen wir, daß die magnetische Erde im farbigen Nordlicht selbst leuchtend werde. Auffallenderweise wurde ein Südlicht nicht früher als von Cook und seinen Be-

[1] Cassini, de l'Influence de l'Équinoxe, du Printemps et du Solstice d'été sur la Déclinaison. Paris 1791. p. 42.

[2] Arago, l. c. chap. XIV. Oeuvres, tom. IV, p. 506, 515.

[3] Erst durch Hansteen (Erdmagnetismus, Christiania 1819, S. 413) wurde diese ältere Entdeckung wieder ans Licht gezogen und in Folge dessen verabredeten Arago und Kupffer die ersten neueren Terminbeobachtungen in Paris und Rußland.

[4] Hansteen, Erdmagnetismus. S. 412. 421. Nach neueren Beobachtungen treten nicht immer Nordlichter bei magnetischen Gewittern ein. J. Lamont, Magnetismus der Erde. §. 100. Dove's Repertorium VII, p. CX.

gleitern am 20. Februar 1773 gesehen und als etwas Neues beschrieben.[1] Im Jahre 1824 bemerkte Arago, daß Nordlichter sogar auf den Gang sehr entfernter Nadeln störend einwirken können. Die pariser Nadel verrieth durch ihre Unruhe ein in Nordschottland beobachtetes Nordlicht. Zum Verständniß dieser Erscheinung waren correspondirende Beobachtungen nothwendig. Professor Kupffer, für den Lehrstuhl der Physik in Kasan designirt, befand sich zu jener Zeit in Paris und erbot sich zu correspondirenden Beobachtungen, welche 1825 zuerst zwischen Paris und Kasan ins Werk gesetzt wurden.[2]

Die Vorbereitungen zu einem künftigen tiefern Eindringen in diese Erscheinungen dankt das 19. Jahrhundert seinen beiden großen Zierden A. v. Humboldt und Edward Sabine. Im Jahre 1828 entstand in Berlin in dem Mendelssohn'schen Garten auf dem Raum, wo gegenwärtig das Herrenhaus steht, die erste magnetische Hütte, wo Humboldt und Oltmanns beobachteten.[3] An diese kleine Warte reihten sich rasch andere in Deutschland und durch die Begünstigung der russischen Regierung, sowie durch den rastlosen Eifer des Physikers Kupffer erstreckte sich 1833 bereits eine Beobachterkette bis nach Peking.[4] England, welches solchen Untersuchungen lange Zeit fremd geblieben, 1836 aber durch einen Brief A. v. Humboldt's an den Präsidenten der Royal Society an seine Versäumniß erinnert war, knüpfte bald nachher an die großen Südpolarunternehmungen des jüngern Roß 1839—42 die Errichtung magnetischer Hütten an wichtigen Beobachtungspunkten, wie St. Helena und die Capstadt, vor allem aber wie Toronto in

[1] Cook, Voyage à l'hémisphère austral. tom. I, p. 139. J. R. Forster, Bemerkungen auf einer Reise um die Welt. S. 103.

[2] K. E. v. Baer, Kurzer Bericht über wissenschaftliche Arbeiten und Reisen, Bd. 9 der Beiträge zur Kenntniß des russischen Reiches. Petersburg 1845. S. 49.

[3] Berghaus, Briefwechsel mit Humboldt. Bd. 2, S. 24.

[4] K. E. v. Baer, a. a. O. S. 50.

Canada und Hobarton in Tasmanien.[1] Die Zahl der Beobachtungen steigerte sich damals auf je zwei Millionen in drei Jahren[2] und die Bearbeitung des angehäuften Stoffes der englischen Hütten wurde in die würdigen Hände Edward Sabine's gelegt. Seitdem konnte Lamont in München eine Periode von 10⅓ Jahren in den Veränderungen der Mißweisung, Sabine in der Häufigkeit der magnetischen Störungen eine Periode entdecken, die wieder mit dem von Schwabe erkannten etwa zehnjährigen Zeitraum der größten Frequenz der Sonnenflecken zusammenfiel.[3] Diese Untersuchungen sind ein Ehrendenkmal unserer Zeit, da kein anderer Gewinn in Aussicht steht, als das Verständniß der geheimnißvollen Erregungen der Magnetnadeln, durch welche wohl schwerlich das Wohl unseres Geschlechtes gefördert oder ein Weh von ihm abgewendet werden möchte.

Hydrographie.

Den vagen Vorstellungen von der Unergründlichkeit des Meeres mußte noch Varenius[4] mit der Erklärung entgegentreten, daß der Ocean überall einen Boden habe; allein von der Plastik des Seebodens hatte man noch keine Kunde. Die Schiffer lotheten nur mit einem 12pfündigen Blei und 200 Faden langer Leine an den Küsten, und betasteten damit den Grund, soweit es den praktischen Bedürfnissen der Schiffahrt entsprach.[5] Die erste aus der Vergleichung zahlreicher Küsten-

[1] Siehe oben S. 506 und Edward Sabine, Observations made at the Magnetical and meteorological Observatory at Toronto in Canada. London 1845. tom. I, p. 10 sq.

[2] Kosmos, Bd. 1, S. 197.

[3] Kosmos, Bd. 4, S. 81.

[4] Geogr. generalis, Amstelod. 1671, lib. I, cap. XIII, propos 6, p. 144.

[5] J. Kant (Werke, Bd. 9, S. 37, Leipzig 1839) gibt an, daß der Graf Marsigli (1658—1730) durch das Senkblei die größte Tiefe des Mittelmeers über 8000 Fuß befunden.

punkte und der Erfahrung eines reichen Seemannslebens entsprungenen Ansicht oder Hypothese über die Gestaltung des Meeresgrundes sprach der berühmte W. Dampier aus,[1] daß der Seeboden in seinem Profil dem festen Lande entspreche, „daß hohe Küsten selten ohne tiefes Wasser und im Gegentheil niedrige Küsten und untiefe Seen fast stets bei einander sind". Somit sah man also den Seeboden in seinem Verlauf als die Fortsetzung des Landprofils an.[2] Phil. Buache baute darauf seine bedenkliche Theorie, daß die Beckenformen des Bodens, welche er überall auf dem trockenen Land zu erkennen glaubte, auch am Seegrunde wieder anzutreffen seien. So entstand das Gezimmer (charpente) seiner Seegebirge. Zur Begründung seiner Ansicht entwarf er unter andern die berühmte Karte vom Canal mit den ersten Niveaulinien.[3] Die ersten wirklichen Versuche, die Tiefen des Oceans zu messen, wenn auch mit unzulänglichen Mitteln, wurden von R. Forster auf Cook's zweiter Entdeckungsreise 1772 angestellt; man erreichte mit 250 Klaftern den Grund nicht.[4] Ebensowenig Erfolg hatten Kapitän C. J. Phipps 1773 in der Nähe von Spitzbergen[5] und Fr. Peron während der Expedition Baudin's nach Australien.[6] Offenbar fehlte es noch an brauchbaren Werkzeugen und zuverlässigen Methoden, eine Reihe von Tiefenmessungen vorzu-

[1] Neue Reise um die Welt, Leipzig 1702, S. 768.

[2] Leider folgerten Buffon (Hist. nat. tom. II, p. 199) und J. Kant (Physische Geographie, Königsberg 1802, Bd. 1, S. 73) daraus, daß demnach die höchsten Gipfel auf der Erde den tiefsten Stellen im Ocean entsprächen; aber auch Ch. Darwin (Naturwissenschaftliche Reisen, Braunschweig 1844, Bd. II, S. 249) beruft sich auf jenen Ausspruch Dampier's. Vgl. dagegen J. R. Forster, Bemerkung auf seiner Reise um die Welt. Berlin 1783. S. 46.

[3] Siehe oben S. 703.

[4] J. R. Forster, a. a. O. S. 45.

[5] Reise nach dem Nordpol, Bern 1777, S. 67 und 93. Phipps fand mit seiner Lothleine bei 683 Faden keinen Grund.

[6] Siehe oben S. 489.

nehmen. Sehr lehrreich ist in dieser Hinsicht die Instruction, welche der Astronom Joh. Kasp. Horner für die erste Entdeckungsreise O. v. Kotzebue's (1815—18) entwarf.[1] Es galt als eine bedeutende Leistung, daß John Roß 1818 mit der von ihm erfundenen Tiefseezange im arctischen Meere aus mehr als 1000 Faden Tiefe Bodenproben heraufholte. Weil man aber zu leichte „Sinker", welche die Leine nicht straff anzuziehen vermochten gegen die Strömung, zu den Messungen anwendete und, wenn das Loth den Boden erreicht hatte, sich des schweren Gewichts am Grunde nicht zu entledigen wußte, blieben alle Versuche, selbst die eines James Roß[2] in den Jahren 1840—3 unzuverlässig und dürfen als unbrauchbar bezeichnet werden. Die ganze erste Hälfte unseres Jahrhunderts verging unter vergeblichen Anstrengungen. Einige maßen mit seidenen, Andere mit hanfenen Schnüren, Andere wieder mit dem gewöhnlichen Senkblei und der Lothleine. Alle diese Versuche wurden unter der Voraussetzung angestellt, daß man, wenn das Bleiloth den Grund erreichte, entweder das Anstoßen bemerken oder daß die schlaff werdende Leine nicht mehr ablaufen werde. Allein die Reihen systematischer Versuche, welche später angestellt wurden, haben gezeigt, daß derartige Voraussetzungen nicht zulässig sind.[3] In ein neues Stadium trat die Sache, als der Gedanke, submarine Kabel durch den Ocean zu legen, den Tiefenmessungen eine eminent praktische Bedeutung verlieh. Vor allem verdienen hier die vielseitigen Anregungen und Verdienste M. F. Maury's (1806—1873) in Washington

[1] Entdeckungsreise in die Südsee und nach der Beringsstraße, Weimar 1821, Bd. 1, S. 73.

[2] Roß fand u. a am 3. Juli 1843 in 15° 3′ s. Br. und 23° 14′ w. L. bei 4600 Faden keinen Grund.

[3] Maury, Die physische Geographie des Meeres, deutsch von Böttger. 2. Aufl. Leipzig 1859. S. 190. Siehe ebenda die mannigfachen neuen Mittel, welche man ersann, „aus der unergründlichen, schweigenden Tiefe eine Antwort zu erhalten".

hervorgehoben zu werden.[1]) Seit 1851 hatten zuerst die Amerikaner, dann die Engländer die Untersuchung des nördlichen atlantischen Oceans zwischen Irland und Neufundland begonnen; das 1854 von dem Amerikaner Brooke erfundene Tiefenloth[2] bewährte sich als ein zuverlässiges Instrument. Bereits nach wenig Jahren konnte Maury den ersten Entwurf einer Tiefenkarte des nördlichen atlantischen Oceans wagen. Lieutenant Brooke machte 1858 und 1859 die ersten Messungen im großen Ocean zwischen 18 und 31° n. Br. Kurz darauf zog der britische Seeoffizier Dayman eine Reihe von Tieflothungen vom Canal quer über den Golf von Biscaya nach Gibraltar und weiter bis Malta, 1860 vermaß Mc. Clintock die Linie von den Faröer über Island und Grönland nach Labrador. Das nächste Jahrzehnt sah bereits englische und schwedische Schiffe in See gehen, welche zu reinwissenschaftlichem Zwecke den Seeboden untersuchten; dahin gehören die Fahrten Torell's und Nordenskiöld's nach Spitzbergen 1861 und 1868,[3] ferner die Expedition Carpenter's und Wyville Thomson's

[1] Maury's Physical geopraphy of the sea erschien zuerst in Newyork 1855.

[2] Brooke's Deep-sea Sounding apparatus (abgebildet in Maury's physischer Geographie des Meeres, S. 196 und in Wyv. Thomson, The Depths of the sea. London 1874. p. 213) besteht aus einer durchbohrten Kanonenkugel, welche derart an einem hindurchgehenden Metallstabe befestigt ist, daß sie sich bei Aufstoßen auf dem Grunde ablöst, worauf der erleichterte Stab, in dessen mit Talg oder Seife gefüllter Höhlung am Fußende die Stoffe des Seegrundes haften bleiben, wieder heraufgezogen wird.

[3] Die schwedischen Expeditionen nach Spitzbergen und Bären-Eiland in den Jahren 1861, 1864 und 1868 unter Leitung von O. Torell und A. E. Nordenskiöld. Aus dem Schwedischen übersetzt von L. Passarge. Gera 1874. S. 31, 373, 501. Die auf der Expedition 1868 vom Kapitän v. Otter und Lieutenant Palander in großer Zahl vorgenommenen Tiefenmessungen ergaben, „daß Spitzbergen in gewissem Sinne als eine Fortsetzung der skandinavischen Halbinsel angesehen werden kann, da diese Inselgruppe von Norwegen durch keine größeren Tiefen (nicht über 300 Faden) getrennt wird, während man nördlich und westlich von Spitzbergen Tiefen bis zu 2000 Faden und darüber mißt". S. 501.

auf dem Schiffe „Lightning" 1868 in dem Meere nördlich von Großbritanien und auf dem „Procupine" 1869 und 1870 unter Carpenter, Gwyn Jeffreys und Wyv. Thomson westlich von Irland, vor dem westlichen Ausgange des Canals, an der Westküste Spaniens und im Mittelmeere bis zur Straße von Messina.[1] Das Tiefenloth erfuhr noch weitere Verbesserungen; statt der Kugel wählte man einen hundert bis dreihundert Pfund schweren Cylinder, der in mehrere Theile zerfiel; die Leine, aus dem besten italienischen Hanf, wurde in ihrem Gewicht um 22% vermindert, in ihrer Haltbarkeit um 147% gesteigert.[2] Mit Recht durfte man ein größeres Vertrauen in die Zuverlässigkeit der Sondirungsresultate setzen. Bisher war fast ausschließlich der nördliche atlantische Ocean untersucht; durch die epochemachende und äußerst erfolgreiche Expedition des „Challenger" unter Kapitän Nares in den Jahren 1872 bis 1876 wurden mit einem Schlage alle übrigen Oceane in das Feld der Erforschungen hineingezogen. Zu gleichen Zwecken unternahm das deutsche Kriegsschiff „Gazelle" unter Kapitän Schleinitz 1874—1876 eine Reise um die Erde, während zur selben Zeit die nordamerikanischen Kapitäne Belknap und Miller auf dem „Tuscarora" mehrere Reihen von Sondirungen zwischen Californien und Japan über den großen Ocean zogen.[3] So ward bereits eine vergleichende Meereskunde an-

[1] C. Wyv. Thomson, The Depths of the Sea. II. edit. London 1874. p. 205—235. Der Verfasser schließt diesen Abschnitt, welcher das Beste enthält, was über die Geschichte und Methode der Tiefenmessungen geschrieben ist, mit einer prägnanten Zeichnung des atlantischen Seebodens: According to our present information, we must regard the Atlantic Ocean as covering a vast region of wide shallow valleys and undulating plains, with a few groups of volcanic mountains, insignificant both in heigh and extent, when we consider the enormous area of the ocean bed.

[2] Siehe die Abbildungen der Apparate in The Depths of the sea, l. c., sowie J. J. Spry, The cruise of H. M. S. Challenger. London 1877. p. 43—47.

[3] Vgl. Petermann, Geogr. Mitthl. 1877. Taf. 7.

gebahnt. Unter den drei Oceanen, welche die Erde umgürten, scheint der indische die geringste mittlere Tiefe zu besitzen, der Boden des großen Oceans mehr modellirt als der des atlantischen Meeres. Die tiefsten bisher sondirten Stellen liegen nicht inmitten des Thalbodens der Weltmeere, sondern hart an die Gestade vulkanischer Inselreihen gerückt.[1]

Im Jahre 1749 versuchte Kapitän Ellis am frühesten auf einer Reise nach der Nordwestküste von Afrika unter 25° 15 n. Br. mit einem von Hales erfundenen Instrumente die Wärme größerer Seetiefen (3900 und 5346 feet) zu bestimmen.[2] Er erhielt in beiden Fällen 53° F. Ihm folgte 1772 Joh. Reinh. Forster, als Cook's Begleiter auf seiner zweiten Fahrt, aber seine Thermometer reichten nur 100 Faden abwärts.[3] Im nächsten Jahre stellte Dr. Irving auf Kapitän Phipps' Reise nach dem Nordpol neue Untersuchungen an und maß von der Nordsee bis nach Spitzbergen 9 mal die Temperatur der See in Tiefen von 192 bis 4098 Fuß (feet). Man schloß aus den Beobachtungen, daß in gemäßigten Zonen die Temperatur mit der Tiefe abnehme. Im Jahre 1780 machte Saussure die beiden ersten Versuche im Mittelmeere bei Genua und Nizza in einer Tiefe 944 und 1918 Fuß (feet).

[1] Die größte Tiefe im atlantischen Ocean liegt bei St. Thomas in Westindien, 19° 41′ n. Br., 65° 7′ w. v. Greenw., 3875 Faden. (Challenger 26. März 1873.) Im großen Ocean maß man auf derselben Expedition (23. März 1875) südlich von den Marianen, 11° 24′ n. Br, 143° 16′ ö. v. Greenw., 4575 und 4475 Faden Tiefe. Auf dem „Tuscarora" erreichte man östl. von den Kurilen sogar eine Tiefe von 4655 Faden. (Petermann, Geogr. Mitthl. 1877. Taf. 7.)

[2] J. Prestwich, On submarine temperatures. (Philos. transactions of the R. Soc. of London, vol. 165, part. II, p. 590. London 1876.)

[3] Prestwich, l. c. p. 591 ist im Irrthum, wenn er meint, Forster habe das zu seinen Versuchen angewandte Instrument nicht beschrieben. Die genaue Beschreibung findet sich in J. R. Forster, Bemerkungen auf einer Reise um die Welt. S. 50. Berlin 1783. Die Vermuthung Prestwich's, Forster habe sich des Hales'schen Klappenthermometers bedient, findet hier seine Bestätigung.

Beidemal zeigte das Thermometer 10°,5 R.[1] Auf der Erdumsegelung Krusenstern's (1803—6) benutzte Joh. Kasp. Horner ein selbstregistrirendes Thermometer von Six und machte über 30 Beobachtungen, aus deren Resultaten er schloß, daß die Meere in gewissen Tiefenschichten eine unveründliche Wärme besitzen müßten.[2] Aus den von nun an zahlreicher werdenden Untersuchungen treten zunächst die von Scoresby auf seinen Reisen in die spitzbergische See 1810—1822 gemachten Tiefseetemperatur-Beobachtungen hervor. Scoresby fand im Polarmeere eine gleichmäßige aber langsame Zunahme der Temperatur von der Oberfläche bis zu der größten von ihm erreichten Tiefe.[3] John Roß und Edw. Sabine machten auf ihrer arctischen Reise 1818 die ersten namhaften Reihen von Beobachtungen mit selbstregistrirenden Thermometern, die gegen den Druck des Wassers geschützt waren.[4] Man war überrascht, in einer Tiefe von 680 Faden eine Wasserkälte von 25° 75 F. (—3°,5 C.) anzutreffen, während bis dahin selbst bei einer

[1] Voyage dans les Alpes, Neufchâtel 1796, vol. III, p. 153 et 196. Saussure bediente sich eines Spiritusthermometer von Reaumur mit großer Kugel, welche mit einer 3 Zoll dicken Schicht von Wachs, Harz und Oel umgeben war. Der ganze Apparat war mit Eisendraht umflochten und blieb 12 Stunden, von Abends 7 Uhr bis Morgens 7 Uhr, am Grunde. (Prestwich, l. c. 592.)

[2] Horner glaubte, die Tiefenschichten der unveränderlichen Temperaturen im atlantischen Meere unter 30° n. Br. schon bei 110 Faden und 13°,5 R., im ochotskischen Meerbusen aber bei 25 Faden und 1°,5 R. berührt zu haben. Horner bei A. J. v. Krusenstern, Reise um die Welt. St. Petersburg 1812. Bd. 3, S. 145. Doch hat schon E. Lenz darauf hingewiesen, daß unter dem bedeutenden Drucke des Wassers in der Tiefe das Thermometer zu hohe Temperaturen anzeigt. E. Lenz, Bemerkungen über die Temperatur des Weltmeeres in Bulletin de la classe physico-mathém. de l'Acad. impér. d. sc. Petersburg 1847. tom. V, nr. 5, p. 67.

[3] W. Scoresby's des Jüngern, Tagebuch einer Reise auf den Wallfischfang, deutsch von Fr. Kries. Hamburg 1825. S. 257. (Im Original S. 237.)

[4] W. Thomson, The Depths of the Sea. London 1874. p. 292, 301.

Tiefe von 1000 Faden höchstens 28° F. (— 2°,2 C.) gefunden waren.[1] Denn man nahm damals an, daß Salzwasser ebensowohl wie Süßwasser bei + 4° C. seine größte Dichtigkeit erreiche. Von besonderer Wichtigkeit ist die zweite Erdumsegelung Kotzebue's 1823—26, an welcher E. Lenz theilnahm. Die Beobachtungen dieses berühmten Physikers, meistens in mehreren Tiefenschichten an derselben Stelle,[2] ergaben, daß die Temperatur des Weltmeeres von 45° n. Br. bis zum Aequator bis auf 1000 Toisen Tiefe beständig abnimmt und zwar anfangs schleunig, dann langsamer und zuletzt ganz unmerklich.[3] Indem er dann die Erfahrungen, welche auf den Expeditionen von Krusenstern und Kotzebue (1815) gemacht, mit heranzog, fand er, daß in der Tiefe von etwa 420′ die Temperaturen von 48°—27° n. Br. wachsen und zwar von 12 auf 20°,5 C., dagegen von 15° n. Br. bis zum Aequator sich constant auf 14°,5 C. halten. Demnach liegt in dem äquatorialen Gürtel die kalte Wasserschicht der Oberfläche näher als jenseit des Wendekreises. Daraus ergibt sich nothwendig ein Abfließen des wärmeren Wassers vom Aequator zu den Polen an der Oberfläche und ein Zufließen kälteren Wassers aus höheren Breiten nach dem Aequator, anfänglich in horizontaler Richtung, unter der Linie aber von unten nach oben.[4] So war Lenz der Entdecker der

[1] W. Thomson, l. c. p. 301.

[2] Dabei wurde zweimal eine größere Tiefe als 900 Toisen erreicht, und zwar in 21° 14′ n. Br. und 196° 1′ w. v. Gr. 979 Toisen (nach der Correction 914,9 Toisen) und in 32° 20′ n. Br. und 42° 30′ w. v. Gr. 969 Toisen (nach der Correction 1014,8 Toisen) mit den Temperaturen 4°,6 C. und 3°,92 C. (nach den Correctionen 2°,44 C. und 2°,24 C.) O. Krümmel, Die äquatorialen Meeresströmungen des atlantischen Ocean, Leipzig 1877, S. 16 nennt nur eine solche Messung. Für obige Angaben vergl. E. Lenz, Physikal. Beobachtungen in Mém. de l'Acad. impér. d. Sc., Série VI, tom. I. 1831. p. 251.

[3] E. Lenz, a. a. O. S. 281.

[4] E. Lenz, Beobachtungen über die Temperatur des Weltmeeres. Bull. de l'Acad. impér. d. Sc., tom. V, p. 71. Petersburg 1847.

verticalen Circulation der oceanischen Gewässer.[1] Trotzdem glaubte noch Dumont d'Urville (1826—29), welchem Arago Temperaturbeobachtungen in der Tiefsee zu machen empfohlen hatte, daß im offenen Ocean bei 600 Faden das Wasser eine fast gleichmäßige Wärme von + 3°,8 bis 5° C. bewahre, und als auch James Cl. Roß, nach den Erfahrungen auf seiner Reise nach dem Südpolarmeere, sich dieser Ansicht anschloß, daß in einer bestimmten Tiefenschicht eine beständige Temperatur von + 4°,2 C. herrsche, galt dieser Lehrsatz fast 30 Jahre trotz des Einspruches eines Humboldt[2] und trotz neuer gegentheiligen Beobachtungen.[3] Erst im Jahre 1868 und 1869, als die englischen Gelehrten Carpenter, Gwyn Jeffreys und Wyville Thomson zu zoologischen Zwecken den Seegrund des atlantischen Meeres auf den Schiffen Lightning und Procupine untersucht hatten, konnte jene Theorie als falsch beseitigt werden. Es zeigte sich, daß das Seewasser an Dichtigkeit zunimmt bis zu seinem Gefrierpunkte, welcher in der Ruhe bei — 3°,67 C., in bewegtem Wasser bei — 2°,55 C. eintritt.[4]

Horner, der Astronom der Krusenstern'schen Expedition, verglich zuerst die specifische Schwere oceanischer Wasser und fand sie im atlantischen Meer wie in der Südsee unter dem Passatgürtel größer als unter höhern Breiten, in der Südsee aber etwas niedriger als im atlantischen Ocean, am geringsten

[1] Siehe das anerkennende Urtheil W. Carpenter's über die „Lenz'sche Theorie der ocean. Circulation" in Nature, vol. X. 1874. p. 170.

[2] Kosmos, Bd. 1, S. 322. Prestwich, l. c. p. 623.

[3] Lieutenant Lee von der U. S. Coast Survey fand im August 1847 in 35° 26′ n. Br. und 73° 21′ w. v. Gr. unter dem Wasser des Golfstroms bei 1000 Faden Tiefe nur 2°,7 C., der engl. Seeofficier Dayman in 51° n. Br. und 30° w. v. Gr. bei gleicher Tiefe nur 0°,4 C. (W. Thomson, l. c. p. 302.) Alle Beobachtungen von 1749—1868 sind von Prestwich auf einer Weltkarte zusammengestellt in Phil. Transact. 1876. Pl. 65.

[4] W. Thomson, The Depths of the Sea. p. 304. „Challenger" und „Gazelle" haben in reichem Maße neues Material geliefert, um diese Ansicht zu bestätigen.

in den eingeschlossenen Meeren.[1] Die Abnahme des Salzgehaltes unter höheren Breiten konnte, wenigstens für die nördliche Halbkugel, Alexander Marcet nach Zerlegung von 70 verschiedenen Proben der Royal Society am 20. Mai 1819 bestätigen.[2] Seitdem sich die Zahl der Analysen vermehrt hat, ist die örtliche Vertheilung der festen Bestandtheile viel schärfer begrenzt worden.[3]

Bernhard Varen hatte um die Mitte des 17. Jahrhunderts gelehrt, daß die Spiegel aller Meere unter einer Gleichgewichtslinie lägen. Ein Rückschritt von der Wahrheit zum Irrthum trat ein, als zur Zeit der französischen Feldzüge in Aegypten Lepère in Folge eines fehlerhaften Nivellements auf der Landenge von Sues den Spiegel des rothen Meeres um 30′ 6″ (pieds, lignes) höher als das Mittelmeer gefunden haben wollte. Auf Humboldt's Anregung ließ Bolivar 1828 durch Lloyd über die Landenge von Panama eine Messung ausführen und der Höhenunterschied zwischen den Spiegeln der Südsee und des atlantischen Meeres war so gering (3 Fuß), daß er Ablesungsfehlern zugeschrieben werden konnte. Dasselbe gilt auch von dem berühmten Nivellement, welches Coraboeuf 1825—27 vom Fort Socoa bis Perpignan zwischen dem atlantischen Ocean und dem Mittelmeer ausführte, zwischen denen er nur einen Unterschied von 0^{m} 73 gefunden hatte.[4] Dennoch ver-

[1] Horner, Ueber das specifische Gewicht des Meerwassers, bei A. J. v. Krusenstern, Reise um die Welt. Petersburg 1812. Bd. 3, S. 149 ff. Was man vor Horner über diese Erscheinung wußte, beschränkt sich auf die Thatsachen, welche Torbern Bergmann, Physikalische Beschreibung der Erdkugel, 3. Abth., 5. Cap., 3. Aufl., Greifswalde 1791, Bd. 1, S. 362 gesammelt hatte. Ueber Meyen's Bestimmungen vgl. S. 603.

[2] Marcet in Gilbert's Annalen der Physik, Bd. 63 (XXXIII). Leipzig 1819. S. 116.

[3] Siehe Forchhammer's Analysen von Seewasser aus 16 Meereszonen bei Gustav Bischof, Lehrbuch der chemischen und physikalischen Geologie, 2. Aufl. Bonn 1863. Bd. 1, S. 450 ff.

[4] Lepère, Mémoire sur la communication de la mer des Indes à la Méditerrauée in Description de l'Égypte. Paris 1809. tom. I, fol.

suchten die größten Physiker der jüngsten Vergangenheit, selbst A. v. Humboldt, das vermeintliche Aufstauen des Meeresspiegels im rothen Meere zu rechtfertigen,[1] bis 1846—47 auf Befehl des Vicekönigs von Aegypten eine wiederholte Höhenmessung den Unterschied der beiden Spiegel auf 3 Centimètres einschränkte.[2] Die örtliche Spiegelhöhe der See erleidet jedoch Schwankungen bei anhaltend schweren oder leichten Winden, denn das Meer selbst ist ein Barometer, das bei jeder Verminderung des Luftdrucks 13,3 mal so hoch sich erhebt, als das Quecksilber in der Torricelli'schen Röhre. Dieses Gesetz wurde für das atlantische Meer 1831 aus Beobachtungen in Brest, später auch bei Lorient von Daussy, für die Ostsee von dem Schweden Schulten nachgewiesen.[3]

Die Erscheinungen von Ebbe und Flut waren zwar schon von Kepler der Zugkraft des Mondes zugeschrieben worden, aber vor Newton konnte niemand die Nadirfluten erklären. Das Spiel der Anziehungskräfte von Sonne und Mond, die sich je nach ihrem Stande bald unterstützen, bald einander entgegenwirken, wurde nun in dem vierzehntägigen Rhythmus der Springfluten und der Todtwasser leicht erfaßt. Laplace endlich konnte aus den genauen Beobachtungen im brester Hafen von 1711—16 nachweisen, daß die Höhe der Flutwellen und sogar ihr verzögertes Eintreffen an der französischen Küste abhängig sich zeigt von den schwankenden Mond- und Sonnenfernen, sowie von der Declination dieser beiden Gestirne.[4]

54 sq. Lloyd in Philosophical Transactions, 1830, Nr. 2. London 1830. Part I, p. 59 sq. Ueber Coraboeuf vgl. Arago, Oeuvres complètes. Paris 1857. tom. IX, p. 63.

[1] Kosmos, Bd. 1, S. 324.

[2] Das Nivellement und die Flutbeobachtungen wurden ausgeführt von Stephenson, Negretti, Talabot und Bourdaloue; siehe Philosophical Transactions for the year 1855. London 1855. vol. 145, p. 112.

[3] Daussy, in Comptes rendus, tom. III, Juill. — Déc. 1836. Paris 1836. p. 136 sq.

[4] Isaac Newton, Philosophiae natur. Principia, Prop. XXIV. Theor.

Obgleich man das örtliche Eintreffen der Flutwelle oder die Hafenzeiten schon seit dem 16. Jahrhundert beobachtet hatte, so versuchte doch erst 1833[1] W. Whewell auf einer Karte alle Orte der Erde, die zu gleicher Zeit von dem Kamm der nämlichen Flut erreicht werden, durch Linien (cotidal lines, Isorhachien) zu verknüpfen und dadurch das stündliche Fortrücken dieser Wellen sichtbar zu machen.[2]

Die Hauptströmungen der Oceane, schon dem 16. Jahrhundert bekannt, wurden auf einem Kartenbilde am frühesten durch den Jesuiten Athanasius Kircher 1665 dargestellt.[3] Es ist das erste physikalische Gemälde, das wir besitzen, und um 20 Jahre älter als Halley's Windkarte. Eine genaue

20, p. 429—431. Newton lehrte bereits, daß die Geschwindigkeit der Flutwelle von der Meerestiefe abhängig sei. Laplace, Mécanique céleste. 1ère partie, livr. 4, chap. 4, §. 43. Paris 1843. tom. II, p. 336.

[1] Merkwürdig ist indessen eine Karte des Jesuiten Athanasius Kircher, welche das doppelte Eindringen der atlantischen Flutwelle in die Nordsee durch den Aermelcanal und um die britischen Inseln von Nord nach Süd darstellt. Athanasius Kircher, Mundus subterraneus. lib. III, cap. 5. Amstel. 1665. fol. 141.

[2] Whewell in Philosophical Transactions, London 1833, Part I, p. 147. Außer einer Erdkarte gab er auch noch ein Bild der britischen Inseln mit Seetiefen und Flutlinien, die beide Berghaus im physikalischen Atlas (Hydrographie, Nr. 1 und 2) wiederholt hat. Dieser erste annähernde Versuch bedurfte noch vielfacher Verbesserungen, die für südamerikanische Küsten von Kapitän Fitzroy nachgewiesen (Fitzroy, Voyages of H. M. ships Adventure and Beagle. London 1839. Appendix zu tom. II [tom. III], Nr. 27, p. 277 sq.), im nördlichen Theil des stillen Meeres von der Südspitze der Halbinsel Californien über die Aleuten bis zu den Carolinen, und im Eismeer von Wardoehus bis Novaja Semlja (76° n. Br.) von Lütke auf zwei Karten ausgeführt wurden. Bulletin physico-mathématique de l'Académie de St. Pétersbourg, tom. II, Nr. 25, Pl. I und II. Petersburg 1844.

[3] In seinem Mundus subterraneus (Amsterdam 1665) finden sich zwei Strömungskarten, und zwar die vorzüglichere zu lib. III, Disq. 7, fol. 144. Man bemerkt auf ihr bereits den Aequatorialstrom der Südsee und den peruanischen Küstenstrom. Kircher kannte schon die Gabelung des atlantischen Aequatorialstromes bei Brasilien und sein Eindringen in den mexikanischen Golf.

Kenntniß von dem Kreislauf der atlantischen und der pacifischen Seeströme finden wir am frühesten bei Isaak Vossius[1] und die von den Ufern solcher Ströme eingeschlossenen Krautwiesen, die bereits auf Karten des 17. Jahrhunderts angegeben werden, erscheinen genau begrenzt schon bei Delisle.[2] Nach altem Brauche werfen Seefahrer öfter eine Flasche mit Angabe der Zeit und des Ortes über Bord. Ihre Bahn läßt sich zwar nicht genau verfolgen; allein wenn man den Ausgangspunkt und die Stelle, wo die Flasche wieder aufgefunden, durch eine Linie verbindet, kann man sich im Allgemeinen eine Vorstellung von ihrer Wanderung in der herrschenden Strömung machen.[3] Der Franzose Dayssy hat solche Flaschenposten auf einer Karte zur Anschauung gebracht.[4] Ihm folgte Kapitän Belcher, welcher 1843 die erste Bottle-Chart in England publicirte, auf welcher 119 Flaschenfahrten eingetragen waren.[5] Später sind solche Karten auch in andern Ländern nachgeahmt worden.[6] Der Einfluß der Strömungen auf die Erwärmung der Küsten, die sie bespülen, wurde erst erkannt, als man anfing, Thermometer in den Ocean zu senken. Solche Versuche führte zwar schon J. R. Forster auf Cook's zweiter Reise aus,[7] aber erst 1775 lehrte Benjamin Franklin, durch Thermometerbeobachtungen die

[1] Isaac Vossius, De motu marium et ventorum liber. cap. 6. Hagae 1663. p. 24—26.

[2] J. G. Kohl (Zeitschrift für Erdkunde, Bd. 11, Berlin 1861, S. 431) gibt noch weitere historische Einzelnheiten.

[3] Heinr. Berghaus hat in seiner Allgemeinen Länder- und Völkerkunde, Stuttgart 1837, Bd. 1, S. 535 die Fahrten von 21 Flaschen angegeben, welche im nördlichen atlantischen Ocean zwischen 65 und 45° n. Br. ausgeworfen worden.

[4] Nouvelles Ann. d. Voy., vol. II, p. 254. Paris 1839.

[5] Nautical Magazine, 1843, p. 184.

[6] Kohl, Die Geschichte der Forschungen über den Golfstrom, in Koner, Zeitschrift für allg. Erdkunde, Neue Folge, Bd. 19, S. 269. Berlin 1865.

[7] Bemerkungen auf einer Reise um die Erde, S. 51. Noch ältere derartige Beobachtungen aus den Jahren 1768—1769 von Chappe d'Auteroche im atlantischen Ocean hat J. G. Kohl a. a. O. S. 441 nachgewiesen.

Ufer des Golfstromes bestimmen und zehn Jahre später veröffentlichte er die erste genauere Karte dieser Strömung, welche ihm ein befreundeter Seemann aus Nantucket, Kapitän Folger, auf seinen Wunsch (1769) gezeichnet hatte, um zu erklären, warum die Schiffe, die von Falmouth nach New York gingen, 14 Tage länger brauchten als die Schiffe, die von London gegen Rhode Island segelten.[1] Das Gegenstück zum warmen Golfstrom ist die peruanische Küstenströmung, deren niedrige Temperaturen A. v. Humboldt auf der Fahrt von Callao nach Guayaquil 1802 entdeckte.[2] George Aimé, Professor in Algier, erfand 1845 einen submarinen Stromweiser, um die Richtung und Schnelligkeit unterseeischer Strömungen bestimmen zu können.[3] Die Ursachen der großen Meeresströmungen sind wohl in der Temperaturdifferenz und in der Axendrehung der Erde zu suchen. Doch gehen die Ansichten darüber noch auseinander.[4]

Vertheilung der Luftwärme.

Wenn man einen Glaskolben erhitzt und die Mündung seiner Röhre in ein Gefäß mit Wasser oder Weingeist senkt, so wird beim Erkalten der Glaswände die Luft in der Kugel und Röhre sich verdichten und der frei werdende Raum sogleich durch das Aufsteigen der Flüssigkeit ausgefüllt werden. Je nachdem die Luft in Kugel und Röhre sich wieder stärker erwärmt oder noch mehr abkühlt, wird die Flüssigkeit in der Röhre sinken oder steigen. Es wird also dadurch die Erhöhung oder Erniedrigung der Lufttemperatur sichtbar und wenn man

[1] Benjamin Franklin, Works ed. Sparks. Boston 1856. vol. VI, p. 463 sq.

[2] Siehe A. v. Humboldt im Briefwechsel mit Berghaus. Leipzig 1863. Bd. 2, S. 275, 284.

[3] Annales de Chimie et de Physique, III. serie, tom. XIII, p. 461 et suiv.

[4] Eine kurze Uebersicht der verschiedenen Theorien findet sich in O. Krümmel, Die äquatorialen Meeresströmungen. Leipzig 1877. S. 30 u. folg.

die Röhre mit einer Stufenleiter versieht, auch meßbar. Ein solches Werkzeug, welches man ein Luftthermometer nennt, erfand wahrscheinlich schon vor 1597 Galilei,[1] während dasselbe etwa seit 1603 von Cornelis Drebbel (geb. zu Alkmaar 1572, gest. 1634 zu London), einem Verfertiger mechanischer Kunstwerke, der in Deutschland und England an Fürstenhöfen umherwanderte, weiter verbreitet wurde.[2] Auf den ersten Blick wird man jedoch gewahrt haben, daß die Flüssigkeit in der Röhre auch bei unveränderter Temperatur je nach Vermehrung oder Verminderung des Luftdrucks steigen oder sinken mußte, mit andern Worten, daß ihre Bewegung aus einer Mischung von barometrischen mit thermometrischen Wirkungen bestand. Diesen Fehler heilte die Academia del Cimento, als sie in Glaskugeln mit aufrechtstehenden Röhren gefärbten Weingeist bis zu einer gewissen Höhe füllte, die Oeffnung dann verschloß und eine Scala hinzufügte, auf welcher der Stand angegeben war, den der Weingeist erreichte, wenn man das Thermometer in Schnee oder Eis tauchte und wenn man es den Sonnenstrahlen der heißesten Sommertage am Arno aussetzte. Dieses Meßwerkzeug war das berühmte florentiner Thermometer.[3] Genauer befestigt wurde die obere Grenze der Scala durch die Entdeckung Edmund Halley's (1693), daß Weingeist wie Quecksilber in der Thermometerröhre, wenn sie

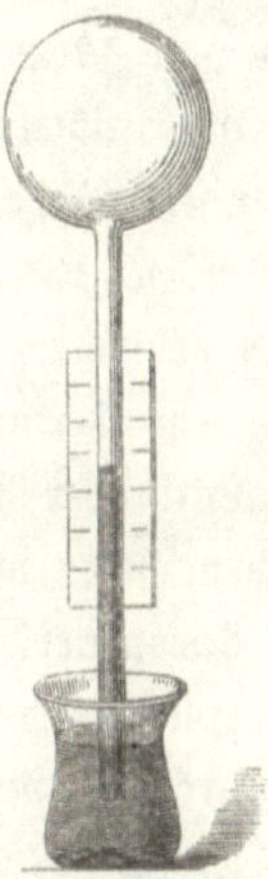

Das Drebbel'sche Luftthermometer.

[1] G. Libri, Annales de Chimie et de physique. tom. XLV (1830), p. 355, note 2.

[2] Joh. Heinr. Lambert, Pyrometrie. Berlin 1779. S. 13.

[3] Auch dieses Instrument scheint Galilei's Erfindung zu sein, denn „Libri (Galileo Galilei's Leben und Wirken; aus dem Französischen von Carové, Siegen und Wiesbaden 1842, S. 21) fand das geschlossene Thermo-

in siedendes Wasser getaucht wurde, stets bis zu einem gewissen und nie über ein gewisses Maß stiegen, gleichviel, wie lange das Sieden des Wassers fortgesetzt und wie oft die Versuche wiederholt wurden.[1] Bald entdeckte jedoch Fahrenheit in der Zeit von 1709—1713, wo er sich abwechselnd in Danzig und Berlin aufhielt, daß diese thermometrische Höhengrenze des siedenden Wassers mit dem Luftdruck steige oder sinke.[2]

Wenn das Wasser, je nachdem sich der Luftdruck vermindert, bei niedrigeren Temperaturen zu sieden beginnt, so wird man aus dem thermometrischen Siedepunkte des Wassers den Druck der Luft oder den Barometerstand ableiten können, und da sich Thermometer viel leichter auf unzugängliche Berge tragen lassen als Barometer, so gewährt die Bestimmung des thermometrischen Siedepunktes einen Nothbehelf bei Höhenmessungen, wenn man auf größere Genauigkeit verzichtet. Lemonnier beobachtete am 4. October 1739 zuerst, daß auf der Höhe des Canigou das Wasser zu sieden begann bei einer um 9° R. (= 15° des Delisle'schen Thermometers) niedrigeren Temperatur und einem um genau 8 Zoll niedrigeren Stand des Barometers als gleichzeitig in Perpignan.[3] Zu Lemonnier's Zeiten dachte man noch nicht daran, Formeln zur Ableitung der Höhen aus den Siedepunkten des Wassers zu finden, sondern erst de Luc hat 1772 ein annähernd richtiges Verfahren der Berechnung gelehrt.[4]

meter (und darunter ist kaum ein anderes als das Weingeistthermometer zu verstehen) schon in einem 1611 — also im zweiten Jahre nach der Uebersiedelung Galilei's von Padua nach Florenz — geschriebenen Bande der Bibliothek des Arsenals zu Paris (Nr. 20 der ital. Handschriften) erwähnt". (E. E. Schmid, Lehrbuch der Meteorologie. Leipzig 1860. S. 65.)

[1] Halley, Philosophical Transactions von 1693. Nr. 197, p. 650.

[2] Lambert, Pyrometrie. S. 53. Schon Mariotte hatte gelehrt, daß heißes Wasser zu sieden anfinge, wenn man unter der Luftpumpe den Druck verminderе. Cassini, Mémoires de l'Acad. des Sciences. Année 1705. p. 71.

[3] Cassini de Thury, Histoire et Mémoires de l'Académie des Scienses. Année 1740, Paris 1742. p. 92.

[4] Er versuchte schon 1762 auf seiner Reise von Genf nach Genua die

Bis zum Jahre 1730 gab es nicht zwei Thermometer, deren Gang übereinstimmend gefunden worden wäre und deren Temperaturangaben einen strengen Vergleich zuließen. Erst damals ersann René Antoine Ferchault de Reaumur (1683 bis 1757) ein Verfahren, wie man an allen Orten Thermometer anfertigen könne, die, wie er sich ausdrückt, in gleicher Sprache zu dem Beobachter redeten. Es war fast eine Nebensache, daß er als Nullpunkt einen Höhenstand wählte, den der Weingeist einnimmt, wenn das Thermometer in langsam gefrierendes Wasser oder in schmelzenden Schnee gestellt wird. Sein Hauptverdienst lag vielmehr darin, daß er Thermometer verfertigte, in welchen beim Nullpunkt der Temperatur genau 1000 Theile einer Flüssigkeit Raum hatten, und daß er seine Stufenleiter abtheilte, je nachdem die Flüssigkeit um 10, 20, 30 u. s. w. Raumtheile sich ausgedehnt hatte.[1]

Die frühesten Thermometerbeobachtungen stellte Pater Raineri, ein Schüler Galilei's, im Kloster degli angeli zu Florenz an, indem er gleichzeitig mit zwei Instrumenten täglich fünfmal seine Beobachtungen 16 Jahre fortsetzte. Allerdings hatte die Scala noch keine festen Punkte. Indeß hat Libri ermittelt, daß

Siedehitze des Wassers bei verschiedenem Luftdruck zu bestimmen, war aber von den Ergebnissen nicht befriedigt. Später wiederholte er die Untersuchungen auf neun Stationen zwischen Beaucaire und Genf und veröffentlichte 1772 ihre Ergebnisse, welche ihn zu der Formel geführt hatten, daß der Siedepunkt des Wassers in Reaumur'schen Graden sich finden lasse durch

$$78 + 0{,}03642\, a - \frac{9{,}8 \times 324}{a}.$$

a ist der Barometerstand, ausgedrückt in pariser Linien. (Recherches sur les modifications de l'Atmosphère, §§. 450, 1085—88. Genf 1772. tom. I, p. 352; tom. II, p. 403 sq.)

[1] R. de Reaumur, Règles pour construire des Thermomètres, gelesen am 19. November 1730 in Mémoires de l'Academie des Sciences. Année 1730, Paris 1732. p. 453 sq. Indeß entspricht der Nullpunkt des ersten Reaumur'schen Thermometers etwa —0°,8 des jetzigen. Unser 80theiliges Thermometer verdankt seine exacte Ausbildung de Luc. (E. E. Schmid, Lehrbuch der Meteorologie. S. 73.)

der Nullpunkt des alten florentiner Thermometers der Akademiker del Cimento gleich —15° R. und 50° gleich +44° R. zu setzen sind. Eine weitere Vergleichung Libri's ergab, daß sich seit der Mitte des 17. Jahrhunderts die Temperatur von Toscana nicht verändert hat.[1] Dann folgte Paris, wo seit 1699 die Lufttemperaturen aufgezeichnet und jedes Jahr von der Akademie eine Witterungschronik veröffentlicht worden, die aber nur den höchsten und den niedrigsten Stand des Thermometers angab, mit welchen noch jetzt die volksthümliche Neugier sich zu befriedigen pflegt. Reaumur sah zuerst ein, daß man zu wissenswürdigen Größen auf diesem Wege nicht gelangen werde und er berechnete daher aus doppelten täglichen Beobachtungen das Wärmemittel des Jahres 1735 für Paris.[2] Auch versendete er seine Thermometer an Freunde der Meteorologie und bald erhielt man aus großen Fernen, sogar aus Peking und Mexiko Beobachtungen, die aber, ohne strenges Verfahren ausgeführt, noch gänzlich werthlos waren.[3] Als im Jahre 1773 die pariser Akademie den P. Cotte beauftragte, aus allen bis dahin angehäuften Beobachtungen die Ergebnisse zu ziehen, erhielt sie selbst für Paris nichts weiter als Reihen der höchsten und niedrigsten Thermometerstände. Das Mittel aus den niedrigsten Ablesungen wurde als mittlere Temperatur des Winters, das Mittel aus

[1] G. Libri, Annales de Chemie et de physique, tom. XLV (1830), p. 354.

[2] So arglos waren damals noch die Meteorologen, daß Reaumur theils in Paris selbst, theils auf dem Lande in Charenton seine Thermometerstände ablas und beide dann vermischte! Seine Morgenbeobachtungen fallen in die Zeit von 5½ bis 7 Uhr, seine Nachmittagsbeobachtungen aber zwischen 2 und 10 Uhr. Siehe Histoire et Mémoires de l'Académie des Sciences. Année 1735, Paris 1738. p. 545 sq.

[3] Ein eifriger Witterungsbeobachter jener Zeit, der Marchese Poleni in Padua, beobachtete von 1725—1761 täglich ein (Delisle'sches) Thermometer, welches er jedoch der Bequemlichkeit halber in einem Zimmer aufgehängt hatte. Giuseppe Toaldo, Saggio meteorologico. Padova 1770. p. 87. Vor weniger als 100 Jahren blickte man auf solche Beobachtungen noch mit Ehrfurcht

den höchsten als mittlere Sommerwärme verkündigt, für das eine —7° 3/4 R., für das andere 26° R. gefunden.[1] Die ausschließliche Beachtung der Extreme führte Cotte zu dem wunderlichen Irrthum, daß die Sommerwärme auf allen Punkten der Erde die nämliche sei, denn Bouguer habe das Thermometer in Peru nicht höher gesehen als in Paris, nämlich auf 28° R.[2] Noch glaubte man das Jahresmittel aus der halben Summe des höchsten und des niedrigsten Thermometerstandes berechnen zu können, in dem guten Wahne, daß die äußersten Grenzen der Erwärmung von den mittleren Werthen aufwärts und abwärts in gleichem Abstande lägen. Erst seit dem Jahre 1756 wurden in Stockholm und Upsala von Wargentin und Mallet aus der Summe aller einzelnen Ablesungen die ersten Mittelwärmen monatsweise festgestellt[3] und dieses Beispiel bewog Cotte, „zum Nutzen des Ackerbaues", also nicht zum Gewinn klimatischer Vergleiche, aus den Monatsmitteln auch für Paris und etliche andere Orte die Jahrestemperaturen zu berechnen.[4] Joh. Heinrich Lambert (geb. 1728 zu Mühlhausen in Elsaß, gest. 1777 zu Berlin) führte, epochemachend für die theoretische Entwicklung der Klimatologie, die Ausstrahlung des Bodens in die Rechnung ein; auch lehrte er, daß, obwohl die Sonne 7 Tage länger über der nördlichen Erdhälfte weile, die Wirkung doch dadurch ausgeglichen werde, daß der südliche Sommer in die Zeit des Periheliums falle.[5]

[1] Cotte, Traité de Météorologie. Paris 1774. p. 271. Jetzt rechnet man 2°,6 R. für den Winter und 14°,5 für den Sommer.

[2] Cotte, Météorologie. p. 279.

[3] Torb. Bergmann, Physikalische Beschreibung der Erdkugel. Abth. V, Cap. 1, §. 139. Die Beobachtungen in Upsala von Mallet, 1756 begonnen, sind unbrauchbar wegen Unleserlichkeit der Handschrift. L. v. Buch, Reisen in Norwegen. Bd. 2, S. 320.

[4] Cotte, Météorologie. Paris 1774. p. 369. Für Paris 8° 3/4 R., für Stockholm 4° 3/4 R. Beide Werthe sind ziemlich genau. Für Algier dagegen wurde 15° statt 14°,2, für Pondichéry nur 20° statt 22° gefunden.

[5] Lambert, Pyrometrie. Berlin 1779. S. 310.

So kann man denn als Geburtstag der modernen Witterungskunde den 15. September 1780 bezeichnen. An diesem Tage stiftete Carl Theodor, Kurfürst der Pfalz, ein großer Beförderer der Naturwissenschaften, die berühmte mannheimer Akademie für Meteorologie. Sie forderte sogleich 14 deutsche und 16 auswärtige Universitäten und Gymnasien auf, Gehilfen zu ernennen, welche nach den Vorschriften der Gesellschaft beobachten sollten. Damit aber vergleichbare Werthe erhalten würden, versah sie alle ihre Genossen mit übereinstimmenden Instrumenten: Thermometern, Barometern, Hygrometern, Regenmessern und magnetischen Nadeln.[1] Mit Ausnahme der pariser Akademie erhielt man überall günstige Zusagen und berühmte Namen wie Euler in Petersburg, Toaldo, später auch Chiminello in Padua finden sich unter den Mitgliedern der mannheimer Gesellschaft. Im Jahre 1784 war die Zahl der Correspondenten in Europa auf 30 gestiegen, doch liefen auch aus andern Welttheilen gelegentliche Zusendungen ein. Der erste Band der mannheimer Witterungsberichte erschien 1781, der letzte, welcher die Beobachtungen von 1792 enthält, im Jahre 1795. Die Jahreszahlen sprechen es selbst aus, weshalb seitdem die Thätigkeit erlosch.[2] Fügen wir hinzu, daß Leop. v. Buch und Wahlenberg aus diesen Akten ihre Naturgesetze abgeleitet haben und daß Alex. v. Humboldt, als er 1817 die vergleichende Witterungskunde erschuf, außer seinen eigenen und etlichen neueren überseeischen Beobachtungen nur die „Pfälzer Ephemeriden" vor sich hatte.

Die mannheimer Akademie legte ihren Genossen die Pflicht auf, dreimal des Tages, um 7 Uhr Morgens, um 2 Uhr und

[1] Die Barometer scheinen viel zu wünschen übrig gelassen zu haben. Saussure, der eins davon auf dem Gotthardhospiz sah, bemerkt: J'avoue que ces instruments ne me parurent pas dignes de la réputation et de la beauté de l'institution de cette célèbre Académie.

[2] Der Titel des großen Werkes ist: Ephemerides Societatis meteorologicae Palatinae.

um 9 Uhr Abends zu beobachten. Die Tageszeiten sind zwar nicht ungünstig gewählt, allein die Stunden, wo im Durchschnitt die mittlere Tageswärme abgelesen werden kann, wurden erst seit 1778 durch gleichzeitige Untersuchungen von Gatterer in Göttingen und von Chiminello in Padua festgestellt.[1] Seitdem wiederholte man ähnliche Ermittelungen an verschiedenen Orten. Vorausgesetzt übrigens, daß sich ein Beobachter nur an feste Zeiten bindet, lassen sich aus seinen Aufzeichnungen stets die mittleren Werthe finden, da durch Rechnung der Einfluß einer ungünstigen Stundenwahl völlig beseitigt werden kann.

Ehe wir uns die Mühsal auferlegen, aus Tausenden von Beobachtungen zu einem Mittelwerthe zu gelangen, werden wir immer versuchen, ob sich nicht der Natur ihre Geheimnisse durch eine bequeme Formel entreißen lassen. Schon Edmund Halley berechnete die Erwärmung jedes Breitengürtels der Erde an den drei Tagen der Nachtgleiche, der Sommer- und der Wintersonnenwende nach den Höhenwinkeln und der Dauer der Besonnung, ohne Rücksicht darauf, wie er sich selbst eingestand, ob die Strahlen auf durchsichtige (See-) oder undurchsichtige (Land-) Flächen, auf Ebenen oder auf Höhen fielen.[2] Nach ihm haben sich Mairan 1719 und Euler 1739 mit der Ermittelung der sogenannten mathematischen Wärmevertheilung beschäftigt. Lambert, der tiefer als seine Vorgänger einzudringen versuchte, zog auch die nächtliche Erkaltung in die Berechnung und gelangte dabei zu der wichtigen Erkenntniß, daß im Boden ein Theil der sommerlichen Erwärmung festgehalten und zur Milderung der

[1] Siehe Chiminello's Tabula caloris perpetua nach paduanischen Beobachtungen der Jahre 1778 und 1779 in den Ephemerides Soc. met. Palat., Ao. 1789. Gatterer's handschriftliche Beobachtungen hat zuerst L. F. Kämtz (Vorlesungen über Meteorologie, Halle 1840, S. 18—20) veröffentlicht. Sie erstrecken sich über sechs Jahre; wann sie aber begannen, ist nicht angegeben.

[2] Edmund Halley, in Philosophical Transactions, 1693, Febr., Nr. 203, p. 878 sq.

Winter wieder langsam entbunden würde.[1] Trotz seiner mathematischen Verfeinerungen führte ihn sein Verfahren zu solchen Unwahrheiten, daß er die Linie der mittleren Wintertemperatur von 0° R. längs des 56. Breitengrades durch Edinburgh, Aarhuus, Memel, Kamtschatka und die Hudsonsbaigebiete zog, und daß er sich sicher fühlte, für jeden Tag im Jahr und für jeden Ort, dessen Breite bekannt war, ein Erwärmungsmittel durch seine Formeln abzuleiten.[2]

Den Weg zu besseren Erkenntnissen betrat zuerst der große göttinger Astronom Tobias Mayer. Er lehrte, wie man durch eine einfache Gleichung die sogenannte mathematische Erwärmung aller Punkte der Erde finden könne, sobald die Mittelwärme zweier Orte unter verschiedenen Breiten bekannt sei. Der Unterschied zwischen der beobachteten und berechneten Wärme, fügte er bei, werde dann mit der Zeit zu dem Gesetze der Störungen führen.[3] Mayer's Vorschriften leiteten Kirwan bei seinen Untersuchungen im Jahre 1802. Um allen unberechenbaren Schwankungen aus dem Wege zu gehen, welchen die Temperaturen von binnenwärts gelegenen Orten unterworfen sind, verglich er beobachtete Temperaturen auf dem atlantischen Meere mit der sogenannten mathematischen Wärme nach Halley's Tafeln und fand dabei, daß weder das Wachsthum der Wärme im Sommer, noch die Temperaturerniedrigung im Winter in Wahrheit so groß seien, als sie aus den mathematischen Formeln abgeleitet wurden,[4] weil durch Luftströmungen beständig die örtlichen

[1] Pyrometrie, Berlin 1779, S. 333.

[2] Pyrometrie, S. 316, 340.

[3] De variationibus thermometri accuratius definiendis, in Tobiae Mayeri, Opera inedita ed. Lichtenberg. Göttingen 1775. Mayer nahm an, daß die mittlere Temperatur unter dem Aequator 24° R., unter 49° n. Br. aber 9° R. betrüge. Darnach berechnete er seine Tafel. L. c. §. 7, fol. 7.

[4] Richard Kirwan, Variations of the Atmosphere. Transactions of the Royal Irish Academy. Dublin 1802. vol. VIII, p. 400 sq.

Temperaturen gemischt und ihre Unterschiede abgeschwächt würden.

Im Jahre 1817 ließ Alex. v. Humboldt die Störungsgesetze der Erderwärmung durch ein äußerst einfaches Mittel zuerst sichtbar werden.[1] Er verband nämlich alle Orte, deren jährliche Mittelwärme gleich befunden worden war, auf der Karte durch Linien, die er Isothermen oder Linien gleicher Jahreswärme nannte, und nöthigte damit die Natur, durch die Gestalt der Wärmecurven, durch die Richtung ihrer bald gewölbten (convexen), bald hohlen (concaven) Scheitel selbst das Gesetz der Störungen auszusprechen und die störenden Ursachen zu enthüllen. Im Jahre 1817 kannte man die Mitteltemperaturen von nur 56, 1844 schon von 422, im Jahre 1853 von 506 Punkten und gegenwärtig, seitdem man durch Humboldt den Werth solcher Vergleiche kennen gelernt hat, hat sich das Netz der Stationen über alle Zonen gespannt und dringt immer weiter in das Innere der übrigen Erdtheile ein.

Humboldt's sinnreiche Erfindung wirkte nicht bloß wie eine Offenbarung auf dem Gebiete der Witterungskunde, sondern seine Anleitung, das Wirken von Naturkräften im Bilde darzustellen, hat uns ganze Reihen physikalischer Erdgemälde zugeführt und ihnen verdanken wir die Leichtigkeit, mit der wir uns gegenwärtig unterrichten können.[2] Humboldt, der die Wirkung des neuen Belehrungsmittels genau zu schätzen wußte, bekennt zwar offen, daß seine isothermischen Linien

[1] Die berühmte Arbeit „Von den isothermen Linien und der Vertheilung der Wärme auf dem Erdkörper", erschien 1817 zu Paris in den Mémoires de physique et de chimie de la Société d'Arcueil, p. 462—602, und wurde nicht eher übersetzt, als bis der Verfasser sie selbst in seinen Kleineren Schriften, Stuttgart 1853, Bd. 1, S. 206—314 deutsch herausgab.

[2] Humboldt selbst hatte keine Isothermenkarte entworfen, sondern er gab nur die Anleitung dazu, die Berghaus dann 1838 im physikalischen Atlas ausführte. Uebrigens wollte schon Eberh. Aug. Wilh. Zimmermann, der aus den Südgrenzen der Verbreitung von Polarthieren sehr richtig schloß, daß die Temperaturen von den europäischen Küsten gegen das

Halley's Curven der magnetischen Mißweisung nachgebildet worden seien; doch hatte niemand in der Zeit von 1683 bis 1817 daran gedacht, Halley's Erfindung auch auf andere Erdkräfte als die magnetischen anzuwenden. Durch die Anwendung dieser Linien brachte Humboldt zuerst den Unterschied des solaren und realen Klimas zu durchgreifender Anerkennung.[1]

Schon beim ersten annähernden Entwurf der Linien gleicher Jahreswärme (Isothermen) gewahrte man auf der nördlichen Erdhälfte das Gesetz, daß ihre Scheitel gewölbt auf den Westküsten standen und hohl sich in das Innere der Festlande senkten. Die Ungleichheit der Erwärmung der Ost- und der Westküsten beider Welten, auf welche Georg Forster zuerst aufmerksam gemacht,[2] und welche Humboldt in Zahlen präcisirte,[3] offenbarte uns, daß es an den Festlanden eine bevorzugte und benachtheiligte Seite gab und Europa den begünstigtsten aller Erdräume ausfüllt, denn die vorherrschenden Luftströmungen, von denen die Mischung der Temperaturen verschiedener Breiten abhängt, sind die unter den Tropen erwärmten und zu uns zurücklaufenden Westwinde. Die Vertheilung von Land und Wasser, die Gestalt der Continente, die Richtung der Ge-

Innere der Festlande sinken müssen, auf seinen Karten die mediam mensuram thermometri angeben, fand aber das Wissen seiner Zeit noch nicht reif genug für ein solches Unternehmen. Specimen Zoologiae Geographicae. Lugd. 1777. p. XIV, XIX.

[1] H. W. Dove in Bruhn's, A. v. Humboldt. Leipzig 1872. Bd. 3, S. 98.

[2] Kleine Schriften, Berlin 1797, Thl. 3, S. 85.

[3] Humboldt (Kleinere Schriften, Bd. 1, S. 237) fand 1817 folgende Größen:

mittlere Temperatur in 100theiligen Graden:

nördl. Br.	an der Westküste der alten Welt	an der Ostküste der neuen Welt	Unterschied
30°	21°,4	19°,4	2°,0
40°	17°,3	12°,5	4°,8
50°	10°,5	3°,3	7°,0 (?)
60°	4°,8	—4°,6	9°,4

birge verkündigten sich selbst als die Ursache der günstigen und ungünstigen Störungen der mittleren Erwärmung.

Erst 1852 war die Zeit reif geworden, um nach Tobias Mayer's Anleitung die wahren mittleren Ortstemperaturen mit den mathematischen zu vergleichen. Dove berechnete die Erwärmungsmittel, die jedem Breitengrade zukommen würden, wenn die Oberfläche der Erde gleichförmig naß oder trocken wäre, untersuchte dann, wie viele Thermometergrade jedem Erdraum über oder unter diesem Mittel zugemessen waren und verband alle Orte durch Linien der gleichen Bevorzugung oder der gleichen Erniedrigung (Isanomalen). Als Störungsgesetz ergab sich daraus, daß zwei Gürtel der Temperaturerhöhung und zwei Gürtel der Temperaturerniedrigung schräg den Aequator in der Richtung von Nordwest nach Südost und unparteiisch sowohl die großen Wasser-, wie die großen Landflächen durchkreuzen, so daß die Westküsten nur nördlich vom Wendekreis des Krebses, südlich dagegen die Ostküsten der Continente eine isothermische Begünstigung genießen. Immer aber blieb die ältere Erkenntniß aufrecht, daß die günstige oder ungünstige Mischung der örtlichen Temperaturen abhängt von dem Kreislaufe der Passatströmungen und von der Lage der Küsten, je nachdem sie von warmen oder von kalten Meeresströmungen getroffen werden. Auf der nördlichen Erdhälfte werden nämlich die West-, auf der südlichen die Ostküsten von warmen; auf der nördlichen Halbkugel die Ost-, auf der südlichen die Westküsten von kalten Seewassern bespült.

Humboldt schritt 1817 von der Begrenzung der jährlichen Wärmemittel zur Betrachtung der Gegensätze innerhalb der Jahreszeiten fort. Indem er auf den Curven der gleichen Jahrestemperaturen der örtlich wechselnden Wärmevertheilung nachspürte, erkannte er, daß wenn man sich von der Küste nach dem Innern längs der Isothermen bewege, die Sommer immer heißer, die Winter immer kälter wurden, daß also die Gegensätze der Jahreszeiten wuchsen, je mehr die Scheitel der Isothermen hohl wurden. „Man findet," sagt er in seiner lebendigen Sprache, „zu Quebeck einen pariser Sommer und einen petersburger Winter, in Peking die Sommer heißer als in Cairo und die Winter so streng als in Upsala."[1] Uebrigens war Leop. v. Buch schon auf seiner Reise nach dem Nordcap 1807 zu der Erkenntniß gelangt, daß beim Vorherrschen von Landwinden die Gegensätze der Jahreszeiten ausarten, beim Vorwalten von Seewinden sie verwischt werden, so daß ihm die Begriffe des Insel- und des Festlandklimas verdankt werden.[2]

Daß die örtliche Erwärmung mit der senkrechten Erhebung abnehme, hatte man zu allen Zeiten wahrgenommen,[3] aber erst Bouguer fiel auf den Gedanken, aus dem Aufsteigen der untern Schneegrenze in den peruanischen Anden das Höhenverhältniß der Temperaturverminderung zu bestimmen.[4] Auch Saussure verglich die Höhen der Schneelinie am Canigou und Aetna mit der am Montblanc, für welche er 1300 Toisen gefunden hatte. Es entging ihm dabei nicht, daß die Schneegrenze selbst bei nachbarlichen Höhen nicht in einem gleichen Horizont liege, sondern an vereinzelten Bergen viel höher steige.[5] Leopold

[1] Kleinere Schriften, Bd. 1, S. 252.

[2] Wahlenberg bediente sich 1811 noch der Ausdrücke Buffon's, sibirisches und isländisches Klima, welche dasselbe sagen. Flora Lapponica, Berlin 1812, p. XLII.

[3] Siehe oben S. 72, 225, 439.

[4] Er fand sie bei 2434 Toisen am Aequator, bei 15--1600 in Frankreich. Bouguer, Voyage au Pérou (Figure de la Terre). p. XLVIII. J. R. Forster war der erste, der die Höhe eines Berges nach der Lage der Schneelinie abschätzte. Freilich gab er auf Cook's zweiter Reise dem Gipfel Egmont auf Neuseeland 14,720 Fuß (feet). Da er nämlich die Grenze des Schnees unter 46° n. Br. im südlichen Frankreich auf 3280—3400 Yards angegeben fand, so nahm er beim Egmont eine noch größere Erhebung an. J. R. Forster, Bemerkungen auf einer Reise um die Welt. Berlin 1783. S. 23. Der Egmont ist nur 8270 Fuß (feet) hoch; siehe F. v. Hochstetter's Karte von Neuseeland, Reise der Fregatte Novara, Geol. Theil. Wien 1864. Bd. 1.

[5] Voyages dans les Alpes, §. 937—942. Neuchatel 1803. tom. IV, p. 101 sq.

v. Buch entdeckte aber zuerst, daß die Höhe der Schneegrenze nicht einen Ausdruck der örtlichen Jahreswärme gewähre, sondern nur ein Ergebniß des Kampfes der örtlichen Sommerwärme gegen den untern Saum des winterlichen Schnees sei.[1] Humboldt fügte hinzu, daß die Schneegrenze an den Abhängen solcher Gebirge, die aus wärmestrahlenden Hochebenen aufsteigen, sich über die theoretische Höhe emporschwinge und daß sehr viel darauf ankomme, ob örtlich der Sommer heiter oder trübe sei. Als endlich 1820 Webb bei Uebersteigung des Himalaya an seinem Südabhange die Schneegrenze (1900 Toisen) tiefer angetroffen hatte als an dem minder erwärmten Nordabhang (2600 Toisen) und man deshalb die Richtigkeit seiner Höhenmessungen bestritt, war es wieder Humboldt (1824), welcher sogleich die Abhängigkeit jener Höhengrenze von der Fülle der Niederschläge erkannte, denn die Luftströmungen, welche über den Himalaya streichen, setzen am Südabhange schon den größten Theil ihrer Feuchtigkeit ab und überschreiten den Kamm so trocken, daß auf der Nordseite nur wenig Schnee fallen kann.[2]

Konnte man also aus der Höhe der untern Schneegrenze die senkrechte Wärmeabnahme nicht ableiten, so besaß man für das freie Luftmeer nur die Beobachtungen während der denkwürdigen Ballonfahrt am 16. September 1804, auf der sich Gay Lussac bis zu einer Höhe von 3580 Toisen über Paris erhob, wo er eine durchschnittliche, aber nicht gleichmäßige Abnahme der Wärme von 1° C. für je 95 Toisen fand.[3] Aehnliche Beobachtungen machten Welsh und Green bei ihren Luftfahrten

[1] Humboldt, De distributione plantarum. Paris 1817. p. 125.

[2] Siehe A. v. Humboldt, Centralasien. Berlin 1844. Bd. 2 (Thl. 3), S. 153—215. Briefwechsel mit Berghaus, Bd. 2, S. 139, 169. Daß die Schneegrenze im Karakorum wegen des verminderten Niederschlages noch höher steigt als am Nordabhang des Himalaya, haben die Brüder v. Schlagintweit festgestellt. (Results of a scientific mission to India. Leipzig 1862. tom. II, p. 498.)

[3] Gay Lussac, Relation d'un voyage aérostatique, in Annales de Chimie, tom. LII. Paris an XIII. p. 84 sq.

im Sommer und Herbst 1852 von London aus, doch wiesen sie auch den Einfluß der Jahreszeiten auf die Abnahme der Wärme in den höheren Luftschichten nach.[1] Daß indessen die Temperatur in den höheren Luftschichten keineswegs regelmäßig abnimmt, zeigte Glaisher, welcher sich am 5. September 1862 bis zu der ungeheuren Höhe von 11,000 m. erhob. Als Wahlenberg 1812 in der Schweiz seine berühmten Untersuchungen über die senkrechten Pflanzenklimate anstellte, standen ihm für Temperaturbeobachtungen auf größeren Höhen in Mitteleuropa nur die Tafeln zur Verfügung, welche zwei Mitglieder der mannheimer Gesellschaft, der Kapuziner P. Onophrius im Gotthardhospiz und der Benedictiner P. Schloegel auf dem Peißenberg geliefert hatten.[2] Bald jedoch häuften sich die Beobachtungen. H. B. de Saussure hatte schon 1788 am Col de Géant im Sommer eine Temperaturabnahme um 1° R. auf je 100 Toisen (80 Toisen für 1° C.) gefunden. Humboldt ermittelte die Größen für 32 Orte zwischen 16° s. und n. Br. in der neuen Welt, die mit sehr geringen örtlichen Schwankungen 200 m. für 1° C. lieferten (128 Toisen = 1° R.). Ramond fand 1802—4 am Pic du Midi die senkrechte Abnahme im Sommer um 1° C. bei 106 Toisen; d'Aubuisson erhielt aus den Vergleichen seiner zwölfmonatlichen Beobachtungen 1818 auf dem Spital am St. Bernhard 224 m. im Winter für 1° C. (oder 144 Toisen für 1° R.) und 183 m. im Sommer (118 Toisen = 1° R.), wodurch er zugleich Saussure's glänzende Vermuthung bestätigte, daß die Winter auf großen Berghöhen verhältnißmäßig

[1] Die Abnahme der Temperatur erwies sich an den 4 Tagen der Luftschiffahrt (17. und 26. Aug., 21. Oct., 10. Nov.) nach E. E. Schmid, Lehrbuch der Meteorologie, in folgender Weise: auf 323 engl. Fuß, 382, 436, 401 engl. Fuß ein Grad Fahrenheit, oder auf etwa 91 Toisen, 108, 121, 114 Toisen 1° C.

[2] Tobias Mayer hatte für die Breite von Göttingen um vieles früher eine Temperaturabnahme von 1° R. auf je 100 Toisen gefunden. De variationibus thermometri, §. 1. Opera Inedita, tom. I, fol. 7.

milder sind als in der Ebene. L. F. Kämtz, der 1832 auf dem Rigi, 1833 auf dem Faulhorn beobachtete, während gleichzeitig in Basel, Bern, Genf und Zürich der Gang des Thermometers aufgezeichnet wurde, fand das Gesetz, daß um 5 Uhr Nachmittags die Temperaturminderung um 1° C. bei 62,5 Toisen (78 Toisen = 1° R.), um Sonnenaufgang aber erst bei 95,6 Toisen (119,5 Toisen = 1° R.) eintrete. Endlich wies Humboldt für Europa von Palermo bis zum Nordcap eine durchschnittliche Erniedrigung der mittleren Jahreswärme um 1° C. nach, je nachdem man sich entweder zwei geographische Grade nach Norden bewegt oder 80—87 Toisen erhebt.[1] Gegenwärtig nimmt man als gesichert an, daß in den Alpen durchschnittlich für je 100 m. die Jahreswärme um 0°,56 C. sinkt.[2]

Luftdruck und Luftströmungen.

Zu Mariotte's und Halley's Zeiten begnügte man sich, den mittleren Barometerstand am Meere auf 28 französische oder 30 englische Zoll anzugeben. Den wahren Werthen näherte sich jedoch erst Sir George Shuckburgh, der 1777 aus 132 Beobachtungen in Italien und in England die mittlere Höhe des Barometers am Meere mit Beachtung der Lufttemperatur feststellte.[3] Humboldt entdeckte bald nachher, daß die mittlere Barometerhöhe am Meere nicht überall gleich, daß sie am

[1] Saussure, Voyage dans les Alpes. §. 2051. Neuchatel 1803. tom. VII, p. 396—399. A. v. Humboldt, Kleinere Schriften. Bd. 1, S. 297. Ramond, Formule barométrique. p. 189. D'Aubuisson, Traité de Géognosie. Strasb. 1819. tom. I, p. 438. Kämtz, Vorlesungen über Meteorologie. S. 242. Humboldt, Centralasien. Berlin 1844. Bd. 2, S. 147.

[2] J. Hann, Bericht über die Fortschritte der geogr. Meteorologie in Behm, Geogr. Jahrbuch, Bd. 4, S. 139. Gotha 1872.

[3] Er fand als Mittel bei 52° Quecksilber- und 62° F. Lufttemperatur den Druck in Italien und England zu 30,04 Zoll (inches). Philosophical Transactions for the year 1777, part. II, vol. LXVII. London 1778. p. 586, not. f.

Aequator etwas geringer als in der gemäßigten Zone sei und ihr Maximum im westlichen Europa bei einer Polhöhe von 40—45° eintrete.[1] Noch heutigen Tages fehlt uns übrigens jeder Ausdruck für die mittlere Barometerhöhe auf der Erde, denn der Luftdruck, der am Ufer der Meere herrscht, läßt sich nicht mit dem Luftdruck auf den Festlanden vergleichen,[2] weil er abhängt von dem örtlich verschiedenen Vorherrschen schwerer oder leichter Luftströme. Das auffallende Abnehmen des mittleren Luftdrucks in höheren Breiten des atlantischen Thales, namentlich bei Island, erklärt sich theilweise aus der vom Aequator nach den Polen fortschreitenden Abnahme des Wasserdampfes; Kämtz fand sogar, daß der Druck der trockenen Luft vom Aequator nach den Polen wachse. Außerdem sind wir durch eine Entdeckung Adolf Erman's mit der Thatsache bekannt geworden, daß der Luftdruck unter gleichen Zonen mit den Mittagskreisen sich ändert.[3]

Daß der Luftdruck innerhalb des Tages zu gewissen Wendestunden steigt und wieder abnimmt, wurde schon von Varin, des Hayes und de Glos auf der Insel Gorée in Senegambien 1682 bemerkt.[4] Daß der Barometerstand täglich zweimal ein Steigen und Fallen zeige, beobachtete zuerst ein Holländer 1722 in Surinam.[5] Die Größe der täglichen Schwankungen beträgt

[1] Kosmos, Bd. 1, S. 337.

[2] A. Mühry, Beiträge zur Geophysik und Klimatographie. Leipzig 1863. Heft 1, S. 17.

[3] Kämtz, Vorlesungen. Halle 1840. S. 320. Erman in Poggendorff's Annalen, Bd. 23 (99). Leipzig 1831. S. 121 ff.

[4] A. de Humboldt, Voyage aux régions équinoxiales, Relation historique. tom. III. Paris 1825 (1831). liv. IX, p. 281, 282.

[5] Journal literaire de l'année 1722. La Haye 1723. tom. XII, p. 235. Le Mercure monte ici tous les jours regulièrement depuis les neuf heures du matin jusqu'à environ 11 heures et demi; après quoi il descend jusque vers les 2 ou 3 heures après midi, et ensuite revient peu à peu à la première hauteur: Et il fait à peu près les mêmes variations aux mêmes heures de la nuit.

am Aequator 1,32 Linien und sie nimmt bis zum 70. Grad n. Br. bis auf 0,18 Linien ab. Daher wird sie unter gemäßigten Breiten völlig verwischt durch den Wechsel der Luftströmungen und erscheint erst wieder, wenn die Beobachtungen über lange Zeiträume sich erstrecken. Es ist das Verdienst Chiminello's, zu Padua in der Zeit von 1778—1780 die täglichen Höhenstände um 10 Uhr Morgens und um 11 Uhr Nachts und die Tiefenstände um 5 Uhr Morgens und 5 Uhr Nachmittags gefunden zu haben.[1] Diese Untersuchungen fanden 1826 ihren Abschluß durch Hallström.[2]

Erst als die mannheimer meteorologische Gesellschaft geregelte Beobachtungen eingeführt hatte, gelangte man zu vergleichbaren Größen, welche dann selbst das Gesetz aussprachen, daß die Schwankungen mit der Temperaturabnahme der Monatsmittel wachsen und daß sie folglich auch vom Aequator nach dem Polarkreis steigen und zwar von 2 Linien allmählich bis auf 18 Linien.[3] Kämtz, der die Orte, wo das Barometer gleich große Schwankungen erleidet, durch sogenannte isobarometrische Linien verband, für die Heinrich Berghaus 1839 eine Karte entwarf,[4] konnte uns zuerst lehren, daß diese Linien nicht den Breitegraden, sondern den Linien gleicher Erwärmung folgen, daher sie in den Festlanden hohle Scheitel bilden und von den Ostküsten Amerikas zu den Westküsten Europas aufsteigen, ja

[1] Ephemerides Societ. meteorolog., Palat. Anno 1784, p. 230 sq.

[2] Ueber die durch den Barometerstand zu bemerkenden und täglich in regelmäßigen Perioden geschehenden Veränderungen der Erdatmosphäre. Uebersetzt in Poggendorff's Annalen, Bd. 8, S. 131 u. folg. Vgl. auch E. E. Schmid, Lehrbuch der Meteorologie. S. 844.

[3] „Ihre Thätigkeit erfuhr aber vielfachen Widerspruch, weil sie zu innig mit der Hypothese eines dynamischen Einflusses von Sonne und Mond verwebt war." E. E. Schmid, Lehrbuch der Meteorologie. S. 840. Schon Halley kannte dieses Gesetz, wenn auch nicht die Zahlen, siehe Philosophical Transactions, Nr. 181, März 1686, p. 110.

[4] Kämtz, Vorlesungen über Meteorologie. S. 342. Berghaus, physikalischer Atlas. Bd. 1. Meteorologie, Taf. VI.

daß der Einfluß des warmen Golfstromes und die Halbinselbildung Vorderindiens deutlich im Gang dieser Curven sich abspiegeln.

Unmittelbar nach Erfindung des Barometers bemerkte zuerst Pascal, daß der Barometerstand sowohl von den Jahreszeiten als auch vom Wetter abhänge.[1] Gleich darauf wurden in England diese Beobachtungen verschärft.[2] Mariotte beobachtete in Frankreich die höchsten Quecksilberstände bei Nord- und Nordost-, die niedrigsten bei Süd- und Südwestwind, sowie daß mit den ersteren heiteres, mit den andern feuchtes Wetter einzutreten pflegte.[3] Auch Halley beobachtete eine Erhöhung der Quecksilbersäule bei Ost- und Nordostwinden, aber der große Physiker setzte behutsam hinzu, daß dieses Gesetz nur für England gültig sei.[4] Erst 80 Jahre später, 1771, forderte Lambert auf, durch fortgesetzte Beobachtung das Gewicht der örtlich herrschenden Luftströme zu bestimmen. Dies wurde von Burkhardt 1803 für Paris versucht, aber erst 1818 gelang es Leop. v. Buch, durch einen Vergleich der barometrischen Windrosen von Middelburg, Berlin und Ofen zu zeigen, daß abgesehen von örtlichen Verschiebungen das Barometer sinkt, wenn auf der nördlichen Halbkugel der Wind von Nordost durch Südost nach Südwest sich bewegt, und steigt, wenn er von Südwest durch Nordwest nach Nordost geht.[5] Scharfsinnig verband hierauf W. Dove thermische mit den barometrischen Windrosen, wodurch ihm der Beweis gelang, daß auf der

[1] Pascal, Traitez de l'équilibre des liqueurs. Paris 1658. p. 153.

[2] Philos. Transactions, vol. I, p. 154.

[3] Mariotte, Discours de la nature de l'air. Oeuvres. La Haye 1740. tom. I, p. 161.

[4] Edmund Halley, On the height of Mercury in the Barometer. Philosophical Transactions, März 1686, Nr. 181, p. 110.

[5] Leop. v. Buch, Ueber barometrische Windrosen. Abhandlungen der königl. Akademie der Wissenschaften in Berlin in den Jahren 1818—20. Berlin 1820. S. 103 ff.

Windrose die thermometrischen Minima und barometrischen Maxima und umgekehrt dicht bei einander liegen, mit andern Worten, daß die schweren Luftströmungen die kälteren, die leichteren die wärmeren sind.[1]

Nachdem J. Seller bereits 1675 die Grenzen des Nordostpassats und zugleich die Richtung des dem N.O. entgegenwehenden Südostpassats bestimmt hatte, suchte Edm. Halley, welcher von seinen atlantischen Reisen eine Windkarte der Erde mitgebracht, die er 1686 veröffentlichte,[2] die Erscheinung der Passate allein durch die wärmende Wirkung der Sonne zu erklären. Dagegen stellte G. Hadley[3] 1735 die richtige Theorie auf. Er lehrte, daß die Passate kalte Luftströmungen seien, die von höheren Breiten herabfließen und östlich abgelenkt erscheinen, weil die Erde mit der am Aequator gesteigerten westlichen Drehungsgeschwindigkeit sich gegen sie bewege. Doch bleibt Halley das Verdienst, die westlichen Winde an den äußern Grenzen der Passate als den obern Strom erkannt zu haben, wenn er für seine Conjectur auch nur einen empirischen Beweis gibt.[4] „Der Nordostpassat unten, sagt Halley, muß von einem Südwestpassat oben begleitet sein, ebenso wie der Südost unten von einem Nordwest oben. Daß dies mehr als eine bloße

[1] H. W. Dove, Meteorologische Untersuchungen. Berlin 1837. S. 115 und Taf. I, Fig. 1—8.

[2] Edmund Halley, Historical account of the Trade winds and Monsoons. Philosophical Transactions, Nr. 183, Juli—September 1686, p. 153 und die Karte. Eine noch genauere Begrenzung der beständigen Luftströmungen gewährten die beiden Windkarten von Wilhelm Dampier (Voyage autour du Monde. Rouen 1723. tom. II. Traité des Vents, p. 275.) Dampier's Discours of winds, breezes, storms, tides and currents bezeichnet Dove (Poggendorff's Annalen, Bd. 21, S. 194) als eine Hauptquelle für alle diese Erscheinungen und fügt hinzu, daß Dampier mit der ihm eigenen Klarheit in dem Gewirre der Thatsachen die allgemeinen Bedingungen herausgehoben habe.

[3] The cause of the general Trade-Wind, Phil. Transactions 1735, p. 58.

[4] H. W. Dove, Meteorol. Untersuchungen. Berlin 1837. S. 247.

Vermuthung ist, scheint das fast augenblickliche Umsetzen des Windes in die entgegengesetzte Richtung zu beweisen, welches oft beobachtet wird, wenn man die Grenzen der Passate überschreitet." Nach Hadley's Lehre ist dagegen die Richtung und Rückkehr des obern Passats zur Oberfläche der Erde eine mechanische Nothwendigkeit. Wohl hatten die Spanier diesen rücklaufenden Passat bereits im 16. Jahrhundert benannt (vendavales) und benutzt,[1] daß aber jene Winde wirklich über den Passatluftschichten nach Westen abströmen, wurde erst 1812 beim Ausbruche des Vulkans Morne Garou von St. Vincent sichtbar, als seine Asche vom rücklaufenden Passat fortgetragen, auf der 20 Meilen östlicher gelegenen Insel Barbados niederfiel, während in den untern Luftschichten der Wind in entgegengesetzter Richtung wehte. Der Vulkan hatte also seine Asche durch den untern Passat bis in den obern hinaufgeschleudert. Leopold v. Buch gewahrte dann bald nachher, daß der Gipfel des Pic von Teneriffa beständig in die Strömung des rücklaufenden Passates hinaufragt, auch wenn im Sommer tiefer unten Nordostwinde herrschen, und daß sobald die Sonne in die südlichen Zeichen tritt, der Westwind allmählich am Abhange des Berges herabschwebt, im October bereits Wolken den Pic einhüllen, die sich immer tiefer senken, bis nach etlichen Wochen die Westwinde sogar an den Küsten niederfallen und sich dann Monate lang behaupten.[2]

Die Erscheinung der indischen Wechselwinde oder Monsune versuchte Edm. Halley[3] auf eine gemeinschaftliche Ursache mit den Passaten zurückzuführen und sah als bewegende Ursache die sommerliche Erwärmung des asiatischen Continentes an, dessen Luftkreis zur Zeit, wo die Sonne in den nördlichen Zeichen

[1] Siehe oben S. 400.

[2] L. v. Buch, Physikalische Beschreibung der canarischen Inseln. Berlin 1825. S. 67 ff.

[3] Phil. Trans. 1686, Nr. 183, p. 168.

verweilt, so stark aufgelockert wird, daß er die schwere Luft über dem indischen Meer an sich saugen und sechs Monate lang den Nordostpassat in einen Südwestmonsun umzuwandeln vermag. Die Ablenkung (Adspiration) herrschender Luftströmungen durch die Besonnung von Landflächen erkannte auch ein scharfsinniger und unermüdlicher Beobachter, wie Dampier, der an den Westküsten von Südafrika und Südamerika bemerkte, daß die Südwinde, welche dort schwere Polarlüfte sind, in einem Winkel von etwa 22 Grad binnenwärts abgebogen werden.[1] Demnach wußte man schon am Schluß des 17. Jahrhunderts, daß von der Vertheilung des Flüssigen und Trockenen, also von der Gestalt der Festlande, die Richtung der Luftströmungen abhängig ist, welche durch günstige oder ungünstige Mischung der Temperaturen die mathematische Vertheilung der Sonnenwärme stören und die örtlichen Verschiedenheiten der Klimate erzeugen.

An der Grenze der regelmäßigen Erscheinungen, beim Gürtel der rücklaufenden Passate, blieb die Wissenschaft stehen, denn unter den höheren Breiten schien die Regellosigkeit das Gesetzmäßige zu sein, bis ein scharfsinniger Physiker, H. W. Dove, in Königsberg während der Zeit vom 25. September bis 6. October 1826 den Wind mit großer Regelmäßigkeit von West durch Nordwest, Nord, Nordost, Ost, Südost, Süd nach Westen zurückkehren sah, während gleichzeitig die Barometercurve eine Welle beschrieb mit einem gewölbten Scheitel bei den nördlichen Winden. Daß sich der Wind auf der nördlichen Halbkugel zu drehen pflege, von links nach rechts, von Nordost durch Südost, nach Südwest und Nordwest, war von Aristoteles schon bemerkt, von späteren wiederholt, am klarsten von Sturm ausgesprochen,[2] von Johann Reinhold Forster auf

[1] Dampier, Traité des vents. l. c. p. 288.

[2] Siehe oben S. 70. Vgl. auch Prediger Salomonis 1. 6. Sturm, Physica electiva. Norimb. 1722. sectio III, art. 3, cap. 4, Ph. 9 und

der südlichen Halbkugel, wie es das Gesetz erheischt, in umgekehrter Richtung beobachtet worden. Diese Erscheinung, von Dove zuerst wissenschaftlich begründet,[1] nennen wir das Drehungsgesetz der Winde. Wo auf der nördlichen Halbkugel abgelenkte Polarströmungen aus Osten den abgelenkten Aequatoriallüften aus Westen begegnen, da werden die ersteren zunächst nach Südosten gedrängt werden, bis sie sich durch Süd in einen Südwestwind verwandeln, sobald die Ueberlegenheit der Aequatorialströmung eingetreten ist, die nach Ablauf ihrer Herrschaft von den Polarströmungen zunächst nach Nordwest verschoben, allmählich den Nord- und Nordostwinden weichen muß. Siegt bei diesem Kampfe der angreifende Theil, so vollzieht sich die Drehung gesetzmäßig, unterliegt aber der Angreifer, so fallen die Winde wieder rückwärts und das Spiel beginnt von neuem, gerade so, wie die Zeiger einer Uhr, man mag sie noch so oft zurückstellen, immer wieder auf dem Zifferblatt ihren alten Weg einschlagen werden. Eine Verschärfung dieses Gesetzes gab Buys-Ballot, indem er lehrte, daß der Wind aus Regionen höheren Luftdruckes nach Orten niederen Luftdruckes weht, aber nicht direkt, sondern in kreisenden Bahnen. In Folge der Erdrotation geschieht diese Ablenkung auf der nördlichen Hemisphäre nach rechts, auf der südlichen nach links.[2] Alexander Buchan in Edinburg entwarf zuerst im Jahre 1869 Karten mit isobarischen Linien für die ganze Erde nach jährlichen und monatlichen Mitteln. Diese Karten zeigen uns, daß

10, tom. II, p. 1206—7 Joh. Christoph Sturm, der Lehrer Scheuchzer's, wurde 1635 in Hilpoltstein bei Nürnberg geboren, starb 1703. Studer, Geschichte der Geographie der Schweiz. S. 184. Daß auch Kant schon 1757 diesen Kreislauf der Winde gelehrt hat (Einige Anmerkungen zur Erläuterung der Theorie der Winde, Königsberg 1765) hat neuerdings J. C. F. Zöllner (Ueber die Natur der Cometen, Leipzig 1872, S. 477 bis 482) durch eine Gegenüberstellung der Lehren Kant's und Dove's gezeigt.

[1] Meteorologische Untersuchungen. Berlin 1837. S. 121.

[2] Zeitschrift der österr. Gesellschaft für Meteorologie, Bd. 3, S. 430 u. folg. Wien 1868.

der Luftdruck über den großen Continenten sich im Sommer und Winter wesentlich ändert in Folge der Erhitzung der Luft in der einen und der Wärmeausstrahlung in der andern Jahreszeit. Danach hängt die Lage der Isobaren von der Vertheilung von Land und Wasser auf der Erdoberfläche ab und wir erkennen daraus, daß eine Aenderung in der Vertheilung von Land und Wasser nothwendig einen Wechsel des Klimas nach sich zieht.[1]

Feuchte Niederschläge.

Riccioli war der erste Naturforscher, welcher 1672 aus der Breite, der mittleren Tiefe und der Geschwindigkeit eines Stromes seine Wasserfülle berechnete, und zwar glaubte er, daß der Po in 26 Tagen ungefähr eine Kubikmeile Wasser in das Meer führe. Seine Absicht war dabei, uns zu beruhigen, daß die Erde nur äußerst langsam einer Ueberflutung entgegenschreite, weil er gefunden haben wollte, daß sämmtliche Ströme der Erde 60996⅙ oder 609962 Jahre gebraucht hätten, um das leere Becken der Oceane auszufüllen, je nachdem man für die mittlere Meerestiefe 600 oder 6000 Fuß ansetze.[2] Fünfzehn Jahre nach dieser gutherzigen Berechnung erwärmte Edmund Halley eine Pfanne mit Salzwasser bis zur Temperatur eines Sommertages und fand durch Gewichtsproben, daß der Verdampfungsverlust im Laufe eines Tages 1/10 Zoll betragen habe und daß eine nasse Fläche von der Größe einer englischen Quadratmeile unter den gleichen Bedingungen in einem Sommertage 33 Millionen Tonnen, das Mittelmeer daher 5280 Millionen Tonnen Wasser verliere. Wenn jeder seiner neun großen Flüsse dem Mittelmeere, rechnete er weiter, die zehnfache Wassermasse

[1] Zeitschrift der österr. Gesellschaft für Meteorologie. Wien 1870. Bd. 5, S. 297.

[2] Riccioli, Geographia reformata. lib. X, cap. 7. Venetiis 1672. fol. 433.

der Themse, die er auf 20,3 Millionen Tonnen angab, zuführen würde, so könnte der Gesammterfolg doch nur in 1827 Millionen Tonnen bestehen oder nur zum dritten Theil den Verdampfungsverlust ersetzen, weßhalb die Lücke durch den starken Meeresstrom ausgeglichen werden müßte, der von der atlantischen See durch die Straße bei Gibraltar sich ergießt.[1]

Hier begegnen wir dem ersten Versuch, den hydrographischen Haushalt der Natur statistisch zu ermitteln. Weit unglücklicher war Lahire, der ein 8 Fuß tiefes Blechgefäß mit Lehm gefüllt bei Paris im Freien vergraben hatte und nach 15 jährigen Beobachtungen 1703 verkündigte, daß Regen nie bis zu der Röhre am Boden seines Behälters durchgedrungen sei, woraus er allzuhastig schloß, daß das Quellwasser nicht der zurückkehrende meteorische Niederschlag sein könne. Erst 100 Jahre später fand John Dalton aus dem Mittel von 23 Beobachtungsorten, daß in England jährlich 31,5 Zoll (inches) Regenwasser niedergehen, wozu er noch 5 Zoll Thau hinzufügte. Bei stehenden Wassern betrug die jährliche Verdunstung 36,8 Zoll, dagegen ergab sich, daß sämmtliche Flüsse nur 13 Zoll der englischen Meteorwasser dem Meere zurückerstatten. Es war also damit erwiesen, daß weit mehr Regen in England fällt, als durch die Ströme abfließt, sowie daß die Verdunstung hinreichen würde, alle Niederschläge zu verdampfen, wenn sie sich stehend ansammeln wollten.[2]

Seit dem Jahre 1689 begann man in Paris und Lille,

[1] Edmund Halley, Estimate of the Quantity of vapour raised out of the Sea, in Philosophical Transactions, Nr. 189, Sept., Oct. 1687, p. 366 sq. Halley versäumte, die Regenmenge in Berechnung zu ziehen, die auf das Mittelmeer fällt; sie beträgt 22,3 Zoll (inches), die durchschnittliche Verdampfung wahrscheinlich 50 Zoll, so daß 28 Zoll unersetzt bleiben. Die Ströme liefern 173 Kubikmeilen, das atlantische Meer aber 335 Kubikmeilen. Herschel, Physical Geography. §. 23 und 24. London 1862. p. 26 sq.

[2] John Dalton in Gilbert's Annalen der Physik, 1802, S. 252 bis 273.

den Regen in Gefäßen aufzufangen, welche das Ergebniß jedes Niederschlages an einer Scala in Zollen und Linien ausdrückten, und Cotte konnte 1774 schon Regentafeln für zehn europäische Orte veröffentlichen. Aus Deutschland erhielt man solche Messungen erst, als die mannheimer Akademie ihre Instrumente versendet hatte. Noch immer aber fehlen uns genauere Anschauungen von der Vertheilung der Regen über die Erde,[1] denn auch heutzutage ist die Zahl der Psychrometer-Beobachtungen im Vergleich zu den thermischen noch gering zu nennen. Das vollständigste Netz von Regenstationen besitzt gegenwärtig England; aber selbst aus einer fünfzigjährigen Beobachtung ließen die Mittelwerthe der täglichen Regenmenge noch keine Gesetzmäßigkeit erkennen.[2] Die Statistik der Regenmesser hatte uns bis dahin belehrt, daß unter gleichen Verhältnissen die Niederschläge mit den wachsenden Breiten abnehmen. Daß es eine winterliche Regenzeit in Südeuropa gebe, wie Acosta schon geahnt hatte, konnten Dove und Kämtz genauer begründen.[3]

Lange Zeit war die Verdunstung des Nassen voller Räthsel geblieben, weil man sie als eine chemische Verbindung des Wassers mit der Luft angesehen hatte, bis Leroy, ein Arzt aus Montpellier, im Jahre 1752 mit der Lehre auftrat, daß die Luft durchsichtigen Wasserdampf enthalte, den man sichtbar machen könnte an den Wänden eines Glasgefäßes, in welches man ein Stück Eis hineinwerfe. Die Feuchtigkeit an den Glaswänden mußte vorher in der Luft geschwebt haben und die Temperaturerniedrigung die Ursache ihrer Abscheidung gewesen sein. Daraus schloß der scharfsinnige Beobachter, daß die Luft eine bestimmte Menge Wasser in durchsichtigem Zustand bei

[1] Man sehe den mageren Inhalt im Kosmos, Bd. 1, S. 359 und vergleiche, was A. Mühry über die geographische Verbreitung des Regens in Petermann's geographischen Mittheilungen 1860, S. 2, not. 1 bemerkt.

[2] Glaisher, On the fall of rain on every day of the year from 1815 to 1869 in Proceed. of Brit. meteorol. soc. March 1870.

[3] Siehe oben S. 443. Kämtz, Vorlesungen über Meteorologie. S. 179.

einer gewissen Wärme aufnehmen könne; sinke ihre Temperatur, so lasse sie gewisse Mengen ihrer Feuchtigkeit fallen, erhöhe sich ihre Temperatur, so steige auch das Sättigungsvermögen der Luft. Seit dem 27. November 1752 hatte er wahrgenommen, daß Thaubildung im Freien eintrat, so oft das Thermometer während der Nacht unter die am vorigen Abend beobachtete Sättigungsstufe gefallen und kein Windwechsel eingetreten war.[1] Lange versuchte man vergebens den Sättigungspunkt bei verschiedenen Temperaturen durch Feuchtigkeitsmesser aus Schnüren, Darmsaiten und Fischbein zu bestimmen. Erst im Jahre 1775 verfertigte sich H. B. de Saussure aus einem sanft angespannten Menschenhaar, welches einen Zeiger auf einem Zifferblatte in Bewegung setzte, je nachdem es sich bei wachsender Feuchtigkeit ausdehnte oder bei zunehmender Trockenheit zusammzog, ein Werkzeug, mit dem er seine berühmten Beobachtungen am 27. Juni 1781 begann.[2] Sie führten ihn zu einer Tafel, aus der man das Gewicht des Wasserdampfes in einem Kubikfuß Luft bei bestimmten Temperaturen und bei einem bestimmten Stande seines Feuchtigkeitsmessers ermitteln konnte.[3] Es hat sich dann später gezeigt, daß das Saussure'sche Haarhygrometer die Sättigungsstufen stets zu hoch angegeben habe und in die Tafeln Verbesserungen eingeführt werden müßten.[4] Gegenwärtig bestimmt man die Feuchtigkeit der Luft nach einem Verfahren, welches Hutton früher empfohlen, für welches aber erst D. August eine befriedigende Formel fand, indem man aus den Unterschieden der Höhenstände zweier Thermometer, wovon die Kugel des einen in nassen Mousselin ge-

[1] Mémoires de l'Académie des Sciences. Année 1751, Paris 1755. p. 485 sq.

[2] H. B. de Saussure, Essais sur l'Hygrométrie. Neuchatel 1783. §. 113, p. 107.

[3] H. B. de Saussure, Essais sur l'Hygrométrie. §. 113, 180. Neuchatel 1783. p. 107, 181.

[4] Siehe Kämtz, Vorlesungen über Meteorologie. S. 100.

hüllt wird, den Wassergehalt der Luft und ihre Sättigungsstufe ableitet, denn je trockener die Luft und je niedriger der Barometerstand ist, desto rascher wird das Wasser am Mousselin verdunsten und dem nassen Thermometer um so viel mehr Wärme entziehen.[1]

Unser erstes Wissen von der Wärmestrahlung des Bodens verdanken wir Marc Augustus Pictet, einem genfer Meteorologen wie de Luc und Saussure. An einem 75 Fuß hohen Mastbaum befestigte er auf verschiedenen Höhen Thermometer, um ihren Gang an verschiedenen Tageszeiten zu vergleichen. Er fand sowohl um Sonnenuntergang als Vormittags, sobald die Sonne das erste Fünftel ihres Tagebogens zurückgelegt hatte, den Gang der untern und obern Thermometer übereinstimmend; in der Nacht dagegen war die Temperatur der höchsten Luftschicht um 2° höher, wegen des Wärmeverlustes, der mit der Thaubildung am Boden verknüpft war. Er vermochte zuerst zu erklären, warum bei trübem Wetter die Nächte nie so kalt sind als bei klarem, und warum allein bei letzterem Thaubildung eintritt. Bei bedecktem Himmel, lehrte er nämlich, werden die Wärmestrahlungen des Bodens durch den Schirm der Wolken aufgehalten. Seitdem erkannte man erst den wichtigen Einfluß einer vorherrschenden Durchsichtigkeit des Luftkreises auf das örtliche Klima.[2]

Pflanzengeographie.

Erst nach dem Erscheinen von Zimmermann's Thiergeographie wurde von Friedrich Stromeyer der Gedanke angeregt, auch die räumlichen Grenzen der Gewächse zu bestimmen.[3] Doch wußte

[1] E. F. August, Ueber das Psychrometer, in Poggendorff's Annalen. Leipzig 1828. Bd 13 (89), S. 122; Bd. 14 (90), S. 137.

[2] Marcus Augustus Pictet, Versuch über das Feuer. Tübingen 1790. §. 136, 138, S. 168—176.

[3] Den Ausdruck Pflanzengeographie hat zuerst Mentzel (1622—1701)

man längst schon, daß die Pflanzenwelt ein Spiegelbild des örtlichen Klimas gewähre, seit Tournefort am Abhange des großen Ararat zunächst über die Gewächse der armenischen Ebene sich erhoben hatte, auf der nächsten Stufe die Pflanzenwelt Südeuropas, dann die französische, später die skandinavische und zuletzt in der Nähe des Schnees eine Alpenflora angetroffen hatte. Danach hatte auch Linné die Höhe des Standortes jeder Pflanze in Lappland genau beobachtet.[1] Auch gab er bereits 1737 die Polargrenze mancher Gewächse im nördlichen Schweden an und entwarf in kurzen Zügen ein Bild der Pflanzenzonen.[2] Von H. B. de Saussure in den schweizer Alpen, sowie von Ramond in den Pyrenäen waren ebenfalls die senkrechten Grenzen einiger Gewächse bestimmt worden, aber erst A. v. Humboldt, der nie unterließ, die Höhe eines Ortes barometrisch zu messen, schuf zuerst durch Wort und Bild den Begriff von Höhenscalen der Gewächse, indem er an den Abhängen der Cordilleren die Erhebung des Pisang- und Palmengürtels, der baumartigen Farn, der Chinawälder, der laubwerfenden Bäume und der Gehölze feststellte.[3] Sein Verfahren

in einer ungedruckten Flora von Japan 1683 gebraucht. A. Haller, Bibliotheca botanica. tom. I, p. 479. A. v. Humboldt, Kosmos. Bd. 1, S. 375. Friedr. Stromeyer's Historiae vegetabilium geographicae specimen (Göttingen 1800) enthält nur den Nachweis, daß noch überall, so weit damals die Kenntnisse reichten, Gewächse angetroffen worden seien.

[1] S. o. S. 539, 444. Linnaeus, Amoenit. academ. Holmiae 1751. vol. II, p. 447.

[2] Caldissimas orbis partes regit superba Palmarum familia; terras calidas incolunt frutescentes palmarum gentes; australes Europae plagas numerosa ornat herbarum corona; Belgium Daniamque graminum occupant copiae; Sueciam muscorum agmina; ultimam vero frigidissimamque Lapponiam pallidae algae, praesertim albi lichenes. En ultimum vegetationis gradum in terra ultima! Flora Lapponica. Prolegomena. Amstelaedami 1737.

[3] Den ersten Versuch dieser Art enthält sein Atlas géogr. et phys. du Nouveau Continent. Doch hat er dieses ältere Bild später verworfen und ein verbessertes veröffentlicht in der Schrift De distributione geographica plantarum. Paris 1817. p. 88, Pl. I.

wurde von Engelhardt und Parrot am Kasbek, von Leopold v. Buch am Pic von Teneriffa, von C. v. Martius in Brasilien, von Junghuhn auf Java angewendet.

Vor Humboldt's Reisen hatte übrigens schon Carl Ludwig Willdenow die ersten Grundzüge zur Ortskunde der Gewächse entworfen, die Kulturpflanzen der heißen und gemäßigten Gürtel gesondert und die Polargrenzen einiger europäischer Bäume, vorzüglich der Betula alba zu ermitteln gesucht.[1] Aehnlich bestimmte Arthur Young auf seinen Reisen in Frankreich 1787 bis 1790 die nördlichen Grenzen des Wein-, Mais- und Olivenbaues.[2] Auch der genfer Pflanzenphysiolog Senebier (geb. 1742 bis 1809) widmete 1800 einen Abschnitt seiner Untersuchungen den Verbreitungsgebieten der Pflanzen und suchte die nördliche Grenze des Rebstocks in Europa festzustellen.[3] Treviranus versuchte zuerst die Erdoberfläche in Regionen oder Hauptfloren einzutheilen.[4] Da trat 1806 ein bisher fast unbekannter Gelehrter Carl Ritter (geb. 1779 in Quedlinburg, gest. 1859) in einem kleinen physikalischen Atlas Europas mit zwei Karten auf, die in sechs Gürteln die Verbreitung der Wald- und Kulturgewächse und unter anderen auch die Polarbegrenzung der immergrünen Bäume und Gesträucher sichtbar werden ließen, für welche letztere er den 47. Breitengrad gefunden hatte.[5] Zur Aneiferung der Botaniker zeigte Ritter, wie be-

[1] Willdenow, Grundriß der Kräuterkunde. §. 289. Berlin 1792. S. 371—377. Doch spricht sich J. F. Schouw (Grundzüge einer allgemeinen Pflanzengeographie, Berlin 1823, S. 3. Anm.) gegen die willkürliche Eintheilung Willdenow's aus.

[2] A. Young, Reisen durch Frankreich. Aus d. Engl. Berlin 1794. Bd. 2, S. 21 u. folg. Vgl. auch die Karte.

[3] Jean Senebier, Physiologie végétale. Sec. X, chap. 2. Genf 1800, tom. V, p. 143, 170.

[4] J. F. Schouw, Grundzüge einer allgemeinen Pflanzengeographie. Berlin 1823. S. 23.

[5] Carl Ritter, Sechs Karten von Europa. Schnepfenthal 1806. Taf. 1 u. 2.

lehrend für die vergleichende Erdkunde, wie bedeutsam für Geschichte und Gegenwart die Kenntniß der Verbreitung solcher Pflanzen sein müßte, an welche gewisse Stufen der Gesittung unabänderlich geknüpft sind. Unmittelbar darauf forschte Leop. v. Buch 1806—8 in Norwegen und Schweden eifrig nach den klimatischen Ufern einiger edlen Gewächse. Er entdeckte dort, daß die Polargrenze der Eichen, welche er sehr genau bestimmte, so weit reiche wie der Obstbau, und die Grenze der Buchen so weit wie die Brombeerstauden (Rubus caesius).[1] Er bezeichnete die Stellen, wo er, nach Norden wandernd, Linden, Eschen, Ahorn, Tannen und Fichten verlor, denn nur die Weißbirke blieb ihm treu bis 70° n. Br., wo sie sich noch bis zu 1500 Fuß Höhe emporschwang. Es war eine Entdeckung für die damalige Zeit, daß er bei Alten den nördlichsten Kornbau der Erde antraf und eine scharfsinnige Erkenntniß, daß das Renthiermoos zwischen den Polargrenzen der Fichten und Weißbirken eingeschaltet ist, so daß der Flächenraum dieses Moosgürtels, folglich auch die Ausbreitung der Renthierzucht abhängig sei von der jähen oder sanften Senkung des Bodens.[2]

Leopold v. Buch hatte bemerkt, daß Eichen- und Obstbäume ihre Grenze finden, wo die mittlere Jahreswärme noch 3°6 R. beträgt.[3] Durch diesen anregenden Vergleich erhielt man in den Thermometerbeobachtungen Schätzungsmittel für den wirthschaftlichen Werth der Länderräume. Buch hielt sich noch an die Mittelwärme des Jahres, die zwar nicht völlig gleichgiltig, aber durchaus nicht entscheidend ist. Sein Freund Georg Wahlenberg aber, der in den Jahren 1800, 1802, 1807 und 1810 Lappland durchwanderte, um festzustellen, an welchen Scheidegrenzen die 600 upsalensischen vollkommneren (phanero-

[1] Reisen in Norwegen und Lappland. Berlin 1810. Bd. 1, S. 239; Bd. 2, S. 317, 330, 342.

[2] L. v. Buch, a. a. O. Bd. 2, S. 133, 13, 212 und die Karten.

[3] Reisen in Norwegen, Bd. 1, S. 239.

gamen) Gewächse allmählich im hohen Norden auf 258 sich vermindern, hatte in Enontekies an der schwedisch-russischen Grenze unter 68° n. Br. noch Birken gefunden, obgleich die Mittelwärme des Jahres nur — 2°86 R. betrug, das Wärmemittel des Januar sogar auf — 18°6 sank. Da aber der Juli sich bis zu einer Mitteltemperatur von 15°33 R. erhob, so sprach Wahlenberg als Gesetz aus, daß weder die Jahresmittel noch die Wintertemperaturen, sondern die Sommerwärme für die Verbreitung der Gewächse entscheidend sei.[1] Wahlenberg begab sich 1812 in die Schweiz, 1813 in die Karpaten, um zu untersuchen, ob eine senkrechte Erhebung auf die Pflanzenwelt die nämliche Wirkung äußere wie eine Zunahme der geographischen Breite. So lange er in der Schweiz die Höhengrenzen der Eichen, Obstbäume, Linden und Ulmen nicht überstieg, verlief alles in gleicher Ordnung; aber zwischen dem senkrechten Gürtel des Laubholzes und der Schneegrenze begannen die Verschiedenheiten. In Lappland liegen beide Stufen nur 1800, in der Schweiz 2700, in den Karpaten 3400 Fuß aus einander. Wenn ein Wanderer von den lappländischen Schneebergen herabsteigt, trifft er einen beständig heiteren, heißen und völlig gewitterlosen Sommer, es umfängt ihn das fröhliche Birkengrün, erfüllt mit tanzenden Mückenwolken, Bienenschwärmen und munteren Renthieren, ein Bild hastigen Genusses der kurzen Sommeraugenblicke. In den Alpen dagegen dunkeln über ihn Fichtenwälder, die spät und langsam treiben, aber ihre Nadeln nicht abwerfen. Auf den gelichteten Weiden, wo er die Bienen- und Insektenschwärme vermißt, lagern phlegmatische Alpenrinder, die ihren unbeweglichen Nacken Tag oder Nacht verspäteten oder verfrühten Schneefällen oder zuckenden Wettern preisgeben, ja oft mitten im Sommer sieht er das Grün unter jungem Schnee verschwinden. Dieser Gegensatz zwischen einem kurzen, aber ungetrübten, und einem langen, aber wechselvollen Sommer

[1] Georgii Wahlenberg, Flora Lapponica. Berolini 1812. p. XLII, LIII.

erklärt uns, warum in den Alpen die immergrünen Nadelhölzer der Schneelinie so nahe rücken, in Lappland laubwerfende Bäume mit zarten, gleichsam krautartigen Blättern unter so hohe Breiten sich wagen dürfen.[1]

In dem nämlichen Jahre 1817, wo Alexander v. Humboldt die Isothermenlinien ersann, bestätigte er auch das Wahlenbergische Gesetz, daß die Vertheilung der Wärme innerhalb der Jahreszeiten viel einflußreicher auf die Verbreitung der Gewächse sei als die mittlere Jahreswärme, denn hochgelegene Orte unter den Tropen, wie Quito, Bogota und Toluca, welche bei engen Temperaturschwankungen dasselbe Jahresmittel besitzen wie Südfrankreich und Italien (14—15° C.), wo die heißesten und kältesten Monate ein Abstand von 15° C. trennt, ernähren eine völlig verschiedene Pflanzenwelt.[2] Da die Sommerwärme in Europa wenig abnimmt von dem pariser Parallel bis zum, ja bis über den Polarkreis, so tritt auch in Nordeuropa kein Wechsel in dem Charakter der Pflanzendecke ein.[3] Nur der Unterschied zwischen Insel- und Festlandklima bleibt allenthalben fühlbar, den uns Humboldt durch das glückliche Beispiel erläutert hat, daß in England an den Küsten von Devonshire Myrten, Camellien, Fuchsien im Freien überwintern, aber die Trauben am Rebstock nicht zur Reife gelangen.[4] Zunächst suchte er dann festzustellen, welche Erwärmung gewisse für uns bedeutungsvolle Gewächse, wie Cacao, Pisang, Kaffee, Dattelpalme, Orange, Oelbaum, Rebstock zum völligen Kreislauf ihrer Lebens-

[1] Georgii Wahlenberg, De vegetatione et climate in Helvetia septentrionali. Turici 1813. p. XXV und §. 85, 101, 102; p. LXXXIX, XCI. Flora Carpatorum, Gotting. 1814, p. LXXVIII.

[2] A. de Humboldt, De distributione geographica plantarum. Paris 1817. p. 152.

[3] L. c. p. 129.

[4] Von den isothermen Linien. Kleinere Schriften, Stuttgart 1853, Bd. 1, S. 260, 264.

verrichtungen bedürfen.[1] Dabei entging ihm nicht, daß der Wärme nicht allein, sondern auch der Lichtergießung, von welcher die Entwicklung des Blattgrüns abhänge, ein Einfluß zukomme, denn in Nordfrankreich wird, obgleich die thermometrischen Bedingungen vorhanden sind, doch wegen der vorherrschenden Lufttrübung kein trinkbarer Wein erzeugt.[2] Einen mathematischen Ausdruck für die Temperaturerfordernisse der Gewächse hat später Boussingault aufgesucht. Er multiplicirte nämlich die Mittelwärme der Vegetationszeiten in hochgelegenen Gebieten des äquatorialen Amerika und des mittleren Europa mit der Zahl der Tage, die zwischen der Saat und der Ernte unserer Feldfrüchte liegen und er fand das Gesetz, daß die Dauer des Kreislaufes arithmetisch wachse mit der Abnahme der mittleren Wärme.[3] Drei Jahre nach dem Erscheinen von Humboldt's Grundzügen der Pflanzengeographie 1820 erschloß uns Aug. Pyr. de Candolle (1778—1841) in einer goldenen Schrift ein physiologisches Verständniß von dem Einfluß der meteorologischen Kräfte auf den Pflanzenleib. Wir wissen nun, warum harzreiche Gewächse oder solche, die mit Rinde umkleidet sind, harte Winter leicht ertragen, baumartige Monocotyledonen dagegen sie scheuen, weshalb Alpenpflanzen, die eine größere Lichtfülle und wenig Wärme verlangen, in den verdichteten Luftschichten der heißen Ebene verkümmern, warum das Feuchtigkeitsbedürfniß eines Gewächses mit der Oberfläche seiner Belaubung wächst, weshalb Pflanzen mit behaarten Blättern oder mit solchen, die klein, hart und durch Poren weniger aufge-

[1] Distributio geogr. plantarum, p. 156.

[2] L. c. p. 163.

[3] Boussingault, Économie rurale. Paris 1844. tom. II, p. 659. Daß die Boussingault'sche Formel noch nicht die gewünschten übereinstimmenden Wärmesummen liefert, sondern Abänderungen verlangt, darüber vgl. Wilh. Kabsch, Pflanzenleben der Erde. Hannover 1865. S. 53. Doch bezeichnet A. Grisebach (Die Vegetation der Erde. Leipzig 1872. Bd. 1, S. 117) die Theorie Boussingault's als die physiologisch am besten begründete.

schlossen sind, eine größere Trockenheit überwinden, und daß die Fähigkeit der Gewächse sich senkrecht zu verbreiten von dem Aequator nach den Polen zunimmt.[1]

Zu Linné's Zeiten waren 6000 Gewächsarten beschrieben worden, Adanson zählte schon 18,000 und glaubte, daß noch etwa 25,000 neue entdeckt, werden könnten. Robert Brown schätzte die Summe der bekannten Gewächse auf 33,000, Alexander v. Humboldt 1817 die Zahl der vollkommeneren (Phanerogamen) auf 38,000 und der unvollkommeneren auf 6000, Friedrich Schouw 1823 die Zahl der vollkommeneren auf 40,000.[2] Im Jahre 1849 konnte Humboldt die Summe der bereits beschriebenen Arten auf 100,000 angeben, im Jahre 1855 spricht Alphonse de Candolle schon von 150 — 200,000.[3] Obgleich also statistische Ermittelungen über die Artenfülle gewisser Erdräume verschieden hätten ausfallen sollen nach der Zeit, in welcher sie angestellt wurden, so erkannte man doch schon sehr frühe die wichtigsten Gesetze.

Willdenow, der zuerst mit einem statistischen Vergleich auftrat, zeigte aus der Artenzahl Spitzbergens, Lapplands, Schwedens, der Coromandelküste und Madagaskars, daß die Mannigfaltigkeit der Gwächsformen von den Polen nach dem Aequator wachse.[4] Ein ernsteres Ziel erhielten solche Vergleiche als Treviranus 1802 sie auf den Artenreichthum an Acotyledonen, Monocotyledonen und Dicotyledonen unter verschiedenen Zonen anwendete.[5] Erst zehn Jahre später ermittelte Robert

[1] De Candolle, Essai élémentaire de Géographie botanique. s. l. s. a. (1820), p. 7, 12, 14.

[2] Robert Brown, Botanische Schriften ed. Nees von Esenbeck. Bd. 1. S. 11. Humboldt, De distributione geogr. plantarum. p. 23. J. F. Schouw, Pflanzengeographie. Berlin 1823. S. 296.

[3] Kabsch, Pflanzenleben. S. 381. A. de Candolle. Géogr. botanique raisonnée. Paris 1855. p. 1117.

[4] C. L. Willdenow, Grundriß der Kräuterkunde. §. 276. Berlin 1792. S. 349.

[5] Treviranus, Biologie. Göttingen 1803. Bd. 2, S. 63, 83.

Brown, daß, in Procenten zur Gesammtzahl der Arten ausgedrückt, die relative Dichtigkeit der vollkommensten Gewächse (Dicotyledonen) vom Aequator nach den Polen abnimmt, die der unvollkommenen (Acotyledonen) in der gleichen Richtung zunimmt, die der vollkommeneren dagegen sich gleichbleibt.[1] Alexander v. Humboldt schritt 1817 bereits zu statistischen Untersuchungen über die Verbreitung gliederreicher Pflanzenfamilien und er fand unter anderen, daß die kreuzblütigen (Cruciferae) und die Doldengewächse (Umbellatae) den gemäßigten Erdräumen angehören und innerhalb der Wendekreise nur auf Höhen mit einer Mitteltemperatur von 14° C. sich verbreiten können.[2] War durch solche Beispiele für Einzelnuntersuchungen ein weites Feld eröffnet, so erwarb sich der Däne J. Fr. Schouw glänzende Verdienste durch sein Handbuch der Pflanzengeographie, in welchem die botanische Statistik bereits als leitender Gesichtspunkt für die Abgrenzung der Florengebiete angewendet wurde.[3] Auf den Blättern des beigegebenen Atlas stellte er nicht nur die Verbreitung einzelner Gewächse innerhalb ihrer Polar- und Aequatorialgrenzen z. B. der Buche, der Getreidearten, sondern auch ganzer Familien und ihres örtlichen Artenreichthums dar, wodurch oft merkwürdige Gesetze sichtbar wurden. Bei den Hülsengewächsen (Leguminosae) zeigte sich z. B. eine Abnahme nach den Polen, eine verminderte Dichtigkeit der Arten in der neuen Welt und als wahre Heimat oder als Sitz des größten Artenreichthums die heiße Zone.[4] Als Heinrich Berghaus später sein physi-

[1] Robert Brown's Botanische Schriften, herausgegeben von Nees von Esenbeck. Nürnberg 1825. Bd. 1, S. 12 ff. De distributione plantarum, p. 43. De Candolle, Essai élément. de Geogr. botan. p. 35.

[2] Humboldt, De distributione geogr. plantarum. p. 31, 38.

[3] A. Grisebach in K. Bruhns, Alexander v. Humboldt. Leipzig 1872. Bd. 3, S. 255.

[4] J. F. Schouw, Grundzüge der Pflanzengeographie, übers. vom Verfasser. Berlin 1823. S. 194, 341.

kalisches Pflanzengemälde Europas entwarf, verband er im Sinne Humboldt's die klimatischen Uferlinien der Gewächse mit den Isotheren. Er zog auch die Polargrenze für die europäischen Bäume und Gesträuche ohne Laubfall, die Carl Ritter angedeutet und auf die J. F. Schouw mit Recht ein großes Gewicht gelegt hatte, weil bei ihr die nordeuropäische Pflanzenwelt aufhört und durch sie eine Naturgrenze für Südeuropa gezogen werden kann.[1]

Wer Schouw's Atlas der Gewächse aufschlägt, den muß es sogleich befremden, daß etliche Familien nicht bloß innerhalb gewisser Erwärmungsgürtel, sondern auch zwischen Mittagskreisen eingefangen liegen. Die Heimat aller Cactusarten ist Amerika, von denen keine die alte Welt ohne Menschenhilfe erreicht hat. Die Ericeen oder Heidekräuter bedecken nur den nördlichen Saum Europas, treten dafür aber noch einmal am Capland auf. Solche Vertheilungen lassen sich nicht durch meteorologische Kräfte erklären, sondern sie sind geschichtliche Thatsachen, die uns zur Ermittelung der Verbreitungsherde und der Wanderungen der Gewächse anregen. Für die Erdkunde entspringt daraus der Gewinn, einen früheren Zusammenhang oder eine größere Annäherung jetzt gesonderter Welten vermuthen zu dürfen. Joh. Reinhold Forster, vor dem höchstens nur Gmelin und gleichzeitig nur Pallas solche Vergleiche angestellt hatten, bemerkte in der Südsee nicht bloß die Seltenheit europäischer Pflanzenordnungen, sondern er fand auch, daß auf den Inseln des großen Oceans die Aehnlichkeit der Arten mit asiatischen oder amerikanischen Gewächsen bei der Annäherung an das eine oder das andere Festland zunahm.[2] Diesen bedeutsamen Erscheinungen hatte sich auch Alexander v. Humboldt

[1] Berghaus, Physikalischer Atlas, Pflanzengeographie. Schouw, Pflanzengeographie. S. 409.

[2] J. R. Forster, Bemerkungen auf einer Reise um die Welt. Berlin 1783. S. 152.

in einer seiner frühesten Schriften zugewendet, die des Außerordentlichen so vieles enthält, daß man beim ersten Durchlesen an einem Ufer zu stehen meint, neben welchem ein Strom tiefer Gedanken uns willenlos mit sich fortträgt. Willdenow konnte noch lehren, daß die europäischen Gewächse die gemeinsten des Erdballes seien,[1] während Humboldt bemerkte, daß im tropischen Südamerika nie eine wildwachsende Art unsers Welttheiles angetroffen werde.[2] Auf dem Hochlande Mexikos war er canadischen Gehölzen begegnet. Humboldt belehrt uns durch dieses Beispiel, daß Gebirge, die sich von Norden nach Süden erstrecken, eine Mischung der Pflanzengestalten aus verschiedenen Zonen der Festlande begünstigen. Er zeigt uns umgekehrt, daß die Gewächse am europäischen Ufer des Mittelmeeres nicht mehr denen der nordafrikanischen Gestade gleichen, daß also Wasserflächen, die im Sinne der Breitenkreise die Länder scheiden, den Wanderungen der Gewächse entgegentraten.[3] Diesen anregenden Ideen verdanken wir unser Wissen von den örtlichen

[1] Grundriß der Kräuterkunde. Berlin 1792. S. 372.

[2] A. v. Humboldt und A. Bonpland, Ideen zu einer Geographie der Gewächse. Tübingen 1807. S. 13. Europäische Alpenpflanzen waren indessen im Feuerland schon von Sir Joseph Banks (Robert Brown, Botanische Schriften, herausgegeben von Nees von Esenbeck. Nürnberg 1822. Bd. 1, S. 130); dann auch wiederum von J. R. Forster (Bemerkungen auf einer Reise um die Welt, Berlin 1783, S. 153) angetroffen; endlich ihre wahre Uebereinstimmung mit unsern Formen vom jüngern Hooker (bei Sir James Clark Ross, Southern and Antarctic Regions, tom. II, p. 302) bestätigt worden. Auch hat Humboldt selbst (Relation historique, tom. I, p. 601) diese Behauptung später zurückgenommen.

[3] Ideen zu einer Geographie der Pflanzen. Stuttgart 1807. S. 9, 5. In dieser Schrift wird auch zum erstenmale der Gedanke angeregt, daß die ehemals höhere Temperatur der Polargegenden der früheren stärkeren Ausstrahlung des warmen Erdinnern zugeschrieben werden könne (S. 15). „Von einer bloß geographischen Darstellung der Vegetation unterscheidet sich die Geobotanik Humboldt's dadurch, daß sie ihre physischen Bedingungen zu erforschen strebt. In der großen Verkettung von Ursachen und Wirkungen dürfe kein Stoff, keine Thätigkeit isolirt betrachtet werden . . . Durch diesen Grundgedanken wurde der botanischen Wissenschaft und zugleich der Physik

Verschiedenheiten der Pflanzendecke unseres Erdbodens. Abgesehen von einem früheren aber nicht glücklichen Versuche Willdenow's, vertheilte der ältere de Candolle, der uns auch die Wüsten als Hindernisse der Artenverbreitung beachten lehrte, am frühesten die Gewächse nach heimatlichen Gebieten, deren er zwanzig auf der Erde annahm,[1] aber erst J. F. Schouw, der ihre Zahl um zwei vergrößerte, stellte den Begriff eines abgesonderten Pflanzenreiches statistisch fest.[2]

Die Verschiedenheit der landschaftlichen Eindrücke ferner Länder beruht, wie Humboldt es zuerst aussprach, auf der Aehnlichkeit oder Fremdartigkeit ihres Pflanzengewebes, ganz vorzüglich aber entsteht der Eindruck dessen, was wir tropische Natur nennen, durch die Abwesenheit der geselligen Gewächse, denn mit Ausnahme weniger Standorte findet man nur einsame Pflanzen in den äquinoctialen Niederungen. Es ist merkwürdig, daß diese Unterschiede und ihre malerischen Wirkungen bis auf Humboldt unbemerkt blieben.[3] Ein künstlerisches Bedürfniß trieb ihn auch zu einer, die systematischen Ordnungen durchbrechenden Eintheilung des Pflanzenreiches in siebzehn für den Schmuck der Landschaften bedeutsamen Grundgestalten oder zu einer ästhetischen Physiognomik der Gewächse.[4]

des Erdkörpers ein umfassendes Gebiet der Forschungen hinzugefügt und nach seinem Umfange, wie nach seinem Inhalt mit so sicherem Blick vorgezeichnet, daß man erstaunt, nach mehr als zwei Menschenaltern in den Ideen Humboldt's fast keine einzige der Aufgaben zu vermissen, um deren Lösung sich seitdem so viele und hervorragende Naturforscher unausgesetzt bemüht haben." A. Grisebach in K. Bruhns, Alexander v. Humboldt. Leipzig 1872. Bd. 3, S. 234.

[1] A. P. de Candolle, Essai élémentaire de Géographie botanique. p. 46, 52—53.

[2] Grundzüge einer allgemeinen Pflanzengeographie. Berlin 1823. S. 504 ff. Er nimmt ein eigenes Reich nur dort an, wo die Hälfte der Arten, ein Viertel der Gattungen und einzelne Familien ausschließlich auftreten oder die letzteren ihr Maximum erreichen.

[3] Ideen zu einer Geographie der Pflanzen, Stuttgart 1807, S. 3.

[4] Zuerst in den Ideen zu einer Pflanzengeographie, S. 25. Als er

Diese physiognomische Klassification der Pflanzen nach der Entwicklungsweise ihrer Vegetationsorgane, eine der wichtigsten Leistungen Humboldt's auf diesem Gebiete, hat A. Grisebach weiter ausgeführt und ihre Anzahl auf das dreifache erhöht. Seine „Vegetation der Erde"[1] bietet die erste vergleichende Darstellung der Vegetation aller Erdtheile und Länder.

Thiergeographie.

Die Ortskunde der Thiere ist viel früher entstanden, aber viel später gereift als die Pflanzengeographie. Mit Benutzung wichtiger Vorarbeiten Buffon's und Pallas' entwarf Eberhard August Wilhelm Zimmermann, Professor der Mathematik und Physik in Braunschweig, 1777 die erste Erdkarte für die Verbreitung der Säugethiere.[2] Grenzen zog er, um den Ueberblick nicht zu stören, nur für wenige Arten der wärmeren und der kälteren Erdstriche.[3] Aus dem Umstande, daß die Südgrenze des Renthiers in Europa bis 66° n. Br. hinaufsteigt, im Ural auf 50° n. Br., in Nordamerika auf 45° sinkt und ähnliche Verbreitungsgesetze bei dem Elchthier (C. Alces) sich wiederholen,[4] schloß der scharfsinnige Beobachter, daß die Erwärmung

Beifall und Nachahmer fand, führte er den Gedanken in den Ansichten der Natur weiter aus und unterschied hier 19 Grundgestalten der Vegetation.

[1] A. Grisebach, Die Vegetation der Erde nach ihrer klimatischen Anordnung. Leipzig 1872. 2 Bde.

[2] Zimmermann, Specimen Zoologiae geographicae Quadrupedum. Lugd. Bat. 1777. p. 36.

[3] Nämlich die Süd- und Nordgrenze für das Elchthier (Alces), das Renthier und Caribu (C. Tarandus), die asiatische Nordgrenze des Elephanten und die asiatische Nordgrenze des bactrischen Kameels. E. A. Zimmermann, Kurze Erklärung der zoologischen Weltkarte. Leipzig 1783. S. 4.

[4] Specimen Zoolog. geogr., p. XIV, XIX und die Karte p. 36. Der Lückenhaftigkeit des damaligen Wissens ist es zuzuschreiben, daß Zimmermann noch glauben konnte, die europäischen Affen auf dem Tarikfelsen (Gibraltar) seien durch Menschen dorthin versetzt worden (l. c. p. 609), während doch jene Affen nicht allein, sondern noch eine große Anzahl anderer Säugethiere Südspanien und der Berberei gemeinsam sind.

der Festlande vom Westen Europas nach Osten beträchtlich abnehme. Das Wachsthum der Artenmannigfaltigkeit von den Polen nach dem Aequator schätzte Zimmermann bereits statistisch ab, denn von den zweihundert Gattungen der Säugethiere, die man damals zählte, gehörten drei Viertel der heißen Zone an. Dieser erhöhten Dichtigkeit fand er die Zunahme an Raubthieren entsprechend, deren Verbreitung sehr wesentlich von der Beute abhängig ist, die sie antreffen.[1]

Die beiden größten Erkenntnisse in Bezug auf die Verbreitung der Säugethiere, nämlich die Aehnlichkeit der Arten beider Welten in der Nordpolarzone war von Buffon, die völlige Fremdartigkeit der südamerikanischen Fauna von Leryus schon 1556 bemerkt, von Abraham Mylius 1667 nachgewiesen worden. Zimmermann erkannte dagegen zuerst die Abgeschlossenheit der australischen Fauna.[2]

Frühzeitig begann man aus den Wahrzeichen der Thierverbreitung über die geologischen Schicksale einzelner Erdräume nachzusinnen. Als englische Seefahrer 1690 auf den Falklandsinseln patagonische Füchse fanden, schlossen sie daraus, daß jener Archipel ein abgerissenes Stück des Festlandes sein müsse,[3] da man nicht annehmen könne, daß zweimal dasselbe Thier auf den Inseln und dem Festlande geschaffen worden sei. Während Buffon sich über einen ehemaligen Zusammenhang Afrikas und Südamerikas in wunderliche Vermuthungen verirrte, widerlegte ihn Zimmermann und erkannte dafür die Sundainseln aus

[1] Zimmermann, Specimen Zoologiae geographicae. p. 556, 601.

[2] Specimen Zoologiae geogr., p. 638, 656.

[3] Siehe das handschriftliche Tagebuch von Richard Simpson bei Burney, Discoveries in the South Sea. tom. IV, p. 331. Der wolfsartige Fuchs (Canis antarcticus) gehört nach Darwin (Reise eines Naturforschers um die Welt, übersetzt von J. Victor Carus, Stuttgart 1875, S. 222) der Falklandsgruppe ausschließlich an. Fitzroy (Voyages of H. M. ships Adventure and Beagle, tom. II, p. 259) untersuchte die Möglichkeit, ob jene Thiere nicht auf Eisbergen oder Baumstämmen vom Festlande übergesetzt sind.

ihrer Thierbevölkerung sehr richtig für einen ehemaligen Zubehör Südasiens.[1]

Auf die andern Klassen der Wirbelthiere dehnte zuerst G. R. Treviranus 1803 die Untersuchungen aus und mit weit mehr Gründlichkeit als es 30 Jahre später von Swainson gewagt wurde.[2] Auch bei der Ortskunde der Thiere führte er, wie bei der Pflanzengeographie, zuerst die Methode des statistischen Vergleiches der Arten ein und entwarf nicht nur die Grundzüge der klimatischen Verschiedenheiten der Thierwelt, sondern stellte auch die Faunencharaktere größerer Erdräume fest.[3] Völlig in gleichem Geiste, nämlich statistisch trennend, Aehnlichkeiten und Verschiedenheiten durch Zahlen abschätzend, schied im Jahre 1811 Illiger, der sich jedoch auf die Säugethiere beschränkte,[4] Arten, Gattungen, Familien und Ordnungen ab, welche den großen Revieren der Erde gemeinsam sind, von denen, welche ihnen ausschließlich angehören. Wenn wir z. B. vernehmen, daß Südamerika unter 217 Arten 194 eigenthümliche besitzt, so erlangen wir einen scharfen Zahlenausdruck für die beinahe völlige Absonderung seiner Thierwelt.

Eine klassische Arbeit über eine Ordnung der Amphibien, nämlich über die Schlangen, begleitet von einem Atlas, lieferte der Holländer H. Schlegel. Ueberall, wo Schlangen auftreten, sah er giftige unter die giftlosen Arten sich mischen, nur daß Länder mit Wüsten von den ersteren vorgezogen werden, daher Australien unter zehn Arten nicht weniger als sieben giftige besitzt, während das allgemeine Verhältniß 5 : 1 ist. Er zeigte ferner, daß Baumschlangen nur den Tropen, Seeschlangen nur

[1] Zimmermann, l. c. p. 629.

[2] Treviranus, Biologie. Göttingen 1803. Bd. 2, S. 157.

[3] William Swainson, Geography and Classification of Animals. (Lardner's Cabinet Cyclopaedia.) London 1835. Europa suchte er (§. 35, p. 26) als eigenes Revier nach ornithologischen Merkmalen zu begrenzen.

[4] Illiger, Ueberblick der Säugethiere nach ihrer Vertheilung über die Welttheile. Abhandlungen der kgl. Akademie der Wissenschaften in Berlin aus den Jahren 1804—11. Berlin 1815. S. 39—159.

dem indischen Ocean und dem westlichen Theil der Südsee angehören, daß Landschlangen auf den Inseln des stillen Meeres gänzlich fehlen, die Nattern (Colubrini) nur in sumpfigen Gegenden auftreten, die Ottern (Viperini) nur die alte, die Klapperschlangen (Crotali) nur die neue, die Trigonocephalen in getrennten Arten beide Welten bevölkern, Madagaskar und Japan ihre nationalen Schlangen besitzen.[1]

Erst durch Andreas Wagner gewann die Ortskunde der Säugethiere die nämliche Schärfe wie die Pflanzengeographie. Mit sicherer Hand theilte er auf seinen Karten nach den Mustern, die Schouw für die Gewächse entworfen hatte, die Erde in sieben große Thiergebiete und stellte für jedes besondere Charakterformen auf. Mit Klarheit überschauen wir jetzt die Gemeinsamkeit der Nordpolarfauna in beiden Welten und die wachsenden Verschiedenheiten, je mehr man sich von diesem gemeinsamen Revier nach Süden entfernt und den peninsularen Ausläufern der Festlande nähert.[2] Wir verstehen nun, daß Bodenerhebungen und Hochländer zur Ausbreitung von Arten kühler Klimate als Brücken von höheren nach niederen Breiten dienen, so daß arctische Formen in Nordamerika sich längs der Cordilleren bis nach Guatemala erstrecken, daß Gebirge dagegen von kleinen wühlenden Thieren nicht überschritten werden können, wie z. B. der Igel nicht östlich vom Ural vorkommt. Wagner zeigt uns, daß die Südgrenze der arctischen Thiere mit der Grenze der Pinusarten zusammenfällt und, was schon Illiger bemerkt hatte, die Verbreitung der Affen auf die Palmenzone beschränkt sei, so zwar, daß selbst versprengte Arten von Palmen in Südeuropa und in Japan eine ebenfalls versprengte Affenbevölkerung an sich gefesselt haben, daß diese kletternden Thiere sich nur in Hainen

[1] H. Schlegel, Essai sur la Physiognomie des Serpens. Amsterdam 1837. tom. I, p. 201, 203, 204, 199, 220, 222.

[2] Andreas Wagner, Abhandlungen der math.-physik. Klasse der kgl. bayr. Akademie der Wissenschaften von 1844—46, 1. Abth., S. 1—147; 2. Abth., S. 37—108; 3. Abth., S. 3—115.

und Gebirgen aufhalten, und daß, wo die Wälder fehlen, die Hirsche durch die Antilopen ersetzt werden. Australiens Abgelegenheit und die Veraltung seiner Schöpfung werden uns fühlbar an der Abwesenheit der Affen, obgleich es Palmen besitzt, am Mangel aller Raubthiere mit Ausnahme des Dingo, der Hufthiere, der Zahnlücker, sowie durch das Vorwalten der Beutelthiere (102 Arten von 131 Landthieren), der Nagethiere und der Fledermäuse.[1]

Dem Sammlerfleiße Heinrich Berghaus', der alles zusammenzog, was er in den eben genannten Vorarbeiten fand und durch eigene Forschungen ergänzen konnte, verdanken wir eine Reihe von Karten über die Verbreitung nicht bloß der Säugethiere, sondern auch der Vögel und etlicher Amphibien. Neu ist dabei, daß er, wie Schouw bei den Gewächsen, auch die örtliche Artendichtigkeit bei den Raubthieren, den Nagethieren, den Wiederkäuern, den Schlangen u. s. w. ausgedrückt hat. Wie wichtig für die Erdkunde das Auffinden von Schöpfungsgrenzen geworden ist, gewahren wir daraus, daß S. Müller mitten durch die Inseln der Banda- und Molukken-Seen eine Scheidelinie zog, bei der sich die asiatische und australische Thierwelt sehr scharf absondern.[2]

Diese Grenzlinien sind von Alfred Wallace[3] verschärft worden, welcher während der Jahre 1854—1862 den malayischen Archipel bereiste und bereits 1860 eine zoologische Geographie dieser Inselfluren entwarf. Diese über ein abgeschlossenes Gebiet sich verbreitende Arbeit kann als eine Vorläuferin des umfassenden Werkes angesehen werden, welches 16 Jahre später erschien.

[1] A. Wagner, a. a. O. 1. Abth., S. 20; 2. Abth., S. 40; 1. Abth., S. 67, 26; 2. Abth., S. 72; 3. Abth., S. 4; 2. Abth., S. 87; 3. Abth., S. 94—95.

[2] Berghaus, Physikalischer Atlas, Thiergeographie. Taf. 6, Fol. 24. Jene Abscheidung beider Welten war übrigens schon H. Schlegel bekannt (Physiognomie des Serpens, Amsterdam 1837, p. 241).

[3] Der Malayische Archipel, Bd. I., Cap. 1. Braunschweig 1869.

Diese „geographische Verbreitung der Thiere"[1] berücksichtigt zwar nur die Landthiere, zieht aber auch die ausgestorbene Fauna mit in die Betrachtung hinein. Damit werden neue, weite Perspectiven eröffnet. „Eine genaue Kenntniß irgend einer Vogel- oder Insectengruppe und ihrer geographischen Verbreitung kann uns in den Stand setzen, die Inseln und Continente einer früheren Epoche zu reconstruiren, — denn der Grad von Verschiedenheit, welcher zwischen den Thieren benachbarter Distrikte obwaltet, steht durchaus in nahen Beziehungen zu den voraufgegangenen geologischen Veränderungen."[2]

In dem Studium der Verbreitung der Thiere und Pflanzen finden wir die besten Beweise, welches die ältesten und welches die neuesten Umrisse der Erdoberfläche sind. Aus diesem Gesichtspunkte sind auch auf der allgemeinen Uebersichtskarte Tiefenschichten des Oceans nach den Ergebnissen der neuesten Messungen eingetragen, „um eine Abschätzung der wahrscheinlicheren Veränderung des Meeres und des Landes während der Tertiärperiode zu ermöglichen."[3] In der Eintheilung adoptirt Wallace die zuerst von Sclater 1857 vorgeschlagenen 6 Regionen: paläarktische (Europa, Nordafrika und Asien außer Indien und Südchina), äthiopische (Mittel- und Südafrika), orientalische (Indien, Südchina, den malayischen Archipel bis zur Mangkassarstraße und die Philippinen), australische, nearktische (Nordamerika bis zum Wendekreise) und die neotropische Region (Mittel- und Süd-Amerika).

Zum Schluß werfen wir noch einen Blick auf den jüngsten Zweig der Zoogeographie, auf die Erforschung der Tiefseefauna. Zwar hat schon im vorigen Jahrhundert der Däne Otho Fridrich

[1] Alfred Russel Wallace, Die geographische Verbreitung der Thiere nebst einer Studie über die Verwandtschaften der lebenden und ausgestorbenen Faunen in ihrer Beziehung zu den früheren Veränderungen der Erdoberfläche. Deutsche Ausgabe von A. B. Meyer. Dresden 1876. 2 Bde.

[2] Wallace, a. a. O. Vorwort S. V.

[3] Wallace, a. a. O. S. X.

Müller 1779 sich des mit Gewichten beschwerten Schleppnetzes bedient, um die wirbellosen Bewohner der See ans Licht zu ziehen, doch fischte er, wie es scheint, nur in mäßigen Tiefen an der Küste.[1] Er bediente sich des Netzes der Austernfischer; alle neueren Fanggeräthe sind nur verbesserte Formen desselben Instruments, welches im Wesentlichen aus einem eisernen Rahmen mit daran befestigtem sackartigem Netze besteht. Lange Zeit sträubte man sich gegen die Annahme, daß auch die Tiefe des Weltmeeres noch von organischen Wesen bewohnt sein könne. Man wies auf den ungeheuren Wasserdruck in der Tiefe hin, in Folge dessen sogar Schiffstrümmer, untergegangene Schätze, Heergeräth und Kanonenkugeln nicht bis zum Seegrunde hinabsinken könnten, sondern von den immer dichter werdenden Wassermassen der Tiefe in der Schwebe gehalten würden. So war es denn ein beachtenswerthes Ereigniß, daß John Roß auf seiner arktischen Reise 1818 unter 73° 37′ n. Br. aus einer Tiefe von fast 1000 Faden einen Seestern (Asterias caput Medusae) heraufholte, der erste Beweis für das Leben in solcher Tiefe. Aber auch dann wurden diese Forschungen noch nicht fortgesetzt, vor allem, weil es noch an Werkzeugen für diese Jagd fehlte. Erst zwanzig Jahre später begann eine größere Thätigkeit auf diesem Felde durch Edward Forbes, welcher die submarine Zoologie zuerst systematisch betrieb. Auf seinen Antrag setzte die britische Association der Wissenschaften auf ihrer Jahresversammlung zu Birmingham 1839 einen Ausschuß (Forbes, Gray, Goodsir u. a.) nieder, welcher die methodische Erforschung zunächst der britischen See förderte. Als Forbes sodann auf der Jahresversammlung 1850 seinen ersten allgemeinen Bericht über die britische marine Zoologie gab, befürwortete er schon eine Expedition zur Untersuchung des Meeres zwischen den Shetland-Inseln und Faröer, eine Expedition, welche 17 Jahre

[1] Zoologia Danica, seu animalium Daniae et Norvegiae rariorum et minus notorum descriptiones et historia. Havniae 1788.

später ins Werk gesetzt wurde. Doch gingen die Forschungen höchstens bis zu einer Tiefe von 230 Faden. Auch war Forbes noch der Ansicht, daß das Leben nicht über 300 Faden hinabreiche.[1] Fast gleichzeitig nahmen auch Professor Lovén in Stockholm seit 1844 und Michael Sars in Christiania an diesen Arbeiten theil. Letzterer sprach seine Ueberzeugung dahin aus, daß an den norwegischen Küsten das animalische Leben in bedeutende Tiefen hinuntersteige.[2] Auf den Thalboden des atlantischen Oceans drang zuerst der Brooke'sche Sondirungsapparat 1854 hinab.[3] Er brachte zwar nur spärliche Proben herauf, zeigte aber, daß der ganze Boden mit Kalkschalen von Globigerina bulloides und hie und da mit Orbulina universa bedeckt war. Bei der nun entstehenden Frage, ob die mikroskopischen Gehäuse dieser kleinen Welt auf den Grund hinabgesunken seien, oder ob die Thierchen selbst dort lebten, entschied sich Ehrenberg in Berlin für das letztere, weil er noch Spuren von organischer Substanz in den Schalen entdeckt hatte.[4] Durch Huxley's Untersuchungen der Ausbeute von Dayman's Expedition wurde Ehrenberg's Ansicht bestätigt, worauf im Jahre 1860 Dr. Wallich, als Naturforscher an Bord des „Bulldog", die aus einer Tiefe von 2000 Faden frisch heraufgebrachten Globigerinen prüfen konnte. Damit war die bedeutende Ausbreitung des Thierlebens im Bette des atlantischen Oceans erwiesen. Zugleich sprach Wallich seine Ueberzeugung dahin aus, daß die Tiefsee ihre eigene Fauna habe und zu allen Zeiten gehabt habe, und daß versteinerungsreiche Schichten nicht in seichtem, sondern in tiefem Wasser abgelagert seien.[5]

[1] Carpenter in Proceed. R. Soc. 1868, p. 178.

[2] Sars, Beretning om eñ i Sommeren 1849 foretagen zoologisk Reise i Lofoten og Finmarken. Christiania 1850. Wyv. Thomson, The Depths of the Sea. London 1874. p. 270.

[3] Siehe oben S. 736.

[4] Carpenter, l. c. p. 179.

[5] The North-Atlantic Sea-Bed. p. 154. Wyv. Thomson, l. c. chap. X. The Continuity of the Chalk.

Die Reihe der neuen Resultate erweiterte rasch die Kenntniß; nach dem glücklichen Erfolg der schwedischen Expedition 1861 durfte Lovén die Ansicht aussprechen, daß sich eine Tiefseefauna von gleichartigem Charakter durch alle Breiten von Pol zu Pol ausdehne. Von großer Wichtigkeit waren sodann die wissenschaftlichen Kreuzfahrten der englischen Schiffe Lightning und Procupine 1868—1870,[1] und da man hier bei einem Zug des Schleppnetzes vor dem Golf von Biscaya aus einer Tiefe von 2435 Faden charakteristische Formen des Thierlebens „of all of the five invertebrate sub-kingdoms" heraufholte, war die Frage über das Dasein eines reichen Lebens am Seeboden in allen Tiefen endgiltig entschieden.[2] Die bereits erwähnte Expedition des Challenger hat auch in dieser Beziehung ein reichhaltiges Material zu weiteren Untersuchungen und Vergleichungen heimgebracht.

Anthropologie.

Den ersten auf Beobachtungen gegründeten, beachtenswerthen Versuch einer Raceneintheilung machte 1684 ein ungenannter französischer Reisender.[3] Derselbe unterscheidet 4 oder 5 Species. Linné unterschied seit 1740 vier „Varietäten.[4]

[1] Siehe oben S. 737.

[2] Wyv. Thomson, l. c. p. 30, 31.

[3] Journal des Scavans vom 24. April 1684. Die erste Art entspricht hier unserer kaukasischen Race (nämlich alle Europäer mit Ausnahme der Bewohner eines Theils von Rußland, die Bewohner von Nordafrika und Südwest-Asien bis nach Hinterindien, ja selbst bis Sumatra und Borneo), zweitens folgen die Neger, drittens die Ostasiaten und Nordasiaten bis nach Rußland hinein. Diese drei Gruppen sind gut charakterisirt. Ihnen reihen sich als vierte Race die gedrungenen, zwergartigen Lappen an. Als eine fünfte Race wagt der Verfasser die Amerikaner nicht aufzustellen, da die Bewohner der neuen Welt trotz mancher Abweichungen von dem europäischen Typus, doch nicht genug Eigenthümlichkeit aufweisen, um als selbständige Gruppe auftreten zu können. Neben ihnen würden die Bewohner des Caplandes mit gleichen Ansprüchen auftreten, von den Negern unterschieden zu werden.

[4] Systema naturae, Holmiae 1740, p. 80: Europaeus albus, Americanus rubescens, Asiaticus fuscus, Africanus niger.

Aber noch vor hundert Jahren unterschied ein großer Geograph wie Büsching die Menschen nur in „Weiße, Schwarze und eine mittlere Sorte".[1] Ein niederländischer Anatom, Peter Camper (geb. zu Leyden 1722, gest. 1789) setzte jedoch schon im Jahre 1767 Kenner von Alterthümern in Erstaunen, als er mit großer Sicherheit aus einer Sammlung Medaillen die echten von den gefälschten ausschied. Er hatte nämlich gefunden, daß, wenn man von dem Gehörgang eines Kopfes eine Linie (o d) nach dem untersten Theile der Nasenscheidewand und eine zweite (g d n) von dem Schluß der Zähne über das Nasenbein nach dem äußersten Vorsprung der Stirn zieht,[2] man dadurch den sogenannten Gesichtswinkel erhalte, dessen Größe die alten Meister über das natürliche Maß gesteigert hatten. Der Camper'sche Gesichtswinkel, mit dem die vergleichenden Schädelmessungen beginnen, würde uns auch einen scharfen Maßstab gewähren, wenn es im menschlichen Haupte ein anatomisches

[1] Siehe Büsching, Neue Erdbeschreibung, 7. Aufl, §. 63. Hamburg 1777. Bd 1, S. 72.

[2] Peter Camper, Ueber den natürlichen Unterschied der Gesichtszüge. Berlin 1792. S. XV, S. 17, 21—22. Er hatte wahrgenommen, daß auf

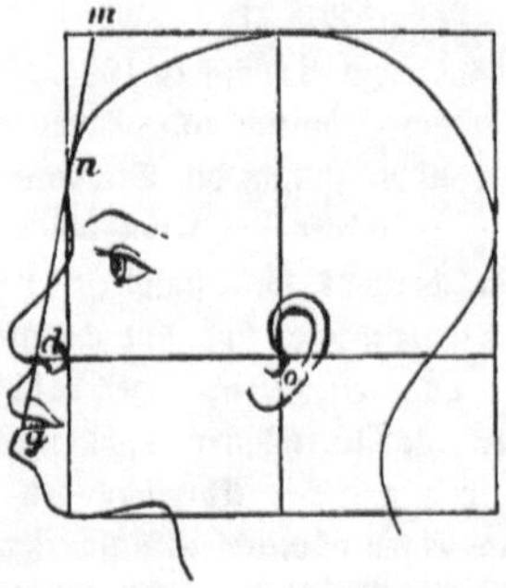

Der Camper'sche Gesichtswinkel in ursprünglicher Form.

griechischen Medaillen der Winkel (n d o) eine Größe von 100°, bei römischen von 95°, bei Menschenschädeln 70—80°, bei Affenschädeln weniger als 70° besitze.

Niveau gäbe und die Ebene zwischen Gehörgang und Nasenwand, auf welche sich die Messung bezieht, nicht sehr veränderlich wäre. Daher zog es Joh. Friedr. Blumenbach (geb. in Gotha 11. Mai 1752, gest. in Göttingen 1840) vor, bei Vergleichen den Schädel senkrecht von oben zu betrachten, wobei sowohl der Unterschied zwischen Breit- und Langschädeln, als auch das Vortreten der Kiefern überschaut werden kann.[1] Sömmering dagegen, dem der britische Anatom Owen gefolgt ist, verglich die untere Grundfläche der Schädel und namentlich die mehr oder weniger centrale Stellung der Großen Oeffnung, welche bei den Affen sehr merklich nach dem Rande des Hinterhauptes zurückweicht.[2] Alle drei Messungsarten trachten auf verschiedenen Wegen das Raumverhältniß des Gesichtsschädels zum Gehirn-

[1] Blumenbach, De generis humani varietate nativa. Göttingen 1795. p. 204—206 und die Tafel.

[2] Der erste, welcher auf die Lage des Hinterhauptloches aufmerksam machte und die Verschiedenheit bei Menschen, Affen und andern Vierfüßern beobachtete, war der Franzose Daubenton. Histoire de l'Academie royale des Sciences. Annee 1764, Paris 1767. p. 59. Blumenbach, De generis humani varietate. Göttingen 1795. p. 204—206. Prichard, Natural History of Man, 2d ed. London 1855. tom. I, p. 110.

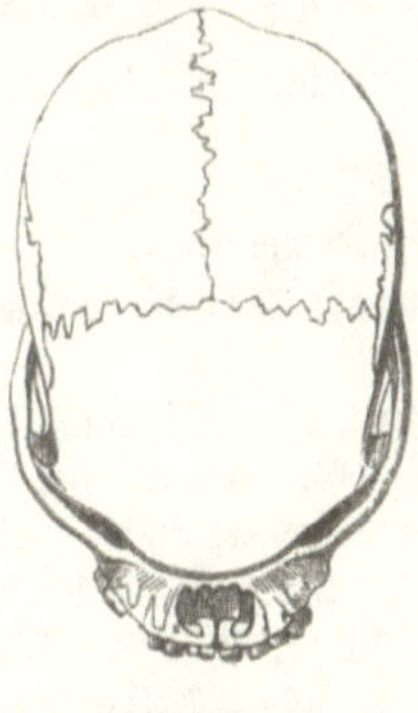

Scheitelbetrachtung der Schädel nach Blumenbach's Methode.

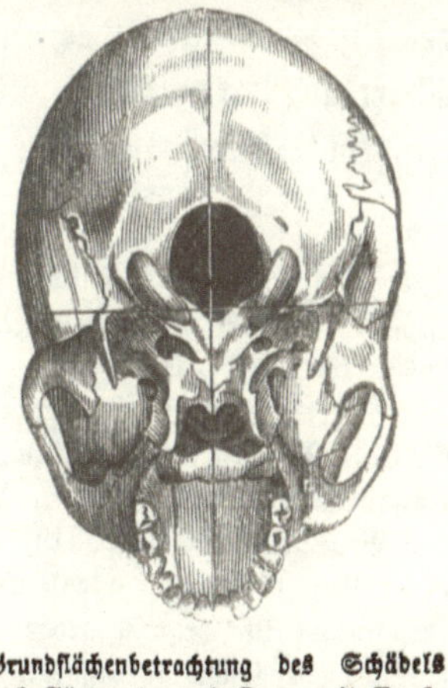

Grundflächenbetrachtung des Schädels nach Sömmering und Owen, mit Beachtung der Lage des Hinterhauptloches.

schädel zu ermitteln, für welches die klaren Bezeichnungen der schwedische Anatom Anders Retzius zuerst 1844 erschuf, indem er die Vorzüge der Camper'schen Abschätzung, welche hauptsächlich die Stellung der Zähne, und die Blumenbach'schen Merkmale, welche hauptsächlich die Größenverhältnisse der beiden Axen betrafen, zu einer viertheiligen Ordnung der Schädel vereinigte, je nachdem sie den Geradzähnern (Orthognathen) oder Schiefzähnern (Prognathen) und wiederum den Langschädeln (Dolichocephalen) oder Breitschädeln (Brachycephalen) sich anreihen lassen.[1] Schärfere Bestimmungen über die Verschiedenheit der Form gewinnt man gegenwärtig, indem das Verhältniß der Länge, Breite, Höhe des Schädels durch Zahlen ausgedrückt wird. Auch nach dieser Richtung sind die Untersuchungen von Retzius maßgebend gewesen. Andere Theile des Skelets wurden erst in neuester Zeit verglichen, doch entgingen schon Peter Camper nicht die thierischen Formen am schmalen Becken der Neger.[2] Die Verhältnisse der einzelnen Theile des Gesichtsschädels und die Gesetze ihrer Entwicklung hat zuerst Virchow untersucht und damit eine naturwissenschaftliche Physiognomik begründet.

Peter Camper hatte keine anatomische Classification aufgestellt, erst Blumenbach trennte das Menschengeschlecht in fünf Abarten (Varietäten). Die kaukasische Race mit symmetrischem Schädelbau stellte er in die Mitte, die Mongolen

[1] Anders Retzius, Ethnologische Schriften. Stockholm 1864. S. 28, 136 ff. Carl Vogt, Vorlesungen über die Stellung des Menschen. Gießen 1863. Bd. 1, S. 59.

[2] Peter Camper, Natürlicher Unterschied der Gesichtszüge. Berlin 1792. S. 35. Eschwege fand bei den Indianern von Minas Geraes eine thierische Annäherung in dem schmalen Gesäß als Folge der Beckengestalt. Journal von Brasilien, Weimar 1818, Bd. 1, S. 87, 163. Ueber die Wichtigkeit dieser Unterscheidungen vergl. Carl Vogt, a. a. O. Bd 1, S. 192. F. A. Seligmann in Behm's geogr. Jahrbuch, Bd. 1, S. 444. Gotha 1866. v. Spix, der Eschwege bestätigte, gedenkt auch der Dünnheit der Waden bei Indianern (Reise in Brasilien, Bd. 1, S. 376).

mit fast quadratischen und die Neger mit eng zusammengedrückten schnauzenförmigen Schädeln an die beiden Endpunkte der Formenreihe, während er die Amerikaner zwischen Mongolen und Kaukasier, die Malayen zwischen die Kaukasier und Neger als Uebergänge einschaltete.[1] Jeder dieser Racen gab er ihre Merkmale nach Schädelbildung, Haut, Haar, Augenstellung und Mundform. Da der Begriff der Abart noch nicht festgestellt ist, so hängt es von der Willkür des Beobachters ab, die Zahl der Racen zu mindern, wie Cuvier, der nur drei; wie Spix, der nur zwei annahm,[2] oder sie zu vermehren wie Pickering, Anthropolog auf der großen Südsee-Erforschung der Amerikaner, der nach einer wunderlichen Classification vier große und elf kleine Abtheilungen unterschied, oder wie Prichard, der so viel Racen annahm, als es Sprachfamilien gibt.[3] Blumenbach, als er seine Merkmale aufstellte, war sich deutlich bewußt, daß es unmerkliche Stufen und Uebergänge, nirgends aber scharfe Grenzen der Abarten gebe.[4] Er schuf aber zuerst die Sprache der Anthropologie, und alle beschreibenden Wissenschaften müssen damit beginnen, daß sie ihre Gegenstände durch Kunstausdrücke unzweideutig bezeichnen.

Ethnographie.

Innerhalb der anatomisch trennbaren Abarten unsers Geschlechts lassen sich wiederum eine Mehrzahl von Völkerschaften

[1] De generis humani varietate, 3. ed. Göttingen 1795. §. 62, p. 206—210, 286.

[2] Reisen in Brasilien, Bd. 1, S. 184—185.

[3] Prichard, Natural History of Man, 2 ed. tom. I, p. 124 sq. Pickering, Races of Man. London 1849. p. 10. Ueber andere, neuere Eintheilungen vgl. Peschel, Völkerkunde. S. 12, Anm. 6. Leipzig 1874.

[4] De generis humani varietate nativa, §. 80. Gotting. 1795. p. 284—285. Innumerae generis humani varietates insensibili gradatione invicem confluunt . . . nulla (varietas) existit sitve coloris, sitve vultus, staturae etc. tam singularis, quin cum aliis ejusdem ordinis insensibili transitu ita confluat, ut omnes eas non nisi relativas esse, non nisi gradu ab invicem differre pateat.

an einem geistigen Erkennungszeichen, an der Sprache, als Familienglieder versammeln. Leibniz machte den ersten Versuch, die Völker nach ihren Sprachen zu gruppiren; dabei hatte er natürlich besonders die europäischen und asiatischen Sprachen im Auge. Er schied zwei Hauptgruppen: die japetische und aramäische; erstere zerfällt wieder in Keltisch und Scythisch (etwa unserm Indogermanisch und Uralaltaisch entsprechend), doch zählt er die slavischen Sprachen noch dem Scythischen bei. Er erkennt die Verwandtschaft der Mongólen, Türken und Mandschu und wieder der Finnen, welche er als die Urbewohner Scandinaviens bezeichnet, Lappen und Ungarn, ja er vermuthet schon, daß auch die Esthen, Liven und Samojeden dahin gehören. Auch ist ihm die isolirte Stellung des Baskischen nicht entgangen.[1] „Mit einem wahren Feuereifer nahm er an allem Antheil und setzte alles in Bewegung, was zur Erweiterung, Verbreitung und Vertiefung der Sprachenkunde dienen konnte. Er stand theilnehmend, anregend mit allen in Briefwechsel, welche auf dem Gebiete der Sprachenkunde thätig waren; Missionäre, Reisende, Gelehrte, Fürsten trieb er an und forderte er auf zur Sammlung und Verarbeitung von sprachlichem Material."[2] Bei Peter dem Großen und seinen Ministern drang er auf Herbeischaffung nicht bloß von Wörterverzeichnissen, sondern von Sprachproben, „um durch Vergleich zur Erkenntniß des Ursprungs der scythischen Völker zu gelangen".[3] Seinen Wunsch erfüllte eine deutsche

[1] Brevis designatio meditationum de originibus gentium, in Miscellanea Berolinensia. Berol. 1710. p. 1—16.

[2] Th. Benfey, Geschichte der Sprachwissenschaft. München 1869. S. 252.

[3] Brief von Leibniz an Peter den Großen, d. d. Wien, 26. October 1713, und an den Reichsvicekanzler Baron v. Schaffirow, 22. Juni 1716, abgedruckt bei Friedr. Adelung, Katharinens der Großen Verdienste um die vergleichende Sprachkunde. Petersburg 1815. p. V und VI. Siehe auch seine Correspondenz mit verschiedenen Personen über slavische Sprachen in Erman's Archiv zur Kunde von Rußland, Bd. 24, Heft 2. Berlin 1865. S. 259 ff.

Fürstin, Katharina die Große, welche je 200 Worte aus 130 Sprachen sammelte und durch Pallas, Bacmeister und Zimmermann eine linguistische Bibel ausarbeiten ließ.[1] Genealogisch vereinigen lassen sich Völker aber erst dann, wenn man nicht bloß ihre Wortschätze, sondern auch den Wortbau vergleicht. Auf diesen Weg wies schon im 17. Jahrhundert der deutsche Sprachforscher Job Ludolf hin;[2] aber zu weiterer Durchführung betrat ihn erst der spanische Priester Don Lorenzo Hervás 1800, als er die Sprachen nach ihrer grammatischen Uebereinstimmung in Gruppen ordnete.[3] Er lehrte zuerst, daß das Hebräische, Chaldäische, Syrische, das Alt- und Neu-Arabische, das Aethiopische und Amharische Einer Sprachenfamilie, der semitischen, angehöre.[4] Zu den Gliedern der tschudischen oder finnischen Gruppe zählte er die Lappen, Karelen, Esthen, Permen, Wotjaken, Ostjaken, Mordwinen, Tscheremissen, Wogulen und Magyaren.[5] Die Uebereinstimmung malayischer Sprachen, die

[1] Linguarum totius Orbis Vocabularia comparativa Augustissimae cura collecta, Petropoli 1786, Sect. primae Pars I. Siehe auch den naiven Brief der großen Kaiserin über ihr linguistisches „Steckenpferd" an Zimmermann d. d. Petersburg, 9. Mai 1785, bei Adelung, Katharinens Verdienste. S. 40. Sie übertrug eigenhändig das Verzeichniß von 277 Wörtern ins — Caribische. Pallas lieferte auch die erste umfassende wissenschaftliche Arbeit über eine Menschenrace, über die Mongolen. P. S. Pallas, Sammlung histor. Nachrichten über die mongol. Völkerschaften. 2 Bde. Petersburg 1776 und 1801.

[2] Th. Benfey, Geschichte der Sprachwissenschaft. München 1869. S. 236.

[3] Hervás, Catálogo de las lenguas de las naciones conocidas. Madrid 1800. vol. I, p. 11. Er übersetzte das Vaterunser in mehr als 300 Sprachen. L. c. p. 65.

[4] Hervás, Catálogo. vol. II, p. 372, 468. Die Verwandtschaft des Hebräischen, Chaldäischen, Samaritanischen, Arabischen und Indischen (d. h. Aethiopischen) hatte schon im 16. Jahrhundert Guilielm. Postellus erkannt. (Th. Benfey, Geschichte der Sprachwissenschaft. München 1869. S 225 bis 227.)

[5] Catálogo, vol. III, parte I, p. 201—244. Gatterer, bei dem man schon viel früher sehr richtige ethnographische Classificationen findet, hatte

sich von Madagaskar bis zu der Sandwichsgruppe und der Osterinsel erstrecken, war schon von Joseph Banks 1771 entdeckt worden,[1] allein erst Wilhelm v. Humboldt konnte in seinen ausführlichen Untersuchungen über die im Erlöschen begriffene Tempel- und Theatersprache auf Java, Bali und Madura durch grammatische Vergleiche den strengen Beweis ihres gemeinsamen Ursprungs führen. Er zeigte, was noch immer bestritten wurde, daß nicht nur die madegassische Sprache in jenen Kreis gehöre, sondern sogar ältere Formen treuer bewahrt habe als die Sprache der Malayen, daß ihre Formenlehre am meisten der tagalischen auf den Philippinen sich nähere, daß sämmtliche Malayensprachen im grammatischen Rang wenig höher als das Chinesische; unter sich verglichen aber die polynesischen Sprachen tiefer als das eigentlich malayische, das malayische tiefer als das madegassische, dieses tiefer als das tagalische stehe.[2]

Der wichtigsten Entdeckung der neuern Zeit näherte man sich, als 1790 ein Deutscher, Johann Philipp Wesdin (Fr. Paulinus a Santo Bartholomeo), der von 1776—1789 in Indien verweilte, eine erste Grammatik des Sanskrit veröffentlichte.[3] Zwar hatte schon 1767 Pater Coeurdoux in Pondichery,

eine theilweise verfehlte Gruppirung der Finnen gegeben. Kurzer Begriff der Geographie, Göttingen 1789, S. 89.

[1] Siehe seine Wortvergleiche bei Hawkesworth, Voyages for making Discoveries in the South Sea. London 1773. tom. III, p. 776. Hervás, Catálogo. vol. II, p. 10.

[2] W. v. Humboldt, Ueber die Kawisprache auf der Insel Java. Berlin 1836. Bd. 2, S. 223, 282, 288, 291 ff. Vgl. dazu Fr. Müller, Reise der Novara, Linguistischer Theil. Wien 1867. S. 269 u. ff.

[3] Fr. Paulinus a. S. Bartholomeo, Sidharubam seu Grammatica Samscrdamica. Romae 1790. Der Name Sanskrit wurde, wie Wesdin l. c. p. 3 beweist, damals nur von den Schriftstellern der Asiatic Researches gebraucht. Der deutsche Jesuit Hanxleden, welcher von 1699 bis 1732 in Indien lebte, war der erste Europäer, welcher eine Sanskrit-Grammatik schrieb. Leider wurde dieselbe nicht veröffentlicht. (Benfey, Geschichte der Sprachwissenschaft. S. 335.) Der Name Sanscruta erscheint bereits in den Briefen des Philippo Sassetti, welcher von 1583—88 in

in einer nach Paris gesendeten Abhandlung, auf Grund der Sprachvergleichung die ursprüngliche Verwandtschaft der Inder mit den Griechen und Römern ausgesprochen; allein diese Arbeit wurde erst viel später veröffentlicht.[1] Britische Gelehrte, wie Halhed 1778, Lord Monboddo seit 1792, Sir William Jones (gest. 1794) hatten dann auch selbständig die gemeinsamen Familienzüge zwischen dem Sanskrit und den Sprachen des klassischen Alterthums erkannt,[2] aber erst Friedrich Schlegel brach, indem er die innerliche Verwandtschaft des Deutschen und Persischen mit dem Sanskrit nachwies und den Kreis der sogenannten indo-germanischen Sprachengruppe erweiterte, den Sanskritstudien die Bahn.[3] Vor jedem Zweifel gesichert wurde aber diese überraschende Erkenntniß erst, als Franz Bopp, dessen Forschungen die bayerische Regierung unterstützte, 1816 seine berühmten Untersuchungen über das Zeitwort Sein veröffentlichte. In dem Gothischen erkannte er die Brücke zwischen Deutschem und Altindischem und es war ihm, „als glaube er, Sanskrit vor sich zu haben, wenn er den ehrwürdigen Ulfilas las". Formen und Wurzeln des Verbum Sein im Sanskrit, verglichen mit dem Angelsächsischen, Gothischen, Fränkischen und Isländischen, gewährten den vollständigen Beweis von dem genealogischen Zusammenhang aller dieser Sprachen.[4] Endlich wurde das Altpersische oder Zend, zuerst bekannt seit Anquetil Duperron's Wanderungen in Indien (1754—1761), in den

Indien zubrachte. Ihm war schon die Aehnlichkeit der heiligen Sprache der Inder mit dem Italienischen aufgefallen. Benfey, a. a. O. 222, 333.

[1] Th. Benfey, Die Geschichte der Sprachwissenschaft. München 1869. S. 341.

[2] Max Müller, Lectures on the Science of Language. London 1864. tom. I, p. 162

[3] Friedrich Schlegel, Ueber die Sprache und Weisheit der Inder. Heidelberg 1808. S. 6—43. Schlegel gebrauchte den Ausdruck „vergleichende Grammatik". S. 28.

[4] Franz Bopp, Ueber das Conjugationssystem der Sanskritsprache. Frankfurt 1816. S. X, S. 116 ff.

arischen Familienkreis hineingezogen durch den Dänen Rask nach seiner Rückkehr aus dem Morgenlande im Jahre 1826.[1]

H. Lichtenstein erkannte zuerst die sprachliche Verwandtschaft der Bantuvölker,[2] während H. C. von der Gabelentz ihre Grenzen gegen Norden bestimmt hat.[3] Julius Klaproth ordnete die nordasiatischen Sprachen in größere Gruppen (Finnen, Turken, Tungusen) und lieferte zugleich die erste Sprachverbreitungskarte für Asien.[4] Doch wurde erst Alexander Castrén (1813—1852) der wissenschaftliche Begründer der ural-altaischen Sprachenkunde.[5]

Die Sprache ist das einzige Mittel, welches uns über eine gemeinsame Abstammung der Völker einigen Aufschluß verheißt, aber kein untrügliches; sie deutet nicht immer Blutsverwandtschaft, oft nur Verschwägerung, ja bisweilen nur örtliches Beisammensein an, denn niemand wird wegen der Sprachen, die sie jetzt reden, die Neger in den Vereinigten Staaten für Angelsachsen, die Indianer Mittel- und Südamerikas für Spanier halten. Haben die Mineralogen entdeckt, daß bisweilen Krystallen durch eindringendes Wasser ihre Bestandtheile entführt und durch fremdartige ersetzt werden, so daß ein eingeschlichenes Mineral die Maske einer Krystallform trägt, die ihm sonst die Natur streng verweigert, und nennt die Wissenschaft solche Truggestalten Pseudomorphosen, so ist ein ähnlicher Vorgang in Bezug auf Sprachen zuerst von Fallmerayer entdeckt worden. Das Griechische, nur wenig verwittert, hat sich noch auf seinem alten Sprachen-

[1] Martin Haug, Essays on the Sacred Language of the Parsees. Bombay 1862. p. 14—18.

[2] Allgem. Archiv für Ethnographie und Linguistik von Bertuch und Vater. Bd. 1, S. 288. Weimar 1808.

[3] Zeitschrift der deutschen morgenländischen Gesellschaft, Bd. 1. Ueber die Sprache der Suaheli.

[4] Julius Klaproth, Asia Polyglotta, mit einem Sprachenatlas und einer Sprachenkarte. Paris 1823.

[5] Benfey, a. a. O. S. 741.

sitze erhalten, aber der ethnographische Stoff des Helenenthums wurde zersetzt und fortgeführt, so daß sich in die leeren Räume fremdartige, namentlich slavische Bestandtheile absetzen und eine linguistische Pseudomorphose bilden konnten.[1]

Bevölkerungsdichtigkeit.

Der Begriff der wissenschaftlichen Statistik war zuerst von Gottfried Achenwall (1719—1772) in einer göttinger Dissertation 1748 ausgesprochen[2] worden, und Anton Friedrich Büsching's Verdienst ist es, bei der Länderbeschreibung schon seit 1754 Angaben über Flächeninhalt und Kopfzahlen eingeführt zu haben.[3] Alle älteren Berechnungen der letzteren gründeten sich auf Angaben der Familien oder Feuerstellen oder auf die Ziffer der streitbaren Mannschaften.[4] Die Lebensversicherungsanstalten waren es, die am frühesten zu schärferen Bestimmungen führten, und ein deutscher Regimentsprediger, Joh. Peter Süßmilch, wurde 1742 zum Begründer der Bevölkerungsstatistik, als er aus den Geburts- und Sterbelisten die Dauer des durchschnittlichen Lebensalters und daraus wiederum die Bevölkerungszahl abzuleiten suchte.[5]

[1] Fallmerayer sprach seine Behauptung zuerst aus in der Geschichte der Halbinsel Morea, Stuttgart 1830, Bd. 1, S. VIII ff, 234 ff.

[2] Achenwall, Notitiam rerumpublicarum academiis vindicatam def. Göttingen 1748. p. 24. Daß Achenwall nicht den Namen „Statistik" erfunden hat, beweist Wappäus. (Allgemeine Bevölkerungsstatistik. Leipzig 1859—61. Bd. 2, S. 549.) Achenwall's Vorgänger waren Hermann Conring in Helmstädt 1660 und Martin Schmeitzel in Halle 1723. (Wappäus, a. a. O. S. 548.) Achenwall's „Abriß der neuesten Staatswissenschaft der vornehmsten europäischen Reiche und Republiken" erschien zuerst 1749 und erlebte unter etwas verändertem Titel bis 1798 sieben Auflagen.

[3] Den Flächenraum ließ er von seinem Freunde Joh. Friedr. Hansen, Bürgermeister in Sonderburg, berechnen. Büsching, Neue Erdbeschreibung, 7. Aufl. Hamburg 1777. S. VIII.

[4] Gatterer, a. a. O. §. 18, S. 4, nimmt das Verhältniß der streitbaren Mannschaft zur Bevölkerung wie 1 : 5 oder 1 : 4 an!

[5] Süßmilch, Die göttliche Ordnung in denen Veränderungen des menschlichen Geschlechtes. Berlin 1742. Cap. 8, S. 102 ff.

Aus den Kirchenbüchern wurden in Schweden schon seit 1775 alle fünf Jahre Bevölkerungsziffern zusammengestellt. Das Beispiel einer wahren Volkszählung gaben aber erst 1790 die Vereinigten Staaten, denen England zehn Jahre später, Deutschland erst folgte, als die Bundesmatrikeln angefertigt wurden.[1]

Vergleichende Erdkunde.

Wenn durch Erdbogengrößen der Flächeninhalt unseres Planeten festgestellt, vom Flüssigen das Trockene geschieden, von diesem als unbewohnbar die Eisgefilde abgetrennt, die plastischen Unebenheiten gemessen, die Tiefen der Meere mit dem Lothe betastet, die Vertheilung von Sonnenschein und Regen ermittelt, die Reviere der Culturgewächse begrenzt, die Verbreitungsgebiete der Thiere festgestellt worden sind: dann erst vermag, wenn sich geographische und historische Kenntnisse vereinigen, die Wissenschaft die Frage zu lösen, ob nicht der Schauplatz, der unserem Geschlecht gleichsam als Gefäß zur Entwicklung seiner Cultur angewiesen

[1] Büsching (Neue Erdbeschreibung, 7. Aufl., Bd. 1, S. 117) kennt eine „Zählung aller Menschen" in Dänemark schon im Jahre 1769. Nach Wappäus, Bevölkerungsstatistik, Bd. 2, S. 559 ff., wurden die ersten Civilstandsregister in Frankreich von Franz I. 1539 und gleichzeitig auch in England, in Deutschland zuerst 1573 durch Kurfürst Johann Georg von Brandenburg eingeführt, doch soll ein bereits brauchbares Register für Augsburg aus dem Jahre 1500 vorhanden sein. Eine regelmäßige Veröffentlichung von Sterbelisten wurde seit 1592 in London, dann in deutschen Städten, seit 1670 in Paris veröffentlicht. Den ersten Mortalitätstabellen, die von Halley entworfen wurden, lagen die Sterbelisten der Stadt Breslau von 1687—1691 zu Grunde. Weiteres über die Geschichte der Statistik findet sich in Rob. von Mohl, Geschichte und Literatur der Staatswissenschaften, Bd. 3, S. 639. Erlangen 1858. Ueber die neuesten Fragen und Forschungen auf den Gebieten der Anthropologie, Ethnographie, Sprachenkunde und Statistik verweisen wir auf die lehrreichen Aufsätze in Behm's Geogr. Jahrbuch. 6 Bde. Gotha 1866—76.

ist, einem absichtsvollen Mechanismus gleiche und das Fortrücken und die Ausbreitung menschlicher Gesittung gesetzmäßig vorgeschrieben war, als die Erde ihr neueres Antlitz gewonnen hatte. In diesem Falle erhebt sich die Erdkunde aus einer Dienerin zur Lehrerin der Geschichte;[1] ja sie vermag sogar mit Sehergabe Künftiges vorherzusagen. Solchen großen Geheimnissen hat man sich seit Strabo nur in Deutschland genähert und zwar erst in neuerer Zeit nach unscheinbaren Anfängen.

Das beste, was deutsche Geographen im vorigen Jahrhundert bieten konnten, war reflectirtes Licht, Belehrungen aus französischen und britischen Forschungen.[2] In unerschöpflicher Folge wiederholten sich damals die Auflagen von Hübner's geographischen Fragen, die sogar in mehrere Sprachen übersetzt wurden, obgleich sie fast nichts enthielten, als was man auf den Landkarten nachsehen konnte.[3]

Mit Anton Friedrich Büsching's Erdbeschreibung, die 1754 zuerst erschien, beginnt nicht nur eine erneute Quellenerforschung, sondern auch die erste Darstellung der Staatenmacht und Staatengröße. Die hypsometrischen Träumereien des Jesuiten Athanasius Kircher von einem Skelett oder Gezimmer der Erde aus Land- und Seegebirgen, die sich als Bergmeridiane und Bergparallelen kreuzen sollten, von Buache nach 100 Jahren als neue Ent-

[1] Pinkerton, dessen Geographie begierig aufgenommen und in fremde Sprachen übersetzt wurde, konnte noch kleinmüthig sagen: Geography, like chronology, only aspires to illustrate history. Modern Geography. London 1807. Preface to the 1st ed., p. X.

[2] Man sehe Joh. Georg Liebknecht, Elementa Geographiae Generalis. Francof. 1712. Mathias Hasius, Wittenberger Festrede vom Jahre 1737. Ignatius Kautsch, Geographia practica. Skalicii Hung. 1784.

[3] Johann Hübner's Kurtze Fragen aus der alten und neuen Geographie. Leipzig 1726. Die Tonart dieses Buches wird man aus den Fragen selbst erkennen: „Was sind in Portugall vor Flüsse? Wie wird Portugall eingetheilet? Was sind in Portugall vor Provintzen abgezeichnet? Was ist in der Provinz Extremadura zu merken?" u. s. w. (S. 22 ff.) Die Antworten bestehen in der trockenen Aufzählung von Namen.

deckung aufgefrischt, bestachen selbst einen Torbern Bergmann und unsere Geographen, wie Gatterer, Immanuel Kant, Zeune, ja selbst Carl Ritter in seinen Jugendschriften hingen an diesem Irrthum.[1] Doch ist unbestreitbar erst durch Buache der Blick für die plastischen Formen der Erdoberfläche geschärft worden. Gatterer wurde durch ihn angeregt, nach Naturgrenzen für die Wohnsitze der Völker zu suchen und bei ihm begegnen wir zuerst solchen Ausdrücken wie: pyrenäische Halbinsel, West-, Nord- und Südalpengebiet, Baltische-, Karpaten-, Nord- und Süd-Hämusländer.[2] Deutsche Schulgelehrsamkeit fand großen Geschmack an solchen Uebungen und August Zeune, der selbst recht gut erkannte, daß Gatterer's Naturnamen nur „Mäntelchen für die politischen Eintheilungen" seien, mühte sich redlich ab, haltbare physikalische Ausdrücke für den Grenzenumfang der historischen Staaten zu finden.[3] Das Suchen nach bezeichnenden Schlagwörtern für einzelne Erdräume entsprang aber schon dem richtigen Gefühl, daß die Gestaltung des Trockenen Einfluß auf die Geschicke seiner Bewohner geübt habe und daß auf etlichen scharf gesonderten Erdräumen etwas wie ein historisches Verhängniß laste.

Auf das Erdganze seine Blicke richtend, erkannte Johann Reinhold Forster zuerst, daß alle Vesten gegen den Südpol in schroffen Vorgebirgen sich zuspitzen.[4] Hatte übrigens schon Lord Bacon die Aehnlichkeit Afrikas und Südamerikas bemerkt, so fügte Immanuel Kant, der seinen Vorlesungen, wie sich aus verschiedenen Reminiscenzen ergibt, Torbern Bergmann's physi-

[1] Kircher, Mundus subterraneus. Amstel. 1665. lib. II, cap. 9, tom. I, fol. 69. Der Ausdruck Ossatura globi stammt von ihm, nicht von Buache.

[2] Abriß der Geographie, §. 46. Göttingen 1775. S. 141.

[3] August Zeune, Erdansichten. Berlin 1820. S. 94. Er schuf unter anderen den Ausdruck Balkanhalbinsel. Gea, S. 32. Berlin 1808.

[4] J. R. Forster, Bemerkungen auf einer Reise um die Welt. Berlin 1783. S. 3.

kalische Geographie zu Grunde gelegt hatte, die Wahrnehmung hinzu, daß alle Halbinseln mit spärlichen Ausnahmen nach Süden gerichtet sind. Heinrich Steffens erkannte in Neu-Guinea mit den Louisiaden, in den Neuen Hebriden, Neu-Caledonien und Neu-Seeland den „alten Umriß eines vormals geräumigeren Australiens“.[1] Später hat Adalbert v. Chamisso in den malayischen Seen die Aehnlichkeit der Bildung mit den Antillenmeeren nachgewiesen.[2] In einer Arbeit mit der bedeutsamen Ueberschrift: „Die Erde als Wohnort der Menschen“, betrachtete der Philosoph Chr. Fr. Krause 1811 beide Vesten zuerst als ein Ganzes,[3] welches an seinem Westrande (Westküste Amerikas) hohl, an seinem Ostrande (Ostküste Asiens) aber gewölbt sei und er zeigte, wie selbst einzelne Küstenstrecken diese Gestalt im Kleinen zu wiederholen streben, z. B. die Inselketten am Ostufer Asiens. Diese Anschauung führte ihn zu zwei sehr tiefen Erkenntnissen, nämlich daß Europa eine asiatische Halbinsel sei und daß es nur Ein großes zusammenhängendes Meer gebe, denn der atlantische Ocean erschien ihm nur noch als ein „inneres Erdenmeer“ oder als das größte Mittelmeer der Erde. Uebrigens hatte schon Kant bemerkt, daß die aus- und einspringenden Winkel der alten und der neuen Welt sich in einander fügen lassen, und ihre atlantischen Umrisse daher „den Ufern eines Stromes“ glichen, wofür A. v. Humboldt dann später den glücklichen Ausdruck atlantisches Thal schuf.[4]

[1] Francisci Baconi, Novum organum. lib. II, Aphor. 27. Opera. Amstel. 1684. tom. II, p. 232. Immanuel Kant, Physische Geographie. Mainz 1802. Bd. 2, S. 64. Steffens in Zeune's Erdansichten, S. 103.

[2] A. v. Chamisso, Reise um die Welt. Thl. 2, S. 44.

[3] Er bediente sich zur bildlichen Darstellung einer sinnreichen, von ihm erfundenen sternförmigen Projection.

[4] Karl Christian Friedrich Krause, Das Urbild der Menschheit. Dresden 1811. S. 246—256, und Tageblatt des Menschheitslebens. Dresden 1811. Jahrg. I, Nr. 1, S. 3 ff. Immanuel Kant, Physische Geographie. Bd. 2, S. 62. Der geistreiche Debrosses (Histoire des Navigations aux

So ändern sich die Anschauungen mit der verstrichenen Jugendzeit. Nach Plato's berühmtem Worte im Phädon saßen die alten Culturvölker um das Mittelmeer wie die Frösche an einem entlegenen Weiher. Im Mittelalter wiederholte man die arabische Sage, daß auf den Canarien Steinbilder mit Schlüsseln nach Westen deuteten, weil dort alles verwahrt bleiben solle. Jetzt, wo See und Land vor unsern raumbewältigenden Kräften sich immer mehr verdichten, ist aus Europa eine asiatische Zunge in der innersten Vertiefung des atlantischen Golfes geworden.

Es war kein Zufall, daß Alexander v. Humboldt seit 1826 dauernd nach Berlin übersiedelte,[1] denn Paris hatte aufgehört, der Sitz der fortschreitenden Erdkunde zu sein. Es wurde aber eine Begebenheit für die Wissenschaft, als der außerordentliche Mann, der als Reisender am frühesten die chronometrischen Ortsbestimmungen anwendete, der die Länderprofile zu zeichnen, die mittlere Höhe der Continente zu berechnen gelehrt, die vulkanischen Spalten erspäht, die örtliche Verschiedenheit der magnetischen Gesammtkraft entdeckt, die Isothermen ersonnen und mit Wahlenberg die Pflanzenklimatologie geschaffen hatte, vom 3. November 1827 bis 26. April 1828 seine berühmten 61 Vorträge in der Singakademie zu Berlin hielt, deren Inhalt später im Kosmos sorgfältig ausgearbeitet wurde und zu dessen

terres australes, Paris 1756, tom. II, p. 356) braucht den gewagten Ausdruck: la vallée qu'occupe l'océan pacifique.

[1] Klencke, Leben Humboldt's. Leipzig 1852. S. 101.

[2] Die erste physikalische Geographie war die des Schweden Bergmann, vom Jahre 1773, dann folgten J. R. Forster's Bemerkungen auf Cook's zweiter Reise, später Immanuel Kant's Vorlesungen, die 1801 ohne und 1802 mit seiner Genehmigung gedruckt wurden. Vor Humboldt's Vorlesungen erschien Link's physikalische Geographie, Berlin 1826, nach ihnen das treffliche Handbuch von Eduard Schmidt, Göttingen 1829. Man ist in unseren Tagen geneigt, den Werth des Kosmos zu unterschätzen, weil die Wissenschaft mittlerweile zu höheren Wahrheiten sich erhoben hat, aber das Verdienst jener großartigen Arbeit kann nur gerecht beurtheilt werden nach der Zeit, in welcher sie erschien.

tellurischem Theil Heinrich Berghaus seine Sammlung physikalischer Karten veröffentlichte, den ersten ausführlicheren Versuch dieser Art, den wir kennen.[1] Die Wissenschaft war jetzt gereift, um zu zeigen, daß der Entwicklungsgang unseres Geschlechtes eine örtlich bedingte Naturerscheinung gewesen sei. „Wie ganz anders," bemerkt Humboldt, „würde der Temperaturzustand unserer Erde und mit ihm der Zustand der Vegetation, des Ackerbaues und der menschlichen Gesellschaft sein, wenn die Hauptaxe des neuen Continents einerlei Richtung mit der des alten hätte; wenn die Andeskette, statt meridianartig, von Osten nach Westen aufgestiegen wäre; wenn südlich von Europa kein wärmestrahlendes Tropenland (Afrika) läge; wenn das Mittelmeer, das einst mit dem kaspischen und rothen Meere zusammenhing und ein so wesentliches Beförderungsmittel der Völkergesittung geworden ist, nicht existirte, wenn sein Boden zu gleicher Höhe mit der lombardischen und cyrenäischen Ebene gehoben worden wäre!"[2] Als eine Wirkung der plastischen Gestalt Hochasiens läßt er uns erkennen, daß alle Kriegs- und Eroberungszüge, alle Handelsstraßen, alle Wanderpfade von Pilgern und Heidenbekehrern nie aus Indien nach Norden,

[1] Als physikalischen Atlas kann man jedoch schon Ritter's Sechs Karten von Europa (Schnepfenthal 1806) ansehen und ein ähnliches, aber schwächeres Machwerk lieferte August Zeune zu seiner Gea (Berlin 1811, 2. Aufl.) Der Atlas, den Johnston später herausgab, enthält zum dritten Theil etwa nur Wiederholungen nach Berghaus, ein andres Drittel betrifft die Physik der britischen Inseln und ein letztes Drittel lieferten zwei Schüler von Berghaus, Heinrich Lange, dem später August Petermann nach Edinburgh folgte. Von dem letztern sind die zoologischen Beiträge, die Humboldt so hoch stellte. Als die beiden Herrn aus Johnston's Dienste getreten waren, ließ der Schotte, der wissenschaftliche Arbeiten wie eine bezahlte Waare betrachtete, ihre Namen, die sich noch auf den ältern Abzügen befinden, von den Kupferplatten vertilgen.

[2] Kosmos, Bd. 1, S. 311 ff. Schon Pinkerton (Modern Geography, tom. I, p. 10) bemerkte, daß Europa den Binnenmeeren seine Gesittungsstufe verdanke und Afrika beglücktere Zustände genossen haben würde, wenn es durch ein Mittelmeer zugänglicher gewesen wäre.

sondern stets aus Sibirien von Ost nach West oder umgekehrt geführt haben.[1] Schneebedeckte Hochmassen hindern den Verkehr, aber ein glücklicher Wechsel von niedrigen abgesonderten Gebirgsgliedern und Tiefländern, wie ihn das westliche und südliche Europa darbietet, vervielfältigt die meteorologischen Processe und die Erzeugnisse der Gewächse, so daß in nachbarlichen Erdstrichen Bedürfnisse erwachen, deren Befriedigung einen belebenden Verkehr anregt.[2] Die Veränderungen in den Quadraten der Cosinus, welche das Gesetz der Wärmevertheilung ausdrücken, sind die möglichst größten am 45. Breitengrade. In Europa ist es die Stelle, wo der Weinbau in das Gebiet des Oelbaumes und der Orangenarten hinübergreift. „Nirgends sonst auf dem Erdboden folgen von Norden nach Süden die Erzeugnisse des Pflanzenreiches mit mehr Schnelligkeit auf einander. Eine bedeutende Verschiedenheit in den Erzeugnissen zusammengrenzender Länder belebt aber den Handel nnd vermehrt die Industrie der ackerbautreibenden Völker."[3] Eine andere Wahrnehmung Humboldt's ist es, daß die Kammlinie Europas rechtwinklig getroffen werde von den Thälern des adriatischen und rothen Meeres. Diese Furche, belehrt er uns, hat einen mächtigen Einfluß ausgeübt auf die Handelsverhältnisse von Europa mit Asien und dem nordwestlichen Afrika, wie auf den Gang der Gesittung an den vormals glücklicheren Ufern des Mittelmeeres.[4]

Ein Gespräch mit A. v. Humboldt war es, welches Carl Ritter plötzlich Klarheit über seine Lebensaufgabe brachte. Für Humboldt gab es in der Natur nichts Hohes und nichts Niederes.

[1] Centralasien, Bd. 1, S. 370.

[2] Kosmos, Bd. 1, S. 318.

[3] A. v. Humboldt, Kleinere Schriften. Bd. 1, S. 238. Die obigen Worte wurden 1817, also vor dem Erscheinen von Ritter's Erdkunde, geschrieben.

[4] Kosmos, Bd. 1, S. 319; Bd. 2, S. 155.

Ihm galt ein Rhythmus in den Strömungen der magnetischen Erde[1] so viel als die höchsten Wahrheiten über den prädestinirten Gang der menschlichen Gesittung. Carl Ritter dagegen, der lange in der Berufswahl zwischen Geschichte und Erdkunde geschwankt hatte, erfaßte nur die Eine Aufgabe, die Eingriffe der örtlichen Natur in das Schicksal der Völker zu ermitteln. Er wollte Vergangenes und Zukünftiges aus dem starren Antlitz des Planeten und aus den Gesetzen seiner Naturkräfte enträthseln. Schon bei Vollendung seiner zweiten Jugendarbeit[2] hatte er sich, wie er seinem Stiefvater schreibt, über Meeresströmungen, über Winde, über Vertheilung der Gebirge und Ebenen, der Flußthäler, der physischen Klimate tiefer unterrichtet, die Verbreitung der Gewächse, der Seegeschöpfe, der Landthiere und die Wanderungen der Völker genauer verfolgt bis zu ihren Ursitzen. „Ueberall," ruft er aus, „fand ich dieselben Gesetze, dieselben Impulse des äußern Fortziehens, des ersten Ansiedelns, des ersten Ackerbaues, der ersten Schiffahrt. So erhielt jeder hohe Gebirgspaß, als Passage, jeder Wasserfall, unter dem die erste Ansiedlung, jedes Vorgebirge, vor dem die erste Colonie entstand, jede Ebbe und Flut durch ihr Aufsteigen in die Flußgebiete als erste Anregung zur Schiffahrt ihre historische Bedeutung."[3] Ritter hatte vorläufig nur eine deutliche Vorstellung von der hohen Aufgabe der Erdkunde gewonnen und hatte viel mehr verheißen, als was er 1804 in

[1] Er bezeichnet selbst seine magnetischen Intensitätsbeobachtungen als das wichtigste Resultat seiner Aequinoctialreise! Kosmos, Bd. 1, S. 433, not. 29.

[2] Sechs Karten von Europa, Schnepfenthal 1806. Ueber die Bedeutung dieses Werkes siehe oben S. 775. Wir bemerken hier noch, daß Ritter's Thierkarte die frühere Arbeit von Zimmermann mit den Grenzen der Lemminge, des fliegenden Eichhorns, des Kameels, des Stachelschweins, des Muflon, des Argali und des Büffels bereicherte.

[3] G. Cramer, Carl Ritter, ein Lebensbild. Halle 1864. Bd. 1, S. 206.

seiner Geographie von Europa geleistet hatte.[1] Aber 1817 veröffentliche er seine große, leider unvollendet gebliebene Erdkunde im Verhältniß zur Geschichte des Menschen.

Seit Strabo's Zeit hatte man nicht mehr von einer Gliederung der Vesten gesprochen, vor Carl Ritter niemand die Welttheile als die großen Individuen der Erde zu bezeichnen gewagt, gleichsam als ob sie durch hilfreiche oder verweigernde Gewalten beseelt seien, die ihren Bewohnern ein geschichtliches Verhängniß auferlegten, wie dies in Bezug auf Afrika, Ritter so überzeugend nachgewiesen hat.[2] Er offenbarte uns, daß die alte Welt, auf der sich alle Continentalerscheinungen verschärfen, ein kräftigeres Gepräge trage als die neue Welt, die arm sei an Gegensätzen, wie alle Geschöpfe der Oceane, denn das Wasser, bemerkt er tief, verwischt die Individualität.[3] Europa dagegen, schlank und zierlich gebildet, mit um sich greifenden Gliedmaßen und tief eindringenden Gefäßen erscheint wie ein höher organisirter Erdenraum und wie ein sinnreich angelegter Entwicklungsplatz für die menschliche Gesellschaft. Nur sein spanisches Hochland trägt den Typus starrer Continente, doch nicht ihm verdankt Europa seine Charakterform, sondern den Alpen, die von strömenden Wassern und Thälern durchbrochen und aufgeschlossen, auf kleinstem Raume die größte Mannigfaltigkeit der Erscheinungen vereinigen, ohne die Zugänglichkeit des Festlandes zu verringern.[4] Das Maß der Aufgeschlossenheit eines Continentes hat Ritter später nach dem

[1] In Bertuch's Geographischen Ephemeriden (Weimar 1805, Bd. 16, S. 318), wo mit magisterhaftem Dünkel die niedrigste Art der Kritik, nämlich die Jagd auf kleine Irrthümer getrieben wurde, verhöhnte ein Recensent den jungen Ritter mit dem Goethe'schen Vers:

Setz' dir Perrücken auf von Millionen Locken u. s. w.

[2] Erdkunde, Bd. 1, S. 10, 13, 415.

[3] Erdkunde, Bd. 1, S. 11, 12.

[4] Erdkunde, Bd. 1, S. 62.

Vorgange Nagel's[1] mathemathiſch auszudrücken geſucht, indem er die Entwicklung der Uferlinien mit dem eingeſchloſſenen Raume verglich.

Eine merkwürdige Verzögerung in dem geiſtigen Wachsthum unſeres Geſchlechtes war die Folge, daß die älteſten Geſellſchaften im Weſten und im Oſten ohne befruchtende Miſchung der gewonnenen Erkenntniſſe, ja ohne genaueres Wiſſen von einander ſich Jahrtauſende entfremdet bleiben ſollten und die Berührung erſt ſtattfand, als ſie für das Abendland ziemlich gleichgiltig geworden war. Mit großer Spannung hat Ritter nicht nur erforſcht, wie wenig daran fehlte, daß Chineſen und Römer in den kaſpiſchen Niederungen auf einander trafen und wie bedeutſam das Auftreten der Araber und Mongolen als Vermittler der beiden Geſittungen wurde, ſondern er hat auch das phyſiſche Geheimniß dieſer Verzögerung in der ſenkrechten Anſchwellung Innerasiens erkannt, die um ſo hinderlicher war, als bei der Armuth an Eroſionswaſſern im Kern des Feſtlandes die Abſtürze der Terraſſen nicht ausgefurcht und bequeme Völkerwege durch ſie vorbereitet worden waren.[2]

Ritter theilte mit Strabo, dem Zeugen einer bewältigenden Cultur, die beſſere Einſicht, daß mit dem Erſtarken der Geſittung aller Zwang der Natur gemildert werde. Doch hat ſich die höchſte Verklärung menſchlicher Geſellſchaft nie an einen Erdenraum feſſeln laſſen, ſodann ſie iſt raſtlos geſchritten von Strom zu Strom und von Ufer zu Ufer. Auch von uns läßt ſich ihr Enteilen nicht abwenden. „Als Amerika entdeckt war," ruft Ritter aus, „da wurde der europäiſche Occident

[1] Nagel, Ueber die Küſtengeſtaltung der Erdtheile. Berghaus, Annalen. Berlin 1835. Bd. 12, S. 490. Mathematiſch gerechtere Ausdrücke zum Vergleich der Küſtenentwicklung erhält man jedoch erſt durch eine Formel, die Ferd. Bothe in Petermann's Geogr. Mittheilungen 1863, S. 406 empfohlen hat.

[2] C. Ritter, Einleitung zur allgemeinen vergleichenden Geographie. Berlin 1852. S. 224.

ein Morgenland." Dieses Seherwort hat er in einer seiner letzten Schriften[1] noch schärfer ausgesprochen, daß er Amerika, den oceanischen Erdtheil mit seinen aufschließenden Culturströmen, als den Schauplatz bezeichnete, wo unser Geschlecht seiner höchsten Reife entgegenschreiten werde, und Mexiko wegen seiner beherrschenden Lage zwischen zwei Oceanen und wegen der Mannigfaltigkeit der lebendigen Natur an seinen Höhenstufen als den begünstigtsten aller Erdräume pries. Es leistet die Wissenschaft das Höchste, wenn es ihr, wie in diesem Falle, gelingt, die Absichten der Natur zu durchschauen und auf das Unabänderliche vorzubereiten.

[1] Ueber räumliche Anordnung auf der Außenseite des Erdballs und ihre Funktionen im Entwicklungsgange der Geschichte. Ein Vortrag, gehalten am 1. April 1850. a. a. O. S. 206—248.

Berichtigungen und Zusätze.

S. 12. Anm. 1 vorletzte Zeile lies: Ausland 1870. Zu Anm. 2 vgl. H. Kiepert, Lehrbuch der alten Geographie. Berlin 1877. S. 44. §. 45. Anm. 3.

S. 14. Zu Zeile 6: Uttara-Kura vgl. H. Kiepert, Lehrbuch S. 45. §. 46. Anm. 1. Zu Anm. 2 vgl. Kiepert, Lehrbuch S. 44. §. 44. Anm. 2.

S. 15. Zeile 7 zu Sabana vgl. den Flußnamen Σοβάνας (Menam) Kiepert, Lehrbuch S. 43. §. 4 3Anm. 2.

S. 22. Zu Anm. 1: Ueber den Namen Lixus vgl. Kiepert (Lehrbuch S. 222), welcher auf die Ruinen am Flusse Lukkus bei el-'Araïsch hinweist. Anm. 2: Den Inselnamen Cerne (Kerne) deutet Kiepert (a. a. O. S. 221), nach dem phöniz. qeren = Horn, auf die Insel Agadir am westlichen Vorgebirge des großen Atlas.

S. 26. Anm. 3. Zu der Deutung des Namens Niger vgl. Kiepert, Lehrbuch S. 223. §. 202.

S. 29. Anm. 3. Den Fluß Asta-Sobas oder Astusapes verlegt Kiepert (a. a. O. 206) nach Senaar und verweist auf die Stadt Sape, wahrscheinlich dieselbe, welche im Mittelalter Soba hieß.

S. 31. Anm. 4. H. Kiepert (a. a. O. S. 210. Anm. 2) legt für die Deutung des Namens Mondgebirge die arabische Form Djibâl-qomr „bläuliche Berge" zu Grunde, woraus schon früh, zu Ptolemäus' Zeiten aus Mißverständniß Djibâl-el-quamar „Mondgebirge" und Σελήνης ὄρος geworden sei.

S. 110. Anm. 1. Zu dem Namen Dschordschan gibt H. Kiepert (a. a. O. S. 67) die Entwicklung des Namens. Die Landschaft Hyrkania hieß altbaktrisch Vehrkâna (Wolfsland), altpersisch Virkaniya, neupersisch Gurgân, nach arabischer Aussprache Djordjan oder Dschordschan.

S. 112. Anm. 5. Die Frage nach den thätigen Vulkanen in Centralasien hat J. Muschketow dahin gelöst, daß sich noch jetzt im Ili-Becken brennende Kohlenflötze finden. (Bulletin de l'Acad. impér. d. Sc. d. St. Petersbourg 1877. p. 1 u. ff.)

S. 116. Anm. 3. Die Entwicklung des Namens Sinhala zu Serendib gibt Kiepert (a. a O. S. 42. §. 42).

S. 121 muß die Ueberschrift statt Ostafrika Sundainseln lauten.

S. 127. Zeile 5. Zu Sidschilmessa vgl. G. Rohlfs „Sigilmasa und Tafilet" in der Zeitschrift der Gesellschaft für Erdkunde. Bd. XII. S. 335. Berlin 1877.

S. 139. Anm. 1. Zeile 2 lies: Gerard von Carmona (bei Sevilla) statt Cremona. Desgl. auf S. 197 zweimal.

S. 141. Zeile 3 v. u. lies: Das Mandari.

S. 168. Anm. 1. Caracorum lag in der Nähe des oberen Orchon. J. Paderin hat 1872 die Stätte besucht, doch hat er die Lage astronomisch nicht bestimmt. Vgl. H. Yule, Visit of Mr. Paderin to the site of Karakorum in Geogr. Magazine July 1874. p. 137.

S. 174. Zu Anm. 2 füge den Zusatz: Ersterer richtig nach Abbot und Chanikoff.

S. 191. Anm. 3. Zeile 5 lies: fauuisi. — Die Glaubwürdigkeit des spanischen Mönches ist neuerdings wieder vertheidigt durch Marcos Jiménez de la Espada, welcher den Bericht des Reisenden zum erstenmal vollständig veröffentlicht hat in Boletin de la Sociedad geografica de Madrid tom. II. Nr. 1 u. 2. Madrid 1877. Allein der Bericht macht entschieden den Eindruck einer Kreuz- und Querfahrt auf einem alten unleserlichen Portulan.

S. 236. Anm. 3 lies: Berlin 1869 S. 99.

S. 260. Anm. 1. 4) lies: Waltzemüller.

S. 274. (Anm. 2 v. S 273.) Eine Karte Bolognini Zalterii vom Jahre 1566, im germanischen Museum in Nürnberg (Nr. 41 f.), welche ich im Sommer 1877 zu sehen Gelegenheit hatte, enthält bereits die Namen Streto de Anian und daneben Quinsay, Zaitō, Brema u. a. Demnach ist Mercator nicht der Urheber dieser Bezeichnungen.

S. 282. Zeile 16 lies: Nach dem San Juan, statt: Nachdem San Juan

S. 345. Anm. 5. Die Reise der Portugiesen nach China fällt ins Jahr 1515, nicht 1514. Vgl. P. A. Tiele, Affonso d'Albuquerque in het Oosten. bl. 44. Abdruck aus der Zeitschrift De Gids. 1876. Nr. 9.

S. 379. Zeile 16 lies: Staatenland.

S. 383. Anm. 3. Zu der Lehre des Nicolaus von Cues ist zu vergleichen: S. Günther, Studien zur Geschichte der mathematischen und physischen Geographie. Heft 1. S. 30 und ff. Halle 1877.

S. 395 im Holzschnitt muß der Name Soeterwouda lauten.

S. 423. Zeile 10. Ortelius schwankt in der Bestimmung des Ostrandes der alten Welt. Auf der Karte von Asien und der Tartarei treffen wir den Ostrand etwa unter dem 215. Meridian, auf der Karte von Indien unter dem 170. Meridian, so daß also der Abstand von Alexandretta (70° O.) dort 145, hier 100 Grad beträgt. Mercator verlegt die Ostküste von Nippon unter den 177. Meridian, bei ihm beträgt der Durchmesser Asiens nur 107—108°. Er kam also der Wahrheit näher als Vischer.

S. 449. Anm. 7. Varenius ist in Uelzen geboren.

Einige Ungleichheiten in der Schreibweise bitte ich mit der Verschiedenheit der Orthographie des Verfassers und Herausgebers zu entschuldigen.

Namen-, Ort- und Sach-Register.

Die eingeklammerten Ziffern weisen auf die Noten. — (Anm.) bedeutet die ersten Zeilen der Noten, deren Ziffer auf der vorhergehenden Seite steht.